建筑结构设计资料集 7

砌体结构　特种结构分册

本书编写组

中国建筑工业出版社

图书在版编目（CIP）数据

建筑结构设计资料集 7 砌体结构 特种结构分册/本书编写组. —北京：中国建筑工业出版社，2010.9
ISBN 978-7-112-12344-5

Ⅰ. ①建… Ⅱ. ①本… Ⅲ. ①建筑结构-结构设计-资料-汇编 Ⅳ. ①TU318

中国版本图书馆CIP数据核字（2010）第154570号

本分册包括砌体结构和特种结构两大部分。砌体结构有：砌体材料及计算标准、砌体结构的分类、单层和多层砌体房屋静力计算、高层房屋静力设计、砌体房屋结构构件承载力计算、砌体结构构造共6章。特种结构有：架空管道支架、烟囱、钢筋混凝土筒仓3部分共特种结构27章。管架重点介绍管架的设计，有刚性管架、柔性管架半铰接管架、固定管架、双向滑动管架、振动管线管架、托吊架、拱形管道、悬索式管架、桥式管架、管架的抗震、管架的基础等。烟囱除介绍筒壁、内衬、受热、裂缝、防腐的基本问题外，分别列出钢筋混凝土烟囱、套筒式与多管式烟囱、钢烟囱、烟囱的基础设计等。钢筋混凝土筒仓主要包括矩形筒仓、圆形筒仓、低壁浅仓、高壁浅仓、深仓、筒仓结构裂缝等。

本书可供建筑工程设计人员和建设单位人员使用，也可供施工人员使用。

* * *

责任编辑：咸大庆 赵梦梅 黎 钟 王 跃
责任设计：董建平
责任校对：姜小莲 王雪竹

建筑结构设计资料集 7
砌体结构 特种结构分册
本书编写组
*
中国建筑工业出版社出版、发行（北京西郊百万庄）
各地新华书店、建筑书店经销
霸州市顺浩图文科技发展有限公司制版
北京中科印刷有限公司印刷
*
开本：880×1230毫米 1/16 印张：32 字数：970千字
2011年10月第一版 2011年10月第一次印刷
定价：**88.00**元
ISBN 978-7-112-12344-5
(19617)

本资料集参加编写人员

砌体结构

主　　编　骆万康

参加编写　邹昭文　彭科举　董心德　余文柏等（详见砌体结构篇“编者的话”）

特种结构

管道支架　曲昭嘉　王　瑾　曲圣伟　万秀华

　　　　　尚　慧　曲圣强　任凤琴　万秀俊

烟　　囱　牛春良　于淑琴　王　强

钢筋混凝土筒仓　匡敏玲（华东交通大学）编　曲昭嘉审订

出 版 说 明

本资料集的目的，主要汇集房屋建筑结构设计需要的有关规定、数据、公式、图表、分析方法和设计经验等资料，供设计时查用和参考。编写的原则是，力求资料齐全、丰富、实用，尽力反映当前我国建筑结构设计的需要，完全以我国最新的标准、规范、规程为依据，有条件的也介绍了一些国外的新经验、新技术和新方法。本书纯属资料汇集，不作原理叙述和推导，只在必要时作一些使用介绍。

资料集共分7个分册，分别为：综合分册，地基基础分册，混凝土结构分册（含单层厂房），钢结构分册，建筑结构抗震高层钢结构分册，高层混凝土结构分册，砌体结构特种结构分册。

本书在组织编制过程中得到了浙江大学、中元国际工程设计研究院、中冶赛迪工程技术股份有限公司，中国建筑东北设计研究院、广东省建筑设计研究院、中国建筑西北设计研究院、中冶东方工程技术有限公司、上海市政工程设计研究院等单位的协助，在此一并表示感谢。

中国建筑工业出版社

编者的话
(砌体结构)

《建筑结构设计资料集》“砌体结构分册”原系“中国工程建设标准化协会砌体结构委员会”前秘书长、中国建筑东北设计研究院副总工程师苑振芳教授负责编写，后因其工作繁忙而交由本人接替。尽管如此，苑教授仍不断地给予我以很大鼓励和支持。根据东北设计研究院专家们所拟订的编写大纲，结合自己50年教学、科研和工程实践等方面的经验，对大纲作了补充和调整，最后编写出：1. 我国砌体结构的材料及计算指标；2. 近代砌体结构的分类、发展与应用；3. 单层及多层砌体房屋静力计算；4. 高层砌体房屋静力设计；5. 砌体结构构件承载力的计算方法；6. 砌体结构构造等章节并附“参考文献”。

编写中不仅严格按照我国现行设计规范和规程，还充分考虑了自然条件与社会状况各异的我国各地区多年来所颁布的地方标准；力求充分反映近20年来，我国科技工作者关于砌体结构材料、技术、方法、理论与结构体系等方面的研究成果；注意引进国外，特别是以英国为代表的砌体结构规范及其最新的技术经验，以符合当今我国开放改革的时代精神；遵循事物发展总是螺旋式上升的基本法则，本着尊重历史的态度，将20世纪60年代以来我国工程技术界所创造的许多符合国情且行之有效，但却被视为“过时”的技术和方法，作为优秀的传统加以继承，相信它在经济和技术飞速发展的今天会更加发扬光大。

本书除尽可能提供有关砌体结构设计的规定、数据、公式、图表、方法及构造要求外，尚给出了典型的设计算例，以供工程师们参考。特别是，如何按现行技术标准，借鉴国内外的成功经验，采用现代砌体结构体系来建造高层砌体房屋，本书作了大胆而谨慎的展现，意在拓展我们的视野和思路，激励我们的探索热情，发挥我们的才能和智慧，以尽快缩小我国砌体结构与发达国家的差距并创造出薪新的局面。这对至今仍属发展中国家的我国，尤其是相对落后的西部地区，具有重要的现实意义。

应特别说明：根据已出版的有关分册内容的划分原则，本书未列入“砌体结构抗震设计”、“特种砌体结构”和“砌体结构鉴定、加固与改造”等章节内容，但本书所包含的结构方案、结构体系与设计方法对抗震与加固甚至特种砌体结构等仍可供参考，就因其基本法则与原理乃一脉相承。

在本书编写过程中，曾得到我校邹昭文副教授和校友——重庆市建筑设计院彭科举高级工程师以及董心德、余文柏、李卫波、高新杰、韦春、朱宇峰、王猛、杨元秀、魏晓慧、陈恩震、张玉林、倪校军及曹桓铭等13位硕士生的鼎力支持。他们或提供大量资料，或解算不同类型的例题，或绘制大量插图，甚至打字、校对、修改。在我时间紧迫的情况下，没有大家的努力，本书编写将会随时搁浅。在此谨表示衷心的感谢！

本书编写过程中所查阅的百余份参考文献，皆是文献作者或编者多年的心血结晶，他们为我奠定了广泛而坚实的基础。在此谨向文献作者或编者致以崇高的敬意！

三年的笔耕正置我科研、规范、教学与研究生培养等项工作最紧迫的时期，这不分寒暑、夜以继日的艰辛予我以严峻的考验，我深知仅靠自己的责任感和毅力是远远不够的。所幸的是，我得到了妻子的充分理解、无比的关心和大力支持，因而方能顺利完成，令我终生难忘！

若本书的面世能对我国砌体结构的发展和基本建设事业贡献一份力量，便是我最大的欣慰，仅此而已，仅此足矣！

因时间、精力特别是水平所限，书中难免谬误，请予指正。

骆万康

重庆大学土木工程学院

2009年4月8日

目　录

砌体结构

特种结构

架空管道支架

砌体结构

1 我国砌体结构的材料及计算指标

1.1 块材分类与应用

1. 砖

砖 表 1-1

类型	原料	孔洞率(%)	规格(mm)	强度等级	应用条件
烧结普通砖[1]	黏土、煤矸石、页岩、粉煤灰	0	240mm×115mm×53mm	MU30,MU25,MU20,MU15,MU10	承重
烧结多孔砖[2][3][4]	同上	≥25% <40%	240mm×115mm×90mm (P型通孔) 190mm×190mm×90mm (M型通孔)	同烧结普通砖	承重
蒸压硅酸盐砖[5][6][7][8][9]	石灰、砂、粉煤灰、煤渣、矿渣	0[5][6][7][8] 25%[9]	实心砖规格 同烧结普通砖 240mm×115mm×90mm (P型[9]半盲孔)	MU30[7] MU25,MU20, MU15,MU10	不得用于长期受热200℃以上、急冷急热和酸性介质的建筑部位
混凝土多孔砖[10][11][12][13][14][15][16][53]		≥30% =25%~30%[53] 29%[12]	240mm×115mm×90mm (P型双排盲孔) (盲孔或半盲孔) 190mm×190mm×90mm[12] 240mm×190mm×115mm (P-M型半盲孔 4排孔砖[16])	MU30[10][11][13][15] MU25, MU20[16],MU15MU10 MU7.5[53]	承重

注：凡有上角标的表示为其所特有，无上角标则为共有，以下同。[53] 为工业废渣混凝土多孔砖。

2. 砌块

砌块 表 1-2

类　型	孔洞率(%)	规格(mm)	强度等级	特点与应用条件
混凝土小型空心砌块[17][19][20][52]	≥25%[17] ≥38%[19] 25~50%[20][52]	390mm×190mm×190mm (单排孔)[17][19][20][52] (多排孔)[18][20] (双排盲孔)[18]	MU20[17][19][52],MU15[20], MU10,MU7.5,MU5, MU3.5[17]	承重及非承重
轻集料混凝土小型空心砌块[18]	≥25%	同混凝土小型空心砌块[17],有四排孔、三排孔、双排孔及单排孔	MU10,MU7.5, MU5,MU3.5, MU2.5,MU1.5	承重及非承重
粉煤灰空心砌块[9]	单排孔≥33%	390mm×190mm×190mm (半盲孔)	MU15,MU10,MU7.5	承重

注：同表 1-1。

3. 石材

石材 表 1-3

类　型		规格(mm)	材质标准	强度等级
料石[29]	细料石	外表规则，叠砌面凹入不应大于10，截面宽、高不宜小于200及长度的1/4	料石与毛石均应选用无明显风化的天然石材	MU100 MU80 MU60 MU50 MU40 MU30 MU20
	半细料石	叠砌面凹入不应大于15，规格同上		
	粗料石	叠砌面凹入不应大于20，规格同上		
	毛料石	外形大致方正，叠砌面凹入不应大于25，高度不应小于200		
毛石		形状不规则，中部厚不应小于200		

1.2 砂浆分类与应用

砂浆 表1-4

类型	应用	强度等级
水泥砂浆、水泥混合砂浆	用于除混凝土小型空心砌块以外的所有块材砌体的砌筑	M15、M10、M7.5、M5、M2.5
专用砂浆[21]	用于混凝土小型空心砌块砌体的砌筑	Mb30、Mb25、Mb20、Mb15、Mb10、Mb7.5、Mb5

1.3 混凝土分类与应用

混凝土 表1-5

类型	应用	强度等级
混凝土[23]	用于砌块的制作、约束砌体、组合砌体、预应力砌体等	C50、C45、C40、C35、C30、C25、C20、C15
灌孔混凝土[22]	用于混凝土小型空心砌块砌体灌孔	Cb40、Cb35、Cb30、Cb25、Cb20

1.4 钢材分类与应用

1. 普通钢筋[23] 圈梁、构造柱、过梁、墙梁、配筋砌体及组合砌体宜用HRB335级、HRB400级和HPB235级钢筋，其中箍筋及拉结筋宜用HPB235级和CRB550级冷轧带肋钢筋。

2. 预应力钢筋[23] 宜用钢绞线、钢丝，亦可采用热处理钢筋。

3. 焊接网[24][28] 采用GB 13788规定的牌号CRB550冷轧带肋钢筋和GB 1499规定的牌号HRB335级、HRB400级热轧带肋钢筋甚至LG510冷拔低碳钢丝制成两向正交点焊网。钢筋直径为5～16mm，间距为100mm，150mm，200mm并组合成为50种定型焊网型号，可用于组合砌体墙。焊接网型号详表1-6。

定型钢筋焊接网型号 表1-6

钢筋焊接网型号	纵向钢筋			横向钢筋			重量(kg/m²)
	公称直径(mm)	间距(mm)	每延米面积(mm²/m)	公称直径(mm)	间距(mm)	每延米面积(mm²/m)	
A16	16	200	1006	12	200	566	12.34
A14	14		770	12		566	10.49
A12	12		566	12		566	8.88
A11	11		475	11		475	7.46
A10	10		393	10		393	6.16
A9	9		318	9		318	4.99
A8	8		252	8		252	3.95
A7	7		193	7		193	3.02
A6	6		142	6		142	2.22
A5	5		98	5		98	1.54
B16	16	100	2011	10	200	393	18.89
B14	14		1539	10		393	15.19
B12	12		1131	8		252	10.90
B11	11		950	8		252	9.43
B10	10		785	8		252	8.14
B9	9		635	8		252	6.97
B8	8		503	8		252	5.93
B7	7		385	7		193	4.53
B6	6		283	7		193	3.73
B5	5		196	7		193	3.05

续表

钢筋焊接网型号	纵向钢筋			横向钢筋			重量(kg/m²)
	公称直径(mm)	间距(mm)	每延米面积(mm²/m)	公称直径(mm)	间距(mm)	每延米面积(mm²/m)	
C16	16	150	1341	12	200	566	14.98
C14	14		1027	12		566	12.51
C12	12		754	12		566	10.36
C11	11		634	11		475	8.70
C10	10		523	10		393	7.19
C9	9		423	9		318	5.82
C8	8		335	8		252	4.61
C7	7		257	7		193	3.53
C6	6		189	6		142	2.60
C5	5		131	5		98	1.80
D16	16	100	2011	12	100	1131	24.68
D14	14		1539	12		1131	20.98
D12	12		1131	12		1131	17.75
D11	11		950	11		950	14.92
D10	10		785	10		785	12.33
D9	9		635	9		635	9.98
D8	8		503	8		503	7.90
D7	7		385	7		385	6.04
D6	6		283	6		283	4.44
D5	5		196	5		196	3.08
E16	16	150	1341	12	150	754	16.46
E14	14		1027	12		754	13.99
E12	12		754	12		754	11.84
E11	11		634	11		634	9.95
E10	10		523	10		523	8.22
E9	9		423	9		423	6.66
E8	8		335	8		335	5.26
E7	7		257	7		257	4.03
E6	6		189	6		189	2.96
E5	5		131	5		131	2.05

4. 扩张金属网（钢板网）[25][26][27] 采用热轧 Q235 低碳钢板经切割拉伸而成的菱形孔格网材（图 1-1）。国家产品标准详见表 1-7。此外不同生产厂家有各自的企业标准，产品规格互不统一，兹列举二例，如表 1-8、表 1-9 所示。

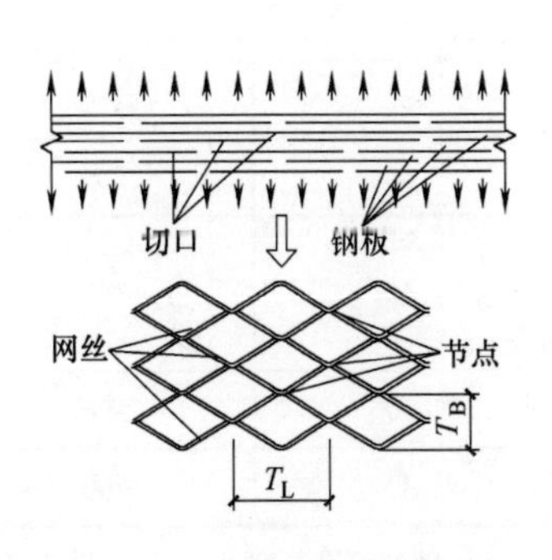

图 1-1 扩张网加工示意[27]

国家标准《钢板网》GB 11953—89的规格[25]（摘录）　　表1-7

<table>
<tr><th rowspan="2">d
(mm)</th><th colspan="3">网格尺寸(mm)</th><th colspan="2">网面尺寸(mm)</th><th rowspan="2">钢板网理论重量
(kg/m²)</th></tr>
<tr><th>T_L</th><th>T_B</th><th>b</th><th>B</th><th>L</th></tr>
<tr><td rowspan="5">2.0</td><td>18</td><td>50</td><td>2.03</td><td rowspan="12">2000</td><td rowspan="10">4000
或
5000</td><td>3.54</td></tr>
<tr><td>22</td><td>60</td><td>2.47</td><td rowspan="4">3.53</td></tr>
<tr><td>29</td><td>80</td><td>3.26</td></tr>
<tr><td>36</td><td>100</td><td>4.05</td></tr>
<tr><td>44</td><td>120</td><td>4.95</td></tr>
<tr><td rowspan="3">2.5</td><td>29</td><td>80</td><td>3.26</td><td>4.41</td></tr>
<tr><td>36</td><td>100</td><td>4.05</td><td rowspan="2">4.42</td></tr>
<tr><td>44</td><td>120</td><td>4.95</td></tr>
<tr><td rowspan="4">3.0</td><td>36</td><td>100</td><td>4.05</td><td rowspan="2">5.30</td></tr>
<tr><td>44</td><td>120</td><td>4.95</td></tr>
<tr><td>55</td><td>150</td><td>4.99</td><td>5000</td><td>4.27</td></tr>
<tr><td>65</td><td>180</td><td>4.60</td><td>6400</td><td>3.33</td></tr>
<tr><td rowspan="3">4.0</td><td>22</td><td>60</td><td>4.50</td><td rowspan="22">1500
或
2000</td><td>2200</td><td>12.85</td></tr>
<tr><td>30</td><td>80</td><td>5.00</td><td>2700</td><td>10.47</td></tr>
<tr><td>38</td><td>100</td><td>6.00</td><td>2800</td><td>10.60</td></tr>
<tr><td rowspan="3">4.5</td><td>22</td><td>60</td><td>5.00</td><td>2000</td><td>16.05</td></tr>
<tr><td>30</td><td>80</td><td rowspan="4">6.00</td><td>2200</td><td>14.13</td></tr>
<tr><td>38</td><td>100</td><td>2800</td><td>11.16</td></tr>
<tr><td rowspan="5">5.0</td><td>24</td><td>60</td><td>1800</td><td>19.36</td></tr>
<tr><td>32</td><td>80</td><td>2400</td><td>14.72</td></tr>
<tr><td>38</td><td>100</td><td>7.00</td><td>2400</td><td>14.46</td></tr>
<tr><td>56</td><td>150</td><td rowspan="2">6.00</td><td>4200</td><td>8.41</td></tr>
<tr><td>76</td><td>200</td><td>5700</td><td>6.20</td></tr>
<tr><td rowspan="4">6.0</td><td>32</td><td>80</td><td rowspan="3">7.00</td><td>2000</td><td>20.60</td></tr>
<tr><td>38</td><td>100</td><td>2400</td><td>17.35</td></tr>
<tr><td>56</td><td>150</td><td>3600</td><td>11.78</td></tr>
<tr><td>76</td><td>200</td><td>8.00</td><td>4200</td><td>9.92</td></tr>
<tr><td rowspan="3">7.0</td><td>40</td><td>100</td><td rowspan="2">8.00</td><td>2200</td><td>21.98</td></tr>
<tr><td>60</td><td>150</td><td>3400</td><td>14.65</td></tr>
<tr><td>80</td><td>200</td><td>9.00</td><td>4000</td><td>12.36</td></tr>
<tr><td rowspan="4">8.0</td><td rowspan="2">40</td><td rowspan="2">100</td><td rowspan="2">8.00</td><td>2200</td><td>25.12</td></tr>
<tr><td>2000</td><td>28.26</td></tr>
<tr><td>60</td><td>150</td><td>9.00</td><td>3000</td><td>18.84</td></tr>
<tr><td>80</td><td>200</td><td>10.00</td><td>3600</td><td>15.70</td></tr>
</table>

注：d、b为钢板网丝厚度与宽度；T_L，T_B为网孔长、短节距；B，L为板网宽度与长度；详见图1-1。钢板网可用作混凝土钢筋、水泥船基体等。

重庆恐龙金属板网厂板网规格[26]（摘录）　　表 1-8

δ	网格尺寸(mm)			网面尺寸(mm)	
	T_L	T_B	b	B	L
2.0	32	80	1.0	2000	8000
	24	65	1.4		
2.5	38	100	1.2		
	32	80	2.0		
3.0	38	100	1.4		7000
			2.4		6000
			3.2		6000
	44	120	1.8		6000
	50	150	2.5		5000
4.0	38	100	1.7		5500
			3.8		5000
			4.2		4500
	44	120	4.0		5500
	50	150	2.5		5000
4.5	38	100	3.8		5000
			4.8		4000
	44	120	4.0		5500
	50	150	2.9		8500
5.0	38	100	3.8		5000
	44	120	4.0		5500
	50	150	2.9		8500
	38	100	5.4		3500
6.0	38	100	4.2		4500
	44	120	4.4		5000
	50	150	3.0		8500
			6.3		4000
	38	100	6.3		3000
8.0	44	120	5.5	1000	4000
	50	150	4.2		6000
			8.3		3000
	38	100	9.5		2000
10.0	44	120	6.3		3500
	50	150	5.0		5000

注：母材 Q235 钢板，屈服强度 310MPa，极限强度 405MPa，延伸率 38%，冷弯无断裂。

香港万里行工业设备有限公司扩张网规格[27]（摘录）　　表 1-9

型号	网孔尺码 (SWM LWM) (mm)		网板厚度 (mm)	切口 (mm)	重量 (kg/m²)	标准规格(S×L) (mm)
G2030	35	76	2.0	3.0	2.6	2,000×1,200
G3045	35	76	3.0	4.5	6.6	2,000×1,200
G2020	32	38	2.0	2.0	2.0	2,000×1,200
G3075	75	200	3.0	7.5	5.2	2,000×1,200
GR20080	42	35	2.0	8.0	7.8	2,000×1,200
GR50050	43	135	5.0	5.0	9.3	2,000×1,200
GR50080	42	135	5.0	8.0	14.6	2,000×1,200
GR50110	45	135	5.0	11.0	19.5	2,000×1,200
GR30080	42	135	3.0	8.0	9.0	2,000×1,200

续表

型号	网孔尺码 (SWM LWM) (mm)		网板厚度 (mm)	切口 (mm)	重量 (kg/m²)	标准规格(S×L) (mm)
TMB3030	75	203.2	3.0	3.0	1.88	2,000×1,200
TMB3050	75	203.2	3.0	5.0	3.14	2,000×1,200
TMB5050	75	203.2	5.0	5.0	5.23	2,000×1,200
TMB6060	75	203.2	6.0	6.0	7.54	2,000×1,200
TMC3030	85	200.0	3.0	3.0	1.66	2,000×1,200
TMC3050	85	200.0	3.0	5.0	2.36	2,000×1,200
TMC5050	85	200.0	5.0	5.0	4.62	2,000×1,200
TMC6060	85	200.0	6.0	6.0	6.65	2,000×1,200
TMD3030	100	200.0	3.0	3.0	1.41	2,000×1,200
TMD3050	100	200.0	3.0	5.0	2.36	2,000×1,200
TMD5050	100	200.0	5.0	5.0	3.93	2,000×1,200
TMD6060	100	200.0	6.0	6.0	5.65	2,000×1,200

注：母材系用日本原产低碳锰钢板，屈服强度 287～324MPa，极限强度 356～375MPa，延伸率 40～44%，180°冷弯无断裂，拉断呈塑性破坏。符合日本 JIS G3131 SPHC（相当于英国 BS 1449）标准。

1.5 砌体计算指标

1. 砌体抗压强度

烧结普通砖和烧结多孔砖砌体抗压强度设计值[3][4][29]（MPa） 表 1-10

砖强度等级	砂浆强度等级						砂浆强度
	M20	M15	M10	M7.5	M5	M2.5	0
MU30	4.61	3.94(3.90)	3.27(3.23)	2.93(2.91)	2.59(2.57)	2.26(2.24)	1.15(1.14)
MU25	4.21	3.60(3.56)	2.98(2.95)	2.68(2.65)	2.37(2.34)	2.06(2.04)	1.05(1.04)
MU20	3.77	3.22(3.19)	2.67(2.64)	2.39(2.37)	2.12(2.10)	1.84(1.83)	0.94(0.94)
MU15	3.26	2.79(2.76)	2.31(2.29)	2.07(2.05)	1.83(1.82)	1.60(1.58)	0.82(0.81)
MU10	—	—	1.89(1.87)	1.69(1.68)	1.50(1.48)	1.30(1.29)	0.67(0.66)

注：( ) 内数值仅属文献 [3]。

蒸压灰砂砖和蒸压粉煤灰砖砌体抗压强度设计值[6][8][9][29]（MPa） 表 1-11

砖强度等级	砂浆强度等级				砂浆强度
	M15	M10	M7.5	M5[29][6][8]	0
MU25	[3.24] 3.60	[2.68] 2.98	[2.41]2.68	2.37	[0.94]1.05
MU20	[2.89] 3.22(3.19)	[2.40] 2.67(2.64)	[2.15]2.39(2.37)	2.12(2.10)	[0.84]0.94 (0.94)
MU15	[2.51] 2.79(2.76)	[2.31] 2.31(2.29)	[1.86]2.07(2.05)	1.83(1.82)	[0.73]0.82(0.81)
MU10	—(2.25)	[1.70]1.89(1.87)	[1.52]1.69(1.68)	1.50(1.48)	[0.60]0.67(0.66)

注：( ) 内数值仅属文献 [8]，[ ] 内数值仅属文献 [9] 中孔洞率大于 30%的多孔砖砌体。

混凝土多孔砖砌体抗压强度设计值[11][12][13][14][15][16][53]（MPa） 表 1-12

多孔砖强度等级	砂浆强度等级					砂浆强度	备注
	M15	M10	M7.5	M5	M2.5	0	
MU30	3.51	2.91	2.62	2.31		1.03	[11][13]
MU25	3.20	2.66	2.39	2.11		0.94	[11][13]
	4.06	3.36	3.02	2.67	2.32	1.19	[12]
	3.60	2.98	2.68	2.37		1.05	[14][53]
MU20	2.87	2.38	2.13	1.89		0.85	[11][13]
	3.57	2.96	2.65	2.35	2.04	1.04	[12]
	3.22	2.67	2.39	2.12		0.94	[14][15][16][53]

续表

多孔砖强度等级	砂浆强度等级					砂浆强度	备　注
	M15	M10	M7.5	M5	M2.5	0	
MU15	2.48	2.06	1.85	1.64		0.73	[11][13]
	3.03	2.51	2.25	1.99	1.73	0.89	[13]
	2.79	2.31	2.07	1.83		0.82	[14][15][16][53]
MU10		1.68	1.51	1.33		0.59	[11][13]
	2.41	2.00	1.78	1.58	1.37	0.71	[13]
		1.89	1.69	1.50		0.67	[14][15][16][53]

注：文献［14］规定，当主规格多孔砖孔洞率>33%时，表中数值应乘以0.9后采用。文献［53］所示工业废渣混凝土多孔砖砌体的对应值系碳化系数≥0.9时的情况。若<0.9，各值须乘以折减系数0.92。

单排孔混凝土和轻骨料混凝土小型空心砌块砌体抗压强度设计值[19][20][29]（MPa）　表1-13

砌块强度等级	砂浆强度等级					砂浆强度
	Mb20[29]	Mb15[29][19]	Mb10	Mb7.5	Mb5	0
MU20[29][19]	6.29	5.68	4.95	4.44	3.94	2.33
MU15	—	4.61	4.02	3.61	3.20	1.89
MU10	—	—	2.79	2.50	2.22	1.31
MU7.5	—	—	2.16[20]	1.93	1.71	1.01
MU5	—	—	—	1.33[20]	1.19	0.70

注：1. 单排孔错位砌筑的砌体，应按表中数值乘以0.8。
2. 文献［19］砌体尚包括多排孔砌块砌体。
3. 表中轻骨料混凝土砌块为火山渣、浮石、陶粒、煤矸石和煤渣等轻骨料制成的混凝土砌块。
4. 对孔洞率不大于35%的厚壁砌块、双排孔或多排孔砌块及单排孔轻骨料混凝土砌块砌体的抗压强度设计值，可按表中数值乘以1.1（即文献［29］表3.2.1-5）采用。但当厚度方向为双排组砌的轻骨料混凝土砌块砌体时，其抗压强度设计值尚应乘以0.8。
5. 对独立柱或双排组砌的砌块砌体，应按表中数值乘以0.7。
6. 对T型截面柱，应按表中数值乘以0.85。

除文献［20］外，单排孔混凝土砌块对孔砌筑时灌孔砌体抗压强度设计值应按下式计算

$$f_g = f + 0.6\alpha f_c \tag{1-1}$$

$$\alpha = \delta\rho \tag{1-2}$$

式中　f_g——灌孔砌体抗压强度设计值，f_g 应≤$2f$；
f——未灌孔砌体的抗压强度设计值，按表1-13采用；
α——砌块砌体中灌孔混凝土面积与砌体毛面积的比值；
δ——砌块孔洞率；
ρ——砌块砌体灌孔率，系截面灌孔混凝土面积与截面孔洞面积的比值，ρ 应≥33%；
f_c——灌孔混凝土抗压强度设计值[23]。

对文献［20］的灌芯砌体，可按表1-13中的数值乘以 ϕ_1 取值，

$$\phi_1 = [0.8/(1-\delta)] \leqslant 1.5 \tag{1-3}$$

文献［52］表3.2.1列出了MU20、MU15和MU10与Cb40（Mb25）、Cb35（Mb25）、Cb30（Mb20）、Cb25（Mb20）和Cb20（Mb15）组合的 f_g 值，可直接查用。该表强度的组合原则是灌孔混凝土强度等级不应低于Cb20且不宜低于2倍MU15。

单排孔粉煤灰小型空心砌块砌体抗压强度设计值[9]（MPa）　表1-14

砌块强度等级	砂浆强度等级			砂浆强度
	Mb15	Mb10	Mb7.5	0
MU15	4.61	4.02	3.64	1.89
MU10		2.79	2.50	1.31
MU7.5			1.93	1.01

注：同表1-13之注1、5及6。

毛料石砌体抗压强度设计值[29]（MPa）　表1-15

砌块强度等级	砂浆强度等级			砂浆强度
	M7.5	M5	M2.5	0
MU100	5.42	4.80	4.18	2.13
MU80	4.85	4.29	3.73	1.91
MU60	4.20	3.71	3.23	1.65
MU50	3.83	3.39	2.95	1.51
MU40	3.43	3.04	2.64	1.35
MU30	2.97	2.63	2.29	1.17
MU20	2.42	2.15	1.87	0.95

注：下列各类料石砌体应按表中数值分别乘以系数：细料石砌体1.5，半细料石砌体1.3，粗料石砌体1.2，干砌勾缝石砌体0.8。

毛石砌体抗压强度设计值[29] (MPa) 表 1-16

砌块强度等级	砂浆强度等级			砂浆强度
	M7.5	M5	M2.5	0
MU100	1.27	1.12	0.98	0.34
MU80	1.13	1.00	0.87	0.30
MU60	0.98	0.87	0.76	0.26
MU50	0.90	0.80	0.69	0.23
MU40	0.80	0.71	0.62	0.21
MU30	0.69	0.61	0.53	0.18
MU20	0.56	0.51	0.44	0.15

2. 砌体沿齿缝截面破坏时的轴心抗拉强度、弯曲抗拉强度、沿通缝弯曲抗拉强度与抗剪强度

烧结普通砖和烧结多孔砖砌体抗拉、抗弯及抗剪强度设计值[29][3][4] (MPa) 表 1-17

强度类别	破坏特征	砂浆强度等级			
		≥M10	M7.5	M5	M2.5
轴心抗拉[29][4]	沿齿缝	0.19	0.16	0.13	0.09
弯曲抗拉	沿齿缝	0.33	0.29	0.23	0.17
	沿通缝	0.17	0.14	0.11	0.08
抗剪	沿通缝、阶梯缝、齿缝	0.17(0.20)	0.14(0.16)	0.11(0.13)	0.08(0.10)

注：抗剪强度（ ）内数值属文献 [4]。

蒸压灰砂砖和蒸压粉煤灰砖砌体抗拉、抗弯及抗剪强度设计值[29][6][8][9] (MPa) 表 1-18

强度类别	破坏特征	砂浆强度等级			
		≥M10	M7.5	M5[29][6][8]	M2.5[29]
轴心抗拉	沿齿缝	0.12	0.10	0.08	0.06
弯曲抗拉	沿齿缝	0.24	0.20	0.16	0.12
	沿通缝	0.12	0.10	0.08	0.06
抗剪	沿通缝、阶梯缝、齿缝	0.12	0.10	0.08	0.06

注：本表包括多孔砖，详见文献 [29] 表 3.2.2 注。文献 [9] 轴心抗拉及弯曲抗拉强度不包括多孔砖砌体。

混凝土多孔砖砌体抗拉、抗弯及抗剪强度设计值[11][12][13][14][15][16][53] (MPa) 表 1-19

强度类别	破坏特征	砂浆强度等级				备 注
		≥M10	M7.5	M5	M2.5	
轴心抗拉	沿齿缝	0.20	0.17	0.14	0.10	[12]
		0.17	0.14	0.12		[13]
弯曲抗拉	沿齿缝	0.33	0.29	0.23		[11][14][15][16][53]
		0.30	0.26	0.21	0.15	[12][13]
	沿通缝	0.17	0.14	0.11		[11][14][15][16][53]
		0.16(0.15)	0.14(0.13)	0.11(0.10)	0.08	[12][13]
抗剪	沿通缝、阶梯缝	0.17	0.14	0.11		[11][14][15][16][53]
		0.20(0.15)	0.17(0.13)	0.14(0.10)	0.10	[12][13]

注：当搭接长度与砖高度之比值小于 1 时，表中除抗剪以外各值应乘以该比值。文献 [53] 无轴心抗拉强度项。

单排孔混凝土和轻骨料混凝土空心砌块砌体抗拉、抗弯及抗剪强度设计值[29][19][20] (MPa) 表 1-20

强度类别	破坏特征	砂浆强度等级			
		≥Mb10	Mb7.5	Mb5	Mb2.5
轴心抗拉[29][19]	沿齿缝	0.09	0.08	0.07	—
弯曲抗拉	沿齿缝	0.11	0.09	0.08	—
	沿通缝	0.08	0.06	0.05	—
抗剪	沿通缝、阶梯缝	0.09	0.08	0.06	—

注：对孔洞率≤35%的双排或多排孔轻骨料混凝土砌块砌体的抗剪强度设计值，可按表中值乘以 1.1 采用。

单排孔混凝土砌块对孔砌筑时，灌孔砌体的抗剪强度设计值 f_{vg} 应按下式计算

$$f_{vg}=0.2f_g^{0.55} \quad (1\text{-}4)$$

式中 f_g——灌孔砌体的抗压强度设计值，文献[52]表3.2.2列出了与其抗压强度设计值 f_g 相应的抗剪强度设计值 f_{vg}，可直接查用。

粉煤灰小型空心砌块砌体抗拉、抗弯及抗剪强度设计值[9]（MPa） 表1-21

强度类别	破坏特征	砂浆强度等级	
		≥Mb10	Mb7.5
轴心抗拉	沿齿缝	0.09	0.08
弯曲抗拉	沿齿缝	0.11	0.09
	沿通缝	0.08	0.06
抗剪	沿通缝、阶梯缝、齿缝	0.09	0.08

注：同表1-20。

毛石砌体抗拉、抗弯及抗剪强度设计值[29]（MPa） 表1-22

强度类别	破坏特征	砂浆强度等级			
		≥M10	M7.5	M5	M2.5
轴心抗拉	沿齿缝	0.08	0.07	0.06	0.04
弯曲抗拉	沿齿缝	0.13	0.11	0.09	0.07
	沿通缝	—	—	—	—
抗剪	沿通缝、阶梯缝、齿缝	0.21	0.19	0.16	0.11

注：当搭接长度与块体高度之比小于1时，表中除抗剪以外的各值应乘以该比值。

3. 砌体强度设计值的调整系数 γ_a[28]

（1）有吊车厂房，$L\geqslant9$m的梁下烧结普通砖砌体，$L\geqslant7.2$m的梁下烧结多孔砖、蒸压灰砂砖、粉煤灰砖、混凝土多孔砖[11][12][13][14][15][16]、混凝土和轻骨料混凝土砌块砌体，$\gamma_a=0.9$。

（2）当无筋砌体截面面积小于0.3m^{2}时，γ_a 为其截面面积加0.7。当配筋砌体截面面积小于0.2m^{2}时，γ_a 为其截面面积加0.8。截面面积以m^{2}计。

（3）当采用水泥砂浆时，对抗压强度值 γ_a 取0.9；对抗拉、抗弯、抗剪的强度值 γ_a 取0.8；对配筋砌体则仅对其中砌体强度考虑 γ_a 值。

（4）当施工质量控制等级为C级时，γ_a 为0.89（配筋砌体不允许采用C级）。

（5）当验算施工中的房屋构件时，γ_a 值为1.1。

1.6 砌体弹性模量与剪变模量、线膨胀系数、收缩率、摩擦系数和重力密度

1. 砌体弹性模量与剪变模量[3][4][6][8][9][11][12][13][14][15][16][17][20][29][52][53]

砌体弹性模量（MPa） 表1-23

砌体类别	砂浆强度等级			
	≥M10	M7.5	M5	M2.5[29][3]
烧结普通砖和烧结多孔砖砌体	1600f	1600f	1600f	1390f
蒸压灰砂砖、蒸压粉煤灰砖砌体	1000f(1060f)[9]	1000f(1060f)[9]	1000f	1000f
混凝土多孔砖砌体和混凝土砌块砌体	1700f(1600f)[20]	1600f(1500f)[20]	1500f(1400f)[20]	—
粗料石、毛料石、毛石砌体	7300	5650	4000	2250
细料石、半细料石砌体	22000	17000	12000	6750

注：1. 轻骨料混凝土砌块砌体的弹性模量，可按混凝土砌块砌体的弹性模量采用。
2. 砌体的剪变模量可按砌体弹性模量的0.4倍采用。
3. 文献[52]表3.2.4列出灌孔砌块砌体弹性模量 $E=1900f_g$。

单排孔对孔砌筑的混凝土砌块灌孔砌体的弹性模量，应按下式计算

$$E=1700f_g \quad (1\text{-}5)$$

式中 f_g——灌孔砌体的抗压强度设计值。

2. 砌体线膨胀系数、收缩率[29][3][4][6][8][11][12][13][14][15][16][19][20][52][53]

砌体线膨胀系数、收缩率 表1-24

砌体类别	线膨胀系数（10^{-6}/℃）	收缩率(mm/m)
烧结砖砌体	5	−0.1
蒸压灰砂砖、蒸压粉煤灰砖砌体	8	−0.2
混凝土多孔砖及混凝土砌块砌体	10	−0.2 (−0.42)[12] (—)[13][15] (−0.4)[20]
轻骨料混凝土砌块砖砌体	10	−0.3
料石和毛石砌体	8	—

注：文献[20]之煤渣混凝土砌块砌体收缩率为−0.7。

3. 砌体的摩擦系数[29][3][4][6][8][9][11][12][13][14][19][20][52][53]

砌体的摩擦系数 表1-25

	摩擦面情况	
	干燥的	潮湿的
砌体沿砌体或混凝土滑动	0.7	0.6
木材沿砌体滑动	0.6(—)[9][14]	0.5(—)[9][14]
钢沿砌体滑动	0.45	0.35
砌体沿砂或卵石滑动	0.60	0.50
砌体沿粉土滑动	0.55	0.40
砌体沿黏土滑动	0.50	0.30

4. 砌体重力密度和砌体墙自重

（1）普通砖和机制砖砌体的重力密度 γ 分别

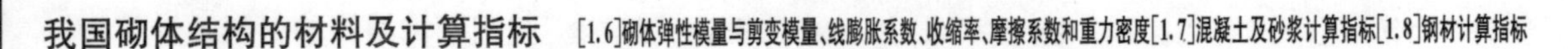

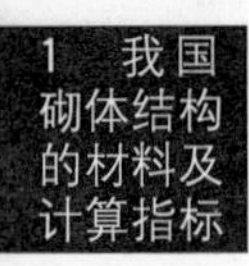

为 18kN/m³ 和 19kN/m³。

（2）多孔砖砌体重力密度[4]

$$\gamma=\left(1-\frac{q}{2}\right)\times 19 \qquad (1\text{-}6)$$

式中 q——多孔砖孔洞率，当 $q>28\%$ 时，可取 $\gamma=16.4\text{kN/m}^3$。

（3）混凝土多孔砖砌体重力密度详表 1-26。

混凝土多孔砖砌体重力密度（kN/m³） 表 1-26

文献	[11]	[12]	[13]	[14]	[53]				
					MU25	MU20	MU15	MU10	MU7.5
γ	14.6	$(1-0.78\rho)\times 23$	14.5	16.0	22.0	22.0	20.0	18.0	16.0

（4）混凝土多孔砖及砌体墙自重详表 1-27[15]及表 1-28[16]。

混凝土多孔砖不同厚度砌体墙自重 表 1-27

砌体厚（mm）	砌体墙自重(kN/mm²)	
	承重	非承重
240	3.91	3.32
190	—	3.00
120	—	1.86
90	—	1.60

注：表中数据包括圈梁、构造柱等构件以及砖的 7%含水率，不包括粉刷层。

4 排孔混凝土多孔砖及砌体墙重 表 1-28

主块规格（mm）	砖的重力密度（kN/m³）	墙厚（mm）	墙自重（kN/mm²）
240×190×115	15.2	190	2.96
240×115×115	14.5	115	1.81

（5）混凝土小型空心砌块砌体墙自重详表 1-29[19]，小型砌块体积密度详表 1-30[20]

混凝土空心砌块砌体墙自重[19] 表 1-29

墙厚及类型	墙面粉刷			备注
	清水墙	单面粉刷	双面粉刷	
190mm 单排孔承重墙	2.70	3.04	3.38	墙面粉刷为混合砂浆，单面厚 20mm
190mm 双排孔承重墙	3.10	3.78	3.78	
90mm 隔墙	—	—	2.08	

注：1. 190mm 厚单排孔承重墙自重系单排孔主规格和辅助规格砌块砌筑的墙自重。
2. 190mm 厚双排孔承重墙自重系 38%孔洞率砌块计算的。
3. 90mm 厚隔墙自重是以砌块孔洞率为 35%计算的。
4. 表中墙重已考虑墙体一般构造措施，但不包括灌孔混凝土重量。

小型砌块体积密度（kN/m³）[20] 表 1-30

普通混凝土小型砌块		12～14
煤渣混凝土小型砌块	MU5	8～10
	MU7.5	10～12

（6）灰砂砖[6]及粉煤灰砖[8]砌体重力密度 $\gamma=20\text{kN/m}^3$，焦砟砖、石材及其砌体重力密度详文献 [34]

1.7 混凝土及砂浆计算指标

1. 混凝土（含灌孔混凝土）抗压、抗拉强度设计值与弹性模量[23]

混凝土（含灌孔混凝土）抗压、抗拉强度设计值与弹性模量（MPa） 表 1-31

强度与弹性模量	混凝土强度等级							
	C15	C20	C25	C30	C35	C40	C45	C50
f_c	7.2	9.6	11.9	14.3	16.70	19.1	21.1	23.1
f_t	0.91	1.10	1.27	1.43	1.57	1.71	1.80	1.89
E	2.20	2.55	2.80	3.00	3.15	3.25	3.35	3.45

注：本表仅摘录了砌体结构中可能应用的强度等级，其余详见文献 [23]。

2. 砂浆的各项计算指标

砂浆的各项计算指标可近似按混凝土相应值的 0.7 倍取值。

1.8 钢材计算指标

1. 普通钢筋强度设计值[23]

普通钢筋强度设计值（MPa） 表 1-32

种类		符号	f_y	f'_y
热轧钢筋	HPB 235(Q235)	Φ	210	210
	HRB 335(20MnSi)	Φ	300	300
	HRB 400(20MnSiV、20MnSiNb、20MnTi)	Φ	360	360
	RRB 400(K20MnSi)	Φ^R	360	360

2. 预应力钢筋强度设计值[23]

预应力钢筋强度设计值（MPa） 表 1-33

种类		符号	d(mm)	f_{ptk}	f_{py}	f'_{py}
钢绞线	1×3	Φ^S	8.6～12.9	1860	1320	390
				1720	1220	
				1570	1110	

续表

种	类	符号	d(mm)	f_{ptk}	f_{py}	f'_{py}
钢绞线	1×7	Φ^S	9.5～15.2	1860	1320	390
				1720	1220	
消除应力钢丝	光面	Φ^P	4～9	1770	1250	410
	螺旋肋	Φ^H	4～8	1670	1180	
	刻痕	Φ^I	5～7	1570	1110	
热处理钢筋	40Si2Mn	Φ^{HT}		1470	1040	400
	48Si2Mn					
	45Si2Cr					

注：当预应力钢绞线、钢丝的强度标准值不符合文献［23］表4.2.2-2的规定时，其强度设计值应进行换算。

3. 焊接网钢筋强度设计值[24][28]：

焊接网钢筋强度设计值（MPa）　表1-34

焊接网钢筋	f_y	f'_y	焊接网钢筋	f_y	f'_y
CRB500冷轧带肋钢筋	360	360	HRB335热轧带肋钢筋	300	300
HRB400热轧带肋钢筋	360	360	CDB510冷拔光圆钢筋	320	320

4. 扩张金属网（钢板网）力学指标实测值（部分产品规格）[26][30][31]

重庆恐龙钢板网厂钢板网力学指标实测值[26][30]　表1-35

试验方法	试件特征	弹性模量(或工作弹性模量)(10^5MPa)	极限强度(MPa)	极限应变(%)
单丝法	网丝	1.75	535	1.6
	节点	0.3	456	8.8
网片法	LL	0.4	461	5.6
	LW	0.33	458	6.5
	SW	0.01	82	15
单格网混凝土法	Lw	0.47	475	6
多格网混凝土法	LL	0.72	530	4
	LW	0.72	520	4.2
	SW	0.34	350	7.4

注：1. 表中数值系按文献［30］建议的4种方法实测的平均值（参见本资料集1.9之4）。
2. “试件特征”：网丝——不带节点的单丝；节点——带节点的单丝；LL——网片某一方向的网丝与拉力平行；LW——网片网孔长向与拉力平行；SW——网片网孔短向与拉力平行；Lw——单格网网孔长向与拉力平行。
3. 文献［30］最终推荐“多格网混凝土法”为主要方法。其中“工作弹性模量”系指钢板网锚固在混凝土试件中这一特定条件下的受拉初始变形模量。

河北安平腾达织网厂钢板网力学指标实测值[31]　表1-36

型号	试件	网丝截面积(mm^2)	网孔规格(mm)	极限强度σ_b(MPa)		弹性模量(MPa)	反复弯折180°(次数)	伸长率δ(%)
国产10×20型	单丝	0.3×1.0（实测平均0.322）		σ_b=248.45		0.781×10^5	25	2.14
	网片		10×20	沿孔长向	沿网丝向			3.81
				5.65(kN/m)	8.5(kN/m)			

香港万里行工业设备有限公司扩张金属网力学指标实测值[31]　表1-37

型号	试件	网丝截面积(mm^2) 网片重(kN/m^2)	网孔规格(mm)	极限强度σ_b(MPa) 屈服强度σ_y(MPa) 单位宽网片承载力(kN/m)		弹性模量(MPa)	反复弯折180°(次数)	单丝伸长及网片沿孔长向伸长率δ(%)
D0510	单丝	0.5×1.0（实测平均0.547）		σ_b=327.12		1.661×10^5	65	5.32
	网片	0.553	10×21 15×30	沿孔长向	沿网丝向		85	2.71
				9.53	15.99			

续表

型号	试件	网丝截面积(mm^2) 网片重(kN/m^2)		网孔规格(mm)	极限强度σ_b(MPa) 屈服强度σ_y(MPa) 单位宽网片承载力(kN/m)		弹性模量(MPa)	反复弯折180°(次数)	单丝伸长及网片沿孔长向伸长率δ(%)
TMD3030	单丝	3.0×3.0 (实测平均 8.16)			σ_b=444.67 σ_y=352.53		1.744×10^5		
	网片	试件实测截面积	沿孔长向 35.48 沿网丝向 27.45	100×200	29.18 (kN/m) σ_b=168.55	56.81 (kN/m) σ_b=376.68			
TMD4040	单丝	4.0×4.0 (实测平均 13.44)			σ_b=385.39 σ_y=367.29		1.753×10^5		
	网片	试件实测截面积	沿孔长向 53.49 沿网丝向 40.59		48.60 (kN/m) σ_b=216.68	59.51 (kN/m) σ_b=300.65			

注：试验与计算方法同表 1-36。

1.9 块材、砂浆、混凝土、钢材及砌体试验方法

1. 块材试验方法

砖及多孔砖——《砌墙砖试验方法》GB/T 2542—2003；

混凝土、轻骨料混凝土及粉煤灰小型空心砌块——《混凝土小型空心砌块试验方法》GB/T 4111—1997。

2. 砂浆试验方法

《砌筑砂浆基本性能试验方法》JGJ 70—90；

《混凝土小型空心砌块砌筑砂浆》JC 860—2000。

3. 混凝土试验方法

《普通混凝土力学性能试验方法》GB/T 50081—2002；

《混凝土小型空心砌块灌孔混凝土》JC 861—2000。

4. 钢材试验方法

《金属拉伸试验方法》GB 228—87；

《金属弯曲试验方法》GB 232—88；

《钢筋混凝土用钢筋焊接网》GB/T 1499.3—2002；

《扩张金属网力学性能试验方法及其成果的研究》[30]。

[附] 扩张金属网力学性能试验的 4 种方法要点[30]：详见图 1-2～图 1-5。

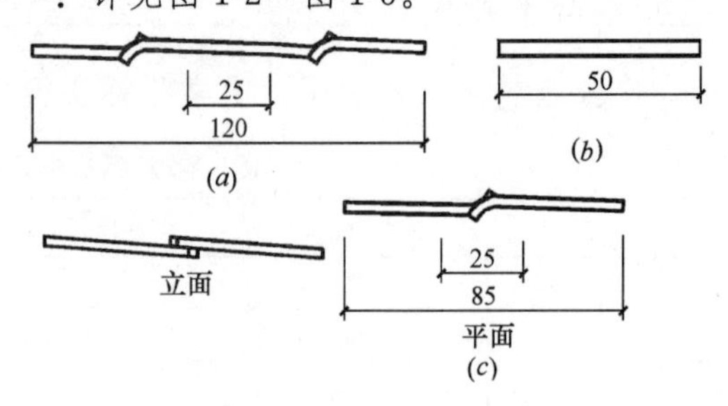

图 1-2 单丝和节点拉伸试验

(图中 25mm 为引伸仪标距)

(a) 两节点试件；(b) 单丝试件；(c) 节点试件

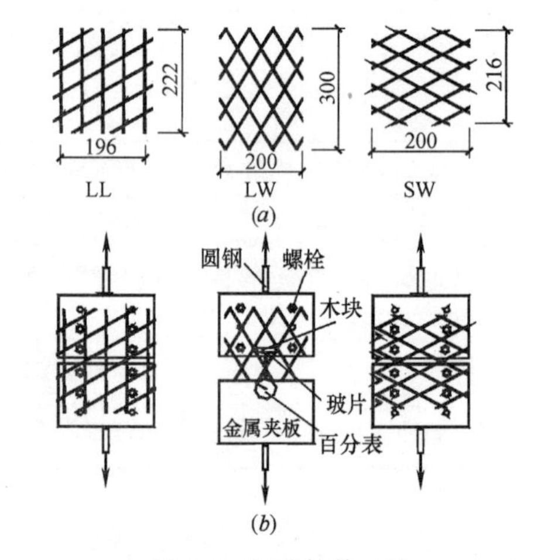

图 1-3 网片拉伸试验

(a) 试件类型及尺寸；(b) 夹具及试件拉伸示意图

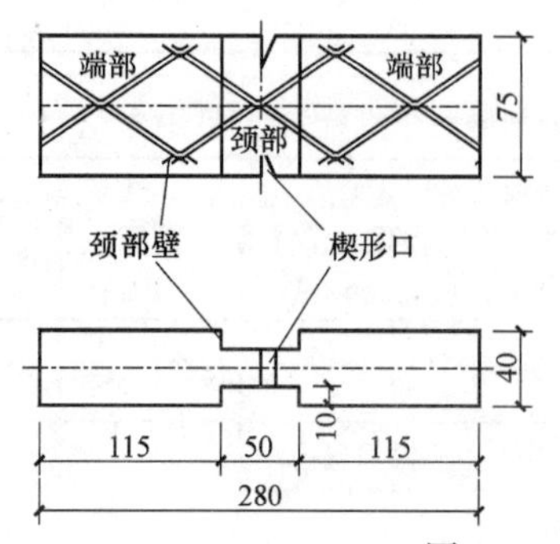

图 1-4 单格网混凝土试件

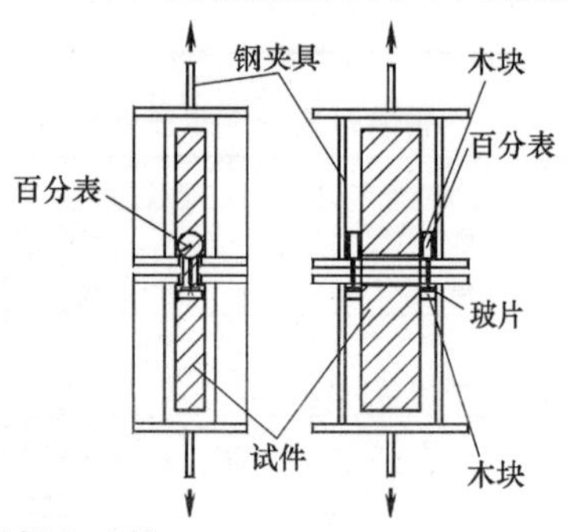

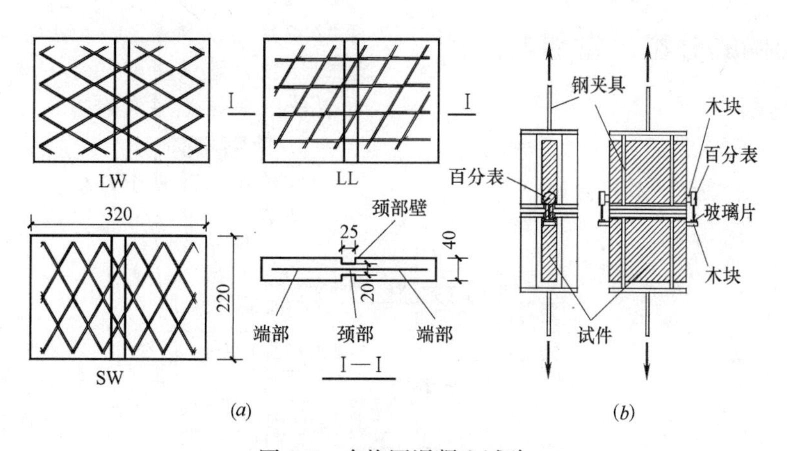

图 1-5　多格网混凝土试验

(a) 试件类型图；(b) 试件拉伸示意图

5. 砌体试验方法

《砌体基本力学性能试验方法标准》GBJ 129—90。

《砖砌体剪压复合受力相关性与抗剪摩擦系数的取值》[87]。

《混凝土小型空心砌块试验方法》GB/T 4111—1997[100]。

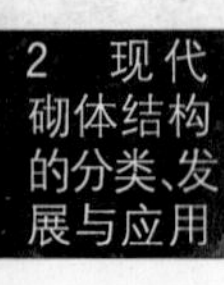

2 现代砌体结构的分类、发展与应用

2.1 按配筋情况分类

1. 无筋砌体

单叶墙及柱（实心砖墙、多孔砖墙、空斗墙、空心砌块墙及灌孔空心砌块墙）；多叶墙（夹心墙——预留连续空腹内填保温隔热材料，内外叶间以防锈件拉结形成的墙）。

2. 配筋砌体

（1）局部或集中配筋（详图 2-1～图 2-7）。

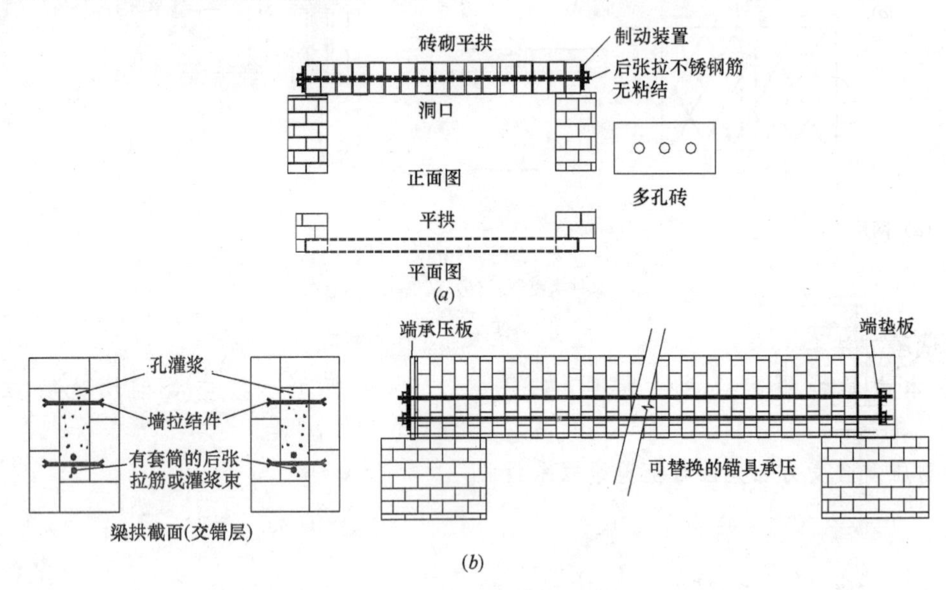

图 2-1 后张拉砖平拱过梁[37]

(*a*) 多孔砖平拱过梁；(*b*) 有套筒（不锈钢）或灌浆（预应力筋或钢丝束）箱形过梁

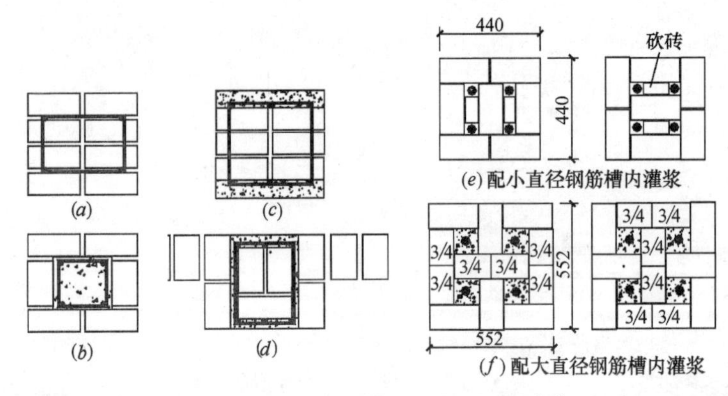

图 2-2 常见配筋砌体柱砌筑平面图[37]

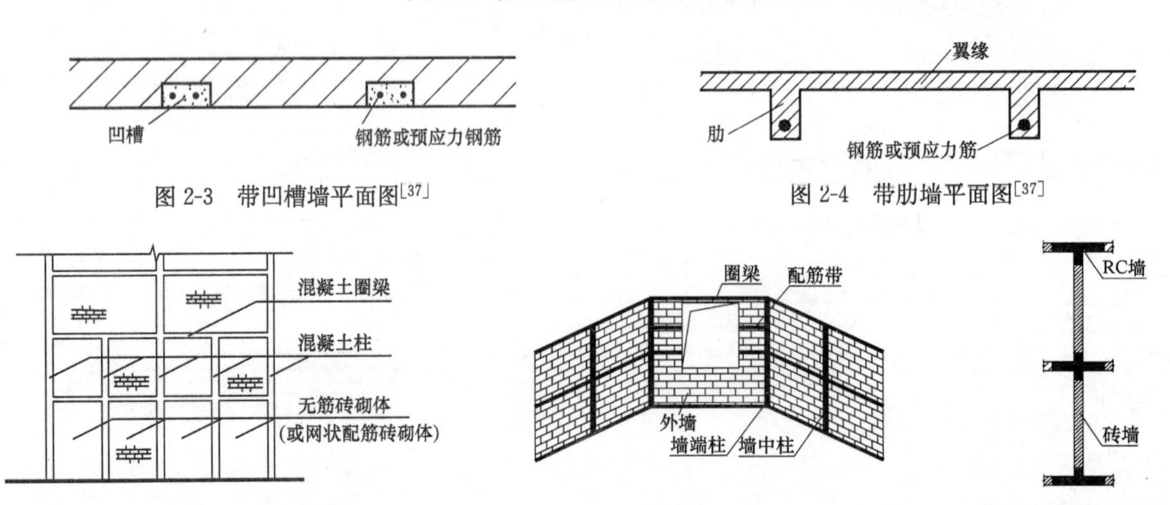

图 2-3 带凹槽墙平面图[37]

图 2-4 带肋墙平面图[37]

图 2-5 设置混凝土构造柱的砖墙（或网状配筋砖墙）结构

图 2-6 加密圈梁的带构造柱组合墙

图 2-7 带薄壁柱组合墙

(2) 均匀配筋（详图 2-8～图 2-13）

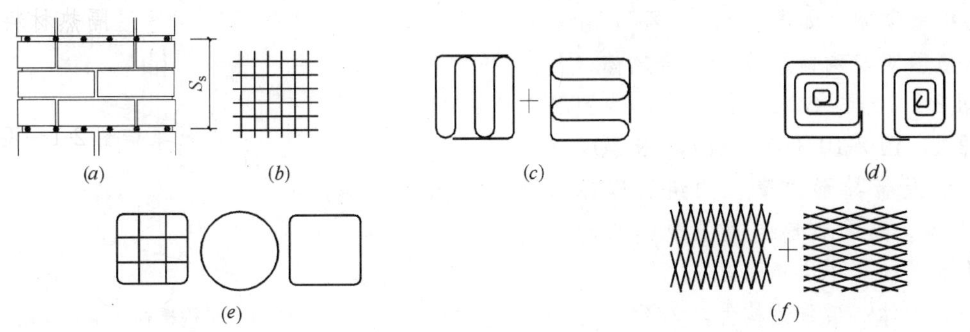

图 2-8　横向配筋柱

(a) 网片布置；(b) 方格网；(c) 连弯网；(d) 迴形网；(e) 焊接网或环箍；(f) 钢板网（扩张网）

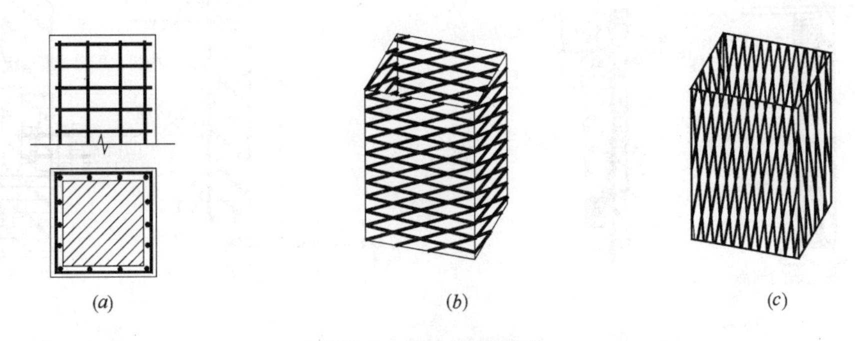

图 2-9　纵向配筋砖柱

(a) 普通配筋；(b) 横向扩张网配筋；(c) 竖向扩张网配筋

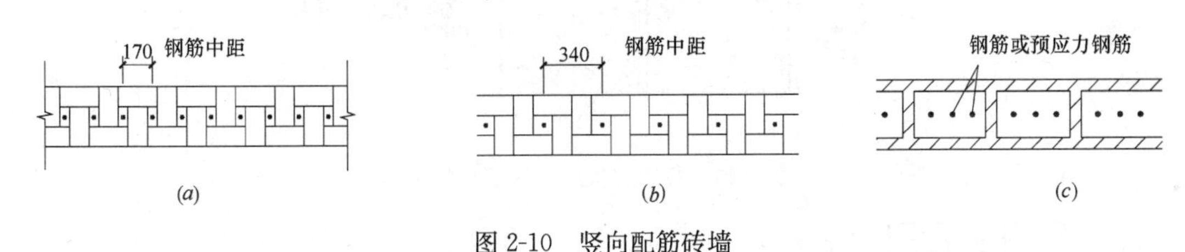

图 2-10　竖向配筋砖墙

(a) 钢筋密排的奎达式[37]；(b) 改进后的奎达式[37]；(c) 带横隔空心腔墙[37]

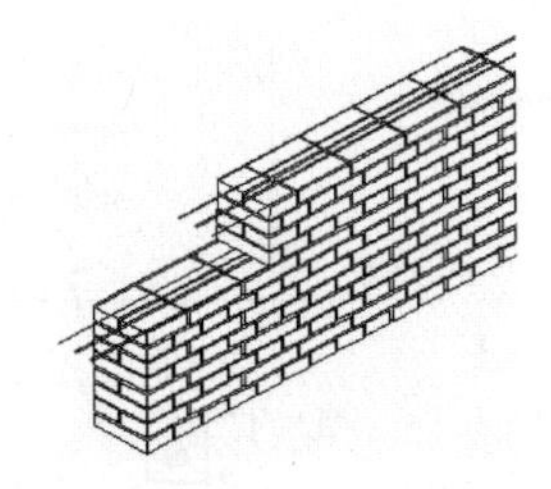

图 2-11　纵向水平配筋砖墙

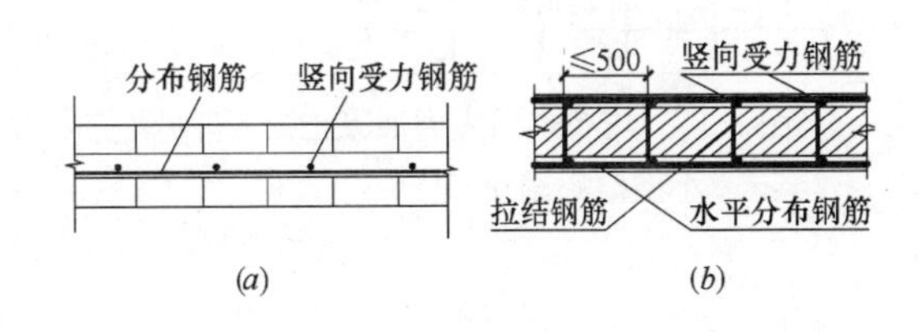

图 2-12　竖向及水平向配筋砖墙[37]

(a) 顺砖砌筑，钢筋间距不受限制（为加强墙体稳固，鱼尾形金属拉结杆砌入竖缝中并将空腔灌浆）；(b) 墙面钢筋网配筋

2.2　按配筋的作用分类

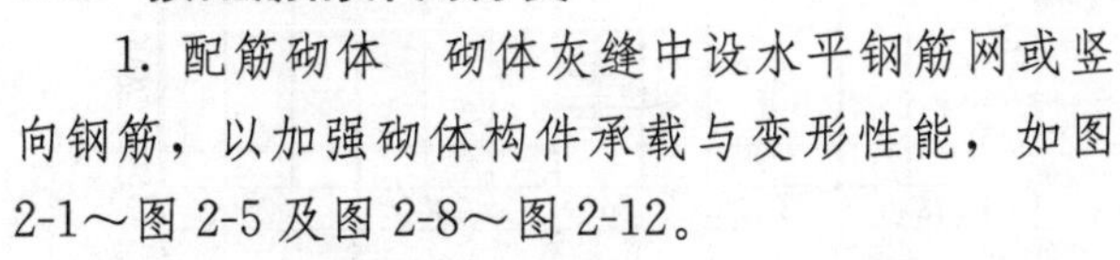

1. 配筋砌体　砌体灰缝中设水平钢筋网或竖向钢筋，以加强砌体构件承载与变形性能，如图 2-1～图 2-5 及图 2-8～图 2-12。

2. 约束砌体　墙端设置构造柱，柱距 $s>4$m，如图 2-14。

截面设计时仅考虑柱对砌体墙的约束作用而不计入柱的受力。

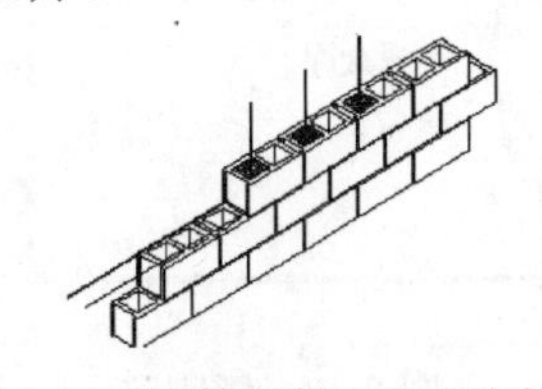

图 2-13　配筋混凝土空心砌块墙

3. 组合砌体 分为间距 $s<4\mathrm{m}$ 的构造柱参与砖墙受力的约束砌体（如图 2-5、图 2-6）和钢筋混凝土或钢筋砂浆与砌体形成的组合砌体（如图 2-1 (*b*)，图 2-2 (*b*)、(*c*)、(*d*)、(*f*)、图 2-3、图 2-4，图2-9，图 2-10 (*b*)、(*c*)，图 2-12 (*a*) 及图 2-13）以及带异形薄壁柱的组合砌体（图 2-7）等三大类。所有钢筋混凝土或钢筋砂浆均参与截面受力，计算中应予考虑。

4. 预应力砌体 后张法构件，如图 2-1、图 2-5、图 2-10 (*c*)、图 2-15 及图 2-16 等。

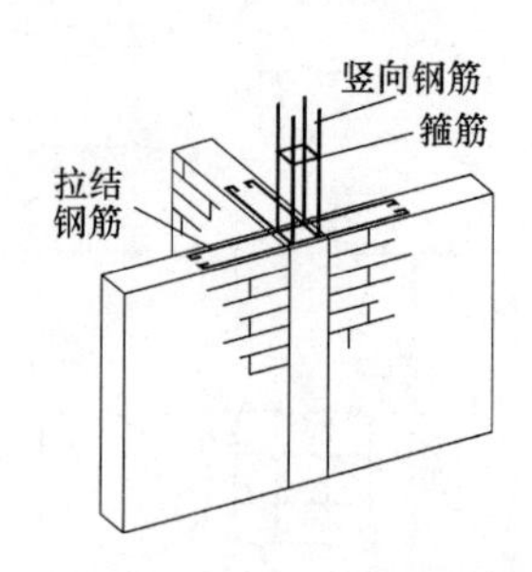

图 2-14 带构造柱约束砌体墙

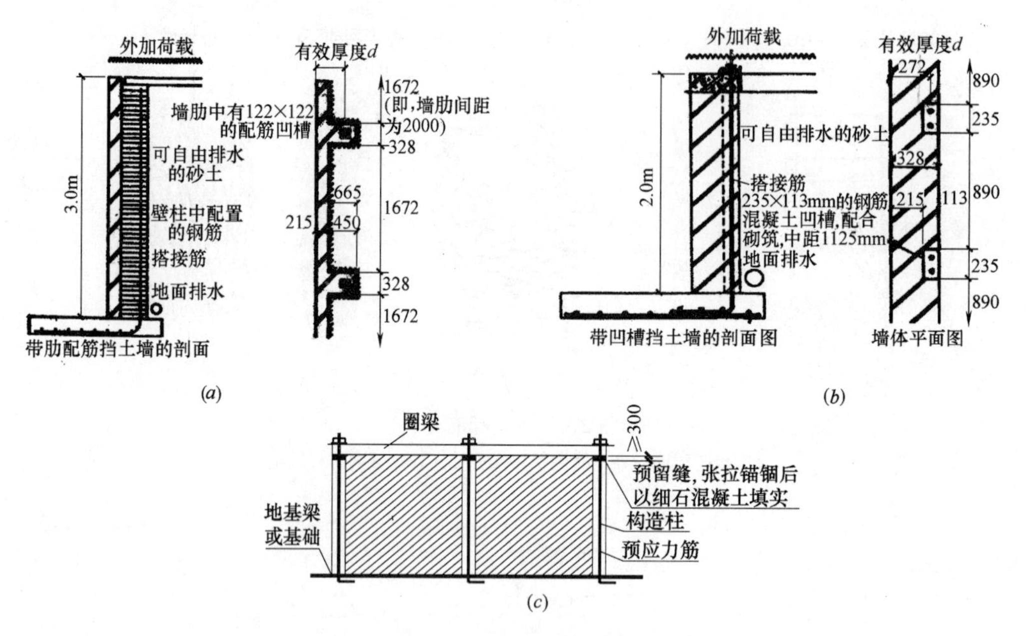

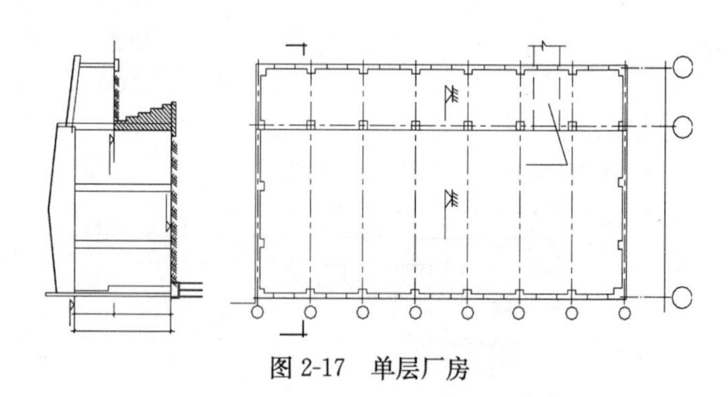

图 2-15 集中式预应力砖墙[38][39]

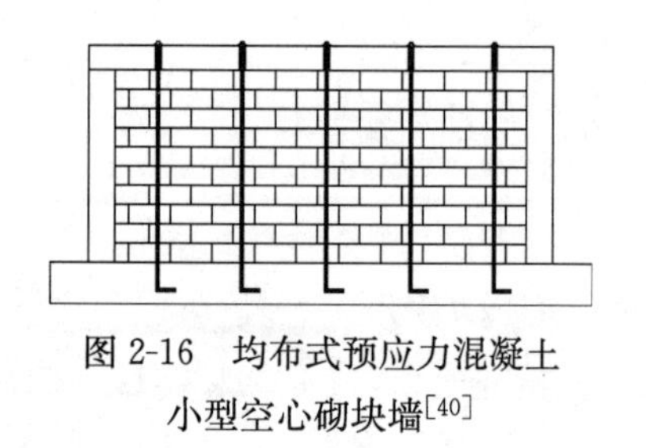

图 2-16 均布式预应力混凝土小型空心砌块墙[40]

图 2-17 单层厂房

2.3 按建筑功能与结构方案分类

1. 单层及空旷砌体房屋结构 详见图 2-17 及图 2-18。

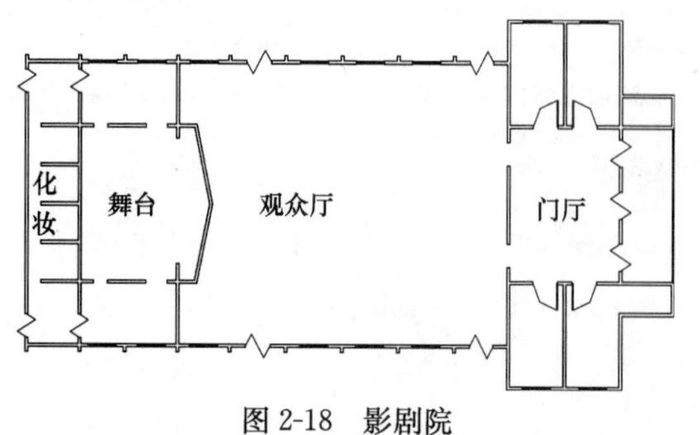

图 2-18 影剧院

2. 多层砌体房屋结构 详见图 2-19 及图 2-20。

3. 底层墙梁或框支墙梁砌体房屋结构 详见图 2-21 及图 2-22。

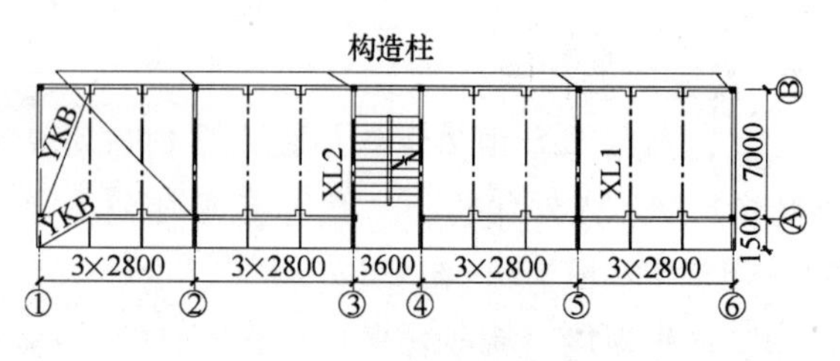

图 2-19 外廊式教学楼

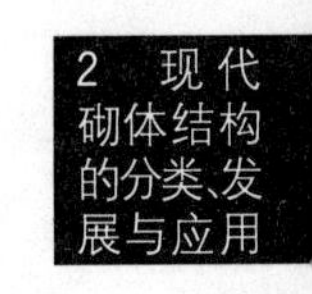

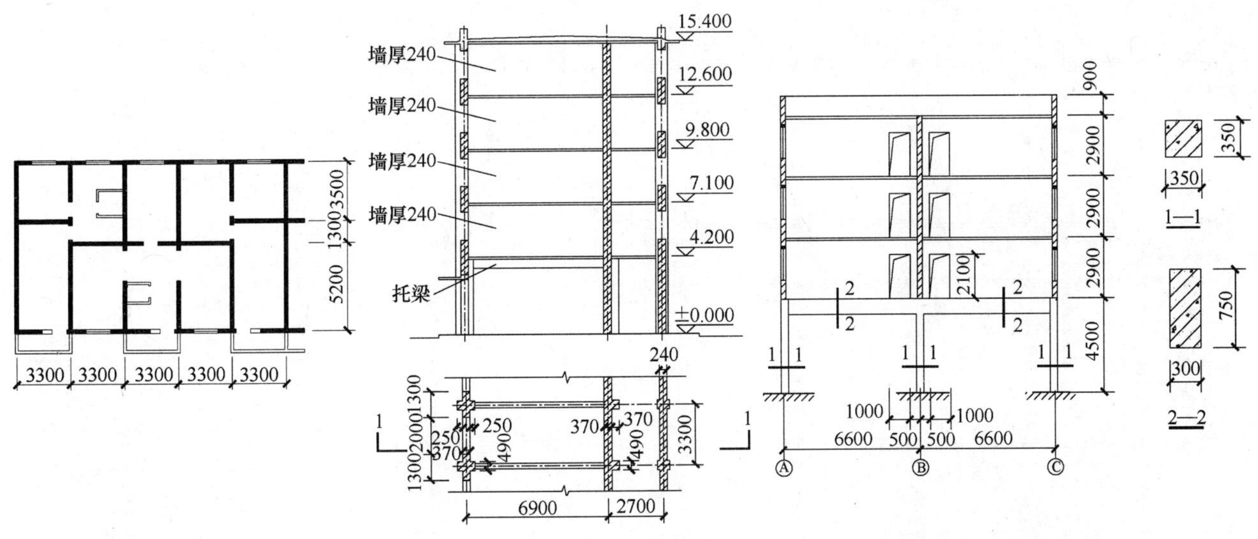

图 2-20 多层住宅　　图 2-21 砖墙支承墙梁结构　　图 2-22 框支墙梁结构

4. 内框架砌体房屋结构　详图 2-23。

5. 多层及高层组合砌体房屋结构　详见图 2-24～图 2-26。图 2-26 为沈阳市电业局住宅办公楼，地上 18 层、地下 1 层，共 19 层。其中地下及地上 4 层为钢筋混凝土框架-剪力墙结构。位于 7 度地震区。

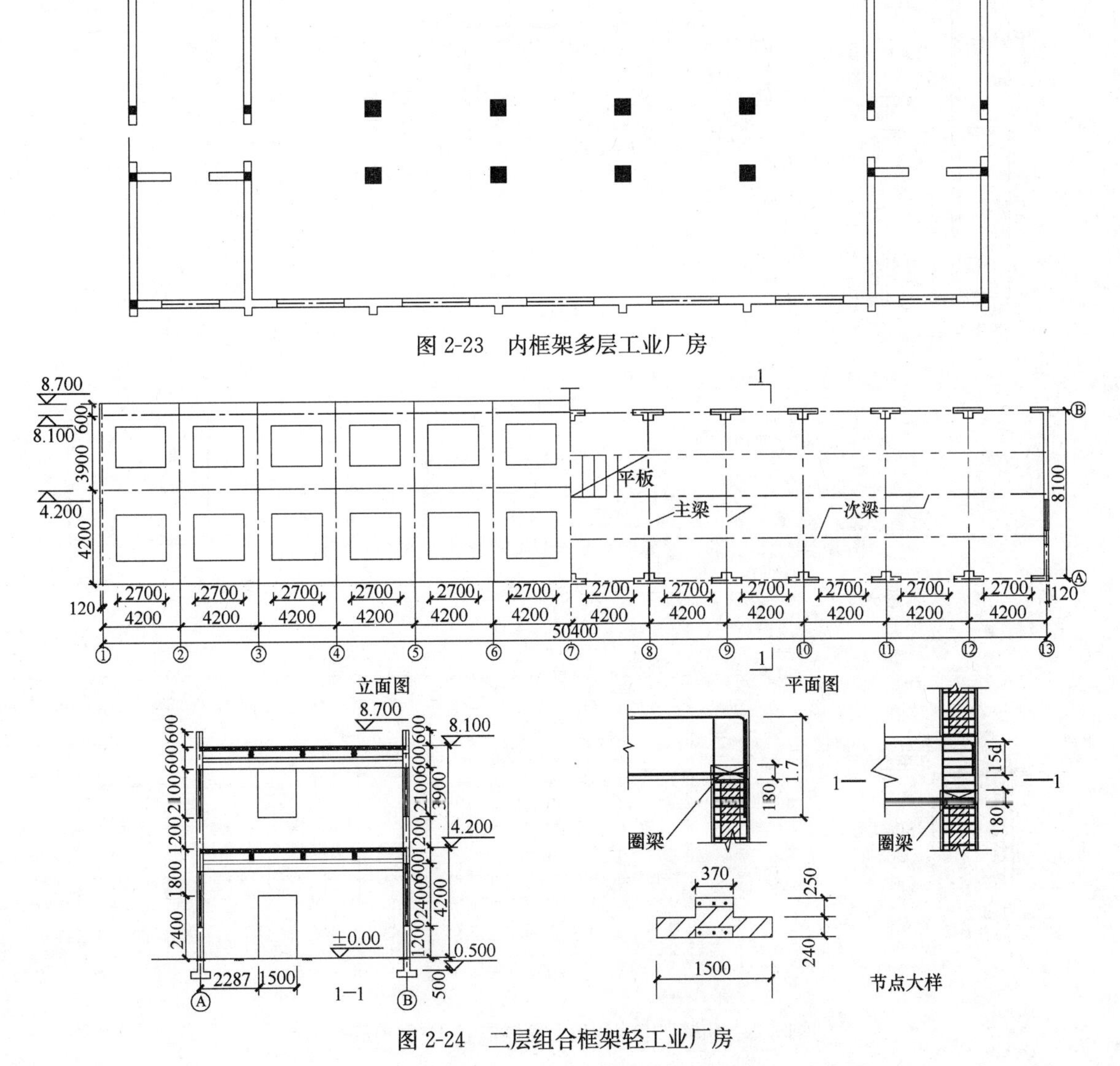

图 2-23 内框架多层工业厂房

图 2-24 二层组合框架轻工业厂房

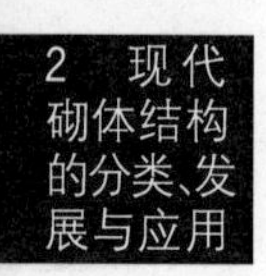

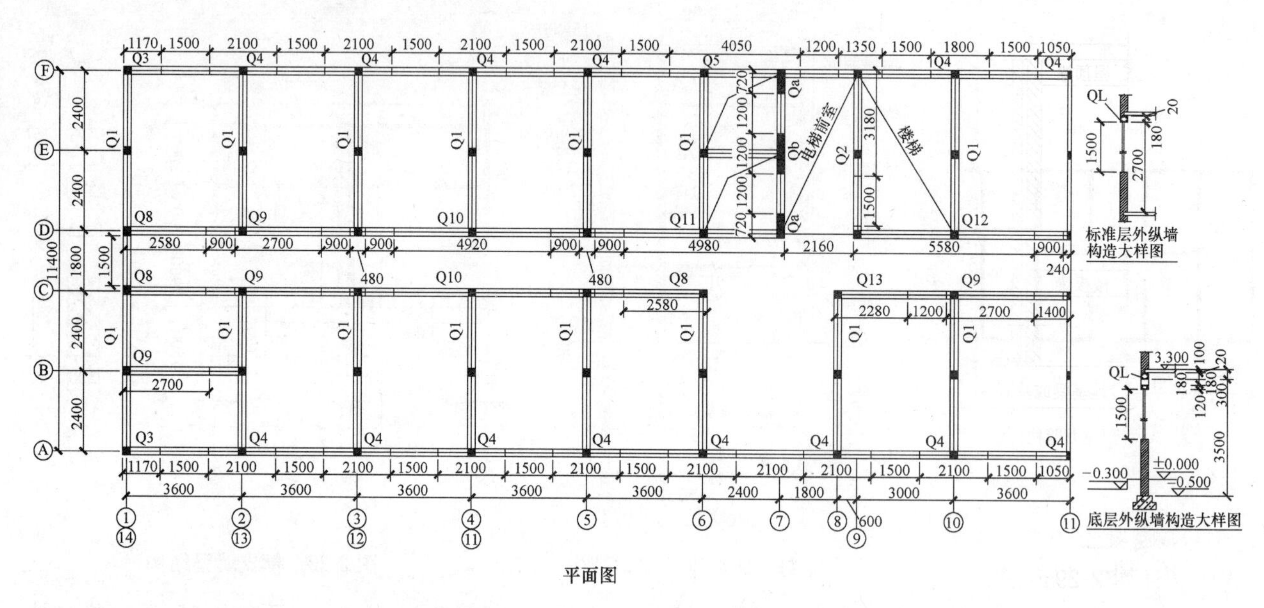

图 2-25 12层组合墙宿舍（7度地震区）

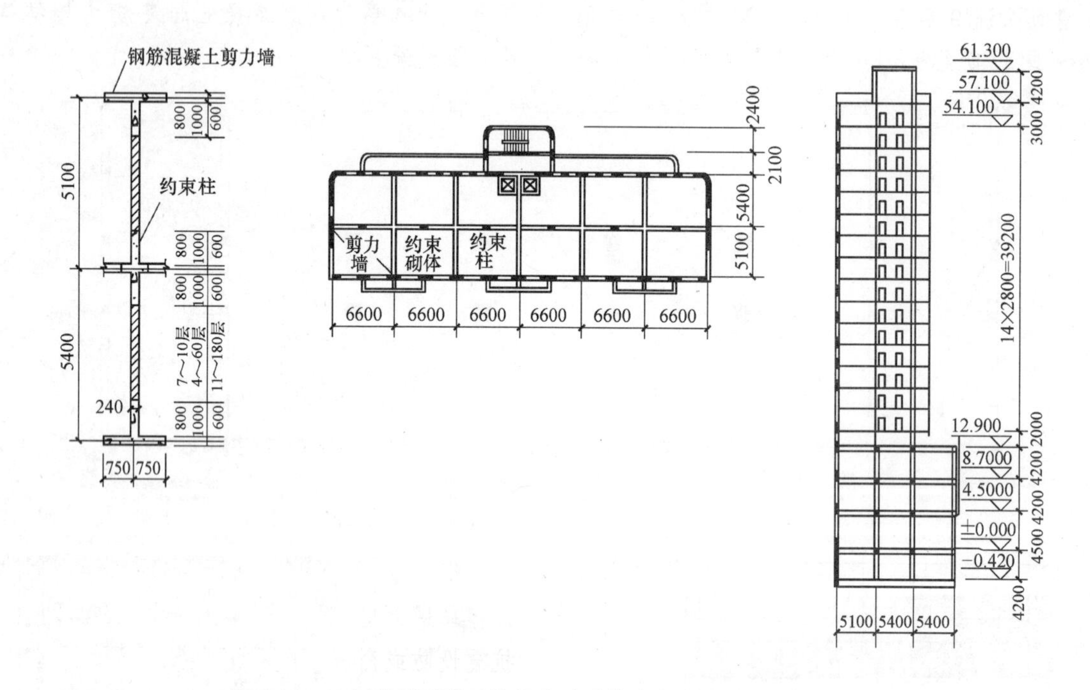

图 2-26 18层带异形薄壁柱组合砖墙住宅办公楼（7度地震区）

6. 预应力砌体房屋结构 详图 2-27 及图 2-28。

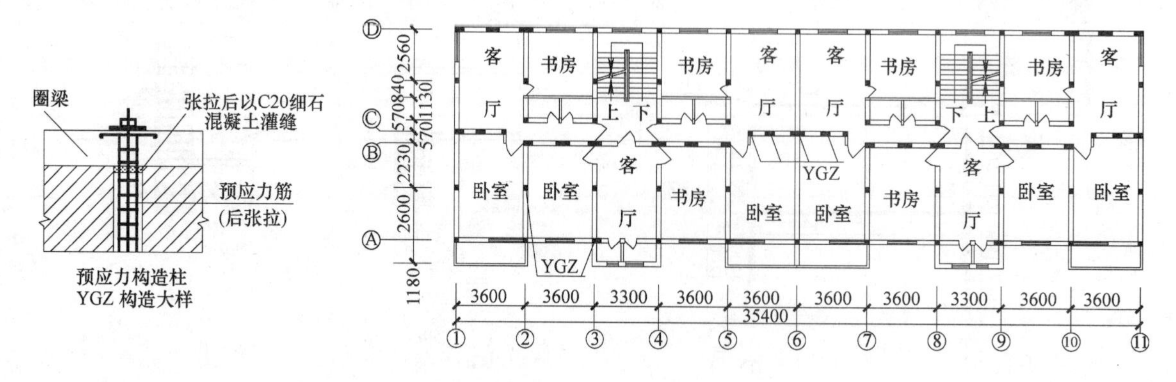

图 2-27 6层集中式预应力砌体住宅（9度地震区）

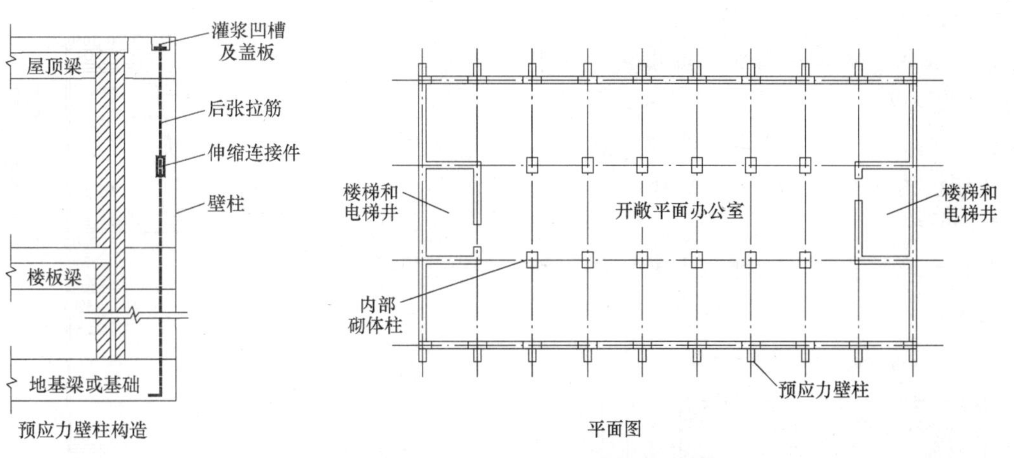

图 2-28　集中式预应力砌体开敞式办公楼

7. 混凝土小型空心砌块配筋砌体高层房屋结构　详图 2-29～图 2-31。图 2-29 为哈尔滨阿继科技园 A、B 幢，18 层，位于 6 度地震区。图 2-30为湖南株洲 9 层住宅，另有地下室 2 层。图 2-31 为美国拉斯维加斯 EXCAL1BUR 旅馆，28 层，位于地震 2 区（相当我国 7 度地震区）。

图 2-29　哈尔滨阿继科技园 A、B 幢

图 2-30　湖南株洲 19 层住宅（另地下室 2 层）

8. 钢筋混凝土墙与砌体（或配筋砌体）墙的混合剪力墙房屋结构　采用少量钢筋混凝土剪力墙（如平面单元之中心和四周边）与砌体墙（或配筋砌体）共同承担竖向荷载和水平地震力。上世纪 80 年代至 90 年代初期，兰州建成 8 层宿舍（8 度区），乌鲁木齐建成 8 层住宅（8 度区），太原建成

图 2-31　美国拉斯维加斯 EXCALIBUR 旅馆

9 层坡道式住宅 20 余幢（8 度区）[66][67][92]

9. 钢筋混凝土墙支承砖墙的剪力墙房屋结构　由于砌体承载力的限制而将其下部楼层改为钢筋混凝土墙（多为构造配筋），从而形成钢筋混凝土墙支承砖墙的组合剪力墙结构，用以建造中高层住宅。由于两种墙体交接处楼层存在抗剪刚度突变，为此应将混凝土墙之顶层刚度削弱而加强砖墙之底层刚度。此种结构形式多适用于非抗震设防或烈度不超过 6 度地震区，如重庆建成 12 层住宅（1972 年，6 度地震区划定前）[32]。

10. 框架剪力墙支承砌体墙的框支剪力墙房屋结构　底层（或多层）框-剪结构支承上部多层砌体房屋结构，常通过组合墙梁作为转换层构件。如咸阳建成底 1 层+6 层（1985，8 度区）、沈阳建成 2 层+7 层（90 年代，7 度区）、重庆建成 4 层+8 层（1992，6 度区划定前）等大量商住楼。

11. 振动砖板房屋结构　由预制大型、中型和小型的振动成型的砖楼板和砖墙板（详图 2-32 和图 2-33），通过焊接、灌缝连接等构造措施形成整体性良好的空间结构。工程中有：1）振动砖楼板与砖墙板；2）振动砖楼板与现砌砖（或砌块）砌体墙；3）现浇楼板与振动砖墙板；4）框

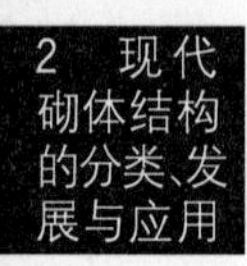

(排）架柱与振动砖挂板（图 2-34）等四种组合方式，可用于多层住宅和单层工业厂房结构。其中第 1）种在 8 度区西安建成 5 层住宅（采用双向预应力大楼板）[102]；第 4）种在天津、唐山、南京等地建成挂墙板的工业厂房经受了 1976 年唐山大地震的考验[103]。

12. 地下室墙与挡墙　可分为素砌体和配筋砌体两大类，详图 2-35～图 2-39。

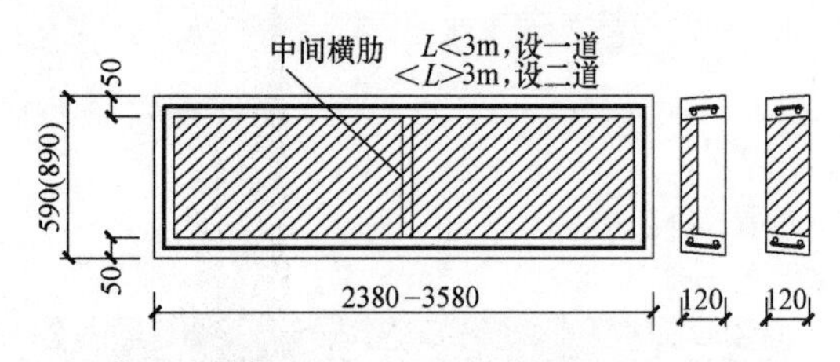

图 2-32　振动砖楼板

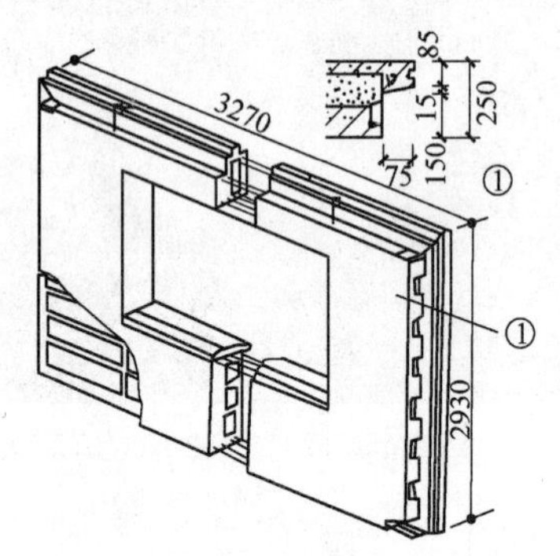

图 2-33　振动砖墙板

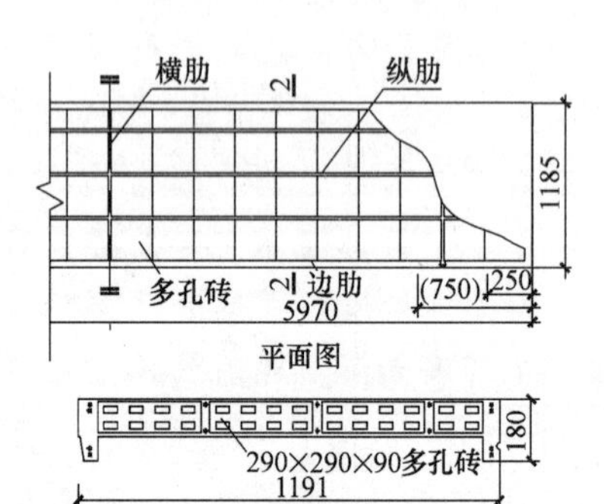

图 2-34　振动砖工业墙板

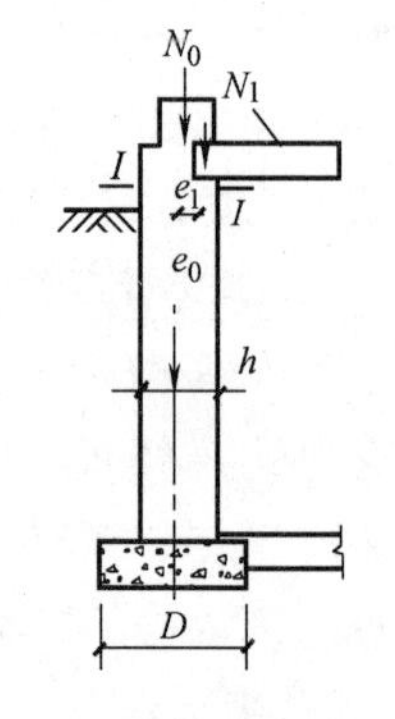

图 2-35　地下室墙

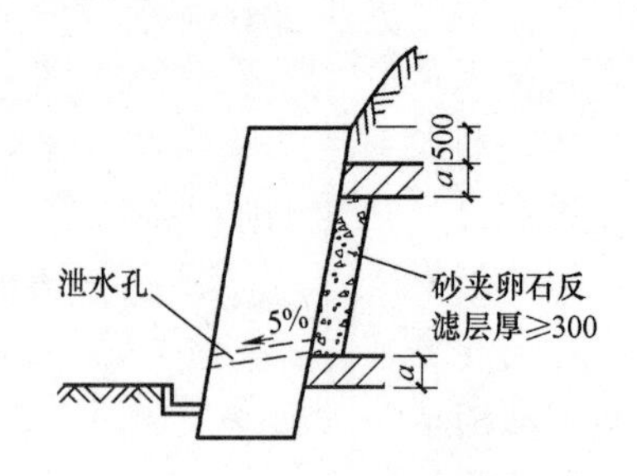

图 2-36　重力式挡土墙

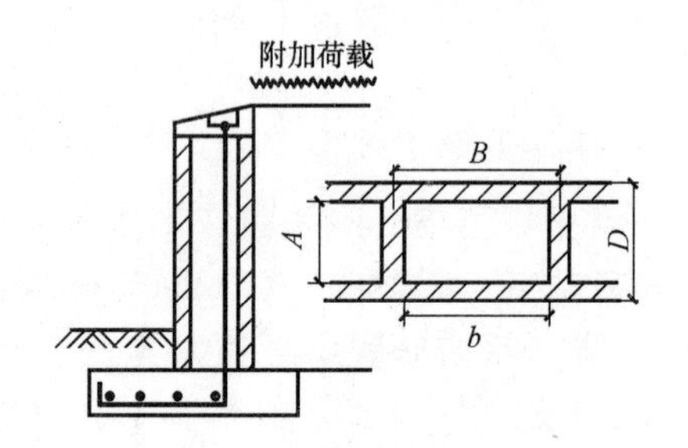

图 2-37　配筋带横膈挡土墙

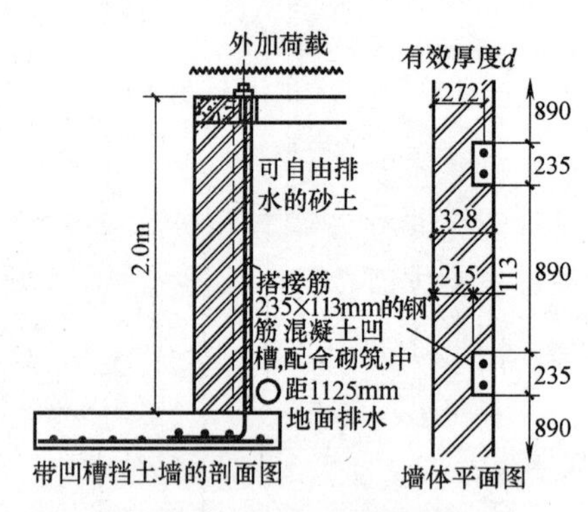

图 2-38　配筋带槽挡土墙

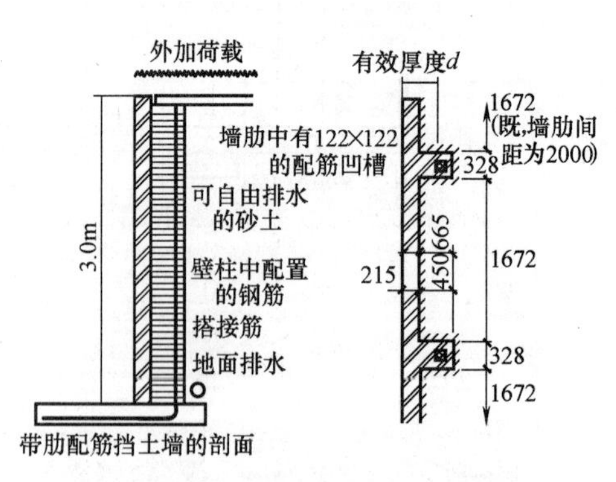

图 2-39　配筋带肋图挡土墙

2.4　现代砌体结构的发展方向、水准与应用范例[32]

1. 我国现代砌体结构的发展方向、水准与应用范例

（1）我国现代砌体结构的发展方向

除符合当今世界关于砌体结构向高层、抗震和节能等三大主方向外，结合我国国情，特别注意材料的环保、利废与节能等墙材改革需要。于是在禁止采用黏土、提倡利用工业废料（如粉煤灰、煤矸石、矿渣等），发展蒸压类与浇注类块材而力避烧结的生产工艺，以节约能源，保护环境，逐步禁止实心砖而大力发展多孔砖、空心砖和砌块，发展预制墙板、复合墙板以提高工业化程度和生产效率，满足节能要求等方面，尤为突出。

（2）我国现代砌体结构采用的材料

我国现代砌体结构采用的材料类别、强度等级和计算指标详见第1章。

（3）我国现代砌体结构的形式与结构体系

我国现代砌体结构的形式与结构体系与国外大同小异，但其中带构造柱的约束砌体和组合砌体、集中式预应力组合砌体以及组合墙梁结构形式与结构体系是我国长期科学研究与工程实践的结晶，具有显著的中国特色。

（4）我国砌体结构的设计水准

现行砌体结构设计规范属近似概率理论多系数表达的极限状态设计方法，充分反映了我国在材料、设计理论与方法和工程实践经验等方面的最新成果，不少方面已达到国际先进水平。

（5）我国砌体结构的工程应用及其范例

1）单层砌体房屋

① 影剧院与礼堂

a. 哈尔滨电影院　扇形平面（m^2）$BL=(38.8\sim17.2)\times34.5$，屋架下弦标高 $H=13.3$m，砖墙承重（6度地震区）[88]；

b. 重庆某电影院　矩形平面（m^2）$BL=30\times36.3$，圆柱形薄壳屋盖下缘标高 $H=11.2$m，屋面标高15.4m，砖墙承重（6度地震区）[88]；

c. 重庆某部队礼堂　矩形平面（m^2）$BL=36\times41.3$，由2榀钢筋混凝土双铰拱、4根工字形柱及8根拱上柱（其中半数为砖柱），柱上支承钢木屋架组成。四周为砖墙和片石灌浆砌体墙承重[89]。

② 单层工业厂房

a. 砖排架工业厂房　可为带壁柱无筋砖砌体纵墙或带钢筋混凝土（或钢筋砂浆）面层组合柱纵墙形成的排架结构，跨度可达12～24m，轨顶标高可达8m，下弦标高可达9.6m，吊车吨位可达50～200t[32]；

b. 吊车梁与纵墙合一的厂房　在纵向砖墙上设有圈梁，以固定吊车轨道，从而省去吊车梁，而将屋架（或屋面梁）直接支承于纵墙外壁柱上（详图2-40）。适于非地震区，$L\leqslant12$m，风荷载 $\leqslant0.5$kN/m^2 及 $\leqslant5$t 单梁式吊车的轻型车间或仓库[60]；

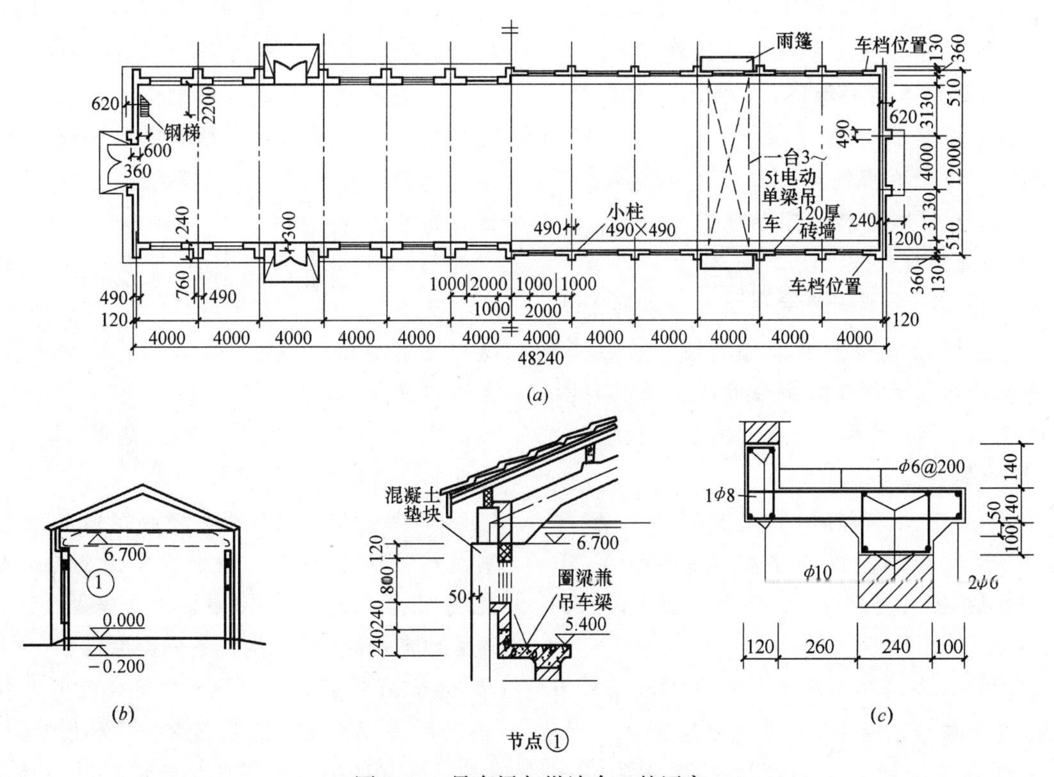

图2-40　吊车梁与纵墙合一的厂房

（a）平面图；（b）剖面图；（c）圈梁兼吊车梁构造

c. 砖拱吊车梁厂房　在纵墙内壁柱上设多跨连续砖拱吊车梁，适用于 $L \leqslant 15$m，吊车吨位 $\leqslant 5$t，非地震区，地基沉降小的轻型厂房。吊车梁跨度4m左右；

d. 预应力砖挂板厂房　如图2-34所示，低碳冷拔钢丝、预应力多孔砖工业墙板可为槽板（厚180mm）或平板（厚175mm或135mm），可作为钢筋混凝土框架或排架柱上之围护结构。如上世纪70年代建成的天津钢厂750初轧厂（8度地震区，1976年唐山地震完好）、唐山钢铁公司第二炼钢厂（10度地震区，唐山地震时仅少数节点损坏）及南京汽车厂齿轮分厂（7度地震区）等工业厂房[103]。

2）多层砌体房屋

① 无筋砖砌体住宅　一般可达9层甚至更高（重庆，6度地震区）。

② 烧结多孔砖旅馆　南京大桥旅馆高8层（60年代，7度地震区）。

③ 振动砖墙板住宅　建成5层，内墙板厚140mm，外墙板厚210mm的住宅。如1975南京，1982张家口（7度地震区）及西安，（8度地震区）[102]等地均已建成。

④ 毛石砌体住宅　可达6层（60年代，江苏连云港，7度地震区）。

⑤ 混凝土多孔砖砌体房屋　采用240mm×190mm×115mm混凝土4排孔多孔砖建成7层宿舍及5层办公楼和5层实验楼（2002，广西柳州，6度地震区），墙厚190mm。

⑥ 混凝土空心大板住宅　内墙为混凝土空心大板，外墙为现砌砖墙的8层住宅（1986，湖南长沙，6度地震区）[32]。

⑦ 混凝土空心砌块大开间住宅　以混凝土构造柱和芯柱增强混凝土空心砌块墙，以芯柱、板带和圈梁增强门窗洞口的组合墙，现浇双向密肋楼盖建成7层6.6～6.9m大开间住宅（1999，天津，7度地震区）[90]。

⑧ 混凝土空心砌块小开间住宅　墙厚190mm，仅设少量芯柱或构造柱。建成住宅10层、办公楼11层（上世纪80年代，南宁，6度地震区）[32]。

⑨ 竖向配筋空心砖住宅　墙厚240mm，6层（1984首次建造，西安，8度地震区）[32]。

⑩ 带异形薄壁柱与构造柱的砖-混凝土组合墙住宅

a. 墙厚240mm，8层，已建34幢（1987，沈阳，7度地震区）[61]；

b. 外墙及楼梯间墙厚370mm，其余厚240mm，半地下室1层，地上7层，所有承重墙设圈梁，现浇楼（屋）盖。（1992，太原，8度地震区）；

c. 钢混凝土-砖组合墙，9层坡道式住宅20余幢，（上世纪90年代，太原，8度地震区）[92]。

⑪ 夹心混凝土和混凝土剪力墙与砖墙的组合结构住宅

a. 由2×115mm空心墙内夹单排钢筋网片、厚140mm混凝土板而形成370mm厚的夹心墙，与少量钢筋混凝土剪力墙建成8层住宅（上世纪90年代，乌鲁木齐，8度地震区）[66]；

b. 部分钢筋混凝土剪力墙与砖墙的组合结构宿舍　以单元中央的纵横向钢筋混凝土剪力墙与砖墙协同工作，建成8层单身宿舍试点楼（1991，兰州，8度地震区）[67]。

⑫ 框支墙梁商住楼

a. 底框（剪）1层组合墙梁支承加密构造柱组合墙住宅　7层，墙厚240mm（1985，陕西咸阳及西安，8度地震区）[70]；

b. 底框（混凝土砌块墙）2层组合墙梁支承砌块墙共9层，其中设少量钢筋混凝土剪力墙并贯通房屋全高。外墙厚290mm，内墙厚190mm（上世纪90年代，沈阳，7度地震区）[69]；

c. 底框剪2层组合墙梁支承6层砖墙共8层商住楼　钢筋混凝土框架嵌入砖墙（先砌砖墙后浇钢筋混凝土框架）代剪力墙（1979，重庆，6度划定前）。

3）高层砌体房屋

除在2）多层砌体房屋一节中有部分8层及其以上的小高层砌体房屋实例外，尚有下述中高层砌体房屋

① 无筋砌体高层住宅　总高12层（1972，重庆，6度地震区划定前）[32]。

② 带异形薄壁柱组合墙与钢筋混凝土墙的框剪结构住宅办公楼　地下室1层、办公楼3层、住宅15层，地上共18层。地下室及1～3层采用现浇框架-剪力墙结构。4～18层内纵、横墙采用厚240mm钢筋混凝土异形柱组合砖剪力墙，外纵墙采用厚200mm钢筋混凝土剪力墙。现浇楼（屋）盖（1995，沈阳电力局住宅办公楼，7度地震区），详图2-26[71]。

③ 混凝土空心砌块配筋砌体剪力墙高层房屋

a. 薛城姊妹楼　17层两幢（上世纪90年代，山东枣庄，7度地震区）[44]；

b. 国税局住宅楼　15层（1997，辽宁盘锦，7度地震区，Ⅲ类场地）[33]；

c. 圆南新村住宅楼　地下1层，地上18层，局部20层（1998，上海，7度地震区，Ⅳ类场地）[33]；

d. 写字楼——中兴大厦　12层（1999，辽宁抚顺，7度地震区）；

e. 阿继科技园区　A、B栋为商住楼，地下1层，地上18层。其中1～5层为商场，采用现浇框-剪结构；6～18层住宅中，第6层为现浇剪力墙，其余均为配筋砌块剪力墙结构，外墙均为空腔墙，详图2-28。D栋为13层配筋砌块住宅（2003，哈尔滨，6度地震区）[93]；

f. 国脉家园住宅楼　地下2层，地上19层，全注芯（2007，湖南株洲，6度区）[94]；

g. 星宇名家大开间住宅楼　内墙厚190mm，外墙厚290mm，12层，一户一板（10.2m×12.3m），采用350mm厚现浇空心楼板，层高3.05m，板支承边直接做梁而无圈梁，剪力墙空心砌块灌孔率为100%、66%、33%不等（2006，吉林长春，7度地震区，Ⅱ类场地）[95]。

④ 底部框（剪）组合墙梁商住楼：底框（剪）结构4层，组合墙梁支承8层砖砌体商住楼，共12层。墙厚240mm，装配式楼盖（1992，重庆，6度地震区）。

4）砌体拱与壳体建筑

① 砖拱楼（屋）盖住宅、办公楼　$L\leqslant 3.6$m，可为筒拱（厚115mm）亦可为扁壳（厚53mm），亦可为拱代梁$L=4.2$m（原重庆建筑工程学院某教学楼，1964）。上世纪50～60年代较盛行[32]。

② 空心砖筒拱大跨屋盖

a. 原重庆建筑工程学院陈列馆中央大厅　$L=15$m，顶棚带拱形采光天窗，两端支座为2层框架结构（1958，重庆，6度地震区划定前）；

b. 某单跨工业厂房　$L=15$m，无天窗，无端承结构而设下弦钢拉杆（1958，重庆，6度地震区划定前）。

③ 扁壳与球壳屋盖[32]

a. 扁球形薄壳屋盖10.5m×11.3m；

b. 双曲扁球形薄壳屋盖16m×16m；

c. 圆球形薄壳$D=40$m；

d. 蒸养粉煤灰硅酸盐砖和砌块大厅　$L=18$m（1958，长沙湖南大学，6度地震区）。

④ 带钩空心砖拱壳屋盖　20世纪60年代，南京、西安等地研制了带钩和槽，适于建造拱壳的空心砖。由于其带有钩和槽，施工中不必设满堂式模板支撑系统而仅需设置局部的活动模架用以支承。建成下述薄壳屋盖工业厂房与民用建筑：

a. 双曲扁壳屋盖实验室　14m×10m（南京）；

b. 两跨双曲扁壳屋盖车间　10m×10m双跨（南京）；

c. 双曲扁壳屋盖仓库　16m×16m（南京）；

d. 圆球形壳屋盖油库　$D=10$m（南京）；

e. 双曲拱屋盖结构　$L=24$m（西安）。

5）砌体桥梁与特种结构

① 桥梁[32]

a. 空腹式石拱桥　1959，湖南石门黄龙港（6度地震区），建成跨度60m、高52m空腹式石拱桥；目前又采用料石建成跨度112.46m的变截面空腹式石拱桥；

b. 双曲砖拱桥　上世纪70年代，在福建闽清（6度地震区）梅溪大桥工程中建成88m跨双曲砖拱（拱间设钢筋混凝土小肋）。

② 特种结构[32][96]

a. 砖烟囱　上世纪60年代，江苏镇江（7度地震区）某厂底部外径4.78m，顶部外径2.18m，高60m，基础为砖薄壳基础（直接在烟囱筒身下采用1砖厚倒球壳，外面部分采用倾角为50°的370mm厚配筋砖锥壳。在球壳与锥壳交界处和角锥下端，分别设置钢筋混凝土支承环，以承受壳体的水平拉力；又1961年建成重庆某电厂砖烟囱，高60m，上下端直径分别为2.48m和5.72m。基础采用C11毛石混凝土刚性基础）[32][93]。

b. 料石排气塔　湖南；

c. 砖砌储粮筒群仓　筒仓高12.4m、直径6.3m、壁厚240mm（湖南）；

d. 石砌体引水工程　在福建用石砌体建成横穿云霄和东山两县（7度地震区）的大型引水工程——向东渠，其中陈岱渡槽全长超过4400m，高20m，槽的支墩共258座。

2. 国外现代砌体结构的发展方向、水准与应

用范例

(1) 国外砌体结构的发展方向

自上世纪60年代以来，国外砌体结构的发展方向是材料的轻质高强，结构的高层与抗震，建筑的环保与节能。

(2) 国外砌体结构采用的材料

早在20世纪70年代，欧美国家砌体抗压强度即≥20MPa，已相当于普通强度等级混凝土的强度，其主要原因在于高强的材料。

1) 砖[32][97][72]

① 以西方国家为例，20世纪70年代，在住宅承重墙中，砖砌体约占50%～80%。

② 据1979年联合国统计，各国砖产量详表2-1，1980年中国砖产量约6200亿块。

③ 空心（多孔）砖的统计详表2-2。

④ 国外砖不仅强度高，质量也好，故其抗压强度变异系数较低，如表2-3所示。

⑤ 砖抗压强度　　详表2-4。

砖产量（亿块）　　表2-1

前苏联	欧洲各国	亚洲各国(不包括中国)	美国	世界总产量(1980年,不含中国)
470	409	132	85	约6000

空心（多孔）砖的统计　　表2-2

意大利、法国、瑞士等	欧美国家砖的孔洞率	重度	空心(多孔)砖产量比
体积为我国普通砖的6～12倍 (我国空心或多孔砖为3.4倍)	一般为20%～40%甚至60%	一般为13kN/m^{3}轻质仅 0.6 kN/m^3	≥60～90%

砖抗压强度变异系数　　表2-3

英国	美国	澳大利亚	比利时	法国	其他国家
0.06～0.25	0.018～0.382 (平均0.113)①	0.085	平均0.15(普通砖) 平均0.24(多孔砖)	平均0.12(普通砖) 平均0.20(多孔砖)	平均0.09

① 美国1963年对商业性试验室的试验结果作了统计，其变异系数为0.05～0.24，平均为0.094。

砖抗压强度（MPa）　　表2-4

国际组织和国家	CIB58[97]	平均值最高为80
	英国	卡尔柯龙多孔砖为35,49和70;实心砖高达140
	意大利	30～60
	前苏联[72]	СНиПⅡ-22-81规范最高为30
	加拿大	有80%的砖可达55,更高可达70
	法国、比利时	一般可达60
	澳大利亚	一般可达60,最高可达130
	德国	黏土砖为20～140,灰砂砖为7～140
	捷克	空心砖为50～160甚至200
	英国	1964年,75%以上可达55或更高,25%大于93;现今为17.2～140,最高230; 尚有一种5孔砖(E型)尺寸为200mm×95mm×75mm,空心率22%,强度达170

2) 砌块[32]

① 前联邦德国1970年产普通砖75亿块，砌块产量相当于普通砖的74亿块；

② 英国1976年生产普通砖60亿块，砌块产量相当于普通砖的67亿块；

③ 美国、加拿大和法国发展更快，如美国1974年生产普通砖73亿块，砌块产量相当于普通砖的370亿块；

④ 亚洲的菲律宾和泰国生产的砌块分别占全部墙体材料的50%和55%。中国仅0.5%。

3) 砂浆[32][72][97]

砂浆的强度详见表2-5。

砂浆的强度（MPa）　　表2-5

美国ASTMC270	美国DOW化学公司	英国BS5628 (平均抗压强度)	德国	国际建议(CIB98) 最低平均强度	前苏联СНиПⅡ-22-81
M.　S.　N. 25.5　20　13.8	掺聚氯乙烯乳胶 55	ⅰ级　ⅱ级　ⅲ级 16.0　6.5	13.7～41.1	M_1　M_2　M_3　M_4 20　10　5　2.5	≤20 ≤20

注：表中M.、S.、N.和M_1、M_2、M_3、M_4均为相应规范的砂浆强度等级代号。

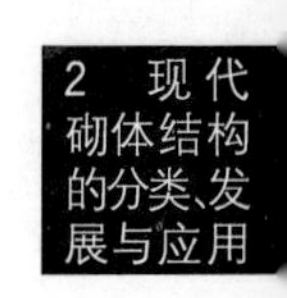

4）预制砖墙板[32]

20世纪中叶，西方国家一度推广混凝土大板建筑，而后又进行了预制砖墙板的研究与应用。60年代，前苏联采用预制砖墙板建房已超过400万m^2；丹麦于70年代初即生产了振动砖墙板350万m^2；美国得克萨斯州奥斯汀市曾采用76mm厚预制砖墙板作一幢27层房屋的外围护墙；1971年美国丹佛市5幢派克兰塔式公寓之一即采用150mm厚振动砖墙板建成；近几年美国、加拿大的预制装配式折线形砖墙板和槽形、半圆筒拱形墙板等均已应用于实际工程中。

5）节能型墙材

据西方国家统计，房屋总能耗中，基建仅占10%～15%，其余为使用阶段占85%～90%，为此采用了夹心墙板（复合墙板），可预制，可现砌。

(3) 国外砌体结构的形式与体系[32]

1）砌体抗压强度与延性　20世纪70年代，欧美国家砌体抗压强度已达到20MPa（相当于普通混凝土）；美国为17.2～44.8MPa；美国德克萨斯大学以聚合物浸渍砖砌体，可达120MPa。随强度增高，延性降低。为此采用配筋砌体和组合砌体来提高其强度和延性，利于抗震。

2）砌体结构形式与体系　包括网状配筋砌体、竖向配筋砌体、钢筋混凝土与砖的组合砌体、空心砌块配筋砌体等结构形式并形成相应的保证结构安全可靠、延性足够、变形能力增强、耗能抗倒塌的抗震结构体系（详见第4章）。

(4) 设计理论与方法的发展水准

1）设计理论与方法

① 前苏联：世界上最早建立了完整的砌体结构理论和设计方法。

a.《砖石结构设计标准及技术规范》OCT-90038-39，单一安全系数破损阶段设计法；

b.《砖石及钢筋砖石结构设计标准及技术规范》НиТу120-55，半概率理论的多系数表达的极限状态设计方法；

c.《砖石和配筋砖石结构设计规范》СНиП Ⅱ-22-81，近似概率理论的多系数表达的极限状态设计方法[72]。

② 英国、意大利和美国：英国、意大利分别于1978年和1980年编制了极限状态设计方法的规范或建议。现行英国规范BS 5628为近似概率理论多系数表达的极限状态设计方法[37]。美国在上世纪70年代初期也颁布了相应的规范。

③ 国际建筑研究与文献委员会承重墙工作委员会（CIB. W23A）：于1980年颁布了《砌体结构设计与施工的国际建议》CIB58，属近似概率理论的极限状态设计方法[97]。

④ 国际标准化组织砌体结构委员会（ISO/TC 179）：所颁布的无筋砌体和配筋砌体设计规范均系近似概率理论多系数表达的极限状态设计方法[79][45]。

2）发展水准

① R. J. M. Sutherland理论研究认为：无筋砌体可建20～30层，经济墙厚可建15～20层。

② F. Khan认为：采用高强材料，1%的配筋率，注芯砂浆（或混凝土）可建60层。

③ D. Foster认为：因砌体收缩、徐变小于混凝土，发展预应力砌体是可能的。

④ M. J. N. Priestley认为：在新西兰配筋砌体结构的抗震能力可与混凝土媲美。

(5) 国外砌体结构的应用范例

1）1958年瑞士苏黎世建成19层公寓，采用强度60MPa，空心率为28%空心砖，墙厚最大370mm，之后建成24层。

2）1966年美国在地震4区（相当于我国9度区）的圣地亚哥建成8层配筋砌体建筑海纳雷旅馆。同时在其附近的洛杉矶建成19层配筋砌体公寓。

3）1970年英国诺丁汉市建成14层砖墙承重房屋（内墙厚230mm，外墙厚270mm），与同时建成的钢筋混凝土框架结构类似房屋比较，上部结构降低造价7.7%（在英国此二类结构造价总是降低5%～9%）。

4）1971年美国西部的费尔南多大地震中，加利福尼亚州帕萨迪纳的13层希尔顿旅馆，采用高强混凝土砌块配筋砌体墙和预应力空心楼板，以及加州退伍军人医院共26幢6～13层的配筋砌体房屋（1952年建成）均完好无损，而其附近的10层框架结构房屋却严重破坏。

5）1971年美国丹佛市建成5幢20层派克兰塔式公寓，配筋砖砌体墙厚250mm，其中一幢采用厚150mm振动砖墙板，经受了里氏5级地震的考验。

6）1990年美国内华达州拉斯维加斯（地震2区，相当于我国7度区）建成28层混凝土空心砌块配筋砌体剪力墙的Excalibur旅馆，第1～6层墙厚300mm，以上为200mm。灌芯砌体抗压强度10～28MPa，水平配筋率0.12%～0.24%，竖向配筋率0.08%～0.12%。为当今世界上最高的配筋砌块建筑。

7）1965～1984年间，加拿大开始建造高层砌体结构，达300余幢。多伦多的11层住宅，混凝土砌块墙厚190mm和240mm，灌芯率40%。

8）在澳大利亚布里斯本建成9层和12层各两幢砌体房屋。其中12层房屋的内墙厚仅110～230mm，外墙厚305mm，8层以下砖的抗压强度≥50MPa，以上≥30MPa，分别用1：0.5：4.5和1：1：6的砂浆砌筑。

9）新西兰采用配筋砌体在地震C区建成10层房屋。

10）1967年英国建成预应力砖水池，内径12m，壁厚230mm，高5m。

11）美国建成大量槽形配筋砖砌体挡土墙，按悬臂计算，高7m亦经济合理。

3 单层及多层砌体房屋静力计算

3.1 单层及多层砌体房屋静力计算方法

1. 房屋静力计算方案：详表 3-1。

房屋静力计算方案　　表 3-1

	屋盖或楼盖类别	刚性方案	刚弹性方案	弹性方案
1	整体式、装配整体式和装配式无檩体系钢筋混凝土屋盖或楼盖	$s<32$	$32\leqslant s\leqslant 72$	$s>72$
2	装配式有檩体系钢筋混凝土屋盖、轻钢屋盖和有密铺望板的木屋盖或楼盖	$s<20$	$20\leqslant s\leqslant 48$	$s>48$
3	瓦材屋面的木屋盖和轻钢屋盖	$s<16$	$16\leqslant s\leqslant 36$	$s>36$

注：s—刚性横墙间距（m）；当屋盖、楼盖类别或上下横墙间距不同时，可按“上刚下柔”和“上柔下刚”两种方案的有关规定来确定房屋的静力计算方案；对无山墙或伸缩缝处无横墙的房屋，应按弹性方案考虑。

2. 刚性和刚弹性方案房屋横墙应符合下列条件：

（1）横墙洞口水平截面积≤横墙全截面积之50%；

（2）横墙厚度不宜小于180mm；

（3）单层房屋横墙长度不宜小于其高度 H，多层房屋横墙长度不宜小于其总高度的一半。

当不能同时符合上述条件时应验算该横墙，如其最大水平位移 $u_{max}\leqslant H/4000$ 时，仍可视作刚性横墙。计算 u_{max} 时，应考虑弯曲和剪切引起的位移。凡满足 u_{max} 限制条件的其他结构构件（如框架和悬臂桁架等）也可视为刚性横墙。

3. 弹性方案房屋的静力计算

可按不考虑空间工作的框架或屋架或大梁与墙（柱）铰接平面排架进行。

4. 刚弹性方案房屋的静力计算

可按弹性方案进行，但须考虑空间工作。房屋各层的空间性能影响系数查表 3-2，其计算方法应符合文献［29］附录C的规定。

房屋各层的空间性能影响系数 η_i　　表 3-2

屋盖或楼盖类别	横墙间距 s(m)														
	16	20	24	28	32	36	40	44	48	52	56	60	64	68	72
1	—	—	—	—	0.33	0.39	0.45	0.50	0.55	0.60	0.64	0.68	0.71	0.74	0.77
2	—	0.35	0.45	0.54	0.61	0.68	0.73	0.78	0.82	—	—	—	—	—	—
3	0.37	0.49	0.60	0.68	0.75	0.81	—	—	—	—	—	—	—	—	—

注：i 取 $1\sim n$，n 为房屋层数。

5. 刚性方案房屋的静力计算

（1）单层房屋：在荷载作用下，墙、柱可视为上端不动铰支承于屋盖，下端嵌固于基础顶面的竖向构件。

（2）多层房屋：在竖向荷载作用下，墙、柱在每一层高度范围内，可近似视为两端铰支的竖向构件；在水平荷载下，墙柱可视为竖向连续构件。

（3）对本层竖向荷载，应考虑对墙柱的偏心影响，梁端支反力 N_l 至墙柱内边缘的距离应取为梁端有效支承长度 a_0 之 0.4 倍。由上部传来的荷载 N_u，可视为作用于上层墙、柱截面重心处。

（4）对梁跨度大于 9m 的墙承重多层房屋，除按上述方法计算墙体荷载外，宜再按两端固结计算梁端弯矩，并将其乘以修正系数 γ 后再按墙体线刚度分配到上、下层墙端截面。修正系数 γ 按下式计算

$$\gamma=0.2\sqrt{\frac{a}{h}} \tag{3-1}$$

式中　a——梁端实际支承长度；

h——支承梁的墙体厚度，当有壁柱时取折算截面高度 h_T。

（5）当刚性方案多层房屋外墙符合下列要求时，静力计算中可不考虑风荷载影响：洞口水平截面积不超过全截面面积的 2/3；层高和总高不超过表 3-3 规定，屋面自重不小于 0.8kN/m²。当必须考虑风荷载时，所引起之弯矩可按下式计算

$$M=\frac{wH_i^2}{12} \tag{3-2}$$

式中　w——沿层高均布风荷载设计值（kN/m）；

H_i——层高（m）。

外墙不考虑风载影响的最大高度　表 3-3

基本风压(kN/m)	层高(m)	总高(m)
0.4	4.0	28
0.5	4.0	24
0.6	4.0	18
0.7	3.5	18

注：对多层砌块房屋 190mm 厚外墙，当层高不大于 2.8m，总高不大于 19.6m，基本风压不大于 0.7kN/m² 时，可不考虑风载影响。

6. 上柔下刚多层房屋计算

顶层可按单层房屋计算，其空间性能影响系数可根据屋盖类别按表 3-2 采用。上下层交接处可仅考虑其竖向荷载下传，而不计固端弯矩。

7. 上刚下柔多层房屋计算

水平荷载作用下的底层内力可按图 3-1 所示计算简图 (a) 与 (b) 计算[32]，即应考虑风荷载整体弯矩 M 对底层柱引起轴力 N 和柱顶侧移弯矩与本层风载引起的局部弯矩；其柱顶剪力 V 尚应按一类屋盖单层房屋考虑空间性能影响系数 η。

$$M=\sum_{i=2}^{n}R_i(H_i-H_1) \tag{3-3}$$

$$V=\eta\sum_{i=1}^{n}R_i \tag{3-4}$$

8. 带壁柱墙和转角墙体计算截面翼缘宽度的确定

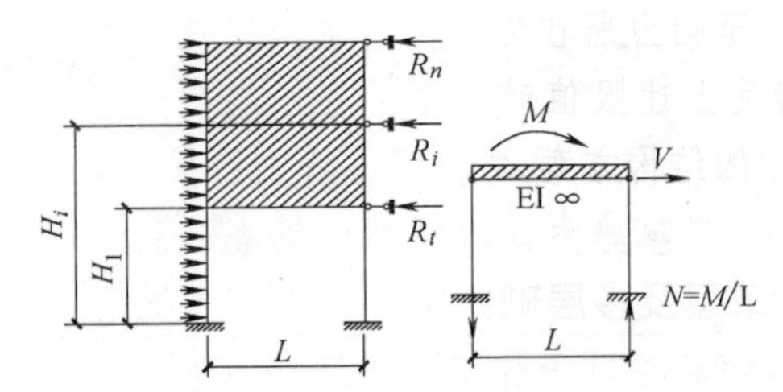

图 3-1　上刚下柔多层房屋计算简图

(1) 多层房屋有洞口时，可取洞间墙宽度；无洞口时，每侧翼墙宽可取壁柱高度的 1/3。

(2) 单层房屋，可取壁柱宽加 2/3 墙高，但不大于洞间墙宽度和相邻壁柱间距。

(3) 计算带壁柱条形基础时，可取相邻壁柱间距。

(4) 当转角墙角部受集中荷载时，计算截面宽度可自角点算起，每侧宜取层高 1/3。当上述范围内有门窗洞口时，则算至洞口边，但不宜大于层高 1/3。上层集中荷载传至本层时，可按均布荷载计算。转角墙段可按角形截面偏心受压构件进行承载力验算。

9. 墙柱计算高度与控制截面

(1) 墙柱受压构件的计算高度 H_0

根据房屋类别和构件支承条件等按表 3-4 采用。

受压构件的计算高度 H_0　表 3-4

房屋类别			柱		带壁柱墙或周边拉结墙		
			排架方向	垂直排架方向	$s>2H$	$2H\geqslant s>H$	$s\leqslant H$
有吊车的单层房屋	变截面柱上段	弹性方案	$2.5H_u$	$1.25H_u$	$2.5H_u$		
		刚性、刚弹性方案	$2.0H_u$	$1.25H_u$	$2.0H_u$		
	变截面柱下段		$1.0H_l$	$0.8H_l$	$1.0H_l$		
无吊车的单层和多层房屋	单跨	弹性方案	$1.5H$	$1.0H$	$1.5H$		
		刚弹性方案	$1.2H$	$1.0H$	$1.2H$		
	多跨	弹性方案	$1.25H$	$1.0H$	$1.25H$		
		刚弹性方案	$1.10H$	$1.0H$	$1.1H$		
	刚性方案		$1.0H$	$1.0H$	$1.0H$	$0.4s+0.2H$	$0.6s$

注：1　表中 H_u 为变截面柱的上段高度，H_l 为变截面柱的下段高度，s 为房屋横墙间距。

2　上端为自由端的构件，$H_0=2H$。

3　无柱间支撑的独立砖柱，在垂直排架方向的 H_0 应按表中数值乘以 1.25 后采用。

4　自承重墙的计算高度应根据周边支承或拉结条件确定。

(2) 表 3-4 中构件高度 H 的计算

底层为楼板顶至基础顶面距离。当埋深较大且有刚性地坪时，可取至室外地坪下 500mm 处；

楼层为楼板或其他水平支承点间距；

无壁柱山墙可取层高加山尖高度之 1/2；带壁柱山墙可取壁柱处的山墙高。

(3) 有吊车房屋当荷载组合不考虑吊车作用时，变截面柱上段及下段的计算高度见文献 [29] 5.1.4 条。

(4) 控制截面：多层墙柱的上下端、变截面处、洞口削弱处；无吊车单层房屋下端和中部弯矩较大处；有吊车单层房屋的上柱下端以及下柱上、下端截面处。

10. 轴力偏心距 e

按内力设计值计算并不应超过 $0.6y$，y 为截面重心至轴力所在偏心方向截面边缘的距离。当 e 不满足上述限值时，可采用竖向配筋砌体或组合砌体的结构方案。

3.2 单层及多层砌体房屋静力计算实例

本节将通过多种砌体房屋结构实例来说明静力计算方案的确定、荷载的计算、计算单元的选取、内力的分析与组合等方法与程序。构件截面承载力计算参见本书第5章。

1. 单层刚性方案房屋

【例3-1】 一跨度12m长度18m的单层厂房车间，其平、剖面图如图3-2。采用钢筋混凝土组合屋架、槽瓦檩条屋盖体系，带壁柱砖墙承重，柱距3.6m，基础顶面至墙顶高度6m。风荷载设计值产生的柱顶集中力 $W=3.30\text{kN}$，沿排架柱均布荷载迎风面 $w_1=3.4\text{kN/m}$，背风面 $w_1=2.13\text{kN/m}$。试求该车间在风荷载作用下带壁柱墙底的截面内力。

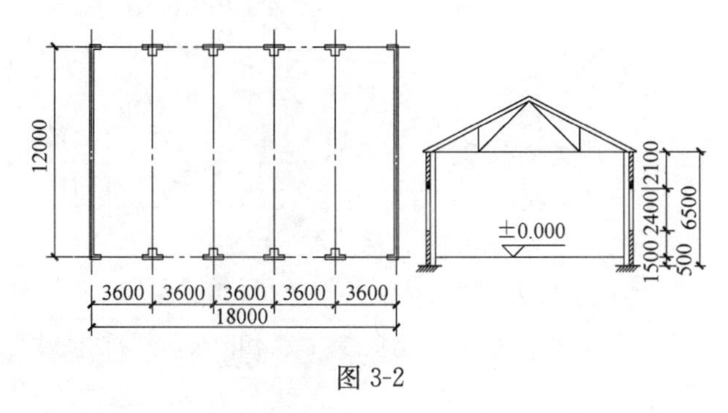

图3-2

【解】 (1) 计算方案的确定

本车间屋盖体系属于第2类，由表3-1可知，横墙间距 $s=18\text{m}<20\text{m}$ 并符合刚性横墙要求，应为刚性方案房屋。此时墙柱可按上端为不动铰支、下端为嵌固于基础上的竖向杆件计算。

(2) 内力计算

因墙柱上端为不动铰支，柱顶集中风力 W 将通过屋盖传给横墙，墙柱内力计算无需考虑，而仅计算均布风载，详见图3-3。

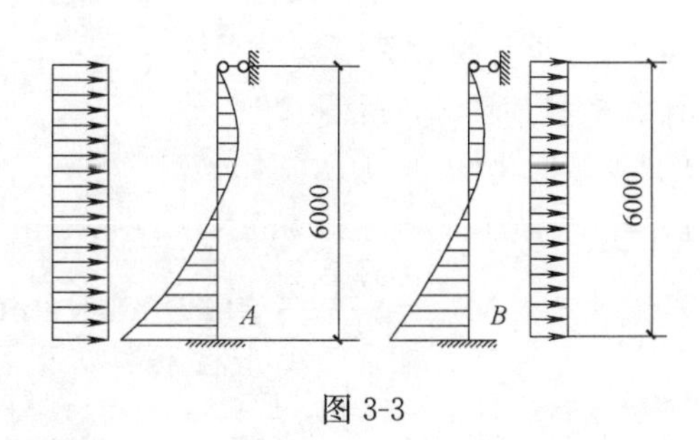

图3-3

1) A柱在 $w_1=3.4\text{kN/m}$ 作用下的柱底内力

$$M_A=\frac{1}{8}w_1H^2=\frac{1}{8}\times3.4\times6^2=15.30\text{kN}\cdot\text{m}$$

$$V_A=\frac{5}{8}w_1H=\frac{5}{8}\times3.4\times6=12.75\text{kN}$$

2) B柱在 $w_2=2.13\text{kN/m}$ 作用下的柱底内力

$$M_B=\frac{1}{8}w_2H^2=\frac{1}{8}\times2.13\times6^2=9.59\text{kN}\cdot\text{m}$$

$$V_B=\frac{5}{8}w_2H=\frac{5}{8}\times2.13\times6=7.98\text{kN}$$

2. 多层刚性方案房屋

【例3-2】 某八层砖混住宅如图3-4所示，层高3.0m，基顶标高−0.500m，底层墙厚370mm，以上各层均为240mm，采用MU15页岩多孔砖及M7.5混合砂浆砌筑。重力荷载标准值详见表3-5。基本风压 $w_0=0.5\text{kN/m}^2$，B类地面粗糙度。试进行静力计算分析。

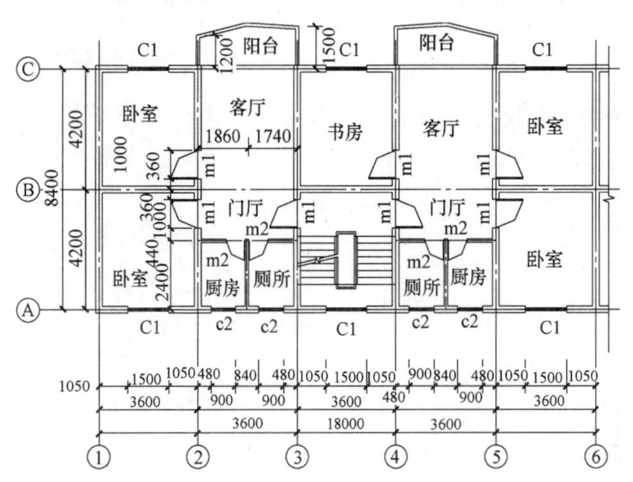

图3-4

重力荷载标准值　　表3-5

荷载种类			kN/m²
恒载	屋面		4.37
	楼面	居室、走道	3.22
		厕所、厨房	4.40
	墙体(含抹灰)	370mm	7.71
		240mm	5.24
		120mm	3.02
	门窗		0.4
活载	屋面、居室、楼梯、厕所		2.0
	阳台		2.5

【解】 (1) 荷载

(2) 静力计算方案

本房屋横墙间距 $s<32\text{m}$ 且满足刚性横墙要求，故可按刚性方案计算。

(3) 墙体竖向荷载下的内力

现取②轴横墙 A→B 段为典型，算得室内地面标高处 N=500kN/m，计算中楼面活荷载考虑了 0.65 的活荷载折减数且取 e=0。二层楼面处 N=428kN/m。

(4) 墙体水平风荷载作用下的内力

1) 外纵墙　因满足表 3-3 关于风载、房屋层高及总高、洞口削弱和屋面自重等限制条件，即当 w_0=0.5kN/m² 时，房屋最大层高、总高度、洞口水平截面面积未超过全截面面积的 2/3，及屋面自重>0.8kN/m² 等限值满足，故不考虑风载影响。

2) 横墙　取 3.6m 开间验算沿横墙平面抗风承载力。基本风压值 w_0=0.5kN/m²，迎风面 μ_s=0.8，背风面 μ_s=−0.5，β_z=1，B 类地面粗糙度，风压高度变化系数取如图 3-5 所示，图中括号内系风荷载标准值 w_k。风荷载引起墙底截面层剪力标准值 $V_k=(\sum_1^8 w_{ki})\times3\times3.6=58.48$ kN 按刚度分配得②轴 AB 段承受水平剪力标准值 V_k=29.24kN，设计值 V=29.24×1.4=40.94kN。

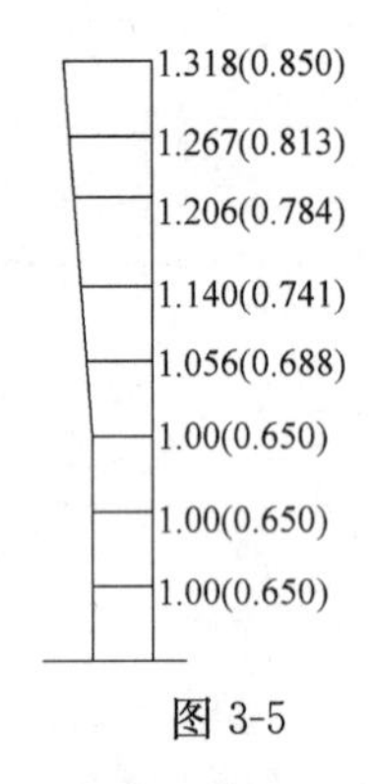

图 3-5

3. 单层弹性方案房屋

【例 3-3】 某单层单跨工业厂房，如图 3-6 所示，采用装配式有檩条体系钢筋混凝土屋盖，柱顶标高 5.0m，女儿墙标高 6.2m。窗台标高 1.2m，窗洞 2.4m×3.0m。采用 M7.5 混合砂浆及 MU15 粉煤灰砖。砌体重力密度 15kN/m³，墙面内抹灰重 0.36kN/m³，屋盖恒载 4.2kN/m²，屋面活载 0.5kN/m²，基本风压 0.3kN/m²，地面粗糙度 B 级。试进行静力计算分析。

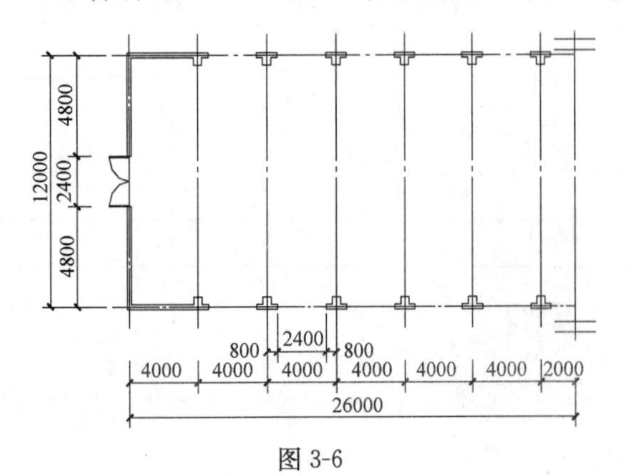

图 3-6

【解】 (1) 静力计算方案及计算简图

由表 3-1 可知，第 2 类屋盖刚性横墙间距 s=52m>48m 属弹性方案。取柱距为 4m 的中间横向铰接排架为计算单元。

(2) 荷载计算

1) 屋面竖向荷载

恒载标准值　$P_{Gk}=4.2\times4\times\frac{1}{2}\times12=100.8$kN

活载标准值　$P_{Qk}=0.5\times4\times\frac{1}{2}\times12=12$kN

2) 风荷载标准值　　$w_k=\beta_z\mu_s\mu_z w_0$　　(1)

由荷载规范[34] β_z=1，B 级地面粗糙度 μ_z=1.0，迎风面 μ_s=0.8，背风面 μ_s=−0.5，则

迎风面

w_1=0.8×1.0×0.3×4=0.96kN/m

背风面

w_2=0.5×1.0×0.3×4=0.60kN/m

柱顶集中风载

W=(0.96+0.60)×(6.2−5)×4=7.49kN

(3) 带壁柱内力分析

1) 屋顶荷载偏心计算

屋面大梁支反力偏心距 e=49mm，T 形柱截面特征详图 3-7。

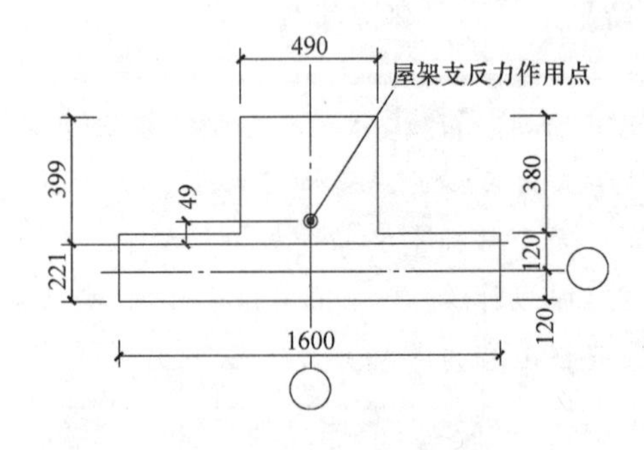

图 3-7　柱的几何特征

2) 内力设计值计算

计算模型如图 3-8 所示。

① 屋盖恒载

P_G=1.2×100.8=120.96kN，a=49mm

柱底内力　$M_{AG}=-\frac{P_G a}{2}=-2.96$kN·m

$V_{AG}=-1.5\frac{P_G a}{H}=-1.62$kN

② 屋盖活载设计值　P_Q=1.4×12=16.8kN

柱底内力　$M_{AQ}=-\frac{P_Q a}{2}=-0.40\text{kN}\cdot\text{m}$

$$V_{AQ}=-1.5\frac{P_Q a}{H}=-0.23\text{kN}$$

③ 左风作用下柱底内力

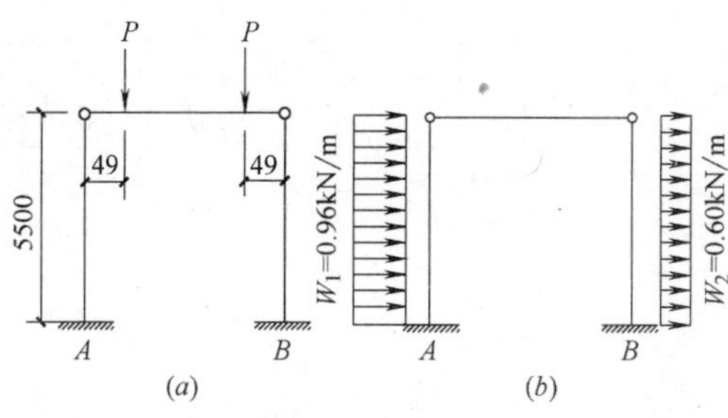

图 3-8　计算简图

$$M_A=\frac{WH}{2}-\frac{(5w_1+3w_2)}{16}H^2=33.08\text{kN}\cdot\text{m}$$

$$M_B=\frac{WH}{2}-\frac{(3w_1+5w_2)}{16}H^2=-31.71\text{kN}\cdot\text{m}$$

$$V_A=\frac{W}{2}+\frac{(13w_1+3w_2)}{16}H=8.66\text{kN}$$

$V_B=7.42\text{kN}$

④ 右风作用下A、B柱底内力值互换并反号。

⑤ 柱自重引起的轴力

$G_k=5.5\times0.5702\times15+(1.6\times0.38\times2)$
$\times5.0\times0.36=51.39\text{kN}$

(4) 内力组合设计值

1) N_{max}、M及V即屋面恒载、柱自重加屋面活荷载作用下柱内力组合值，因活载很小故应按下式计算

$$S=\gamma_0(1.35S_{Gk}+1.0S_{Qk})\quad(2)$$

按(2)式进行组合得

$N=217.32\text{kN}$　$M=-4.00\text{kN}\cdot\text{m}$　$V=-2.19\text{kN}$

2) $-M_{max}$、N及V即屋面恒载、活载、柱自重加右风作用下A柱内力组合值，按下式计算

$$S=\gamma_0(1.2S_{Gk}+1.4S_{Q1k}+\psi_{c2}1.4S_{Q2k})\quad(3)$$

$$S=\gamma_0[1.35S_{Gk}+1.4(\psi_{c1}S_{Q1k}+\psi_{c2}S_{Q2k})]\quad(4)$$

式中，活载组合系数ψ_{c1}及风载组合系数ψ_{c2}均取0.7。在组合时将左风作用下的A、B柱底内力值互换并反号，

按式(3)进行组合得

$N=199.31\text{kN}$　$M=-30.75\text{kN}$　$V=-8.50\text{kN}$

按式(4)进行组合得

$N=217.32\text{kN}$　$M=-31.03\text{kN}$　$V=-8.65\text{kN}$

3) M_{max}、N及V即屋面恒载、柱自重加左风作用下A柱内力组合值，按式(3)、式(4)计算。

按式(3)组合时，考虑屋面活载将抵消M_{max}，故仅考虑(恒+风)的组合且风载不考虑ψ_c值。于是有$N=199.31\text{kN}$，$M_{max}=42.76\text{kN}$，$V=10.18\text{kN}$，此即最不利的力组合值。

按式(4)组合不可能得出更大的M_{max}，故略去该组合值。

4. 多层弹性方案房屋

【例3-4】 某轻工厂房，如图3-9所示。窗洞2.7m×2.4m(一层)及2.7m×2.1m(二层)，窗台标高1.2m。采用MU15普通烧结砖和M10水泥混合砂浆。楼盖和屋盖采用装配式钢筋混凝土梁板结构，详图3-9(c)，圈梁240mm×180mm，采用C20混凝土。荷载标准值：屋面恒载(不含主梁)5.9kN/m²，屋面活载0.5kN/m²，楼面恒载(不含主梁)3.0kN/m²，楼面活载5.0kN/m²，门窗重0.4kN/m²，墙体两面抹灰重0.9kN/m²，240厚砖墙重4.56kN/m²。基本风压w_0为4.0kN/m²，地面粗糙度C级。安全等级二级，γ_0为1，施工质量B级。基础顶面标高-0.5m。试进行静力计算分析。

【解】(1) 沿房屋横向静力计算方案之判断

由于山墙宽$B=8.1+0.24=8.34\text{m}>H/2=8.70/2=4.35\text{mm}$，墙体洞口削弱<50%，故为刚性横墙，但其间距$s=50.4\text{m}>48\text{m}$，又系装配式有檩体系楼(屋)盖，故该房屋属于弹性方案。

(2) 沿房屋纵向静力计算方案之判断

纵向墙体水平开洞率为$2.7/4.2=0.645>0.5$，已经不满足刚性墙的构造要求，故须验算纵向水平位移是否满足$\Delta_{max}=\Delta_V+\Delta_M<H/4000=8700/4000=2.175\text{mm}$要求。

纵向墙顶水平位移计算及刚性墙之判断

① 风载

风压标准值

$$w_k=\beta_z\mu_z\mu_s w_0$$

式中　β_z——风振系数，纵墙的刚度大，近似取$\beta_z=1.0$；

μ_z——高度修正系数，地面粗糙度为C级，μ_z取$=0.74$；

μ_s——体形系数，迎风0.8，背风0.5。

山墙迎风$w_k=0.8\times0.74\times0.4=0.237\text{kN/m}^2$，背风$w_k=0.5\times0.74\times0.4=0.148\text{kN/m}^2$，于是纵墙所受风荷载可简化为如图3-11所示的两个集中力：

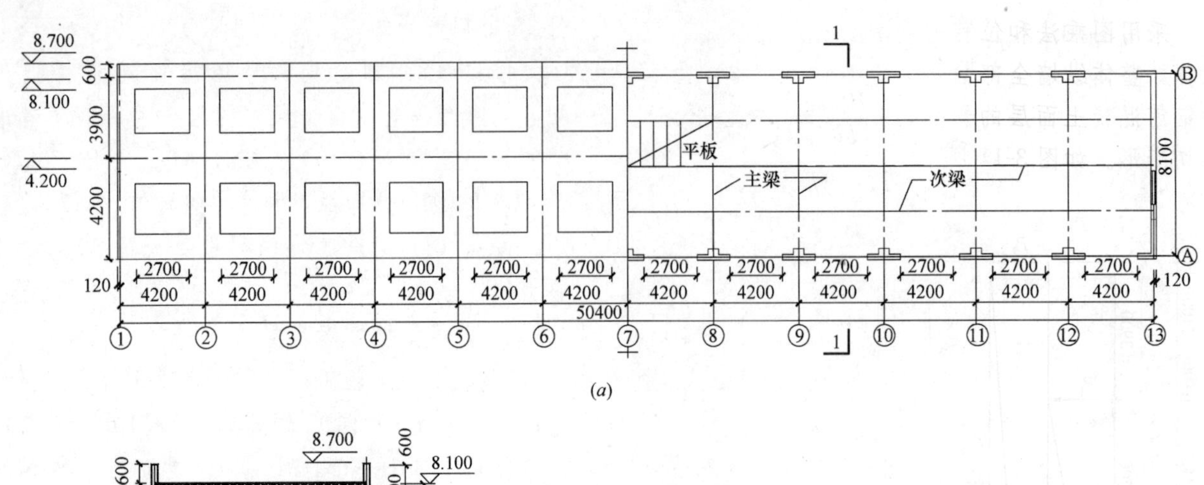

(a)

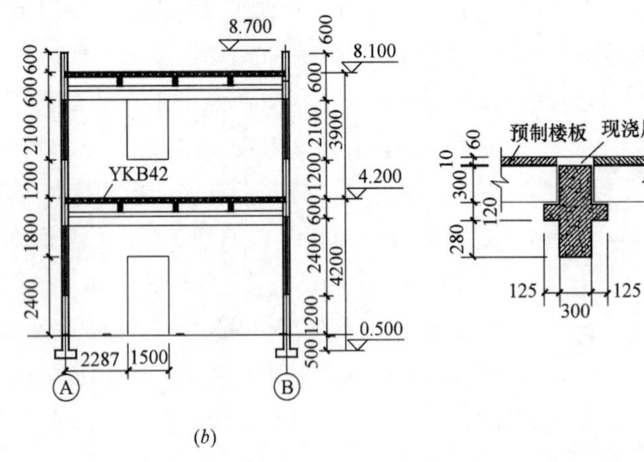

(b)

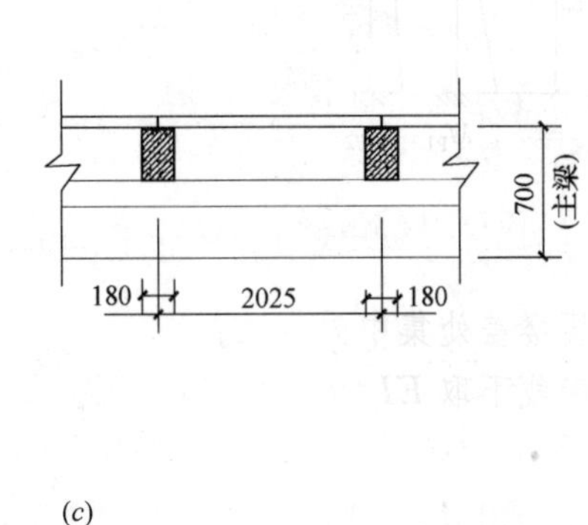

(c)

图 3-9

(a) 平面图及立面图；(b) 1—1 剖面图；(c) 装配式楼（屋）盖构造示意

$$P_1=\frac{8.1}{2}\times\frac{(4.2+3.9)}{2}\times(0.237+0.148)=6.315\text{kN}$$

$$P_2=\frac{8.1}{2}\times\frac{3.9}{2}\times(0.237+0.148)=3.041\text{kN}$$

② 纵墙截面特征

如图 3-10 所示之组合砌体柱，T 形柱截面面积 $A_T=370\times250+1500\times240=452500\text{mm}^2$ 对截面 y—y 轴之惯性矩

$$I_T=2\times\left(\frac{250\times185^3}{3}+\frac{240\times750^3}{3}\right)=68555270833\text{mm}^4$$

图 3-10

窗洞口上、下的通长墙体和近Ⓐ轴洞口边山墙截面面积

$$A_1=50640\times240+2\times2167\times240+11\times370\times250=14211260\text{mm}^2$$

窗间墙体和近Ⓐ轴洞口边山墙截面面积

$$A_2=11\times452500+2\times240\times870+2\times2167\times240=6435260\text{mm}^2$$

A_1 对⑦轴惯性矩

$$I_1=\frac{240\times50640^3}{12}+\frac{11\times250\times370^3}{12}+2\times4200^2\times(1^2+2^2+3^2+4^2+5^2)\times250\times370+2\times\left(\frac{2167\times240^3}{12}+2167\times240\times25700^2\right)$$

$$=3.43728\times10^{15}\text{mm}^4$$

A_2 对⑦轴惯性矩

$$I_2=11\times68555270833+2\times4200^2\times(1^2+2^2+3^2+4^2+5^2)\times452500+2\times\left[\frac{2167\times240^3}{12}+2167\times240\times25200^2+\frac{240\times870^3}{12}+870\times240\times(25200-315)^2\right]$$

$$=1.79796\times10^{15}\text{mm}^4$$

③ 纵墙檐口处弹性位移计算及刚性墙之判定

$$f=2.31\text{N/mm}^2,\ E=1600f=3696\text{N/mm}^2,$$

$$G=0.4E=1478.4\text{N/mm}^2$$

$$P_1=6.315\text{kN}=6315\text{N},\ P_2=3.041\text{kN}=3041\text{N}$$

采用图乘法和位移的一般公式进行弹性位移计算，整体纵墙全部简化为素砌体，不考虑壁柱中钢筋混凝土面层的影响，且仅考虑弯曲变形和剪切变形。如图3-11所示。

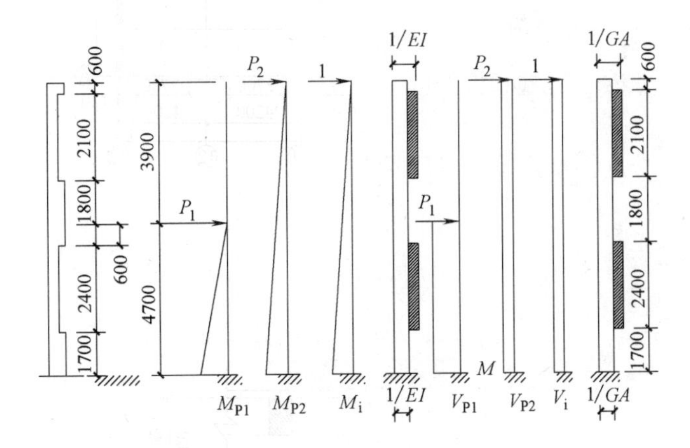

图3-11

二层楼盖处集中力 P_1 引起的位移

风荷载下取 $EI=0.85EI$，以考虑材料的塑性性质。

$$u_{21}=\frac{6315}{2\times0.85}\times\left(\frac{360000\times4300}{EI_1}+\frac{1440000\times5300}{EI_2}+\frac{7200000\times6100}{EI_2}+\frac{5100000\times7467}{EI_1}+\frac{7930000\times8033}{EI_1}+\frac{4600}{GA_1}+\frac{4800}{GA_2}\right)$$
$$=19.6\times10^{-3}\text{mm}$$

屋盖处集中力 P_2 引起的位移

$$u_{22}=\frac{3041}{2\times0.85}\times\left(\frac{144\times10^6}{EI_1}+\frac{1638\times10^6}{EI_2}+\frac{11340\times10^6}{EI_2}+\frac{16038\times10^6}{EI_1}+\frac{31590\times10^6}{EI_1}+\frac{57240\times10^6}{EI_2}+\frac{101016\times10^6}{EI_2}+\frac{87587.91\times10^6}{EI_1}+\frac{117442.46\times10^6}{EI_1}+\frac{8200}{GA_1}+\frac{9000}{GA_2}\right)$$
$$=17.70\times10^{-3}\text{mm}$$

$u=u_{21}+u_{22}=0.03732\text{mm}<\frac{H}{4000}=\frac{8600}{4000}=2.15\text{mm}$，纵墙属刚性墙。

(3) 房屋纵向静力计算方案的判断：因纵墙间距 $s=8.1\text{m}<32\text{m}$，故属于刚性方案。

(4) 山墙内力计算

选取一个次梁间距 8.1/4=2.025m 的墙体作为计算单元。

1) 内力标准值计算

① 重力荷载引起的内力

屋面引起的轴力　$N_{1GK}=5.9\times2.025\times4.2/2=25.09\text{kN}$，$N_{1QK}=0.5\times2.025\times4.2/2=2.13\text{kN}$

墙及抹灰引起的轴力　$N_{2GK}=(3.9+0.6)\times(4.56+0.9)\times2.025=49.75\text{kN}$

于是 $N_{0GK}=N_{1GK}+N_{2GK}=49.75+25.09=74.84\text{kN}$，$N_{0QK}=N_{1QK}=2.13\text{kN}$

楼盖产生的轴力　$N_{LGK}=3.0\times2.025\times4.2/2=12.76\text{kN}$，$N_{LQK}=5.0\times2.025\times4.2/2=21.26\text{kN}$

按照由恒荷载控制的组合 $N_0=1.35N_{0GK}+0.7\times1.4N_{0QK}=103.12\text{kN}$

在梁底设置 240mm×180mm 的钢筋混凝土圈梁即为垫梁。由文献[29] 5.2.6：

$I_b=bh^3/12=240\times180^3/12=116640000\text{mm}^4$，$E_b=2.55\times10^4\text{N/mm}^2$，$h=180\text{mm}$，$f=2.31\text{N/mm}^2$，$E=1600f=3696\text{N/mm}^2$，$h_0=2\sqrt[3]{\frac{E_bI_b}{Eh}}=299\text{mm}$，$\sigma_0=\frac{2N_0}{\pi h_0b_b}=0.91\text{N/mm}^2$，$\sigma_0/f=0.91/2.31=0.394$，查表5-6得系数 $\delta_1=6.0$。由公式(5-63)知：梁的有效支撑长度 $a_0=\delta_1\sqrt{\frac{h_c}{f}}=6\sqrt{\frac{300}{2.31}}=68.4\text{mm}$，本层楼层作用于柱顶的偏心距 $e_l=(240/2)-(0.4\times68.4)=92.6\text{mm}$，所以本层楼盖传来 $N_L=1.2N_{LGK}+1.3N_{LQK}=1.2\times12.76+1.3\times21.26=42.95\text{kN}$，$M_L=N_L\times e_l=42.95\times0.0926=3.977\text{kN}\cdot\text{m}$

② 风载引起的内力

纵墙间距 8.1m，因房屋底层层高为 4.2m，超过表3-3要求，所以应考虑风荷载影响。沿房屋纵向可视为刚性方案，计算风载，将墙视为竖向连续梁，其计算单元同法选取。

迎风面 $w_k=0.237\text{kN/m}^2$，背风面 $w_k=0.148\text{kN/m}^2$，由此 $q_{k1}=0.237\text{kN/m}$，$q_{k2}=0.148\text{kN/m}$，在风压力的作用下支座和跨中弯矩标准值 $M_{wk}=\frac{1}{12}q_{k1}BH_1^2=\frac{1}{12}\times0.237\times2.025\times4.7^2=0.887\text{kN/m}$，风吸力的作用下 $M_{wk}=\frac{1}{12}q_{k2}BH_1^2=\frac{1}{12}\times0.148\times2.025\times4.7^2=0.551\text{kN}\cdot\text{m}$。

2) 内力组合

因风载很小，重力荷载中恒载明显高于活载，故判定以恒载控制的荷载组合为最不利。当 $\gamma_G=$

1.35、$\gamma_Q=1.3$、$\psi_{Ci}=0.7$ 时的内力组合值：

上端截面 $N_u=1.35(N_{0Gk}+N_{LGk})+1.3\times0.7(N_{0Qk}+N_{LQk})=139.55\text{kN}$

$M_u=(1.35N_{LGk}+1.3\times0.7N_{LQk})\cdot e_l+1.3\times0.7M_{WK}=3.89\text{kN}\cdot\text{m}$

中间截面 $N_c=139.55+1.35\times5.46\times2.025\times4.2/2=170.89\text{kN}$

$M_c=3.977\times0.5\times2/3-0.877=0.875\text{kN}\cdot\text{m}$

下端截面 $N_b=139.55+1.35\times5.46\times2.025\times4.2=202.23\text{kN}$

$M_b=0.887-3.977/2=-1.102\text{kN}\cdot\text{m}$

(5) 纵墙带壁柱内力计算

1) 房屋横向静力计算模型

将梁与组合柱节点考虑为刚结，则其受力模型简化为一双层框架结构，如图 3-12 所示。组合柱截面的翼缘分为两部分，一是 120mm 厚的纯砌体，二是 120mm 厚的混凝土面层和砌体。将纯砌体部分移至混凝土和砌体部分，按混凝土和砌体的刚度比折算成翼缘不等宽的钢筋混凝土工字形截面，折算后的截面如图 3-13 所示。截面特征计算如下：

$A=370\times120+54\times250+707\times120=142740\text{mm}^4$

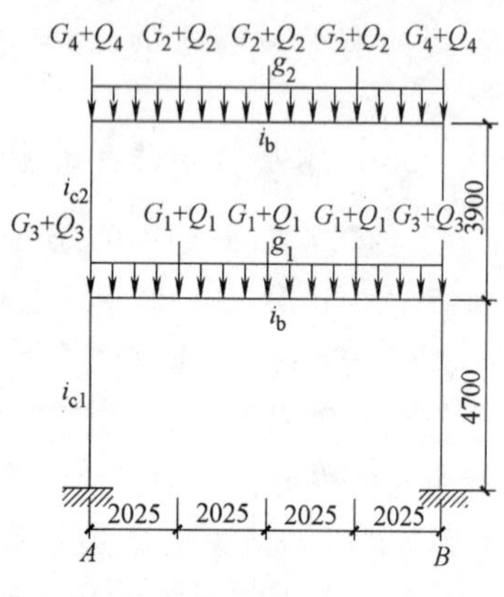

图 3-12

$$y_1=\frac{370\times120\times430+54\times250\times245+707\times120\times60}{370\times120+54\times250+120\times707}\approx193\text{mm}$$

$$I=\frac{54}{12}\times250^3+250\times54\times52^2+\frac{370}{12}\times120^3+370\times120\times237^2+\frac{707}{12}\times120^3+707\times120\times133^2=4256542860\text{mm}^4$$

按照图 3-9 (*c*) 所示的主梁截面计算得 $I_b=8613640000\text{mm}^4$，

梁的线刚度 $i_b=\dfrac{EI_b}{l}=\dfrac{8613640000\times2.55\times10^4}{8100-(193-120)\times2}=27614762380\text{N}\cdot\text{mm}$

柱的线刚度 $i_{c2}=\dfrac{EI_{c2}}{l}=\dfrac{4256542860\times2.55\times10^4}{3900}=27831241777\text{N}\cdot\text{mm}$

$i_{c1}=\dfrac{EI_{c1}}{l}=\dfrac{4256542860\times2.55\times10^4}{4700}=23094009134\text{N}\cdot\text{mm}$

梁柱的线刚度比 $\dfrac{i_b}{i_{c1}}=\dfrac{27604350886}{23094009134}=1.195$

$\dfrac{i_b}{i_{c2}}=\dfrac{27614762380}{27831241777}=0.992$

2) 房屋横向内力计算

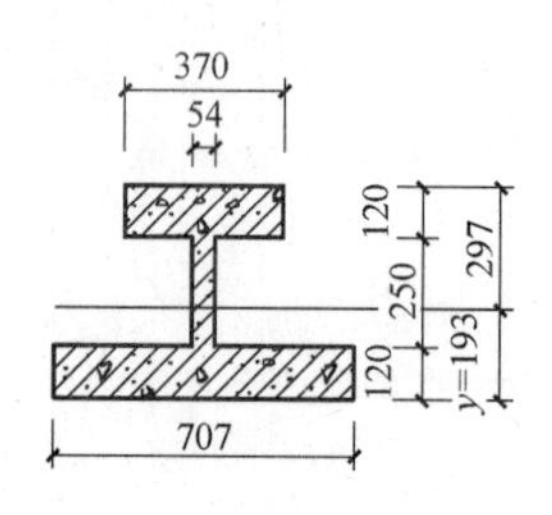

图 3-13

① 重力荷载及风载

楼盖主梁所受恒载 主梁自重 $g_{k1}=0.3\times0.7\times25+2\times0.125\times0.12\times25=6\text{kN/m}$

次梁传来的集中荷载

$G_{k1}=3\times4.2\times2.025=25.52\text{kN}$

楼盖主梁所受活载

$Q_{k1}=5\times4.2\times2.025=42.53\text{kN}$

屋盖主梁所受恒载 主梁自重

$g_{k2}=g_{k1}=6\text{kN/m}$

次梁传来集中荷载

$G_{k2}=5.9\times4.2\times2.025=50.18\text{kN}$

屋盖主梁所受活载

$Q_{k2}=0.5\times4.2\times2.025=4.25\text{kN}$

壁柱所受楼盖恒载

$G_{k3}=3\times4.2\times2.025/2=12.76\text{kN}$

壁柱所受屋盖恒载

$G_{k4}=5.9\times4.2\times2.025=25.09\text{kN}$

壁柱所受楼盖活载

$Q_{k3}=5\times4.2\times2.025/2=21.26\text{kN}$

壁柱所受屋盖活载

$Q_{k4}=0.5\times4.2\times2.025=2.13\text{kN}$

迎风荷载 $q_{k1}=0.237\times4.2=0.995\text{kN/m}$

背风荷载 $q_{k2}=0.148\times4.2=0.622\text{kN/m}$

② 荷载作用下内力标准值，如图 3-14 所示。

③ 内力组合

边柱永久荷载效应控制的组合：$\gamma_G=1.35$，$\gamma_Q=1.3$（活载>4.0kN/m²，取 1.3），$\psi_{ci}=0.7$。内力组合详见表 3-6。

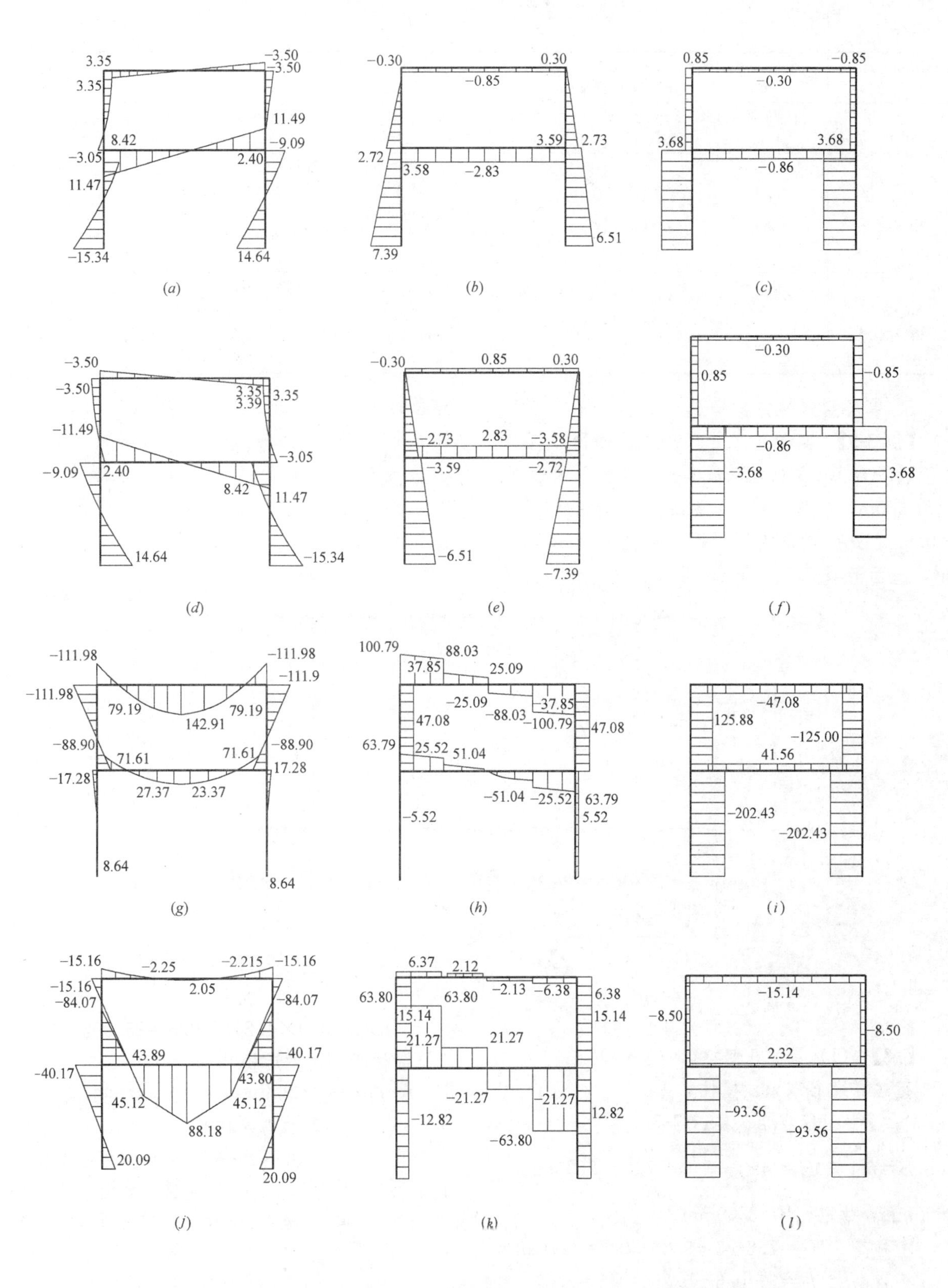

图 3-14

(a) 左风荷载作用下弯矩图；(b) 左风荷载作用下剪力图；(c) 左风荷载作用下轴力图；
(d) 右风荷载作用下弯矩图；(e) 右风荷载作用下剪力图；(f) 右风荷载作用下轴力图；
(g) 恒荷载作用下弯矩图；(h) 恒荷载作用下剪力图；(i) 恒荷载作用下轴力图；
(j) 活荷载作用下弯矩图；(k) 活荷载作用下剪力图；(l) 活荷载作用下轴力图

内力组合 表 3-6

荷载组合 / 内力组合	1.35恒荷载+1.3×0.7(活荷载+风荷载) M	N	所在截面
Mmax及相应的N	Mmax=1.35×111.98+1.3×0.7×(15.16+3.50)=168.154kN·m	N=1.35×125.88+1.35×0.6×4.2×5.46+1.3×0.7×(8.5+0.85)=197.021kN	二层柱上端截面
Nmin及相应的M	M=1.35×111.98+1.3×0.7×(15.16−3.35)=161.92kN·m	Nmin=1.35×125.88+1.35×0.6×4.2×5.46+1.3×0.7×(8.5−0.85)=195.474kN	二层柱上端截面
Mmin及相应的N	Mmin=1.35×8.64+1.3×0.7×(20.09−15.34)=15.987kN·m	N=1.35×202.43+1.35×5.46×[(8.7+0.5)×4.2−(2.1+2.4)×2.7+(3.6+3.3+0.5)×0.37]+1.35×0.4×2.7×(2.4+2.1)+1.3×0.7×(93.56−3.68)=577.072kN	一层柱下端截面
Nmax及相应的M	M=1.35×8.64+1.3×0.7×(20.09+14.64)=43.268kN·m	N=1.35×202.43+1.35×5.46×[(8.7+0.5)×4.2−(2.1+2.4)×2.7+(3.6+3.3+0.5)×0.37]+1.35×0.4×2.7×(2.4+2.1)+1.3×0.7×(93.56+3.68)=583.769kN	一层柱下端截面

5. 单层刚弹性方案房屋

【例 3-5】 某单跨工业厂房平面如图 3-15 所示。设一台 10t 桥式电动吊车，小车重 3t。标高：轨顶 6.0m，柱顶 7.2m，屋顶 8.7m，基础顶面 −0.5m。薄腹梁及大型屋面板屋盖自重 4.5kN/m²，屋面活载 0.5kN/m²，屋架支反力作用点离定位轴线内 150mm。基本风压 $w_0=0.4\text{kN/m}^2$，B 类地面粗糙度。采用 MU15 灰砂砖、M5 混合砂浆砌筑。吊车梁高 600mm，轨道及垫层高 250mm，吊车梁重 25kN。B 级施工质量。试进行静力计算分析。

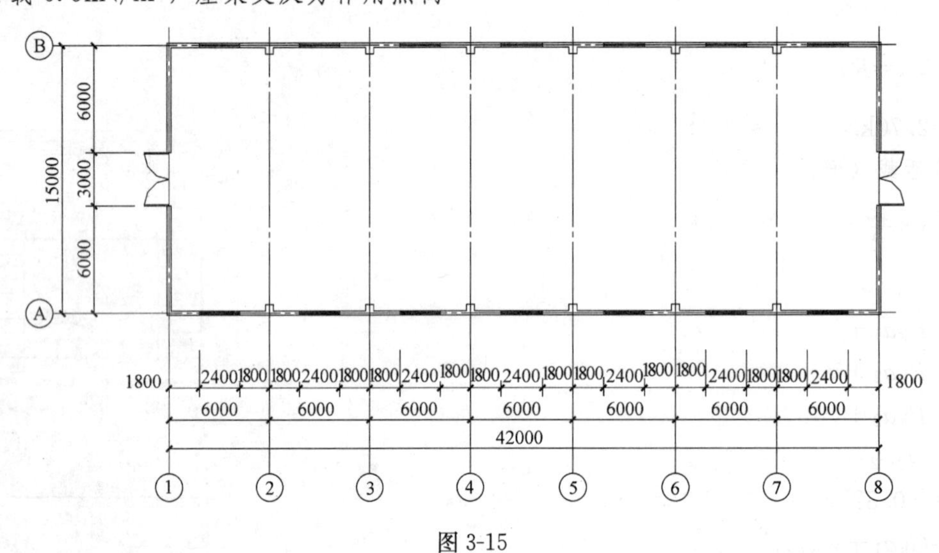

图 3-15

【解】 (1) 壁柱几何特征

壁柱翼缘 B 取值：壁柱总高

$$H=7.2+0.5=7.7\text{m},$$

$$B=b+\frac{2}{3}H=490+\frac{2}{3}\times7700=5623\text{mm}>3600\text{mm}$$，故取 $B=3600\text{mm}$

上柱高 $H_1=7.2-6+0.25+0.6=2.05\text{m}$

下柱高 $H_2=6-0.6-0.25+0.5=5.65\text{m}$

上柱截面

$A_1=380\times490+3600\times240=1050200\text{mm}^2$

$I_1=2.111\times10^{10}\text{mm}^4$，$y_{11}=175\text{mm}$，$y_{12}=445\text{mm}$

下柱截面 $A_2=1109000\text{mm}^2$，$I_2=3.538\times10^{10}\text{mm}^4$，$y_{21}=202\text{mm}$，$y_{22}=538\text{mm}$

(2) 柱荷载及内力计算

由表 3-1 可知，因属第 1 类屋盖且山墙间距 42m 介于 32～72m 之间，故属刚弹性方案，并由表 3-2 查得刚弹性方案空间性能影响系数 $\eta=0.475$。

1) 参数计算

$C=I_2/I_1=3.538\times10^{10}/2.111\times10^{10}=1.676$

$\mu=C-1=0.676$ $\lambda=H_1/H=2.05/7.7=0.266$

$$k_2=\frac{1}{2}(1+\mu\lambda^2)=\frac{1}{2}(1+0.676\times0.266^2)=0.524$$

$k_3=\frac{1}{3}(1+\mu\lambda^3)=\frac{1}{3}(1+0.676\times0.266^3)=0.338$

$k_4=\frac{1}{4}(1+\mu\lambda^4)=\frac{1}{4}(1+0.6761\times0.266^4)=0.251$

柱顶以上墙体对上柱的偏心距

$e_1=120-y_{11}=120-175=-55\text{mm}$

柱顶以上墙体对下柱偏心距

$e_2=120-y_{21}=120-202=-82\text{mm}$

屋架对上柱的偏心距

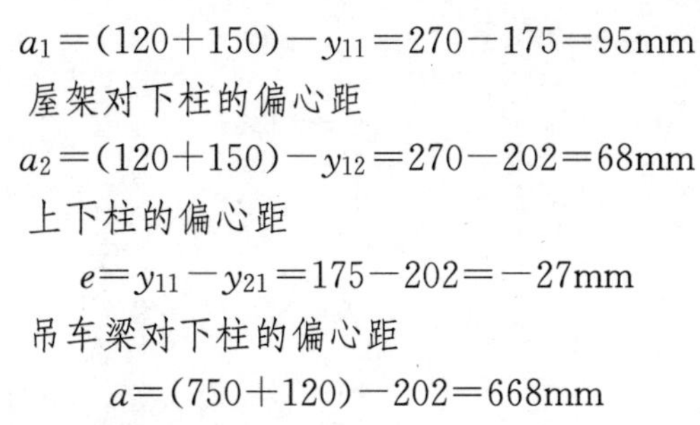

$a_1=(120+150)-y_{11}=270-175=95\text{mm}$

屋架对下柱的偏心距

$a_2=(120+150)-y_{12}=270-202=68\text{mm}$

上下柱的偏心距

$e=y_{11}-y_{21}=175-202=-27\text{mm}$

吊车梁对下柱的偏心距

$a=(750+120)-202=668\text{mm}$

2) 荷载及内力计算

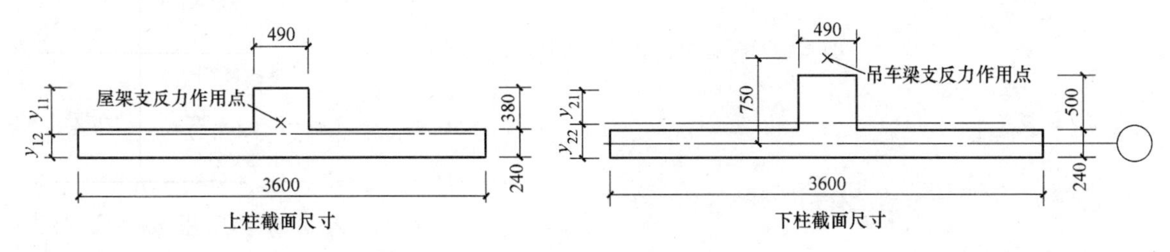

图 3-16　截面几何尺寸

① 屋盖恒载（详图 3-17）

$G_k=4.2\times\frac{15}{2}\times6=189\text{kN}$

$G_k.Q_1=189\times0.95=17.96\text{kN}\cdot\text{m}$

$V_A=-V_B=R_A=-\frac{G_k}{2k_3H}[2a_1k_2-e(1-\lambda^2)]$

$=-2.70\text{kN}$

② 屋盖活载（详图 3-17）

$P_k=0.5\times\frac{15}{2}\times6=22.5\text{kN}$

$V_A=-V_B=R_A=-0.32\text{kN}$

$M_{1-1}=P_ka_1+V_AH_1=1.48\text{kN}\cdot\text{m}$

$M_{2-2}=P_ka_2+V_AH_1=0.87\text{kN}\cdot\text{m}$

$M_{3-3}=P_ka_2+V_AH=-0.95\text{kN}\cdot\text{m}$

$N_{1-1}=N_{2-2}=N_{3-3}=22.5\text{kN}$

$V_{3-3}=-0.32\text{kN}$

$M_{1-1}=G_ka_1+V_AH_1=12.41\text{kN}\cdot\text{m}$

$M_{2-2}=G_ka_2+V_AH_1=7.31\text{kN}\cdot\text{m}$

$M_{3-3}=G_ka_2+V_AH=-7.94\text{kN}\cdot\text{m}$

$N_{1-1}=N_{2-2}=N_{3-3}=189\text{kN}$

$V_{3-3}=-2.70\text{kN}$

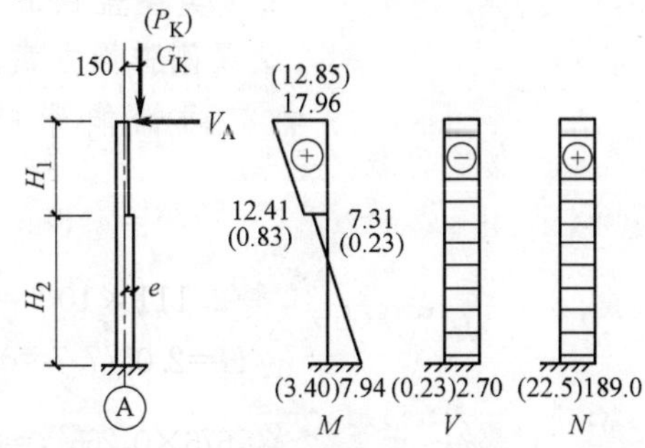

图 3-17　屋盖恒载（活载）引起内力图

③ 柱及吊车梁自重（详图 3-18）

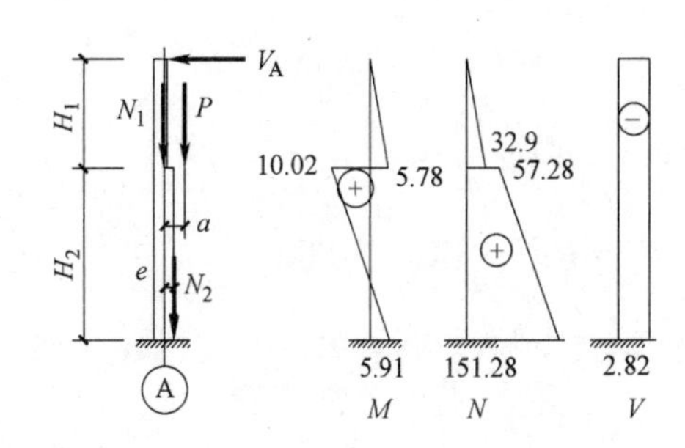

图 3-18　柱及吊车梁自重引起内力图

柱上段自重

$N_1=A_1\times19H_1=1.05\times15\times2.05=32.29\text{kN}$

柱下段自重

$N_2=A_2\times19H_2=1.109\times15\times5.65=93.99\text{kN}$

吊车梁重

$P=25\text{kN}$

$V_A=-V_B=\frac{N_1e-Pa}{2k_3H}(1-\lambda^2)=-2.82\text{kN}$

$M_{1-1}=V_AH_1=-5.78\text{kN}\cdot\text{m}$

$M_{2-2}=V_AH_1+Pa-N_1e=10.02\text{kN}\cdot\text{m}$

$M_{3-3}=V_AH+Pa-N_1e=-5.91\text{kN}\cdot\text{m}$

$N_{1-1}=32.29\text{kN}$

$N_{2-2}=32.29+25=57.29\text{kN}$

$N_{3-3}=57.29+93.99=151.28\text{kN}$

$V_{3-3}=V_A=-2.82\text{kN}$

④ 吊车最大轮压

由吊车产品目录可知起重量 $Q=100\text{kN}$，小车重 $g=29.9\text{kN}$，最大轮压 $P_{max}=101\text{kN}$，最小轮压 $P_{min}=22\text{kN}$，吊车轮距 0.9m，当其中一个

轮作用在柱上位置时，柱轴力最大。

当 $P_{\min}$ 作用在A柱一侧时（详图3-19）

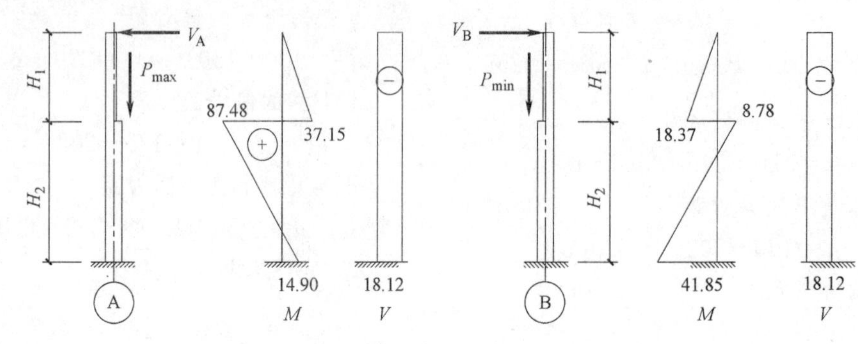

图3-19 吊车 $P_{\max}$ 作用于Ⓐ柱时Ⓐ与Ⓑ柱的内力

$$R_{\max}=P_{\max}\left(1+\frac{6-0.9}{6}\right)=186.85\text{kN}$$

$$R_{\min}=P_{\min}\left(1+\frac{6-0.9}{6}\right)=40.70\text{kN}$$

$$R_A=-\frac{R_{\max}a}{2k_3H}(1-\lambda^2)=-22.25\text{kN}$$

$$R_B=\frac{R_{\min}a}{2k_3H}(1-\lambda^2)=4.85\text{kN}$$

$$R=R_A+R_B=-17.40\text{kN}$$

$$V_A=R_A-\frac{\eta}{2}R=-18.12\text{kN}$$

$$V_B=R_B-\frac{\eta}{2}R=8.96\text{kN}$$

$$M_{1-1,A}=-18.12\times2.05=-37.15\text{kN}\cdot\text{m}$$

$$M_{2-2,A}=-18.12\times2.05+186.85\times0.667=87.48\text{kN}\cdot\text{m}$$

$$M_{3-3,A}=-18.12\times7.7+186.85\times0.667=-14.90\text{kN}\cdot\text{m}$$

$$N_{1-1,A}=0\text{kN}\quad N_{2-2,A}=N_{3-3,A}=186.85\text{kN}$$

$$V_{3-3,A}=-18.12\text{kN}$$

$$M_{1-1,B}=8.96\times2.05=18.37\text{kN}\cdot\text{m}$$

$$M_{2-2,B}=8.96\times2.05-40.7\times0.667=-8.78\text{kN}\cdot\text{m}$$

$$M_{3-3,B}=8.96\times7.7-40.7\times0.667=41.85\text{kN}\cdot\text{m}$$

$$N_{1-1,B}=0\text{kN}\quad N_{2-2,B}=N_{3-3,B}=40.7\text{kN}$$

$$V_{3-3,B}=8.96\text{kN}$$

当最大吊车荷载在B柱时，A，B柱内力与最大吊车荷载在A柱时互换，且符号相反。

⑤ 吊车横向水平力

$$V=0.12(Q+g)=15.59\text{kN}$$

每个轮水平力 $T_1=V/4=3.897\text{kN}\approx3.9\text{kN}$

吊车作用于柱上的水平力

$$T=3.9\times\left(1+\frac{6-0.9}{6}\right)=7.21\text{kN}$$

$$R_A=R_B=-\frac{T}{k_3}\left(k_3-2k_2+\frac{ca^2}{6}\right)=12.49\text{kN}$$

$$R=2R_A=2\times12.49=24.99\text{kN}$$

柱内力如图3-20所示：

$$V_{1-1}=R_A-\frac{\eta}{2}R=6.55\text{kN}$$

$$V_{3-3}=V_{1-1}-T=0.66\text{kN}$$

轨顶标高处

$$M_T=6.55\times(7.2-6)=7.86\text{kN}\cdot\text{m}$$

$$M_{1-1}=M_{2-2}=6.55\times2.05-7.21\times0.85=7.30\text{kN}\cdot\text{m}$$

$$M_{3-3}=6.55\times7.7-7.21\times6.5=3.57\text{kN}\cdot\text{m}$$

$$N_{3-3}=0\text{kN}$$

⑥ 风荷载（左来风）

$w_k=\beta_z\mu_s\mu_z w_0$，$w_0=0.4\text{kN/m}$，$\mu_s=0.8$

$\mu_z=1.0$（$H_w\approx8.7\text{m}$，B类地面粗糙度）

迎风面

$$w_{k1}=1.0\times0.8\times0.4\times6=1.92\text{kN/m}$$

背风面

$$w_{k2}=1.0\times0.5\times0.4\times6=1.20\text{kN/m}$$

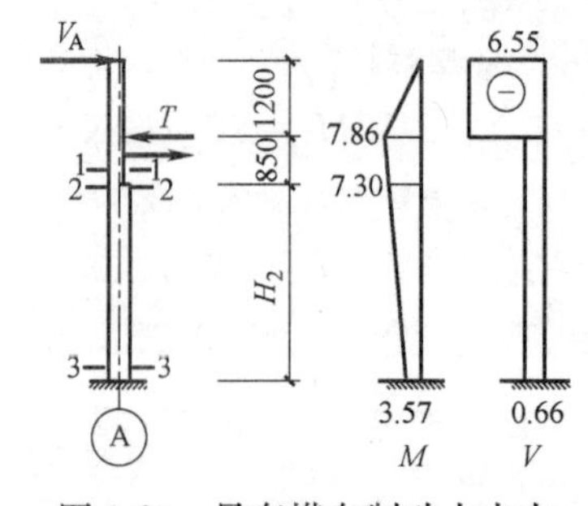

图3-20 吊车横向制动力内力

屋盖传来集中风载

$$W_k=(w_{k1}+w_{k2})\times(8.7-7.2)=4.68\text{kN}$$

$$R_A=-\frac{k_4}{2k_3}w_{k1}H-\frac{W_k}{2}=-7.83\text{kN}$$

$$R_B=-\frac{k_4}{2k_3}w_{k2}H-\frac{W_k}{2}=-5.77\text{kN}$$

$$R=R_A+R_B=-13.60\text{kN}$$

$$V_A=R_A-\frac{\eta}{2}R=-4.60\text{kN}$$

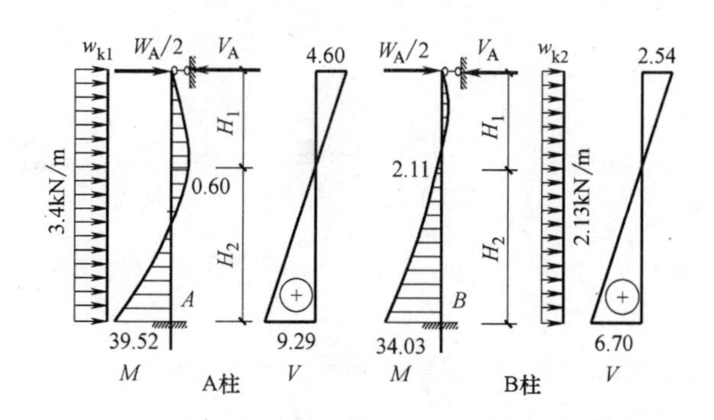

图 3-21　左风时 AB 柱内力

$$V_{3-3,A}=-7.83+1.92\times7.7+\frac{4.68}{2}=9.29\text{kN}$$

$$M_{1-1,A}=M_{2-2,A}=-4.60\times2.05+\frac{1.92\times2.05^2}{2}+\frac{4.68}{2}\times2.05=-0.60\text{kN}\cdot\text{m}$$

$$M_{3-3,A}=-4.60\times7.7+\frac{1.92\times7.7^2}{2}+\frac{4.68}{2}\times7.7=39.52\text{kN}\cdot\text{m}$$

$$V_B=R_B-\frac{\eta}{2}R=-2.54\text{kN}$$

$$M_{1-1,B}=M_{2-2,B}=-2.54\times2.05+\frac{1.20\times2.05^2}{2}+\frac{4.68}{2}\times2.05=2.11\text{kN}\cdot\text{m}$$

$$M_{3-3,B}=-2.54\times7.7+\frac{1.2\times7.7^2}{2}+\frac{4.68}{2}\times7.7=34.03\text{kN}\cdot\text{m}$$

$$V_{3-3,B}=-2.54+1.2\times7.7=6.70\text{kN}$$

⑦ 风荷载（右来风）与左来风相同，A、B 柱互换且反号。

(3) 排架内力组合

内力标准值与设计值（$\gamma_G=1.2$，$\gamma_Q=1.4$）汇总如表 3-7。

内力组合设计值（按文献［30］第 3.2.4 条公式 $S=\gamma_G G_k+0.9\sum_{1}^{n}\gamma_{Qi}S_{Qi}$）详表 3-8。

表 3-7

荷载类别		1—1		3—3			1—1		3—3		
		N_k	M_k	N_k	M_k	V_k	N	M	N	M	V
屋盖恒载		189	12.41	189	−7.94	−2.7	226.8	14.89	226.8	−9.53	−3.54
吊车梁及柱自重		32.29	−5.78	151.28	−5.91	−2.82	38.75	−6.94	181.54	−7.09	−3.38
屋面活载		22.5	1.48	22.5	−0.95	−0.32	31.5	2.07	22.5	−1.33	−0.45
吊车最大轮压	在A柱	0	−37.15	186.85	−14.9	−18.12	0	−52.01	261.59	−20.86	−25.37
	在B柱	0	−18.37	40.7	41.85	−8.96	0	−25.72	56.98	50.59	−12.54
横向水平制动力		0	±7.30	0	±3.57	±0.66	0	±10.22	0	±5.00	±0.92
风载	左来风	0	−0.6	0	39.52	9.29	0	−0.84	0	55.33	13.01
	右来风	0	−2.11	0	−34.03	−6.7	0	−2.95	0	−47.64	−9.38

表 3-8

截面	项目	M_{max},N,V	M_{min},N,V	N_{max},M,V	N_{min},M,V
1—1	组合项	1+2+3	1+2+0.9×(4+6+8)	1+2+0.9×(3+4+6+8)	1+2+0.9×(4+6+8)
	M	10.02	−50.71	−48.85	−50.71
	N	257.09	265.59	293.94	265.59
3—3	组合项	1+2+7	1+2+0.9×(3+5+6+8)	1+2+0.9×(3+4+6+8)	1+2+8
	M	38.71	−110.72	−83.97	−64.26
	N	408.34	470.87	664.02	408.34
	V	6.09	−27.64	−39.19	−16.30

6. 多层刚弹性方案房屋

【例 3-6】 某 5 层轻工业厂房（详图 3-22）层高 3.9m，钢窗洞 2m×2m，窗台高 1m。墙体由 MU20 规格为 390mm×190mm×190mm，孔洞率 δ=45% 的混凝土小型空心砌块及 Mb10 水泥混合砂浆砌筑，双面抹灰。预应力空心板厚 190mm，梁截面 250mm×700mm，圈梁截面 190mm×190mm，采用 C20 混凝土。荷载标准值详表 3-9。

地面粗糙度B级。安全等级二级，$\gamma_0=1.0$，施工质量B级。基顶标高-0.5m。试进行静力计算。

荷载标准值（kN/m²） 表3-9

屋面恒载	屋面活载	楼面恒载	楼面活载	墙单面抹灰	墙自重	基本风压 w_0
5.02	2.00	3.72	4.00	0.30	2.51	0.70

【解】（1）静力计算方案与刚性横墙

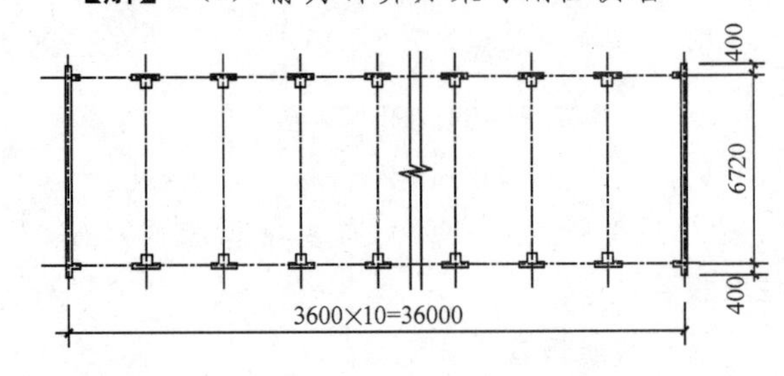

图3-22

1）静力计算方案

第一类楼（屋）盖，$32\text{m}<s=36\text{m}<72\text{m}$，故属刚弹性方案。

2）刚性横墙初步判别

由于实际墙宽$B=8.4+0.19=8.59$m小于$H/2=9.75$m（算至室内），不满足刚性横墙的要求，故设计时将山墙两端各向外延伸400mm，则

$B=8.4+2\times0.5=9.4\text{m}<H/2=9.75\text{m}$

但相差很小且墙体无洞口削弱，有翼缘（纵墙）增强刚度，故可初步视山墙为刚性横墙。

3）刚性墙的进一步验证

为证明上述判别之准确性，今验算风载作用下墙顶位移使满足$\frac{\Delta}{H}\leqslant\frac{1}{4000}$

① 风载 $w_k=\beta_z\mu_s\mu_z w_0$ （1）

式中 β_z——风振系数。$H/B=2.07>1.5$，但山墙刚度大，近似取$\beta_z=1.0$；

μ_z——风压高度变化系数。$H_x=10$m，$\mu_z=1.0$；

H_z——总高，$H_z=19.5$m，$\mu_z=1.24$为简化并偏于安全，取图3-23所示分布，各楼盖标高处可按比例算出；

μ_s——风压体型系数。迎风0.8，背风0.5；

w_0——基本风压。$w_0=0.7\text{kN/m}^2$。

作用于纵墙上的水平风载标准值：

10m高处

$q_{k1}=q'_{k1}+q''_{k1}=0.56\times3.6+0.35\times3.6=3.28\text{kN/m}$

屋盖处

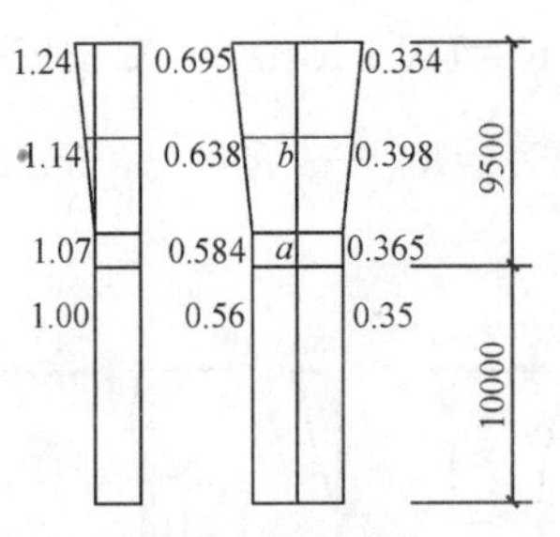

图3-23 μ_z分布图

$q_{k2}=q'_{k2}+q''_{k2}=0.695\times3.6+0.434\times3.6=4.06\text{kN/m}$

5层楼盖处

$q_{kb}=q'_{kb}+q''_{kb}=0.638\times3.6+0.398\times3.6=3.73\text{kN/m}$

4层楼盖处

$q_{ka}=q'_{ka}+q''_{ka}=0.584\times3.6+0.365\times3.6=3.41\text{kN/m}$

沿山墙平面的风载

$\sum q_{k1}=3.28\times5=16.40\text{kN/m}$

$\sum q_{k2}=4.06\times5=20.30\text{kN/m}$

② 山墙截面惯性矩、弹性模量与弹性刚度

计算横墙位移时，可考虑纵墙与横墙共同工作，即

$$I=\frac{190}{2}\times9400^3+\left[\frac{800-100}{12}\times190^3+700\times190\times4200^2\right]\times2=1784.4\times10^{10}\text{mm}^4,$$

因$f=4.95\text{N/mm}^2$，$E=1700f=1700\times4.95=8415\text{MPa}$，取刚度折减系数$\beta=0.85$，$\beta EI=0.85\times8415\times1784.4\times10^{10}=127634\times10^{12}$。

③ 墙顶水平位移计算

采用图3-24所示叠加方法，

令 $\Delta=\Delta_1+\Delta_2$ （2）

墙底总剪力

$V_1=\sum q_{k1}\times H=319.41\text{kN}$

$$\Delta_1=\frac{V_1H}{8\times\beta EI}\times\left[1+\frac{4\mu\beta EI}{GAH^2}\right] \quad (3)$$

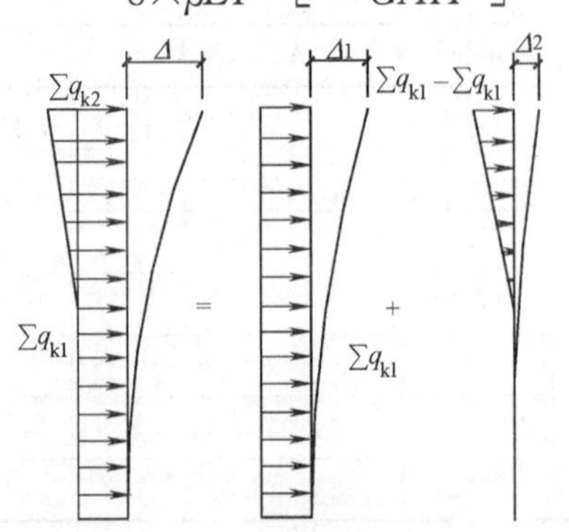

图3-24 风载与位移的分解

式中 $A=190\times9400=1.786\times10^6\text{mm}^2$

μ——剪应力不均匀系数，$\mu=1.2$；G——砌体剪变模量，$G=0.40E$。

代入得　　$\Delta_1=2.94\text{mm}$

$$\Delta_2^M=\frac{qal^3}{120EI}(20-10\alpha+\alpha^3) \qquad (4)$$

式中　$q=\sum q_{k2}-\sum q_{k1}=3.90\text{kN/m}$

$a=9500\text{mm}$，$L=H=19500\text{mm}$，$\alpha=\frac{a}{L}=\frac{9500}{19500}=0.487$，代入得 $\Delta_2^M=0.275\text{mm}$。

将三角形荷载简化为一距墙顶 $9500/3=3167\text{mm}$ 且 $P=\frac{3.929}{2}\times9.5=18.663\text{kN}$ 之集中荷载，则

$$\Delta_2^V=\frac{PH^3}{3EI}\times\frac{3\mu EI}{AH^2G}=\frac{PH\mu}{AG}=$$

$$\frac{18663\times1.2\times(19500-9500/3)}{0.40\times0.85\times8415\times1.786\times10^6}=0.072\text{mm}$$

$$\Delta_2=\Delta_2^M+\Delta_2^V=0.347\text{mm}$$

$$\Delta=\Delta_1+\Delta_2=3.287\text{mm}<[\Delta]=\frac{H}{4000}=\frac{19500}{4000}=$$

4.875mm，满足刚性墙要求。

(2) 山墙内力计算

选取底层 1m 长墙体作为计算单元。

1) 内力标准值的计算

屋面及楼面恒载引起墙顶轴力

$$N_{1\text{Gk}}=(5.02+3.72\times3)\times\frac{3.6}{2}=29.12\text{kN}$$

屋面及楼面活载引起墙顶轴力

$$N_{1\text{Qk}}=(2.0+4.0\times3)\times\frac{3.6}{2}=25.2\text{kN}$$

墙及抹灰重引起墙顶轴力

$$N_{2\text{Gk}}=(2.51+0.6)\times3.9\times4=48.52\text{kN}$$

于是　$N_{0\text{Gk}}=N_{1\text{Gk}}+N_{2\text{Gk}}=77.64\text{kN}$

$N_{0\text{Qk}}=N_{1\text{Qk}}=25.20\text{kN}$

本层楼盖墙顶轴力

$$N_{\text{LGk}}=3.72\times\frac{3.6}{2}=6.70\text{kN}$$

$$N_{\text{LQk}}=4\times\frac{3.6}{2}=7.20\text{kN}$$

设楼板支撑于 190mm × 190mm 之圈梁上，则

$$I_b=\frac{bh^3}{12}=\frac{190^4}{12}=1.09\times10^8\text{mm}^4$$

$$E_b=2.55\times10^4\text{MPa},\quad h=190\text{mm}$$

所以　$h_0=2\sqrt[3]{\frac{E_bI_b}{Eh}}=240\text{mm}$

$$N_0=1.2\times77.64+1.4\times25.2=128.45\text{kN}$$

$$\sigma_0=\frac{2N_0}{\pi h_0b_b}=1.79\text{MPa}\quad \frac{\sigma_0}{f}=\frac{1.79}{4.95}=0.362$$

查表 5-6，得 $\delta_1=5.94$，并由公式 (5-63) 知，$a_0=\delta_1\sqrt{\frac{h_c}{f}}=5.94\sqrt{\frac{190}{4.95}}=36.8\text{mm}$

则本层楼盖荷载作用于柱顶的偏心距 $e_L=\frac{190}{2}-0.4\times36.8=80.3\text{mm}$

本层楼盖传来的轴力和弯矩设计值分别为

$$N_L=1.2\times6.70+1.4\times7.20=18.12\text{kN}$$

$$M_L=18.12\times0.0803=1.46\text{kN}\cdot\text{m}$$

风载引起的内力：因房屋沿横向为刚弹性方案且由于层高及总高均已超过文献［29］表 4.2.6 不考虑风载影响的限值，故应计算风载。将墙视为竖向连续梁，以计算其局部弯矩。在风压力作用下其支座与跨中弯矩标准值可取为

$$M_{\text{WK}}=\frac{1}{12}q_kH_N^2=\frac{1}{12}\times0.56\times3.9^2$$

$$=0.71\text{kN}\cdot\text{m}$$

2) 内力组合

① 当 $\gamma_G=1.2$，$\gamma_Q=1.4$，$\psi_{c,i}=0.7$ 时的内力设计值

上端截面

$$N_u=1.2\times(77.64+6.70)+1.4\times(25.2+7.20)$$

$$=146.57\text{kN}$$

$$M_u=1.46+1.4\times0.7\times0.71=2.16\text{kN}\cdot\text{m}$$

中间截面

$$N_c=146.57+1.2\times(2.51+0.6)\times\frac{3.9}{2}=153.85\text{kN}$$

$$M_c=\frac{1.46}{2}-1.4\times0.7\times0.71=0.03\text{kN}\cdot\text{m}$$

下端截面

$$N_b=146.57+1.2\times(2.51+0.6)\times3.9$$

$$=161.12\text{kN}$$

$$M_b=1.4\times0.7\times0.71=0.70\text{kN}\cdot\text{m}$$

剪力很小均未计算。

② 当 $\gamma_G=1.35$，$\gamma_Q=1.4$，$\psi_{c,i}=0.7$ 时的内力设计值

上端截面

$N_u=145.61\text{kN}$　$M_u=1.92\text{kN}\cdot\text{m}$

中间截面

$N_c=154.32\text{kN}$　$M_c=-0.096\text{kN}\cdot\text{m}$

下端截面

$N_b=161.98\text{kN}$　$M_b=0.70\text{kN}\cdot\text{m}$

比较可知第一种组合更为不利。

(3) 纵墙带壁柱内力计算

取一个开间为计算单元，风载下的计算简图

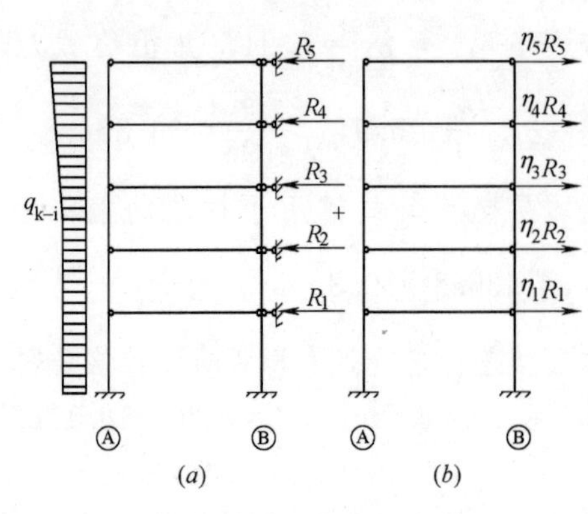

图 3-25 风载计算简图

如图 3-25。不动铰支反力 R_i 与空间性能影响系数 η_i，根据不同楼层相应的 μ_z 值可得

$$R_1=R_2=3.28\times3.9=12.79\text{kN}$$

$$R_3=3.41\times3.9=13.30\text{kN}$$

$$R_4=3.73\times3.9=14.55\text{kN}$$

$$R_5=\left[\left(0.638+\frac{0.695-0.638}{4}\times3\right)+\left(0.398+\frac{0.434-0.398}{4}\times3\right)\right]\times3.6\times3.9/2=7.76\text{kN}$$

根据 $s=36\text{m}$，第一类楼（屋）盖，查表 3-2 得 $\eta_{1\sim5}=0.39$，从而 $\eta_1R_1=\eta_2R_2=4.99\text{kN}$，$\eta_3R_3=5.20\text{kN}$，$\eta_4R_4=5.67\text{kN}$，$\eta_5R_5=3.03\text{kN}$。各柱节点集中风载为 η_iR_i 之半。

1）风载下内力计算

① 弯矩标准值

将图 3-25（a）之荷载简化为图 3-26（a）并计算得风压力及风吸力（括号内数值）。除顶层（de 段）外，其余各支座及跨中弯矩均近似取 $\frac{q}{12}H_i^2$。

oc 段： A 轴

$$M'_{k1}=\frac{2.016}{12}\times3.9^2=2.56\text{kN}\cdot\text{m}$$

B 轴

$$M''_{k1}=\frac{1.26}{12}\times3.9^2=1.60\text{kN}\cdot\text{m}$$

cd 段： A 轴

$$M'_{kc}=\frac{2.30}{12}\times3.9^2=2.92\text{kN}\cdot\text{m}$$

B 轴 $M''_{kc}=\frac{1.433}{12}\times3.9^2=1.82\text{kN}\cdot\text{m}$

de 段： A 轴 跨中

$$M'_{kde}=\frac{9}{128}\times2.50\times3.9^2=2.64\text{kN}\cdot\text{m}$$

支座

$$M'_{k1}=\frac{1}{8}\times2.50\times3.9^2=4.73\text{kN}\cdot\text{m}$$

B 轴 跨中

$$M''_{kde}=\frac{9}{128}\times1.563\times3.9^2=1.61\text{kN}\cdot\text{m}$$

支座

$$M''_{kd}=\frac{1}{8}\times1.563\times3.9^2=2.91\text{kN}\cdot\text{m}$$

图 3-25b（即图 3-26b）在各 $\eta_iR_i/2$ 作用下弯矩标准值为

$$M^{\eta}_{kd}=1.515\times3.9=5.91\text{kN}\cdot\text{m}$$

$$M^{\eta}_{kc}=1.515\times3.9\times2+2.835\times3.9=22.88\text{kN}\cdot\text{m}$$

$$M^{\eta}_{kb}=1.515\times3.9\times3+2.835\times3.9\times2+2.6\times3.9=49.99\text{kN}\cdot\text{m}$$

$$M^{\eta}_{ka}=1.515\times3.9\times4+2.835\times3.9\times3+2.6\times3.9\times2+2.495\times3.9=86.81\text{kN}\cdot\text{m}$$

$$M^{\eta}_{ko}=1.515\times3.9\times5+2.835\times3.9\times4+2.6\times3.9\times3+2.495\times3.9\times(2+1)=133.34\text{kN}\cdot\text{m}$$

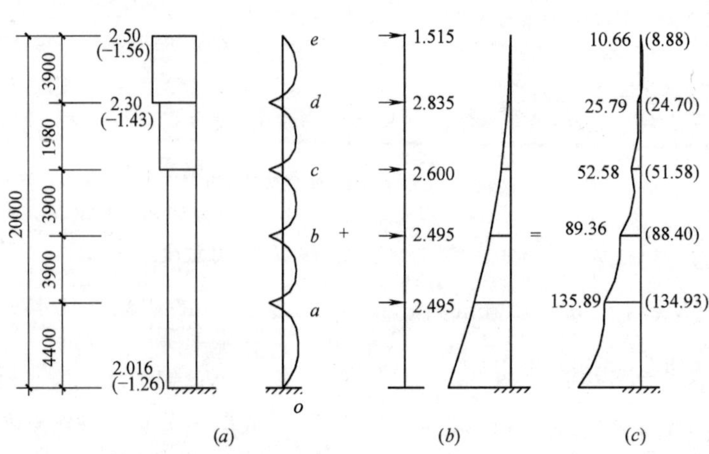

图 3-26 风载弯矩图（括号内为 B 轴值）

将图 3-26 中的（a）、（b）两弯矩图叠加而得图（c）的图弯矩。

② 剪力标准值

由图 3-26（a）可知

oc 段：　A 轴　$V_{k1}=\frac{2.016}{2}\times3.9=3.93\text{kN}$

B 轴　$V_{k2}=\frac{1.26}{2}\times3.9=2.46\text{kN}$

cd 段：　A 轴　$V_{kc}=\frac{2.3}{2}\times3.9=4.49\text{kN}$

B 轴　$V_{kc}=\frac{1.433}{2}\times3.9=2.79\text{kN}$

de 段：　A 轴

$$V_{ke}=\frac{3}{8}\times2.50\times3.9=3.66\text{kN}$$

$$V_{kd}=\frac{5}{8}\times2.50\times3.9=6.09\text{kN}$$

B 轴　$V_{ke}=\frac{3}{8}\times1.563\times3.9=2.29\text{kN}$

$$V_{kd}=\frac{5}{8}\times1.563\times3.9=3.81\text{kN}$$

由图 3-26（b）可知

de 段：　$V'_{kde}=1.52\text{kN}$

cd 段　$V'_{kcd}=4.35\text{kN}$

bc 段：　$V'_{kbc}=6.95\text{kN}$

ab 段　$V'_{kab}=9.45\text{kN}$

oa 段 $V'_{kde}=11.95\text{kN}$

各截面的剪力示如图 3-27 所示，将其中（a）、（b）两图叠加得（c）图。

2）竖向荷载下内力计算

计算单元同风荷载，仅计算底层内力标准值。

① 底层墙顶面内力标准值（墙截面如图 3-28）

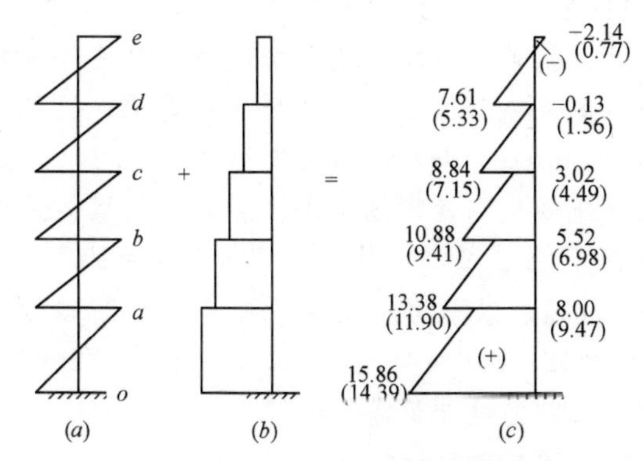

图 3-27　风载剪力图（括号内为 B 轴值）

屋面、楼面恒载引起墙顶轴力

$N_{k1G}=(5.02+3.72\times3)\times3.6\times8.4/2$
$=244.64\text{kN}$

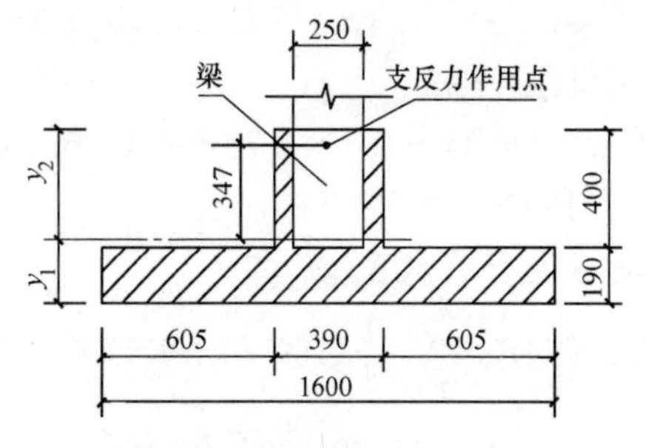

图 3-28　墙截面几何尺寸

屋面、楼面活载引起墙顶轴力

$N_{k1Q}=(2.0+4\times3)\times3.6\times8.4/2$
$=211.68\text{kN}$

墙及抹灰重引起墙顶轴力

$N_{k2G}=(2.51+0.6)\times[3.9\times(3.6+2\times0.39)-2\times2]\times4=162.74\text{kN}$

窗重引起墙顶轴力

$$N_{k3G}=0.4\times2\times2\times4=6.4\text{kN}$$

$$N_{kOG}=N_{k1G}+N_{k2G}+N_{k3G}=413.78\text{kN}$$

$$N_{kOQ}=N_{k1Q}=211.68\text{kN}$$

本层楼盖传来墙顶轴力

$$N_{kLG}=3.72\times3.6\times8.4/2=56.25\text{kN}$$

$$N_{kLQ}=4\times3.6\times8.4/2=60.48\text{kN}$$

由式（5-60）可知，当不设垫块且不考虑圈梁作用时，梁端有效支撑长度 $a_0=10\sqrt{\frac{h_c}{f}}=118.9\text{mm}$。则本层楼盖荷载作用点与柱顶的偏心距 $e_l=395-0.4\times118.9=347.4\text{mm}$，所以本层楼盖传来的轴力和弯矩标准值分别为

$$N_{kL}=116.73\text{kN}$$

$$M_{kLG}+M_{kLQ}=56.25\times0.3474+60.48\times0.3474=40.55\text{kN}$$

墙顶面轴力标准值

$$N_{kuG}=N_{kOG}+N_{kLG}=470.03\text{kN}$$

$$N_{kuQ}=N_{kOQ}+N_{kLQ}=211.68+60.48=272.16\text{kN}$$

剪力值

$$V_{kG}=19.54/4.4=4.44\text{kN}$$

$$V_{kQ}=21.01/4.4=4.78\text{kN}$$

② 底层墙底内力标准值

$$N_{kbG}=N_{kuG}+(N_{k2G}+N_{k3G})/4=512.32\text{kN}$$

$$N_{kbQ}=N_{kuQ}=272.16\text{kN},\quad M_{ku}=0$$

3）内力组合

① 当 $\gamma_G=1.2$，$\gamma_Q=1.4$，$\psi_{c2}=0.7$ 时：

A 柱上端截面

$N_u=\gamma_G N_{kuG}+\gamma_Q N_{kuQ}=1.2\times470.03+1.4\times272.16$
$=945.06\text{kN}$

$M_u=1.2\times19.54+1.4\times21.01+1.4\times0.7\times89.36=140.44kN\cdot m$

$V_u=-1.2\times4.44-1.4\times4.78+1.4\times0.7\times8.00=-4.18kN$

A柱窗台标高截面

$$N_m=1.2\times\left[470.03+\frac{1}{4}(162.74+6.4)\times(3.9-1)/3.9\right]+1.4\times211.68=898.12kN$$

$$M_m=(1.2\times19.54+1.4\times21.01)\times\frac{1}{3.9}+0.7\times1.4\times\left[89.36+(135.89-89.36)\times\frac{2.9}{3.9}-\frac{2.02}{24}\times3.9^2\right]=137.52kN\cdot m$$

为简化计算将图3-23（a）oa段窗台标高截面弯矩（上式中第五项）取为$\frac{q_{kl}'}{24}H_1^2$，则

$$V_m=-1.2\times4.44-1.4\times4.78+0.7\times1.4\times\left[8.0+(15.86-8.0)\times\frac{2.9}{3.9}\right]=1.55kN$$

A柱底截面

$N_b=1.2\times512.32+1.4\times(211.68+60.48)=995.80kN$

$M_b=0.7\times1.4\times135.89=133.17kN\cdot m$

$V_b=-1.2\times4.44-1.4\times4.78+0.7\times1.4\times15.86=3.53kN$

B柱上端截面 $N_u=945.06kN$

$M_u=-(1.2\times19.54+1.4\times21.01)+0.7\times1.4\times88.40=33.77kN\cdot m$

$V_u=1.2\times4.44+1.4\times4.78+0.7\times1.4\times9.47=21.30kN$

B柱窗台标高截面 $N_m=898.12kN$

$$M_m=-(1.2\times19.54+1.4\times21.01)\times\frac{1.0}{3.9}+0.7\times1.4\times\left[88.40+(134.93-88.40)\times\frac{2.9}{3.9}-\frac{1.26}{24}\times3.9^2\right]=106.21kN\cdot m$$

$$V_m=1.2\times4.44+1.4\times4.78+0.7\times1.4\times\left[9.47+(14.38-9.47)\times\frac{2.9}{3.9}\right]=24.88kN$$

B柱底截面 $N_b=995.80kN$

$M_b=0.7\times1.4\times134.93=132.23kN\cdot m$

$V_b=1.2\times4.44+1.4\times4.78+0.7\times1.4\times14.39=26.60kN$

② 当$\gamma_G=1.35$ $\gamma_Q=1.4$ $\psi_{ci}=0.7$时：

A柱上端截面

$N_u=901.25kN$ $M_u=134.55kN\cdot m$

$V_u=18.51kN$

A柱窗台标高截面

$N_m=884.44kN$ $M_m=107.67kN\cdot m$

$V_m=24.24kN$

A柱底截面

$N_b=958.35kN$ $M_b=133.17kN\cdot m$

$V_b=4.87kN$

B柱上端截面

$N_u=901.25kN$ $M_u=39.67kN\cdot m$

$V_u=19.96kN$

B柱窗台标高截面

$N_m=884.44kN$ $M_m=109.69kN\cdot m$

$V_m=23.54kN$

B柱底截面

$N_b=995.80kN$ $M_b=132.24kN\cdot m$

$V_b=24.70kN$

7. 上柔下刚房屋的计算

【例3-7】 某五层教学楼（含地下室）如图3-29所示，顶层为多功能厅，底层为库房，其余各层为教室。纵墙承重方案，安全等级二级。预应力屋面梁YWL bh=250mm×700mm。楼板YKB60厚190mm，折算厚度110mm；走道板YKB24及屋面板YKB36厚120mm，折算厚度75mm。圈梁截面高除10.8m标高为300mm外，其余各层均为180mm，采用C20混凝土。窗台高±0.000m以上各层均为1.1m，窗洞为2.1m×2.1m。采用MU20煤矸石烧结砖。水泥砂浆：7.2m标高以下为M10，以上为M7.5。荷载标准值详表3-9。A类地面粗糙度。最高地下水位在基础底面以下，土的内摩擦角$\varphi=30°$，填土$\gamma=20kN/m^3$。施工质量等级C级。试进行静力计算分析。

【解】 (1) 静力计算方案

②、⑭轴横墙因有地下室，故可自室外地坪标高计算H=16000mm，双肢墙肢宽B=6240+500=6740mm，H/B=16000/6740=2.374>2，经计算能满足刚性横墙要求。装配式无檩体系钢筋混凝土楼盖横墙间距$s=3\times3.6=10.8m<32m$，故顶层以下为刚性方案。其上②-⑭轴的墙间距$s=12\times3.6=43.2m$，介于32m与72m间，故顶层属刚弹性方案。

(2) 顶层墙体计算

1) 计算简图

视顶层为支撑于其下多层刚性方案房屋上的单层空旷房屋，多层房屋为其基础。由于屋面梁端上部墙体对其约束很小，故视为铰接排架。

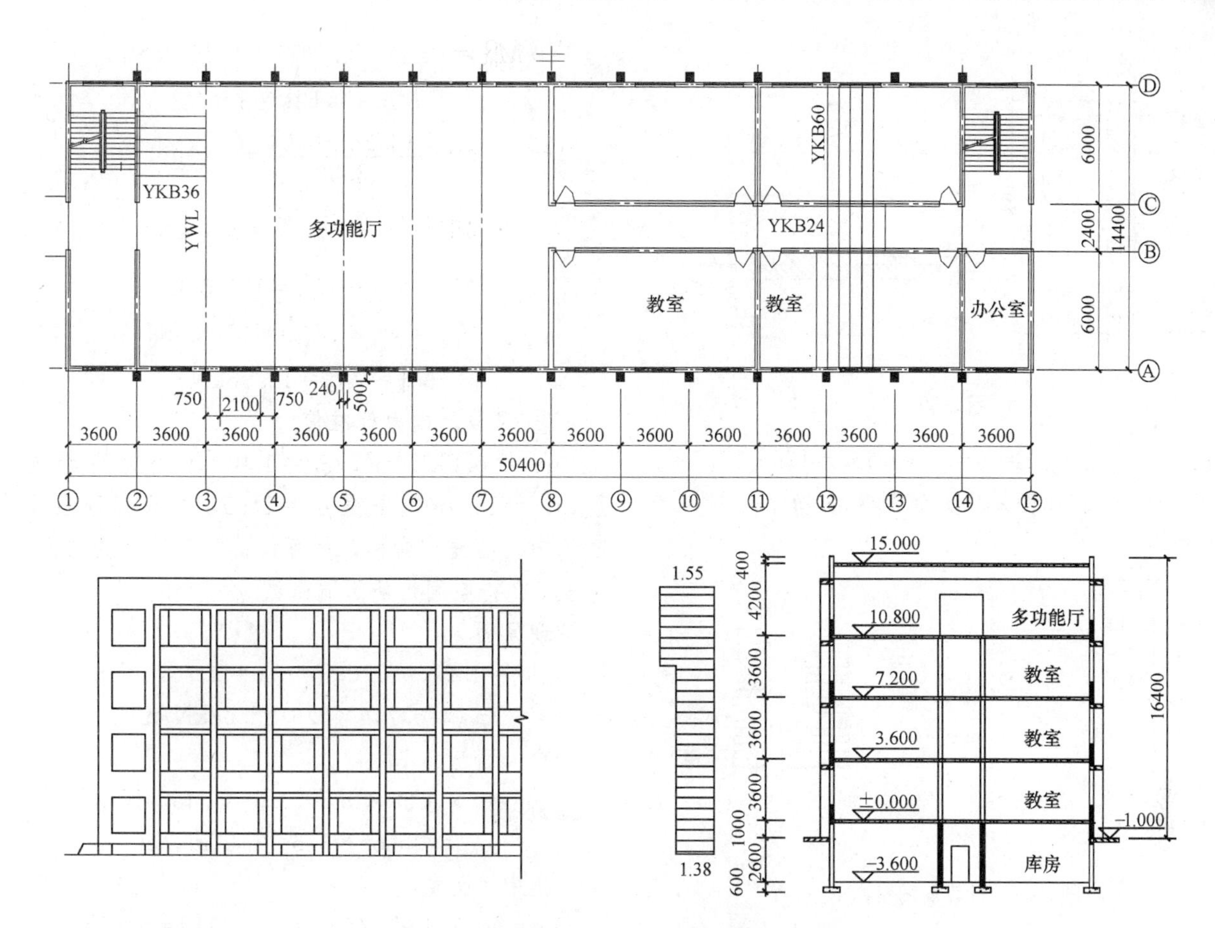

图 3-29　平立剖面示意图

荷载数值　　表 3-10

荷载种类	kN/m²	荷载种类	kN/m²
屋面恒载	5.2	墙内抹灰	0.35
屋面活载	0.5	墙外抹灰	0.45
楼盖面层及顶棚	0.75	窗自重	0.4
楼盖顶层活载	3.0	室外地坪活载	6.0
其余各层活载	2.0	基本风压	0.6

2）截面几何特性

壁柱截面翼缘宽度，由图 3-30 可知

$b_f=240+\frac{3380\times2}{3}=2493\text{mm}>1500\text{mm}$，故取 $b_f=1500\text{mm}$。

$$y=\left(\frac{630\times240^2\times2}{2}+\frac{240\times740^2}{2}\right)/240\times(740+1260)=175\text{mm},y'=740-175=565\text{mm}$$

$$I=\frac{1260}{12}\times240^3+1260\times240\times(175-120)^2+\frac{240}{12}\times740^3+240\times740\times(370-175)^2=1.7224\times10^{10}\text{mm}^4$$

$$A=(1260+740)\times240=4.8\times10^5\text{mm}^2$$

$$r=\sqrt{\frac{I}{A}}=\sqrt{\frac{1.7224\times10^{10}}{4.8\times10^5}}=189\text{mm}$$

$$\frac{H_0}{h_t}=\frac{1.2\times3380}{3.5\times189}=6.1$$

高厚比很小，必能满足要求。

3）荷载和内力

① 竖向荷载及内力标准值

屋面恒载梁端支反力

$$N_{lk}^{G}=5.2\times3.6\times14.4/2=134.78\text{kN}$$

屋面活载梁端支反力

$$N_{lk}^{Q}=0.5\times3.6\times14.4/2=12.96\text{kN}$$

梁端以上墙体自重

$$N_{ok}^{G}=36.29\text{kN}$$

梁端以下墙体自重

$$N_{wk}^{G}=36.40\text{kN}$$

MU20 砖，M7.5 水泥砂浆，C 级施工质量等级，$f=2.39\text{MPa}$，$\gamma_a=0.9\times0.89=0.80$，$\gamma_a f=1.91\text{MPa}$，梁高 $h=700\text{mm}$，梁端有效支撑长度及 N_l 之偏心距 e_l：

图 3-30 所示梁端设置预埋件，保证了支反力通过纵墙重心轴，但为偏于安全，仍计算其偏心距 e_l，则 $a_0=10\sqrt{\frac{700}{0.8\times2.39}}=191\text{mm}<a=240\text{mm}$，取 $a=a_0=191\text{mm}$。支反力矩支座边

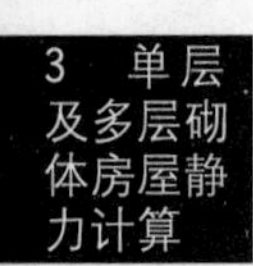

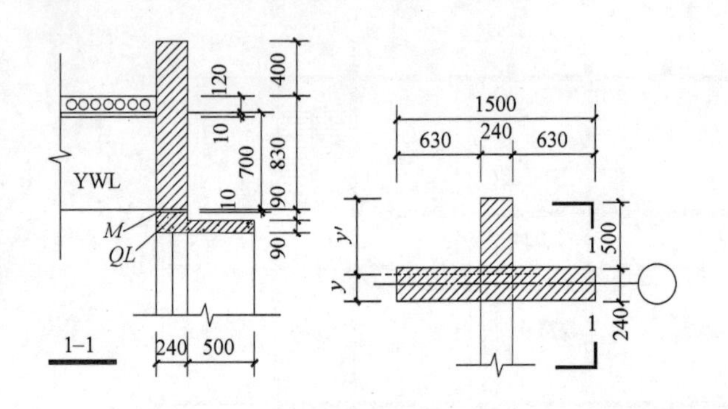

图 3-30

$0.4a_0=76.5\text{mm}$，故 $e_l=y-0.4a_0=175-76.5=98.5\text{mm}$。计算简图及内力如图 3-31 所示。

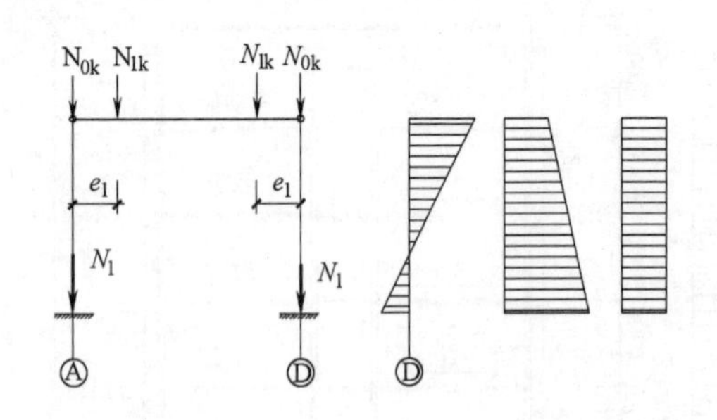

图 3-31 计算简图及内力

$$M_{uk}^{G}=134.78\times0.0985=13.28\text{kN}\cdot\text{m}$$

$$M_{bk}^{G}=\frac{13.28}{2}=6.64\text{kN}\cdot\text{m}$$

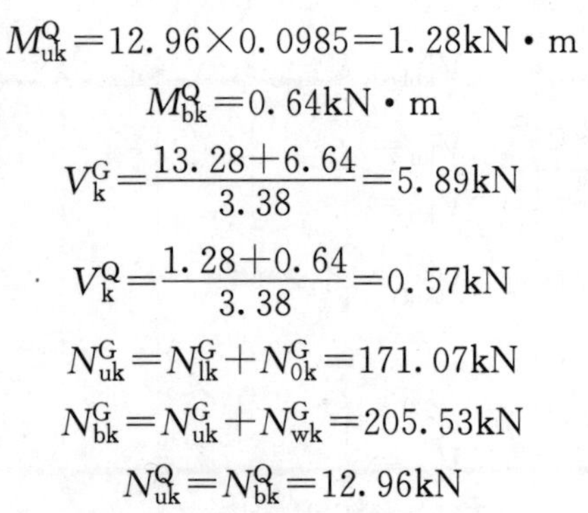

$$M_{uk}^{Q}=12.96\times0.0985=1.28\text{kN}\cdot\text{m}$$

$$M_{bk}^{Q}=0.64\text{kN}\cdot\text{m}$$

$$V_k^{G}=\frac{13.28+6.64}{3.38}=5.89\text{kN}$$

$$V_k^{Q}=\frac{1.28+0.64}{3.38}=0.57\text{kN}$$

$$N_{uk}^{G}=N_{lk}^{G}+N_{0k}^{G}=171.07\text{kN}$$

$$N_{bk}^{G}=N_{uk}^{G}+N_{wk}^{G}=205.53\text{kN}$$

$$N_{uk}^{Q}=N_{bk}^{Q}=12.96\text{kN}$$

② 风载及内力标准值

$w_0=0.6\text{kN/m}^2$，$\beta_z=1.0$，A 类地面粗糙度，$H=16.4\text{m}$，查得 $\mu_s=1.55$，并设沿顶层全高均布。因结构对称，故可仅计算左风时的内力。查表 3-2 得空间性能影响系数 $\eta=0.49$。

迎风面

$$w_{kA}=1\times1.55\times0.8\times0.6=0.744\text{kN/m}^2$$

$$q_{kA}=0.744\times3.6=2.68\text{kN/m}$$

背风面

$$w_{kD}=1\times1.55\times0.5\times0.6=0.465\text{kN/m}^2$$

$$q_{kD}=0.465\times3.6=1.67\text{kN/m}$$

集中风荷载

$$W_k=(0.744+0.465)\times3.6\times1.3=5.67\text{kN}$$

计算简图如图 3-32，M 及 V 图如图 3-33 及 3-34 所示。

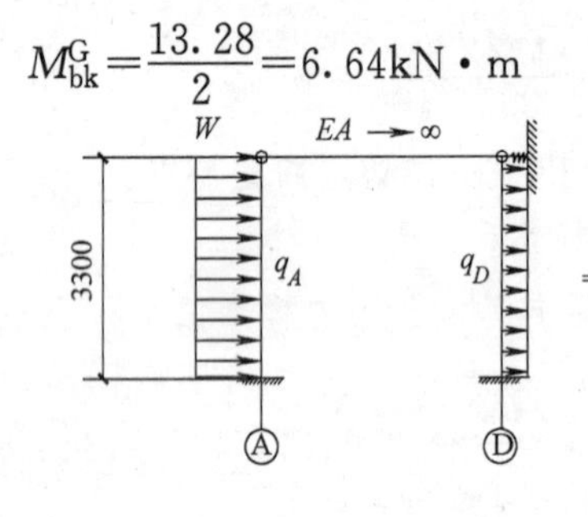

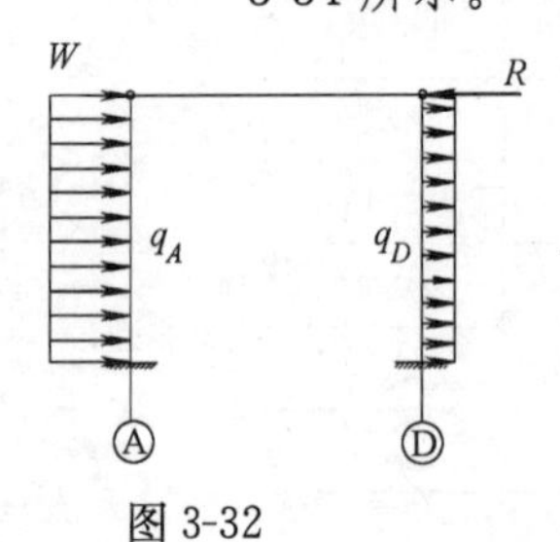

图 3-32

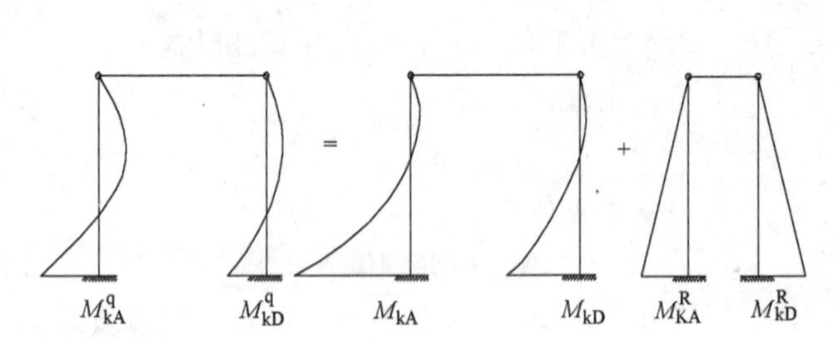

图 3-33

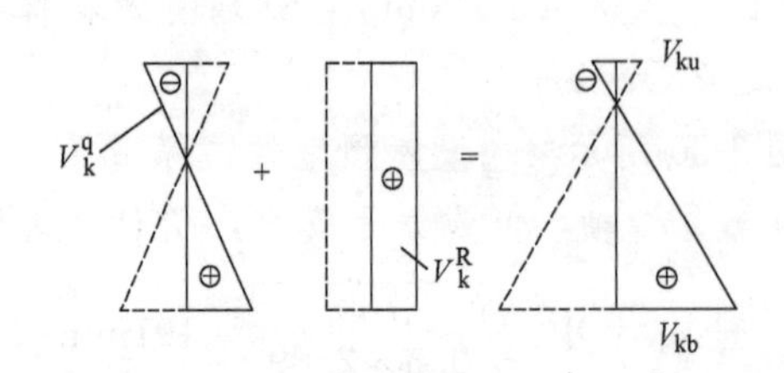

图 3-34

$$M_{kA}=\frac{\eta W_k H}{2}+\left(\frac{1}{8}+\frac{3\eta}{16}\right)q_{kA}H^2+\frac{3\eta}{16}q_{kD}H^2$$

$$=\frac{0.49\times5.67\times3.38}{2}+\left(\frac{1}{8}+\frac{3\times0.49}{16}\right)\times2.68\times3.38^2+\frac{3\times0.49}{16}\times1.67\times3.38^2$$

$$=13.08\text{kN}\cdot\text{m}$$

$$M_{kD}=4.69+\left(\frac{1}{8}+\frac{3\times0.49}{16}\right)\times1.67\times3.38^2+\frac{3\times0.49}{16}\times2.68\times3.38^2=11.63\text{kN}\cdot\text{m}$$

左风时：$V_{kuD}^{q}=\dfrac{3}{8}\times1.67\times3.38=2.21\text{kN}$

$$V_{kbD}^{q}=\frac{5}{8}\times1.67\times3.38=3.35\text{kN}$$

$V^{R}_{kbD}=V^{R}_{kbA}=\frac{\eta R}{2}=2.69kN$

$V_{ku}=2.69-2.12=0.57kN$

$V_{kb}=2.69+3.53=6.22kN$

右风时：$V^{q}_{kuD}=\frac{3}{8}\times 2.68\times 3.38=3.40kN$

$V^{q}_{kbD}=\frac{5}{8}\times 2.68\times 3.38=5.67kN$

$V_{ku}=3.40-2.69=0.71kN$

$V_{Kb}=2.69+3.40=6.09kN$

③ 内力组合

因风载截面弯矩高于屋面活载弯矩，故将风载作为第一活载项进行组合，组合系数 $\psi=0.7$。安全等级为二级，故 $\gamma_0=1.0$。

当考虑风载及屋面活载时

组合①　$1.2S_{Gk}+1.4S_{Q1k}+1.4\psi S_{Q2k}$

上端截面

$M_u=1.2\times 13.28+0+1.4\times 0.7\times 1.28$
$=17.19kN\cdot m$

$V_u=1.2\times 5.89+1.4\times(0.71+0.7\times 0.57)$
$=8.62kN$

$N_u=1.2\times 171.07+1.4\times 0.7\times 12.96$
$=217.95kN$

下端截面

$M_b=1.2\times 6.64+1.4\times(11.63+0.7\times 0.64)$
$=24.88kN$

$V_b=1.2\times 5.89+1.4\times(6.22+0.7\times 0.57)$
$=16.34kN$

$N_b=N_u+N_l=217.95+1.2\times 36.40$
$=261.24kN$

组合②　$1.35S_{Gk}+1.4\psi\ (S_{Q1k}+S_{Q2k})$

$M_u=1.35\times 13.28+1.4\times 0.7\times 1.28$
$=19.18kN\cdot m$

$V_u=1.35\times 5.89+1.4\times 0.7\times(0.71+0.57)$
$=9.20kN$

$N_u=1.35\times 171.07+1.4\times 0.7\times 12.96$
$=243.65kN$

下端截面

$M_b=1.35\times 6.64+1.4\times 0.7\times(11.63+0.64)$
$=20.98kN$

$V_b=1.35\times 5.89+1.4\times 0.7\times(6.22+0.57)$
$=14.60kN$

$N_u=243.65+1.35\times 36.40=292.11kN$

计算分析表明，仅考虑风载组合的内力值均低于上述计算结果，不能起到控制作用，此处未予列出。内力组合结果详表 3-11。

表 3-11

内力组合表

截面	组合方式	N(kN)	M(kN·m)	V(kN)	e_0(mm)
上端	(1)$1.2S_{Gk}+1.4S_{Q1k}+1.4\Psi S_{Q2k}$	217.95	17.19	8.62	78.9
	(2)$1.35S_{Gk}+1.4\Psi(S_{Q1k}+S_{Q2k})$	243.65	19.18	9.20	78.7
下端	(1)同上	261.24	24.88	16.34	95.2
	(2)同上	292.11	20.98	14.60	71.8

(3) 标准层墙体计算

取±0.000 标高处底层纵墙进行计算。图 3-35示该多层刚性方案房屋计算简图。因层高及总高均不超限，故不考虑风载。比较可知取 $\gamma_G=1.2$ 及 $\gamma_Q=1.4$ 组合较为不利。

荷载与内力：

楼面恒载

$25\times 0.11+0.75=3.5kN/m^2$

标准层楼盖传来

$N_l=(1.2\times 3.5+1.4\times 2.0)\times 3.6\times 6/2$
$=75.6kN$

顶层壁柱传来

$N_b=292.11kN$

顶层楼盖传来

$N^u_l=(1.2\times 3.5+3\times 1.4)\times 3.6\times 6/2$
$=90.72kN$

每层墙体自重

$N^u_w=\frac{36.40}{3.38}\times 3.6\times 1.2=47.65kN$

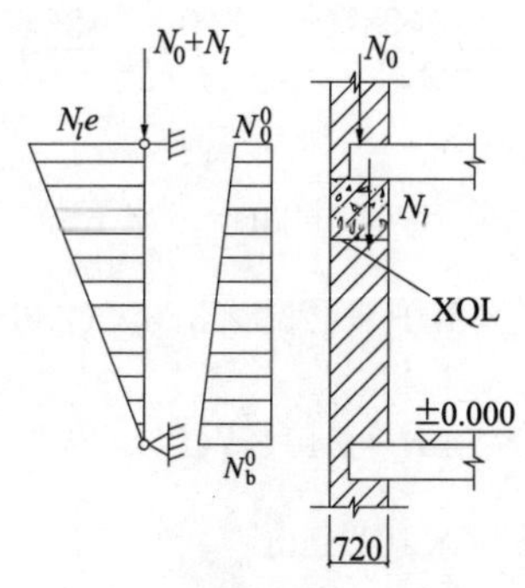

图 3-35

每层窗、窗台墙圈梁及雨篷板重

$N_2^u=[(0.24\times19+0.35+0.45)\times1.1+0.4\times2.1+25\times0.5\times0.1+25\times0.18\times0.24+(0.35+0.45)\times0.18+0.45\times1]\times2.1\times1.2=24.34\text{kN}$

底层壁柱上端梁底标高处

$N_u^0=75.6\times2+292.11+90.72+47.65\times2+24.34\times2=698.01\text{kN}$

±0.000 标高处

$N_b^0=698.01+47.65+24.34=770.0\text{kN}$

(4) 地下室墙体计算

1) 截面几何特性：按变阶壁柱考虑，如图3-36及图3-37

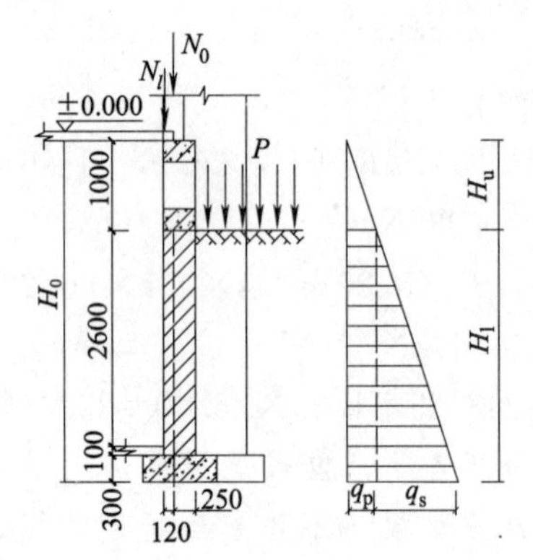

图 3-36

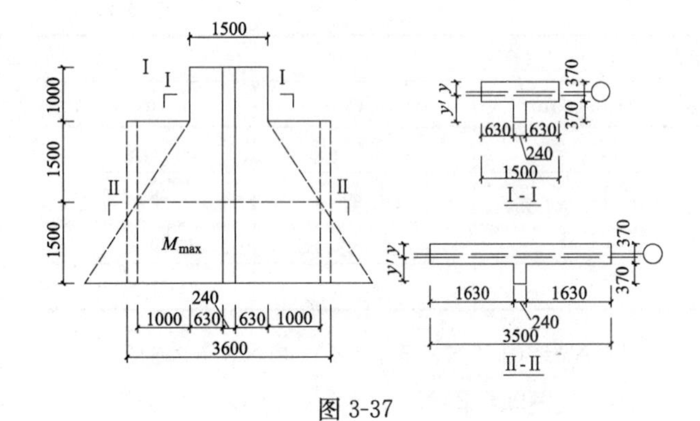

图 3-37

Ⅰ—Ⅰ：$A=630\times2\times370+240\times740=643800\text{mm}^2$

$$y=\left(\frac{630\times2\times370^2}{2}+\frac{240\times740^2}{2}\right)\Big/643800=236\text{mm}$$

$$y'=740-236=504\text{mm}$$

$$I=\frac{1260}{12}\times370^3+1260\times370\times(236-185)^2+\frac{240}{12}\times740^3+240\times740\times(370-236)^2=1.7824\times10^{10}\text{mm}^4$$

$$r=\sqrt{\frac{I}{A}}=166.4\text{mm}$$

$$H_0=2H_u=2\text{m}\quad \beta=\frac{H_0}{3.5r}=\frac{2\times1000}{3.5\times166.4}=3.43$$

Ⅱ—Ⅱ：$A=643800+2000\times370=1383800\text{mm}^2$

$$y=\left(\frac{1630\times2\times370^2}{2}+\frac{240\times740^2}{2}\right)\Big/1383800=208.7\text{mm}$$

$$y'=740-208.7=531.3\text{mm}$$

$$I=\frac{3260}{12}\times370^3+3260\times370\times(208.7-185)^2+\frac{240}{12}\times740^3+240\times740\times(370-208.7)^2=2.2567\times10^{10}\text{mm}^4$$

$$r=\sqrt{\frac{I}{A}}=162.6\text{mm}\quad H_0=H_l=3\text{m}$$

$$\beta=\frac{H_0}{3.5r}=\frac{3000}{3.5\times162.6}=5.27$$

2) 荷载及内力

① 土侧压力及其内力

由图3-38可知，室外地面活载 P=6kN/m²，$\gamma=20\text{kN/m}^3$，$\varphi=30°$，$H=4000\text{mm}$，则当量土厚 $H'=6/20=0.3\text{m}$。$L=4000\text{mm}$，$a=1000\text{mm}$，$b=3000\text{mm}$。比较分析，以 $\gamma_G=1.35$，$\gamma_Q=1.0$ 组合为最不利。则

$$q_p=\gamma lH'\text{tg}^2\left(45°-\frac{\varphi}{2}\right)\gamma_Q=20\times3.6\times0.3\times\text{tg}^2\left(45°-\frac{30°}{2}\right)\times1.0=7.20\text{kN/m}$$

$$q_s=20\times3.6\times3.0\times\text{tg}^2 30°\times1.35=97.2\text{kN/m}$$

$$M_{cq}=\frac{q_pb^2x}{2L}+\frac{q_sb^2x}{6L}=\frac{7.2\times3^2\times1}{2\times4}+\frac{97.2\times3^2\times1}{6\times4}=44.55\text{kN}\cdot\text{m}$$

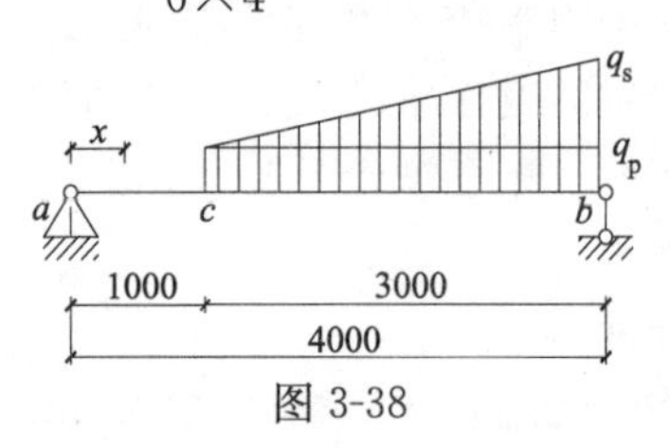

图 3-38

M_{qmax}：q_p 作用下，当 $x=a+b^2/2L=1+3^2/2\times4=2.125\text{m}$

又 $\beta=b/L=3/4=0.75$ 时

$$M_{qmax}=\frac{q_pb^2}{8}(2-\beta)^2=\frac{7.2\times3^2}{8}(2-0.75)^2=12.66\text{kN}\cdot\text{m}$$

q_S作用下，当 $x=a+b\sqrt{\frac{\beta}{3}}=1+3\sqrt{\frac{0.75}{3}}=2.5\text{m}$，且 $\alpha=a/L=1/4$ 时

$$M_{qmax}=\frac{q_s b^2}{6}\left(\alpha+\frac{2\beta}{3}\sqrt{\frac{\beta}{3}}\right)=\frac{97.2\times3^2}{6}\left(\frac{1}{4}+\frac{1}{2}\sqrt{0.25}\right)=72.9\text{kN}\cdot\text{m}$$

为简化并偏安全，取 $M_{qmax}=M_{q_{Pmax}}+M_{q_{Smax}}=85.56\text{kN}\cdot\text{m}$ 并统一取 M_{qmax} 截面位于 $x\cong 2.5\text{m}$ 处。

$$V_{uP}+V_{uS}=\frac{q_p b^2}{2L}+\frac{q_s b^2}{6L}=44.55\text{kN}$$

$$V_{bP}+V_{bS}=\frac{q_p b}{2}\left(2-\frac{b}{L}\right)+\frac{q_s b}{6}\left(3-\frac{b}{L}\right)=122.85\text{kN}$$

② 竖向压力及其内力

由±0.000 标高荷载分析可知 $N_0=770.0\text{kN}$，$N_l=75.6\text{kN}$，$a_0=10\sqrt{\frac{190}{2.67}}=84.4\text{mm}$，则

$$e_l=236-0.4\times84.4=202\text{mm}$$

$$e_o=236-175=61\text{mm}$$

$$M_{Nu}=770.0\times0.061+75.6\times0.202=62.24\text{kN}\cdot\text{m}$$

$$V_{Nu}=V_{Nb}=62.24/4=15.56\text{kN}$$

地下室墙及窗重：

$$\text{I—I}\quad N_{Gc}=\left[\frac{643800}{10^6}\times1\times19+(0.35+0.45)\times1\times1.5+0.37\times2\times0.45\times1\right]\times1.35=18.58\text{kN}$$

$$\text{II—II}\quad N_{Gm}=N_{Gc}+\left[0.4\times0.2\times1+\frac{1383800}{10^6}\times1.5\times19+(0.35+0.45)\times3.5\times1.5+0.37\times2\times1.5\times0.45\right]\times1.35=18.58+60.67=79.25\text{kN}$$

墙基底

$$N_b=79.25+60.67-0.8\times1.35=138.84\text{kN}$$

3）内力组合：

$$N_u=N_0+N_l=770.0+75.6=845.60\text{kN}$$

$$N_C=N_u+N_{Gc}=845.6+18.58=864.18\text{kN}$$

$$N_{mo}=864.18+79.25=943.43\text{kN}$$

$$N_b=864.18+138.84=1003.02\text{kN}$$

$$M_u=62.24\text{kN}\cdot\text{m}$$

$$M_C=3\times62.24/4-44.55=2.13\text{kN}\cdot\text{m}$$

$$M_{max}=1.5\times62.24/4-85.56=-62.22\text{kN}\cdot\text{m}$$

$$M_b=0$$

$$V_u=15.56+44.55=60.11\text{kN}$$

$$V_b=-15.56-122.85=-138.41\text{kN}$$

内力分布如图 3-39 所示。

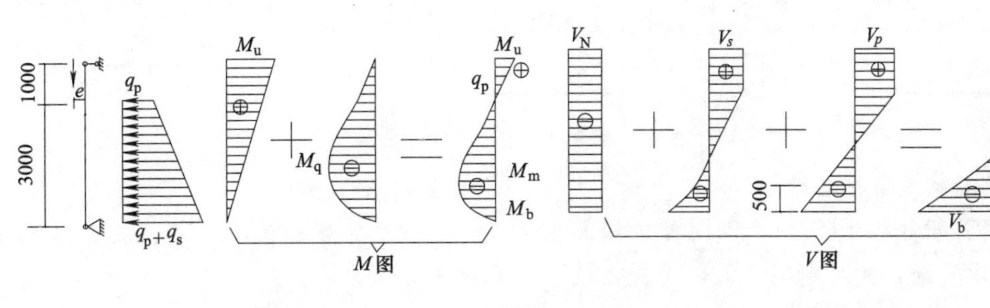

图 3-39

8. 上刚下柔房屋的计算

【例 3-8】 某综合办公楼如图 3-40 所示。采用现浇钢筋混凝土楼盖及屋盖与砖墙柱承重结构。地基为粉质黏土，无抗震要求。安全等级为 II 级，施工质量控制 B 级。屋面及楼面板厚 100mm，屋面找平、防水及隔热层总重 2.5kN/m²，楼面面层重 0.65kN/m²，屋面及楼面天棚重 0.2kN/m²。砖墙厚 240mm，外墙面层重 0.45kN/m²，内墙面层重 0.38kN/m²。阳台栏板及隔墙为 100 厚加气混凝土，$\gamma=7\text{kN/m}^3$，内外抹灰同墙面。纵墙各层窗洞宽 2400mm，门窗重 0.4kN/m²。屋面及办公室活载 2.0kN/m²。基本风压 $w_0=0.6\text{kN/m}^2$，C 类地面粗糙度。采用页岩砖 MU25，水泥混合砂浆 M10，混凝土 C25，钢筋 HRB335 及 HPB235。试进行：(1) 温度缝设置；(2) 静力计算方案判断；(3) 刚性横墙构造条件检验及计算；(4) 外纵墙壁柱内力分析。

【解】 (1) 温度缝设置

文献 [29] 表 6.3-1 中，现浇钢筋混凝土有保温隔热层屋盖，伸缩缝最大间距为 50m，大于房屋总长 40.1m，故可不设伸缩缝。

(2) 静力计算方案之判断

底层山墙间距 $s_1=39.6\text{m}$，$32\text{m}<s_1<72\text{m}$，故属刚弹性方案。上层砖混结构 $s_2=3.6\text{m}$，满足刚性方案条件，故整幢房屋属上刚下柔结构。

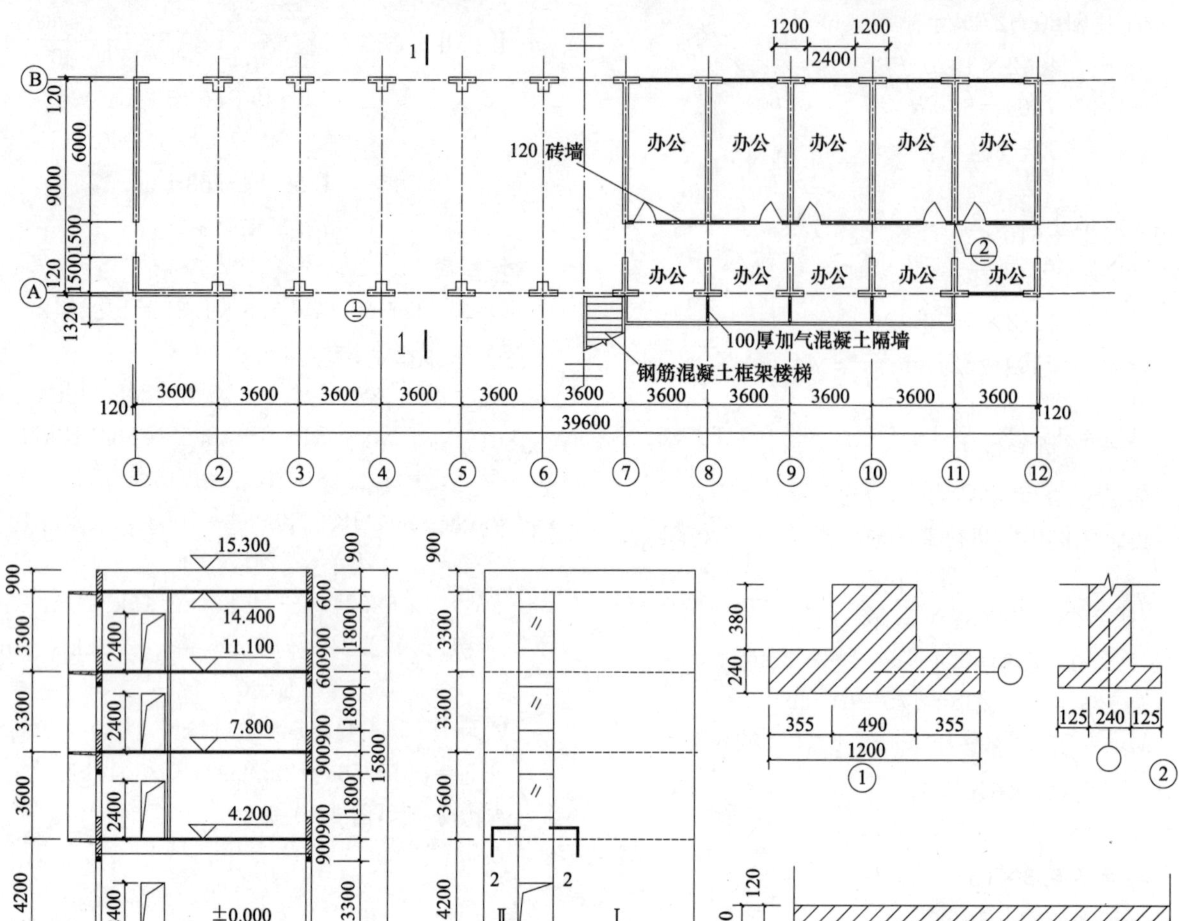

图 3-40 房屋平、立、剖及大样

(3) 刚性横墙构造条件之检验

虽然开洞截面积远小于50%，但因窗台墙厚仅120mm而非承重墙，故可忽略不计，而视山墙为双肢墙。其中小墙肢仅1620mm宽，其抗侧刚度很小而主要以大墙肢来提供。该墙肢 $H/B=15.8/6.12=2.58>2$，故需计算其总位移，使满足 $\Delta_{\max}\leqslant H/4000$。

1) 风载计算

$w_k=\beta_z\mu_s\mu_z w_0$，$w_0=0.6\text{kN/m}^2$。C类地面粗糙度，$H_w=15.8\text{m}$，查得 $\mu_z=0.756$、μ_s 迎风面取0.8，背风面取−0.5。房屋总高度 $15.8\text{m}<30\text{m}$，且高宽比 $H_w/B=15.8/9.24=1.71<2.0$，故取 $\beta_z=1.0$。则

$w_{k,1}=1.0\times0.8\times0.756\times0.6=0.363\text{kN/m}^2$（风压） $w_{k,2}=1.0\times0.5\times0.756\times0.6=0.227\text{kN/m}^2$（风吸）

为简化计算并偏于安全，沿山墙高近似取矩形风载分布图形，故

$q_{k1}=0.363\times39.84/2=7.23\text{kN/m}$（风压）

$q_{k2}=0.227\times39.84/2=4.52\text{kN/m}$（风吸）

2) 截面几何特征

采用L形双肢剪力墙模型，即忽略120厚窗台墙刚度而仅以连杆铰接代之（如图3-41）。剪力墙翼缘宽度可取 $b+3.5h_f=240+3.5\times240=1080\text{mm}$ 或 $L_0/6=8500/6=1417\text{mm}$。比较钢筋混凝土剪力墙按墙体总高 H 确定之 $b+H/20=240+790=1030\text{mm}$，故选取 $b_f=1030\text{mm}$，小于实际底层翼缘4320mm。楼层实际为850mm，故楼层取850mm。

① 截面形心轴

底层：$y_{\mathrm{I}}=(240/2\times6120^2+790/2\times240^2)/(240\times6120+240\times790)=2724\mathrm{mm}$

$y'_{\mathrm{I}}=6120-2724=3396\mathrm{mm}$

$y_{\mathrm{II}}=(240/2\times1620^2+790/2\times240^2)/(240\times1620+240\times790)=584\mathrm{mm}$

$y'_{\mathrm{II}}=1620-584=1036\mathrm{mm}$

楼层：$y_{\mathrm{I}}=(240/2\times6120^2+610/2\times240^2)/(240\times6120+610\times240)=2794\mathrm{mm}$

$y'_{\mathrm{I}}=6120-2794=3326\mathrm{mm}$

$y_{\mathrm{II}}=(240/2\times1620^2+610/2\times240^2)/(240\times1620+610\times240)=621\mathrm{mm}$

$y'_{\mathrm{II}}=1620-621=999\mathrm{mm}$

② 截面惯性矩

底层：$I_{\mathrm{I}}=240/3\times(2724^3+3396^3)+790/12\times240^3+240\times790\times(2724-120)^2=603.679\times10^{10}\mathrm{mm}^4$

$I_{\mathrm{II}}=240/3\times(584^3+1036^3)+790/12\times240^3+240\times790\times(584-120)^2=14.662\times10^{10}\mathrm{mm}^4$

$I_{\mathrm{II}}/I_{\mathrm{I}}=14.66/603.679=2.43\%$

楼层：$I_{\mathrm{I}}=240/3\times(2794^3+3326^3)+610/12\times240^3+240\times610\times(2794-120)^2=573.585\times10^{10}\mathrm{mm}^4$

$I_{\mathrm{II}}=240/3\times(621^3+999^3)+610/12\times240^3+240\times610\times(621-120)^2=13.637\times10^{10}\mathrm{mm}^4$

$I_{\mathrm{II}}/I_{\mathrm{I}}=13.673/573.585=2.38\%$

3）顶点水平位移

MU25，M10，查得 $f=2.98$，$f_v=0.17$，$E=1600f=4768$，为简化计算，将均布风荷载化为各层之集中风荷载，则有

$W_{1k}=(7.23+4.52)\times1/2(4.7+3.6)=48.76\mathrm{kN}$

$W_{2k}=(7.23+4.52)\times1/2(3.6+3.3)=40.54\mathrm{kN}$

$W_{3k}=(7.23+4.52)\times1/2(3.3+3.3)=38.78\mathrm{kN}$

$W_{4k}=(7.23+4.52)\times(3.3/2+0.9)=29.96\mathrm{kN}$

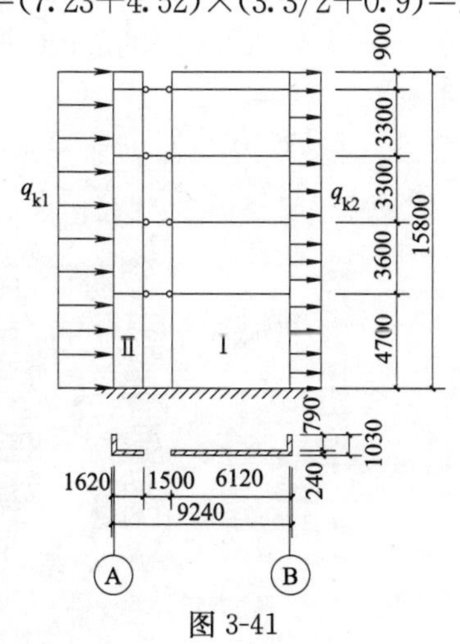

图 3-41

由材料力学可知

$$\Delta_{\max}=\frac{1}{3EI}\sum_{i=1}^{m}F_iH_i^3+\frac{2.5}{EA}\sum_{i=1}^{m}F_iH_i$$

$$EI=\beta EI_q$$

式中　β——风荷载下取为0.85，以考虑材料塑性性质；

I_q——各层墙体平均计算惯性矩，按双肢墙计算；

$I_q=I_{\mathrm{I}}+I_{\mathrm{II}}=\sum I_iH_i/\sum H_i$

$=[603.679\times4700+14.662\times4700+(573.585+13.637)\times(3600+3300\times2)]\times10^{10}/15800=563.03\times10^{10}\mathrm{mm}^4$

H_i——W_{ki} 至基础顶面距离，$H_1=4.7\mathrm{m}$，$H_2=8.3\mathrm{m}$，$H_3=11.6\mathrm{m}$，$H_4=14.9\mathrm{m}$

A——底层墙抗剪截面积，$A=1857600\mathrm{mm}^2$。

代入 $\Delta_{\max}$ 式得

$$\Delta_{\max}=\frac{1\times10^{12}}{3\times0.85\times4768\times563.03\times10^{10}}(48.76\times4.7^3+40.54\times8.3^3+38.72\times11.6^3+29.96\times14.9^3)+\frac{2.5\times10^6}{4768\times1857600}\times(48.76\times4.7+40.54\times8.3+38.72\times11.6+29.96\times14.9)=3.16\mathrm{mm}$$

$\frac{\Delta_{\max}}{H}=\frac{3.16}{15800}=\frac{1}{4994}<\frac{1}{4000}$ 可判断该山墙属于刚性横墙。

（4）外纵墙壁柱的内力分析

1）荷载计算

底层以上墙体可视为刚度无限大的横梁，并与底层带壁柱墙铰接，如图 3-42 所示。

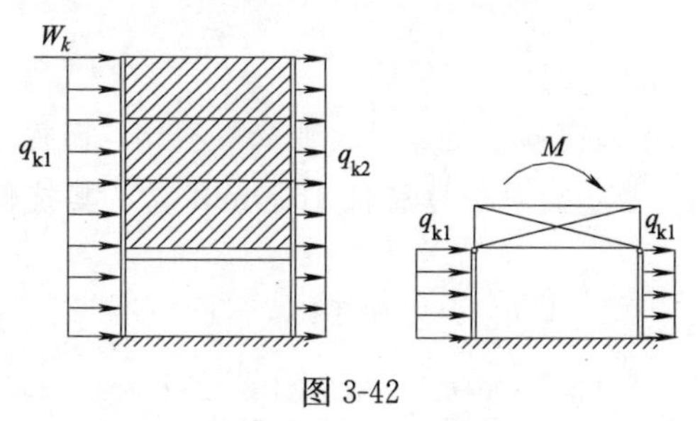

图 3-42

① 竖向荷载

外纵墙（含面层）重传至带壁柱轴力

$N_{1k}=[3.6\times(3.3\times2+3.6+0.9)-1.8\times2.4\times3]\times5.39=145.53\mathrm{kN}$

纵向托梁自重

$G_{Lk}=0.25\times0.35\times25\times3.6=7.88\mathrm{kN}$

窗重

$N_{2k}=0.4\times1.8\times2.4\times3=5.18\mathrm{kN}$

纵墙总重设计值

$N_0=1.35\times(145.53+7.88+5.18)=214.10\text{kN}$

横向托梁传来的支座反力

$N_L=R_B=851.527\text{kN}$（计算从略）

② 风载

$q_1=1.0\times0.363\times3.6=1.31\text{kN/m}$（压）

$q_2=1.0\times0.227\times3.6=0.82\text{kN/m}$（拉）

2）内力分析

① 竖向荷载下的内力

托梁端设置垫块，有效支撑长度

$$a_0=\delta(h/f)^{1/2}$$

垫块面积 $A_b=490\times620=303800\text{mm}^2$

B支座

$$\sigma_0=N_0/A_b=\frac{214.10\times10^3}{303800}=0.71\text{N/mm}^2$$

$\sigma_0/f=0.71/2.39=0.30$，查得 $\delta_1=5.85$，故 $a_0=5.85\times(900/2.39)^{1/2}=113.5\text{mm}$，如图3-43所示，$N_L$ 到支座边缘距离 $0.4a_0=45.4\text{mm}$，则托梁支反力偏心距 $e_L=450-45.4=404.6$，mm，

$N_L=R_B=851.527\text{kN}$

$N_0+N_L=1065.627\text{kN}$

$M=851.527\times404.6\times10^3-214.1\times(290-120)\times10^3=308.131\text{kN}\cdot\text{m}$

$V=(308.131+308.13/2)/(4.7-0.9)=121.631\text{kN}$

竖向荷载下内力图如3-44所示。

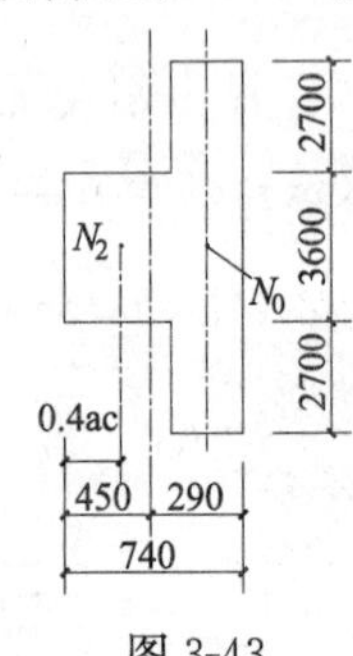

图 3-43

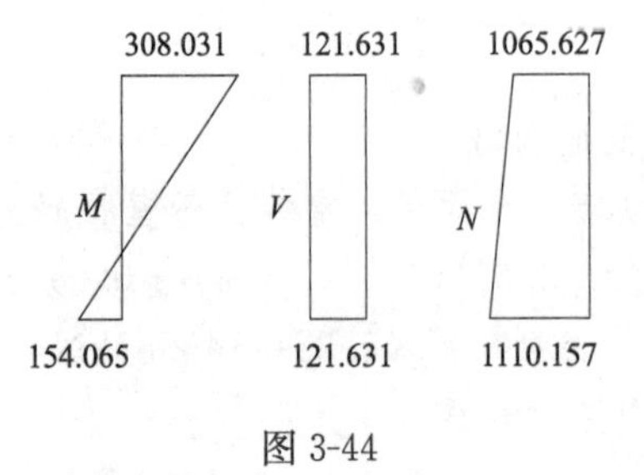

图 3-44

② 风载下的内力

第一类楼屋盖，$S_1=39.6\text{m}$，空间性能影响系数 $\eta=0.444$

$W=(1.31+0.82)\times12.0=25.56\text{kN}$

倾覆弯矩

$M=(1.31+0.82)\times12.0^2/2=153.36\text{kN}\cdot\text{m}$

倾覆弯矩在柱内引起的轴力与柱底剪力

$$N=\pm\eta\frac{M}{L}=\pm0.444\times\frac{153.36}{8.66}=\pm7.86\text{kN}$$

式中 $L=9-0.17\times2=8.66\text{m}$

$$V_A=0.444\times\left(\frac{25.56}{2}+\frac{5}{8}\times1.31\times3.8+\frac{3}{2\times8}\times1.31\times3.8+\frac{3}{2\times8}\times0.82\times3.8\right)=7.73\text{kN}$$

$$V_B=0.444\times\left(\frac{25.56}{2}+\frac{5}{8}\times0.82\times3.8+\frac{3}{2\times8}\times0.82\times3.8+\frac{3}{2\times8}\times1.31\times3.8\right)=7.21\text{kN}$$

同理可求得柱顶剪力 $V_A^u=5.532\text{kN}$，$V_B^u=5.867\text{kN}$

$$M_A=0.444\times\left(\frac{25.56}{2}\times3.8+\frac{1}{8}\times1.31\times3.8^2+\frac{3}{2\times8}\times1.31\times3.8^2+\frac{3}{2\times8}\times0.82\times3.8^2\right)=25.17\text{kN}\cdot\text{m}$$

$$M_B=0.444\times\left(\frac{25.56}{2}\times3.8+\frac{1}{8}\times0.82\times3.8^2+\frac{3}{2\times8}\times0.82\times3.8^2+\frac{3}{2\times8}\times1.31\times3.8^2\right)=24.78\text{kN}\cdot\text{m}$$

③ 最不利内力组合

因楼（屋）面活荷载很小，故并入恒载中，按（恒+风）组合来计算。又因风载较小，故以恒载为主要形式加以组合，各式中第二项均为上部结构风载引起对底层之内力，并取 $\gamma_Q=1.0$。风载下的内力图详见图3-45。由于结构对称而荷载非对称，故按B柱计算。

上端 $N_{max}=1065.627+7.86=1073.49\text{kN}$

第一组

$M=308.131\text{kN}\cdot\text{m}$，$N=1057.77\text{kN}$

第二组

$M_{max}=308.131\text{kN}\cdot\text{m}$

下端 $N_{max}=1118.091\text{kN}$，$M=178.84\text{kN}\cdot\text{m}$

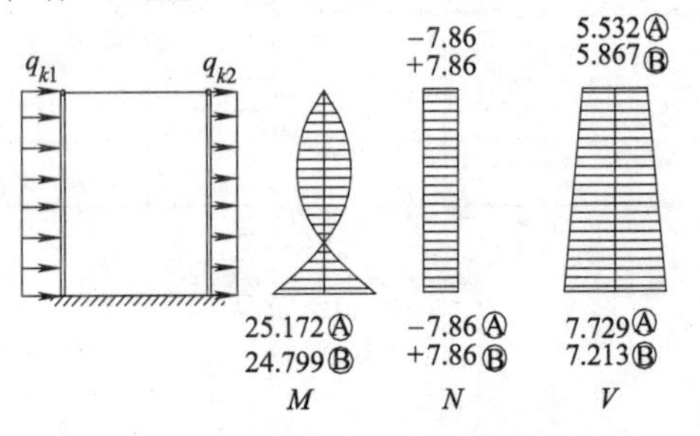

图 3-45

9. 多层内框架房屋

【例 3-9】 图 3-46 所示四层内框架办公楼，底层层高 4.5m，其余层高 3.3m；窗洞高分别为 2.4m 和 1.8m；窗台高：底层为 1.2m，标准层为 1.0m；女儿墙高 0.6m。屋面及楼面为预应力空心板，折算厚度（含灌缝）为 105mm。主梁 $b\times h=$ 250mm×600mm，钢筋混凝土柱 $b\times h=$400mm×400mm，采用 C30 混凝土。墙体采用 MU20 页岩砖和 M7.5 水泥混合砂浆。基础顶面埋深－0.500m。荷载标准值（kN/m²）：屋盖恒载 5.18，活荷载 0.5；楼盖恒载 4.28，活载 2.0（房间）和 2.5（走道、楼梯间）；外墙及抹灰重 5.62，内隔墙及抹灰重 2.0，木门窗重 0.2，基本风压 $w_0=0.7$，B 类地面粗糙度。施工质量 B 级。试进行结构静力分析。

【解】

静力计算方案：因山墙符合刚性横墙条件，且间距 27m＜32m，故按刚性方案进行静力计算。此处取②轴为计算单元，竖向荷载下按无侧移框架分析，水平荷载下外纵墙带壁柱则按竖向连续梁计算。

（1）荷载计算

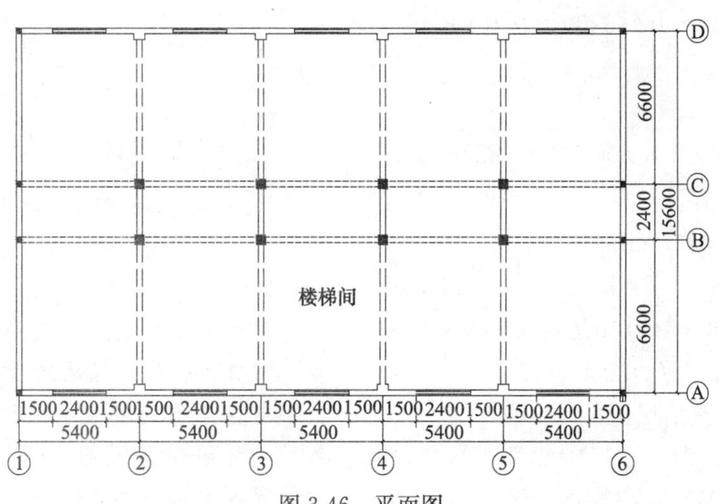

图 3-46　平面图

1）恒载标准值

将屋盖、楼盖面荷载转化为作用于框架梁上的线荷载

① 屋盖恒载　5.18×5.4＝28.0kN/m

② 楼盖恒载

楼盖自重　4.28×5.4＝23.12kN/m

内隔墙重　2.0×（3.3－0.6）＝5.40kN/m

主梁重　3.75kN/m

小计　32.27kN/m

2）活载标准值

① 屋盖框架梁线荷载　0.5×5.4＝2.7kN/m

② 楼盖框架梁线荷载

边跨　2.0×5.4＝10.80kN/m

中间跨　2.5×5.4＝13.5kN/m

3）风载标准值计算

因高度 $H=3.3\times3+4.5+0.5=14.9\text{m}<30\text{m}$，故取 $\beta_z=1.0$。对于矩形平面迎风面和背风面体形系数分别为 $\mu_S=0.8$ 和－0.5，沿边柱风载 $q_{W.K}$ 计算过程如表 3-12。

风荷载计算　　**表 3-12**

层次	β_z	μ_s		z(m)	μ_z	w_0(kN/m²)	$q_{W,K}$	
4	1.0	0.8	－0.5	14.4	1.12	0.7	3.39	－2.12
3	1.0	0.8	－0.5	11.1	1.03	0.7	3.11	－1.94
2	1.0	0.8	－0.5	7.8	1.00	0.7	3.02	－1.89
1	1.0	0.8	－0.5	4.5	1.00	0.7	3.02	－1.89

（2）竖向荷载作用下的内力计算

1）计算简图的确定

① 梁的线刚度　$E_c=3.0\times10^4$MPa

边跨　$I_b=\dfrac{250}{12}\times600^3=45\times10^8\text{mm}^4$

$l_b=6600\text{mm}$　$i_b=2.046\times10^{10}\text{N}\cdot\text{mm}$

中跨　$I_b=45\times10^8\text{mm}^4$

$l_b=2700\text{mm}$ $i_b=5.000\times10^{10}\text{N}\cdot\text{mm}$

② 柱的线刚度

中柱 $I_c=\frac{400}{12}\times400^3=21.33\times10^8\text{mm}^4$ 标准层 $i_c=1.939\times10^{10}\text{N}\cdot\text{mm}$ 底层 $i_c=1.280\times10^{10}\text{N}\cdot\text{mm}$

边柱 $E_c=1600f=1600\times2.39=3824\text{MPa}$

标准层 $b_f=490+2\times3300/3=2700\text{mm}<3000\text{mm}$

$A_c=7.705\times10^5\text{mm}^2$ $y=159\text{mm}$ $y'=331\text{mm}$ $I_c=99.324\times10^8\text{mm}^4$ $h_T=393\text{mm}$

$i_c=3824\times99.324\times10^8/3300=1.151\times10^{10}\text{N}\cdot\text{mm}$

$H=3300\text{mm}$。

底层 $b_f=490+2\times5000/3=3823\text{mm}>3000\text{mm}$ 故取3000mm，

查表得 $A_c=8.425\times10^5\text{mm}^2$

$I_c=103.8\times10^8\text{mm}^4$ $y=156\text{mm}$ $y'=334\text{mm}$

$i_c=3824\times103.8\times10^8/5000=0.794\times10^{10}\text{N}\cdot\text{mm}$ $h_T=388\text{mm}$ $H=5000\text{mm}$

③ 边跨梁与边柱线刚度比

标准层 $i_b/i_c=2.046/1.151=1.778$

底层 $i_b/i_c=2.046/0.794=2.577$

④ 计算简图

计算表明，边柱对横梁的线刚度比以及为增强梁柱节点刚度，以符合图3-47所示计算简图假定而需采用的构造措施（如梁端在砖壁柱处扩大为现浇梁垫并与圈梁整浇一起等）都将对梁产生约束，故计算简图中应对刚度作下述调整：底层柱乘1.0，标准层乘0.9；梁则因系装配式楼盖而乘1.0。各调整后的线刚度标注在（ ）内。

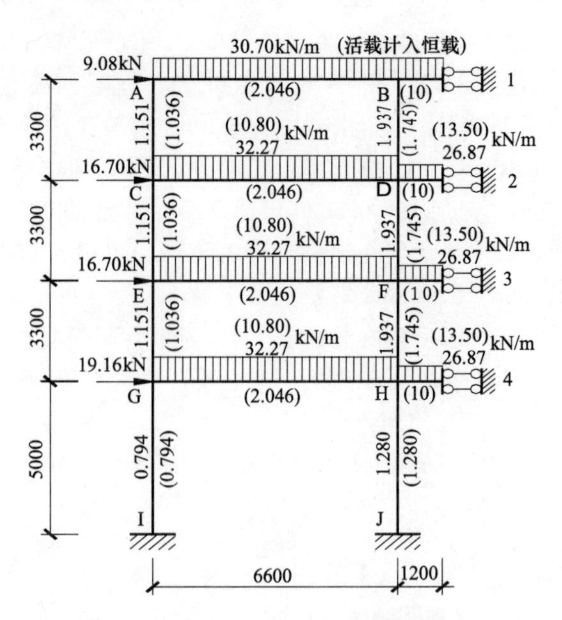

图3-47 恒载（活载）及风载计算简图

2）竖向荷载下的内力计算

采用弯矩分配法（或分层法）。为简化，将屋盖活载并入恒载；又因楼盖活载远较恒载影响小，故不考虑最不利位置组合而采用满载法计算。计算结果详图3-48及图3-49。边柱顶层及底层上下端截面内力组合详表3-13。

3）外纵墙引起的轴力

女儿墙 $5.62\times5.4\times0.6=18.21\text{kN}$

标准层 $5.62\times(5.4\times3.3-2.4\times1.8+0.49\times3.3)+0.2\times2.4\times1.8=85.82\text{kN}$

底层 $5.62\times(5.4\times5-2.4\times2.4-0.49\times5)+0.2\times2.4\times2.4=134.29\text{kN}$

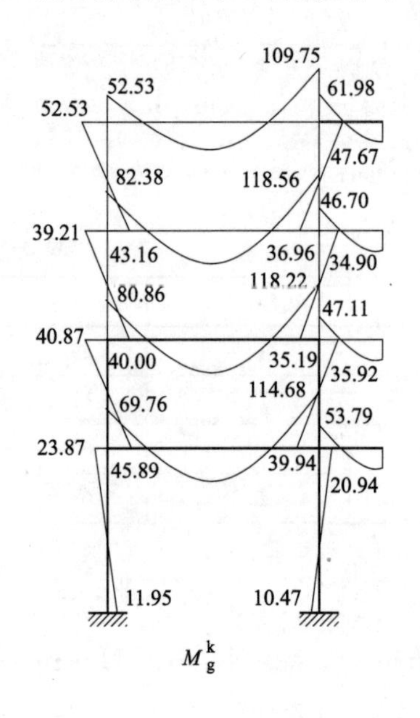

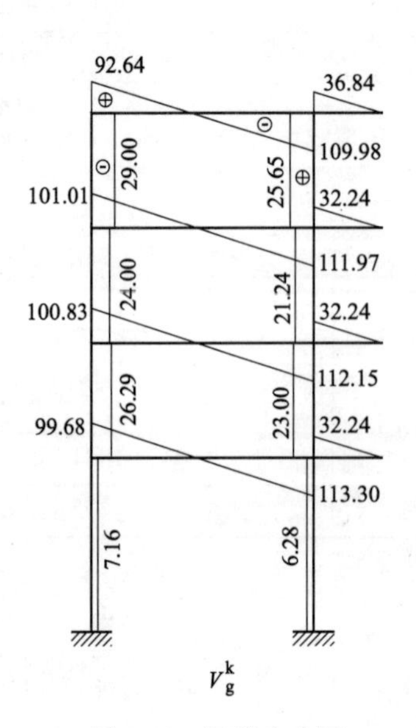

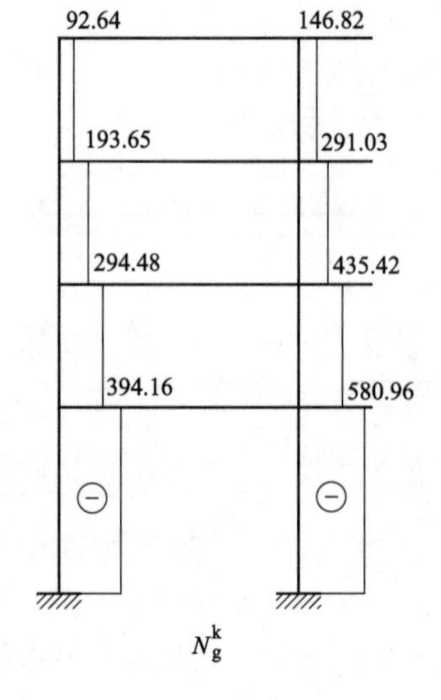

图3-48 恒载内力图

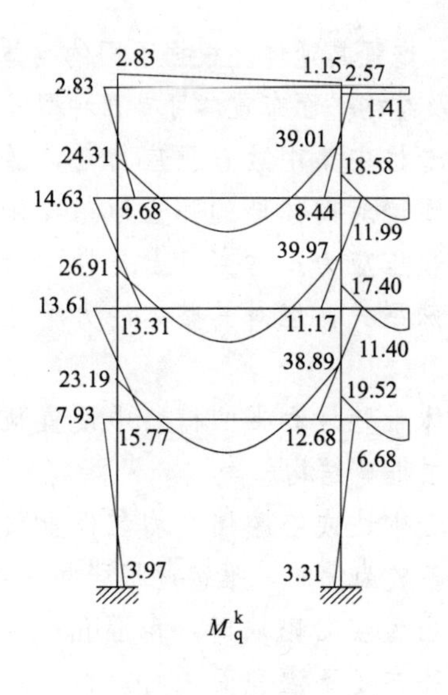

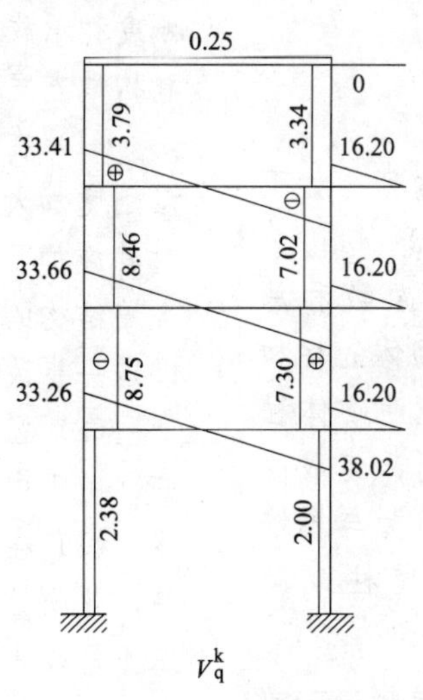

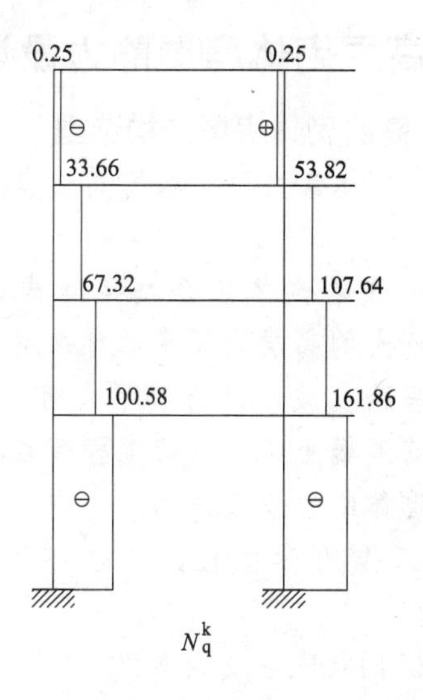

图 3-49　活载内力图

(3) 风载下的内力计算

1) 计算简图与计算方法

房屋总高及标准层层高虽未超过文献［29］表 4.2.6 的规定，屋盖自重及外纵墙洞口削弱也满足限制条件，但因风载大，底层层高超过 3.5m，故仍按竖向连续梁计算风载内力。

2) 风载内力

顶层边柱：当为风压力时，$M^u_{W.k}=0$，$M^b_{W.k}=\frac{3.39}{12}\times3.3^2=3.08\text{kN}\cdot\text{m}$，$V^u_{W.k}=\frac{5}{12}\times3.39\times3.3=4.66\text{kN}$，$V^b_{W.k}=\frac{7}{12}\times3.39\times3.3=6.53\text{kN}$。

当为风吸力时，上述各值对应为 1.92kN·m，2.91kN 及 4.73kN。

底层边柱：当为风压力时，$M^u_{W.k}=M^b_{W.k}=\frac{3.02}{12}\times5^2=6.29\text{kN}\cdot\text{m}$

$$V^u_{W.k}=V^b_{W.k}=\frac{3.02}{2}\times5=7.55\text{kN}$$

当为风吸力时，上述各值对应为 3.93kN·m 及 4.73kN。

(4) 边柱内力组合

1) 弯矩与轴力

以上下端截面为控制截面，因风载引起节间局部弯矩很小，故未组合节间截面，仅考虑恒载为控制的组合，轴力值中已计入外纵墙及窗重，详表 3-13。

边柱 N 与 M 组合 (kN，kN·m)　　**表 3-13**

荷载与内力组合	顶　层				底　层			
	$N^u_k N^u$	$M^u_k M^u$	$N^b_k N^b$	$M^b_k M^b$	$N^u_k N^u$	$M^u_k M^u$	$N^b_k N^b$	$M^b_k M^b$
①恒载	110.85	52.53	162.70	43.16	661.55	23.87	791.15	11.95
②活载	0.25	2.83	0.25	9.69	100.58	7.93	100.58	3.97
③左风	0	0	0	−3.08	0	6.29	0	−6.29
④右风	0	0	0	1.92	0	−3.93	0	3.93
1.35①+1.4(0.7②+0.6③)	149.90	73.69	219.90	65.20	991.66	45.27	1166.62	14.71
1.35①+1.4(0.7②+0.6④)	149.90	73.69	219.90	69.37	991.66	36.69	1166.62	23.32

2) 剪力

根据恒载、活载及风载下的剪力计算结果可知，第二层为最不利。两种组合的剪力设计值为

$V^u=V^b=-[1.35\times26.29+1.4\times(0.7\times8.75+0.6\times4.98)]=-48.24\text{kN}$。

4 高层砌体房屋静力设计

4.1 高层砌体房屋结构选型

以砌体为主要材料的高层房屋结构可有如下型式：

1. 配筋砌体组合框架结构——对层数和总高度不大的高层砌体房屋可采用配筋砌体的柱和梁（当跨度较小，荷载不大时），或配筋砌体柱与钢筋混凝土梁（当跨度和荷载较大时）组成的配筋砌体组合框架结构。其中，边柱可为与翼墙共同工作的带壁柱，中柱亦可为带壁柱或独立柱。

2. 网状配筋或纵向配筋砖剪力墙结构——当墙体偏心距 e 未超过截面核心范围，对矩形截面 $e/h<0.17$，或其高厚比 $\beta<16$ 时，可采用水平截面网状配筋或沿墙长纵向配筋砖墙结构，以提高墙体抗压和抗剪能力及延性，增强墙体的变形能力。这种结构适用于层数和总高不大、水平荷载较小的中高层房屋。根据受力需要而沿纵、横墙水平灰缝内均匀布置焊接方格网或网孔长边与墙长平行的钢板网，亦可为纵向配筋。

3. 竖向配筋砖剪力墙结构——当墙体偏心距 $e/h>0.17$ 或 $\beta>16$ 时，可采用竖向配筋砖墙结构，其配筋的作用与横向网状配筋具有同工之效。配筋方式有：

（1）竖向钢筋随砌砖过程直接锚入竖向灰缝中而不须灌浆；（2）竖向钢筋设置于砌体预留孔槽内则需灌浆锚固；（3）竖向钢筋（或预应力筋）设置于带横肋的空腔墙中需灌浆锚固（或预应力筋作防锈处理）。

4. 钢筋网混凝土或砂浆面层及夹层组合砖剪力墙结构——无论偏心大小，组合墙均类似钢筋混凝土剪力墙工作。墙面敷设网片可为竖向与水平钢筋之方格网（@500mm 以内）或为钢板网，亦可在夹心墙中敷设网片。

5. 带构造柱组合砖剪力墙结构——根据受力需要，将构造柱布置在纵、横墙端部（相当于剪力墙的边缘构件）、中部和较大洞口边，并使其间距 $s\leqslant 4$m，且各层上下对齐，与圈梁一起整浇，从而保证与砖砌体共同工作。既约束墙体，提高其延性和变形能力，又明显提高墙体抗压和抗剪能力以及抗侧刚度。构造柱截面不宜小于 240mm×240mm，边柱、角柱截面宜适当增大。

6. 预应力砌体剪力墙结构——在砌体墙和柱中设置后张拉或先张拉预应力筋，以提高房屋抗侧刚度和承载力，增强其延性。根据不同的砌体材料和构造方案以及结构平面布置，可有三种型式：

（1）在构造柱中集中放置预应力筋，通过顶层刚度加大的圈梁对砌体墙的弹性地基梁作用来对其施加竖向预压应力。这实际上是带构造柱组合墙结构的特殊型式，但对其整体的力学性能得以进一步改善。

（2）在砌体带壁柱和带凹槽墙中设置预应力筋，用于中高层框剪结构。

（3）在空心砌块或空腔墙中均匀设置预应力筋，此张拉设备较为简单，唯需逐根张拉、锚固，工作量较大。当为空心砌块时，需灌孔；而当为空腔墙时可灌孔亦可不灌孔而采用对预应力筋自身保护措施。

7. 混凝土小型空心砌块配筋砌体剪力墙结构——可逐孔或隔孔甚至 1/3 孔数设置竖向钢筋并配置水平分布钢筋于灰缝或凹槽中。剪力墙两端设置砌块边缘构件或钢筋混凝土柱，并将墙中水平分布筋锚入其中。开洞剪力墙连梁可视跨度和受力大小而分别采用钢筋混凝土或配筋砌块连梁。墙体因灌孔而成为整体刚度大于其他各种配筋砖墙的所谓“装配整体式钢筋混凝土剪力墙”，能适应更大的房屋高度与水平荷载要求。

8. 底层框支砌体剪力墙结构——以适量的钢筋混凝土框架支撑配筋砌体剪力墙与足够数量的落地配筋砌体剪力墙，组成既能获得较大空间又能充分保证房屋空间刚度的框支剪力墙结构形式。其纵横向第二层与框架层（底层）侧向刚度比值仍应控制在 2.5 以内[29]。

9. 配筋砌体框架剪力墙结构——为获得部分大空间，可设置相应的配筋砌体柱框架（或全钢筋混凝土框架）与足够数量的配筋砌体剪力墙，组成框架-剪力墙结构。有四种型式：（1）框架与剪力墙（单片墙、联肢墙或小井筒）分开布置；（2）在框架结构的若干跨内嵌入剪力墙（带边框剪力墙）；（3）在单片抗侧力结构内连续分别布置框架和剪力墙；（4）以上两种或三种型式之混合。

10. 钢筋混凝土墙与砌体墙的混合剪力墙结构——充分考虑钢筋混凝土剪力墙较砖墙刚度大、强度高、延性好的特点，将房屋的水平荷载之主要部分传给混凝土墙，砖墙则以承受竖向荷载为主，从而达到合理利用材料，满足中高层房屋安全性与经济性的要求。这在地震区也有所应用。

在结构的布置中如同钢筋混凝土框-剪结构一样，应注意钢筋混凝土剪力墙分布相对均匀对称，力求质量中心与刚度中心重合，加强圈梁、构造柱、楼（屋）盖与墙体的结合，确保纵向与横向均有足够的空间刚度。砖墙可根据需要采用素砌体、配筋砌体或组合砌体（图4-1）。

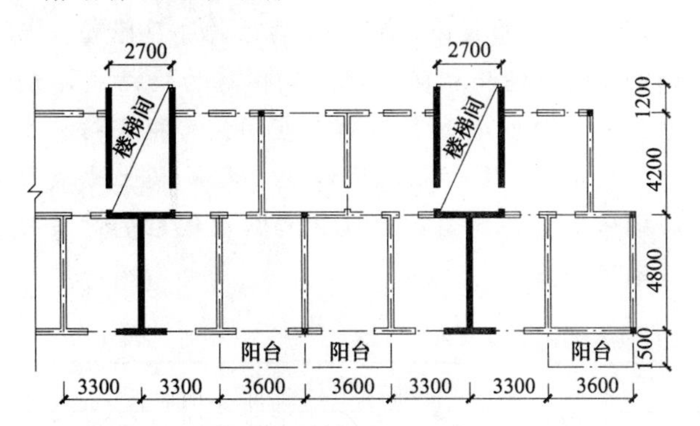

图4-1 钢筋混凝土墙与砌体墙的混合剪力墙结构

11. 钢筋混凝土墙支撑砌体墙的组合剪力墙结构——这是在“一砖墙承重”受材料强度限制时，为建造中高层砌体房屋而产生的一种简单的组合结构形式。其特点是能充分发挥两种材料结构的优势，克服其弱点，适应低烈度地震区需要。尽管如此，仍应重视两种结构交接处所存在的刚度突变。其基本原则是将交接层以下钢筋混凝土墙刚度适当削弱，而将其以上的砌体墙刚度适当加强，以满足刚度比要求。此外，尚应增强上下层间的竖向联系和交接层楼盖的刚度，以保证其共同工作[41]。必要时，可将刚度调整范围扩大到上下各二层，使整个房屋竖向刚度基本均匀渐变。(图4-2)。

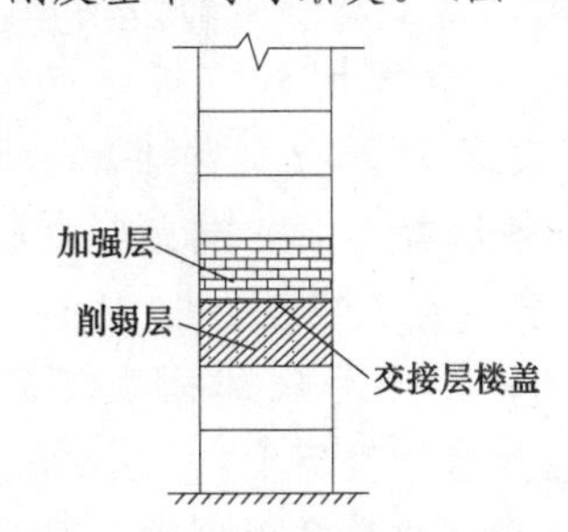

图4-2 交接层的刚度调整示意

4.2 高层砌体房屋结构设计的基本规定[41][44][45][32][33][35][29][23]

1. 一般规定

(1) 中高层及高层砌体房屋结构可根据层数、高度、水平荷载大小及使用功能，选择4.1节所介绍的各种砌体结构形式。实际工程中尚可综合运用这些结构形式。

(2) 不应采用严重不规则的结构体系，且应符合下列要求：1) 应具有足够的承载力、刚度和变形能力；2) 应避免因部分结构或构件的破坏而导致整体结构丧失承载的能力；3) 对可能出现的薄弱部位应采取有效地加强措施。

(3) 中高层及高层砌体房屋结构的竖向和水平向布置宜具有合理的刚度和承载力分布，避免因局部突变和扭转效应而形成薄弱部位。

(4) 当为复杂高层建筑结构时，除符合砌体结构的规定外尚应参照《高层建筑混凝土结构技术规程》[41]第10章有关规定执行。

2. 房屋适用高度和高宽比

(1) 高层房屋适用高度与层数我国《建筑抗震设计规范》[35]中仅对一般的多层砌体房屋适用高度与层数作了严格的限制，而对非抗震设计的中高层与高层砌体房屋甚至各种配筋砌体和组合砌体结构的高层房屋，现有有关规范、规程并未明确，对此可参考第2章2.4节所列出的国内外采取了特殊技术措施而突破现有规范限制的成功经验(多为抗震结构)。

(2) 国内有关房屋适用高度和高宽比限值的规定与建议：

文献[44]提出了类似的最大高度限值，文献[55]对砌体结构规范[29]的高层配筋砌块砌体剪力墙结构最大适用高度提出了修改的建议，可供参考。

1)《砌体结构设计规范》GB 50003—2001之表10.1.2[29]规定见表4-1。

配筋砌块砌体剪力墙房屋适用的最大高度（m）

表4-1

最小墙厚	6度	7度	8度
190mm	54	45	30

注：1. 房屋高度指室外地面至檐口的高度；
2. 房屋高度超过表内限值时，应根据专门研究，采取有效加强措施（即报请建设行政主管部门或有关专家组审核认可）。

文献[33]补充了非抗震设计时可达66m的建议。

2)《配筋砌体建筑结构设计规程》DYD-96-1之表3[42]规定如表4-2。

3)《高层建筑混凝土结构技术规程》JGJ 3—2002，J 186—2002之表4.2.2-1、表4.2.2-2、表4.2.3-1及表4.2.3-2[41]的规定见表4-3a及表4-3b。

表4.2.2-2所列之B级高度钢筋混凝土高层建筑的最大适用高度（m）均大于表4.2.2-1，详见文献[41]。

房屋适用最大高度（m）和高宽比限值 表 4-2

配筋砌体剪力墙	抗震设防烈度		
	6	7	8
房屋最大高度	80	70	50
房屋高宽比	6	6	5

注：规程 DYD-96-1 系以中国建筑东北设计院为首的国内 7 所高等院校和部分施工单位于 1991～1996 年期间合作研究、编制的。与此同时尚有《高强专用砂浆技术条件及配合比设计规程》DY-4-95-12、《注芯混凝土技术条件及配合比设计规程》DYG-95-12、《配筋砌体结构施工及验收规程》DYC-96-12 及《混凝土小型砌块建筑构造图集》DY-95-11 和 DY-96-12 等相配套。然而，为与其后修订出版的国家标准《砌体结构设计规范》GB 50003—2001 相统一，遂将其进一步修订后纳入其中。

表 4.2.3-2 所列之 B 级高度钢筋混凝土高层建筑结构适用的最大高宽比均较表 4.2.3-1 为大，详见文献 [41]。

4）国际标准《配筋砌体结构设计与施工规范》[45]规定：在低烈度（如相当于我国 7 度及其以下）地区，高度不限，由计算确定；高烈度（相当我国 8 度区及其以上）地区的高度限值，与钢筋混凝土结构相同：配筋砌体剪力墙结构不超过 50m；配筋砌体剪力墙与空间抗弯框架结构由计算确定。（注：配筋砌体主要指混凝土砌块配筋砌体，分为均匀配筋砌体与设置梁柱的约束配筋砌体两类。）

A 级高度钢筋混凝土高层建筑的最大适用高度（m） 表 4-3a

结构体系		非抗震设计	抗震设计烈度			
			6 度	7 度	8 度	9 度
框架		70	60	55	45	25
框架-剪力墙		140	130	120	100	50
剪力墙	全部落地剪力墙	150	140	120	100	60
	部分框支剪力墙	130	120	100	80	不应采用
筒体	框架-核心筒	160	150	130	100	70
	筒中筒	200	180	150	120	80
板柱-剪力墙		70	40	35	30	不应采用

注：1. 房屋高度指室外地面至主要屋面高度，不包括局部突出屋面的电梯机房、水箱、构架等高度；
2. 表中框架不含异形柱框架结构；
3. 部分框支剪力墙结构指地面以上有部分框支剪力墙的剪力墙结构；
4. 平面和竖向均不规则的结构或Ⅳ类场地上的结构，最大适用高度应适当降低；
5. 甲类建筑，6、7、8 度时宜按本地区设防烈度提高一度后符合本表要求，9 度时应专门研究；
6. 当 9 度抗震设防、房屋超过本表数值时，结构设计应有可靠依据，并采取有效加强措施。

A 级高度钢筋混凝土高层建筑结构适用的最大高宽比 表 4-3b

结构体系	非抗震设计	抗震烈度		
		6 度、7 度	8 度	9 度
框架、板柱-剪力墙	5	4	3	2
框架-剪力墙	5	5	4	3
剪力墙	6	6	5	4
筒中筒、框架-核心筒	6	6	5	4

5）《多层及高层建筑配筋混凝土空心砌块砌体结构设计手册》之表 5.1.2-1[44]，见表 4-4。

配筋砌块砌体规则建筑物的高度限值（m） 表 4-4

设防烈度	6 度	7 度	8 度
建筑物高度	按设计	70	48

注：1. 对不规则建筑结构或建于Ⅳ类场地的建筑结构，其高度可适当降低；
2. 对非公众使用的规则建筑结构，其高度限值可提高 50%；
3. 建筑物高度系指室外地面至建筑檐口高度。

6）《高层配筋砌块砌体剪力墙最大适用高度的研究》[55]：①全落地剪力墙结构——6 度、7 度、8 度、9 度地震区分别为 60m、54m、45m、30m；②部分落地剪力墙的框支剪力墙结构——6 度、7 度、8 度区分别为 55m、45m、30m，9 度区不允许使用；③全为底部框架支撑的剪力墙，因转换层存在严重刚度突变，8 度、9 度罕遇地震下易出现过大层间位移角而倒塌，建议不采用。

3. 结构平面布置

（1）在一个独立的结构单元内，宜使其平面形状简单、规则，刚度和承载力分布均匀对称，不应采用严重不规则的平面布置。

（2）宜选用风作用效应较小的平面形状（主要由风载体型系数和结构自振周期来确定）。

（3）平面布置宜减少偏心；平面长度不宜过长，突出部分长度 l 不宜过大，详图 4-3。L、l 宜满足表 4-5 要求[41]（该表虽系抗震设防建筑，对

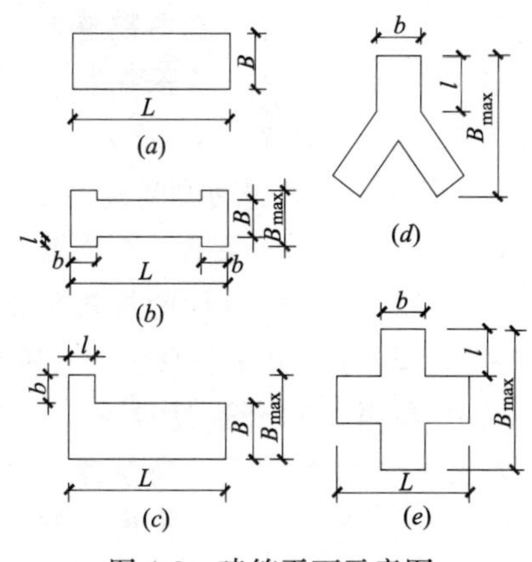

图 4-3　建筑平面示意图

L、l 的限值　　表 4-5

设防烈度	L/B	l/B_{max}	l/b
6、7度	≤6.0	≤0.35	≤2.0
8、9度	≤5.0	≤0.3	≤1.5

非抗震建筑亦可参照使用，并可适当放宽）；不宜采用角部重叠的或细腰形的平面图形。

(4) 结构平面布置应减少扭转影响，即应尽量使房屋质量中心与刚度中心相重合。

(5) 楼板平面凹入或开洞尺寸不宜大于楼面宽度之半；楼板开洞总面积不宜超过楼板总面积之30%；在扣除凹入或开洞尺寸后，楼板在任一方向的最小净宽不小于5m，且开洞后每一边的楼板净宽不应小于2m；否则应在设计中考虑楼板削弱所产生的不利影响。

(6) H字形、井字形等外伸长度较大的建筑，当中央楼、电梯间对楼板有较大削弱时，应加强楼板和与其连接的墙体构造措施，必要时可在外伸段凹槽处设连接梁或连接板。

(7) 楼板被大洞削弱后，宜采取下列加强措施：1）加厚洞口附近楼板，提高其配筋率；采用双层双向配筋或钢板网或加配斜向钢筋。2）洞口边缘设置边梁、暗梁；3）洞口角部的板中设集中式斜向钢筋。

(8) 当建筑平面形状复杂（含结构布置）又难以调整为简单规则的结构时，应设变形缝，以将其划分为若干简单、规则结构单元。

(9) 伸缩缝最大间距应符合表4-6规定。

(10) 采取下列构造和施工措施以减少温度和收缩对结构的影响时，可适当放宽伸缩缝间距：1）顶层、底层、山墙和纵墙端开间等温度变化影响较大的部位提高配筋率；2）屋顶加强保温措施，外墙设置外保温层；3）每30～40m间距预留施工后浇带，带宽800～1000mm，钢筋采用搭

伸缩缝最大间距　　表 4-6

结构体系	施工方法	最大间距(m)
框架结构	现浇	55
剪力墙结构	现浇	45

注：1. 框剪结构可取表中两类结构间距之间的数值；
2. 当屋面无保温层或隔热措施、混凝土收缩较大或室内结构在施工中外露时间较长，伸缩缝间距应适当减小；
3. 干燥地区、夏季炎热且暴雨频繁地区，伸缩缝间距宜适当减小。

接接头，后浇带混凝土宜在2个月后浇注；4）顶部楼层改用刚度较小的结构形式或在顶部设局部温度缝，将结构划分为长度较短的区段；5）采用收缩较小的水泥，减少水泥用量，在混凝土中掺入适宜的外加剂；6）提高每层楼板的构造配筋率或采用部分预应力结构。

4. 结构竖向布置

(1) 竖向体型宜规则、均匀，避免过大外挑和内收。结构抗侧刚度宜下大上小，逐渐均匀变化，不应采用竖向布置严重不规则的结构。

(2) 抗震结构的楼层侧向刚度不宜小于相邻上部楼层的70%或其上相邻三层侧向刚度平均值的80%。非抗震结构可酌情放宽要求。

(3) 表4-3a（即文献［41］表4.2.2-1所列A级高度钢筋混凝土高层建筑楼层层间抗侧力结构的受剪承载力不宜小于其上一层的75%。（注："受剪承载力"系指所考虑的地震作用方向上，该层全部柱及剪力墙的受剪承载力之和。）非抗震结构则按风载作用方向计算其受剪承载力，且上述限值可适当放宽。

(4) 抗震设计时，结构竖向抗侧力构件宜上下贯通。

(5) 抗震设计时，当结构上部楼层收进部位至室外地面高度 H_1 与房屋高度 H 之比大于0.2时，收进后的水平尺寸 B_1 不宜小于下部水平尺寸 B 的0.75倍，见图4-4 (*a*)、(*b*)；当上部楼层对下部楼层外挑时，下部楼层水平尺寸 B 不宜小于上部楼层水平尺寸 B_1 之0.9倍，且外挑尺寸a不宜大于4m，见图4-4 (*c*)、(*d*)。

(6) 当结构顶层因部分取消墙柱而形成空旷房间时应采取有效加强措施。

(7) 宜设地下室。

5. 楼盖结构

(1) 房屋高度超过50m时，框架—剪力墙结构、筒体结构以及包括诸如带转换层、错层、加强层，或连体、多塔方案等所谓复杂高层建筑结

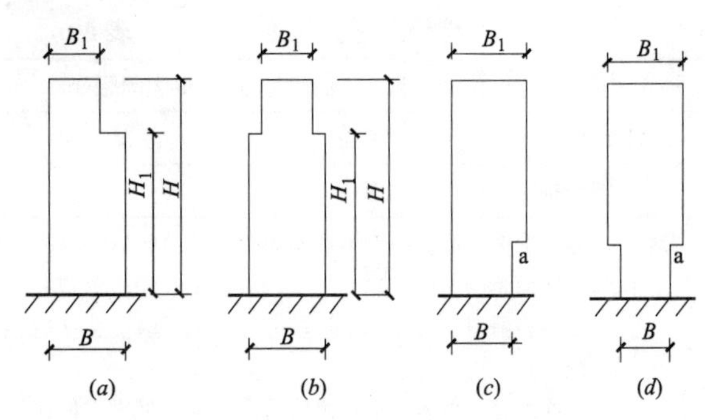

图 4-4 结构竖向收进与外挑示意

构，均应采用现浇楼盖。剪力墙和框架结构亦宜采用现浇楼盖。对高度≥50m 的砌体高层结构尚应予以严格限制。

(2) 现浇楼盖的混凝土强度等级不应低于 C20，不宜高于 C40。

(3) 当房屋高度不超过 50m（当为砌体结构时，此限值应适当缩小）时，地震烈度为 8 度、9 度抗震设计的框架-剪力墙结构宜用现浇楼盖结构；地震烈度为 6 度、7 度抗震设计的框-剪结构可采用装配整体式楼盖，但应符合下列要求；

1) 宜每层设现浇层。现浇层厚不应小于 50mm，混凝土不应低于 C20，亦不宜高于 C40，并应双向配置 $\phi(6\sim8)@(150\sim200)$mm 的钢筋网，钢筋应锚固于剪力墙；

2) 楼盖预制板板缝宽度不宜小于 40mm，当缝宽大于 40mm 时，应配板缝钢筋，并宜贯通整个结构单元。预制板缝及板缝梁的混凝土强度等级应高于预制板且不应低于 C20。

(4) 房屋高度不超过 50m（当为砌体结构时，此限值应适当缩小）的框架结构或剪力墙采用装配式楼盖时，应符合下列要求：1) 同上述 (3) 条第 2) 款的规定；2) 预制板在梁上和剪力墙上的搁置长度分别不宜小于 35mm 和 25mm；3) 预制板搁置端宜留胡子筋，其长度不宜小于 100mm；4) 预制板板孔堵头宜留出不小于 50mm 的空腔，并在安装就位后采用不低于 C20 的混凝土灌实。

(5) 房屋顶层、结构转换层、平面复杂或开洞过大的楼层、作为上部结构嵌固部位的地下室楼层等，均应采用现浇楼盖结构。一般楼层现浇板厚不应小于 80mm，当板内预埋暗管时不宜小于 100mm；顶层楼板厚不宜小于 120mm，且宜双层双向配筋；转换层应符合文献 [41] 第 10 章有关规定；普通地下室顶板厚不宜小于 160mm；作为上部结构的嵌固部位的地下室楼层的顶楼盖应采用梁板结构，其楼板厚不宜小于 180mm，混凝土不宜低于 C30，并应双层双向配筋，且每一方向配筋率不宜小于 0.25%。当采用扩张网且板厚≥120mm 时可酌减其厚度。

(6) 现浇预应力楼板厚可取跨度之 1/45～1/50 且不宜小于 150mm，对非地震区可放宽至 120mm。

(7) 现浇预应力楼板设计时应采取措施以防止或减少主体结构对楼板施加预应力的阻碍。

6. 水平位移限值和舒适度要求

(1) 在正常使用条件下，高层建筑结构应具有足够的刚度，以避免产生过大的位移而影响结构承载力、稳定性和使用要求。

(2) 在正常使用条件下的结构水平位移应按文献 [41] 第 3 章规定的风载及第 5 章规定的弹性方法计算。

(3) 按弹性方法计算的楼层层间位移与层高之比 Δ_μ/h 宜符合以下规定：

1) 高度不大于 150m 的高层建筑，其楼层层间最大位移与层高之比 Δ_μ/h 不宜大于表 4-7 的限值（当为砌体结构时房屋总高限值应偏严，Δ_μ/h 也可参照本表采用）；

楼层层间最大位移与层高之比 Δ_μ/h 的限值

表 4-7

结构类型	Δ_μ/h
框架	1/550
框架-剪力墙、框架-核心筒、板柱-剪力墙	1/800
筒中筒、剪力墙	1/1000
框支层	1/1000

2) 层间最大位移 Δ_μ 以楼层最大水平位移差来计算，不扣除整体弯曲变形。

(4) 高度超过 150m（砌体结构高度限值应酌情减小）的高层建筑结构应具有良好的使用条件，满足舒适度要求。按文献 [34] 规定的 10 年一遇的风载取值计算的顺风向与横风向结构顶点最大加速度 a_{max} 不应超过表 4-8 的限值。必要时可通过专门试验结果来计算确定顺风向、横风向结构顶点最大加速度 a_{max}，且不超过表中的限值。

结构顶点最大加速度限值 a_{max}　　表 4-8

使用功能	a_{max}(m/s^2)
住宅、公寓	0.15
办公楼、旅馆	0.25

7. 构件承载力设计表达式

非抗震高层建筑结构构件承载力应按下述公式计算

$$\gamma_0 S \leqslant R \tag{4-1}$$

式中 γ_0——结构重要性系数，对安全等级为一级或设计使用年限为100年及以上的结构构件，不应小于1.1；对安全等级为二级或设计使用年限为50年的结构构件，不应小于1.0；

S——作用效应组合设计值，应符合文献[41] 第5.6.1～第5.6.4条规定；

R——构件承载力设计值；

8. 减小非荷载作用影响的构造措施

(1) 在结构受力的前提下，应正确设置沉降缝、温度缝以及墙面局部区域的构造缝，以减小非荷载作用影响[23][29][41]。其中，配筋砌块砌体房屋尽管其干缩率远大于烧结普通砖和多孔砖砌体房屋，但在$\mu_{\min}=0.07\%\sim0.13\%$情况下，干缩变形和应力均得以显著控制，故文献[29]采用了烧结砖砌体的温度缝间距且与文献[23]的规定亦较接近。

(2) 减小水泥用量和降低水灰比，掺入合适的外加剂，改善水泥和骨料的质量，适当提高结构构件的构造配筋率，降低混凝土终凝温度，采用高湿度养护等，以减小混凝土的收缩应变；

(3) 改善使用环境，避免主体结构构件外露，确保外墙、屋面保温隔热性能或采用建筑幕墙，以减小内部结构构件与周边结构构件温差，减小结构温度应力；

(4) 避免基础产生较大的非均匀沉降，以减小由此引起的内力；

(5) 当现浇混凝土楼（屋）盖长度过大时，可每隔30～40m的间距留出施工后浇带，以减小温度收缩内力；

(6) 砌体墙柱日砌筑高度不应超过一步脚手架高或1.5m，以免砌体过度沉降变形[43]；

(7) 砌体墙转角和交叉处应同时砌筑，严禁无可靠连接措施内外墙分砌。对确实不能同时砌筑的临时间断处，可砌成斜槎（斜槎长度不应小于墙高之2/3）或非转角处的直槎（必须做成凸槎并加放拉结筋——每120mm墙厚放置1ϕ6mm，沿墙高间距≤500mm，埋入墙的长度自留槎处算起每边≥500mm，末端应有90°弯钩)[43]，以保证房屋的整体性；

(8) 凡有混凝土墙、柱（含构造柱）与砌体墙形成组合结构时，必须先砌筑砌体墙，后浇混凝土墙、柱，其间应设马牙槎和拉墙筋，以保证其组合作用，共同受力[43]；

(9) 合理设置圈梁、连系梁、地基梁、配筋砖带，并与楼（屋）盖、墙和柱可靠连接，以增强房屋的整体性和空间刚度；

(10) 高层建筑室内填充墙宜采用轻质隔墙；

(11) 当建筑高度超过150m（砌体结构宜降低此限值）时，外墙宜采用各类建筑幕墙，其填充墙、外墙非结构构件宜与主体结构柔性连接，以适应主体结构的变形。

4.3 高层建筑结构荷载及荷载效应组合

1. 竖向荷载

(1) 高层建筑结构的楼面活荷载应按现行国家标准《建筑结构荷载规范》GB 50009[34]的有关规定采用。

(2) 施工中采用附墙塔、爬塔等对结构受力有影响的起重机械或其他施工设备时，应进行结构验算。

(3) 旋转餐厅轨道和驱动设备自重应如实确定。

(4) 擦窗机等清洗设备应按实情确定其自重大小与作用位置。

(5) 直升机平台的活荷载应采用下列两款中能使平台产生最大内力的荷载：

1) 直升机总重引起的局部荷载，按实际最大起飞量决定的局部荷载标准值乘以动力系数确定，对具有液压轮胎起落架的直升机，动力系数可取1.4；当缺乏机型技术资料时，局部荷载标准值及其作用面积可视直升机类型按表4-9取用；

局部荷载标准值及其作用面积　　表4-9

直升机类型	局部荷载标准值(kN)	作用面积(m^2)
轻型	20.0	0.20×0.20
中型	40.0	0.25×0.25
重型	60.0	0.30×0.30

2) 等效均布活荷载$5kN/m^2$。

2. 风荷载

(1) 主体结构计算时，垂直于建筑物表面的风荷载标准值应按下式计算，风荷载作用面积取垂直于风向的最大投影面积[34]。

$$w_k = \beta_z \mu_s \mu_z w_0 \tag{4-2}$$

式中 w_k——风荷载标准值（kN/m^2）；

w_0——基本风压值（kN/m^2），对特别重要或对风载比较敏感的高层建筑，应按100年重现期的风压值采用；

μ_s——风载体型系数，详见第（2）款；

μ_z——风压高度变化系数；

β_z——z高度处的风振系数，详见第（3）款。

（2）计算主体结构的风载效应时，风载体型系数μ_s可按下列规定采用：

1）圆形平面建筑取0.8；

2）正多边形及三角形平面建筑，由下式计算

$$\mu_s = 0.8 + 1.2\sqrt{n} \quad (4\text{-}3)$$

式中 n——多边形的边数。

3）高宽比$H/B \leqslant 4$的矩形、方形、十字形平面建筑取1.3；

4）下列建筑取1.4：

V形、Y形、弧形、双十字形、井字形平面建筑；

L形、槽形和$H/B>4$的十字形平面建筑；

$H/B>4$、$L/B \leqslant 1.5$的矩形、鼓形平面建筑。

5）对确需进行更细致的风载计算，μ_s可按文献［41］附录A采用或由风洞试验确定。

（3）高层建筑的风振系数β_z，可按下式计算

$$\beta_z = 1 + \frac{\varphi_z \xi \nu}{\mu_z} \quad (4\text{-}4)$$

式中 φ_z——振型系数，可由结构力学计算确定，计算时可仅考虑受力方向基本振型影响；对质量与刚度沿高度分布比较均匀的弯剪型结构，也可近似采用振型计算点距室外地面高度z与房屋高度H之比值；

ξ——脉动增大系数，可按表4-10采用；

μ_z——风压高度变化系数；

ν——脉动影响系数，外形、质量沿高度比较均匀的结构可按表4-11采用；

（4）当多栋或群集的高层建筑相距较近时，宜考虑风力相互干扰的群体效应。一般可将单栋建筑之μ_s乘以增大系数，此系数可参考类似条件的试验资料确定；必要时宜通过风洞效应试验确定。

（5）房屋高度大于200m时宜通过风洞试验来确定建筑物的风载；房屋高度大于150m，且有下列情况之一时亦宜通过风洞试验来确定建筑物风载：

1）平面形状不规则，立面形状复杂；

脉动增大系数ξ 表4-10

$w_0T_1^2$ (kN·s²/m²)	地面粗糙度类别			
	A	B	C	D
0.06	1.21	1.19	1.17	1.14
0.08	1.23	1.21	1.18	1.15
0.10	1.25	1.23	1.19	1.16
0.20	1.30	1.28	1.24	1.19
0.40	1.37	1.34	1.29	1.24
0.60	1.42	1.38	1.33	1.28
0.80	1.45	1.42	1.36	1.30
1.00	1.48	1.44	1.38	1.32
2.00	1.58	1.54	1.46	1.39
4.00	1.70	1.65	1.57	1.47
6.00	1.78	1.72	1.63	1.53
8.00	1.83	1.77	1.68	1.57
10.00	1.87	1.82	1.73	1.61
20.00	2.04	1.96	1.85	1.73
30.00	—	2.06	1.94	1.81

注：结构基本自振周期，可由结构动力学计算确定。对较规则的结构，也可采用下述近似公式计算：框架结构$T_1=(0.08\sim0.1)n$，框-剪结构和框架核心筒结构$T_1=(0.06\sim0.08)n$，剪力墙结构和筒中筒结构$T_1=(0.05\sim0.06)n$，n为结构层数。

2）立面开洞或连体建筑；

3）周围地形和环境较复杂。

（6）檐口、雨篷、遮阳板、阳台等水平构件，计算局部上浮风载时，其μ_s不宜小于2.0。

高层建筑脉动影响系数ν 表4-11

H/B	粗糙度类别	房屋总高度H(m)							
		≤30	50	100	150	200	250	300	350
≤0.5	A	0.44	0.42	0.33	0.27	0.24	0.21	0.19	0.17
	B	0.42	0.41	0.33	0.28	0.25	0.22	0.20	0.18
	C	0.40	0.40	0.34	0.29	0.27	0.23	0.22	0.20
	D	0.36	0.37	0.34	0.30	0.27	0.25	0.27	0.22
1.0	A	0.48	0.47	0.41	0.35	0.31	0.27	0.26	0.24
	B	0.46	0.46	0.42	0.36	0.36	0.29	0.27	0.26
	C	0.43	0.44	0.42	0.37	0.34	0.31	0.29	0.28
	D	0.39	0.42	0.42	0.38	0.36	0.33	0.32	0.31

续表

H/B	粗糙度类别	房屋总高度 H(m)							
		≤30	50	100	150	200	250	300	350
2.0	A	0.50	0.51	0.46	0.42	0.38	0.35	0.33	0.31
	B	0.48	0.50	0.47	0.42	0.40	0.36	0.35	0.33
	C	0.45	0.49	0.48	0.44	0.42	0.38	0.38	0.36
	D	0.41	0.46	0.48	0.46	0.44	0.42	0.42	0.39
3.0	A	0.53	0.51	0.49	0.45	0.42	0.38	0.38	0.36
	B	0.51	0.50	0.49	0.45	0.43	0.40	0.40	0.38
	C	0.48	0.49	0.49	0.48	0.46	0.43	0.43	0.41
	D	0.43	0.46	0.49	0.49	0.48	0.46	0.46	0.45
5.0	A	0.50	0.53	0.51	0.49	0.46	0.42	038	0.39
	B	0.50	0.53	0.52	0.50	0.48	0.44	0.44	0.42
	C	0.47	0.50	0.52	0.52	0.50	0.47	0.47	0.45
	D	0.43	0.48	0.52	0.53	0.53	0.51	0.51	0.50
8.0	A	0.53	0.54	0.53	0.51	0.48	0.43	0.43	0.42
	B	0.51	0.53	0.54	0.52	0.50	0.46	0.46	0.44
	C	0.48	0.51	0.54	0.53	0.52	0.50	0.50	0.48
	D	0.43	0.48	0.54	0.53	0.55	0.54	0.54	0.53

(7) 设计建筑幕墙时，应按国家有关建筑幕墙设计标准确定风载。

3. 无地震作用时的荷载效应组合

(1) 荷载效应组合的设计值应按下式确定

$$S=\gamma_G S_{Gk}+\psi_Q\gamma_Q S_{Qk}+\psi_w\gamma_w S_{wk} \quad (4\text{-}5)$$

式中 S——荷载效应组合设计值；

γ_G——永久荷载分项系数；

γ_Q——楼面活荷载分项系数；

γ_w——风载分项系数；

S_{Gk}——永久荷载效应标准值；

S_{Qk}——楼面活载效标准值；

S_{wk}——风载效应标准值；

ψ_Q、ψ_w——分别为楼面活载组合系数和风载组合系数，当永久荷载效应起控制作用时，应分别取0.7和0.0；当可变荷载起控制作用时，应分别取0.6（或0.7）和1.0。

(2) 荷载分项系数按下列规定采用：

1) 承载力计算时：永久荷载分项系数 γ_G：当其效应对结构不利时，对由可变荷载起控制作用的组合应取1.2；对由永久荷载起控制作用的组合应取1.35，当其效应对结构有利时，应取1.0。

楼面活荷载分项系数面 γ_Q：一般取1.4；

风载分项系数 γ_w：取1.4。

2) 位移计算时：式（4-5）中各项分项系数均应取1.0

4.4 高层砌体房屋静力计算要点[41]

1. 一般规定

(1) 高层建筑结构荷载，非抗震结构应考虑重力荷载和风荷载，并沿两个主轴方向进行荷载及其效应的最不利组合。

(2) 高层建筑结构的内力与位移可按弹性方法计算。框架梁及连梁等构件可考虑局部塑性内力重分布。

(3) 高层建筑结构分析模型应根据结构实际受力情况确定。对砌体结构而言，其结构分析可选择平面结构空间协同、空间杆-墙板元及其他组合的有限元分析模型。

(4) 进行高层建筑内力与位移计算时，可假定楼板在其自身平面内刚度无穷大，因此，设计中应采取必要措施来保证其平面内的整体刚度。若板在平面内产生明显变形，则计算中应予以考虑或对采用平面内无限刚性假定的计算结果进行适当调整。

(5) 高层建筑按空间整体工作计算时，应考虑下列变形：

1) 梁的弯曲、剪切、扭转等变形，必要时考虑轴向变形；

2) 柱的弯曲、剪切、轴向、扭转等变形；

3) 墙的弯曲、剪切、轴向、扭转等变形。

(6) 高层建筑结构内力计算中，当楼面活载大于4kN/m²时，应考虑该活荷载不利布置引起的梁弯矩的增大。

(7) 高层建筑结构进行重力荷载效应分析时，柱、墙轴向变形宜考虑施工过程的影响。该过程的模型可根据需要采用适当的简化方法。

(8) 高层建筑结构进行风载效应分析时，正反两方面的风载可按两者之较大值采用；体型复杂的高层建筑应考虑风向角的影响。

(9) 在内力与位移计算中，型钢混凝土和钢管混凝土甚至组合砌体等构件宜按实际情况参与计算。有依据时，亦可等效为混凝土构件进行计算，并按有关规定进行截面设计。

(10) 体型和结构布置复杂的建筑应采用至少两个不同力学模型结构分析软件计算的结果进行整体计算。

(11) 对受力复杂的结构构件，宜按应力分析结果校核配筋设计。

(12) 对结构分析软件的计算结果应进行分析判断，确认其合理、有效后方可作为工程设计依据。

2. 计算参数

(1) 在内力与位移计算中，抗震设计的框-剪结构或剪力墙结构中的连梁刚度可予以折减，折减系数不宜小于0.5，相应的高层砌体结构亦可酌情参照执行。

(2) 在内力与位移计算中，现浇楼盖和装配整体式楼盖的梁的刚度可考虑翼缘参与工作而增大，该增大系数可根据翼缘情况而取为1.3～2.0；对装配式楼盖，可不考虑增大。

(3) 在竖向荷载作用下，可考虑框架梁塑性变形内力重分布对梁端负弯矩乘以调整系数而进行调幅，并符合下列规定：

1) 装配整体式框架梁端调幅系数可取0.7～0.8；现浇框架梁端调幅系数可取0.8～0.9。

2) 框架梁端负弯矩调幅后，梁跨中应按平衡条件相应增大；

3) 应先对竖向荷载下的框架梁端调幅，再与水平荷载产生的梁内弯矩组合；

4) 截面设计时，框架梁跨中截面正弯矩设计值不应小于竖向荷载下的简支梁弯矩设计值的50%。

(4) 高层结构楼面梁受扭计算应考虑楼盖对梁的约束作用。当计算中未考虑该约束作用时，可将梁的计算扭矩乘以折减系数。该折减系数应根据梁周围楼盖的情况来确定。

3. 计算简图处理

(1) 高层建筑结构分析计算时，宜对结构进行力学上的简化处理，使之既能反映结构受力性能，又能适应于所选用的计算分析软件的力学模型。

(2) 在内力与位移计算中，应考虑相邻层竖向构件的偏心影响。梁与柱的偏心可按实际情况参与整体计算或采用柱端附加弯矩的方法予以近似考虑。

(3) 在内力与位移计算中，密肋楼盖可按实际情况进行计算。当不能按实际情况计算时，可按等刚度原则对该楼盖梁进行适当简化后再进行计算。

平板无梁楼盖应考虑板的平面外刚度影响，该刚度可按有限元法或近似将柱上板带等效为扁梁计算。

(4) 在内力与位移计算中，可考虑框架或壁式框架节点区刚域影响（图4-5)。刚域长度按下式计算

$$\left.\begin{aligned} l_{b1}&=a_1-0.25h_b\\ l_{b2}&=a_2-0.25h_b\\ l_{c1}&=c_1-0.25b_c\\ l_{c2}&=c_2-0.25b_c \end{aligned}\right\}\tag{4-6}$$

当按式（4-6）计算的刚域长度为负值时应取为零。

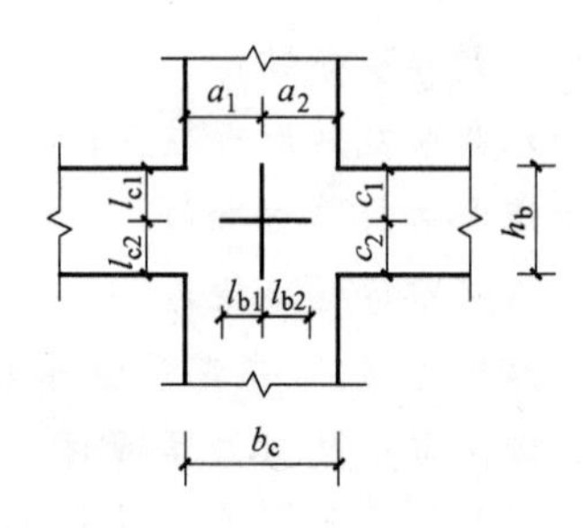

图4-5 刚域

(5) 在内力与位移整体计算中，对转换层结构、加强层结构、连体结构、多塔楼结构等复杂高层建筑结构应酌情选用合适的计算单元进行分析。在整体计算中对转换层、加强层、连接体等作简化处理的，整体计算后尚应对其局部进行补充计算分析。

(6) 平面和立面复杂的剪力墙结构应采用合适的计算模型进行分析。当采用有限元模型时，对错洞墙可采用适合的模型化处理后进行整体计算，并应在此基础上补充结构局部计算分析。

(7) 当地下室顶板作为上部结构嵌固部位时，

地下室结构的楼层侧向刚度不应小于相邻上部结构楼层侧向刚度的两倍。

4. 重力二阶效应及结构稳定

（1）当水平力作用下高层建筑结构满足下列规定时，可不考虑重力二阶效应的不利影响：

1）剪力墙结构、框-剪结构、筒体结构

$$EJ_{\mathrm{d}} \geqslant 2.7H^2 \sum_{1}^{n} G_i \quad (4\text{-}7)$$

2）框架结构

$$D_i \geqslant 20 \sum_{j=i}^{n} G_j / h_i \quad (i = 1,2,\cdots,n) \quad (4\text{-}8)$$

式中　EJ_{d}——结构某主轴方向的弹性等效抗侧刚度，可近似按倒三角形或按实际风载分布作用下结构顶点位移相等的原则，将侧向刚度折算为竖向悬臂受弯构件的等效侧向刚度；

H——房屋高度；

G_i、G_j——分别为第 i、j 楼层重力荷载设计值；

h_i——第 i 楼层层高；

D_i——第 i 楼层弹性等效刚度，可取该层剪力与层间位移之比值；

n——结构计算总层数。

（2）若不满足第（1）条规定时，则应考虑二阶效应对水平力作用下结构内力和位移的不利影响。

（3）高层建筑结构的二阶效应，可采用弹性方法计算，亦可采用对未考虑二阶效应的计算结果乘以增大系数的方法来考虑。结构位移增大系数 F_1、F_{1i} 和构件弯矩及剪力等增大系数 F_2、F_{2i} 可分别按下述规定近似计算，位移计算结果仍应满足表 4-7 的规定。

1）框架结构可按下列公式计算

$$F_{1i} = \frac{1}{1 - \sum_{j=i}^{n} G_j / (D_i h_i)} \quad (i = 1,2,\cdots,n) \quad (4\text{-}9)$$

$$F_{2i} = \frac{1}{1 - 2\sum_{j=i}^{n} G_j / (D_i h_i)} \quad (i = 1,2,\cdots,n) \quad (4\text{-}10)$$

2）剪力墙结构、框-剪结构、筒体结构可按下列公式计算

$$F_1 = \frac{1}{1 - 0.14H^2 \sum_{i=1}^{n} G_i / (EJ_{\mathrm{d}})} \quad (4\text{-}11)$$

$$F_2 = \frac{1}{1 - 0.28H^2 \sum_{i=1}^{n} G_i / (EJ_{\mathrm{d}})} \quad (4\text{-}12)$$

（4）高层建筑结构的稳定应符合下列规定：

1）框架结构应符合下式要求

$$D_i \geqslant 10 \sum_{j=i}^{n} G_j / h_i \quad (i = 1,2,\cdots,n) \quad (4\text{-}13)$$

2）剪力墙结构、框-剪结构、筒体结构应符合下式要求

$$EJ_{\mathrm{d}} \geqslant 1.4H^2 \sum_{i=1}^{n} G_i \quad (4\text{-}14)$$

4.5 配筋砌体组合框架结构设计[41][44][29]

1. 一般规定

（1）高层配筋砌体组合框架一般系由配筋砌体柱与钢筋混凝土梁组成。

（2）高层配筋砌体房屋组合框架结构应设计成双向抗侧力体系。主体结构除个别部位外，不应采用铰接。

（3）框架梁、柱中心线宜重合，否则计算中应考虑偏心时梁柱节点核心区受力和构造的不利影响，以及梁荷载对柱的偏心影响。

梁柱中心线间的偏心距不宜大于柱截面在该方向宽度之 1/4，否则可增设梁的水平加腋（图 4-6），之后仍须考虑偏心的不利影响。图示水平加腋尺寸宜满足下列要求

$$b_{\mathrm{x}}/l_{\mathrm{x}} \leqslant 1/2 \quad (4\text{-}15)$$

$$b_{\mathrm{x}}/b_{\mathrm{b}} \leqslant 2/3 \quad (4\text{-}16)$$

$$b_{\mathrm{b}} + b_{\mathrm{x}} + x \geqslant b_{\mathrm{c}}/2 \quad (4\text{-}17)$$

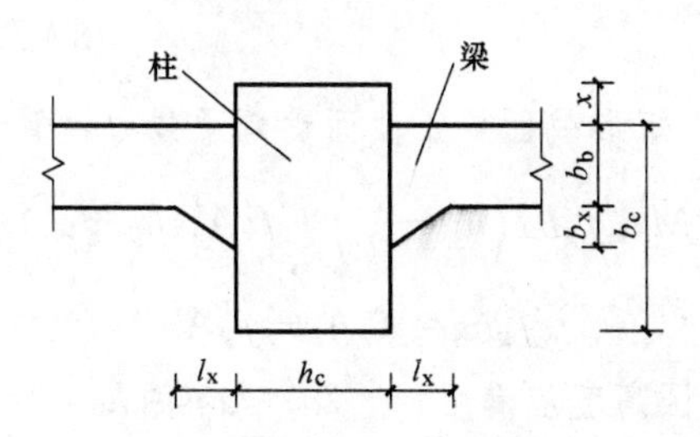

图 4-6　梁的水平加腋

梁的水平加腋厚度可取梁截面高度。梁水平加腋后，框架节点有效宽度 b_j 宜符合下列要求

当 $x=0$ 时　$b_j \leqslant b_{\mathrm{b}} + b_{\mathrm{x}}$　(4-18)

当 $x \neq 0$ 时，b_j 取式（4-19）和式（4-20）计算结果之较大值，且应满足式（4-21）的要求：

$$b_j \leqslant b_b + b_x + x \quad (4\text{-}19)$$

$$b_j \leqslant b_b + 2x \quad (4\text{-}20)$$

$$b_j \leqslant b_b + 0.5h_c \quad (4\text{-}21)$$

式中 h_c——柱截面高度。

(4) 框架结构填充墙及隔墙宜选用轻质墙材。其布置宜符合下列要求：

1) 避免形成上下层刚度突变；

2) 避免形成短柱；

3) 减少因抗侧刚度偏心所造成的扭转。

(5) 砌体填充墙及隔墙应具有自身的稳定性，并应符合下列要求：

1) 砌筑砂浆≥M5，墙顶与框架梁或楼板底密切结合；

2) 沿全高500mm左右设2ϕ6mm拉结筋，伸入墙内长度不应小于墙长1/5和700mm。

3) 墙长大于5m时墙顶宜与梁（板）以钢筋拉结；墙长大于层高2倍时宜在墙段中部设构造柱；墙高超过4m时，于墙半高（或门洞上口）处设置与构造柱连接并贯通墙长的钢筋混凝土水平系梁。

(6) 当布置少量剪力墙时，结构分析应考虑两者共同工作。当楼（电）梯间位置产生较大偏心时，宜将该剪力墙刚度削弱（如减薄墙厚、开竖缝、开结构洞、配少量单排钢筋等），并增强与剪力墙相连的柱内配筋。

(7) 组合框架的材料强度等级：现浇框架梁、梁柱节点混凝土应≥C20，但宜≤C40；当为配筋砌块砌体柱时，混凝土小型空心砌块应≥MU10，砌筑砂浆应≥Mb7.5，灌孔混凝土应≥Cb20；当为组合砖砌体柱时，面层混凝土宜≥C20，面层砂浆宜≥M10，砌筑砂浆宜≥Mb7.5。对安全等级为一级或使用年限大于50年的配筋砌块结构，所用材料最低强度等级应再提高一级。

(8) 在进行配筋砌体组合框架内力分析时，可不考虑材料的塑性而将混凝土（或砂浆面层）按弹模比折算为当量的砌体而后，再按结构力学的方法求得框架梁柱各控制截面内力与变形。

(9) 按现行结构设计规范[23][29][41]并参照文献［33］、［45］与［48］进行配筋砌体组合框架截面和节点计算与构造。

2. 截面设计

(1) 当框架梁跨度较大时，宜采用现浇钢筋混凝土梁，其正截面抗弯及斜截面抗剪均按《混凝土结构设计规范》[23]进行计算与构造。

(2) 当跨度较小时，可采用混凝土空心砌块配筋砌体梁[23][29][33][42][44]，其截面形式如图4-7所示。

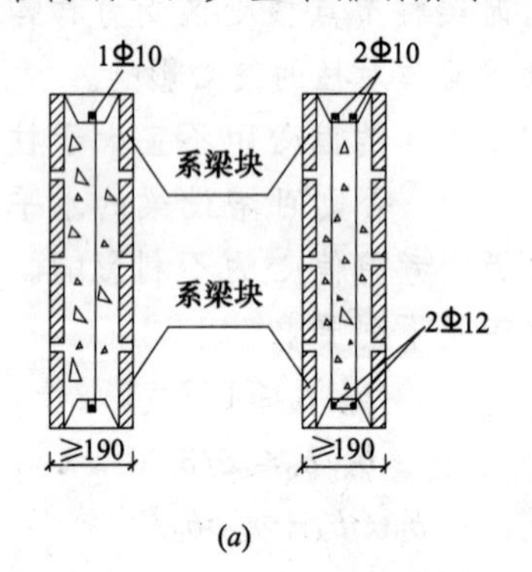

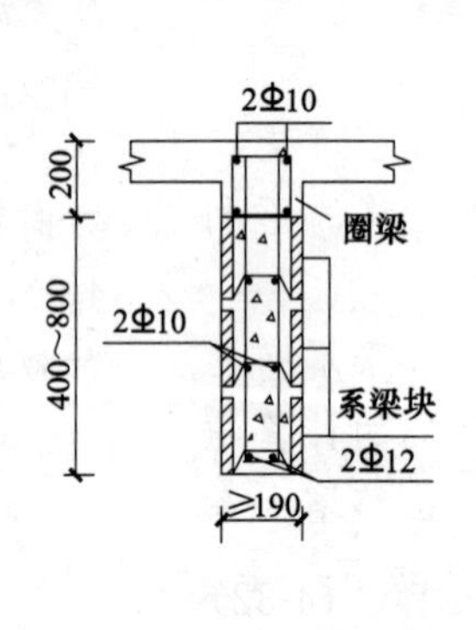

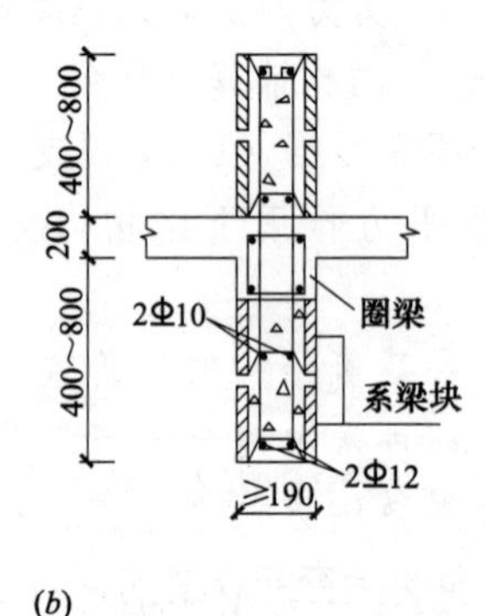

图4-7 配筋砌块梁截面配筋形式

1) 矩形截面梁正截面受弯承载力计算

$$M \leqslant f_g bx\left(h_0 - \frac{x}{2}\right) + f'_y A'_s (h_0 - a'_s) \quad (4\text{-}22)$$

$$f_g bx = f_y A_s - f'_y A'_s \quad (4\text{-}23)$$

压区高度应满足 $2a'_s \leqslant x \leqslant \xi_b h_0$ (4-24)

$$\xi_b = \frac{0.8}{1 + \frac{f_y}{0.003E_s}} \quad (4\text{-}25)$$

关于$\frac{x}{h_0} = \xi$，为保证受弯构件具有充分的延性，文献［44］建议不宜超过ξ_b之50%，相应的配筋率$\rho \leqslant 50\%\rho_b$文献［23］要求$\rho \leqslant 75\%\rho_b$。

当$x < 2a'_s$时， $M \leqslant A_s f_y (h_0 - a'_s)$ (4-26)

当仅配拉区钢筋时， $M \leqslant A_s f_y Z$ (4-27)

$$Z = h_0\left(1 - 0.5\frac{A_s f_y}{b h_0 f_g}\right) \leqslant 0.95h_0 \quad (4\text{-}28)$$

式中 f_g——灌孔砌块砌体抗压强度设计值，按(1-1)式计算；

其余符号详文献［33］。

2) 带现浇钢筋混凝土翼缘（如楼板）的T形截面梁正截面受弯承载力计算

当$x \leqslant h'_f$时，可取以b'_f为宽度的矩形截面，并令混凝土抗压强度$f_c = f_g$进行计算，

$$f_y A_s \leqslant f_g b'_f h'_f + f'_y A'_s \quad (4\text{-}29)$$

当$x>h_f'$时，则按第二类T形截面受弯构件计算（参见文献[23]）。

3）混凝土空心砌块配筋砌体梁斜截面抗剪计算

梁截面应符合下式要求

$$V\leqslant 0.25f_g bh_0 \tag{4-30}$$

斜截面受剪承载力应按下式计算

$$V\leqslant 0.8f_{vg}bh_0+f_{yv}\frac{A_{sv}}{s}h_0 \tag{4-31}$$

式中　f_{vg}——灌孔砌块砌体抗剪强度设计值，按式（1-4）计算；

其余符号详文献[33]。

（3）柱：当轴向力偏心距超过0.6y时，宜采用砖砌体和钢筋混凝土或钢筋砂浆面层的组合柱（详图4-8）或混凝土空心砌块配筋砌体柱（详图4-15），其截面设计与构造参照文献[23]、[29]、[33]、[42]及[44]进行。组合砖砌体柱截面形式，如图4-8所示。

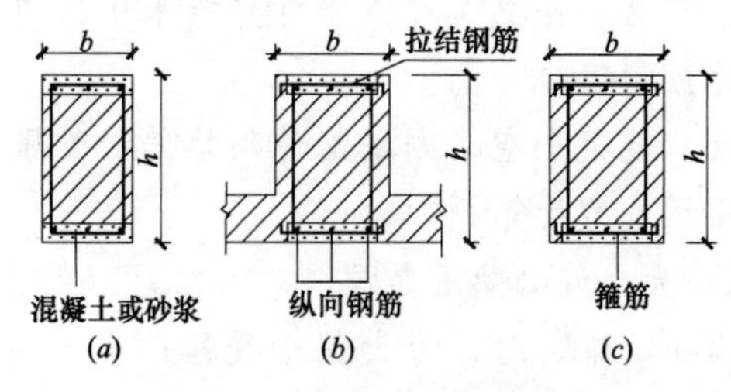

图4-8　组合砌体柱截面

（4）对于砖墙与组合砌体柱同时砌筑的T形截面构件，可按矩形截面组合构件计算（如图4-8c），但构件高厚比β仍按T形截面考虑，其截面翼缘宽度应按表4-8中之最小值取用。

（5）组合砖砌体偏心受压构件正截面承载力计算[29]

$$N\leqslant fA'+f_cA_c'+\eta_s f_y'A_s'-\sigma_s A_s \tag{4-32}$$

或

$$Ne_N\leqslant fS_s+f_cS_{c,s}+\eta_s f_y'A_s'(h_0-a_s') \tag{4-33}$$

压区高度按下式确定

$$fS_N+f_cS_{c,N}+\eta_s f_y'A_s'e_N'-\sigma_s A_s e_N=0 \tag{4-34}$$

$$e_N=e+e_a+(h/2-a_s) \tag{4-35}$$

$$e_N'=e+e_a-(h/2-a_s') \tag{4-36}$$

$$e_a=\frac{\beta^2 h}{2200}(1-0.022\beta) \tag{4-37}$$

式中　f——砌体抗压强度设计值；

σ_s——钢筋A_s的应力；

A_s，A_s'——分别为距轴力较远一侧和较近一侧的钢筋截面积；

A'，A_c'——分别为受压区的砌体截面积和混凝土（或砂浆）截面积；

S_s，$S_{c,s}$——分别为受压区的砌体面积和混凝土（或砂浆）面积对钢筋A_s重心的面积矩；

S_N，$S_{c,N}$——分别为受压区的砌体面积和混凝土（或砂浆）面积对轴力N作用点的面积矩；

e_N，e_N'——分别为钢筋A_s和A_s'重心至轴力N作用点的距离；

e——轴力初始偏心距，按荷载设计值计算，当$e\leqslant 0.05h$时，取$e=0.05h$；

e_a——轴力作用下的附加偏心距；

h_0——组合砌体构件截面有效高度。

（6）组合砖砌体钢筋A_s的应力（MPa）应按下列规定计算

小偏心受压即$\xi>\xi_b$时，

$$\sigma_s=650-800\xi \tag{4-38}$$

$$-f_y'\leqslant\sigma_s\leqslant f_y \tag{4-38a}$$

大偏心受压即$\xi<\xi_b$时，

$$\sigma_s=f_y \tag{4-39}$$

$$\xi=x/h_0 \tag{4-40}$$

式中　ξ——组合砌体构件截面相对受压区高度；

f_y——钢筋抗拉强度设计值。

组合砌体构件受压区相对高度的界限值ξ_b，对HPB235钢筋取0.55；对HRB335钢筋取0.437。

（7）组合砌体柱偏心受压构件斜截面抗剪承载力计算[29][41]：

1）构件截面应满足下列要求

$$V\leqslant 0.25fbh \tag{4-41}$$

2）构件截面抗剪强度计算，有下述4种方法：

[方法一]　按素砌体受弯构件抗剪强度计算公式并考虑正应力影响，建议按下式计算

$$V\leqslant f_v bz+0.12N \tag{4-42}$$

$$z=I/S \tag{4-43}$$

[方法二]　按素砌体受剪构件抗剪计算，考虑正应力影响，由文献[29][96]分别有

$$V\leqslant(f_v+\alpha\mu\sigma_0)A \tag{4-44}$$

$$V\leqslant(f_v+\kappa\alpha\mu\sigma_0)A \tag{4-44a}$$

式中　当$\gamma_G=1.2$时，$\mu=0.26-0.082\frac{\sigma_0}{f}$　(4-45)

当 $\gamma_G=1.35$ 时，$\mu=0.23-0.065\dfrac{\sigma_0}{f}$ (4-46)

乘积 $\alpha\mu$ 可查表 4-18。

K——砖类别系数，可按如下取值：烧结实心砖 $K=1.0$；烧结页岩矩形条孔砖 $K=0.26$；烧结页岩圆孔砖 $K=0.67$；蒸压粉煤灰实心砖及蒸压灰砂砖 $K=0.8$；蒸压粉煤灰圆孔砖 $K=0.4$。

[方法三] 按素砌体计算不满足时，可仿照钢筋混凝土偏心构件抗剪公式计算（详文献 [41] 式 6.2.8-1)，但应以砌体抗剪强度 $f_v=f_{t,b}$ 取代式中 f_t，并考虑箍筋作用。即

$$V\leqslant\frac{1.75}{\lambda+1}f_vbh_0+f_{yv}\frac{A_{sv}}{s}h_0+0.07N \quad (4\text{-}47)$$

注：当轴力为拉力时，上式中之 $0.07N$ 应改为 $-0.2N$。

[方法四] 按文献 [29] 公式 (9.3.1-2) 计算，但应以 f_v 取代式中之 f_{vg}，即

$$V\leqslant\frac{1}{\lambda-0.5}(0.6f_vbh_0+0.12N)+0.9f_{yh}\frac{A_{sh}}{s}h_0 \quad (4\text{-}48)$$

注：式中 A_{sh} 必须满足按计算需配箍筋之最小配筋率、最小直径和最大间距之限值要求。当轴力为拉力时，上式中之 $0.12N$ 应改为 $-0.22N$。

以上各式中

式中 V——构件剪力设计值；

b，h——分别为构件截面宽度（或 T 形和 I 形截面之腹板宽度）和截面高度；

z——内力臂，$z=I/S$，矩形截面取 $z=2h/3$；

I，S——分别为截面惯性矩和面积矩；

f_v，f——分别为砌体抗剪及抗压强度设计值；

α——修正系数，

当 $\gamma_G=1.2$ 时，砖砌体取 0.60，混凝土砌块砌体取 0.64；

当 $\gamma_G=1.35$ 时，砖砌体取 0.64，混凝土砌块砌体取 0.66；

μ——剪压复合受力影响系数；

σ_0——永久荷载设计值产生的水平截面平均压应力；

$\dfrac{\sigma_0}{f}$——轴压比，应 $\dfrac{\sigma_0}{f}\leqslant0.8$；

λ——剪跨比，$\lambda=M^c/V^cbh$，

若按式 (4-47) 计算，则当 $\lambda<1$ 时，取为 1；当 $\lambda>3$ 时，取为 3；

若按式 (4-48) 计算，则当 $\lambda<1.5$ 时，取为 1.5；当 $\lambda>2.2$ 时，取为 2.2；

M^c、V^c——分别为未经调幅的柱上下端组合弯矩设计值之较大值和相应的组合剪力值；

A_{sv}、f_{yv}——分别为柱内水平截面箍筋总面积及其抗拉强度设计值；

s——箍筋沿柱高的间距；

N——考虑风荷载作用组合的柱轴向压力设计值；当按式 (4-47) 计算时，若 $N>0.3f_cA_c$ 时，取 $N=0.3f_cA_c$，式中 f_c 取砌体抗压强度 f，A_c 取柱截面积；当按式 (4-48) 计算时，若 $N>0.25fA$ 时，取 $N=0.25fA$。

为偏于安全，可取 4 种方法计算结果中抗力最小者作为控制值。

(8) 混凝土空心砌块配筋砌体偏心受压构件正截面承载力计算[29]

1) 大小偏心受压界限

当 $x\leqslant\xi_bh_0$ 时，为大偏心受压；当 $x>\xi_bh_0$ 时，为小偏心受压；

式中 ξ_b——界限相对受压区高度，对 HPB235 级钢筋取 $\xi_b=0.60$；对 HRB335 级钢筋取 $\xi_b=0.53$。

x，h_0——分别为截面受压区高度和有效高度。

2) 大偏心受压时应按下式计算（图 4-9a)：

$$N\leqslant f_gbx+f'_yA'_s-f_yA_s-\sum f_{si}A_{si} \quad (4\text{-}49)$$

$$Ne_N\leqslant f_gbx(h_0-x/2)+f'_yA'_s(h_0-a'_s)-\sum f_{si}S_{si} \quad (4\text{-}50)$$

式中 f_g——灌孔砌体抗压强度设计值；

f_{si}——竖向分布筋的抗拉强度设计值；

A_{si}——单根竖向分布筋截面积；

S_{si}——第 i 根竖向分布筋对竖向受拉主筋的面积矩；

e_N——轴力作用点至竖向受拉主筋合力作用点之间的距离。

当压区高度 $x\leqslant2a'_s$ 时，其正截面承载力可按下式计算

$$Ne'_N\leqslant f_yA_s(h_0-a'_s) \quad (4\text{-}51)$$

式中 e'_N——轴力作用点至竖向受压主筋合力作

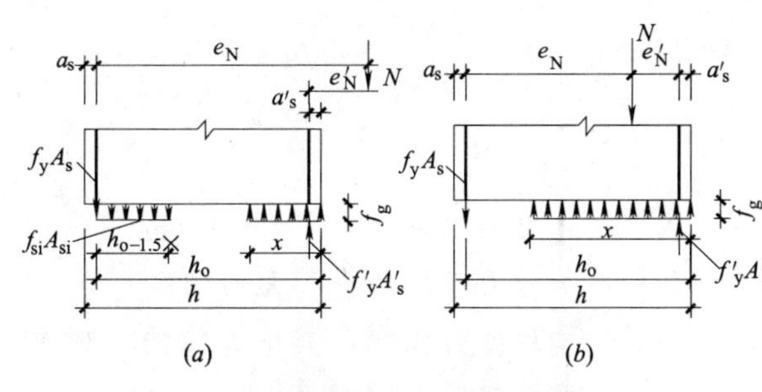

图 4-9　配筋砌块砌体矩形截面偏心受压正截面承载力计算简图

用点间的距离。

3）小偏心受压时应按下式计算（图 4-9b）

$$N\leqslant f_g bx+f'_yA'_s-\sigma_sA_s \tag{4-52}$$

$$N_{e_N}\leqslant f_g bx(h_0-x/2)+f'_yA'_s(h_0-a'_s) \tag{4-53}$$

$$\sigma_s=\frac{f_y}{\xi_b-0.8}(\xi-0.8) \tag{4-54}$$

注：当受压区竖向受压主筋无箍筋或水平筋约束时，可不考虑受压主筋的作用，即取 $f'_yA'_s=0$。

矩形截面对称配筋砌块砌体剪力墙小偏心受压时，也可近似按下式计算钢筋截面积

$$A_s=A'_s=\frac{N_{e_N}-\xi(1-0.5\xi)f_g bh_0^2}{f'_y(h_0-a'_s)} \tag{4-55}$$

其中
$$\xi=\frac{x}{h_0}=\frac{N-\xi_b f_g bh_0}{\dfrac{N_{e_N}-0.43f_g bh_0^2}{(0.8-\xi_b)(h_0-a'_s)}+f_g bh_0}+\xi_b \tag{4-56}$$

注：小偏压计算中未考虑竖向分布筋的作用。

4）对 T 形、倒 L 形截面的偏心受压构件，当翼缘与腹板整体砌筑并同时设置中距不大于 1.2m 的配筋带（截面高度≥60mm，钢筋不少于 2ϕ12）时，可考虑翼缘参加共同工作。翼缘计算宽度应按表 4-12 中最小值采用。其正截面受压承载力应按下式计算：

当 $x\leqslant h'_f$ 时，应按宽度为 b'_f 的矩形截面计算。

当 $x>h'_f$ 时，应按 T 形截面计算，即

——大偏心受压（图 4-10）

$$N\leqslant f_g[bx+(b'_f-b)h'_f]+f'_yA'_s-f_yA_s-\sum f_{si}A_{si} \tag{4-57}$$

$$Ne_N\leqslant f_g[bx(h_0-x/2)+(b'_f-b)h'_f(h_0-h'_f/2)]+f'_yA'_s(h_0-a'_s)-\sum f_{si}S_{si} \tag{4-58}$$

当 $x<2a'_s$ 时，可按下式计算（即令 $x=2a'_s$）

$$Ne'_N\leqslant f_yA_s(h_0-a'_s) \tag{4-59}$$

——小偏心受压（图 4-10）

$$N\leqslant f_g[bx+(b'_f-b)h'_f]+f'_yA'_s-\sigma_sA_s \tag{4-60}$$

$$Ne_N\leqslant f_g[bx(h_0-x/2)+(b'_f-b)h'_f(h_0-h'_f/2)]+f'_yA'_s(h_0-a'_s) \tag{4-61}$$

T 形、倒 L 形截面翼缘计算宽度 b'_f

表 4-12

考虑情况	T形	倒L形
按构件计算高度 H_0	$H_0/3$①	$H_0/6$①
按腹板间距 L	L	$L/2$
按翼缘厚度 h'_f	$b+12h'_f$	$b+6h'_f$
按翼缘实际宽度	b'_f	b'_f

注：计算高度 H_0 可取层高。

① 文献［42］为腹板厚加 $H_0/3$（T 形）和腹板厚加 $H_0/6$（倒 L 形）。

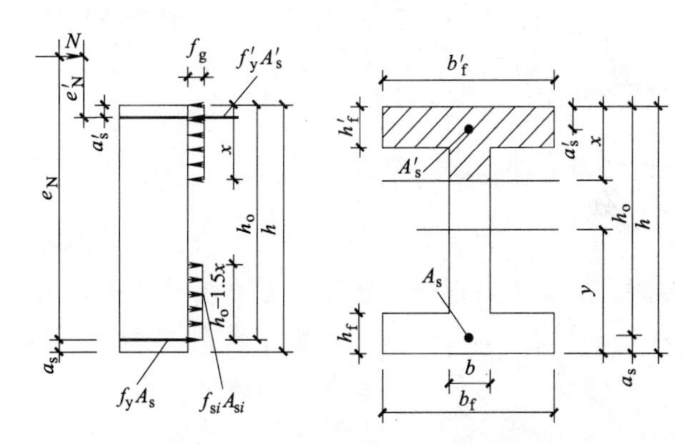

图 4-10　配筋砌块 T 形截面偏心受压承载力计算简图

（9）混凝土空心砌块配筋砌体偏心受压构件斜截面抗剪承载力计算

［方法一］ 文献［29］关于配筋砌块砌体偏心受压（受拉）斜截面抗剪承载力公式为

① 最小截面尺寸应满足：

$$V\leqslant 0.25f_g bh_0 \tag{4-62}$$

② 抗剪承载力应满足：

$$V\leqslant\frac{1}{\lambda-0.5}\left(0.6f_{vg}bh_0+0.12N\frac{A_w}{A}\right)+0.9f_{yh}\frac{A_{sh}}{s}h_0 \tag{4-63}$$

$$\lambda=\frac{M}{Vh_0} \tag{4-64}$$

式中　f_g，f_{vg}——分别为混凝土空心砌块灌孔砌体抗压及抗剪强度设计值；

N——计算截面轴力，当 $N>0.25f_g bh_0$ 时，取 $N=0.25f_g bh_0$，当 N 为拉力时，上式中 $0.12N$ 改为 $-0.22N$。

［方法二］ 文献［45］的斜截面抗剪承载力

公式为

① 最小截面尺寸应满足：

当剪跨比$\frac{M}{Vh_0}\leqslant 0.25$时，

$$V\leqslant 0.5bh_0\sqrt{f_k\zeta}/\gamma_m \quad (4\text{-}65)$$

当剪跨比$\frac{M}{Vh_0}\geqslant 1.0$时，

$$V\leqslant 0.335bh_0\sqrt{f_k\zeta}/\gamma_m \quad (4\text{-}66)$$

当剪跨比$\frac{M}{Vh_0}$介于0.25与1.0之间时，式中常系数可插值。

② 抗剪承载力应满足

$$V\leqslant\frac{1}{\gamma_m}\left[\left(0.33-0.145\frac{M}{Vh_0}\right)bh_0\sqrt{f_k\zeta}+0.25N+0.9f_{yk}\frac{A_{sh}}{s}h_0\right] \quad (4\text{-}67)$$

当剪跨比$\frac{M}{Vh_0}>1.0$时，

$$V\leqslant\frac{1}{\gamma_m}\left(0.0846bh_0\sqrt{f_k\zeta}+0.25N+0.9f_{yk}\frac{A_{sh}}{s}h_0\right) \quad (4\text{-}68)$$

式中 M，V，N——分别为剪力墙计算截面弯矩、剪力及轴力设计值，当N为拉力时，式中N取负值；

f_k——砌体抗压强度标准值；

ζ——截面净面积与毛面积之比（注：此式来自美国砌体规范。原公式采用净截面面积，而欧共体和中国规范均采用毛截面面积，为统一起见，得出带ζ值的表达形式）；

γ_m——材料分项系数，美国规范取$\gamma_m=1.35$。

[方法三] 文献［42］公式如下：

① 最小截面尺寸应满足：

当剪跨比$\frac{M}{Vh_0}\leqslant 0.25$时

$$V\leqslant 0.5bh_0\sqrt{f} \quad (4\text{-}69)$$

当剪跨比$\frac{M}{Vh_0}\geqslant 1.0$时，

$$V\leqslant 0.335bh_0\sqrt{f} \quad (4\text{-}70)$$

当剪跨比介于0.25与1.0之间时，式中常系数可插值。

② 抗剪承载力应满足：

$$V\leqslant\left(0.33-0.145\frac{M}{Vh_0}\right)bh_0\sqrt{f}+0.12N\frac{A_w}{A}+1.0f_{yv}\frac{A_{sh}}{s}h_0 \quad (4\text{-}71)$$

式中 N——计算截面轴力，$N\not>0.4fbh_0$，当N为拉力时，式中N取负值；

A——构件截面面积，其中翼缘的有效宽度可按表4-12确定；

A_w——T形、倒L形截面腹板面积。

[方法四] 文献［46］公式如下

$$V\leqslant\frac{1.5}{\lambda+0.5}(0.13bh_0\sqrt{f_g}+0.12N)+0.9f_{yv}\frac{A_{sh}}{s}h_0 \quad (4\text{-}72)$$

式中 λ——剪跨比$\frac{M}{Vh_0}$，当$\lambda<1.0$时，取为1.0；当$\lambda>2.2$时，取为2.2；

N——轴力设计值，当$N>0.5bh_0\sqrt{f_g}$时，取$N=0.5bh_0\sqrt{f_g}$。

由f_{vg}与f_g的关系，一并考虑T形、I字形和倒L形截面而改上式为

$$V\leqslant\frac{1.5}{\lambda+0.5}\left(0.6bh_0\sqrt{f_g}+0.12N\frac{A_w}{A}\right)+0.9f_{yv}\frac{A_{sh}}{s}h_0 \quad (4\text{-}73)$$

注：为将上式与《混凝土结构设计规范》协调，而改为类似钢筋混凝土公式形式，并乘以0.9折减系数而得出文献［29］公式，即本资料集（4-63）式。

[方法五] 文献［37］所述英国砌体结构设计规范BS 5628的计算方法是套用受弯构件抗剪计算方法的。公式为

$$V\leqslant\frac{f_{vk}}{\gamma_{mv}}bd \quad (4\text{-}74)$$

否则应按下式计算配筋

$$\frac{A_{sv}}{s_v}\geqslant b\left(\frac{V}{bd}-\frac{f_{vk}}{\gamma_{mv}}\right)\gamma_{ms}/f_{yk} \quad (4\text{-}75)$$

式中 b，d——分别为计算截面宽度与有效高度；

f_{vk}——砌体抗剪强度标准值，

① 当砌体水平缝及竖缝、空腔、孔槽等类似部位的钢筋全部被砂浆填实包裹时，可取$f_{vk}=0.35$MPa；

② 当该部位以不低于C25混凝土填实包裹时，可取

$$f_{vk}=0.35+17.5A_s/bd\leqslant 0.7\ (\text{MPa}) \quad (4\text{-}76)$$

③ 当剪跨比$a_v/d<2$时，f_v尚可按下式予以提高，

$$f_v = 0.35\times(2d/a_v)\leqslant 0.7\ (\text{MPa}) \tag{4-77}$$

④ 当剪跨比 a_v/d 在 2～6 之间时，f_v 可按下式提高，

$$f_v = 0.35\times(2.5-0.25a_v/d)\leqslant 1.75\ (\text{MPa}) \tag{4-78}$$

⑤ 对预应力砌体的弯曲受剪可取

$$f_v = 0.35+0.6g_B\leqslant 1.75\ (\text{MPa}) \tag{4-79}$$

⑥ 对预应力砌体构件剪跨比 a_v/d 在 2～6 之间时，f_v 可按下式增大，

$$f_v = (0.35+0.6g_B)\times(2.5-0.25a_v/d)\leqslant 1.75\ (\text{MPa}) \tag{4-80}$$

式中 A_s——主筋截面积；

g_B——垂直于水平缝的压应力设计值；

γ_{mv}，γ_{ms}——分别为砌体抗剪强度和钢筋强度分项系数，按表 4-13 取值；

A_{sv}，s_v——分别为抗剪钢筋横截面面积和沿构件长度（高）的间距，设定 $s_v\leqslant 0.75d$；

V/bd——截面剪应力设计值，设定其取值不超过 $2.0/\gamma_{mv}$ (MPa)。

材料强度分项系数 表 4-13

性能	符号	极限	偶然荷载	挠度和预估应力或裂缝宽度
砌体直接受压和受弯强度	γ_{mm}	2.0 或 2.3	1.0 或 1.15	1.5
砌体抗剪强度	γ_{mv}	2.0	1.0	—
钢筋与填充混凝土或砂浆的粘结强度	γ_{mb}	1.5	1.0	—
钢筋强度	γ_{ms}	1.15	1.0	1.0

注：表中“直接受压和受弯”之最大极限 2.0 或 2.3 分别为“按特殊控制生产块材时”或“按常规控制生产时”的 γ_{mm} 值。

［方法六］ 文献［47］提出了配筋砌体（含混凝土空心砌块砌体）墙的下述抗剪强度计算方法：

$$V_i\leqslant V_m+V_s \tag{4-81}$$

式中 V_i——截面剪力设计值；

V_m——砌体抗剪能力，$V_m=v_m b_w d$，V_m 按下述公式取值：

① 当计算截面位于塑性铰区部位，则

$$V_m = 0.17\sqrt{f'_m}+0.3(P_u/A_g)\ (\text{MPa}) \tag{4-81a}$$

但不大于下式计算结果，

$$V_m = 0.75+0.3(P_u/A_g)\ (\text{MPa}) \tag{4-81b}$$

或

$$V_m = 1.3\text{MPa} \tag{4-81c}$$

② 当计算截面位于塑性铰区部位，则

$$v_m = 0.05\sqrt{f'_m}+0.2(P_u/A_g)\ (\text{MPa}) \tag{4-82}$$

但不大于下式计算结果

$$v_m = 0.025+0.2(P_u/A_g)\ (\text{MPa}) \tag{4-82a}$$

或

$$v_m = 0.65\text{MPa} \tag{4-82b}$$

式中 f'_m——砌体抗压强度设计值；

P_u，A_g——分别为计算轴力设计值和毛截面面积；

V_s——水平钢筋抗剪能力，$V_s=V_i-V_m$。当水平钢筋沿构件长（高）度方向的间距设定时，所需水平钢筋截面积为

$$A_{sh} = \frac{(V_i-V_m)S_h}{f_{yh}d} \tag{4-83}$$

d——截面有效深（高）度，一般取 $d=0.80l_w$，l_w 为墙长。当拉区有翼缘时，尚可取得更大些。

注：上述公式系由文献［47］作者根据近年来日本、美国的大量试验研究提出的，适用于受弯构件和受压构件的抗剪强度计算。简单而又偏于安全。

3. 水平荷载下组合框架的侧移计算

近似方法计算框架在水平荷载下的位移系由梁柱杆件弯曲变形和柱轴向变形两部分引起。

(1) 梁、柱弯曲变形引起的侧移

忽略梁柱的剪切变形及轴向变形，根据 D 值法的定义得在层剪力 V_{pj} 作用下，j 层框架的层间变形为

$$\delta_j^M = \frac{V_{pj}}{\sum_{i=1}^{m} D_{ij}} \tag{4-84}$$

式中 D_{ij}——第 j 层第 i 柱的抗侧刚度。

第 j 层楼板标高处的侧移为

$$\Delta_j^M = \sum_{j=1}^{j}\delta_j^M \tag{4-85}$$

顶层侧移为

$$\Delta_n^M = \sum_{j=1}^{n}\delta_j^M \tag{4-86}$$

Δ_j^M 沿框架高度自下而上递减，其侧移分布曲线呈剪切型，详图 4-11 (a)。

(2) 柱轴向变形引起的侧移

水平荷载下将引起柱内拉力或压力，致使框架因一侧拉伸，另侧压缩而造成侧移。由于柱轴向变形自底层向顶层的逐步积累，致使其侧移也

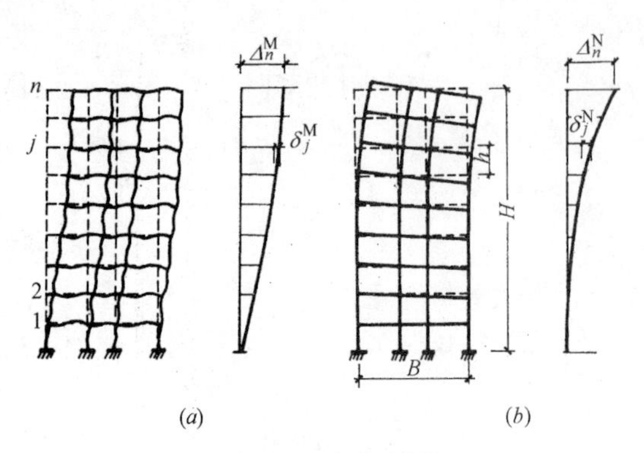

图 4-11 框架侧移

(a) 剪切变形；(b) 弯曲变形

呈现出底层最小顶层最大的变化规律，从而形成弯曲型侧移分布曲线，详图 4-11 (b)。

近似法计算轴向变形产生的侧移，需假定水平荷载下只在边柱产生轴力及变形，并假定柱轴力为连续函数，柱截面也由底到顶部连续变化，则可由单位荷载法求得梁柱侧移。如图 4-12，在 j 层作用单位力 $P=1$ 时，可按下式求得 j 层水平位移

$$\Delta_j^N = 2\int_0^{H_j} \frac{N_1 N_p}{EA}dx \qquad (4\text{-}87)$$

式中 N_1——单位水平力作用下边柱的内力，

$$N_1=\pm(H-z)/B \qquad (4\text{-}88)$$

N_p——水平荷载引起的柱内力，设水平荷载引起的总倾覆力矩为 M (z)，则

$$N_p=\pm M(z)/B \qquad (4\text{-}89)$$

A——边柱截面面积，假定沿 Z 轴呈直线变化。令 $r=A_n/A_1$，A_n 及 A_1 分别为顶层及底层柱截面面积，则 z 高度处柱截面面积为

$$A(z)=\left[1-\frac{(1-r)z}{H}\right]A_1 \qquad (4\text{-}90)$$

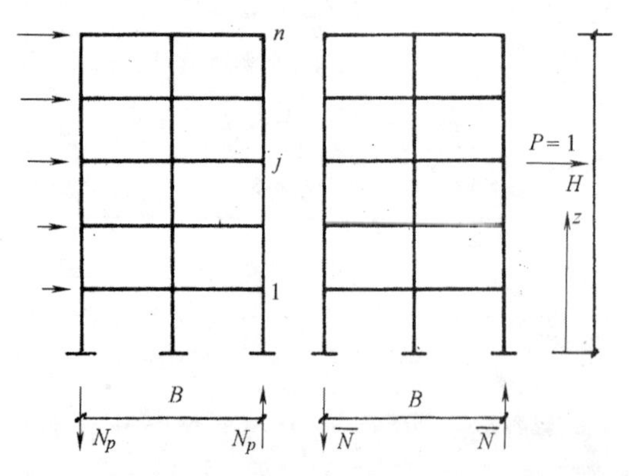

图 4-12 梁柱侧移

$M(z)$ 与外荷载有关，当不同荷载形式时，式 (4-87) 的积分结果不相同，但可统一表达如下，即对第 j 层楼板外侧移为

$$\Delta_j^N=\frac{V_0 H^3}{EA_1 B^2}F_N \qquad (4\text{-}91)$$

第 j 层层间变形为 $\delta_j^N=\Delta_j^N-\Delta_{j-1}^N$ (4-92)

式中 V_0——底部总剪力；

H、B——分别为框架总高和边柱间距；

E——柱的弹性模量；

F_N——根据不同水平荷载形式计算的位移系数，可由图 4-13 查得，图中 $r=A_n/A_1$，H_j 为第 j 层楼板距地面高度。

(3) 框架的侧移

楼层侧移 $\Delta_j=\Delta_j^M+\Delta_j^N$ (4-93)

层间变形 $\delta_j=\delta_j^M+\delta_j^N$ (4-93a)

据计算分析可知，$H\leqslant 50$m 的旅馆、住宅楼等框架结构因柱轴向变形所引起的顶点侧移约为梁柱弯曲变形引起的顶点侧移的 5～11%。因此，可认为多层框架以梁、柱弯曲变形产生的剪切型侧移为主，故可将 Δ^N 略而不计。而高层（一般≥50m）或 $H/B>4$ 的框架中则必须计算水平荷载下柱轴向变形引起的弯曲型侧移，否则误差过大。

4. 组合框架的构造要求

(1) 钢筋混凝土框架梁的构造要求详见文献 [41] [23]。

(2) 组合砖砌体柱的构造要求[41][33][29][44]

1) 组合砖砌体柱截面边长应≥240mm，宜≥370mm；高宽比不宜>3；剪跨比宜>2；柱轴压比应≤1.05。

2) 组合砖砌体柱面层混凝土宜采用 C20，面层水泥砂浆不宜低于 M10。

3) 砂浆面层厚度可采用 30～45mm。当面层厚度大于 45mm 时，宜采用混凝土。

4) 竖向受力钢筋宜采用 HPB235 级，对混凝土面层亦可采用 HRB335 级。配筋率：应使 $\rho'\geqslant$ 0.1%（砂浆面层）和 $\rho'\geqslant$0.2%（混凝土面层）；应使 $\rho\geqslant$0.1% 并应 $(\rho+\rho')\leqslant$6%，且宜≤5%。钢筋直径应≥ϕ8，钢筋净距应≥30mm。

5) 组合砖柱竖向受力钢筋的混凝土保护层厚度应≥25mm（室内正常环境）和 35mm，（露天或室内潮湿环境）。竖向受力钢筋距砖砌体表面应≥5mm。当面层为水泥砂浆时，保护层厚可减少 5mm。

6) 组合砖砌体柱截面尺寸>370mm 时，纵向受力钢筋间距不应>300mm，净距不应<50mm。

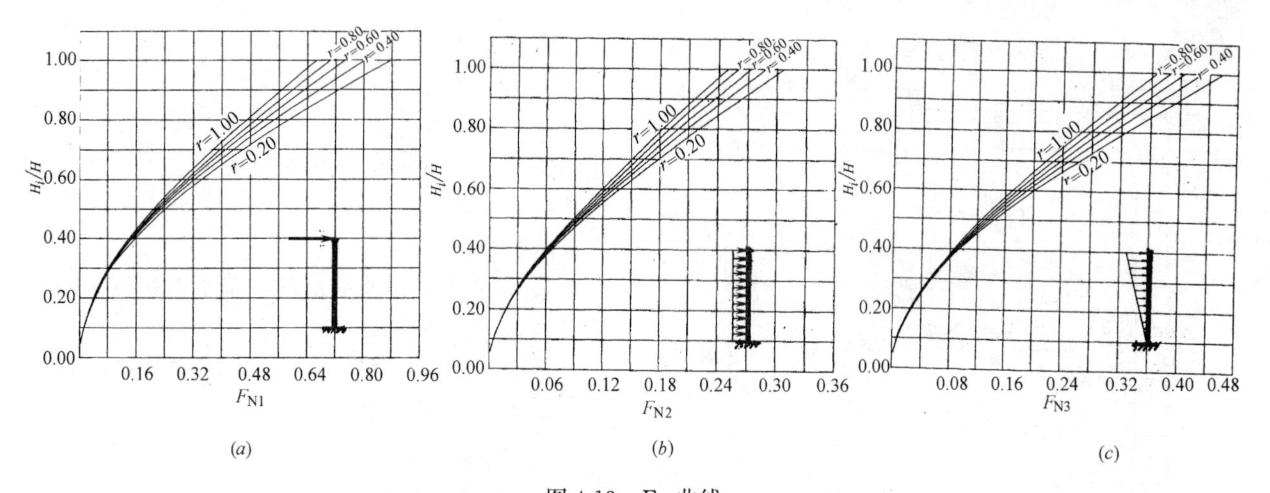

图 4-13 F_N 曲线

(a) 顶部集中荷载作用；(b) 均布荷载作用；(c) 倒三角形荷载作用

7) 箍筋直径不宜<ϕ4 及 0.2 备受压钢筋直径，并不宜>6mm。间距应≤20d（d 为受压钢筋直径）及 500mm，并应≥120mm。当柱一侧竖向受力筋多于 4 根时，应设附加箍筋或拉结筋。

8) 柱内纵筋搭接长度范围内的箍筋直径不应小于搭接纵筋较大直径的 0.25 倍；纵向受拉钢筋的搭接长度范围内的箍筋间距不应大于搭接纵筋较小直径之 5 倍及 100mm；纵向受压钢筋搭接长度范围内的箍筋间距不应大于较小纵筋直径之 10 倍及 200mm，尚应在搭接接头端面外 100mm 范围内各设两道箍筋。

9) 框架节点核心区一般由钢筋混凝土梁端扩大而成，故应按现浇框架节点构造处理，即其水平箍筋按柱内纵筋搭接长度范围内的做法设置，但其间距不宜>250mm。对四边有梁与之相交的节点，可仅沿节点周边设计矩形箍。

10) 组合砖砌体柱的顶部及底部、牛腿部位必须设置钢筋混凝土垫块。竖向受力筋伸入垫块的长度必须满足 $l_a=30d$ 的锚固要求。

11) 组合砖砌体柱应与砖墙同时砌筑。在框架内力分析时可按矩形截面计算。

(3) 组合砖砌体框架的钢筋连接和锚固

1) 受力钢筋连接接头宜设在构件受力较小部位。可采用机械连接、绑扎搭接或焊接。

2) 受拉钢筋最小锚固长度应取 l_a（详文献[23]）。受拉钢筋绑扎搭接长度 l_l 应根据该接头区段内搭接钢筋截面面积的百分率按下式计算且不应小于 300mm，

$$l_l=\zeta l_a \tag{4-94}$$

式中 ζ——受拉钢筋搭接长度修正系数，按表 4-14 采用。

受拉钢筋绑扎搭接长度修正系数 ζ 表 4-14

搭接钢筋面积百分率(%)	≤25	50	100
ζ	1.2	1.4	1.6

(4) 非抗震设计时，框架梁柱的纵筋在框架节点区的锚固与搭接应符合下列要求：

1) 顶层中节点柱内纵筋和边节点柱内侧纵筋应伸至柱顶。当自梁底算起直线锚固长度不<l_a 时，可不弯折，否则应向柱内或梁、板内水平弯折。当纵筋需充分利用其抗拉强度时，其锚固段弯折前的竖直投影长度不应<$0.5l_a$，弯折后的水平投影长度不宜<12 倍纵筋直径。

2) 顶层端节点在梁宽度范围内的柱外侧纵筋可与梁上部纵筋搭接，并应使 $l_l\geqslant1.5l_a$；梁宽范围以外的柱外侧纵筋可伸入现浇板内，其 l_l 与深入梁内相同。当柱外侧纵筋配筋率>1.2%时，伸入梁内的柱纵筋宜分批截断，截断点间距不宜小于 20 倍柱纵筋直径。

3) 梁上部纵筋伸入端节点的锚固长度，当为直线锚固时不应<l_a，且伸过柱中心线长不宜<5 倍梁纵筋直径；当柱截面不足时，梁纵筋应伸至柱外侧并向下弯折，锚固段弯折前的水平投影长度应≥$0.4l_a$，弯折后竖直投影长度应取 15 倍梁纵筋直径。

4) 当计算中不利用梁下部纵筋强度时，其锚固长度应≥12 倍梁筋直径。当需充分利用该纵筋时，可采取直线式或 90°上弯式，其锚固段水平投影长度不应<$0.4l_a$，竖直段取 15 倍梁纵筋直径。

5) 其余节点的锚固与搭接详见图 4-14。

(5) 混凝土空心砌块配筋砌体柱的构造要求[41][44][33][29]

1) 配筋砌块柱由标准块和部分异形块组成各

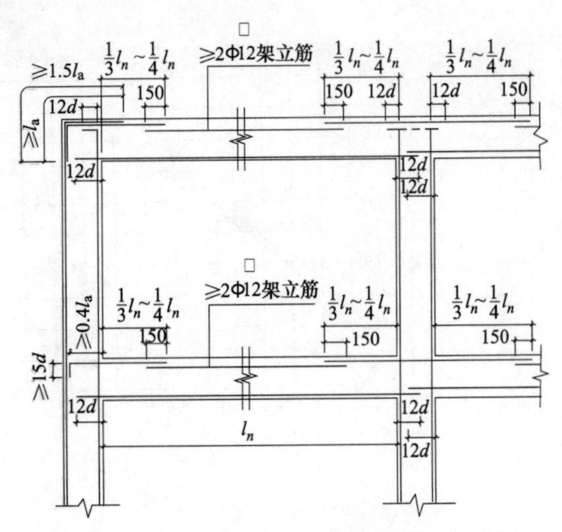

图 4-14 非抗震框架梁、柱纵筋的锚固要求

种尺寸的配筋砌块矩形柱或壁柱。柱截面边长不宜小于400mm，柱高度与截面短边比不宜大于30。

2）配筋砌块柱应采用高强、专用配套材料，如专用砂浆、专用灌孔混凝土和较高的砌体材料强度等级，以保证与钢筋共同工作，充分发挥材料受力性能，具备足够的耐久性。为此，应满足下列要求：

① 砌块不应低于MU10；

② 砌筑砂浆不应低于Mb7.5；

③ 灌孔混凝土不应低于Cb20；

④ 安全等级为一级或使用年限大于50年的配筋砌块房屋，所用材料最低强度等级应至少提高一级。

3）配筋砌块柱中的钢筋，其配置方式与钢筋混凝土柱的区别在于钢筋分别放置在砌体的灌孔混凝土和灰缝砂浆中等两方面。水平钢筋随砌筑而放置，而竖向钢筋多在砌体完成后再加设并浇灌混凝土，因此钢筋在规格、数量、形式及构造等方面受到一定限制。具体要求如下：

① 钢筋规格、数量与形式：孔槽中钢筋直径不宜大于25mm，亦不宜小于12mm，不少于4根；全部受力纵筋配筋率不宜小于0.2%，亦不宜大于2%；水平灰缝中钢筋直径宜为灰缝厚度之半，亦不宜大于6mm，不应小于4mm。灰缝钢筋宜采用焊接网片。

② 钢筋最小保护层厚度，基于对钢筋粘结锚固和构件耐久性要求，可按非抗渗砌块与抗渗砌块两类分别取值。我国规范[29]则按非抗渗类取值：灰缝中钢筋外露砂浆保护层厚度不宜小于15mm；孔槽中的钢筋保护层，室内正常环境不宜小于20mm；室外潮湿环境不宜小于30mm；安全等级为一级或使用年限大于50年的配筋砌块结构应较本款规定至少增加5mm，或采用经防腐处理的钢筋或抗渗砌块等措施。抗渗砌块孔槽中的钢筋可酌情减少。

4）柱中箍筋设置应根据下列情况确定：

① 当 $(\rho+\rho')>0.25\%$，柱承受轴力大于受压承载力设计值的25%时，应设置箍筋；

当 $(\rho+\rho')\leqslant 0.25\%$ 或柱承受轴力小于受压承载力设计值之25%时，可不设箍筋。

② 箍筋直径不宜小于 $\phi 6$，间距不应大于16倍纵筋直径、48倍箍筋直径及柱截面短边边长中较小者。

③ 箍筋应为封闭状，端部应弯钩。

④ 箍筋应设在灰缝或灌孔混凝土中。

5）配筋砌块柱和壁柱的配筋形式如图4-15所示。

（6）混凝土砌块配筋砌体组合框架的钢筋连接与锚固

1）灌孔混凝土中，钢筋锚固粘结强度特征值 f_{bok}[45] 详表4-15、表4-16：

受砌块约束的灌孔混凝土中钢筋的锚固粘结强度特征值 f_{bok}（MPa） 表 4-15

灌孔混凝土强度等级	Cb12/15	Cb15/20	Cb20/25	≥Cb25/30
光面钢筋	1.3	1.5	1.6	1.8
高粘结变形钢筋	2.4	3.0	3.4	4.0

注：表中Cb12/15分别表示灌孔混凝土的棱柱强度和立方强度。

砂浆中或无砌块约束的灌孔混凝土中钢筋的锚固粘结强度特征值 f_{bok}（MPa） 表 4-16

强度等级	砂浆	M5～M9	M10～M14	M15～M19	M20
	混凝土	Cb12/15	Cb15/20	Cb20/25	≥Cb25/30
光面钢筋		0.7	1.2	1.4	1.5
高粘结变形钢筋		1.0	1.5	2.0	2.5

注：同表4-15。

比较表 4-15 与表 4-16 可知，对 C10～C25 有约束的钢筋锚固粘结强度特征值较无约束的要高 85%～20%（光面钢筋）和 140%～64%（变形钢筋）。由于灰缝中的钢筋采用焊接网片或一定长度弯折锚固可以提高锚固粘结性能，为此砌体规范[29]提出了相应的构造要求。

2）砌体结构设计规范提出的受拉钢筋的锚固和搭结长度[29][33]详表 4-17

受拉钢筋的锚固和搭结长度 **表 4-17**

钢筋所在位置	锚固长度 l_a	搭接长度 l_l
芯柱混凝土中	$35d$ 且不小于 200mm	$38.5d$ 且不小于 300mm
凹槽混凝土中	$30d$ 且弯折段不小于 $15d$ 和 200mm	$35d$ 且不小于 350mm
水平灰缝中	$50d$ 且弯折段不小于 $20d$ 和 150mm	$55d$ 隔匹错缝 $l_l=55d\pm2h$

注：表中 d——钢筋直径；h——水平灰缝竖向间距。

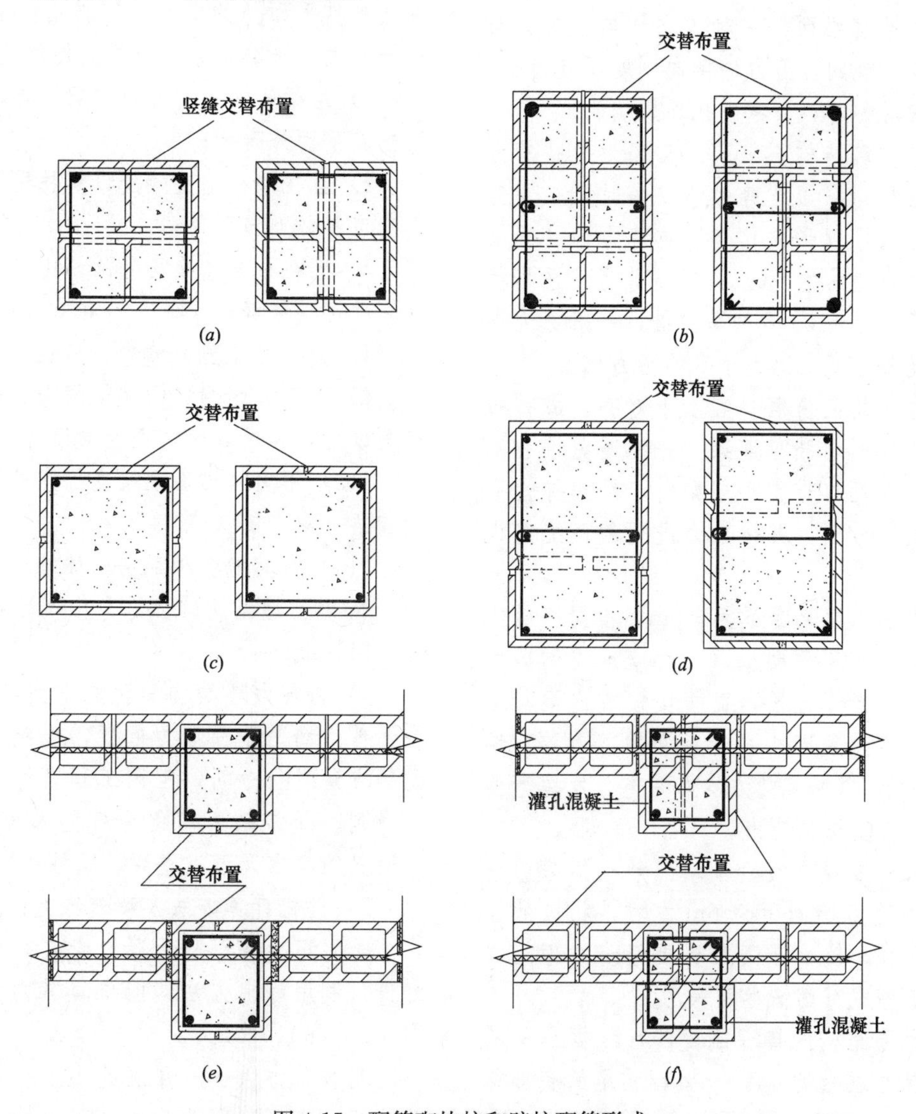

图 4-15 配筋砌块柱和壁柱配筋形式

（a）由两个标准块局部破肋组成；（b）由三个标准块局部破肋组成；（c）由异形块组成；（d）由异形块局部破肋组成；（e）由壁柱块组成；（f）由标准块局部破肋组成

4.6 配筋砌体、组合砌体、预应力砌体剪力墙及其与钢筋混凝土剪力墙组合的结构设计[29][33][44][37][39][61]~[71]

1. 一般规定

（1）高层配筋砌体、组合砌体剪力墙及其与钢筋混凝土剪力墙的组合结构，可根据具体情况选用网状配筋及纵向水平配筋砌体剪力墙、竖向配筋砌体剪力墙、混凝土或砂浆面层网状配筋砌体剪力墙、带构造柱组合砌体剪力墙、混凝土空心砌块配筋砌体剪力墙、预应力砌体剪力墙、混凝土墙与砌体墙混合剪力墙和混凝土墙支撑砌体墙等剪力墙型式。

注：将其中原本主要用于承受竖向荷载的一部分配筋砌体剪力墙列为剪力墙，原因在于这些墙能适应水平荷载不大（风荷载而非地震作用），只引起小偏心受压而不产生偏心受拉，或即使引起大偏心受压但其拉区有足够配筋而能承担中高层砌体房屋结构所受的力，并能满足对风荷载作用产生的层间位移与总位移控制的要求。因此，在高层建筑结构选型时，应以计算结果为最终判定的主要依据。

(2) 剪力墙宜沿两个主轴方向均匀、对称布置，截面简单、规则。剪力墙侧向刚度不宜过大。当明显不均匀对称时，应考虑扭转影响。

(3) 高层建筑结构不应采用全部为短肢剪力墙的剪力墙结构。当短肢剪力墙较多时应布置筒体或一般剪力墙，以形成其与短肢剪力墙共同抵抗水平力的剪力墙结构。（注：短肢剪力墙系指截面高度与厚度之比为5～8的剪力墙，一般剪力墙系指截面高度与厚度之比大于8的剪力墙。）

(4) 剪力墙的门窗洞口宜上下对齐、成列布置，以形成明确的墙肢与连梁，并宜避免墙肢刚度相差悬殊。当洞口布置不规则时，可按弹性平面有限元法进行分析，并按应力进行截面配筋设计或核算。

(5) 剪力墙平面长度不宜>8m。当同一轴线剪力墙过长时，应采用楼板（无过梁）或细弱的连梁将其分割为若干墙段，而视楼板或连梁与墙段铰接，这样各墙段即相当于独立的剪力墙。墙段高宽比应≥2，以使其受力均衡并充分发挥弯曲型剪力墙抗弯与变形的能力。

(6) 当采用混凝土空心砌块配筋砌体剪力墙时，其合理的剪力墙间距为6m左右，相应的面积率在8%左右，较小开间布置更经济合理。其他各种剪力墙型式可酌情参照采用。

(7) 剪力墙结构的合理刚度，可根据结构的自振周期控制在层数的4%～5%，相应的底部剪力控制在建筑总重量的3%～6%。当周期过短时，宜对结构刚度进行调整，如降低连梁截面高度，增大门窗洞口的宽度，将较大墙肢竖向开槽或增设构造柱等。

(8) 剪力墙应沿竖向贯通，以免刚度突变。当顶层部分取消剪力墙，而获得大空间时，其余剪力墙应予加强。又当底部取消部分剪力墙时，应设置转换层，转换层的处理详见本章4.7节。

(9) 剪力墙在洞口间或洞口与墙边缘之间要避免小墙肢，其间距不宜小于800mm。

(10) 为避免配筋砌块剪力墙刚度突变，应考虑下述两种情况：

1) 在混凝土墙上砌筑混凝土砌块墙时，两种墙体厚度、材料强度等级宜尽量相同；

2) 对均为190mm厚砌块墙（砌体规范关于房屋建造高度的适用范围是基于此墙厚确定的），砌体的强度和灌孔率宜均匀连续变化。

(11) 应控制剪力墙平面外的弯矩。当剪力墙墙肢与其平面外的楼面梁连接时，应至少采取下列措施之一来减少梁端弯矩对墙肢的不利影响：

1) 沿梁轴线方向增设与梁相连的剪力墙，以抵抗其平面外弯矩；

2) 宜在梁与墙交接处设置扶壁柱，并宜按计算确定其截面与配筋；

3) 应在梁与墙交接处的墙中设暗柱，并宜按计算确定其配筋；

4) 必要时在剪力墙内设型钢。

(12) 剪力墙洞口间连梁的跨高比小于5时按连梁设计，大于5时按框架梁设计。

(13) 不宜将楼面主梁支撑在剪力墙墙肢之间的连梁上。

(14) 对其他各种配筋砌体墙亦可参照处理。

2. 剪力墙结构的内力与位移计算

(1) 概述

1) 将剪力墙结构简化成平面结构进行分析。由于剪力墙是平面应力问题，理应采用诸如有限元等方法进行分析，但因工程设计太复杂而不可能做到。通常采用简化为杆件系统的方法计算，然而必须考虑开洞、宽梁、宽柱的影响。

2) 简化计算方法大致分三类：

悬臂剪力墙——无洞口或仅有小洞口的悬臂杆件，利用静定方法即能求算其内力与位移，如图4-13 (*a*)、(*b*)。

联肢剪力墙——开洞大小不一，但特点是墙肢较宽，变形以弯曲为主。联肢墙可采用连续化方法计算其内力与位移，并可得到较精确的解析解。实用中又可根据连梁与墙肢相对刚度，分别采用整体小开口墙方法（图4-16*c*）、联肢墙（图4-16*d*）和独立悬臂墙肢（或组合悬臂墙，图4-16*e*）等方法进行简化计算。

壁式框架——图4-16 (*c*)、(*d*)、(*e*) 所示联肢墙也可采用壁式框架即带刚域框架的方法进行

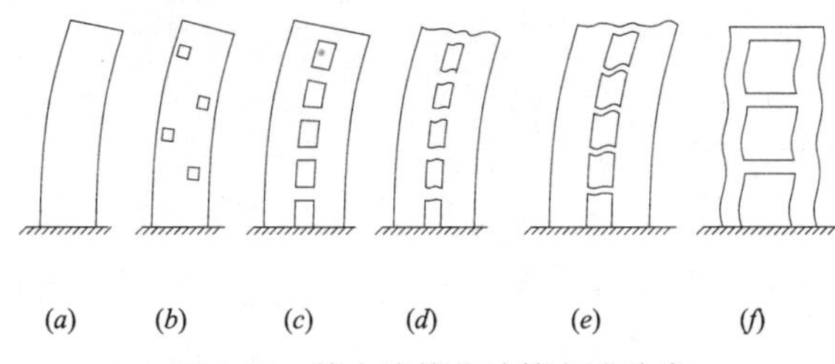

图 4-16 剪力墙简化计算方法分类

计算，图 4-16（f）则是其典型的形式。其特点是连梁高度与墙肢宽度相近，甚至墙肢更细，因而具有框架特点，在水平荷载作用下墙肢出现反弯点，沿高度呈现剪切型变形特性。近似计算法的基本法则是，先算出单片墙的等效抗弯刚度，将总水平荷载按下式分配至各墙片，然后再计算各墙的内力。

$$F_{ij}=\frac{EI_{di}}{\sum_{i=1}^{m}EI_{di}}F_j \tag{4-95}$$

式中 F_{ij}——第 j 层第 i 墙分配得的水平荷载；

F_j——第 j 层总水平荷载；

EI_{di}——第 i 片墙等效抗弯刚度；

m——剪力墙片数。

（2）整体悬臂墙[49][50]

无洞或开洞面积不超过墙面面积之 15%，且孔洞净距及洞口至墙边距离均大于洞口长边尺寸的剪力墙，可视为一悬臂构件，按静定方法计算其内力与位移。

1）考虑洞口影响的截面特征值

折算截面积

$$A_q=\left(1-1.25\sqrt{\frac{A_d}{A_0}}\right)A_w \tag{4-96}$$

折算截面惯性矩
$$I_q=\frac{\sum_{i=1}^{n}I_jh_j}{\sum_{i=1}^{n}h_j} \tag{4-97}$$

式中 A_d——洞口立面总面积；

A_0——剪力墙立面总面积；

A_w——剪力墙截面总面积；

I_j、h_j——图 4-17 所示划分为 n 段的开洞剪力墙，第 j 段截面惯性矩（有洞口段应扣除洞口）和段高。

2）墙顶总位移的计算

计算总位移时，除弯曲变形外尚须计入剪切变形。计算公式如下

倒三角形分布水平荷载

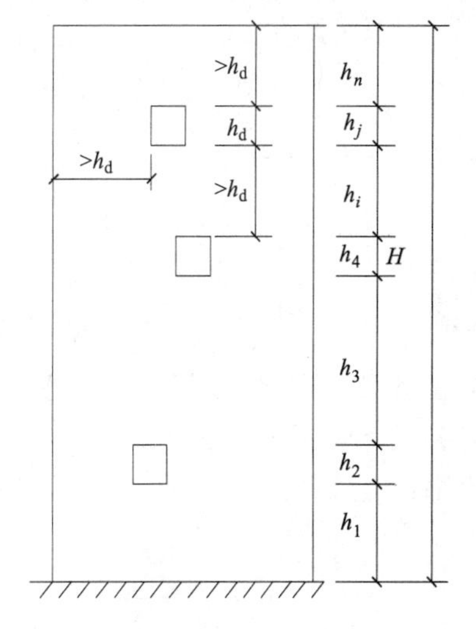

图 4-17 小开口墙

$$\Delta_n=\frac{11}{60}\frac{V_0H^3}{EI_q}\left(1+\frac{3.64\mu EI_q}{GA_qH^2}\right)=\frac{11}{60}\frac{V_0H^3}{EI_e} \tag{4-98}$$

均布水平荷载

$$\Delta_n=\frac{V_0H^3}{8EI_q}\left(1+\frac{4\mu EI_q}{GA_qH^2}\right)=\frac{1}{8}\frac{V_0H^3}{EI_e} \tag{4-99}$$

墙顶集中荷载

$$\Delta_n=\frac{V_0H^3}{3EI_q}\left(1+\frac{3\mu EI_q}{GA_qH^2}\right)=\frac{1}{3}\frac{V_0H^3}{EI_e} \tag{4-100}$$

式中 V_0——墙底（$z=0$）总剪力；

H——剪力墙总高；

A_q——剪力墙折算截面积，详式（4-96）；

μ——剪应力分布不均匀系数，矩形截面取 $\mu=1.2$，工形截面取 $\mu=\frac{全截面面积}{腹版截面积}$；

I_q——剪力墙水平截面折算惯性矩，详式（4-97）；

EI_q——截面折算抗弯刚度，考虑墙体开裂与配筋等因素，在风荷载作用下可取 $(0.8\sim0.85)EI_q$；

G——砌体剪切模量，取 $G=0.42E$；

EI_e——等效抗弯刚度，即将既考虑弯曲变形又考虑剪切变形的折算刚度，统一按只考虑弯曲变形的等效抗弯刚度来表达的形式。对不同的荷载形式有

倒三角形分布荷载

$$EI_e=\frac{EI_q}{1+\frac{3.64\mu EI_q}{GA_qH^2}} \tag{4-101}$$

均布荷载

$$EI_e=\frac{EI_q}{1+\frac{4\mu EI_q}{GA_qH^2}} \tag{4-102}$$

墙顶集中荷载

$$EI_e=\frac{EI_q}{1+\frac{3\mu EI_q}{GA_qH^2}} \tag{4-103}$$

若将以上三式分母第二项中G以$0.42E$代之，则其常系数分别为8.67、9.52及7.14，又第二项对公式算值影响并不大，故可将该三式统一表达为下述近似公式：

$$EI_e=\frac{EI_q}{1+\frac{9\mu EI_q}{GA_qH^2}} \tag{4-104}$$

(3) 整体小开口剪力墙[49]

整体小开口墙系指洞口总面积虽然已超过墙面总面积之15%，但洞口仍很小，为开口规则，分布均匀的剪力墙。

1) 内力计算 先将其视为整体悬臂构件，按材料力学方法求出标高z处的小开口墙总截面的总弯矩M_{pz}和总剪力V_{pz}（图4-18），再将M_{pz}分为下述两部分，即整体弯曲的总弯矩$M'_{pz}=KM_{pz}$和局部弯曲的总弯矩$M''_{pz}=(1-K)M_{pz}$。

式中 K——整体弯曲系数，可取$K=0.85$。

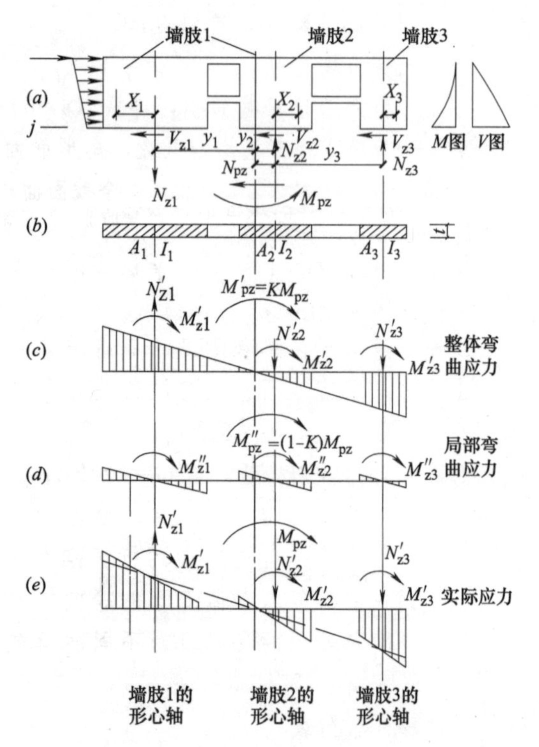

图4-18 小开口墙肢内力与截面应力

平衡条件 $M_{pz}=\sum N_{zi}y_i+\sum M_{zi}$ (4-105)

墙肢i整体弯曲弯矩

$$M'_{zi}=M'_{pz}\frac{I_i}{I}=KM_{pz}\frac{I_i}{I} \tag{4-106}$$

式中 I_i——墙肢i的惯性矩；

I——剪力墙整体截面惯性矩。

墙肢i局部弯曲弯矩

$$M''_{zi}=M''_{pz}\frac{I_i}{\sum I_i}=(1-K)M_{pz}\frac{I_i}{\sum I_i} \tag{4-107}$$

墙肢i全部弯矩

$$M_{zi}=M'_{zi}+M''_{zi}=KM_{pz}\frac{I_i}{I}+(1-K)M_{pz}\frac{I_i}{\sum I_i} \tag{4-108}$$

墙肢i的剪力

$$V_{zi}=\frac{1}{2}V_{pz}\left(\frac{A_i}{\sum A_i}+\frac{I_i}{\sum I_i}\right) \tag{4-109}$$

墙肢i的轴力

$$\begin{aligned}N_{zi}-N'&=\int\frac{M_{pz}(y_i+x_i)}{I}dA_i\\&=\frac{KM_{pz}}{I}\left[\int_{A_i}y_idA_i+\int_{A_i}x_i\mathrm{d}A_i\right]\\&=\frac{KM_{pz}}{I}A_iy_i\end{aligned} \tag{4-110}$$

式中 y_i——墙肢i截面形心至整体截面形心间的距离；

x_i——微面积$\mathrm{d}A_i$的形心至墙肢i的截面形心间的距离。

2) 总位移计算 与无洞墙方法一样，但必须考虑洞口的影响，使墙体等效刚度EI_e减弱，即式(4-104)中之A_q和I_q需按下式计算

$$\left.\begin{aligned}A_q&=\sum A_i\\I_q&=\frac{1}{1.2}I\end{aligned}\right\} \tag{4-111}$$

求得EI_e后即可按式(4-98)、式(4-99)及式(4-100)计算总位移Δ。

(4) 联肢剪力墙[50]

对开洞规则（洞口对齐，分布均匀），截面沿高度不变，但洞口较大的联肢墙可用连续连杆法计算。此法系将连梁假想为沿高度连续分布的连杆，并将连杆的剪力$\tau(z)$作为沿高度变化的未知函数，以力法建立变形协调方程，在求得$\tau(z)$后即可得出其他内力与位移的函数。连续连杆法的计算简图如图4-19。

1) 连续连杆法的两大参数：开洞规则的联肢墙中，影响内力分布与变形状态的参数为墙肢系数T与整体系数α。此两系数均与剪力墙的几何尺寸有关，如图4-20所示。

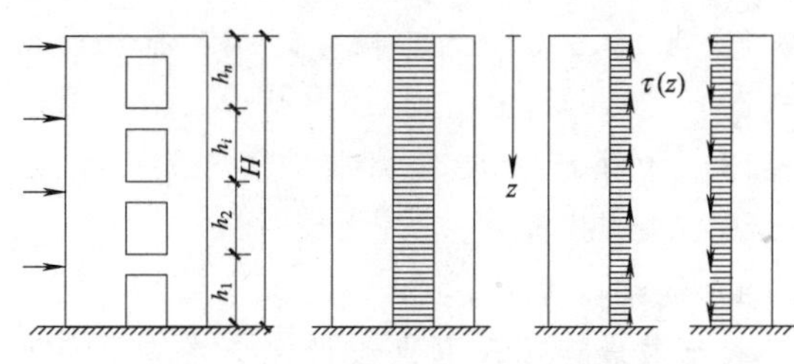

图 4-19 连续连杆法计算简图

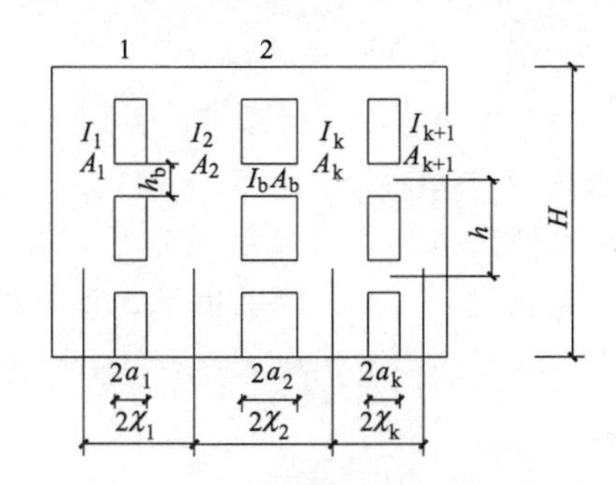

图 4-20 开洞剪力墙几何参数

墙肢系数 T：表示墙肢与洞口相对关系的参数，

$$T=\frac{I_A}{I} \quad (4\text{-}112)$$

式中 I——整体截面对截面形心的组合惯性矩

$$I=\sum I_i+\sum A_i y_i^2 \quad (4\text{-}113)$$

$$I_A=\sum A_i y_i^2=I-\sum I_i \quad (4\text{-}114)$$

整体系数 α 表示连梁与墙肢相对刚度的系数。

$$\alpha=H\sqrt{\frac{6}{Th\sum\limits_{1}^{k+1}I_i}\sum_{1}^{k}\frac{I_{bi.\mathrm{d}}C_i^2}{a_i^3}} \quad (4\text{-}115)$$

式中 $I_{bi,\mathrm{d}}$——综合考虑弯曲和剪力变形的连梁截面等效惯性矩。当为矩形截面时，$I_{bi,\mathrm{d}}$ 可简化为下式：

$$I_{bi.\mathrm{d}}=\frac{I_{bi}}{1+\frac{3\mu EI_{bi}}{A_{bi}Ga_i^2}}=\frac{I_{bi}}{1+0.7\frac{h_{bi}^2}{a_i^2}} \quad (4\text{-}116)$$

2）墙肢内力计算公式—连续连杆法如图 4-18 及图 4-21 所示，由连续连杆法可得第 i 个墙肢在以墙顶为坐标原点的相对高度 $\xi=\frac{z}{H}$ 处截面的内力公式为

$$M_i(\xi)=kM_p(\xi)\frac{I_i}{I}+(1-k)M_p(\xi)\frac{I_i}{\sum I_i} \quad (4\text{-}117)$$

$$N_i(\xi)=kM_p(\xi)\frac{A_i y_i}{I} \quad (4\text{-}118)$$

式中 k——由连续连杆法分析得出的系数，当为倒三角形分布荷载时，

$$k=\frac{3}{\xi^2(3-\xi)}\left[\frac{2}{\alpha^2}(1-\xi)+\xi^2\left(1-\frac{\xi}{3}\right)-\frac{2}{\alpha^2}ch\alpha\xi+\left(\frac{2sh\alpha}{\alpha}+\frac{2}{\alpha^2}-1\right)\frac{sh\alpha\xi}{\alpha ch\alpha}\right] \quad (4\text{-}119)$$

$M_p(\xi)$——荷载作用在 ξ 截面处的倾覆力矩；

α——整体系数。

图 4-18（e）所示墙肢截面应力分布，可分解为（c）、（d）两部分应力。其一为 $kM_p(\xi)$ 作用下的整体弯曲应力（即公式 4-117 中之第一项）。

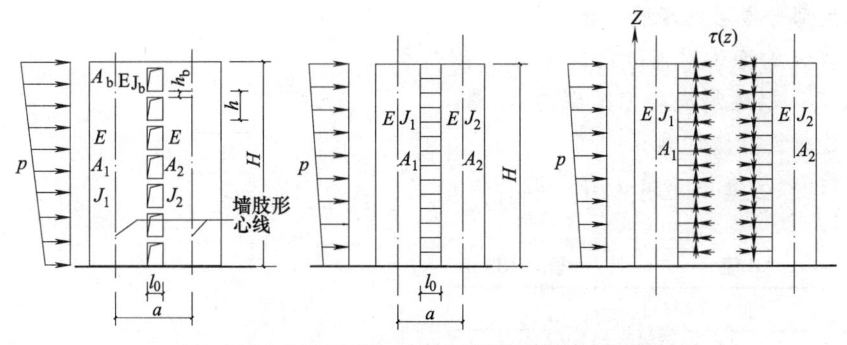

图 4-21 由连续连杆法计算联肢墙截面应力分布

及轴力产生的应力；其二为（$1-k$）$M_p(\xi)$，即公式（4-117）中之第二项并以各墙肢截面形心轴为中和轴所引起的局部弯曲应力。由此可见，k 的物理意义是整体弯曲弯矩与总倾覆力矩之比值。

图 4-22 为 $\alpha-k$ 曲线，每个 ξ 值代表剪力墙的一个截面。当 α 较小（即连梁刚度较小）时，连梁对墙肢约束弯矩较小，则墙肢弯矩（即局部弯矩）较大而轴力较小。当 α 增大（即连梁刚度较大）时，连梁对墙肢约束弯矩增大，墙肢弯矩减小而整体弯曲弯矩及相应的轴力增大。当 $\alpha>10$ 后，所有 k 值均趋近于 1，即公式（4-118）中墙肢弯矩以整体弯曲为主。在此，α 的物理意义——整体系数十分鲜明。

3）近似计算方法

① 当 $\alpha\leqslant1$ 时，连梁约束作用很小，可近似按独立悬臂墙计算墙肢内力与位移。计算简图如图 4-23，即由公式（4-120）将总水平力或总剪力按每个墙肢等效弯曲刚度进行分配。

$$V_i(\xi)=V_p(\xi)\frac{EId_i}{\sum EId_i} \qquad (4\text{-}120)$$

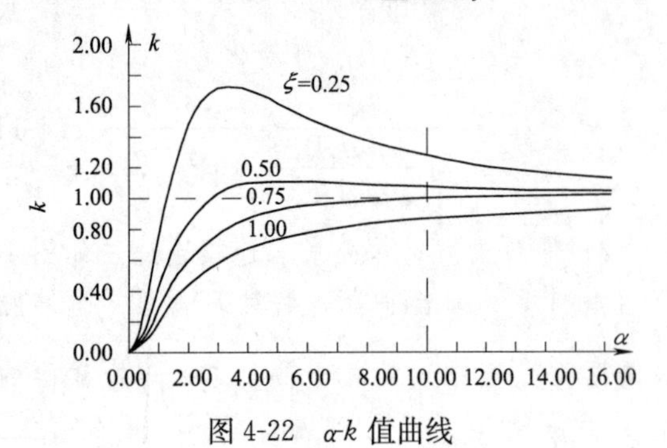

图 4-22 α-k 值曲线

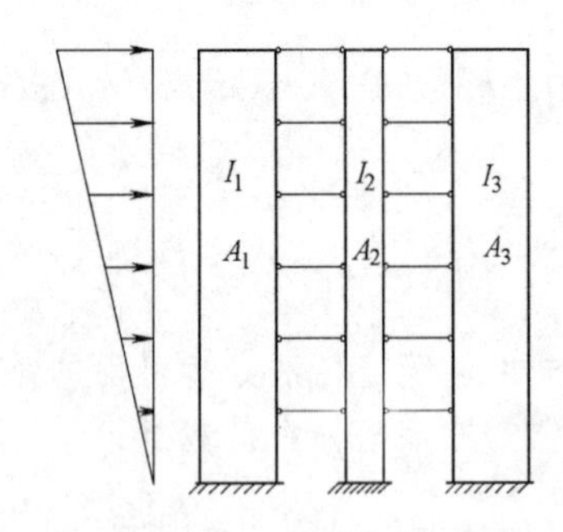

图 4-23 独立悬臂墙计算简图

② 当 $\alpha>10$，且 $\frac{I_A}{I}\leqslant Z$ 时，按小开口剪力墙方法 近似计算内力与位移。因连梁对墙肢的约束作用很强，墙肢的整体弯曲为主。考虑到仍有少部分局部弯矩，故取 $k=0.85$。详见公式（4-105）～（4-111）。整体小开口墙方法必须满足 $\frac{I_A}{I}\leqslant Z$ 方能应用。因此时，大部分楼层的墙肢不出现反弯点。否则，由于刚度较大的连梁对墙肢的约束弯矩会使墙肢出现反弯点，以致形成类似框架的 M 图，于是后面只能按连续连杆法计算。

Z 值是与层数 N 及整体系数 α 有关的参数，可查表 4-18。

Z 值　　表 4-18

荷载	倒三角形荷载				
α	层数 N				
	8	10	12	16	20
10	0.887	0.938	0.974	1.000	1.000
12	0.867	0.915	0.950	0.994	1.000
14	0.853	0.901	0.933	0.976	1.000
16	0.844	0.889	0.924	0.963	0.989
18	0.837	0.881	0.913	0.953	0.978
20	0.832	0.875	0.906	0.945	0.970
22	0.828	0.871	0.901	0.939	0.964
24	0.825	0.867	0.897	0.935	0.959
26	0.822	0.864	0.893	0.931	0.956
28	0.820	0.861	0.889	0.928	0.953
>30	0.818	0.858	0.885	0.925	0.949

③ 当 $1<\alpha<10$ 时，应按连续连杆法即由式（4-119）求得 k 值；而后再代入式（4-117）、（4-118）计算连肢墙各墙肢弯矩、轴力，由式（4-120）求墙肢剪力。

4）连梁内力

将连肢墙连梁反弯点假设在跨中央（与实际稍有出入），得出梁端弯矩与剪力之关系式

$$M_{bi}=V_{bi}a_i \qquad (4\text{-}121)$$

式中 a_i——为第 i 跨跨度之半（见图 4-20）。

连梁剪力大小与 α 有关，α 越大，连梁刚度越大，V_{bi} 则越大。V_{bi} 值沿墙高分布如图 4-24 所示。图中某高度之 V_{bimax} 位置也与 α 有关：α 较小时 V_{bimax} 偏墙高上部；α 增大，V_{bimax} 则下移至靠近墙下端。

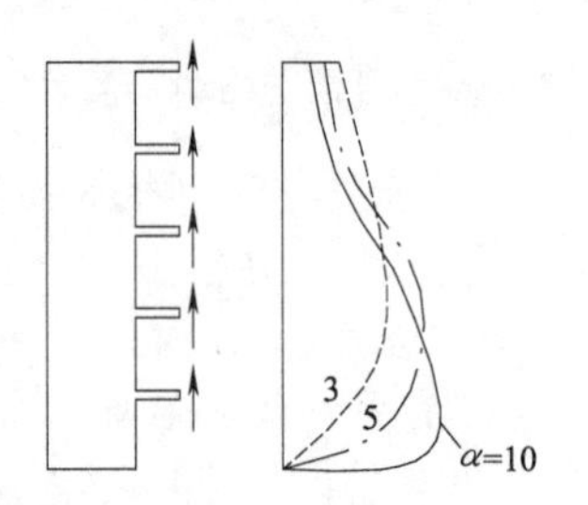

图 4-24 连梁剪力沿墙高的分布

连梁剪力计算方法：联肢墙各层连梁剪力可采用连续连杆法精确计算。整体小开口墙可由相邻层墙肢轴力差算得。多肢墙应自边跨算起，后再逐跨、逐层计算剪力。详图 4-25。

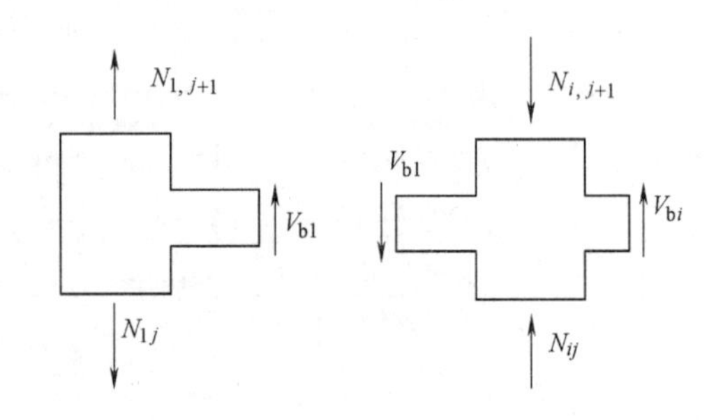

图 4-25 V 与 N 的平衡

5）等效弯曲刚度的位移

① 联肢墙等效弯曲刚度：当 $1<\alpha<10$ 时，由连续连杆法得出考虑墙肢剪切变形及轴向变形的公式如下

$$EI_e=\frac{E\sum I_i}{1+3.64\gamma^2-T(1-\psi_a)} \qquad (4\text{-}122)$$

式中 γ——墙肢剪切变形影响系数，当不考虑剪切变形时，取 $\gamma=0$；当考虑时按下式计算。

$$\gamma^2=\frac{E\sum I_i}{H^2G\sum\frac{A_i}{\mu_i}} \tag{4-123}$$

μ_i——第 i 墙肢剪应力分布不均匀系数，详公式（4-98）；

T——墙肢系数；

ψ_a——系数，查表 4-19。

ψ_a 值　表 4-19

α	倒三角荷载	α	倒三角荷载
1.000	0.720	11.000	0.026
1.500	0.537	11.500	0.023
2.000	0.399	12.000	0.022
2.500	0.302	12.500	0.020
3.000	0.234	13.000	0.019
3.500	0.186	13.500	0.017
4.000	0.151	14.000	0.016
4.500	0.125	14.500	0.015
5.000	0.105	15.000	0.014
5.500	0.089	15.500	0.013
6.000	0.077	16.000	0.012
6.500	0.067	16.500	0.012
7.000	0.058	17.000	0.011
7.500	0.052	17.500	0.010
8.000	0.046	18.000	0.010
8.500	0.041	18.500	0.009
9.000	0.037	19.000	0.009
9.500	0.034	19.500	0.008
10.000	0.031	20.000	0.008
10.500	0.028	20.500	0.008

② 独立悬臂等效弯曲刚度：当 $\alpha<1$ 且按近似方法计算时，按公式（4-101）。

③ 整体小开口墙等效弯曲刚度：当 $\alpha>10$，$\frac{I_A}{I}<Z$ 且按近似方法计算时，取开洞截面面积 A 及组合惯性矩 I，按下式计算：

$$EI_e=\frac{0.83EI}{1+\frac{3.64\mu EI}{H^2GA}} \tag{4-124}$$

④ 位移计算：倒三角形荷载按式（4-98）计算。当为均布荷载和顶点集中荷载时，其等效抗弯刚度仍可按公式（4-124）计算，但其位移计算公式中的常数有所不同。

6）双肢剪力墙内力与位移

双肢墙作为联肢墙一种特定的形式，在工程中极为常见，兹列出其内力与位移的计算公式，以供设计应用。

① 内力计算

连续连杆法的关键是先由下式求出 ξ 高度处的连续连杆剪力 $\tau(\xi)$，

$$\tau(\xi)=\frac{1}{a}\phi(\xi)\frac{V_0\alpha_1^2}{\alpha_2^2} \tag{4-125}$$

式中　a——洞口两侧墙肢轴线距；

V_0——墙底（$\xi=0$ 处）的总剪力，即全部水平荷载之总和；

$\phi(\xi)$——连续连杆法在解析过程中引入的函数，按下式计算；

$$\phi(\xi)=\begin{cases}-\dfrac{ch\alpha_2(1-\xi)}{ch\alpha_2}+\dfrac{sh\alpha_2\xi}{\alpha_2 ch\alpha_2}+(1-\xi) & \text{（均布荷载）}\\ \left(\dfrac{2}{\alpha_2^2}-1\right)\left[\dfrac{ch\alpha_2(1-\xi)}{ch\alpha_2}-1\right]+\dfrac{2}{\alpha_2}\dfrac{sh\alpha_2\xi}{ch\alpha_2}-\xi^2 & \text{（倒三角形荷载）}\\ th\alpha_2 sh\alpha_2\xi-ch\alpha_2\xi+1 & \text{（顶点集中荷载）}\end{cases} \tag{4-126}$$

$$\alpha_1^2=\frac{6H^2D}{h(I_1+I_2)} \tag{4-127}$$

$$D=\frac{2I_ba^2}{l^3} \tag{4-128}$$

式中　I_b——计入剪切变形影响后的连梁截面惯性矩，

$$I_b=\frac{I_{b0}}{1+\frac{12\mu EI_{b0}}{GA_bl^2}}\approx\frac{I_{b0}}{1+\frac{30\mu I_{b0}}{A_bl^2}} \tag{4-129}$$

A_b、I_{b0}——连梁截面积与惯性矩；

l——连梁计算跨度，$l=l_n+\frac{h_b}{2}$；

l_n、h_b——连梁净跨、梁截面高度；

I_1，I_2——双肢墙左、右墙肢截面惯性矩；

H，h——剪力墙总高与层高；

α_2——参数

$$\alpha_2=\sqrt{\alpha_1^2+\frac{6H^2D}{sha}} \tag{4-130}$$

再求算连续连杆对墙肢的约束弯矩

$$m(\xi)=V_0\frac{\alpha_1^2}{\alpha_2^2}\phi(\xi) \tag{4-131}$$

j 层连梁的剪力

$$V_{bj}=\tau(\xi)h \tag{4-132}$$

j 层连梁端弯矩

$$M_{bj}=V_{bj}\frac{l_n}{2} \tag{4-133}$$

j 层墙肢轴力

$$N_{ij}=\sum_{k=j}^{n}V_{bk}\quad(i=1,2) \tag{4-134}$$

j 层墙肢弯矩

$$M_{1j}=\frac{I_1}{I_1+I_2}M_j,\ M_{2j}=\frac{I_2}{I_1+I_2}M_j \quad (4\text{-}135)$$

$$M_j=M_{pj}-\int_0^H\tau(\xi)ad\xi=M_{pj}-\sum_{k=j}^{n}V_{bka} \quad (4\text{-}136)$$

j 层墙肢剪力

$$V_{1j}=\frac{I_1'}{I_1'+I_2'}V_{pj},\quad V_{2j}=\frac{I_2'}{I_1'+I_2'}V_{pj} \quad (4\text{-}137)$$

式中 M_{pj}，V_{pj}——水平荷载在 j 层引起的总弯矩和总剪力；

I_i'——考虑弯曲和剪切变形后的折算惯性矩，

$$I_i'=\frac{I_i}{1+\dfrac{12\mu EI_i}{GA_ih^2}}\quad (i=1,2) \quad (4\text{-}138)$$

② 位移计算

任意高度 ξ 处的位移计算公式：

倒三角形分布的水平荷载

$$y=\frac{V_0H^3}{3E(I_1+I_2)}\left(\xi^2-\frac{1}{2}\xi^3+\frac{1}{20}\xi^5\right)-\frac{V_0H^3}{E(I_1+I_2)}-\frac{\alpha_1^2}{\alpha_2^2}\left\{\left(1-\frac{2}{\alpha_2^2}\right)\left[\frac{1}{2}\xi^2-\frac{1}{6}\xi^5-\frac{\xi}{\alpha_2^2}+\frac{sh\alpha_2-sh\alpha_2(1-\xi)}{\alpha_2^3ch\alpha_2}\right]-\frac{2(ch\alpha_2\xi-1)}{\alpha_2^4ch\alpha_2}+\frac{\xi^2}{\alpha_2^2}-\frac{1}{6}\xi^2+\frac{1}{60}\xi^5\right\}+\frac{\mu V_0H}{G(A_1+A_2)}\left(\xi-\frac{1}{3}\xi^3\right) \quad (4\text{-}139)$$

均布水平荷载时

$$y=\frac{V_0H^3}{2E(I_1+I_2)}\xi^2\left(\frac{1}{2}-\frac{1}{3}\xi+\frac{1}{12}\xi^2\right)-\frac{\alpha_1^2V_0H^2}{\alpha_2^2E(I_1+I_2)}\left[\frac{\xi(\xi-2)}{2\alpha_2^2}-\frac{ch\alpha_2\xi-1}{\alpha_2^4ch\alpha_2}+\frac{sh\alpha_2-sh\alpha_2(1-\xi)}{\alpha_2^3ch\alpha_2}+\xi^2\left(\frac{1}{4}-\frac{1}{6}\xi+\frac{1}{24}\xi^2\right)\right]+\frac{\mu V_0H}{G(A_1+A_2)}\left(\xi-\frac{1}{2}\xi^2\right) \quad (4\text{-}140)$$

顶点集中荷载时

$$y=\frac{V_0H^3}{2E(I_1+I_2)}\left(\xi^2-\frac{1}{3}\xi^3\right)-\frac{V_0H^3}{E(I_1+I_2)}\frac{\alpha_1^2}{\alpha_2^2}\left[\frac{sh\alpha_2\xi}{\alpha_2^3}-\frac{th\alpha_2ch\alpha_2}{\alpha_2^3}\xi-\frac{1}{6}\xi^3+\frac{1}{2}\xi^2-\frac{1}{\alpha_2^2}\xi+\frac{th\alpha_2}{\alpha_2^3}\right]+\frac{\mu V_0H}{G(A_1+A_2)}\xi \quad (4\text{-}141)$$

顶点位移（$\xi=1$）的计算公式

当为倒三角形分布水平荷载时

$$\Delta=\frac{11}{60}\frac{V_0H^3}{E(I_1+I_2)}\left\{1+\frac{\alpha_1^2}{\alpha_2^2}\left[\frac{60}{11\alpha_2^2}\left(\frac{2}{3}+\frac{sh\alpha_2}{\alpha_2ch\alpha_2}-\frac{2}{\alpha_2^2ch\alpha_2}+\frac{2sh\alpha_2}{\alpha_2^3ch\alpha_2}\right)\right]-\frac{\alpha_1^2}{\alpha_2^2}+\frac{40\mu E(I_1+I_2)}{11H^2G(A_1+A_2)}\right\} \quad (4\text{-}142)$$

当为均布水平荷载时

$$\Delta=\frac{1}{8}\frac{V_0H^3}{E(I_1+I_2)}\left\{1+\frac{\alpha_1^2}{\alpha_2^2}\left[\frac{8}{\alpha_2^2}\left(\frac{1}{2}+\frac{1}{\alpha_2^2}-\frac{1}{\alpha_2^2ch\alpha_2}-\frac{sh\alpha_2}{\alpha_2ch\alpha_2}\right)\right]-\frac{\alpha_1^2}{\alpha_2^2}+\frac{4\mu E(I_1+I_2)}{H^2G(A_1+A_2)}\right\} \quad (4\text{-}143)$$

当为顶点集中荷载时

$$\Delta=\frac{V_0H^3}{3E(I_1+I_2)}\left[1+\frac{\alpha_1^2}{\alpha_2^2}\left(\frac{1}{\alpha_2^2}-\frac{th\alpha_2}{\alpha_2^2}-\frac{1}{3}\right)+\frac{3\mu E(I_1+I_2)}{H^2G(A_1+A_2)}\right] \quad (4\text{-}144)$$

③ 等效抗弯刚度

当为倒三角形分布水平荷载时

$$EI_d=\frac{E(I_1+I_2)}{1+\dfrac{\alpha_1^2}{\alpha_2^2}\left[\dfrac{60}{11\alpha_2^2}\left(\dfrac{2}{3}-\dfrac{sh\alpha_2}{\alpha_2ch\alpha_2}-\dfrac{2}{\alpha_2^2ch\alpha_2}+\dfrac{2sh\alpha_2}{\alpha_2^3ch\alpha_2}\right)\right]-\dfrac{\alpha_1^2}{\alpha_2^2}+\dfrac{40\mu E(I_1+I_2)}{11H^2G(A_1+A_2)}} \quad (4\text{-}145)$$

当为均布水平荷载时

$$EI_d=\frac{E(I_1+I_2)}{1+\dfrac{\alpha_1^2}{\alpha_2^2}\left[\dfrac{8}{\alpha_2^2}\left(\dfrac{1}{2}+\dfrac{1}{\alpha_2^2}-\dfrac{1}{\alpha_2^2ch\alpha_2}-\dfrac{sh\alpha_2}{\alpha_2ch\alpha_2}\right)\right]-\dfrac{\alpha_1^2}{\alpha_2^2}+\dfrac{4\mu E(I_1+I_2)}{H^2G(A_1+A_2)}} \quad (4\text{-}146)$$

当为顶点集中荷载时

$$EI_d=\frac{E(I_1+I_2)}{1+\dfrac{\alpha_1^2}{\alpha_2^2}\left(\dfrac{1}{\alpha_2^2}-\dfrac{1}{\alpha_2^3}+th\alpha_2+\dfrac{1}{3}\right)+\dfrac{3\mu E(I_1+I_2)}{H^2G(A_1+A_2)}} \quad (4\text{-}147)$$

(5) 壁式框架[50]

1) 刚域

当洞口尺寸较大而连梁线刚度又大于或接近墙肢线刚度时，剪力墙受力性能已接近框架，故可将剪力墙视为带刚域的所谓“壁式框架”，其

梁、柱轴线取梁与墙肢截面形心线，刚域长度可取为（图 4-26）

$$\left.\begin{aligned}&\text{对梁}\quad d_{b1}=h_{c1}-\frac{1}{4}h_b\\&\qquad\quad d_{b2}=h_{c2}-\frac{1}{4}h_b\\&\text{对柱}\quad d_{c1}=h_{b1}-\frac{1}{4}h_c\\&\qquad\quad d_{c2}=h_{b2}-\frac{1}{4}h_c\end{aligned}\right\}\tag{4-148}$$

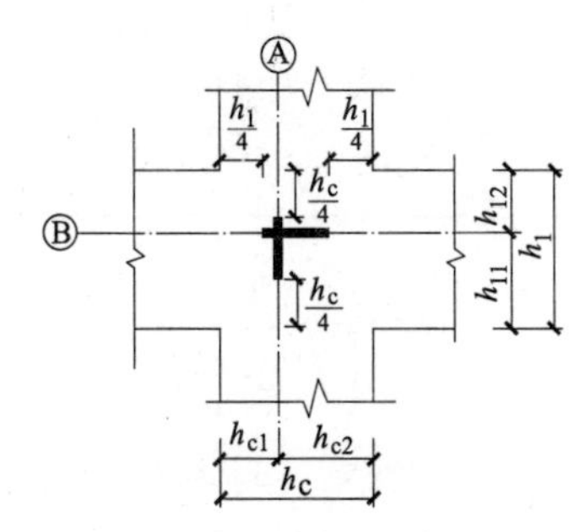

图 4-26　刚域长度

若算得刚域长为负值，可取为零。与普通框架的区别在于：刚域的存在；杆件截面高度大，剪切变形的影响不可忽略。采用 D 值法进行计算与普通框架均相同，唯需进行刚度修正。

2）杆件刚度的修正——带刚域杆件的等效刚度

用与普通杆件类似的方法可算出杆端有单位转角 $\theta=1$ 时的杆端弯矩（图 4-27a），得出转角刚度系数：

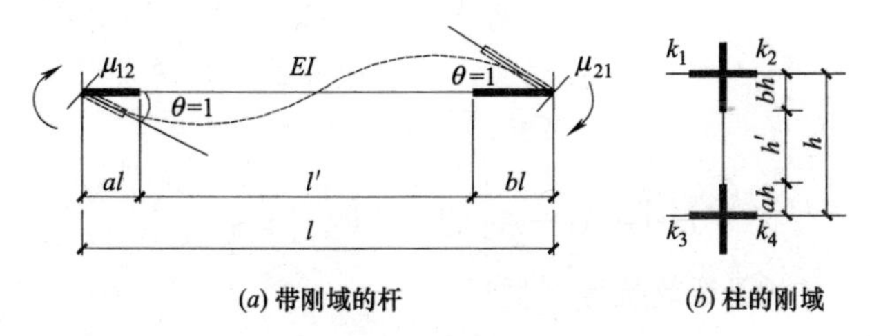

(a) 带刚域的杆　(b) 柱的刚域

图 4-27　带刚域的杆与柱的刚域

$$\left.\begin{aligned}m_{12}&=\frac{6EI}{l}\frac{1+a-b}{(1-a-b)^3(1+\beta)}=6k_1\\m_{21}&=\frac{6EI}{l}\frac{1-a+b}{(1-a-b)^3(1+\beta)}=6k_2\\m&=m_{12}+m_{21}=\frac{12EI}{l(1-a-b)^3(1+\beta)}=12k\end{aligned}\right\}\tag{4-149}$$

$$\beta=\frac{12\mu EI}{GAl'^2}=34.3\left(\frac{h_l}{l'}\right)^2\tag{4-150}$$

式中　β——剪切变形影响系数；a，b，l'详见图 4-27。

k_1、k_2、k——带刚域杆件的等效刚度，由线刚度 $i=\frac{EI}{l}$ 乘以修正系数 c 即得

$$\left.\begin{aligned}k_1&=c_1i=\frac{1+a-b}{(1-a-b)^3(1+\beta)}\frac{EI}{l}\\k_2&=c_2i=\frac{1-a+b}{(1-a-b)^3(1+\beta)}\frac{EI}{l}\\k&=\frac{c_1+c_2}{2}i=\frac{1}{(1-a-b)^3(1+\beta)}\frac{EI}{l}\end{aligned}\right\}\tag{4-151}$$

带刚域的杆件线刚度经修正后，其转角刚度系数、转角位移方程与等截面杆件的表达式完全相同，故可采用等截面框架的方法计算壁式框架。

3）采用 D 值法计算的程序

① 梁柱线刚度的修正

柱：$$D=\alpha\frac{12k_c}{h^2}\tag{4-152}$$

式中　k_c——柱的等效刚度，相当于普通框架的柱线刚度 i_c；

α——梁、柱刚度比对柱刚度的影响系数，详表 4-16。

② 柱反弯点高度比 y 的修正

$$y=a+sy_n+y_1+y_2+y_3\tag{4-153}$$

式中　a——柱下端刚域长度系数（详见图 4-27b）

s——等截面段高与柱高之比（详见图 4-27b）

$$s=\frac{h'}{h}=1-a-b\tag{4-154}$$

y_n——标准反弯点高度比，详见文献［50］表 24-4 及表 24-5。但注意查表时，梁柱刚度比 k 应以 k' 代替，k' 按下式计算：

$$k'=\frac{k_1+k_2+k_3+k_4}{2i_c}s^2\tag{4-155}$$

k_1、k_2、k_3、k_4——分别为图 4-27（b）各带刚域梁端的等效刚度；

i_c——柱线刚度 $i_c=\frac{EI_c}{h}$；

y_1、y_2、y_3——反弯点高度比修正值，详见文献［50］表 24-6 及表 24-7。查表时需以 k' 代 k。

③ 电算方法的注意事项

在现有的大多数采用杆系有限元法编制的电算程序中，亦可将开洞剪力墙简化为带刚域框架来计算，其刚域的确定同前述方法。计算时，仅需输入刚域长度，则其修正刚度及各杆内力的计算自会由该程序完成。

（6）关于剪力墙分类方法的小结

当 $\alpha\geqslant10$ 且 $T=\frac{I_A}{I}>Z$（详见表 4-18）时，为壁式框架；

带刚域框架的 D 值系数 α **表 4-20**

楼　层	模　　型	k	α
一般层	$k_2=C_1i_2$ $k_1=C_2i_1$ $k_2=C_1i_2$ $k_c=\frac{C_1+C_2}{2}i_c$ $k_c=\frac{C_1+C_2}{2}i_c$ $k_4=C_1i_4$ $k_3=C_2i_3$ $k_4=C_1i_4$	边柱 $k=\frac{k_2+k_4}{2k_c}$ 中柱 $k=\frac{k_1+k_2+k_3+k_4}{2k_c}$	$\alpha=\frac{k}{2+k}$
底层	$k_2=C_1i_2$ $k_1=C_2i_1$ $k_2=C_1i_2$ $k_c=\frac{C_1+C_2}{2}i_c$ $k_c=\frac{C_1+C_2}{2}i_c$	边柱 $k=\frac{k_2}{k}$ 中柱 $k=\frac{k_1+k_2}{k_0}$	$\alpha=\frac{0.5+k}{2+k}$

当 $1.0<\alpha\leqslant10$ 且 $T=\frac{I_A}{I}\leqslant Z$ 时，为双肢（或联肢）剪力墙；

当 $\alpha\leqslant1.0$ 时，因剪力墙整体性很差，可将连梁视为一铰接连杆，则各墙肢可按独立悬臂墙计算。

当独立的整体截面墙洞口很小且分布非均匀而难以定量判断时，则以满足①洞口面积小于墙面面积之15%；②洞口间距及洞口至墙边距离均大于洞口长边尺寸等两个条件为独立整体墙的判断标准。

3. 截面设计

(1) 网状配筋砖砌体和纵向水平配筋砖砌体剪力墙截面设计

1) 网状配筋砖砌体仅适合于 $e/h<0.17$ 和高厚比 $\beta<16$ 的构件（前者应分别对平面内和平面外加以满足，后者主要是平面外的验算）。

2) 纵向水平配筋仅考虑其平面内斜截面抗剪发挥作用，而在平面外抗剪以及正截面受压均按素砌体构件计算。

3) 网状配筋砖砌体构件受压承载力计算[29]

$$N\leqslant\varphi_n f_n A \tag{4-156}$$

$$f_n=f+2\left(1-\frac{2e}{y}\right)f_y \tag{4-157}$$

$$\rho=(V_s/V) \tag{4-158}$$

式中　N——轴力设计值；

φ_n——高厚比、配筋率及偏心距对网状配筋砖砌体受压构件受压承载力影响系数，可按下式计算或查表4-21

$$\varphi_n=\frac{1}{1+12\left[\frac{e}{h}+\sqrt{\frac{1}{12}\left(\frac{1}{\varphi_{on}}-1\right)}\right]^2} \tag{4-159}$$

$$\varphi_{on}=\frac{1}{1+\frac{1+3\rho}{667}\beta^2} \tag{4-160}$$

φ_{on}——网状配筋砖砌体受压构件稳定系数；

f_n——网状配筋砖砌体抗压强度设计值；

A——截面面积；

e——偏心距，$e=\frac{M}{N}$，分别按平面内和平面外方向计算；

ρ——体积配筋率，当采用单筋截面积为 A_s，网距为 a 的方格网，沿竖向间距为 s_n 时 $\rho=\frac{2A_s}{as_n}$；当采用图 2-8 (f) 所示单丝截面为 A_s，网孔长轴为 L_w，短轴为 s_w，钢丝锐角为 θ，沿柱高同向网片距为 s_n 的扩张网（钢板网）时，

$$\rho=\frac{4A_s\left(\cos\frac{\theta}{2}+\sin\frac{\theta}{2}\right)}{s_w s_n}=\frac{4A_s}{s_w s_n}\frac{(L_w+s_w)}{\sqrt{L_w^2+s_w^2}}; \tag{4-161}$$

f_y——钢筋抗拉强度设计值，当 $f_y>320\text{MPa}$ 时，取 $f_y=320\text{MPa}$；当为扩张网（钢板网，图 2-8f）时，取 $f_y=0.85\sigma_b$；

y——截面重心轴至轴力偏心一侧截面边缘距离；

s_n——沿竖向的网片距离。当为连弯网（图 2-8c）时，网筋方向应互相垂直并沿构件高交错布置，其 s_n 应取同方向的网片间距。当为钢板网（扩张网）时，亦应将菱形网孔长轴平行于墙长的网片与垂直

于墙长方向的网片沿墙高交错布置，其 s_n 亦应取同方向的网片间距。

4）网状配筋砖砌体和纵向水平配筋砖砌体剪力墙抗剪承载力计算

① 剪力墙截面应满足下列要求

$$V \leqslant 0.25fbh \tag{4-162}$$

式中 b——剪力墙截面宽度或T形、倒L形截面腹板宽度；

h——剪力墙截面高度（即墙长度）。

② 剪力墙偏心受压时斜截面受剪承载力应按下式计算

[方法一] 参照混凝土砌块配筋砌体剪力墙抗剪公式

$$V \leqslant \frac{1}{\lambda - 0.5}\left(0.6fbh_0 + 0.12N\frac{A_w}{A}\right) + 0.9f_{yh}\frac{A_{sh}}{s}h_0 \tag{4-163}$$

$$\lambda = M/Vh_0 \tag{4-164}$$

式中 M、N、V——计算截面弯矩、轴力和剪力设计值，当 $N > 0.25fbh$ 时，取 $N = 0.25fbh$；

A——剪力墙截面面积，其中翼缘有效宽度可按表4-11确定；

A_w——T形或倒L形截面腹板截面积，对矩形截面 $A_w = A$；

λ——计算截面剪跨比，当 $\lambda < 1.5$ 时取1.5；当 $\lambda \geqslant 2.2$ 时取2.2；

h_0——剪力墙截面有效高度，当为边缘构件时，$h_0 = h$；

A_{sh}——同一截面水平分布钢筋的全部截面积；

s——水平分布钢筋的竖向间距；

f_{sh}——水平分布钢筋抗拉强度设计值。

[方法二] 参照文献[29]式(10.3-5)及公式(4-44a)并取 $\gamma_{RE} = 1.0$，由 $f_{vE} = f_v + K\alpha\mu\sigma_0$ 得

$$V \leqslant (f_v + K\alpha\mu\sigma_0)A + \zeta_s f_y A_s \tag{4-165}$$

式中 f_v——砌体抗剪强度设计值；

α，μ——分别为修正系数和剪压复合受力影响系数，其乘积 $\alpha\mu$ 可查表4-22；

σ_0——永久荷载设计值产生的水平截面平均压应力；

K——砖类别系数，详公式(4-44a)注；

A——剪力墙水平截面积，当有洞口时取净截面积；

ζ_s——钢筋参与工作系数，详见表4-23；

A_s——水平钢筋（当为网状配筋时仅指与墙长平行方向的钢筋）按层间墙体竖向截面计算的水平钢筋总截面积，其配筋 ρ_s 应满足 $0.07\% \leqslant \rho_s \leqslant 0.17\%$；

f_y——水平钢筋抗拉强度设计值。

网状配筋砖砌体受压构件承载力影响系数 φ_n

表4-21

ρ	β	e/h				
		0	0.05	0.10	0.15	0.17
0.1	4	0.97	0.89	0.78	0.67	0.63
	6	0.93	0.84	0.73	0.62	0.58
	8	0.89	0.78	0.67	0.57	0.53
	10	0.84	0.72	0.62	0.52	0.48
	12	0.78	0.67	0.56	0.48	0.44
	14	0.72	0.61	0.52	0.44	0.41
	16	0.67	0.56	0.47	0.40	0.37
0.3	4	0.96	0.87	0.76	0.65	0.61
	6	0.91	0.80	0.69	0.59	0.55
	8	0.84	0.74	0.62	0.53	0.49
	10	0.78	0.67	0.56	0.47	0.44
	12	0.71	0.60	0.51	0.43	0.40
	14	0.64	0.54	0.46	0.38	0.36
	16	0.58	0.49	0.41	0.35	0.32
0.5	4	0.94	0.85	0.74	0.63	0.59
	6	0.88	0.77	0.66	0.56	0.52
	8	0.81	0.69	0.59	0.50	0.46
	10	0.73	0.62	0.52	0.44	0.41
	12	0.65	0.55	0.46	0.39	0.36
	14	0.58	0.49	0.41	0.35	0.32
	16	0.51	0.43	0.36	0.31	0.29
0.7	4	0.93	0.83	0.72	0.61	0.57
	6	0.86	0.75	0.63	0.53	0.50
	8	0.77	0.66	0.56	0.47	0.43
	10	0.68	0.58	0.49	0.41	0.38
	12	0.60	0.50	0.42	0.36	0.33
	14	0.52	0.44	0.37	0.31	0.30
	16	0.46	0.38	0.33	0.28	0.26
0.9	4	0.92	0.82	0.71	0.60	0.56
	6	0.83	0.72	0.61	0.52	0.48
	8	0.73	0.63	0.53	0.45	0.42
	10	0.64	0.54	0.46	0.38	0.36
	12	0.55	0.47	0.39	0.33	0.31
	14	0.48	0.40	0.34	0.29	0.27
	16	0.41	0.35	0.30	0.25	0.24
1.0	4	0.91	0.81	0.70	0.59	0.55
	6	0.82	0.71	0.60	0.51	0.47
	8	0.72	0.61	0.52	0.43	0.41
	10	0.62	0.53	0.44	0.37	0.35
	12	0.54	0.45	0.38	0.32	0.30
	14	0.46	0.39	0.33	0.28	0.26
	16	0.39	0.34	0.28	0.24	0.23

当 $\gamma_G=1.2$ 及 $\gamma_G=1.35$ 时的 $\alpha\mu$ 值　　表 4-22

γ_G	σ_0/f	0.1	0.2	0.3	0.4	0.5	0.6	0.7	0.8
1.2	砖砌体	0.15	0.15	0.14	0.14	0.13	0.13	0.12	0.12
	砌块砌体	0.16	0.16	0.15	0.15	0.14	0.13	0.13	0.12
1.35	砖砌体	0.14	0.14	0.13	0.13	0.13	0.12	0.12	0.11
	砌块砌体	0.15	0.14	0.14	0.13	0.13	0.13	0.12	0.12

钢筋参与工作系数　　表 4-23

墙高宽比	0.4	0.6	0.8	1.0	1.2
ζ_s	0.10	0.12	0.14	0.15	0.12

注：墙高宽比，即墙段层高与墙长之比

[方法三] 由文献［37］给出下述英国砌体规范 BS 5628 的抗剪公式

$$V\leqslant\frac{d}{s_v}\left[\left(A_{sv}\frac{f_{yv}}{\gamma_{ms}}\right)+\frac{bdf_v}{\gamma_{mv}}\right]\quad(4\text{-}166)$$

式中 V——剪力设计值，计算时所取荷载分项系数详表 4-24；

d——截面有效高度；

s_v——抗剪钢筋间距（剪力墙为水平钢筋的竖向间距）；

A_{sv}——抗剪钢筋截面积（剪力墙一道水平灰缝内水平钢筋截面积）；

f_{yv}——水平钢筋抗拉强度标准值，详见表 4-25；

γ_{ms}，γ_{mv}——分别为钢筋和砌体抗剪材料分项系数，详见表 4-13；

b——截面宽度（即剪力墙厚度 t）；

f_v——砌体抗剪强度标准值，按下述 BS 5628 第 19.1.3.2 款“配筋砌体剪力墙的挤压剪力”的标准抗剪强度公式计算。

$$f_v=0.35+0.6g_B\quad(\text{N/mm}^2)\quad(4\text{-}167)$$

且应≤1.75N/mm²；

g_B——竖向荷载引起的正压应力设计值。

荷载分项系数（承载力极限状态）　　表 4-24

荷载组合	恒载	活载	风载	土和水荷载
恒+活	$1.4G_k$或$0.9G_k$	$1.6Q_k$	—	$1.4E_n$
恒+风	$1.4G_k$或$0.9G_k$	—	$1.4W_k$	$1.4E_n$
恒+活+风	$1.2G_k$	$1.2Q_k$	$1.2W_k$	$1.2E_n$
恒+风-独立式墙+侧向荷载翼板，其整体位移不影响其余部分位移	$1.4G_k$或$0.9G_k$	—	$1.2W_k$	
预应力考虑为恒载时	$1.4P_k$或$0.9P_k$			

钢筋抗拉强度标准值 f_y　　表 4-25

钢　号	公称尺寸	f_y(N/mm²)
按 BS4449[10] 规定的热轧光面钢筋	所有尺寸	250
按 BS4449[10] 规定的热轧高强度变形钢筋	所有尺寸	460
按 BS4461[11] 规定的冷加工钢筋	所有尺寸	460
按 BS4482[28] 规定的冷拔钢丝和按 BS4483[10] 规定的钢绞线	直径≤12mm	485
BS970 第 1 部分规定的 304S15、316S31 或 316S33 级	所有尺寸	460

5）网状配筋和纵向水平配筋砌体剪力墙连梁抗弯承载力计算

[方法一] 文献［47］沿墙长均匀配筋砌体墙抗弯承载力的查表计算法　将连梁水平配筋砌体视为沿墙长竖向均匀配筋的墙体，因轴力为零，故应按受弯构件计算。

已知 M_i——理想的抗弯强度（即名义抗弯强度），系截面材料最小的抵抗弯矩；

M_u——要求的抗弯强度（即名义弯矩），其与 M_i 的关系是 $M_u\leqslant\phi M_i$；

ϕ——强度折减系数，详见表 4-26。它考虑了材料强度低于标准值，分析方法的误差和截面尺寸的公差等可能性。

强度折减系数 ϕ　　表 4-26

	混凝土		砌体	
	规范要求的强度	承载力要求的强度	规范要求的强度	承载力要求的强度
弯曲、有或无轴力	0.9	1.0	$0.65\leqslant\phi\leqslant0.85$	1.0
剪切	0.85	1.0	0.8	1.0

注：“规范要求的强度”系指乘上系数 ϕ 后所要求的强度 M_u 或 V_u；
“承载力要求的强度”系指构件或相邻构造超强度发展而得到的所要求的强度 M_u 和 V_u。

于是由 $M_u=M_u/\phi$ 求得弯矩比 $m_i=M_i/f'_m l_w^2 t$ 及轴压比 $P_i/f'_m l_w t$，查表 4-27 得出配筋强度比 $\rho f_y/f'_m$，从而通过配筋率 ρ 算出用于连梁受弯截

均匀分布钢筋矩形砌体墙的弯矩系数（即弯矩比 $m_i = M_i / f'_m l_w^2 t$，当 $f_y = 275$MPa，$g = 10$ 时）　表 4-27

$\rho f_y / f'_m$	轴压比 $P_u/(f'_m l_w t)$								
	0	0.05	0.10	0.15	0.20	0.25	0.30	0.35	0.40
0.01	0.0052	0.0279	0.0480	0.0652	0.0795	0.0910	0.0995	0.1052	0.1080
0.02	0.0101	0.0322	0.0519	0.0687	0.0826	0.0938	0.1021	0.1076	0.1102
0.04	0.0194	0.0406	0.0593	0.0754	0.0887	0.0993	0.1072	0.1123	0.1147
0.06	0.0284	0.0487	0.0666	0.0819	0.0946	0.1047	0.1122	0.1170	0.1193
0.08	0.0370	0.0565	0.0737	0.0883	0.1005	0.1101	0.1172	0.1218	0.1238
0.10	0.0454	0.0641	0.0805	0.0946	0.1062	0.1154	0.1221	0.1265	0.1284
0.12	0.0535	0.0714	0.0873	0.1007	0.1119	0.1207	0.1271	0.1312	0.1329
0.14	0.0613	0.0786	0.0938	0.1068	0.1175	0.1259	0.1320	0.1359	0.1375
0.16	0.0690	0.0856	0.1003	0.1127	0.1230	0.1311	0.1369	0.1406	0.1421
0.18	0.0764	0.0925	0.1066	0.1186	0.1285	0.1362	0.1418	0.1453	0.1466
0.20	0.0837	0.0992	0.1128	0.1244	0.1339	0.1413	0.1467	0.1500	0.1512

注：表中钢筋屈服强度标准值取 $f_y = 275$MPa，当 $f_y = 415$MPa 时，表中查值基本不变（降低<1%）；$g = (l_w - 2a)/l_w$，l_w——墙长，a——均匀分布钢筋两边端一根至墙端距离，一般取 100mm，很小，故本表取 $g \approx 10$。

面的全部钢筋截面积 A_{st}。其中 f_y、f'_m 分别为钢筋抗拉强度及砌体抗压强度的设计值。

［方法二］ 借鉴钢筋混凝土受弯构件计算方法：令梁的计算跨度 $l_0 = l_n$，并当 $l_0/h \leqslant 2$ 时，取 $a_s = 0.1h$（跨中截面）和 $a_s = 0.2h$（支座截面），按单跨梁计算应符合下列规定：

$$M \leqslant f_y A_s z \tag{4-168}$$

$$z \leqslant \alpha_d (h_0 - 0.5x) \tag{4-169}$$

$$\alpha_d = 0.80 + 0.04 l_0 / h \tag{4-170}$$

当 $l_0 < h$ 时取内力臂 $z = 0.6 l_0$。

式中　M——截面弯矩设计值；

x——截面压区高度，按下式计算，并当 $x < 0.2h$ 时取 $x = 0.2h$；

$$fbx = f_y A_s - f'_y A'_s \tag{4-171}$$

f——砌体沿水平缝方向的抗压强度设计值。当为实心或虽为多孔、空心块材，但经填实的砌体，取其轴力垂直于水平灰缝的抗压强度设计值，未经填实则取其 1/3 强度设计值；

A_s、A'_s——分别为连梁下边缘和上边缘受力主筋截面积。

［方法三］ 文献［37］所给出根据英国规范 BS5628 的抗弯强度计算方法，仅适用于高厚比不超过 12 且弯曲产生在平面内的墙柱。

$$M \leqslant M_{max} = 0.375 (f_f / \gamma_{mm}) b d^2 \tag{4-172}$$

$$M \leqslant 0.83 A_s f_y / \gamma_{m.s} z \tag{4-173}$$

$$z = d[1 - (0.415 A_s f_y \gamma_{mm} / b d f_f \gamma_{ms})] \tag{4-174}$$

式中　M_{max}——当矩形压区应力分布图形的压区高度 $d_c = d/2$ 时为允许最大抵抗弯矩；

f_f——砌体弯曲抗压强度标准值，取 $f_f = 1.2 f_k$；

f_k——砌体抗压强度标准值，详表 4-28；

γ_{mm}、γ_{ms}——分别为砌体抗压（弯）及钢筋强度材料分项系数，详表 4-13；

f_y——钢筋抗拉强度标准值，详表 4-25。

砌体的标准抗压强度 f_k（N/mm²）　表 4-28

砌体类型	砂浆等级	块材抗压强度(N/mm²)								
		7	10	15	20	27.5	35	50	70	100
用高宽比为 0.6 的砖或其他块材砌筑的砌体	(i)	3.4	4.4	6.0	7.4	9.2	11.4	15.0	19.2	24.0
	(ii)	3.2	4.2	5.3	6.4	7.9	9.4	12.2	15.1	18.2
用高宽比为 1.0 的实心混凝土砌块砌筑的砌体		块材抗压强度(N/mm²)								
		7	10	15	20	35	50	≥70		
	(i)	4.4	5.7	7.7	9.5	14.7	19.3	24.7		
	(ii)	4.1	5.4	6.8	8.2	12.1	15.7	19.4		

注：1. 本表仅摘录了符合中国砖和砌块材料规格的部分数据，可供参考；

2. 表中（i）（ii）级砂浆配合比详表 4-29。

砂浆配比（BS5628′表 1） 表 4-29

等级	水泥	石灰	砂	砌筑水泥	砂	加塑化剂后的砂
(i)	1	0～0.25	3	—	—	—
(ii)	1	0.5	4～4.5	1	2.5～3.5	—
(ii)	—	—	—	1	2.5～3.5	—
(ii)	1	—	—	—	—	3～4

注：在选择砂浆强度等级时，不应过高于块材强度。

6）网状配筋和纵向水平配筋砌体剪力墙连梁抗剪承载力计算

文献［29］公式（10.3-1），但令 $\gamma_{RE}=1.0$。

① 连梁截面尺寸应满足下列要求：

$$V_b \leqslant 0.25fbh \tag{4-175}$$

② 连梁抗剪承载力计算：

［方法一］ 按文献［29］无筋砌体受弯构件抗剪承载力公式计算

$$V_b \leqslant f_v bz \tag{4-176}$$

式中 z——内力臂，$z=I/S$，当为矩形截面时，$z=2h/3$；

h，I，S——分别为截面高度、惯性矩和面积矩。

当不满足时，可按下述方法考虑其配筋影响。

［方法二］ 按构造设置竖向抗剪钢筋以与原水平纵筋形成竖向的方格网片，即可仿照钢筋混凝土深受弯构件斜截面受剪公式计算

当 $\frac{h_w}{b}\leqslant 4$ 时，

$$V \leqslant \frac{1}{60}(10+l_0/h)fbh_0 \tag{4-177}$$

当 $\frac{h_w}{b}\geqslant 6$ 时，

$$V \leqslant \frac{1}{60}(7+l_0/h)fbh_0 \tag{4-178}$$

当 $4\leqslant\frac{h_w}{b}\leqslant 6$ 时，按线性内插法取值，以验算最小截面尺寸。

式中 l_0——计算跨度，当 $l_0<2h$ 时取 $l_0=2h$；连梁 $l_0=l_n$；

h_0，h_w——分别为截面有效高度和腹板高度；当为矩形截面时，取 $h_w=h_0$。

集中荷载下的深受弯构件受剪承载力按下式计算

$$V \leqslant \frac{1.75}{\lambda+1}f_t bh_0+\frac{(l_0/h-2)}{3}f_{yv}\frac{A_{sv}}{s_v}h_0+\frac{(5-l_0/h)}{6}f_{yh}\frac{A_{sh}}{s_h} \tag{4-179}$$

式中 λ——计算剪跨比，当 $l_0/h\leqslant 2.0$ 时，取 $\lambda=0.25$；当 $2.0<l_0/h<5.0$ 时，取 $\lambda=a/h_0$，a 为剪跨，此处应算至支座边缘；λ 上下限分别为 $(0.92l_0/h-1.58)$ 和 $(0.42l_0/h-0.58)$；

f_t——砌体抗拉强度设计值，此处用 f_v 代替之；

A_{sv}，s_v——竖向抗剪钢筋截面面积及其沿墙长的间距；

A_{sh}，s_h——水平抗剪钢筋截面面积及其沿墙高的间距。

［方法三］ 当沿连梁长均匀布置竖向钢筋后，可按式（4-165）计算。其中沿梁跨方向轴力 $N=0$，故 $\sigma_0=0$；高宽比取为 l_n/h；A_s 为竖向钢筋截面之总面积，其配筋率 $\rho_s=A_s/bl_n$ 应不小于 0.07%且不大于 0.17%；l_n 为连梁的跨度。

［方法四］ 文献［37］给出根据英国规范 BS 5628 第 25.1.1 条关于墙体平面内受剪承载力的计算公式如下，在此可将其用于水平配筋的连梁抗剪。

$$v \leqslant f_v/\gamma_{mv} \tag{4-180}$$

式中 v——由设计荷载产生的剪应力，$v=V/Lt$；

L，t——墙长度及厚度。

若能满足，可采取适当构造措施；否则应按该规范第 25.1.2 条公式计算配筋[37]。

当配置水平钢筋（相当于连梁的竖向钢筋以用于抗剪）时，

$$\frac{A_{sv}}{s_v} \geqslant \frac{t(v-f_v/\gamma_{mv})\gamma_{ms}}{f_y} \tag{4-181}$$

式中 A_{sv}——水平钢筋（实为连梁之竖向抗剪钢筋）截面积；

s_v——A_{sv} 沿墙高方向的水平钢筋（实为连梁跨长竖向钢筋）间距。

其余符号同前。

（2）竖向配筋砖砌体剪力墙截面设计

1）正截面承载力计算

［方法一］

① 计算方法：参照混凝土砌块配筋砌体剪力墙公式（4-49）～公式（4-61），但应作下述处理：

a. 界限破坏时的 ξ_b 为砖砌体之 0.55（HPB235 时）和 0.437（HRB335 时）；

b. 以砖砌体抗压强度设计值 f 取代 f_g；

c. 竖向分布钢筋（要求截面腹板内不少于 4 根）抗压强度 $f'_{si}=0.8f'_y$（参考英国规范 BS 5628 系数 0.83 并考虑各分布筋应变不均匀性），抗拉强度 $f_{si}=f_y$（大偏压时）或 σ_{si}（小偏压时）；

d. 矩形截面偏压构件正截面承载力计算简图如图 4-28；

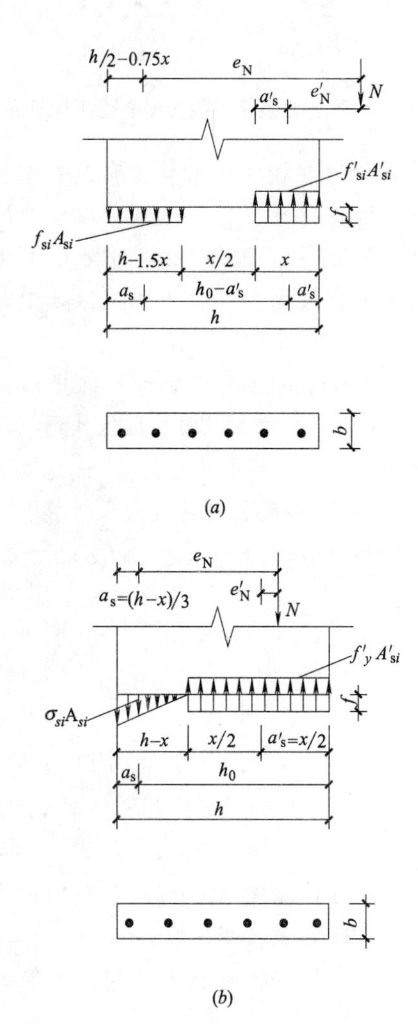

图 4-28　偏心受压构件正截面承载力计算简

e. 大小偏心受压分界线

当大偏压时（图 4-28a），令

$$a_s=\frac{h-1.5x}{2}\qquad a'_s=\frac{x}{2}$$

则
$$h_0=\frac{h}{2}+0.75x \tag{4-182}$$

对于 HPB235 钢筋，当 $x\leqslant\xi_b h_0=0.55h_0=0.275h+0.4125x$，即 $x\leqslant0.47h$ 时，为大偏心受压；当 $x>0.47h$ 为小偏心受压。

对于 HRB335 钢筋，当 $x\leqslant0.437h_0=0.219h+0.328x$，

即 $x\leqslant0.326h$ 为大偏心受压；当 $x>0.326h$ 为小偏心受压。

当小偏压时（图 4-28b），因拉区（或受压应力较小一侧）分布筋未屈服，故 $f_{si}=\sigma_{si}$，各 σ_{si} 按三角形分布。令 $a_s=\dfrac{h-x}{3}$，$a'_s=\dfrac{x}{2}$，

则
$$h_0=\frac{2}{3}h+\frac{x}{3} \tag{4-183}$$

对于 HPB235 钢筋，当 $x>\xi_b h_0=0.55\left(\dfrac{2}{3}h+\dfrac{x}{3}\right)$，即 $x>0.45h$ 时，为小偏心受压。

对于 HRB335 钢筋，当 $x>0.45h_0=0.3h+0.15x$，即 $x\leqslant0.35h$ 为小偏心受压。

由图 4-28（b）导出的 $\xi_b=0.45$ 与 0.35，分别为图 4-28（a）导出的 0.47 与 0.34 的 0.957 倍和 1.03 倍，其误差在−4.3%与+3%之间，故可统一按 $\xi_b=0.47$（HPB235）和 $\xi_b=0.34$（HRB335）来划分。

② 矩形截面偏心受压计算

a. 大偏心受压（图 4-28a）

$$N\leqslant fbx+\sum f'_{si}A'_{si}-\sum f_{si}A_{si}$$

即
$$N\leqslant fbx+0.8f'_y\sum A'_{si}-f_y\sum A_{si} \tag{4-184}$$

$$Ne_N\leqslant fbx(h_0-x/2)+0.8f'_y\sum S'_{si}$$

即
$$Ne_N\leqslant fbx(h/2+0.25x)+0.8f'_y\sum S'_{si} \tag{4-185}$$

式中　A'_{si}，A_{si}——分别为压区 x 和拉区（$h-1.5x$）范围单根竖向分布筋截面积，一般 $A'_{si}=A_{si}$；

$\sum A'_{si}$及$\sum A_{si}$——分别为压区和拉区竖向分布钢筋总截面积。设间距为 s_s，则$\sum A'_{si}=\dfrac{x}{s_s}A'_{si}$，

$$\sum A_{si}=(h-1.5x)\frac{A_{si}}{s_s}$$

s'_{si}——压区第 i 根竖向分布筋对拉区竖向分布筋截面重心的面积矩。压区分布筋总面积矩为

$$\sum S'_{si}=\sum A'_{si}(h/2+0.25x) \tag{4-186}$$

e_N——轴力作用点至拉区分布筋合力作用点之间的距离

$$e_N=e+e_a+0.75x \tag{4-187}$$

e——轴力的初始偏心矩，$e=M/N$，当 $e<0.05h$ 时取

为 0.05h；

e_a——附加偏心矩，

$$e_a=\frac{\beta^2 h}{2200}(1-0.022\beta) \quad (4\text{-}188)$$

β——构件高厚比，$\beta=\frac{H_0}{h}$；

h——平面内偏心方向的截面高度，取等于墙长。

b. 小偏心受压（图 4-28b）：假定拉区竖向分布筋 A_{si} 的拉应力 σ_{si} 沿拉区高度呈三角形分布。其合力为 $\frac{1.5\sigma_s}{2}\sum A_{si}=0.75\sigma_s\sum A_{si}$，并作用于其形心（即距拉区边缘 a_s）处，式中 σ_s 为形心处的受拉钢筋应力。

则 $$N\leqslant fbx+0.8f'_y\sum A'_{si}-0.75\sigma_s\sum A_{si} \quad (4\text{-}189)$$

$$Ne_N\leqslant fbx(h_0-x/2)+0.8f'_y\sum A'_{si}(h_0-x/2)$$

即 $$Ne_N\leqslant(fbx+0.8f'_y\sum A'_{si})(2h/3-x/6) \quad (4\text{-}190)$$

式中 σ_s——拉区分布筋位于距拉区边缘 a_s 处的应力，按下式计算，并代入（4-183）式即得：

$$\sigma_s=\frac{f_y}{\xi_b-0.8}\left(\frac{x}{h_0}-0.8\right)=\frac{f_y}{\xi_b-0.8}\left(\frac{3x}{2h+x}-0.8\right) \quad (4\text{-}191)$$

ξ——相对压区高度，按下式计算

$$\xi=\frac{x}{h_0}=\frac{N-\xi_b fbh_0}{\dfrac{Ne_N-0.43fbh_0^2}{(0.8-\xi_b)(h_0-a'_s)}+fbh_0}+\xi_b \quad (4\text{-}192)$$

将式（4-183）及 $a'_s=x/2$ 代入上式得

$$\xi=\frac{x}{h_0}=\frac{3x}{2h+x}$$
$$=\frac{N-\xi_b fb(2h/3+x/3)}{\dfrac{Ne_N-0.43fb(2h/3+x/3)^2}{(0.8-\xi_b)(2h/3-x/6)}+fb(2h/3+x/3)}+\xi_b \quad (4\text{-}193)$$

e_N——拉区分布筋合力作用点至轴力 N 的距离，按下式计算

$$e_N=e+e_a+\frac{h}{6}+\frac{x}{3} \quad (4\text{-}194)$$

③ T 形、倒 L 形及工字形截面偏心受压计算

a. 在矩形截面计算公式（4-182）～公式（4-194）基础上，加入压区翼缘砌体及压区翼缘竖向分布筋的抗力即可得出计算公式。式中令压区翼缘分布筋之合力为 $f'_yA'_s$。为简化计算并偏于安全，拉区翼缘内的分布筋（即位于距外边缘 a_s 的 $\sum A_{si}=A_s$）可以略而不计。取 $h_0=h-h_f/2$，$h'_f=h_f$ 和 $a'_s=a_s=h_f/2$。截面计算简图如图 4-29 所示。

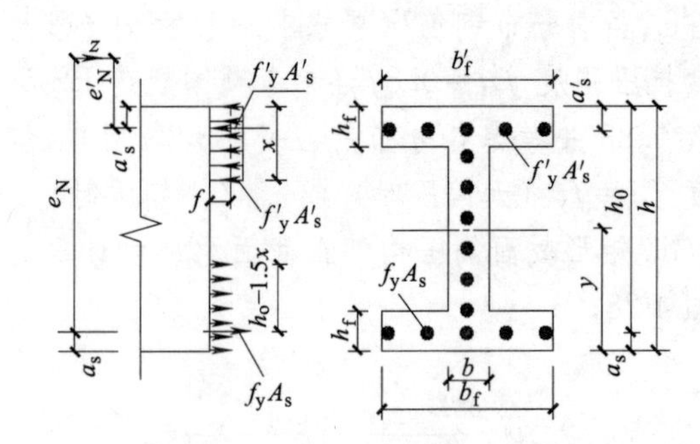

图 4-29 T 形倒 L 及 I 形截面偏心受压计算简图

b. 当翼缘和腹板相交系整体砌筑并有拉墙筋加强连接或沿高设置中距不大于 1.2m 的配筋砖带（截面高≥60mm，配筋≥2ϕ12）时，可考虑两者共同工作。翼缘宽度 b'_f 及 b_f 按表 4-8 中最小值采用。

c. 当 $x\leqslant b'_f$ 时，应按宽度为 b'_f 的矩形截面计算；当 $x>b'_f$ 时，应考虑腹板的压区作用（即按第二类 T 形截面）。

d. 第二类 T 形截面大偏心受压计算

$$N\leqslant f[bx+(b'_f-b)h'_f]+f'_yA'_s+\sum f'_{si}A'_{si}-\sum f_{si}A_{si}$$

即 $$N=f[bx+(b'_f-b)h'_f]+f'_y(A'_s+0.8\sum A'_{si})-f_y\sum A_{si} \quad (4\text{-}195)$$

$$Ne_N\leqslant f[bx(h_0-x/2)+(b'_f-b)h'_f(h_0-h'_f/2)]+f'_yA'_s(h_0-a'_s)+0.8f'_y\sum S'_{si}-f_y\sum S_{si} \quad (4\text{-}196)$$

式中 A'_s——压区翼缘（b'_f-b）宽范围内竖向分布筋截面积总和；

$\sum A'_{si}$——压区腹板范围内竖向分布筋截面积总和，当间距为 s_s 时，$\sum A'_{si}=\frac{x}{s_s}A'_{si}$；

$\sum A_{si}$——拉区腹板范围内竖向分布筋截面积总和，$\sum A_{si}=\frac{(h_0-1.5x)}{s_s}A_{si}$；

$\sum S_{si}$——拉区范围内各竖向分布筋对 A_s 重心的面积矩总和，

$$\sum S_{si}=\sum A_{si}(h_0-1.5x)/2 \quad (4\text{-}197)$$

$\sum S'_{si}$——压区范围内各竖向分布筋对 A_s 重心的面积矩总和，

$$\sum S'_{si}=\sum A'_{si}(h_0-x/2) \quad (4\text{-}198)$$

e_N——轴力作用点至A_s重心的距离，

$$e_N=e+e_a+(y-a_s)=e+e_a+y-\frac{1}{3}(h-x) \quad (4\text{-}199)$$

y——截面重心轴至拉边缘的距离$\left(\text{当为上下对称的工字形截面，}y=\frac{h}{2}\right)$。

其余符号同矩形截面公式。

e. 第二类T形截面小偏心受压计算　拉区$(h-x)$范围内的A_{si}的σ_{si}按图4-30的三角形分布。

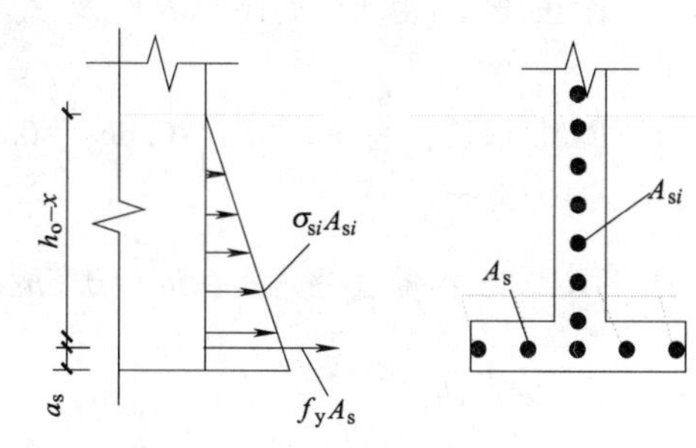

图4-30　拉区分布筋的内力分布

$$N\leqslant f[bx+(b_f'-b)h_f']+f_y'(A_s'+0.8\sum A_{si}')-\frac{\sigma_s}{2}\sum A_{si} \quad (4\text{-}200)$$

$$Ne_N\leqslant f[bx(h_0-x/2)+(b_f'-b)h_f'(h_0-h_f'/2)]+f_y'[A_s'(h_0-h_f'/2)+0.8\sum S_{si}']-0.5\sigma_s\sum S_{si} \quad (4\text{-}201)$$

式中
$$S_{si}'=(h_0-x/2)\sum A_{si}' \quad (4\text{-}202)$$

$$S_{si}=\frac{1}{3}(h_0-x)\sum A_{si} \quad (4\text{-}203)$$

σ_s——拉区钢筋A_s应力，按（4-59）计算；

e_N——按公式（4-199）计算。

[方法二]　文献［47］查表法，详见表4-26和表4-27。

在前述网状配筋和纵向水平配筋砖砌体剪力墙连梁抗弯计算之［方法一］中，已有具体的计算公式与步骤，但此处的竖向配筋砌体剪力墙偏心受压正截面承载力计算与前述连梁的区别仅在于$N\neq0$。

[方法三]　文献［37］给出了下述两个方法

方法A

$$N\leqslant N_d=\beta\left(\frac{f_kA_m}{\gamma_{mm}}+\frac{0.83f_yA_s}{\gamma_{ms}}\right) \quad (4\text{-}204)$$

式中　N_d——设计轴向强度（即截面轴向抗力）；

β——承载力折减系数，详见表4-30；

f_k——砖砌体抗压强度标准值（表4-28）；

A_m——砖砌体截面积；

γ_{mm}——砖砌体分项安全系数（表4-24）；

f_y——钢筋抗拉强度标准值（表4-25）；

A_s——钢筋截面积；

γ_{mm}——钢筋分项安全系数（表4-24）。

承载力折减系数β（摘自BS 5628）　表4-30

长细比 h_{ef}/t_{ef}	墙顶偏心距e_x			
	$0.05t$	$0.1t$	$0.2t$	$0.3t$
0*	1.00	0.88	0.66	0.44
6*	1.00	0.88	0.66	0.44
8*	1.00	0.88	0.66	0.44
10*	0.97	0.88	0.66	0.44
12*	0.93	0.87	0.66	0.44
14	0.89	0.83	0.66	0.44
16	0.83	0.77	0.64	0.44
18	0.77	0.70	0.57	0.44
20	0.70	0.64	0.51	0.37
22	0.62	0.56	0.43	0.30
24	0.53	0.47	0.34	
26	0.45	0.38		
27	0.40	0.33		

注：1. 允许在偏心距和长细比间用线性插入法；
2. 不需考虑偏心距小于等于$0.05t$的影响；
3. 有*者属于短柱；
4. β的推导见英国规范BS 5628附录B；
5. t、t_{ef}、h_{ef}分别为：墙厚度、墙有效厚度和墙有效高度（当对剪力墙平面内时t、t_{ef}皆为墙长）；
6. 当$e_x>0.5t$时，可仅按受弯计算。

方法B　当考虑由竖向荷载因侧向挠曲而引起的附加弯矩M_a时，其计算公式为

$$M_a=Nh_{ef}^2/2000t \quad (4\text{-}205)$$

式中　N——设计轴向荷载；

h_{ef}——墙有效高度；

t——弯曲平面内墙的长度。

2）竖向配筋砌体剪力墙斜截面抗剪承载力计算

[方法一]　不考虑竖向钢筋的销栓抗剪作用而按无筋砌体偏心受压构件抗剪承载力计算公式（4-162）、公式（4-163）与公式（4-164）计算，式中$A_{sh}=0$。当不满足而需配置横向抗剪钢筋A_{sh}时，则按该式计算，直至满足为止。

[方法二]　计算公式详式（4-165），惟式中$A_s=0$。当无筋砌体不能满足抗剪要求时，应增设水平抗剪分布筋A_s，再按该式计算，直至满足

为止。

[方法三] 计算公式详式（4-166）及公式（4-167），取式中 $A_{sv}=0$。当不能满足时，应增设水平抗剪钢筋 A_{sv}，再按该式计算，直至满足为止。

3）竖向配筋砖砌体剪力墙连梁抗弯承载力计算

前述网状配筋和纵向水平配筋砌体剪力墙连梁抗弯计算的三种方法，均可用于竖向配筋砌体剪力墙连梁计算。该两种剪力墙沿墙长（也即沿连梁跨）和沿墙高（也即沿连梁高）配筋皆均匀分布，且将沿水平缝方向与垂直灰缝方向的砌体抗压强度以及两个方向的抗剪强度相同取值，以简化计算。其区别在于两者受力主筋互相垂直，计算中应予注意。当承载力不足时，可增设某方向所缺少的钢筋，从而组成方格网片，但应由计算确定。

4）竖向配筋砖砌体剪力墙连梁抗剪承载力计算

前述网状配筋和纵向水平配筋砌体剪力墙连梁抗剪计算的四种方法同样适用于竖向配筋砌体剪力墙连梁。两种剪力墙连梁配筋方式之异同及计算中应注意的问题与连梁抗弯类似。

（3）钢筋混凝土或砂浆面层及夹层组合砖砌体剪力墙截面设计

1）正截面承载力计算

因面层内钢筋系方格网或钢板网，故可视为网状配筋（或纵向水平配筋）与竖向配筋的组合形式。于是该两种剪力墙的计算方法均能适合本剪力墙，但应补充面层（或夹层）混凝土或砂浆的抗力项。

[方法一]

① 计算方法　同竖向配筋砖砌体剪力墙的[方法一]，但应作下述处理

a. 加入面层（或夹层）混凝土或砂浆抗力；

b. 引入受压钢筋强度系数 η_s：混凝土面层（或夹层）取 1.0；砂浆面层取 0.9；

c. 界限相对受压区高度 ξ_b；混凝土为 0.614（HPB235）和 0.55（HRB335）；砖砌体为 0.55（HPB235）和 0.437（HRB335）。虽然面层厚度较砖砌体小很多，但其弹性模量却高若干倍。通过界面的粘结与钢筋网片和拉结筋的约束作用而与砖墙共同工作，从而使砖砌体截面的极限压应变有所提高。于是在满足变形协调的前提下，为计算方便，将组合墙截面的 ξ_b 统一调整为 0.6（HPB235）和 0.5（HRB335）；

d. 大小偏心受压的分界限

当大偏心时，由图 4-16（a）及式（4-182），

对于 HPB235 钢筋，当 $x\leqslant\xi_b h_0=0.6h_0=0.3h+0.45x$，即 $x\leqslant0.545h$ 时为大偏心受压；当 $x>0.545h$ 时为小偏心受压。

对于 HRB335 钢筋，当 $x\leqslant\xi_b h_0=0.5h_0=0.25h+0.375x$，即 $x\leqslant0.4h$ 为大偏心受压；当 $x>0.4h$ 时为小偏心受压。

当小偏压时，由图 4-16（b）及式（4-183）得

对 HPB235 钢筋：当 $x>\xi_b h_0=0.6h_0=0.4h+0.2x$，即 $x>0.5h$

对于 HRB335 钢筋：当 $x>\xi_b h_0=0.5h_0=\frac{1}{3}h+\frac{1}{6}x$，即 $x>0.4h$。

比较按图 4-16（a）与（b）所导出的 ξ_b：当为 HRB335 时均为 0.4；当为 HPB235 时（a）图 ξ_b 为（b）图的 0.545/0.4=1.09 倍。根据砌体对两种钢筋的 ξ_b 分别为 0.55 与 0.437，其比值为 1.26 的关系，今采取 0.5（HPB235）和 0.4（HRB335），其比值为 1.25。须注意，后者 $\xi_b=x/h_0$。

e. 截面计算简图　在图 4-28 基础上，给出组合砖砌体剪力墙偏心受压正截面承载力计算简图如 4-31。

② 矩形截面偏心受压计算

a. 大偏心受压，图 4-31（a）

$$N\leqslant fbx+f_c t_c x+\sum f'_{si}A'_{si}-\sum f_{si}A_{si}$$

即 $$N\leqslant(fb+f_c t_c)x+0.8f'_y\sum A'_{si}-f_y\sum A_{si} \tag{4-206}$$

$$Ne_N\leqslant(fbx+f_c t_c x)(h_0-x/2)+0.8f'_y\sum S'_{si}$$

即 $$Ne_N\leqslant(fb+f_c t_c)x(h/2+0.25x)+0.8f'_y\sum S'_{si} \tag{4-207}$$

式中 f_c——面层混凝土（或砂浆）的抗压强度设计值（砂浆取同强度等级混凝土的 70%；当砂浆为 M15 时取 5.2MPa，M10 时取 3.5MPa，M7.5 时取 2.6MPa）；

t_c——混凝土或砂浆面层双面总厚度，砂浆面层单面厚 30～50mm，超过 45mm 则应采用混凝土；

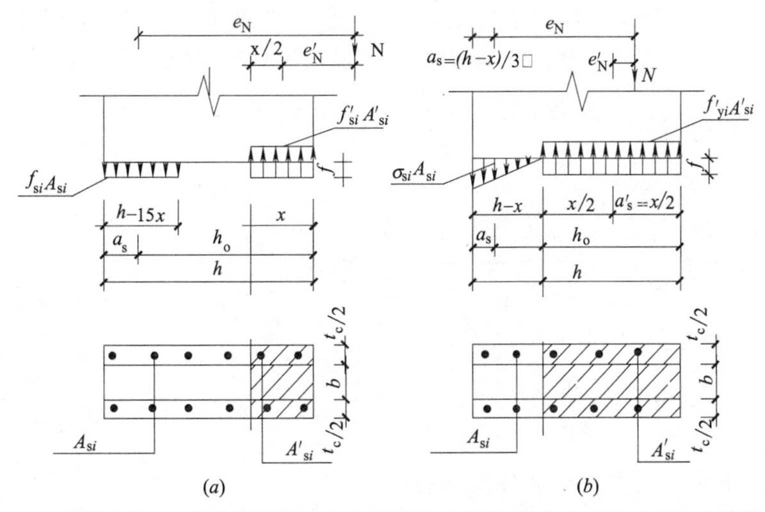

图 4-31　配筋混凝土或砂浆面层组合砖砌体剪力墙偏心受压正截面承载力计算简图

(a) 大偏心受压；(b) 小偏心受压

A'_{si}，A_{si}——总厚度为 t_c 的面层中，沿墙长每 S_s 间距内受压和受拉竖向分布筋截面积；

f'_{si}、f_{si}——分别为受压钢筋及受拉钢筋强度，$f'_{si}=0.8f'_y$，$f_{si}=f_y$（大偏心受压时）或 σ_{si}（小偏心受压时），当为砂浆面层时，f'_y 应乘以受压钢筋强度系数 $\eta_s=0.9$；

$\Sigma S'_{si}$——压区竖向分布筋对拉区竖向分布筋重心的总面积矩。

其余各符号同式（4-184）及式（4-185）。

b. 小偏心受压，图 4-30（b），

由式（4-189）及式（4-190）得

$$N\leqslant(fb+f_ct_c)x+0.8\eta_sf'_y\Sigma A'_{si}-0.75\sigma_s\Sigma A_{si} \tag{4-208}$$

$$Ne_N\leqslant[(fb+f_ct_c)x+0.8\eta_sf'_y\Sigma A'_{si}]\left(\frac{2}{3}h-\frac{x}{6}\right) \tag{4-209}$$

式中　σ_s——位于距拉区边缘 a_s 处的拉区分布筋应力，按公式（4-191）计算，其中之 x 按式（4-193）计算。

其余各符号同式（4-206）与式（4-207）。

③ T 形、倒 L 形和 I 字形截面偏心受压计算

a. 与竖向配筋砌体构件 T 形、倒 L 形和 I 字形截面偏心受压计算相似，仅增加了面层厚度，且当为 I 字形截面时，其翼缘之 $a_s=a'_s=\dfrac{h'_f+t_c}{2}$，其余均相同，详图 4-32。

b. 当 $x\leqslant(h'_f+t_c)$ 时应按宽度为 b'_f 的矩形截面计算；当 $x>(h'_f+t_c)$ 时应按中和轴在腹板内的第二类 T 形截面计算。

c. 第二类 T 形截面大偏心受压计算

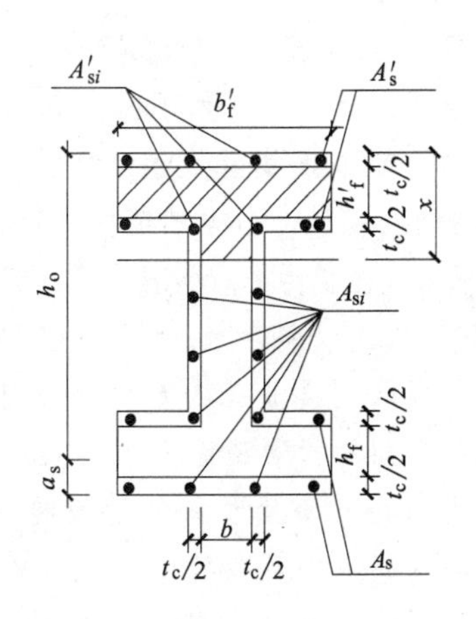

图 4-32　T 形、倒 L 形和 I 形截面偏心受压计算简图

$$N\leqslant f[b(x-t_c/2)+(b'_f-b)h'_f]+f_c[(x-h'_f-t_c)t_c+(b'_f-b/2)t_c]+\eta_sf'_y(A'_s+0.8\Sigma A'_{si})-f_y(A_s+\Sigma A_{si}) \tag{4-210}$$

$$Ne_N\leqslant f\left[b\left(x-\frac{t_c}{2}\right)\left(h-\frac{h'_f}{2}-\frac{t_c}{4}-\frac{x}{2}\right)+(b'_f-b)h'_f(h-h'_f-t_c)\right]+f_ct_c\left[(x-h'_f-t_c)\left(h-h'_f-t_c-\frac{x}{2}\right)+\left(b'_f-\frac{b}{2}\right)(h-h'_f-t_c)\right]+\eta_sf'_y[A'_s(h-h'_f-t_c)+0.8\Sigma S'_{si}]-f_y\Sigma S_{si} \tag{4-211}$$

式中各符号意义同矩形截面。

d. 第二类 T 形截面小偏心受压计算

$$N\leqslant f[b(x-t_c/2)+(b'_f-b)h'_f]+f_ct_c[(x-h'_f-t_c)+(b'_f-b/2)]+$$

$$\eta_s f'_y(A'_s+0.8\sum A'_{si})-\sigma_s(A_s+0.5\sum A_{si}) \tag{4-212}$$

$$Ne_N \leqslant f\Big[b\Big(x-\frac{t_c}{2}\Big)\Big(h-\frac{h'_f}{2}-\frac{t_c}{4}-\frac{x}{2}\Big)+(b'_f-b)h'_f(h-h'_f-t_c)\Big]+f_c t_c\Big[(x-h'_f-t_c)\Big(h-h'_f-t_c-\frac{x}{2}\Big)+\Big(b'_f-\frac{b}{2}\Big)(h-h'_f-t_c)\Big]+\eta_s f'_y[A'_s(h-h'_f-t_c)+0.8\sum S'_{si}]-0.5\sigma_s\sum S_{si} \tag{4-213}$$

④ 当为钢筋混凝土或砂浆夹层组合砖砌体剪力墙（如图 2-29a）时，截面设计与上述面层组合砖砌体剪力墙完全相同。

⑤ 当面层（或夹层）配置如图 2-8（f）的钢板网（扩张网）时，可有如下三种方式：

a. 当剪力墙以正截面受力为主要破坏形式时，应按钢板网网孔长轴与剪力墙竖向平行放置，网丝在竖向的投影截面积为 $A_{s1}\cos(\theta/2)$，θ 为网丝锐角；

b. 当剪力墙以斜截面受力为主要破坏形式时，应按钢板网网孔长轴与剪力墙水平向平行放置，网丝在竖向的投影截面积为 $A_{s1}\sin(\theta/2)$；

c. 当剪力墙正截面和斜截面均要求较大的截面抗力时，可将钢板网网孔长轴沿竖向和水平向复合放置，以构成两方向相同或相近（当采用不同规格时）的配筋率。此时，任一方向的网丝投影截面积为上述两种的叠加。

[方法二] 与竖向均匀配筋砖砌体剪力墙之[方法二] 类似，其间区别与本小节 [方法一] 一样。

2) 斜截面承载力计算

[方法一] 由式（4-162）～式（4-164），考虑面层或夹层的抗力，于是有

$$V \leqslant 0.25(fbh+f_c t_c h) \tag{4-214}$$

$$V \leqslant \frac{1}{\lambda-0.5}\Big(0.6f_v bh_0+0.5f_t t_c h_0+0.12N\frac{A_w}{A}\Big)+0.9f_{yh}\frac{A_{sh}}{s}h_0 \tag{4-215}$$

$$\lambda=\frac{M}{Vh_0} \tag{4-216}$$

式中 f_t——面层混凝土（或砂浆）的抗拉强度设计值，可近似取 $f_t=0.1f_c$；

其余各符号详式（4-162）～式（4-164）的符号说明。

[方法二] 由式（4-165），考虑面层或夹层混凝土或砂浆抗力，于是有

$$V \leqslant (f_v+\alpha\mu\sigma_0)A_m+\frac{1}{\lambda-0.5}\Big(0.5f_t t_c h_0+0.13N_c\frac{A_{w.c}}{A}\Big)+\zeta_s f_y A_s \tag{4-217}$$

式中 A_m及$A_{w.c}$——分别为砌体水平截面积和腹板混凝土（或砂浆）面层截面积；

σ_0——永久荷载引起的平均压应力设计值；

N_c——永久荷载在面层（或夹层）截面内引起的轴力设计值，$N_c=N-N_m$，并近似按截面面积比进行分配。

其余各符号详见式（4-165）。

[方法三] 由式（4-166）将面层（或夹层）截面按弹模量比 E_c/E 折算为当量砌体，式中 bd 为$(b+t_cE_c/E)d$，然后按砌体抗剪强度近似计算，既简化又偏安全。于是有

$$V \leqslant \frac{d}{S_v}\Big[\Big(A_{sv}\frac{f_{yv}}{\gamma_{ms}}\Big)+\Big(b+\frac{E_c}{E}t_c\Big)\frac{d\,f_v}{\gamma_{mv}}\Big] \tag{4-218}$$

式中 b——砌体截面宽度；

t_c——面层（夹层）总厚度；

E_c，E——分别为混凝土（或砂浆）和砌体弹性模量。

其余各符号同式（4-166）符号说明。

3) 连梁抗弯承载力计算

计算方法与网状配筋砖砌体和纵向水平配筋砖砌体剪力墙连梁皆相似，惟须考虑面层（或夹层）的抗弯作用，对此可参见其剪力墙计算。

4) 连梁抗剪承载力计算

[方法一] 借鉴混凝土空心砌块配筋砌体连梁抗剪公式[29]，以 f 代替 f_g。

① 连梁截面应符合下列要求

$$V_b \leqslant 0.25(fb+f_c t_c)h_0 \tag{4-219}$$

② 连梁斜截面受剪承载力应按下式计算

$$V_b \leqslant 0.8f_v bh_0+\frac{1.75}{\lambda+1}f_t t_c h_0+f_{yv}\frac{A_{sv}}{s}h_0 \tag{4-220}$$

式中 λ——剪跨比，$\lambda=\dfrac{M}{Vh_0}$并应满足$1.5\leqslant\lambda\leqslant2.2$；

h_0——截面有效高度，当连梁上下边无抗弯主筋时，取 $h_0=h$；

f_v，f_t——分别为砌体抗剪及面层混凝土（或砂浆）的抗拉强度设计值。

[方法二] 参见钢筋混凝土深受弯构件斜截面受剪计算公式[23]，并考虑面层（或夹层）抗力。原式中混凝土强度影响系数β_c，因组合砌体材性所决定，不超过C50级，故取为1.0。

① 构件截面应满足下列要求

当$\frac{h_w}{(b+t_c)}\leqslant 4$时，

$$V\leqslant\frac{1}{60}\left(10+\frac{l_0}{h}\right)(fb+f_ct_c)h_0 \quad (4\text{-}221)$$

当$\frac{h_w}{(b+t_c)}\geqslant 6$时，

$$V\leqslant\frac{1}{60}\left(7+\frac{l_0}{h}\right)(fb+f_ct_c)h_0 \quad (4\text{-}222)$$

当$4<\frac{h_w}{(b+t_c)}<6$时，按上二式计算结果线性内插取值。

② 集中荷载下构件截面受剪承载力按下式计算

$$V\leqslant\frac{1.75}{\lambda+1}(f_vb+f_tt_c)h_0+\frac{(l_0/h-2)}{3}f_{yv}\frac{A_{sv}}{s_v}h_0+\frac{(5-l_0/h)}{6}f_{yh}\frac{A_{sh}}{s_h} \quad (4\text{-}223)$$

式中　f_v，f_t——分别为砌体抗剪强度设计值和面层混凝土或砂浆抗拉强度设计值。

l_0——取连梁净跨l_n。

其余各符号详式（4-177）～式（4-179）符号说明。

[方法三] 参照文献［29］式（10.3-1），令$\gamma_{RE}=1.0$，$f_{vE}=f_v+\alpha\mu\sigma_0$，因$N=\sigma_0=0$，考虑面层抗力，故有

$$V\leqslant f_vbh_0+f_tt_ch_0+\zeta_sf_yA_s \quad (4\text{-}224)$$

式中　ζ_s——钢筋参与工作系数（详表4-23）；

A_s——连梁面层内沿跨长分布的全部竖向钢筋截面积之总合。

其余符号说明同前。

[方法四] 同式（4-146）。其中d为连梁截面有效高度，当上下边缘未配抗弯主筋时，$d=h$，h为梁截面高度。A_{sv}为连梁面层（或夹层）内沿跨长按s_v间距排列的一排抗弯钢筋截面积。其余同式（4-146）。

（4）带构造柱组合砖剪力墙截面设计

1）基本原则

带构造柱组合砖剪力墙可分为无洞和开洞墙两大类。前者可按独立悬臂墙计算，后者则视其开洞情况而分别按小开口墙和联肢墙甚至壁式框架计算。位移计算时可将构造柱混凝土按弹性模量比折算为当量砌体，但计算其折算截面几何特征值时，仍应保持原有截面高度（即沿墙长方向的长度）而仅扩大其相应位置的宽度。截面承载力计算时，应按组合截面实际状况进行而不再折算。

2）正截面承载力计算

将墙端构造柱纵筋视为A_s和A'_s。中部构造柱（应多于1根且不在截面重心轴附近处）的全部纵筋总和，按墙长均匀分布为单位长度的分布钢筋A_{s1}和A'_{s1}。包括端柱在内的全部构造柱截面按墙长均匀分布而得出当量面层，其厚度每面$t_c/2$。取$a_s=a'=120$mm（当端构造柱截面为240mm高时）。于是可按混凝土空心砌块配筋砌体墙或钢筋混凝土或砂浆面层及夹层组合砖墙的公式进行计算。取界限压区高度系数$\xi_b=0.55$（对HPB235）和$\xi_b=0.437$（对HRB335）为判断大小偏心的标准。计算时计入当量面层，考虑到截面h较大而可忽略二阶弯矩影响的轴力偏心距增大系数η。

① 矩形截面偏心受压

a. 大偏心受压

参见图4-28，增加墙端的A_s及A'_s，以A_{s1}、A'_{s1}取代A_{si}、A'_{si}，取$f'_{s1}=0.8f'_{y1}$、$f_{s1}=f_{y1}$。则有

即

$$N\leqslant fbx+f_ct_cx+f'_yA'_s+f'_{s1}A'_{s1}x-f_yA_s-f_{s1}(h_0-1.5x)A_{s1}$$

$$N\leqslant(fb+f_ct_c+0.8f'_{y1}A'_s+1.5f_{y1}A_{s1})x+f'_yA'_s-f_yA_s-f_{y1}A_{s1}h_0 \quad (4\text{-}225)$$

$$Ne_N\leqslant(fb+f_ct_c)x\left(h_0-\frac{x}{2}\right)+f_y{}'A_s{}'(h_0-a_s{}')+0.8f_{y1}{}'A_{s1}{}'\left(h_0-\frac{x}{2}\right)x-f_{y1}A_{s1}\frac{(h_0-1.5x)^2}{2} \quad (4\text{-}226)$$

式中　t_c——构造柱混凝土沿墙长均匀的折算当量面厚总厚度。

$$t_c=\frac{\sum_1^n A_{ci}}{L} \quad (4\text{-}227)$$

式中　$\sum_1^n A_{ci}$，L——全部构造柱截面积和墙长（即墙截面高度h）；

A_{s1}，A'_{s1}——除两端柱外的所有中间构造柱

钢筋截面积$\sum A_{s.c}$沿墙长均匀分布的折算截面积。此处$A_{s1}=A'_{s1}$，单位为mm^2/mm。

$$A_{s1}=A'_{s1}=\frac{\sum A_{s.c}}{L} \tag{4-228}$$

h_0——截面有效高度，$h_0=h-a_s$。

e_N——轴力N至拉区钢筋合力作用点间的距离，$e_N=e+e_a+\frac{h}{2}-a_s$；

f_{y1}，f'_{y1}——分别为除端柱外的墙中柱抗拉和抗压强度设计值。

当按构造设置构造柱根数、位置、截面尺寸、纵向钢筋及其强度后，则上式即成为剪力墙强度校核的计算公式。

b. 小偏心受压 参见公式（4-189），可得

$$N\leqslant fbx+f_ct_cx+0.8f'_{y1}A'_{s1}x+f'_{y1}A'_s-\sigma_sA_s-0.75\sigma_{s1}A_{s1}(h_0-x)$$

即

$$N\leqslant(fb+f_ct_c+0.8f'_{y1}A'_s+0.75\sigma_{s1}A_{s1})x+f'_yA'_s-\sigma_sA_s-0.75\sigma_{s1}A_{s1}h_0 \tag{4-229}$$

$$Ne_N\leqslant(fb+f_ct_c+0.8f'_yA'_{s1})x(h_0-x/2)+f'_yA'_s(h_0-a'_s)-0.25\sigma_{s1}A_{s1}(h_0-x)^2 \tag{4-230}$$

式中 σ_s——拉区钢筋A_s之应力，$\sigma_s=\frac{f_y}{\xi_b-0.8}\left(\frac{x}{h_0}-0.8\right)$；

σ_{s1}——拉区分布筋A_{s1}应力沿拉区高度(h_0-x)呈三角形分布时，其形心处的拉应力。根据应变分布规律有，$\sigma_{s1}=\frac{2}{3}\sigma_s$。

其余符号同前。

② T形、倒L形和I形截面

在矩形截面计算公式基础上，考虑压区翼缘参加工作。第二类T形计算公式可参考公式(4-210)～公式（4-213）。

③ 矩形截面出平面偏心受压同样可分为大偏心受压和小偏心受压两种情况。其计算方法详见5.5之5（3）。

3）斜截面承载力计算

① 截面最小尺寸限值

参照文献［29］之公式（10.4.3-1）和公式(10.4.3-2)，但取$\gamma_{RE}=1.0$，以f取代f_g，则当

$$\left.\begin{array}{l}\lambda>2\text{时}, V\leqslant0.25fbh\\ \lambda\leqslant2\text{时}, V\leqslant0.20fbh\end{array}\right\} \tag{4-231}$$

式中 V——剪力墙计算截面剪力设计值；

f——砖砌体抗压强设计值，为简化计算并偏安全，式（4-231）中不考虑构造体柱对砌体抗压强度的提高作用；

b，h——包括构造柱在内，但不予以折算的剪力墙截面宽度与高度。

② 截面受剪承载力计算

参照文献［29］之公式（10.3-2)，取$\gamma_{RE}=1.0$，构造柱中纵筋强度系数0.08改为0.10，$f_{VE}=f_V$，则

$$V\leqslant\eta_cf_v(A-A_c)+\zeta f_tA_c+0.10f_yA_s \tag{4-232}$$

式中 η_c——墙体约束修正系数，一般情况取1.0，构造柱间距≤2.8m时取1.1；

f_v——考虑正应力影响后的砌体抗剪强度，详公式（4-44)～公式（4-46)；

A_c——中部构造柱截面面积（对横墙与内纵墙$A_c>0.15A$时，取$0.15A$；外纵墙$A_c>0.25A$时，取$0.25A$)；

ζ——构造柱工作参与系数；居中设一根构造柱时取0.5，多余一根时取0.4；

A_s——中部构造柱纵筋截面总面积$(0.6\%\leqslant\rho\leqslant1.4\%)$；

A——剪力墙毛截面面积（应扣除洞口截面积)；

f_t——构造柱混凝土抗拉强度设计值。

4）连梁抗弯承载力计算

当连梁未配筋时，按文献［29］公式（5.4-1）进行计算。当连梁截面上下配有纵向水平钢筋时，可按网状配筋和纵向水平配筋砌体剪力墙连梁的相同方法计算。

5）连梁抗剪承载力计算

根据配筋与否及配筋形式而分别按素砌体及网状配筋、纵向水平配筋、竖向与水平配筋等不同情况，参照前述相关方法进行计算。

（5）集中式预应力组合砖剪力墙截面设计[37][38][39][40][54][56]

在组合砖剪力墙的构造柱中设置竖向后张法预应力筋并锚固于加大刚度的顶层圈梁上，能显著增强剪力墙的抗侧能力。为使预压应力通过该圈梁对其下砖砌体的弹性地基梁作用最大限度地传给砖砌体，以提高水平荷载作用下的抗弯和抗剪承载力、墙体的变形能力和刚度，减小其水平位移，必须在顶层和各楼层圈梁底与构造柱间预

留≥30mm 厚间隙，待张拉锚固后再以细石混凝土填实，使之成为刚性节点，详图 2-15。此外亦可采用先张法预应力的构造方案，对砌体墙的抗侧能力将有更大的提高。

1）正截面承载力计算

设各构造柱中，预应力筋及其张拉控制应力和实际建立的预应力均相同；在竖向重力荷载施加之后再张拉。计算公式除增加预应力项外，其余同带构造柱组合剪力墙。

① 矩形截面偏心受压

a. 大偏心受压：参照文献［23］第 7.3.4 条和公式（4-225）～公式（4-228），充分反映预应力的影响，可得出下列公式：

$$N \leqslant fbx + f_c t_c x + f'_y A'_s + f'_{y1} A'_{s1} x - (\sigma'_{p0} - f'_{py})(A'_p + A'_{p1} x) - f_y A_s - f_{y1}(h_0 - 1.5x)A_{s1} - \sigma_p A_p - \sigma_p (h_0 - 1.5x) A_{p1}$$

考虑到构造柱非预应力与预应力筋的相同构造条件，故可令

$A_s = A'_s$，$A_{s1} = A'_{s1}$，$-f_y = f'_y$ 及 $A_p = A'_p$，$A_{p1} = A'_{p1}$，$f_{py} = f'_{py}$ 则上式可简化为

$$N \leqslant [fb + f_c t_c + 2.5 f_{y1} A_{s1} + f_{py} A_p + (1.5\sigma_p - \sigma'_{p0}) A_{p1}]x + (f_{py} - \sigma'_{y0} - \sigma_p) A_p - (\sigma_p A_{p1} + f_y A_{s1}) h_0 \tag{4-233}$$

又 $$Ne_N \leqslant (fb + f_c t_c + f'_{y1} A'_{s1}) x (h_0 - x/2) + f'_y A'_s (h_0 - a_s') - (\sigma'_{p0} - f'_{py}) A'_p (h_0 - a'_s) - (\sigma'_{p0} - f'_{py}) A_{p1}' x (h_0 - a_s') - f_y (h_0 - 1.5x)^2 A_{p1}/2 - \sigma_p (h_0 - 1.5x)^2 A_{p1}/2$$

即 $$Ne_N \leqslant (fb + f_c t_c + f'_{y1} A'_{s1}) x (h_0 - x/2) + [f'_y A_s' - (\sigma'_{p0} - f'_{py})(A_p' + A'_{p1} x)](h_0 - a_s') - (f_{y1} A_{s1} + \sigma_p A_{p1})(h_0 - 1.5x)^2/2 \tag{4-234}$$

式中 f'_y、f_y——压区和拉区构造柱中非预应力筋抗压和抗拉强度设计值，$f'_y = -f_y$；

σ_p——构造柱中预应力筋应力，大偏心受压时 $\sigma_p = f_{py}$；

σ'_{p0}——压区构造柱预应力筋合力点处砌体法向应力为零时预应力筋应力，后张法为

$$\sigma'_{p0} = \sigma'_{con} - \sigma_l - \alpha_E \sigma_{pc} \tag{4-235}$$

σ'_{con}——压区预应力筋张拉控制应力，当采用扭矩扳手施加预应力且采用 HRB400 级钢筋与螺丝端杆锚具时，建议 $\sigma'_{con} = (0.5 \sim 0.7) f_{yk}$；

σ_l——预应力筋的预应力损失，按施工或使用阶段取值（后详）；

α_E——钢筋与砌体的弹性模量比；

σ_{pc}——预应力对砌体产生法向应力，式（4-235）中之 σ_{pc} 特指压区预应力钢筋合力点的法向应力，按下式计算：

$$\sigma_{pc} = \frac{N_p}{A_n} \pm \frac{N_p e_{pn}}{I_n} y_n \pm \frac{M_z}{I_n} y_n \tag{4-236}$$

N_p——后张法预应力筋与非预应力筋的合力，

$$N_p = \sigma_{pe} A_p + \sigma'_{pe} A'_p - \sigma_{l5} A_s - \sigma'_{l5} A'_s \tag{4-237}$$

σ_{pe}、σ'_{pe}——分别为拉压区预应力筋有效预应力，$\sigma_{pe} = \sigma_{con} - \sigma_l$，$\sigma'_{pe} = \sigma'_{con} - \sigma'_l$。对预应力组合砌体墙，拉区和压区预应力筋张拉控制应力一般可取 $\sigma_{con} = \sigma'_{con}$，预应力损失 $\sigma_l = \sigma'_l$，故 $\sigma_{pe} = \sigma'_{pe}$；

σ_{l5}、σ'_{l5}——砌体的收缩、徐变引起的拉区和压区预应力筋的预应力损失；

e_{pn}——组合墙净截面重心轴至预应力筋与非预应力合力点的距离，按下式计算：

$$e_N = \frac{\sigma_{pe} A_p y_{pn} - \sigma'_{pe} A'_p y'_{pn} - \sigma_{l5} A_s y_{sn} + \sigma'_{l5} A'_s y'_{sn}}{\sigma_{pe} A_p + \sigma'_{pe} A'_p - \sigma_{l5} A_s - \sigma'_{l5} A'_s} \tag{4-238}$$

y_{pn}、y'_{pn}——净截面重心轴至所计算纤维层的距离；

A_n——组合墙净截面面积，可近似按包括构造柱但扣除孔道、凹槽等削弱部分的全部截面面积及非预应力纵向钢筋的换算截面积之和来计算；

I_n——组合墙净截面惯性矩；

M_2——由预加力 N_p 在后张法超静定结构中产生的次弯矩，按下式计算：

$$M_2 = M_r - M_1 \tag{4-239}$$

$$M_1 = N_p e_{pn} \tag{4-240}$$

M_l——预加力 N_p 对净截面重心轴的偏心弯矩；

M_r——预加力 N_p 的等效荷载在结构构件截面上产生的弯矩。当进行构件截面抗弯计算时，若参与组合的次弯矩对结构不利，则预应力分项系数应为 1.2；有利时，取 1.0；

f_{py}、f'_{py}——拉区预应力筋和压区预应力筋强度设计值；

A_{p1}、A'_{p1}——沿拉区和压区高度单位长度上所分布的预应力筋截面积，参照公式（4-228）计算；

e_N——轴力 N 对拉区预应力筋 A_p 和非预应力筋 A_s 合力作用点间的距离，

$$e_N=e+e_a+\frac{h}{2}-a_s \tag{4-241}$$

b. 小偏心受压：参照文献［23］第 7.3.4 条和本资料集公式（4-229）及（4-230），可得下述公式：

$$N\leqslant fbx+f_ct_cx+0.8f'_{y1}A'_{s1}x+f'_yA'_s-\sigma_sA_s-0.75\sigma_{s1}A_{s1}(h_0-x)-(\sigma'_{p0}-f'_{py})(A'_p+A'_{p1}x)-\sigma_pA_p-0.75\sigma_pA_{p1}(h_0-x)$$

即 $$N\leqslant[fb+f_ct_c+0.8f'_{y1}A'_{s1}+0.75(\sigma_{s1}A_{s1}+\sigma_pA_p)-(\sigma'_p-f'_{py})A'_{p1}]x-0.75\sigma_{s1}A_{s1}h_0-(\sigma'_p-f'_{py})A'_p-\sigma_p(A_p+0.75A_{p1}h_0) \tag{4-242}$$

$$Ne_N\leqslant[fb+f_ct_c+0.8f'_{y1}A'_{s1}+0.75(\sigma_{s1}A_{s1}+\sigma_pA_p)-(\sigma'_p-f'_{py})A'_{p1}]x(h_0-x/2)-0.281\sigma_{s1}A_{s1}h_0^2-(\sigma'_p-f'_{py})A'_p(h_0-a'_s)-0.281\sigma_pA_{p1}h_0^2$$

即 $$Ne_N\leqslant[fb+f_ct_c+0.8f'_yA'_{s1}+0.75(\sigma_{s1}A_{s1}+\sigma_pA_p)-(\sigma'_p-f'_{py})A'_{p1}]x(h_0-x/2)-(\sigma'_p-f'_{py})A'_p(h_0-a'_s)-0.281(\sigma_{s1}A_{s1}+\sigma_pA_{p1})h_0^2 \tag{4-243}$$

式中 σ_{s1}——详公式（4-230）注。

② 工形、T 形及倒 L 形截面

在矩形截面公式基础上，考虑压区翼缘砌体和预应力与非预应力钢筋以及拉区翼缘预应力钢筋与非预应力筋的作用，该钢筋抗力以 0.8 倍加入到 A'_s、A'_p和 A_s、A_p中。

③ 预应力损失 σ_l 的计算

根据文献［56］的取值方法：

a. 预应力筋松弛损失：英国标准 BS 5896 或 BS 4486 给出了持续 1000h 后，采用千斤顶张拉且初张拉力为断裂荷载之 70%时，取为张拉力值之 8%；初张拉力为断裂荷载之 50%或更小时，可取为零；当张拉力介于其间，则可线性内插取值。

b. 砌体弹性压缩与徐变损失：英国规范将弹性应变与徐变分别考虑，前者按短期弹模 E_m 计算。若分批张拉则应考虑附加损失 $\Delta\sigma_l$，并按以下公式估算：

$$\Delta\sigma_l=\frac{(E_s/E_m)\sigma_m}{2} \tag{4-244}$$

式中 σ_m——后批张拉时砌体预压应力。

徐变损失，W. G. Curtin 等人建议：烧结砖砌体为 10%～15%；混凝土砌块砌体为 25%～30%，总之较混凝土小很多[37]。

c. 收缩损失：英国标准 BS 5628 第 2 部分规定，取最大收缩应变为 500×10^{-6}，则收缩损失为 102.5MPa，小于我国混凝土结构规范[23]之 135MPa（先张法）和 120MPa（后张法）。其中烧结砖砌体又比混凝土砌块砌体小得多。

d. 锚具变形损失：英国标准 BS 8110 计算螺丝端杆锚具损失很小而可近似包括在总损失之中，故未予考虑。我国规范[23]此项损失往往较摩擦损失和钢筋松弛损失取值更高，不可忽略。

e. 孔道摩擦损失：英国标准 BS 8110 认为因砌体中预留孔道较大而可忽略摩擦损失。本资料集所采用的集中式预应力砌体结构，因预应力筋设置于构造柱中，故应按我国规范[23]取值。

f. 总损失 σ_l：W. G. Curtin 等人根据经验建议的总损失 σ_l，对烧结砖砌体为 20%，混凝土砌块砌体为 35%左右。其中仍以钢筋松弛和砌体徐变损失为主。其他各种损失可采取相应措施予以减少。如加拿大学者 N. G. Shrive 等人采用碳纤维加强塑性的预应力筋（CFRP）和新型锚具，预应力总损失不过 1.4%[57]。本资料集作者建议：根据集中式预应力砌体结构的构造特点，无论后张法还是先张法均可采用我国混凝土规范的预应力损失计算和总损失的下限值取值方法，唯有砌体的收缩、徐变损失可参照英国规范。

2）斜截面承载力计算

斜截面抗剪最小截面尺寸可按公式（4-231）计算，而抗剪承载力计算则有下述四种方法可供参考[54][38]：

① 抗剪强度提高系数法[54]

$$V \leqslant \beta \psi_1 \frac{f_v A}{\xi_2} \tag{4-245}$$

式中 f_v——考虑正应力影响后的砌体抗剪强度，按公式（4-44）计算，在该式中的 σ_0。除考虑恒载外，为偏于安全，对联肢墙尚应计入风载下的受拉和受压轴力的影响；

β——剪跨比影响系数，当房屋高宽比 $H/B \leqslant 2.5$ 时，以 β 来考虑弯曲对抗剪承载力的影响。按以下公式计算：

$$\beta = \frac{2}{1+1.5\lambda} \tag{4-246}$$

λ——剪跨比。λ 可取 1.3；

ψ_1——考虑构造柱作用的墙体抗剪强度提高系数，非预应力墙取 1.15，预应力墙取 1.3；

ξ_2——截面剪应力分布不均匀系数，矩形截面取 1.2，工字形或 T 形截面取 A/A_w，A、A_w 分别为全截面与腹板截面面积（均含构造柱）；

② 折算截面法[54]

$$V \leqslant \beta \frac{f_v A_z}{\xi_2} \tag{4-247}$$

$$A_z = A_m + \eta_c \frac{E_c}{E_m} A_c \tag{4-248}$$

式中 A_z、A_m、A_c——分别为折算截面面积、砖墙净截面面积和构造柱截面积；

η_c——构造柱共同工作系数，非预应力墙片取 0.26，预应力墙片取 0.3；

E_c、E_m——分别为混凝土及砖砌体弹性模量。

其余符号同前。

③ 摩擦力和销栓力法

$$V \leqslant \beta \psi_{1h} \left(\frac{\mu_1 N + Q}{1-\alpha\mu_1} + \frac{\mu_1 \beta_p N_p}{1-\alpha\beta_p\mu_1} \right) \tag{4-249}$$

式中 ψ_h——洞口影响系数，$\psi_h = \sqrt{A/A'}$，A、A' 分别为墙体净截面积和毛截面积；

α——墙体高宽比，$\alpha = H/B$，H、B 分别为墙体总高与墙宽；

Q——纵筋销栓力，$Q = 0.3\sigma_s A_s$；

σ_s——纵向非预应力筋应力值，$\sigma_s = \frac{N A_c E_s}{AE} + \frac{(1-\gamma_p) N_p E_s}{A_c E_c}$ (4-250)

N——恒载引起压力，当为联肢墙则应计入风荷载引起轴向拉力设计值；

γ_p——砖墙预应力分配系数。无洞墙（肢）取 0.9，开洞砖墙取 0.8；当为先张法张拉时，无论墙体开洞与否均取 $\gamma_p = 1.0$；

N_p——预应力合力，详公式（4-237）；

μ_1——正应力影响系数，按式（4-45）或（4-46）计算取值。计算中正应力 σ_0 按下式计算

$$\sigma_0 = \frac{N}{A} + \frac{\beta_p \gamma_p N_p}{A_m} \tag{4-251}$$

β_p——预应力提高系数，取 1.3。

其余符号同前。

④ 并连叠加法[54]

$$V \leqslant \beta \left(\eta_c \frac{f_v A_m}{\xi_2} + 0.07 \psi_c f_c A_c + \psi_s \sigma_s A_s \right) \tag{4-252}$$

式中 η_c——预应力墙约束修正系数，构造柱间距 $2.8\text{m} < S < 4\text{m}$ 取 1.05，$S \leqslant 2.8\text{m}$ 取 1.15；

ψ_c——构造柱混凝土参加墙体工作系数，非预应力墙取 0.5 预应力墙取 0.6；

ψ_s——构造柱非预应力筋参加工作系数，取 0.15。

其余符号同前。

3）连梁抗弯与抗剪承载力计算

因竖向预应力对连梁并无作用，故可按带构造柱组合砖剪力墙的连梁进行计算。

(6) 混凝土空心砌块配筋砌体剪力墙截面设计[29][33]

1）正截面承载力计算

① 大小偏心受压界限的划分

当 $x \leqslant \xi_b h_0$ 时，为大偏心受压；当 $x > \xi_b h_0$ 时，为小偏心受压。界限压区高度系数 ξ_b：对 HPB235 级钢筋取 $\xi_b = 0.6$；对 HRB335 级钢筋取 $\xi_b = 0.53$。

② 矩形截面偏心受压

a. 大偏心受压：如图 4-33 (a) 所示，

$$N \leqslant f_g b x + f'_y A'_s - f_y A_s - \sum f_{si} A_{si} \tag{4-253}$$

$$Ne_N \leqslant f_g bx\left(h_0-\frac{x}{2}\right)+f'_yA'_s(h_0-a'_s)-\sum f_{si}S_{si} \tag{4-254}$$

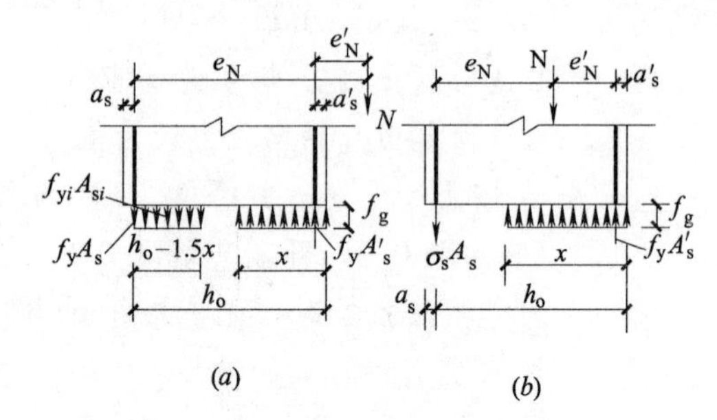

图 4-33 矩形截面偏心受压计算简图
(a) 大偏心受压；(b) 小偏心受压

式中 f_g——灌孔砌体抗压强度设计值；

A_{si}——第 i 根竖向分布筋截面积；

f_{si}——第 i 根竖向分布筋抗拉强度设计值；

S_{si}——第 i 根竖向分布筋对竖向受拉主筋 A_s 重心的面积矩；

a'_s——压区边缘构件纵向钢筋合力作用点至外边缘距离，根据每孔中心设置一根并大致符合 100 模数的原则（对主块而言），可近似取 $a'_s=100n$mm（n 为 A'_s 纵筋根数）。同理，a_s 同法取值。其余符号同前。

当压区高度 $x<2a'_s$ 时，则令 $x=2a'_s$，于是可按下式计算：

$$Ne_N \leqslant f_yA_s(h_0-a'_s) \tag{4-255}$$

b. 小偏心受压：如图 4-33（b）所示，此时可忽略拉区竖向分布筋的作用。

$$N \leqslant f_g bx+f_y{}'A'_s-\sigma_sA_s \tag{4-256}$$

$$Ne_N \leqslant f_g bx\left(h_0-\frac{x}{2}\right)+f_y{}'A_s{}'(h_0-a'_s) \tag{4-257}$$

$$\sigma_s=\frac{f_y}{\xi_b-0.8}\left(\frac{x}{h_0}-0.8\right) \tag{4-258}$$

当压区竖向主筋 A'_s 无箍筋或水平钢筋的约束时，可不考虑 A'_s 的作用，即令 $A'_s=0$。当对称配筋时也可近似按下式计算钢筋截面积：

$$A_s=A'_s=\frac{Ne_N-\xi(1-0.5\xi)f_gbh_0^2}{f_y{}'(h_0-a'_s)} \tag{4-259}$$

$$\xi=\frac{x}{h_0}=\frac{N-\xi_bf_gbh_0}{\dfrac{Ne_N-0.43f_gbh_0^2}{(0.8-\xi_b)(h_0-a'_s)}+f_gbh_0}+\xi_b \tag{4-260}$$

③ I 形、T 形及倒 L 形截面偏心受压

当翼缘和腹板相交处采用错缝搭接砌筑并沿墙高设置中距不大于 1.2m 的配筋带（$h\geqslant$60mm，配筋$\geqslant 2\phi 12$）时，可考虑翼缘的共同工作。翼缘计算宽度按表 4-12 取最小值，其正截面承载力按下式计算：

当 $x\leqslant h'_f$ 时，按宽度为 b'_f 的矩形截面计算；

当 $x>h'_f$ 时，按考虑腹板的第二类 T 形截面计算。

a. 大偏心受压：如图 4-34，式中忽略了 A'_{si} 的作用

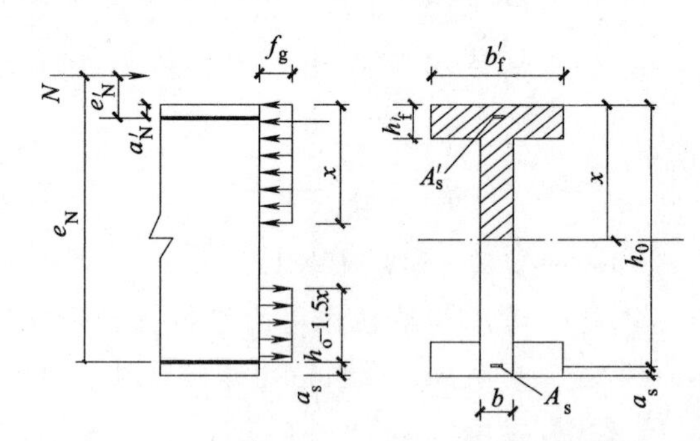

图 4-34 T形、倒 L 形截面偏压计算简图

$$N \leqslant f_g[bx+(b'_f-b)h'_f]+f'_yA'_s-f_yA_s-\sum f_{si}A_{si} \tag{4-261}$$

$$Ne_N \leqslant f_g\left[bx\left(h_0-\frac{x}{2}\right)+(b'_f-b)h'_f\left(h_0-\frac{h'_f}{2}\right)\right]+f_y{}'A_s{}'(h_0-a'_s)-\sum f_{si}S_{si} \tag{4-262}$$

b. 小偏心受压：忽略了 A_{si} 和 A'_{si} 的作用。

$$N \leqslant f_g[bx+(b'_f-b)h'_f]+f'_yA'_s-\sigma_sA_s \tag{4-263}$$

$$Ne_N \leqslant f_g\left[bx\left(h_0-\frac{x}{2}\right)+(b'_f-b)h'_f\left(h_0-\frac{h'_f}{2}\right)\right]+f'_yA'_s(h_0-a'_s) \tag{4-264}$$

④ 出平面轴心受压及偏心受压

根据当前国内常用的空心砌块宽度为 190mm，纵筋配置在孔中心的剪力墙，其平面外轴心受压和偏心受压承载力可按下式计算：

a. 当 $e=0$ 时，按配筋砌体轴心受压构件截面计算，

$$N \leqslant \varphi_{0g}(f_gA+0.8f'_yA'_s) \tag{4-265}$$

式中 φ_{0g} 按（4-266）式且取 $\alpha=0.001$ 进行计算；

b. 当 $0<e\leqslant 0.6y$ 时，按无筋砌体偏心受压构件截面计算（即上式中 A'_s 一项忽略不计），其 φ 采用 φ_{0g}，即

$$\varphi_{0g}=\frac{1}{1+\alpha\beta^2} \quad (4\text{-}266)$$

式中 α——与砂浆强度等级有关的系数。当≥M5时，$\alpha=0.0015$；当 M2.5 时，$\alpha=0.002$；当 $f_2=0$ 时，$\alpha=0.009$；

β——墙体出平面方向高厚比。矩形截面 $\beta=\gamma_\beta\frac{H_0}{h}$，对 T 形截面 $\beta=\gamma_\beta\frac{H_0}{h_T}$，式中 h 为墙厚；

γ_β——不同材料砌体构件高厚比修正系数，砌块砌体 $\gamma_\beta=1.1$。

c. 当 $0.6y<e<0.95y$ 时，按下述公式计算：

$$N=\frac{f_{tm}A}{\frac{Ae}{W}-1} \quad (4\text{-}267)$$

式中 f_{tm}——灌孔砌块砌体弯曲抗拉强度设计值，详表 4-31。

灌孔砌块砌体弯曲抗拉强度设计值 f_{tm} (MPa)

表 4-31

受力方向		砂浆强度等级	
		≥Mb10	Mb7.5
沿通缝	不灌芯	0.08	0.06
	全灌芯	0.24	0.18
沿齿缝	不灌芯	0.11	0.09
	全灌芯	0.15	0.12

注：1. 表中数值仅用于平面外抗弯计算，平面内则由钢筋承担；
2. 部分灌芯砌体 f_{tm} 值，可在表中不灌芯和全灌芯数值中插值法求得。

d. 当 $e>0.95y$ 时，可按 $a_s=h_0=h/2$ 的配筋砌块砌体偏心受压构件计算。

2）斜截面承载力计算

偏心受压和偏心受拉配筋砌块砌体剪力墙斜截面承载力应按下列公式进行计算：

① 剪力墙截面应满足最小截面尺寸要求：

$$V\leqslant 0.25f_g bh_0 \quad (4\text{-}268)$$

② 剪力墙偏心受压时的斜截面受剪承载力按下式计算：

$$V\leqslant\frac{1}{\lambda-0.5}\left(0.6f_{vg}bh_0+0.12N\frac{A_w}{A}\right)+0.9f_{yh}\frac{A_{sh}}{S}h_0 \quad (4\text{-}269)$$

式中 f_{vg}——灌孔砌块砌体受剪强度设计值，按式（1-4）计算；

N、V——计算截面轴力和剪力设计值。当 $N>0.25f_g bh$ 时，取 $N=0.25f_g bh$；

A、A_w——全截面积与腹板截面积。T 形、倒 L 形截面翼缘宽度由表 4-12 确定；

λ——剪跨比，$\lambda=M/Vh_0$。当 $\lambda<1.5$ 时取 1.5，当 $\lambda>2.2$ 取 2.2；

A_{sh}、S——截面内水平分布筋总截面积和竖向间距；

f_{yh}——水平分布筋抗拉强度设计值。

③ 剪力墙偏心受拉时的斜截面受剪承载力按下式计算：

$$V\leqslant\frac{1}{\lambda-0.5}\left(0.6f_{vg}bh_0-0.22N\frac{A_w}{A}\right)+0.9f_{yh}\frac{A_{sh}}{S}h_0 \quad (4\text{-}270)$$

3）配筋砌块砌体连梁设计

① 连梁设计方法要点

配筋砌块连梁受到刚度很大的墙肢的约束，因而产生很大的弯矩和剪力。然而由于连梁截面宽度（即墙肢厚度）多限于 190mm，往往难以满足截面尺寸和配筋要求，此时可采用下述方法进行设计：

a. 在满足结构位移限值条件下适当减小连梁高度，以减小连梁弯矩和剪力。而其位移限值因砌体规范规定的总高限值较混凝土规范小得多而较易满足。

b. 扩大洞口宽度，以增大连梁跨度。

c. 考虑水平作用下连梁受弯开裂而刚度降低，故可采用刚度折减系数 β（β 应≥0.55）来减小连梁所分配的弯矩和剪力。

d. 当某些层连梁弯矩超过其最大抵抗弯矩时，可降低其设计弯矩值，但须将其余各层连梁设计弯矩值提高，以补偿减小的弯矩，满足力的平衡条件。降低和提高的幅度均不得超过 20 %，必要时可提高墙肢配筋率；以满足极限平衡条件。

e. 改为混凝土连梁。其材料应与该部位砌体材料强度相等，即混凝土强度等级不小于块材强度等级的 2 倍。

② 连梁正截面抗弯承载力计算

$$M\leqslant f_g bx\left(h_0-\frac{x}{2}\right)+f'_yA'_s(h_0-a'_s) \quad (4\text{-}271)$$

$$x=(f_yA_s-f'_yA'_s)/f_gb\leqslant\xi_bh_0 \quad (4\text{-}272)$$

$$\xi_b=\frac{0.8}{1+\frac{f_y}{0.003E_s}} \quad (4\text{-}273)$$

当 $x\leqslant 2a_s'$ 且 $A_s=A_s'$ 时，可按下式计算：

$$M\leqslant f_yA_s(h_0-a_s') \quad (4\text{-}274)$$

当为单筋矩形截面时，可按下式计算：

$$M\leqslant f_yA_sZ \quad (4\text{-}275)$$

$$Z\leqslant\left(1-0.5\frac{f_yA_s}{bh_0f_g}\right)h_0\leqslant 0.95h_0 \quad (4\text{-}276)$$

当连梁翼缘为混凝土现浇楼（屋）盖时，可按文献［23］确定翼缘宽度 b_f'，按T型截面受弯构件计算，但其压区抗压强度应以 f_g 取代 f_c。

式中 h_0——截面有效高度，$h_0=h-a_s$。因采用带凹槽砌块，故取 $a_s=a_s'=35$mm。

其余符号同前。

4）配筋砌块砌体连梁斜截面受剪承载力计算

① 当采用钢筋混凝土连梁时，应按文献［23］进行计算；

② 当采用配筋砌块砌体连梁时，应按下列公式计算：

a. 应满足最小截面尺寸要求：

$$V\leqslant 0.25f_gbh_0 \quad (4\text{-}277)$$

b. 斜截面受剪承载力计算：

当跨高比>2.5时：

$$V\leqslant 0.8f_{vg}bh_0+f_{vy}\frac{A_{sv}}{S}h_0 \quad (4\text{-}278)$$

当跨高比≤2.5时：

$$V\leqslant 0.7f_{vg}bh_0+0.8f_{vg}\frac{A_{sv}}{S}h_0 \quad (4\text{-}279)$$

式中各符号同前。

（7）钢筋混凝土剪力墙与砌体剪力墙混合结构的剪力墙截面设计

1）基本特点

上述各种配筋砌体墙虽能同时满足高层砌体房屋对竖向和水平向承载能力的要求，并明显提高结构的抗侧刚度，但其施工较为麻烦。为此可采用素砌体墙（或根据工程实际需要设置部分配筋砌体墙或网状配筋砌体墙）与一定数量钢筋混凝土剪力墙所形成的混合结构形式。其特点是：前者以承受竖向荷载为主，后者以承受水平荷载为主。通过楼（屋）盖和必要的圈梁、构造柱所形成空间作用实现共同受力，从而保证结构的承载能力与刚度，提高其变形能力与延性。既充分发挥了砌体与钢筋混凝土两种材料与结构的优势，又简化了施工，降低了造价。

2）设计要点

① 根据工程需要，合理设置足够的钢筋混凝土剪力墙。一般位于山墙、建筑单元分隔墙、楼梯和电梯间墙处。纵横向配置适度，以满足总位移和层间位移限值为准。

② 在保证空间协同工作的前提下，将楼（屋）盖荷载按面积分配，水平荷载按砌体墙与钢筋混凝土墙的抗侧刚度进行分配。而后分别计算出两类墙片的内力。

③ 分别按砌体结构和混凝土结构相关范定进行两类墙片的截面设计。

④ 进行旨在增强房屋整体性的构造设计。

（8）钢筋混凝土墙支撑砌体墙的组合剪力墙截面设计

1）基本特点

以下部数层钢筋混凝土墙支撑其上若干层砌体墙（或配筋砌体墙），从而形成组合剪力墙。这既能恰当利用两种墙体的受力特点，满足承载力与刚度要求，又能简化施工，节约造价。与上述钢筋混凝土墙和砌体墙所组成的混合结构相比较，组合剪力墙的刚度不再是前者沿水平方向的变化而是沿高度方向的变化，因而其刚度分布在同一楼层平面内远较前者为均匀。而其竖向刚度自下而上由强而弱，亦较能与剪力墙内力沿高度的变化规律相吻合。

2）设计要点

① 在充分发挥砌体（或配筋砌体）墙的承载力，满足组合剪力墙抗侧刚度的前提下，合理确定下部钢筋混凝土墙的层数与高度。

② 为减少转换层上下两种墙片抗侧刚度的过大悬殊，控制相对刚度比，可将转换层以上1～2层砌体墙刚度适当加强（如提高材料强度等级、加密构造柱，加大柱截面尺寸和配筋量等），转换层以下1～2层混凝土墙刚度适当削弱（如设构造洞、降低材料强度等级、减少配筋等），以减小刚度突变。

③ 将两种墙体的截面抗弯与抗剪刚度根据材料弹模比换算为统一材料的折算刚度，以进行位移计算。

④ 根据各层各剪力墙的抗侧刚度比进行水平荷载的分配，按结构力学方法求算其内力。

⑤ 分别按砌体结构和混凝土结构设计规范进行截面设计和旨在增强房屋整体性的构造设计。

4. 配筋砌体、组合砌体、预应力砌体剪力墙及其与混凝土剪力墙组合结构的构造要求

配筋砌体剪力墙除满足文献［29］第六章有关要求外，各类剪力墙尚应满足下列构造要求：

(1) 网状配筋砖砌体和纵向水平配筋砖砌体剪力墙[29][25][26][27]

1) 体积配筋率：网状配筋应$0.1\% \leqslant \rho = (V_s/V) \leqslant 1.0\%$，当为钢板网时，由于网孔呈菱形，故宜采用网孔长轴与墙长平行和墙厚平行两种网片交替放置的方式，其体积配筋率算法与连弯网相同；当为纵向水平配筋时应≥0.07%，但不宜>0.17%；当仅考虑纵向水平配钢板网时亦可参照纵向水平配筋考虑网丝对纵向的投影关系；最低配筋率可提高至≥0.1%，但仍不宜>0.17%。当仅考虑网状配筋抗剪时，则纵向水平钢筋配筋率与前述仅配纵向钢筋相同。

2) 钢筋或网丝的规格：当为钢筋网时，宜采用$\phi 3 \sim \phi 4$，当为扩张网时，可参照文献[25]、[26]、[27]及现行产品目录选用，其网片厚宜≤6mm，当为纵向水平钢筋时，应≤$\phi 8$。

3) 钢筋网中的钢筋间距或钢板网孔尺寸：钢筋网中钢筋间距a=30mm～120mm；钢板网的网孔长轴与短轴，可参考此限值。

4) 网片或纵向水平配筋竖向间距：钢筋网片或纵向水平配筋竖向间距s_n亦可参照执行。

5) 砂浆强度等级≥M7.5，钢筋网、钢板网和纵向水平钢筋在水平灰缝中应保证其上下面均有不小于2mm厚的砂浆保护层。不得采用掺盐砂浆。

(2) 竖向配筋砖砌体剪力墙

1) 当采用普通砂浆砌筑方式的墙体时：

① 竖向钢筋规格：建议$\phi 6 \sim \phi 8$以与竖向灰缝厚度8mm～12mm的构造相适。

② 钢筋间距：宜为120mm的倍数且≤400mm。

③ 240墙厚配筋率：文献图2-10 (a)、(b) 取$\rho \geqslant 0.05\%$；当为$\phi 8$@120时，$\rho = 0.175\%$，为可能的最大容许配筋率。

④ 竖向灰缝砂浆饱满度应为≥80%，不得采用掺盐砂浆。

⑤ 竖向钢筋的锚固长度l_a：当锚固于混凝土结构构件中时，按混凝土规范[23]取值。当锚固于砌体中时，一般不少于$50d$和300mm。

⑥ 竖向钢筋的搭接长度$l_d \geqslant 55d$（即$1.1 l_a$）。其水平弯折段不宜<$20d$和150mm。

2) 当采用图2-10 (a)、(b) 所示"奎达式"砌筑的墙体时：

① 钢筋规格：$\phi 8 \sim \phi 25$。

② 钢筋间距：沿墙长@169mm（≈170mm）或340mm。沿墙厚因预留孔较大，即可布置2根钢筋。其直径大小应以满足钢筋的保护层厚为准。

③ 钢筋保护层厚与钢筋净间距：取灌孔砂浆或细石混凝土最大骨料粒径加5mm和钢筋直径加10mm中之较大值。墙面至钢筋表面的最小保护层厚20mm。

④ 粘结锚固长度l_a：

a. 所有钢筋应超过理论断点，并延长$12d$或截面有效高度h_0，取其中之较大值；

b. 若满足下述三个条件之一，钢筋可在拉区切断：

a) 构件截面的设计抗剪强度≥设计剪应力之2倍；

b) 切断后，断点截面仍有弯矩作用时，剩余的钢筋截面面积应是按截面抵抗弯矩计算配筋截面积之2倍；

c) 切断的钢筋应伸过不需要抗弯点并保留一定锚固长度。

c. 弯钩的锚固长度为$24d$或钢筋内弯半径的8倍，二者取较小值，详图4-35 (a)；

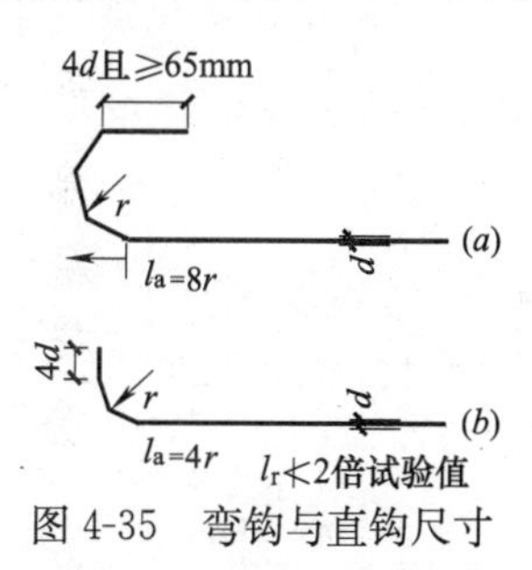

图4-35 弯钩与直钩尺寸

d. 直钩的锚固长度为$24d$或钢筋内弯半径的4倍，详图4-35 (b)；

e. 弯钩和直钩的内径r应不小于钢筋弯转试验的最小半径之2倍。

⑤ 钢筋搭接长度l_d：受拉钢筋不应小于设计长度或$25d$+150mm；受压钢筋不应小于设计长度或$20d$+150mm。

⑥ 钢筋保护层厚度：室内正常环境≥15mm；露天或室内潮湿环境≥25mm。

⑦ 钢筋耐火保护层最小厚度根据不同防火等级而对防火层厚有具体要求详表4-32。

钢筋耐火最小保护层厚 表4-32

标定耐火时间(h)	最小保护层厚度(mm)
1	25
2	50
3	75

(3) 钢筋混凝土或砂浆面层及夹层砖砌体剪力墙[29][33][37]

1) 面层或夹层混凝土宜采用C20，面层水泥砂浆宜≥M10。砌筑砂浆宜≥M7.5。

2) 竖向受力钢筋宜采用HPB235级，而对混凝土面层或夹层亦可采用HRB335级。受压钢筋配筋率宜≥0.1%，竖向受力筋直径应≥ϕ8，钢筋净距应≥30mm，间距应≤500mm。钢筋的锚固与搭接同竖向配筋砖砌体剪力墙。

3) 竖向受力筋及水平分布筋最小保护层厚度：室内正常环境15mm；露天或室内潮湿环境25mm。耐火保护层厚度参见表4-27。

4) 面层厚度：水泥砂浆面层厚30～45mm。应超过45mm时，宜采用混凝土面层。

5) 面层间水平拉结筋直径宜≥ϕ4及0.2备受压钢筋直径，但宜≤ϕ6。间距应≤20备受压钢筋直径及500mm，但应≥120mm。

6) 带夹层的灌浆空心墙构造详图4-36。图中砖砌体为单砖顺砌，h_0系指出平面方向偏心受荷时的有效高度。为增强墙体整体稳定性，将尾形拉结件砌入竖缝中并锚入灌浆中（亦可以横向拉结钢筋砌入两侧砖墙水平灰缝中）[37]。

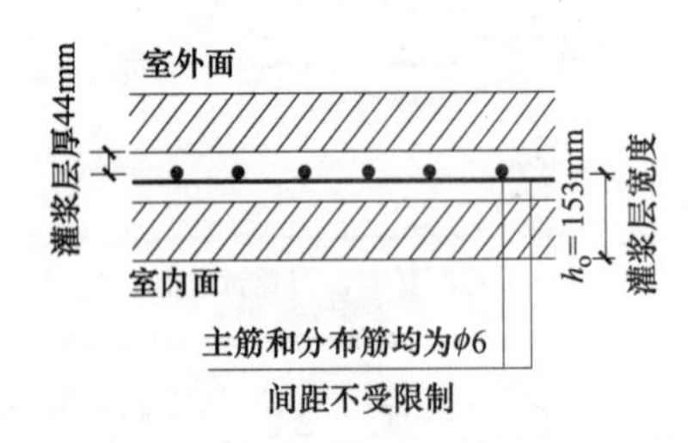

图4-36 灌浆空心墙的构造

7) 钢筋的锚固与搭接同竖向配筋砖砌体剪力墙。

8) 配筋砖砌体剪力墙底部和顶部必须是混凝土基础（梁）和圈梁，以便将墙体竖向钢筋锚入其中，l_a≥30d。

9) 当墙下为毛石基础或砖基础时，在基础地面须做现浇钢筋混凝土垫梁，以便锚固墙体竖向钢筋。该垫梁尺寸应计算确定，其截面高度一般取200～400mm（详图4-37）。

(4) 带构造柱组合砖砌体剪力墙[29][23]

1) 砌筑砂浆强度等级应≥M5，构造柱混凝土强度等级宜≥C20。

2) 构造柱截面宜≥240mm×240mm（190砖为190mm×190mm），其厚度应不小于墙厚，边柱、角柱截面宽度宜适当加大。

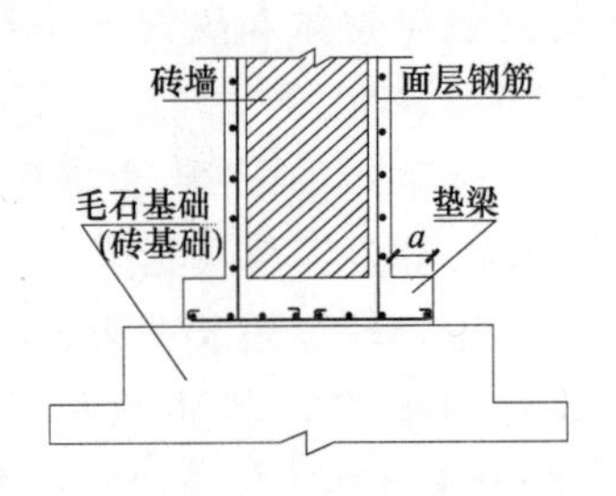

图4-37 墙底垫梁构造

3) 柱内纵筋宜≥4Φ12，角柱、边柱宜≥4Φ14。所有纵筋均不宜>Φ16。

4) 柱内箍筋：一般部位宜采用ϕ6@200mm，各层上下端500mm范围内宜加密为@100。

5) 竖向钢筋保护层厚同前，其防火保护层厚参见表4-27。

6) 构造柱应设置于纵横墙交接处、墙端和较大洞口边，其间距宜≤4m。各层洞口宜设置在相应位置并上下对齐。

7) 组合砖剪力墙房屋应在基础顶面、楼盖和屋盖处现浇钢筋混凝土圈梁，以与构造柱形成封闭式“弱框架”。圈梁截面高度≥240mm，（当为190砖时，宜≥200mm）纵向钢筋宜≥4ϕ12，箍筋宜采用ϕ6@200。

8) 砖砌体与构造柱间应砌成马牙槎，并沿墙高设2ϕ6@500mm（当为190砖时，@600），拉结筋，每侧伸入墙内宜≥600mm。

9) 组合墙施工应先砌墙（包括拉墙筋的锚入），后浇柱混凝土。

10) 构造柱竖向钢筋及圈梁纵筋均应按文献[23]相互锚固。

(5) 集中式预应力组合砖剪力墙

1) 后张法预应钢筋：建议采用HRB400或冷拉HRB335钢筋。

2) 锚具：可采用螺丝端杆锚具。为避免端部对钢筋混凝土圈梁引起局部受压破坏，除进行局压验算外，根据需要加设预埋刚垫板（必要时，加设钢筋网片）。

3) 圈梁构造设计：顶层圈梁应按弹性地基梁进行设计。其截面高度宜≥400mm，混凝土建议采用C30。其纵筋应满足预应力合力作用下的梁的正截面抗弯强度要求。箍筋在预应力合力作用点两侧分别按$N_p/2$的剪力进行斜截面抗弯强度计算确定，并在两侧各 h 范围内加密至@100（N_p为预应力筋张拉合力，不考虑预应力损失；h 为顶层圈梁截面高度）。顶层圈梁的无竖向预应力区段及各楼层圈梁均同普通圈梁设计。楼层圈梁混凝土采用C20，截面高度应≥180mm。

4）圈梁与构造柱顶面之间预留30～50mm厚之后浇缝，待预应力筋张拉锚固后，以C30细石混凝土灌注密实，以形成梁柱刚性节点。

5）应对顶层圈梁下预应力钢筋两侧的砖砌体进行局部承压验算。方法可参照挑梁下砌体局部受压验算，计算时不考虑构造柱的作用，以偏于安全。当不满足时，可在该区域砖墙中加水平钢筋网，直至满足为止。

6）构造柱中预应力钢筋预留孔道可采用钢管抽芯方法形成。将预应力筋分段（约2个楼层高）穿入钢管后再同时放置入柱中定位，待混凝土浇筑并初凝后，拔出钢管。亦可采用PVC管同法置入柱中，浇注混凝土后不再拔出而形成塑料管孔。孔内径应大于预应力筋（当为现场对焊时）或连接套筒外径10～15mm。为便于孔道灌浆，应在孔道上下端及中间适当位置预留灌浆孔和排气孔。孔距不宜大于12m。

7）预应力筋张拉锚固后应将锚头以C20细石混凝土加以保护。

8）当采用先张法预应力墙方案时，除顶层顶面圈梁与后张法方案相同外，其余各层圈梁及构造柱在柱截面范围内的混凝土均应留待预应力筋张拉完毕并锚固后再浇筑，但应切实保证圈梁纵筋、楼板钢筋及砌体墙的拉结钢筋可靠锚固入柱中。

9）其余构造可参照文献［23］相关条文。

（6）混凝土空心砌块配筋砌体剪力墙[29][33][44][48]

1）钢筋规格：设置于灌孔中的竖向钢筋直径宜≤ϕ25，竖向钢筋截面面积应≤孔洞面积之6%，设置于灰缝中的水平钢筋应≥ϕ4，不宜大于灰缝厚度之1/2。

2）水平钢筋间的净距应≥25mm，柱和壁柱中的竖向钢筋的净距宜≥40mm，（包括接头处钢筋间的净距）。

3）钢筋在灌孔混凝土中的锚固应符合下列规定：

① 当计算中充分利用竖向受拉钢筋强度时，宜 $l_a \geq 30d$（对HRB335级）和 $l_a \geq 35d$（HRB400级和RRB400级）。任何情况下（包括钢丝）应 l_a≥300mm。

② 竖向受拉钢筋不宜在拉区切断，否则应延伸至按正截面受弯承载力计算不需要该钢筋的截面以外至少 $20d$ 处方可切断。

③ 竖向受压钢筋切断时，必须伸至不需该钢筋的截面以外不小于 $20d$ 处方可切断。对绑扎骨架中末端无弯钩的竖向钢筋应≥$25d$。

④ 钢筋骨架中的受力光面钢筋末端应弯钩。焊接骨架、焊接网和轴心受压构件中可不弯钩。绑扎骨架的受力钢筋为变形钢筋时亦可不弯钩。

4）钢筋接头的规定：

① 钢筋≥ϕ22时，宜采用机械连接接头，接头质量应符合有关标准规定。

② 钢筋＜ϕ22时，可采用搭接接头，并应符合下列要求：

a. 接头宜设在受力较小处；

b. 受拉钢筋搭接接头长度 l_d 应≥$1.1l_a$，受压钢筋应≥$0.7l_a$，但应≥300mm；

c. 当相邻接头间距≤75mm时，其 l_d 应增至 $1.2l_a$。当相邻接头错开 $20d$ 时，l_d 可不增加。当钢筋为非接触搭接时，搭接头相距应≤$l_d/5$ 和200mm。

5）水平受力钢筋（网片）的锚固与搭接应符合下列规定：

① 在凹槽砌块混凝土带中的钢筋锚固长度 l_a 宜≥$30d$，且其直弯折段长度宜≥$15d$ 和200mm。钢筋搭接长度 l_d 宜≥$35d$。

② 在砌体水平灰缝中的钢筋锚固长度 l_a 宜≥$50d$，且其直弯折段长度宜≥$20d$ 和150mm。钢筋搭接长度 l_d 宜≥$55d$。

③ 在隔匹和错缝搭接的灰缝中 $l_d=50d+2h$。

式中 d——灰缝中钢筋直径；

h——配置钢筋的水平灰缝间距。

6）钢筋最小保护层厚度应符合下列要求：

① 灰缝中钢筋的外露砂浆保护层厚宜≥15mm。

② 砌块孔槽中的钢筋保护层（规范[29]规定的保护层系指外露的混凝土或砂浆的保护层），在室内正常环境下，宜≥20mm；室外或潮湿环境下宜≥30mm。

注：对安全等级为一级或设计使用年限大于50年的配筋砌块砌体结构构件，上述保护层厚至少应增加5mm或采用经防腐处理的钢筋，抗掺混凝土砌块等措施。

③ 美国建筑统一规范UBC规定：细和粗的两类灌孔混凝土分别不小于6mm和12mm。

④ 文献［44］规定如下：距内墙面保护层应≥36mm；距外墙面保护层应≥46mm；地面以下的墙体，当接触土壤时，应≥56mm；女儿墙水

平配筋时，钢筋表面至压顶面之间应≥20mm；埋于灌孔混凝土中时，细灌混凝土≥6mm；粗灌混凝土≥13mm。

7）配筋砌块剪力墙和连梁砌体材料强度等级应符合下列规定：砌块应≥MU10；砌筑砂浆应≥Mb7.5；灌孔混凝土≥Cb20。文献［33］给出了灌孔砌体各种材料匹配表详表4-33，可供设计参考。

灌孔砌体材料匹配　　表4-33

砌体材料	组配		
砌块	MU10	MU15	MU20
灌孔混凝土	Cb20	Cb25～Cb30	Cb35～Cb40
砂浆	Mb10	Mb10～Mb15	≥Mb15

注：对安全等级为一级或设计使用年限大于50年的配筋砌块砌体房屋，上述强度等级至少提高一级。保护层厚至少应增加5mm或采用经防腐处理的钢筋、抗渗混凝土砌块等措施。

8）剪力墙厚度和连梁截面宽度应≥190mm（文献［44］尚有140mm、240mm及290mm）。

9）剪力墙的构造配筋应符合下列规定：

① 应在墙端、转角和较大洞口两侧配置竖向连续的钢筋，直径宜≥ϕ12。

② 应在洞口底和顶部设置≥2ϕ10的水平钢筋，并伸入墙内≥35d和400mm。

③ 应在楼（屋）盖的所有纵横墙处设置现浇钢筋混凝土圈梁。其截面宽度、高度宜等于墙厚和砌块高，主筋应≥4ϕ10，混凝土强度等级不宜低于同层砌块强度等级的2倍或灌孔混凝土的强度等级，亦不应低于C20。

④ 剪力墙其他部位的竖向和水平钢筋间距应分别≤墙长、墙高之半，也应≤1200mm。对局部灌孔的砌体，竖向钢筋间距应≤600mm。

⑤ 剪力墙沿竖向和水平向的构造钢筋配筋率均宜≥0.07%，加强部位宜≥0.1%。竖向钢筋最小直径ϕ12，水平向最小直径ϕ6。表4-34给出了分布筋参考值[33]可供设计选取。

配筋砌块剪力墙分布筋参考值　　表4-34

竖向配筋			水平配筋		
直径(mm)	间距(mm)	配筋率(%)	直径(mm)	直径(mm)	配筋率(%)
12	600 400 200	0.099 0.148 0.198	2ϕ6	400 200	0.075 0.150
14	600 400 200	0.135 0.203 0.27	2ϕ10	600 400 200	0.138 0.207 0.275
16	600 400 200	0.176 0.265 0.352	2ϕ12	600 400	0.198 0.297
			2ϕ14	600 400	0.270 0.405

注：表中水平钢筋栏中ϕ6钢筋系钢筋网片，设置在灰缝中。其余直径均设在系梁凹槽中。

文献［44］将砌块砌体构件配筋率分为三类：

a. 仅芯柱和部分配筋：严格说来这不算配筋砌块砌体结构，只是构造上局部改善砌体结构的工作性能；

b. 少筋：竖向和水平向均不应<0.07%，亦不应>0.15%。两方向配筋率之和不应<0.2%；

c. 配筋：这是根据计算确定并应≥$\rho_{\min}$=0.15%和≤$\rho_{\max}$=2.0%。

文献［44］关于钢筋规格的要求：$d_{\max}$应≤$\frac{1}{8}$砌块厚度，具体详表4-35。设在砌块孔内和圈梁内的直径应≤最小净尺寸之半；设在灰缝中的钢筋应≤ϕ6。文献［44］关于钢筋净距的要求：梁、墙中两平行钢筋净距应≥d和25mm；柱和壁柱中钢筋净距应≥1.5d和40mm。

砌块砌体内允许的钢筋最大直径　　表4-35

砌块厚度(mm)	140	190	240	290
$d_{\max}$(mm)	ϕ18	ϕ22	ϕ30	ϕ32

10）按壁式框架设计的配筋砌块窗间墙除应符合上述第7）、第8）、第9）条规定外，尚应符合下列规定：

① 窗间墙截面宽度应≥800mm，不宜>2400mm。净高与墙宽之比宜≤5（文献［33］为6）。

② 窗间墙竖向配筋沿全高不应少于4根，沿墙全截面应配足够的抗弯钢筋，其配筋率宜≥0.2%和≤0.8%（文献［33］宜≤0.15f_g/f_y）。

③ 窗间墙中水平分布筋在墙端竖向钢筋处弯折180°标准钩，或采取等效的锚固措施。钢筋间距：距梁边1倍墙宽范围内应≤1/4墙宽，其余

部位应≤1/2墙宽。水平分布筋配筋率宜≥0.15%。

11）剪力墙应按下列情况设置边缘构件：

① 当利用剪力墙端砌体时，应符合下列规定：在距墙端至少3倍墙厚范围内的孔洞中设置≥ϕ12的通长竖向钢筋；当墙端设计压应力≥$0.8f_g$时，除设竖向钢筋外，尚应设置≤@200、≥ϕ6的水平钢筋（或箍筋），并宜设置于灌孔混凝土中。

② 剪力墙墙端设混凝土柱时，应符合下列规定：柱截面宽度宜等于墙厚度，截面长度宜为1～2倍墙厚度并应≥200mm；柱混凝土强度等级宜≥块体强度等级的2倍或灌孔混凝土强度等级，也应≥C20；柱竖向钢筋宜≥4ϕ12，箍筋宜为ϕ6@200；墙中水平钢筋应锚固于柱中并满足l_a要求；柱施工顺序宜先砌墙厚后浇混凝土。

12）当剪力墙连梁采用钢筋混凝土时，混凝土强度等级不宜低于同层砌块强度等级的2倍或灌孔混凝土强度等级，也不低于C20；其他构造尚应符合文献［23］的相关规定。

13）当采用配筋砌块砌体连梁时，应符合下列规定：

① 连梁截面尺寸：高度应≥两块砌块高和400mm。

② 连梁应采用H型砌块或凹槽砌块组成，孔洞应全灌注混凝土。

③ 连梁水平钢筋宜符合下列要求：梁上下水平钢筋宜对称、通长设置，在灌孔砌体中锚固l_a≥35d和400mm；配筋率宜≥0.2%、≤0.8%。

④ 连梁箍筋直径>ϕ6；间距宜≤1/2梁高和600mm；距支座等于梁高范围内箍筋间距应≤1/4梁高；距支座第一根箍筋的距离应≤100mm；箍筋面积配筋率宜≥0.15%；箍筋宜为封闭式；双肢箍为135°弯钩，单肢箍为180°弯钩或90°钩加12d直段。

14）壁式框架梁的构造配筋：纵筋沿梁的任意截面每一砌块孔中均应配置，最小配筋率应≥0.2%，最大配筋率应≤$0.15f_g/f_y$。以抗弯为主的梁，其设计轴力应≤$0.1A_n f_g$，横向钢筋（箍筋）设置同连梁。

15）电梯井道与楼梯间的构造要求：对配筋砌块砌体剪力墙或该剪力墙与钢筋混凝土框架组成的高层建筑结构，其电梯与楼梯间完全可采用配筋砌块砌体，构造与剪力墙相同，唯电梯井道需全灌孔，以便安装电梯。

16）错层的构造处理：错层上下楼板应全现浇，板厚适当加大。错层部位的圈梁截面及配筋应加强，混凝土强度等级按与砌块等强原则确定。适当加大错层上下配筋砌块剪力墙的配筋量。

17）剪力墙截面配筋构造常见形式：

① 配筋砌块墙：常用于多层或水平荷载较小的中高层房屋墙体。其最小配筋率主要满足墙体抗裂要求。特点是在砌块壁的水平灰缝中配置主筋≤2ϕ10横向钢筋≥ϕ4@200的焊接网片，详见图4-38。图4-39示网片沿竖向隔匹搭接构造。

4　高层砌体房屋静力设计

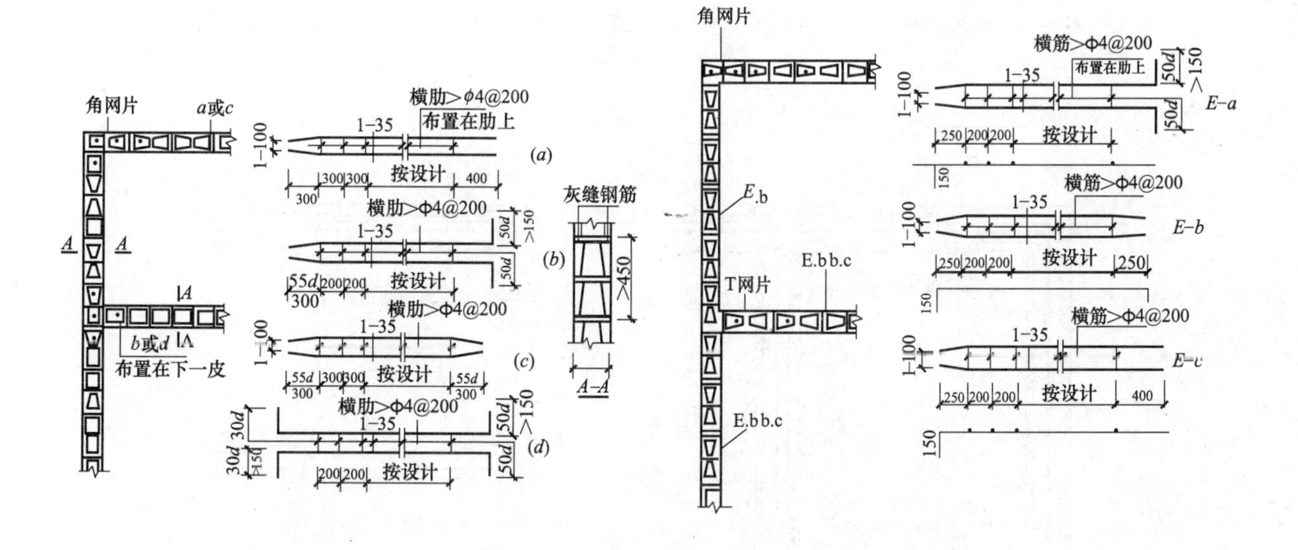

图4-38　墙体灰缝配筋构造示意

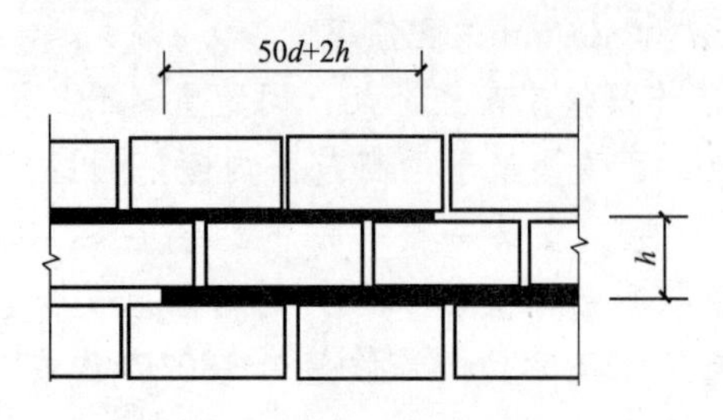

图 4-39 网片隔层搭接示意

② 配筋砌块剪力墙：常用于承受水平荷载较大的中高层剪力墙，其最小配筋率除满足墙体抗裂之外，尚满足承载与延性要求。构造特点是水平钢筋可有单筋和双筋两种方案。前者便于孔洞灌浆，但难以适应平面外偏心受力；后者灌浆孔空间较小，施工较难，但可减小偏心影响。为此，双筋搭接宜采用上下重叠布置方式。另外，宜将系梁块倒扣，使水平筋置于系梁之下砌块顶面，此时水平筋下应垫设横向短筋来固定其位置。图 4-40 为墙体配筋示意，图 4-41 及图 4-42 分别是单筋及双筋构造方案。

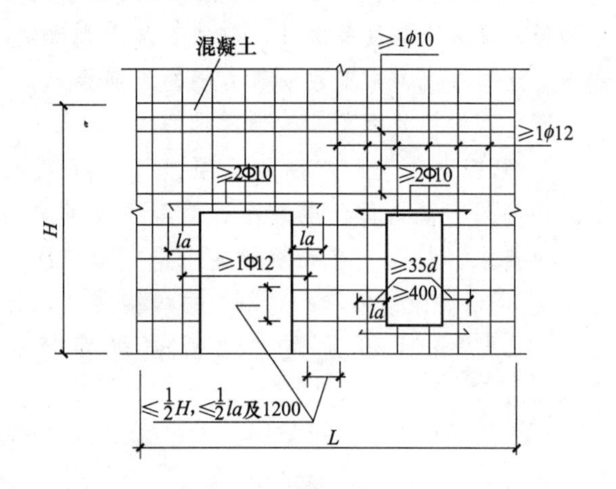

图 4-40 墙体配筋示意

③ 墙体暗柱：分为墙中暗柱和墙端暗柱（边缘构件）两类。详图 4-43 及图 4-44。

18）剪力墙伸缩缝的处理：

① 暗销钉伸缩缝：详图 4-45（*a*）。图中①为竖向钢筋；②为水平钢筋；③为暗销钉，长 1200mm，缝两侧各占 600mm。其一为锚入灌孔混凝土中，另一伸入预埋的塑料套管中，以便自由伸缩。伸缩缝防水构造详图 4-46。

② 普通伸缩缝：如图 4-45（*b*）所示。与暗销钉伸缩缝唯一区别在于取消暗销钉而保留通长竖缝，以便自由伸缩。

19）剪力墙螺栓锚固、预埋管道、接线盒等沟槽构造：参见文献［44］。

（7）钢筋混凝土剪力墙与砌体墙的混合剪力墙结构[23][29]

分别按文献［23］和［29］对钢筋混凝土剪力墙和砌体墙（剪力墙）的有关规定进行构造处理。后者在设计中可根据不同的砌体结构形式（如网状配筋，组合砌体等）来处理，关键是两种墙的相互连接构造，以确保整体工作。

（8）钢筋混凝土墙支撑砌体墙的组合剪力墙结构[23][29]

同第（7）类剪力墙结构。为了缓解转换层以下两种墙体抗侧刚度过分悬殊，可将转换层下1～2 层钢筋混凝土墙抗侧刚度适当削弱（如降低材料强度等级、开设构造洞或竖缝）；转换层上 1～2 层砌体墙抗侧刚度适当加强（如提高材料强度等级、采用配筋砌体、组合砌体或预应力砌体等），其具体构造要求，分详各有关章节。

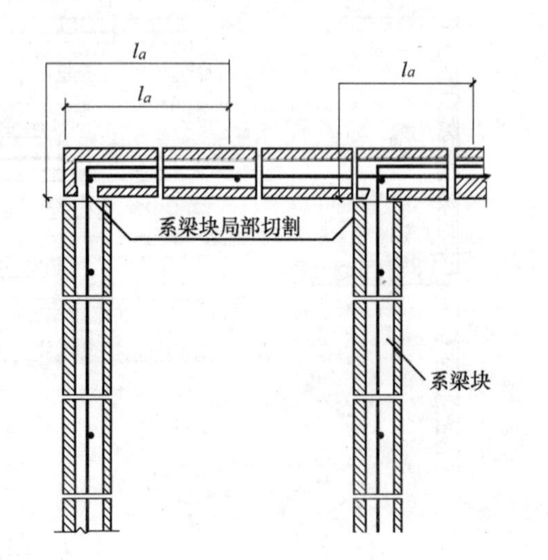

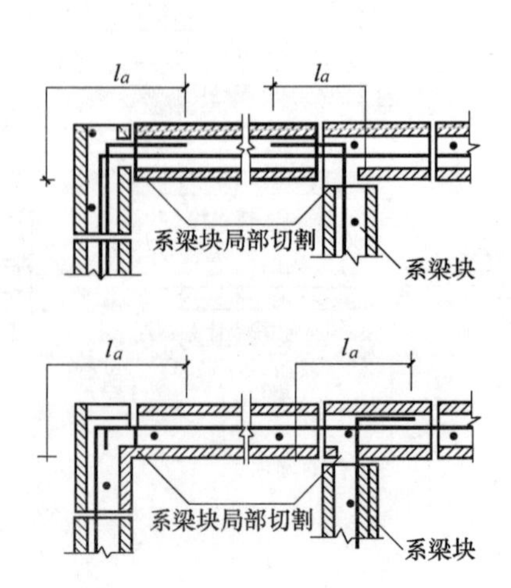

图 4-41 剪力墙单筋配置形式

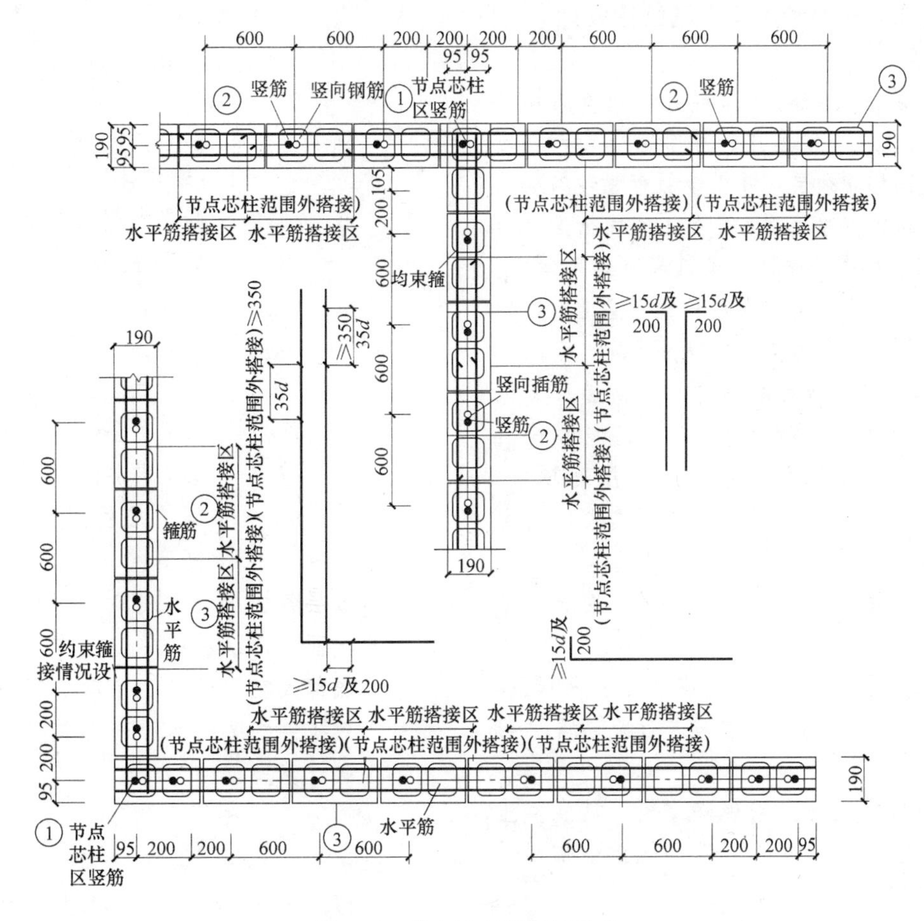

图 4-42 剪力墙双筋配置形式

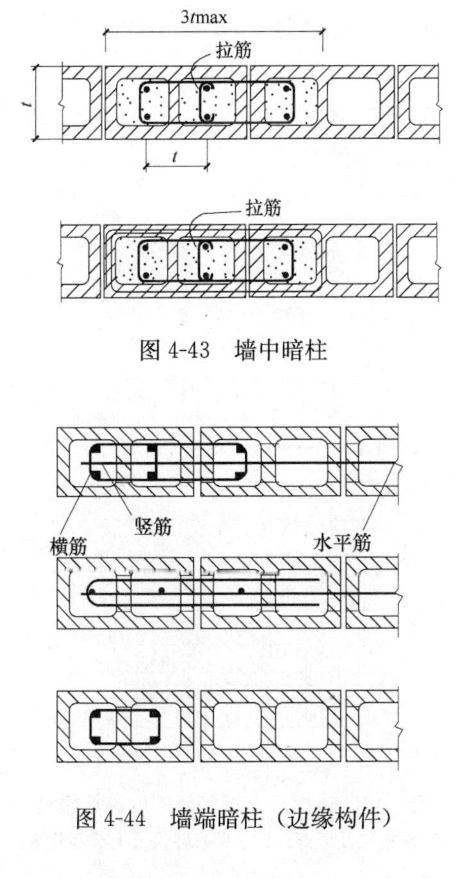

图 4-43 墙中暗柱

图 4-44 墙端暗柱（边缘构件）

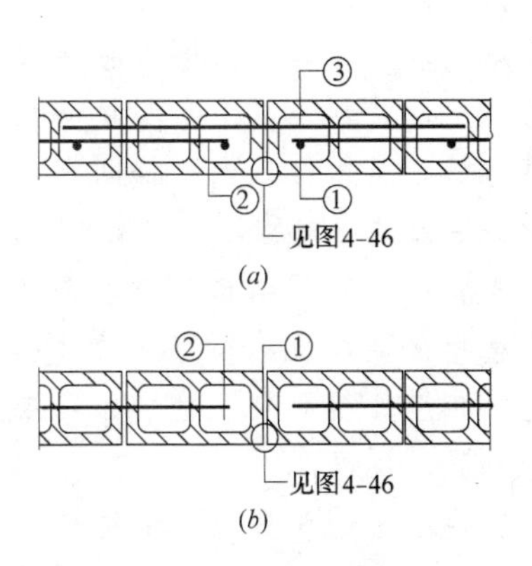

图 4-45 剪力墙伸缩缝的构造

(a) 暗钉伸缩缝；(b) 普通伸缩缝

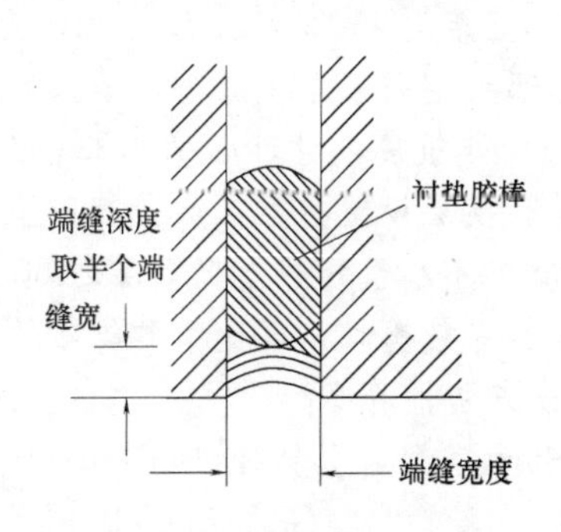

图 4-46 伸缩缝防水做法

4.7 高层底部大空间砌体剪力墙结构设计[41]

1. 一般规定

(1) 当高层建筑结构上部楼层部分竖向构件（剪力墙、框架柱）不能直接连续贯通落地时，应在其下部设置结构转换层，并在该层布置转换结构构件。此结构构件可采用梁、桁架、空腹桁架、箱形结构、斜撑等形式。非抗震设计尚可采用厚板。当上部竖向构件能直接传递荷载给框支梁上时，则可采用组合墙梁框架的转换构件较为简单明确。

(2) 底部大空间剪力墙结构的转换层及其以下的结构宜采用钢筋混凝土结构。若经计算能满足位移限值和转换层上下结构抗侧刚度比要求，则转换层以下可采用嵌砌于框架之间的砌体剪力墙或无框架柱的配筋砌体剪力墙结构。

(3) 落地钢筋混凝土剪力墙和筒体的底部墙体应加厚。

(4) 底部大空间剪力墙结构中受力复杂部位，宜进行应力分析，并按分析结果进行配筋设计与复核。

(5) 转换层楼面应采用现浇楼板，其混凝土强度等级与框支梁、框支柱、箱形转换结构以及转换厚板一样应≥C30。

2. 结构设计方法要点

(1) 为保证底部大空间剪力墙结构房屋的水平刚度满足顶点总位移与层间位移限值要求，应在转换层以上，特别是以下布置足够数量的纵向和横向剪力墙，其中楼（电）梯间宜尽量围成筒体。布置时注意均匀对称，力求刚心与质心重合。

(2) 当底部大空间结构布置较为复杂时，可直接求其整幢房屋结构的顶点总位移和底层层间位移。此时相应的抗侧刚度分别为转换层以上和以下的总刚度。

(3) 转换层上部结构与下部结构的抗侧刚度比应符合下列规定：

1) 底部大空间为1层时，上下层结构等效剪切刚度比 γ 宜接近1；非抗震设计时，应 $\gamma\leqslant 3$；

2) 底部大空间多于1层时，等效侧向刚度比 γ_e 宜接近1；非抗震设计时应 $\gamma_e\leqslant 2$；

3) 当转换层设置在第3层及其以上时，其楼层侧向刚度应不小于相邻上部楼层之60%；

4) 结构等效剪切刚度比 γ 和等效侧向刚度比 γ_e 可按下述方法计算[41]：

当底部大空间为1层时：

$$\gamma=\frac{G_2A_2}{G_1A_1}\frac{h_1}{h_2} \tag{4-280}$$

$$A_i=A_{wi}+C_iA_{ci}(i=1,2) \tag{4-281}$$

$$C_i=2.5\left(\frac{h_{ci}}{h_i}\right)^2(i=1,2) \tag{4-282}$$

式中 G_1、G_2——底层和转换层上层的混凝土（或砌体）剪变模量；

A_1、A_2——底层和转换层上层的折算抗剪截面面积，可按式（4-281）计算；

A_{wi}——第 i 层全部剪力墙在计算方向的有效截面面积（不包括翼缘）；

A_{ci}——第 i 层全部柱截面面积；

h_i——第 i 层层高；

h_{ci}——第 i 层柱沿计算方向的截面高度。

当该层各柱 h_{ci} 不相等时，可分别计算各柱折算抗剪截面积，以求 C_iA_{ci}。

当底部大空间多于1层时，其转换层上下结构的等效抗侧刚度比 γ_e 可采用图4-47所示计算模型的下式计算。

$$\gamma_e=\frac{\Delta_1H_2}{\Delta_2H_1} \tag{4-283}$$

式中 H_1——转换层及下部结构高度；

Δ_1——模型（a）顶端作用单位水平力的侧移；

H_2——转换层上部若干层的高度，H_2 取等于或接近 H_1 但 $\not>H_1$；

Δ_2——模型（b）顶端作用单位水平力的侧移。

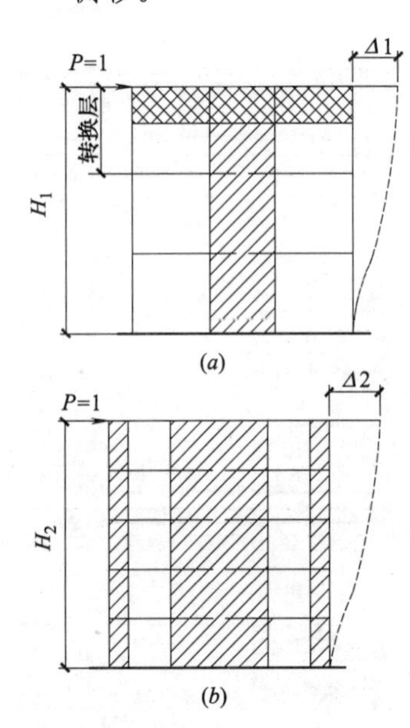

图4-47 转换层上下等效刚度计算模型

（a）转换层及下部结构；（b）转换层上部部分结构

(4) 为满足大空间层与混凝土砌块配筋砌体剪力墙标准层刚度比要求，可采取下列措施：

1) 通过与建筑设计的协调，争取更多剪力墙落地，必要时在其他部位补设混凝土剪力墙；

2) 加大落地剪力墙厚度，尽力增大其截面面积；

3) 提高大空间层的混凝土强度等级。

注：① 因混凝土弹性模量较混凝土砌块配筋砌体仅高约1/3，故较易满足两种材料的楼层抗侧（或剪切）刚度比。另又因现行砌体结构设计规范规定的混凝土砌块配筋砌体能适用的最大高度很低，故在满足上下层刚度比的条件下，可根据《高规》[41] 第10.2节规定来设置大开间的层数。

② 其他各种砌体剪力墙结构，当底部为大空间时，亦可参照执行，无非刚度悬殊较大，相应的技术措施要求更高。

(5) 落地剪力墙和转换层以上配筋砌块墙的开洞要求：

1) 落地剪力墙尽量不开洞或开小洞，若需开洞则宜布置在剪力墙中部；

2) 因框架梁上部一层的配筋砌块墙体与其下部的混凝土梁组成了组合墙梁，故该层墙体不宜设置靠边的门洞且不得在中柱上方开设门洞。墙梁开洞应符合文献［29］第7章要求。

(6) 落地剪力墙与相邻框支柱的距离，1～2层框支层时不宜大于12m，3层及3层以上框支层时不宜大于10m。

(7) 底部带转换层的高层建筑结构，其剪力墙底部的加强部位高度可取框支层加框支层以上两层的高度或墙肢总高的1/8二者中之较大值。

(8) 转换层楼盖布置要求：

1) 转换层楼盖应现浇，且楼面厚度不宜小于180mm；

2) 不应在大空间范围内的楼板中开大洞，当在此范围设楼（电）梯间时，应以钢筋混凝土或配筋砌体剪力墙围成筒体；

3) 为保证楼盖平面内刚度，落地剪力墙的最大间距 l，非抗震设计时应满足 $l \leqslant 3B$，且 $l \leqslant$ 36m。式中，B 为楼盖宽度；

4) 框支承楼板不应错层布置。

(9) 转换层及以下的混凝土构件的设计应满足《高规》[41] 第10.2.8～第10.2.24条的有关规定。

(10) 当竖向荷载和水平风荷载被分配到剪力墙和框架并完成内力分析之后，可按文献［23］和［29］进行截面计算与构造设计。其中的剪力墙可根据需要采用相应的配筋砌体、组合砌体甚至预应力砌体结构。

4.8 高层配筋砌体组合框架-剪力墙结构设计[41]

1. 一般规定

(1) 高层配筋砌体组合框架-剪力墙结构系指以配筋砌体或钢筋混凝土梁柱构成框架与配筋砌体（或部分钢筋混凝土）剪力墙所组成的框架-剪力墙结构形式。工程中可根据实际需要，在保证满足承载力和刚度限值条件下进行多方案的组合，具有较大的灵活性。

(2) 配筋砌体组合框架-剪力墙结构的结构布置、计算分析、截面设计及构造要求除应符合本节规定外，尚应分别符合本资料集4.2、4.3、4.4、4.5及4.6节有关规定。

(3) 根据1) 条的基本原则，框架-剪力墙结构可采用下列形式：

1) 框架与剪力墙（单片墙、联肢墙或小井筒）分开布置；

2) 在框架结构的若干跨内嵌入剪力墙从而形成带边框剪力墙；

3) 在单片墙抗侧力结构内连续分别布置框架和剪力墙；

4) 以上两种或三种形式的混合。

(4) 当水平风荷载作用下，框架部分所承担倾覆力矩大于总倾覆力矩之50%时，柱轴压比限值宜按框架结构规定之1.05采用。框架-剪力墙结构的最大适用高度和高宽比限值可比框架结构适当增大。

(5) 框架-剪力墙结构应设计为双向抗侧力体系，即应沿两主轴方向布置剪力墙。

(6) 框架-剪力墙结构中，剪力墙的布置应符合下列要求：

1) 剪力墙宜均匀布置在建筑物的周边附近、楼梯间、电梯间。平面形状变化及恒载较大的部位，剪力墙间距不宜过大（即宜满足表4-44间距限值要求）；

2) 平面形状凹凸较大时，宜在凸出部分的端部附近布置剪力墙；

3) 纵横剪力墙宜组成T、L和工形等型式；

4) 单片剪力墙底部承担的剪力不宜超过底部总剪力之40%；

5) 剪力墙宜贯通建筑全高，宜避免刚度突变；开洞时，洞口宜上下对齐；

6) 楼梯间、电梯间等竖井宜尽量与附近剪力

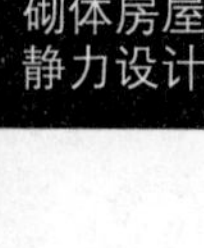

墙结合布置，以增强结构整体刚度。

(7) 在长矩形平面或平面中有部分较长的建筑中，剪力墙的布置尚应符合下列要求：

1) 横向剪力墙沿长向的间距宜满足表 4-36 的限值要求。当剪力墙之间的楼盖开洞较大时，剪力墙间距适当减小；

剪力墙间距限值　　　　表 4-36

楼盖形式	非抗震设计(取较小值)
现浇	5.0B,60m
装配整体	3.5B,50m

注：1. B 为楼面宽度 (m)；
2. 装配整体式楼盖现浇层应符合本章第 4.2 节第 5 小节第 (3) 条的有关规定；
3. 现浇层厚度大于 60mm 的叠合楼板可按现浇板考虑。

2) 纵向剪力墙不宜集中布置于房屋尽端。

2. 截面设计与构造要点

(1) 剪力墙截面竖向钢筋与水平分布筋配筋率及构造要求分详第 4.6 节各类剪力墙。

(2) 带边框剪力墙的边框柱有关构造要求分详第 4.6 节各类剪力墙。与剪力墙相重合的框架梁可保留，亦可做成与墙厚相同的暗梁。暗梁截面高度可取墙厚的 2 倍或与该榀框架梁截面等高。暗梁可按构造配筋且应符合一般框架梁的最小配筋率要求。

(3) 剪力墙截面宜按工形截面设计，墙端竖向受力筋应配置在边框柱内。

(4) 当在单片抗侧力结构内连续布置框架和剪力墙时，边框柱截面宜与该榀框架其他柱截面相同，并应符合有关框架构造配筋的规定；剪力墙底部加强部位的边框柱箍筋宜全高加密；非底部的带边框剪力墙上的洞口紧邻边框柱时，柱内箍筋亦宜全高加密。

4.9 高层砌体房屋结构静力设计例题

1. 烧结多孔组合砖框架结构办公楼 (10 层)

【例 4-1】 某 10 层办公楼平面如图 4-48，采用烧结页岩多孔砖组合砌体柱、钢筋混凝土梁与现浇板结构。底层高 3.6m，标准层高 3.3m，基顶标高−0.800m，女儿墙高 1.5m。砖为 MU30，砂浆为 M20，梁混凝土为 C30，组合砌体柱混凝土面层为 C20，钢筋为 HRB335 及 HPB235。组合砖墙厚 240mm，KL1-1：250mm×550mm，KL2-1：250mm×550mm，KL2-2：250mm×350mm，边柱 370mm×620mm，中柱 490mm×620mm，现浇板厚 100mm，各层设圈梁 240mm×200mm，施工质量控制为 B 级。基本风压 0.6kN/m²，地面粗糙度 B 级。试计算此框架柱并验算位移。

【解】 (1) 结构方案确定

房屋总长 110.4m，于中部对称设置两道伸缩缝，如图 4-48 所示，本例取①～⑫轴部分计算。由文献［35］表 6.1.6 知，①～⑫剪力墙间距与剪力墙宽度之比 52.8/12＝4.4>4 (6 度区现浇梁板房屋长宽比限值)。计算水平力时，由于间距超限，剪力墙对⑥轴框架抗水平力的影响可以忽略不计，故按框架结构计算，剪力墙仅作为构造措施，计算不予考虑。

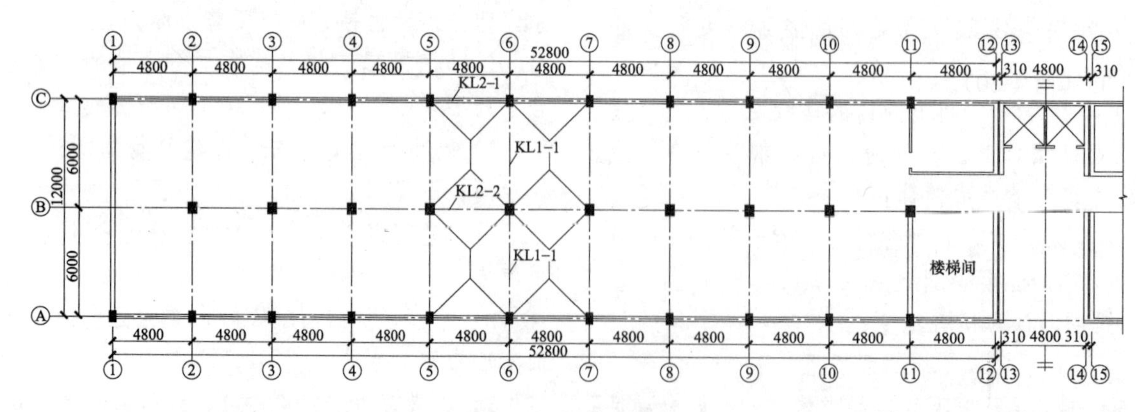

图 4-48　结构平面图

(2) 基本计算资料

墙、柱采用 MU30 烧结页岩多孔砖，空洞率 28%，水泥砂浆均为 M20，根据文献［4］，$f=4.61\times0.9=4.15$MPa $E=1600f=6640$MPa；混凝土 C20，$E_c=2.55\times10^4$MPa；砌体重力密度 $\gamma=16.4$kN/m³。

(3) 框架侧移计算

1) 横向框架剪切刚度 C_f

① 框架横梁线刚度 $i_b=\frac{E_c\times 2I_b}{l}=3.47\times 10^{10}$N·mm（全部为中框架并与楼板整浇）

② 柱线刚度

Ⓐ©柱　初定组合砌体柱截面形式，如图 4-49（a）所示，$E=6640\text{N/mm}^2$，$E_c=2.55\times10^4\text{N/mm}^2$，按折算为图 4-49（$b$）的工形截面进行计算，折算宽度 $b=370\times25500/6640=1421$mm。Ⓑ柱：同Ⓐ©轴方法，折算宽度 $b=490\times25500/6640=1882$mm。按式（4-152）框架柱侧向刚度 $D=\alpha_c\cdot 12i_c/h^2$，其中柱侧向刚度降低系数 α_c 由表 4-20 查得，计算结果见表 4-37。

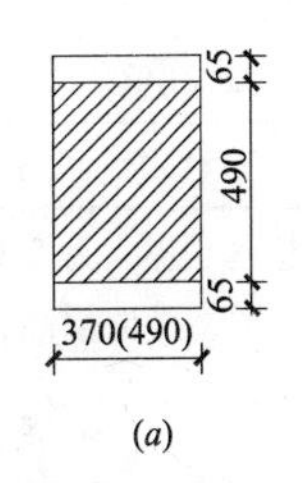

(a)

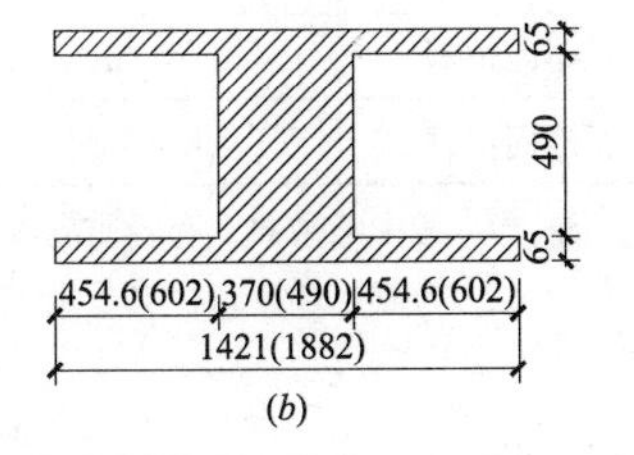

(b)

图 4-49

框架柱 D 值计算表　　　表 4-37

层位	H_i	E	轴线	Bh	$I_c\times10^{10}$	$0.8I_c$	$i_c\times10^{10}$	K	$I_c\times10^{10}$	D_{i1}	D_i
2-10	3300	6640	Ⓐ©	370×620	1.791	1.433	2.88	1.205	0.375	11900	36933
			Ⓑ	490×620	2.373	1.898	3.82	0.908	0.312	13133	
1	4400	6640	Ⓐ©	370×620	1.791	1.433	2.16	1.606	0.584	7818	25118
			Ⓑ	490×620	2.373	1.898	2.87	1.209	0.533	9482	

2）风荷载计算

① 基本自振周期　$T=0.09n=0.09\times10=0.9$，$w_0T^2=0.6\times0.9^2=0.486\text{kN}\cdot\text{S/m}^2$；

② 风荷载体型系数　$H/B=34.1/53.04=0.643<4$（B 为迎风面宽度），且为矩形截面，取 $\mu_s=1.3$；

③ 风振系数　地面粗糙度 B 类，由表 4-10 查得脉动增大系数 $\xi=1.357$，由表 4-11 当 $H/B=0.643$ 时查得脉动影响系数 $v=0.43$，$\varphi_i=H_i/H$，H_i为第 i 层标高，H 为总高，于是 $\beta_z=1+\frac{\xi v\varphi_z}{\mu_z}=1+\frac{0.584}{\mu_z}\frac{H_i}{H}$，各 β_2 列于表 4-38。

④ 风荷载计算　$q_k(z)=0.6\times1.3\times A\mu_z\beta_z$，其中 A 为一榀框架各层节点受风面积，计算结果见表 4-38（图 4-50）。

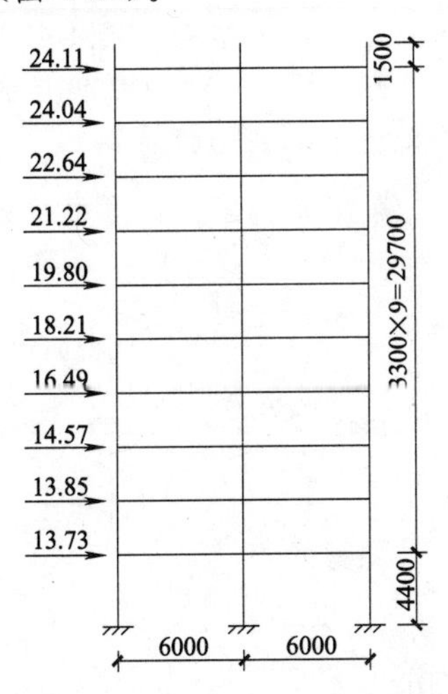

图 4-50　风荷载作用计算简图

风荷载计算表　　　表 4-38

区段	H_i	H_i/H	μ_z	β_z	$A(\text{m}^2)$	$q_k(z)$	V(kN)
10	33.3	1.00	1.46	1.400	15.12	24.11	24.11
9	30.0	0.901	1.42	1.371	15.84	24.04	48.15
8	26.7	0.802	1.36	1.343	15.84	22.64	70.79
7	23.4	0.703	1.31	1.314	15.84	21.22	92.01
6	20.1	0.604	1.25	1.282	15.84	19.80	111.81
5	16.8	0.505	1.18	1.250	15.84	18.21	130.02
4	13.5	0.405	1.10	1.216	15.84	16.49	146.51
3	10.2	0.306	1.00	1.179	15.84	14.57	161.08
2	6.9	0.207	1.00	1.121	15.84	13.85	174.93
1	3.6	0.108	1.00	1.063	16.56	13.73	188.66

3）框架结构侧移计算

① 底层层间位移计算（其余层略）　$\Delta\mu_j=\text{V}_j\Big/\sum_{k=1}^{m}\text{D}_{jk}=\frac{188.66\times1000}{25118}=7.51\text{mm}$，$u/h<[\theta]=1/550$，满足要求。

② 顶点总位移　$\sum\Delta\mu_j=33.49\text{mm}$，$\sum\Delta\mu_j/H=33.49/34100=1/1018.2<1/1000$，满足要求。

（4）竖向荷载作用下结构的内力计算

1）荷载计算

① 荷载标准值（表 4-39）

② 取⑥轴框架进行计算

作用于框架上的竖向荷载有梁自重，梁上隔墙重，楼板和次梁传来的荷载。如图 4-48 所示，本例为双向板肋梁楼盖，板传给框架的荷载形式为梯形分布荷载，而传给次梁的荷载和次梁自重则是由次梁以集中力的形式传给框架柱。荷载计算结果如下：

荷载标准值计算表 表 4-39

屋面恒载	7.0kN/m²	2-10 层 AC 柱重	15.16kN	墙体重	外墙 240mm	4.64kN/m²
屋面活载	2.0kN/m²	2-10 层 B 柱重	18.25kN		女儿墙 240mm	4.3kN/m²
楼面恒载	6.0kN /m²	1 层 AC 柱重	20.21kN	梁自重	3.128kN/m	
楼面活载	2.0kN/m²	1 层 B 柱重	26.77kN			

注：1. 考虑到楼面上有轻质隔墙，楼面恒载适当加大为 6.0kN/m²；

2. 为简化计算，柱自重未包括抹灰重，但高度取层高并乘以 1.1 放大系数。

荷载作用计算 表 4-40

	集中恒载(kN)		线恒载(kN/m)		集中活载(kN)		线活载(kN/m)
	$G_A=G_C$	G_B	$g_{AB1}=g_{BC1}$	$g_{AB2}=g_{BC2}$	$Q_A=Q_C$	Q_B	$q_{AB2}=q_{BC2}$
屋面	86.29	95.65	3.128	33.6	11.52	23.04	9.6
楼面	98.65	102.8	3.128	33.6	11.52	23.04	9.6

恒载作用下⑥轴框架计算简图如图 4-51，并将图 4-51 中的梯形分布荷载，根据固端弯矩相等的原则转化为如图 4-52 所示等效均布荷载。活载作用下等效均布荷载见图 4-52。

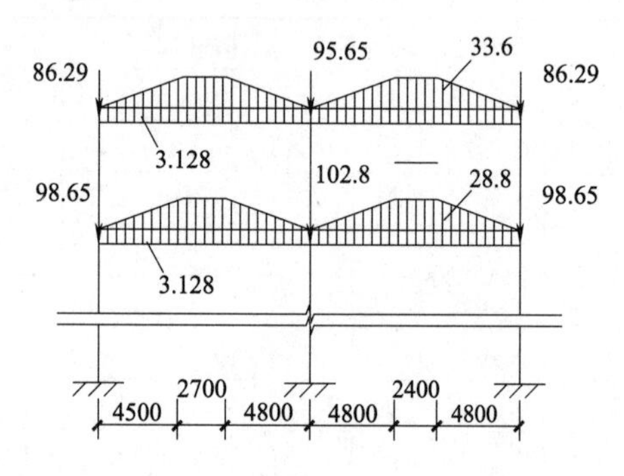

图 4-51 恒载作用计算简图

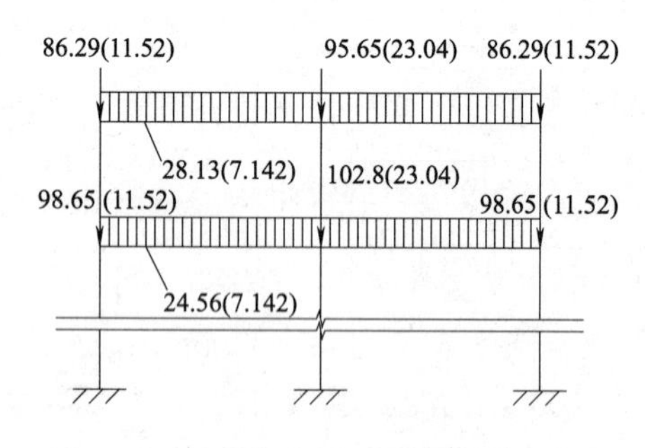

图 4-52 等效均布恒载、活载计算简图
（括号内为活载）

2）内力计算

① 恒载作用下的内力计算

a. 弯矩 采用分层法，除底层外，其余柱线刚度取实际线刚度的 0.9 倍。现只给出顶层的计算过程，其余各层结果见表 4-41 及图 4-53。

杆端弯矩计算 表 4-41

节点号	A		B			C	
杆件号	下柱	AB	BA	下柱	BC	CB	下柱
刚度系数	2.59	3.47	3.47	2.59	3.47	3.47	2.59
分配系数	0.427	0.573	0.364	0.272	0.364	0.573	0.427
固端 M		−84.39	84.39		−84.39	84.39	
分配与传递	36.03	48.36	24.18		−24.18	−48.36	−36.03
总和	36.03	−36.03	108.57		−108.57	36.03	−36.03

顶层 $M_{AB}=M_{BC}=28.13\times6^2/12=84.39\text{kN}\cdot\text{m}$

将各层分层法所得的弯矩叠加，可得整个框架在恒载作用下的弯矩图，将不平衡节点的弯矩再进行一次分配，最终弯矩见图 4-54。

b. 梁端剪力 计算结果见表 4-42。

c. 柱端轴力、剪力 计算结果见表 4-43。

② 活载作用下的内力计算

活载采用满载法，弯矩、剪力分别见图 4-54 及表 4-44；柱端轴力及剪力见表 4-45。

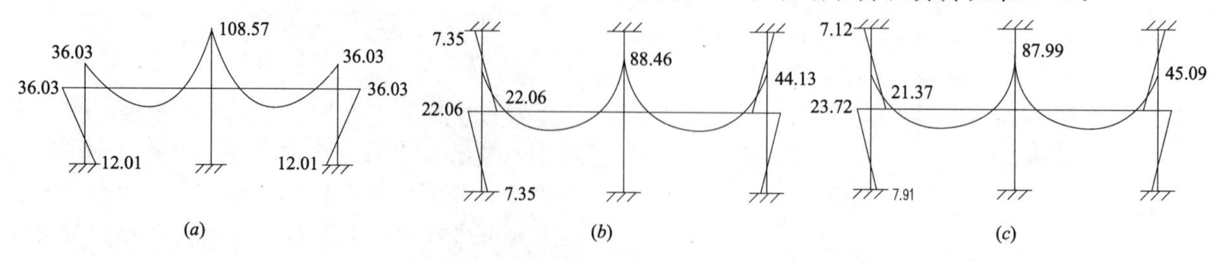

图 4-53 分层法计算恒载作用下 M 图
(a) 顶层；(b) 中间层；(c) 底层

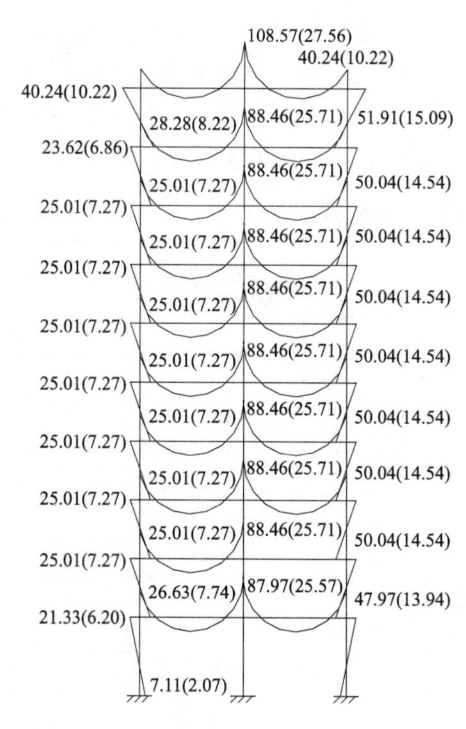

图 4-54 恒载（活载）作用下 M 图

恒载作用下梁端 V　　　表 4-42

层号	AB			
	梁端 M		梁端 V	
	M_{AB}	M_{BA}	V_{AB}	V_{BA}
10	40.24	108.57	159.29	191.43
9	51.91	88.46	166.23	182.57
2-8	50.04	88.46	165.93	182.88
1	47.97	87.97	165.66	183.15

恒载作用下柱 N、V　　　表 4-43

层号	截面	柱轴力		柱端弯矩		柱端剪力	
		轴号		轴号		轴号	
		A	B	A	B	A	B
10	上	159.29	382.86	40.24	−40.24	20.76	−20.76
	下	174.45	401.11	28.28	−28.28		
1	上	1789.13	3838.87	21.33	−21.33	6.46	−6.46
	下	1809.34	3865.64	7.11	−7.11		

活载作用下梁端 V　　　表 4-44

层号	AB			
	梁端 M		梁端 V	
	M_{AB}	M_{BA}	V_{AB}	V_{BA}
10	10.22	27.56	30.06	35.84
9	15.09	25.71	31.18	34.72
2-8	14.54	25.71	31.08	34.81
1	13.94	25.57	31.01	34.88

活载作用下柱 N、V　　　表 4-45

层号	截面	柱轴力		柱端弯矩		柱端剪力	
		轴号		轴号		轴号	
		A	B	A	B	A	B
10	上	30.06	71.68	10.22	−10.22	5.59	−5.59
	下	30.06	71.68	8.22	−8.22		
9	上	309.81	698.22	6.20	−6.20	1.88	−1.88
	下	309.81	698.22	2.07	−2.07		

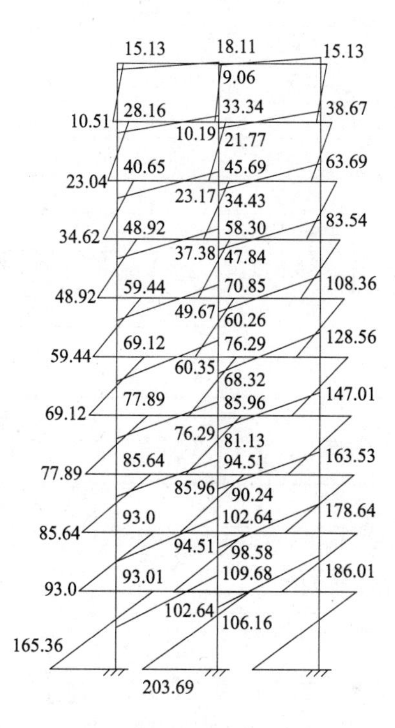

图 4-55 风荷载作用下 M 图

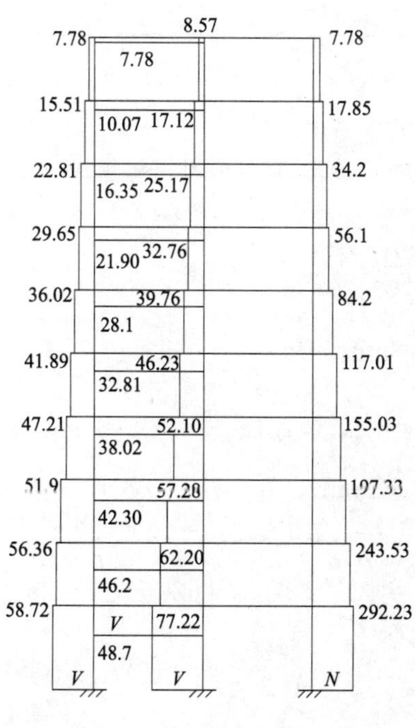

图 4-56 风荷载作用下 V、N 图

③ 风荷载作用下的内力计算

采用D值法，由文献［51］附录表10-3、附录表10-4查得$y_1=y_2=y_3=0$，$y_n=y$，y值及风载作用下的柱剪力值详表4-46。

④ 荷载效应组合

每层每柱均取上下端截面（各以Ⅰ、Ⅱ示之），为简便计算，活荷载采用满载法，底层乘以活荷载折减系数0.6，顶层和底层的内力组合见表4-47。

⑥轴框架柱y值及风荷载作用下柱剪力分配 表4-46

层 次	D_i	V_i	ⒶⒸ				Ⓑ			
			k	y_n	D_{il}	V_{il}	k	y_n	D_{il}	V_{il}
10	36933	24.11	1.205	0.41	11900	7.77	0.908	0.36	13133	8.57
9	36933	48.15	1.205	0.45	11900	15.51	0.908	0.41	13133	17.12
8	36933	70.79	1.205	0.46	11900	22.81	0.908	0.45	13133	25.17
7	36933	92.01	1.205	0.5	11900	29.65	0.908	0.46	13133	32.72
6	36933	111.81	1.205	0.5	11900	36.03	0.908	0.46	13133	39.76
5	36933	130.02	1.205	0.5	11900	41.89	0.908	0.5	13133	46.23
4	36933	146.51	1.205	0.5	11900	47.21	0.908	0.5	13133	52.10
3	36933	161.08	1.205	0.5	11900	51.90	0.908	0.5	13133	57.28
2	36933	174.93	1.205	0.5	11900	56.36	0.908	0.5	13133	62.20
1	25118	188.66	1.606	0.64	7818	58.72	1.209	0.65	9482	77.22

⑥轴框架柱内力组合 表4-47

柱号	柱截面	恒载			活载(底层乘以0.6)			风载			恒×1.2+0.9×1.4×(活+风)		
		M	N	V	M	N	V	M	N	V	M	N	V
顶层	AⅡ	40.24	159.29	20.76	10.2	30.7	5.59	15.13	7.78	7.78	80.22	238.83	41.76
	AⅠ	28.82	174.45		8.2	30.7		10.51	7.78		57.53	257.03	
	BⅡ	0	382.86	0	0	71.68	0	18.11	7.78	8.57	22.82	559.56	10.80
	BⅠ	0	401.11		0	71.68		10.19	7.78		12.84	581.46	
底层	AⅡ	21.33	1789.13	6.46	3.72	185.89	1.88	93.01	292.23	58.72	147.48	2749.39	84.11
	AⅠ	7.11	1809.34		1.24	185.89		165.36	292.23		218.45	2773.64	
	BⅡ	0	3838.87	0	0	418.92	0	109.68	292.23	77.22	138.2	5502.69	97.30
	BⅠ	0	3865.64		0	418.92		206.69	292.23		256.65	5534.82	

(5) 截面设计

1) 底层A柱

经初步计算，面层混凝土应提高为C25，截面形式如图4-57所示。假定截面属于小偏心受压，$e=\dfrac{M}{N}=\dfrac{218.45}{2773.64}=78.8\text{mm}<h_0=0.15\times(620-35)=87.8\text{mm}$，$\beta=\dfrac{H_0}{h}=\dfrac{4400}{620}=7.097$

$e_a=(1-0.022\beta)\dfrac{\beta^2h}{2200}=11.98\text{mm}$，$A'=370\times370=136900\text{mm}^2$，$A'_c=125\times370\times2=92500\text{mm}^2$

$S_s=370\times370\times(310-35)=37.65\times10^6\text{mm}^3$

$S_{c,s}=125\times370\times\left(620-\dfrac{125}{2}-35\right)+125\times370\times\left(\dfrac{125}{2}-35\right)=25.44\times10^6\text{mm}^3$

$e_N=e+e_a+\left(\dfrac{h}{2}-a_s\right)=78.7+11.98+(310-35)=365.78\text{mm}$

代入式（4-33）：$Ne_N=fS_s+f_cS_{c,s}+\eta_s f'_yA'_s(h_0-a'_s)$

得$A'_s=3367.02\text{mm}^2$，选配6Φ28，实际$A'_s=3695\text{mm}^2$，截面配筋构造如图4-57所示。

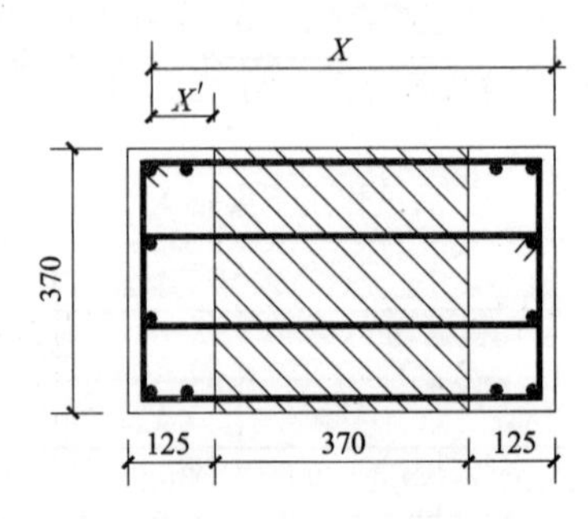

图4-57 底层A柱截面形式

将A'_s值代入式（4-23）：$N=fA'+f_cA'_c+\eta_s f'_yA'_s-\sigma_sA_s$，得$A_s<0$，考虑出平面承载力，配

6Φ28。

检验小偏心受压假定是否正确，设截面受压区高度x如图4-57所示。

$e'_{N}=(h/2-a_s)-(e+e_a)=(310-35)-(78.8+11.98)=184.22\text{mm}$

由式（4-34），$fS_N+f_cS_{c,N}+\eta_s f'_yA'_se'_N-\sigma_sA_se_N=0$，解得$x'=-96.73\text{mm}$，$x=495-96.73=398.27\text{mm}$

$\xi=x/h_0=398.27/585=0.68>0.437$，原假定小偏压正确。

因出平面方向双向板传来活载不大且不考虑风载效应，故短边方向可近似按轴心受压计算。组合砌体截面配筋率　$\rho=\dfrac{A_s+A'_s}{b\times h}=\dfrac{3695+3695}{370\times620}=3.2\%$，柱高厚比　$\beta=\dfrac{H_0}{h}=\dfrac{4400}{370}=11.9$，$\varphi_{com}=0.95$，由式（5-30）得$N=\varphi_{com}(fA+f_cA_c+\eta_sf'_yA'_s)=3691.6\text{kN}>2714.9\text{kN}$，满足要求。

2）底层B柱

根据B柱内力较A柱大的特点，假定截面$bh=620\text{mm}\times740\text{mm}$且四周布筋如图4-58。该截面进一步折算为图4-59（a）与图4-59（b）叠加的形式。

素砌体截面所承担的轴力

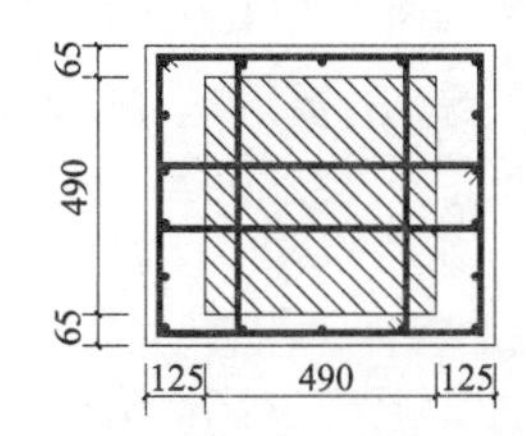

图4-58　底层B柱截面形式

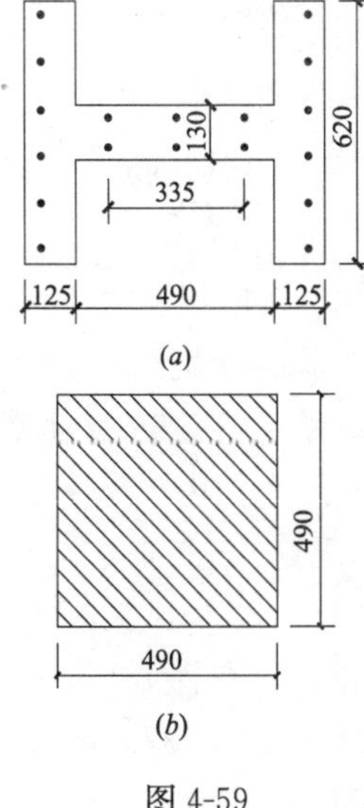

(a)

(b)

图4-59

$e=M/N=256.65/5534.82=46.4\text{mm}<0.15h_0$
$=0.15\times(620-35)=87.8\text{mm}$

$\beta=H_0/h=4400/740=5.94$，

$e_a=(1-0.022\beta)\dfrac{\beta^2h}{2200}=10.33\text{mm}$

$\beta'=\dfrac{H_0}{h'}=\dfrac{4400}{490}=8.98$，$\dfrac{e'}{h}=\dfrac{46.4+10.33}{490}=0.116$

$e'/y=0.116\times2=0.232<0.6$，由砌体规范表D.0.1-1得$\varphi=0.64$

$A'=490\times490=240100\text{mm}^2$，$\varphi fA=0.64\times4.15\times240100=637.7\text{kN}$

混凝土面层配筋：$e_N=e+e_a+(h/2-a_s)=331.73\text{mm}$

偏心距较小，假定全截面受压，短边方向每边各配置3Φ20，$\xi_b=0.562$，按下式计算号：

$$\xi=\frac{N-\alpha_1f_c(b'_f-b)h'_f-\xi_b\alpha_1f_cbh_0}{\dfrac{Ne-\alpha_1f_c(b'_f-b)h'_f(h_0-\dfrac{h'_f}{2})-0.45\alpha_1f_cbh_0{}^2}{(0.8-\xi_b)(h_0-a'_s)}+\alpha_1f_cbh_0}+\xi_b \tag{4-284}$$

得$\xi=1.138>\beta_1=0.8$

取$\xi=\beta_1=0.8$，由混凝土规范[23]式（7.3.6）

$M_{sw}=\left[0.5-\left(\dfrac{\xi-\beta_1}{\beta_1w}\right)^2\right]f_{ym}A_{sw}h_{sw}$
$=0.5\times300\times1884\times335=94.67\times10^6$

$Ne\leqslant\alpha_1f_c[\xi(1-0.5\xi)bh_0^2+(b'_f-b)h'_f(h_0-h'_f/2)]+f'_yA'_s(h_0-a'_s)+M_{sw}$

$(5534.82-637.7)\times10^3\times331.73=1.0\times11.9\times[0.8\times(1-0.5\times0.8)\times130\times705^2+(620-130)\times125\times(705-125/2)]+300\times A'_s\times(705-35)+94.67\times10^6$

得$A'_s=3445.16\text{mm}^2$，选配6Φ28，实际$A'_s=3695\text{mm}^2$。

$N_{sw}=\left(1+\dfrac{\xi-\beta_1}{0.5\beta_1\omega}\right)f_{yw}A_{sw}=300\times1884=565.2\text{kN}$

代入A'_s：$N=\alpha_1f_c[\xi bh_0+(b'_f-b)h'_f]+f'_yA'_s-\sigma_sA_s+N_{sw}$，得$A_s<0$，选6Φ28，$A_s=3695\text{mm}^2$。由A柱检验小偏心受压假定是否正确的方法，得底层B柱为小偏心受压。

验算短边方向的受压承载力：

组合砌体截面的配筋率$\rho=\dfrac{A_s+A'_s}{b\times h}=\dfrac{3695+3695+1884}{740\times620}=2.02\%$，柱高厚比$\beta=\dfrac{H_0}{h}=\dfrac{4400}{620}=7.09$，$\varphi_{com}=1$，$N=\varphi_{com}(fA+f_cA_c+$

$\eta_s f'_y A'_s$)=6381.14kN>5534.82kN，满足要求。

3）顶层A柱

采用对称配筋。由式（4-32）$N=fA'+f_cA'_c$，解得 $x=218.22$mm，$\xi=x/h_0=218.22/585=0.373<0.437$，属于大偏心受压。

$S_{c,s}=65\times370\times(585-65/2)=13.29\times10^6\text{mm}^3$

$S_s=(218.22-65)\times370\times\left(585-65-\dfrac{218.22-65}{2}\right)$

$=25.14\times10^6\text{mm}^3$

$e=\dfrac{M}{N}=\dfrac{80.22}{238.83}=335.88\text{mm}$，$\beta=\dfrac{3300}{620}=5.32\text{mm}$，$e_a=(1-0.022\beta)\dfrac{\beta^2h}{2200}=7.04\text{mm}$，$e_N=e+e_a+\left(\dfrac{h}{2}-a_s\right)=335.88+7.04+(310-35)=617.92\text{mm}$

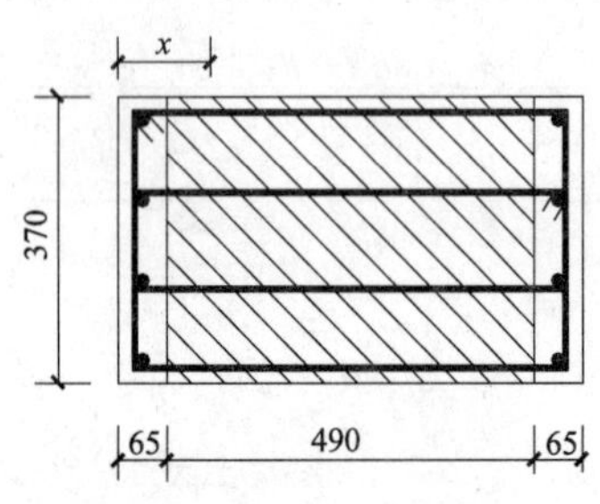

图4-60 顶层A柱截面形式

由式（4-33）$Ne_N=fS_s+f_cS_{c,s}+\eta_s f'_yA'_s(h_0-a'_s)$ 解得 $A'_s<0$，每侧选用4Φ16，实际 $A'_s=A_s=804\text{mm}^2$。

短边方向受压承载力验算：

$\rho=\dfrac{A_s+A'_s}{b\times h}=\dfrac{804\times2}{370\times620}=0.7\%$，$\beta=\dfrac{H_0}{h}=\dfrac{3300}{370}=8.92$，$\varphi_{com}=0.965$，$N=\varphi_{com}(fA+f_cA_c+\eta_s f'_yA'_s)=1637.17\text{kN}>235.9\text{kN}$，满足要求。

4）顶层B柱（图4-61）

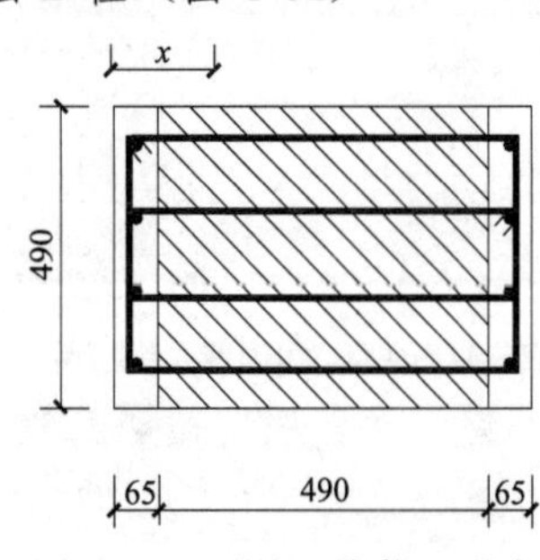

图4-61 顶层B柱截面形式

采用对称配筋，由 $N=fA'+f_cA'_c$ 解得 $x=310.63$mm，$\zeta=x/h_0=310.63/585=0.528>0.437$，属于小偏心受压。

$S_s=(310.63-65)\times490\times(585-65-310.63/2)=43.89\times10^6\text{mm}^3$

$S_{c,s}=65\times490\times(585-65/2)$

$=15.59\times10^6\text{mm}^3$

$e=\dfrac{M}{N}=\dfrac{22.82}{559.56}=40.78\text{mm}$，$\beta=\dfrac{3300}{620}=5.32$，$e_a=(1-0.022\beta)\dfrac{\beta^2h}{2200}=7.04\text{mm}$，$e_N=e+e_a+\left(\dfrac{h}{2}-a_s\right)=40.78+7.04+(310-35)=322.82\text{mm}$

由 $Ne_N=fS_s+f_cS_{c,s}+\eta_s f'_yA'_s(h_0-a'_s)$ 解得 $A'_s<0$，每侧选用4Φ16，实际 $A'_s=A_s=804\text{mm}^2$。

短边方向受压承载力验算：

$\rho=\dfrac{A_s+A'_s}{b\times h}=\dfrac{804\times2}{370\times620}=0.7\%$，$\beta=\dfrac{H_0}{h}=\dfrac{3300}{370}=8.92$，$\varphi_{com}=0.965$，$N=\varphi_{com}(fA+f_cA_c+\eta_s f'_yA'_s)=2017.17\text{kN}>556.9\text{kN}$，满足要求。

5）斜截面抗剪

以首层B柱为例，其余柱略。

参考钢筋混凝土偏心构件计算方法，截面形式见图4-58。

验算截面尺寸（无地震作用时），$\dfrac{h_w}{b}=\dfrac{585}{490}=1.19<4$

$V_c=0.25\beta_cf_cb_ch_0$，$\dfrac{260.04\times1000}{1.0\times4.61\times490\times585}=0.196<0.25$，满足要求。$N=5534.82\text{kN}>0.3fA=0.3\times4.15\times362600=420.16\text{kN}$，取 $N=451.43\text{kN}$

取剪跨比 $\lambda=\dfrac{H_n}{2h_0}=\dfrac{4.4}{2\times0.704}=3.125>3$，取 $\lambda=3$，钢筋采用HPB235，$f_v=0.2\text{MPa}$，由式（4-47）$V_c\leqslant\dfrac{1.75}{\lambda+1}f_vb_ch_0+f_y\dfrac{A_{sv}}{s}h_0+0.07N$ $\dfrac{A_{sv}}{s}=0.455$，按构造配4肢 $\phi8@360$（6线砖灰缝）。

实有 $\dfrac{4\times50.3}{360}=0.588>0.455$，可以。$\rho_{sv}=\dfrac{0.558}{490}=0.113\%>\rho_{min}=0.24\times\dfrac{0.2}{210}=0.022\%$，满足。

6）变截面柱构造

B柱1～4层采用图4-58截面形式，5～10层采用图4-61截面形式，由于所有受拉钢筋均为按构造配置（对称配筋），故此处仅考虑受压钢筋的搭接构造。按文献［23］计算有 $l_l=\zeta l_a$，因搭接接头百分率取50%，查得 $\zeta=1.4$。又 $l_a=0.7\times0.14\times300/1.27\times16=370\text{mm}$，得 $l_l=1.4\times370=518\text{mm}$，取为550mm。于是第5层受压纵筋分两批即每一批4Φ16与第4层伸入第5层之4Φ28纵筋搭接。其构造详见图4-62。

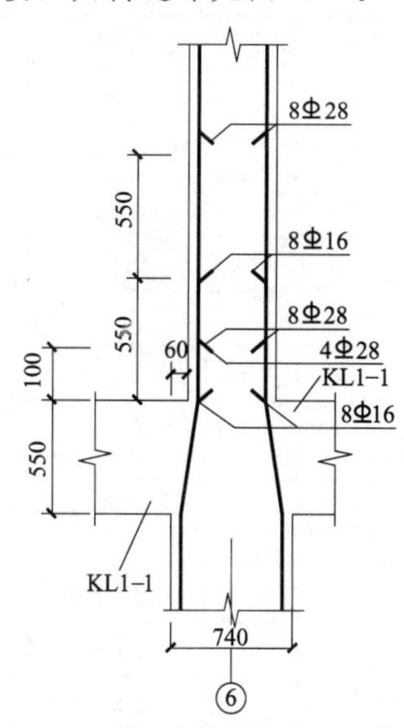

图4-62　变截面柱纵向钢筋构造

2. 网状配筋砌体剪力墙宿舍（13层）

【例4-2】 某13层职工宿舍楼，采用整浇钢筋混凝土楼盖及屋盖，混凝土构造柱及水平灰缝网状配筋砖墙方案（采用钢筋后详），见平面图4-63。蒸压粉煤灰砖下部3层采用MU25，以上各层采用MU20；水泥砂浆下部3层采用M15，以上各层采用M10。每层沿所有纵横墙设置钢筋混凝土圈梁，截面尺寸为240mm×180mm，构造柱240mm×240mm，均采用C20混凝土。底层层高3.3m，其余各层为3m，女儿墙高1.5m，基础顶面标高为−0.5m；施工质量控制等级为B级。基本风压$w_0=0.60\text{kN/m}^2$，C类地面粗糙度。试验算该住宅墙体的承载力及位移。

【解】

（1）重力荷载（kN/m^2）

表4-48

屋面恒载	屋面活载	楼面恒载	楼面活载	墙体自重	圈梁自重	构造柱自重
5.2	2.0	3.35	2.0	4.60	6.38	6.38

（2）风载

取轴②计算，$H_w=40.8\text{m}>30\text{m}$，高宽比$H_w/B=40.8/13.14=3.1>2.0$，$T_1=0.07n=0.07\times13=0.91s$，$w_0T_1^2=0.6\times0.62\times0.91^2=0.308$，查4-10及表4-11得$\xi=1.3124$，$\nu=0.485$，取$\varphi_z$值时仅考虑第1振型。$\beta_z=1+\frac{\xi\nu\varphi_z}{\mu_z}=1+0.6365\frac{\varphi_z}{\mu_z}$，计算详表4-49。

（3）计算简图

开洞水平截面积虽远小于50%，但楼板不能约束墙肢，故视为双肢独立悬臂墙。$H/B=39.8/5.64=7.057$，故应按弹性方案计算并需验算其总位移，使满足$\Delta_{max}\leqslant H/1000$，层间位移$\delta\leqslant h/1000$。计算简图详图4-64，采用T形双肢剪力墙。墙肢截面如图4-65。

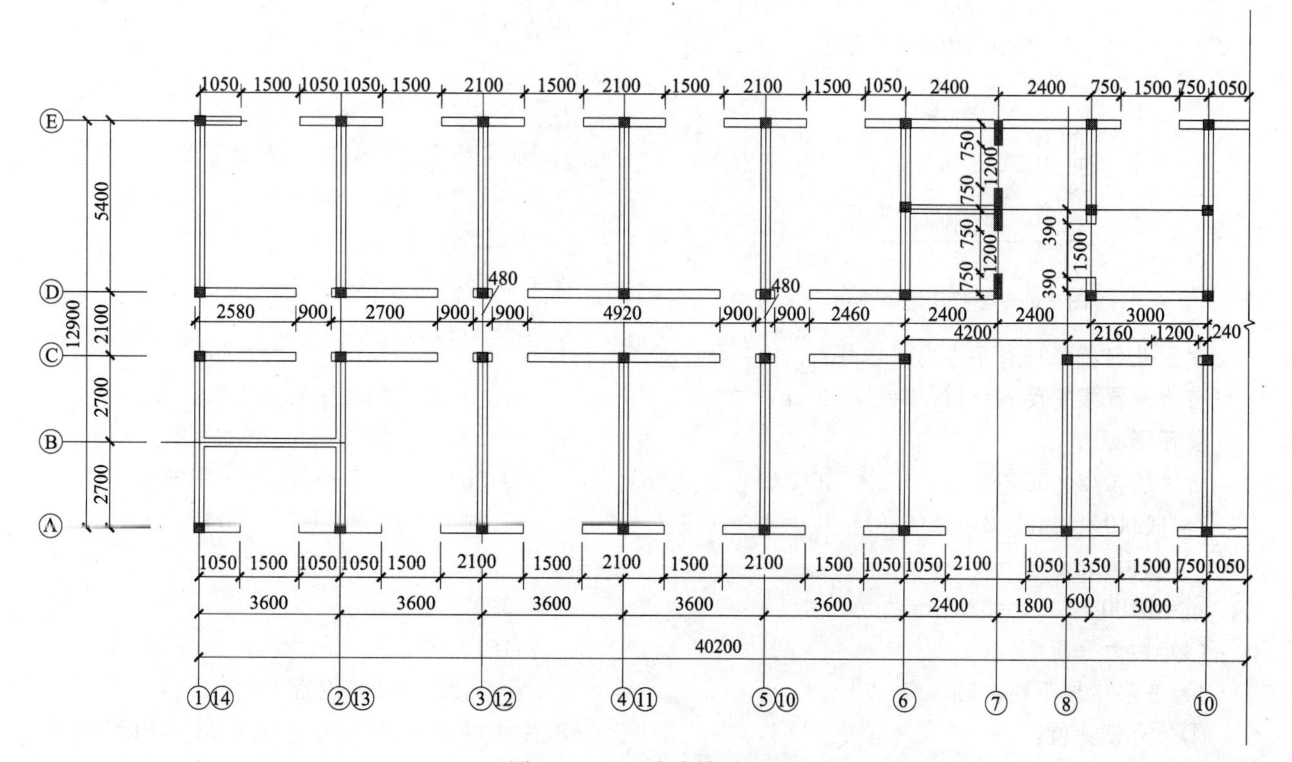

图4-63　职工宿舍楼平面图

风载计算　　表 4-49

层号	Z/H	μ_z	φ_z	β_z	w_{k1}(kN/m²)	w_{k2}(kN/m²)	q_{k1}(kN/m)	q_{k2}(kN/m)	W_k(kN)
1	0.0909	0.02	0.74	1.0172	0.3613	0.2258	1.3007	0.8129	6.975
2	0.1666	0.06	0.74	1.0516	0.3735	0.2335	1.3447	0.8404	6.5554
3	0.2424	0.126	0.74	1.1084	0.3937	0.2461	1.4173	0.8858	6.9095
4	0.3182	0.188	0.74	1.1617	0.4126	0.2579	1.4855	0.9294	7.2447
5	0.3939	0.264	0.752	1.2235	0.4416	0.276	1.5898	0.9937	7.7504
6	0.4697	0.347	0.806	1.274	0.4929	0.3081	1.7744	1.109	8.6502
7	0.5454	0.412	0.866	1.3028	0.5415	0.3385	1.9496	1.2185	9.5043
8	0.6212	0.497	0.914	1.3461	0.5906	0.3691	2.1262	1.3289	10.3652
9	0.6969	1.66	0.962	1.4367	0.6634	0.4146	2.3883	1.4927	11.6429
10	0.7727	1.722	1.008	1.4559	0.7044	0.4403	2.5359	1.585	12.3628
11	0.8485	1.8	1.047	1.4864	0.747	0.4669	2.6892	1.6808	13.1101
12	0.9242	1.894	1.086	1.524	0.7944	0.4965	2.86	1.7875	13.9424
13	1	1	1.125	1.5658	0.8455	0.5285	3.0439	1.9024	14.839

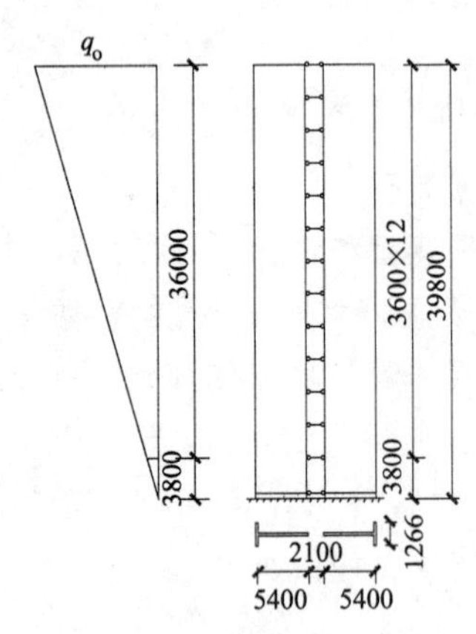

图 4-64　横向剪力墙计算简图

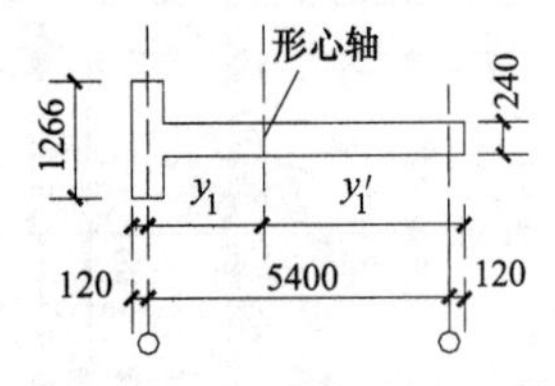

图 4-65　墙肢几何尺寸

截面几何特征（暂不考虑构造柱）

剪力墙翼缘宽度 $b_f=H_0/3=1266$mm

截面形心轴

$y_1=(240/2\times5640^2+1026/2\times240^2)/(240\times5640+240\times1026)$

$=2404$mm

$y_1'=5400-2404=3236$mm

(4) 内力分析

1) 底层横墙下端截面

①轴力设计值：

底层墙体自重：

$(5.4-0.24)\times3.5\times4.6+5.4\times0.2\times6.76+0.48\times(3.8-0.1)\times6.38=101.71$kN

2～13 层墙体每层自重

$(5.4-0.24)\times(3-0.3)\times4.6+5.4\times0.2\times6.76+0.48\times(3-0.1)\times6.38=80.27$kN

永久荷载：（楼、屋面按双向板计算板传荷载）

$80.27\times12+101.71+(1.8+5.4)\times1.8\times5.2+(1.8+5.4)\times1.8\times3.35\times12=1653.33$kN

活载（不折减）

$(1.8+5.4)\times1.8\times2\times13=336.96$kN

荷载效应比值：$\rho=336.96/1653.33=0.204<0.357$

根据规范选用以恒载为主的设计表达式：−0.5m 标高处上部荷载产生的轴向力设计值

$N=1.35\times1653.33+0.98\times336.96$

$=2562.21$kN

②风载弯矩设计值

$$M=\frac{1.4}{2}(14.8390\times39.8+13.9424\times36.8+13.1101\times33.8+12.3628\times30.8+11.6429\times27.8+10.3652\times24.8+9.5043\times21.8+8.6502\times18.8+7.7504\times15.8+7.2447\times12.8+6.9095\times9.8+6.5554\times6.8+6.9750\times3.8$$

$=1616.054$kN·m

2) 第 4 层横墙下端截面

同法求得轴力设计值 $N=2093.448$kN 和弯矩设计值 $M=1414.748$kN·m

(5) 正截面承载力计算

1) 底层横墙下端截面

① 平面内偏压计算：

$$\beta=H_0/h=3.8/5.64=0.67$$

$$e=M/N=1616.054/2562.21=883\text{mm}$$

$$e/h=0.883/5.64=0.157<0.17$$

采用 ϕ^b4 冷拔低碳钢丝焊接方格网，钢丝间距 50mm，网的竖向间距为 4 匹砖。

底层 $\rho=\frac{2A_s}{as_n}=\frac{2\times12.6}{50\times240}=0.21\%>0.1\%$ 且 $<1.0\%$

由表 4-21 查得 $\varphi_n=0.647$，$f_y=320\text{MPa}$。若不考虑翼缘，$f_n=f+2\left(1-\frac{2e}{y}\right)\rho f_y=0.9\times3.6+2\times\left(1-\frac{2\times883}{2820}\right)\times\frac{0.21}{100}\times320=3.69\text{MPa}$

$N=2562.21\text{kN}\leqslant\varphi_n f_n A=0.647\times3.69\times5640\times240\times10^{-3}=3231.625\text{kN}$（满足）。

② 平面外轴压计算：

$\beta=H_0/h=3.8/0.24=15.83<16$，$\varphi_n=0.630$，$f_n=4.45\text{MPa}$

$N=2562.21\text{kN}\leqslant\varphi_n f_n A=0.630\times4.45\times5640\times240\times10^{-3}=3794.82\text{kN}$（满足）。

2) 第 4 层墙体：

① 平面内抗压承载力计算：

$e=M/N=1414.748/2093.448=0.676\text{mm}$，$e/h=0.676/5.64=0.124<0.17$

$f=2.67\text{MPa}$，$\beta=3/5.64=0.532$，配筋相同，$f_n=2.67\times0.9+2\times\left(1-\frac{2\times676}{2820}\right)\times\frac{0.21}{100}\times320=3.10\text{MPa}$，查表 4-21 得 $\varphi_n=0.72$，$N=2093.45\text{kN}<0.72\times3.10\times5640\times240\times10^{-3}=3024.16\text{kN}$ 满足要求。

② 平面外轴压计算：

$\beta=3/0.24=12.5$，$\varphi_n=0.724$，$f_n=3.75$，$\varphi_n f_n\text{A}=3675.02\text{kN}>N=2093.45\text{kN}$。

(6) 斜截面抗剪计算

1) 底层墙体

$$V_1=\frac{1}{2}(14.8390+13.9424+13.1101+12.3628+11.6429+10.3652+9.5043+8.6502+7.7504+7.2447+6.9095+6.5554+6.9750)=64.926\text{kN}$$

$N_{G1}=1.35\times1653.33=2232\text{kN}$，由砖体规范[29]第 5.5.5 条公式有 $\sigma_0=2232\times10^3/5640\times240=1.65\text{MPa}$，$\mu=0.23-\frac{0.065\times1.65}{0.9\times3.6}=0.2010$，$f_v=0.12\text{MPa}$，$\alpha=0.64$。

$V_1=64.926\text{kN}<(0.12+0.64\times0.2\times1.65)\times5640\times240=448.312\text{kN}$（满足）

2) 第 4 层墙体

同法求得 $V_4=54.706\text{kN}$，$V_{G4}=1702.129\text{kN}$，$\sigma_0=1.26\text{MPa}$，$\mu=0.2$，$V_4=54.706<(0.12+0.64\times0.2\times1.26)\times5640\times240=380.74\text{kN}$，计算表明不计入网片已能满足。

(7) 采用扩张网配筋正截面计算

网丝截面为 3.0mm×3.2mm，网孔长短节距为 100mm×38mm，网孔角 $\theta=44.72°$，网丝截面积实际为 9mm^2[26]，$f_y=300\text{MPa}$[30]。将其沿墙高交错等距布置，竖向间距为 6 皮砖，即 $S_n=360\text{mm}<400\text{mm}$，如图 4-66。

1) 底层下端截面

① 平面内偏心受压计算：

$\rho=\frac{V_s}{V}=\frac{53.5\times9\times2\times2}{50\times50\times360}=0.214\%>0.1\%$，$<1.0\%$，由表 4-21 得 $\varphi_n=0.654$，$f_n=0.9\times3.6+2\times\left(1-\frac{2\times0.883}{2.820}\right)\times\frac{0.214}{100}\times300=3.67\text{MPa}$。

$N=2562.21\text{kN}\leqslant\varphi_n f_n\text{A}=0.654\times3.67\times5640\times240\times10^{-3}=3248.88\text{kN}$ 满足

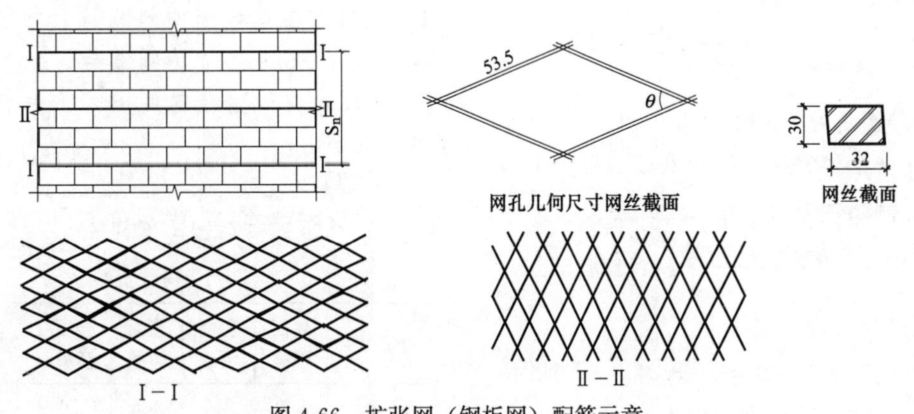

图 4-66　扩张网（钢板网）配筋示意

② 平面外轴压计算：

$\beta=15.83$，$\varphi_n=0.62$，$f_n=0.9\times3.6+2\times(1-0)\times\frac{0.214}{100}\times300=4.524\text{MPa}$，$N=2562.21\text{kN}\leqslant\varphi_n f_n A=0.62\times4.524\times5640\times240\times10^{-3}=3796.69\text{kN}$ 满足

2）第 4 层墙体

① 平面内偏心受压计算：

$\beta=0.532$，$e/h=0.124$，$\rho=0.214\%$，查得 $\varphi_n=0.725$，算得 $f_n=3.887\text{MPa}$

$N=2093.45\text{kN}<0.725\times3.887\times5640\times240\times10^{-3}=3814.55\text{kN}$ 满足

② 平面外轴心受压验算：

$\beta=12.5$，$\rho=0.214\%$，查 $\varphi_n=0.725$，$f_n=4.52\text{MPa}$

$N=2093.45<0.725\times4.52\times5640\times240=4439.67\text{kN}$ 满足

(8) 采用扩张网配筋斜截面抗剪计算

若暂不考虑配筋作用，则其计算结果与前述计算结果相同，不再重复。

(9) 位移验算

1）截面惯性矩

$$I_{\text{I}}=240/3\times(2404^3+3236^3)+1026/12\times240^3+240\times1026\times(2404-120)^2=510.81\times10^{10}\text{mm}^4$$

$I_{\text{II}}=I_{\text{I}}$　$I_{\text{II}}/I_{\text{I}}=1$

2）截面弹性模量

三层以下 MU25，M15 水泥砂浆，$E=1060f=1060\times0.9\times3.60=3434.4\text{MPa}$

三层以上 MU20，M10 水泥砂浆，$E=1060f=1060\times0.9\times2.67=2544\text{MPa}$

水平位移计算将表中 q_k 值简化为以顶层之 $q_{k.13}$ 为最大值之三角形荷载分布（如图 4-64)。

3）截面刚度

折算抗弯刚度：$E_qI_q=\sum_{i=1}^{n}E_iI_ih_i/\sum_{i=1}^{n}h_i$

剪力墙沿墙高 I_i 为一常数 $I=510.81\times10^{10}\text{mm}^4$，而 $h_1=3.8+3+3=9.8\text{m}$，$h_2=30\text{m}$，相应 $E_1=5184\text{MPa}$，$E_2=3840\text{MPa}$。代入上式得

$$E_qI_q=\frac{5184\times9.8+3840\times30}{39.8}I=4174.55I=2132402.72\times10^{10}$$

风载按倒三角形分布的 $q_{13}=3.0439+1.9024=4.9463\text{kN/m}$。由式（4-101）求得：

等效刚度 $$EI_d=\frac{E_qI_q}{1+\frac{3.64\mu E_qI_q}{H^2GA_q}}$$

式中 μ——剪应力分布不均匀系数取 1.2（全截面面积 / 腹板截面积=1.18≈1.2)；

G——剪切模量 $G=0.42E=0.42\times4174.55=1753.311\text{MPa}$；

A_q——折算截面积。即 $240\times(5640+1026)=1599840\text{mm}^2$

得 $EI_d=2088543.31\times10^{10}$，则代入式（4-98）有 $\Delta=\frac{11}{60}\frac{H^3V_0}{EI_d}=27.24\text{mm}<\frac{39800}{1000}=39.8\text{mm}$ 满足

式中：$V_0=\frac{1}{2}\times\frac{q_{13}}{2}H=\frac{4.9463}{2}\times39.8=49.216\text{kN}$

底层层间位移 δ_1：$\delta_{1\text{M}}=\frac{q_{13}x^2}{120EI_dH}(20H^3-10H^2x+x^3)$，令 $x=3.8$

得 $$\delta_{1\text{M}}=\frac{4.9463\times3800^2\times(20\times39800^3-10\times39800^2\times3800+3800^3)}{120\times2088543.31\times10^{10}\times39800}=0.9464\text{mm}$$

$$\delta_{1\text{V}}=\frac{2.5\times V_1h_1}{EA}=\frac{2.5\times64.926\times3.8}{4174.55\times5.64\times0.24}=0.1091$$

$\delta_{1\text{M}}+\delta_{1\text{V}}=0.946+0.1091=1.055\text{mm}<\frac{3800}{900}=4.22\text{mm}$ 满足。

3. 钢筋砂浆面层组合墙公寓（16 层）

【例 4-3】 某 16 层学生公寓，底层高 3.30m，其余各层高 3.00m，基础顶面标高 −0.5m，屋盖及楼（电）梯间女儿墙高分别为 1.50m 及 0.5m。屋面及楼面板现浇，平面图详图 4-67。配筋砌体剪力墙厚 240mm，下部 10 层采用页岩多孔砖 MU25，其余各层为 MU20；水泥砂浆下部 10 层为 M15，其余各层为 M10；纵横墙两侧的钢筋砂浆面层各厚 35mm，砂浆为 M15，分布筋为 HPB235。每层沿所有纵横墙设置圈梁，截面为 240mm×180mm。重力荷载后详；基本风压 $w_0=0.8\text{kN/m}^2$，地面粗糙度 B 级。试验算横墙承载力及位移。

【解】

(1) 荷载资料（表 4-50)

荷载资料　　表 4-50

荷载类型	屋面恒载	屋面活载	楼面恒载	楼面活载	墙体、抹灰及圈梁
(kN/m²)	7.0	2.0	4.5	2.0	5.3

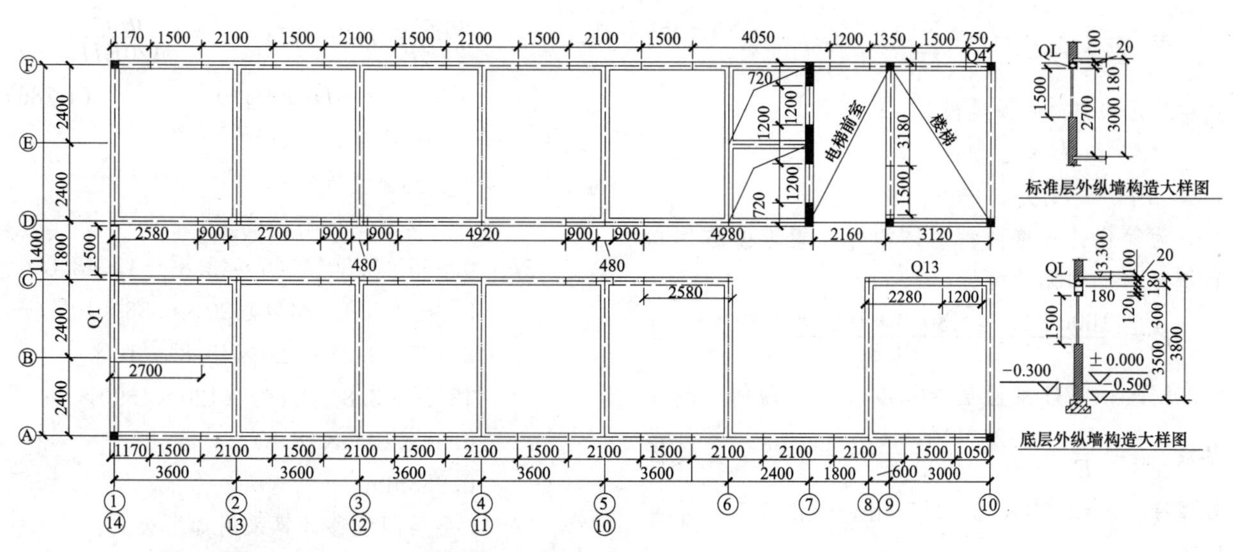

图 4-67　平面图

(2) 计算模型

墙体截面尺寸见图 4-68，底层 $h=3800\text{mm}$，$t=310\text{mm}$，$b=4800+275=5075\text{mm}$，$\rho=h/b=0.749<1.0$；标准层 $h=3000\text{mm}$，$t=310\text{mm}$，$b=5075\text{mm}$，$h/b=0.59<1.0$，只考虑剪切变形。取③轴横墙为单元，按平面结构进行计算。视楼盖为铰接连杆，故可按双肢悬臂墙计算（如图4-69）。

(3) 风载及其内力计算

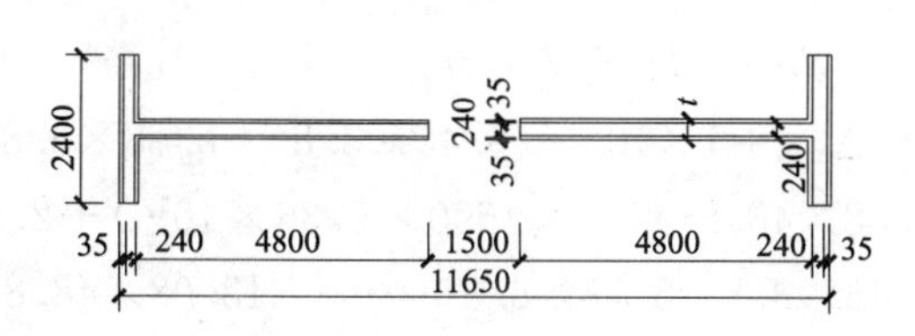

图 4-68　墙体截面尺寸

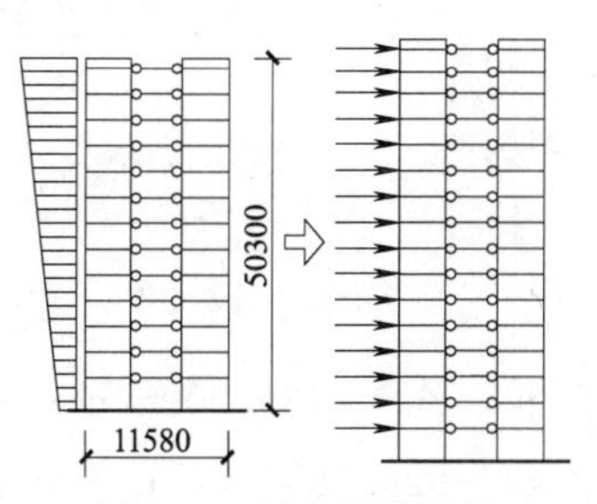

图 4-69　风载计算简图

1) 结构基本自振周期：一般钢筋混凝土结构经验公式：$T=(0.05\sim0.10)n$，取 $T=0.06n$，当 $n=16$ 时，$T_1=0.96\text{s}$；另据剪力墙公式 $T_1=0.03+0.03H/\sqrt[3]{B}$，当 $H=48.80\text{m}$，$B=5.075\text{m}$ 时，$T_1=0.88\text{s}$；比较取 $T_1=0.96\text{s}>0.25\text{s}$，故须考虑结构风振动影响。

2) 风载计算（表 4-51）

风荷载、墙体内力标准值计算　表 4-51

层号	Z/H	φ_z	μ_z	β_z	ω_k	均布荷载 q_k(kN/m)	集中荷载 w_k(kN)	剪力(kN)	弯矩(kN·m)
1	0.078	0.020	1.00	1.013	1.05	3.79	12.90	293.78	8754
2	0.139	0.044	1.00	1.029	1.07	3.85	11.56	280.88	8550
11	0.692	0.650	1.44	1.298	1.94	7.00	20.99	141.02	2019
16	1.000	1.000	1.67	1.395	2.42	8.72	26.17	26.17	79

已知 $\mu_s=0.8+0.5=1.3$，由 $w_0T_1^2=0.7373$，查表 $\xi=1.41$，由 $H/B=48.8/(3.6\times10+4.2)=1.21$，查表 $\nu=0.468$，考虑第一振型时 φ_z 的影响，$\beta_z=1+\frac{\xi\nu\varphi_z}{\mu_z}$，风载及墙体内力计算结果详表 4-51。

(4) 层间位移及顶点位移计算

根据表 4-12 将底层及标准层剪力墙翼缘宽度统一取标准层 $b_f'=H/3=1000\text{mm}$。

1) 墙体在风载作用下的剪切位移计算方法

① 层间剪切变形计算公式：

$$d_{vi}=\frac{2.5}{EA}(\sum_{i=1}^{n}F_iH_i-\sum_{i=1}^{n-1}F_{i-1}H_{i-1}) \quad (4\text{-}285)$$

式中 E——砌体弹性模量；

A——截面面积；

F_i——H_i处集中力。

为简化计算将两种砌体的弹性模量按结构总高折算为平均弹性模量：

$$E=\frac{1600\times3.24\times30.8+1600\times2.40\times18}{48.8}=$$

4690MPa；将砂浆面层折算成当量的砌体。截面参数：$\alpha=\frac{E_c}{E}=\frac{2.20\times10^4\times0.7}{4690}=3.28$，面层折算厚度，c=3.28×35=115mm，墙段截面尺寸见图 4-70。

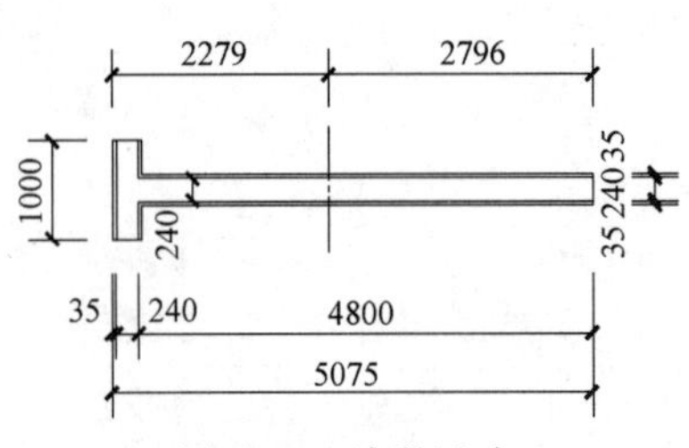

图 4-70 墙段尺寸

砌体面积：$A_q=1392000\text{mm}^2$；腹板面积：$A_w=5155\times470=2422850\text{mm}^2$；砂浆面层折算面积：$A_c=1000\times115+(1000-240)\times115+115\times2\times4685=1279950\text{mm}^2$，总折算截面积 $A=2671950\text{mm}^2$；$y=[1000\times470\times470/2+4685\times470\times(470+4685/2)]/2671950-80=2279\text{mm}$，$y'=2796\text{mm}$；$I=6.36\times10^{12}\ \text{mm}^4$。

各墙肢只承受一半荷载，需验算底层及 11 层的层间位移。

② 底层结构的剪切位移：

$$\delta_{v1}=2.5\times[(6.45+5.78+\cdots\cdots+13.18)\times3.80]\times10^6/(4690\times2422850)=0.122\text{mm}$$

③ 第 11 层剪切位移：

$$\delta_{v11}=2.5\times[(9.96+10.50+\cdots\cdots+13.08)\times3-(10.5+10.82+\cdots\cdots+13.08)\times3]\times10^6/(4690\times2422850)=0.002\text{mm}$$

将风载近视分解为沿高度分布的倒三角形和矩形荷载。其中，矩形荷载：$q_1=3.79/2=1.895\text{kN/m}$，倒三角形分布的荷载 $q_2=(8.72-3.79)/2=2.465\text{kN/m}$。

2) 底层层间弯曲位移计算计算方法

$$\delta_M=\frac{q_1x^3}{24EI}(6H^2-4Hx+x^2)+\frac{q_2x^2}{120EIH}(20H^3-10H^2x+x^3) \quad (4\text{-}286)$$

式中 H——总高度；

I——截面惯性矩；

x——楼层到地面的高度。

$$\delta_M=0.895\times3.80^2\times(6\times48.8^2-4\times48.8\times3.8+3.8^2)/(24\times4690\times6.36\times10^{12})+2.465\times3.8^2\times(20\times48.8^2-10\times48.8^2\times3.8+3.8^2)/(120\times4690\times6.36\times10^{12}\times48.8)=0.983\text{mm}$$

3) 11 层层间位移计算采用如下公式：

$$\delta_M=\frac{1}{3EI}\sum_{i=11}^{12}F_iH_i^2+\frac{2.5}{EA}\sum_{i=11}^{12}F_iH_i$$

即 $\delta_M=[(10.50\times3^2+\cdots\cdots+13.08\times18^2)-(10.82\times3^2+\cdots\cdots+13.08\times15^2)]\times10^9/(3\times4690\times6.36\times10^{12})+2.5\times[(10.50\times3+\cdots\cdots+13.08\times18)-(10.82\times3+\cdots\cdots+13.08\times15)]\times10^6/(4690\times2422850)=0.04\text{mm}$

层间位移计算见表 4-51，顶点位移计算公式如下：

$$\Delta_{max}=\frac{1}{3EI}\sum_{1}^{16}F_iH_i^2+\frac{2.5}{EA}\sum_{1}^{16}F_iH_i$$

式中 A——截面面积；

F_i——H_i处集中力。

$$\Delta_{max}=1\times10^9\times(6.45\times3.8^2+5.78\times6.8^2+13.08\times48.8^2)/(3\times4690\times6.36\times10^{12})+2.5\times(6.45\times3.8+5.78\times6.8+\cdots\cdots+13.08\times48.8)\times10^6/(4690\times2422850)=0.964\text{mm}$$

$$\frac{\Delta_{max}}{H}=\frac{0.964}{48800}=\frac{1}{50622}<\frac{1}{1000}$$，满足。

层间位移计算 表 4-52

层号	弯曲位 (mm)	剪切变形 (mm)	δ (mm)	δ/h <0.001
11	0.04	0.002	0.04	满足要求
1	0.983	0.122	1.105	满足要求

(5) 竖向荷载计算

因风载及活载较小，采用恒载控制的荷载组合。竖向荷载计算见表 4-53。

(6) 承载力计算

左风时，左墙肢受拉，其翼缘不起作用，按倒 T 型计算；右墙肢翼缘受压，按 T 形截面计算。

一个墙肢竖向荷载设计值计算　表 4-53

层号	项目	轴力设计计算	轴力设计值(kN)
16	屋面荷载	4.8×3.6×(1.35×7+2×1.4×0.7)	197.16
	圈梁、墙重	1.35×5.30×(4.8+2.1)×3.0	148.11
	女儿墙	1.35×5.30×3.6×1.5	38.64
	合计	—	383.91
15	上层传来	383.91	383.91
	楼面荷载	4.8×3.6×(1.35×4.5+2×1.4×0.7)	138.84
	圈梁、墙重	148.11	148.11
	本层小计	—	286.95
	合计	—	670.86
11		383.91+286.95×5	1818.66
1	上层传来荷载	4401.21	4401.21
	楼面荷载	138.84	138.84
	墙、圈梁重	1.35×5.30×(4.8+2.1)×3.8	187.61
	本层小计	—	326.45
	合计	—	4727.66

1）T 形截面几何参数

底层砌体弹性模量：$E=1600f=1600\times3.24=5184\text{MPa}$，$\alpha=\dfrac{E_c}{E}=\dfrac{2.20\times10^4\times0.7}{5184}=2.97$

底层砌体换算截面面积：$A_0=4765\times448+1000\times448-240\times35\times2.97+35\times240=2565862\text{mm}^2$

底层换算截面形心轴：$y=[1000\times448\times(240+208)/2+4765\times448\times(240+208+2383)-16556\times448-52]/2565862=2391\text{mm}$；$y'=448+4765-2391=2822\text{mm}$

11 层砌体弹性模量：$E=1600f=1600\times0.9\times2.67=3840\text{MPa}$，$\alpha=\dfrac{E_c}{E}=\dfrac{2.20\times10^4\times0.7}{3840}=4.01$

11 层砌体换算截面面积：$A_0=4765\times(240+70\times4.01)+1000\times(240+70\times4.01)-240\times35\times4.01+35\times240=2976552\text{mm}^2$

换算截面形心轴：$y=[1000\times520.7\times(240+4.01\times70)/2+4765\times520.7\times(240+280.7+4765/2)-25284\times(520.7-140.4/2)]/2976552=2462\text{mm}$；$y'=520.7+4765-2462=2824\text{mm}$。

2）设计参数

11 层以下砌体强度设计值：$f=0.9\times3.60=3.24\text{MPa}$；$f_v=0.8\times0.19=0.152\text{MPa}$；

11 层以上砌体强度设计值：$f=0.9\times2.67=2.40\text{MPa}$；$f_v=0.8\times0.17=0.14\text{MPa}$；

各层面层 M15 砂浆强度设计值：$f_c=0.7\times7.2=5.04\text{MPa}$；分布钢筋为 $\phi8@250$，$f_y=210\text{MPa}$；

3）底层正截面承载力计算

① 按倒 T 形截面计算

$$N\leqslant fbx+f_cxt_c+\eta_s f'_y\sum A'_{si}-f_{si}\sum A_{si}-f_yA_s \tag{4-287}$$

$N=3.24\times240x+5.04\times70x+361.8x-210\times402\times(4920-1.5x)-64159=128122.2x-415410559$；$x=3279\text{mm}>\xi_b h_0=0.6\times4920=2952\text{mm}$，故属小偏心受压。

$e=M/N=1.40\times4377\times10^3/4727.66=1250\text{mm}>0.05h=0.05\times5075=254\text{mm}$；

$\beta=3800/5075=0.75$；

$e_a=\dfrac{\beta^2h}{2200}(1-0.022\beta)=1\text{mm}$；

$e_N=e+e_a+y-a_s=1250+1+2391-448/2=3418\text{mm}$

由 $$\sum S'_{si}=\sum A'_{si}(h_0-0.5x) \tag{4-288}$$

得 $\sum'_{si}=402\times(4920-0.5x)=1979808-201x^2$

由 $$\sum S_{si}=\sum A_{si}[(h-x)/3-a_s] \tag{4-289}$$

$\sum S_{si}=402\times(5075-310-x)\times[(5075-x)/3-310/2]=2944169610-1256250x+134x^2$；$A_s=402\times(1-0.24)=305.5\text{mm}^2$

由式（4-191）得：$\sigma_s=3150x/(10140+x)-840$

由式（4-213）并代入 $x=3279\text{mm}$ 得：$[Ne_N]=6.76\times10^5\text{kN}\cdot\text{m}>Ne_N=4727.66\times3.418=16159\text{kN}\cdot\text{m}$，故满足要求。

② 按 T 形截面计算

判断截面类型：$N=3.24\times1000\times240+5.04\times1000\times70\times2+0.9\times210\times305.5=1541\text{kN}<4727.66\text{kN}$

为Ⅱ类 T 形截面，计算简图见图 4-71，由式（4-209）得：$N=188543x-445451585=4727660$

$x=2388\text{mm}<y=2391\text{mm}$，即距中和轴的形心轴为 $2391-2388=3\text{mm}$；$e_N=1250+1+y'/2=2661\text{mm}$

$\xi_b h_0=0.6\times[5075-(5075-1.5\times2388)/2]=2597\text{mm}>x=2388\text{mm}$，为大偏心受压。

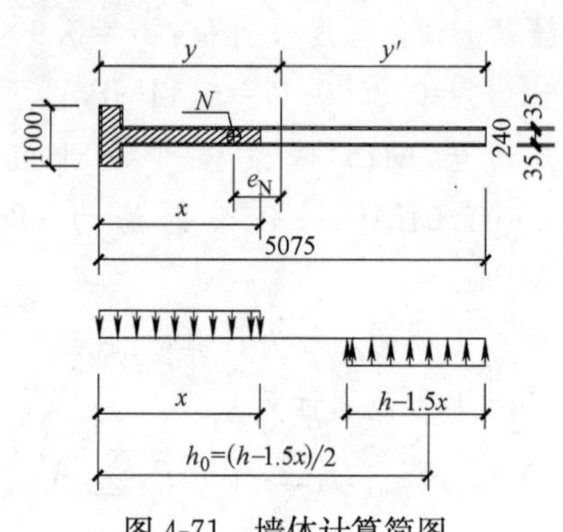

图 4-71 墙体计算简图

$$\sum A_{si}=\frac{h_0-1.5x}{S_s}A_{si}$$
$=(4322-1.5\times2388)\times50.3\times2/250$
$=298\text{mm}^2$

取$\sum A_{si}$合力作用点为A_s之合力作用点，故$\sum S_{si}=0$

$$\sum A'_{si}=\frac{x-240-70}{s}A'_{si}$$
$=(2388-310)\times50.3\times2/250$
$=836\text{mm}^2$

由式（4-211）得$[Ne_N]=16877\text{kN}\cdot\text{m}>Ne_N=4727.66\times2.661=12580\text{kN}\cdot\text{m}$。故满足要求。

③ 底层横墙平面外的承载力验算

高厚比$\beta=H/b=3800/300=12.7$

受压钢筋截面面积：$A'_s+\sum A'_{si}=707.5+50.3\times2/250\times(5075\text{-}310)=2625\text{mm}^2$，$\rho=2625/1392000=0.19\%$

查表 5-4 得$\varphi_{con}=0.832$。墙片承载力$N=\varphi_{con}(fA+f_cA_c+\eta_sf'_yA'_s)=0.832\times[3.24\times1392000+5.04\times70\times(4765+1000\times2)+0.9\times210\times2625]=6151\text{kN}>N=4727.66\text{kN}$，满足要求。

④ 底层斜截面承载力计算

截面限制条件：$[V]=0.25(fbh_0+t_ch_0f_c)=0.25\times(3.24\times240\times4920+70\times4920\times5.04)=1390\text{kN}>1.40\times146.89=205.6\text{kN}$；满足要求。

$\lambda=M/(Vh_0)=1.40\times4377\times10^6\div(1.40\times146.89\times10^3\times4920)=6.06>2.2$，取$\lambda=2.2$；又$0.25(fbh_0+t_ch_0f_c)=1390\text{kN}<\text{N}=4742.66\text{kN}$，取$M=1390\text{kN}$。

由式（4-215）得：

$A_{sh}/S=[1.40\times146.89\times10^3-0.588\times(0.6\times0.14\times240\times4920+0.5\times0.735\times70\times4920+0.12\times1\times1390\times10^{3)}]\div(0.9\times210\times4920)<0$，构造配置$\phi4@500$，详图 4-72。

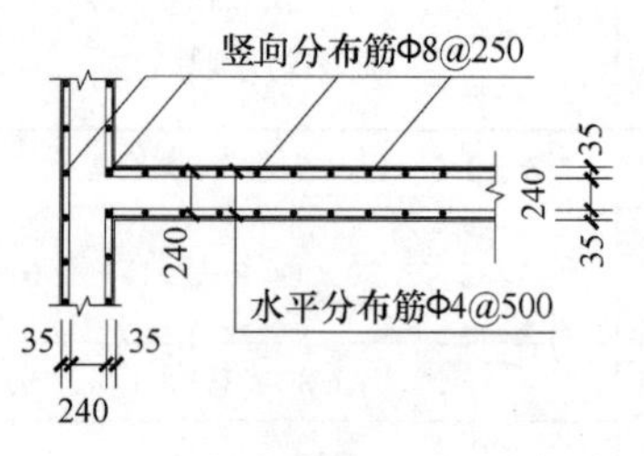

图 4-72 底层、11 层配筋图

4）11 层正截面承载力计算

① 按倒 T 形截面计算

$$N\leqslant fbx+f_cxt_c+\eta_sf'_y\sum A'_{si}-f_{si}\sum A_{si}-f_y\quad(4\text{-}290)$$

$A_s=2.40\times240x+5.04\times70x+0.9\times402x-210\times402\times(4920-1.5x)-210\times402\times(1-0.24)=127920.6x-416747772$

得$x=3272\text{mm}>\xi_bh_0=0.6\times4920=2952\text{mm}$，故属小偏心受压。

$e=M/N=1.40\times768\times10^3/1818.66=570\text{mm}>0.05\text{h}=0.05\times5075=254\text{mm}$，$\beta=3000/5075=0.591$，$e_a=\dfrac{\beta^2h}{2200}(1-0.022\beta)=1\text{mm}$，$e_N=e+e_a+y-a_s=570+1+2462-520.7/2=2674\text{mm}$。由式（4-288）和式（4-289）分别有

$\sum S'_{si}=\sum A'_{si}(h_0-0.5x)$
$=402\times(4920-0.5x)$
$=1979808-201x^2$

$\sum S_{si}=\sum A_{si}[(h-x)/3-a_s]=402\times(5075-310-x)[(5075-x)/3-310/2]$
$=2944169610-1256250x+134x^2$

由式（4-191）得：$\sigma_s=\dfrac{f_y}{\xi_b-0.8}\left(\dfrac{3x}{2h+x}-0.8\right)=(3150x)/(10140+x)-840=-71.5\text{MPa}$

由式（4-213）并代入$x=3272\text{mm}$得：$[Ne_N]=6.70\times10^5\text{kN}\cdot\text{m}>Ne_N=1818.66\times2.674=4863\text{kN}\cdot\text{m}$，故满足要求。

② 按 T 形截面计算：设为大偏压。

$N=2.40\times1000\times240+5.04\times1000\times70+0.9\times210\times305.5=634\text{kN}<1818.66\text{kN}$，为Ⅱ类 T 型截面。

由式（4-210）得$N=188543x-445299629=1818660\text{N}$并$x=2371\text{mm}<y=2462\text{mm}$，即距中和轴的形心轴为$2462-2371=91\text{mm}$；$e_N=570+1+2462-520.7/2=2773\text{mm}$；

$\xi_b h_0=0.6\times[5075-(5075-1.5\times2369)/2]=2589\text{mm}>x=2371\text{mm}$，大偏心受压假定成立。

$\sum A_{si}=\dfrac{h_0-1.5x}{S_s}A_{si}=308\ \text{mm}^2$，取$\sum A_{si}$合力作用点为$A_s$之合力作用点，故$\sum S_{si}=0$，$\sum A'_{si}=\dfrac{x-240-70}{s}A'_{si}=(2371-310)\times50.3\times2/250=829\text{mm}^2$。

由式（4-211）得 $[Ne_N]=14337\text{kN}\cdot\text{m}>Ne_N=5043\text{kN}\cdot\text{m}$，满足要求。

③ 底层横墙平面外的承载力验算

高厚比 $\beta=3000/300=10$

受压钢筋截面面积：$A'_s+\sum A'_{si}=305.5+50.3\times2\times(5075\text{-}310)/250=2223\text{mm}^2$，$\rho=2223/1392000=0.16\%$

承载力

$$N=\varphi_{con}(f_g A+f_c A_c+\eta_s f'_y A'_s) \qquad (4\text{-}291)$$

代入得 $N=5141\text{kN}>N=1818.66\text{kN}$，满足要求。

④ 底层斜截面承载力计算

截面限制条件：

$$[V]=0.25(fbh_0+t_c h_0 f_c) \qquad (4\text{-}292)$$

$[V]=1142\text{kN}>1.4\times70.5\text{kN}$。满足要求。

$\lambda=M/(Vh_0)=768\times10^6\div(70.5\times10^3\times4920)=2.21>2.2$，取$\lambda=2.2$；又$0.25(fbh_0+t_c h_0 f_c)=1142\text{kN}<N=1818.66\text{kN}$，取$N=1142\text{kN}$。由式（4-215）得

$A_{sh}/S=[1.40\times70.5\times10^3-0.588\times(0.6\times0.14\times240\times4920+0.5\times0.735\times70\times4920+0.12\times1\times1142\times10^3)]\div(0.9\times210\times4920)<0$

按构造配置水平分布筋 $\phi4@500$。

4. 带构造柱组合砖剪力墙学生公寓（12层）

【例 4-4】 某12层学生公寓，采用带构造柱组合砖墙、混凝土现浇屋面及楼面板结构方案，平面图详图4-73。墙体下部3层采用烧结普通砖MU25，4～6层采用MU20，7层及其以上采用MU15；水泥砂浆下部3层采用M15，以上各层采用M10。墙厚240mm，混凝土C25。构造柱截面240×240mm²，配4Φ12mm的HRB335钢筋，施工质量控制B级。每层纵横墙设置钢筋混凝土圈梁，截面240×180mm²。底层层高3.3m，其余各层3m，基础顶面标高−0.50m，屋盖及梯间女儿墙高分别为1.5m及0.5m。基本雪压$S_0=0.1\text{kN/m}^2$，雪压分布系数$\mu=1.0$，基本风压$W_0=0.8\text{kN/m}^2$，地面粗糙度B级。试验算横墙承载力及位移。

(1) 荷载资料：见表4-54

(2) 结构基本自振周期计算

按文献[34]经验公式$T_1=(0.05\sim0.06)n$计算，其中n为层数。考虑此系组合砌体剪力墙，且内横墙因系由楼盖梁板连接的铰接悬臂墙（详图4-74），故取$T_1=0.06n=0.06\times12=0.72\text{s}>0.2\text{s}$。

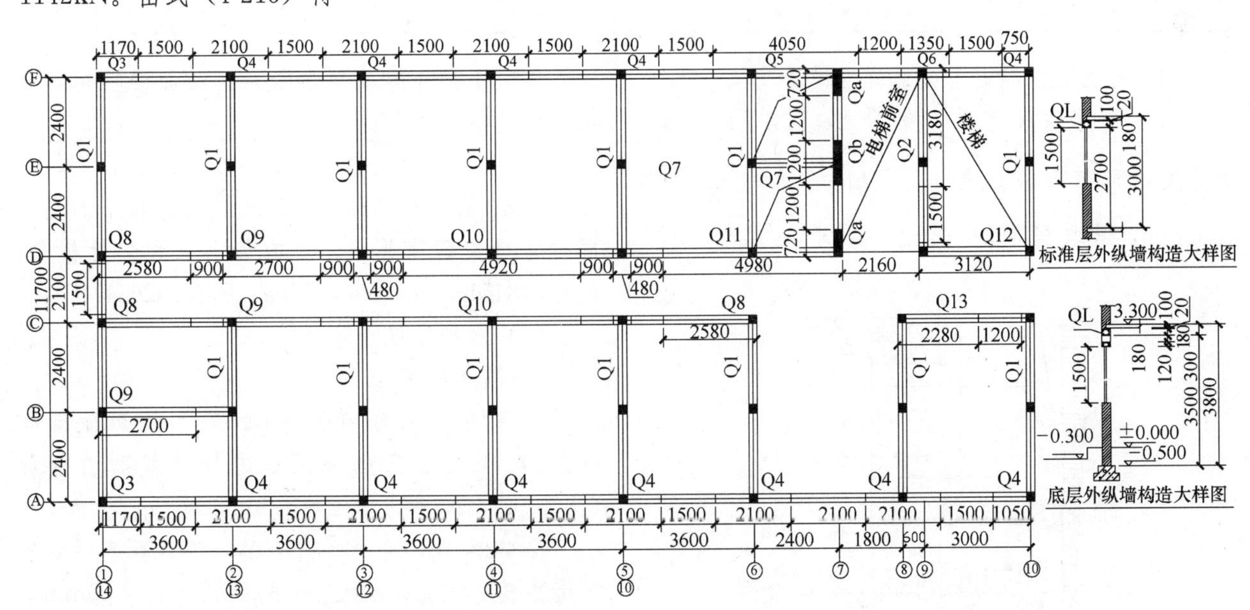

图 4-73　平面图及外纵墙构造大样图

表 4-54

屋面荷载		楼梯间出屋面荷载	
恒载	7.0kN/m²	恒载	5.4kN/m²
上人屋面活载	2.0kN/m²	屋面活载	0.5kN/m²
屋面雪载	0.1kN/m²	屋面雪载	0.1kN/m²
电梯机房活载	7.0kN/m²	墙体自重	
楼面荷载		240mm 厚砖墙(含抹灰)	5.28kN/m²
恒载	4.5kN/m²	120mm 厚砖墙(含抹灰)	3.00kN/m²
楼面活载	2.0kN/m²	240×180mm² 混凝土圈梁	1.08kN/m

(3) 风荷载及其内力计算

因横向抗侧力结构刚度分布均匀，故只取最不利横墙②轴横墙验算，而不考虑空间作用。风荷载计算：因 $T_1>0.2\text{s}$，$H/B=38.3/(11.40+0.24)=3.29>1.5$，且 $H=38.3\text{m}>30\text{m}$，故应考虑 $\beta_z\left(=1+\frac{\xi\nu\varphi_z}{\mu_z}\right)$。计算过程如表 4-55，$\xi=1.34$，$w_0T_1^2=0.415$，$\nu=0.505$，$\mu_s=1.3$，$\varphi_z$ 值按第一振型取值。风载如图 4-74。

风荷载标准值的计算 表 4-55

层次	Z(m)	Z/H	φ_z	μ_z	β_z	w_k (kN/m²)	均布荷载 q_k	集中荷载 W_k	$w_k/2$ (kN·m)	$V_k/2$ (kN)	$M_k/2$ kN·m
1	3.8	0.103	0.020	1.000	1.014	1.055	3.80	12.90	6.45	105.38	2401.48
2	6.8	0.185	0.070	1.000	1.048	1.090	3.93	11.77	5.88	98.93	2001.09
3	9.8	0.266	0.140	1.000	1.095	1.139	4.10	12.30	6.15	93.05	1704.30
4	12.8	0.348	0.210	1.080	1.132	1.271	4.58	13.73	6.87	86.90	1425.15
5	15.8	0.429	0.300	1.158	1.174	1.414	5.09	15.27	7.64	80.03	1164.45
6	18.8	0.511	0.388	1.224	1.215	1.547	5.57	16.70	8.35	72.39	924.36
7	21.8	0.592	0.440	1.280	1.232	1.640	5.90	17.71	8.86	64.04	707.19
8	24.8	0.674	0.612	1.332	1.311	1.816	6.54	19.61	9.81	55.18	515.07
9	27.8	0.755	0.710	1.380	1.348	1.935	6.97	20.90	10.45	45.37	349.53
10	30.8	0.837	0.780	1.430	1.369	2.036	7.33	22.00	11.00	34.92	213.42
11	33.8	0.918	0.885	1.470	1.407	2.152	7.75	23.25	11.62	23.92	108.66
12	36.8	1.000	1.000	1.515	1.446	2.278	8.20	24.61	12.30	12.30	36.90
女儿墙	38.3	1.000	1.000	1.568	1.431	2.334	8.40				

(4) 截面几何特征与砌体弹性模量

采用 T 形双肢剪力墙模型（如图 4-74）。翼缘宽度的取值，根据表 4-12，$b_f'=\frac{H_0}{3}=\frac{3000}{3}=1000\text{mm}$，故取 $b_f'=1000\text{mm}$。

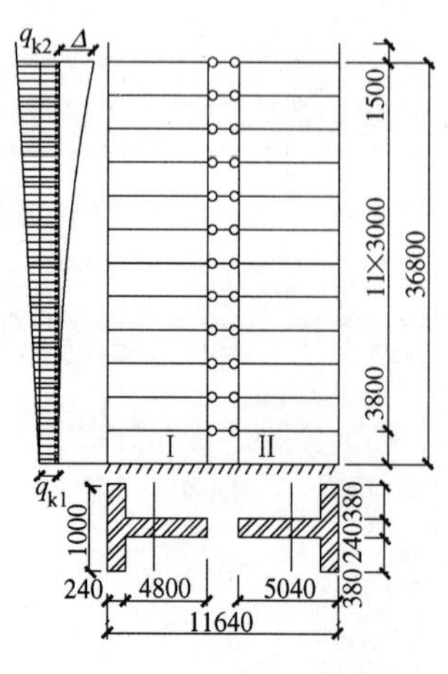

图 4-74 剪力墙计算简图

墙肢Ⅰ和Ⅱ的截面形心轴，截面惯性矩均相同，此处仅计算Ⅰ截面。

$A=1392000\text{mm}^2$，$y_\text{I}=2206\text{mm}$，$y_\text{I}'=2834\text{mm}$，$I_\text{I}=2.7679\times10^{12}\text{mm}^4$ 根据自下而上不同砖与砂浆强度等级，可有如下三种弹性模量：$E_1=5184\text{MPa}$，$E_2=3845\text{MPa}$，$E_3=3326.4\text{MPa}$。

(5) 水平位移验算

1) 顶点位移

可将风载 q_k 分解为 q_{k1} 的矩形均布荷载和 $(q_{k2}-q_{k1})$ 的倒三角形荷载进行计算而后叠加（图 4-74），$q_{k1}=3.8/2=1.9\text{kN/m}$，$q_{k2}=q_{k11}-q_{k1}=2.2\text{kN/m}$，令 $\Delta=\Delta_1+\Delta_2$，经计算表明，当不考虑构造柱时，$\Delta=\Delta_1+\Delta_2=48+41=89\text{mm}>H/1000=36.8\text{mm}$。故应考虑构造柱，忽略外纵墙作用，按图 4-75 所示换算截面计算其刚度。已知 $E_c=2.8\times10^4\text{MPa}$，根据不同楼层砌体材料弹性模量，有下述三种换算截面：

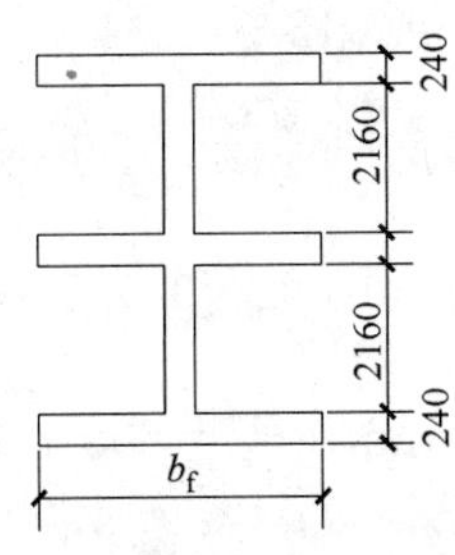

图 4-75　带构造柱砖墙肢换算截面

1～3 层：$E_1=5184\text{MPa}$，$\alpha_E=\frac{E_c}{E_1}=5.40$，则翼缘宽 $b_f\approx1300\text{mm}$，$A_q=1209600\text{mm}^2$ $I_1=2.5202\times10^{12}\text{mm}^4$

4～6 层：$E_2=3845\text{MPa}$，$\alpha_E=7.28$，$b_f\approx1750\text{mm}$，$A_q=1209600\text{mm}^2$，$I_2=6.7503\times10^{12}\text{mm}^4$

7～12 层：$E_3=3326\text{MPa}$，$\alpha_E=8.41$，$b_f=2020\text{mm}$，$A_q=1209600\text{mm}^2$，$I_3=7.4994\times10^{12}\text{mm}^4$

折算抗弯刚度：$\beta EI_q=22244.732\times10^{12}\text{mm}^4$

等效抗弯刚度：当为均布荷载时：

$$EI_d=\frac{\beta EI_q}{1+\frac{4\mu EI_q}{GA_qH^2}} \tag{4-293}$$

$EI_d=21261.418\times10^{12}$

当为倒三角形荷载时：

$$EI_d=\frac{\beta EI_q}{1+\frac{3.64\mu EI_q}{GA_qH^2}} \tag{4-294}$$

$EI_d=21346.268\times10^{12}$

$\Delta=\Delta_1+\Delta_2=\frac{VH^3}{8EI_d}+\frac{VH^3}{60EI_d}=37.82\approx\frac{H}{1000}=36.8\text{mm}$（超过 2.8%，可以）

2）底层层间位移

第一层总剪力　$V=102.75\text{kN}$，根据悬臂梁挠度方程，并取 $x=3800\text{mm}$，$L=36800\text{mm}$

均布荷载

$$y=\frac{qx^2}{24EI}(6L^2-4Lx+x^2) \tag{4-295}$$

$y_1=0.408\text{mm}$

倒三角形荷载

$$y=\frac{qx^2}{120LEI}(20L^3-10L^2x+x^3) \tag{4-296}$$

$y_1=0.319\text{mm}$

$\delta=\sum y=0.408+0.319=0.727\text{mm}<\frac{H}{1000}=3.8\text{mm}$，满足要求。

（6）墙肢轴力设计值计算（详表 4-56）

表 4-56

层号		轴力设计值计算式	轴力设计值(kN)	正应力(MPa)
12	屋面荷载	4.8×3.6×(1.35×7+1.4×2)	211.68	
	墙重	4.8×2.82/2×5.28×1.35	48.24	
	圈梁	4.8×1.08×1.35	7.00	
	构造柱	3×0.24×0.24×2.82/2×25×1.35	8.22	
	小计		275.14	0.19
11	上层传来	275.14	275.14	
	楼面荷载	4.8×3.6×(4.5×1.35+2×1.4×0.7)	138.84	
	墙重	4.8×2.82×5.28×1.35	96.48	
	圈梁	4.8×1.08×1.35	7.00	
	构造柱	3×0.24×0.24×2.82×25×1.35	16.45	
	本层小计		258.77	
	库房及以上小计		533.91	0.38
10		275.14+258.77×2	792.68	0.57
9		275.14+258.77×3	1051.45	0.76
8		275.14+258.77×4	1310.22	0.95
7		275.14+258.77×5	1568.99	1.14
6		275.14+258.77×6	1827.76	1.33
5		275.14+258.77×7	2086.53	1.52
4		275.14+258.77×8	2345.30	1.71
3		275.14+258.77×9	2604.07	2.29
2		275.14+258.77×10	2862.84	2.48
1		275.14+258.77×11+96.48/2.82×0.4	3135.30	2.68

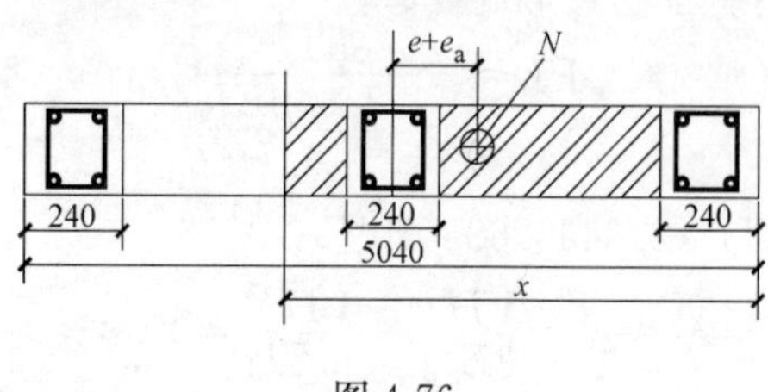

图 4-76

(7) 承载力验算：

1) 平面内偏心受压

① 底层：$e=\frac{M}{N}=766\text{mm}>0.05h=252\text{mm}$，$h_0=4920$，$e/h_0=0.1577<0.17$，设为小偏压。

附加偏心距 $e_a=\frac{\beta^2 h}{2200}(1-0.022\beta)$，$\beta=\frac{3800}{5040}=0.754<3$，$e_a=1.330\text{mm}$，$e_N=766+1.0+\left(\frac{5040}{2}-120\right)=3167\text{mm}$，$e'_N=767-\left(\frac{5050}{2}-120\right)=-1633\text{mm}$，$A_s=A'_s=4\Phi12=452\text{mm}^2$，$S_{C,S}=240^2\times4800=27648\times10^4\text{mm}^3$，$S_N=240\times(x-240)\times\left(2520-767-240-\frac{x-240}{2}\right)=-120x^2+420720x-94060800$，$S_{C,N}=240^2\times(2520-767-120)=94060800\text{mm}^3$，$a_s=a'_s=120\text{mm}$，$\sigma_s=650-800\xi=650-800\frac{x}{h_0}=650-0.163x$，由式 (5-34) $fS_N+f_cS_{C,N}-\eta_s f'_y A'_s e'_a-\sigma_s A_s e_N=0$ 即 $0.9\times3.6\times(-120x^2+420720x-94060800)+11.9\times94060800+1\times300\times452\times1633-(650-0.163x)\times452\times3167=0$

解得：$x=4171\text{mm}$，$\frac{x}{h_0}=0.848>\xi_b=0.437$，小偏心受压假定成立。

$\sigma_s=650-800\times0.848=-28.2\text{MPa}$ (压应力)

按 (5-32) 式计算并考虑中间构造柱，以资简化并偏于安全：

$[N]=fA'+f_c A'_c+\eta_s f'_y A'_s-\sigma_s A_s=3890.532\text{kN}>N=3435.30\text{kN}$ (满足要求)

② 第 4 层：$e=\frac{M}{N}=608\text{mm}>0.05h=252\text{mm}$，$h_0=4920$，$e/h_0=0.1235<0.17$，设为小偏压

附加偏心距：$\beta=\frac{3000}{5040}=0.595<3$，$e_a=\frac{0.595^2\times5040}{2200}(1-0.022\times0.595)\approx1\text{mm}$

$e+e_a=610\text{mm}$，$e_N=608+1.0+\left(\frac{5040}{2}-120\right)=3010\text{mm}$，$e'_N=610-2400=-1790\text{mm}$，$S_N=240\times(x-240)\times(2520-610-240-\frac{x-240}{2})=-120x^2+458400x-103104000$

$S_{C,N}=240^2\times(2520-610-120)=103104000\text{mm}^3$，$0.9f=2.38\text{MPa}$

代入上式，解得：$x=4830\text{mm}$，$\xi=\frac{x}{h_0}=\frac{4830}{4920}=0.98>\xi_b=0.437$，小偏心受压假定成立。

$\sigma_s=650-800\times0.98=-134\text{MPa}$ (压应力)

代入下式，暂不考虑中间构造柱，以简化计算：

由 $[N]=fA'+f_cA'_c+\eta_s f'_y A'_s-\sigma_s A_s$ 得 $[N]=3503.416\text{kN}>N=2345.3\text{kN}$ (满足要求)。

③ 第 7 层：$e=\frac{M}{N}=\frac{707.19}{1569}=451\text{mm}>0.05h=252\text{mm}$，仍属小偏心受压

比较可知，e、N 及 M 均最小，f 仅低 13.5%而构造柱及其配筋不变，故其承载力必满足而不再计算。

2) 平面外轴心受压计算

底层：$\beta=\frac{3800}{240}=15.83$，为简化计算不考虑一端柱，于是 $\rho=\frac{A'_s}{bh}=0.747\%$，由表 5-4 查得 $\varphi_{con}=0.824$ 代入式 (5-30)

$[N]=\varphi_{con}(fA+f_c A_c+\eta_s f'_y A'_s)=4582.416\text{kN}>N=3135.30\text{kN}$ 满足要求。

计算表明出平面承载力高于平面内，故可不再计算第 4 层及第 7 层。

3) 抗剪承载力验算：见表 4-57，仅选 1、4、7 层分析。

表 4-57

层号	墙段剪力设计值	砖强度等级	砂浆等级	$0.9f$ (MPa)	$0.8f_v$ (MPa)	σ_0 (MPa)	σ_0/f	$\alpha\mu$	$V_R=(f_v+\alpha\mu\sigma_0)A$	抗力效应 $k=\frac{V_R}{V}$
1	1.35×105.36	MU25	M15	3.24	0.136	2.68	0.83	0.11	521.096	3.66
4	1.35×86.90	MU20	M10	2.40	0.136	1.71	0.71	0.19	410.659	3.50
7	1.35×64.04	MU15	M10	2.08	0.136	1.14	0.55	0.125	336.874	3.90

注：表中第 1 层 $\sigma_0/f=0.83>0.8$ (0.8 为规范表 5.5.1 之最大值) 故近似取 0.8 之对应 $\alpha\mu$ 值。

5. 带构造柱组合砖剪力墙住宅（20层）

【例 4-5】 某 20 层住宅如图 4-77，底层高 3.3m，其余层高 3.0m，总高 60.3m，基顶标高 −0.500m，采用砖砌体和钢筋混凝土构造柱组合墙结构体系。墙厚 240mm，由 MU30 烧结普通砖，M15 水泥石灰砂浆砌成。构造柱截面为 240mm×240mm。整浇钢筋混凝土楼盖及屋盖板厚 100mm，所有混凝土均采用 C25。安全等级 B 级，施工质量控制 B 级。基本风压 $w_0=0.6\text{kN/m}^2$，地面粗糙度 B 类。该工程内力分析与结构计算均由电算程序 SATWE 完成。电算输入荷载详表 4-58。根据电算输出数据，墙肢 Q1 底截面尺寸为 240mm×3100mm，平面内内力设计值：$N=2011.9\text{kN}$，$V=5.9\text{kN}$，$M=7.5\text{kN}\cdot\text{m}$。墙肢两端各设一根构造柱。墙肢 Q2 底截面尺寸为 240mm×11100mm，平面内内力设计值：$N=7774.9\text{kN}$，$V=13.9\text{kN}$，$M=1495.2\text{kN}\cdot\text{m}$，Q2 墙两端及中部共设 7 根构造柱。所有构造柱纵筋为 4Φ16，箍筋为 ϕ6@200。试进行底层电梯间门洞上连梁和墙肢 Q1 及 Q2 的正截面与斜截面承载力计算。

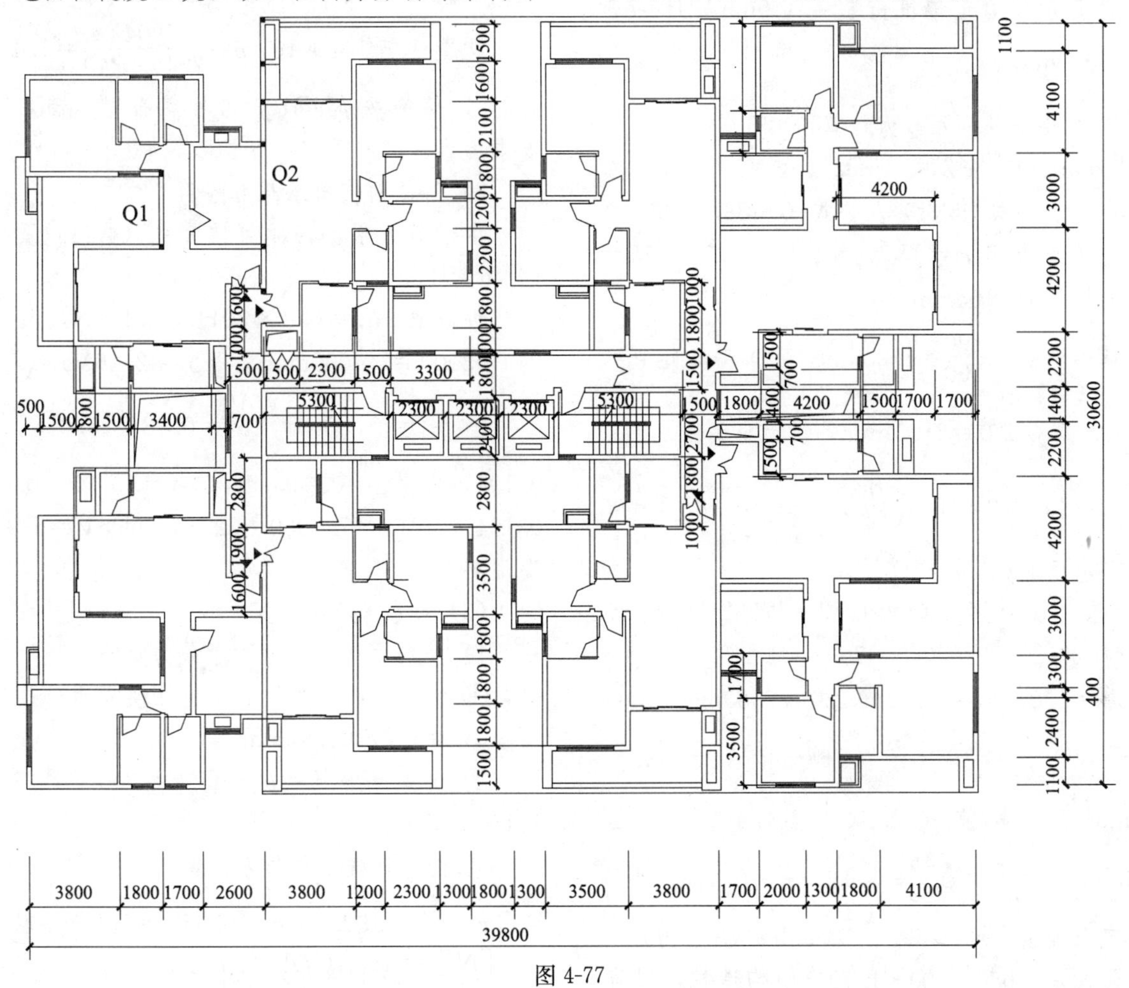

图 4-77

【解】

电算输入荷载（kN/m^2）详表 4-58。

表 4-58

屋面恒载	屋面活载	楼面恒载	楼面活载
6.75	2.0	3.5	2.0

(1) 连梁的计算

电梯间门洞上连梁可简化为两端固定的三跨连续梁，其 $l_0=1800\text{mm}$，$bh=240\text{mm}\times800\text{mm}$。由弯矩及剪力的包络图可知，$M_{\max}=11\text{kN}\cdot\text{m}$，$M_{\min}=-17\text{kN}\cdot\text{m}$，$V_{\max}=34\text{kN}$。

1) 正截面配筋计算

因 $l_0/h=1800/800=2.25<5$，故为深受弯构件，可按式（4-168）、式（4-169）及式（4-170）计算。水平钢筋设置于上下各一线砖的灰缝中，采用对称配筋 $h_0'=h_0=800-60=740\text{mm}$，且 $x=0<0.2h_0$，取 $x=0.2h_0=148\text{mm}$，代入式（4-169）、式（4-170）得 $z=593\text{mm}$，代入式（4-168）得 $A_s=A_s'=95.56\text{mm}^2$，故上下各配 2$\Phi$10，$A_s=A'_s=157\text{mm}^2$，$\rho=\dfrac{157}{240\times740}=0.088\%>0.07\%$，满足要求。

2）斜截面抗剪承载力验算

因$\frac{h_0}{b}=\frac{740}{240}=3.08<4$，由公式（4-177）得，$[V]=142.86kN>V=34kN$，满足要求。

（2）墙肢Q1段计算

1）平面内竖向荷载下墙肢Q1底截面承载力验算

① 墙肢Q1中构造柱截面面积换算为烧结砖砌体截面积$A_0=A_c\times\left(\frac{E_c}{E}-1\right)\times n=351360mm^2$

② 厚度换算　墙段长$L=3100mm$，$B=b+\frac{A_0}{h}=353.3mm$

③ 构件正截面承载力计算

［方法一］　按公式（5-32）、公式（5-33）、公式（5-34）、公式（5-37）及公式（4-188）计算。

初始偏心矩$e=M/N=3.73mm\leqslant0.05h=155mm$，取e=155mm。

高厚比$\beta=\frac{3800}{3100}=1.23mm$，附加偏心矩$e_a=\frac{\beta^2h}{2200}(1-0.022\beta)=2.074mm$，设为小偏压

$e_N=155+2.074+\left(\frac{3100}{2}-120\right)=1587.07mm$，$e'_N=2860-1587.07=1273mm$

$s_{c,N}=240\times240\times1273=73324800mm^3$，$s_N=-120x^2+372000x-37698$

$\eta_s=1.0$，$h_0=3100-120=2980mm$，$\sigma_s=650-800\frac{x}{h_0}=650-0.2685x$，$A_s=A'_s=804mm^2$。将各值代入式（5-34）得，$x=3558mm$，$\xi=\frac{x}{h_0}=\frac{3545}{2980}=1.19>\xi_b=0.425$，小偏压假定正确。

代入$\sigma_s=650-800\times1.19=-302MPa>f'_y=300MPa$　表明为压应力且屈服。

故沿平面内可近似按轴压考虑，但相较而言，因平面外$\beta=\frac{3800}{240}=15.83>\beta=1.23$而更不利，故应按平面外验算墙体轴压承载力。由公式（5-73）和公式（5-74）

式中$A'_s=804\times2=1608mm^2$，$\rho=\frac{1608}{3100\times240}=0.216\%$，查表5-4得$\varphi_{com}=0.658$。代$l=3100-240=2860mm$、$b_c=240mm$入公式（5-74）得强度系数$\eta=0.5786$。将各值代入公式（5-73）得$[N]=2335.755kN>N=2011.9kN$，承载力满足要求。

［方法二］　参照混凝土砌块配筋砌体小偏心受压构件正截面承载力公式（4-256）、公式（4-257）、公式（4-258）及公式（4-260），但取$f_g=f$、$b=B$。按带构造柱组合墙，当为HRB335时，$\xi_b=0.437$。由公式（4-260）得$\xi=0.54>\xi_b=0.437$，小偏心受压假定成立。将ξ及其他各值代入式（4-256）得$[N]=2315.586kN>N=2011.9kN$，承载力满足要求。

构造柱配筋4Φ16，$\rho=\frac{804}{2040\times240}=1.4\%>1.2\%$，箍筋按$\phi6$@100沿柱高布置，满足构造要求。

2）斜截面抗剪承载力验算

由于剪力很小，故可按公式（4-44）及公式（4-46）计算。

近似取$N_G=0.8\times2011.9\times10^3N$，又$A=240\times3100=744000mm^2$，则$\sigma_0=2.16MPa$。

当$\gamma_G=1.35$时，$\mu=0.23-0.065\frac{\sigma_0}{f}=0.194$，查得$\alpha=0.64$，则$f_VA=(0.17+0.64\times0.194\times2.16)\times744000=327.36kN>V=5.9kN$，满足要求。

（3）墙肢Q2段计算

1）竖向力作用下截面承载力计算。

① 墙肢Q2中的7根构造柱换算为砖砌体截面积$A_0=1227764.47mm^2$。

② 换算厚度$B=b+A_0/h=240+1227764/11100=350.6mm$。

③ 构件正截面承载力计算

$e=\frac{M}{N}=192.3mm<0.05h=555mm$取$e=555mm$，试按小偏心受压计算。

$\beta=\frac{3800}{11100}=0.344$，$e_a=\frac{\beta^2h}{2200}(1-0.022\beta)=1.72mm$，$e_N=e+e_a+(\frac{h}{2}-a_s)=5986.7mm$。

由式（4-260）得$\xi=0.572>\xi_b=0.437$，小偏心受压判断无误。

由公式（4-259），即不考虑$\sum f_{si}A_{si}$的作用，并对称配筋，取$f_g=f$，则

$A_s=A'_s=\frac{Ne_N-\xi(1-0.5\xi)fBh_0^2}{f_y(h_0-a'_s)}<0$，构造配筋。边缘构件$\rho=1.4\%>1.2\%$。箍筋$\phi6$

@100。

2）平面外承载力验算

由式（5-73），$A_c=240^2\times7=403200\text{mm}^2$，$A_n=(11100-240\times7)\times240=2260800\text{mm}^2$，

$\beta=\dfrac{3.8}{0.24}=15.83$，查表 5-4 得 $\varphi_{com}=0.755$，$A_s'=804\times7=5628\text{mm}^2$。其余值同 Q1。

构造柱间距 $l=\dfrac{11100-240}{6}=1810\text{mm}$，由式（5-74）算得 $\eta=0.685$。

将以上各值代入式（5-73），得 $[N]=10080\text{kN}>N=7774.9\text{kN}$，承载力满足要求。

3）平面内水平抗剪承载力验算

［方法一］ 由式（4-232），$A=2664000\text{mm}^2$，$A_c=288000\text{mm}^2<0.15A=399600\text{mm}^2$

$f_t=1.27\text{MPa}$，$f_{vo}=0.17\text{MPa}$，$A_s=804\times5=4020\text{mm}^2$，近似取 $f_v\cong0.44$（同 Q1）

$\zeta=0.4$（中部构造柱多于一根取 0.4），$\eta_c=1.1$（构造柱间距 $<2.8\text{m}$），$[V]=1392.77\text{kN}>V=13.9\text{kN}$

［方法二］ 当 $\gamma_G=1.35$ 时，近似取 $N_G=0.8\times7774.9\text{kN}$，则

$\sigma_0/f=0.593$，$\mu=0.23-0.065\times0.593=0.191$，查 $\alpha=0.64$，$[V]=(0.17+0.64\times0.191\times0.593)\times2664000=646.462\text{kN}>V=13.9\text{kN}$，满足要求。

6. 钢筋混凝土面层配筋砌体组合柱框架-预应力带构造柱组合砌体筒结构办公楼（18 层）

【例 4-6】 某 18 层办公楼平面如图 4-78，采用烧结页岩多孔砖组合砌体柱、带构造柱组合砌体剪力墙核心筒、钢筋混凝土梁板结构。层高 3.2m，基顶标高−1.000m，女儿墙高 1.5m，剪力墙洞高 2.1m。砖为 MU30，砂浆为 M20，梁混凝土为 C30，组合砌体柱、墙混凝土 1 至 10 层为 C30，11 至 18 层为 C25。钢筋为 HRB335 及 HPB235。剪力墙 1 至 10 层厚 370mm，11 至 18 层厚 240mm，各层设圈梁 240mm×200mm。L_1、L_2：250mm×500mm，1 至 10 层柱 740mm×740mm，11 至 18 层柱 620mm×620mm，现浇板厚 100mm，施工质量控制为 B 级。基本风压 0.6kN/m^2，地面粗糙度 B 级。试设计柱、墙并验算位移。

【解】 （1）静力计算方案

采用刚接体系框-剪结构模型。对比横向和纵向剪力墙等效刚度后，取刚度较小的横向框架剪力墙为计算单元，结构平面见图 4-78。

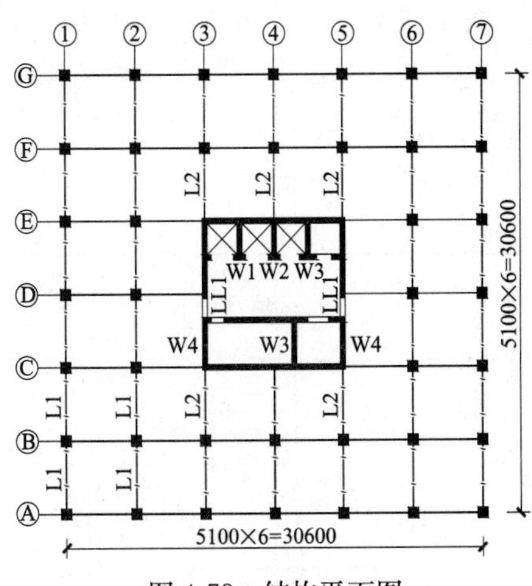

图 4-78　结构平面图

（2）基本设计资料

根据文献［4］，砌体 $f=4.15\text{MPa}$，$E=6640\text{MPa}$，砌体重力的密度 $\gamma=16.4\text{kN/m}^3$。混凝土 f_c 及 E 详文献［23］。

（3）框架剪力墙结构特征值 λ 计算

1）框架剪切刚度 C_f

① 框架横梁线刚度 $i_b=\dfrac{E_c\times I_b}{l}$，$bh=125000\text{mm}^2$，$I_0=\dfrac{bh^3}{12}=2.6\times10^9\text{mm4}$，$E_c=30000\text{MPa}$（1～10 层）、25500MPa（11～18 层），计算结果见表 4-57。

梁线刚度 i_b（N·mm）　　表 4-59

层次	①、⑦轴边框架		②～⑥轴中框架	
	$I_b=1.5I_0$	i_b	$I_b=2I_0$	i_b
11～18	3.91×10^9	1.95×10^{10}	5.21×10^9	2.6×10^{10}
1～10	3.91×10^9	2.3×10^{10}	5.21×10^9	3.067×10^{10}

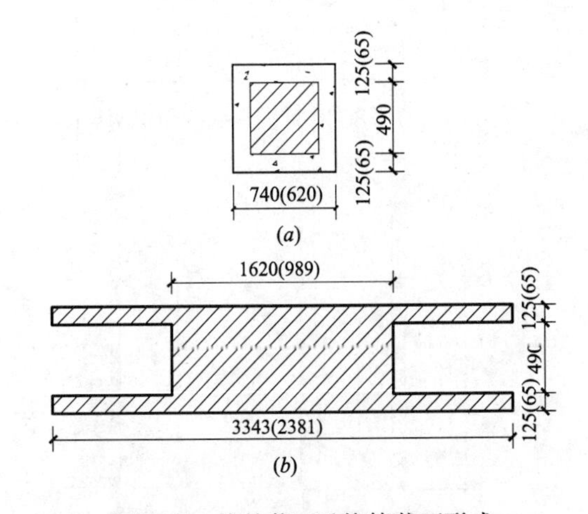

图 4-79　柱的截面及换算截面形式

（a）柱截面形式（括号内为 11～18 层尺寸）；
（b）柱换算截面形式（括号内为 11～18 层尺寸）

② 柱线刚度 i_c：组合砌体柱截面形式如图 4-79 (*a*) 所示，$E_c=3.0\times10^4\text{N/mm}^2$，故折算为图 4-79 (*b*) 所示的工形截面。柱线刚度 $i_c=EI/h$，计算结果见表 4-60。

③ 柱侧向刚度 D：按 $D=\alpha_c\cdot12i_c/h^2$ 计算，其中框架梁柱的刚度比 K、柱侧向刚度降低系数 α_c，由表 3-1 查得，计算结果见表 4-60。

①、②轴框架柱 D 值与 C_f 　　表 4-60

层次	层高(mm)	$i_c\times10^{11}$	轴号	边柱			中柱			ΣD_{ij}	C_f	C_f 的加权平均值
				K	α_c	D_{ij}	K	α_c	D_{ij}			
12～18	3200	0.698	①	0.329	0.141	11561.00	0.658	0.248	20259.06	776671.0	2.485×10^9	3.018×10^9
			②	0.373	0.157	12860.16	0.878	0.305	24952.36			
11	3200	0.698	①	0.304	0.132	10808.48	0.609	0.233	19094.27	750151.3	2.400×10^9	
			②	0.406	0.169	13803.42	0.812	0.289	23621.29			
2～10	3200	1.99	①	0.115	0.055	12729.46	0.231	0.103	24142.43	956913.3	3.062×10^9	
			②	0.154	0.071	16669.62	0.308	0.133	31117.19			
1	4200	1.52	①	0.151	0.303	31260.81	0.303	0.349	35993.51	1435164.1	6.028×10^9	
			②	0.202	0.319	32910.69	0.404	0.376	38817.43			

注：ΣD_{ij} 为本层所有柱侧向刚度之和，例：1 层 $\Sigma D_{ij}=31260.81\times4+35993.51\times10+32910.69\times10+38817.43\times16=1435164.1$。

④ 各层框架剪切刚度 C_f：$C_f=\Sigma D_i\cdot h$ 结果见表 4-60。因主体结构总高 $H=58.6\text{m}>50\text{m}$，采用 $C_f=0.75\times3.018\times10^9=2.264\times10^9\text{N}$ 以考虑柱的轴向变形对结构内力和位移的影响。

2) 剪力墙的等效刚度

以 W_4 为例进行计算，结果详表 4-61。墙 W_1～W_4 均为整截面墙，计算结果详表 4-62。W_4 等效刚度计算：

① 剪力墙类型判断：将图 4-80 (*a*) 所示剪力墙截面内钢筋混凝土构造柱折算为图 4-79 (*b*) 的砌体面积。墙肢 1、2 参数计算见表 4-60。其中，I_1、I_2 为墙肢 1、2 截面惯性矩；I 为剪力墙组合截面对其形心的惯性矩；所有墙肢截面对组合截面形的面积矩之和 $I_n=I-(I_1+I_2)$；l_b 为连梁计算跨度，取洞口宽度加连梁高度的一半；a 为墙肢形心间的距离；I_b 为剪力墙之间的连梁 LL_1 的截面折算惯性矩，$I_b=\dfrac{I_{b0}}{1+\dfrac{12\mu EI_{b0}}{GA_b\cdot l^2}}$；整体系数 $\alpha=H\sqrt{\dfrac{12I_ba^2}{h(I_1+I_2)l_b{}^3}\dfrac{I}{I_n}}$ [49]。

由 $\alpha>10$，$I_n/I<\xi=0.99$，判断 W_4 为整体小开口墙，其中 ξ 为关于层数 n 与 α 的系数。

② 等效刚度计算（表 4-62）

$EI_{eq}=EI_w\Big/\left(1+\dfrac{9\mu I_w}{A_wH^2}\right)=3.846\times10^{17}$，其中 $I_w=0.8I$，$A_w=A_1+A_2$

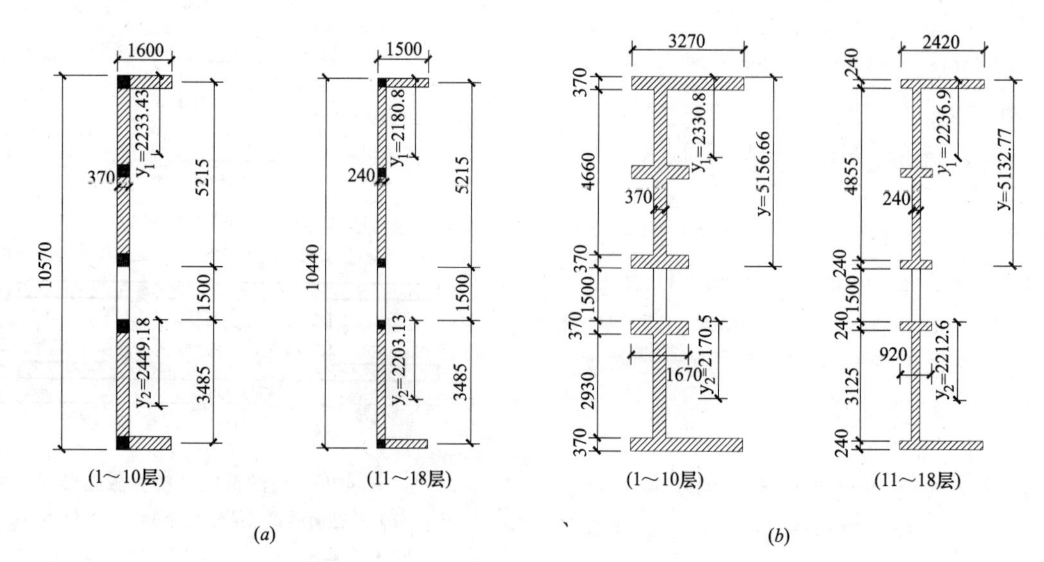

图 4-80　W4 折算截面形式

W4 各参数计算　　　　表 4-61

层次	$I_1\times10^{12}$	$I_2\times10^{12}$	$I\times10^{13}$	$I_n\times10^{13}$	I_n/I	a	l_b	α
11～18	7.10	2.69	5.18	4.20	0.81	6035	2050	15.1
1～10	14.2	5.44	9.64	7.68	0.80	5970	2050	10.62

W_1～W_3 剪力墙等效刚度计算　　　　表 4-62

	W_1	W_2	W_3
截面形式 （括号内为 11～18 层尺寸）	4170(3420)；370(240)；2180(2310)；370(240)；2620(1870)	4170(3420)；370(240)；2180(2310)；2970(2220)；370(240)	5670(3920)；370(240)；2930(3060)；6470(4020)；370(240)
$A(mm^2)$	2477062	2776517	4294379
μ	3.75	3.91	4.47
$I\times10^{12}$(mm)	3.36	3.61	6.37
$EI_{eq}\times10^{16}$	2.203	2.362	6.37

注：1. μ 为剪应力不均匀系数，当为Ⅰ型截面时，取 μ=截面全面积/腹板面积；
2. 为计算简便，表中所给数值均为沿层高的加权平均值。

3）总剪力墙的等效刚度　$EI_{eq}=(2.203\times2+2.362+6.368)\times10^{16}+3.825\times2\times10^{17}=8.96\times10^{17}$

总连梁的约束刚度

此处所说的为剪力墙与框架柱之间的连梁 L_2，本例共有 5 处梁与剪力墙相连，4 处与 W4 相连，1 处与 W_1 相连。不考虑剪切变形的影响，有 $m_{12}=\dfrac{6EI_b(1+a)}{l(1-a)^3}$。

1 层 W_4 处：$a_l=5160$m，$l=10200$m，$a=\dfrac{5160}{10200}=0.506$，$m_1=1.14\times10^{12}$N·mm

$$C_{b1}=\frac{4\times1.14\times10^{12}}{4200}=1.093\times10^9N$$（4 处梁与剪力墙 W_4 相连）

1 层 W_1 处　$a_l=1335$m，$l=6375$m，$a=\dfrac{1335}{6375}=0.209$，$m_2=1.8\times10^{12}$N·mm

$$C_{b2}=\frac{1\times1.8\times10^{11}}{4200}=4.28\times10^7N$$（1 处梁与剪力墙相连），$C_b=C_{b1}+C_{b2}=1.14\times10^9N$。同理可得 2～10 层、11～18 层连梁约束弯矩，结果见表 4-63。

4）框架剪力墙结构特征值 λ：

$$\lambda=H\sqrt{\frac{C_f+0.55C_b}{EI_{eq}}}$$

$$=58600\sqrt{\frac{2.264\times10^9+0.55\times1.395\times10^9}{8.96\times10^{17}}}$$

$$=3.4$$

（4）风荷载

风压标准值计算　$w_k=\beta_z\mu_s\mu_z\omega_0$，为简便，仅给出关键层结果，见表 4-64。$h$ 为上下层高和之半。

总连梁约束弯矩（N）　　　　表 4-63

层位	l_1	a_1	l_2	a_2	m_1	m_2	C_{b1}	C_{b2}	C_b	加权平均值
11～18	10200	0.500	6375	0.199	9.34×10^{11}	2.92×10^{11}	1.168×10^9	9.1×10^7	1.259×10^9	1.395×10^9
2～10	10200	0.506	6375	0.209	1.14×10^{12}	3.60×10^{11}	1.434×10^9	1.1×10^8	1.547×10^9	
1	10200	0.506	6375	0.209	1.14×10^{12}	3.60×10^{11}	1.093×10^9	8.6×10^7	1.178×10^9	

风荷载及水平位移计算表 表 4-64

区段	H_i	μ_z	w_k	F_i	V	F_iH_i	ξ	水平位移计算(mm)				
								倒三角	均布	集中	总位移	层间位移
突出	60.1	2.12	2.22	30.09		1808.57						
18	57.6	2.10	2.18	195.05	30.09	11234.93	1.0	10.229	8.989	0.391	19.609	0.921
11	35.2	1.86	1.79	179.21	1423.48	6308.18	0.61	6.207	5.721	0.195	12.122	1.316
10	32.0	1.82	1.73	173.16	1602.69	5541.07	0.56	5.510	5.128	0.168	10.806	1.362
1	3.2	1.17	0.94	94.57	2878.40	302.63	0.06	0.105	0.109	0.003	0.217	0.217
0			0.91	91.52	2972.97	101729.81	0	0	0	0		

(5) 水平位移验算

1) 风荷载换算 作用在突出屋面的风荷载按集中力 F 的形式传至主体结构顶部，$F=30.09\text{kN}$；取一层的风荷载为均布荷载 $q_{均}=w_{1k}\times B=0.94\times31.34=29.55\text{kN/m}$；余下的风荷载按弯矩等效的原则化为倒三角荷载，倒三角形荷载最大值 $q_{倒}=\dfrac{3}{H^2}\left(\sum F_iH_i-\dfrac{1}{2}qH^2\right)=\dfrac{3}{57.6^2}\left(101729.81-\dfrac{1}{2}\times30.09\times57.6^2\right)=46.85\text{kN}$。

2) 水平位移计算 按公式 (4-98)、公式 (4-99)、公式 (4-100) 计算，计算结果见表 4-64。

3) 水平位移验算

层间位移 $\Delta u/h=1.362/3200=1/2349<[\theta]=1/550$，满足要求。

顶点总位移 $S\Delta u_i=19.609\text{mm}$，$S\Delta u_i/H=19.609/57600=1/2937<1/1000$，满足要求。

(6) 风荷载作用下的内力计算

1) 风荷载下总剪力墙的弯矩：按公式 (4-106)、公式 (4-107)、公式 (4-108) 计算，计算结果见表 4-65。

2) 风荷载下剪力墙和框架的剪力计算 结果见表 4-67。

风作用下总剪力墙弯矩 M_w 计算表 表 4-65

层号	标高	ξ	倒三角	均布	集中	M 总
18	57.6	1.00	0.000	0.00	0.00	0.00
11	35.2	0.61	−2387.1	−2838.5	58.9	−5166.8
10	32.0	0.56	−1726.3	−2427.5	72.8	−4081.0
1	3.2	0.06	15739.8	15873.6	419.9	32033.3
0	0	0.00	19724.3	20827.4	507.6	41059.3

V'_w、V_p、$\overline{V}_f$、m、V_f 和 V_w 计算表 表 4-66

层号	标高	ξ	倒三角	均布	集中	V'_w总	V_p	$\overline{V}_f$	m	V_f	V_w
18	57.6	1.00	−483.9	−385.8	2.0	−867.7	30.1	897.8	342.3	555.5	−525.4
11	35.2	0.61	174.3	96.4	4.0	274.7	1537.4	1262.7	481.4	781.3	756.1
10	32.0	0.56	238.6	161.3	4.7	404.6	1719.4	1314.9	501.3	813.6	905.8
1	3.2	0.06	1147.1	1403.1	24.9	2575.1	2982.8	407.7	155.4	252.3	2730.6
0	0.000	0.00	1349.2	1702.3	30.1	3081.6	3081.6	0.0	0.0	0.0	3081.6

① 由结构力学方法[51]计算出剪力墙的广义剪力 V'_w；

② 框架的广义剪力 $\overline{V}_f=V_p-V'_w$，其中，$V_p=\frac{1}{2}q_0H(1-\xi^2)+F+qH(1-\xi)$ 为外荷载产生的结构任意相对高度 ξ 处的总剪力；

③ 将 $\overline{V}_f$ 按框架抗剪刚度和连梁刚度比例分配，求出框架的总剪力 $V_f=\dfrac{C_f}{C_f+C_b}\overline{V}_f$，梁端的总约束弯矩 $m=\dfrac{C_b}{C_f+C_b}$

④ 剪力墙的剪力 $V_w=V'_w+m$。

3) 柱、连梁、剪力墙的内力计算。

① 柱剪力 由式 (4-7) 及 (4-8)，总框架剪力 V_f 按柱的 D 值分配到各柱，详表 4-67。

② 柱反弯点高度比 $y=y_0+y_1+y_2+y_3$，标准反弯点高度比 y_0 由倒三角荷载与均布荷载产生的剪力比，对这两种荷载下各层柱标准反弯点高比取加权值。这两种荷载下的 y_0 值查表而得[51]，结果见表 4-68；

③ 梁、柱端弯矩 将柱剪力乘以 yh 和 $(1-y)h$ 得柱端弯矩，由节点平衡解得结果见表 4-68。

④ 梁端剪力　由梁端弯矩之和除以跨度得到，由梁端剪力反向到柱端，可得柱轴力，计算结果见表 4-69。

⑤ W_4 内力　总剪力墙各楼层标高处的弯矩和剪力按等效刚度分配给各墙。$M_{w4}=\left(\frac{EI_{eq4}}{EI_{eq}}\right)M_w$，$V_{w4}=\left(\frac{EI_{eq4}}{EI_{eq}}\right)V_w$。因 W_4 与 L_2 相连，需考虑 L_2 的影响，由 $M_{4j}^{u,l}=M_{4j}\pm\left(\frac{M_{12}}{2}\right)$ 得 W_4 在第 j 层楼盖上、下方剪力墙截面弯矩，M_{12} 为连梁刚结端的弯矩，由连梁分布约束弯矩与层高相乘而得到，结果见表 4-70～表 4-72。

W_4 各个墙肢的弯矩按下式计算：$M_i=0.85M_{w4}\left(\frac{I_i}{I}\right)+0.15M_{w4}\left(\frac{I_i}{\sum I_i}\right)$。经计算，轴力 N 值很小，可略而不计。墙肢剪力底层按截面积分配，其他层按下式计算：$V_i=V_w\frac{1}{2}\left(\frac{A_i}{\sum A_i}+\frac{I_i}{\sum I_i}\right)$。其中 A_i、I_i 为各墙肢面面积和惯性矩，y_i 为各墙肢截面对组合截面的形心距，I 为组合截面惯性矩。结果见表 4-70～表 4-72。

(7) 竖向荷载下的内力计算

1) 荷载标准值计算（表 4-73）

风荷载作用下①、②轴各柱剪力计算表　　**表 4-67**

	SD	①轴各根柱 D_{ij}		②轴各根柱 D_{ij}		①轴各柱 V_{ij}		②轴各柱 V_{ij}	
		Ⓐ、Ⓖ	Ⓑ-Ⓕ	Ⓐ、Ⓖ	Ⓑ-Ⓕ	Ⓐ、Ⓖ	Ⓑ-Ⓕ	Ⓐ、Ⓖ	Ⓑ-Ⓕ
18	776674.0	11561.0	20259.1	12860.2	24952.4	8.3	14.5	9.2	17.8
11	750151.3	10808.5	19094.3	13803.4	23621.3	11.3	19.9	14.4	24.6
10	956913.3	12729.5	24142.4	16669.6	31117.2	10.8	20.5	14.2	26.5
2	956913.3	12729.5	24142.4	16669.6	31117.2	5.9	11.3	7.8	14.5
1	1435164.1	31260.8	35993.5	32910.7	38817.4	5.5	6.3	5.8	6.8

风荷载作用下①、②轴各柱弯矩计算表　　**表 4-68**

层次	截面	①轴Ⓐ、Ⓖ柱 M			①轴Ⓑ-Ⓕ柱 M				②轴Ⓐ、Ⓖ柱 M			②轴Ⓑ-Ⓕ柱 M			
		y	M	右梁	左梁	y	M	右梁	y	M	右梁	左梁	y	M	右梁
18	上	0.30	−18.52	18.52	14.84	0.36	−29.68	14.84	0.36	−18.84	18.84	16.56	0.42	−33.12	16.56
	下		−7.94				−16.69			−10.60				−23.99	
11	上	0.45	−19.81	35.74	31.41	0.50	−31.82	31.41	0.50	−23.00	42.69	38.78	0.50	−42.33	38.78
	下		−16.21				−31.82			−23.00				−42.33	
10	上	0.51	−16.98	33.19	32.99	0.48	−34.17	32.99	0.48	−23.59	46.59	40.85	0.50	−43.54	40.85
	下		−17.65				−31.52			−21.76				−43.54	
1	上	0.75	−4.40	14.87	12.48	0.70	−6.07	12.48	0.70	−6.55	19.59	15.61	0.64	−7.95	15.61
	下		−13.19				−14.17			−15.28				−13.89	

风荷载作用下①、②轴梁端剪力、柱轴力计算表　　**表 4-69**

层次	①轴					②轴				
	梁端剪力			柱轴力		梁端剪力			柱轴力	
	l	V_{AB}	V_{BA}	N_A	N_B	l	V_{AB}	V_{BA}	N_A	N_B
18	5.1	6.54	5.82	6.54	−0.72	5.1	6.94	6.50	6.94	−0.45
11	5.1	13.17	12.32	84.65	−5.89	5.1	15.97	15.21	99.07	−2.03
10	5.1	12.98	12.94	97.63	−5.93	5.1	17.15	16.02	116.21	−3.15
1	5.1	5.36	4.89	201.08	−9.10	5.1	6.90	6.12	250.72	−8.05

风荷载作用下 W_4 的内力计算 表 4-70

层次	EI总	M_w	V_w	EI_i	M_{wi}	M_{i12}	M_{wu}下	M_{wl}上	V_{wi}
18	9.01×10^{17}	0.0	−525.4	3.846×10^{17}	0.0	390.2	390.2		−224.2
11	9.01×10^{17}	−5166.8	756.1	3.846×10^{17}	−2204.8	616.2	−2512.9	322.6	323.19
10	9.01×10^{17}	−4081.0	905.8	3.846×10^{17}	−1741.5	641.7	−2062.3	386.5	387.22
1	9.01×10^{17}	32033.3	2730.6	3.846×10^{17}	13669.4	199.0	13570.0	1165.2	1166.39
0	9.01×10^{17}	41059.3	3081.6	3.846×10^{17}	17521.1	0.0	17521.1	1315.0	1316.00

风荷载作用下 W_4 墙肢 1 的内力计算 表 4-71

层次	$I\times10^{13}$	$\sum I_i\times10^{12}$	$\sum A_i\times10^6$	$I_1\times10^{12}$	$A_1\times10^6$	y_1	A_1y_1/I	M_1上	M_1下	V_1
18	5.2	9.79	3.71	7.10	2.13	2895.8	0.00012	87.9		−128.9
11	5.2	9.79	3.71	7.10	2.13	2895.8	0.00012	−566.29	−427.42	185.46
10	9.6	1.96	6.94	1.42	4.03	2825.8	0.00012	−480.84	−331.23	224.47
1	9.6	1.96	6.94	1.42	4.03	2825.8	0.00012	3163.95	3210.34	676.65
0	9.6	1.96	6.94	1.42	4.03	2825.8	0.00012	4085.19	4085.19	763.63

风荷载作用下 W_4 墙肢 2 的内力计算 表 4-72

层次	$I\times10^{13}$	$\sum I_i\times10^{12}$	$\sum A_i\times10^6$	$I_2\times10^{12}$	$A_2\times10^6$	Y_2	A_2Y_2/I	M_2上	M_2下	V_2
18	5.2	9.79	3.71	2.69	1.58	3914.8	0.000119	33.27		−95.33
11	5.2	9.79	3.71	2.69	1.58	3914.8	0.000119	−213.25	−161.71	137.19
10	9.6	1.96	6.94	5.44	2.91	3913.8	0.000118	−184.92	−127.39	162.07
1	9.6	1.96	6.94	5.44	2.91	3913.8	0.000118	1216.8	1234.64	488.55
0	9.6	1.96	6.94	5.44	2.91	3913.8	0.000118	1571.09	1571.09	551.36

荷载标准值计算表 表 4-73

屋面恒载	4.0kN/m²	11-18 层柱重	20.17kN	墙体重	外墙 240mm	2.784kN/m²
屋、楼面活载	2.0kN /m²	2-10 层柱重	30.65kN		女儿墙 240mm	4.3kN/m²
楼面恒载	3.8kN /m²	1 层柱重	41.8kN	梁自重	2.78kN /m	

注：1. 为简化计算，柱自重取不计抹灰重，但高度取层高并乘以 1.1 放大系数；
2. 梁自重取混凝土自重加抹灰重，其中梁高应减去板厚；
3. 外墙重考虑窗洞，取无洞时重量乘以 0.6 的折减系数。

2) 框架内力

① 计算简图

如图 4-78 所示，双向板肋梁楼盖的三角形荷载按固端弯矩相等的原则等效为均布荷载。恒载、活载作用下①、②轴框架计算简图如图 4-81。

② 分层法计算恒载作用下的内力

a. 弯矩　除底层外，其余柱线刚度取实际线刚度的 0.9 倍，采用弯矩分配法取对称的半结构计算。最终弯矩见表 4-74 及表 4-75（仅给出②轴典型层内力结果，其余略）。

b. 梁端剪力　假定为简支梁，不考虑其连续性，求出支座反力即为梁端剪力。

c. 柱端轴力、剪力　各柱上端轴力由纵横向框架梁端剪力与上层柱传来的轴力相加而得，各柱下端轴力为上端轴力加本层柱自重。柱端剪力根据柱端弯矩由平衡条件求得。

③ 活载作用下的内力计算方法同恒载。

④ 荷载效应组合

柱取上下端截面（Ⅰ、Ⅱ），活荷载采用满载法并乘以折减系数 0.6，内力组合见表 4-76、表 4-77。

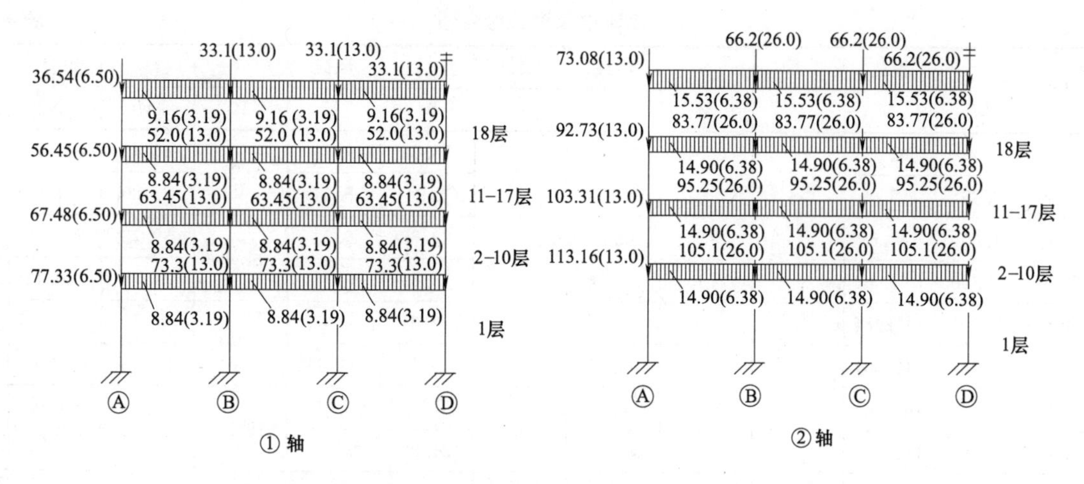

图 4-81　框架等效均布恒载、活载计算简图（括号内为活载）

①轴恒（活）载作用下内力计算　　**表 4-74**

层次	截面	柱端弯矩		梁端弯矩				梁端剪力				柱轴力	
		M_A、M_G	M_B～M_F	M_{AB}	M_{BA}	M_{BC}	M_{CB}	V_A	V_{B1}	V_{B2}	V_C	A	B
18	上	—	—	−14.4 (−5.0)	22.1 (7.7)	−20.4 (−7.1)	19.6 (6.8)	58.4 (14.1)	54.9 (20.6)	56.6 (21.2)	56.3 (21.1)	94.9 (20.6)	144.6 (54.8)
	下	14.4 (5.0)	−1.6 (−0.6)									115.1 (20.6)	164.8 (54.8)
11	上	8.7 (3.1)	−0.6 (−0.2)	−16.3 (−5.9)	20.4 (7.4)	−19.3 (−7.0)	19.1 (6.9)	78.2 (14.3)	73.7 (20.8)	74.6 (21.2)	74.4 (21.1)	1178.8 (166.6)	1687.6 (439.9)
	下	7.6 (2.7)	−0.5 (−0.2)									1199.0 (166.6)	1707.8 (439.9)
10	上	5.7 (2.1)	−0.3 (−0.1)	−17.6 (−6.4)	19.9 (7.2)	−19.2 (−6.9)	19.1 (6.9)	89.6 (14.5)	85.5 (21.0)	86.0 (21.1)	86.0 (21.1)	1356.1 (187.6)	1942.8 (495.0)
	下	11.9 (4.3)	−0.4 (−0.1)									1376.2 (187.6)	1962.9 (495.0)
1	上	14.0 (5.1)	−1.3 (−0.5)	−17.4 (−6.3)	19.9 (7.2)	−20.5 (−7.3)	16.8 (6.3)	99.4 (14.5)	95.3 (21.0)	96.5 (21.3)	95.1 (20.9)	3063.7 (376.8)	4362.3 (991.6)
	下	3.3 (1.2)	1.9 (0.6)									3105.2 (376.8)	4403.8 (991.6)

②轴恒（活）载作用下内力计算　　**表 4-75**

层次	截面	柱端 M		梁端 M				梁端剪力				柱轴力	
		M_A、M_G	M_B～M_F	M_{AB}	M_{BA}	M_{BC}	M_{CB}	V_A	V_{B1}	V_{B2}	V_C	A	B
18	上			−24.4 (−10.0)	37.5 (15.4)	−34.7 (−14.2)	33.3 (13.7)	110.1 (28.2)	103.2 (41.2)	106.1 (42.4)	105.5 (42.2)	183.2 (41.2)	275.5 (109.6)
	下	24.4 (10.0)	−2.8 (−1.1)									203.4 (41.2)	295.7 (109.6)
11	上	14.7 (6.3)	−1.0 (−0.4)	−27.4 (−11.7)	34.5 (14.7)	−32.6 (−14.0)	32.1 (13.8)	129.3 (28.7)	120.4 (41.7)	121.8 (42.3)	121.7 (42.2)	1879.5 (333.2)	2699.0 (879.8)
	下	12.8 (5.5)	−0.8 (−0.3)									1899.7 (333.2)	2719.2 (879.8)
10	上	9.7 (4.1)	−0.5 (−0.2)	−29.7 (−12.7)	33.5 (14.3)	−32.4 (−13.9)	32.2 (13.8)	140.5 (28.9)	132.5 (42.0)	133.2 (42.3)	133.2 (42.3)	2143.6 (375.2)	3080.2 (990.0)
	下	20.1 (8.6)	−0.6 (−0.3)									2163.7 (375.2)	3100.3 (990.0)
1	上	18.6 (8.0)	−2.1 (−1.0)	−30.1 (−12.9)	33.1 (14.2)	−34.3 (−14.5)	28.7 (12.6)	150.5 (29.0)	142.5 (42.0)	144.2 (42.6)	142.0 (41.9)	4633.4 (753.6)	6634.9 (1983.3)
	下	11.5 (4.9)	3.3 (1.4)									4674.9 (753.6)	6676.4 (1983.3)

①轴框架荷载组合值 表 4-76

层号	截面	恒载			活载			风载			组合		
		M	N	V	M	N	V	M	N	V	M	N	V
18	A上	14.40	94.92	7.43	3.01	12.37	1.57	18.52	6.54	8.27	44.42	137.73	21.32
	A下	9.39	115.09		2.01	12.37		7.94	6.54		23.80	161.94	
	B上	1.63	144.65	−0.73	0.34	32.88	−0.15	29.68	0.72	14.49	39.78	215.92	17.19
	B下	−0.70	164.82		0.15	32.88		16.69	0.72		20.38	240.13	
11	A上	8.69	1178.84	4.16	1.88	99.97	1.50	19.81	84.65	11.26	37.77	1647.24	21.07
	A下	7.58	1199.01		1.64	99.97		16.21	84.65		31.59	1671.44	
	B上	0.62	1687.61	−1.36	0.13	263.94	−0.29	31.82	5.89	19.89	41.01	2365.11	23.05
	B下	0.48	1707.78		0.10	263.94		31.82	5.89		40.80	2389.32	
10	A上	5.73	1356.07	6.77	1.24	112.56	1.46	16.98	97.63	10.82	29.84	1892.12	23.60
	A下	11.91	1376.24		2.58	112.56		17.65	97.63		39.78	1916.32	
	B上	0.31	1942.77	−2.86	0.07	297.01	−0.62	34.17	5.93	20.53	43.50	2713.02	21.64
	B下	0.37	1962.94		0.08	297.01		31.52	5.93		40.26	2737.22	
1	A上	14.04	3063.71	1.13	3.04	226.06	0.25	4.40	201.08	5.95	26.22	4214.64	9.17
	A下	3.32	3105.21		0.72	226.06		13.19	201.08		21.51	4264.44	
	B上	1.33	4362.27	−5.92	0.32	594.97	−1.28	6.07	9.10	11.28	9.66	5995.86	5.50
	B下	1.91	4403.77		0.38	594.97		14.17	9.10		20.63	6045.66	

②轴框架荷载组合值表 表 4-77

层号	截面	恒载			活载			风载			组合		
		M	N	V	M	N	V	M	N	V	M	N	V
18	A上	24.42	183.21	12.59	6.03	24.73	3.14	18.84	6.94	9.20	60.64	259.76	30.65
	A下	15.85	203.38		4.02	24.73		10.60	6.94		37.44	283.97	
	B上	−2.77	275.52	−1.24	0.68	65.77	−0.31	33.12	0.45	17.85	39.27	414.06	20.62
	B下	−1.18	295.69		0.30	65.77		33.12	0.45		40.69	438.26	
11	A上	14.65	1879.53	7.01	3.76	199.95	1.80	23.00	99.07	14.38	51.31	2632.20	28.80
	A下	12.78	1899.70		3.28	199.95		23.00	99.07		48.45	2656.41	
	B上	−1.04	2699.02	−2.30	0.27	527.87	−0.59	39.36	2.03	24.60	48.69	3906.50	27.50
	B下	0.81	2719.19		0.21	527.87		39.36	2.03		50.83	3930.70	
10	A上	9.66	2143.56	11.40	2.48	225.12	2.93	23.59	116.21	14.17	44.44	3002.36	35.23
	A下	20.08	2163.73		5.16	225.12		21.76	116.21		58.01	3026.56	
	B上	−0.52	3080.17	−4.83	0.13	594.01	−1.24	42.33	3.15	26.46	52.89	4448.63	25.98
	B下	−0.62	3100.34		0.16	594.01		42.33	3.15		52.79	4472.84	
1	A上	18.59	4633.42	3.93	4.78	452.18	1.01	6.55	250.72	6.82	36.57	6445.76	14.59
	A下	11.53	4674.92		2.96	452.18		15.28	250.72		36.83	6495.56	
	B上	2.11	6634.93	10.27	−0.60	1190.01	2.64	7.95	8.05	6.82	11.80	9471.47	24.24
	B下	3.33	6676.43		0.81	1190.01		13.89	8.05		22.52	9521.27	

3）剪力墙

以 W_4 为例，竖向荷载下剪力墙的平面荷载分配见图 4-82。由连梁 L_2 传到墙肢的弯矩不可忽略。

① 连梁传来的弯矩和剪力计算　计算简图见图 4-83。按力矩分配法计算结果见表 4-78。

② 墙肢自重　由该层墙体积乘以墙体重力密度而得。

③ 板传来荷载　轴力由图4-82所示荷载面积算得，弯矩由力向墙肢形心取矩即得；板荷载对墙肢平面内产生的弯矩较小，可忽略不计。

④ 纵横梁传来荷载　轴力为板传荷载加梁自重，可求得墙肢形心的偏心弯矩。

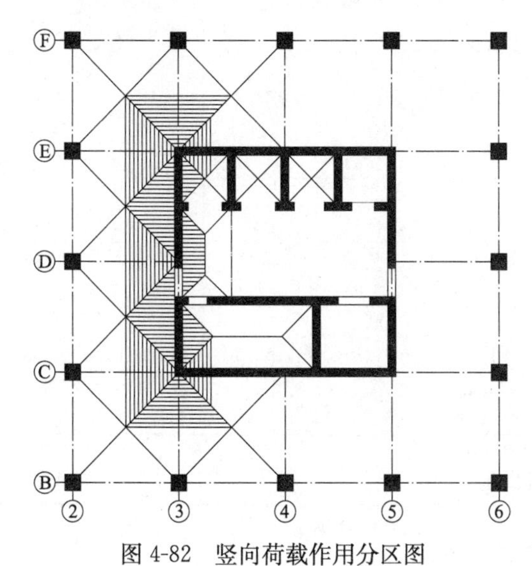

图4-82　竖向荷载作用分区图

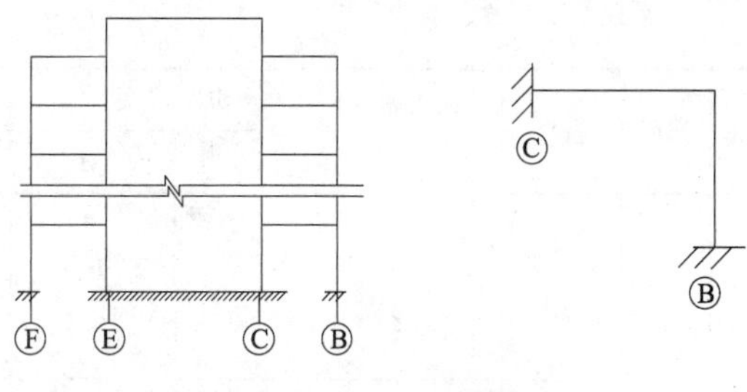

图4-83　连梁作用简图

竖向荷载作用下连梁 L_2 内力汇总　表4-78

	恒载				活载			
	B		C		B		C	
	M	*V*	*M*	*V*	*M*	*V*	*M*	*V*
18	−24.11	102.99	38.44	36.79	−9.90	41.11	15.78	15.10
11	−28.43	120.21	36.28	36.44	−11.68	41.64	14.89	15.63
10	−29.44	132.39	33.70	37.14	−12.59	41.91	14.43	15.90
1	−30.14	132.59	33.35	37.35	−12.90	42.00	14.27	15.99

⑤ 荷载组合值（表4-81、表4-82）

(8) 截面设计

1) 柱正截面

现给出1层②轴B柱计算过程，其余各柱结果见表4-83。

恒（活）载作用下 W_4 墙肢1内力计算　表4-79

层次	截面	自重	板传来	纵梁传来			连梁传来		本层内力		最终内力	
			N	N_C	N_D	*M*	*N*	*M*	*N*	*M*	*N*	*M*
突出屋面	上	64.89 (0)	21.6 (10.8)	0.0 (0.0)	0.0 (0.0)	0.0 (0.0)	0.0 (0.0)	0.0 (0.0)	21.6 (10.8)	0.0 (0.0)	21.6 (10.8)	0.0 (0.0)
	下								86.5 (10.8)		86.5 (10.8)	
18	上	83.07 (0)	43.1 (29.4)	66.2 (26.0)	31.8 (13.0)	−34.4 (−14.1)	36.7 (15.1)	−111.3 (−46.8)	180.7 (109.5)	−149.9 (−60.9)	267.2 (120.3)	−149.9 (−60.9)
	下								263.8 (109.5)		350.3 (120.3)	
11	上	83.07 (0)	38.2 (24.7)	63.6 (26.0)	31.8 (13.0)	−34.4 (−14.1)	36.4 (15.6)	−111.2 (−47.0)	170.0 (105.4)	−145.6 (−61.1)	2069.2 (886.2)	−1169.4 (−488.7)
	下								253.1 (105.4)		2152.3 (886.2)	
10	上	128.74 (0)	38.4 (24.8)	63.6 (26.0)	31.8 (13.0)	−33.2 (−13.6)	37.1 (15.9)	−112.0 (−47.1)	170.9 (105.8)	−145.2 (−60.7)	2323.2 (991.9)	−1314.7 (−549.4)
	下								299.6 (105.8)		2451.9 (991.9)	
1	上	168.97 (0)	38.4 (24.8)	63.6 (26.0)	31.8 (13.0)	−33.2 (−13.6)	37.3 (16.0)	−112.1 (−48.0)	171.1 (105.9)	−145.3 (−61.6)	5020.8 (1944.2)	−2622.2 (−1103.4)
	下								340.1 (105.9)		5189.8 (1944.2)	

恒（活）载作用下 W_4 墙肢2内力计算　表4-80

层次	截面	自重	板传来	纵梁传来		连梁传来		本层内力		最终内力	
			N	N_C	*M*	*N*	*M*	*N*	*M*	*N*	*M*
突出屋面	上	47.9 (0)	14.7 (7.3)	0.0 (0.0)	0.0 (0.0)	0.0 (0.0)	0.0 (0.0)	14.7 (7.3)	0.0 (0.0)	14.7 (7.3)	0.0 (0.0)
	下							62.6 (7.3)		62.6 (7.3)	

续表

层次	截面	自重	板传来	纵梁传来		连梁传来		本层内力		最终内力	
			N	N_C	M	N	M	N	M	N	M
18	上	61.3 (0)	37.3 (26.3)	63.6 (13.0)	81.5 (16.7)	36.7 (15.1)	82.7 (35.1)	141.6 (67.4)	170.3 (51.7)	204.1 (74.7)	170.3 (51.7)
	下							202.8 (67.4)		265.4 (74.7)	
11	上	61.3 (0)	37.3 (19.7)	63.6 (13.0)	81.5 (16.7)	36.4 (15.6)	82.8 (34.8)	201.0 (61.3)	164.3 (51.5)	2040.7 (504.1)	1320.2 (412.2)
	下							262.2 (61.3)		2102.0 (504.1)	
10	上	95.1 (0)	37.7 (19.8)	63.6 (13.0)	78.6 (16.1)	37.1 (15.9)	81.8 (35.0)	202.0 (61.8)	160.4 (51.1)	2304.0 (565.8)	1480.6 (463.3)
	下							297.2 (61.8)		2399.2 (565.8)	
1	上	124.9 (0)	37.7 (19.8)	63.6 (13.0)	78.6 (16.1)	37.3 (16.0)	81.7 (35.0)	202.2 (61.8)	160.3 (51.1)	4979.6 (1122.1)	2923.9 (923.0)
	下							327.1 (61.8)		5104.5 (1122.1)	

W_4 墙肢 1 荷载组合值 **表 4-81**

层号	截面	恒载		活载		风载		组合值(左风)			组合值(右风)		
		M	N	M	N	M	V	M	N	V	M	N	V
18	上	149.9	267.2	36.5	72.2	87.9	128.9	336.7	411.6	162.4	115.1	411.6	−162.4
	下	149.9	350.3	36.5	72.2	87.9		336.7	511.3		115.1	511.3	
11	上	1169.4	2069.2	293.2	531.7	566.3	185.5	2486.3	3153.0	233.7	1059.2	3153.0	−233.7
	下	1169.4	2152.3	293.2	531.7	427.4		2311.3	3252.7		1234.2	3252.7	
10	上	1314.7	2323.2	329.6	1103.0	480.8	224.5	2598.8	4177.7	282.8	1387.1	4177.7	−282.8
	下	1314.7	2451.9	329.6	1103.0	331.2		2410.3	4332.1		1575.6	4332.1	
1	上	2622.2	5020.8	662.0	1166.5	3210.3	763.6	8025.8	7494.9	962.2	−64.3	7494.9	−962.2
	下	2622.2	5189.8	662.0	1166.5	4085.2		9128.1	7697.6		−1166.6	7697.6	

W_4 墙肢 2 荷载组合值 **表 4-82**

层号	截面	恒载		活载		风载		组合值(左风)			组合值(右风)		
		M	N	M	N	M	V	M	N	V	M	N	V
18	上	170.3	204.1	31.0	44.8	33.3	12.9	201.5	301.4	16.3	285.4	301.4	−16.3
	下	170.3	265.4	31.0	44.8	33.3		201.5	375.0		285.4	375.0	
11	上	1320.2	2040.7	247.3	302.5	−214.3	18.6	2165.8	2829.9	23.4	1625.9	2829.9	−23.4
	下	1320.2	2102.0	247.3	302.5	−161.7		2099.6	2903.5		1692.1	2903.5	
10	上	1480.6	2304.0	278.0	339.5	−184.9	22.3	2360.0	3192.6	28.1	1894.0	3192.6	−28.1
	下	1480.6	2399.2	278.0	339.5	−127.4		2287.5	3306.8		1966.5	3306.8	
1	上	2923.9	4979.6	553.8	673.2	1571.1	75.8	2226.9	6823.8	95.5	6186.1	6823.8	−95.5
	下	2923.9	5104.5	553.8	673.2	1571.1		2226.9	6973.7		6186.1	6973.7	

1 层各柱截面配筋情况 **表 4-83**

	$h\times b$	A (mm²)	A_c (mm²)	M (kN·m)	N (kN)	$e=M/N$ (mm)	拟配钢筋 16Φ25	ρ	φ_{com}	承载力	是否满足
①轴 A 柱	740×740	240100	307500	27.12	4350.69	6.23	7854.4	1.4343	1	7749.76	是
①轴 B 柱	740×740	240100	307500	26.66	6049.57	4.41	7854.4	1.4343	1	7749.76	是
②轴 A 柱	740×740	240100	307500	43.33	6603.08	6.56	7854.4	1.4343	1	7749.76	是

②轴B柱　截面形式如图4-84所示，$M=22.52\text{kN}\cdot\text{m}$，$N=9521.27\text{kN}$，$e=\dfrac{M}{N}=\dfrac{22.52}{9521.27}=2.36\text{mm}$，$\beta=\dfrac{H_0}{h}=\dfrac{4200}{740}=5.676$，$e_i=(1-0.022\beta)\dfrac{\beta^2 h}{2000}=9.48\text{mm}$，$e+e_i=2.36+9.48=11.84\text{mm}$，偏心距很小，近似按轴心受压计算。

$A=490^2=240100\text{mm}^2$，$A_c=740^2-490^2=307500\text{mm}^2$，$\eta_s=1.0$，$\varphi_{com}=1.0$，由 $N=\varphi_{com}(fA+f_cA+\eta_s f'_y A'_s)$：

$9524.72\times1000=1.0\times(4.15\times240100+14.3\times307500+1.0\times300\times A'_s)$，得 $A'_s=13770.18\text{mm}^2$，实配 4 Φ 28 + 20 Φ 25，$A'_s=12281.2\text{mm}^2<13770.18\text{mm}^2$，不满足要求，考虑网状水平配筋来提高承载力。将式 $N=f_{com}(fA+f_cA+\eta_s f'_y A'_s)$ 中的 f 用网状配筋砌体的 f_n 代替，采用两种类型的方格钢筋网，每隔2皮砖设置，$s_n=130$，钢筋采用直径为4mm的冷拔钢丝，Ⅰ型网格尺寸为60mm×60mm，Ⅱ型系列Ⅰ型网格中第3、第7根钢丝抽空而成，以取代面层箍筋，且两道Ⅰ型网格间设置一道Ⅱ型网格，如图4-85。

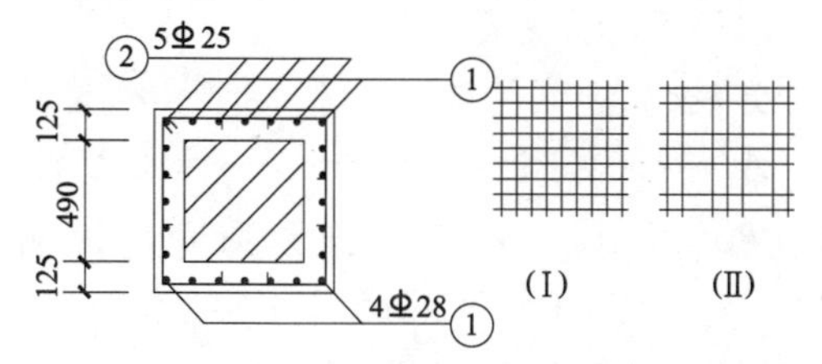

图4-84　两种类型的网格形式

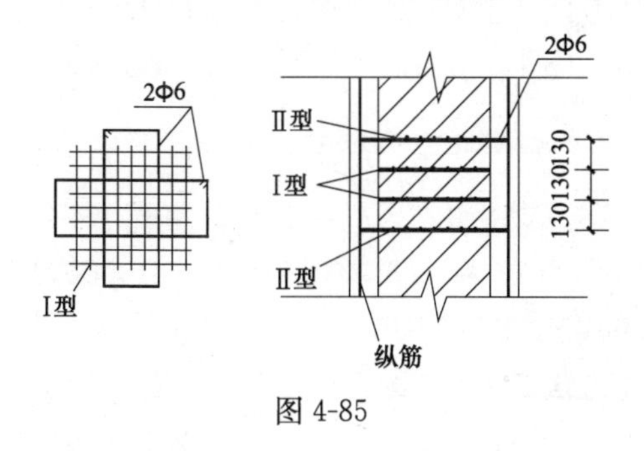

图4-85

体积配筋率

$$\rho=\left(\frac{V_s}{V}\right)=\left(\frac{(60+60)\times12.6}{60\times60\times130}\right)=0.323\%$$

$f_n=f+2\rho f_y=4.15+2\times0.323\times320=6.217$，将 f_n 代入承载力计算公式，得 $A'_s=12115.89\text{mm}^2<12281.2\text{mm}^2$，满足要求。

2）柱斜截面

1层②轴B柱　因剪力较小，按构造配置箍筋。由上面计算可知在Ⅱ型网片所在的截面上设置4根 $\phi6$ 作为复合箍筋。箍筋间距 $s=390\text{mm}$，如图4-85所示。

3）剪力墙正截面

采用在构造柱中加预应力钢筋来增大竖向压力，以提高斜截面抗剪承载力并减小偏心距。每根构造柱设置一根精轧螺纹钢1Φ28，$A_{s0}=615.8\text{mm}^2$，$f_{ptk}=750\text{N/mm}^2$，$\sigma_{con}=0.7f_{ptk}$，预计 $\sigma_l=0.2\sigma_{con}$，$N_{P0}=750\times0.7\times0.8\times615.8=258.64\text{kN}$。预留孔道 $D60$。

1层墙肢1：截面形式如图4-86，参照组合柱的方法计算，构造柱内配置4Φ25非应力筋，中间构造柱由于较接近形心轴，不计其有利作用。$A'_s=A_s=1694\text{mm}^2$。由表4-81得 $N=7697.6\text{kN}$，$M=9128.1\text{kN}\cdot\text{m}$。

左风作用下，L型截面翼缘受压区，$N=N_{p0}+N=258.64\times3+7697.63=8473.5\text{kN}$，$M_{p0}=258.64\times(233.42-185)-258.64\times(5400-2233.42-185)-258.64\times(5400/2-2233.42)=-362\text{kN}\cdot\text{m}$，则 $M_{总}=9128.1-362=8766.1\text{kN}\cdot\text{m}$，$e_0=\dfrac{M}{N}=\dfrac{8766.1}{8473.5}=1034.5\text{mm}$，$h_T=3.5i=5998.25\text{mm}$，$\beta=\dfrac{H_0}{h_T}=\dfrac{4200}{5998.25}=0.7$，$e_i=(1-0.022\beta)\dfrac{\beta^2 h}{2200}=1.18\text{mm}$，$e_0+e_i=1035.71\text{mm}$，压区高度 $x>370$。

基本参数计算：

$e_n=4017.29\text{mm}$，$e'_n=1012.71\text{mm}$

$A'=1230\times370+(x-370)\times370=318200+370x$

$A'_c=370^2-3.14\times30^2=134074\text{mm}^2$

$S_s=2.289\times10^9+(x-370)(1861100-185x)$

$S_{c,s}=134074\times(5400-370)=6.74\times10^8$

$S_N=5.88\times10^8-185(x-1197.7)^2$

$S_{c,N}=134074\times(1197.7-185)=1.36\times10^8$

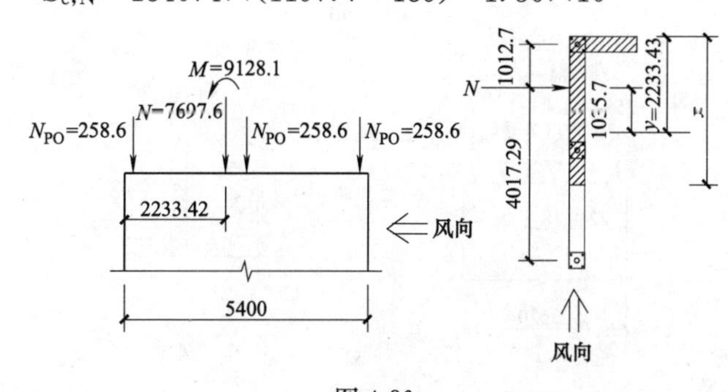

图4-86

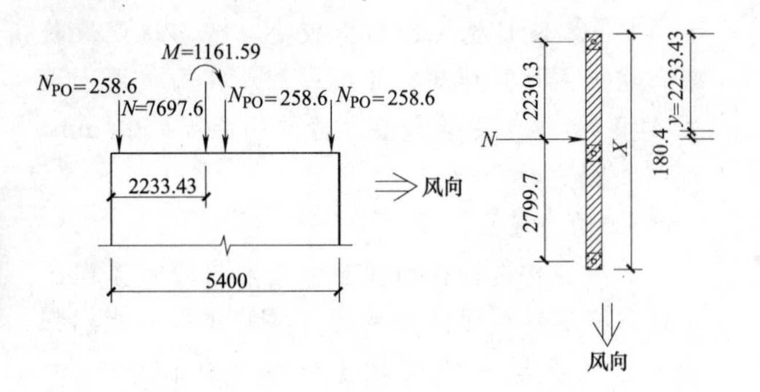

图 4-87

将参数代入式 $fS_N + f_c S_{c,N} + \eta_s f_y A'_s e'_n - \sigma_s A_s e_n = 0$

得 $\sigma_s = 630.8 - \dfrac{(x-1197.7)^2}{10276.7}$

将参数代入式 $N = fA' + f_c A'_c + \eta_s f'_y A'_s - \sigma_s A_s$，得 $\sigma_s = 0.782x - 2365.86$

解二式得 $x = 3288.72\text{mm}$，$\xi = \dfrac{x}{h_0} = \dfrac{3288.72}{5215} = 0.63$，为小偏心受压。

将x代入式 $Ne_N = fS_s + f_c S_{c,s} + \eta_s f'_y A'_s (h_0 - \alpha'_s)$，得 $Ne_N = 3.4\times10^{10} < 3.73\times10^{10}$，满足要求。

右风作用下，计算不考虑翼缘的作用，按矩形截面计算，但形心位置仍按原 L 型截面来计算。同左风的计算公式，求得 $x=5400\text{mm}$，为全截面受压。其计算简图如图 4-87。计算结果为 $Ne_n = 1.89\times10^{10} < 3.06\times10^{10}$，满足要求。

1 层墙肢 2：截面形式如图 4-88，计算方法同墙肢 1，各参数结果见表 4-84。

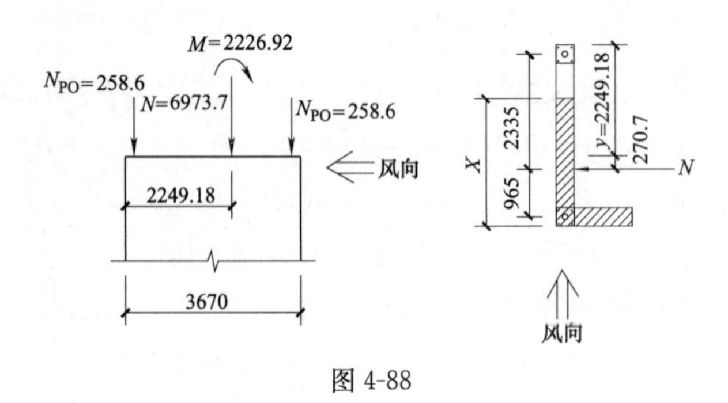

图 4-88

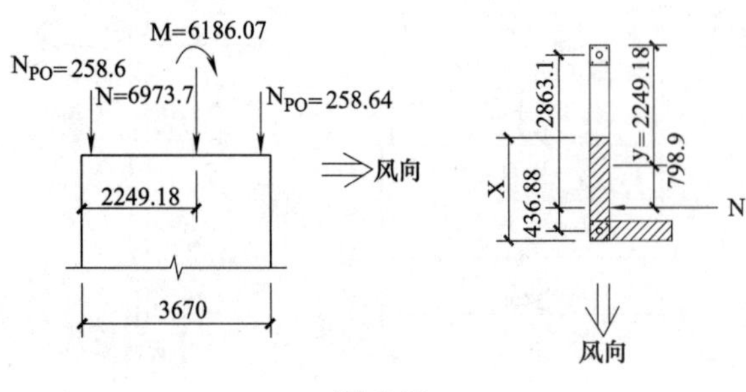

图 4-89

1 层墙肢 2 参数计算表　　表 4-84

	$N_{总}$ (kN)	$M_{总}$ (kN·m)	$A'_s=A_s$ (mm²)	e_0+e_i (mm)	x (kN·m)	ξ
墙肢 2 左风	7490.98	2012.67	1694	270.41	2893.45	0.83
墙肢 2 右风	7490.98	5971.82	1694	798.9	2275.7	0.653

左风作用下，得 $1.75\times10^{10} < 2.22\times10^{10}$，满足要求。

右风作用下，得 $2.145\times10^{10} > 2.083\times10^{10}$，差<5%，满足要求。

4）剪力墙斜截面

墙肢 1　查表 4-81 得 $V=962.17\text{kN}$

[方法一]（抗剪强度提高系数法）[54]：

$\sigma_0 = \sigma_{01} + \beta_p \sigma_{0p} = 7697.63\times1000/2453100 + 1.3\times258.64\times3\times1000/2453100 = 3.55\text{N/mm}^2$，$\beta_p$ 为预应力提高系数。查文献 [29]，得 $\alpha\mu = 0.12$，则 $f_v = f_{v0} + \alpha\mu\sigma_0 = 0.18 + 0.12\times3.55 = 0.606\text{N/mm}^2$，$\beta = \dfrac{2}{1+1.5\times1.3} = 0.678$，$\Psi_1 = 1.3$，$\xi_2 = 1.32$，由式（4-245）得 $V = \beta\Psi_1 \dfrac{f_v A}{\xi_2} = 0.678\times1.3\times0.606\times2453100/1.32 = 992.45\text{kN} > 962.17\text{kN}$，满足要求。

[方法二]（并连叠加法）[54]　构造柱配 4Φ25，$A_s = 2\times1964 = 5892\text{mm}^2$，$\eta_c = 1.15$，$\Psi_c = 0.6$，$\Psi_s = 0.15$，其余各符号同前。由式（4-252），$V = 1078.05\text{kN} > 962.17\text{kN}$，满足要求。

墙肢 2：查表得 $V=95.45\text{kN}$

[方法一]（抗剪强度提高系数法）

$\sigma_0 = \sigma_{01} + \beta_p \sigma_{0p} = 4.22\ \text{N/mm}^2$，$\alpha\mu = 0.12$，则 $f_v = f_{v0} + \alpha\mu s_0 = 0.686\text{N/mm}^2$，$\beta = \dfrac{2}{1+1.5\times1.3} = 0.678$，$\Psi_1 = 1.3$，$\xi_2 = 1.48$，由式（4-245）得

$V = 0.678\times1.3\times0.686\times1813000/1.48 = 740.68\text{kN} > 95.45\text{kN}$，满足要求。

[方法二]（并连叠加法）　构造柱配筋 4Φ25，$A_s = 2\times1964 = 3928\text{mm}^2$，$\eta_c = 1.15$，$\Psi_c = 0.6$，$\Psi_s = 0.15$，由式（4-252），$V = 787.6\text{kN} > 95.45\text{kN}$，满足要求。

5）剪力墙顶层局部承压验算

顶层圈梁刚度加大，在梁柱节点处设置 50mm 的预留缝，待预应力筋张拉锚固后用 C25 细石混凝土灌缝使成为刚性节点。锚固前在预压力 N_p 的作用下，梁柱节点两边的砌体的局部受压，可近似参考挑梁的局压计算方法，计算简图如图 4-90。

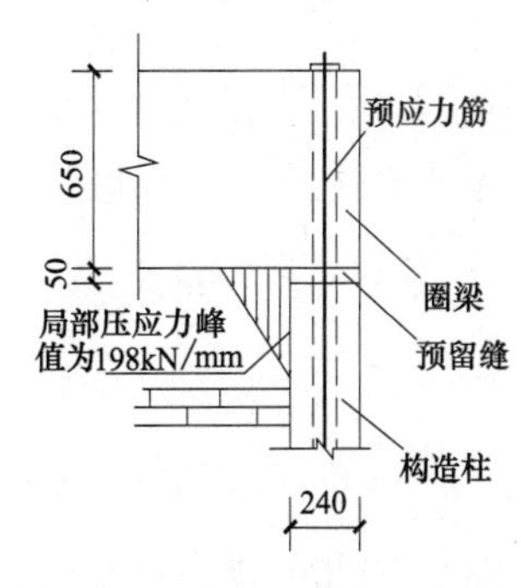

图 4-90　局部受压计算简图

由式 $N_l \leqslant \eta\gamma A_l f$，$\eta=0.7$，$\gamma=1.25$，$A_l=1.2bh_b$，$\eta\gamma A_l f=0.7\times1.25\times1.2\times240\times650\times4.15=679.8\text{kN}$，对局部受压的合力为 $2R=N_l$，有 $N_l=N_p=750\times0.7\times615.8\times2=646.6\text{kN}<679.8\text{kN}$，满足要求。$N_p$ 为不计预应力损失的预应力合力。

6）连梁构造配筋（1层）

W_4 为整体小开口墙，连梁的构造方法如图 4-91。水平钢筋每两皮砖设置 2Φ8，伸入构造柱内锚固 $30d$；竖向钢筋为Φ8@240。

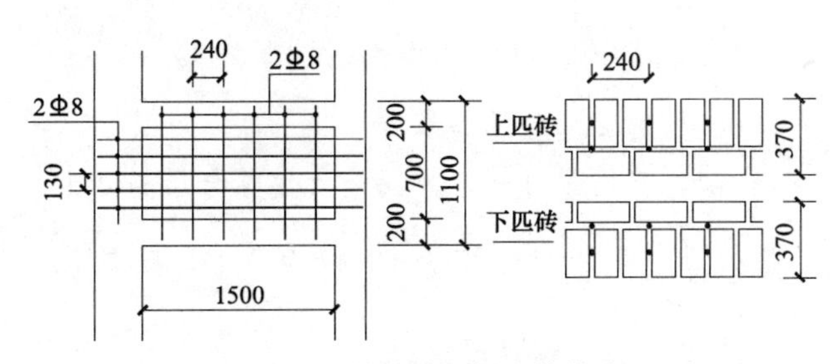

图 4-91　剪力墙连梁配筋构造

7. 混凝土砌块配筋砌体剪力墙住宅（20层）

【例 4-7】　某 20 层住宅平面布置如图 4-92，底层高 3.3m，其余层 3.0m，总高 60.3m，基顶标高−0.500m。采用混凝土空心砌块配筋砌体剪力墙结构，由孔洞率 50% 的 MU20 混凝土空心砌块、Mb15 砂浆砌成。灌孔混凝土 Cb45，灌孔率 $\rho=100\%$。剪力墙厚 190mm，竖向及水平钢筋 HRB335 级。整体现浇钢筋混凝土楼盖及屋盖板厚 100mm。安全等级二级，施工质量控制 B 级。基本风压 $w_0=0.6\text{kN/m}^2$，地面粗糙度 B 类。采用将灌孔砌块砌体抗压强度 f_g 等效为 C25 混凝土强度的变换并由电算程序 SATWE 完成内力分析与结构计算。风荷载作用下最大顶点位移：$\Delta_x=9.45\text{mm}$，$\Delta_y=11.28\text{mm}$，最大层间位移在第 8 层：$\theta_x=\dfrac{0.6}{3000}=\dfrac{1}{5000}$，$\theta_y=\dfrac{0.73}{3000}=\dfrac{1}{4110}$。墙肢 Q1 底截面 $b\times h=190\text{mm}\times2700\text{mm}$，平面内内力设计值：V=36.9kN，N=5229.4kN，M=37.0kN·m。试计算该墙肢的配筋。

【解】

（1）强度设计值：详表 4-85

（2）构件正截面承载力计算

1）墙体平面内正截面承载力计算：试按小偏心受压计算。

强度设计值（MPa）　　表 4-85

未灌孔砌体 f	Cb45 f_c	灌孔砌体 f_g	灌孔砌体 f_{vg}	HRB f_y
5.68	21.1	12.01	0.785	300

注：$f_g=f+0.6\alpha f_c$，其中 $\alpha=\delta\rho=0.5\times100\%=0.5$

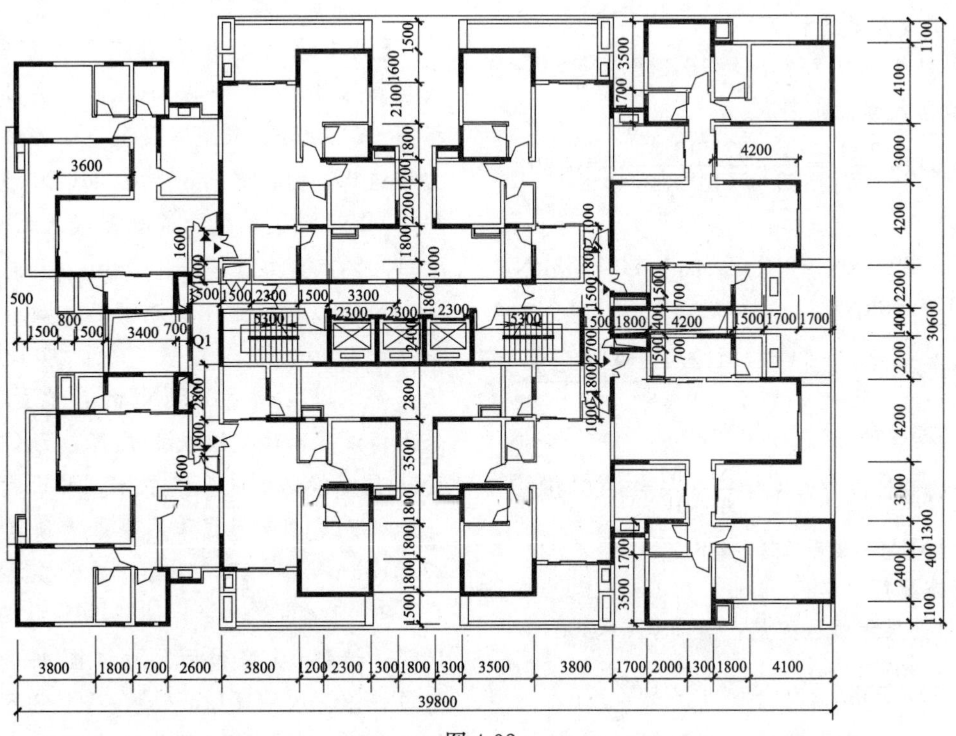

图 4-92

$e=\frac{M}{N}=\frac{37\times10^6}{5229.4\times10^3}=7.1\text{mm}<0.05h=0.05\times2700=135\text{mm}$，取 $e=135\text{mm}$。

$H_0=3.8\text{m}$，$h=2890\text{mm}$，$\beta=\frac{3.8}{2.89}=1.32$ 代入（4-188）得 $e_a=2.22\text{mm}$，$e_N=e+e_a+\left(\frac{h}{2}-a_s\right)=1187.22\text{mm}$，$\xi_b=0.53$

将以上结果代入（4-260）式得 $\xi=0.927>0.53$，小偏压假定成立。再代 ξ 入（4-259）式得 $A_s=A'_s<0$，故边缘构件按构造配筋，选用 3Φ16 $A_s=A'_s=603\text{mm}^2$（详图 4-93）。

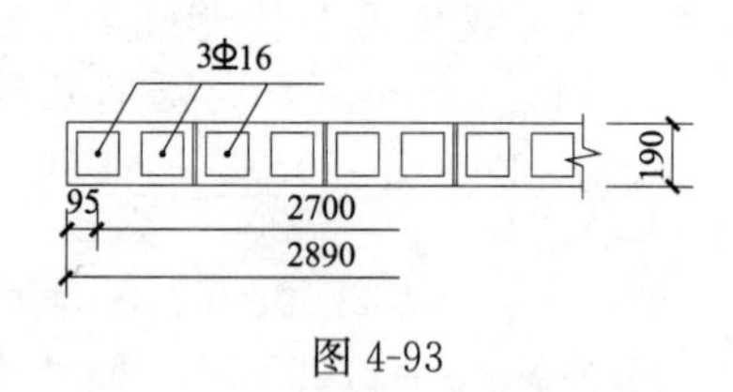

图 4-93

2）墙体平面外按轴心受压构件正截面承载力验算：

$$\beta=\frac{H_0}{h}=\frac{3.8}{0.19}=20,$$

$$A=2890\times190=549100\text{mm}^2$$

按公式（4-265）及公式（4-266）计算。

由边柱配筋及墙中 $\phi16$@600 的分布钢筋总合为 $A'_s=603\times2+3\times201=1809.3\text{mm}^2$

代入（4-265）式得 $[N]=5018.65\text{kN}\approx N=5229.4\text{kN}$（误差−4.0%，尚可）

（3）斜截面承载力计算

截面限制条件 $0.25f_gbh=1648.67\text{kN}>V=36.9\text{kN}$，截面尺寸满足要求。

配筋计算 $\lambda=\frac{M}{Vh_0}=\frac{37\times10^6}{36.9\times10^3\times2590}=0.39<1.5$ 取 $\lambda=1.5$

因 $N=5229.4\text{kN}>0.25f_gbh_0=1477.53\text{kN}$，则取 $N=1477.53\text{kN}$

由式（4-269）得 $\frac{A_{sh}}{s}=\frac{V-1.0\times\left(0.6f_{vg}bh_0+0.12N\frac{A_w}{A}\right)}{0.9f_{yh}h_0}<0$，按构造配置箍筋。

由于墙端设计压应力 $\sigma_c=\frac{N}{A}+\frac{M}{W}=9.66\text{MPa}>0.8f_g=9.61\text{MPa}$，故取 2$\phi$6@200。

（4）墙体配筋

1）底部三层加强区配筋：竖向 ϕ16@200，

$$\rho=\frac{201.1}{190\times200}=0.529\%>0.07\%$$

水平 2ϕ8@400，

$$\rho=\frac{101}{190\times400}=0.133\%>0.07\%$$

2）非加强区配筋： 竖向 ϕ12@200，

$$\rho=\frac{115.1}{190\times200}=0.298\%>0.07\%$$

水平 2ϕ6@400，

$$\rho=\frac{57}{190\times400}=0.075\%>0.07\%$$

（5）剪力墙墙肢 Q1 段最终配筋（详图 4-94）两端边缘构件：各配 3Φ16 纵筋及 ϕ6@200 箍筋。

墙身配筋：

1）非加强区配筋：

竖向 ϕ12@200，水平 2ϕ6@400。

2）底部三层加强区配筋：

竖向 ϕ16@200，水平 2ϕ8@400。

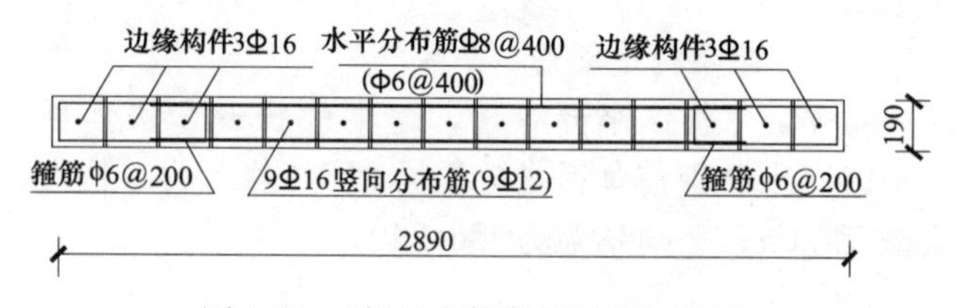

图 4-94 （括号内数字仅属非加强区）

（6）墙体的位移验算

由电算结果可知，层间最大位移与层高之比：$\frac{0.73}{3000}<\frac{1}{1000}$；顶点位移与总层高之比：$\frac{11.28}{60300}<\frac{1}{1000}$，满足要求。

8. 混凝土砌块配筋砌体剪力墙住宅（30 层）

【例 4-8】 某 30 层住宅平面布置如图 4-95，底层高 3.3m，其余层 3.0m，总高 90.3m，基顶标高−0.500m。采用混凝土空心砌块配筋砌体剪力墙结构，由孔洞率 50% 的 MU20 混凝土空心砌块、Mb15 砂浆砌成。灌孔混凝土 Cb50，灌孔率 $\rho=100\%$，剪力墙墙厚 190mm，竖向及水平钢筋为 HRB335 级。整体现浇钢筋混凝土楼盖及屋盖板厚 100mm。安全等级二级，施工质量控制 A 级。基本风压 $w_0=0.6\text{kN/m}^2$，地面粗糙度 B 类。采用将灌孔砌体抗压强度 f_g 等效为 C25 混凝土强度 f_c 的变换并由电算程序 SATWE 完成内力分析与结构计算。风荷载作用下最大顶点位移：$\Delta_x=37.01\text{mm}$，$\Delta_y=43.86\text{mm}$，最大层间位移在第 11 层：$\theta_x=1.61/3000=1/1863$，$\theta_y=1.92/3000=1/1563$。墙肢 Q1 底截面尺寸详图 4-95，平面内内力设计值：$N=10115.4\text{kN}$，$V=335.2\text{kN}$，$M=2416.8\text{kN}\cdot\text{m}$。试计算该墙肢配筋。

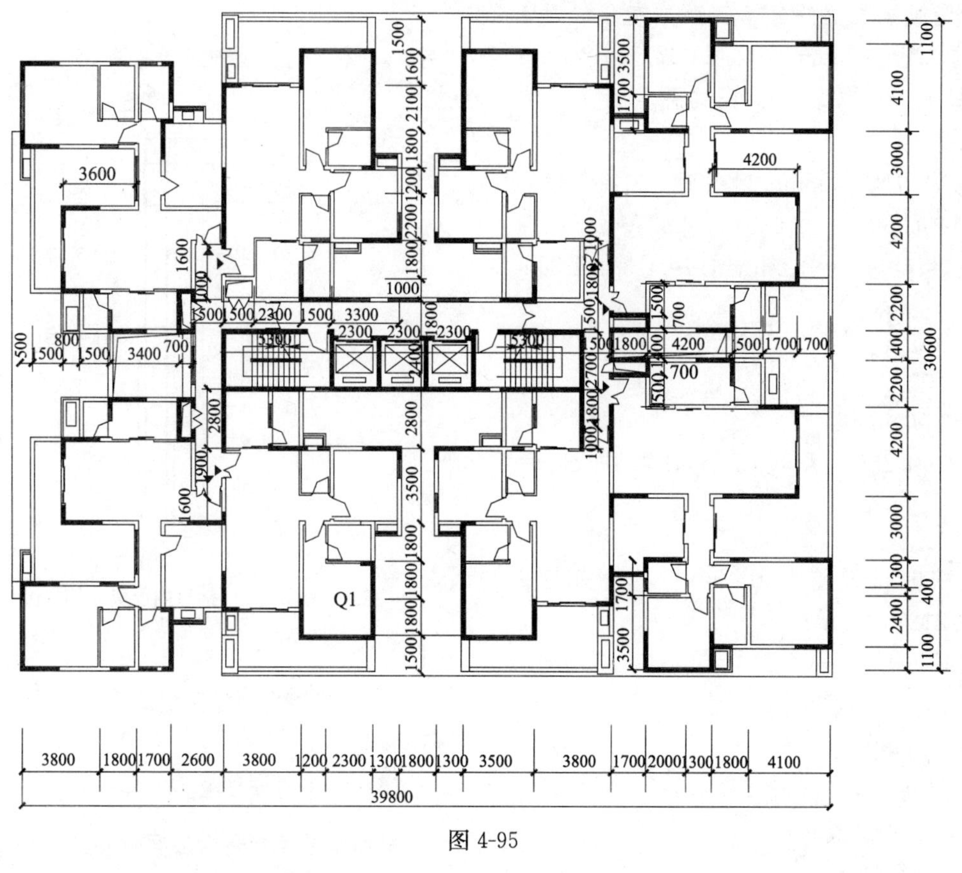

图 4-95

【解】 (1) 材料强度设计值：详表 4-86

材料强度设计值 (MPa)　　表 4-86

未灌孔砌体 f	Cb50 f_c	灌孔砌体 f_g	灌孔砌体 f_{vg}	HRB f_y
5.68	23.1	12.61	0.81	300

注：$f_g=f+0.6\alpha f_c$ 其中 $\alpha=\delta\rho=0.5\times100\%=0.5$

(2) 构件正截面承载力计算

1) 平面内偏心受压正截面承载力计算

试按大偏心受压计算。根据公式 (4-261) 并令式中 $\sum f_{si}A_{si}=(h_0-1.5x)bf_y\rho_w$，又 $f_y'A_s'=f_yA_s$。式中墙身竖向分布筋取 $\phi14$@600，则配筋率 $\rho_w=0.135\%$。

$h_0=4000-95=3905$mm；由表 4-12 得翼缘计算宽度 $b_f'=633$mm。代各值入 (4-261) 得

$$x=\frac{N-f_g(b_f'-b)h_f'+f_ybh_0\rho_w}{f_gb+1.5f_yb\rho_w}$$

$$=3724.9\text{mm}>\xi_bh_0=0.53\times3905=2070\text{mm}$$

故应改按小偏心受压构件计算。根据公式 (4-263) 及公式 (4-264)。考虑截面对称配筋，忽略 A_{si} 和 A_{si}' 的作用，以近似计算钢筋截面积。

$H_0=3.8$m，截面的有效翼缘宽度为 $\frac{H_0}{6}=633$mm 时的截面几何特征为：

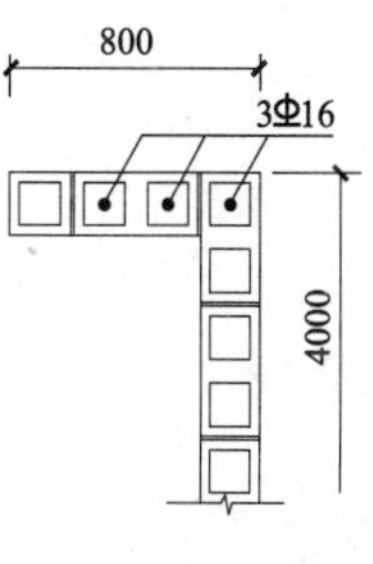

图 4-96

$A=190\times(3620+2\times633)=928340\text{mm}^2$，$I=\frac{190}{12}\times3620^3+2\times\left(\frac{633}{12}\times190^3+633\times190\times1905^2\right)=16.2474981\times10^{11}\text{mm}^4$，$r=\sqrt{\frac{I}{A}}=1.32294\times10^3$，$h_T=3.5r=4630$mm，因 $\beta=\frac{3.8}{4.63}=0.821$，代入 (4-188) 式得 $e_a=1.4$mm，又 $e=\frac{M}{N}=238.9\text{mm}>0.05h=200$mm，取 $e=238.9$mm。$e_N=e+e_a+\left(\frac{h}{2}-a_s\right)=2145.3$mm。代各值入 (4-264) 式

$$A_s=A_s'=\frac{Ne_N-f_g\left[bx\left(h_0-\frac{x}{2}\right)+(b_f'-b)h_f'\left(h_0-\frac{h_f'}{2}\right)\right]}{f_y'(h_0-a_s')}<0$$

故边缘构件纵筋按构造配筋，因有效 $b_f'=633$mm

<800mm，距腹板较远的翼缘受力不充分，故宜选用 3ϕ16 $A_s=A_s'=603\text{mm}^2$（详图4-97）。

2）墙体平面外按轴心受压构件截面承载力验算

有效翼缘宽度为 633mm 时截面几何特征值：

$A=190\times(3620+2\times633)=928340\text{mm}^2$，重心轴离墙外边缘距离 $y=152.4\text{mm}$，$I=1.88445336\times10^{10}\text{mm}^4$，$r=\sqrt{\dfrac{I}{A}}=142.475\text{mm}$，$h_T=3.5r=498.6\text{mm}$，$\beta=\dfrac{3.8}{0.4986}=7.62$

按公式（4-265）及（4-266），其中 $\varphi_{0g}=\dfrac{1}{1+0.001\beta^2}=0.945$

边柱配筋 6ϕ16 及墙中 ϕ14@600 的分布钢筋总合为 $A_s'=2127.6\text{mm}^2$

代入（4-265）式得 $[N]=11545.056\text{kN}>N=10115.4\text{kN}$，承载力满足要求。

（3）斜截面承载力计算

截面限制条件：$0.25f_g bh=2394\text{kN}>V=335.2\text{kN}$，截面尺寸满足要求。

$\lambda=\dfrac{M}{Vh_0}=\dfrac{2416.8\times10^6}{335.2\times10^3\times3905}=1.85>1.5$，取 $\lambda=1.85$

因 $N=10115.4\text{kN}>0.25f_g bh=2394\text{kN}$，则取 $N=2394\text{kN}$。由式（4-269）得 $A_{sh}/s<0$，按构造配置箍筋，故取 2ϕ6@200。

（4）墙体配筋

1）非加强区配筋

竖向 ϕ10@400，$\rho=\dfrac{78.5}{190\times400}=0.103\%>0.07\%$

水平 2ϕ6@400，$\rho=\dfrac{57}{190\times400}=0.075\%>0.07\%$

2）底部四层加强区配筋

竖向 ϕ14@400，$\rho=\dfrac{153.9}{190\times400}=0.203\%>0.07\%$

水平 2ϕ8@400，$\rho=\dfrac{101}{190\times400}=0.133\%>0.07\%$

（5）剪力墙墙肢 Q1 段最终配筋（详图 4-97）

两端边缘构件：各配 3ϕ16 纵筋及 ϕ6@200 箍筋

墙身配筋：

1）非加强区配筋：竖向 ϕ10@400，水平 2ϕ6@400。

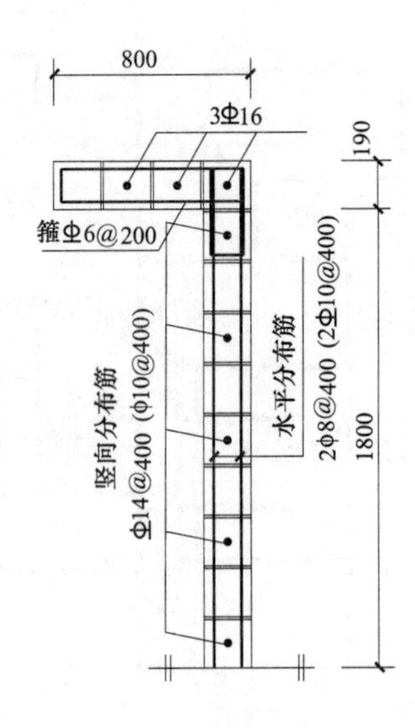

图 4-97 （括号内仅属非加强区）

2）底部四层加强区配筋：竖向 ϕ14@400，水平 2ϕ8@400。

（6）墙体的位移验算

电算结果可知最大层间位移角 $\theta_y=\dfrac{1.92}{3000}<\dfrac{1}{1000}$，顶点最大相对位移 $\dfrac{\Delta_y}{H}=\dfrac{43.86}{90300}<\dfrac{1}{1000}$，满足要求。

9. 钢筋混凝土与蒸压粉煤灰砖砌体混合剪力墙住宅（12 层）

【例 4-9】 某 12 层住宅平面如图 4-98，底层高 3.3m，其余层 3.0m，女儿墙高 1.2m，总高 37.8m，基顶标高−0.500m。采用 250mm 厚混凝土剪力墙及 240mm 厚砖砌体墙混合竖向结构体系；采用 C20 混凝土、MU20 蒸压粉煤灰砖和 M15 水泥砂浆。构造柱截面 240mm×240mm。现浇屋面及楼板厚 100mm。基本风压 $w_0=0.6\text{kN/m}^2$，地面粗糙度 B 类。各层窗洞口上设圈梁 $h=200\text{mm}$。试复核墙体承载力并验算位移。

【解】（1）复核墙体承载力，以第 1 层砖墙 Q1 为例。

1）电算输入荷载计算

屋面恒载标准值：6.75kN/m^2，楼面恒载标准值：3.5kN/m^2，上人屋面及楼面活载标准值：2.0kN/m^2。

根据 PKPM 建模后用 TNT 电算输出数据（考虑风载效应的组合及楼梯间剪力墙刚度的影响），底层 Q1 段墙肢墙底截面内力值：$N=5217.7\text{kN}$，$V=131.5\text{kN}$，$M=1275.9\text{kN}\cdot\text{m}$。

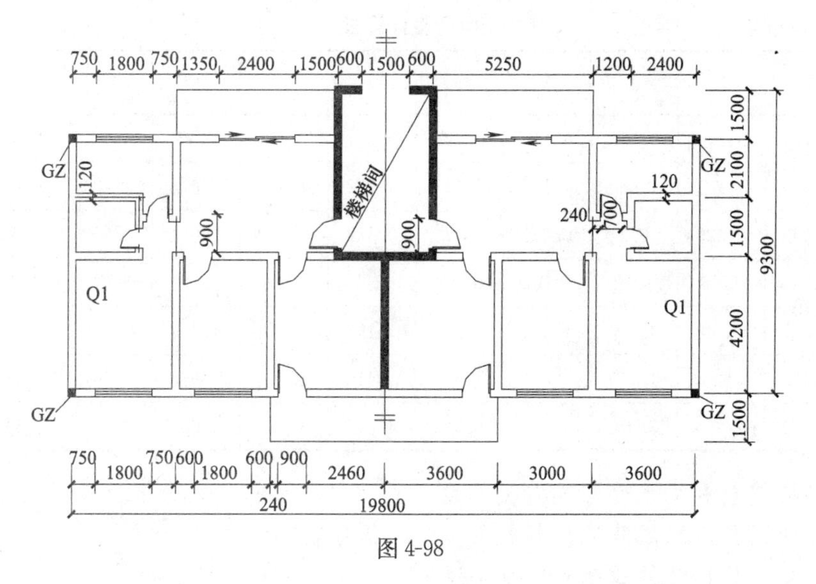

图 4-98

2）竖向荷载作用下承载力验算

Q1 段墙肢两构造柱距离为 7.8m>4m，故应按素砌体结构对 Q1 进行计算。

蒸压粉煤灰砖砌体抗压强度设计值　$f=3.22\times0.9=2.9$MPa（系水泥砂浆应予折减）

平面内初始偏心矩 $e=\dfrac{M}{N}=\dfrac{1275.9\times10^6}{5217.7\times10^3}=244.5\text{mm}<0.05h=0.05\times8040=402\text{mm}$，取 $e=402$mm。

考虑附加偏心矩：$\beta=\dfrac{H_0}{h}=0.473$，$e_a=\dfrac{\beta^2h}{2200}(1-0.022\beta)=8.08$mm，$\therefore e+e_a=410$mm；

$e/h=0.051$ 查 $\varphi=0.97$，$A=1929600\text{mm}^2$，$[N]=0.97\times2.9\times1929600=5427.97\text{kN}>N=5217.7$kN，满足。

而对于平面外其 $\beta=\dfrac{H_0}{h}=\dfrac{3.8}{0.24}=15.83$mm，查表 $\varphi=0.725<0.97$

可见墙肢平面外更危险。由规范公式（5-20）得 $[N]=0.725\times2.9\times1929600=4056.98\text{kN}<N=5217.7$kN，不满足。

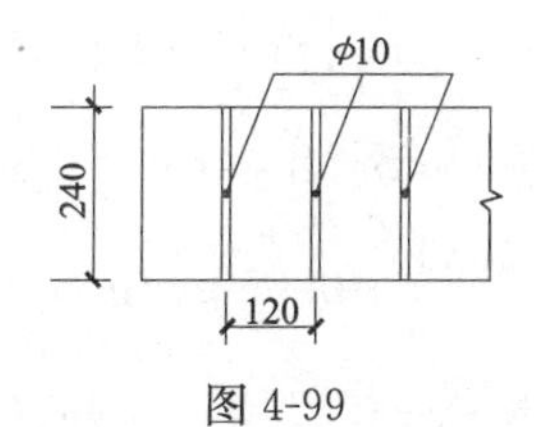

图 4-99

将砖改为 MU25 仍不满足，故采用竖向配筋 ϕ10@120 来予以增强，详图 4-99。

由公式 5-30，$A_c=0$，$\eta_s=0.9$（砂浆面层），$f'_s=210N/\text{mm}^2$，$A'_s=5102.5\text{mm}^2$，由 $\rho=\dfrac{A'_s}{bh}=\dfrac{5102.5}{1929600}=0.264\%$，$\beta=15.83$，查表 5-4 得 $\varphi_{com}=0.765$

将以上各值代入即得 $[N]=5018.56\text{kN}\approx N=5217.7$kN，相差 3.8%<5%，满足要求。

3）截面水平抗剪承载力验算。

参照砖砌体和钢筋混凝土构造柱组合墙的截面抗震承载力公式

$$V\leqslant\frac{1}{\gamma_{RE}}[\eta_c f_{VE}(A-A_c)+\zeta f_t A_c+0.08f_y A_s] \tag{4-297}$$

式中 $\gamma_{RE}=\eta_c=1.0$，不考虑构造柱作用而取 $A_c=0$，$A=1929600\text{mm}^2$，以 $f_V+\alpha\mu\sigma_0$ 取代 f_{VE}，$f_V=0.8\times0.12=0.096$MPa，式中系数 0.08 因非抗震而取为 0.1，近似取重力荷载值为 5217.7×10^3N，则 $\sigma_0=2.7$MPa，当 $\gamma_G=1.35$ 时 $\mu=0.23-0.065\times\dfrac{\sigma_0}{f}=0.169$ $\alpha=0.64$，$f_V+\alpha\mu\sigma_0=0.388$MPa，$A_S=\dfrac{8040}{120}\times78.5$，则 $[V_m]=949.224\text{kN}>V=131.5$kN，满足要求。

（2）计算位移

1）风载计算

$$T_1=0.03\times\left(1+\frac{H}{\sqrt[3]{B}}\right)=0.03\times\left(1+\frac{37.8}{\sqrt[3]{19.8}}\right)=$$

0.45sec，取 0.5sec（砌体刚度较差）。

$w_0T_1^2=0.6\times0.5^2=0.15\text{kNm}^2/\text{s}^2$，查表 4-10，可得脉动增大系数 $\xi=1.265$

$H/B=37800/19800=1.91$，$H=37.8$m，查表 4-11，可得脉动影响系数 $\nu=0.485$，代各值入公式（4-4）得 β 值。查荷载规范（插值法取值）得各层风载标准值如表 4-87 所列：

风荷载计算表　　表 4-87

层数	1	2	3	4	5	6	7	8	9	10	11	12	女儿墙顶
Z/H	0.095	0.175	0.254	0.333	0.412	0.492	0.571	0.651	0.73	0.81	0.89	0.968	1
μ_z	1	1	1	1.064	1.147	1.213	1.272	1.323	1.374	1.424	1.466	1.508	1.521
φ_z	0.02	0.065	0.129	0.2	0.241	0.379	0.422	0.562	0.691	0.752	0.85	0.955	1
β_z	1.01	1.04	1.08	1.12	1.13	1.19	1.2	1.26	1.31	1.32	1.36	1.39	1.4
w_k	0.788	0.811	0.842	0.93	1.011	1.126	1.191	1.3	1.404	1.466	1.555	1.635	1.661
q_k	0.936	0.963	1	1.105	1.201	1.334	1.415	1.554	1.668	1.742	1.847	1.942	1.973
W_{ki}/kN	3.182	2.889	3	3.315	3.603	4.002	4.245	4.632	5.004	5.226	5.541	5.281	—

由于山墙间各横墙能独立承受与其抗侧刚度相应的水平风力，所以其水平风载应按其抗侧刚度分配，对于多高层房屋计算墙体侧移刚度应考虑其剪切变形和弯曲变形

$$k=\frac{Et}{3\dfrac{h}{b}} \tag{4-298}$$

所以对山墙有：$q_{k1j}=\dfrac{k_1}{\sum\limits_{i=1}^{7}k_i}q_j$　　(4-299)

其中　q_j（第 j 层风载集度标准值）$=19.8w_{kj}$，混凝土 $E=2.55\times10^4\,\text{N/mm}^2$，砖砌体 $E=1060$ $f=1060\times3.22=3413.2\text{N/mm}^2$，代入式（4-298）得

$k_1=731790.08$，$k_2=644412.16$，$k_3=404122.88$，$k_4=8568000$　　$\therefore \dfrac{k_1}{\sum\limits_{i=1}^{7}k_i}=0.06$

将以上计算结果代入（4-299）式得各层 q_k 值，详见表 4-87。

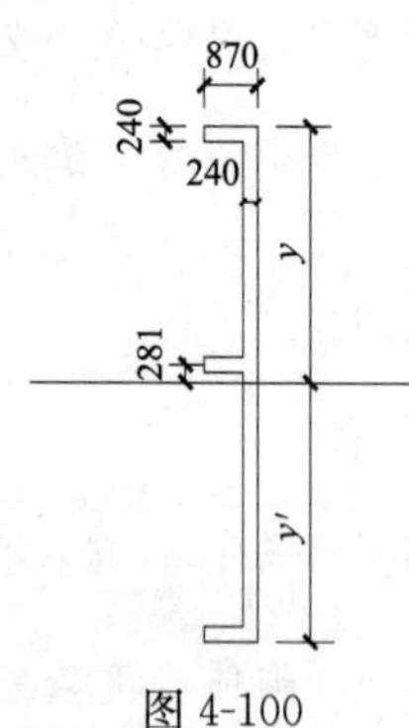

图 4-100

2）截面几何特征

截面如图 4-100，翼缘宽度 $b_f'=750+120=870\text{mm}$，$A=2383200\text{mm}^2$，$y=4001\text{mm}$，$y'=4039\text{mm}$，$I=15.009\times10^{12}\text{mm}^4$

3）顶点水平位移

将均布风荷载化为各层集中风荷载 W_K，其值见表 4-87。

由材料力学可知：

$$\delta=\frac{1}{3EI}\sum F_iH_i{}^3+\frac{2.5}{EA}\sum F_iH_i \tag{4-300}$$

代入各值可得最大顶点位移 $\Delta_{max}=5.98\text{mm}<H/1000=36.8\text{mm}$，满足要求。

底层层间位移：按图 4-101 所示倒三角形风荷载分布并按下式计算弯曲位移。

$$y_M=\frac{q_0x^3}{120EIH}(20H^3-10H^2x+x^3) \tag{4-301}$$

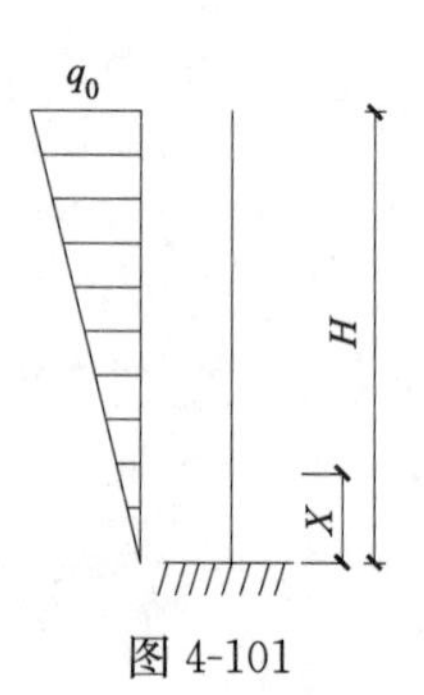

图 4-101

由表 4-87，$q_0=1.973\text{kN/m}$，$x=3800\text{mm}$，$H=36800\text{mm}$，得 $\delta_M=0.119\text{mm}$

剪力引起的位移差：

$$V_1=\left(q_0+\frac{x}{H}q_0\right)\times(H-x)/2 \tag{4-302}$$

当 $x=3800\text{mm}$ 时，$V_1=36025N$，$\delta_V=\dfrac{2.5\times36025\times3800}{3413.2\times8040\times240}=0.052\text{mm}$

$\therefore\delta_1=\delta_M+\delta_V=0.119+0.052=0.171\text{mm}<\dfrac{h_1}{1000}=3.8\text{mm}$，满足要求。

10. 钢筋混凝土与烧结页岩多孔砖砌体混合剪力墙住宅（10 层）

【例 4-10】 如图 4-102 所示某 10 层公寓

楼，底层层高3.3m，其余各层高3m，女儿墙高1m，基顶标高−0.8m。采用MU30孔洞率为26.3%的烧结页岩多孔砖，M20水泥砂浆。根据文献[4]并考虑0.9折减系数则 $f=4.15$MPa，钢筋混凝土剪力墙及构造柱采用C20混凝土，Ⅰ级钢筋。预应力空心板楼（屋）盖。基本风压 $w_0=0.70\text{kN/m}^2$，A类地面粗糙度。重力荷载资料如表4-88，试计算墙体的承载力及层位移。

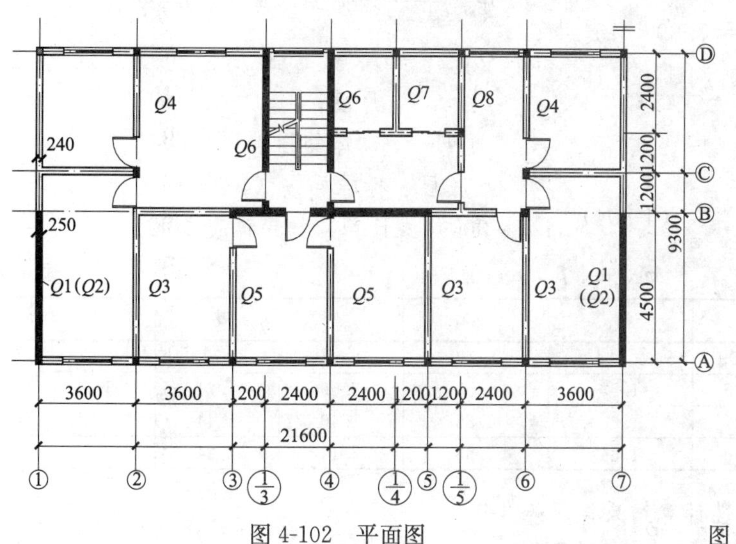

图4-102　平面图

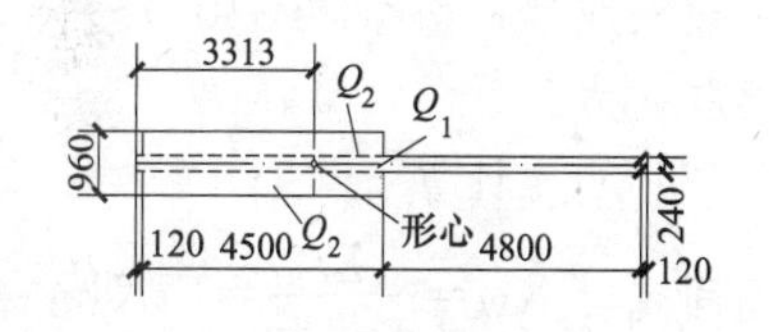

图4-103　①，⑦轴墙折算为砖墙截面

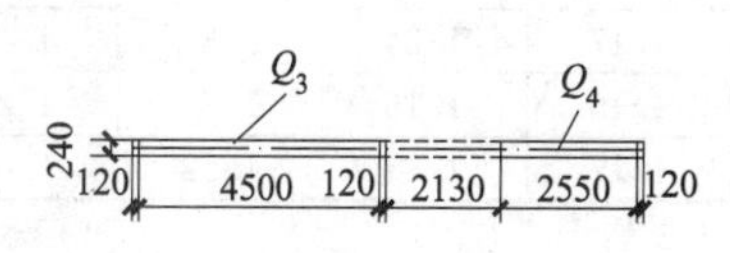

图4-104　②，⑥轴墙简化为双肢墙截面

面荷载标准值　表4-88

屋面恒载	屋面活载	楼面恒载	顶层活载	其余层活载	墙及抹灰重	门窗重
5.2kN/m²	0.50kN/m²	2.65kN/m²	3.0kN/m²	2.0kN/m²	4.66kN/m²	0.4kN/m²

【解】

墙体自重　表4-89

层位	轴线	墙体自重(kN)
女儿墙	ⒶⒹ	105.252
	① ⑦	44.46
标准层	①⑦	165.11
	②⑥	116.51
底层	①⑦	225.65
	②⑥	166.18

(1) 荷载计算

1) 重力荷载：见表4-88及表4-89。

2) 风载的计算：

因 $H=31.6\text{m}>30\text{m}$ 且 $\dfrac{H}{B}=\dfrac{31.6}{9.3+0.24}=3.31>1.5$，故应考虑风振系数 $\beta_z=1+\varphi_z\nu\xi/\mu_z$。

μ_z，φ_z—分别为风载高度修正系数和振型系数，因刚度和质量沿高度均布故可近似用 $\dfrac{Z}{H}$ 代替 φ_z。周期 $T=(0.05\sim0.1)n$ 取 $T=0.8\text{S}$，$w_o=0.7$ 则 $w_oT^2=0.7\times0.64=0.448$，查表4-10 $\xi_A=1.35\times1.38=1.863$，($Q_1$ 之Ⓐ～Ⓑ段) 脉动影响系数 $\nu=0.52$。μ_s 迎风0.8背风0.5。φ_z、μ_z、β_z 和 w_k 的计算结果详表4-90。

(2) 计算简图

① 轴钢筋混凝土墙（Q1之Ⓐ～Ⓑ段），折算为砖墙宽 $t=\dfrac{2.55\times10^4}{1600\times4.15}\times240=960\text{mm}$，将(960−240)部分标记为 $Q2$，详图4-103。

② 轴为多肢墙，因两洞口净距仅330mm，故可简化为一个洞口，净跨 $l_n=2130\text{mm}$ 的双肢墙（详图4-104）。墙肢Q3和Q4分别长4.74m与2.67m，其中心距 $2c=9.54-\dfrac{4.74+2.67}{2}=5.835\text{m}$，洞口宽度，$2a=l_n$，墙总高 $H=30.3+0.8+1=32.1\text{m}$，墙肢的整体系数

$$\alpha=H\sqrt{\frac{6}{Th(I_1+I_2)}\tilde{I}_l\frac{c^2}{a^3}} \tag{4-303}$$

式中　T——墙肢系数，由式(4-112)～式(4-114)得 $T=\dfrac{\sum A_iy_i^2}{I}=\dfrac{13.961}{16.472}=0.848$；

I_l——连梁惯性矩，$I_l=\dfrac{1}{12}\times0.24\times0.9^3=0.0146\text{m}^4$；

$\tilde{I}_l$——连梁折算惯性矩，由式(4-116)

$$\widetilde{I}_l=\frac{I_{li}}{1+0.7\dfrac{h_{li}^2}{a_i^2}}=9.73\times10^{-3}\text{m}^4;$$

连梁计算跨度 $l=l_n+\dfrac{h_l}{4}\times2=2.58\text{m}$

将各值代入上式得整体系数 $\alpha=7.89<10$，故可按双肢墙的公式（4-105）～公式（4-110）计算墙肢内力。

（3）刚度计算

两端固定时 $$K_W=\frac{Et}{\rho^3+3\rho}=EtK。\qquad(4\text{-}304)$$

底端固定上端自由时

$$K_W=\frac{Et}{4\rho^3+3\rho}=EtK。\qquad(4\text{-}305)$$

式中：ρ——墙体的高厚比，$\rho=\dfrac{h}{b}$；

h、b、t——墙肢的高度、宽度、折算砌体墙厚度；

E——砌体的弹性模量。

底层、标准层按（4-304）式计算，顶层按式（4-305）式计算，结果详表 4-92。

φ_z、μ_z、β_z、w_k（值）　　表 4-90

层位	1	2	3	4	5	6	7	8	9	10
φ_z	0.114	0.209	0.304	0.399	0.494	0.589	0.683	0.779	0.873	1.000
μ_z	1.17	1.24	1.37	1.45	1.53	1.58	1.66	1.71	1.76	1.82
β_z	1.10	1.16	1.22	1.27	1.32	1.36	1.40	1.44	1.48	1.53
w_k	1.17	1.31	1.52	1.68	1.84	1.93	2.11	2.24	2.37	2.53

由图 4-104 所示的双肢墙截面特性计算结果详见表 4-91。

截面特性　　表 4-91

墙肢	A_i(m²)	x_i(m)	A_ix_i(m³)	总形心位置 y_o	全截面形心距 y_i(m)	I_i(m⁴)	$A_iy_i^2$ (m⁴)	组合惯性矩 I	$I_i/\Sigma I_i$	I_i/I
1	1.138	2.370	2.696		2.100	2.130	5.019		0.848	0.129
2	0.641	8.205	5.259		3.735	0.381	8.942		0.152	0.023
Σ	1.779		7.955	4.47		2.511	13.961	16.472		

表 4-92

轴线	墙号	t	尺寸 b	h/b			$K_{wi}(E)$			$\Sigma K_{wi}(E)$		
				底	标	顶	底	标	顶	底	标	顶
1	Q_1	240	9.3	0.44	0.323	0.323	170.88	239.35	217.43	377.52	552.25	443.28
	Q_2	720	4.5	0.911	0.667	0.667	206.64	313.15	225.85			
2	Q_3	240	4.5	0.911	0.667	0.667	68.88	104.45	75.28	98.64	155.47	102.50
	Q_4	240	2.7	1.519	0.111	0.111	29.76	51.02	237.22			
3	Q_5	240	3.3	1.242	0.909	0.909	42.48	69.00	41.87	42.48	69.00	41.87
1/3	Q_6	960	3.6	1.139	0.833	0.833	195.84	319.99	199.54	195.84	311.99	199.54
4	Q_6	960	3.6	1.139	0.833	0.833	195.84	311.99	199.54	238.22	380.99	241.41
	Q_5	240	3.3	1.242	0.909	0.909	42.48	69.00	41.87			
1/4	Q_7	240	2.4	1.708	1.250	1.250	24.00	42.08	20.76	24.00	42.08	20.76
5	Q_3	240	4.5	0.911	0.667	0.667	68.88	104.45	75.28	68.88	104.45	75.28
1/5	Q_8	240	3.6	1.139	0.833	0.833	48.96	78.00	49.89	48.96	78.00	49.89
6	Q_3	240	4.5	0.44	0.667	0.667	170.88	104.45	75.28	377.52	155.47	102.50
	Q_4	240	2.7	0.911	1.111	1.111	206.64	51.02	27.22			
7	Q_1	240	9.3	0.911	0.323	0.323	68.88	239.35	217.43	98.64	552.25	443.28
	Q_2	720	4.5	1.519	0.667	0.667	29.76	313.15	225.85			

底层横向总刚度：

$K_{底}=(377.52+98.64+42.48+195.84+238.32+24+68.88+48.96+98.64+377.52)E=2764.08E$

$K_{标}=[552.25+(155.47+69.00+311.99+380.99+42.08+104.45+78.00+155.47+552.25)\times2]E=4251.65E$

$K_{顶}=[443.28+(102.50+41.87+199.54+241.41+20.76+75.28+49.89+102.50+443.28)\times2]E=2997.34E$

（4）内力的计算

1）②轴截面的内力设计值：②轴截面的内力标准值计算如表4-93。对底层 $\xi=1$ 代入公式（4-119）可得 $K=0.794$；由表5可知 $M_p=1.4\times1656.94=2319.72\text{kN}\cdot\text{m}$。②轴Q3和Q4底面弯矩代入（4-107）式可知

Q_3：$M_3=642.82\text{kN}\cdot\text{m}$；$Q_4$：$M_4=115.00\text{kN}\cdot\text{m}$

② 轴墙底截面的轴力设计值

由重力荷载引起的轴力设计值

$N=1.35\times[166.18+116.51\times9+5.2\times(2.4+1.8)\times4.8+5.2\times3.6\times4.5+2.65\times(4.2\times4.8+3.6\times4.5)\times9]+1.0\times[0.5\times(4.2\times4.8+4.5\times3.6)+2\times(4.2\times4.8+4.5\times3.6)\times8+3\times(4.2\times4.8+4.5\times3.6)]=3774.90\text{kN}$

表 4-93

	W_k	V_k(kN)	M_k(kN·m)
W_{10}	2.53×2.5×43.2×102.5/2997.34=9.34	9.34	0
W_9	2.37×3×43.2×155.47/4251.65=11.23	11.23+9.34=20.57	28.02
W_8	2.24×3×43.2×155.47/4251.65=10.62	10.62+20.57=31.19	89.73
W_7	2.11×3×43.2×155.47/4251.65=10.00	10.00+31.19=41.19	183.30
W_6	1.93×3×43.2×155.47/4251.65=9.15	9.15+41.19=50.34	306.87
W_5	1.84×3×43.2×155.47/4251.65=8.72	8.72+50.34=59.06	457.89
W_4	1.68×3×43.2×155.47/4251.65=7.96	7.96+59.06=67.02	635.07
W_3	1.52×3×43.2×155.47/4251.65=7.21	7.21+67.02=74.23	836.13
W_2	1.31×3×43.2×155.47/4251.65=6.21	6.21+74.23=80.44	1058.82
W_1	1.17×3.3×43.2×98.64/2764.08=5.95	5.95+80.44=86.39	1300.14
W_0	1.17×1.8×43.2×98.64/2764.08=3.25	86.39+3.25=89.64	1656.94

Q3和Q4的轴力：按荷载计算面积分配。Q3分配轴力 $N_{G3}=414.75\text{kN}$，按式（4-110）计算风载轴力 $N_{w3}=kM_p\dfrac{A_3y_1}{I}=267.22\text{kN}$，Q3总轴力 $N_3=2681.97\text{kN}$；

Q4分配轴力 $N_{G2}=1360.15\text{kN}$，按（4-110）式计算风载轴力 $N_{w4}=267.71\text{ kN}$，Q4上的总轴力 $N_4=1627.86\text{kN}$。

2）①轴截面内力设计值：①轴线底部剪力 $V_1=441.98\text{kN}$，$M_{1p}=1.4\times5949.3=8329.02\text{kN}\cdot\text{m}$

混凝土墙、砌体墙承担的剪力近似按各自的折算面积分配：

$$V_c=\frac{441.98\times4.62\times0.96}{4.62\times0.96+4.92\times0.24}=349.05\text{kN}$$

$V_m=441.98-349.05=92.83\text{kN}$

（5）截面承载力计算

1）②轴正截面承载力计算

①平面内偏心受压：$N\leqslant\varphi fA$

Q3：$e=\dfrac{M}{N}=\dfrac{668.46}{2767.18}=0.242$，$\dfrac{e}{h}=\dfrac{0.242}{4.74}=0.051$，$\beta=\gamma\dfrac{H_O}{h}=0.865$，查表 $\varphi=0.97$，则 φfA$=0.97\times4.15\times240\times4740=4579.41\text{kN}>2767.18\text{kN}$ 满足

Q4：$e=\dfrac{M}{N}=\dfrac{119.60}{1622.06}=0.074$，$\dfrac{e}{h}=\dfrac{0.074}{2.67}=0.028$，$\beta=\gamma\dfrac{H_O}{h}=1.536$ 查表 $\varphi=0.989$，则 φfA$=0.989\times4.15\times240\times2670=2630.07\text{kN}>1622.06\text{kN}$ 满足。

② 出平面轴心受压

Q3：$e=0$　$\beta=17.08$　查表 $\varphi=0.695$　则 $\varphi fA=3281.12\text{kN}>2681.97\text{kN}$ 满足

Q4：$e=0$　$\beta=17.08$　查表 $\varphi=0.695$　则 $\varphi fA=1848.23\text{kN}>1627.86\text{kN}$ 满足

2）②轴斜截面抗剪计算

由表4-93可知②轴线底部剪力设计值 $V=1.4\times89.64=125.50\text{kN}$

砌体抗剪计算公式（4-44）$v=(f_v+\alpha\mu\sigma_o)A$

②轴恒载及正压应力：$N_G=3774.9-779.02=2995.88\text{kN}$　$\sigma_o=1.61\text{MPa}$

查表 $f_V=0.136\text{MPa}$，$\dfrac{\sigma_o}{f}=\dfrac{1.61}{4.15}=0.39$，可知 $\alpha\mu=0.13$，$V=125.50\text{kN}\leqslant(0.136+0.13\times1.61)\times0.24\times(9540-1800)=641.43\text{kN}$ 满足

3）②轴连梁的计算

连梁的剪力　$\tau(\xi)=v_o\dfrac{T}{2c}\varphi(\xi)$　　（4-306）

式中 $\varphi(\xi)$—系数，在倒三角分布荷载作用下

$$\varphi(\xi)=1-(1-\xi)^2-\frac{2}{\alpha^2}+\left(\frac{2sh\alpha}{\alpha}-1+\frac{2}{\alpha^2}\right)$$

$$\frac{ch\alpha\xi}{ch\alpha}-\frac{2}{\alpha}sh\alpha\xi \qquad (4\text{-}307)$$

底层取$\xi=1$，则$\varphi(1)=-0.0002c=5.835$m。由表4-91算得$T=0.848$。其计算简图见图4-105、图4-106。

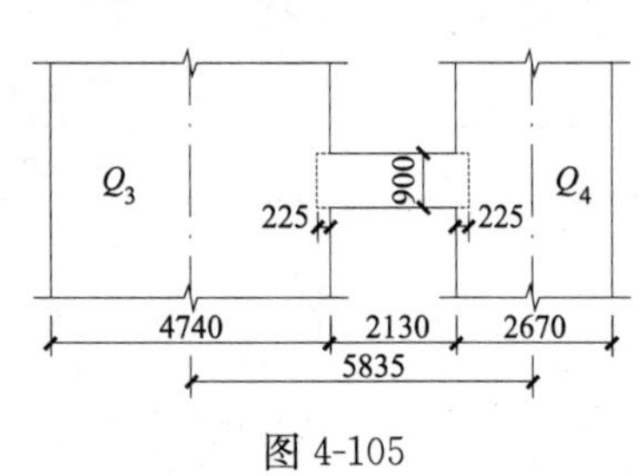

图4-105

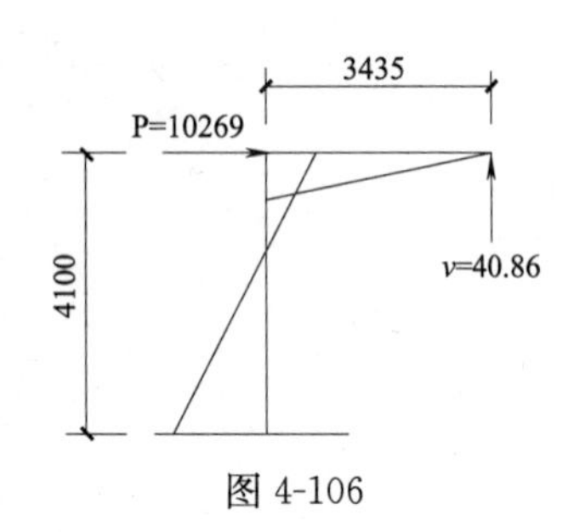

图4-106

由图4-106和表4-91$I_3=\frac{1}{12}\times0.24\times4.74^3=2.13\text{m}^4$ $I_4=\frac{1}{12}\times0.24\times2.67^3=0.38\text{m}^4$

按刚度分配得$P=102.69$kN，由力矩平衡得$V_o=40.86$kN，代入（4-306）式$\tau=-\frac{40.86\times0.848\times0.0002}{5.835}=-0.0012$kN/m，$V=\tau h=0.0012\times4.1=0.0049$kN，$\frac{V}{bh}=\frac{0.0049\times10^3}{240\times900}=0.02\times10^{-3}MPa<f_v=0.17$MPa 故满足

$M=Va=0.0049\times1.065=0.005$kN·m；$\frac{M}{W}=0.15\times10^{-3}MPa<f_{tb}\approx f_t=0.19$MPa 满足

4）①轴正截面承载力计算

① 平面内偏心受压：①轴线底部轴力设计值

$N_1=1.35\times[225.65+165.11\times9+9.54\times1.8\times(5.2+2.65\times9)]+1.0\times(0.5+2\times8+3)\times9.54\times1.8=3319$kN

其偏心距$e=\frac{M_{1p}}{N_1}=2.51$m

左风砌体受压：$f_c=9.6$MPa，$f=4.15$MPa

$3319\times10^3=9.6\times240\times240+4.15\times240\times(x-240)$ 解$x=3017$mm；$\xi=\frac{x}{h_o}=\frac{3017}{9540-35}=0.317<055$，属大偏心受压。

压区砌体对钢筋A_S重心面积矩：$S_a=240\times(3017-240)\times\left(9540-240-\frac{3017-240}{2}\right)=5.273\times10^9\text{mm}^3$

压区混凝土对钢筋A_S重心面积矩：$S_{c,s}=240\times240\times(9540-120)=5.426\times10^8$

$\beta=\frac{H_o}{h}=0.43$，$e_a=0.794$mm，$e_N=e+e_a+\left(\frac{h}{2}-a_s'\right)=2510+0.794+4770-35=7245.79$mm

代入$Ne_N=fs_a+f_cs_{c,s}+\eta f_y'A_s'(h_o-a_s')$ 解$A_s'<0$，故按构造配筋。

右侧混凝土受压：

$3319\times10^3=9.6\times240x$ 解$x=1440.5$mm；$\xi=\frac{x}{h_o}=\frac{1440.5}{9540-35}=0.152<0.55$ 属大偏心受压。

压区混凝土对钢筋A_S重心面积矩：$S_{c,s}=240\times1440.5\times\left(9540-\frac{1440.5}{2}\right)=3.049\times10^9\text{mm}^3$

同理$e_N=e+e_a+\left(\frac{h}{2}-a_s'\right)=2510+0.794+4770-35=7245.79$mm

$Ne_N=fs_a+f_cs_{c,s}+\eta f_y'A_s'(h_o-a_s')$ 解$A_s'<0$ 故按构造配筋。

② 平面外偏心受压计算：

梁端局部受压长度$a_o=10\sqrt{\frac{500}{4.15}}=109.8$mm，则$e=\frac{h}{2}-0.4a_o=120-0.4\times109.8=76.08$mm

端部传来荷载$N_l=9.54\times1.8\times(1.35\times2.65+2)=95.78$kN；端部最大弯矩$M=24.16$kN·m

可知$3319\times10^3=9.6\times4620x+4.15\times4920x$ 解$x=51.24$mm，$\xi=\frac{51.24}{205}=0.250<055$，属大偏心受压。

压区砌体对钢筋A_S重心面积矩：$S_a=4920\times51.24\times\left(205-\frac{51.24}{2}\right)=4.522\times10^7\text{mm}^3$

压区混凝土对钢筋A_S重心的面积矩：$S_{c,s}=4620\times51.24\times\left(205-\frac{51.24}{2}\right)=4.247\times10^7\text{mm}^3$，

$e=\frac{24.16\times10^3}{3319}=7.28$mm，$\beta=\frac{4100}{240}=17.08$，$e_a=19.87$mm，$e_N=e+e_a+\left(\frac{h}{2}-a_s\right)=112.15$mm

代入$Ne_N=fs_a+f_cs_{c,s}+\eta f_y'A_s'(h_o-a_s')$ 解$A_s'\approx0$ 故按构造配筋。

5）①轴斜截面承载力计算

$$\sigma_0=1.35\times\frac{4.66\times31.6\times4.92+5.2\times1.8\times4.8+2.65\times1.8\times4.8\times9}{0.24\times4920}=1.16\text{MPa}$$

查表 $f_v=0.136\text{MPa}$ $\frac{\sigma_0}{f}=\frac{1.16}{4.15}=0.28$ 知 $\alpha\mu=0.132$

$V_m=92.93\text{kN}\leqslant(0.136+0.132\times1.16)\times0.24\times4920=341.39\text{kN}$ 满足

钢筋混凝土剪力墙承担的剪力：

$$V_c\leqslant\frac{0.5f_tbh+0.13N}{\lambda-0.5}+\frac{f_vA_{sh}h_0}{S_v} \quad (4\text{-}308)$$

其中 $\lambda=\frac{M}{Vh}$ 均布荷载时简化为 $\frac{L}{h}=\frac{31.6}{4.62}=6.84$ 取 $\lambda=2.2$

$N=1.35\times[(5.2+2.65\times9)\times1.8\times4.62+30.6\times4.62\times(0.25\times25+0.7)+4.66\times4.62\times1]=1443.62\text{kN}$

因 $V_c=349.05\text{kN}\leqslant\frac{(0.5\times1.27\times0.25\times4620+0.13\times1443.62)}{1.7}=541.82\text{kN}$，故构造配箍 $\phi8@300\text{mm}$。

（6）顶点位移与底层层间位移的计算

1）顶点位移计算

②轴顶点位移计算：因各层墙体布置统一，故②轴惯性矩和面积可按底层计算：

②轴惯性矩（见图 4-104）$I_2=\frac{1}{12}\times4740^3\times240+\frac{1}{12}\times2670^3\times240=2.51\times10^{12}\text{mm}^4$

②轴截面面积 $A_2=(9.54-1.8)\times0.24\times10^6=1.86\times10^6\text{mm}^2$

由材料力学可知 $\Delta_u=\frac{11}{60}\frac{V_0H^3}{EI_d}$ （4-309）

其中 $EI_d=\frac{E\Sigma I_i}{1+3.64\gamma^2-T(1-\psi_a)}$ （4-310）

$$\gamma^2=\frac{E\Sigma I_i}{H^2G\Sigma\frac{A_i}{\mu_i}} \quad (4\text{-}311)$$

μ_i——墙肢剪应力分布不均匀系数，矩形截面取 1.2，否则按 μ=全截面面积/腹板截面面积计算。

墙肢系数 $T=0.848$，查表 4-19 当 $\alpha=7.89$ 时，$\psi_a=0.0472$。代 $\gamma^2=0.007$，$EI_d=8.67\times10^{16}\text{N}\cdot\text{mm}^2$，$V_o=89.64\text{kN}$，$H=32.1\text{m}$，得相对于墙底截面的最大总位移

$$\Delta_{o\,u}=\frac{11\times89.64\times10^3\times(32.1\times10^3)^3}{60\times8.67\times10^{16}}=6.27\text{mm}<\frac{32.1\times10^3}{1000}=32.1\text{mm}$$ 故满足。

2）底层层间位移计算：根据表 4-93 并由公式（4-311）可得

$$\Delta_{1.\mu}=\frac{11\times86.39\times10^3\times(28\times10^3)^3}{60\times8.67\times10^{16}}=4.01\text{mm};$$

$\Delta_1=\Delta_{0.u}-\Delta_{1.u}=2.26\text{mm}<\frac{4.1\times10^3}{1000}=4.1\text{mm}$ 故满足。

11. 混凝土墙支承混凝土多孔砖墙的剪力墙住宅（14 层）

【例 4-11】 某 14 层住宅平面见图 4-107。底层高 3.3m，其余层高 3m，女儿墙高 1.2m，至室外地面总高 43.8m，基础顶面标高 −0.5m。下部 4 层为 C20 混凝土墙，上部 10 层为 MU25 混凝土

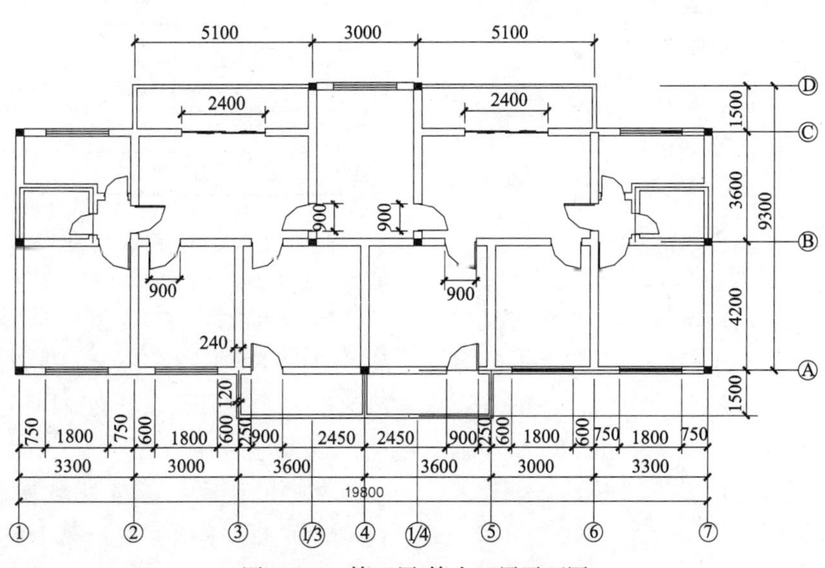

图 4-107 第五层-第十四层平面图

多孔砖及M15水泥砂浆砌体墙。钢筋混凝土现浇楼（屋）盖板厚100mm，混凝土墙厚250mm，砖墙厚240mm。构造柱截面240mm×240mm，主筋4ϕ14，砖墙圈梁240mm×180mm。基本风压$w_0=0.7\text{kN/m}^2$，地面粗糙度A级，屋面及楼面恒荷载标准值分别为6.75kN/m²、3.5kN/m²，屋面及楼面活载标准值为2.0kN/m²。砌体重力密度$\gamma=17\text{kN/m}^3$，墙面双面抹灰重0.62kN/m²，门窗重0.4kN/m²。试验算墙体承载力和位移。

【解】

(1) 荷载计算（见表4-94）

荷载标准值（kN/m²） 表4-94

类别	屋面	楼面	阳台	墙体	门窗
恒载	6.75	3.5	3.3	17×0.24+0.62=4.70	0.4
活载	2.0	2.0	2.5		

(2) 静力计算方案

由于总高14层，尤其上部10层为中高层砌体结构，在水平荷载作用下，横向变形较大，为偏于安全按弹性方案进行计算。

(3) 墙体内力计算

第5层取②轴横墙，不考虑空间作用，计算简图如图4-108所示。

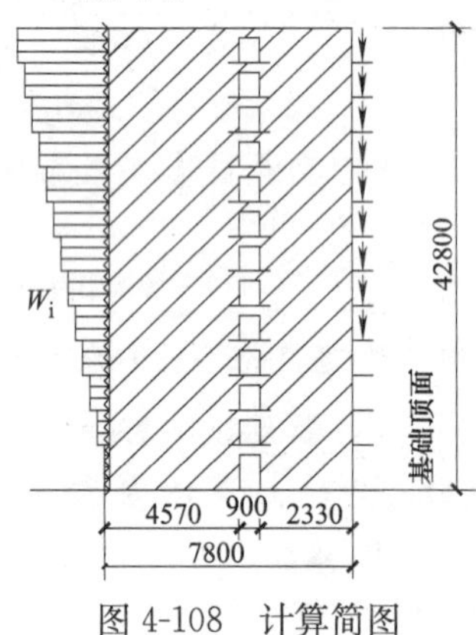

图4-108 计算简图

1) 竖向荷载在墙底引起的轴力设计值：取$\gamma_G=1.35$，$\gamma_Q=1.0$。

楼面活荷载考虑了0.6折减系数；设阳台重力荷载传至右墙肢，并引起偏心弯矩。

左墙肢 $N_1=1.35\times[(6.75\times3.15+3.5\times3.15\times9+4.7\times2.82\times10)\times4.56+0.24\times0.18\times4.56\times25\times10]+1.0\times2.0\times0.6\times3.15\times4.56\times10=1796.49\text{kN}$

右墙肢 $N_2=1.35\times[(6.75\times3.15+3.5\times3.15\times9+4.7\times2.82\times10)\times2.58+0.24\times0.18\times2.58\times25\times10+3.3\times5.1\times1.5\times0.5\times9]+1.0\times2.0\times0.6\times3.15\times2.58\times10+1.0\times2.5\times0.6\times5.1\times1.5\times0.5\times9=1221.43\text{kN}$

2) 风荷载在墙底引起的弯矩设计值：

由z/H值查荷载规范得φ_z表值（见表4-95）

φ_z表 表4-95

Z/H	0.09	0.16	0.23	0.30	0.37	0.44	0.51	0.58
φ_z	0.02	0.06	0.11	0.17	0.24	0.31	0.39	0.44
Z/H	0.65	0.72	0.79	0.86	0.93	1		
φ_z	0.56	0.68	0.73	0.81	0.90	1		

查文献[41]得μ_z值；由$H/B=4.87$，得$\nu=0.52$，$\xi=1.39$（取$T_1=0.06n=0.84$，$w_0T_1^2=0.494$），由$\beta_z=1+\xi\nu\varphi_z/\mu_z$得$\beta_z$值；由$w_k=\beta_z\mu_z\mu_s w_0$得$w_k$值。其中$w_0=0.7\text{kN/m}^2$，迎风面$\mu_s=0.8$，背风面$\mu_s=0.5$，结构总高度42.8m>30m，且高宽比$H/B=4.87>1.5$，故应考虑风压脉动的影响，并仅考虑第一振型，计算结果详见表4-96。

μ_z、β_z、w_k 表4-96

层数	1	2	3	4	5	6	7	8	9	10
μ_z	1.17	1.25	1.37	1.46	1.54	1.60	1.66	1.71	1.76	1.81
β_z	1.01	1.03	1.06	1.08	1.11	1.14	1.17	1.19	1.23	1.27
w_k	1.08	1.17	1.32	1.43	1.56	1.66	1.77	1.85	1.97	2.09
层数	11	12	13	14						
μ_z	1.85	1.88	1.92	1.95						
β_z	1.29	1.31	1.34	1.37						
w_k	2.17	2.24	2.34	2.43						

将均布风荷载化为各层的集中荷载，则由表4-96并由公式$F=w_kS$可得②轴横墙各层所受的集中力标准值，分别见表4-97

表4-97

项次	F_1	F_2	F_3	F_4	F_5	F_6	F_7
荷载值	10.206	11.057	12.474	13.514	14.742	15.687	16.727
项次	F_8	F_9	F_{10}	F_{11}	F_{12}	F_{13}	F_{14}
荷载值	17.483	18.617	19.751	20.507	21.168	22.113	20.667

于是，第5层②轴横墙在楼面标高处的弯矩设计值为

$M_P=1.35\times(F_{14}\times30+F_{13}\times27+F_{12}\times24+F_{11}\times21+F_{10}\times18+F_9\times15+F_8\times12+F_7\times9+F_6\times6+F_5\times3)=4440.42\text{kN}\cdot\text{m}$

3) 截面几何特征

为简化计算，忽略纵墙翼缘作用，而按图4-109所示矩形截面计算。整个截面的形心位置距

左边缘的距离

$$x=\frac{4560\times240\times\frac{4560}{2}+2580\times240\times\left(8040-\frac{2580}{2}\right)}{8040\times240}$$

$=3459\text{mm}$

则 $I=1.04\times10^{13}$，$I_1=1.90\times10^{12}$，$I_2=0.34\times10^{12}$

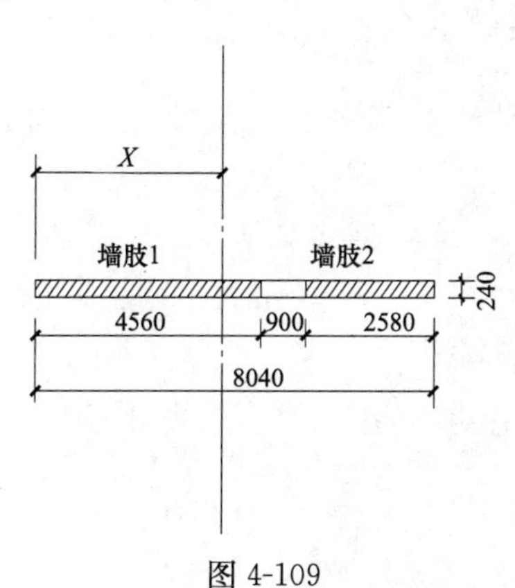

图 4-109

4）水平风荷载引起墙肢弯矩

屋盖至基础顶面总高 $H=42.8\text{m}$，两墙肢中心距 $a=(4560+2580)/2+900=4470\text{mm}$，因联肢墙整体系数 $\alpha=H\sqrt{\frac{12I_1a^2}{h(I_1+I_2)l^3}\left(\frac{I}{I-I_1-I_2}\right)}=253.6>10$，故判为小开口剪力墙。由公式（4-107）并因 $\alpha>10$ 取 $\gamma=0.85$，得墙肢弯矩值 $M_1=1254.51\text{kN}\cdot\text{m}$，$M_2=224.49\text{kN}\cdot\text{m}$。

5）水平风荷载引起墙肢轴力设计值

由公式（4-110）得：$N_{1W}=468.27\text{kN}$，$N_{2W}=739.55\text{kN}$

6）阳台荷载下墙肢 2 的轴力设计值

$N_Y=1.35\times(3.3\times0.882+1.0\times0.6\times2.5)\times5.1\times1.5\times0.5\times9=205\text{kN}$

$M_Y=205\times2.58/2=264.45\text{kN}\cdot\text{m}$

（4）墙体竖向承载力验算

1）第 5 层砌体剪力墙

左肢：

① 当左肢 N_{1W}为压力时

$e_1=\frac{M_1}{N_1+N_{1W}}=0.55$，$\frac{e_1}{h}=0.121$

取 $\gamma_\beta=1.0$ 则 $\beta=\gamma_\beta H_0/h=1.0\times1.1\times3/4.56=0.724$，查规范得 $\varphi=0.848$；由文献［12］，$f=4.06\times0.9=3.65\text{N/mm}^2$；于是 $[N]=\varphi fA=3387.39\text{kN}>2264.76\text{kN}$，满足。

② 当左肢 N_{1W}为拉力时 $e_1=\frac{M_1}{N_1+N_{1W}}=0.944$

$\frac{e_1}{h}=0.2$，查 $\varphi=0.68$；于是 $[N]=\varphi fA=2716.30\text{kN}>1328.22\text{kN}$，满足。

③ 出平面轴心受压验算

$\beta=\gamma_\beta H_0/h=1.0\times1.1\times3/0.24=13.75$，$\varphi=0.77625$，于是 $[N]\varphi fA=3100.78\text{kN}>2264.76\text{kN}$ 满足。

右肢：

① 当 N_{2W}为压力时 $e_2=\frac{M_2+M_Y}{N_2+N_{2W}}=0.249$，$\frac{e_2}{h}=0.1$，取 $\gamma_\beta=1.0$，则 $\beta=\gamma_\beta H_0/h=1.0\times1.1\times3/2.58=1.28$，查规范，得 $\varphi=0.89$；于是 $[N]=\varphi fA=2011.47\text{kN}>1960.98\text{kN}$，满足。

② 当 N_{2W}为拉力时 $e_2=\frac{M_2+M_Y}{N_2+N_{2W}}=0.083$，$\frac{e_2}{h}=0.032$，查规范得 $\varphi=0.98$；于是 $[N]=\varphi fA=2214.88\text{kN}>481.88\text{kN}$，满足。

③ 出平面轴心受压验算

$\beta=\gamma_\beta H_0/h=1.0\times1.1\times3/0.24=13.75$，$\varphi=0.732$，于是 $[N]=\varphi fA=1654.38\text{kN}>1221.43\text{kN}$，满足。

2）底层钢筋混凝土剪力墙（略）

（5）墙体水平风荷载抗剪承载力验算

1）第 5 层砌体剪力墙

由风载产生的总剪力在各墙肢之间的分配既与墙肢的截面惯性矩有关，又与墙肢的截面面积有关（$A_1=1094400\text{mm}^2$，$A_2=619200\text{mm}^2$），可近似地按下式计算：

$$V_j=\frac{1}{2}V_P\left[\frac{A_j}{\sum A_j}+\frac{I_j}{\sum I_j}\right] \tag{4-312}$$

$V_P=1.35\times(14.742+15.687+16.727+17.483+18.617+19.751+20.507+21.168+22.113+20.667)=253.07\text{kN}$

左肢：$V_1=188.14\text{kN}$，查文献［12］，$f_V=0.2\times0.8=0.16\text{N/mm}^2$；取 $\alpha=0.66$，恒载平均压应力 $\sigma_0=1.48\text{N/mm}^2$，$\mu=0.23-0.065\sigma_0/f=0.204$；

$[V]=(f_V+\alpha\mu\sigma_0)A=392.80\text{kN}>188.14\text{kN}$，满足。

右肢：$V_2=64.93\text{kN}$，$\sigma_0=1.73\text{N/mm}^2$，$\mu=0.20$，则 $[V]=240.47\text{kN}>64.93\text{kN}$，满足。

2）底层钢筋混凝土剪力墙（略）

（6）验算层间位移 δ 和顶点位移 Δ

以②轴线横墙为例进行计算。

1）截面几何特征

① 底部 4 层

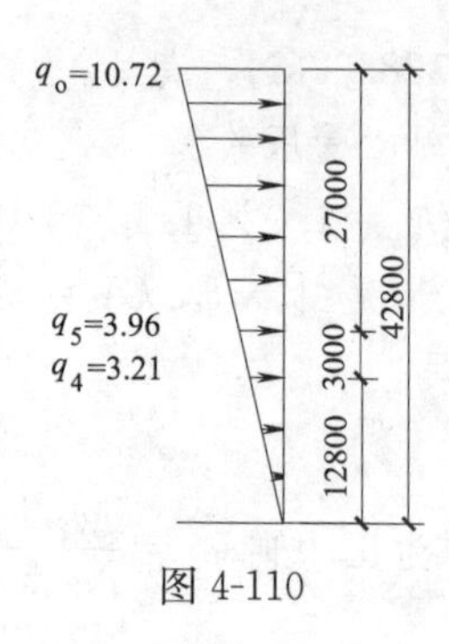

图 4-110

$E_1=2.55\times10^4\text{N/mm}^2$，毛截面 $A_c=1.93\times10^6\text{mm}^2$，$I_c=I=1.04\times10^{13}\text{mm}^4$

② 5～14 层（E 暂取混凝土空心砌块与烧结多孔砖的平均值）

$E_2=1650f=6023\text{N/mm}^2$，毛截面 $A_m=A_c$，$I_m=I_c$

2）验算层间位移 δ

②轴线横墙在风荷载作用下第 5 层的侧移量最大，将整个房屋看作一悬臂构件，水平风荷载按倒三角形分布，如图 4-110 所示；由于层高与洞口沿墙高分布基本均匀，故近似取标准层做分析。洞口面积 $A_d=189\times10^4\text{mm}^2$，剪力墙立面面积 $A_0=2412\times10^4\text{mm}^2$，$A_d/A_0=7.84\%<15\%$，洞口至墙边距最小为 2580mm>2100mm，故可按（4-96）式计算折算面积 A_q 以考虑洞口影响：

$$A_q=A_w\left(1-1.25\sqrt{\frac{A_d}{A_0}}\right)$$

式中 A_w——剪力墙毛截面积。

将各值带入上式得 $A_q=1.255\times10^6\text{mm}^2$。前述计算结果表明无洞与有洞截面的 I 值几乎相等，故仅考虑第 4 层楼盖上下的刚度的差异，而取其折算弹性模量和折算刚度，于是有如下折算弹性模量 E_q 和折算刚度 E_qI_q 的计算公式：

$$E_q=\frac{\sum_1^n E_ih_i}{\sum_1^n h_i}\quad(4\text{-}313),\quad E_qI_q=\frac{\sum_1^n E_iI_ih_i}{\sum_1^n h_i}\quad(4\text{-}314)$$

求得 $E_qI_q=12321.81\text{N}\cdot\text{mm}^2$。据材料力学位移方程 $y=\dfrac{q_0x^2}{120HEI}(20H^3-10H^2x+x^3)$ （4-315）

可求得第 4、5 层楼盖标高处的位移，则该层层间位移 $\delta_{5M}=y_{5M}-y_{4M}=5.83-5.01=0.82\text{mm}$。又风载引起第 4 层、5 层的剪力 $V_4=208.95\text{kN}$ 和 $V_5=198.18\text{kN}$，则层间剪切位移 $\delta_{5V}=y_{5V}-y_{4V}$

$$=\frac{2.5\times(198.18\times15.8-208.9\times12.8)}{(11847.9\times1.255\times10^6)}=0.077\text{mm}$$

故该层层间位移 $\delta_5=\delta_{5M}+\delta_{5V}=0.82+0.077=0.9\text{mm}<h/1000=3\text{mm}$，满足。

3）验算结构顶点总位移 Δ

由材料力学公式

$$\Delta=\frac{1}{3EI}\sum_{i=1}^m F_iH_i^3+\frac{2.5}{EA}\sum_{i=1}^m F_iH_i\quad(4\text{-}316)$$

式中 EI 取等效抗弯刚度 E_qI_q

H_i——F_i 至基础顶面的距离，H_1～H_{14} 分别为：3.8m，6.8m，9.8m，……，39.8m，42.8m。

代入上式得：$\Delta=18.1\text{mm}<\dfrac{42800}{1000}=42.8\text{mm}$ 满足。

12. 混凝土砌块配筋砌体组合框架——剪力墙办公楼（10 层）

【例 4-12】 某 10 层混凝土小型空心砌块配筋砌体组合框架——剪力墙结构办公楼示如图4-111。

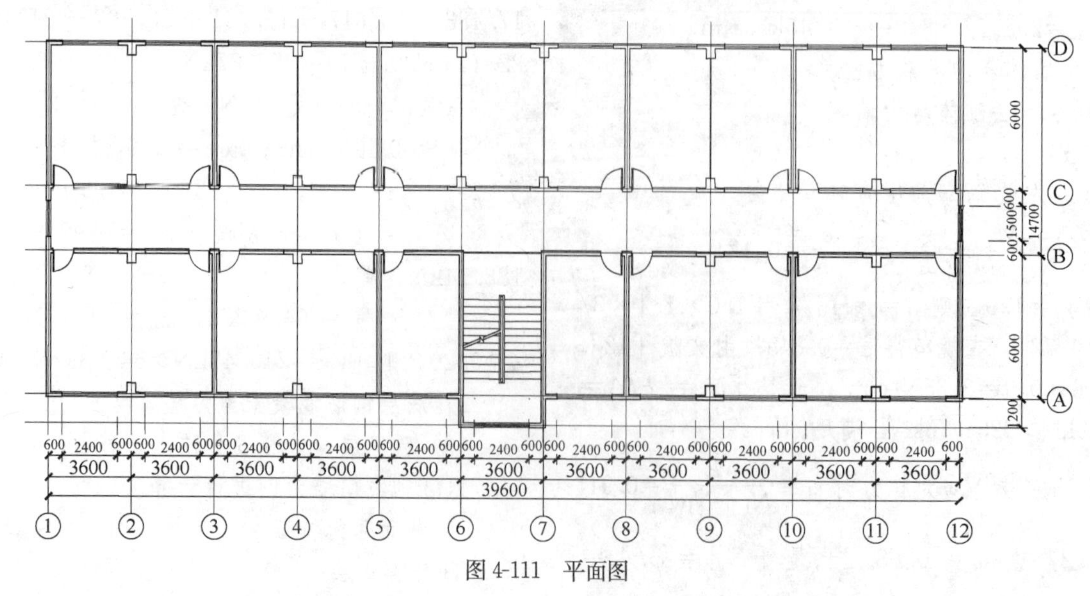

图 4-111 平面图

底层高4.2m，其余各层为3.6m，女儿墙高1.5m，楼梯间突出屋面高3.0m，基础顶面标高−0.5m。采用现浇钢筋混凝土楼盖及屋盖，板厚100mm。安全等级为Ⅱ级，施工质量控制等级为B级。屋面面层总重2.5kN/m^2，楼面面层重0.65kN/m^2，门窗重0.40kN/m^2，屋面及楼面吊顶重0.20kN/m^2。采用孔洞率δ=0.46%的MU20砌块，Mb15专用砂浆，Cb20注芯混凝土，C30混凝土和HRB335级钢筋。屋面及楼面活载2.0kN/m^2。基本风压w_0=0.60kN/m^2，C类地面粗糙度。墙厚190mm，外墙面层重0.45kN/m^2，内墙面层重0.38kN/m^2。试进行墙体与框架柱的承载力与位移计算，并绘制构造示意图。

【解】

(1) 荷载计算

1) 风载标准值计算

因总高$H=4.2+3.6\times9=36.6\text{m}>30\text{m}$故$\beta_z$按公式$\beta_z=1+\xi\upsilon\varphi_z/\mu_z$计算。$\mu_s$=1.3。$\mu_z$按规范取值如下：$T_1=0.25+0.53\times36.6^2\times10^{-3}/\sqrt{14.7}=0.44\text{s}$，又$T_1=(0.05\sim0.10)\times n=(0.5\sim1.0)\text{s}$，因配筋砌块砌体墙刚度较钢筋混凝土墙低，故取$T_1=0.6s>0.25\text{s}$，$w_0T_1{}^2=0.6\times0.6^2=0.216$，又C类地面粗糙度，$w_0$应乘以修正系数0.62，则$0.62w_0T_2{}^1=0.13$，查得$\xi$=1.245m，$\nu$=0.81（侧立面）和$\upsilon$=0.456（正立面）；振型系数$\varphi_z$，考虑第一振型，查得$\varphi_z$详表4-98；在总高度范围内高度修正系数$\mu_z$基本上≤1.0，为简化取为1.0。正立面和侧立面风载计算结果及沿高度分布的荷载值分别见表4-98和表4-99。

2) 重力荷载标准值计算（表4-100）

风荷载计算（正立面）　　表4-98

层次	z(m)	φ_z	β_z	μ_s	w_k(kN/m^2)	A(m^2)	P_{wk}(kN)	q_i(kN/m)
10	36.6	1.00	1.568	1.3	1.223	131.307	160.588	48.663
9	33.0	0.86	1.477	1.3	1.152	143.244	165.017	45.838
8	29.4	0.74	1.420	1.3	1.108	143.244	158.714	44.087
7	25.8	0.67	1.380	1.3	1.076	143.244	154.131	42.814
6	22.2	0.48	1.255	1.3	0.979	143.244	140.236	38.954
5	18.6	0.38	1.216	1.3	0.948	143.244	135.795	37.721
4	15.0	0.27	1.153	1.3	0.899	143.244	128.776	35.771
3	11.4	0.17	1.097	1.3	0.856	143.244	122.617	34.060
2	7.8	0.08	1.045	1.3	0.815	143.244	116.744	32.429
1	4.2	0.02	1.011	1.3	0.789	155.181	122.438	31.394

风荷载计算（侧立面）　　表4-99

层次	z(m)	φ_z	β_z	μ_s	w_k(kN/m^2)	A(m^2)	P_{wk}(kN)	q_i(kN/m)
10	36.6	1.00	1.568	1.3	1.223	49.137	60.095	18.211
9	33.0	0.86	1.477	1.3	1.152	53.604	61.752	17.153
8	29.4	0.74	1.420	1.3	1.108	53.604	59.393	16.498
7	25.8	0.67	1.380	1.3	1.076	53.604	57.678	16.022
6	22.2	0.48	1.255	1.3	0.979	53.604	52.478	14.577
5	18.6	0.38	1.216	1.3	0.948	53.604	50.817	14.116
4	15.0	0.27	1.153	1.3	0.899	53.604	48.190	13.386
3	11.4	0.17	1.097	1.3	0.856	53.604	45.885	12.746
2	7.8	0.08	1.045	1.3	0.815	53.604	43.687	12.135
1	4.2	0.02	1.011	1.3	0.789	58.071	45.818	11.748

屋面、楼面及墙体荷载标准值（kN/m^2）　　表4-100

屋面恒载	屋面活载	楼面恒载	楼面活载	3轴、B轴墙自重	A轴纵墙自重	
					一层	标准层
5.20	2.0	3.35	2.0	3.46	2.731	2.487

注：混凝土空心砌块砌体墙重2.7kN/m^2；表中数值系包括洞口的毛截面平均值。

(2) 剪力墙计算模型

1) ①山墙洞口面积比率为4.95%<15%且洞口净距1.8m不大于洞口长边1.8m，故应属于整体小开口剪力墙。对于整体小开口剪力墙：$I_w=\frac{I}{1.2}$；等效抗弯刚度：由公式（4-104）得 $I_e=\frac{I_w}{1+\frac{9\mu I_w}{A_w H^2}}=43.91\text{m}^4$。

2) ③轴墙肢间楼盖可视为铰接连杆，故该横墙可判定为联肢悬臂墙。

(3) 截面几何特征

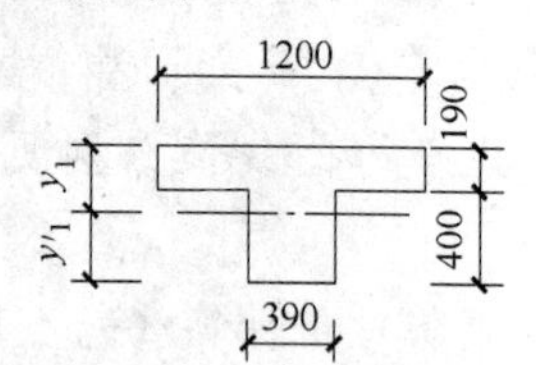

图 4-112 框架柱截面

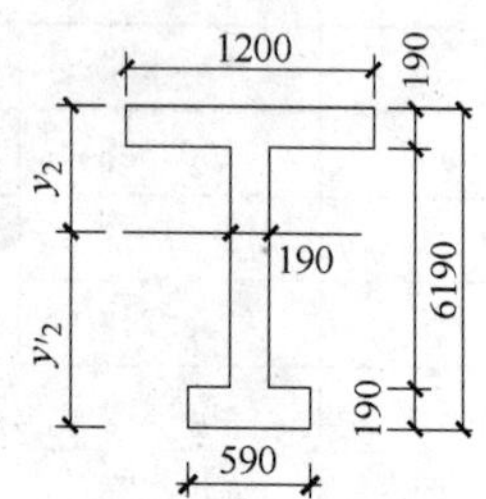

图 4-113 ③轴横墙墙肢截面

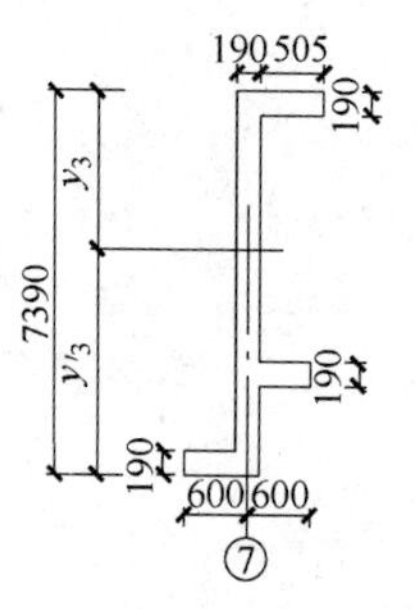

图 4-114 楼梯间墙片

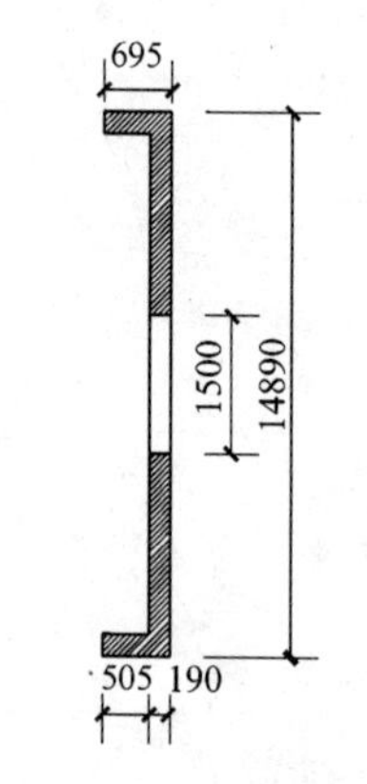

图 4-115 山墙截面

(4) ③轴横墙的风载与水平位移验算

1) ③轴横墙风载

③轴横墙各层风载按刚度比分配系数为 $\frac{6.0834\times2}{156.070}=0.0780$，求得如表4-101：

梁、墙、柱截面几何特征 表 4-101

	$A(\text{mm}^2)$	$y(\text{mm})$	$y'(\text{mm})$	$I(\text{m}^4)$	构件数	附注
梁	1.25×10^5	250	250	0.00520	/	$I=\sum I_i=156.070(\text{m}^4)$
柱	3.84×10^5	215	375	0.01083	20	
③轴横墙肢	1.444×10^6	2854	3336	6.0834	8	
楼梯间横墙	1.710×10^6	3650	3740	9.6829	2	
山墙	2.7×10^6	7445	7445	43.91	2	

注：1. 图4-115倒L型截面翼缘计算宽度 b'_f 取表4-8中的较小值600mm。
2. 由于是现浇楼盖，梁的截面惯性矩近似取 $I=2I_b=0.00520\text{m}^4$。

$F_1\sim F_{10}$ 表 4-102

单位	F_1	F_2	F_3	F_4	F_5	F_6	F_7	F_8	F_9	F_{10}
kN	9.550	9.106	9.564	10.044	10.592	10.938	12.022	12.380	12.871	12.526

2) ③轴横墙水平位移验算

由MU20砌块，Mb15砂浆，查表1-13得 $f=5.68\text{MPa}$，$f_v=0.09\text{MPa}$，$E=1700f=9656\text{MPa}$。由式（4-316）$\Delta_{max}=\frac{1}{3EI}\sum_{i=1}^{m}F_iH_i^3+\frac{2.5}{EA}\sum_{i=1}^{m}F_iH_i$，式中 $EI=\beta EI_q$，β 取0.85，现浇楼板 $I_q=2I_2=12.167\times10^{12}\text{mm}^4$；

H_i——F_i 作用点至基础顶面距离（即表4-98中之 z 值并逐一增加500mm）；

A——底层横墙抗剪截面面积，$A=6190\times190\times2=2.3522\times10^6\text{mm}^2$。

代入上式得 $\Delta_{max}=6.772\text{mm}$，$\frac{\Delta_{max}}{H}=\frac{6.772}{37.1\times10^3}=\frac{1}{5478.441}\leqslant\frac{1}{1000}$ 满足条件（并符合刚性横墙 $\frac{1}{4000}$ 的要求）。基于横向距很小，而可按刚性方案来进行静力计算。

③轴内横墙层间位移验算

与顶点水平位移同样方法求得③轴横墙各层风荷载为：

$q_{10}=48.663\times0.0780=3.796\text{kN/m}$，$q_0=31.394\times0.0780=2.449\text{kN/m}$，底层层间位移 $\delta_1=\frac{(q_{10}-q_0)x^2}{120EI_{d1}H}(20H^3-10H^2x+x^3)+\frac{q_0x^2}{24EI_{d2}}(6H^2-4Hx+x^2)$，令 $x=4.2$，风载按三角形分布时等效刚度 $EI_{d1}=\frac{0.85}{1+\frac{3.64\mu EI_q}{H^2GA}}EI_q$，矩形分布时等效刚度 $EI_{d2}=\frac{0.85EI_q}{1+\frac{4\mu EI_q}{H^2GA}}$，其中 $\mu=\frac{A}{A_w}=\frac{1.444\times10^6}{5810\times190}=1.308$，$EI_q=9656\times0.85\times12.167\times10^{12}$，$H=36.6\text{m}$，$G=0.42\times9656=4055.52$，$A=1.444\times10^6\text{mm}^2$。

代入上二式得三角形分布时等效刚度 $EI_{d1}=7.540\times10^{16}$；矩形分布时等效刚度 $EI_{d2}=7.962\times10^{16}$；得 $\delta_1=0.2345\text{mm}<\frac{4200}{1000}=4.200\text{mm}$ 满足要求。

(5) Ⓓ轴纵墙的风载与水平位移验算

1) Ⓓ轴纵墙的柔度

当一片砖墙上开设多个门窗洞口时，墙顶在单位水平力作用下的侧移之和为 $\delta=\sum\delta_i$，i 表示层数，其中 $\delta_{i1}=\frac{3H_1}{EtB_1}$，$\delta_{i2}=\frac{1}{\sum_{i=1}^{m}K_{2s}}=\frac{1}{\sum_{i=1}^{m}\frac{EtB_{2s}^3}{H_2^3+3H_2B_{2s}^3}}$，$\delta_{i3}=\frac{3H_3}{EtB_3}$。

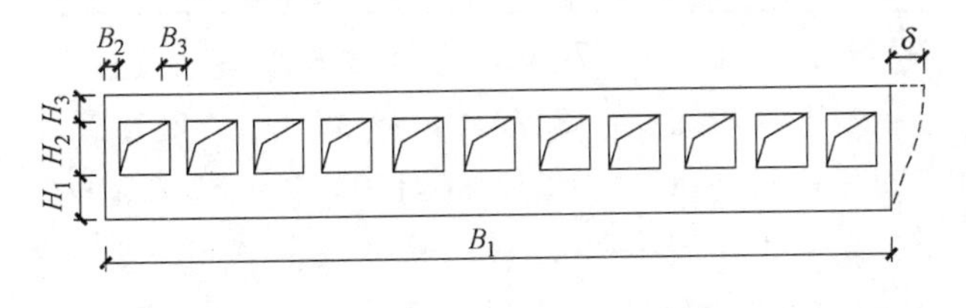

图 4-116

如图 4-116 所示，$B_1=39790\text{mm}$，$B_3=1200\text{mm}$；1 层 $H_1=1500\text{mm}$，2～10 层 $H_1=900\text{mm}$，$H_2=1800\text{mm}$；1～9 层 $H_3=900\text{mm}$，10 层 $H_3=2400\text{mm}$。

2) Ⓒ轴纵墙的柔度

如图 4-117 所示，$B_1=39790\text{mm}$，$B_2=295\text{mm}$，$B_3=5000\text{mm}$，$B_4=400\text{mm}$，$B_5=8600\text{mm}$；$H_1=2100\text{mm}$；1 层 $H_2=2100\text{mm}$，2～9 层 $H_2=1500\text{mm}$，10 层 $H_2=3000\text{mm}$。

Ⓓ纵墙位移　表 4-103

柔度／纵墙	δ_{i1}(mm)	δ_{i2}(mm)	δ_{i3}(mm)	构件数	总 δ (mm)
1 层Ⓓ轴纵墙	6.1644×10^{-8}	2.455×10^{-4}	3.6986×10^{-8}	1	2.4558×10^{-3}
2～9 层Ⓓ轴纵墙	3.6986×10^{-8}	2.455×10^{-4}	3.6986×10^{-8}	8	
10 层Ⓓ轴纵墙	2.455×10^{-4}	2.455×10^{-4}	9.8630×10^{-8}	1	

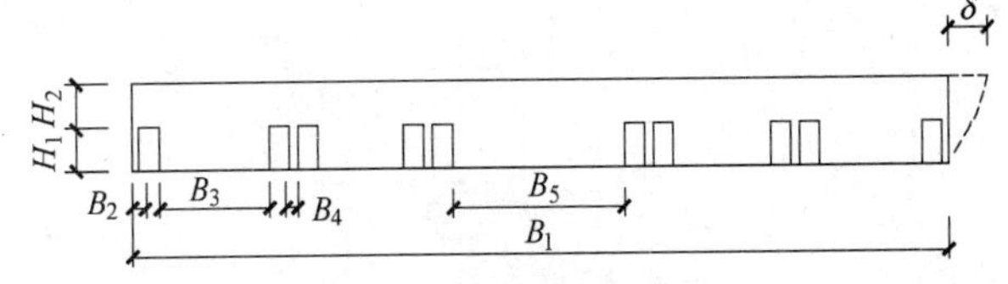

图 4-117　Ⓒ轴纵墙计算简图

Ⓒ轴纵墙位移　表 4-104

柔度／纵墙	δ_{i1}(mm)	δ_{i2}(mm)	层数	总 δ (mm)
1 层Ⓒ轴	3.179×10^{-4}	0.8630×10^{-7}	1	3.1793×10^{-3}
2～9 层Ⓒ轴	3.179×10^{-4}	0.6164×10^{-7}	8	
10 层Ⓒ轴	3.179×10^{-4}	1.2329×10^{-7}	1	

$\delta_{i1}=\frac{1}{\sum_{i=1}^{m}K_{1s}}=\frac{1}{\sum_{i=1}^{m}\frac{EtB_{1s}^3}{H_1^3+3H_1B_{1s}^3}}$；$\delta_{i2}=\frac{3H_2}{EtB_1}$。

其中Ⓐ和Ⓑ轴的柔度分别与Ⓓ和Ⓒ轴的柔度近似，故取为相同。

3) Ⓓ轴纵墙的风荷载

由上可知Ⓓ轴纵墙的刚度与总刚度之比为

$$\frac{\frac{1}{2.4558\times10^{-3}}}{\frac{1}{2.4558\times10^{-3}}+\frac{1}{3.1793\times10^{-3}}}\times\frac{1}{2}=0.2821,$$

故可求得Ⓓ轴纵墙各层分得的集中风荷载为：

$F_1=12.930\text{kN}$，$F_2=12.328\text{kN}$，$F_3=12.949\text{kN}$，$F_4=13.599\text{kN}$，$F_5=14.341\text{kN}$，$F_6=14.809\text{kN}$，$F_7=16.276\text{kN}$，$F_8=16.761\text{kN}$，$F_9=17.426\text{kN}$，$F_{10}=16.959\text{kN}$。

4) Ⓓ轴纵墙的顶点位移

由上面的结果可得出顶点的总侧移为：$\Delta_{max}=\sum F_i\delta_i=36.4391\text{mm}$；$\frac{\Delta_{max}}{H}=\frac{36.4391}{36600}=\frac{1}{1004}<\frac{1}{1000}$，满足要求。

5) Ⓓ轴纵墙底层的层间位移

$\delta=(6.1644\times10^{-8}+2.455\times10^{-4}+3.6986\times10^{-8})\times12.930\times10^{3}=3.1756\text{mm}$；$\dfrac{\delta}{H}=\dfrac{3.1756}{4200}=\dfrac{1}{1323}<\dfrac{1}{1000}$，满足要求。

(6) ③轴横墙在风荷载作用下的计算简图

虽然开洞水平截面积远小于50%，但墙肢间楼板不能约束墙肢，而视为双肢独立悬臂墙，计算简图详图4-115，采用工字形双肢剪力墙，墙肢截面如图4-113。

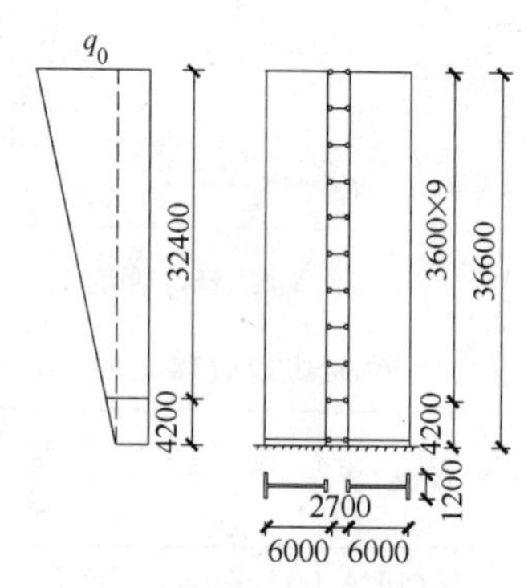

图4-118 横向剪力墙教计算简图

(7) ③轴横墙在重力荷载和风载作用下的内力

底层横墙下端截面

1) 一个墙肢轴力设计值底层自重：$(6.0-0.19+1.2+0.59)\times4.5\times(2.7+0.38\times2)=118.332\text{kN}$；

2～10层每层自重：$(6.0-0.19+1.2+0.59)\times3.6\times(2.7+0.38\times2)=94.666\text{kN}$；

永久荷载（楼、屋面按双向板计算的板传荷载）：

$94.666\times9+118.332+\dfrac{(2.4+6.0)\times1.8}{2}\times5.20+\dfrac{(2.4+6.0)\times1.8}{2}\times3.35\times9=1237.572\text{kN}$；

活载（不折减）：$\dfrac{(2.4+6.0)\times1.8}{2}\times2\times10=151.200\text{kN}$；

荷载效应比值：$\rho=151.200/1237.572=0.122<0.357$；

选用以恒载为主的设计表达式，-0.5m标高处上部荷载产生的轴向力设计值：

$N=1.35\times1237.572+0.98\times151.200=1818.898\text{kN}$。

2) 一个墙肢风载弯矩设计值

$M=\dfrac{1.4}{2}\times(9.550\times4.2+9.106\times7.8+9.564\times11.4+10.044\times15.0+10.592\times18.6+10.938\times22.2+12.022\times25.8+12.380\times29.4+12.871\times33.0+12.526\times36.6)/2=828.798\text{kN}$。

(8) ③轴横墙正截面承载力计算

底层横墙下端截面

1) 平面内偏压计算

底层横墙计算高度$H_0=4.2+0.5=4.7\text{m}$可知，在计算影响系数φ时，小型混凝土空心砌块砌体的$\beta=1.1\times0.76=0.836$。$e=M/N=828.798/1818.898=0.456\text{m}$，$e/h=0.456/6.19=0.074<0.17$，查得$\varphi=0.96$。$N=1818.898\text{kN}<\varphi fA=6413.04\text{kN}$。（近似按矩形截面计算，满足要求。）

2) 平面外轴压计算

$\beta=H_0/h=4.7/0.19=24.74$，同理$1.1\beta=27.21$，查$\varphi=0.476$，$f=5.68\text{MPa}$，$e=0$，$N=1818.898\text{kN}\leqslant\varphi fA=3179.80\text{kN}$，满足要求。

(9) ③轴横墙斜截面抗剪计算

$V_1=\dfrac{1.4\sum F_{ik}}{2}=54.797\text{kN}$，$N_{G1}=1.35\times1237.572=1670.722\text{kN}$，$\sigma_0=1670.722\times10^{3}/6190\times190=1.421\text{MPa}$，$\mu=0.23-\dfrac{0.065\times1.421}{5.68}=0.2137$ $f_v=0.09\text{MPa}$，$\alpha=0.64$。

$V_1=54.797\text{kN}<(0.09+0.64\times0.2137\times1.421)\times6190\times190=334.421\text{kN}$（满足）。

(10) 框架柱正截面承载力验算

1) 平面内承载力计算

计算简图如图4-119、图4-120所示。因活载较小，故采用满载法分析框架内力，并按恒载为控制的荷载组合方式。通过结构力学求解器代入荷载计算得框架部分部位内力如表4-105：

对1层边柱底端进行承载力验算，$\beta=H_0/h_T=4.70/0.588=7.99$，考虑增大系数1.1，故$\beta=1.1\times7.99=8.79$，$e=M/N=257.50/1594.40$，$e=M/N=257.50/1594.40=0.162$，$e/h=0.162/0.588=0.275$，查得$\varphi=0.38$，$N=1594.40\text{kN}>\varphi fA=0.38\times5.68\times3.84\times10^{5}=828.83\text{kN}$不满足，因此应配筋。

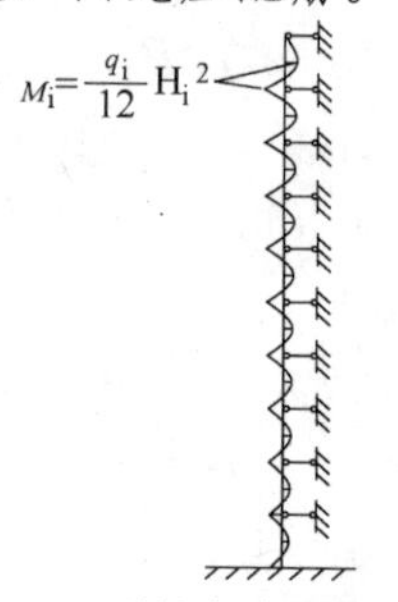

图4-119 刚性方案风载弯矩

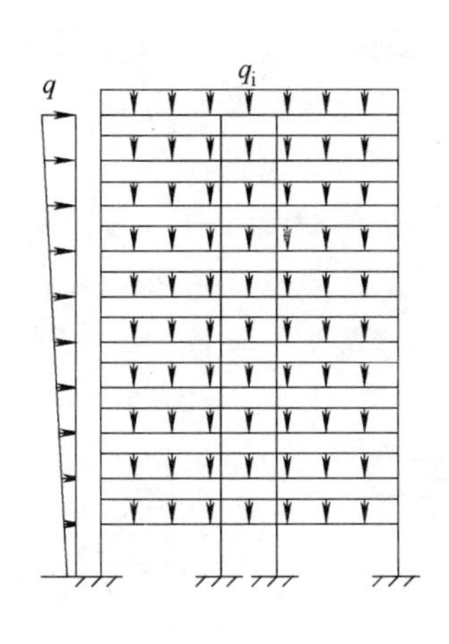

图 4-120　框架计算简图

框架部分部位内力　　表 4-105

柱号 \ 内力	底端弯矩 (kN·m)	顶端弯矩 (kN·m)	底端轴力 (kN)	底端剪力 (kN)
1层边柱	253.90	511.07	1594.40	18.21
1层中柱	177.02	350.72	2373.35	12.56
10层边柱	972.83	1570.29	208.03	70.64
10层中柱	664.71	1011.40	321.16	46.56

求轴向力附加偏心距：

$e_i=\dfrac{\beta^2 h}{2200}(1-0.022\beta)=\dfrac{8.79^2\times590}{2200}(1-0.022\times8.79)=16.71\text{mm}$；

$e_N=e+e_i+\left(\dfrac{h}{2}-a_s\right)=162+16.71+\left(\dfrac{590}{2}-50\right)=423.71\text{mm}$；

$e'_N=162+16.71-\left(\dfrac{590}{2}-50\right)=-66.29\text{mm}$；

设对称配筋和小偏心受压，又 $f_g=f+0.6\alpha f_c=5.68+0.6\times0.46\times9.6=8.33\text{MPa}$，则 $x=\dfrac{N}{bf_g}=\dfrac{1594400}{390\times8.33}=490.78\text{mm}>\xi_b h_0=286.2\text{mm}$；小偏心受压假定正确。

计算钢筋面积：$A_s=A'_s=\dfrac{Ne-f_g bh_0^2\xi(1-0.5\xi)}{f'_y(h_0-a'_0)}$；

其中 $\xi=\dfrac{x}{h_0}=\dfrac{490.78}{590-50}=0.91$，得 $A_s=1400\text{mm}^2$，选 4Φ22，$A_s=1520\text{mm}^2>1400\text{mm}^2$，实际配筋率 $\mu=\dfrac{1520}{390\times540}=0.72\%>0.2\%$ 且 $<2\%$，符合构造要求。因 $\rho=0.72\%>0.2\%$，故应设箍筋 $\phi6$@200，满足构造要求，详见图 4-121。

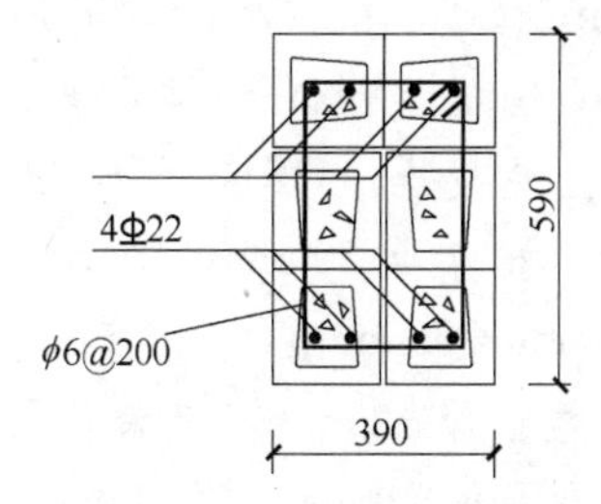

图 4-121　柱截面配筋

2）平面外承载力验算：由文献［29］公式（9.2.2-1）及（9.2.2-2）

$[N]=\varphi_{0g}(f_g A+0.8f'_y A'_s)$；$\varphi_{0g}=\dfrac{1}{1+0.001\beta^2}=0.94$；

$[N]=0.94\times(8.33\times390\times590+0.8\times300\times1520)=2144.64\text{kN}>N=1594.40\text{kN}$ 满足要求。

3）斜截面受剪承载力验算

① 截面条件：由文献［29］公式（9.3.1-1）

$[V]=0.25f_g bh_0=438.57\text{kN}>V=18.21\text{kN}$

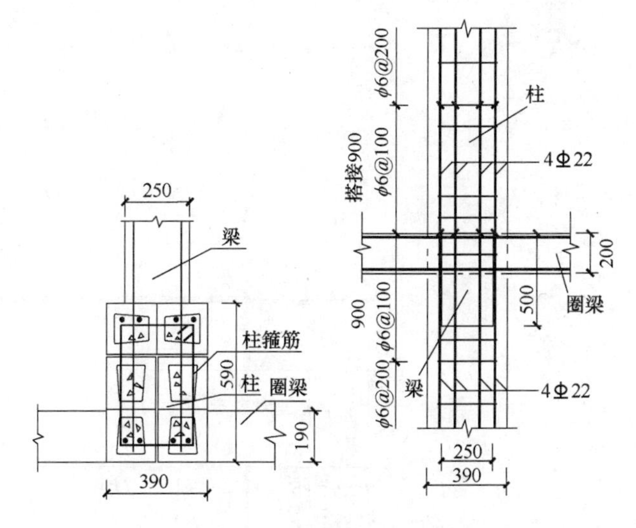

图 4-122　梁柱节点处配筋图

② 斜截面受剪承载力

$f_{vg}=0.2f_g^{0.55}=0.64$，采用 $\phi6$ @200 箍筋，$A_{sv}=28.3\text{mm}^2$，$f_{yv}=210\text{MPa}$，暂不考虑轴力的有利影响，则 $[V]=0.8f_{vg}bh_0+f_{yv}\dfrac{A_{sv}}{s}h_0=121.1\text{kN}>V=18.21\text{kN}$ 满足。

（11）截面配筋与节点构造详图 4-121 及图 4-122

13. 混凝土砌块配筋砌体框支剪力墙旅馆（10层）

【例 4-13】 某 10 层旅馆平面如图 4-123 所示。采用混凝土小型空心砌块配筋砌体柱和钢筋混凝土梁组合框架支承砌块砌体剪力墙，钢筋混凝土现浇楼（屋）盖结构。底层高 3.6m，标准层 3m。基顶标高 0.800m，女儿墙高 1.5m。采用孔洞率 $\delta=48\%$之 MU20 砌块、Mb20 水泥砂浆、C30 混凝土及 Cb30 灌孔混凝土，HRB335 和 HPB235 钢筋。墙厚 190mm，框架梁 300mm×700mm，框架组合柱 bh＝390mm×590mm，框架节点大样详见图 4-124。首层楼板厚 120mm，其余各层及屋面板厚 100mm，各层圈梁 190mm×200mm，施工质量 B 级。基本风压 0.6kN/m²，地面粗糙度 B 级。荷载标准值：屋面恒载 7.0kN/m²、活载 2.0kN/m²，楼面恒载 5.4kN/m²，墙面活载 2.0kN/m²；墙体自重：底层及第 2、3 层全灌芯，重 4.02kN/m²；其余各层灌芯率 50%，重 3.16kN/m²；面层重 0.35kN/m²。试计算框支柱及组合墙梁，验算房屋横向水平总位移及底层与第 7 层层间位移。

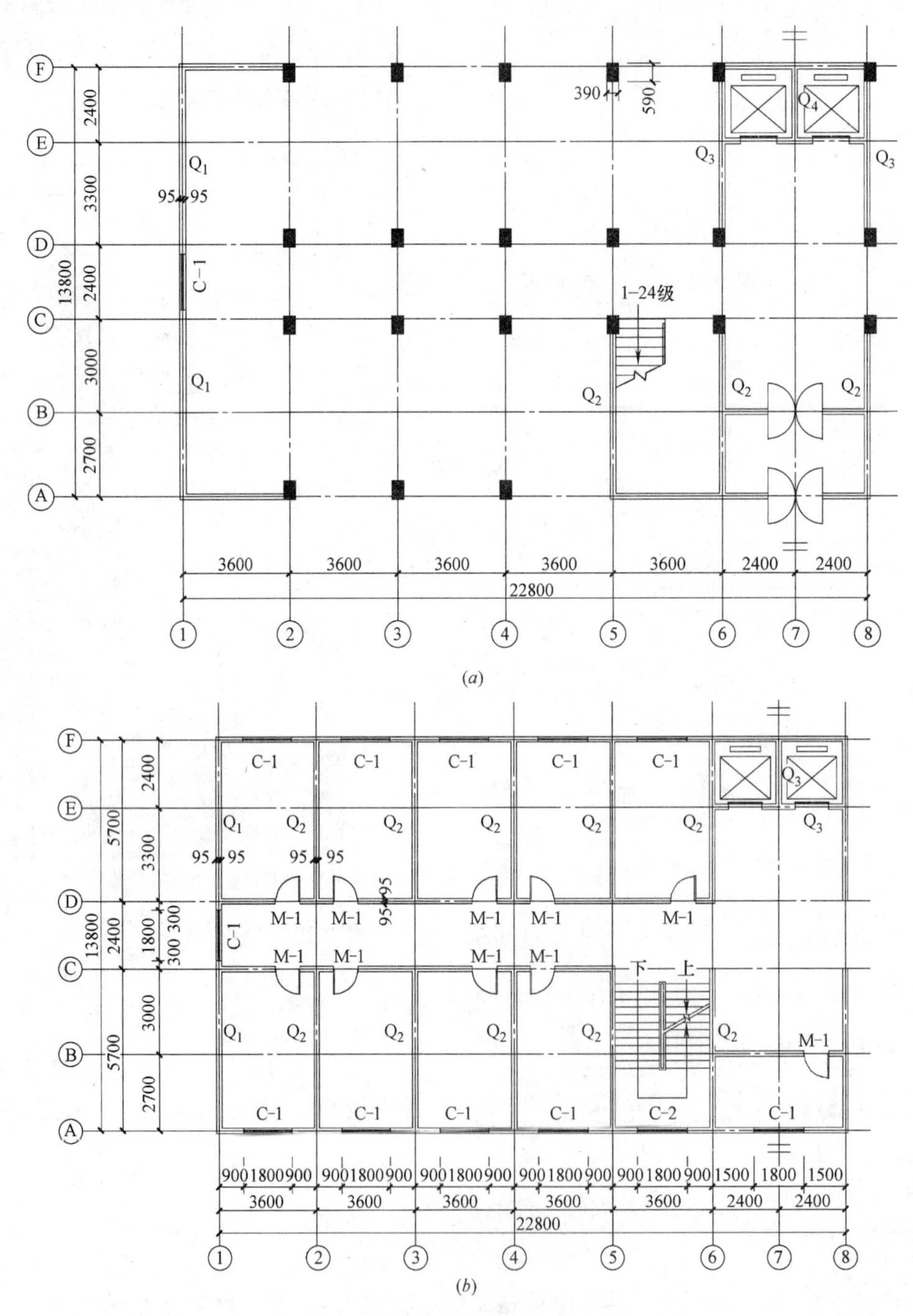

图 4-123 平面图

(a) 底层平面图；(b) 标准层平面图

【解】

(1) 结构方案

根据文献［29］第 4.2.2 条规定因横墙（经计算表明符合刚性横墙要求，详后述）间距 18m<32m（参考文献［29］表 4.2.1），故可判定底层为刚性方案。经计算第二层与底层侧向刚

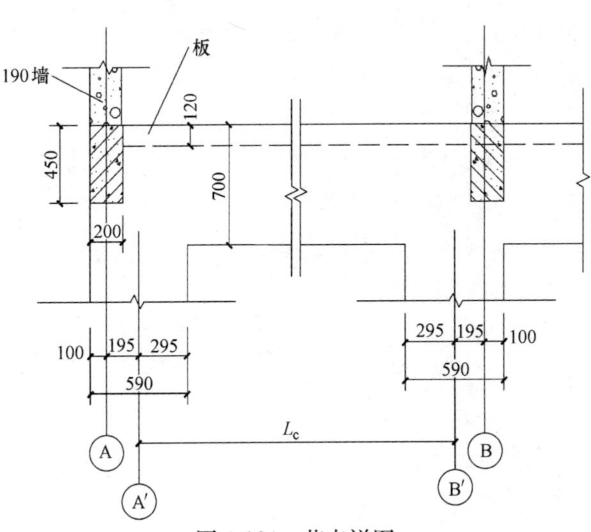

图 4-124　节点详图

度比 1.62＜2.5。纵向剪力墙间距 13.8m＜32m 亦满足要求。

(2) 墙梁设计

1) 计算简图详图 4-125，其中计算跨度

$l_{01}=l_{03}=5181\text{mm}$，　　$l_{02}=2431\text{mm}$；

第二层计算高度 $H_{02}=3000+\dfrac{700}{2}=3350\text{m}$，

底层柱净高 $H_{cn1}=3600+800-700=3700\text{mm}$，

底层柱计算高度 $H_{c1}=3700+\dfrac{700}{2}=4050\text{mm}$。

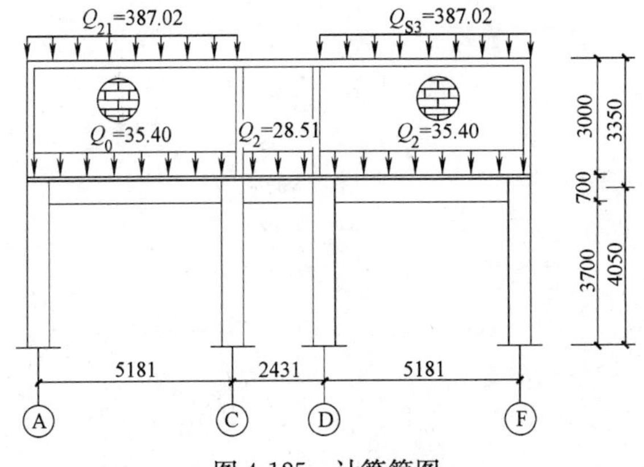

图 4-125　计算简图

2) 荷载计算

① 作用在托梁顶面的荷载设计值 Q_1

a. 托梁自重（含抹灰）：$25\times0.3\times0.7+[(0.3+2\times(0.7-0.12)]\times0.015\times20=5.7\text{kN/m}$

b. 首层楼板自重：按双向板（塑性铰线法）来划分

对于 1、3 跨（考虑按梯形荷载传递）

经支座弯矩等效后得等效线荷载 $q=(1-2\alpha_1^2+\alpha_1^3)q'$，

其中 $\alpha_1=1.8/5.7=0.316$；$q'_{恒}=5.4\times3.6/2=9.72\text{kN/m}$；$q'_{活}=2.0\times3.6/2=3.6\text{kN/m}$。

得 $q_{恒}=8.086\text{kN/m}$；$q_{活}=2.995\text{kN/m}$.

对于 2 跨（按三角形荷载考虑传递）

经支座弯矩等效后得等效线荷载 $q=\dfrac{5}{8}q'$

则 $q_{恒}=\dfrac{5}{8}\times9.72=6.075\text{kN/m}$；$q_{活}=\dfrac{5}{8}\times3.6=2.25\text{kN/m}$.

c. 考虑永久荷载效应控制的组合

对 1、3 跨：$Q_{11}=Q_{13}=1.35\times(5.7+8.086\times2)+1.4\times0.7\times(2.995\times2)=35.40\text{kN/m}$

对 2 跨：$Q_{12}=1.35\times(5.7+6.075\times2)+1.4\times0.7\times(2.25\times2)=28.51\text{kN/m}$

② 作用在墙梁顶面上的荷载设计值

a. 屋面板自重：按双向板法来划分

对于 1、3 跨（按梯形荷载传递）

经支座弯矩等效后得等效荷载

$q_{恒}=10.482\text{kN/m}$；

$q_{活}=2.995\text{kN/m}$.

对于 2 跨，由于走道无横梁而为 $l=2400\text{mm}$ 的单向板，故通过内纵墙传至 C、D 轴的纵向墙梁，最终只产生中间柱的轴力，因此 $q=0$.

b. 墙体自重：$(4.02\times2+3.16\times7+0.35\times2\times9)\times3=109.38\text{kN/m}$.

c. 考虑永久荷载效应控制的组合：考虑楼面活载折减系数 0.65

对 1、3 跨：

$$Q_{21}=Q_{23}=1.35\times109.38+1.35\times(10.482\times2+8.086\times2\times8)+(1.4\times0.7\times2.995\times2+1.4\times0.7\times0.65\times2.995\times2\times8)=387.02\text{kN/m}$$

对 2 跨：$Q_{22}=0$

(3) 内力计算

1) 框架梁柱的刚度计算

单排孔对孔砌筑的混凝土砌块灌孔砌体的抗压强度设计值及弹性模量：

根据文献［52］表 3.2.1 及表 3.2.2 得：(1～3) 层 $f_g=12.36\text{MPa}$，$E=2.35\times10^4\text{MPa}$；由文献［29］公式 (3.2.1-1) 推算得 (4～10) 层 $f_g=9.02\text{MPa}$，$E=1.53\times10^4\text{MPa}$；混凝土托梁 $E_C=3.00\times10^4\text{MPa}$.

① 柱线刚度：$i_c=\dfrac{1}{12}\times390\times590^3\times\dfrac{2.35\times10^4}{4050}=3.873\times10^{10}$

② 梁线刚度 $i_b=\dfrac{1}{12}\times300\times700^3\times\dfrac{3\times10^4}{5181}=$

4.965×10^{10}（第1、3跨）

$$i_b=\frac{1}{12}\times300\times700^3\times\frac{3\times10^4}{2431}=10.582\times10^{10}$$

（第2跨）

则 $i_b/i_c=1.282$（第1、3跨）；$i_b/i_c=2.732$（第2跨）

2）框架内力分析结果

① Q_1 作用下的框架内力图如图4-126，图4-127示；

② Q_2 作用下的框架内力图如图4-128，图4-129示；

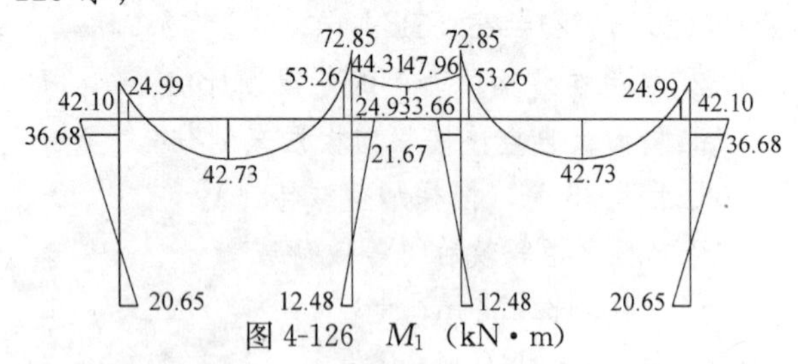

图4-126 M_1（kN·m）

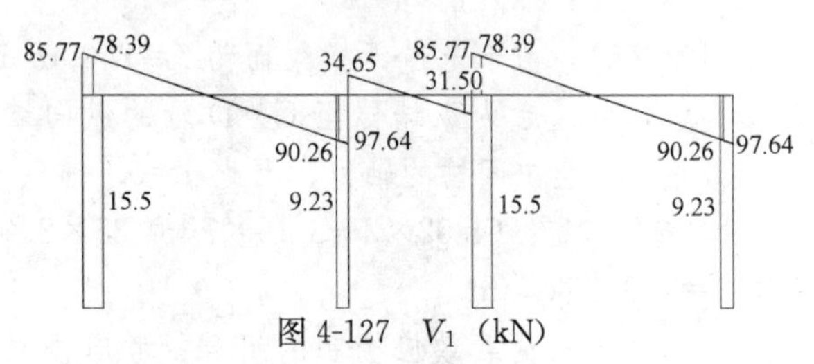

图4-127 V_1（kN）

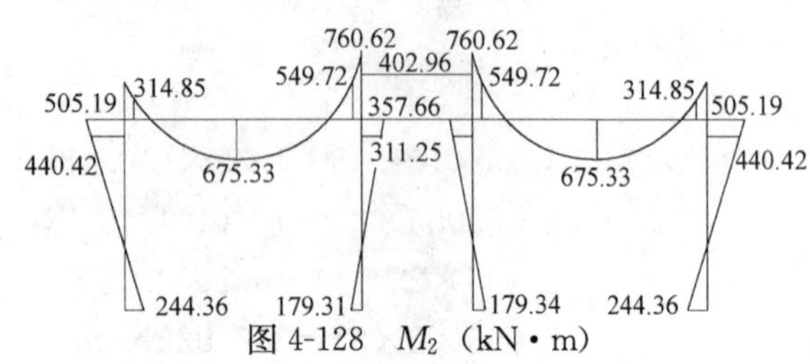

图4-128 M_2（kN·m）

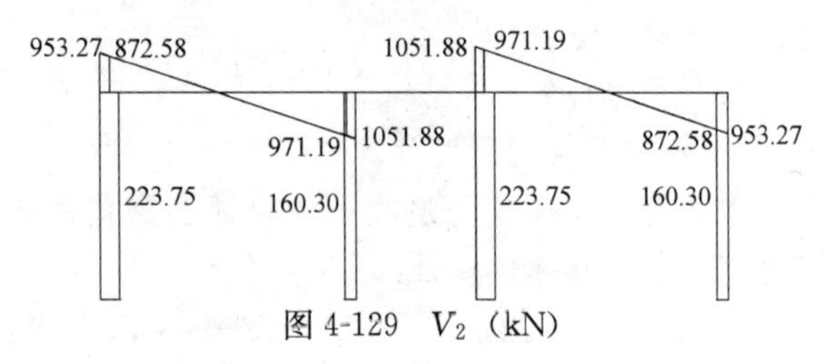

图4-129 V_2（kN）

（4）纵向传来的楼（屋）盖引起柱轴力的设计值（算到柱顶）

A、F柱附加轴力（今取③轴框架为典型）

① 楼面板产生的轴力

$q'_{恒}=9.72$kN/m；$q'_{活}=3.6$kN/m；$q'=1.35\times9.72+1.4\times0.7\times3.6=16.65$kN/m

则 $N_3=0.5\times16.65\times3.6=29.97$kN

屋面板产生的轴力

$q'_{恒}=12.6$kN/m；$q'_{活}=3.6$kN/m；$q'=1.35\times12.6+1.4\times0.7\times3.6=20.54$kN/m

则 $N_3=0.5\times20.54\times3.6=36.97$kN

小计：$29.97\times9+36.97=306.7$kN

② 纵墙产生的附加轴力

考虑窗洞后的墙重为$[4.02\times(3.6\times3-1.8\times1.8)+0.4\times1.8\times1.8]\times2=63.38$kN（其中0.4为钢框玻璃窗自重）

4-10层墙重为3.16kN/m²，考虑窗洞及女儿墙后的7层墙重为

$25.19\times7+3.16\times1.5\times3.6=193.39$kN

墙面面层重$0.35\times2\times[(3.6\times3-1.8\times1.8)\times9+1.5\times3.6]=51.41$kN

小计：$63.38+193.39+51.41=308.18$kN

③ 纵向托梁产生的附加轴力

设托梁截面为 $bh=200\text{mm}\times450\text{mm}$，自重$[25\times0.2\times0.45+(0.2+0.9)\times0.35]\times3.6=9.49$kN

总计：$N'_A=N'_F=306.7+308.18+9.49=642.37$kN

C、D柱附加轴力

① 楼屋面板产生的轴力

近似将各层走道荷载按单向板计算

各楼层三角荷载产生的轴力为29.97kN

走道矩形荷载为$3.6\times(5.4\times1.2\times1.35+1.4\times0.7\times2.0\times1.2)=39.96$kN

屋盖三角荷载及走道矩形荷载之和为$20.54\times0.5\times3.6+20.54\times1.2\times3.6/1.8=86.27$kN

小计：$(29.97+39.96)\times9+86.27=715.64$kN

② 内纵墙产生的附加轴力

门洞为900mm×2100mm

考虑门洞，两层墙重为$[4.02\times(3.6\times3-0.9\times2.1)+0.4\times0.9\times2.1]\times2=73.14$kN（其中0.4为钢铁门自重）

4-10层$[3.16\times(3.6\times3-0.9\times2.1)+0.4\times0.9\times2.1]\times7=202.37$kN

墙面面层重$0.35\times2\times(3.6\times3-0.9\times2.1)\times9=56.13$kN

小计：$73.14+202.37+56.13=331.64$kN

③ 纵向托梁产生的附加轴力

同Ⓐ轴为9.49kN

总计：$N'_C=N'_D=715.64+331.64+9.49=1056.77$kN

由图4-124知，纵向传来轴力设计值对横向柱产生的偏心弯矩分别为

$M'_A=N'_A\times0.195=624.37\times0.195=121.75$kN·m

$M'_C=N'_C\times0.195=1056.77\times0.195=206.07$kN·m

则在纵向轴力作用下的 $M_{N'}V_{N'}N_{N'}$ 如图4-130

所示。

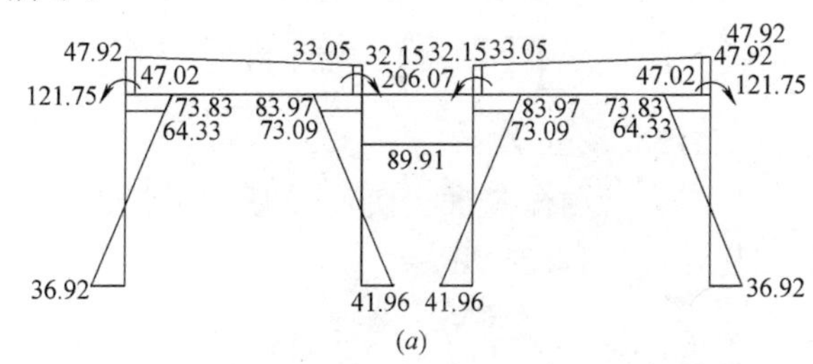

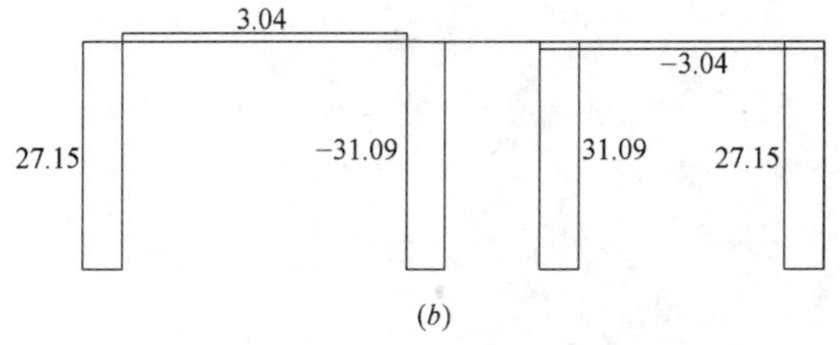

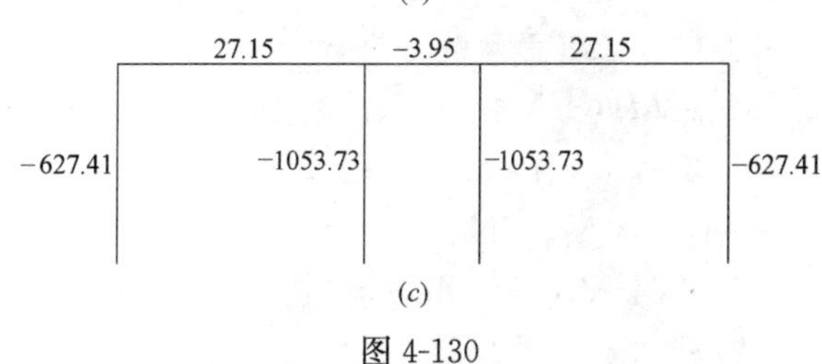

图 4-130

(a) $M_{N'}$图；(b) $V_{N'}$图；(c) $N_{N'}$图

(5) 托梁承载力的计算

1) 托梁正截面承载力计算

① 1 跨和 3 跨跨中截面：虽非连续墙梁，但却属框支墙梁，故应按下列各式计算：

无洞口，$\psi_m=1.0$

$\alpha_m=\psi_m\left(2.7\dfrac{h_b}{l_{01}}-0.08\right)=0.285$；$\eta_n=0.8+2.6\dfrac{h_w}{l_{01}}=2.306$；

考虑柱顶偏心弯矩对托梁跨中截面的负弯矩为 $(47.92+32.15)/2=40.04\text{kN}\cdot\text{m}$

$M_b=M_{11}+\alpha_m M_{21}=(42.73-40.04)+0.285\times675.33=195.16\text{kN}\cdot\text{m}$；

$N_{bt}=\eta_N\dfrac{M_{21}}{H_0}+3.04=467.91\text{kN}$，其中 3.04 为柱顶荷载引起梁内拉力。

$e_0=\dfrac{M_b}{N_{bt}}=0.417\text{m}>\dfrac{h_b}{2}-a_s=0.315\text{m}$，故为大偏心受拉构件；$e=e_0-\dfrac{h_b}{2}+a_s=0.102\text{m}=102\text{mm}$

取 $x=x_b$，对于 HRB335 钢筋，C30 混凝土，$\xi_b=0.55$，$x_b=0.55\times(700-35)=365.75\text{mm}$

$A_s'=\dfrac{N_{bt}.e-\alpha_1 f_c b x_b(h_0-0.5x_b)}{f_y'(h_0-a_s')}<0$，构造配筋 $A_s'=0.002bh_0=399\text{mm}^2$，选 2$\phi$16 ($402\text{mm}^2$) 满足。

边跨跨中截面 $\alpha_s=\dfrac{N_{bt}.e-f_y'A_s'(h_0-a_s')}{\alpha_1 f_c b h_0^2}=-0.0149$；$\xi=1-\sqrt{1-2\alpha_s}=-0.0148<2a_s'/h_0=0.105$

按 $x=2a_s'=2\times35=70\text{mm}$ 计算。

$e'=e_0+\dfrac{h_b}{2}-a_s'=732\text{mm}$；$A_s=\dfrac{N_{bt}.e'}{f_y(h_0-a_s')}=1812\text{mm}^2$ 选配 6ϕ20 (1884mm^2)

跨中截面纵向受力钢筋总配筋率 $\rho=\dfrac{1884}{300\times665}=0.994\%>0.6\%$，满足要求。

② A 支座：由于此支座两边墙梁无洞口，故 $\alpha_m=0.4$，C30 混凝土 $f_c=14.3\text{MPa}$，另考虑纵墙轴力偏心弯矩。

$M_{bA}=M_{1A}+\alpha_m M_{2A}+M_{N'A}=24.99+0.4\times314.85+47.02=197.95\text{kN.m}$；$\alpha_s=\dfrac{M_{bA}}{\alpha_1 f_c b h_0^2}=0.1044$，$\gamma_s=0.5(1+\sqrt{1-2\alpha_s})=0.945$；$A_s=\dfrac{M_{bA}}{\gamma_s f_y h_0}=1050\text{mm}^2$；$\rho_{min}=45\dfrac{f_t}{f_y}=0.215\%$

$\rho_{min}bh_0=0.215\%\times300\times665=428.9\text{mm}^2$

选配 2ϕ20+2ϕ18 (1137mm^2)（为统一构造，将原跨中 2ϕ16 改为 2ϕ18），$\rho=\dfrac{1137}{300\times665}=0.57\%>\rho_{min}=0.215\%$，满足要求。

③ C 支座：$\alpha_m=0.4$

$M_{bC}=M_{1C}+\alpha_m M_{2C}+M_{N'c}=53.26+0.4\times549.72+33.05=306.20\text{kN.m}$；$\alpha_s=\dfrac{M_{bc}}{\alpha_1 f_c b h_0^2}=0.161$，$\gamma_s=0.5(1+\sqrt{1-2\alpha_s})=0.912$；

$A_s=\dfrac{M_{bc}}{\gamma_s f_y h_0}=\dfrac{306.2\times10^6}{0.912\times300\times665}=1682\text{mm}^2$

选配 4ϕ20+2ϕ18 (1765mm^2)，满足要求。

梁侧构造钢筋每侧应$\geqslant0.1\%bh_0$，则 $A_u=0.1\%\times300\times665=199.5\text{mm}^2$，取 3$\phi$10，$A_u=236\text{mm}^2$

2) 托梁斜截面受剪承载力计算

① 支座边剪力设计值

$V_{bA}=V_{1A}+\beta_v V_{2A}+V_{N'A}=78.39+0.6\times872.58+3.04=604.98\text{kN}$（无洞口墙梁边支座取 $\beta_v=0.6$，中支座取 $\beta_v=0.7$）；

$V_{bc}^L=V_{1c}^L+\beta_v V_{2c}^L+V_{N'c}^L=90.26+0.7\times971.19-3.04=767.05\text{kN}$

$V_{bc}^R=V_{1c}^R+\beta_v V_{2c}^R=31.50+0.7\times0=31.50\text{kN}$；$V_{bD}^L=V_{bC}^R$；　$V_{bD}^R=V_{bC}^L$；$V_{bF}=V_{bA}$

② 验算受剪截面条件和构造配筋条件

$0.25\beta_c f_c b h_0=713.21\text{kN}<V_{bc}^L$，所以将托梁

的宽度 b 改为 350mm.

则 $0.25\beta_c f_c bh_0 = 0.25\times1.0\times14.3\times350\times665 = 832.08 >$ 所有梁端剪力，截面符合要求.

$0.7f_t bh_0 = 0.7\times1.43\times350\times665 = 232.98 < V_{bC}^{L}$，$V_{bA}$，则此截面需计算配箍。

③ 箍筋计算

A 支斜截面：$V_{bA} = 604.98\text{kN}$，$\dfrac{A_{SV}}{S} = \dfrac{V_{bA} - 0.7f_t bh_0}{1.25f_{yv}h_0} = 2.131$；选用 4 肢箍 $\phi10 A_{sv1} = 78.5\text{mm}^2$

$S \leqslant \dfrac{4\times78.5}{2.131} = 147\text{mm}$，近似取 $S = 150\text{mm}$（负差 2%），则选配 4 肢箍 $\phi10$@150，满足要求。

C 支座左截面：$V_{bc}^{L} = 767.05\text{kN}$

$\dfrac{A_{sv}}{S} = \dfrac{V_{bc}^{L} - 0.7f_t bh_0}{1.25f_{yv}h_0} = 3.059$；选 4 肢箍 $\phi10$，则 $A_{sv1} = 78.5\text{mm}^2$

$S \leqslant \dfrac{4\times78.5}{3.059} = 102.65\text{mm}$，取 $S = 100\text{mm}$，选配 4 肢箍 $\phi10$@100，满足要求。

C 支座右截面，$V_{bc}^{R} = 31.50\text{kN}$

$\dfrac{A_{sv}}{S} = \dfrac{V_{bc}^{R} - 0.7f_t bh_0}{1.25f_{yv}h_0} = \dfrac{31500 - 0.7\times1.43\times350\times665}{1.25\times210\times665} < 0$，根据构造选用双肢箍 $\phi10$@300 或 350。

其它支座可以根据结构对称性配箍，在此不再累述。

框架梁截面由 $b = 300\text{mm}$ 增为 350mm 对框架梁柱刚度比影响甚微，故不再重新计算。

(6) 框支柱承载力计算

1) A 柱正截面承载力计算

$M_A = M_{1A} + M_{2A} + M_{N'A} = 36.68 + 440.42 - 64.33 = 412.77\text{kN}\cdot\text{m}$

估计为大偏心受压构件，取 $\eta_N = 1.0$

$N_A = N_{1c} + \eta_N N_{2c} + N_{N'A} = 85.77 + 1.0\times953.27 + 627.41 = 1666.45\text{kN}$，柱采用对称配筋

$a_s = a'_s = 60\text{mm}$，$h_0 = 530\text{mm}$，$H_{c1} = 4050\text{mm}$，$e_0 = \dfrac{M_A}{N_A} = \dfrac{412.77\times10^3}{1666.45} = 248\text{mm}$

计算高度 $H_0 = 1.0H_{c1} = 4050\text{mm}$；高厚比 $\beta = 4050/590 = 6.86 < [\beta] = 17$

轴向力附加偏心距：$e_a = \dfrac{\beta^2 h}{2200}(1 - 0.022\beta) = \dfrac{6.86^2\times590}{2200}(1 - 0.022\times6.86) = 10.72\text{mm}$

$e_N = e_0 + e_a + \left(\dfrac{h}{2} - a_s\right) = 248 + 10.72 + \left(\dfrac{590}{2} - 60\right) = 493.72\text{mm}$

$e'_N = e_0 + e_a - \left(\dfrac{h}{2} - a'_S\right) = 248 + 10.72 - \left(\dfrac{590}{2} - 60\right) = 23.72\text{mm}$

假定为对称配筋和大偏心受压，则可求出压区高度，$f_g = 12.36\text{MPa}$

受压区高度 $x = \dfrac{N_A}{bf_g} = 345.7\text{mm} > 0.53\times530 = 280.9\text{mm}$，应为小偏心受压。

由公式（4-259）得 $\xi = 0.600$；由公式（4-258）得 $A_s = A'_s = 1802\text{mm}^2$；选配 4$\phi$25（1964mm²），满足要求。由于剪力很小，可构造配箍 $\phi8$@200。

2) C 柱正截面承载力设计

$M_C = M_{1C} + M_{2C} + M_{N'C} = 21.67 + 311.25 - 73.09 = 259.83\text{kN}\cdot\text{m}$

$N_C = N_{1c} + \eta_N N_{2c} + N_{N'C}$
$= (97.64 + 34.65) + 1.0\times1051.88 + 1053.73$
$= 2237.9\text{kN}$

$e_0 = \dfrac{M_c}{N_c} = \dfrac{259.83}{2237.9} = 116.1\text{mm}$，估计为大偏心受压构件

$e_N = e_0 + e_a + \left(\dfrac{h}{2} - a_s\right) = 361.82\text{mm}$，$e'_N = e_0 + e_a - \left(\dfrac{h}{2} - a'_s\right) = -108.18\text{mm}$

受压区高度 $x = \dfrac{N_C}{bf_g} = 464.3\text{mm} > \xi_b h_0 = 280.9\text{mm}$，系为小偏心受压。由公式（4-259）得 $\xi = 0.733$；由公式（4-258）得 $A_s = A'_s = 1212\text{mm}^2$；选配 4$\phi$20（1256mm²），满足要求。

由于剪力很小，可以根据构造配箍筋 $\phi8$@200。

(7) 墙梁墙体计算和施工验算

1) 墙体受剪承载力计算

多层墙梁且翼墙 $b_f/h > 7$，故取 $\xi_1 = 1.5$；无洞口时，$\xi_2 = 1.0$；顶圈梁 $h_t = 200\text{mm}$.

$V_2 = \xi_1\xi_2\left(0.2 + \dfrac{h_b}{l_{01}} + \dfrac{h_t}{l_{01}}\right)fhh_w = 3947.4\text{kN} > V_{2c}^{L} = 90.26 + 971.19 - 3.04 = 1058.41\text{kN}$，满足要求。

2) 托梁支座上部砌体局部受压承载力

虽然柱上未设有构造柱，但 $b_f/h > 5$，故无需验算。

3) 施工验算，现有配筋均满足要求（略）。

(8) 横向水平位移验算

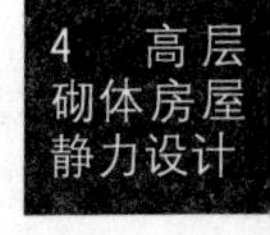

由于将①轴山墙和⑤、⑥轴横墙和电梯井道视为刚性墙，为此对①轴山墙及⑤、⑥轴（含电梯井）分别进行刚性墙的验算。

此建筑视为上刚下柔的结构方案，故将底层及2、3层剪力墙全灌Cb30混凝土，则剪力墙和柱子的弹性模量均为$E_1=23500$Mpa，4-10层墙仍采用MU20砌块，Mb20水泥砂浆，因注芯率为50%，则弹性模量为$E_2=1700f_g=1700\times9.02\approx15300$MPa

1）①轴山墙风荷载计算

因$H=4.05+3\times9+1.5=32.55m>30$m，$B=13.8+0.19=13.99$m，

则$\dfrac{H}{B}=2.33>1.5$，故应考虑风振系数$\beta_z=1+\psi_z\xi\upsilon/\mu_z$

周期$T_1=(0.05\sim0.1)$n，取$T_1=0.8$n，则$T_1=0.08\times10=0.8$（s）；$w_0T^2=0.6\times0.8^2=0.384$，查表得风压脉动增大系数$\xi=1.335$；脉动影响系数$\upsilon=0.513$；又$\mu_s$迎风时0.8，背风时$-0.5$，故$\mu_s=1.3$。$w_k=\beta_z\mu_s\mu_zw_0$计算结果见表4-106：

风荷载计算结果（kN/m²）　**表4-106**

层位	1	2	3	4	5	6	7	8	9	10
ϕ_z	0.0325	0.0836	0.159	0.241	0.342	0.460	0.572	0.691	0.817	1.00
μ_z	1.00	1.00	1.002	1.084	1.163	1.229	1.285	1.339	1.387	1.449
β_z	1.0223	1.0573	1.1087	1.1523	1.2014	1.2564	1.3049	1.3535	1.4035	1.4727
w_k	0.797	0.825	0.867	0.974	1.090	1.2044	1.308	1.414	1.518	1.664

为了简化计算偏于安全，可将风荷载简化为沿高度线性增加，并将山墙受荷范围长度按①-⑥轴长之半取值

$L=3.6\times5/2=9$m

$q_1=0.797\times9=7.173$kN/m（沿墙高）

$q_2=1.664\times9=14.976$kN/m

2）①轴山墙的刚度计算

以标准层为例，山墙窗洞面积为$1.8^2=3.24$m²

单层墙层面积为为（13800＋190）×3＝41.97m²

则其比值为$\dfrac{3.24}{41.97}=7.72\%<15\%$　故可按整体悬臂墙来计算其刚度

折算面积$A_w=\left(1-1.25\sqrt{\dfrac{A_{op}}{A_f}}\right)A$

A_f—总立面面积$A_f=13.990\times32.550=455.3745$m²

A_{op}—洞口墙面积$A_{op}=1.8^2\times10=32.4$m²

A—剪力墙毛截面面积$A=13990\times190+1000\times190=2848100$m²

其中，考虑纵墙翼缘影响，取$b_f=900+95=995$mm≈1000mm（按楼层窗间墙宽度取值）

则$A_w=\left(1-1.25\sqrt{\dfrac{32.4}{455.3745}}\right)\times2848100=3797728$mm²

窗洞口所在水平截面

$$I_{op}=\frac{190}{12}\times(13990^3-1800^3)+2\times\left[\frac{900-95}{12}\times190^3+805\times190\times\left(\frac{13800}{2}\right)^2\right]=57.8261\times10^{12}\text{mm}^4$$

无洞口水平截面$I=57.8261\times10^{12}+\dfrac{190}{12}\times1800^3=57.91845\times10^{12}$mm⁴

折算截面刚度

$$EI_q=\frac{\sum_{j=1}^{n}E_jI_jh_j}{\sum_{j=1}^{n}h_j}$$

$$=\frac{23500\times(1.65\times57.91845+3\times1.8\times57.8261+2.7\times57.91845)\times10^{12}}{32.55}+\frac{15300\times(8.4\times57.91845+12.6\times57.8261+1.8\times57.91845)\times10^{12}}{32.55}$$

$$=1027505.822\times10^{12}$$

折算弹性模量

$$E_q=\frac{23500\times10.05+15300\times22.50}{32.55}=17831.80$$

等效刚度计算（$\mu=1.2$，$G=0.42E_q$）

倒三角荷载

$$EI_{eq}=\frac{\beta EI_q}{1+\dfrac{3.64\mu\beta EI_q}{H^2GA_w}}$$

$$=\frac{0.85\times1027505.822\times10^{12}}{1+\dfrac{3.64\times1.2\times0.85\times1027505.822\times10^{12}}{(32.55\times10^3)^2\times0.42\times17831.8\times3797728}}$$

$$=\frac{873379.9487\times10^{12}}{1.12659}=775242\times10^{12}$$

均布荷载

$$EI_{eq}=\frac{\beta EI_q}{1+\frac{4\mu\beta EI_q}{H^2GA_w}}$$

$$=\frac{0.85\times1027505.822\times10^{12}}{1+\frac{4\times1.2\times0.85\times1027505.822\times10^{12}}{(32.55\times10^3)^2\times0.42\times17831.8\times3797728}}$$

$$=\frac{873379.9487\times10^{12}}{1.13912}=766715\times10^{12}$$

3）①轴山墙顶点位移计算

倒三角形荷载作用下底部剪力 $V_0=\frac{1}{2}\times32.55\times(14.976-7.173)=127\text{kN}$；

墙顶位移：

$$u_1=\frac{11V_0H^3}{60EI_{eq}}=\frac{11\times127\times10^3\times(32.55\times10^3)^3}{60\times775242\times10^{12}}$$

$=1.036\text{mm}$

均布荷载作用下底部剪力：$V_0=32.55\times7.173=233.48\text{kN}$；

墙顶位移：$u_2=\frac{V_0H^3}{8EI_{eq}}=\frac{233.48\times10^3\times32550^3}{8\times766715\times10^{12}}=1.3127\text{mm}$

所以 $\Delta u_0=u_1+u_2=2.3487\text{mm}<\frac{H}{4000}=8.1375\text{mm}$，可以认为是刚性横墙。

4）①轴山墙底层层间位移计算

既是刚性横墙其底层最大层间位移必能满足$\frac{H_1}{1000}$要求，故此处不再验算。

5）⑤、⑥轴横墙（含电梯井）的刚性墙验算

尽管⑤、⑥轴横墙（含电梯井）各自抗侧刚度较①轴为小，但考虑下述原因而可近似推论为刚性墙，从而不再计算。

一、三片横墙均有纵墙为其翼缘，并与底层组合框架柱相联，平面内刚度近似于无穷大的楼盖将其连接为双肢剪力墙，具有较大的空间刚度。

二、根据①轴墙的顶点位移仅为$\frac{H}{4000}$的$\frac{1}{3.465}$的结果可知，⑤、⑥轴的组合抗侧结构将具有达到该位移限值的刚度条件。

三、两山墙距离 $L=22.8\text{m}<$刚性方案之刚性墙最大间距 36m，对⑤、⑥横墙具有充分的内力重分布潜力。

至此，原刚性方案假定成立。

5 砌体结构构件承载力计算方法

5.1 配筋砌体梁的承载力计算方法

此处仅介绍混凝土空心砌块配筋砌体梁的计算方法，当为其他类型的砖砌体梁亦可参照此方法，仅其 f、a_5、a_s'及 ξ_b 等参数取值方法不同。

1. 配筋砌块砌体梁——方法一[23][29][33]

(1) 正截面抗弯承载力

1) 矩形截面，如图 5-1。

$$M \leqslant f_g bx(h_0 - x/2) + f_y' A_s'(h_0 - a_s') - (\sigma_{p0}' - f_{py}')A_p'(h_0 - a_p') \tag{5-1}$$

$$f_g bx = f_y A_s - f_y' A_s' + f_{py} A_p + (\sigma_{p0}' - f_{py}')A_p' \tag{5-2}$$

$$x \leqslant \xi_b h_0 \text{ 及 } x \geqslant 2a_s \tag{5-3}$$

$$\xi_b = \frac{0.8}{1 + \dfrac{f_y}{0.003E_s}} \quad (\text{非预应力}) \tag{5-4}$$

$$\xi_b = \frac{0.8}{1 + \dfrac{0.002}{\varepsilon_{cu}} + \dfrac{f_{py} - \sigma_{p0}}{E_s \varepsilon_{cu}}} \quad (\text{预应力}) \tag{5-4a}$$

式中 f_g——注芯混凝土砌块砌体轴心抗压强度设计值，详公式 (1-1) 及式 (1-2) 其余符号同前；

h_0——截面有效高度，$h_0 = h - a_s$，当采用带凹槽之系梁块时（详见图 5-1），$a_s = a_s' = 35$mm；

σ_{p0}——拉区预应力筋合力作用点处混凝土法向应力为零时的预应力钢筋应力，详 4.6 节 3 之 (5) 相关公式；

ε_{cu}——压区混凝土非均匀受压时极限压应变，$\varepsilon_{cu} = 0.003 - (f_{cu,k} - 50) \times 10^{-5}$。当 $\varepsilon_{cu} > 0.003$ 时取 0.003（根据灌芯混凝土砌体的力学特性，取值低于混凝土规范之 $\varepsilon_{cu} = 0.0033$）。

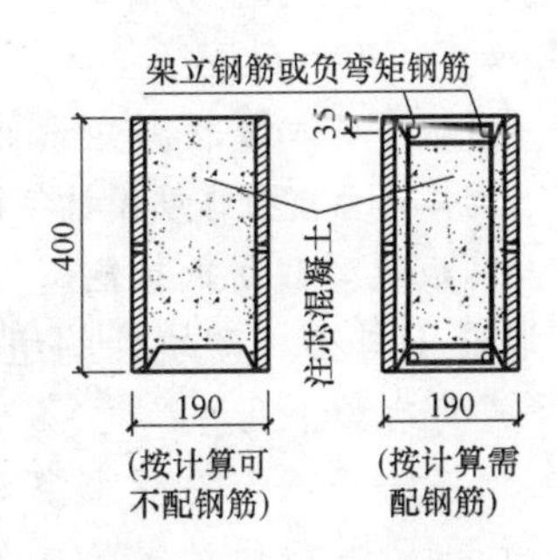

图 5-1 矩形截面梁

当 $x < 2a_s'$ 且对称配筋时，可按下式计算

$$m \leqslant f_y A_s (h_0 - a_s') \tag{5-5}$$

单筋矩形截面受弯构件亦可按下式计算

$$M \leqslant f_y A_s z \tag{5-6}$$

式中 z——内力臂。

$$z = \left(1 - 0.5\frac{f_y A_s}{f_g b h_0}\right) \leqslant 0.95h_0 \tag{5-7}$$

2) T 形、倒 L 形截面，图 5-2 即示其一配筋构造实例。

当满足下列条件时，应按截面宽度为 b_f'的矩形截面计算

$$f_y A_s + f_{py} A_p \leqslant f_g b_f' h_f' + f_y' A_s' - (\sigma_{p0}' - f_{py}')A_p' \tag{5-8}$$

当满足下列条件时，应按中和轴在腹板内的第二类 T 形截面计算

$$M \leqslant f_g bx(h_0 - x/2) + f_g(b_f' - b')h_f'(h_0 - h_f'/2) + f_y' A_s'(h_0 - a_s') - (\sigma_{p0}' - f_{py}')A_p'(h_0 - a_p') \tag{5-9}$$

$$f_g[bx + (b_f' - b)h_f'] = f_y A_s - f_y' A_s' + f_{py} A_p + (\sigma_{p0}' - f_{py}')A_p' \tag{5-10}$$

上式求得的 x 仍应满足公式 (5-3) 两个条件。

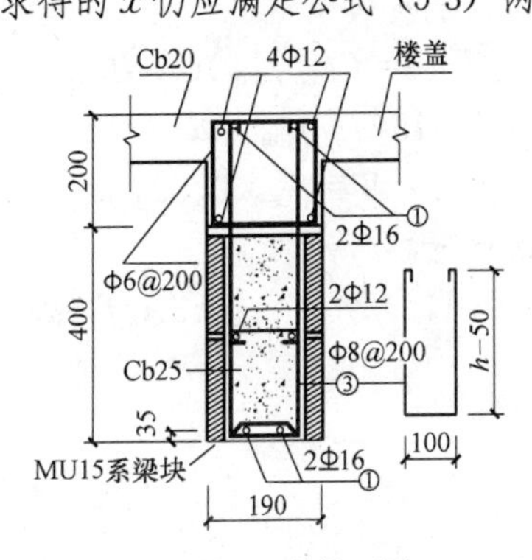

图 5-2 T 形截面梁

式中 b_f'——压区翼缘计算宽度，应按表 5-1 中最小值取用。

其余符号同前述。

当为连续梁支座截面时，在负弯矩作用下可按公式 (5-1) 计算。

(2) 斜截面受剪承载力

最小截面尺寸限值

$$V \leqslant 0.25 f_g b h_0 \tag{5-11}$$

斜截面抗剪承载力

$$V \leqslant 0.8 f_{vg} b h_0 + f_{yv}\frac{A_{sh}}{s}h_0 \tag{5-12}$$

式中 f_{vg}——注芯混凝土砌块砌体抗剪强度设计值，按公式 (1-4) 计算。

其余符号同前。

2. 配筋砌块砌体梁——方法二[37]

(1) 正截面抗弯承载力

1) 适用于配筋砌体设计的基本假定：

T形、倒L形截面受弯构件翼缘计算宽度 b'_f 表 5-1

情况			T形		倒L形
			肋形梁 肋形板	独立梁	肋形梁 肋形板
1	按计算跨度 l_0 考虑		$l_0/3$	$l_0/3$	$l_0/6$
2	按梁(纵肋)净距 s_n 考虑		$b+s_n$	—	$b+s_n/2$
3	按翼缘高度 h'_f 考虑	$h'_f/h_0\geqslant0.1$	—	$b+12h'_f$	—
		$0.1\geqslant h'_f/h_0\geqslant0.05$	$b+12h'_f$	$b+6h'_f$	$b+5h'_f$
		$h'_f/h_0\leqslant0.05$	$b+12h'_f$	b	$b+5h'_f$

注：1. 若肋形梁在跨内设有间距小于纵肋间距的横肋时，可不遵守表列情况3的规定；

2. 加腋的T、I形和Γ形截面，当受压区加腋高度 $h_h\geqslant h'_f$ 且腋宽 $b_h\geqslant3h_h$ 时，其翼缘计算宽度 b'_f 可按情况3的规定分别增加 $2b_h$（T、工形）和 b_h（L形）；

3. 独立梁压区翼缘在荷载作用下，经验算可能产生沿纵肋方向的裂缝时，应取 $b'_f=b$。

① 平截面假定；

② 破坏时压区极限应变 $\varepsilon_{cu}=0.0035$；

③ 钢筋屈服时的应变 $\varepsilon_y=0.002$；

④ 拉区砌体退出工作；

⑤ 压区砌体应力分布为矩形；

⑥ 压区高度 d_c 不超过截面有效高度 d 之半。

2）矩形截面抗弯承载力计算公式

最大压区合力 $C=(f_f/\gamma_{mm})0.5db$ (5-13)

最大设计抵抗弯矩

$$M_d=C\cdot z=(f_f/\gamma_{mm})0.5db\times0.75d=0.375(f_f/\gamma_{mm})bd^2 \quad (5\text{-}14)$$

最大拉力 $T=A_s\times0.83f_f/\gamma_{ms}$ (5-15)

最大设计抵抗弯矩

$$M_d=0.83A_sf_y/\gamma_{ms}z=0.83A_sf_y(d-d_c/2) \quad (5\text{-}16)$$

令 $T=C$ 得

$$z=d[1-(0.415A_sf_y\gamma_{mm}/bdf_f\gamma_{ms})]\leqslant0.95d \quad (5\text{-}17)$$

式中 f_y——钢筋抗拉强度标准值（详表4-25）；

f_f——砌体弯曲抗压强度标准值，$f_f=1.1f_k$；

f_k——砌体抗压强度标准标准值（详表4-28）；

γ_{mm}、γ_{ms}——分别为砌体和钢筋的材料强度分项系数，详表4-13。

（2）斜截面受剪承载力

详见公式（4-180）和公式（4-181）。

5.2 配筋砌体板的承载力计算方法

1. 振动砖楼板

（1）正截面抗弯承载力计算简图

1）如图5-3所示，可为槽板（实心砖平放）亦可为平板（多孔砖侧放）。

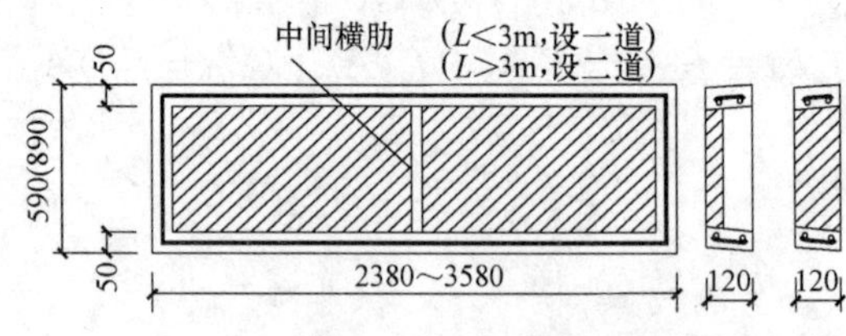

图5-3 振动楼板

2）当为槽板时，按表5-1确定压区有效翼缘宽度 b'_f。沿板跨方向抗弯时，因中和轴一般都在翼缘内而可按 b'_f 为宽度的单筋矩形计算。其中，当仅有砖翼缘时，截面翼缘按砌体强度计算；当有砂浆面层时，应根据其强度相对于砖砌体之高低而决定是否考虑其参与工作。

3）当为平板时，沿板跨方向抗弯强度按砌体与钢筋混凝土肋的组合矩形截面计算。

4）沿板宽方向抗弯时，可近似仅考虑砖（砌块）砌体抗弯承载力。

（2）抗弯承载力计算公式

1）沿板跨方向抗弯承载力计算

$$[\alpha_1f_cb+f(b'_f-b)]x=f_yA_s \quad (5\text{-}18)$$

$$M\leqslant[\alpha_1f_cb+f(b'_f-b)]x(h_0-x/2) \quad (5\text{-}19)$$

式中 α_1——因混凝土强度等级不超过C50，故取为1.0；

f_c——混凝土轴心抗压强度设计值详文献[23]；

b——腹板宽度，取槽板肋宽之总和；

f——砌体抗压强度设计值，为简化计算并偏安全不考虑1.1的弯曲抗压强度提高系数。

2）沿板宽方向抗弯承载力计算

$$M_f=f_{tm}W \quad (5\text{-}20)$$

式中 M_f——沿板宽方向翼板弯矩设计值；

f_{tm}——砌体弯曲抗拉强度设计值详表1-17；

W——翼板抗弯截面抵抗矩。

2. 钢筋混凝土与砖（砌块）的组合楼板

其构造形式可有如下几种：

（1）预制预应力小梁与混凝土空心砌块组合楼板[60]：详图5-4，其截面计算公式可参见公式（5-8）～公式（5-10），亦可参见配筋砌体梁，并取一个小梁间距为计算单元。将砌块砌体截面之上部作为其工字形截面之压区翼缘，且与腹板分别采用 f 和 f_c 的抗压强度设计值以计算使用阶段承载力。此外尚应按倒T形验算施工阶段的小梁截面承载力。小梁的配筋与构造详表5-2。

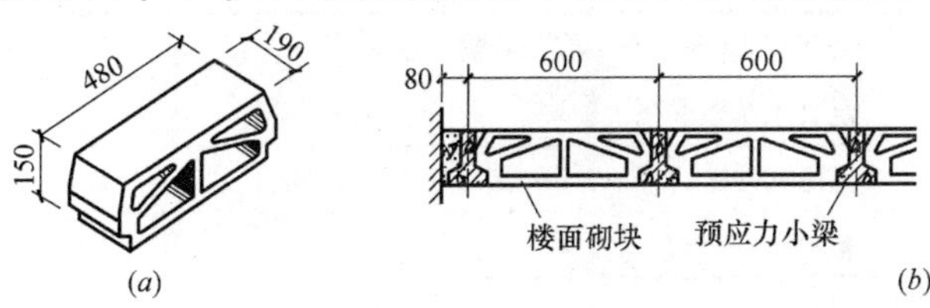

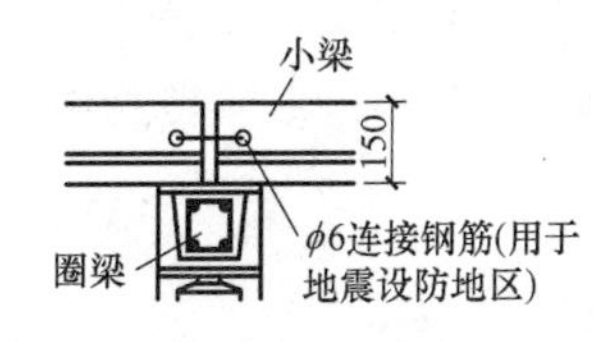

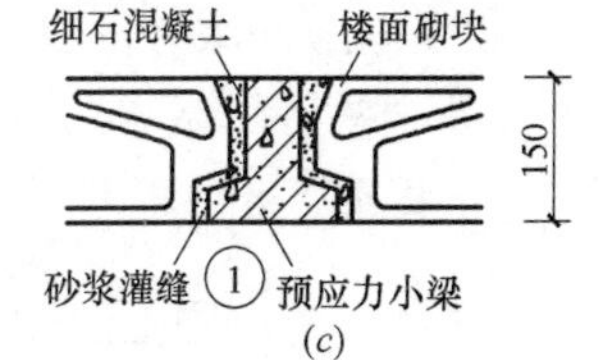

图5-4　预应力小梁与混凝土空心砌体组合楼板

(a) 楼板砌块规格；(b) 预应力小梁与砌块的组合及小梁支撑端构造；(c) 组合板计算截面图

预应力小梁系列　表5-2

编号	跨度(mm)	构件长(mm)	高度(mm)	外荷载(N/mm²)	钢丝规格			构件自重(N)	截面构造
					①	②	③		
YL36	3600	3580	160	2500	12ϕ^b4	2ϕ^b4	7ϕ^b5	1160	140; 40, 60, 40; ②; ③; ①; $h-50$; h; 15; 35
YL33	3300	3280	150	2500	10ϕ^b4	2ϕ^b4	7ϕ^b5	1020	
YL30	3000	2980	150	2500	8ϕ^b4	1ϕ^b4	5ϕ^b5	920	
YL27	2700	2680	150	2500	6ϕ^b4	1ϕ^b4	5ϕ^b5	830	

注：外加荷载标准值为活载1500N/mm²，面层及抹灰1000N/mm²。混凝土C30。

(2) 预制钢-混凝土组合小梁与空心砖组合楼板[60]：详图5-5。其截面计算可参见配筋砌体梁并按T形截面考虑。此时翼缘可仅取现浇混凝土面层，而空心砖主要起填充作用。

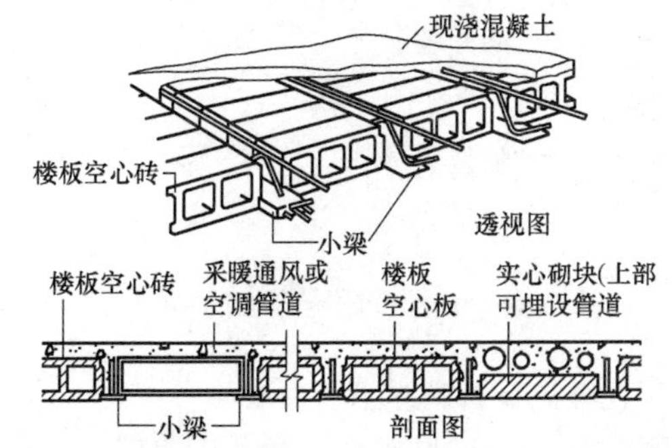

图5-5　预制钢-混凝土组合小梁与空心砖组合楼板

(3) 预应力单条空心砖楼板[32]：详图5-6。在空心砖上部凹槽中设置先张法预应力钢丝，后浇细石混凝土，待达到强度后，剪断钢丝并翻转吊装就位。可按工字形截面计算砖砌体的抗压强度与弯曲抗拉强度。

(4) 现浇钢筋混凝土小梁与空心砖（空心砌块）组合楼板：将空心砖（空心砌块）放置于模板上并留出小梁位置，放好小梁钢筋骨架后，再现浇混凝土，详图5-7。计算方法：若图中所示为倒T形梁且不浇混凝土面层，则按倒T形截面钢筋混凝土梁计算；当浇注面层以及如图示构造，可将面层视为压区翼缘而按T形截面计算。此时均视空心砖（砌块）为填充构件。

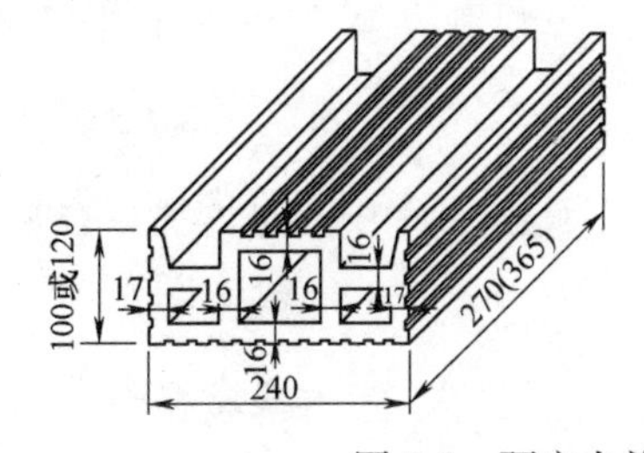

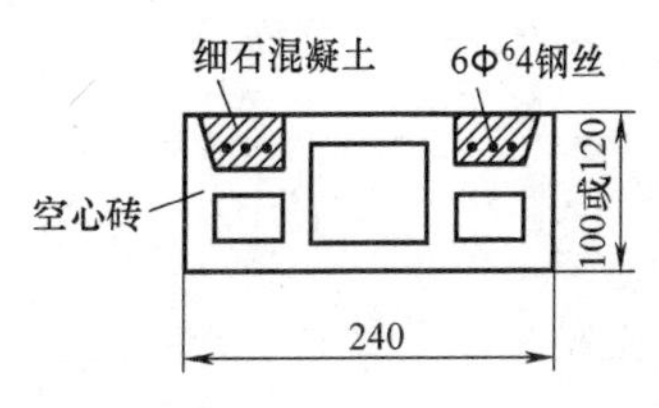

图5-6　预应力单条空心砖楼板

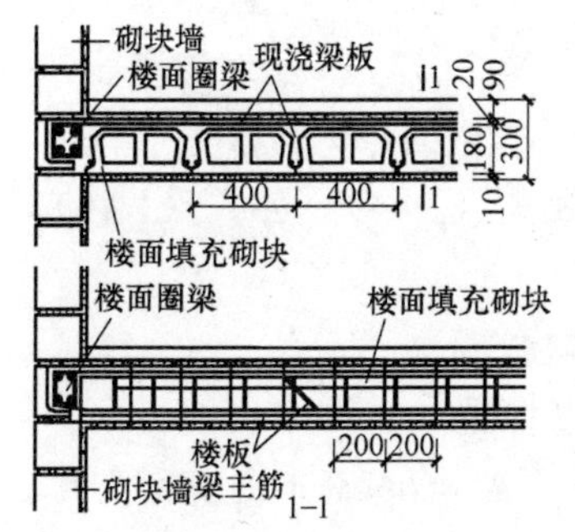

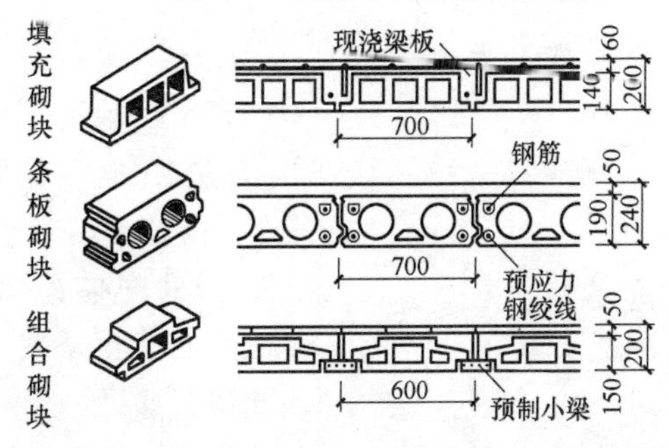

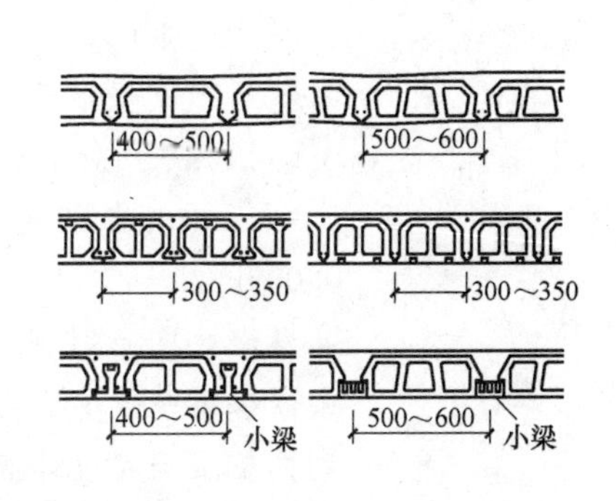

图5-7　现浇钢筋混凝土小梁与空心转（组合楼板）

（5）现浇钢筋混凝土小梁和井字梁与加气混凝土砌块组合楼板：其构造特点和施工方法与图5-7相似。当小梁跨度较大或为井字梁时，需加现浇面层，并将小梁中的骨架与面层钢筋网绑扎在一起，详图5-8。

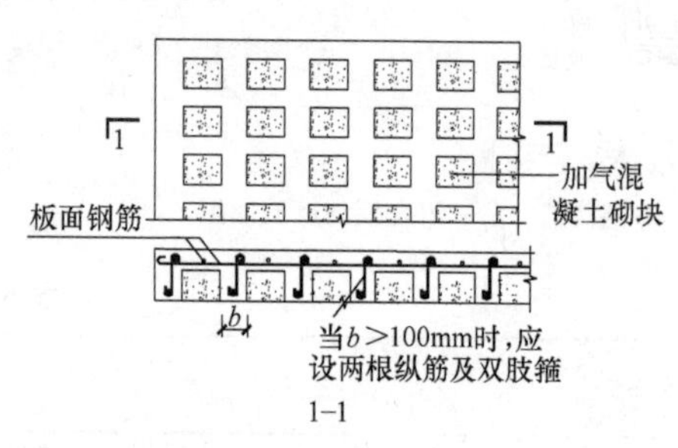

图5-8 现浇井字梁与加气混凝土组合楼盖

板的计算，实际上是钢筋混凝土密肋楼盖或井字梁楼盖（后者可采用“拟板法”进行内力分析）。截面抗弯承载力和抗剪承载力可根据有无钢丝网混凝土面层而分别按T形截面计算或矩形截面。

5.3 砌体和配筋砌体柱承载力计算方法

1. 砌体柱

（1）我国的砌体结构规范关于正截面承载力计算方法[29]

$$N \leqslant \varphi f A \tag{5-21}$$

式中 N——轴力设计值；

φ——高厚比β和轴力偏心距e对受压构件承载力的影响系数，可查文献［29］附录D表D.O.1-1～表D.O.1-3，或按下式计算

当$\beta \leqslant 3$时
$$\varphi = \frac{1}{1+12\left(\frac{e}{h}\right)^2} \tag{5-22}$$

当$\beta > 3$时
$$\varphi = \frac{1}{1+12\left(\frac{e}{h}+\sqrt{\frac{1}{12}(\varphi_0-1)}\right)^2} \tag{5-23}$$

式中 φ_0——轴心受压构件稳定系数，

$$\varphi_0 = \frac{1}{1+\alpha\beta^2} \tag{5-24}$$

α——与砂浆强度等级有关的系数，当为M5时，$\alpha=0.0015$；当为M2.5时，$\alpha=0.002$；当强度$f_2=0$时，$\alpha=0.009$；

β——高厚比，在φ计算（查表）中，应乘以修正系数γ_β，γ_β详表5-3；

f——砌体抗压强度设计值；

A——柱截面面积。

γ_β值 表5-3

砌体类别	γ_β
烧结实心（多孔）砖、灌孔混凝土砌块	1.0
混凝土及轻混凝土砌块	1.1
蒸压灰砂砖、蒸压粉煤灰砖、细石料半细料石	1.2
粗料石、毛料石	1.5

此法仅适用于$e \leqslant 0.3h$情况，否则应采用组合砌体。对偏心受压柱，尚应验算出平面方向承载力。

（2）英国砌体规范BS 5628关于正截面承载力计算方法[37]

$$N \leqslant \frac{\psi f_k A}{\gamma_f} \tag{5-25}$$

式中 f_k——砌体抗压强度标准值；

γ_f——砌体材料强度分项系数，详表4-13；

ψ——构件承载力折算系数，

$$\psi = 1.1\times\left(1-\frac{2e_m}{h}\right) \tag{5-26}$$

e_m——截面压应力按矩形分布时的偏心距，取构件顶端原始偏心距e_x与构件高度中部范围内的总偏心距e_t中之的较大值；

$$e_t = 0.6e_x + e_a \tag{5-27}$$

e_a——构件高度中间1/5范围内的附加偏心距，

$$e_a = \left(\frac{1}{2400}\beta^2 - 0.015\right)h \tag{5-28}$$

（3）斜截面抗剪承载力计算[29][23]

［方法一］ 根据文献［29］式（5.4.2-1）并考虑轴力N的抗剪作用[23]得出

$$V \leqslant f_v b z + 0.07N \tag{5-29}$$

式中 f_v——砌体抗剪强度设计值（详表1-17～表1-22）；

z——内力臂，当为矩形截面时，$z=\frac{2}{3}h$；

N——轴向压力（仅计入恒载值），当为砖砌体时，$N \leqslant 0.3f$；当为混凝土砌块砌体时，$N \leqslant 0.25 f_g A$。

［方法二］ 参见公式（4-44）～公式（4-46）。A—为柱的截面面积。

2. 网状配筋砌体柱

（1）正截面承载力计算

我国规范[39]规定了当$e/h \leqslant 0.17$、$\beta \leqslant 16$时，可采用网状配筋砌体柱的使用条件。计算方法详见

第4章4.6节之3小节公式（4-156）～公式(4-161)；公式包括了轴心受压和偏心受压两种情况。

（2）斜截面的抗剪承载力计算

在公式（5-29）基础上，其抗力尚应增加箍筋项 $f_{yv}\frac{A_{sv}}{s}h_0$，式中 A_{sv} 即为网状配筋与水平剪力相平行的总截面积；s 为网片沿柱高之间距。亦可在公式（4-44）～公式（4-46）的基础上增加箍筋抗力项 $f_{yv}\frac{A_{sv}}{s}h_0$。

3. 竖向配筋砌体柱[37]

（1）正截面承载力计算

根据英国规范 BS 5628 有下述构件截面计算的方法：方法 A-公式（4-204）及方法 B-公式（4-205）。

此外，图5-9～图5-28所示文献［37］附录c的配筋柱设计曲线图，是根据不同的砌体材料分项系数 γ_{mm} 和不同的钢筋类型情况所绘制的 N/btf_k—M/bt^2f_k 曲线组。图名中的HY表示高屈服点钢材，MS表示低碳钢，r 为柱截面配筋率即 $r=A_s/bt$。式中 b，t 分别为柱截面宽度与高度，可用于柱配筋的查表计算。兹摘录如下：（注：曲线中的 r/f_k＝为编者所加，以利于使用）

5　砌体结构构件承载力计算方法

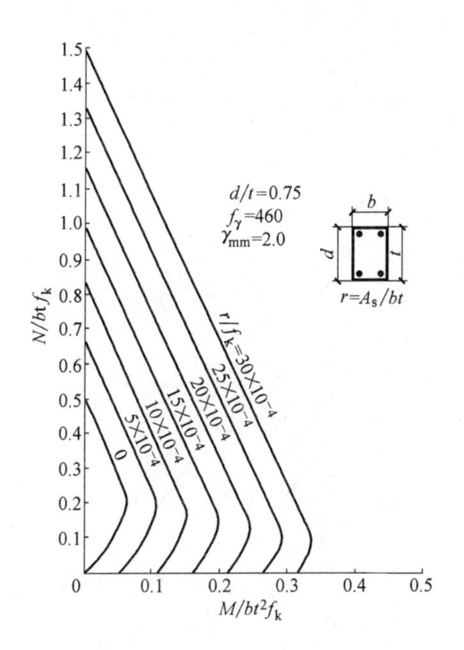

图5-9　HY曲线图：2.0∶0.75

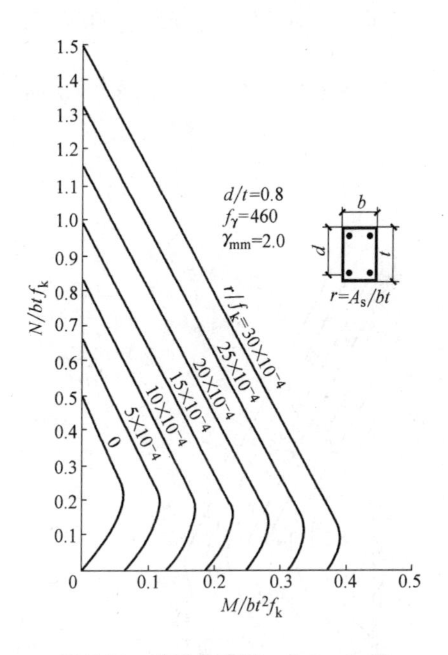

图5-10　HY曲线图：2.0∶0.80

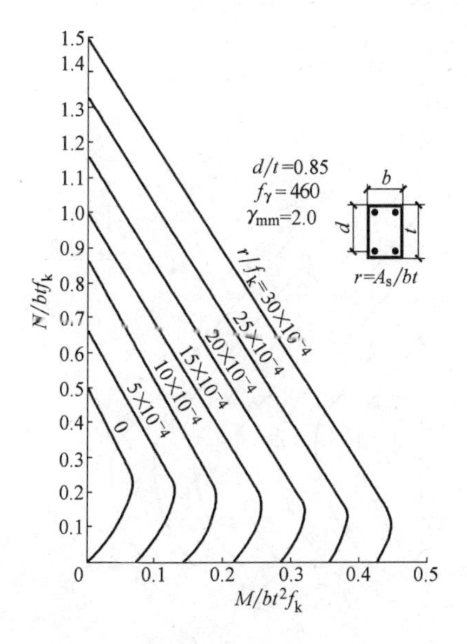

图5-11　HY曲线图：2.0∶0.85

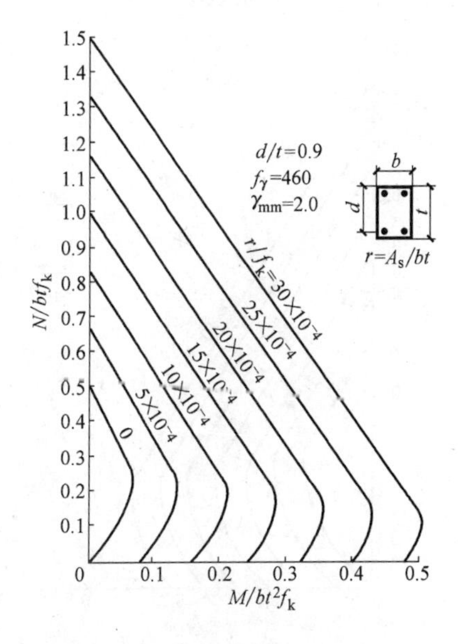

图5-12　HY曲线图：2.0∶0.90

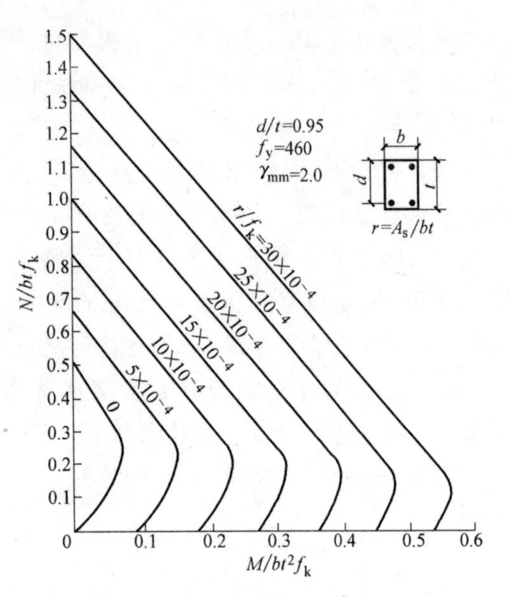

图 5-13 HY 曲线图：2.0∶0.95

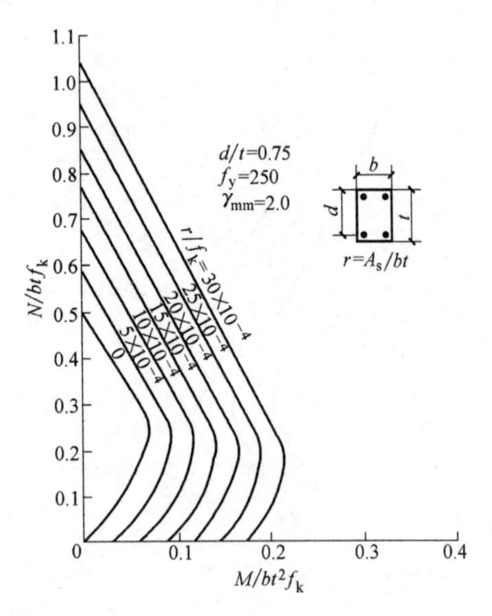

图 5-14 MS 曲线图：2.0∶0.75

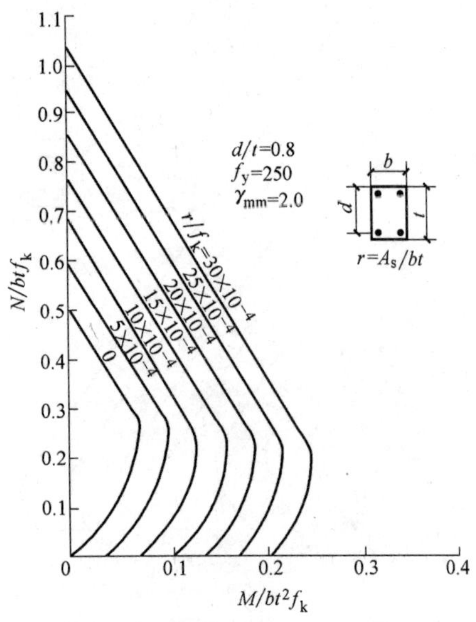

图 5-15 MS 曲线图：2.0∶0.80

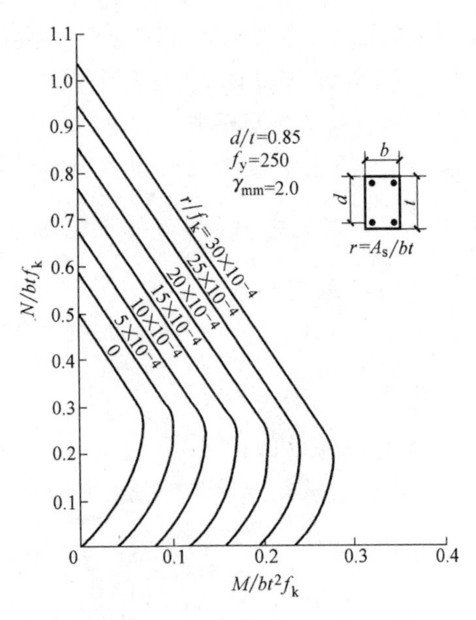

图 5-16 MS 曲线图：2.0∶0.85

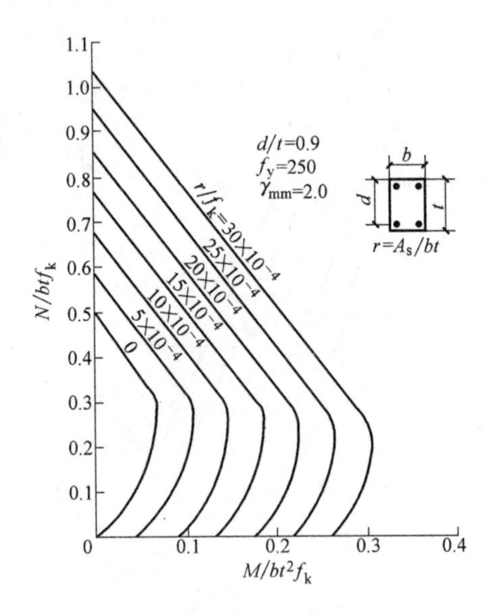

图 5-17 MS 曲线图：2.0∶0.90

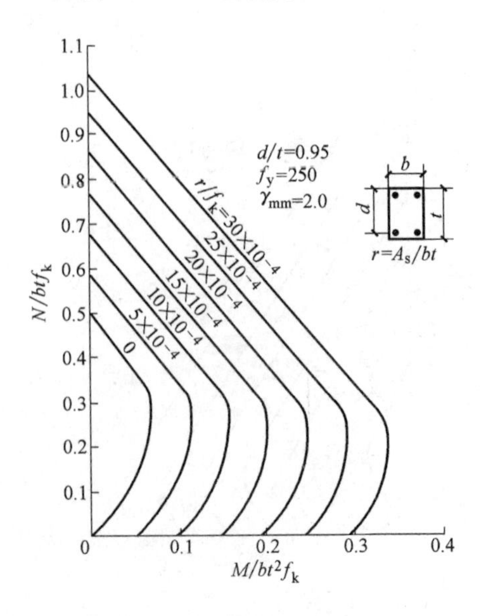

图 5-18 MS 曲线图：2.0∶0.95

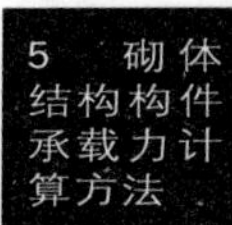

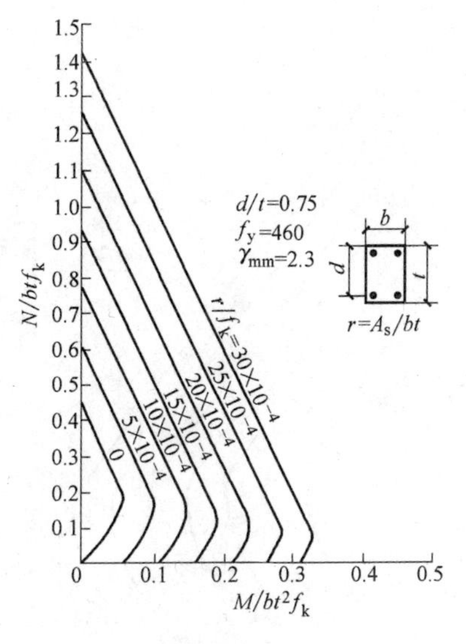

图 5-19　HY 曲线图：2.3∶0.75

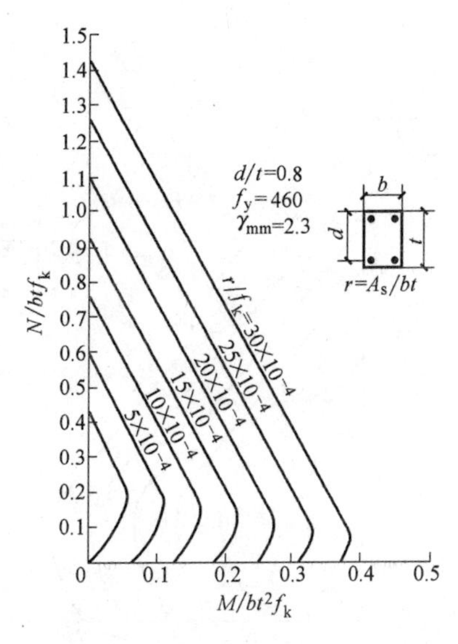

图 5-20　HY 曲线图：2.3∶0.80

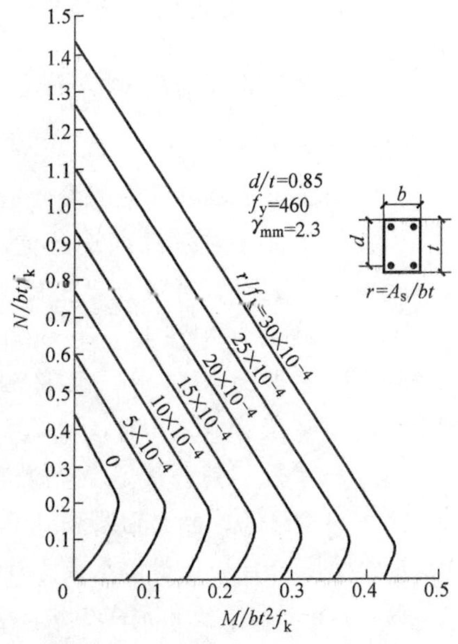

图 5-21　HY 曲线图：2.3∶0.85

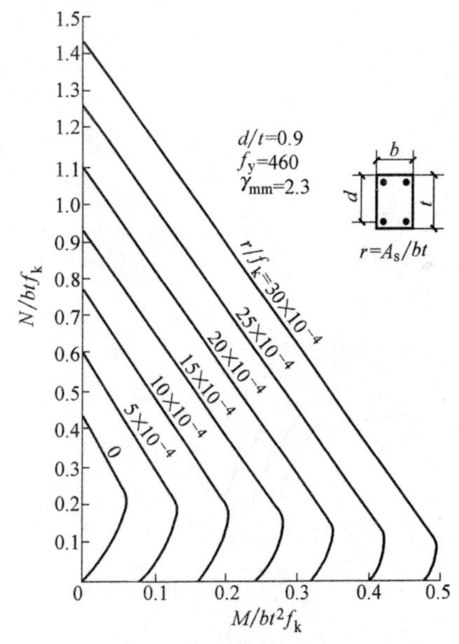

图 5-22　HY 曲线图：2.3∶0.90

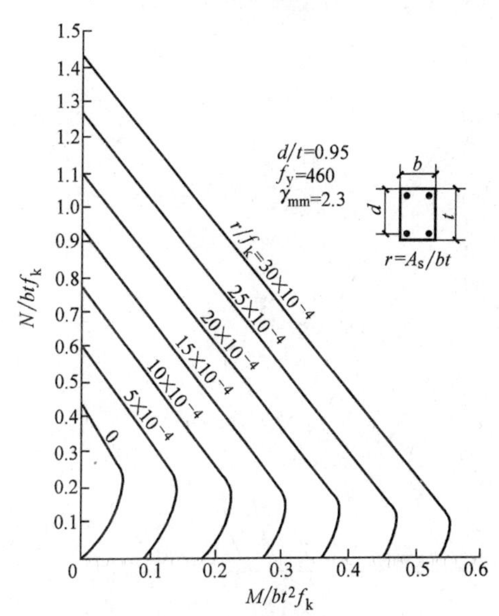

图 5-23　HY 曲线图：2.3∶0.95

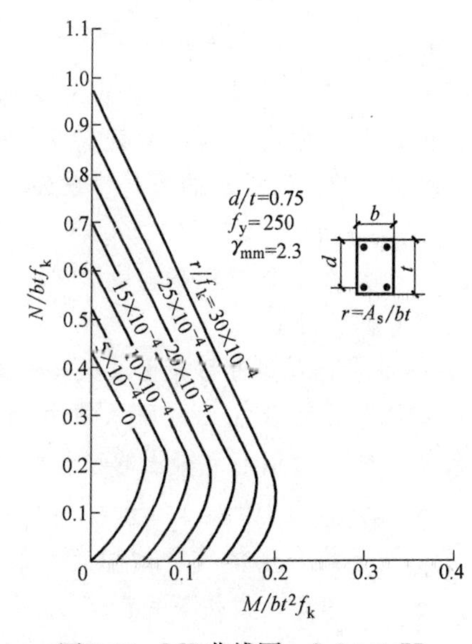

图 5-24　MS 曲线图：2.3∶0.75

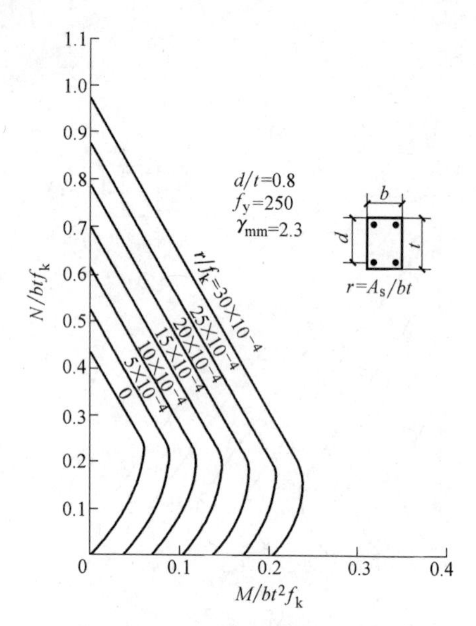

图 5-25 MS 曲线图：2.3∶0.80

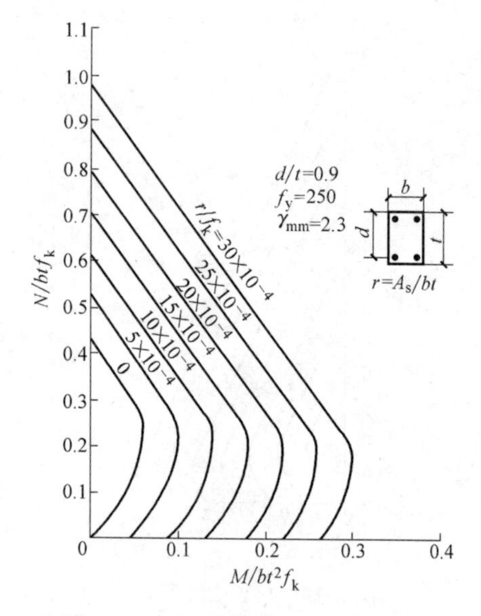

图 5-27 MS 曲线图：2.3∶0.90

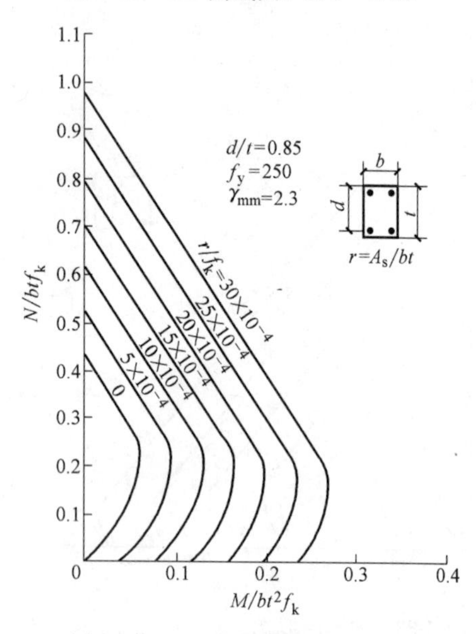

图 5-26 MS 曲线图：2.3∶0.85

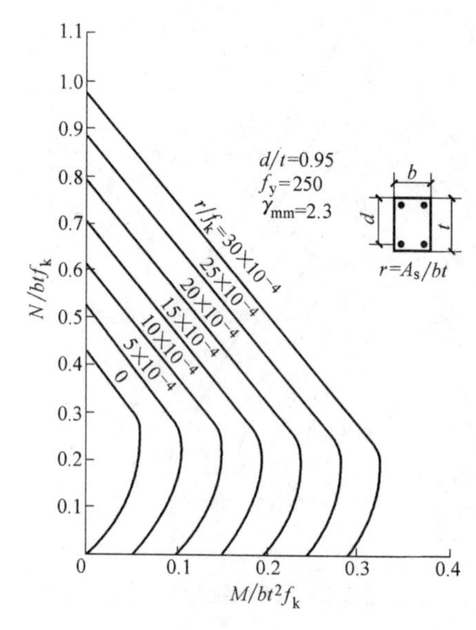

图 5-28 MS 曲线图：2.3∶0.95

(2) 斜截面的抗剪承载力计算[32]

根据文献［32］关于竖向配筋砌体构件中，钢筋的销栓抗剪强度大约为相同配筋率的水平钢筋抗剪强度之1/3，而提出的下列建议公式：

$$V \leqslant f_v bz + f_y A_s/3 + 0.07N \quad (5\text{-}30)$$

式中 A_s——柱截面竖向钢筋总截面积；

其余符号同前注。

4. 钢筋混凝土或钢筋砂浆面层组合砌体柱[29]

(1) 轴心受压组合柱正截面承载力计算（包括外为砌体，核心为钢筋混凝土的组合柱）

$$N \leqslant \varphi_{COM}(fA + f_c A_c + \eta_s f'_y A'_s) \quad (5\text{-}31)$$

式中 φ_{COM}——组合砌体构件的稳定系数，可查表 5-4 或按下式计算

$$\varphi_{COM} = \varphi_o + 100\rho(\varphi_{RC} - \varphi_o) \leqslant \varphi_{RC} \quad (5\text{-}32)$$

ρ——柱截面配筋率 $\rho = \dfrac{A_s}{bh}$；

A——砖砌体截面积；

φ_{RC}——混凝土构件稳定系数，查表 5-5；

f_c——混凝土抗压强度设计值，砂浆抗压强度，可取混凝土的 70%，当砂浆为 M15 时，取 5.2MPa；当砂浆为 M10 时，取 3.5MPa；当砂浆为 M7.5 时，取 2.6MPa；

η_s——受压钢筋强度系数，混凝土面层取 1.0；砂浆面层取 0.9。

(2) 偏心受压组合柱正截面承载力计算

$$N \leqslant fA' + f_c A'_c + \eta_s f'_y A'_s - \sigma_s A_s \quad (5\text{-}33)$$

$$Ne_N \leqslant fs_s + f_c s_{c.s} + \eta_s f'_y A'_s (h_o - a'_s) \quad (5\text{-}34)$$

组合砌体构件系数 φ_{COM}　　表 5-4

高厚比 β	配筋率 ρ(%)					
	0	0.2	0.4	0.6	0.8	≥1.0
8	0.91	0.93	0.95	0.97	0.99	1.00
10	0.87	0.90	0.92	0.94	0.96	0.98
12	0.82	0.85	0.88	0.91	0.93	0.95
14	0.77	0.80	0.83	0.86	0.89	0.92
16	0.72	0.75	0.78	0.81	0.84	0.87
18	0.67	0.70	0.73	0.76	0.79	0.81
20	0.62	0.65	0.68	0.71	0.73	0.75
22	0.58	0.61	0.64	0.66	0.68	0.70
24	0.54	0.57	0.59	0.61	0.63	0.65
26	0.50	0.52	0.54	0.56	0.58	0.60
28	0.46	0.48	0.50	0.52	0.54	0.56

钢筋混凝土轴心受压构件稳定系数 φ_{RC}

表 5-5

l_0/b	≤8	10	12	14	16	18	20	22	24	26	28
l_0/d	≤7	8.5	10.5	12	14	15.5	17	19	21	22.5	24
l_0/i	≤28	35	42	48	55	62	69	76	83	90	97
φ_{RC}	1.00	0.98	0.95	0.92	0.87	0.81	0.75	0.70	0.65	0.60	0.56
l_0/b	30	32	34	36	38	40	42	44	46	48	50
l_0/d	26	28	29.5	31	33	34.5	36.5	38	40	41.5	43
l_0/i	104	111	118	125	132	139	146	153	160	167	174
φ_{RC}	0.52	0.48	0.44	0.40	0.36	0.32	0.29	0.26	0.23	0.21	0.19

注：表中 l_0 为构件计算长度；b 为矩形截面短边长；d 为圆形截面直径；i 为截面最小回转半径。

受压区高度 x 由式确定：

$$fs_N+f_c s_{cN}+\eta_s f_y' A_s' e_N'-\sigma_s A_s e_N=0 \tag{5-35}$$

式中　e_N'，e_N——分别为钢筋 A_s'，A_s 重心至轴力 N 的距离

$$e=e+e_a+(h/2-a_s) \tag{5-36}$$

$$e_N'=e+e_a-(h/2-a_s') \tag{5-37}$$

式中　e——轴力原始偏心距，按荷载效应设计值计算，当 $e<0.05h$ 时，应取 $e=0.05h$；

e_a——组合砌体构件附加偏心距，按（4-188）式计算；

σ_s——钢筋 A_S 的应力（拉应力为正，压应力为负），按下列规定计算

当小偏心受压即 $\xi>\xi_b$ 时，

$$\sigma_S=650-800\xi \tag{5-38}$$

$$-f_y'\leqslant\sigma_s\leqslant f \tag{5-39}$$

当大偏心受压即 $\xi\leqslant\xi_b$ 时，

$$\sigma_s=f_y \tag{5-40}$$

ξ，ξ_b——相对压区高度 $\xi=x/h_0$ 和相对压区高度界限值，对 HPB235 和 HRB335 级钢筋 ξ_b 分别为 0.55 和 0.437；

s_s，$s_{c.s}$——分别为压区砌体面积和压区混凝土或砂浆面层面积对钢筋 A_S 重心的面积距；

s_N，$s_{c.N}$——分别为压区砌体面积和压区混凝土或砂浆面层面积对轴力 N 作用点的面积距；

a_s，a_s'——分别为钢筋 A_s 和 A_s' 重心至较近边的距离。

（3）斜截面的抗剪承载力计算[23]

1）当钢筋混凝土（或钢筋砂浆）面层仅在柱截面两短边时

$$V\leqslant\frac{1.75}{\lambda+1}f_v bh_0+f_{yv}\frac{A_{sv}}{s}h_0+0.07N \tag{5-41}$$

式中　λ——剪跨比，当为框架柱时 $\lambda=\dfrac{M}{Vh_0}$；当框架柱反弯点在柱高范围内时可取 $\lambda=\dfrac{H_n}{2h_0}$，$H_n$ 为柱净高；

h_0——截面有效高度 $h_0=h-a_s$，h 可取包括砌体与面层的毛截面高度，a_s 一般取 35mm；

其余符号同前注。

2）当截面四个周边均有面层时，

$$V\leqslant\frac{1.75}{\lambda+1}(f_v b_m h_0+f_t b_c h_0)+f_{yv}\frac{A_{sv}}{s}h_0+0.07N \tag{5-42}$$

式中　b_m，b_c——分别为截面砌体宽度与面层宽度；

f_t——面层混凝土或砂浆抗拉强度设计值，详文献［23］表 4.1.4；

其余符号同前注。

5. 预应力砌体柱[37]

（1）T 形截面偏心受压柱正截面承载力计算

当柱上下均有约束时将存在弯矩反号，如图 5-29（a）、（b）所示。

1）正常使用极限状态：最大理论弯曲拉应力-预应压力的确定。由于界面的抵抗矩 $z_2=\dfrac{I}{y_2}$，$z_1=\dfrac{I}{y_1}$，因 $y_1>y_2$，故 $z_2>z_1$。外荷作用下，界面 1—1 及 2—2 将分别产生最大理论弯曲拉应力，即

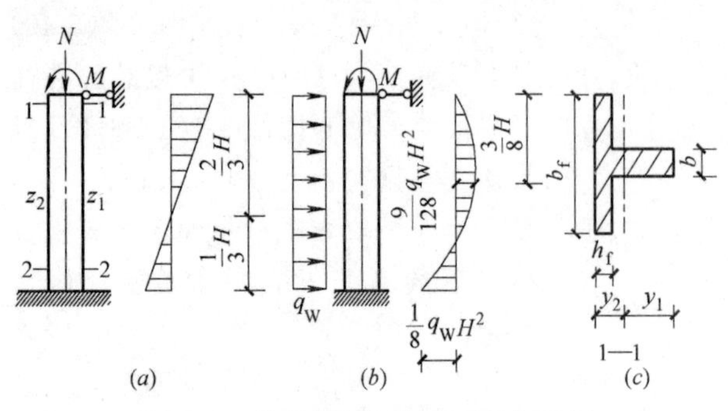

图 5-29 柱的弯矩图与截面几何特征

$$1—1 \qquad f_{t1}=\frac{N_{k1}}{A}-\frac{M_{k1}}{Z_1} \tag{5-43}$$

$$2—2 \qquad f_{t2}=\frac{N_{k2}}{A}-\frac{M_{k2}}{Z_2} \tag{5-44}$$

式中 f_{t1}，f_{t2}——分别为肋边和翼缘边最大理论拉应力；

N_{k1}，N_{k2}——分别为截面1—1及2—2处的轴压力（含柱自重）标准值；

M_{k1}，M_{k2}——分别为截面1—1及2—2处的最大和最小弯矩标准值；

Z_1，Z_2——分别为截面1—1及2—2的截面抵抗矩。

为抵消f_{t1}及f_{t2}所需施加的后张拉力P有如下关系：

$$f_{t1}=\frac{P}{A}+\frac{Pe_p}{Z_1} \tag{5-45}$$

$$f_{t2}=\frac{P}{A}-\frac{Pe_p}{Z_2} \tag{5-46}$$

将二式分别乘以Z_1和Z_2并相加得后张拉预应力

$$P=\frac{(f_{t1}Z_1+f_{t2}Z_2)A}{Z_1+Z_2} \tag{5-47}$$

将P代入公式（5-41）得偏心距

$$e_p=\left(\frac{P}{A}-f_{t2}\right)\frac{Z_2}{P}=\left(\frac{1}{A}-\frac{f_{t2}}{P}\right)Z_2 \tag{5-48}$$

此P值系初选值，仅当承载力极限状态验证后方可最终确定。

2）承载力极限状态：开裂截面即图（a）之上下端截面与图（b）之距上端3/8H处截面和下端截面。

根据英国砌体设计规范BS 5628：弯曲抗压强度为$f_{ubc}=1.2\frac{f_k}{\gamma_{mm}}$，并以此作为截面压区极限弯曲压应力$p_{ubc}$即$p_{ubc}=1.2\frac{f_k}{\gamma_{mm}}$，其中$f_k$为砌体抗压强度标准值，$\gamma_{mm}$为砌体抗压强度分项系数，取为2.3。

当开裂截面极限状态下的弯矩设计值为M，则由恒载与后张合力（$N+P_k$）产生的抵抗弯矩M_{RS}必须大于或等于M。如图5-30所示，合力（$N+P_k$）之矩心

$$y=\frac{Ny_2+P_k(y_2+e_p)}{N+P_k} \tag{5-49}$$

式中 N——恒载轴力设计值，$N=N_k\gamma_f$，为抵抗M，故取$\gamma_f=0.9$；

P_k——后张拉力标准值，$P_k=\frac{P}{\gamma_f}$。因P为截面M之抗力，为安全起见，使P为最小设计后张力，故取$\gamma_f=0.9$。

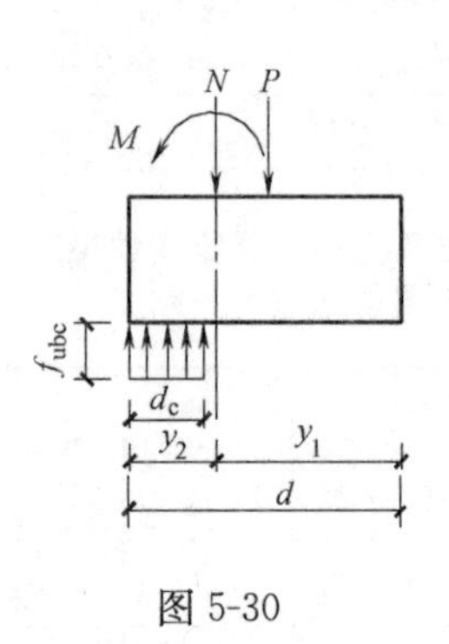

图 5-30

由力的平衡可得压区高度

$$d_c=\frac{N+P_k}{f_{ubc}b_f} \tag{5-50}$$

抵抗弯矩

$$M_{RS}=(N+P_k)(y-d_c/2) \tag{5-51}$$

当$M_{RS}\geqslant M$时则满足承载力极限状态要求。

3）砌体抗压强度、预应力及砌体压应力的控制

正常使用极限状态：当预应力近似均布时，砌体抗压强度至少应为所受预压应力的2.5倍；当预应力为近似三角形分布时，至少为2倍。

使用阶段所有预应力损失完成后，砌体的压应力不应超过：

a）预应力近似均布—$0.33f_k$；

b）预应力近似呈三角形分布—$0.4f_k$。

当填充的混凝土截面积$A_c>10\%A$时，应按弹模比换算面积进行弹性分析。

4）预应力损失计算：参照第4章4.6节（5）小节之1）③进行。

5）预应力柱使用阶段极限承载力计算：除外荷载引起的内力设计值外，扣除全部损失后的预应力合力亦参与内力组合，并取荷载分项系数γ_f等于恒载分项系数。

(2) 矩形、箱形、对称工形与十字形截面偏心受压柱正截面承载力计算

取 $y_1=y_2$，$z_1=z_2$，其余均同T形截面积算。

(3) 预应力砌体柱斜截面抗剪强度计算

剪应力　因施加预应力抵消了截面外边缘之最大拉应力，故 $v=V/bd$，但包括配筋在内的任何情况下必须满足 $v\leqslant 2/\gamma_{mv}$ (MPa)。

当 $v>f_v/\gamma_{mv}$ 时，必须按下列配置抗剪钢筋

$$\frac{A_{SV}}{s_V}\geqslant\frac{b(v-f_v/\gamma_{mv})\gamma_{ms}}{f_y} \tag{5-52}$$

式中　V——剪力设计值；

f_y——砌体抗剪强度标准值，$f_v=(0.35+0.6g_B)\text{MPa}\leqslant 1.75\text{MPa}$；

g_B——包括预压应力在内的水平灰缝压应力设计值，$g_B=g_d+g_p=0.9(G_k+P_k)/A$（对平行于水平灰缝的预应力构件，$g_B=0$，则 $f_v=0.35\text{MPa}$)；

G_k——柱计算柱截面上的恒载标准值；

s_V——抗剪钢筋沿柱高间距，取值不超过 $0.75d$。

(4) 后张拉锚具下的局部抗压验算

如图5-31所示，砌体与锚具接触面局部压应力 σ_1 应 $\leqslant 1.5f_k/\gamma_{mv}$；在接触面以下，局部压应力沿45°扩散至1—1截面处应 $\leqslant f_k\beta/\gamma_{mm}$，$\beta$ 为承载力折减系数。作为截面相对小而集中的柱，一般应在柱顶设置钢筋混凝土垫块来解决局部抗压强度问题。

注：当 P 作用点距肋边 $<d/2$ 时，1—1截面取其对称的阴影面积 A_{1-1} 来进行扩散后的柱截面计算。当不满足时则可按全截面偏心受压承载力计算。

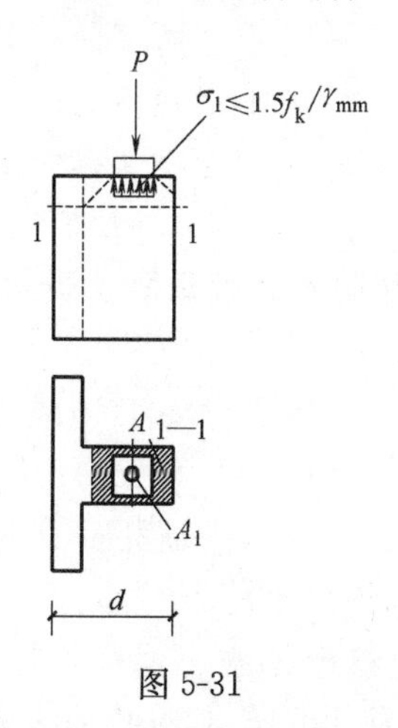

图5-31

6. 混凝土空心砌块配筋砌体柱

(1) 轴心受压柱正截面承载力计算[29]

$$N\leqslant\varphi_{0g}(f_gA+0.8f'_yA'_s) \tag{5-53}$$

$$\varphi_{0g}=\frac{1}{1+0.001\beta^2} \tag{5-54}$$

式中　φ_{0g}——轴心受压构件稳定系数。

注：1. 无箍筋或水平分布钢筋时，仍可按上式计算截面承载力，但应不考虑 A'_s。

2. 构件计算高度 H_0 可取层高。

(2) 偏心受压柱正截面承载力计算

其正截面承载力计算详见公式(4-253)～公式(4-264)，斜截面承载力计算详式(4-268)和式(4-269)。但其剪跨比 λ 应满足 $1.5\leqslant\lambda\leqslant 2.2$ 的要求。

5.4 砌体构件局部受压承载力计算方法[29]

1. 砌体截面承受局部均匀压力的计算

$$N_l\leqslant\gamma fA_l \tag{5-55}$$

$$\gamma=1+0.35\sqrt{\frac{A_0}{A_l}-1} \tag{5-56}$$

式中　A_0、A_l——分别为局部受压面积和影响局部抗压强度的计算面积。详图5-32。其中 γ 计算值尚应符合下列规定：

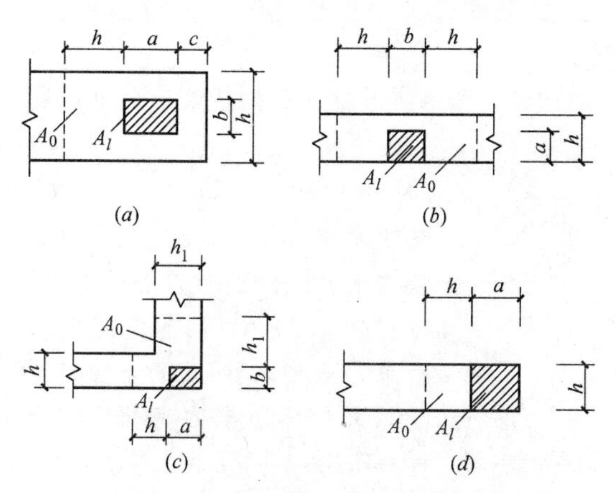

图5-32　影响局部抗压的计算面积 A_0

(1) 图5-32 (a)　$\gamma\leqslant 2.5$；

(2) 图5-32 (b)　$\gamma\leqslant 2.0$；

(3) 图5-32 (c)　$\gamma\leqslant 1.5$；

(4) 图5-32 (d)　$\gamma\leqslant 1.25$；

(5) A_0 按下列规定计算

1) 图5-32 (a)　$A_0=(a+c+h)h$；

2) 图5-32 (b)　$A_0=(b+2h)h$；

3) 图5-32 (c)　$A_0=(a+h)h+(b+h_i-h)h_i$；

4) 图5-32 (d)　$A_0=(a+h)h$。

图中　a，b——矩形局部受压面积 A_l 的边长；

h，h_1——墙厚或柱的较小边长，墙厚；

c——矩形局部受压面积的外边缘至构件边缘的较小距离，当大于h时取h。

2. 梁墙支座处的局部（非均匀）受压承载力计算

$$\psi N_0+N_l\leqslant\eta\gamma fA_l \quad (5\text{-}57)$$

$$\psi=1.5-0.5\frac{A_0}{A_l} \quad (5\text{-}58)$$

$$N_0=\sigma_0 A_l \quad (5\text{-}59)$$

$$A_l=a_0 b \quad (5\text{-}60)$$

$$a_0=10\sqrt{\frac{h_c}{f}} \quad (5\text{-}61)$$

式中 ψ——上部荷载的拆剪系数，当$A_0/A_l\geqslant3$时，应取$\psi=0$；

N_0——局部受压面积A_l内的上部轴力设计值（N）；

σ_0——上部平均压应力设计值（MPa）；

a_0——梁段有效支撑长度（mm），当$a_0>a$（实际支撑长度）时，取$a_0=a$；

b、h_c——梁截面宽度与高度；

η——梁端底面压应力图形完整系数，可取0.7，对过梁和圈梁可取1.0。

3. 梁端设有刚性垫块的砌体局部抗压承载力

（1）刚性垫块下砌体局部受压承载力计算

$$N_0+N_l\leqslant\varphi\gamma_1 fA_b \quad (5\text{-}62)$$

$$N_0=\sigma_0 A_b=\sigma_0 a_b b_b \quad (5\text{-}63)$$

式中 N_0——垫块面积A_b内的上部轴力设计值；

φ——垫块上N_0及N_l合力影响系数，应按式（5-22）计算或查文献［29］附录D表中之$\beta\leqslant3$的φ值；

γ_1——垫块外砌体面积的有利影响系数，$\gamma_1=0.8\gamma$，但不小于1.0，γ按式（5-56）计算；

A_b——垫块面积，$A_b=a_b b_b$；

a_b、b_b——分别为垫块深入砌体内的长度（mm）与宽度（mm）。

（2）用于公式（5-62）计算的刚性垫块的构造规定，如图5-33所示：

1）垫块高度t_b宜$\geqslant$180mm，自梁边缘算起垫块挑出长度宜$\leqslant t_b$；

2）在带壁柱墙的壁柱内设刚性垫块时，其计算面积A_0应仅限于壁柱范围内而不计入翼墙，同时垫块尚应伸入翼墙$\geqslant$120mm；

3）当垫块与梁端整浇时，垫块可设在梁高范围内。

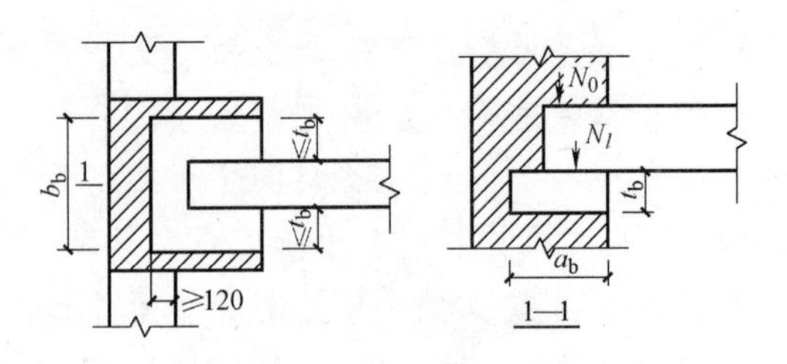

图5-33 壁柱上设有垫块时梁端局部受压

（3）设有刚性垫块时梁端有效支撑长度a_0。

$$a_0=\delta_1\sqrt{\frac{h_c}{f}} \quad (5\text{-}64)$$

式中 δ_1——刚性垫块影响系数，可按表5-6取值。

系数δ_1值 **表5-6**

σ_0/f	0	0.2	0.4	0.6	0.8
δ_1	5.4	5.7	6.0	6.9	7.8

4. 梁下设有长度大于πh_0的垫梁下的砌体局部受压承载力计算

$$N_0+N_l\leqslant2.4\delta_2 fb_b h_0 \quad (5\text{-}65)$$

$$N_0=\pi b_b h_0\sigma_0/2 \quad (5\text{-}66)$$

$$h_0=2\sqrt[3]{\frac{E_b I_b}{Eh}} \quad (5\text{-}67)$$

式中 N_0——垫梁分布在$\pi b_b h_0/2$范围内的上部轴力设计值（N）；

b_b、h_b——分别为垫梁截面宽度与高度（mm）；

δ_2——垫梁底应力分布系数，当荷载沿墙厚均匀分布时$\delta_2=1.0$，非均匀时$\delta_2=0.8$；

h_0——垫梁折算为当量砌体时的折算高度（mm）；

E_b、I_b——分别为垫梁的混凝土弹性模量与截面惯性矩；

E、h——分别为砌体弹性模量与墙厚。

5.5 砌体与配筋砌体墙承载力计算方法

1. 砌体墙

可参照我国砌体结构规范[29]或英国砌体规范公式[37]计算，详见公式（5-21）～公式（5-28）。计算应分别按平面内和平面外受力两个方向进行（以下各类墙体均如此）。

2. 网状配筋砌体墙

参照第4章4.6节3（1）的公式（4-156）～公式（4-181）进行两个方向的正截面与斜截面承载力计算。

3. 竖向配筋砌体墙

参照第4章4.6节3（2）的公式（4-182）～公式（4-205）进行两个方向的正截面与斜截面承载力计算。

4. 钢筋混凝土或钢筋砂浆面层或夹层组合砌体墙

（1）平面内正截面与斜截面承载力计算：可参照第4章4.6节3.（3）小节之公式（4-206）～公式（4-224）进行计算。

（2）平面外正截面承载力计算

1）当墙顶偏心距满足下式要求时，仍可按上述1）款方法进行正截面承载力计算

$$e_x=(M+Ne_t)/N\leqslant 0.3t \qquad (5\text{-}68)$$

式中　e_x——偏心距；

e_t——总偏心距，$e_t=0.6e_x+e_a$；　(5-69)

e_a——墙侧向弯曲引起的附加偏心距，

$$e_a=t[(h_{ef}/t_{ef})^2/2400-0.015] \qquad (5\text{-}70)$$

t——墙体厚度；

h_{ef}、t_{ef}——分别为墙的有效高度与有效厚度。

当需考虑由于竖向荷载引起侧向弯矩（附加弯矩）时，可按下式计算

$$M_a=N(h_{ef})^2/2000t \qquad (5\text{-}71)$$

2）当$0.3t<e_x<0.5t$时，已属大偏心受压，则应按下式计算正截面承载力

$$\frac{N}{f_kbt}=\frac{1.1}{\gamma_{mm}}\left(\frac{d_c}{t}\right)-\frac{0.085f_y}{\gamma_{ms}}\frac{\gamma}{f_k} \qquad (5\text{-}72)$$

$$\left(\frac{M}{f_kbt^2}\right)+\frac{N}{f_kbt}\left(\frac{d}{t}-0.5\right)=\left[\frac{1.1}{\gamma_{mm}}\frac{d_c}{t}\left(\frac{d}{t}-\frac{d_c}{2t}\right)\right]+\left[\frac{0.83f_y}{\gamma_{ms}}\frac{\gamma}{f_k}\left(\frac{d}{t}-0.5\right)\right] \qquad (5\text{-}73)$$

式中　d、d_c——分别为截面有效高度与压区矩形应力分布图形的高度；

γ——全截面钢筋配筋率，$\gamma=A_s/bt$。

其余各符号详见公式（4-206）注。

文献［37］将公式（5-72）与公式（5-73）制成图表供直接查用，详图（5-9）～图（5-28）。

3）当$e_x<0.05t$和$e_x>0.5t$（或当$N\leqslant 0.1f_kA_m$）时，可分别近似按轴心受压和受弯计算承载力。式中A_m为砌体截面积。

（3）平面外斜截面受剪承载力仍可按公式（4-214）～公式（4-224）进行计算。

5. 带构造柱组合砌体墙

（1）轴心受压承载力计算　因出平面β值远大于平面内，故按公式计算平面外截面轴压承载力。

$$N\leqslant\varphi_{COM}[fA_n+\eta(f_cA_c+f_yA_s)] \qquad (5\text{-}74)$$

$$\eta=\left[\frac{1}{l/b_c-3}\right]^{rf} \qquad (5\text{-}75)$$

式中　A_n——砌体净截面积；

η——强度系数，当l/b_c小于4时，取为4；

l——构造柱间距；

b_c——构造柱沿墙长的截面宽度。

其余符号同前。

（2）对平面内正截面偏心受压承载力计算可参照第4章4.6节3之（4）小节之公式（4-225）～公式（4-230）进行。

（3）对平面外正截面偏心受压承载力计算

文献［81］及文献［98］给出了下述关于砖砌体和钢筋混凝土构造柱组合墙出平面偏心受压设计计算方法的新版《砌体结构设计规范》的条文建议，可供参考：

1）砖砌体和钢筋混凝土构造柱组合墙出平面偏心受压构件内力分析模型，分别按下述不同结构构造方案确定：

① 楼（屋）盖板支撑于组合墙，板与圈梁整浇，板端负弯矩钢筋可靠锚固于其中的刚性节点方案，可采用板为横梁，组合墙为柱的框架模型；

② 楼（屋）盖板支撑于组合墙，板与圈梁分离的铰节点方案，可采用板端偏心荷载仅对该层组合墙顶产生偏心弯矩的竖向简支梁模型；

③ 楼（屋）盖梁与圈梁、构造柱整浇，梁端有负弯矩钢筋并锚固的刚性节点方案，可采用梁为横梁，组合墙为柱的框架模型；

④ 楼（屋）盖梁与圈梁、构造柱整浇，梁端无足够的负弯矩钢筋而靠锚固的半刚性节点甚至铰节点方案，可采用铰接于柱边，仅对节点产生$N_lh_c/2$偏心弯矩的竖向连续梁模型（h_c为柱截面高度）。

2）砖砌体和钢筋混凝土构造柱组合墙内力分析模型的梁、柱截面弹性刚度按下述方法确定：

① 计算模型中，梁、柱截面计算宽度B可取等于沿墙长一个构造柱间距l（≤4000mm）。此处，B对板即其板宽，对梁则为其荷载传递范围，当板与柱（组合墙）开洞时，取B为其净宽。

② 梁（板）、柱截面弹性刚度的计算：当为现浇梁、预制板方案时，梁按矩形截面计算I_b^0值；当为现浇梁板时，按T形截面（或倒L形截

面）计算，亦可近似取 $I_b=2.0I_b^0$（或 $I_b=1.5I_b^0$）。柱截面惯性矩 I_c 系按折算截面宽度 $b_c'=(KB-b_c)n+b_c$ 进行计算，式中 b_c 为构造柱沿墙长方向的截面宽度；$n=E/E_c$ 为砖砌体与混凝土的弹模比；K 为空间组合作用修正系数，当构造柱距 $l=3$m 时，$K=1$；当 $l=4$m 时，$K=0.85$；当 $l=2.4$m 时，$K=1.1$；当 l 介于其间时，按线性内插取值；当相邻开间均为组合框架时，则不考虑空间作用而取 $K=0.8$。

③ 杆件弹性模量均按混凝土弹性模量取值，并用以求得 EI。

3）砖砌体与钢筋混凝土构造柱组合墙内力分析要点：

① 计算荷载：恒载、活载及风载。

② 当为刚性方案房屋时，除按不同计算模型采用结构力学方法进行竖向荷载下的内力分析外，尚应按文献［29］第 4.2.6 条规定考虑水平风前载对外墙柱的不利影响。

③ 当为弹性或刚弹性方案房屋（主要指框架计算模型）时，除进行竖向荷载下的内力分析外，尚应进行水平风载的内力分析。

④ 圈梁截面抵抗扭矩 T 在框架节点的力平衡中可予以考虑。该扭矩值可根据上部荷载及圈梁抗扭刚度大小而分别按开裂扭矩 T_{cr} 或 0.65 倍极限扭矩 T_u 亦或在其间酌情取值。扭矩计算按现行《混凝土结构设计规范》进行。

⑤ 应按框架结构内力分析的方法，进行荷载与内力的最不利组合并确定其控制截面。

4）砖砌体和钢筋混凝土构造柱组合墙出平面偏心受压承载力计算的基本假定：

① 由砖砌体及钢筋混凝土构造组成的组合墙截面应变保持平面，且由于压区砌体与混凝土极限应变 ε_u 均取 0.0033，故沿组合墙长方向压应变分布可假定呈直线关系，

② 组合墙截面拉区的砌体及混凝土不参加工作。

③ 组合墙截面中，砖砌体中和轴与构造柱中和轴相重合，此即合截面之中和轴。

④ 截面拉区钢筋屈服和压区外边缘砌体与混凝土均达到极限压应变 ε_u，分别为拉压区材料破坏标志。然而，由于构造柱与砌体间存在着直接受力与非直接受力的差别和弹性模量的悬殊，故砌体抗压强度 f 应根据大、小偏心受压而分别乘以 0.8 和 1.0 的折减系数。

⑤ 由于构造柱对称配筋，且压区砌体截面宽度较大，故当为大偏心受压时，假定压区钢筋 A_s' 不屈服。当为小偏心受压时，假定拉钢筋 A_s 不屈服；仅当接近轴心受压的小偏心受压时 A_s 与 A_s' 均受压屈服。

5）砖砌体和钢筋混凝土构造柱组合墙出平面偏心受压承载力可参照公式（5-33）、公式（5-34）及公式（5-35）并取一个构造柱间距的墙体为计算单元（详见图 5-34）进行计算。

在这些公式中 N 为组合墙计算单元截面轴力设计值；

A'、A_c' 为分别为砖砌体和混凝土受压区截面积，$A'=(KB-b_c)x$，$A_c'=b_cx$；

η_s' 为截面受压区钢筋 A_s' 的工作条件系数，当为大偏心受压（即 $\xi\leqslant\xi_b$）时，为简化计算，近似取 $\eta_s'=0$，当为小偏心受压（即 $\xi>\xi_b$）时，取 $\eta_s'=1.0$；

β 为组合墙出平面方向的高厚比，$\beta=\gamma_\beta\dfrac{H_0}{h}$；

γ_β 为高厚比修正系数，查表 5-3；

H_0 为组合墙计算高度，为简化计算，可不考虑构造柱对砖墙的有利影响而按表 3-4 规定查用；

h 为组合墙厚度（即组合框架柱截面高度）。

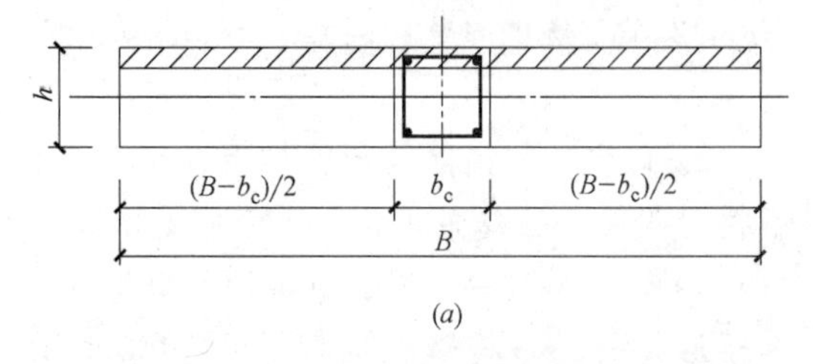

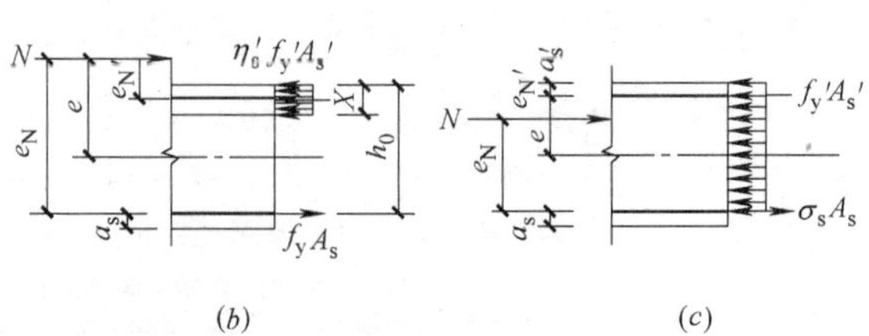

图 5-34 组合墙出平面偏心受压正截面承载力计算简图
(a) 组合框柱（组合砖墙）正截面；(b) 大偏心受压；(c) 小偏心受压

(4) 对平面内及平面外斜截面抗剪承载力计算 可参照公式（4-231）及公式（4-232）进行计算。

6. 预应力砌体墙

(1) 集中式预应力带构造柱组合墙：可参照第 4 章 4.6 节 3.（5）小节之公式（4-233）～公式

(4-252) 进行正截面和斜截面承载力计算。

(2) 预应力带肋砌体墙：可参照第 5 章 5.3 节 5 的公式 (5-43)～公式 (5-52) 进行正截面和斜截面承载力计算。

(3) 预应力带横膈空心砖墙：可参照本章第 5.10 节 3. (5) 小节公式 (5-182)～公式 (5-193) 进行正截面与斜截面承载力计算。其常见截面参数详表 5-16。

7. 混凝土空心砌块配筋砌体墙

可参照第 4 章 4.6 节 3 (6) 小节公式 (4-253)～公式 (4-279) 进行正截面与斜截面承载力计算。

5.6 过梁的计算方法[29]

1. 过梁分类

可分为钢筋混凝土过梁和砖过梁两大类。后者又可分为砖平拱过梁、砖弧拱过梁及钢筋砖过梁等三种。

2. 过梁荷载

(1) 墙体自重

1) 砖砌体　当过梁上墙体高度 $h_w < l_n/3$ 时 (l_n为净跨)，按 h_w 高度墙体均布自重计算；当过梁上墙体高度 $h_w \geqslant l_n/3$ 时，应按高度为 $l_n/3$ 的墙体均布自重计算。

2) 砌块砌体　当过梁上 $h_w < l_n/2$ 时，按 h_w 高度墙体均布自重计算；当过梁上墙体高度 $h_w \geqslant l_n/2$ 时，应按高度为 $l_n/2$ 的墙体均布自重计算。

(2) 梁板荷载　对砖和砌块砌体，当梁板下墙体高度 $h_w < l_n$ 时应计入梁板荷载；当 $h_w \geqslant l_n$ 时可不计入。

3. 过梁承载力计算

(1) 钢筋混凝土过梁：按钢筋混凝土简支梁受弯构件计算正截面抗弯和斜截面抗剪承载力。当验算过梁下砌体局部受压时，可不考虑上层荷载影响。

(2) 砖砌平拱过梁

$$M \leqslant f_{tm} W \tag{5-76}$$

式中 f_{tm}——砌体沿水平通缝弯曲抗拉强度设计值，详表 1-17～表 1-22。

$$V \leqslant f_v bz \tag{5-77}$$

$$Z = I/S \tag{5-78}$$

式中 f_v——砌体抗剪强度设计值，详表 1-17～1-22。

(3) 砖砌弧形拱过梁　其内力分析可按二铰拱或无铰拱算出沿拱轴的压力和弯矩设计值，之后即按式 (5-21) 计算其偏心受压承载力，并按式 (4-42) 或式 (4-44) 计算斜截面抗剪承载力。

(4) 钢筋砖过梁

抗弯计算　$M \leqslant 0.85 h_0 f_y A_s$　(5-79)

式中 h_0——过梁截面有效高度，$h_0 = h - a_s$，a_s 为受拉钢筋重心至截面下边缘距离；

h——过梁截面计算高度，取过梁底面以上墙体高度，但应$\leqslant l_n/3$；当考虑梁板荷载时，则采用梁板底以下墙体高度。

抗剪计算　按式 (5-77) 和式 (5-78) 进行。

5.7 墙梁计算方法

1. 组合墙梁法[29]

(1) 一般规定

为保证墙梁的组合作用，防止某些承载力很低的破坏形态产生，故应满足表 5-7 的有关基本条件。

组合墙梁的一般规定 h_w　表 5-7

墙梁类别	墙体总高度 (m)	跨度 (m)	墙高 h_w/h_{0i}	托梁高 h_b/h_{0i}	洞宽 b_h/l_{0i}	洞高 h_h
承重墙梁	≤18	≤9	≥0.4	≥1/10	≤0.3	$\leqslant 5h_w/6$ 且 $h_w - h_h \geqslant 0.4$m
自承重墙梁	≤18	≤12	≥1/3	≥1/15	≤0.8	

注：1. 采用混凝土小型砌块砌体的墙梁可参照使用；
2. 墙体总高系托梁顶面至檐口高度，带阁楼的坡屋面应计算至山尖墙 1/2 高度处；
3. 对自重墙梁，洞口至边支座中心距不宜小于 $0.1l_{0i}$，门窗洞上口至墙顶距离不应小于 0.5m。

有关表 5-7 及图 5-35 的符号说明：

h_w——墙体计算高度，取托梁顶上一层墙体高度，当 $h_w > l_0$ 时，取 $h_w = l_0$（对连续墙梁或多跨框支墙梁，l_0取各跨平均值）；

h_h——洞口高度，对窗洞取洞顶至托梁顶面距离；

l_{0i}——墙梁第 i 跨跨度，对简支墙梁（连续墙梁）取 $1.1l_n$（$1.1l_{ni}$）或 l_c（l_{ci}）两者之较小值；l_n（l_{ni}）为净跨，l_c（l_{ci}）为支座中心距；

H_0——墙梁跨中截面计算高度，

$$H_0 = h_w + 0.5h_b;$$

b_f——翼缘宽度，取窗间墙宽度或横墙间距之 2/3 且每边不大于 3.5h（h 为墙厚）和 $l_0/6$；

H_c——框架柱计算高度，取 $H_c = H_{cn} + 0.5h_b$；H_{cn}为自基础顶面算起之柱净高。

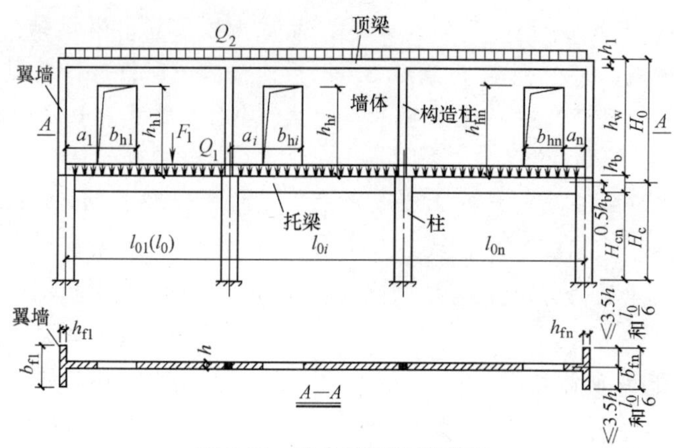

图 5-35 组合墙梁计算简图

(2) 计算简图 详图 5-35.

(3) 墙梁的计算荷载

1) 使用阶段

承重墙梁

① 托梁顶面荷载设计值 Q_1、F，取托梁自重、本层楼盖恒载及活荷载；

② 墙梁顶面荷载设计值 Q_2，取托梁以上各层墙体。自重及墙梁顶面以上各层楼盖和屋盖的恒载与活载；集中荷载可沿跨度均布加入 Q_2 之中。

自承重墙梁 墙梁顶面的 Q_2 取托梁自重及以上各层墙体自重。

2) 施工阶段

① 托梁自重及本层楼盖恒载；

② 本层楼盖施工荷载；

③ 墙体自重，可取高度为 $l_{0\max}/3$ 的墙体自重，开洞时高度按洞顶以下实际分布的墙体自重复核。$l_{0\max}$为各计算跨度中最大值。

(4) 墙梁的托梁正截面承载力计算

1) 跨中截面按钢筋混凝土偏心受拉截面计算

$$M_{bi}=M_{1i}+\alpha_M M_{2i} \quad (5\text{-}80)$$

$$N_{bti}=\eta_N\frac{M_{2i}}{H_0} \quad (5\text{-}81)$$

对简支墙梁

$$\alpha_M=\psi_M\left(1.7\frac{h_b}{l_0}-0.03\right) \quad (5\text{-}82)$$

$$\psi_M=4.5-10\frac{a}{l_0} \quad (5\text{-}83)$$

$$\eta_N=0.44+2.1\frac{h_w}{l_0} \quad (5\text{-}84)$$

对连续墙梁和框支墙梁

$$\alpha_M=\psi_M\left(2.7\frac{h_b}{l_{oi}}-0.08\right) \quad (5\text{-}85)$$

$$\psi_M=3.8-8\frac{a_i}{l_{0i}} \quad (5\text{-}86)$$

$$\eta_N=0.8+2.6\frac{h_w}{l_{0i}} \quad (5\text{-}87)$$

式中 M_{1i}——荷载设计值 Q_1、F_1 作用下，简支梁或连续梁与框架梁的跨中弯矩；

M_{2i}——荷载设计值 Q_2 作用下，简支梁或连续梁与框架梁的跨中弯矩之最大值；

α_M——考虑墙梁的组合作用的托梁跨中弯矩系数，按公式（5-82）和公式（5-85）计算。对自重承重墙梁 α_M 值应乘以 0.8 系数。当式（5-82）中$\frac{h_b}{l_0}>\frac{1}{6}$时，取 1/6；当式（5-85）中$\frac{h_b}{l_0}>\frac{1}{7}$时，取 1/7；

η_N——考虑墙梁组合作用的跨中轴力系数，按式（5-84）和式（5-87）计算。自承重墙梁乘以 0.8 系数。当式中$\frac{h_w}{l_{0i}}>1$时，取 1；

ψ_M——洞口的影响系数，无洞墙 $\psi_M=1.0$，有洞口按式（5-83）和式（5-86）计算；

a_i——洞口至墙梁最近支座距离，当$a_i>0.35l_{0i}$时，取 $0.35l_{0i}$。

2) 支座截面应按钢筋混凝土受弯构件计算

$$M_{bj}=M_{1j}+\alpha_M M_{2j} \quad (5\text{-}88)$$

$$\alpha_{M2}=0.75-\frac{a_j}{l_{0i}} \quad (5\text{-}89)$$

式中 M_{1j}——荷载设计值 Q_1、F_1 作用下，按连续梁或框架梁分析的托梁支座弯矩；

M_{2j}——荷载设计值 Q_2 作用下，按连续梁或框架梁分析的托梁支座弯矩；

α_M——托梁支座弯矩系数，无洞墙梁取0.4，有洞墙梁按式（5-89）计算，当支座两边均有洞时α_M取较小值。

3）对在Q_2作用下的多跨框支墙梁的柱，当边柱轴力因考虑大拱效应而不利时，所算得之轴力应乘以修正系数1.2。

（5）墙梁的托梁斜截面受剪承载力计算

应按钢筋混凝土受弯构件计算，其剪力设计值按下式计算

$$V_{bj}=V_{1j}+\beta_v V_{2j} \quad (5\text{-}90)$$

式中　V_{1j}、V_{2j}——分别为Q_1、F_1作用和Q_2作用下按连续梁或框架分析的托梁支座边剪力或简支梁支座边剪力设计值；

β_v——考虑组合作用的托梁剪力系数，无洞墙梁边支座后取0.6，中支座取0.7；有洞墙梁则相应取0.7和0.8；对自承重墙梁无洞和有洞墙梁分别取0.45和0.5。

（6）墙梁墙体抗剪承载力计算

$$V_2\leqslant\xi_1\xi_2\left(0.2+\frac{h_b}{l_{0i}}+\frac{h_t}{l_{0i}}\right)fbh_w \quad (5\text{-}91)$$

式中　V_2——Q_2作用下墙梁支座边剪力最大值；

ξ_1——翼墙或构造柱影响系数，单层墙梁取1.0，多层墙梁当$b_f/h=3$时取1.3，当$b_f/h=7$或有构造柱时取1.5，当$7>(b_f/h)>3$时，按线性插入取值；

ξ_2——洞口影响系数，无洞口取1.0，多层有洞时取0.9，单层有洞时取0.6；

h_t——墙梁顶面圈梁截面高度。

（7）托梁支座上部砌体局部受压承载力计算

$$Q_2\leqslant\zeta fh \quad (5\text{-}92)$$

$$\zeta=0.25+0.08\frac{b_f}{h} \quad (5\text{-}93)$$

式中　ζ——局压系数，当$\zeta>0.81$时，取$\zeta=0.81$。

当$b_f/h\geqslant5$或在支座处设有上下贯通的落地构造柱时，可不验算局部受压。

（8）托梁按受弯构件应进行施工阶段正截面抗弯、斜截面抗剪验算。荷载按施工阶段相应荷载计算。

2. 弹性地基梁法[32][72]

当不满足组合梁法计算的一般规定时，可采用弹性地基量法，其计算简图如图5-36所示。

（1）托梁自重及其上的楼盖、屋盖和其他荷载，按均布p和集中F考虑。

（2）托梁自重及其上的楼盖、屋盖和其他荷载，按三角形分布于托梁支座附近。计算方法如下：

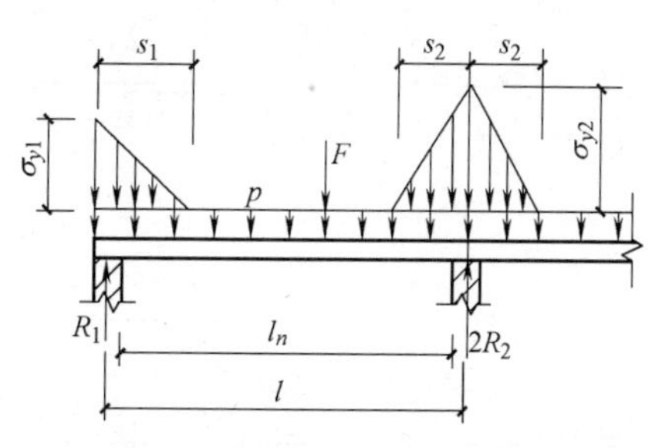

图5-36　按弹性地基梁法的计算简图

1）边支座　$\sigma_{y1}=2.14\dfrac{R_1}{h_0}$　(5-94)

$$s_1=0.93h_0 \quad (5\text{-}95)$$

2）中间支座

$$\sigma_{y2}=1.26\frac{R_2}{h_0} \quad (5\text{-}96)$$

$$s_2=1.57h_0 \quad (5\text{-}97)$$

式中　R_1——托梁上墙体自重及其以上的楼（屋）盖或其他荷载在边支座上产生的支座反力；

R_2——托梁上墙体自重及其以上的楼（屋）盖或其他荷载在中间支座上产生的支座反力的1/2；

h_0——托梁折算高度，

$$h_0=0.9h_b\sqrt[3]{\frac{E_c}{E}} \quad (5\text{-}98)$$

式中　E_c，E——分别为托梁混凝土及墙体弹性模量。

图5-35中计算托梁弯矩时，计算跨度$l=1.05l_n$，计算剪力时取净跨l_n。

（3）原苏联规范[72]所列弹性地基梁法在计算托梁上的荷载分布时，尚考虑支座长度（窗间墙宽度）影响，其具体计算方法如下：

1）连续梁边支座或简支梁支座，取三角形分布荷载，如图5-37（a）。

$$\sigma_{y1}=\frac{2R_1}{(b_{1sup}+s_1)h} \quad (5\text{-}99)$$

$$s=b_{1sup}+s_1 \quad (5\text{-}100)$$

式中　b_{1sup}——托梁支座部分长度，应$\leqslant1.5h_b$；

s_1——从支座边算起的压力分布长度，$s_1=0.9h_0$

2）连续梁中间支座

当 $b_{sup} \leqslant 2S_2$ 时，取三角形分布荷载，如图 5-37 (*b*)，

$$\sigma_{y2}=\frac{4R_1}{(b_{sup}+2S_2)h} \tag{5-101}$$

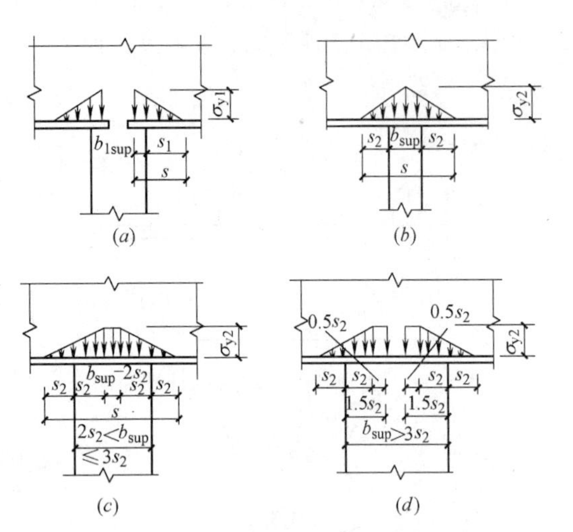

图 5-37 墙梁支座上的荷载分布

当 $2s_2 < b_{sup} \leqslant 3s_2$ 时，取梯形分布荷载，如图 5-37 (*c*)，

$$\sigma_{y2}=\frac{2R_1}{b_{sup}h} \tag{5-102}$$

当 $b_{sup} > 3s_2$ 时，公式 (5-102) 中之 b_{sup} 以 $3s_2$ 代替 (图 5-37 (*d*))，其长度自窗口墙边算起每边各 $1.5s_2$。

以上各式中 $s_2=1.57h_0$

3) 当遇有门窗洞时，可将洞口部分的荷载换算成等值的均布荷载并加入到洞侧的荷载图形中去，如图 5-38 所示。

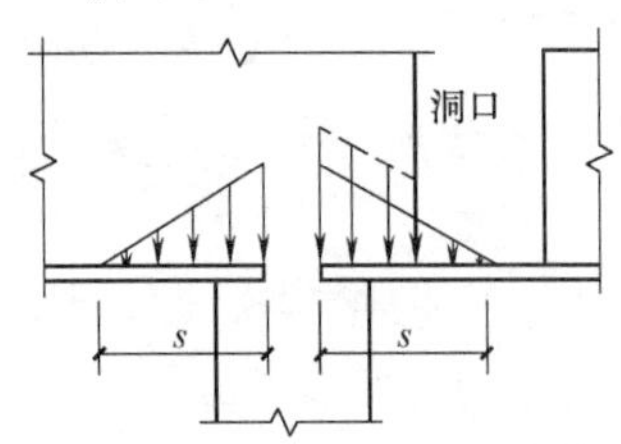

图 5-38 有洞墙梁支座处的荷载分布

3. 过梁法[32]

在计算托梁弯矩时，采用过梁的方法确定托梁上的墙体自重及上部楼盖和屋盖荷载或其他荷载，而托梁剪力则仍按满载法计算。

4. 部分荷载法[32]

将满荷载法的墙梁荷载根据经验取其部分来进行计算。实际工程中，当托梁上有三层以上的墙体和相应楼（屋）盖荷载时，可近似按只考两层墙体自重和三层楼盖的重力荷载即所谓“两墙三板法”进行计算。

5. 当量弯矩法

可有下述几种具体的方法：

(1) Wood R·H 法[32][37]

即墙梁承受的弯矩为简支梁弯矩乘以当量系数（简支梁弯矩为 $FL/8$，F 为托梁上全部竖向荷载总和）；

对无洞或跨中开洞的墙梁当量弯矩取 $FL/100$；

支座附近设有洞口的墙梁当量弯矩取 $FL/50$。

(2) Curtin W G, Shaw G, Beck JK 法[37]

Curtin 等人根据 Wood 提出的概念并经英国建筑科学研究院（Building Research Establishment）从大量破坏实验提出了“简化设计法”和“修正设计法”。目的是为了得出与一定结构条件相应的梁设计弯矩和钢筋的工作应力，从而进行墙梁的设计。

1) 简化设计法步骤

① 验算墙梁高跨比 h_w/l 使之满足 $0.6 \leqslant h_w/l \leqslant 1.0$；

② 考虑墙与梁的组合作用，取有效高度 $h_{ef}=0.75h_w$，高厚比为 h_{ef}/t，并由此查表 4-30 得出当偏心距 $<0.05t$ 时的承载力折算系数 β；

③ 查表 4-28 得砌体标准抗压强度 f_k，得基本允许压应力 $f_a=f_k/\gamma_m$（式中 γ_m 为材料分项安全系数，无筋砌体取 2.5），并得允许（均布）压应力 $f_{ud1}=\beta f_a$；

④ 算出允许集中应力 $f_c=1.5f_a$（式中 1.5 为应力集中系数）；

⑤ 已知设计荷载下墙顶应力 g_A，算得 g_A 小于允许压应力 f_{ud1} 的降低系数 $R=g_A/f_{ud1}$；

⑥ 对设计弯矩而言，下式给出了最佳上限即

$$R\beta < 12/Q_{ca} \tag{5-103}$$

并由此得出弯矩系数

$$Q_{ca}=12/R\beta \tag{5-104}$$

于是墙梁的设计弯矩按下式计算（其上限为 $n_wL^2/50$）

$$M=n_wL^2/Q_{ca} \tag{5-105}$$

式中 n_w——墙体单位长度上的设计荷载（包括自重）。

⑦ 钢筋工作应力 对完全组合设计的墙梁而言，在英国规范允许应力仅为 110MPa，而当无组合作用时，英国混凝土结构规范 BS 8110 的钢材允许应力为 250MPa。为限制钢筋过度延伸而达到拱拉力之平衡，Wood 提出了下述钢筋允许应力的计算公式。

$$f_{sa}=254-0.54Q_{ca}\tag{5-106}$$

2）修正设计法步骤

①～⑤同简化设计法。

⑥ 查值 Q_{ca} 及 f_{sa}　图 5-39 中示出三条 $\beta R-Q_{ca}$ 与 $\beta R-f_{sa}$ 相关曲线，Curtin 等人建议按其中之“推荐设计曲线”直接查得 Q_{ca} 及 f_{sa}，以求设计弯矩 M。为了解所设计墙梁的组合作用，可将求得的 Q_{ca} 与 f_{sa} 同表 5-8 中的有关数值进行比较。

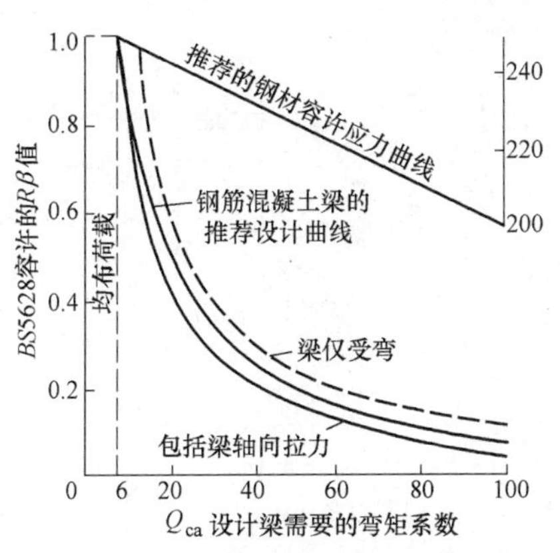

图 5-39　组合作用设计曲线

墙破坏时假定的梁等效荷载　表 5-8

Q_{ca}	x/L	C_x	组合作用
8	1/2	1.0	无组合作用
12	1/3	1.5	组合作用渐增大
24	1/6	3.0	
48	1/12	6.0	
100	1/25	12.5	最大组合作用

表 5-8 中 x/L——应力范围，即支座附近近似按矩形分布的局部压应力分布范围 x 与跨度 L 之比值，用以表示梁组合作用的大小（详图 5-40）；

C_x——平均应力集中系数，$C_x=L/2x=Q_{ca}/8$。

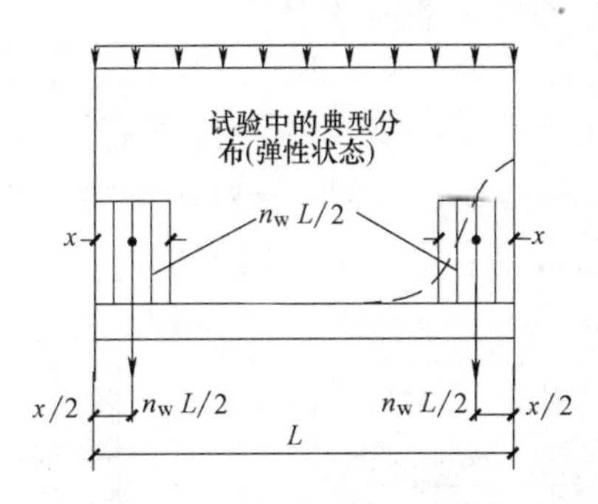

图 5-40　墙破坏时假定梁的等效荷载

此外，表 5-9 列出了 4 种典型墙体根据简化设计法（梁仅受弯矩的设计曲线）和修正设计法（包括了梁受拉力的设计曲线）算得的梁抵抗弯矩，经比较可知，修正设计法明显偏于保守。Curtin 等人最终提出了梁的推荐设计曲线，就是考虑这种差异的。

组合作用：水平推力　表 5-9

实例	墙体种类	设计时需要的抵抗弯矩	
		简化法	修正法
a	矮墙(高厚比=6) 加应力至 BS 5628 规范限值； $\beta=1.0,R=1.0$	$n_wL^2/12$	$n_wL^2/16$
b	窄高墙(高厚比=25) 完全应力；$\beta=0.5,R=1.0$	$n_wL^2/24$	$n_wL^2/17$
c	窄高墙(高厚比=25) 加应力至规范限值之半； $\beta=0.5,R=0.5$	$n_wL^2/48$	$n_wL^2/34$
d	窄高墙(高厚比=25) 加应力至规范限值之 1/4； $\beta=0.5,R=0.25$	$n_wL^2/96$	$n_wL^2/64$

（3）Stafford & Smith 法[32]

该法引入了一个特征参数，以反映墙体和托梁抗弯刚度对托梁弯矩的影响。

当墙梁高跨比 $h_w/l\leqslant0.6$ 时，托梁最大弯矩为

$$M_{max}=\frac{FL}{4\left(\dfrac{Ehl^3}{E_cI_c}\right)^{1/3}}\tag{5-107}$$

托梁最大拉力为

$$N=\frac{F}{3.4}\tag{5-108}$$

式中　F——托梁上全部竖向荷载总和。

墙体内的最大竖向应力为

$$\sigma_{ymax}=1.63\left(\frac{F}{hl}\right)\left(\frac{Ehl^3}{E_cI_c}\right)^{0.28}\tag{5-109}$$

（4）Hendry A W 法

1）Hendry 对 Stafford 和 Smith 的方法作了如下改进：采用了两个特征参数

$$k_1=\sqrt{\frac{EhH^3}{E_cI_c}}\tag{5-110}$$

$$k_2=\frac{EhH}{E_cA_c}\tag{5-111}$$

以分别考虑墙与梁的刚度关系和抗弯刚度比。

式中　E、E_c——分别为砌体和混凝土弹性模量；

h、H——分别为墙厚度和高度；

I_c、A_c——分别为托梁截面惯性矩和截面面积。

2）根据 k_1 和 k_2 查 Hendry 的图表[73]，得系

数c_1和c_2，算出下列各值：

梁顶面竖向压应力最大值

$$\sigma_{\mathrm{ymax}}=\frac{F}{hl}c_1 \tag{5-112}$$

托梁轴向拉力　$N=Fc_2$　(5-113)

托梁顶面最大剪应力

$$\tau_{\mathrm{ymax}}=\frac{F}{hl}c_1c_2 \tag{5-114}$$

3) 由 Hendry 图表查得$\frac{M_c c_1}{FL}$及$\frac{M_m c_1}{FL}$，并最终求得托梁跨度中央截面弯矩M_c和最大跨中弯矩M_m（及其至支座的距离）。

6. 极限力臂法[32]

此法是将墙梁视为深墙梁。当墙体高跨比$H/l>2/3$时，墙梁跨中截面的力矩臂Z不再与墙高H有关而变成无限深梁的力矩臂，即$Z=0.47L$。Lawton 提出设计简支深墙梁时可取$Z=\frac{2}{3}H$且应$\leqslant 0.7l_0$。Burhouse 根据实验结果提出了按极限力臂法确定托梁拉力的计算公式，此法充分考虑了墙梁的组合作用。

5.8 挑梁计算方法[29]

1. 挑梁的分类

当$l_l<2.2h_b$时，为刚性挑梁；当$l_l\geqslant 2.2h_b$时，为弹性挑梁。

式中l_l与h_b分别为挑梁嵌入墙体长度和挑梁截面高度。

2. 砌体墙中钢筋混凝土挑梁抗倾覆验算

$$M_{0v}\leqslant M_r \tag{5-115}$$

式中　M_{0v}——挑梁荷载设计值对计算倾覆点的倾覆力矩；

M_r——挑梁抗倾覆力矩设计值，按下式计算

$$M_r=0.8G_r(l_2-x_0) \tag{5-116}$$

G_r——挑梁抗倾覆荷载，为挑梁尾端上部45°扩展角的阴影范围（其水平投影长度为l_3）内的本层砌体与楼面恒载标准值之和（详图5-41）；

l_2——G_r作用点至墙外边缘距离；

x_0——计算倾覆点至墙外边缘距离，可按下列规定采用：

当$l_l\geqslant 2.2h_b$时，$x_0=0.3h_b$　(5-117)

且不大于$0.13l_l$；

当$l_1<2.2h_b$时，$x_0=0.13l_1$　(5-118)

注：当挑梁下有构造柱时，计算倾覆点至墙外边缘距离可取$0.5x_0$。

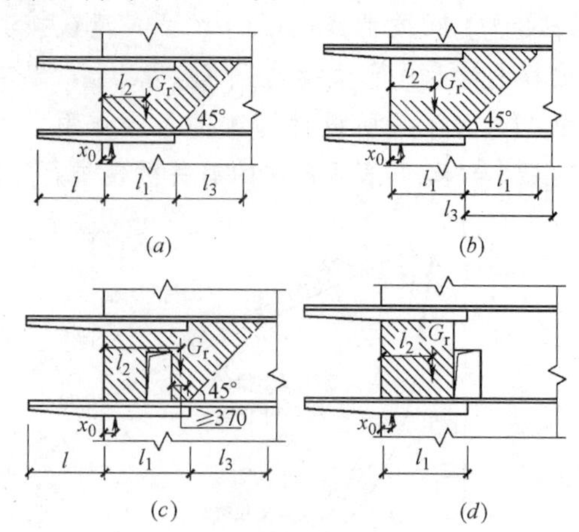

图5-41 挑梁的抗倾覆荷载

(a) $l_3\leqslant l_1$时；(b) $l_3>l_1$时；

(c) 洞在l_1之内；(d) 洞在l_1之外

3. 挑梁下砌体局部受压承载力验算

$$N_l\leqslant \eta\gamma fA_l \tag{5-119}$$

式中　N_l——挑梁下的支反力，可取$N_l=2R$，R为挑梁的倾覆荷载设计值；

η——梁下砌体支撑面应力图形完整系数，可取0.7；

γ——砌体局部受压强度提高系数，对一字墙（即无翼墙）可取1.25；对丁字墙可取1.5；

A_l——挑梁下的砌体局部受压面积，可取$A_l=1.2bh_b$，b为梁宽，h_b为梁高。

4. 挑梁最大弯矩设计值与最大剪力设计值

$$M_{\max}=M_{0v} \tag{5-120}$$

$$V_{\max}=V_0 \tag{5-121}$$

式中　V_0——挑梁荷载设计值在墙外边缘处产生的截面剪力。

5. 雨篷等悬挑构件计算

可按式（5-115）～式（5-118）进行抗倾覆验算，其G_r为图5-42中雨篷梁两端45°扩散角的投影长度$l_3=l_n/2$的阴影范围内的砌体和本层楼盖自重。若45°扩散角线穿越两侧洞口，则l_3为梁端

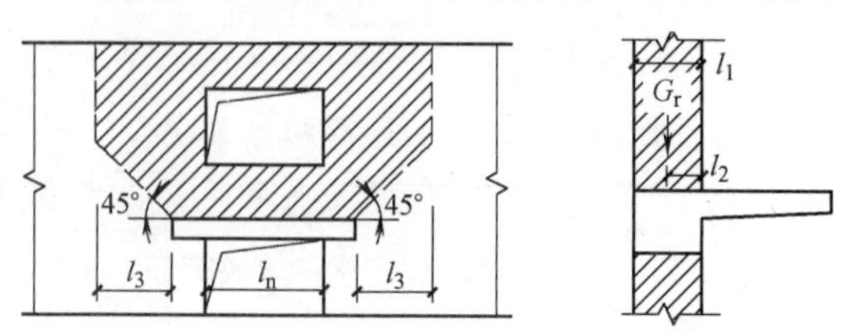

图5-42 雨棚的抗倾覆荷载

至洞边距离。梁上砌体范围应根据雨篷安装临时支撑拆除时的墙体砌筑高度而定。G_r作用点距墙外边缘$l_1/2$。l_1为雨篷梁埋入墙体长度，一般为墙厚。

5.9　拱和筒拱计算方法[29][74][75]

1. 拱与筒拱的受力特点

拱和筒拱在房屋建设中常代替梁（甚至吊车梁）和楼盖与屋盖。筒拱主要指沿拱跨方向传力并类似钢筋混凝土柱面短壳，计算模型为双铰拱。内力分析时应分别考虑荷载作用于全跨和半跨两种情形，并承受压力和弯矩甚至剪力。当为大跨筒拱（或波形拱）屋盖时尚应考虑风载。

2. 拱与筒拱的承载力计算

应按偏心受压构件计算，计算长度 $l_0=0.54s$，s 为拱轴弧长。当截面偏心距 $e_0=\dfrac{M}{N}>0.35h_a$时，尚应验算拱截面弯曲受拉强度，h_a为拱和筒拱截面高度，可取（1/30～1/40）l，波形拱则取其折算高度 h_{aT}。

3. 拱脚抗推力计算

根据设置拉杆或拱脚抗推力之不同结构方案，而分别计算拉杆抗拉及杆端锚具下砌体局部受压承载力或拱脚砌体抗剪切滑移承载力。砌体抗剪承载力可按公式（4-44）计算。当拱脚为刚度很大的抗侧结构时，尚应单独计算其承载力并验算其水平位移是否满足 $H/4000$ 的要求，H 为抗侧力结构高度。

4. 两铰拱的内力计算

（1）拱轴曲线、矢高与拱截面[74]

拱轴曲线常为抛物线形（详图5-43），其曲线方程为

$$y=\frac{4f}{L^2}x(L-x) \tag{5-122}$$

式中　f、L——分别为两铰拱矢高和跨度，f一般为（1/2～1/10）L。

根据公式（5-122），拱轴线上各点坐标（x，y）及切线倾角α可按表5-10取用。

拱轴线坐标及切线正切　　表5-10

x/L	0	0.05	0.10	0.15	0.20	0.25	0.30	0.35	0.40	0.45	0.50
y/L	0	0.19	0.36	0.51	0.64	0.75	0.84	0.91	0.96	0.99	1.00
$L/f\cdot\mathrm{tg}\alpha$	4.0	3.6	3.2	2.8	2.4	2.0	1.6	1.2	0.8	0.4	0.0

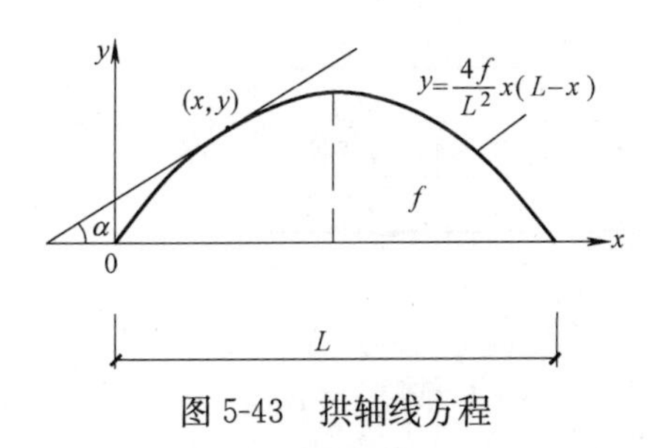

图5-43　拱轴线方程

当 $f<L/4$ 时，可用圆弧代替抛物线，因两者相近，且便于施工。

拱截面可分为矩形、工形、折板形或波形。当为矩形、工字型时，截面高度可参照钢筋混凝土拱确定 $h_a=(1/30\sim1/40)L$，考虑砌体材料特点，可适当放大。为减少 h_a 值可采用如图5-7所示钢筋混凝土肋与空心砖（砌体）的组合截面筒拱。

（2）拱的内力计算

1）拱自重应考虑所产生的恒载的增加：自重由拱顶向支座方向的水平投影应按下述曲线规律分布：

$$q_1=q\left(\frac{1}{\cos\alpha}-1\right) \tag{5-123}$$

式中　q——拱顶恒载；

q_1——因屋面坡度而致附加恒载；

α——所计算截面拱轴切线对水平线的倾角。

2）沿拱轴任意截面的弯矩、轴力和剪力按下列公式计算：

$$M=M_0-Hy \tag{5-124}$$

$$N=V_0\sin\alpha+H\cos\alpha \tag{5-125}$$

$$V=V_0\cos\alpha-H\sin\alpha \tag{5-126}$$

式中　M_0，V_0——分别为单跨简支梁相应截面弯矩和剪力；

H——拱的水平推力；

y——所计算截面的拱轴的纵坐标。

3）均布荷载、抛物线荷载及半跨荷载下两铰拱支座反力的计算：计算公式详表5-11。

单跨简支梁在抛物线荷载下，距左支座为x的截面剪力和弯矩可按下式计算：

$$V_0=V_A-q_1x+\frac{2}{3}q_xx \tag{5-127}$$

$$M_0=V_Ax-\frac{q_1x^2}{2}+\frac{1}{4}q_xx^2 \tag{5-128}$$

两铰拱的支座反力　　表 5-11

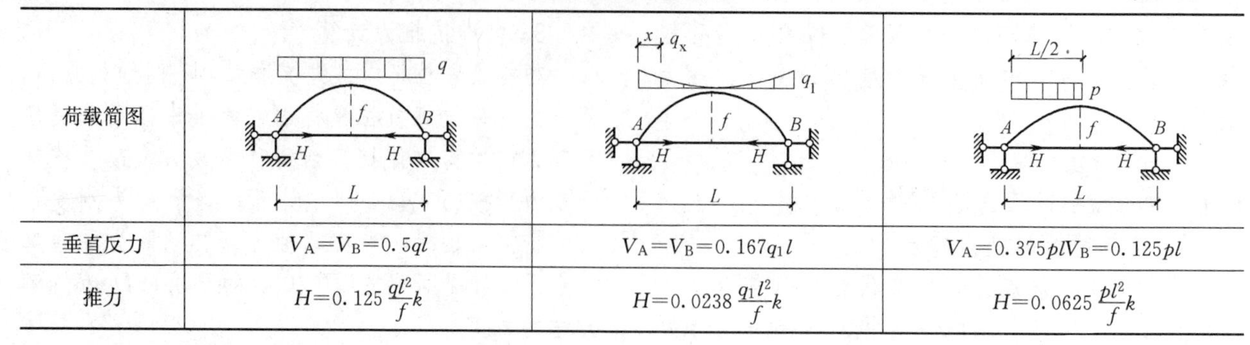

荷载简图	均布荷载 q	抛物线荷载 q_1	半跨集中荷载 p
垂直反力	$V_A=V_B=0.5ql$	$V_A=V_B=0.167q_1l$	$V_A=0.375pl V_B=0.125pl$
推力	$H=0.125\frac{ql^2}{f}k$	$H=0.0238\frac{q_1l^2}{f}k$	$H=0.0625\frac{pl^2}{f}k$

式中 V_A——抛物线荷载下垂直反力（见表 5-11），$V_A=0.167q_1l$；

q_x——距左支座为 x 点的抛物线荷载集度，

$$q_x=\frac{4q_1x(l-x)}{l^2} \tag{5-129}$$

表中 k——考虑拱支座因拉杆的弹性伸长和筒拱的压缩引起的位移对推力 H 的影响系数，按下式计算确定：

当有拉杆时

$$k=\frac{1}{1+\frac{15I_a}{8f^2}\left(\frac{E_a}{E_sA_s}+\frac{n}{A_a}\right)} \tag{5-130}$$

当无拉杆且支座不能移动时

$$k=\frac{1}{1+\frac{15I_a}{8f^2}\frac{n}{A_a}} \tag{5-131}$$

当用扶壁或其他柔性支座时

$$k=\frac{1}{1+\frac{15I_a}{8f^2}\left(\frac{2\Delta E_a}{l}+\frac{n}{A_a}\right)} \tag{5-132}$$

式中 A_a、I_a——分别为拱截面面积和惯性矩；

E_a——拱的弹性模量，当为砌体拱时采用砌体弹性模量 E；

E_s、A_s——钢拉杆弹性模量和截面积；

n——系数，根据矢高而定，详表 5-12；

Δ——单位推力在拱支座处的扶壁水平位移。

拱轴线长度 s 和系数 n　　表 5-12

f/l	1/2	1/3	1/4	1/5	1/6	1/7	1/8	1/9	1/10
s	1.5l	1.25l	1.15l	1.10l	1.07l	1.05l	1.04l	1.03l	1.02l
n	0.554	0.696	0.785	0.843	0.881	0.911	0.931	0.942	0.952

注：表中拱轴弧长 s 值系按悬链线算出，此值也可近似用于其他形状的拱。

拱截面剪力 V 一般都很小，可略而不计。

4）温度变化下拱的推力计算

$$H=\frac{15}{8}\frac{E_aI_a\alpha}{f^2}(t_1^\circ-t_2^\circ)k \tag{5-133}$$

式中 α——拱的线膨胀系数，此处取砌体的线膨胀系数（详表 1-24）；

t_1°、t_2°——分别为筒拱和拉杆的温升；

k——影响系数，按式（5-130）～式（5-132）计算。

5）风载下的拱内力计算[75]

风载下的拱的风压体型系数如图 5-44 所示，迎风面的 1/4S 范围内风载体型系数 μ_s 为正值，而中部的 1/2S 范围内为最大的负值，背风面的 1/4S 范围内仍为负值，但 μ_s 值锐减。图中 q 为水平风载线荷载值。当确定风载分布图形后可按一般结构力学方法算出 H、M 及 V 并与重力荷载内力进行组合。

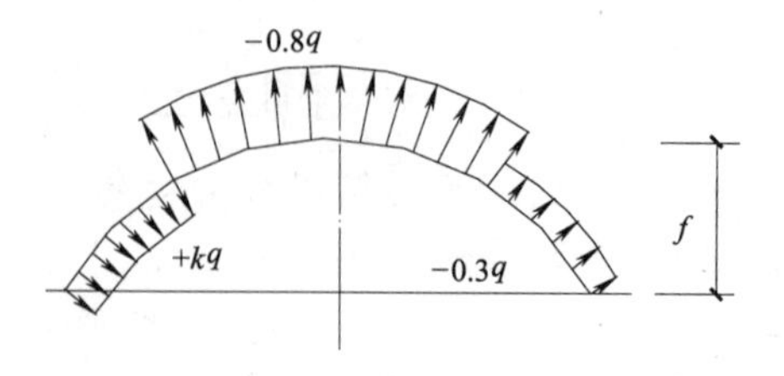

图 5-44　左风时拱的风压体型系数

5.10 地下室墙及挡墙的计算方法[29][37]

1. 地下室墙的计算

（1）地下室墙的计算特点：与一般地上墙所不同的是墙厚度大，可不验算高厚比；除上部荷载外，尚应考虑首层地面结构传来荷载和地下室墙自重，地下室外墙所承受的土侧压力，地下水静水压力和室外地面荷载引起的附加侧压力（当承受各种散体材料时，尚应考虑由此引起的侧压力）；除进行一般地上墙所需的偏心受压承载力计算外，尚增加了抗滑移验算。

（2）地下室外墙的荷载

1）地下室外墙土的侧压力：因有楼盖结构内横墙的约束，在土侧压力下大多不产生侧向滑移，墙后填土无侧向变形，而基本处于弹性平衡状态，故可视为静止土压力，其压力强度为

$$\sigma_{ep}=K_0\gamma_{ep}H_z \tag{5-134}$$

式中　σ_{ep}——外墙单位面积上的土压力（kN/m^2）；

γ_{ep}——墙后填土重力密度（kN/m^3）；

K_0——静止土压力系数，可近似按 $K_0=1-\sin\phi$ 计算；

ϕ——填土有效内摩擦角，可近似取 $\phi=30°$；

H_z——填土表面以下任意深度（m）。

静止土压力沿墙高呈三角形分布。墙下端单位宽度 B（即沿墙长取 1m）的土侧压力为

$$q_{ep}=B\sigma_{ep}=BK_0\gamma_{ep}H \tag{5-135}$$

式中　H——填土表面至墙底高度。

2）静水压力

$$q_w=B\gamma_w H_w \tag{5-136}$$

式中　γ_w——水重力密度，$\gamma_w=10kN/m^3$；

H_w——历年可能产生的最高地下水位至基础底面的深度（m）。

3）地下水位以下的土压力应考虑水的浮力影响，即按有效土重力密度 γ 计算，此时墙下端的土侧压力为

$$q=BK_0(\gamma H_1+\gamma' H_z) \tag{5-137}$$

或

$$q=BK_0[\gamma H-(\gamma-\gamma')H_z] \tag{5-138}$$

式中　γ'——地下水位以下土的有效重度（kN/m^3），$\gamma'=\gamma_{sat}-\gamma_w$；

γ_{sat}——土的饱和重度（kN/m^3）；

γ_w——水的重度（kN/m^3），一般取 $10kN/m^3$；

H_1——地表面至地下水位的深度（m）。

4）室外地面荷载产生的侧压力：可将室外地面活荷载 p 换算为当量土层厚度 H_p，$H_p=p/\gamma$，并近似认为当量土层 H_p 产生的侧压力自地面至墙底均布，其值为

$$q_p=BK_0\gamma H_p \tag{5-139}$$

于是，包括 q_p 在内，沿假想墙高（$H+H_p$）的土侧压力仍按三角形分布，基底最大土侧压力为

$$q_d=BK_0\gamma(H+H_p) \tag{5-140}$$

（3）地下室外墙的计算简图与内力计算

根据墙厚 h 与基础底 D 之比的大小可分为如下两种计算简图：

1）当 $h/D\geqslant0.7$ 时，取下端与地上楼层墙体相同的简支竖向构件，其上端支座取至地下室顶板底面，下端支座取至基础底面。当为有钢筋混凝土现浇底板的基础或有一定厚度的混凝土地面，则可取至底板或地面之顶面。

2）当 $h/D<0.7$ 时，应考虑基础对墙的一定嵌固作用。

地下室外墙内力计算包括三个方面：

① 墙顶弯矩　$M_1=N_0e_0+N_le_l$，详图 5-45。

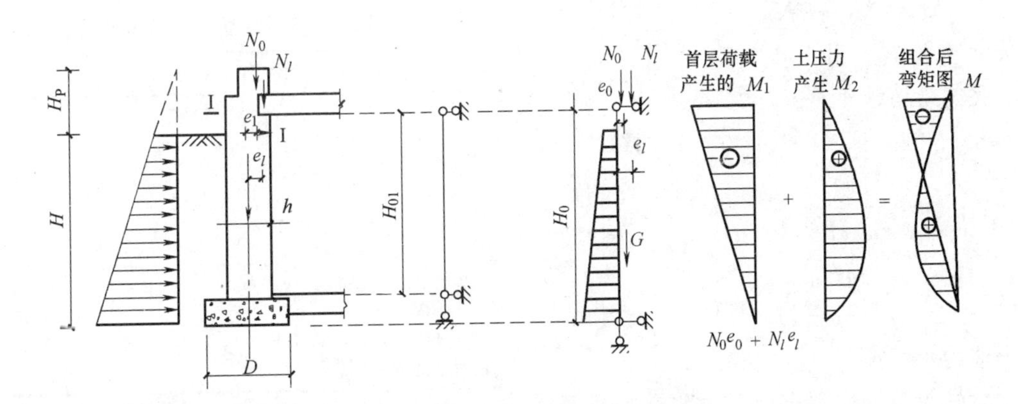

图 5-45　地下室外墙计算简图及内力

式中　N_0、N_l——分别为上部荷载和地下室顶板结构传来的轴力；

e_0、e_l——分别为上部荷载和地下室顶板结构传来的轴力的偏心距。

② 由土侧压力、静水压力和室外地面荷载产生的弯矩 M_2，详图 5-45。

③ 墙体下端的嵌固弯矩 M_3 的计算步骤：

a. 按上端铰接、下端嵌固的竖向构件求得固端弯矩 M_0

b. 求单位长度墙体抗转动刚度 K

$$K=3EI/H_0=Eh^3/4H_0 \quad (5\text{-}141)$$

式中 E——墙体材料弹性模量；

I——单位墙长水平截面惯性矩；

H_0，h——分别为墙体计算高度与厚度。

c. 求单位长度基础抗转动刚度 K'

$$K'=CI'=CD^3/12 \quad (5\text{-}142)$$

式中 C——地基的刚性系数，由试验确定或参考表5-13取值；

I'——单位长度基础水平截面惯性矩；

D——基础底面宽度。

地基的刚性系数 C　　表5-13

地基土承载力设计值(kN/m²)	地基刚性系数 C(kN/m²)
＜150	＜30000
350	60000
600	100000
＞600	＞100000
两年以上的填土	15000～30000

d. 按力矩分配法进行一次分配，求得 M_3：

$$M_3=M_0\frac{K'}{K'+K}=M_0\Big/\left[1+\frac{3E}{CH_0}\left(\frac{h}{D}\right)^3\right] \quad (5\text{-}143)$$

3) 墙体计算时的弯矩图

$$M=M_1+M_2+M_3 \quad (5\text{-}144)$$

(4) 地下室墙正截面承载力计算

控制截面

① 墙上端截面Ⅰ—Ⅰ　按偏心受压和局部受压进行计算，内力为

$$N_1=N_0+N_l \quad (5\text{-}145)$$

$$M_1=N_0e_0+N_le_l \quad (5\text{-}146)$$

② 最大正弯矩截面Ⅱ—Ⅱ　取 M_{max} 及对应的 N，M_{max} 及其距墙顶距离 y，按下式计算，

$$M_{max}=q_2H_0^2[2\nu^3-\mu(1+\mu)]/6(1-\mu)^2 \quad (5\text{-}147)$$

$$y=(\nu-\mu)H_0/(1-\mu) \quad (5\text{-}148)$$

式中

$$\mu=q_1/q_2$$

$$\nu=(\mu^2+\mu+1)/3 \quad (5\text{-}149)$$

H_0——墙的计算高度

q_1、q_2——分别为室外地面土侧压力和基础底面土侧压力。

y 也可由剪力为零的位置来确定。

当求得 M_{max} 后，尚应将轴力对 y 处的偏心弯矩叠加进去，而成为该截面之设计弯矩 M_d。

③ 墙体下端截面Ⅲ—Ⅲ　N_{max}，M_{min}（或为零），一般按轴压构件截面计算。其轴力 $N_{max}=N_1+N_G$

式中 N_G 为墙体自重。

④ 门窗洞口上、下截面　由于洞口削弱而将成为控制截面。

小结：一般由Ⅰ—Ⅰ、Ⅱ—Ⅱ截面控制，而不由Ⅲ—Ⅲ截面控制。M_3 的存在将减小Ⅱ—Ⅱ截面之 M_{max}，故仅当 h/D 很小时，才考虑 M_3 的影响，而此时Ⅲ—Ⅲ应按偏心受压计算。截面承载力按式（5-21）进行计算。

(5) 地下室墙斜截面承载力计算

可参见公式（5-29）或公式（4-44）进行。

(6) 地下室墙抗滑移验算

施工阶段，应考虑墙体上部尚无荷载和墙顶楼板水平支承以及地下室地面混凝土强度较低的不利情况，以致在回填土侧压力作用下而产生水平滑移的可能。在此应按下式验算：

$$K_sV_k\leqslant\mu N_k \quad (5\text{-}150)$$

式中 K_s——抗滑移安全系数，$K_s=1.3$；

V_k——墙体下端截面剪力，等于侧压力产生的下端支反力标准值；

μ——基底土对墙基底的摩擦系数，由试验确定或按表5-14和表1-25查得；

N_k——回填土时，墙体基础底面的轴力标准值。

当抗滑移不能满足时，应要求施工中在混凝土地面达到设计强度和地下室顶板结构施工完毕，甚至上部结构已进行到一定程度后方进行回填土。

挡土墙基底对地基土的摩擦系数 μ　表5-14

土的类别		μ
黏性土	可塑	0.25～0.30
	硬塑	0.30～0.35
	坚硬	0.35～0.45
粉土	$s_r\leqslant0.5$	0.30～0.40
中砂、粗砂、砾砂		0.40～0.50
碎石土		0.40～0.60
软质岩石		0.40～0.60
表面粗糙的硬质岩石		0.65～0.75

注：1. 对易风化的软质岩石或塑性指数 $I_p>22$ 的黏性土，基底摩擦系数 μ 应由试验确定；

2. 对碎石土，可按其密实度、填充物状况及风化程度等确定。

2. 重力式挡土墙的计算

(1) 组成：重力式挡土墙由墙顶、墙身和墙基三部分组成。墙身又分为墙面和墙背两侧。墙基前缘称为墙趾，后缘称为墙踵。

(2) 重力式挡土墙的截面选型

1) 截面型式分类：根据墙背的倾斜情况可分为仰斜、垂直和俯斜等三种形式，分别如图 5-46 (a)、(b)、(c) 所示。

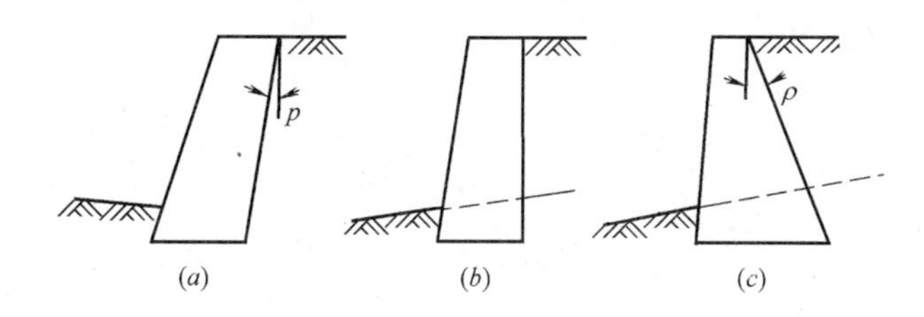

图 5-46　挡土墙截面形式分类

2) 墙背选型

① 仰斜式——受主动土压力最小，适于挖方边坡，并与临时边坡紧密贴合，但当有填土时不易夯实。

② 垂直式——受主动土压力较仰斜式大，但小于俯斜式，适于填方地段，填土易夯实。

③ 俯斜式——受主动土压力最大，适于填方地段，填土易夯实。

3) 挡土墙的坡度规定

① 墙背坡度：坡度越大，主动土压力越小，但施工困难，一般不超过 1∶0.25。

② 墙面坡度：墙前地面较陡峭时，可取 1∶0.05～1∶0.2，亦可垂直；墙前地面较平缓时，可取 1∶0.4。墙面坡度可与墙背一致，亦可大于墙背，以使挡土墙下部有较大的截面适应较大侧压力。

③ 基底坡度：将基底做成斜面，以增强挡土墙抗滑移能力。对一般土质≤0.1∶1；对岩石地基≤0.2∶1。亦可按基底面与水平面的夹角控制，对一般土质≤6°；对碎石和岩石地基≤11°。坡度过大，可能使基础与基底土壤一起滑动。

4) 墙趾台阶与墙顶宽度：墙趾台阶可增大基底面积，减少基底压力，增加抗倾覆能力。台阶宽≤200mm，高宽比为 2∶1。墙顶宽度，当为毛石砌体不宜＜500mm，当为料石砌体不宜＜400mm。

5) 基础埋深：一般应在地面以下≥800mm；当有地下水冲刷时，应在冲刷线以下≥1000mm 和冰冻线以下≥250mm；当基底为岩石、卵石、砾石、粗砂或中砂时，可不受冰冻深度限制；当基底为风化岩层时，除应将其清除外，尚应加挖 150～250mm；当风化层较厚可不全部挖出，但应嵌入岩层，其尺寸为：

微风化硬质岩石　$l \geqslant 0.5$m，$h \geqslant 0.25$m；

风化岩石或软质岩石　$l \geqslant 1.0$m，$h \geqslant 0.6$m；

坚实粗粒土　$l \geqslant 2.0$m，$h \geqslant 1.0$m。

(3) 挡土墙上的作用力

1) 土压力：根据挡土墙位移情况可分为静止土压力、主动土压力和被动土压力三种。

2) 墙体自重。

3) 基底反力：分为基底法向分力、切向分力。假定法向分力沿基底为线性分布。

4) 填土上部地面荷载：折算为当量土重以计算主动土压力。

5) 地下静水侧压力：此时墙背的侧压力由主动土压力和静水侧压力组成。土压力应按土的天然重度和浸水重度计算。

6) 地震作用增加的土压力。

(4) 静止土压力计算[77][78]

挡土墙无位移，墙背土无变形，土中水平应力即为作用于墙背上的静止土压力，可按公式 (5-135) 和公式 (5-136) 计算，其作用按三角形分布。于墙高下部 $H/3$ 处的合力为

$$E = \gamma H^2 K_0 / 2 \tag{5-151}$$

式中　K_0——静止土压力系数，可按式 (5-134) 注计算取值，亦可根据砂土和黏性土分别取 0.4～0.5 和 0.5～0.6；

H——墙高；

γ——填土重度 (kN/m³)。

当回填土由 j 层不同土壤组成，则应根据文献 [78] 算得各点静止土压力标准值

$$e_{0ik} = \left(\sum_{j=1}^{i} \gamma_j h_j + p\right) K_0 \tag{5-152}$$

式中　γ_j——计算点以上第 j 层土的重度 (kN/m³)；

h_j——计算点以上第 j 层土的厚度 (m)；

p——地面均布荷载标准值 (kN/m²)。

当求得各点 e_{0ik} 值后可算出其合力 E。

(5) 主动土压力计算[77][78]

根据平面滑裂面假定，可得主动土压力合力

$$E_a = \frac{\psi_c}{2} \gamma H^2 K_a \tag{5-153}$$

式中　K_a——主动土压力系数，按下式计算

$$K_a = \frac{\sin(\alpha+\beta)}{\sin^2\alpha \sin^2(\alpha+\beta-\varphi-\delta)}$$

$$\{k_q[\sin(\alpha+\beta)\sin(\alpha-\delta)+\sin(\varphi+\delta)\sin(\varphi-\beta)]+ 2\eta\sin\alpha\cos\varphi\cos(\alpha+\beta-\varphi-\delta)-2[(k_q\sin(\alpha+\beta)\sin(\varphi-\beta)+\eta\sin\alpha\cos\varphi)(k_q\sin(\alpha-\delta)\sin(\varphi+\delta)+$$

$\eta \sin\alpha\cos\varphi)]^{\frac{1}{2}}\}$ (5-154)

$$k_q = 1 + \frac{2p}{\gamma h}\frac{\sin\alpha\cos\varphi}{\sin(\alpha+\varphi)} \quad (5\text{-}155)$$

$$\eta = \frac{2C}{\gamma h} \quad (5\text{-}156)$$

C——填土的黏聚力，黏性土若无试验数据，可按5～30kPa选用；

φ——填土内摩擦角，应由试验确定，否则建议取：细砂$\varphi=20°\sim30°$；中砂$\varphi=30°\sim40°$；砾石、卵石和粗砂$\varphi=40°\sim45°$。实际工程中多为黏性土，故可取$\varphi=20°\sim30°$；

δ——填土与墙的摩擦角，可按表5-15选取；

α——墙背面与水平面的夹角；

β——填土表面坡度角；

ψ_c——主动土压力增大系数，土坡高度小于5m时，宜取1.0，高度为5～8m时宜取1.1；高度大于8m时宜取1.2。

土对墙背的摩擦角 δ　　表5-15

挡土墙情况	δ
墙背平滑，排水不良	$(0\sim0.33)\varphi_k$
墙背粗糙，排水良好	$(0.33\sim0.50)\varphi_k$
墙背很粗糙，排水良好	$(0.50\sim0.67)\varphi_k$
墙背与回填土间不能滑动	$(0.67\sim1.0)\varphi_k$

注：φ_k为墙背填土内摩擦角标准值。

以上符号详见图5-47，其余符号同前注。

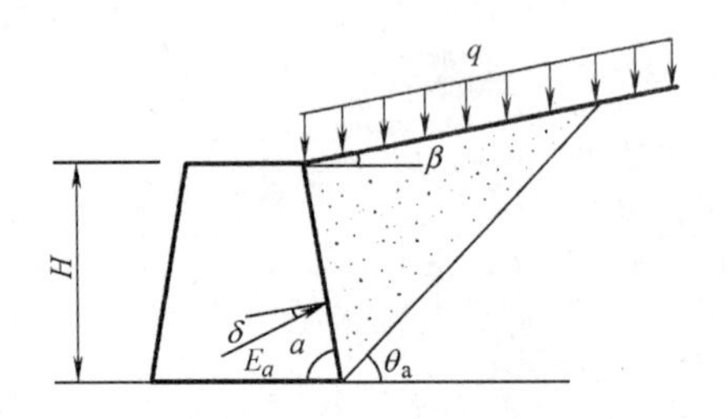

图5-47　计算简图

当挡土墙高$H\leqslant5$m且排水条件符合文献[77]第6.6.1条要求，填土质量符合其附录L.0.2条要求时，可按其附图L.0.2查得K_a值。

E_a的作用点距离挡土墙底高度为

$$Z = \frac{H}{3}\frac{1+3p/\gamma H}{1+2p/\gamma H} \quad (5\text{-}157)$$

当$p=0$时，$Z=\frac{H}{3}$。

当墙背直立光滑、土体表面水平、回填土有多层不同土壤时，其各计算点主动土压力标准值为

$$e_{aik} = (\sum_{j=1}^{i}\gamma_j h_j + p)K_{ai} - 2c_i\sqrt{K_{ai}} \quad (5\text{-}158)$$

式中　e_{aik}——计算点处的主动土压力标准值（kN/m²），当$e_{aik}<0$时，取$e_{aik}=0$；

K_{ai}——计算点处的主动土压力系数，取$K_{ai}=\tan^2(45°-\varphi_i/2)$；

φ_i——计算点处土的内摩擦角（°）。

当求得各点之e_{aik}后，可求得合力E_a。

（6）被动土压力计算[78]：

当墙背直立光滑、土体表面水平、回填土有多层不同土壤时，被动土压力标准值为

$$e_{pik} = (\sum_{j=1}^{i}\gamma_j h_j + p)K_{pi} + 2c_i\sqrt{K_{pi}} \quad (5\text{-}159)$$

式中　K_{pi}——计算点处的被动土压力系数，取$K_{pi}=\tan^2(45°+\varphi_i/2)$。

当求得各点之e_{pik}后，可求得合力E_p。

（7）土中有地下水但未形成渗流时，作用于挡土墙上的侧压力可按下列规定计算[78]：

1）对砂土和粉土按水、土分算的原则进行计算。

2）对黏性土宜根据工程经验按水、土分算或按水、土合算原则进行计算；

3）按水、土分算时，作用于挡土墙上的侧压力等于土压力和静水压力之和，地下水以下的土压力采用浮重度γ'和有效应力抗剪强度指标（c、φ）计算；

4）当按水、土合算时，地下水以下的土压力采用饱和重度γ_{sat}和总应力抗剪强度指标（c、φ）计算。

（8）土中有地下水并形成渗流时，作用于挡土墙上的侧压力除按第（6）条计算外，尚应计算动水压力。

（9）当挡土墙后土体破裂面以内有较陡的稳定岩石坡面时，应视为有限范围填土情况计算主动土压力（如图5-48）。有限范围填土的主动土压力合力标准值可按下式计算[78]

$$E_{ak} = \frac{1}{2}\gamma H^2 K_a \quad (5\text{-}160)$$

$$K_a = \frac{\sin(\alpha+\beta)}{\sin(\alpha-\delta+\theta-\delta_R)\sin(\theta-\beta)}\times$$

$$\left[\frac{\sin(\alpha+\theta)\sin(\theta-\delta_R)}{\sin^2\alpha}-\eta\frac{\cos\delta_R}{\sin\alpha}\right] \tag{5-161}$$

式中　θ——稳定岩石坡面倾角（°）；

δ_R——稳定且无软弱层的岩石坡面与填土间的摩擦角（°），宜试验确定。当无试验资料时，黏性土与粉土可取 $\delta_R=0.33\varphi$，砂土与碎石土可取 $\delta_R=0.5\varphi$。

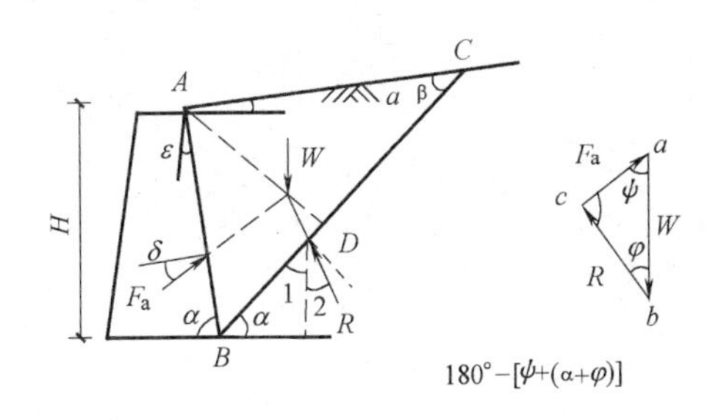

图 5-48　有限范围填土的土压力计算

(10) 当坡顶作用有线性分布荷载、均布荷载和坡顶填土表面不规则时，在挡土墙上产生的侧压力可按文献［78］附录 B 简化计算。

(11) 重力式挡土墙的稳定性验算

1) 抗倾覆验算

如图 5-49 所示，将主动土压力 E_a 分解为水平分力 E_{ax} 和垂直分力 E_{az}，则挡土墙对墙趾 O 点抗倾覆验算应满足下式要求

$$K_t=(Gx_0+E_{az}x_f)/E_{ax}z_f\geqslant 1.6 \tag{5-162}$$

$$E_{az}=E_a\cos(\alpha-\delta) \tag{5-163}$$

$$E_{ax}=E_a\sin(\alpha-\delta) \tag{5-164}$$

式中　K_t——抗倾覆安全系数；

x_0——挡土墙重心至墙趾的水平距离；

x_f——E_a 在墙背作用点至墙趾的水平距离，$x_f=b-z\cot\alpha$；

z_f——E_a 在墙背作用点至墙趾的垂直距离，$z_f=z-b\tan\alpha_0$；

G——挡土墙每延米自重；

α——挡土墙墙背倾角；

δ——土对挡土墙墙背的摩擦角；

b——基底水平投影宽度；

z——土压力 E_a 作用点至墙踵的垂直距离；

α_0——基底倾角。

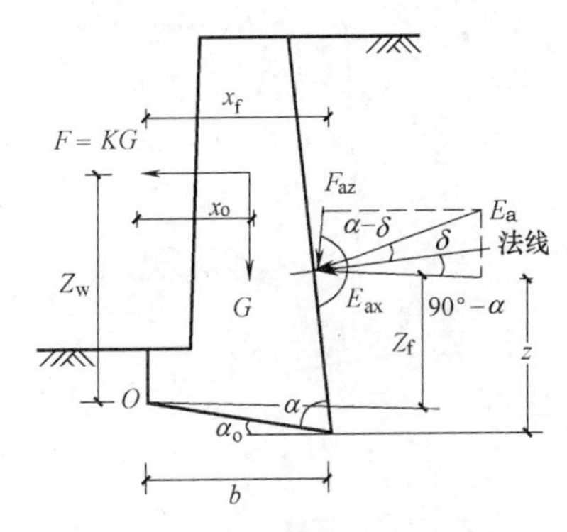

图 5-49　挡土墙稳定验算简图

2) 抗滑移验算

$$K_s=(G_n+E_{an})\mu/(E_{at}-G_t)\geqslant 1.3 \tag{5-165}$$

式中　G_n——垂直于基底的挡土墙重力分力，$G_n=G\cos\alpha_0$；

G_t——平行于基底的挡土墙重力分力，$G_t=G\sin\alpha_0$；

E_{an}——垂直于基底的土压力分力，$E_{an}=E_a\cos(\alpha-\alpha_0-\delta)$；

E_{at}——平行于基底的土压力分力，$E_{at}=E_{ax}\cos\alpha_0=E_a\sin(\alpha-\delta)\cos\alpha_0$；

μ——挡土墙基底对地基的摩擦系数，详表 5-14。

(12) 地基承载力验算

挡土墙地基承载力验算与一般偏心受压基础相同，如图 5-50。

1) 求作用于基底合力 E、作用点的位置及其垂直和平行于基底的分力 E_n 与 E_t

基底合力

$$E=\sqrt{G^2+E_a^2+2GE_a\cos(\alpha-\delta)} \tag{5-166}$$

基底垂直分力

$$\left.\begin{aligned}E_n&=E\cdot\sin(\theta+\delta-\alpha+\alpha_0)\\E_n&=E\cdot\cos(\alpha-\alpha_0-\theta+\delta)\end{aligned}\right\} \tag{5-167}$$

基底水平分力

$$\left.\begin{aligned}E_t&=E\cdot\cos(\theta+\delta+90^\circ-\alpha+\alpha_0)\\E_t&=E\cdot\sin(\alpha-\alpha_0-\theta-\delta)\end{aligned}\right\} \tag{5-168}$$

合力 N（即 E_n）对 O 点的距离

$$c=(Gx_0+E_{az}x_f-E_{ax}z_f)/N \tag{5-169}$$

合力 N（即 E_n）对基底形心距

$$e=b'/2-c \tag{5-170}$$

$$b'=b\cos\alpha_0 \tag{5-171}$$

式中　b'、b——分别为基底斜向和水平投影宽度。

2) 挡土墙下地基承载力验算，如图 5-50 所示。

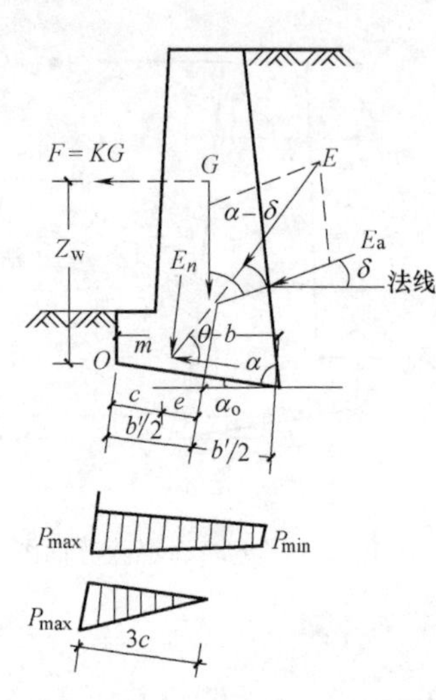

图 5-50 挡土墙地基承载力验算简图

① 当 $e \leqslant b'/6$ 时，应满足下式要求

$$p_{\min}^{\max}=\frac{N}{b'}\left(1\pm\frac{6e}{b'}\right)\leqslant 1.2f \quad (5\text{-}172)$$

② 当不满足时，可增大基底宽度；当 $e>b'/6$ 时，应满足下式要求

$$p=\frac{p_{\max}+p_{\min}}{2}\leqslant f \quad (5\text{-}173)$$

$$p_{\max}=\frac{2N}{3c}\leqslant 1.2f \quad (5\text{-}174)$$

③ 当 $e=0$ 时 $p=\frac{N}{b'}\leqslant f$ (5-175)

(13) 挡土墙承载力验算

重力式挡土墙当采用毛石、料石、砖或砌块砌筑时，可按无筋砌体墙进行正截面偏心受压和斜截面抗剪承载力验算，其中活荷载仅指地面均布荷载。计算公式分别详见公式(5-21)～公式(5-24)，和式(4-44)～式(4-46)或式(5-29)。

3. 配筋砌体挡土墙的计算

下列各种挡土墙均按英国规范方法计算，亦可采用我国材料并按我国规范进行计算。

(1) 灌浆空心挡土墙

灌浆空心挡土墙（空间部分厚100mm，可为非预应力墙，亦可为预应力墙）一般作地上墙或地下室墙，因而有上部荷载下传和顶盖作为横向约束。当作为挡土墙时，则可按下端嵌固的悬臂墙在土、水侧压力及地面荷载与自重作用下进行计算。由于轴力很小，可按受弯构件进行正截面和斜截面的强度计算，并验算其稳定性。

1) 正截面抗弯强度计算

如图 5-51 所示，截面有效高度应满足 $d\geqslant$ 150mm 要求，以符合变形控制条件。查表 4-13 得砌体强度分项系数 $\gamma_{mm}=2.3$，钢筋强度分项系数 $\gamma_{ms}=1.15$。查表 4-28 及表 4-25 分别得出 f_k 和 f_y。砌体弯曲抗压强度 $f_f=1.1f_k$。根据英国砌体规范BS 5628有设计抵抗弯矩

$$M_d=\frac{0.375bd^2}{\gamma_{mm}}f_f \quad (5\text{-}176)$$

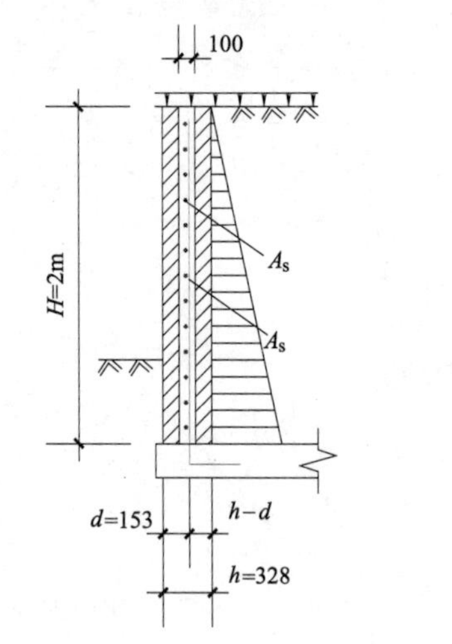

图 5-51 灌浆空心挡土墙合变

内力臂

$$z=d[1-(0.5A_s\times0.83f_y\gamma_{mm}/bdf_f\gamma_{ms})] \quad (5\text{-}177)$$

或由公式 $\frac{M_d\gamma_{mm}}{2f_fbd^2}$ 查图 5-52，得 z/d，且应使 $z/d\leqslant0.95$，式中 $b=1000$mm。代入得

$$A_s=M_d\gamma_{ms}/f_yz \quad (5\text{-}178)$$

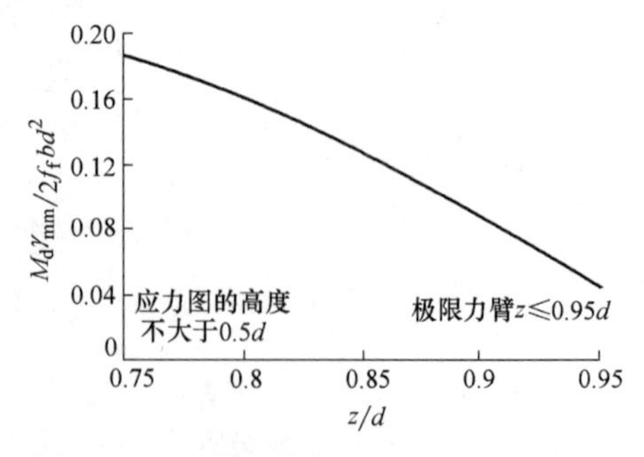

图 5-52 力臂曲线（矩形应力分布的配筋砌体）

水平分布筋可取Φ6@250mm，主筋的灰浆保护层厚44mm。

2) 斜截面抗剪强度计算 根据 BS5628 第 2 部分第 19.1.3.1 条，配筋砌体标准抗剪强度为

$$f_v=0.35+17.5/\rho \quad (5\text{-}179)$$

式中 ρ——主筋配筋率，$\rho=A_s/bd$。

截面抗剪承载力

$$V=f_vbd/\gamma_{mv} \quad (5\text{-}180)$$

式中 γ_{mv}——砌体抗剪强度分项系数，由表 4-13 查得。

3）钢筋局部粘结力的验算　为保证钢筋与灌浆共同工作，应满足下式要求：

$$\frac{f_{bs}}{\gamma_{mb}} \geqslant \frac{V}{\sum ud} \tag{5-181}$$

式中　f_{bs}——标准局部粘结应力，$f_{bs}=1.4f_b$，f_b为标准局部粘结强度，按下列规定取值：

砂浆与钢筋　光面钢筋 $f_{bs}=1.5$MPa，带肋钢筋 $f_{bs}=2.0$MPa

混凝土与钢筋　光面钢筋 $f_{bs}=1.8$MPa，带肋钢筋 $f_{bs}=2.0$MPa

γ_{mb}——粘结力分项系数，查表 4-13 得 $\gamma_{mb}=1.5$；

$\sum u$——配置钢筋 A_s 的圆周长总和；

V——截面剪力设计值；

d——截面有效高度。

4）挡土墙的稳定性验算　其抗滑移、抗倾覆验算可参照重力式挡土墙的有关方法进行，但不同点在于其滑移和倾覆皆指沿挡土墙基础底面而非墙体根部，后者应在斜截面抗剪验算中获得保证。

（2）带凹槽挡土墙

如图 5-53 所示，可取一凹槽间距为计算单元，一般挡土墙竖向和侧向荷载作用下按下述方法进行：

1）凹槽间水平跨方向墙体沿齿缝抗弯强度计算（图中跨度为 1125mm）；

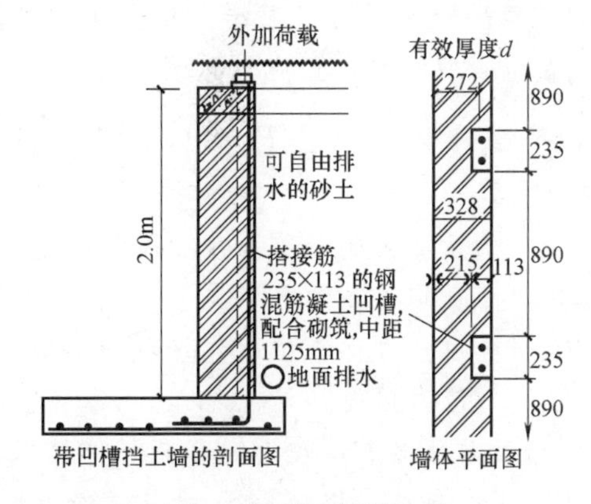

图 5-53　带凹槽挡土墙

2）竖向单元正截面抗弯强度计算：可取墙底为控制截面，按式（5-176）～式（5-178）计算，选配纵筋；

3）竖向单元斜截面抗剪强度验算：按式（5-179）及式（5-180）验算墙底截面抗剪承载力；

4）钢筋局部粘结力的验算　按公式（5-181）验算；

5）挡土墙稳定性验算　同灌浆空心挡土墙。

（3）带肋挡土墙

如图 5-54 所示，取一个 T 形截面为计算单元，其翼缘宽度 b_f' 按下述三种方法确定之最小值采用：肋间距 2m；$H/3=3/3=1$m；肋宽 $b+12$ 倍翼板厚 $b_f'=2.9$m。$bh=328$mm×665mm。

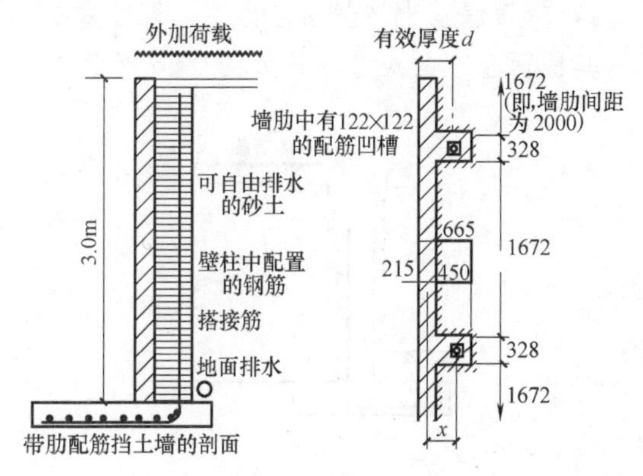

图 5-54　带肋挡土墙

1）挡土墙正截面抗弯强度计算，设最小设计抵抗弯矩按中和轴在翼缘腹板交界处计算，

$$M_d = f_f/\gamma_{mm} b_f' h_f' z \tag{5-182}$$

若设计弯矩 $M \leqslant M_d$ 则按 $b_f'h$ 之矩形截面计算 A_s，否则按中和轴在腹板内的 T 形截面计算，计算公式同前。

2）翼缘墙板水平跨内截面齿缝弯曲抗拉承载力计算，此时支座负弯矩为最大，取 $M_0=ql^2/12$，q 为考虑地面荷载及土侧压力引起之墙底最大总侧压力（kN/m²），l 为肋间距。齿缝弯曲抗拉强度为水平通缝弯曲抗拉之 3 倍[37]，如当为 i 级砂浆时 $f_{kx}=1.5$MPa，而后者为 0.5MPa。

3）挡土墙斜截面抗剪强度计算：计算方法同前，但应按腹板截面积 $A_m=bh$ 计算。当计算不满足时，应加大 A_m 或配置水平腹板抗剪钢筋。

4）钢筋局部粘结力及挡土墙稳定性验算方法同前。

（4）预应力带肋挡土墙

在图 5-54 所示带肋挡土墙的基础上，将所配竖向钢筋改为后张预应力筋，并在肋顶设置张拉锚具垫板，以满足局部抗压要求，孔槽灌浆，以保证整体工作。作为使用阶段与张拉预应力阶段存在不同的弯曲方向，故预应力筋的设置（偏心）位置及预应力合力之大小，应通过上述两个工作阶段的强度验算来最终确定。总之，应保证在满足使用阶段抗弯强度和 $H/250$ 水平挠度限值要求下，挡土墙在张拉阶段截面预拉区（即翼缘）不出现拉应力，或拉应力不致超过水平通缝弯曲抗拉强度。具体的计算方法详第5章5.3节5有关公式。

(5) 带横膈的挡土墙

带横膈挡土墙的截面型式详见图5-55，其设计方法与带肋墙相似。

1) 带横膈挡土墙截面应力图：取墙底截面为例，其截面合理的应力分布如图5-56所示。

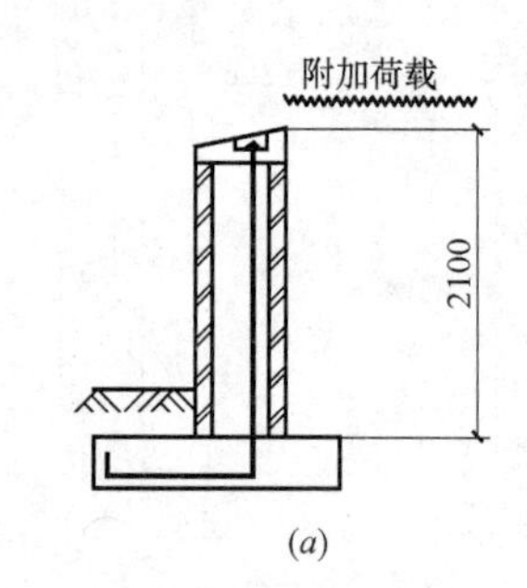

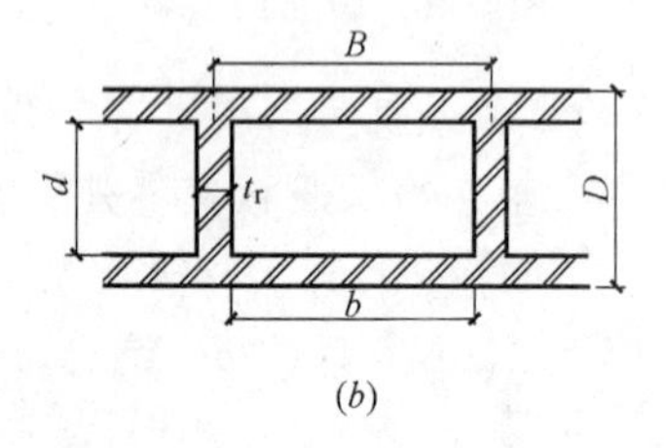

图5-55 后张带横膈挡土墙
(a) 后张带横膈挡土墙截面形式；
(b) 后张带横膈挡土墙截面参数

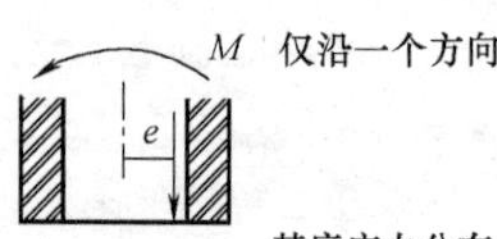

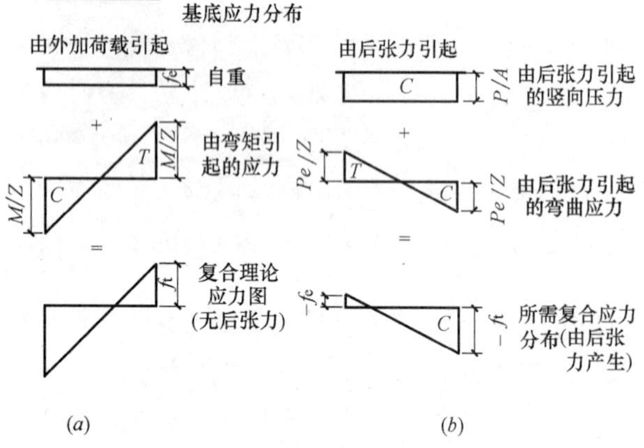

图5-56 后张拉带横膈挡土墙应力图
(a) 无后张力应力图；(b) 后张力应力图

2) 最小后张力 P 的确定：由图5-56可知

$$P=\frac{1}{2}(f_t-f_c)A \tag{5-183}$$

$$e_P=\left(\frac{f_t}{P}-\frac{1}{A}\right)Z \tag{5-184}$$

式中 P、e_P——分别为最小后张力及其偏心距；

f_t——无后张力时，由挡土墙自重及土侧压力（含地面活荷载 p）引起的截面边缘拉应力；

f_c——无后张力时，由挡土墙自重引起的压应力；

A、Z——分别为截面面积和截面拉边缘（或压边缘）对重心轴的抵抗矩。

3) 墙体荷载计算：将地面活荷载折算为当量土层厚，根据朗肯土压力理论得沿墙高各点土侧压力标准值。当采取措施而无水侧压力时，土侧压力$=k_1\times$重度$\times$高度，式中，$k_1=1-\sin^2\varphi$ 为土压力系数。对"恒载＋附加荷载"的组合，其荷载分项系数：当计算复合压应力时分别取1.4和1.6；当计算理论弯曲拉应力时，分别取0.9和1.6，其中附加荷载即为被挡土的侧压力。

4) 墙底设计弯矩和设计剪力计算：分别按承载力极限状态和正常使用极限状态计算土压力作用下的设计弯矩，后者分项系数取1.0。剪力设计值则按承载力极限状态土压力荷载分项系数 $\gamma_f=1.6$ 算得的。

5) 试选截面：墙的总宽 D、翼缘厚度 t 和隔墙间距 B 以及横隔墙厚度 t_r 是进行挡土墙截面优化的几个关键变量。

首先可参照表5-16，初选一个合适的截面尺寸系列，再进行承载力极限状态和正常使用极限状态的截面计算。其中预应力标准值

$$P_k=\frac{P}{\gamma_f} \tag{5-185}$$

式中 γ_f——后张力的分项系数，因 P 作为抗力，故取 $\gamma_f=0.9$；

P_k——后张力标准值，允许考虑20%的预应力损失。

① 墙的总宽度 D：较大的 D 对墙体抗弯、抗剪及稳定性均有益，但应综合考虑横隔墙间距、材料消耗和对后张钢筋尺寸及后张力大小的影响。

② 翼墙厚度 t 和横隔墙间距 B：翼墙厚度 t 一般为一定值，隔墙间距 B 通过以其为水平向连续跨度的抗弯计算求得。

翼墙支座最大弯矩

$$M_A=\frac{1}{12}\gamma_f Q_k B^2 \tag{5-186}$$

带横隔墙常见截面参数（参照图5-55*b*）　　表5-16

序号	尺寸(m)				截面参数(每横隔)			截面参数(m)		
	D	d	B	b	$I\times10^{-3}$ (m^4)	$Z\times10^{-3}$ (m^3)	A (m^2)	$I\times10^{-3}$ (m^4)	$Z\times10^{-3}$ (m^3)	A (m^2)
1	0.44	0.235	1.4625	1.36	8.91	40.49	0.324	6.09	27.69	0.222
2	0.44	0.235	1.2375	1.135	7.55	34.32	0.278	6.10	27.73	0.225
3	0.44	0.235	1.0125	0.91	6.21	28.83	0.232	6.13	27.88	0.229
4	0.5575	0.352	1.4625	1.36	16.18	58.04	0.337	11.06	39.69	0.230
5	0.5575	0.352	1.2375	1.135	13.74	49.29	0.290	11.10	39.83	0.234
6	0.5575	0.352	1.0125	0.91	11.31	40.57	0.244	11.17	40.07	0.241
7	0.665	0.46	1.4625	1.36	24.81	74.62	0.347	16.96	51.02	0.237
8	0.665	0.46	1.2375	1.135	21.12	63.52	0.301	17.07	51.33	0.243
9	0.665	0.46	1.0125	0.91	17.43	52.43	0.254	17.21	51.77	0.251
10	0.7825	0.5775	1.4625	1.36	36.56	93.45	0.359	24.99	63.90	0.245
11	0.7825	0.5775	1.2375	1.135	31.18	79.69	0.313	25.19	64.40	0.253
12	0.7825	0.5775	1.0125	0.91	25.82	66.01	0.267	25.50	65.20	0.264
13	0.89	0.685	1.4625	1.36	49.46	111.14	0.37	33.82	76.00	0.253
14	0.89	0.685	1.2375	1.135	42.4	95.3	0.324	34.26	77.01	0.262
15	0.89	0.685	1.0125	0.91	34.86	78.34	0.278	34.43	77.37	0.274

翼墙支座边缘设计弯矩

$$M_a=\frac{1}{15}\gamma_f Q_k B^2 \qquad (5\text{-}187)$$

设计抵抗弯矩

$$M_R=f_{kx}Z/\gamma_{mm} \qquad (5\text{-}188)$$

令　$M_a=M_R$，得

$$B=\sqrt{\frac{15f_{kx}Z}{\gamma_{mm}\gamma_f Q_k}} \qquad (5\text{-}189)$$

式中　γ_f、γ_{mm}——分别为土侧压力分项系数和砌体抗弯强度分项系数，查表4-24及表4-13；

Q_k——土侧压力标准值，取墙底截面以上1m高范围之面荷载；

f_{kx}——砌体弯曲抗拉强度标准值，可取等于通缝抗剪强度f_v；

Z——截面抵抗矩。

③ 隔墙厚度t_r：t_r由抗剪强度计算来确定。最大水平剪应力

$$v_h=\frac{VA_1\bar{y}}{I_{na}t_r}\leqslant f_v/\gamma_{mv} \qquad (5\text{-}190)$$

式中　V——每横隔墙剪力；

A_1——以B为隔墙间距的I形截面面积之半；

$\bar{y}$——A_1面积重心至全截面形心轴之距离；

I_{na}——全截面惯性矩；

f_v——砌体抗剪强度标准值，$f_v=0.35+0.6g_B$；

g_B——由墙体自重G_k及后张拉力P引起的设计面荷载，$g_B=\frac{0.9G_k+P}{A}$；

γ_{mv}——砌体抗剪强度材料分项系数，取2.0。

由上式可得出满足抗剪强度要求所需的最小后张拉力P，并与由公式（5-183）算出为消除理论弯曲拉应力所需最小后张力P进行比较，取二者中之较大值。当前者更大时，尚需按式（5-184）重新算出其偏心距e_p。当计算的e_p大于已设定的实际偏心距时，则必须增大后张力P，该力按下式计算

$$P=\frac{f_t}{\frac{1}{A}+\frac{e_p}{Z}} \qquad (5\text{-}191)$$

式中　f_t——砌体主拉应力，由材料力学公式算得。砌体主拉应力强度可近似取$f_t=\frac{1}{2}f_v$。

6）承载力极限状态的验算：

抵抗弯矩

$$M_{Ra}=(P+0.9G_k)\left(\frac{D}{2}+e-\frac{W_s}{2}\right) \qquad (5\text{-}192)$$

式中　e——后张力与自重合力设计值（$P+0.9G_k$）之偏心距；

W_s——截面压区高度，

$$W_s=\frac{P+0.9G_k}{p_{ubc}B} \qquad (5\text{-}193)$$

p_{ubc}——极限压弯应力，$p_{ubc}=1.2f_k/\gamma_{mm}$。

当$M_{Ra}\geqslant M_b$（设计弯矩）时，安全可靠。

7）墙内压应力

① 承载力折减系数β

整体稳定性计算高度取$H_{ef}=2H$，实际厚度$t_{ef}=D$，则高厚比（长细比）$SR=H_{ef}/t_{ef}$。（$P+$

$0.9G_k$）的有效偏心距 e_x 及其相对偏心距 e_x/t_{ef} 均为已知，则可查表 4-30 得承载力折减系数 β，以验算墙的整体稳定性。

局部稳定性——验算翼墙的局部稳定时，考虑横隔墙对翼墙的约束，从而提高其抗纵向弯曲失稳和抗侧能力。此时假定翼墙受轴向压应力、弯曲应力和预应力的复合作用且其偏心距 e_x 为零，则可根据 $SR=0.75B/t_r$ 和 $e_x=0$ 查表 4-30 得出 β，一般由于 SR 很小，故 β 往往为 1.0。同法验算翼墙的局部稳定性。

② 复合压应力的检验

后张力在预定 20% 预应力损失出现前为标准后张力 P_k 之 1/0.8 倍，而其设计值应为 $\gamma_f P_k/0.8$，$\gamma_f=1.4$，同时最大设计恒载为 $1.4G_k$，于是可由此算出二者组合后在墙截面边缘引起的最大和最小复合压应力。据此可验算墙体在张拉完成时的抗压强度。

预应力损失前砌体的设计强度为 $1.2\times(1.2\beta f_{ki}/\gamma_{mm})$，其中 f_{ki} 为张拉时砌体的抗拉强度标准值；β 与翼墙的局部稳定有关。

③ 墙体的整体稳定性

预应力损失出现后，（恒载＋后张力）荷载组合下的墙体受力性能：

设计轴向力为

$$\gamma_f G_k+\gamma_f P_k,\ \gamma_f=1.4$$

设计轴向应力为

$$(\gamma_f G_k+\gamma_f P_k)/A$$

墙体设计强度为 $\beta f_k/\gamma_{mm}$，当此值大于轴向设计应力时，墙体安全。

预应力损失出现后，（恒载＋附加荷载＋后张力）组合下的墙体受力性能

设计轴向应力的最大值与最小值为

$$\left(\frac{\gamma_f G_k+\gamma_f P_k}{A}\right)\pm\frac{\gamma_f P_k e_p}{Z}$$

土压力引起弯曲应力为 $\pm\dfrac{M_b}{Z}$

最大复合弯曲压应力为

$$\frac{\gamma_f G_k+\gamma_f P_k}{A}-\frac{\gamma_f P_k e_p-M_b}{Z}$$

最小复合弯曲压应力为

$$\frac{\gamma_f G_k+\gamma_f P_k}{A}+\frac{\gamma_f P_k e_p-M_b}{Z}$$

墙的设计强度为 $1.2\beta f_k/\gamma_{mm}$，当此强度大于复合应力时，墙体安全。

当校核最小复合应力时，γ_f 取 0.9。若该复合应力未出现拉应力时则必能满足；当出现拉应力时，则应以其是否超过砌体抗弯强度为控制，否则应调整后张拉力。

8）翼墙和横隔墙间的抗剪验算

翼墙和横隔墙交界处的竖向截面剪应力为

$$v_h=\frac{VA_2\bar{y}}{I_{na}t_r} \tag{5-194}$$

式中 V——水平截面剪力设计值；

A_2——横隔墙间距范围内一侧翼墙截面积；

$\bar{y}$——A_2 形心轴至全截面重心轴之间的距离；

其余符号同前注。

BS 5628 至今尚未给出界面抗剪破坏的强度值，而工程中常以 $f_v=0.35\text{MPa}$ 作为其标准抗剪强度值并以 f_v/γ_{mv} 为抗剪破坏时的强度设计值。然而，由于施工中界面处的砖总是相互啮合砌筑，实际抗剪强度将大大高于 f_v/γ_{mv}，因而总是安全的。

6 砌体结构的构造

6.1 基本构造要求[29][33][37]

1. 一般构造要求

(1) 耐久性措施

1) 砌体材料最低强度等级

① 五层及以上房屋的墙、承受振动或层高大于6m的墙、柱所用材料最低等级详表6-1。

砌体结构材料最低强度等级　　表6-1

材料	砖	砌块	石材	砂浆	混凝土
强度等级	MU10	MU7.5 (MU10)	MU30	M5 (Mb7.5)	C15 (Cb20)

注：1. 括号中数值属混凝土空心砖砌块配筋砌体；
2. 对安全等级为一级或设计使用年限多于50年房屋的墙、柱应至少提高一级。

② 地面或防潮层以下的砌体、潮湿房间的墙柱所用材料最低强度等级详表6-2。

地面或防潮层以下的砌体或潮湿房间的墙柱材料最低强度等级　　表6-2

基土的潮湿程度	烧结砖、蒸压灰砂砖、蒸压粉煤灰砖		混凝土砌块	石材	水泥砂浆
	严寒地区	一般地区			
稍潮湿	MU10	MU10	MU7.5	MU30	M5
很潮湿	MU15	MU10	MU7.5	MU30	M7.5
含水饱和	MU20	MU15	MU10	MU40	M10

注：1. 冻胀地区的上述部位砌体不宜用多孔砖，否则应以水泥砂浆填孔。当采用混凝土空心砌块时，应以Cb20混凝土灌浆；
2. 同表6-1注2；
3. ±0.000标高以下的蒸压粉煤灰砖砌体基础应采用不低于M15的实心砖与不低于M10的水泥砂浆砌筑。该处与所有潮湿部位的蒸压粉煤灰砖的软化系数均不得小于0.85；
4. 有酸性介质的地基土不得采用蒸压灰砂砖和蒸压粉煤灰砖做基础和地下室墙[6]、[8]、[9]。

2) 关于金属的耐腐蚀设计

在配筋砌体、组合砌体和所有的组合结构中，钢筋及金属拉结件的耐腐蚀性能必将关系到整个结构的耐久性，甚至严重地降低其安全度。对此，我国规范反映不多，今参照英国规范加以控制。

金属耐腐蚀能力与钢材种类及其在腐蚀环境中的暴露程度等因素有关。工程中常用的金属材料，根据耐腐蚀能力由弱到强，可排列为低碳钢、带或不带树脂涂层的高强镀锌钢、奥氏体不锈钢等三大类。

① 钢材暴露情况分级：暴露级别关系到气候、构件在结构中的位置等因素。

a. BS 5628第3部分给出的气候因素的分级详表6-3。

按当地暴风雨状态的暴露分级　　表6-3

暴露级别	按DD93规定计算的当地暴风雨持续时间的指标	CP121第一部分①中的暴露级别
很剧烈的	每一次持续时间的值$L/m^2 \geqslant 98$	剧烈
剧烈的	68～123	
缓和/剧烈的	46～85	缓和
掩蔽/缓和的	29～58	
有掩蔽的	19～37	
很好掩蔽的	24或很小	有掩体

① CP121第1部分定义了三种暴露级别，即：剧烈、缓和与掩蔽，分别和Lacy的年平均暴雨指标一致，即$> 7m^2/s$、$3m^2/s \sim 7m^2/s$和$< 3m^2/s$。

b. BS 5628第2部分划分四个暴露级别的情况：

E_1. 处于室内工作，未灌浆空心外墙的内面及采用易检查的不透水涂层保护的室内表面，或处于BS 5628第3部分表1暴露级别所指的“有掩蔽的”或“很好掩蔽的”状态中的室外部分。

E_2. 埋于地下的砌体，长期浸在清水中的砌体或处于BS 5628第3部分表10暴露级别所指“有掩蔽/缓和”和“缓和/剧烈”状态中的室外部分。

E_3. 暴露于潮湿受冰冻环境，承受严重冷凝作用的砌体结构，或暴露在清水潮湿和干燥循环作用中的砌体结构，或处于BS 5628第3部分表10暴露级别所指的“剧烈”或“很剧烈”状态中的室外部分。

E_4. 暴露于含盐或沼泽的水，或腐蚀的烟气中，或受海浪强侵蚀或受防冻盐类侵蚀的砌体。

需特别注意的暴露情况是：对诸如女儿墙、阳台、烟囱（尤其暴露于腐蚀性气体时）和外墙洞口周围的细部构造等建筑或结构构件，应视为E_3级别。

② 不同砌体材料对配筋腐蚀的影响：若为厚砂浆、高强低吸水砖的砌体，其防腐作用得以改善。按BS 5628第2部分规定量测，所采用砖的吸水率大于10%或混凝土块材的净密度小于1500kg/m³时，除非钢筋有混凝土保护层（详表6-4），否则建议将钢筋按暴露于下一级最剧烈气候情况中使用，或采用不锈钢。

钢筋耐久性的选择 表 6-4

暴露情况	钢筋的最低级别保护，不包括保护层	
	在水中灰缝或特定黏土砖中	在灌浆空腔或奎达式砌体结构中
E_1	按 BS 729 加工要求的镀锌碳素钢，镀锌层最小质量 940g/m²①	碳素钢
E_2	同上	碳素钢，用砂浆填充空隙时则为按 BS 729 要求加工的镀锌碳素钢，镀锌层最小质量 940g/m²
E_3	至少有 1mm 厚不锈钢保护层的碳素钢或奥氏体不锈钢	镀锌碳素钢(同上)
E_4	同上	同左

① 在内部砌体中而非在空心外墙的内外墙中，可使用碳素钢配筋。

③ 保护层厚度：根据水平灰缝、空腔、空心砌体和凹槽的相对位置来决定。对水平灰缝在暴露的一面或其他各面所有钢筋均应具有最小保护层厚 15mm。对灌浆空腔和孔隙，需多注意以下几点：

a. 碳素钢保护层厚度按表 6-5 取值；

碳素钢筋的最小混凝土保护层厚度（mm）

表 6-5

暴露情况	BS 5328 中划分的混凝土等级			
	25	30	35	40
	最低水泥含量(kg/m³)			
	250	300	350	350
E_1	20	20	20	20
E_2	—	30	30	25
E_3	—	40	35	30
E_4	—	—	—	60

b. 镀锌钢筋取 20mm 厚或钢筋直径两者之较大者；

c. 不锈钢的保护层仅满足粘结锚固要求而取 15mm。

d. 图 6-1 所示碳素钢的混凝土最小保护层厚度，考虑砌体、钢筋、骨料和模板的允许偏差。所有钢筋端部都应有相同的保护层厚度。

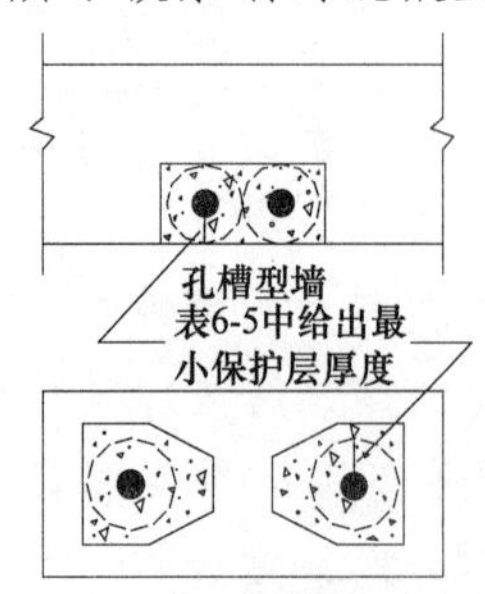

图 6-1 空心砌块墙和带槽墙中的最小保护层厚度

④ 预应力筋的防腐：当预应力筋被浇注于填充混凝土、灰浆或砂浆内时，其保护层厚度应与配筋砌体中钢筋相同。暴露于大气中的锚固件，应有适当和充分的保护。敞开的孔道中预应力筋无灌浆时应采用奥氏体不锈钢并至少有 940g/m² 的镀锌层，或涂有沥青或其他防水涂料，同时包上专用防水滤纸（当为碳素钢钢筋时亦应用同法防腐处理）。

（2）整体性措施

1）承重墙、独立柱、梁最小截面尺寸限值：各砌体构件的最小截面尺寸限值详表 6-6（括号中数值为 BS 5628 规定[37] 的配筋砌体构件截面最小值）。

2）跨度＞6m 的屋架或大于下列跨度的梁，应在支承处砌体设置混凝土或钢筋混凝土垫块；当墙中设有圈梁时亦可将垫块与其整浇在一起或以圈梁代作垫梁：

① 对砖砌体为 4.8m；

② 对砌块和料石砌体为 4.2m；

③ 对毛石砌体为 3.9m。

承重墙、独立柱及梁最小截面尺寸 表 6-6

	砖砌体	砌块砌体	毛料石砌体	毛石砌体
墙厚	240(370)	190		350
独立柱	240×370(440×440)	390×390	400×400	
梁宽	(328)	190		

3）当梁跨度大于或等于下列数值时，梁端下宜设壁柱或采用其他加强措施（建议设构造柱）：

① 对 240mm 砖墙为 6m；对 180mm 砖墙为 4.8m；

② 对砌块、料石墙为 4.8m。

4）预制钢筋混凝土板支承长度 l_s：砖墙上宜≥110mm；圈梁上宜≥80mm；当利用板端外伸钢筋进行拉结和混凝土灌缝时，可为 40mm；灌缝宽宜≥80mm；灌缝混凝土宜≥C20。

5）支承在墙柱上的吊车梁、屋架及跨度大于 9m（对砖砌体）和 7.2m（对砌块和料石砌体）的梁，其端部应采用锚固件予以锚固。

6）填充墙、隔墙应采取措施与周边构件可靠连接（建议采用拉墙筋、现浇配筋带、竖向插筋、待收缩完成后用砂浆嵌缝等构造措施）。此外，根据不同情况，尚可采用柔性、半柔性等连接方式，以适应有振动和抗震要求。其构造作法可参见文献［33］图4.2.2～图4.2.5。

7）山墙壁柱宜砌至墙顶，檩条与屋面板等应与山墙可靠连接。

8）砌块砌体应错缝搭砌，搭接长度应≥90mm；当不满足要求时应在水平灰缝内设置≥2Φ4的焊接网片（横向钢筋间距宜≤200mm），网片每端均应超过该竖缝，长度应≥300mm。

9）砌块墙与后砌隔墙交接处，应沿墙高@400mm设置不少于2Φ4mm的钢筋、间距≤200mm横筋的焊接网，其锚固构造详见图6-2。

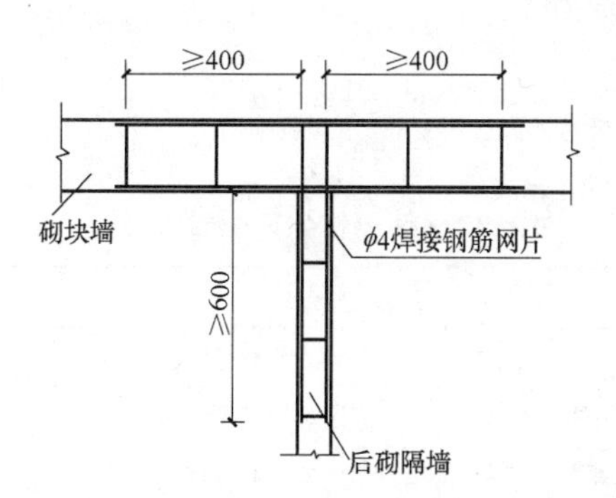

图6-2 砌块墙与后砌隔墙交接处的钢筋网片

10）多层混凝土砌块房屋纵横墙交接处，宜将其距墙中心线每边不少于300mm范围内的孔洞，采用≥Cb20灌孔混凝土全高灌实。

11）混凝土砌块砌体墙的下列部位，若未设圈梁和垫块，则应采用≥C20灌孔混凝土孔洞灌实孔洞：

①搁栅、檩条及钢筋混凝土楼板的支承面下，高度不小于200mm的砌体；

②屋架、梁支承面下高度和长度均≥600mm的砌体；

③挑梁支承面下，距墙中心线每侧≥300mm，高度≥600mm的砌体。

（3）开槽、留洞的要求

1）在砌体中留槽洞及埋设管道时，应遵守下列规定：

①不应在截面长边<500mm的承重墙和独立柱内埋设管线；

②墙中不宜穿行暗线和预留或开凿沟槽，当无法避免时，应采取有效措施和按削弱后的截面验算承载力。

注：对受力较小或为灌孔的砌块砌体，允许在墙体的竖向孔洞中敷设管线。

2）不需计算而允许开槽、留洞的构造要求：表6-7、表6-8给出了不需计算而允许开槽、留洞的构造规定[37]。

不需计算允许存在凹槽和竖向管槽的尺寸（mm）

表6-7

墙厚	施工后形成的凹槽与管槽		施工时形成的凹槽与管槽	
	最大深度	最大宽度	最大宽度	最小剩余墙厚
≤75	30	75	不允许	不允许
115～175	30	100	300	90
175～240	30	150	300	90
240～300	30	200	300	170
300～365	30	200	300	200

注：1. 当墙厚240mm时，在楼板以上不超过$H/3$（H为层高）范围内，竖槽深可达80mm，宽度可达120 mm；
2. 管槽至洞口距离应≥115mm，凹槽至洞口距离应≥2倍凹槽宽度；
3. 在2m长墙体内的凹槽和管槽的总宽度应≤300mm，对<2m长的墙体，其总槽宽应按比例减少；
4. 任何凹槽和管槽之间距离≥300mm。

不需计算允许开凿水平槽和斜槽的尺寸（mm）

表6-8

墙厚	最大深度		墙厚	最大深度	
	长度不限	长度≤1250		长度不限	长度≤1250
115	不允许	不允许	300	20	30
175	0	25	365	20	30
240	15	25			

注：1. 管槽应设在楼板以上或其$H/8$范围以内；
2. 管槽至洞口距离应≥500mm，管槽间距应不小于最长管槽长度之2倍；
3. 当管槽采用工具能精确挖切至所需深度时，则其深度可按表中增加10mm，对≥240mm厚的墙体，采用上述同法挖切时，允许在墙的两面挖切10mm深的管槽；
4. 竖向多孔砖外壁最小厚度，当与墙长相垂直的腹隔数为2、3、4时，应分别为40mm、30mm和25mm。

（4）夹心墙的构造措施

1）夹心墙应符合下列规定：

①混凝土砌块强度等级应≥MU10；

②夹心墙夹层厚度δ宜≤100mm；

③夹心墙外叶墙的最大横向支承间距常为一个楼层高，并宜≤5m（详图6-3）。

2）夹心墙叶墙间的连接应符合下列规定：

①应采用经防腐处理的拉结件或钢筋网片连接；

②当采用环形拉结件时，钢筋应≥Φ4；当为Z形拉结件时，钢筋应≥Φ6。拉结件应沿竖向作梅花状布置，其水平和竖向的最大间距分别为800mm

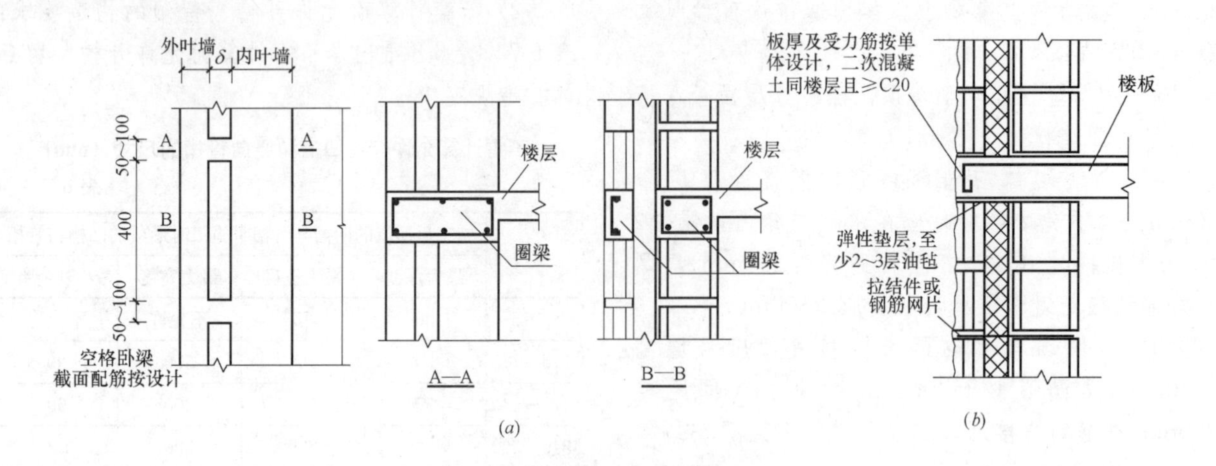

图 6-3 夹心墙的构造

(a) 夹心墙节能构造；(b) 夹心墙楼板悬挑构造

和 600mm（对有振动或抗震要求时，分别为 800mm 和 400mm）；

③ 当采用钢筋网片拉结时，网片横向钢筋应 $\geqslant\phi4$、网片横向间距宜 $\leqslant$400mm；竖向距离宜 $\leqslant$600mm（当有振动或抗震要求时，宜 $\leqslant$400mm）；

④ 拉结件在叶墙上的搁置长度应 $\geqslant$2/3 叶墙厚度和 60mm，并应居中埋设于灰缝砂浆中；

⑤ 门窗洞口周边 300mm 范围内应附设间距不大于 600mm 之拉结件。

注：对安全等级为一级或设计使用年限大于 50 年的房屋，宜采用不锈钢拉结件。

2. 防止或减轻墙体开裂的主要措施[29][33]

(1) 伸缩缝应设在因温度变化和砌体干缩而引起应力集中和砌体开裂可能性最大的部位。其间距最大值详表 6-9。

(2) 按表 6-9 设置的墙体伸缩缝，一般不能同时防止由于钢筋混凝土屋盖的温度变化和砌体干缩引起的墙体局部裂缝。

(3) 为了防止和减轻房屋顶层墙体开裂，可酌情采取下列措施：

1) 屋面设保温、隔热层。

2) 屋面设保温、隔热层或采用刚性屋面及砂浆找平层设置分隔缝，缝间距不宜大于 6m，并与女儿墙隔开，缝宽不小于 30mm。

3) 采用整体刚度较差的装配式有檩体系钢筋混凝土屋盖和瓦材屋盖。

4) 在钢筋混凝土板与墙上圈梁之间设滑动层（可采用两层油毡夹滑石粉或橡胶片等）。对长纵墙，滑动层可仅在两端的 2～3 个开间内设置，对横墙可仅在两端各 1/4 墙长范围内设置。

砌体房屋伸缩缝的最大间距（m） 表 6-9

屋盖或楼盖		间距
整体式或装配整体式钢筋混凝土结构	有保温层或隔热层的屋盖、楼盖	50
	无保温层或隔热层的屋盖	40
装配式无檩体系钢筋混凝土结构	有保温层或隔热层的屋盖、楼盖	60
	无保温层或隔热层的屋盖	50
装配式有檩体系钢筋混凝土结构	有保温层或隔热层的屋盖	75
	无保温层或隔热层的屋盖	60
瓦材屋盖、木屋盖与楼盖、轻钢屋盖		100

注：1. 对烧结砖、配筋砌块砌体房屋取表中数值；对石砌体、蒸压灰砂砖、蒸压粉煤灰砖和混凝土砌块房屋取 0.8 倍表中数值。当有实践经验并采取有效措施时，可不遵守本表规定；
2. 层高>5m 的烧结砖、配筋砌块砌体结构单层房屋，伸缩缝间距可按 1.3 倍表中数值采用；
3. 温差大且变化频繁地区和严寒地区不采暖房屋及构筑物的伸缩缝最大间距应按表中数值适当减小采用；
4. 墙体伸缩缝应与结构的其他变形缝相重合，在进行立面处理时，必须保证缝的伸缩作用。

5) 屋面板下设置现浇钢筋混凝土圈梁并沿内外墙拉通，房屋两端圈梁下的墙体内宜适当配置水平钢筋。

6) 顶层挑梁尾端下墙体灰缝内设 3 道焊接钢筋网片（纵筋宜 $\geqslant\phi4$，横筋间距宜 $\leqslant$200mm）或 $2\phi6$ 钢筋，二者皆应自挑梁尾端伸入两边墙体 $\geqslant$1m，如图 6-4 所示。

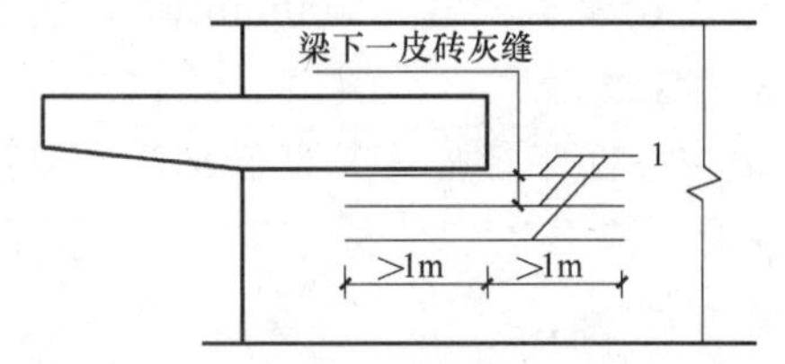

图 6-4 顶层挑梁尾端附加钢筋网片或钢筋

1 为 $2\phi4$ 网片或 $2\phi6$ 钢筋

7）顶层墙体门窗洞口过梁上的水平灰缝内设置2～3道焊接网或2ϕ6钢筋，并伸入过梁两端的墙内不少于600mm。

8）女儿墙砂浆强度等级应≥M5。

9）女儿墙应设构造柱，柱间距宜≤4m，构造柱应伸至女儿墙顶并与压顶梁整浇在一起。

10）顶层端部墙体内适当增设构造柱。

（4）为了防止或减轻房屋底层墙体开裂，可酌情采取下列措施：

1）增大基础圈梁刚度。

2）底层窗台墙灰缝设置3道焊接网片或2ϕ6钢筋并伸入两边窗间墙内≥600mm。

3）采用钢筋混凝土窗台板，并将其两端伸入窗间墙内≥600mm。

4）当房屋刚度较大时，可在窗台下或门窗洞角部墙体内设置竖向控制缝。此外，在墙高或厚度变化处也宜设置竖向控制缝或采取其他抗裂措施。竖向控制缝的构造与嵌缝材料应能满足墙体平面外传力、防护及沿平面内自由变形以释放能量、缓解应力集中的要求。控制缝设置位置与作法详图6-5。

5）灰砂砖及粉煤灰砖砌体宜采用粘结性能好的砂浆砌筑，混凝土砌块砌体应采用相应的专用砂浆砌筑。

6）以上所有设置的焊接网或钢筋拉结件均可采用相应的扩张金属网（钢板网），其规格可参见表1-7～表1-9。

7）对防震要求较高的墙体，可根据工程实情采取专门的措施。

3. 砌体受压构件刚度与稳定性的控制措施——墙、柱高厚比的验算

（1）我国规范规定墙、柱高厚比应按下式验算

$$\beta=\frac{H_0}{h}\leqslant\mu_1\mu_2[\beta] \tag{6-1}$$

式中　H_0——墙、柱计算高度，应按表3-4采用；

h——墙厚或矩形截面柱与计算H_0相应的截面边长；

μ_1——自承重墙允许高厚比的修正系数；

μ_2——洞口对允许高厚比的修正系数；

$[\beta]$——允许高厚比，应按表6-10采用。

柱墙允许高厚比 [β]　　表6-10

砂浆强度等级	墙	柱
M2.5	22	15
M5.0	24	16
≥M7.5	26	17

注：1. 毛石墙、柱允许高厚比应按表中数值降低20%；
2. 组合砌体构件的 [β] 可提高20%，但应≤28；
3. 验算施工阶段砂浆尚未硬结的新砌构件β时，允许高厚比 [β] 对墙柱分别取14和11。

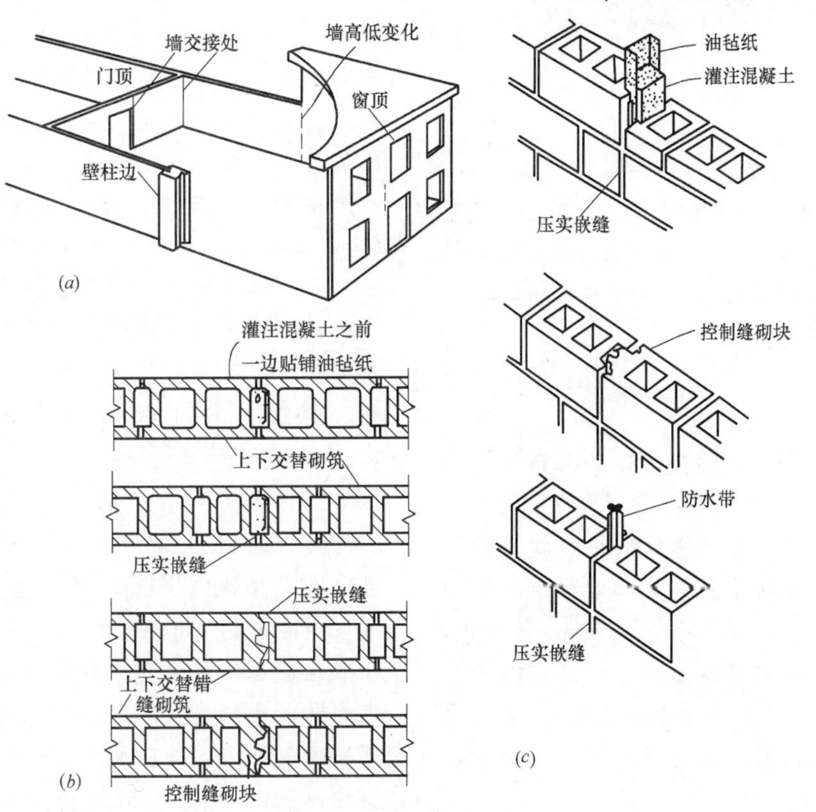

图6-5　控制缝位置与做法

注：1. 当与墙连接的相邻横墙间距 $s\leqslant\mu_1\mu_2[\beta]h$ 时，墙的高厚比 β 可不受本条限制；

2. 变阶柱的高厚比可按上、下截面分别验算，其计算高度，上柱按表 3-4 采用；下柱高应按下列规定采用：

(1) 当 $H_u/H\leqslant1/3$ 时，取无吊车梁房屋的 H_0；

(2) 当 $1/3\leqslant H_u/H\leqslant1/2$ 时，取无吊车梁房屋的 H_0 乘以修正系数 $\mu=1.3-0.3I_u/I_l$，I_u 和 I_l 分别为上柱及下柱截面惯性矩；

(3) 当 $H_u/H\geqslant1/2$ 时，取无吊车梁房屋的 H_0，但在确定 β 时，应采用上柱截面。

3. 验算上柱高厚比时，其限值可按表 6-10 之 1.3 倍采用。

(2) 我国规范关于带壁柱和带构造柱墙的高厚比验算应按下列规定进行：

1) 按公式 (6-1) 验算带壁柱墙高厚比，式中 h 改为折算截面厚度 $h_T=3.5i$，在确定回转半径 i 时，截面翼缘宽度 b_f 按下列规定采用：

① 多层房屋有门窗洞口时，可取窗间墙宽度；当无门窗洞口时，每侧翼缘宽可取壁柱高的 1/3；

② 单层房屋可取柱宽加 2/3 墙高，但应小于等于窗间墙宽度和相邻壁柱间距，当确定带壁柱计算高度时，s 应取相邻横墙间距；

2) 当构造柱截面宽度不小于墙厚时，可按式 (6-1) 验算带构造柱墙的高厚比，式中 h 取墙厚；当确定 H_0 时，s 应取相邻横墙间距；$[\beta]$ 可乘以提高系数 μ_c：

$$\mu_c=1+\gamma\frac{b_c}{l} \tag{6-2}$$

式中 γ——系数，细料石、半细料石砌体 $\gamma=0$；混凝土砌块、粗料石、毛料石及毛石砌体 $\gamma=1.0$；其他砌体 $\gamma=1.5$；

b_c——构造柱沿墙长方向的宽度；

l——构造柱间距。

当 $b_c/l>0.25$ 时，取 $b_c/l=0.25$；当 $b_c/l<0.05$ 时，取 $b_c/l=0$。

考虑构造柱有利作用的高厚比验算不适用于施工阶段。

3) 按公式 (6-1) 验算壁柱间墙或构造柱间墙的高厚比时，s 应取相邻壁柱间或构造柱间距离。设有钢筋混凝土圈梁的带壁柱或带构造柱墙，当 $b/s\geqslant1/30$ 时，圈梁可视为壁柱间墙或构造柱间墙的不动铰支座（b 为圈梁截面宽度）。若不允许增大 b 值，可按墙体平面外等刚度原则增加圈梁高度。

(3) 我国规范[29]关于厚度 $h\leqslant240$mm 的自承重墙允许高厚比限值系数 μ_1 应按下列规定采用：

1) $h=240$mm，$\mu_1=1.2$；

2) $h=90$mm，$\mu_1=1.5$；

3) 90mm$<h<$240mm，μ_1 可按插值法取值。

注：1. 上端自由的墙，其允许高厚比除按上述规定提高外尚可提高 30%；

2. 对 $h\leqslant$90mm 的墙，当双面采用≥M10 的水泥砂浆抹面，包括面层厚不小于 90mm 时，可按墙厚为 90mm 验算高厚比。

(4) 我国规范[29]关于有门窗洞口的墙允许高厚比限值系数 μ_2 应按下式计算：

$$\mu_2=1-0.4\frac{b_s}{s} \tag{6-3}$$

式中 b_s——在 s 范围内门窗洞口总宽度。

当按公式 (6-3) 计算得 $\mu_2<0.7$ 时，应采用 0.7。当洞口高度不超过 $H/5$ 时，可取 $\mu_2=1.0$。

(5) 英国规范 BS 5628 关于长细比的规定：该规定实质上是将墙、柱等受压砌体构件的刚度、稳定性与构件截面承载力的大小结合起来。

1) 长细比的定义：是构件在压力作用下，发生因屈曲而使构件趋于破坏的一种量度形式，可表达如下：

$$\frac{\text{有效高度(或长度)}}{\text{有效厚度}}=\frac{h_{ef}}{t_{ef}}\text{或}\frac{l_{ef}}{t_{ef}} \tag{6-4}$$

2) 有效厚度的确定：当为矩形截面时，即其实际厚度；当为非矩形截面时，应按下列情况取值：对带壁柱，取其实际厚度乘以“加强系数” K 即 $t_{ef}=Kt$，K 查表 6-11；对空心墙，只考虑两叶墙中刚度较大者，而不考虑刚度较小的叶墙（因空心墙之有效厚度可取为两叶墙厚度总和之 2/3）；对带壁柱空心墙，则先按表 6-8 计算其中采用壁柱加强的一片墙，后再按空心墙考虑（例如图 6-6 所示，双叶空心墙仅其中一叶被壁柱加强，根据表 6-11 该叶墙的有效厚度为 $t_f=$ 115mm，故此空心墙总有效厚度为 $(115+102.5)\times2/3=145$mm）；对灌浆空心墙，若空腔厚≤100mm 且两叶间有拉结件可靠联结时，可取空腔墙之总厚度，若空腔厚>100mm，则可取空腔厚为 100mm 的总厚度；对正方形实心柱取柱截面实际厚度；对实心矩形柱且两方向约束相同时取较小尺寸；当两方向约束不同时取计算高度较大方向的截面尺寸；对工字形或箱形截面柱，应以其 $h_T=3.5i$ 为有效厚度（i 为回转半径）。

壁柱加强系数 K　　表 6-11

壁柱间距/壁柱宽度	壁柱厚度/墙厚度		
	1	2	3
6	1.0	1.4	2.0
10	1.0	1.2	1.4
20	1.0	1.0	1.0

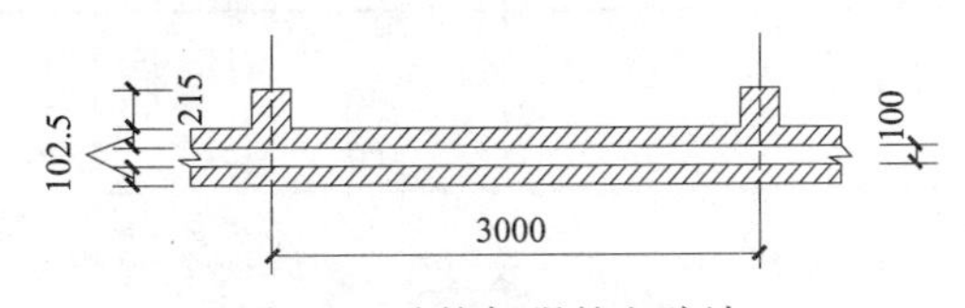

图 6-6　壁柱加强的空腔墙

3）有效高度与有效长度的确定：根据 BS 5628，对各种侧向约束条件的构件，其有效高度和有效长度可按表 6-12 计算。

有效高度 h_{ef}与有效长度 l_{ef}　　表 6-12

指标	简单约束	加强约束	自　由　端
h_{ef}	实际高度	0.75×实际高度	2×实际高度
	实际高度	0.75×实际高度	2×实际高度(加强约束)
l_{ef}	—	—	2.5×横向长度(简单约束)

4）英国规范 BS 5628 关于长细比对受压构件承载力的影响：受压构件的设计强度等须考虑随长细比而变化的承载力折减系数 β，该系数是构件处于最不利状态而取自构件中部 $H/5$ 的最大挠曲区域。β-h_{ef}/t_{ef}（或 l_{ef}/t_{ef}），相关曲线详图 6-7，由此而列出表 6-13。可见极限长细比为 27，较接近我国规范之最大高厚比 30。

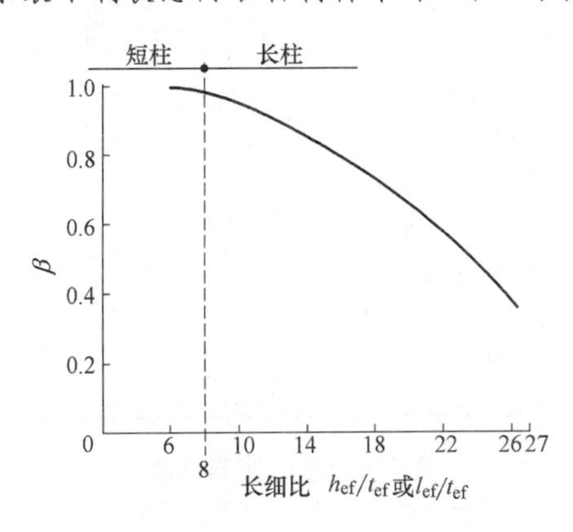

图 6-7　β-h_{ef}/t_{ef}或 l_{ef}/t_{ef}曲线

承载力折减系数　　表 6-13

长细比	0	6	8	10	12	14	16
β	1	1	1	0.97	0.93	0.89	0.83
长细比	18	20	22	24	26	27	
β	0.71	0.70	0.62	0.53	0.45	0.40	

4. 配筋砖砌体构件钢筋的粘结、锚固、接头与保护

（1）直钩、弯钩和箍筋的锚固长度

为保证钢筋在砌体中具有足够的粘结锚固能力，并符合局部粘结应力和平均粘结应力均在容许限值范围内的要求，钢筋的锚固长度设计应遵循以下经验法则：

1）除端支座外，所有钢筋端均应超过不需要点以外，并延长 12 倍直径或截面有效高度 d 中之较大值；

2）若满足下列条件之一，可在拉区切断钢筋：

① 构件截面的抗剪强度≥2 倍设计剪应力；

② 切断钢筋后，剩余钢筋截面积≥截面实际抵抗弯矩要求配筋截面积之 2 倍；

③ 切断钢筋应伸过理论断点一个锚固长度，该长度至少相应于钢筋设计强度 f_y/r_{ms}，f_y 与 r_{ms}分别为钢筋标准强度和其分项系数。

3）构件简支端的受拉钢筋应有效锚固，其伸过支座中心线的长度应为 12 倍直径且不得在支座中心线前弯成直钩或弯钩。有效锚固长度亦可自支座边算起等于 12 倍直径或 $d/2$，并从支座边算起 $d/2$ 长范围内不应弯起，详图 6-8；

4）弯钩和直钩有效锚固长度应为钢筋直径的 24 倍或钢筋内弯半径的 8 倍（弯钩）和 4 倍（直钩），二者取较小值，详图 6-8；

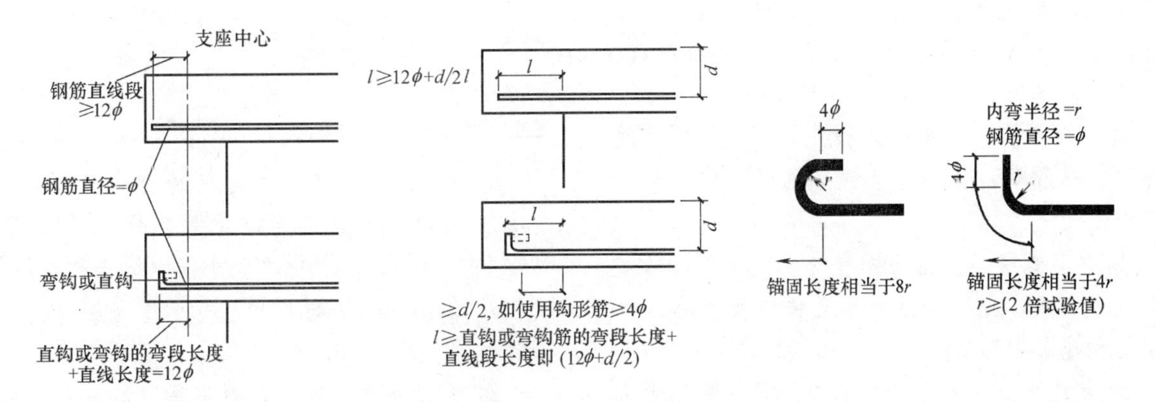

图 6-8　锚固长度与弯钩

5）弯钩和直钩的内弯半径，在任何情况下均不得小于钢筋加工者所保证的弯转试验内弯半径之2倍，详图6-8；

6）钢筋锚固长度，当箍筋以主筋为圆心，可绕90°和180°，其直段伸长分别为8ϕ和4ϕ，ϕ为箍筋直径，详见图6-9。

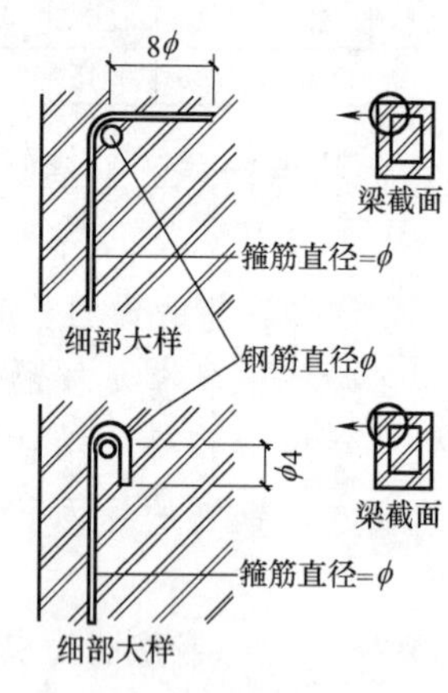

图6-9 箍筋的锚固

（2）钢筋的搭接和接头

钢筋搭接应在应力较小部位并应交错排列，同时注意接头处钢筋净距。受拉钢筋搭接长度应按计算确定并不小于25ϕ+150mm；受压钢筋不少于计算长度或20ϕ+150mm。

（3）保护层

1）钢筋耐火保护层厚度详表6-14。

钢筋耐火保护层最小厚度 表6-14

标定耐火时间(h)	最小保护层厚度(mm)
1	25
2	50
3	70

2）粘结保护层和耐火性保护层：

粘结保护层主要通过锚固长度的计算、构造与钢筋间距来体现。耐火性保护层厚度由于砂浆防腐性能较混凝土差，故应更大。根据钢筋暴露情况，表6-15给出了钢筋标定保护层最小厚度。表中暴露情况等级划分如下：

① 轻度暴露：多指砌体和外部自然气候与侵蚀环境完全隔离，但不包括施工期间砌体短暂暴露于正常天气条件下。

② 中度暴露：多指砌体有受大雨冲刷，即使浸在水中但未冻结；经常处于无侵蚀性水中的外露砌体和掩蔽的砖砌体。

③ 严重暴露：多指砌体无防护而经常处于大雨冲刷之中；潮湿时受到冻结；处于严重侵蚀性烟雾之中；处于潮湿和干燥经常交替的环境中；经常暴露于食盐或侵蚀性土壤环境的水中。

钢筋的标定保护层 表6-15

暴露等级	标定保护层厚(mm)		
	未防护钢筋	镀锌钢筋	不锈钢钢筋
1	20	20	15
2	50	30	15
3	70	50	15

（4）砌体中钢筋的位置：钢筋的粘结锚固要求将通过砌体中钢筋位置的合理布置来体现。对此将在6.3节中3“竖向配筋砌体构件”一小节中具体说明。

6.2 配筋砌体梁、板、柱的构造要求

1. 配筋砌体梁

（1）配筋砖砌体梁[37]

1）配筋砖砌体梁截面尺寸的限制

① 梁截面有效高度d：d系根据梁相对于包括荷载、温度、收缩和徐变引起的最终挠度不超过1/250（简支和连续）和1/125（悬臂）来确定的。当梁有效跨度（简支取支座中心距和净跨加梁截面有效高度两者之较小值；连续梁取支座中心距；悬臂梁取梁自由端至支座中心距和净跨加梁截面有效高度d之半）≤10m和>10m时，则分别按表6-16及表6-17计算d值。

梁的跨高比值 表6-16

支承条件	比 值
悬臂	7
简支	20
连续	26

梁不同跨度的跨高比值 表6-17

跨度(m)	悬臂	简支	连续
10	比值由计算确定	20	26
12		18	23
14		16	21
16		14	18
18		12	16
20		10	13

② 梁截面宽度b_c：取与梁跨相垂直的水平侧向约束（如墙、横向连接梁等）间的净距等于$60b_c$和$250b_c^2/d$二者中之较小值（简支和连续梁）或$25b_c$和$100b_c^2/d$两者中之较小值（悬臂梁）来加以控制。

2）砌体材料所用砖、砂浆强度等级和抗压强度详表4-26。钢筋类型及强度详表4-25。

3）配筋构造：如图 6-10 所示。某 $l_n=3500$mm，$l_c=3828$mm 的配筋砖砌体梁中，有效高度 $d=494$mm，宽度 $b_c=328$mm。A_s 为高强变形钢筋，抗拉强度 $f_y=460$MPa。箍筋双肢 ϕ^b6@168.75mm，置于灌浆孔槽中。砖抗压强度等级 27.5MPa，ⅱ级砂浆（英国规范 BS 5628）砌筑；图 6-11 所示为后张砖平拱过梁；图 6-12 所示为先张砖平拱过梁；图 6-13、图 6-14 所示为后张箱形梁。

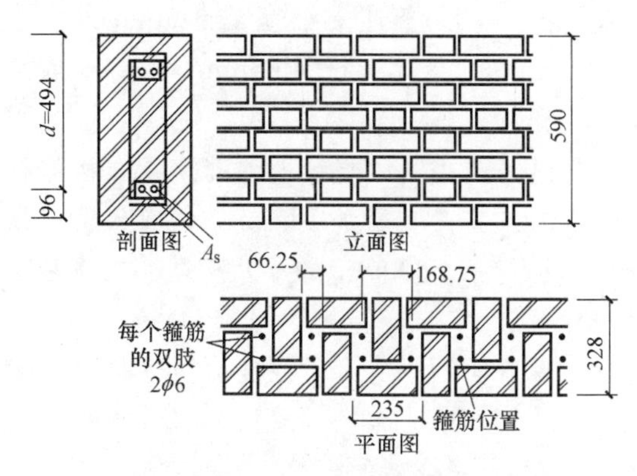

图 6-10　奎达式砌筑法的配筋构造

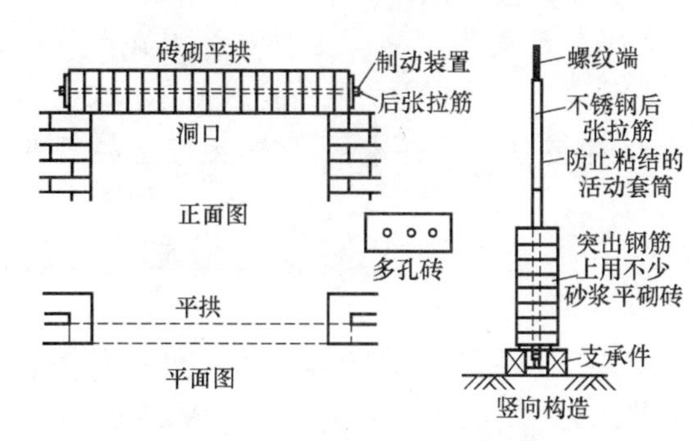

图 6-11　后张砖平拱过梁

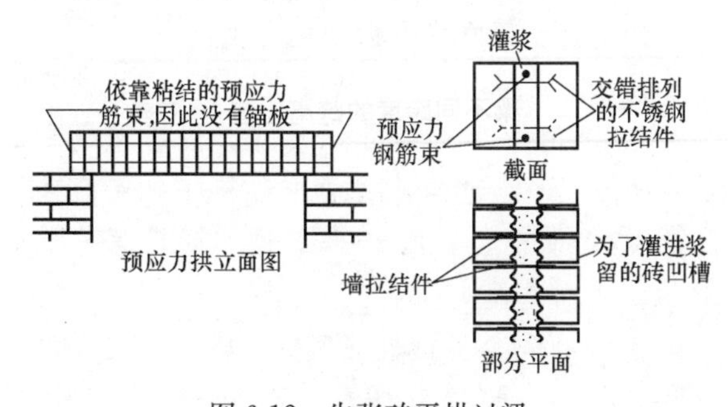

图 6-12　先张砖平拱过梁

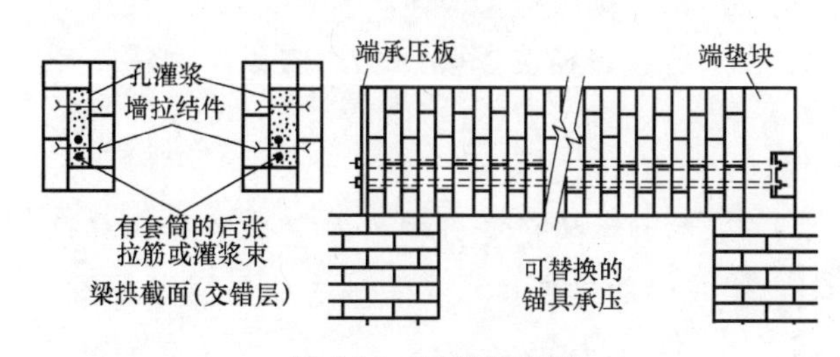

图 6-13　后张箱形梁

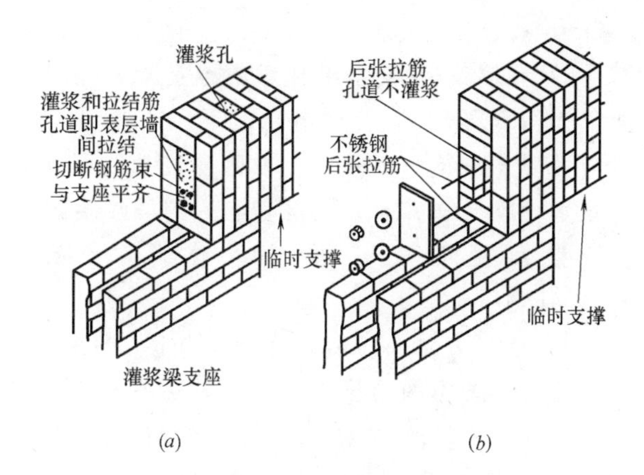

图 6-14　箱形梁锚固与支座构造
（a）先张法过梁；（b）后张法过梁

（2）配筋砌块砌体梁[29][33][44]

为使钢筋与砌体更好地共同工作，宜采用高强材料。

1）梁截面尺寸：矩形截面梁 $b=190$mm，$h=400$ 或 600mm；亦可与现浇楼板形成 T 形截面。

2）砌块砌体材料：砌块应≥MU10，砌筑砂浆应≥Mb7.5，灌孔混凝土应≥Cb20。对安全等级为一级或使用期限大于 50 年的配筋砌块建筑，最低强度等级应再提高一级。

3）钢筋类别、规格及锚固与接头构造详第 4 章 4.5 节 4 小节和第 4 章 4.6 节 3 小节与 4 小节。

4）截面配筋构造形式详第 5 章 5.1 节 1 小节之图 5-1、图 5-2 及图 4-7。

2. 配筋砌体板及楼盖

（1）振动砖楼板：截面形式可为槽形（砖平铺，厚 53mm）和平板形（砖侧铺砌，厚 115mm），如图 5-3 所示。板周边为钢筋混凝土小肋，肋高为 120～240mm，肋高跨比为 1/20～1/26（非预应力）和 1/25～1/35（预应力）。肋宽为 45～60mm。跨度 $l=2.1\sim4.2$m。板宽为 600mm 和 900mm。当 $l<3$m 时，中间设一根横肋。砖应不低于 MU7.5，砂浆应不低于 M7.5。铺设砖后再浇注砂浆并以平板振动器振捣密实。当板宽及跨度较大时，应在砖缝中敷设 ϕ4@180mm×240mm 的钢丝网。

（2）钢筋混凝土与砖（砌块）的组合楼板

1）预制预应力小梁间嵌砌空心砖或砌块组合楼板：如图 5-4 和表 5-2 所示，所有砂浆、嵌缝与砌筑砂浆均应≥M7.5 并做到密实、饱满，砖材应≥MU10。板面根据设计需要，可现浇钢丝网细石混凝土面层，厚 40mm，配筋 ϕ^b4 @200mm×

200mm。

2）预制钢-混凝土组合小梁与空心砖组合楼板：如图 5-5 所示，因预制钢-混凝土组合小梁在嵌砖并现浇小梁腹板混凝土前刚度较差，须在其跨中加设临时支撑，直至混凝土达到强度后再拆除。混凝土≥C20，嵌砌用砂浆≥M7.5，砖≥MU10。

3）预应力单条空心砖楼板：如图 5-6 所示，在空心砖上表面的凹槽中，用先张法拉预应力钢丝（如低碳冷拔丝），灌注≥C20 细石混凝土，达到 70%强度后放松预应力筋并翻身、起吊和运输。砌筑砂浆应≥M10，达到设计强度后方可张拉。施工中应验算砌体灰缝截面放松预应力筋时的弯曲抗拉承载力。

4）现浇钢筋混凝土小梁与空心砖（砌块）组合楼板：如图 5-7 所示，施工中须将砖排列在模板上，砖（砌块）不低于 MU10 和砌筑砂浆不低于 M7.5。钢筋混凝土小梁截面宽 60～100mm，高度按计算确定，但不宜小于 $l/20$（简支）和 $l/25$（连续）。混凝土采用 C20，面层厚 30～40mm，配ϕ^b4@200mm×200mm 钢丝网。小梁间距取决于空心砖（砌块）宽度，而后者常为500～700mm。当为预应力小梁而刚度较大时，小梁间距可达 900mm 左右，跨度可能超过 6m。

5）现浇钢筋混凝土小梁或井字梁与加气混凝土砌块组合楼板：如图 5-8 所示，前者与上述 4）条同类型构造，后者长短跨小梁 l_2/l_1 不宜大于 1.5，否则长跨小梁受力作用难以充分发挥。当有现浇面层时，应将小梁钢筋骨架锚入面层内，以增强整体性。当梁宽 b>100mm 时应为双肢箍和两根纵筋。混凝土应采用≥C20，加气混凝土砌块应采用不低于 $\gamma=700\text{kg/m}^3$（MU5）级别，钢筋采用 HPB235、冷拉 HRB335 钢筋或焊接网片。板（小梁）跨度可达 6m（单向梁）或更大（双向井字梁或单向预应力梁）。

3. 配筋砌体柱

（1）网状配筋砌体柱[23][25][26][27]

1）网状配筋砌体柱的体积配筋率应 0.1%≤ρ_v≤1%；当采用扩张网时，应计算其当量 ρ_v 值；

2）当采用钢筋网时，钢筋直径宜为 3～4mm；当采用连弯网时，应≤8mm；当采用扩张网时，可参照连弯网按沿网孔长向网丝投影体积来计算其当量网丝截面尺寸；

3）网片中钢筋间距应≤120mm 并≥30mm；扩张网亦可以此参照选定网孔长短向尺寸；

4）网片竖向间距应≤5 匹砖（约 300mm），当为多孔砖时应≤400mm；

5）砂浆应≥M7.5，灰缝厚度应保证钢筋（或扩张网）表面上下各有≥2mm 厚砂浆层。

（2）竖向配筋砌体柱[37]

1）柱截面尺寸除应符合砌体模数外，更要符合表 6-10 高厚比限值和表 6-6 的最小截面限值要求；

2）纵筋最小直径为柱截面短边长之 1/20，最小直径为 ϕ12；箍筋最小直径为 6mm 或主筋直径之 1/4；纵筋最大直径为 25mm；全部纵筋配筋率不宜>5%；

3）纵筋最小间距建议取灌孔混凝土粗骨料粒径加 5mm 或主筋直径加 10mm 中之较大值；纵筋最大间距不超过 300mm 或 20 倍钢筋有效直径两者之较小值；

4）箍筋间距不应大于柱截面短边长度或箍筋直径之 50 倍抑或主筋直径之 20 倍三者中之最小值，同时必须符合砖的模数；

5）钢筋可用表 4-25 所列标准强度 $f_y=460$ 级的热轧高强度变形钢筋。砖和砂浆可按表 4-28 选用材料强度等级并查得相应的抗压强度标准值 f_k；

6）钢筋锚固、搭接及保护层构造详第 6 章 6.1 节。

（3）钢筋混凝土或砂浆面层及芯柱组合柱[29][37]

钢筋混凝土或砂浆面层及芯柱组合柱常见形式如图 6-15 所示。

当为钢筋面层组合柱可参见第 4 章 4.6 节 4 小节有关组合剪力墙的构造规定执行。

当为芯柱组合柱时，可参见本节（2）条竖向配筋砌体柱有关构造规定执行。其箍筋构造要求如下：间距不超过构件截面短边长度或箍筋直径之 50 倍或主筋直径之 20 倍。同时尚应满足图 6-15 所示下列条件：

1）受压钢筋应由箍筋箍住，其交头内弯角不大于 135°；

2）箍筋应固定在构件截面的核心部位；

3）箍筋直径应≥ϕ6 或 $d/4$（d 为主筋直径）两者中取较大值。

（4）预应力砌体柱

1）砖柱中的预应力钢筋布置详图 6-16（a），柱与楼盖梁的连接和柱在基础中的锚固详见图 6-16（d）和（f）；

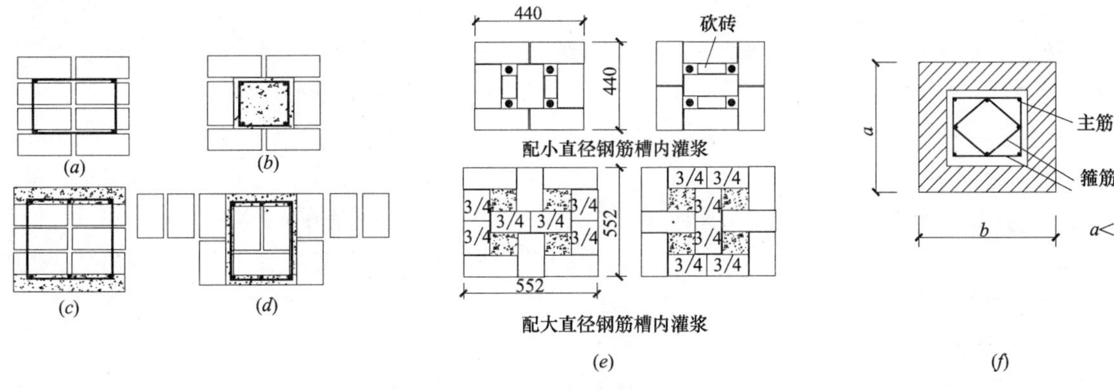

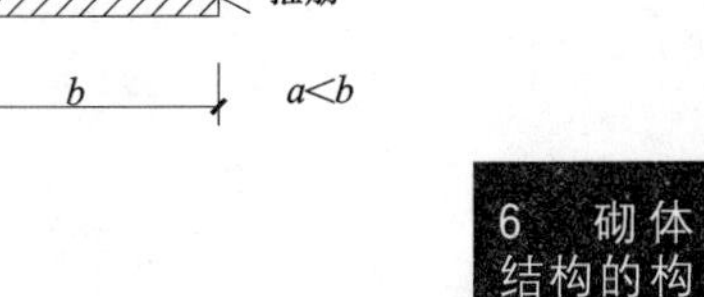

图 6-15　组合柱截面配筋图

2）预应力筋宜用精轧螺纹钢筋，以便用套筒连接和在张拉端用螺帽锚固，如图 6-16（*d*）、（*e*）所示；

3）张拉端下应放垫块和预埋钢板，以保证局部受压不破坏。图 6-16（*d*）以楼盖梁支撑无需设梁垫，但张拉锚固后应以≥C20 细石混凝土保护锚具；

4）当无灌浆时，可采用外加保护层的预应力筋，例如图 6-16（*d*）、（*e*）、（*f*），否则应作预应力孔道灌浆，有关构造要求可参照文献［23］相关条文执行；

5）其余构造详见本图注并参见第 4 章 4.6 节 4 小节有关规定执行。

（5）混凝土空心砌块配筋砌体柱

1）柱截面边长应不小于 400mm，柱高厚比不宜大于 30；

2）柱纵向钢筋直径宜≥ϕ12，根数≥4 根，全部纵筋配筋率宜 $0.2\% \leqslant \rho \leqslant 2\%$；

3）箍筋设置：当纵筋 $\rho > 0.25\%$ 或柱承受轴力小于受压承受力之 25%时，柱中可不放箍筋；

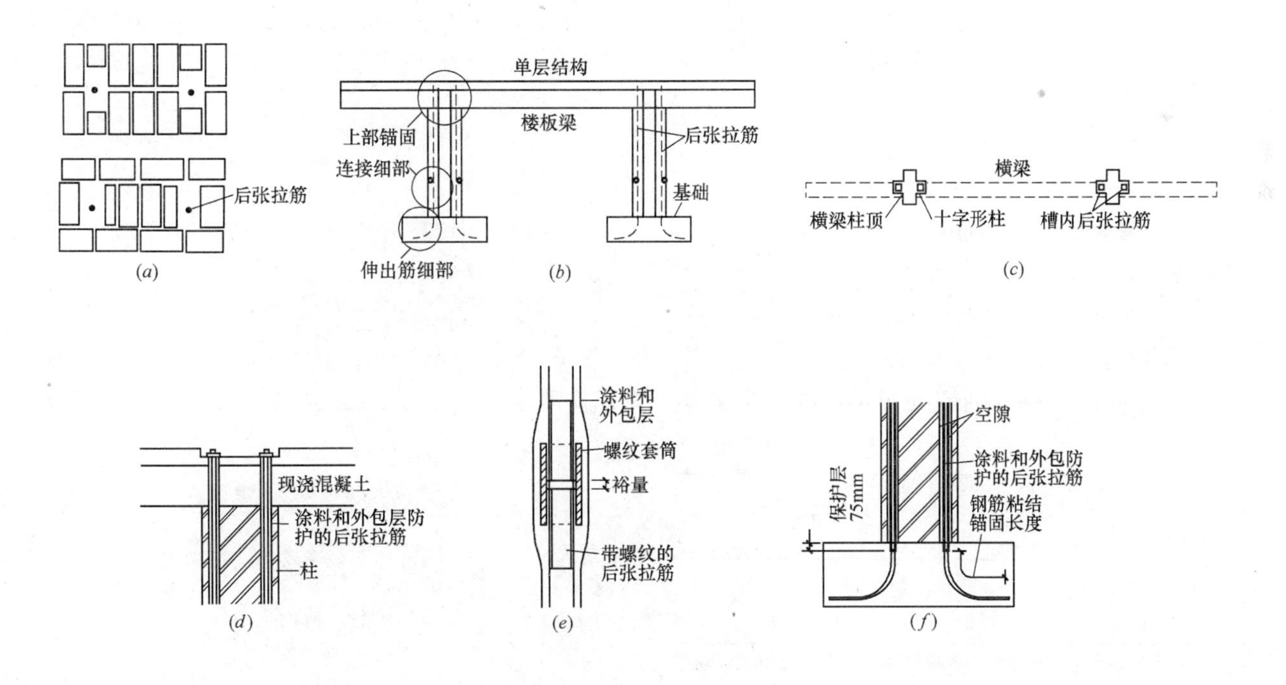

图 6-16　预应力砖柱构造

（*a*）砖柱中的后张拉筋；（*b*）剖面图；（*c*）平面图；（*d*）上部锚固构造；（*e*）预应力筋连接构造；（*f*）基础锚构造

注：1. 后张拉筋施加预应力需满足 BS4486[8] 的要求；
2. 黏土砖最低强度为 70N/mm^2，用 1∶1/4∶3（水泥∶石灰∶砂），英式砌法；
3. 防潮层为三线高密实砖，1∶1/4∶3 砂浆；
4. 后张拉筋的防锈由基本的涂料和外包防护完成，应符合产品标准并得到工程师认可；
5. 螺纹必须清洁，有少许润滑油，螺母可自由转动。张拉前螺母应该沿螺纹上、下至少反复拧一次至低于最终要拧到的水平，以使螺母的行程低于钢筋的伸长；
6. 后张力施加用液压千斤顶，在上部锚具固定不少于 14 天再拆除，这样可使预应力得到补偿以减少预应力损失；
7. 后张拉和超张拉完成后，锚固端需灌浆保护盖板和锁紧上部锚具。

4）当需设箍筋时，箍筋直径宜≥6mm，间距应≤16d（d 为纵筋直径）或 48d_v（d_v 为箍筋直径），取其中之较小值；

5）箍筋应设弯钩并呈封闭状。箍筋应设置于灰缝或灌孔混凝土中；

6）配筋砌块柱和壁柱配筋形式详图 4-15。

6.3 配筋砌体墙的构造要求[29][30][33][37]

关于高层房屋剪力墙的构造规定详第 4 章 4.6 节 4“配筋砌体、组合砌体、预应力砌体剪力墙及其与混凝土剪力墙组合结构的构造要求”一小节，本节仅述及单层及多层配筋砌体结构墙的构造要求。

1. 网状配筋砌体墙

(1) 网状配筋砌体中的体积配筋率 ρ 应≥0.1%，并应≤1%；当采用扩张金属网（钢板网）时，建议参照执行；

(2) 当采用钢筋网时，钢筋直径宜为 3～4mm；当采用扩张网时，建议根据采取网孔长向与短向垂直叠放于一道灰缝中，或分层交替放置的两种方式，而分别参照普通钢筋网或连弯网的有关直径大小来确定扩张网片厚度；

(3) 网片中的钢筋间距不应大于 120mm，并不应小于 30mm；扩张网孔长向及短向尺寸，建议参照 120mm 和 30mm 执行；

(4) 钢筋网的竖向间距不应大于 5 匹砖并不应大于 400mm；扩张网建议参照执行；

(5) 网状配筋砌体所用砂浆不应低于 M7.5，钢筋网片应设置于水平灰缝厚度中央，灰缝厚度应保证钢筋上下至少各有 2mm 厚的砂浆保护层，扩张网建议参照执行。

混凝土（砂浆）保护层最小厚度（mm）

表 6-18

构件类别 \ 环境条件	室内正常环境	露天或室内潮湿环境
墙	15	25
柱	25	35

注：当面层为水泥砂浆时，保护层厚度可减小 5mm。

2. 组合砖砌体墙

(1) 钢筋混凝土及砂浆面层组合墙

1）面层混凝土宜采用 C20，面层水泥砂浆不宜低于 M10，砌筑砂浆不宜低于 M7.5。

2）砂浆面层厚度可采用 30～45mm，当面层厚度>45mm 时宜采用混凝土，详见图 6-17 (a)。

3）竖向受力筋的混凝土保护层厚度不应小于表 6-18 的规定；砂浆保护层厚度详表注；竖向受力钢筋距砖砌体表面≥5mm。

4）竖向受力钢筋宜采用 HPB235 级，对混凝土面层亦可采用 HRB335 级钢筋。

5）受压钢筋一侧的配筋率，对砂浆面层宜≥0.1%，对混凝土面层宜≥0.2%。受拉钢筋配筋率应≥0.1%。竖向受力筋直径应≥8mm，钢筋净距应≥30mm。

6）箍筋直径宜≥4mm 及 0.2 备受压钢筋直径，并不宜大于 8mm。间距不应大于 20 备受压钢筋直径及 500mm，并不应小于 120mm。

7）应采用穿通墙体的拉结钢筋作箍筋，同时应设置水平分布筋。后者竖向间距及拉结筋的水平间距，均不应大于 500mm，详图 6-17 (a)。

8）组合砌体构件的底部、顶部及牛腿部位均需设置钢筋混凝土垫块，竖向受力筋伸入其中必需满足锚固要求。

(2) 钢筋混凝土夹心组合墙[37]

1）构件所用砌筑砂浆、灌注砂浆或混凝土及钢筋同钢筋混凝土或砂浆面层组合墙。

2）最小配筋率：如图 6-17 (b) 所示，夹心墙最小配筋率 ρ= 0.05%，相应配筋量为 bd 的 0.05%（d 为截面有效高度，b 可取沿墙长单位长度）。

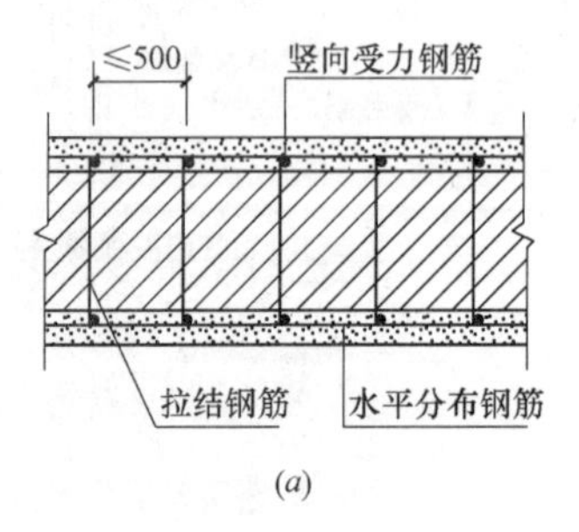

(a)

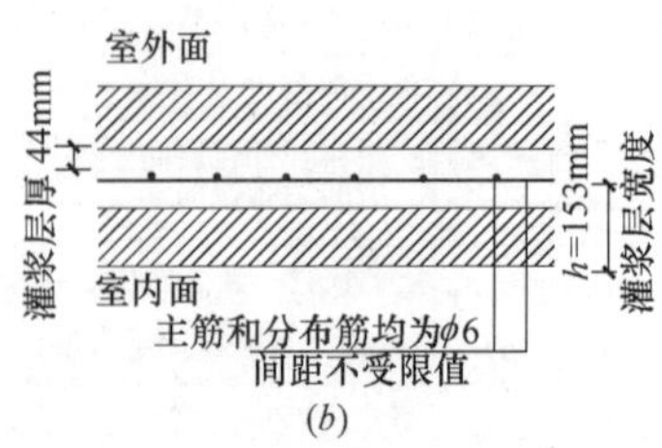

(b)

图 6-17 组合墙配筋示意图

(a) 钢筋混凝土（砂浆）面层；(b) 夹心墙的配筋

3）最小间距：钢筋间、钢筋与砌体间均应留有最小间距，以保证灌注混凝土或砂浆密实。建议取骨料最大粒径加 5mm 或钢筋直径加 10mm 两者中的较大值。

4）最大间距：主筋为500mm或30倍钢筋直径之较小值；分布钢筋为500mm或50倍钢筋直径中之较小值。

5）钢筋最大直径：应通过计算来确定，并考虑局部粘结力和平均粘结力，其直径应≤25mm。

3. 竖向配筋砌体墙[37]

竖向配筋砌体墙常见类型如图6-18、图6-20所示。

（1）砖与砌筑砂浆、灌注砂浆或混凝土和钢筋同6.3节2. 组合砖砌体墙之（1）条；

（2）竖向钢筋配筋率、直径、间距排列可参照组合砌体墙之钢筋混凝土夹心组合墙有关构造规定；

（3）竖向钢筋的锚固、接头及保护层均与组合组合砌体墙相同，钢筋在砌体墙中的位置详图6-18。

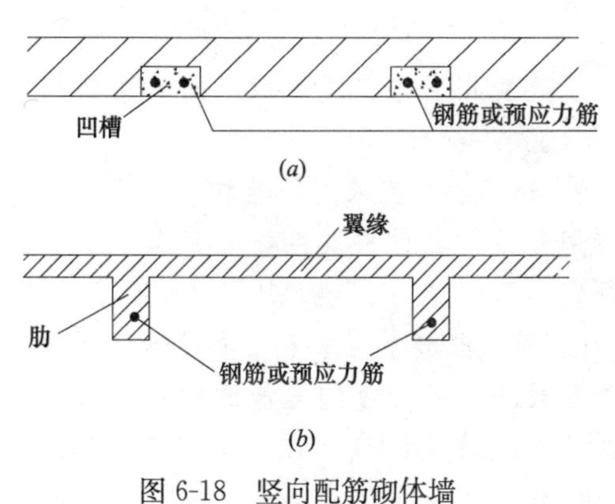

图6-18　竖向配筋砌体墙

4. 带构造柱组合墙[29]

（1）砂浆不应低于M5，构造柱混凝土不宜低于C20。

（2）柱内竖向受力钢筋的混凝土保护层厚度应符合表6-18规定。

（3）构造柱截面尺寸不宜小于240mm×240mm，其厚度不应小于墙厚，边柱、角柱截面宜适当加大。柱内竖向钢筋不宜少于4Φ12mm；边柱、角柱不宜少于4Φ14mm。构造柱竖向受力筋直径不宜大于16mm。箍筋一般部位宜用Φ6@200mm，楼层上下各500mm范围内宜采用Φ6@100mm。竖向钢筋应锚入基础梁（基础）和楼层圈梁中$l_a=30d$。

（4）带构造柱组合砖墙房屋应在纵横墙交接处、墙端部和较大洞口边缘设置构造柱，其间距不宜大于4m。各层洞口宜设置在相应位置并上下对齐。

（5）带构造柱组合砖墙房屋应在基础顶面、有组合墙的楼层处设置现浇圈梁。圈梁宜$h_b \geq$240mm，纵筋宜≥4Φ12mm，纵筋应伸入构造柱内，并应满足受拉钢筋锚固要求；圈梁箍筋宜采用Φ6@200mm。

（6）砖砌体与构造柱的连接处应砌成马牙槎，并沿墙高每500mm设2Φ6mm拉结筋，每边伸入墙内不宜<600mm。

（7）组合砖墙施工时应先砌墙并将拉墙筋穿入构造柱中而后浇构造柱。

（8）砖砌体和钢筋混凝土构造柱出平面偏心受压构件的构造应符合下列规定[81][98]：

1）当现浇圈梁在内力计算模型中考虑了其抗扭作用时，应根据计入的开裂扭矩T_{cr}或极限扭矩T_u而分别按计算和构造配置抗扭纵筋和箍筋[23]，当计算中不考虑扭矩时，其抗扭纵筋和箍筋可仅按构造确定。

2）构造柱纵向钢筋可根据受力需要而按计算配筋，但均不得小于其构造配筋4Φ12mm。

3）构造柱纵筋沿高度的搭接与锚固均应符合现浇钢筋混凝土框架的构造要求[23]。

4）其余相关构造要求同前。

5. 预应力砌体墙[23][37][38][39][82][83]

（1）后张法预应力钢筋：根据预应力组合砌体墙的构造与施工特点建议采用下述两类。

1）精轧螺纹钢筋：$f_{pyk}=750$MPa，以便于用套筒连接，螺帽固定，宜首选。

2）冷拉Ⅱ级、Ⅲ级、Ⅳ级钢筋：其f_{ptk}分别为450、500及700MPa，特点是塑性好，可对焊接长，施工简单，其中冷拉Ⅳ级钢应注意选用适合的焊接工艺，以保证质量。

（2）混凝土：集中式预应力组合墙的构造柱及楼层圈梁可用C20，顶层圈梁宜采用C30。图6-20所示的预应力带横膈空心砖墙和带肋砖墙的压顶梁或梁垫宜采用≥C20。

（3）顶层圈梁截面高度应根据梁顶集中预应力合力作用于圈梁顶面时其下柱两侧砌体局部抗压和圈梁的抗剪强度计算确定，其最小高度建议为400mm。除顶层外其余各层圈梁的设置按普通非预应力组合墙的构造要求设置，其截面高度亦应≥240mm，详见文献[29]。带横膈空心墙的压顶梁截面高度宜根据表5-16的空腔尺寸B和D决定的受力情况而确定。

（4）顶层圈梁纵向钢筋按预应力合力作用下的弹性地基梁抗弯承载力计算确定，建议不小于上下各配2Φ14mm。其抗剪箍筋亦按抗剪承载力计算确定，亦建议不小于$\phi6$@200mm；在预应力钢筋两侧各（$htb_c/2$）范围内加密至@100mm，h和b_c分别为圈梁截面高与构造柱截面宽。其余各层圈梁配筋，按文献［29］规定执行。

（5）带横膈空心墙压顶板则根据表5-16的空腔尺寸B和D所决定的单向板还是双向板受弯计算来确定其配筋量。

（6）构造柱中，预留预应力钢筋孔道的尺寸、管孔类别、孔道灌浆等构造要求均可参考文献［23］有关条文。

（7）带构造柱组合墙后张法预应力筋张拉锚固的锚具构造参见文献［23］有关条文，其下圈梁与构造柱节点构造大样建议如图6-19所示。其中圈梁顶预埋件根据局部受压计算来确定；梁柱间预留厚30～50mm的后浇缝，待张拉完毕锚固后再干捻1∶2水泥砂浆或灌注C30细石混凝土（视缝的厚度而定），使成刚性节点。

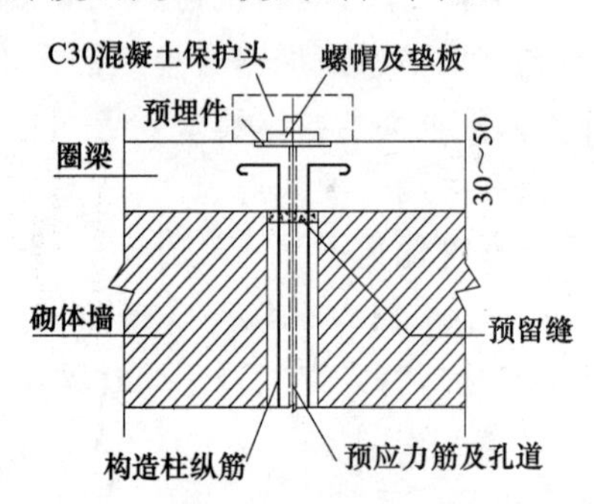

图6-19 集中式后张预应力组合墙节点构造

后张拉锚固端应后浇C30混凝土保护头，其尺寸建议不小于lh=300mm×150mm，厚度与圈梁相同。

（8）当为先张法张拉的预应力带构造柱组合墙时，因构造柱混凝土浇筑是在预应力筋张拉并锚固之后，同时为提高在砖墙中建立较后张法为多的预压应力，只能将圈梁和楼板的钢筋伸入构造柱而又必须及时将柱外的圈梁和楼板的混凝土浇筑，并在达到≥70%设计强度后方才折模，以能保证施工过程中组合砖墙的稳定性，直至构造柱混凝浇筑完毕并达到设计强度为止。然而顶层圈梁应如同后张法张拉一样，在张拉前将加大刚度的圈梁包括构造柱节点部位全部浇筑完成，以备预应力筋张拉，于是相应的构造措施便形成。

（9）预应力带肋墙和带横膈与不带横膈空心墙的预应力筋布置详图6-20。其余构造参见第6章6.6节3小节。

6. 混凝土空心砌块砌体墙[33][44][48][99]

（1）一般构造

1）砌块、砂浆与灌芯混凝土的强度、材料及性能要求。

① 砌块的强度等级、材料和性能应符合现行国家标准[17][99]的相应要求。其强度等级为MU10、MU15和MU20。除主块外的各种辅助块亦应具有相应的强度等级。同一楼层的砌块强度等级宜相等；

② 砌筑砂浆应采用聚性和保水性好、强度高的专用砂浆，其材料及性能应符合JC 860—2000的规定[21]，强度等级为Mb20、Mb15、Mb10；

③ 灌芯混凝土应采用高流动性、硬化后体积微膨胀或具有补偿收缩性能的细石混凝土，强度等级为Cb40、Cb35、Cb30、Cb25、Cb20，其材料及性能要求应符合JC 861—2000的规定[22]；

2）砌块砌体的配筋率可分为下述三类：

① 芯柱和部分配筋的砌块砌体结构。此类不算作配筋砌块砌体结构，仅在构造上局部改善砌块砌体构件的工作性能；

② 少筋砌块砌体结构。在任一受力方向上，最小配筋率均不应小于毛截面积的0.07%，水平与竖向配筋率之和不应小于0.2%；

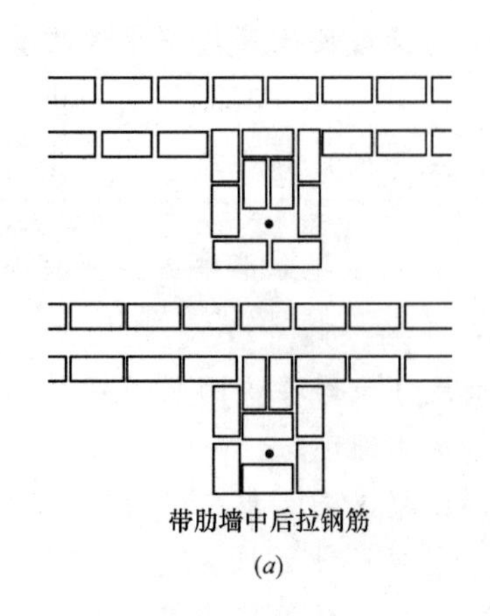

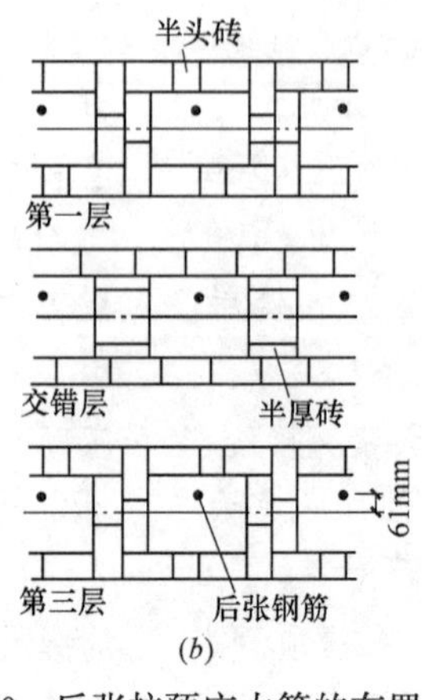

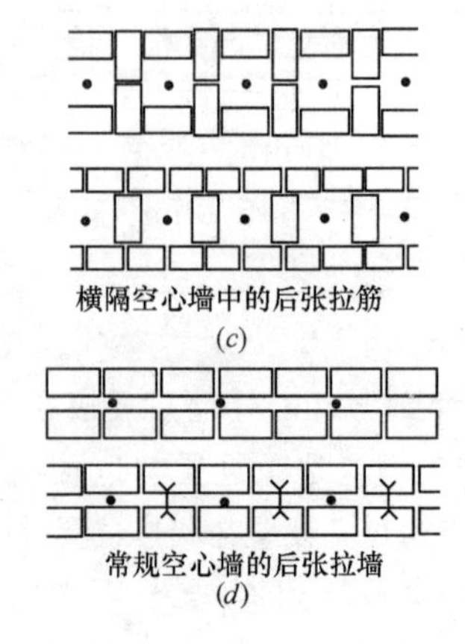

图6-20 后张拉预应力筋的布置

③ 配筋砌块结构。最小配筋率为每受力方向0.15%。

3）钢筋的等级与规格要求：配筋砌块砌体中钢筋宜采用HRB335、HRB400或RRB400级。其中纵筋最小直径为Φ12，最大直径应小于砌块厚度的1/8及表6-19所列最大直径。文献［33］对主要砌块厚190mm墙孔的洞和空腔中的主筋要求不宜超过Φ25。设在孔洞和圈梁内钢筋直径亦不应大于最小净尺寸的1/2。设在灰缝内的水平钢筋直径不超过Φ6mm但应≥Φ4mm。设在凹槽内的水平钢筋，当为双根时不宜>Φ14mm，单根时不宜>Φ20mm。

砌块砌体内允许钢筋最大直径[44]　　表6-19

砌块厚度(mm)	140	190	240	290
钢筋最大直径(mm)	Φ18	Φ22	Φ30	Φ32

4）钢筋的设置限制：两平行纵筋之间净距不应小于钢筋直径和25mm（详图6-21）。

5）钢筋保护层厚度详图6-22和图6-23。为保证所需保护层厚度，钢筋位置的纠偏方法详图6-24。灰缝中钢筋当为外露砂浆时，宜≥15mm。

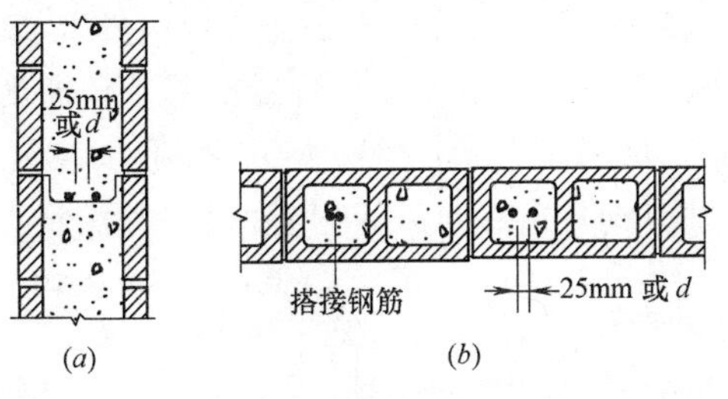

图6-21

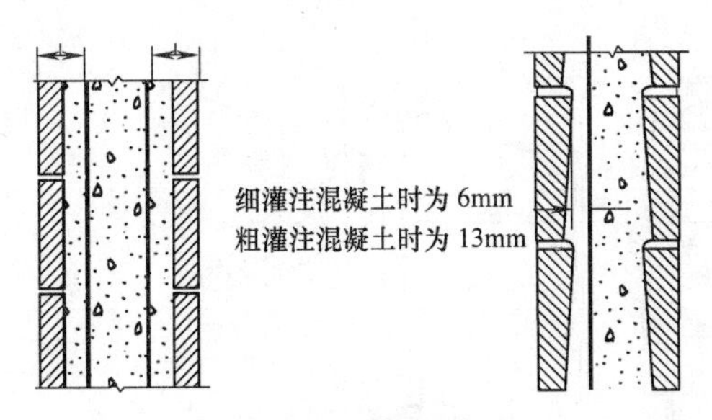

图6-22　钢筋保护层

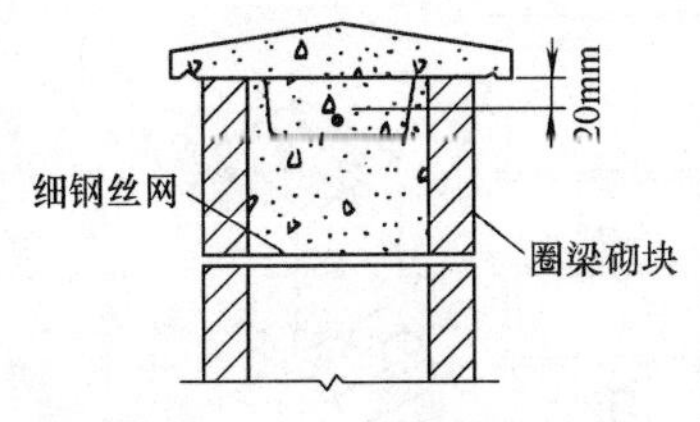

图6-23　女儿墙纵筋保护层

6）钢筋锚固与接头：钢筋的锚固长度与搭接长度详见表6-20。

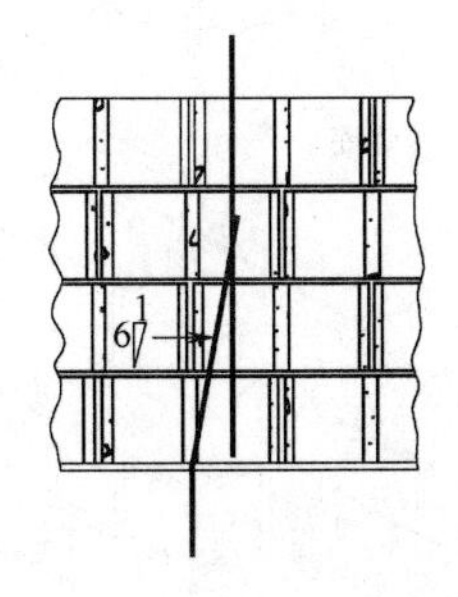

图6-24　钢筋与砌块间的净距及钢筋位置的纠偏

受拉钢筋的锚固和搭接长度　　表6-20

钢筋所在位置	锚固长度 l_a	搭接长度 l_l
芯柱混凝土中	35d且≥300mm	38.5d且≥300mm
凹槽混凝土中	30d且弯折段≥15d和200mm	35d且≥350mm
水平灰缝中	50d且弯折段≥20d和150m	55d隔皮错缝搭接长度55d±2h

注：h为水平灰缝的竖向间距（mm）。

7）其余有关构造要求详见第6章6.1节之1。

8）配筋砌块剪力墙的配筋构造详见图4-35～图4-41。

（2）配筋砌块砌体结构中的混凝土剪力墙、柱、连梁及圈梁、过梁和芯柱与洞口边缘构件的构造

1）灌芯砌体及其中的混凝土构件的材料匹配原则：

① 灌芯混凝土强度等级宜为砌块强度等级的2倍，亦不应<1.5倍；

② 砌筑砂浆强度等级不宜高于砌块；

③ 砌体中的所有混凝土构件的混凝土强度等级宜为相应楼层砌块强度等级之2倍或等于该处灌芯混凝土强度等级，亦应≥C20或Cb20。

2）混凝土剪力墙、柱与连梁构造详文献［23］及文献［41］。

3）圈梁和过梁的一般构造：

① 圈梁和过梁的截面尺寸：梁宽为墙厚，圈梁高常为砌块高，过梁可为一个砌块高或多个砌块高。圈梁应采用圈梁砌块亦可用过梁砌块组砌。

② 圈梁及过梁配筋：圈梁内配筋不小于2Φ10或1Φ12，箍筋不小于Φ6@250。过梁配筋由计算确定，其数量可参照圈梁设置。当数量很小，仅配单筋即可满足时，也可不配箍筋。过梁支承长度应≥200mm，纵筋应锚入灌注混凝土内，其构造详图6-25。

4）圈梁、过梁的其他构造要求详见6.4节1、2小节。

5）芯柱及洞口边缘构件的设置：

① 宜将纵横墙交接处，距中心线每边不应小

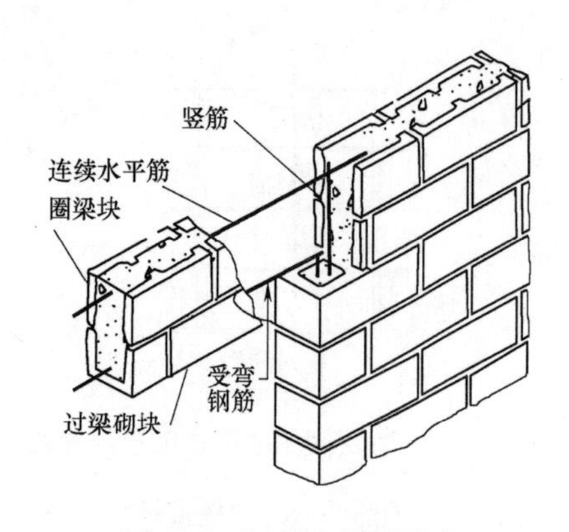

图 6-25 过梁和圈梁示意

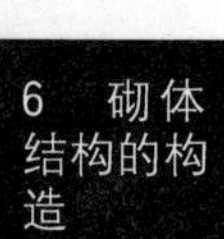

于 300mm 范围内的孔洞，采用不低于 Cb20 灌孔混凝土灌实为芯柱；

② ≥5 层房屋，应在外墙转角、楼梯间四角的纵横墙交接处的三个砌块孔洞内设置钢筋混凝土芯柱；

③ 根据结构设计需要，在诸如受荷较大的小墙肢、外伸墙端、阳台外挑梁的支承处以及当洞口宽≥800mm 的洞边等部位可设置芯柱。当洞口高度≥800mm 时，亦需设置洞边缘构件。

6）芯柱及洞边缘构件应符合下列构造要求：

① 芯柱截面不宜小于 120mm×120mm，应采用≥Cb20 细石混凝土灌实；

② 芯柱内每孔插筋不小于 1ϕ12，底部应伸入室内地面以下 500mm 或与基础圈梁锚固，顶部与屋盖圈梁锚固，锚固长度应≥30d。钢筋应绑扎搭接 35d 或焊接连接；

③ 芯柱应贯通全墙高并与各圈梁整浇。芯柱应在楼面上设清扫孔；

④ 应沿墙高@400mm 设 ϕ4 钢筋网片与芯柱拉结，在墙内锚入长度应≥600mm。同理亦可采用当量的扩张金属网。

⑤ 洞口上下边缘构件，配筋不小于 1ϕ12 或 2ϕ8，在墙中锚固 600mm；

⑥ 当芯柱及洞口边缘构件所配纵筋沿墙高或墙长完全贯通并可靠锚固时，不得计入墙体的配筋率内，也不得作为最小配筋率用。

7）配筋砌块柱及钢筋混凝土柱与砌块墙的连接构造，详图 6-26。

（3）砌块墙体的抗裂构造措施

1）为防止或减轻房屋顶层墙体开裂，可酌情采用下列措施：

① 顶层外纵墙门窗洞口两侧设置箍筋芯柱，房屋两端第一开间门窗洞口两端宜加设两个箍筋芯柱或采用钢筋混凝土构造柱。此两种柱均应与圈梁相连；

② 顶层两端第一、第二开间的内外纵墙和山墙，在窗台标高处设置通长钢筋混凝土圈梁。圈梁高为砌块高的模数，纵筋不少于 4ϕ10，箍筋 ϕ6 @200，C20 混凝土。也可设置配筋带，高度宜为 60mm，纵筋不少于 2ϕ6。窗台采用现浇混凝土板。以上钢筋网片可采用当量的扩张网；

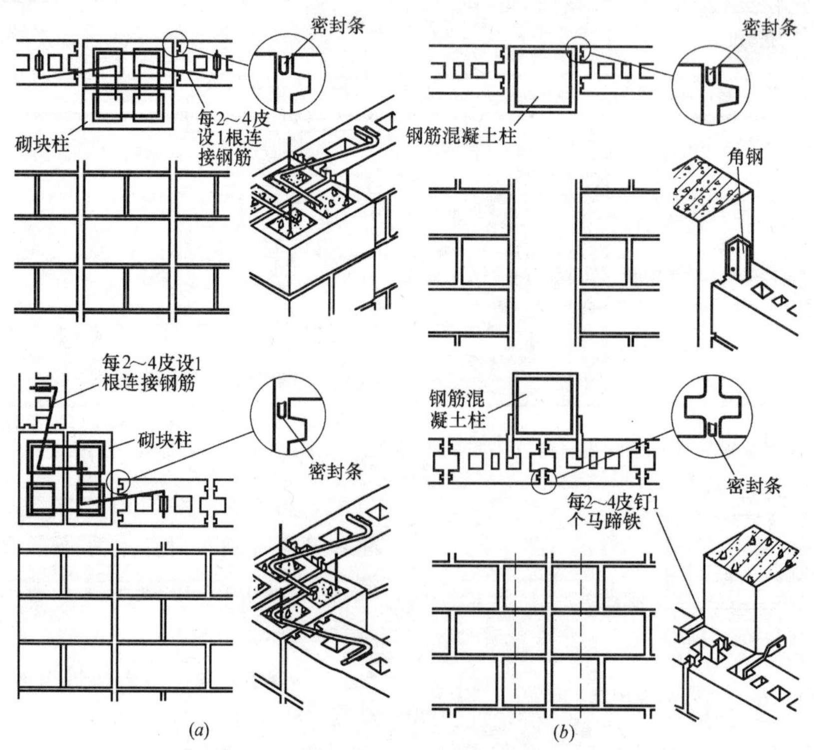

图 6-26 配筋砌块柱及钢筋混凝土柱与墙的连接
（a）砌块柱与墙；（b）钢筋混凝土柱与墙

③ 顶层横墙在窗台标高以上设钢筋网，竖向网距宜为400mm，网片纵筋2Φ4，横筋Φ4@200，在横墙端部的该标高以上，长度均3m范围为横墙高应力区，宜设插筋芯柱，柱距宜≤1.5m；以上钢筋网可采用当量的扩张金属网。

④ 顶层端部第一、第二开间的内纵墙中应设插筋芯柱，柱距宜≤1.5m或在墙中设竖向距为400mm的置横向水平钢筋网片（亦或扩张金属网）。

⑤ 东西山墙可采取设置水平钢筋网片或增设插筋芯柱或构造柱的方法。网片间距宜≤400mm，芯柱或构造柱，间距宜≤3m。

⑥ 其余相关构造要求详第6章6.1节之2。

2）为防止和减轻房屋底层墙体开裂，可酌情采用下列措施：

① 基础部分砌块墙体的孔洞中用Cb20混凝土灌实；

② 底层窗台采用钢筋网片或扩张网片，通长配筋，竖向间距≤400mm；

③ 其余构造要求详第6章6.1节之2。

7. 底层框支砌体剪力墙

（1）底层为钢筋混凝土框架时，其构造按文献［23］规定执行。当底层为配筋砌体组合框架时，可按第4章4.5节4相关规定执行。

（2）底层框架支承组合墙梁的构造详见6.4节3小节。组合墙梁以上多层砌体房屋按一般落地多层砌体房屋有关构造要求执行。

（3）底层框架间应设置连系梁或纵向框架，以增强房屋整体刚度，其构造同钢筋混凝土框架结构。

8. 钢筋混凝土墙支承砌体墙的组合墙

（1）下部钢筋混凝土墙按文献［23］有关构造规定执行；

（2）上部砌体及配筋砌体墙按第6章6.1节及6.3节有关构造规定执行；

（3）上部砌体墙所有竖向钢筋均应在下部混凝土墙中可靠锚固。

9. 振动砖墙板

振动砖墙板[102]构造与施工方法特点如图5-3所示和第6章6.2节3小节1）条所述振动砖楼板基本相同，但应注意：

（1）材料：一般采用MU10烧结实心砖或多孔砖，≥M7.5砂浆；HPB235钢筋；C20细石混凝土。

（2）墙板的分类与厚度：为满足热工要求，外墙铺砖厚180mm，内墙115mm，隔墙53mm；包括砂浆面层的墙板厚分别为210mm、140mm和80mm。

（3）配筋构造：墙板周边均有细石混凝土边框，其上下边配2ϕ8mm和2ϕ6mm纵筋（两端均外伸，详图6-27（*a*）之①和②），箍筋ϕ4@300mm（宜为焊接网）；左右边仅设置暗键，而无竖向钢筋；可在砖墙板内布置水平分布钢筋2ϕ6mm，以增强墙板抗剪能力；为保证吊装时墙板的整体性，在板中设预留洞以张拉工具式预应力筋，待吊装就位连接完毕后予以拆除；预应力筋为HRB335的ϕ18mm，其上下端焊接长度分别为150mm、200mm和40mm的ϕ22mm螺杆；板侧边上下分别预埋ϕ6mm的U形箍。图6-27（*a*）、（*b*）所示为典型的承重砖墙板，图（*c*）示承重加气混凝土墙板。

（4）连接构造：图6-27图（*d*）、（*e*）所示为焊接连接；图（*f*）、（*g*）、（*h*）、（*i*）所示为灌缝锚固连接。

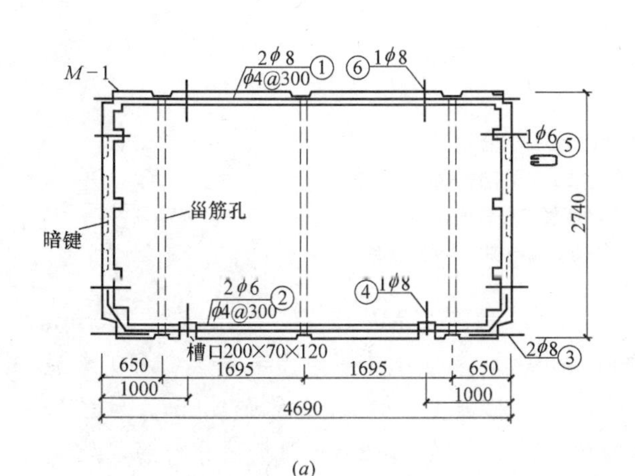

(*a*)

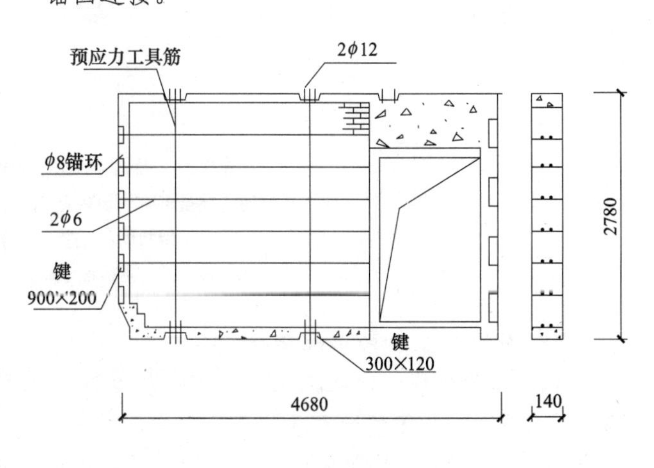

(*b*)

图6-27 振动砖墙板的构造与连接示意（一）

（*a*）无洞砖墙板示意图；（*b*）开洞砖墙板示意图；

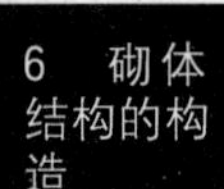

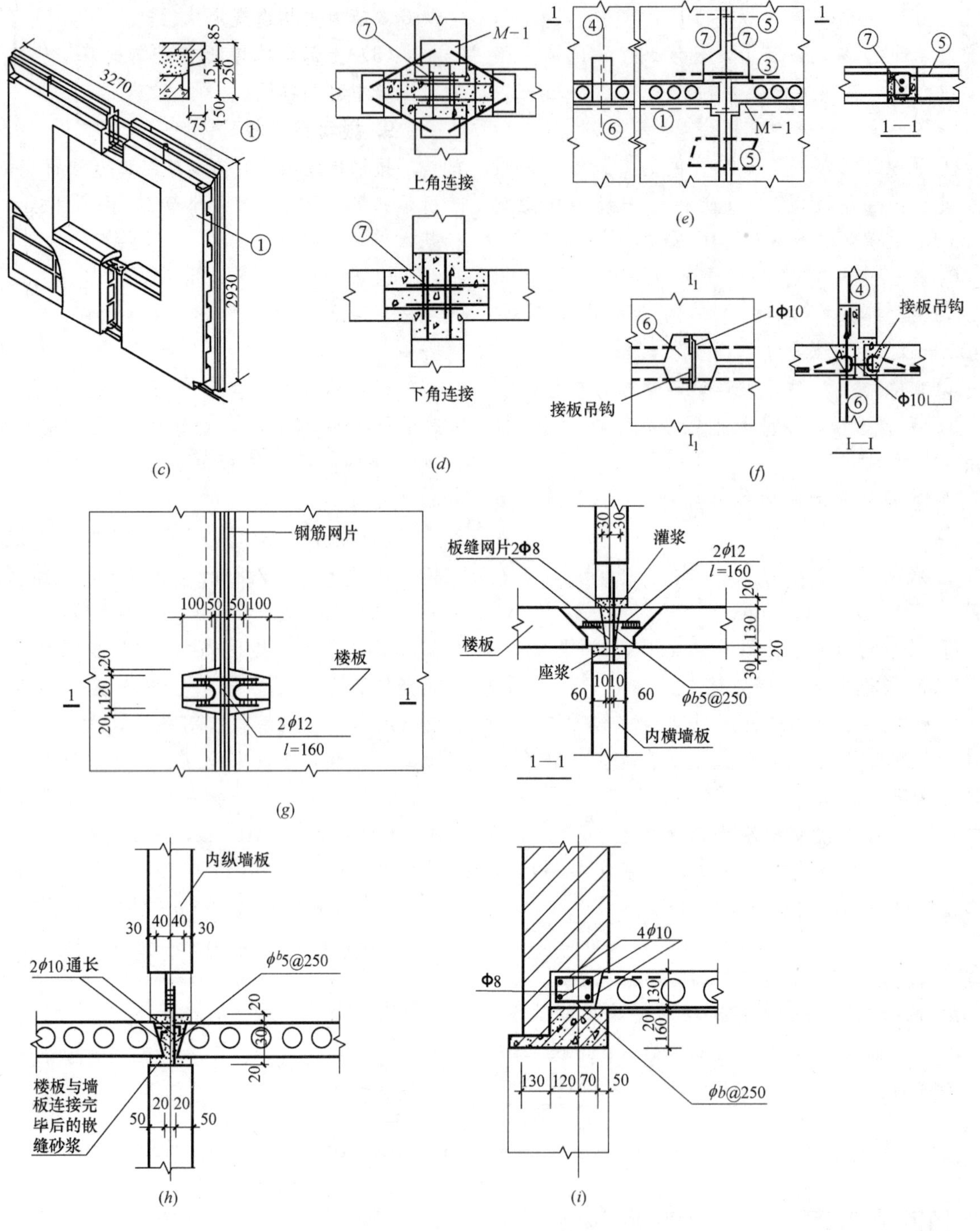

图 6-27 振动砖墙板的构造与连接示意（二）

(*c*) 开洞加气混凝土砌块墙板；(*d*) 板角连接；(*e*) 墙板侧的环箍连接；
(*f*) 上下墙板间的连接；(*g*) 内横墙板与楼板的连接；
(*h*) 内纵墙板与楼板的连接；(*i*) 外砌簷墙与屋面板的连接

10. 预应力空心砖工业墙板[103]

(1) 墙板分类：槽型板（肋高—板厚 180mm）用于窗台以上，带窗台平板（板厚175mm，窗台宽225mm），平板（厚 135mm）用于窗台以下；板宽为 1310mm、1185mm 和 885mm。板长为 5970mm、2970mm（后者为窗间板）。

(2) 材料：MU15 的 290mm × 290mm × 90mm 烧结空心砖（今为多孔砖），M10 水泥砂浆，C30 混凝土。ϕ^b5mm 或 ϕ^b4mm 为后张法张拉的预应力钢丝，ϕ^b3mm 为板面分布筋，ϕ8 为非预应力纵筋。

(3) 配筋构造：图 6-28 示板宽为 1200mm 及

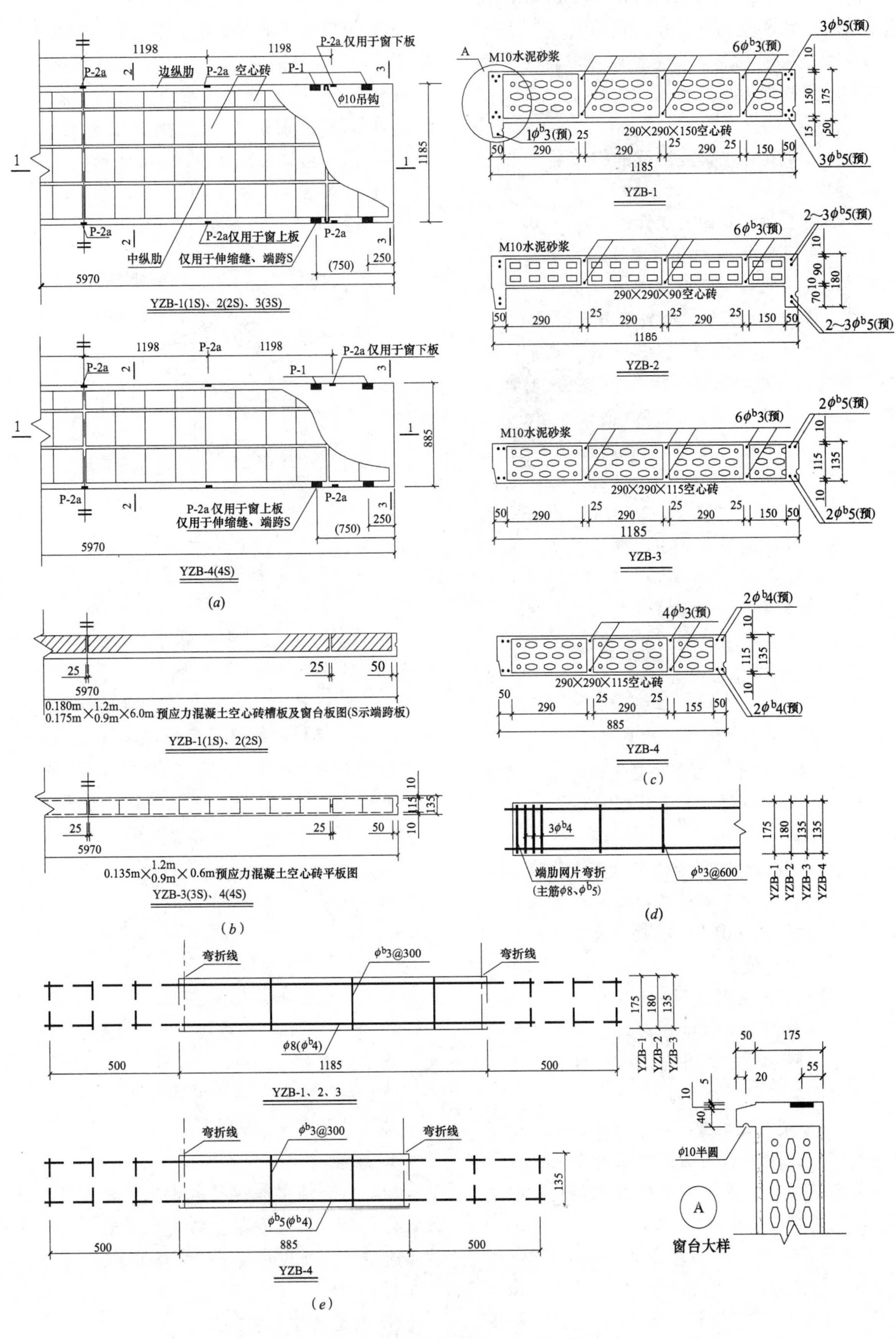

图 6-28 预应力空心砖工业墙板构造

(a) 平面图；(b) 剖面 1—1；(c) 剖面 2—2；

(d) 边纵肋端部配筋构造；(e) 剖面 3—3 端肋（中间肋）

900mm，板厚为 180mm、175mm 和 135mm，板长为 6000mm 的板型构造。

(4) 工业墙板可通过其上预埋件与排架或框架焊接，板间嵌缝而成为整体。

6.4 圈梁、过梁、墙梁及挑梁的构造要求[29]

1. 圈梁

(1) 关于圈梁设置的构造设计

为增强房屋整体性和空间刚度，防止因地基不均匀沉降或较大振动等作用对房屋引起不利影响，可在砌体墙中设置现浇钢筋混凝土圈梁。

1) 单层空旷房屋应按下列规定设置圈梁：

① 砖砌体房屋，当檐口标高为 5～8m 时，应在檐口标高处设置一道，檐口标高大于 8m 时，应增设一道（当有门窗洞口时，在洞口上边设置）；

② 砌块及料石砌体房屋，檐口标高为 4～5m 时，应在檐口标高处设置一道，檐口标高尺寸大于 5m 时，应增设一道（同砖砌体房屋）；

③ 对有吊车或较大振动设备的工业厂房，除在檐口或窗顶标高处设置外，尚应增设。

2) 多层民用房屋层数为 3～4 层时，应在檐口标高处设置一道，超过 4 层时，应在所有纵横墙上隔层设置。多层工业房屋应每层设置。

3) 设置墙梁的多层砌体房屋应在托梁、墙梁顶面和檐口标高处设置。其余层按多层民用房屋设置。

4) 建筑在软弱地基或非均匀地基上的砌体房屋，除按上述条文设置圈梁外，尚应符合《建筑地基基础设计规范》GB 50007 规定设置圈梁。

(2) 圈梁的构造要求

1) 圈梁宜连续设置在同一水平面上并形成封闭框。当圈梁被门窗洞口截断时，应在洞口上增设相同截面的附加圈梁，并与圈梁搭接长度不小于其间中距之 2 倍且不小于 1m。

2) 纵横墙交接处的圈梁应有可靠连接。刚弹性方案和弹性方案房屋的圈梁尚应与屋架、大梁等构件可靠连接。当圈梁位于楼盖标高处时，宜与楼盖梁板整浇在一起。

3) 圈梁截面宽度宜同墙厚 h。当 $h \geqslant 240$mm 时，宽度宜 $\geqslant 2h/3$。圈梁截面高度不应 $<$120mm。

4) 圈梁纵筋不应少于 $4\phi10$mm，其接头搭接长度按受拉钢筋取值，箍筋不少于 $\phi6$@300mm。

5) 当圈梁兼作过梁时，其受力钢筋均应按计算确定，并应符合过梁的构造要求。

6) 采用现浇钢筋混凝土楼（屋）盖的多层砌体房屋，当层数超过 5 层时，除在檐口标高处设置圈梁外，可隔层设置圈梁，并与楼（屋）面板整浇在一起。未设圈梁的楼面板应嵌入墙内 $\geqslant$120mm，并沿墙长配置 $\geqslant 2\Phi10$mm 的纵筋。

7) 当横墙轴线错位 $b \leqslant a$ 时，可以现浇板来替代转折的圈梁，详图 6-29。

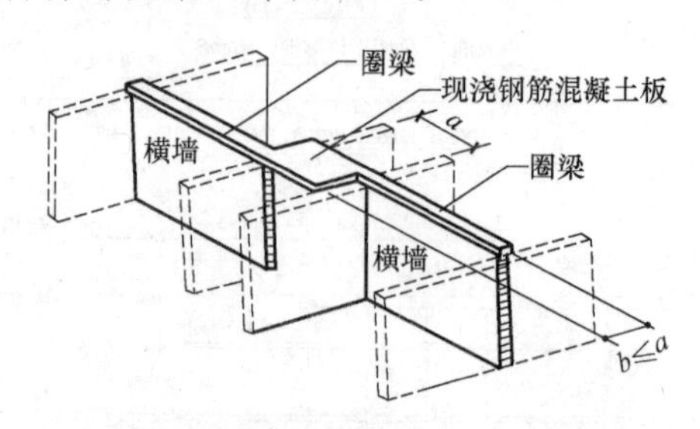

图 6-29 横墙错位限制与加强构造

2. 过梁

(1) 砖砌过梁的构造要求

1) 砖砌过梁截面计算高度内砂浆不宜低于 M5；

2) 砖砌平拱及弧拱过梁的竖砖砌筑部分的高度不应小于 240mm；

3) 钢筋砖过梁底的 1：3 砂浆厚度宜 $\geqslant$30mm，砂浆层内的钢筋直径应 $\geqslant$5mm，间距不宜 $>$ 120mm，伸入支座砌体内的长度不宜 $>$240mm。纵筋两端应有 90°直钩锚入竖缝内。

(2) 钢筋混凝土过梁的构造要求

1) 过梁截面尺寸，梁宽宜等于墙厚，梁高应符合砖砌体模数；

2) 过梁混凝土及其配筋均应符合《混凝土结构设计规范》GB 50010—2002 要求；

3) 过梁在砌体墙内支承长度宜 $\geqslant$240mm（砖墙）和 200mm（砌块墙），并应满足梁端砌体局部承压要求。

(3) 后张拉预应力砖过梁

其构造尺寸与做法详见图 6-11～图 6-14。

3. 墙梁

(1) 组合墙梁除应符合表 5-7 及《砌体结构设计规范》[29] 和《混凝土结构设计规范》[23] 有关构造规定外，尚应符合下列构造要求：

1) 材料

① 托梁混凝土应 $\geqslant$C30；

② 纵筋宜采用 HRB335、HRB400 或 RRB400 钢筋；

③ 承重墙梁的块体强度等级应≥MU10，砂浆强度等级应≥M10。

2）墙体

① 框支墙梁的上部砌体房屋和设有承重的筒支或连续墙梁的房屋，应满足刚性方案房屋的要求；

② 墙梁计算高度范围内的墙体厚度，对砖墙不应小于 240mm，对混凝土砌块墙应不小于 190mm；

③ 墙梁洞口上方应设置钢筋混凝土过梁，其支承长度应≥240mm，洞口范围内不应施加集中荷载；

④ 承重墙梁支座处应设置翼墙，其厚度不应小于 240mm 或 190mm，其宽度应≥3 倍墙厚，并与墙梁墙体同时砌筑。当不能设置翼墙时，应设置落地且上下贯通的构造柱；

⑤ 当墙梁墙体在靠近支座 1/3 跨范围内开洞时，支座处应设置上述构造柱，并与每层圈梁连接；

⑥ 墙梁计算高度范围内的墙体日砌高度不应超过 1.5m，否则应加设临时支撑。

3）托梁

① 墙梁房屋的托梁两侧各两个开间应采用现浇混凝土楼盖，楼板厚不宜小于 120mm，当 >150mm时，宜配置双层双向钢筋网。楼板应少开洞，洞口大于 800mm 时，应设洞边梁。

② 托梁底部的纵向受力钢筋应通长设置而不得在跨内弯起或截断。钢筋应采用机械连接或焊接连接。

③ 托梁跨中截面纵向受力钢筋配筋率不应小于 0.6%。

④ 托梁至边支座 $L_0/4$ 范围内，上部纵筋面积不小于跨中下部纵筋截面积之 1/3。连续墙梁或多跨框支墙梁的托梁中间支座上部附加纵筋自支座边算起每边延伸不小于 $L_0/4$。

⑤ 承重墙梁的托梁在砌体墙、柱上的支承长度不应小于 350mm，纵向受力筋伸入支座应符合受拉钢筋的锚固要求。

⑥ 当托梁高度 h_b≥500mm 时，应设置通长水平腰筋，直径应≥12mm，间距应≤200mm。

⑦ 墙梁偏开洞宽度及两侧各一个梁高 h_b 范围至靠近洞口支座边的托梁箍筋应≥Φ8mm，间距应≤100mm（详图 6-30）。

（2）非按砌体规范[29]组合墙梁法设计的墙梁在前述关于“弹性地基梁法”、“部分荷载法”、

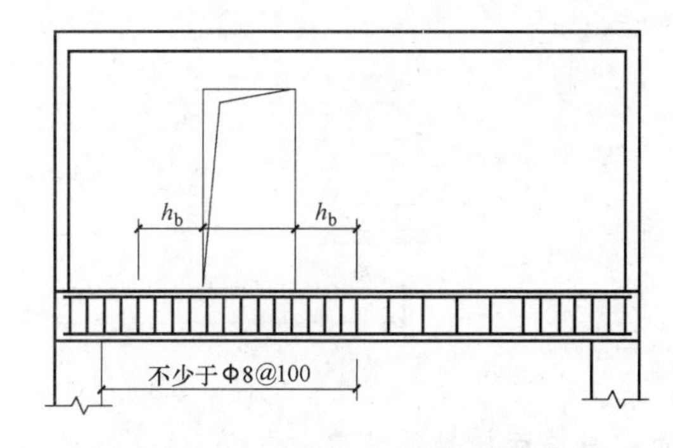

图 6-30 偏开洞托梁箍筋加密区

“当量弯矩法”及“极限力臂法”计算的墙梁的构造要求，可参照我国砌体结构规范[29]的组合墙梁有关构造要求执行。

4. 挑梁

（1）挑梁埋入砌体长度 L_1 与挑出长度 L 之比宜>1.2，当挑梁上无砌体时，宜 $L_1/L>2$；

（2）挑梁纵向受力筋至少应有 1/2 的钢筋截面积且不少于 2Φ12 伸入梁尾端，其余钢筋伸入支座的长度不应小于 $2L_1/3$；

（3）雨篷等悬挑构件对雨篷梁引起的抗弯、抗剪及抗扭钢筋的设置除根据计算外，其构造要求详见混凝土结构规范[23]。

6.5 拱和筒拱的构造要求

1. 拱

在墙体开有大洞并承受较大竖向荷载，跨度亦较大时，可采用拱来替代梁式构件（如砖拱吊车梁等）。其截面不小于 240mm×240mm，应采用≥MU10 砖、≥M5 砂浆砌筑。当为非半圆拱时须切实处理好拱脚推力构造，以满足支座截面的抗剪及当支座砌体强度较低时的局部抗压要求（对边支座亦可设置抗推力结构或拉杆）。多跨连续拱应尽量跨度相等。图 6-31 所示为某教学楼外廊连续拱的构造，其他构造参见筒拱。

2. 筒拱

（1）筒拱的跨度与厚度：跨度不宜超过 4m。当为屋盖时，拱壳厚度可采用 1/2 砖或 1/4 砖；当为屋盖时，可采用 1/2 砖。

（2）砌体材料：应采用≥MU7.5 砖和≥M2.5砂浆。如无设计要求，拱脚上面的 4 皮砖和拱脚下面的 6～7 皮砖的墙体部分，其砂浆强度等级应≥M5；当砂浆强度达到 50%以上时，方可砌筑拱体。

（3）筒拱的纵向两端，一般不应砌入墙内，

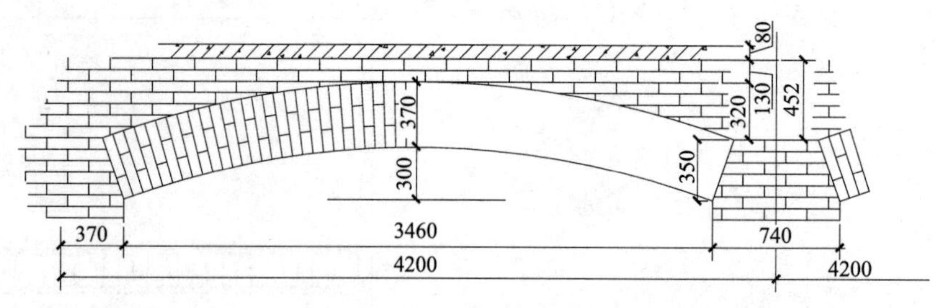

图 6-31

其两端与墙面接触的缝隙，应以 1∶2 砂浆填实（详图 6-32）。

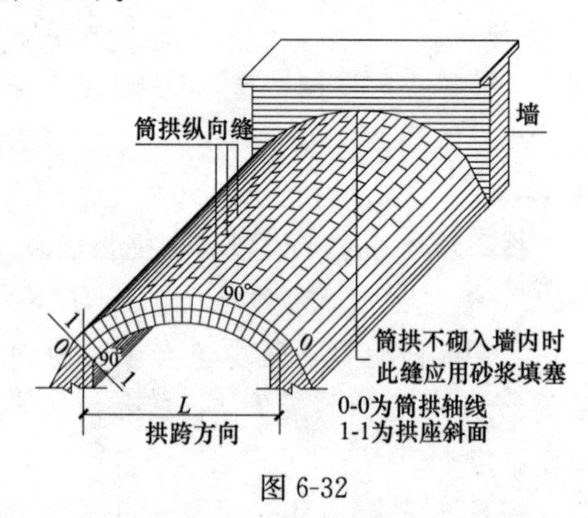

图 6-32

(4) 拱体洞口应在砌筑时预留，洞口加固环应与周围砌体紧密结合。已砌完的拱体不得任意凿洞。

(5) 当为多跨连续筒拱，应尽量使其跨度相等。同样，应妥善设置抗推力结构，并应在外墙顶（拱脚下）设置与内横（或内纵）墙相连的圈梁。

(6) 当筒拱的砂浆强度达到设计强度的 70%以上时，方可在已拆除模板的筒拱上铺设楼面或屋面材料。在整个施工过程中，拱体应保证对称受荷。

6.6 挡土墙及地下室墙的构造要求

1. 重力式挡土墙的截面选择

重力式挡土墙的墙背选型、挡土墙的坡度规定和墙趾台阶与墙顶宽度等构造设计详见 5.10 节 2 小节。

2. 重力式挡土墙的构造

(1) 材料

1) 混凝土≥C15，石材≥MU20，烧结砖≥MU10，砂浆≥M5；在严寒或盐渍土地区不宜使用砖砌体；钢筋为 HRB335 或 HPB235。

2) 墙后填土质量要求：填土要求抗剪强度高、性能稳定、透水性好的颗粒粗的材料，如卵石、砾石、粗砂、中砂等。不得采用淤泥、黏土、耕植土和膨胀性黏土。回填土中不应掺入冻土块、木材等杂物。当用黏性土回填时，宜掺入适量块石。填土应分层夯实。

(2) 基础埋置深度

1) 挡土墙基础埋置深度应根据持力层地基承载力、地下水位和冻结深度等因素来确定。一般在地面以下≥0.8m 处有冲刷时，应在冲刷线以下≥1m；在冻土线以下≥0.25m（基底必须填筑一定厚度的砂石垫层）；当基底为岩石、卵石、砾石、粗砂或中砂时，则不受冻深限制。

2) 基底为风化岩层时，除应将风化层去掉外，宜再加挖 0.15～0.25m；若风化层较厚，可不全部清除，此时挡土墙基础嵌入岩层尺寸如表 6-21。对风化后强度锐减的地基，应在地面以下至少 1.5m（包括换填的砂石垫层厚度）。

挡土墙基础嵌入基岩尺寸（m）　　表 6-21

基础岩层类别	h	l
石灰岩、砂岩、花岗岩、玄武岩	0.25	0.25～0.5
页岩、砂岩交错岩	0.60	0.60～1.50
松软岩石、风化岩层	1.00	1.00～2.00
坚实粗粒(如砂岩石等)	≥1.00	1.50～2.50

(3) 沉降缝及伸缩缝

两种缝宜合一设置。挡土墙每隔 10～20m 或在地基变化处设置沉降缝，转角处应采取加强构造措施，缝宽约 20mm，缝内嵌填柔性防水材料，详见图 6-33。

(4) 排水措施

1) 泄水孔纵横间距为 2～3m，外斜 5%，泄水孔截面根据排水量而定，可采用 50mm×100mm 的矩形孔或 d=50～100mm 的圆孔。

2) 墙后泄水孔附近做过滤层甚至盲沟。应在最低的泄水孔下铺设黏土层并夯实，以防渗漏。在墙前应设散水沟，以免积水渗入基础。墙顶地面宜做防水层。墙后有坡地时，尚应在坡下设截水沟如图 6-34 所示。

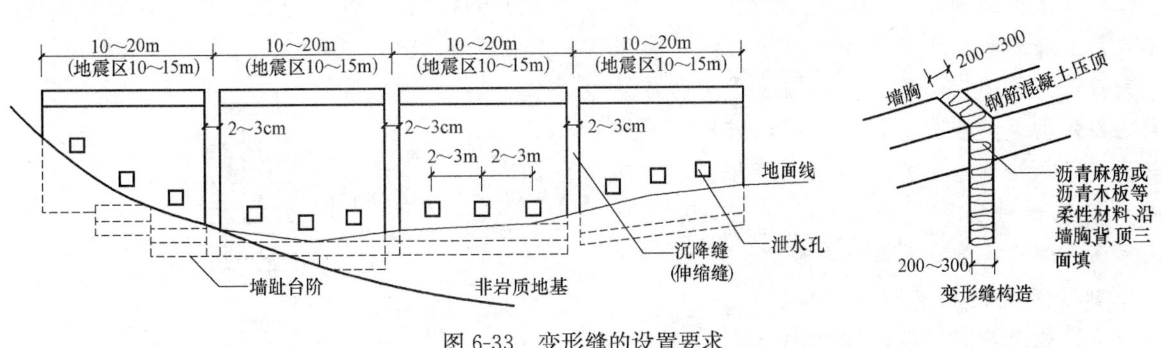

图 6-33　变形缝的设置要求

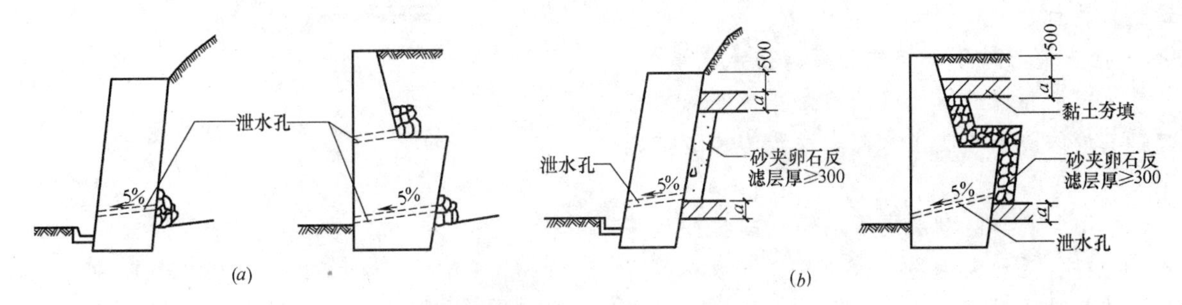

图 6-34　挡土墙的排水措
(a) 墙后填料为渗水性土；(b) 墙后填料为低渗水性土

3. 配筋或后张拉预应力带横膈砖挡土墙与带肋砖挡土墙构造[37]

配置非预应力筋或后张拉预应力筋，主要取决于挡土墙高度、墙厚度及土侧压力大小。一般前者多用于墙高、墙厚及土侧压力均较小的情况。两者的构造特点大体相同。现主要说明后张拉预应力挡土墙的构造要点。

(1) 后张拉预应力带横膈砖挡土墙的构造

1) 材料：砖、砂浆同重力式挡土墙；空腔中灌浆采用 C20 混凝土；预应力筋可参见第 6 章 6.3 节 5 小节之 (1) 的相关规定；

2) 横膈与内外壁板必须整体砌筑，其砌筑方法如图 6-20 (b)、(c)、(d)；

3) 预应力筋张拉端的锚固构造详图 6-35，张拉、锚固后应以≥C20 混凝土将张拉端蔽覆。预应力筋的连接可为焊接亦可套筒连接 (图 6-16)；

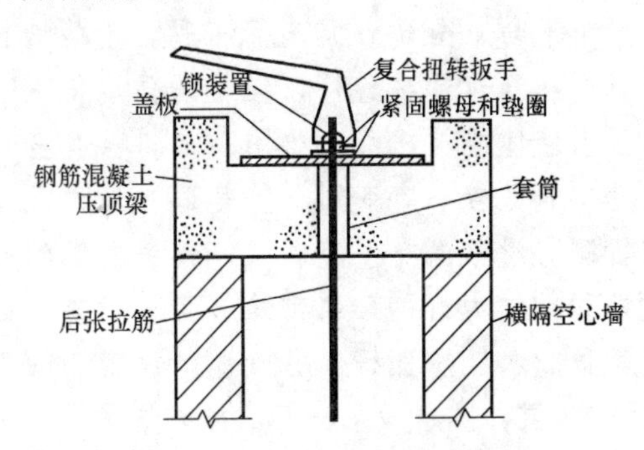

图 6-35　预应力筋的张拉与锚固

4) 预应力筋的保护方法可有下述两种 (详图 6-36)

① 用涂料和包裹材料保护，其下端应伸入基础混凝土 75mm；上端至混凝土压顶板以上 75mm 处且该区段底面应以包裹材料加油脂封闭；

② 压顶板预留孔及张拉凹槽应以 C20 混凝土灌实。

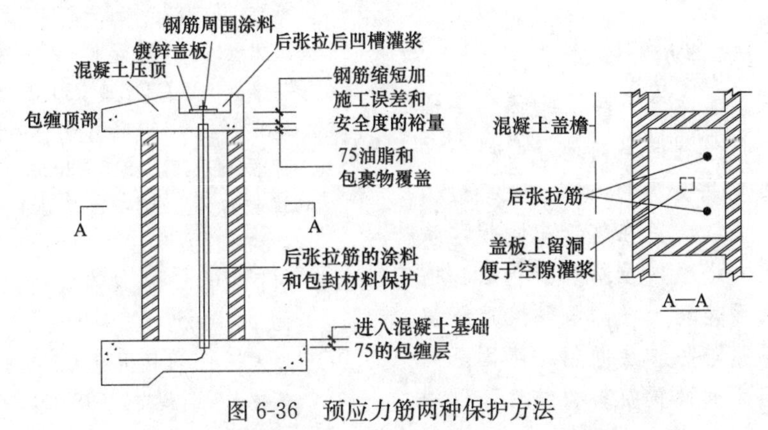

图 6-36　预应力筋两种保护方法

（2）后张拉预应力带肋砖挡土墙

该挡土墙的截面形式见图 6-18（*b*），其翼墙可为夹心墙亦可为实心墙。材料的选用及肋与翼墙间的整体砌筑，预应力筋的保护，张拉端的构造与蔽覆等作法均与带横膈砖挡土墙相同，但其预应力筋孔道截面积较小（120mm×120mm），宜采用高强砂浆或细石混凝土灌实。

4. 地下室墙的构造

地下室墙应参照一般砌体墙和挡土墙的有关构造规定执行。

5. 挡土墙与地下室墙的防潮与防水构造

地下室墙和墙后露天但墙前为室内空间的挡土墙，其墙的防潮和防止水向上渗透的构造措施如下[37]：

（1）用于制作防潮层或防潮隔膜的材料及其选择：材料包括沥青油毡、金属片、石板、塑料和砖。选材时须考虑截面部位与受力情况，即应考虑竖向荷载下不致被挤压出来，又不致在侧压力作用下滑动。图 6-37 即表示三种常用的墙根防潮层材料：沥青油毡经济，但抗压强度低，可能被挤压出墙体或被压坏而少用；塑料具有良好的柔韧性，能适应一定变形（特是适应地面沉降），但其抗侧向滑移尚有一定弱点；致密的半釉砖采用塑性和粘结力好的砂浆砌筑 2 至 3 行砖高的砖带，其防透水性能良好；用质地坚硬密实的石板砌筑 2～3 层，防水效果良好；橡胶垫是一种高强防水材料，效果显著；防水砂浆是一种应用广泛，经济实用的防水材料。此外尚有不少新型防水材料可酌情选择。

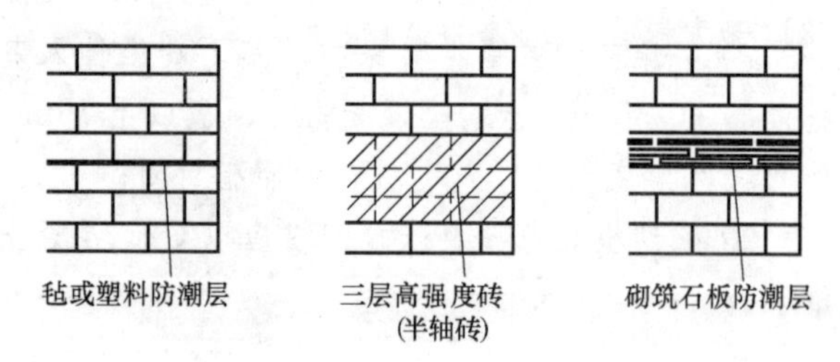

图 6-37 墙根部防潮层做法

（2）防水隔膜的施工方法：配筋砌体挡土墙防水隔膜的铺设由基顶分别向室内地坪面层下和砌体挡土墙背面延伸，并采用了沥青防水隔膜。为使隔膜能可靠地铺设，避免在施工中受损，须在隔膜与土体间增砌一道半砖厚附加防护层。铺设隔膜前，须将其表面处理干净，用砂浆补缝使之表面平整，以使隔膜与防护层间粘结牢固。同时在挡土墙与防护层之间设置抗剪拉结件，以联系两墙体共同工作。为抵抗挡土墙水平滑移，将挡土墙嵌入阶形基础的凹槽中。详图 6-38。

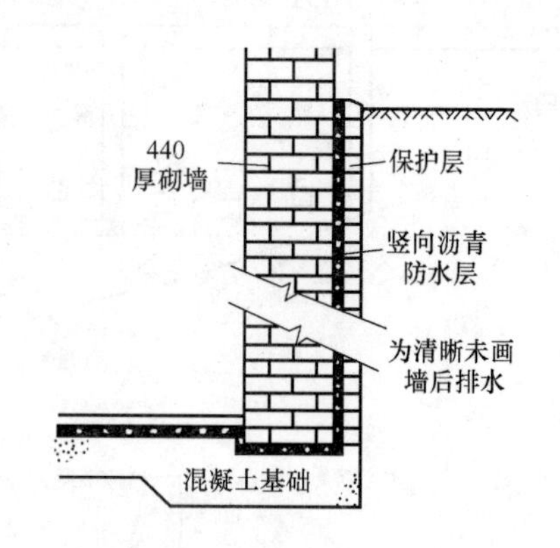

图 6-38 挡土墙防水做法

参 考 文 献

[1] 国家标准.《烧结普通砖》GB/T 5101—2003
[2] 国家标准.《烧结多孔砖》GB 13544—2000
[3] 行业标准.《多孔砖砌体结构技术规程》JGJ 137—2001；J 129—2001
[4] 地方标准.《烧结页岩多孔砖和空心砖砌体结构技术规程》DBJ 50—037—2004. 重庆
[5] 国家标准.《蒸压灰砂砖》GB 11945—1999
[6] 地方标准.《北京地区蒸压灰砂砖砌体结构设计与施工技术规程》DBJ/T 01—59—200. 北京
[7] 行业标准《粉煤灰砖》JC 239—2001
[8] 地方标准.《北京地区蒸压粉煤灰砖砌体结构设计与施工技术规程》DBJ/T 01—52—200. 北京
[9] 地方标准.《粉煤灰块体砌体结构技术规程》DBJ3(1) 41—2003. 河北
[10] 行业标准.《混凝土多孔砖》JC 943—2004
[11] 地方标准.《混凝土多孔砖建筑技术规程》. 江西
[12] 地方标准.《混凝土多孔砖建筑技术规程》DBJ 43/002—2005. 湖南
[13] 地方标准.《混凝土多孔砖建筑技术规程》浙江省标准. DB 33/1014—2003. 浙江
[14] 地方标准.《混凝土多孔砖建筑技术规程》天津市标准. DB 329—85—2004. 天津
[15] 地方标准.《混凝土多孔砖建筑技术规程》上海市标准. DBJ/CT 009—2005. 上海
[16] 地方标准.《混凝土多孔砖建筑技术规程》广西省标准. DB45/T 318—2005. 广西
[17] 国家标准. 《普通混凝土小型空心砌块》GB/T 8239—1997
[18] 国家标准. 《轻集料混凝土小型空心砌块》GB/T 15299—2002
[19] 地方标准.《杭州地区混凝土小型空心砌块房屋建筑技术暂行规定》CJS 001—2003. 杭州

[20] 地方标准.《混凝土小型空心砌块建筑技术规程》DG/TJ 08—005—2000；J 10032—2000. 上海

[21] 行业标准.《混凝土小型空心砌块砌筑砂浆》JC 860—2000

[22] 行业标准.《混凝土小型空心砌块灌孔混凝土》JC 861—2000

[23] 国家标准. 《混凝土结构设计规范》GB 50010—2002. 北京：中国建筑工业出版社. 2002

[24] 国家标准.《钢筋混凝土用钢筋焊接网》GB/T 1499.3—2002

[25] 国家标准.《钢板网》GB 11953—89

[26] 企业标准.《重庆恐龙金属板网厂企业标准—金属网板》Q/KL 08—01—1996；重庆

[27] 企业标准.《扩张金属网》香港万里行工业设备有限公司

[28] 行业标准.《钢筋焊接网混凝土结构技术规程》JGJ/T 114—97

[29] 国家标准.《砌体结构设计规范》GB 50003—2001. 北京：中国建筑工业出版社，2001

[30] 文定坤、骆万康、孙大明《扩张金属网力学性能试验方法及其成果研究》重庆建筑大学学报，2004.1

[31]《D0510 金属扩张网力学性能测试报告》广东工业大学，1996.7

[32] 施楚贤主编. 砌体结构理论与设计（第二版）. 北京：中国建筑工业出版社，2003

[33] 苑振芳主编. 砌体结构设计手册（第三版）. 北京：中国建筑工业出版社，2002

[34] 国家标准.《建筑结构荷载规范》GB 50009—2001. 北京：中国建筑工业出版社，2001

[35] 国家标准.《建筑抗震设计规范》GB 50011—2001. 北京：中国建筑工业出版社，2001

[36] 骆万康，朱希成，王勇，李锡军. 砌体规范抗剪与抗震强度公式的统一模式. 2000 年全国砌体结构学术会议论文集—现代砌体结构 . 重庆，中国建筑工业出版社

[37] [英] W.G. 柯廷，G. 肖，J.K. 贝克著. 赵梦梅，戚大庆等译，夏英超等校. 配筋及预应力砌体设计. 北京：中国建筑工业出版社，1992

[38] 骆万康，王天贤. 预应力砖墙抗裂与承载力及其计算方法的试验研究. 建筑结构，1995.4

[39] 李锡军，向辉，骆万康. 预应力砌体模型房屋抗震性能试验研究. 2000 年全国砌体结构学术会议论文集——现代砌体结构；重庆. 北京：中国建筑工业出版社

[40] 孙伟明，郭樟根，叶燕华. 预应力混凝土小型空心砌块砌体受力性能的研究. 2005 年全国砌体结构基本原理与工程应用学术会议论文集—砌体结构与墙体材料基本理论和应用. 上海：同济大学出版社，2005

[41] 行业标准高层建筑混凝土结构技术规程 JGJ 3—2002，J 186—2002

[42] 地方标准配筋砌体建筑结构设计规程 DYD—96—1，配筋砌体建筑结构设计规程编制组，沈阳，1996.1

[43] 国家标准砌体工程施工质量验收规范 GB 50203—2002.

[44] 王墨耕，王汉东等. 多层及高层建筑配筋混凝土空心砌块砌体结构设计手册. 合肥：安徽科学技术出版社，1997

[45] 配筋砌体结构设计与施工规范（ISO/DIS 9652—Msonry—part 3 Reinforced—Code of Practice for Design 25 July 1998）

[46] 施楚贤，杨伟军. 灌芯砌块砌体强度及配筋砌体剪力墙的受剪承载力研究，现代砌体结构. 北京：中国建筑工业出版社，2002

[47] [新西兰] T. 鲍雷、[美国] M.J.N. 普利斯特普施楚贤，杨伟军. 灌芯砌块砌体强度及配筋砌体剪力墙的受剪承载力研究，现代砌体结构. 北京：中国建筑工业出版社，2002

[48] 中国建筑标准设计研究院.《配筋混凝土砌块砌体建筑结构构造》03SG615. 2003.10

[49] 天津大学，同济大学，南京工学院.《钢筋混凝土结构》（下册）. 北京：中国建筑工业出版社，1980.12

[50] 罗福午，方鄂华，叶知满。钢筋混凝土结构（下册）. 中国建筑工业出版社，1995.11

[51] 东南大学，同济大学，天津大学合编，清华大学主审. 钢筋混凝土结构与砌体结构设计（中册，第三版）. 北京：中国建筑工业出版社，2005.7

[52] 地方标准. 上海市工程建设规范. 配筋混凝土小型空心砌块砌体建筑技术规程 DG/TJ 08—08—2006—2006J10898—2006.上海

[53] 地方标准. 工业废渣混凝土多孔砖建筑技术规程 DB21/T1512—2007J10992—2007. 辽宁，2007.12

[54] 于建刚，骆万康，喻敏. 集中式预应力砖墙抗侧承载力计算公式的建议，建筑结构，2004.9

[55] 于伟荣，施楚贤，黄靓. 高层配筋砌块砌体剪力墙最大适用高度的研究，砌体结构理论与新型墙材应用——2007 年全国砌体结构基本理论与工程应用学术会议论文集. 北京：中国城市出版社，2007

[56] 骆万康. 预应力砌体结构的若干问题，现代土木工程的新发展（吕志涛主编）

[57] Shrive. N.G，Ezzeldin. Y，Sayed—Ahmed. Post—Tensioning masonry diaphragm walls using carbon fibre reinforced Plastic（CFRP）tendons. Proceedings of the 11th international brick/block masonry conference. Shanghai，China，1997

[58] 董伟平，庄斌，光天. 重庆地区中高层居住型多功能建筑结构系统研究，99 年全国砌体结构单位会议

论文集——世纪之交砌体结构的新发展. 杭州: 1999.9

[59] 骆万康, 张川. 钢筋混凝土墙支撑砖墙多高层房屋结构抗震设计问题, 重庆市土木建筑学会建筑结构1996年学术年会——重庆市多高层结构体系讨论会, 1996

[60] 建筑结构构造资料集编委会. 建筑结构资料集(下册). 北京: 中国建筑工业出版社, 1990

[61] 黄昭质, 夏敬谦. 七度抗震设防区八层配筋砖砌体房屋的应用研究, 第二届全国砌体建筑结构学术交流会论文集. 成都: 1994

[62] 刘贞乾, 曹兴怀, 刘若梅. 中高层民用建筑的结构方案探讨, 第二届全国砌体建筑结构学术交流会论文等, 成都: 1994

[63] 杨翠如, 钟锡根, 刘大海. 集中配筋砌体中高层建筑, 第二届全国砌体建筑结构学术交流会论文集. 成都: 1994

[64] 赖忠毅. 钢筋混凝土——砖组合墙结构在八度区七层房屋设计中应用初探, 第二届全国砌体建筑结构学术交流会论文集. 成都: 1994

[65] 刘立水, 刘雯, 陈德高, 张前国. 钢筋混凝土——砖组合墙片抗震性能试验研究, 第二届全国砌体建筑结构学术交流会论文集. 成都: 1994

[66] 李守恒, 刘延慈, 孙大为等. 砖——混凝土抗震墙体系在八度区"中高层住宅"中应用, 第二届全国砌体建筑结构学术交流会论文集. 成都: 1994

[67] 李振长, 李德荣, 冯立强. 再谈设置少量混凝土剪力墙的中高层组合砌体结构方案, 第二届全国砌体建筑结构学术交流会论文集. 成都: 1994

[68] 邬瑞锋, 陈熙之, 张前国, 陈德高等. 三种组合墙砌体房屋抗震性能的综合比较, 第二届全国砌体建筑结构学术交流会论文集. 成都: 1994

[69] 刘赤军, 陈才堡, 卢丹等. 底部两层钢筋混凝土框架——抗震墙上部小型砌块——钢筋混凝土组合墙房屋抗震设计, 第二届全国砌体建筑结构学术交流会论文集, 成都: 1994

[70] 张光天. 配筋砖砌体结构的抗震设计实例, 第二届全国砌体建筑结构学术交流会论文集. 成都: 1994

[71] Liyan Lin and chunliang Zhang, A 18—Storys Shear Wall Structure Composed of Brick Masonry and R. C Walls. 11th IB^{2}MaC . Volume 2. Tongji University, Shanghai, China, 1997.10

[72] Каменнble И Армокаменнble Конструкцнн Нормbl Проектнро Ванняя (СНнП Ⅱ-22-81). Москва: 1983

[73] Hendry A W. and others. An Introduction to Load—bearing Brickwork Design. England: 1981

[74] 苏联建筑科学研究院混凝土与钢筋混凝土研究所, 中央建筑结构研究所编, 建筑工程部建筑科学研究院建筑结构室译. 钢筋混凝土薄壁空间顶盖与楼盖设计规范. 北京: 中国工业出版社, 1965

[75] 哈尔滨建筑工程学院、华南工学院. 建筑结构, 北京: 中国建筑工业出版社, 1980

[76] 徐占发. 特殊砌体建筑结构设计及应用实例. 北京: 中国建材工业出版社. 1995

[77] 国家标准, 建筑地基基础设计规范 GB 50007—2002

[78] 国家标准, 建筑边坡工程技术规范 GB 50330—2002

[79] 国际标准. 无筋砌体结构设计规范 ISO 9652—1

[80] 骆万康, 谢建奎, 朱宇峰, 邹昭文, 王猛. 集中荷载下组合墙出平面偏心受压性能研究, 全国砌体结构基本理论与工程应用学术会议论文集. 上海: 同济大学出版社, 2005

[81] 骆万康, 谢建奎, 魏晓慧, 董心德. 关于带构造柱组合砖墙出平面偏心受压性能及设计方法的试验报告. 重庆大学, 2008.8, 国家标准《砌体结构设计规范》GB 50003—2001 修订工作会议资料. 上海: 2008. 10.

[82] 孙宝俊. 现代 PRC 结构设计. 南京: 南京出版社, 1995. 7

[83] 国家标准. 《混凝土结构设计规范》GBJ 10—89. 北京: 中国建筑工业出版社, 1989

[84] 骆万康. 关于砖砌体抗剪强度计算与集中式预应力砖墙抗震设计的建议, 99 全国砌体结构学术会议论文集. 杭州: 1999. 9

[85] 骆万康, 王天贤. 预应力抗震砖墙构造柱中的钢筋应变问题, 重庆建筑工程学院学报. 重庆: 1995

[86] 骆万康, 王天贤. 关于预应力砖墙的变形、延性、与耗能问题的试验研究, 世界地震工程. 1995

[87] 骆万康, 朱希诚, 廖春盛. 砖砌体剪压复合受力相关性与抗剪摩擦系数的取值. 工程力学(增刊), 第六届全国结构工程学术会议论文集第二卷, 1997.10

[88] 周人忠等. 电影院建筑设计. 北京: 中国建筑工业出版社, 1986.3

[89] 张晓峰, 梅全亭等. 4000 座位大礼堂的结构安全度检测与鉴定, 第七届全国建筑物鉴定与加固改造学术会议论文集(上册). 重庆: 重庆出版社, 2004.10

[90] 王燕, 李庆明. 混凝土小型空心砌块大开间多层房屋的设计与抗震试验, 现代砌体结构, 全国砌体结构学术会议论文集. 2000.12 重庆. 北京: 中国建筑工业出版社

[91] 地方标准. 钢筋混凝土-砖组合墙结构抗震设计与施工规程 (SBJ 2-91). 沈阳: 沈阳市建设委员会, 1991

[92] 冯光太. 中高层坡道式试验住宅结构设计 钢筋砼-砖组合墙结构抗震设计探索, 第二届全国砌体建筑结构学术交流会论文集. 成都: 1994.10

[93] 翟希梅，唐岱新，姜洪斌. 哈尔滨18层配筋砌块高度住宅设计简介，第五届砌体结构委员会会议"哈尔滨工业大学会议交流论文"之2. 北京：2004.10

[94] 黄靓，施楚贤. 株洲国家园19层配筋砌块剪力墙房屋，砌体结构理论与新型墙材应用——2007年全国砌体结构基本理论与工程应用学术会议论文集. 北京：中国城市出版社，2007

[95] 张洪学，陶乐然等. 中高层大开间配筋砌块砌体剪力墙结构设计与工程应用，砌体结构理论与新型墙材应用——2007年全国砌体结构基本理论与工程应用学术会议论文集. 北京：中国城市出版社，2007

[96] 张玉林、骆万康、李卫波、王猛、朱希诚、胡珏. 不同砖砌体复合抗剪机理及其统一公式，新型砌体结构体系与墙体材料（上册），中国建材工业出版社，2010.7

[97] 国家标准《砌体结构设计和施工的国际建议》(CIB 58)（建筑物文献和报告研究国际委员会文献第58号). W23A承重墙工作委员会

[98] 董心德、骆万康、周连明、魏晓慧、谢建奎. 带构造柱组合砖墙出平面偏心受压性能及设计方法，建筑结构学报，2011.9

[99] 国家标准. 混凝土小型空心砌块试验方法 GB/T 4111—1997

[100] 苑振芳编译. 注芯砼配筋砌体指南. 沈阳：中国建筑东北设计研究院，1996

[101] 包世华. 新编高层建筑结构. 北京：中国水利水电出版社，2003

[102] 振动砖墙板住宅——抗震设计及几个问题的讨论，西安：陕西省建筑设计院，1979

[103] 江苏省建筑设计院，南京市建筑一公司.《关于使用冷拔低碳钢丝预应力空心砖工业墙板的初步探讨》，1979

特种结构

架空管道支架

1 概述

1.1 管道功能

在石油、化工、火力发电和冶金工业的工厂里，都有纵横联结的管道网。这些管道网担负着输送各种不同温度（高温、低温、常湿）、不同压力（高压、低压）的介质（液体、气体或固体粒料等）的任务。

管道运行时，在介质和大气温度的作用下，管道将产生热胀冷缩现象，为了适应热胀冷缩、保持管道稳定和正常生产要求，通常沿管道每隔一定距离设置一个固定点，并在两个固定点之间，设置补偿器，如图1-1所示。

按上述方法，把管道划分为若干个区段，每一个区段的热膨胀量，由每一区段的补偿器所吸收，以保持管道稳定。这就是管道在工作时的功能表现。

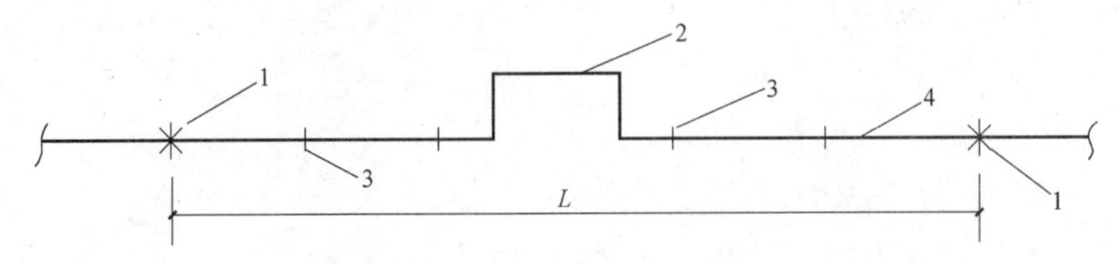

图1-1 管道工作简图

1—固定点；2—补偿器；3—中间支承；4—管道

1.2 管架作用

管架是管道的支承结构。根据管道的运行和布置要求，管路上主要应设置两种管架，一是固定管架，一是活动管架。

(1) 设置固定点的地方，管道采用固定管架，该管架与管道之间，采取固定措施，两者不发生相对位移，而且固定管架受力后的顶端变形，与管道补偿器的变形相比应当很小（管架应具有足够的刚度）。

(2) 设置中间支承的地方，管道可采用活动管架，此管架允许管道与管架之间产生相对位移，不约束管道的热变形，管道可沿管架顶面自由滑动。

1.3 管架组成

管架是管道的支承结构。管架一般由管座，管架柱（简称柱）、管架梁（横梁或纵梁简称梁）和基础等组成，如图1-2所示。

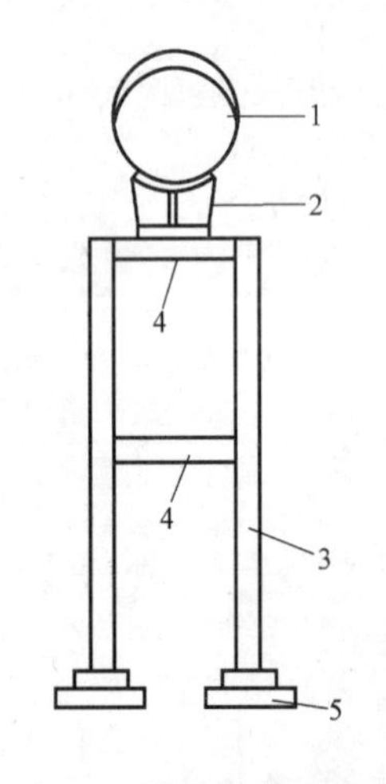

图1-2 管架组成示意图

1—管道；2—管座；3—管架柱；4—管架梁；5—基础

管架在管路上按其作用、受力和结构形式的不同，分为固定管架、单向活动管架、双向活动管架及大跨度结构等，如图1-3所示。

管架的结构形式，一般可按管架承受的荷载大小和管道布置情况，采用图1-4中的形式。

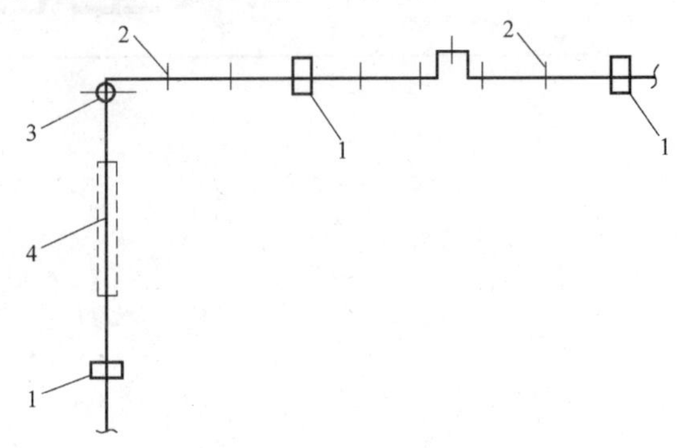

图1-3 管架布置图

1—固定管架；2—单向活动管架；3—双向活动管架；4—大跨度结构

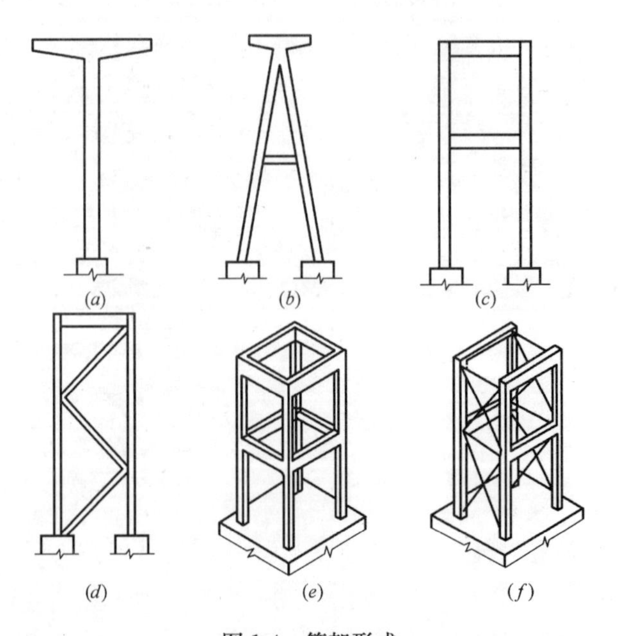

图1-4 管架形式

(a) T形管架；(b) A形管架；(c)、(d) 门形管架；(e)、(f) 方形管架

2 常用管架形式及设置要求

2.1 常用管廊形式

1. 管廊结构尺寸

(1) 确定管廊宽度的主要因素如下：

1) 管道数量和管径的大小。

2) 预留量宽度，一般留有 20%～25% 的余量。

3) 管廊下设备、通道及地沟设施。

4) 管廊上空冷设施。

5) 仪表引线和电力电缆架。

6) 宽度一般不大于 9m，大于 9m 时加立柱成两跨式，见图 2-1 (*g*)。

7) 典型管架宽度如下：

① 单柱管架：0.5、1.0、1.5、2.0、2.5、3.0m 等。

② 双柱管架：3.0、4.0、6.0、8.0m 等。

(2) 确定管廊柱距的因素如下：

1) 管廊柱距及管架跨距，一般按计算确定，通常柱距采用 6～9m。

2) 中小型装置中的小直径管道较多时，可在两柱间设付梁减小管道跨距。

3) 管廊柱距宜与设备框架柱的间距相一致，以便管道通过。

(3) 管廊的高度是根据下面条件确定的：

1) 横穿道路的空间。管廊在道路上空横穿时，其净空高度为：

① 装置内的检修道不低于 4.5m；

② 工厂主干道不低于 5.5m；

③ 铁路不低于 5.5m；

④ 管廊下检修通道不低于 3m；

⑤ 当管廊有桁架时要按桁架底高计算。

2) 管廊下管道的最小高度。为有效地利用管廊空间，多在管廊下布置泵。考虑到泵的操作和维护，至少需要 3.5m 高度；管廊上管道与分区设备相接时，一般应比管廊的底层管道标高低或高 600～1000mm。所以管廊底层管底标高最小为 3.5m。管廊下布置管壳式冷换设备时，由于设备高度增加，需要增加管廊下的净空。

3) 管廊外设备的管道进入管廊所必需的高度。若为大型装置，其设备和管径增大，为防止管道出现不必要的袋形，管廊最下一层横梁底标高应低于设备管嘴 500～750mm。

4) 若管廊附近有冷换框架，冷换设备的下部管道要从它的框架平台下接往管廊，此时至少要保证管廊的下层横梁要低于冷换框架第一层平台。

5) 垂直相交的管廊高差。若管廊改变方向或两管廊成直角相交，其高差以 500～750mm 为宜。

① 当高差为 500mm 时，DN150 以下的管子用两个直角弯头和短管相接；大于 DN150 的管子用一个 45°弯头、一个 90°弯头相接。

② 当高差为 750mm 时，DN250 的管子用两个直角弯头相接。对于大型装置也可采用 1000mm 高差。

6) 同其他装置的协调。若管廊与有关装置的管廊衔接，宜将相邻的管廊布置成一条直线，可以节约投资并有利于全厂的美观和整齐。

7) 管廊的结构尺寸。在确定管廊高度时，要考虑到管廊横梁和纵梁的结构断面和型式，务必使梁底或桁架底的高度，满足上述确定管廊高度的要求。

8) 装置之间的管廊的高度取决于管架经过地区的具体情况。如沿工厂边缘或罐区，不会影响厂区交通和扩建的地段，从经济和检修方便考虑可用管墩敷设，离地面高 300～500mm 即可满足要求。

(4) 管廊层数：

1) 管廊上管道可以布置成单层或双层，必要时也可布置成三层。

2) 对于双层管廊，上下层间距一般为 1.2～2.0m，主要取决于管廊上多数的管道直径。

管廊周围上下布置设备间距要求，应按防火规范规定。

2. 常用管廊简图如图 2-1 及图 2-2。

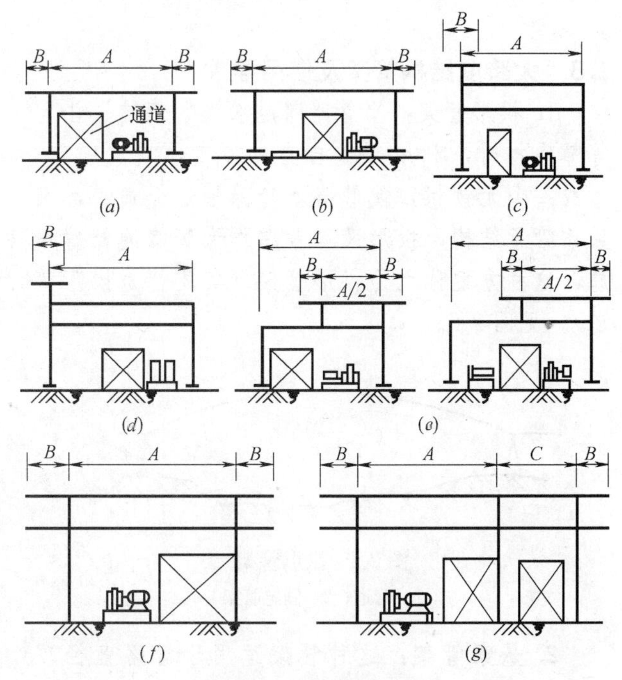

图 2-1 常用管廊简图

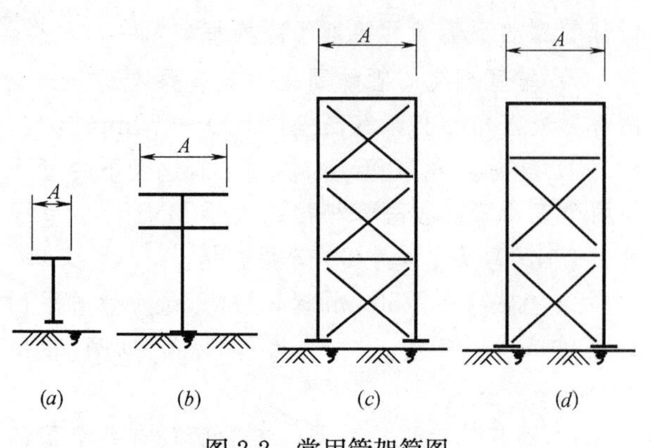

图 2-2 常用管架简图

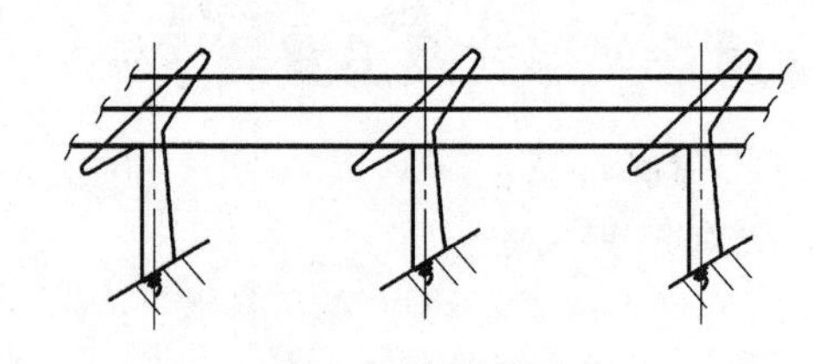

图 2-3 柱式管架

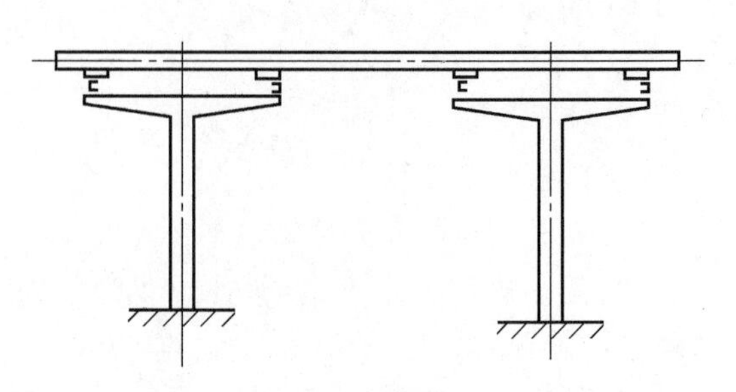

图 2-4 长臂管架

2.2 常用管架形式及使用要求

1. 柱式管架：适于在管径较大、管道数量不多的情况下采用。有单柱式和双柱式两种（根据管架宽度和推力大小而定）。在工程上采用较为普遍，设计和施工也较简单。见图 2-3。

2. 长臂管架：适用于 DN150mm 以下的管道。长臂管架的优点是增大管架跨距，解决小管径架空敷设时管架过密的问题，如图 2-4 所示。

3. 托架：当管径较小，管道数量也少，且有可能沿建筑物（或构筑物）的墙壁敷设时，可以采用如图 2-5 所示的各种形式的托架。

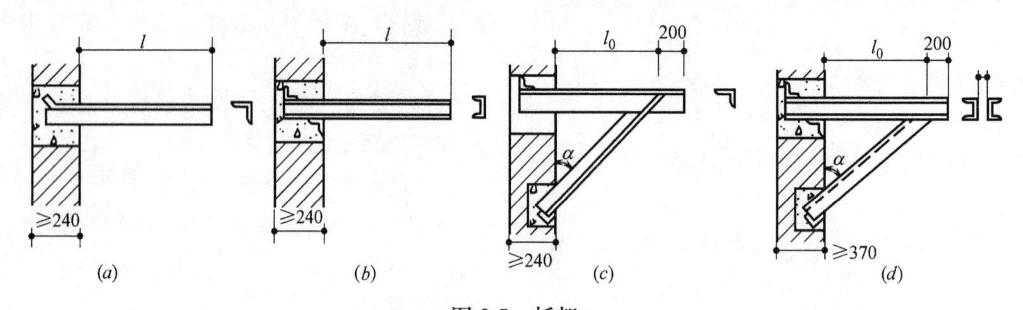

图 2-5 托架

(a)、(b) 单肢悬臂；(c) 单肢三脚架；(d) 双肢三脚架

2.3 大跨度结构管架及使用要求

1. 拱形管架：当管路跨越公路、河流、山谷等障碍物时，利用管道自身的刚度，煨成弧状，形成一个无铰拱，使管路本身除输送介质外，又兼作管承结构，拱形又可考虑作为管路的补偿设施，这种方案称之为拱形管架（实质就是拱形管道）。见图 2-6。

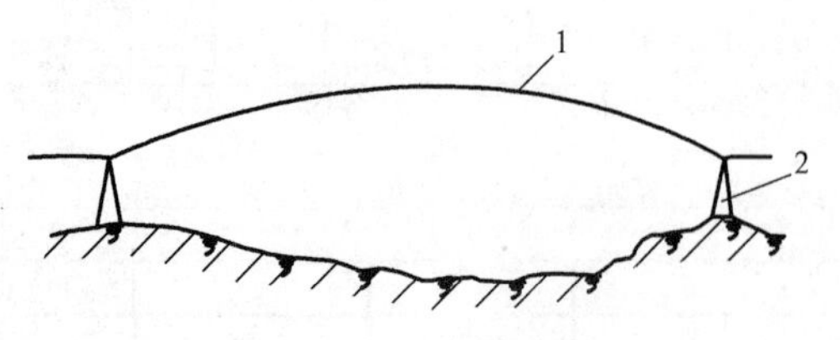

图 2-6 拱形管架

1—管道；2—固定管架

2. 悬索管架：这种管架适用于管路直径较小，需跨越宽阔马路、河流等情况；跨越大跨度时可采用小垂度悬索管架。悬索下垂度与跨度之比，一般可选 1/10～1/20 之间，见图 2-7。

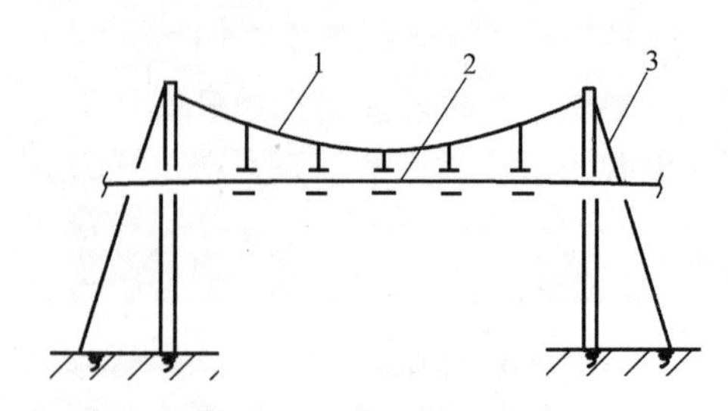

图 2-7 悬索管架

1—悬索；2—管道；3—钢拉杆

3. 吊索管架：这种管架适用于管径较小，多根排列的情况。要求管路较直，跨度一般在 15～20m 之间，中间横梁一般在跨中 1/3 长度处。其优点是造型轻巧，柱距大受力合理，缺点是钢材耗量多，横向刚性差，施工和维修要求较高，常需较正标高（用花兰螺栓），且拉杆金属易被腐蚀

性气体腐蚀，见图 2-8。

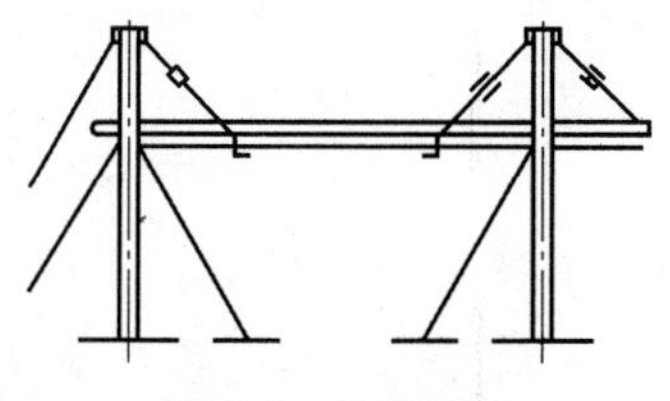

图 2-8　吊索管架

4. 桁架式管架：适用于管道数量众多，而且作用在管架上推力大的线路上。跨度一般在 16～24m 之间，这种形式的管架外形比较宏伟，刚度也大，但投资和钢材耗量也大，见图 2-9。

5. 纵梁式管架：梁式管架可分为单层和双层，又有单梁和双梁之分。常用的梁式管架为单层双梁结构。跨度一般在 8～12m 之间。适用于管路推力不太大的情况。可根据管路跨度不同，在纵向梁上按需要架设不同间距的横梁，作为管道的支点或固定点，见图 2-10。

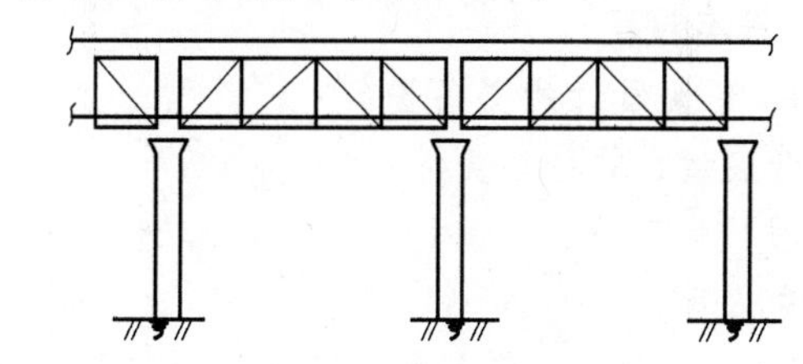

图 2-9　桁架式管架

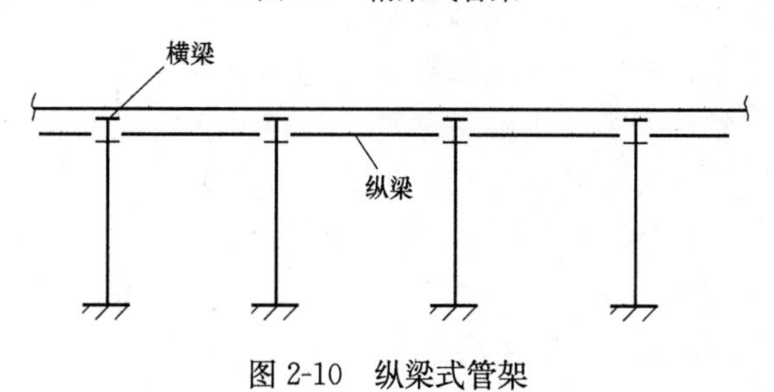

图 2-10　纵梁式管架

3 结构设计规定

3.1 基本规定

1. 管架设计的必备资料

管架设计的必备资料

(1) 工艺资料：设计管架时，工艺专业一般应提交内容资料

1) 图纸资料：①管线或管架平面布置图和必要的纵断面图（包括管道类别、管道附件、管架名称、编号及平台位置等）；②管线横断面图（包括管道外径、保温层厚度、管道间横向和竖向中心距离及管道中心或管架顶面标高等）。

2) 管道荷载：①管道重（包括管道、内衬、保温层、管道附件等）；②介质重；③其他荷载（包括管内的事故水、试压水、沉积物以及预留荷载和平台上活荷载等）；④管道壁的最高、最低计算温度；⑤固定管架上各管道的水平推力和它的作用方向，以及垂直荷载。

3) 其他：①推荐非刚性管架上可采用铰接管座敷设的管道；②管座形式及其与管架连接方式和要求。

注：1. 所提内容可根据专业分工不同，参照执行。

2. 管道附件包括：平焊钢法兰、法兰盖、法兰用垫片，真空管路钢法兰等，见有关专门著述。

(2) 地质资料：

1) 厂区内管架，可参阅厂区内工程地质资料及水文地质资料。

2) 厂外管架，可根据管路布置情况，另行委托提供工程地质及水文地质资料。

(3) 气象资料：由当地气象有关部门提供，也可参照有关规范规定。

(4) 地震资料：一般由建设主管部门提供，也可参照有关规范规定。

2. 管架设计原则

管架设计原则如下：

(1) 共同工作：

1) 管架是管道的支承结构，而管道在一定程度上也支承着管架，两者形成一个空间体系而共同工作；

2) 柱顶相当于支承在一个有限变位的弹性支座上，即管道在柱顶处起着支承的作用，因此，管架柱的计算长度将不同于独立的悬臂柱情况；

3) 管架柱承受的垂直荷载比较小，因此根据欧拉公式管架柱的长细比可放宽到不大于40。

(2) 牵制作用：

1) 多管共架的管线，各管道同时产生温度动作的可能性是不存在的；

2) 在任一瞬间有温度动作的管道力图推动管架位移；而无温度动作的管道，非但不推动管架位移，反而起着阻止管架位移的作用；

3) 管架承受的实际摩擦力及由此产生的弹性位移值，通过上述作用一般可减少30%以上。这种现象说明了管线之间的不同时动作，对管架的受力具有牵制作用。

(3) 结构选型：

1) 管道作用于管架上的水平推力，是由于管道热变形引起的。

2) 活动管架承受水平推力的大小同其结构型式有关，如管架能适应管道的热变形要求而共同位移，则受力较小。不适应管道热变形要求，则受力较大。

3) 活动管架柱脚做成理想铰，则管架便能适应管道的热变形而位移，这样活动管架也就不承受水平推力，这就是以柔克刚的道理。

4) 刚性活动管架承受的水平推力大，因其适应热变形的能力差；柔性活动管架承受的水平推力小，因其能适应一定的热变形要求；半铰接活动管架承受的水平推力就更小，可以忽略不计，因其柱脚被视为铰接，可以任意转动。

3.2 结构材料

1. 结构材料及材料等级

(1) 结构材料选用

1) 管架梁、管架柱等根据具体条件（生产要求、材料供应、地形条件、施工条件等）选用预制钢筋混凝土结构、现浇钢筋混凝土结构、钢结构等。

2) 管架基础可选用素混凝土结构或钢筋混凝土结构等。

3) 管座、托吊架、固定管架的支撑和大跨度结构的部分构件等，宜选用钢结构。

(2) 混凝土等级

根据混凝土结构的环境类别（表3-1）和结构混凝土耐久性的基本要求（表3-2），管架结构混凝土等级，如：

1) 钢筋混凝土管架梁和管架柱的混凝土强度等级不低于C25。在大气腐蚀严重的区域（如氯

碱厂、有机化工厂、制药厂以及有酸性腐蚀装置区等)，管架梁和管架柱的混凝土强度等级不低于C30。

2) 素混凝土结构基础的混凝土强度等级不低于C15。

3) 钢筋混凝土结构基础的混凝土强度等级不低于C20。

4) 钢筋混凝土固定管墩以及活动管墩的混凝土强度等级不低于C20。在大气腐蚀严重的区域(如氯碱厂、有机化工厂、制药厂以及有酸性腐蚀装置区等)。管墩的混凝土强度等级不低于C25。

混凝土结构的环境类别　　表 3-1

环境类别		条　件
一		室内正常环境
二	a	室内潮湿环境;非严寒和非寒冷地区的露天环境、与无侵蚀性的水或土壤直接接触的环境
	b	严寒和寒冷地区的露天环境、与无侵蚀性的水或土壤直接接触的环境
三		使用除冰盐的环境;严寒及寒冷地区冬季水位变动的环境;滨海室外环境
四		海水环境
五		受人为或自然的侵蚀性物质影响的环境

注：严寒和寒冷地区的划分应符合国家现行标准《民用建筑热工设计规程》JGJ 24 的规定。

(3) 钢材等级

1) 计算配筋优先采用 HRB335 级钢筋，构造配筋可采用 HPB235 级钢筋；

2) 吊索构件及螺栓一般采用 HPB235 级钢筋；

3) 型钢和钢板一般采用 Q235 号钢材。

结构混凝土耐久性的基本要求　　表 3-2

环境类别		最大水灰化	最小水泥用量(kg/m^3)	最低混凝土强度等级	最大氯离子含量(%)	最大碱含量(kg/m^3)
一		0.65	225	C20	1.0	不限制
二	a	0.60	250	C25	0.3	3.0
	b	0.55	275	C30	0.2	3.0
三		0.50	300	C30	0.1	3.0

注：1. 氯离子含量系指其占水泥用量的百分率；
2. 当混凝土中加入活性掺合料或能提高耐久性的外加剂时，可适当降低最小水泥用量；
3. 当有可靠工程经验时，处于一类和二类环境中的最低混凝土强度等级可降低一个等级；
4. 当使用非碱活性骨料时，对混凝土中的碱含量可不限制；
5. 预应力构件混凝土中的最大氯离子含量为0.06%，最小水泥用量为 $300kg/m^3$；最低混凝土强度等级应按表中规定提高两个等级；
6. 素混凝土构件的最小水泥用量不应少于表中数值减 $25kg/m^3$；
7. 当设计使用年限超过 50 年的结构混凝土应按有关规定采用。

(4) 焊条型号

1) 对 HPB235 级钢筋和 Q235 号钢材，采用 E422 型焊条；

2) 对 HRB335 级钢筋，采用 E500 型焊条；

3) 当几种不同的钢材相焊时，宜采用 E421～E425 型焊条。

2. 混凝土常用设计数据

(1) 混凝土强度标准值，见表 3-3。

(2) 混凝土强度设计值，见表 3-4。

(3) 混凝土弹性模量，见表 3-5。

混凝土强度标准值 (N/mm^2)　　表 3-3

强度种类	混凝土强度等级													
	C15	C20	C25	C30	C35	C40	C45	C50	C55	C60	C65	C70	C75	C80
轴心抗压 f_{ck}	10.0	13.4	16.7	20.1	23.4	26.8	29.6	32.4	35.5	38.5	41.5	44.5	47.4	50.2
轴心抗拉 f_{tk}	1.27	1.54	1.78	2.01	2.20	2.39	2.51	2.64	2.74	2.85	2.93	2.99	3.05	3.11

混凝土强度设计值 (N/mm^2)　　表 3-4

强度种类	混凝土强度等级													
	C15	C20	C25	C30	C35	C40	C45	C50	C55	C60	C65	C70	C75	C80
轴心抗压 f_c	7.2	9.6	11.9	14.3	16.7	19.1	21.1	23.1	25.3	27.5	29.7	31.8	33.8	35.9
轴心抗拉 f_t	0.91	1.10	1.27	1.43	1.57	1.71	1.80	1.89	1.96	2.04	2.09	2.14	2.18	2.22

注：1. 计算现浇钢筋混凝土轴心受压及偏心受压构件时，如截面的长边或直径小于300mm，则表中的混凝土的强度设计值应乘以系数 0.8；当构件质量（如混凝土成型、截面和轴线尺寸等）确有保证时，可不受此限制；
2. 离心混凝土的强度设计值应按专门标准取用。

混凝土弹性模量 E_c ($\times 10^4 N/mm^2$)　　表 3-5

强度等级	C15	C20	C25	C30	C35	C40	C45	C50	C55	C60	C65	C70	C75	C80
E_c	2.20	2.55	2.80	3.00	3.15	3.25	3.35	3.45	3.55	3.60	3.65	3.70	3.75	3.80

3. 普通钢筋常用设计数据

(1) 普通钢筋强度标准值，见表 3-6

普通钢筋强度标准值（N/mm²） 表 3-6

种类		符号	d(mm)	f_{yk}
热轧钢筋	HPB235(Q235)	Φ	8～20	235
	HPB335(20MnSi)	Φ	6～50	335
	HPB400(20MnSiV、20MnSiNb、20MnTi)	Φ	6～50	400
	RRB400(K20MnSi)	Φ^R	8～40	400

注：1. 普通钢筋系指用于钢筋混凝土结构中的钢筋和预应力混凝土结构中的非预应力钢筋；
2. 普通钢筋宜采用 HRB400 级和 HRB335 级钢筋，也可采用 HPB235 级和 RRB400 级钢筋；
3. HRB400 级和 HRB335 级钢筋系指现行国家标准《钢筋混凝土用热轧带肋钢筋》GB 1499 中的 HRB400 级和 HRB335 钢筋；HPB235 级钢筋系指现行国家标准《钢混凝土用热轧光圆钢筋》GB 13013 中的 Q235 钢筋；RRB400 级钢筋系指现行国家标准《钢筋混凝土用余热处理钢筋》GB 13014 中的 KL400 钢筋；
4. 热轧钢筋的强度标准值系根据屈服强度确定，用 f_{yk} 表示；
5. 钢筋的强度标准应具有不小于 95%的保证率；
6. 当采用直径大于 40mm 的钢筋时，应有可靠的工程经验。

(2) 普通钢筋强度设计值，见表 3-7。

普通钢筋强度设计值（N/mm²） 表 3-7

种类		符号	f_y	f'_y
热轧钢筋	HPB235(Q235)	Φ	210	210
	HRB335(20MnSi)	Φ	300	300
	HRB400(20MnSiV、20MnSiNb、20MnTi)	Φ	360	360
	RRB400(K20MnSi)	Φ^R	360	360

注：1. 在钢筋混凝土结构中，轴心受拉和小偏心受拉构件的钢筋抗拉强度设计值大于 300N/mm² 时，仍应按 300N/mm² 取用；
2. 构件中配有不同种类的钢筋时，每种钢筋应采用各自的强度设计值。

3.3 荷载

1. 基本规定

(1) 荷载分类：管架荷载包括：

1) 垂直荷载：

①永久荷载：a) 管道、内衬、保温层、管道附件重；b) 管道内介质重；c) 管架自重。

② 可变荷载：a) 平台上活荷载；b) 管内沉积物、试压水重；c) 积灰荷载；d) 冰雪荷载。

2) 水平荷载（可变）

①纵向：a) 管道补偿器反弹力；b) 管道的不平衡内压力；c) 活动管架的管道摩擦力；d) 活动管架的位移反弹力。

② 横向：a) 风荷载；b) 拐弯管道或支管传来的水平推力；c) 管道横向位移的摩擦力。

3) 特殊荷载：

①事故水；②地震作用。

(2) 荷载代表值：

1) 管架结构设计时，应采用标准值作为荷载的基本代表值；

2) 工艺（管道）专业提供的管道荷载（包括垂直荷载及水平荷载），均作为荷载标准值考虑。

(3) 分项系数：

1) 基本组合时永久荷载的分项系数

① 当其效应对结构不利时，

对由可变荷载效应控制的组合，取 1.2；

对由永久荷载效应控制的组合，取 1.35。

② 当其效应对结构有利时，一般情况下取 1.0。

2) 基本组合时可变荷载的分项系数，一般情况下取 1.4。

2. 垂直荷载计算

(1) 一般规定

1) 基本荷载：指管道、隔热结构、管内介质的重量。

2) 计算荷载：将管道的基本荷载乘一经验系数（1.2～1.4）作为计算荷载。此经验系数应包括管道壁厚的误差，保温材料密度的误差以及热补偿引起推力（水平推力）的变化等。

3) 荷载计算：首先定出某管架相邻两支架的位置，再根据两支点间管道的形状，算出支点承受的基本荷载，再乘以上述经验系数即得管架上的计算荷载。

(2) 水平直管计算

1) 计算简图，如图 3-1、图 3-2 所示。

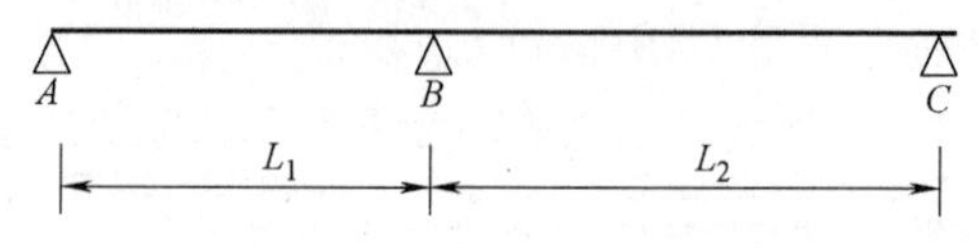

图 3-1 水平直管示意图（无集中荷载）

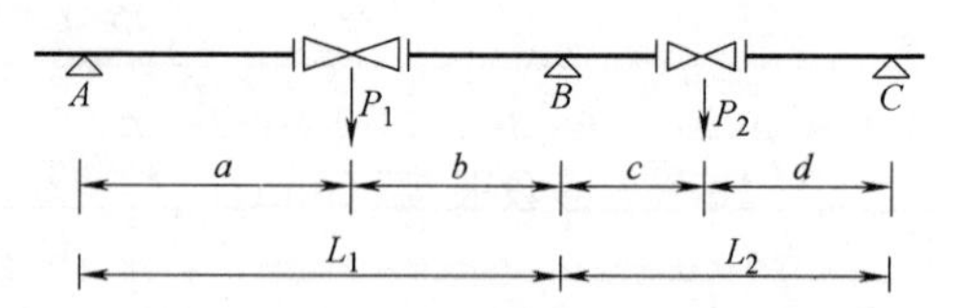

图 3-2 带有阀门等集中荷载的水平管道

2) 计算公式

① 水平直管无集中荷载（图 3-1）按下式计算：

$$G_B=\frac{q}{2}(L_1+L_2) \tag{3-1}$$

② 水平直管有集中荷载（图 3-2）时，按下式计算：

$$G_B=\frac{q}{2}(L_1+L_2)+\frac{aP_1}{L_1}+\frac{dP_2}{L_2} \tag{3-2}$$

式中 G_B——B 点所承受的荷载（N）；

q——管道单位长度的基本荷载（N/m）；

P_1、P_2——阀门集中荷载（N）；

a、b、c、d——集中荷载位置（m）；

L_1、L_2——管架间距（m）。

(3) 水平弯管道计算

1) 计算简图，如图 3-3、图 3-4 所示。

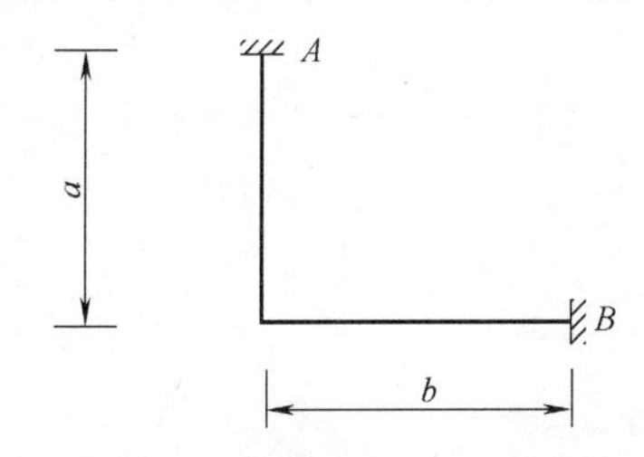

图 3-3　水平弯管（平面图）

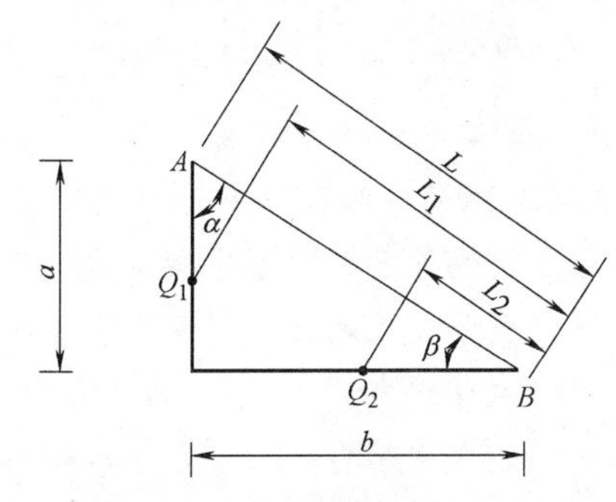

图 3-4　弯管两管段不相等（平面图）

2) 计算公式

① 两管段弯管接近相等时（图 3-3），按下式计算：

$$G_A=G_B=\frac{q}{2}(a+b) \tag{3-3}$$

② 两管段弯管不相等时（图 3-4），按下式计算：

$$G_A=\frac{Q_1L_1+Q_2L_2}{L} \tag{3-4}$$

$$G_B=Q_1+Q_2-G_A \tag{3-5}$$

式中　G_A、G_B——A 点和 B 点的荷载（N）；

q——管道单位长度的基本荷载（N/m）；

Q_1、Q_2——a、b 管段的基本荷载（N）；

a——管段长度（mm）；

b——管段长度（mm）；

L——A、B 两端间垂直距离（m）；

L_1——$a/2$ 处距 B 端的垂直距离（m）；

L_2——$b/2$ 处距 B 端的垂直距离（m）。

(4) 带分支水平管道计算

1) 计算简图，如图 3-5、图 3-6 所示。

2) 计算公式

① 分支在同一平面上（图 3-5），按下式计算：

$$\left.\begin{aligned}G_A&=\frac{q_1L}{2}+\frac{q_2bc}{2L}\\G_B&=\frac{q_1L}{2}+\frac{q_2ac}{2L}\\G_C&=\frac{q_2c}{2}\end{aligned}\right\} \tag{3-6}$$

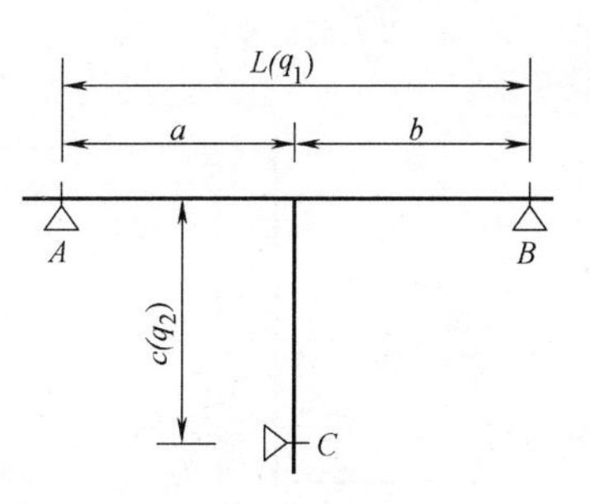

图 3-5　带分支的水平弯管

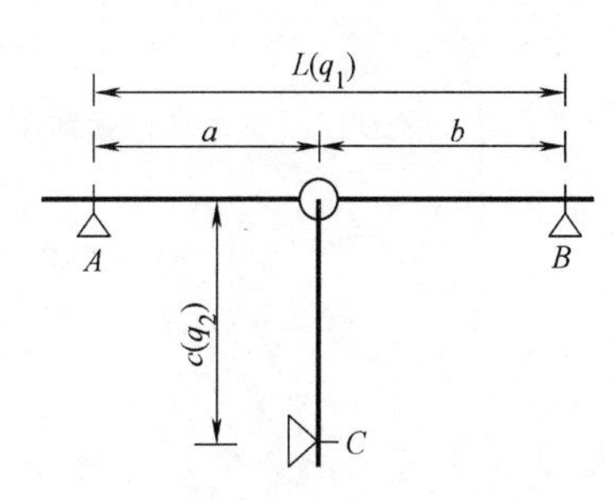

图 3-6　分支管不在同一平面

② 分支不在同一平面上，带有垂直管段（图 3-6）时，按下式计算：

$$\left.\begin{aligned}G_A&=\left[\frac{q_1L}{2}+\frac{q_2b}{L}\left(\frac{C}{2}+l\right)\right]\\G_B&=\left[\frac{q_1L}{2}+\frac{q_2a}{L}\left(\frac{C}{2}+l\right)\right]\\G_C&=\frac{q_2C}{2}\end{aligned}\right\} \tag{3-7}$$

式中　G_A、G_B、G_C——A、B、C 点的荷载（N）；

q_1、q_2——管道单位长度的基本荷载（N）；

a、b、C、L——管段长度或支吊架间距（m）；

l——垂直管段的长度（m）。

(5) 垂直管道计算

1) 计算简图，如图 3-7、图 3-8 所示。

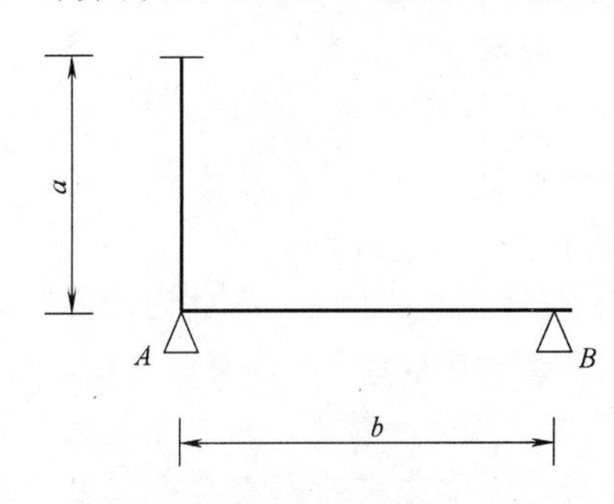

图 3-7　L 形垂直弯管（立面图）

2) 计算公式

① L 形垂直管道（图 3-7）按下式计算：

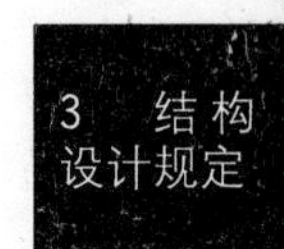

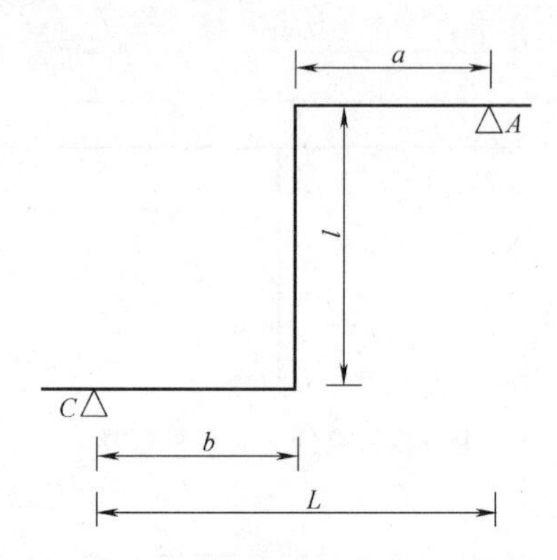

图 3-8 垂直管道的集中荷载（立面图）

$$\left.\begin{aligned} G_{\mathrm{A}} &= qa+\frac{qb}{2} \\ G_{\mathrm{B}} &= \frac{qb}{2} \end{aligned}\right\} \tag{3-8}$$

② Z 形垂直管道（图 3-8），可将垂直管段当做集中荷载，按比例分配到 A 和 C 两个支点上，按下式计算：

$$\left.\begin{aligned} G_{\mathrm{A}} &= \left(\frac{qbl}{L}+\frac{qL}{2}\right) \\ G_{\mathrm{C}} &= \left(\frac{qal}{L}+\frac{qL}{2}\right) \end{aligned}\right\} \tag{3-9}$$

式中 G_{A}、G_{B}、G_{C}——A 点、B 点、C 点的荷载（N）；

q——管道单位长度的基本荷载（N/m）；

a、b、l、L——管段长度（m）。

（6）其他垂直荷载计算

1）管径大于 300mm 的道管，尚须计算积灰荷载，一般不超过 0.3kN/m²。

2）设有操作平台和走道板时，尚须考虑板自重及活荷载，活荷载可按 2kN/m² 取用。

3）寒冷地区，当管壁温度在 0℃以下时，应视具体情况考虑冰雪荷载。

3. 水平荷载计算

（1）一般规定

1）水平荷载系指一般管线作用于管架上水平推力，如活动管架上的水平推力和固定管架上的水平推力；

2）活动管架水平推力，根据活动管架结构特征不同，有管道摩擦力和位移弹性力；

3）固定管架水平推力，包括补偿器的弹性变形力，由活动管架传来的摩擦反力，位移弹性力以及管道的不平衡内压力（如波形补偿器，套管补偿器产生的力）等。

（2）活动管架水平荷载计算

1）荷载简图，如图 3-9 所示。

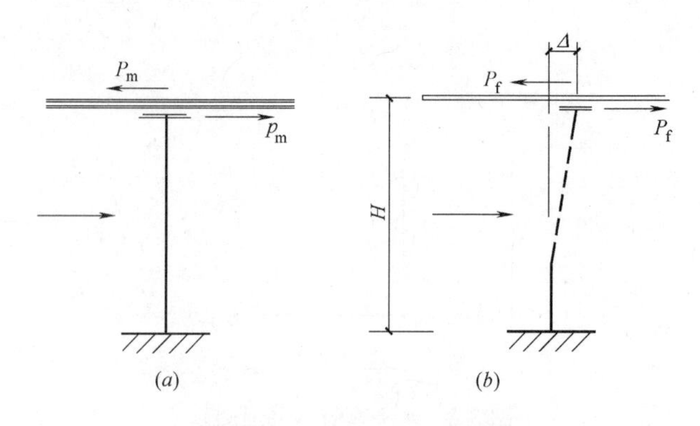

图 3-9 活动管架水平荷载简图

（a）刚性管架水平推力；（b）柔性管架水平推力

2）活动管架水平荷载计算

① 管道摩擦力：如图 3-9（a）所示，当活动管架特征属于刚性管架时，由于管架刚度较大，不能适应管道的变形要求，管道因变形与管架出现相对位移，而产生摩擦力 P_{m}。这个摩擦力 P_{m}，就是刚性管架承受的水平推力，按下式计算：

$$P_{\mathrm{m}}=KqG\mu \tag{3-10}$$

式中 Kq——牵制系数，按表 3-8 查取；

G——管道垂直荷载，按 3.3-2 规定计算；

μ——摩擦系数，$\mu=0.3$。

② 位移反弹力：如图 4-9（b）所示，当活动管架特征属于柔性管架时，由于管架刚度不大，能适应管道变形的要求而共同位移，因此，管架柱承受柱位移产生的弹性力 P_{f}。这个弹性力 P_{f}，就是柔性管架承受的水平推力，按下式计算：

$$P_{\mathrm{f}}=\frac{3E_{\mathrm{c}}I\Delta}{H^{3}} \tag{3-11}$$

式中 $E_{\mathrm{c}}I$——管架刚度：E_{c} 为混凝土弹性模量，I 为惯性矩，钢筋混凝土柱取 $0.85E_{\mathrm{c}}I$；

Δ——管架位移，

$$\Delta=Kq\Delta_{\mathrm{z}} \tag{3-12}$$

Kq——牵制系数，按表 3-8 查取；

Δ_{z}——主动管变形值，由工艺专业提供；

H——管架高度（由主动管管座底面至基础顶面）。

注：活动管架特征的判别，按表 4-1 规定。

（3）活动管架水平荷载的牵制作用

1）主动管：

① 活动管架上敷设多根管道时，对管架工作状态起到控制作用的管道称为主动管，其他管道称为非主动管。有主动管的管层称为主动管层，

其他管层称为非主动管层。

② 牵制作用主要标志在主动管上，通过主动管对管架行使牵制作用。主动管选择条件，如下：

对于刚性管架，选取管线中质量最大的管道。对于柔性管架：

a. 选取管线中质量比 $\alpha \geqslant 0.7$ 的管道，α 为主动管质量与全部管道质量之比。

b. 管线中无质量比 $\alpha \geqslant 0.7$ 的管道时，选取管道变形值 Δ_z 较小的管道，此时该管道采用铰接管座。

对于半铰接管架，选取管线中管道变形值 Δ_z 满足式（4-3）规定的质量较大的管道。

2）牵制作用：

① 当管架上敷设多根管道时，各管道之间由于不同时工作，对管架的受力和位移会产生牵制作用。牵制作用的大小与管道在管架上的布置方式有关：

A. 管架上管道根数越多，牵制作用越大；

B. 常温管道的质量所占比例越大，牵制作用越大；

C. 管道中介质温度高和温度低的，质量大的和质量小的，其排列越对称、越均衡，牵制作用越大；

D. 双层管道的管道牵制作用比单层管道大；

E. 高温管道偏设一侧时，牵制作用小；

F. 管道同时启动时，牵制作用小。

② 设计管架时，应在满足工艺生产要求的前提下，使管道布置尽可能有较大的牵制效果，以减少管架的纵向水平推力。牵制系数如表 3-8 所示。

牵制系数　　　　**表 3-8**

序号	管道层数	管道根数	$\alpha=\frac{主动管质量}{全部管质量}$	牵制系数	
				管架柱	管架梁
1	单层管道	1～2	—	1.0	
		3	<0.5	0.5	
			$0.5 \leqslant \alpha \leqslant 0.7$	0.67	
			>0.7	1.0	
		≥4	$\alpha>0.5$	同三根管	
			<0.5	查图 3-10	
2	双层管道	上下共 2 根	—	1	
		上下共 3 根	—	按单层三根管计算	1
		上下共≥4 根	$\alpha>0.5$	按单层三根管计算	分层按单层管计算
			$\alpha<0.5$	查图 3-10	

注：1. 主动管质量，如主动管在计算范围内时，取主动管质量，否则取最重管质量；
2. 全部管道质量，指计算范围内的所有管道质量，如计算柱时，取上下两层全部管质量。

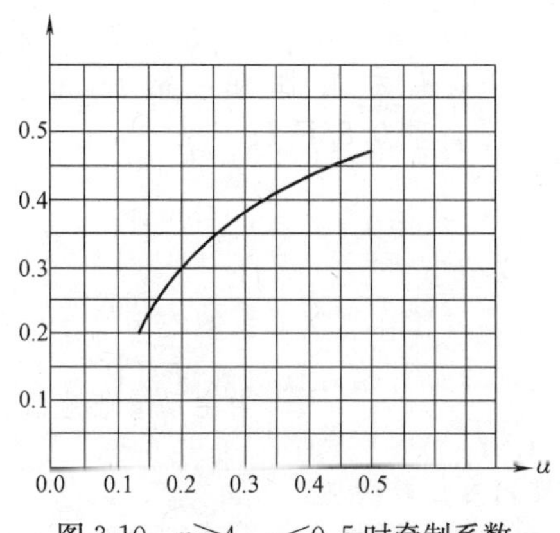

图 3-10　$n \geqslant 4$，$\alpha < 0.5$ 时牵制系数

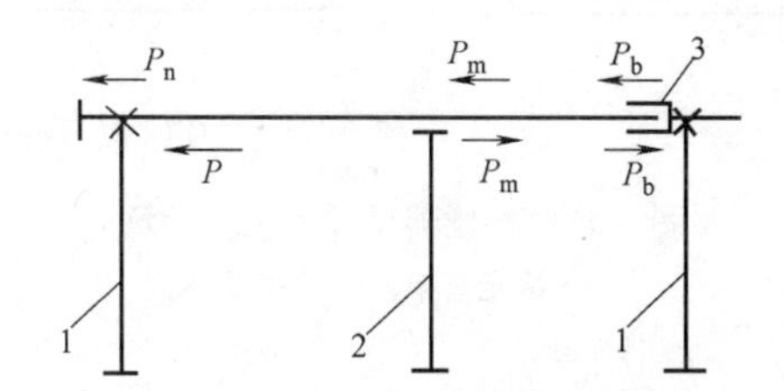

图 3-11　固定管架水平推力示意
1—固定管架；2—刚性管架；3—补偿器

（4）固定管架水平推力计算

1）一般规定　固定管架水平推力的工作简图，如图 3-11 所示。

① 固定管架分类

A. 固定管架一般可分为重载和减载两类，重载固定管架，指设置在管道末端的固定管架，它所受的轴向水平推力是单方向的。

B. 减载固定支架，指设置在两补偿器（或自补偿弯管）之间的中间固定管架，它所受的轴向水平推力是两个方向相反的力。

② 固定管架受力组成

固定管架水平推力 P，一般由管道补偿器的反弹力、管道不平衡内压力和活动管架通过管道传给固定管架的反作用力（管道摩擦力或位移反弹力）组成，如图3-11所示。

③ 计算原则

A. 两固定管架之间的活动管架，如按刚性管架考虑则其摩擦反力作用到固定管架上。如果按柔性管架考虑，则无摩擦反力，仅柔性管架的变形反力作用到固定管架上。

B. 减载固定管架所承受的轴向水平推力是管架两侧轴向水平推力之差。考虑到由于管道在刚刚开始输送介质时，因固定管架两侧管道温度不同所引起的差值，所以在计算两则水平推力之差时，引进了一个不均衡系数 K_b，见表3-9、表3-10、表3-11。

C. 安装不带拉杆或铰链的波形补偿器和不平衡的填料补偿器的管系，若在固定的一侧有盲板或关闭的阀门时，其水平推力应加上由管道内压所产生的轴向推力 $\pi/4D^2p_0$。D 系指波形补偿器的有效直径。

D. 同上，若固定点的两侧管径不同时，其水平推力应加 $\pi/4(D^2-d^2)p_0$。

E. 自补偿的直管段<25m时仍按25m计算。

2) 管道补偿器反弹力

管道补偿器反弹力工作简图，如图3-12所示，各种补偿器性能如下：

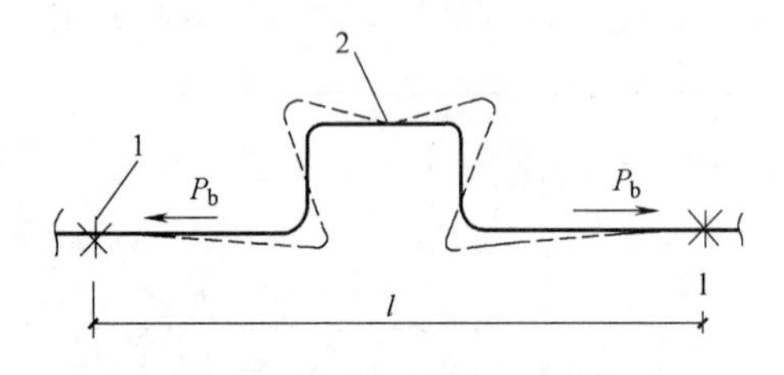

图3-12 补偿器反弹力工作示意
1—固定管架；2—补偿器

① 补偿器作用：

A. 为了防止管道热膨胀而产生的破坏作用，在管道设计中需考虑自然补偿或设置各种型式的补偿器以吸收管道的热胀和端点位移。

B. 如图3-12所示，当管道膨胀时，补偿器将被压缩变形，由于补偿器的刚度作用，必将产生一个抵抗压缩变形的反力，这个反力通过管道作用于固定管架上，这就是补偿器的反弹力 P_b，此力由管道专业提供。

② 自然补偿：

A. 管道的走向是根据具体情况呈现各种弯曲形状的。利用这种自然的弯曲形状所具有的柔性以补偿其自身的热胀和端点位移称为自然补偿。有时为了提高补偿能力而增加管道的弯曲，例如：设置U形补偿器等也属于自然补偿的范围。自然补偿构造简单、运行可靠、投资少，所以被广泛采用

B. 自然补偿形式通常有L形、Z形和U形等。

③ 套筒式补偿器

A. 套筒式补偿器亦称填料函补偿器，因填料容易松弛，发生泄露，在石化企业很少采用。

B. 上世纪80年代后期国内试制成弹性套管式补偿器。注填套管式补偿器和无推力套管式补偿器，均在原有的基础上有所改进。这些补偿器可用于蒸汽和热水管道。

C. 因为填料密封终究有泄露的可能，故不宜用于可燃易爆的油、气管道。

D. 套管式补偿器形式有：a. 弹性套管式补偿器；b. 注填套管式补偿器；c. 无推力套管式补偿器等。

④ 波形补偿器

A. 随着大直径管道的增多和波形补偿器制造技术的提高，近年来在许多情况下得到采用。波形补偿器适用于低压大直径管道。

B. 波形管制造较为复杂，价格高。波型补偿器一般用0.5～3mm薄不锈钢板制造，耐压低，是管道中的薄弱环节与自然补偿相比较，其可靠性较差。

C. 波形管型式有：a. 单式波形补偿器；b. 复式波形补偿器；c. 压力平衡式波形补偿器；d. 铰链式波形补偿器；e. 万向接头式波形补偿器等。

⑤ 球形补偿器

A. 球形补偿器可使管段的连接处呈现铰接状态，利用两球形补偿之间的直管段的角变位以吸收管道的变形，国产球形补偿器的全转角 $\theta\leqslant15°$，在此角度内可任意转动。

B. 国产球形补偿器的使用范围为工作压力≤2.5MPa，工作温度≤250℃；当使用耐高温的密封环时，工作温度可达320℃。工作介质为无毒，非可燃的热流体，例如蒸汽、热水等。

C. 球形补偿器多用于热力管网，效果较好。

球形补偿器的补偿能力是U形补偿器的5～10倍；变形应力是U形补偿器的1/3～1/2；流体阻力是U形补偿器的60%～70%。

⑥ 补偿器反弹力性质

A. 自然补偿的计算较为复杂，但有简化的计算图表可用，故自然补偿器的反弹力，可按管道的有关参数，由有关图表查得。

B. 当采用套筒式补偿器时，反弹力为套管填料函的摩擦作用力。

C. 当采用波形补偿器时，反弹力等于波形管刚度所产生的推力。

D. 当采用球形补偿器时，反弹力等于球形补偿器的转动摩擦力。

3）管道不平衡内压力　管道不平衡内压力的工作简图，如图3-13、图3-14所示。内压力计算如下：

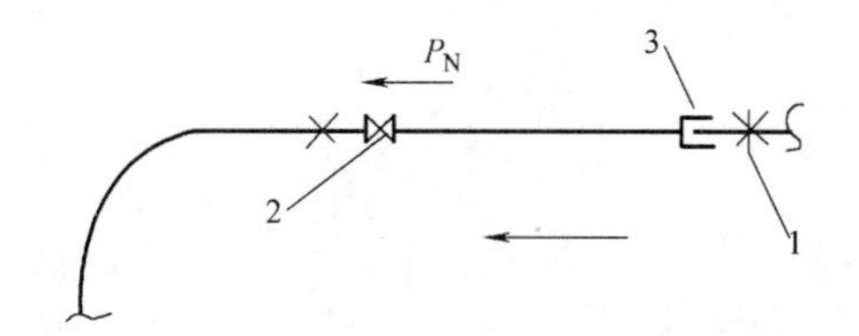

图3-13　不平衡内压力工作示意

1—固定管架；2—闸阀；3—填料式补偿器

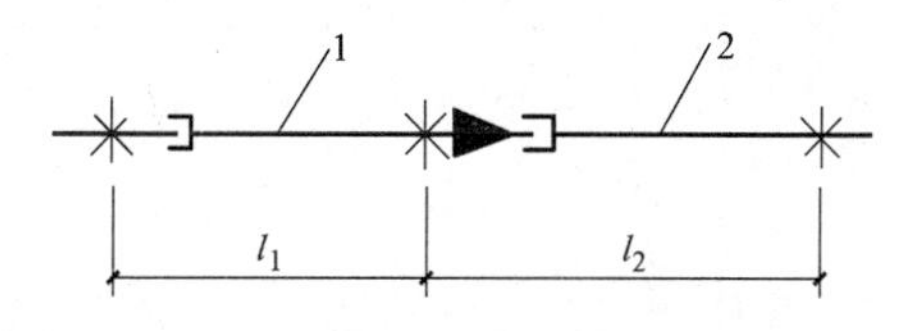

图3-14　不同管径内压力工作示意

1—D_w325×8；2—D_w219×6

① 内压力作用

A. 如图3-13所示，在两个固定管架之间设有套筒式补偿器，并在补偿器的一侧又设有闸阀，如将闸阀关闭，由于闸阀受到内压力的作用，将有使套筒式补偿器脱开的趋势，这个力就是管道内的不平衡内压力P_N。

B. 为了不使套筒式补偿器脱开，固定管架必需有足够的刚度，以抵抗使套筒式补偿器脱开的力。此力由管道专业提供。

② 内压力计算

A. 当固定管架布置在带有弯管段上（图3-13）或者在装有闸阀或挡板的管段上时，内压力P_N可由下列公式计算：

$$P_N = p_0 A \tag{3-13}$$

式中　p_0——介质工作压力；

A——套管式补偿器的套筒外径横截面面积或轴向波型补偿器的有效截面面积。

B. 如图3-14所示，当管道布置在两个不同直径的套筒式补偿器或轴向波形补偿器之间时，内压力P_N可按下列公式计算：

$$P_N = p_0 (f_1 - f_2) \tag{3-14}$$

式中　f_1，f_2——依次为直径较大和直径较小的补偿器横截面面积。

4）活动管架的反作用力

活动管架的反作用力如下：

① 当活动管架为刚性管架时，等于固定管架至两侧补偿器之间各刚性管架的摩擦反力之和$\sum P_m$。

② 当活动管架为柔性管架时，等于固定管架至两侧补偿器之间各柔性管架的位移反弹力之和$\sum P_f$。

③ 当活动管架为半铰接管架时，水平推力可忽略不计。

④ 固定管架的水平推力P，一般均由工艺专业计算提供。

（5）固定管架水平推力计算公式及实例

1）固定管架水平推力计算公式如下列各表所示。

① U形补偿器和自然补偿器固定管架水平推力P计算公式，如表3-9所示。

② 套筒式补偿器固定管架水平推力P计算公式，如表3-10所示。

③ 波形补偿器固定管架水平推力P计算公式，如表3-11所示。

A. 波纹管内压引起的轴向推力，可按下式计算：

$$P_N = P_B + p_0 f \tag{3-15}$$

或

$$P_N = p_0 A_i \tag{3-16}$$

式中　A_i——波纹管有效截面面积（由厂家提供）。

B. 波形补偿器的弹性力，可按下式计算：

$$P_A = K_W e_x \tag{3-17}$$

式中　K_W——波纹管总刚度；

e_x——设计补偿量。

④ 球形补偿器固定管架水平推力P计算公式，如表3-12所示。

U形补偿器和自然补偿器固定管架水平推力计算公式

表 3-9

序号	管道布置简图	中间活动管架特征			计算条件
		刚性管架	柔性管架	半铰接管架	
1	P_{k1}, P, P_{k2}, L_1, L_2	$P=P_{k1}-K_bP_{k2}+0.8(\sum P_{m1}-0.8\sum P_{m2})$	$P=P_{k1}-K_bP_{k2}+(\sum P_{f1}-\sum P_{f2})$	$P=P_{k1}-K_bP_{k2}$	$L_1 \geqslant L_2$
2	P_{k1}, P, P_{k2}, L_1, L_2	$P=P_{k1}+0.8\sum P_{m1}$	$P=P_{k1}+\sum P_{f1}$	$P=P_{k1}$	关闭阀门(打开时同上式)
3	P_{k1}, P, L	$P=P_{k1}+0.8\sum P_{m1}$	$P=P_{k1}+\sum P_{f1}$	$P=P_{k1}$	
4	P_{k1}, P, θ, L_1, L_2, L_3	$P=P_{k1}-K_bP_x+0.8[\sum P_{m1}-0.8(\sum P_{m2}+0.5\sum P_{m3})\cos\theta]$ $P=P_{k1}+0.8\sum P_{m1}$	—	$P=P_{k1}-K_bP_x$ $P=P_{k1}$	阀开打开 阀门关闭
5	P_{k1}, P, θ, L_1, L_2, L_3	$P=P_{k1}-K_bP_x+0.8[\sum P_{m1}-0.8(\sum P_{m2}+0.5\sum P_{m3})\cos\theta]$ $P=P_{k1}+0.8\sum P_{m1}$	—	$P=P_{k1}-K_bP_x$ $P=P_{k1}$	阀开打开 阀门关闭
6	P_{k1}, P, θ, L_1, L_2, L_3	$P=P_{k1}-K_bP_x+0.8[\sum P_{m1}-0.8(\sum P_{m2}+0.25\sum P_{m3})\cos\theta]$ $P_y=P_{y1}+0.8(\sum P_{m2}+0.25\sum P_{m3})\times\sin\theta$	—	$P=P_{k1}-K_bP_x$ $P_y=P_{y1}$	

续表

序号	管道布置简图	中间活动管架特征			计算条件
		刚性管架	柔性管架	半铰接管架	
7	L_1 θ_1 P θ_2 P_{y1} P_{y2} L_3 P L_2 L_4 P_{x2}	$P=P_{x1}-K_bP_{x2}+0.8[(\sum P_{m2}+0.5\sum P_{m1})\times\sin\theta-0.8(\sum P_{m4}+0.5\sum P_{m3})\times\sin\theta]$ $P_y=P_{y1}-K_bP_{y2}+0.8[(\sum P_{m2}+0.5\sum P_{m1})\times\cos\theta-0.8(\sum P_{m4}+0.5\sum P_{m3})\cos\theta]$	—	$P=P_{x1}-K_bP_{x2}$ $P_y=P_{y1}-K_bP_{y2}$	
8	P_{k1} P P_{k2} L_3 P_{k3} L_1 L_2	$P=P_{k1}-K_bP_{k2}+0.8(\sum P_{m1}-0.8\sum P_{m2})$ $P_y=P_{k3}+0.8\sum P_{m3}$	$P=P_{k1}-K_bP_{k2}+(\sum P_{f1}-\sum P_{f2})$ $P_y=P_{k3}+\sum P_{f3}$	$P=P_{k1}-K_bP_{k2}$ $P_y=P_{k3}$	
9	P_{k1} P P_{k2} L_3 P_{k3} L_1 L_2	$P=P_{k1}+0.8\sum P_{m1}$ $P_y=P_{k3}+0.8\sum P_{m3}$	$P=P_{k1}+\sum P_{f1}$ $P_y=P_{k3}+\sum P_{f3}$	$P=P_{k1}$ $P_y=P_{k3}$	

套筒式补偿器固定管架水平推力计算公式　　表 3-10

序号	管道布置简图	中间活动管架特征			计算条件
		刚性管架	柔性管架	半铰接管架	
1	P L_1 L_2	$P=P_{c1}-K_bP_{c2}+p_0(f_1-f_2)$	$L_1>L_2$	$L_1>L_2$	$L_1>L_2$
2	P L_1 L_2	$P=P_{c1}+p_0f_1$	阀门关闭	阀门关闭	阀门关闭
3	P L_1 L_2	$P=P_{c1}-K_bP_{c2}+p_0(f_1-f_2)+0.8(\sum P_{m1}-0.8\sum P_{m2})$	$P=P_{c1}-K_bP_{c2}+p_0(f_1-f_2)+(\sum P_{f1}-\sum P_{f2})$	$P=P_{c1}-K_bP_{c2}+p_0(f_1-f_2)$	$L_1>L_2$

续表

序号	管道布置简图	中间活动管架特征			计算条件
		刚性管架	柔性管架	半铰接管架	
4	P L_1 L_2	$P=P_{c1}+0.8\sum P_{m1}+p_0 f_1$	$P=P_{c1}+\sum P_{f1}+p_0 f_1$	$P=P_{c1}+p_0 f_1$	阀门关闭
5	P L_1 L_2	$P=P_{c1}-K_b P_{c2}+0.8\sum P_{m1}+p_0(f_1-f_2)$	$P=P_{c1}-K_b P_{c2}+p_0(f_1-f_2)+\sum P_{f1}$	$P=P_{c1}-K_b P_{c2}+p_0(f_1-f_2)$	
6	P L_1 L_2	$P=P_{c1}-K_b P_{c2}+p_0(f_1-f_2)-0.8\sum P_{m2}$	$P=P_{c1}-K_b P_{c2}+p_0(f_1-f_2)-\sum P_{f2}$	$P=P_{c1}-K_b P_{c2}+p_0(f_1-f_2)$	
7	L_1 P	$P=P_{c1}+p_0 f_1+\sum P_{m1}$	$P=P_{c1}+p_0 f_1+\sum P f_1$	$P=P_{c1}+p_0 f_1$	
8	P_{k2} P L_1 L_2	$P=P_{c1}-K_b P_{k2}+p_0(f_1-f_2)-0.8\sum P_{m2}$	$P=P_{c1}-K_b P_{k2}+p_0(f_1-f_2)-\sum P_{f2}$	$P=P_{c1}-K_b P_{k2}+p_0(f_1-f_2)$	
9	P θ L_3 L_1 L_2	$P=P_{c1}+p_0 f_1+0.8\sum P_{m1}$ $P=P_{c1}-K_b P_x+p_0 f_1+0.8[\sum P_{m1}-0.8(\sum P_{m2}+0.5\sum P_{m3})\cos\theta]$	—	$P=P_{c1}+p_0 f_1$ $P=P_{c1}-K_b P_x+p_0 f_1$	阀门关闭 阀门打开
10	P θ L_3 L_1 L_2	$P=P_{c1}-K_b P_x+p_0 f_1-0.8[\sum P_{m2}+0.5\sum P_{m3}]\cos\theta$ $P=P_{c1}+p_0 f_1$	—	$P=P_{c1}-K_b P_x+p_0 f_1$ $P=P_{c1}+p_0 f_1$	阀门打开 阀门关闭

续表

序号	管道布置简图	中间活动管架特征			计算条件
		刚性管架	柔性管架	半铰接管架	
11	P L_1 L_2 L_3	$P=P_{c1}-K_bP_x-0.8(\sum P_{m2}+0.25\sum P_{m3})\cos\theta$	—	$P=P_{c1}-K_bP_x$	
12	P L_1 L_2 L_3	$P=P_{c1}-K_bP_{c2}+0.8\sum P_{m1}$ $P_y=P_{c3}+0.8\sum P_{m3}$	$P=P_{c1}-K_bP_{c2}+\sum P_{f1}$ $P_y=P_{c3}+\sum P_{f3}$	$P=P_{c1}-K_bP_{c2}$ $P_y=P_{c3}$	
13	P L_1 L_2 L_3	$P=P_{c1}+p_0f_1+0.8\sum P_{m1}$ $P_y=P_{c3}+0.8\sum P_{m3}$	$P=P_{c1}+p_0f_1+\sum P_{f1}$ $P_y=P_{c3}+\sum P_{f3}$	$P=P_{c1}+p_0f_1$ $P_y=P_{c3}$	

波形补偿器固定管架水平推力计算公式　　表 3-11

序号	管道布置简图	中间活动管架特征			计算条件
		刚性管架	柔性管架	半铰接管架	
1	P L_1 L_2	$P=P_{A1}+P_{B1}-K_b(P_{A2}+P_{B2})+0.8(\sum P_{m1}-0.8\sum P_{m2})$	$P=P_{A1}+P_{B1}-K_b(P_{A2}+P_{B2})+(\sum P_{f1}-\sum P_{f2})$	$P=P_{A1}-P_{B1}-K_b(P_{A2}+P_{B2})$	
2	P L_1 L_2	$P=P_{A2}+P_{B2}+p_0f+\sum P_{m2}$	$P=P_{A2}+P_{B2}+p_0f+\sum P_{f2}$	$P=P_{A2}-P_{B2}+p_0f$	阀门关闭
3	P L	$P=P_{A1}+P_{B1}+p_0f+\sum P_{m1}$	$P=P_{A1}+P_{B1}+p_0f+\sum P_{f1}$	$P=P_{A1}+P_{B1}+p_0f$	

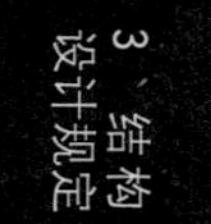

续表

序号	管道布置简图	中间活动管架特征			计算条件
		刚性管架	柔性管架	半铰接管架	
4		$P=P_{A1}+P_{B1}-K_bP_x+p_0f+0.8[\sum P_{m1}-0.8(\sum P_{m2}+0.25\sum P_{m3})\cos\theta]$ $P=P_y+0.8(\sum P_{m2}+0.25\sum P_{m3})\sin\theta$	—	$P=P_{A1}+P_{B1}+p_0f-K_bP_x$ $P=P_y$	
5		$P=P_{A1}+P_{B1}+p_0f-K_b(P_{A2}+P_{B2}+p_0f_2)\cos\theta+0.8(\sum P_{m1}-0.8\sum P_{m2}\times\cos\theta)$ $P=(P_{A2}+P_{B2}+p_0f_2+0.8\sum P_{m2})\sin\theta$	—	$P=P_{A1}+P_{B1}+p_0f_1-K_b(P_{A2}+P_{B2}+p_0f)\cos\theta$ $P=(P_{A2}+P_{B2}+p_0f_2)\sin\theta$	
6		$P=P_{A1}+P_{B1}+p_0f-K_bP_x+0.8[\sum P_{m1}-0.8(\sum P_{m2}+0.25\sum P_{m3})\text{cso}\theta]$ $P=P_y+(\sum P_{m2}+0.25\sum P_{m3}\sin\theta)$	—	$P=P_{A1}+P_{B1}+p_0f-K_bP_x$ $P=P_y$	阀门打开
7		$P=P_A+0.08\sum P_{m2}$	—	—	
8		$P=P_{A1}+P_{B1}-K_b(P_{A2}+P_{B2})+0.8(\sum P_{m1}-0.8\sum P_{m2})$ $P=P_{A3}+P_{B3}+0.8\sum P_{m3}$	$P=P_{A1}+P_{B1}-K_b(P_{A2}+P_{B2})+(\sum P_{f1}-\sum P_{f2})$ $P=P_{A3}+P_{B3}+\sum P_{f3}$	$P=P_{A1}+P_{B1}-K_b(P_{A2}+P_{B2})$ $P=P_{A3}+P_{B3}$	

续表

序号	管道布置简图	中间活动管架特征			计算条件
		刚性管架	柔性管架	半铰接管架	
9	P; L; L3; L4; L1; L2; L5	$P=P_{A1}-K_bP_{A2}+0.8(\sum P_{m1}-0.8\sum P_{m2})$	—	—	

注：表 3-9 表 3-10、表 3-11 中公式符号意义如下：

P——固定管架承受的水平推力；

P_k——方形补偿器的弹性力；

P_x——自然补偿器在纵向的弹性力；

P_y——自然补偿器在横向的弹性力；

P_m——活动管架上的管道摩擦力，计算方法见 4.2；

P_f——活动管架上的位移反弹力，计算方法见 4.3；

P_c——套筒式补偿器的摩擦力；

P_A——波形补偿器的弹性力；

P_B——波形补偿器波壁承受的内压轴向力；

P_0——管内介质的工作压力；

f——管道的内截面面积；

L_1、L_2、L_3、L_4、L_5——管道长度；

θ——管道拐弯角度；

K_b——不平衡系数；

方形、波形补偿器 $K_b=0.8$；

鼓形补偿器 $K_b=0.7$；

套筒式补偿器 $K_b=0.5$。

球形补偿器固定管架水平推力计算公式 **表 3-12**

序号	管道布置简图	中间活动管架特征			计算条件
		刚性管架	柔性管架	半铰接管架	
1	P; l; L3; L1; L2	$P=P_A+0.8\sum P_{m2}$	—	$P=P_d$	

续表

序号	管道布置简图	中间活动管架特征			计算条件
		刚性管架	柔性管架	半铰接管架	
2	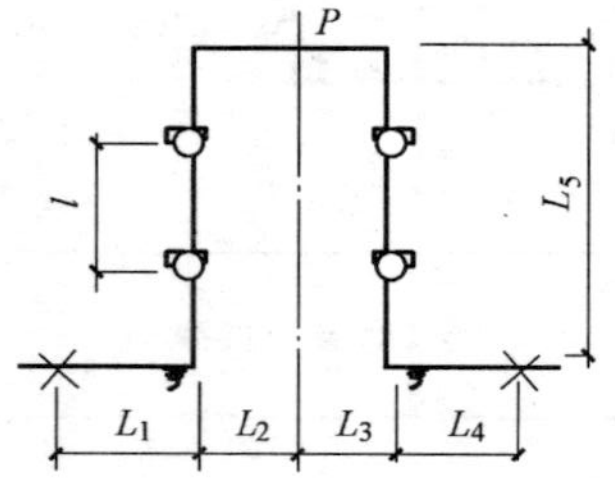	$P=P_{d1}-K_bP_{d2}+0.8(\sum P_{m2}-0.8\sum P_{m3})$	—	$P=P_{d1}-K_bP_{d2}$	
3	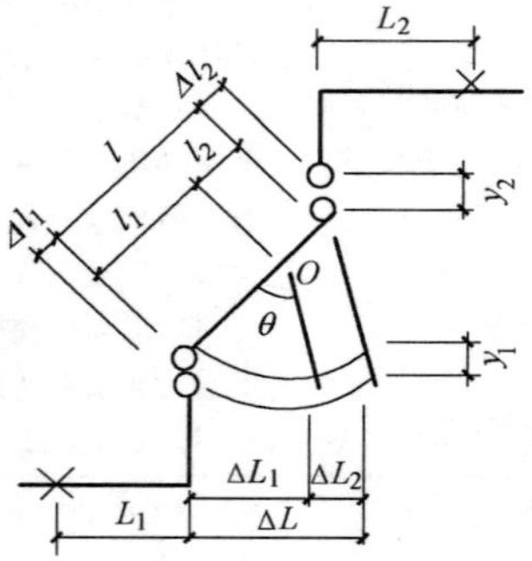	$P_d=\frac{M}{l_1}$ $l_1=\frac{\Delta L_1}{\Delta L}l$； $l_2=\frac{\Delta L_2}{\Delta L}l$ 最小球心距： $l=\frac{\Delta L}{2\sin\frac{\theta}{2}}$			

注：表 3-12 中公式符号意义如下：

P——固定管架纵向水平推力；

P_d——球补转动摩擦力；

M——球补转动摩擦力矩（厂方提供）；

l——球心距，由设计者确定；

θ——转动角；

l_1、l_2——O 点距球中心距离；

ΔL——总热伸长量；

y_1、y_2——圆弧摆动引起的横向位移；

ΔL_1、ΔL_2——管段 L_1、L_2 热膨胀引起的热位移；

Δl_1，Δl_2——管段 l_1、l_2 热膨胀引起的热位移。

2）固定管架水平推力计算实例

【例 3-1】 轴向波形补偿器固定管架水平推力计算实例。

热电厂供热管网如图 3-15 所示，选用 DN300 复式轴向型波形补偿器，计算 1 号、3 号固定管架水平推力。

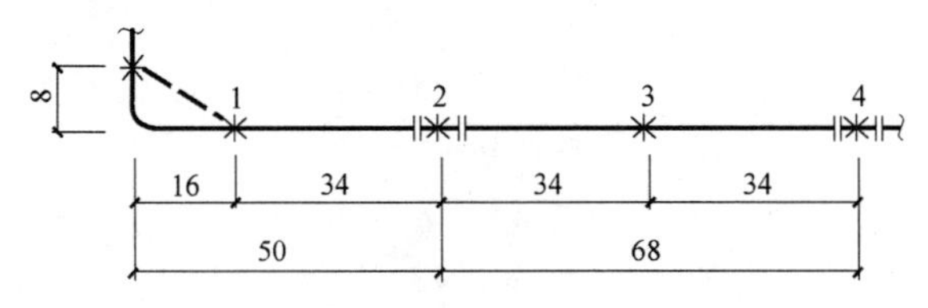

图 3-15 供热管网平面示意

(1) 已知条件

1) 管径：$DW325\times8$；

2) 自然补偿器反弹力 $P_x=980N$；

3) 工作压力 $p_0=0.9N/mm^2$；

4) 工作温度 $t=250℃$；

5) 输送介质：过热蒸汽；

6) 管道计算荷载 $q=1145.3N/m$；

7) 补偿器轴向总刚度 $K_w=225.6N/mm$；

8) 波纹管有效截面积 $A_i=1075cm^2$；

9) 轴向总补偿量 $e_x=105mm$；

10) 管材 10#～20# 钢；

11) 中间活动管架特征为刚性管架；

12) 摩擦系数 $\mu=0.3$。

(2) 推力计算

1) 1 号固定管架水平推力由表 3-11 序号 4 知，计算式如下：

$$P=P_{A1}+P_{B1}-K_bP_x+p_0f+0.8\left[\Sigma P_{m1}-0.8\left(\Sigma P_{m2}+\frac{1}{2}\Sigma P_{m3}\right)\cos\theta\right]$$

P_{A1}——波形补偿器的弹性力，按式 (3-17) 计算。

$$P_{A1}=K_we_x=225.6\times105=23688N$$

$P_n=P_{B1}+p_0f$——波形管内压力引进的水平推力，按式 (3-16) 计算。

$$P_n=p_0A_i=0.9\times107500=96750N$$

ΣP_{m1}——右侧管段摩擦力，计算如下：

$$\Sigma P_{m1}=\Sigma q\mu l_1=1145.3\times0.3\times34=11682N$$

P_x——自然补偿器沿 X 轴的弹性力，$P_x=980N$

ΣP_{m2}，ΣP_{m3}——水平弯管段摩擦力，计算如下：

$$\Sigma P_{m2}=\Sigma q\mu l_2=1145.3\times0.3\times16=5497N$$

$$\Sigma P_{m3}=\Sigma q\mu l_3=1145.3\times0.3\times8=2749N$$

$$\cos\theta=0.8949(\theta=26.5°)$$

故 1 号固定管架的水平推力为

$$P=23688+96750-0.8\times980+0.8\left[11682-0.8\left(5497+\frac{1}{2}\times2749\right)\times0.8949\right]$$
$$=119654+0.8(11682-4919)=125064N$$

2) 3 号固定管架水平推力由表 3-11 得知，计算如下：

$$P=P_{A1}+P_{B1}-K_b(P_{A2}+P_{B2})+0.8(\Sigma P_{m1}-0.8\Sigma P_{m2})$$

已知 $P_{A1}=P_{A2}=23688N$

P_{B1}，P_{B2}——波形管壁承受的内压力，由式 (3-15) 计算如下：

$$P_B=P_n-p_0f$$
$$=96750-0.9\times0.785(325-8\times2)^2$$
$$=29293N$$

$$\Sigma P_{m1}=\Sigma P_{m2}=\Sigma q\mu l_1=11682N$$

故 3 号固定管架的水平推力为

$$P=23688+29293-0.8(23688+29393)+0.8(11682-0.8\times11682)$$
$$=52981-42385+1869=12465N$$

【例 3-2】 套筒式补偿器固定管架水平推力计算实例。

厂区管线布置如图 3-16 所示。采用套筒式补偿器，中间活动管架特征属于刚性管架。计算各固定管架水平推力。

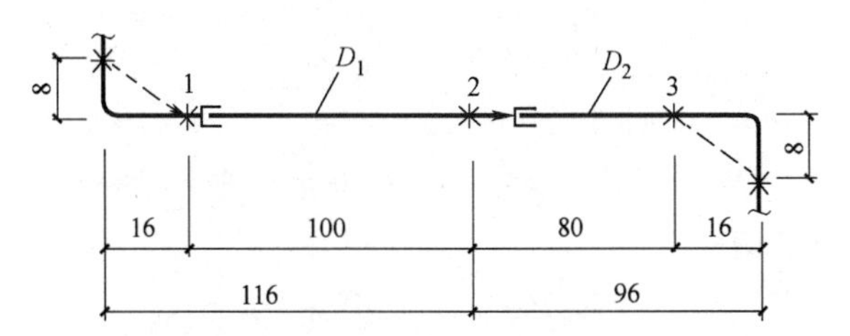

图 3-16 厂区管线布置示意

D_1—$DW325\times8$；D_2—$DW219\times6$

(1) 已知条件

1) 管径：$DW325\times8$；

2) 管内截面积：$f_1=74953mm^2$；

3) 管径：$DW219\times6$；

4) 管内截面积：$f_2=33637mm^2$；

5) 自然补偿弹性力：$P_x=980N$；

6) 工作压力：$p_0=0.8N/mm^2$；

7) 工作温度：$t=250℃$；

8) 输送介质：过热蒸汽；

9）管道计算荷载：$q_1=1145.4\text{N/m}$；

10）管道计算荷载：$q_2=645.5\text{N/m}$；

11）单位长度热伸长量：$\Delta l=3.2\text{mm/m}$；

12）$DN300$ 补偿量：$\Delta l_{max}=350$；

13）$DN200$ 补偿量：$\Delta l_{max}=300$；

14）$DN300$ 摩擦力：$P_{c1}=13875\text{N}$；

15）$DN200$ 摩擦力：$P_{c2}=6159\text{N}$；

16）摩擦系数：$\mu=0.3$。

（2）推力计算

1）1号固定管架推力由表3-10得知，计算如下：

$$P=P_{c1}-K_bP_x+p_0f_1-0.8\left(\Sigma P_{m2}+\frac{1}{2}\Sigma P_{m3}\right)\cos\theta$$

p_0f_1——内压推力

$p_0f_1=0.8\times74953=59962\text{N}$

$P_{c1}=13857\text{N}$

$$\Sigma P_{m3}=\Sigma q\mu l_3=1145.3\times0.3\times8=2749\text{N}$$

$$\Sigma P_{m2}=\Sigma q\mu l_2=1145.3\times0.3\times16=5497\text{N}$$

$$P_x=980\text{N/mm}^2$$

$$\cos\alpha=0.894(\alpha=26.56°)$$

故1号固定管架的水平推力为

$$P=13857-0.8\times980+59962-0.8\left(5497+\frac{1}{2}\times2749\right)\times0.894=73035-4917=68118\text{N}$$

2）2号固定管架水平推力由表3-10得知，计算如下：

$$P=P_{c1}-K_bP_{c2}+0.8\Sigma P_{m1}+p_0(f_1-f_2)$$

$$\Sigma P_{m1}=\Sigma q\mu l_1=1145.3\times0.3\times100=34359\text{N}$$

故2号固定管架的水平推力为

$$P=13857-0.5\times6159+0.8\times34359+0.8(74953-33639)=71318\text{N}$$

3）3号固定管架水平推力由表3-10得知，计算如下：

$$P=P_{c1}-K_bP_x+p_0f+0.8\left[\Sigma P_{m1}-0.8\left(\Sigma P_{m2}+\frac{1}{2}\times\Sigma P_{m3}\right)\cos\theta\right]$$

$$p_0f=0.8\times33637=26910\text{N}$$

$$\Sigma P_{m1}=\Sigma q\mu l_2=645.5\times0.3\times80=15492\text{N}$$

$$\Sigma P_{m2}=\Sigma q\mu l_3=645.5\times0.3\times16=3098\text{N}$$

$$\Sigma P_{m3}=\Sigma q\mu l_4=645.5\times0.3\times8=1549\text{N}$$

故3号固定管架的水平推力为

$$P=6159-0.8\times980+26910+0.8\left[15492-0.8\left(3098+\frac{1}{2}\times1549\right)\times0.8944\right]=732285+10177=42462\text{N}$$

4. 风荷载计算

（1）管道风荷载

1）管道风荷载计算简图，如图3-17所示。

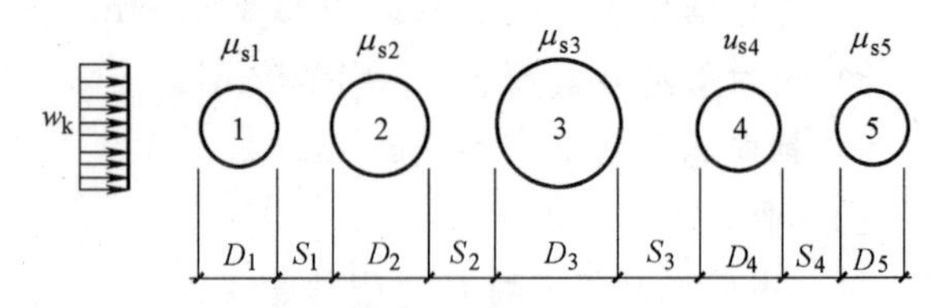

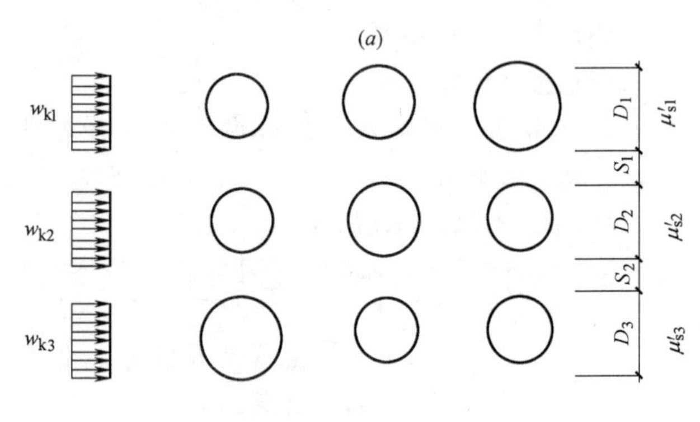

图3-17 管道风荷载计算示图

(a) 单层多管示图；(b) 多层多管示图

2）管道风荷载计算。

①单层多管风荷载（图3-17a）计算如下：

$$w_k=\mu_z w_0 l\sum_{i=1}^{n}\mu_{si}D_i \tag{3-18}$$

式中 w_k——风荷载标准值；

μ_z——风压高度变化系数，按表3-13查用；

w_0——基本风压；

l——管道跨度（若管架两侧的跨度不等时，取平均值）；

μ_{si}——风荷载体型系数，按图 3-18 查用。当管径不等时，其中最大管 D_3（图 3-17a）体型系数取 0.6；管径相同时，任意管取 0.6，其余各管顺风向，大管前按 $\frac{S_1}{D_1}$，$\frac{S_2}{D_2}$；大管后按 $\frac{S_3}{D_3}$，$\frac{S_4}{D_4}$…逐根查得 μ_{s1}，μ_{s2} 及 μ_{s4}，μ_{s5}…，当密排多管时（6 根以上，且 $S \leqslant 0.5D$），取 $\mu_s = 1.4$；

D_i——管道保温后外径。

② 多层多管风荷载（图 3-17b）计算如下：

$$w_{ki} = \mu_i' w_k \tag{3-19}$$

式中　w_k——某层管道风荷载值，按式（3-18）计算；

μ_i'——上下层之间影响系数，按 $\frac{S_i}{D_i}$ 由图 3-19 查用。如图 3-17b 按 $\frac{S_1}{D_1}$ 查 μ_{s2}'，按 $\frac{S_1}{D_2}$ 查 μ_{s1}'，同理按 $\frac{S_2}{D_2}$ 查 μ_{s3}'，按 $\frac{S_2}{D_3}$ 查 μ_{s2}'。中间层管道的影响系数，等于上下层管道影响系数之和减去 1.0；

D_i——各层中最大管直径；

S_i——最大管之间净距。

注：1. 本表适用于 $\mu_z w_0 D^2 \geqslant 0.015$ 的情况。整体计算体型系数 $\mu_0 = 1.0$

2. 当 $\mu_z w_0 D^2 \leqslant 0.002$ 时，整体计算体型系数，$\mu_0 = 2.0$，中间值按插值法计算。

（2）管架风荷载

管架风荷载可按下列公式计算：

$$w_J = \mu_z \mu_s w_0 b \tag{3-20}$$

式中　μ_s——管架风荷载体型系数，每根梁柱可近似取 1.3；

b——迎风面的管架梁高或柱（宽）尺寸；

式中其他符号意义同式（3-18）。

风压高度变化系数 μ_z　　表 3-13

序号	离地面或海平面高度(m)	地面粗糙度类别			
		A	B	C	D
1	5	1.17	1.00	0.74	0.62
2	10	1.38	1.00	0.74	0.62
3	15	1.52	1.14	0.74	0.62
4	20	1.63	1.25	0.84	0.62
5	30	1.80	1.42	1.00	0.62
6	40	1.92	1.56	1.13	0.73
7	50	2.03	1.67	1.25	0.84

注：地面粗糙度可分为 A、B、C、D 四类：A 类指近海海面、海岛、海岸、湖岸及沙漠地区；B 类指田野、乡村、丛林、丘陵以及房屋比较稀疏的乡镇和城市郊区；C 类指有密集建筑群的城市市区；D 类指有密集建筑群且房屋较高的城市市区。

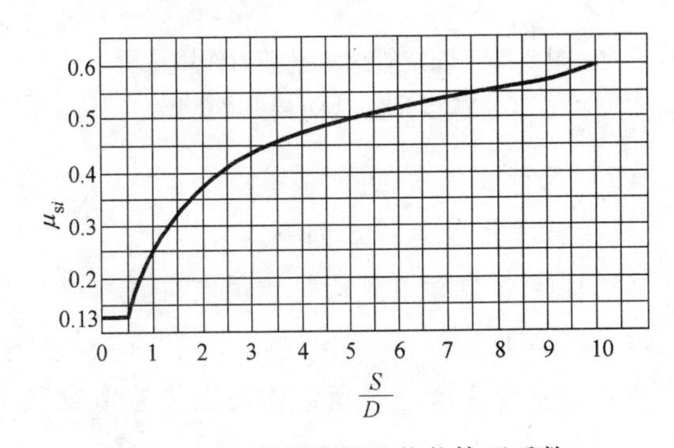

图 3-18　单层多管风荷载体型系数

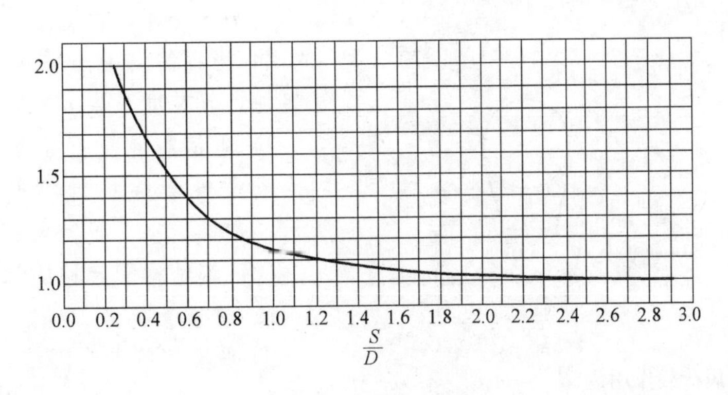

图 3-19　多层多管层间影响系数

5. 水平荷载作用位置

（1）水平荷载作用位置

水平荷载作用位置规定如下：

1）活动管架不论采用何种管座，作用点位置均取梁顶面，如图 3-20 所示。

2）固定管架，根据管座形式不同，规定如下：

① 如图 3-21（a）所示弧形管座，作用点取梁顶面，适用于管径较大情况，

② 如图 3-21（b）所示挡板式管座，作用点取距梁顶 $h/6$ 处，适用于管径较小情况。

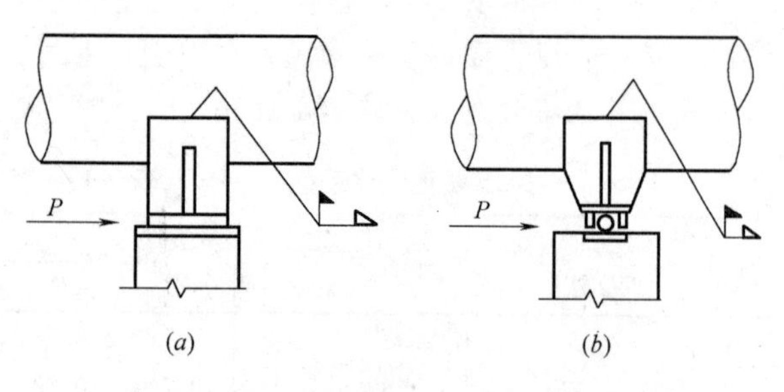

图 3-20 活动管架水平推力作用位置

（a）滑动管座；（b）铰接管座

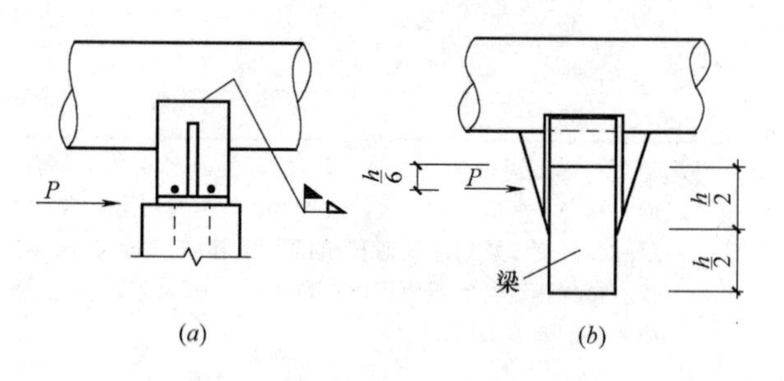

图 3-21 固定管架水平推力作用位置

（a）弧形管座；（b）挡板式管座

（2）风荷载作用位置

风荷载作用位置规定如下。

1）固定管架管道风荷载作用点位置取管道中心（图 3-22a）；

2）活动管架管道风荷载作用点位置取梁顶面（图 3-22b）；

3）管架风荷载以集中荷载形式作用于管架梁顶面或框架节点顶面处。

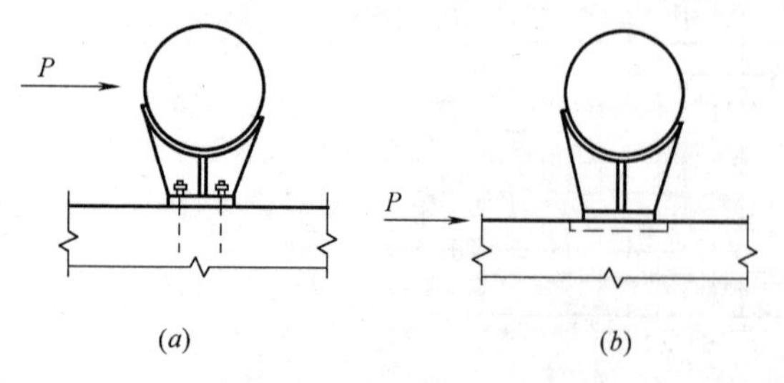

图 3-22 风荷载作用位置

（a）固管管架；（b）活动管架

6. 荷载组合

设计管架结构时，可按表 3-14 进行荷载组合，并取其最不利组合进行管架结构设计。

荷载组合 表 3-14

序号	管道工作状态	荷载	内容
1	操作状态	垂直荷载	1)永久荷载 2)平台上活荷载
		水平荷载	1)纵向水平荷载 2)风荷载
2	试压状态	垂直荷载	1)永久荷载 2)试压水
		水平荷载	风荷载
3	地震状态	垂直荷载	1)永久荷载 2)平台上活荷载取 50%
		水平荷载	1)固定管架水平推力 2)地震作用

注：1. 振动管线的组合：管架上振动管线荷载与非振动管线的操作状态荷载相加；

2. 地震状态只对固定管架进行组合，活动管架不考虑。地震状态时杆件应力可提高 20%。

3.4 管架柱的计算长度及允许长细比

1. 管架柱的计算长度

（1）混凝土管架柱的计算长度

混凝土管架柱的计算长度（图 3-23）如下：

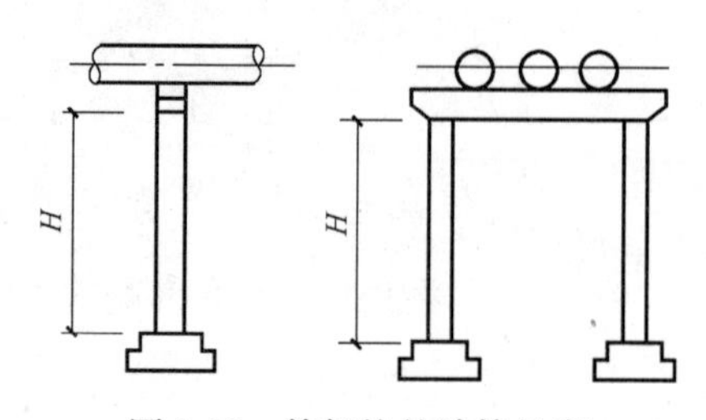

图 3-23 管架柱的计算长度

1）管架柱的计算长度，计算如下：

$$H_0=\mu H \qquad (3\text{-}21)$$

式中 H——柱的层间高度；

μ——计算长度系数。

2）当钢筋混凝土管架的梁柱节点为铰接时，管架柱计算长度系数 μ，如表 3-15 所示

3）当钢筋混凝土管架的梁柱节点为刚接时，刚性或柔性管架柱计算长度系数 μ，如表 3-16 所示。

（2）钢结构管架柱的计算长度

1）单层管架

① 当梁柱节点为刚接，横向管架柱的计算长度系数，计算如下：

$$H_0=\mu H \qquad (3\text{-}22)$$

式中 μ——根据梁柱刚度比，由表 3-17 确定；

H——柱高度。

② 管架柱纵向计算长度同表 3-16。

铰接钢筋混凝土管架柱计算长度系数（μ） 表 3-15

序号	形式	管架名称	层数	单跨		双跨	
				纵向	横向	纵向	横向
1	单片形式	固定管架	单层	2.0	1.5	2.0	1.5
2			多层	2.0	1.25	2.0	1.25
3		刚性管架	单层	1.5	1.5	1.5	1.5
4			多层	1.5	1.25	1.5	1.25
5		柔性管架	单层	1.25	1.5		
6			多层	1.25	1.25		
7		半铰接管架	单层	1.0	1.5		
8			多层	1.0	1.25		
9	空间形式	纵梁式管架	单层	1.0	1.5	1.0	1.25
10			多层	1.0	1.25	1.0	1.0
11		四柱式管架	单层	1.5	1.5		
12			多层	1.5	1.5		
13		桁架式管架	单层	1.0	1.0		
14			多层	1.0	1.0		
15		A 形管架	单层	1.0	1.0		
16			多层				

注：吊索式、悬索式和拱形管架柱的计算长度系数，按相应的独立式管架柱采用。

刚接钢筋混凝土管架柱计算长度系数（μ） 表 3-16

序号	形式	管架名称	层数	单跨		双跨		单柱	
				纵向	横向	纵向	横向	纵向	横向
1	单片形式	固定管架	单层	2.0	1.5	2.0	1.25	2.0	2.0
2			多层	2.0	1.5	2.0	1.25	2.0	2.0
3		刚性管架	单层	1.5	1.5	1.5	1.25	1.5	2.0
4			多层	1.5	1.0	1.5	1.0	1.5	2.0
5		柔性管架	单层	1.25	1.5			1.25	2.0
6			多层	1.25	1.0			1.25	2.0
7		半铰接管架	单层	1.0	1.5			1.0	2.0
8			多层	1.0	1.0			1.0	2.0
9	空间形式	纵梁式管架	单层	1.0	1.5	1.0	1.25		
10			多层	1.0	1.0	1.0	1.0		
11		四柱式管架	单层	1.5	1.5				
12			多层	1.25	1.25				
13		桁架式管架	单层	1.0	1.0				
14			多层	1.0	1.0				
15		A 形管架	单层	1.0	1.0				
16			多层	1.25	1.25				

注：吊索式、悬索式和拱形管架柱的计算长度系数，按相应的独立式管架柱采用。

2）多层管架：

① 当梁柱节点为刚接时，管架下层柱沿横向的计算长度系数按单层管架方法处理。

② 纵向的计算长度系数同表 3-16，上层柱沿纵向计算长度取 $1.25H_s$，上层柱沿横向计算长度取 $1.5H_s$，此处，H_s 为管架上层柱高度（cm）。

3）柱间支撑：

① 单角钢斜杆计算长度：

$$l_0=l_s$$

② 交叉支撑的钢斜杆计算长度：

$$l_0=0.5l_s(\text{在支撑平面外 } l_0=l_s)$$

注：l_s 为节点中心的距离（交叉连接时，不作为节点考虑）(cm)

钢管架柱计算长度系数（μ） 表 3-17

柱与基础连接 \ K_0	0	0.2	0.3	0.5	1.0	2.0	3.0	≥10
刚接	2.0	1.5	1.4	1.28	1.16	1.08	1.06	1.0
铰接	—	3.42	3.0	2.63	2.33	2.17	2.11	2.0

注：表中 $K_0=\frac{I_0H}{IL_n}$，式中 I_0——横梁惯性矩（cm^4）；I——柱子惯性矩（cm^4）；L_n——梁跨度（cm）；H——柱高度

2. 管架柱的允许长细比

（1）管架柱的允许长细比

1）钢管架柱：

① 固定管架柱：

$$\frac{H_0}{i}\leqslant 150 \quad (3\text{-}23)$$

② 一般管架柱：

$$\frac{H_0}{i}\leqslant 200 \quad (3\text{-}24)$$

2）钢柱间支撑

$$\frac{L_0}{i}\leqslant 300 \quad (3\text{-}25)$$

3）柱间支撑上的钢横杆

$$\frac{L_0}{i}\leqslant 150 \quad (3\text{-}26)$$

4）钢筋混凝土管架柱：

① 中间管架柱

$$\frac{H_{0y}}{h}\text{或}\frac{H_{0x}}{b}\leqslant 40 \quad (3\text{-}27)$$

② 固定管架柱

$$\frac{H_{0y}}{h}\text{或}\frac{H_{0x}}{b}\leqslant 30 \quad (3\text{-}28)$$

以上式中：H_0——管架柱的计算长度（cm）；

L_0——柱间支撑或横杆的计算长度（cm）；

i——最小回转半径（cm）；对于单角钢支撑，平面内的长细比采用最小回转半径；平面外的长细比应采用与角钢肢相平行轴的回转半径；

H_{0y}——y 轴方向的柱计算长度（cm）；

H_{0x}——x 轴方向的柱计算长度（cm）。

（2）管架柱最小截面尺寸

1）活动管架 如图 3-24 所示，b 或 $h\geqslant$200mm。

2）固定管架 如图 3-24 所示，b 和 $h\geqslant$300mm。

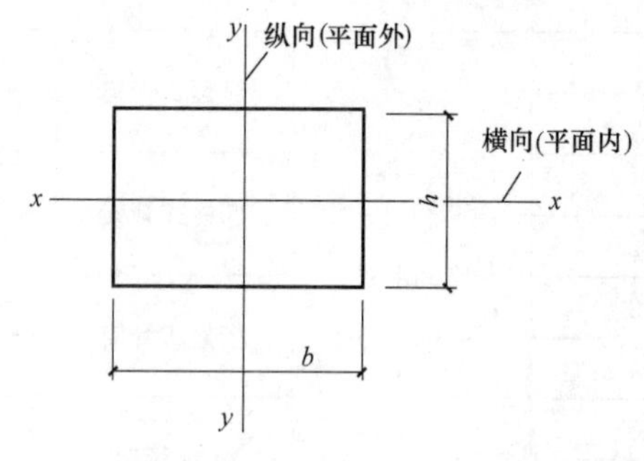

图 3-24 纵向与横向坐标示意

3.5 结构内力计算

1. 一般规定

（1）管架结构按弹性体系计算内力。

（2）管架所有结构构件均应进行承载力计算，在满足有关构造规定时可不进行变形和裂缝宽度的验算。

（3）管架结构受力复杂。不论是管架柱、梁和基础等。通常均为双向受力构件，但在某些情况下，根据设计经验，可简化计算。

2. 管架结构内力分析

（1）基本规定：管架结构通常都按单片平面管架进行内力分析。单片平面管架按梁柱连接情况，分成刚接和铰接两种。

（2）梁柱刚接

1）在管架平面内，按平面刚接进行内力分析。此时，在垂直荷载作用下，可采用弯矩分配法进行内力分析；在风荷载作用下，可采用剪力分配法进行内力分析。

2）在管架平面外，视计算简图不同，可按平面刚架或独立柱计算纵向水平荷载产生的弯矩设计值 M。

（3）梁柱铰接：计算简图如图 3-25 所示。考虑到管架结构的实际工作状态，并为了简化结构计算，可采用下列计算假定：

1）对于梁，计算垂直荷载和管道轴向水平推力产生的弯矩时，为两端简支；但计算由于管道水平推力所产生的扭矩值时，为两端固定。此时，应验算扭矩作用下，梁支座处梁柱连接预埋件焊缝的承载力。

2）对于柱，在管架平面内，按下端固定、上端与横梁铰接，计算由横梁传来的垂直荷载和横向水平荷载产生的内力（轴向力设计值 N 和弯矩设计值 M）。

3）当两根柱的刚度相同时，作用于一根柱上的横向水平荷载为总荷载的一半。

4）在管架平面外，视计算简图不同，计算轴向水平荷载产生的弯矩设计值 M。

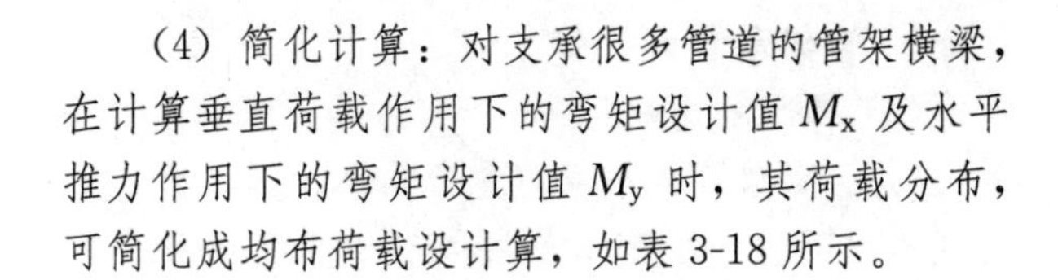

（4）简化计算：对支承很多管道的管架横梁，在计算垂直荷载作用下的弯矩设计值 M_x 及水平推力作用下的弯矩设计值 M_y 时，其荷载分布，可简化成均布荷载设计算，如表 3-18 所示。

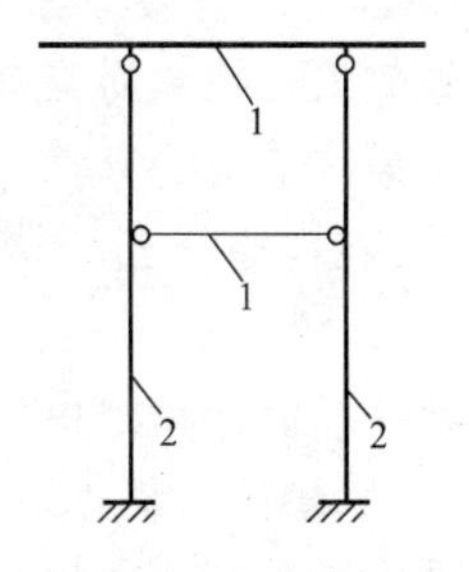

图 3-25　梁、柱铰接示意
1—梁；2—柱

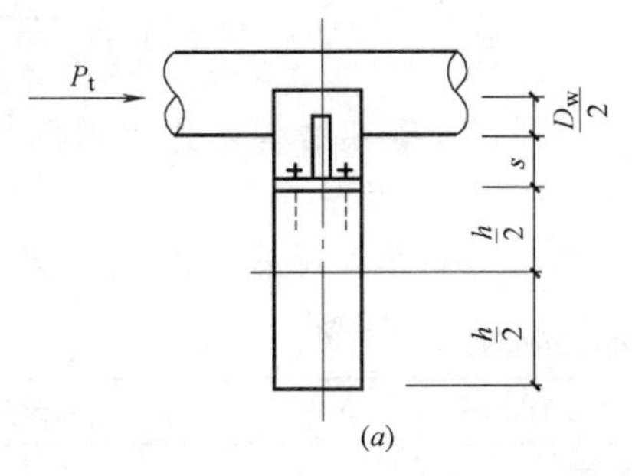

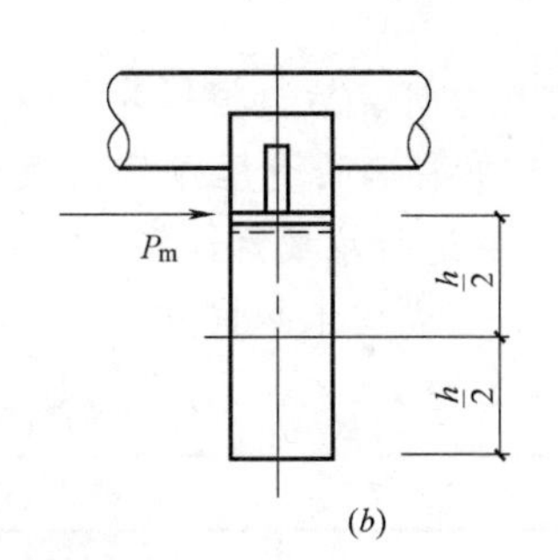

图 3-26　横梁扭矩计算示意
（a）固定管座；（b）活动管座

集中荷载简化成均布荷载　　表 3-18

序号	集中荷载简图	简化成均匀荷载简图	均布荷载计算式
1	P_1 P_2 P_3 P_5 P_n ；l	q ；l	$q=\frac{\sum_1^n Pi}{l}$
2	P_1 P_2 P_3 ；a b ；l	q ；1.5(a+b) ；l	$q=\frac{P_1+P_2+P_3}{1.5(a+b)}$（满布全梁）
3	P_1 P_2 P_3 P_4 P_5 ；a b c d ；0.5c 0.5c ；l_1 l_2 ；l	q_1 q_2 ；l_1 l_2 ；l	$q_1-\frac{P_1+P_2+P_3}{1.5a+b+0.5c}$ $q_2=\frac{P_5+P_4}{0.5c+1.5d}$

注：1. 表中序号 1 为管道布置较密的情况；
2. 表中序号 2 为管道数虽较少，但考虑扩建的情况；
3. 表中序号 3 为荷载相差较大时的情况。

3. 管架承载力计算

(1) 梁承载力

1) 活动管架梁按双向受弯构件计算，当水平荷载作用下的弯矩设计值 $M_y \leqslant 0.1$ 垂直荷载作用下的弯矩设计值 M_x 时，可按单向受弯构件计算。

2) 半铰接管架梁，按单向受弯构件计算。

3) 固定管架梁按双向受弯构件计算，但应考虑扭矩作用影响，在构造上给予考虑，配置受扭箍筋。

4) 管架横梁一般需计算跨中，支座边缘以及集中荷载作用点处的截面承载力。

5) 当管架梁的悬臂部分支撑有重量较大的管子时，还需计算悬臂部分的承载力。

(2) 柱承载力

1) 管架柱经内力组合计算后，根据具体情况一般按双向偏心受压，单向偏心受压或双向偏心受拉、单向偏心受拉构件进行承载力计算。

2) 半铰接管架柱，因纵向水平推力可忽略不计，故一般按单向偏心受压构件进行承载力计算。

3) 对于“T”形管架柱，必要时尚需进行受扭承载力计算或采用构造措施解决。

(3) 抗扭计算

纵向水平推力作用下的截面计算扭矩，可先求出外扭矩后，再根据外扭矩进一步求出横梁截面的计算扭矩，如图 3-26 所示：

1) 固定管架（图 3-26*a*），外扭矩设计值可按下列公式计算：

$$T_k = P_t\left(\frac{D_W}{2} + S + \frac{h}{2}\right) \tag{3-29}$$

2) 活动管架（图 3-26*b*），外扭矩设计值可按下列公式计算：

$$T_k = P_m \frac{h}{2} \tag{3-30}$$

4. 管架结构内力计算公式

(1) 单柱管架

1) 单层荷载计算公式，如表 3-19 所示。

单层荷载计算公式 表 3-19

类型	荷载	荷载简图	计算公式
S1-1	垂直荷载	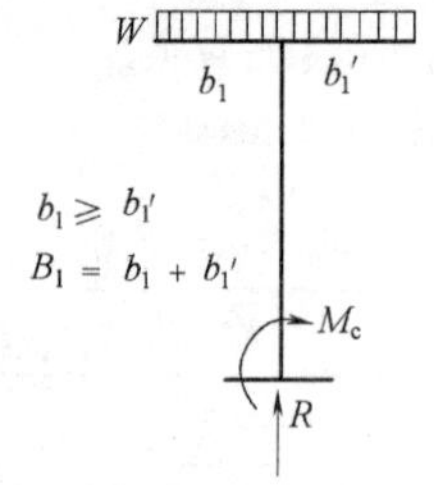 W；b_1；b_1'；$b_1 \geqslant b_1'$；$B_1 = b_1 + b_1'$；M_c；R	$R = WB_1$ $M_B = (1/2)W(b_1)^2$ $M_{col} = (1/2)W(b_1)^2$ * * 假定荷载仅在一侧
	水平荷载	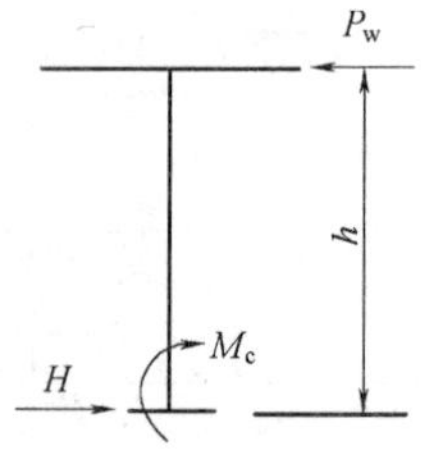 P_w；h；M_c；H	$H = P_w$ $M_{col} = P_w h$
S1-2	垂直荷载	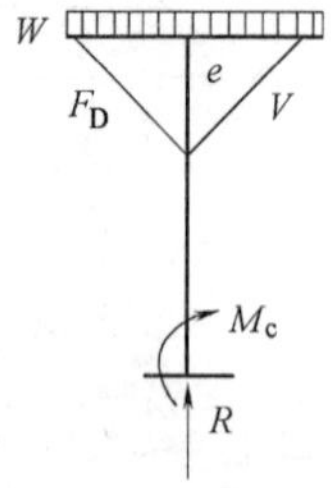 W；e；F_D；V；M_c；R	$R = WB_1$ $M_B = (1/8)Wb_1^2$ $F_D = \left(\frac{Wb_1}{2}\right)\left(\frac{L}{e}\right)$ $M_{col} = (1/2)Wb_1^2$ *
	水平荷载	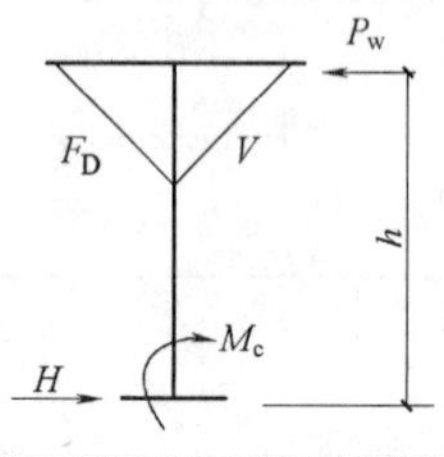 P_w；F_D；V；h；M_c；H	$H = P_w$ $F_D = \frac{HL}{2b}$ $M_{col} = P_w h$

2）双层荷载计算公式，如表 3-20 所示。

双层荷载计算公式　　**表 3-20**

类型	荷载	荷载简图	计算公式
S2-1	垂直荷载	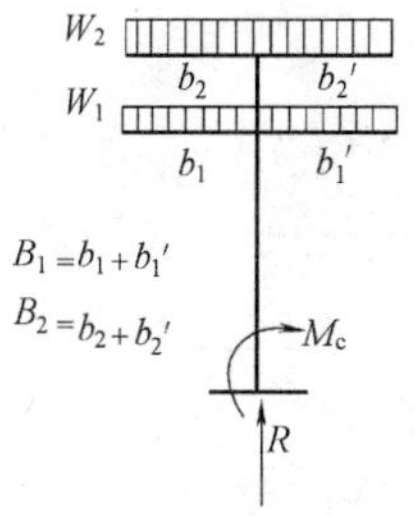 W_2, W_1, b_2, b_2', b_1, b_1', $B_1=b_1+b_1'$, $B_2=b_2+b_2'$, M_c, R	$R=W_1B_1+W_2B_2$ $M_B=(1/2)Wb^2$ $M_{col}=(1/2)[W_1b_1^2+W_2b_2^2]$
	水平荷载	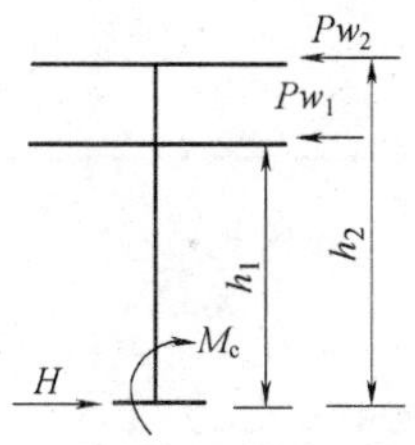 P_{w_2}, P_{w_1}, h_1, h_2, M_c, H	$H=P_{w1}+P_{w2}$ $M_{col}=P_{w1}h_1+P_{w2}h_2$
S2-2	垂直荷载	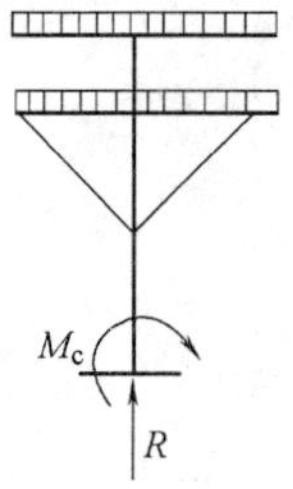 M_c, R	$R=W_1B_1+W_2B_2$ $M_B=(1/2)Wb^2$ $M_{col}=(1/2)(W_1b_1^2+W_2b_2^2)$
	水平荷载	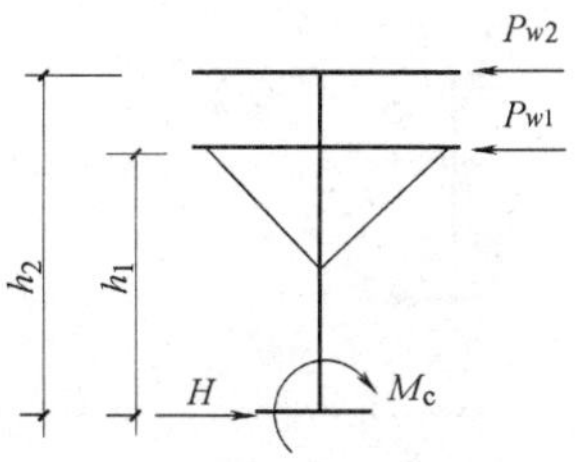 P_{w2}, P_{w1}, h_2, h_1, H, M_c	$H=P_{w2}+P_{w1}$ $M_{col}=P_{w1}h_1+P_{w2}h_2$
S2-3	垂直荷载	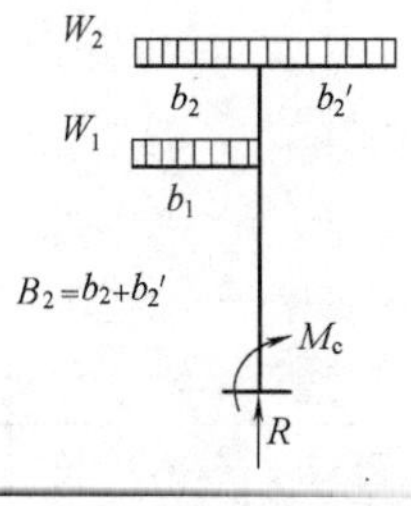 W_2, W_1, b_2, b_2', b_1, $B_2=b_2+b_2'$, M_c, R	$R=W_1b_1+W_2B_2$ $M_B=(1/2)Wb^2$ $M_{col}=(1/2)(W_1b_1^2+W_2b_2^2)$
	水平荷载	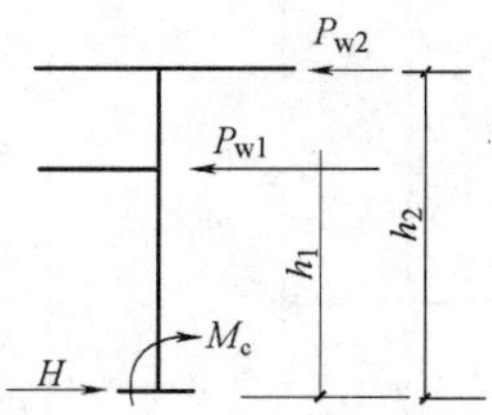 P_{w2}, P_{w1}, h_1, h_2, M_c, H	$H=P_{w1}+P_{w2}$ $M_{col}=P_{w1}h_1+P_{w2}h_2$

续表

类型	荷载	荷载简图	计算公式
S2-4	垂直荷载	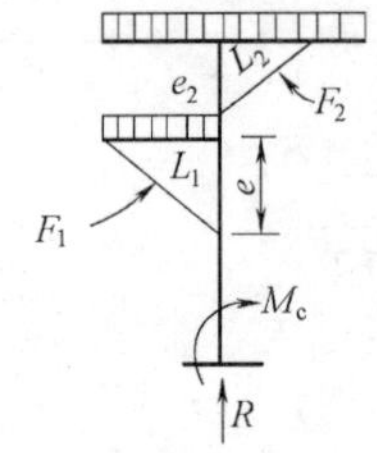	$R=W_1b_1+W_2B_2$ $M_B=(1/8)Wb^2$ $F_1=\left(\frac{W_1b_1}{2}\right)\left(\frac{L_1}{e_1}\right)$ $F_2=\left(\frac{W_2b_2}{2}\right)\left(\frac{L_2}{e_2}\right)$ $M_{col}=(1/2)(W_1b_1^2+W_2b_2^2)$
	水平荷载	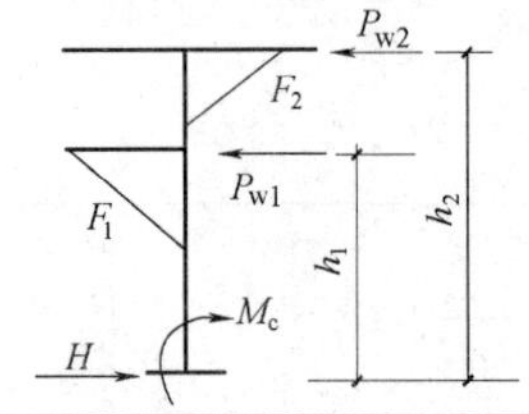	$H=P_{w1}+P_{w2}$ $F_1=\frac{HL}{2b_1}$ $F_2=\frac{P_{W2}L}{2b_2}$ $M_{col}=P_{w1}h_1+P_{w2}h_2$

(2) 双柱管架

1) 单层荷载计算公式，如表 3-21 所示。

单层荷载计算公式 **表 3-21**

类型	荷载	荷载简图	计算公式
D1-1	垂直荷载	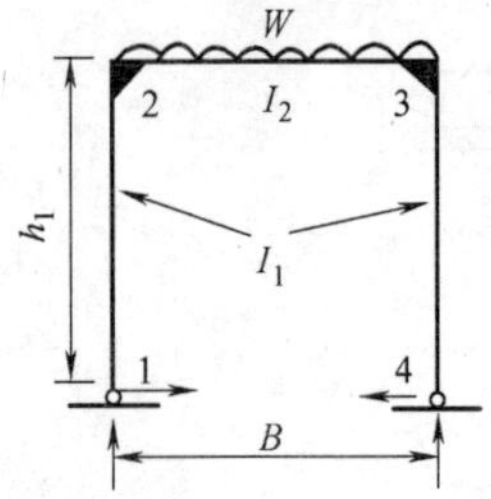	$\Phi=\frac{I_1}{I_2}\times\frac{B}{h_1}$；$A=4\left(3+\frac{2}{\Phi}\right)$ $R_1=R_4=\frac{1}{2}WB$ $H_1=H_4=\frac{WB^2}{Ah_1}$ $M_1=M_4=0$ $M_2=M_3=\frac{WB^2}{A}$
	水平荷载	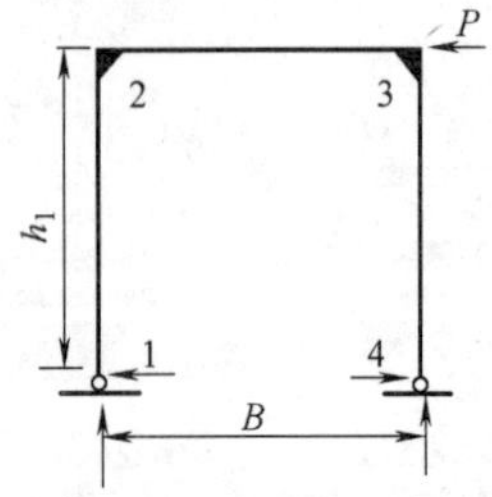	$R_1=R_4=\pm\frac{Ph_1}{B}$ $H_1=H_4=\frac{1}{2}P$ $M_1=M_4=0$ $M_2=-M_3=\frac{1}{2}Ph_1$
D1-2	垂直荷载	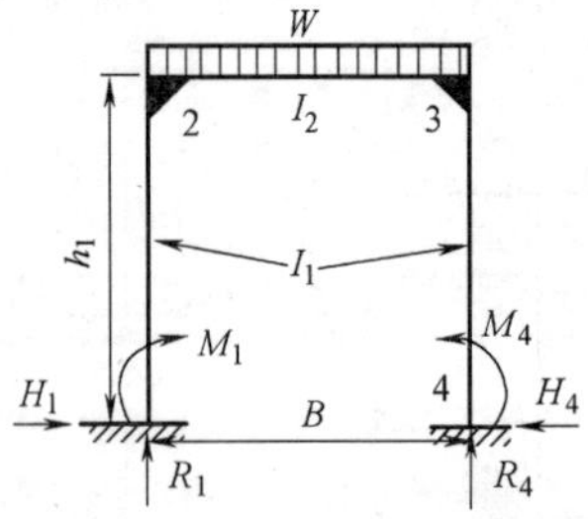	$\Phi=\frac{I_1}{I_2}\times\frac{B}{h_1}$；$F=6\left(2+\frac{1}{\Phi}\right)$ $R_1=R_4=\frac{1}{2}WB$ $H_1=H_4=\frac{3M_1}{h_1}$ $M_1=M_4=\frac{WB^2}{2F}$ $M_2=M_3=-2M_1$ 近似计算：假定反弯点在基础上$\frac{1}{3}h_1$
	水平荷载	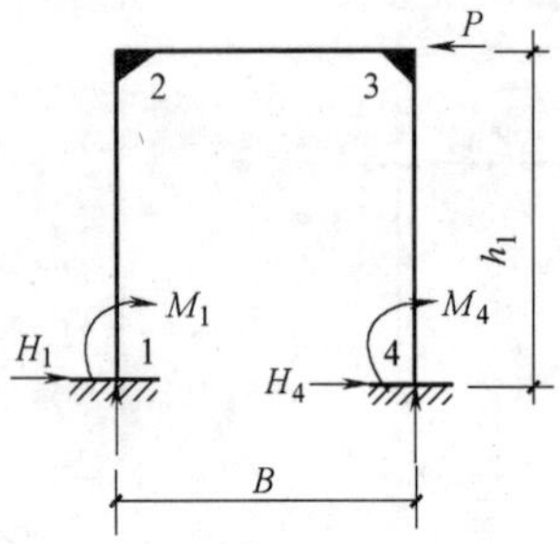	$Q=2\left(1+\frac{6}{\Phi}\right)$；$k=\frac{3}{Q\Phi}$ $R_1=R_4=\pm\frac{2PhK}{B}$ $H_1=H_4=\frac{P}{2}$ $M_1=M_4=\pm Ph_1\left(\frac{1}{2}-k\right)$ $M_2=-M_3=Ph_1k$ 近似计算：假定反弯点在$\frac{1}{2}h_1$

续表

类型	荷载	荷载简图	计算公式
D1-3	垂直荷载	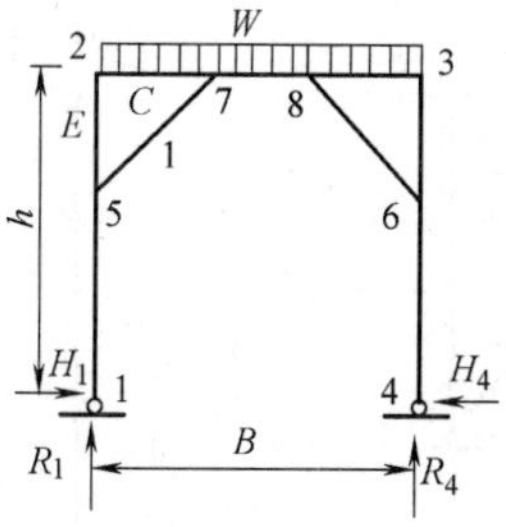	$R_1=R_4=\frac{1}{2}WB$ $H_1=H_4=W(B-C)C/2h_1$ $F_D=W(B-C)L/2e$ $M_B=\frac{1}{8}WC^2$ 或 $\frac{1}{8}WD^2$ $M_{col}=H_1(h_1-e)$
	水平荷载	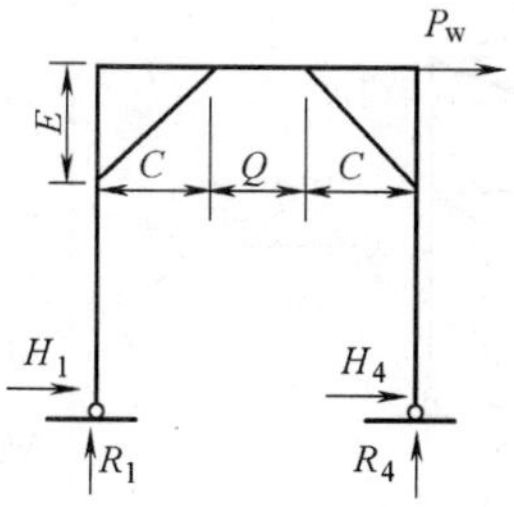	$R_1=-R_4=P_wh_1/B$ $H_1=H_4=\frac{1}{2}P_w$ $F_D=P_whL/2ec$ $M_B=R_1C-H_1e$ $M_{col}=H_1(h_1-e)$
D1-4	垂直荷载	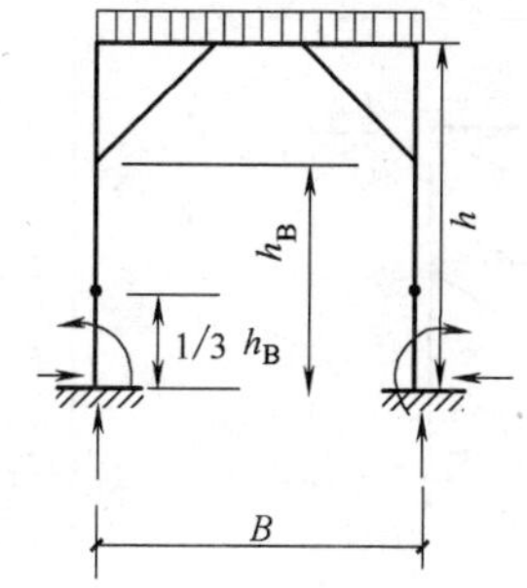	1. 计算公式与D1-3相同 2. 基础弯矩 $M_F=1/2M_{col}$
	水平荷载	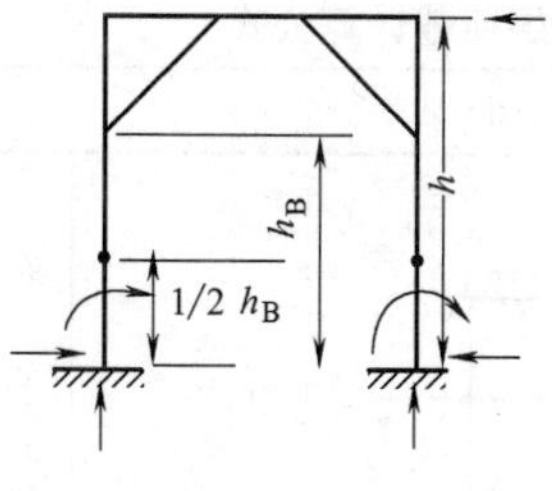	1. 计算公式与D1-3相同 2. 基础弯矩 $M_F=M_{col}$
D1-5	垂直荷载	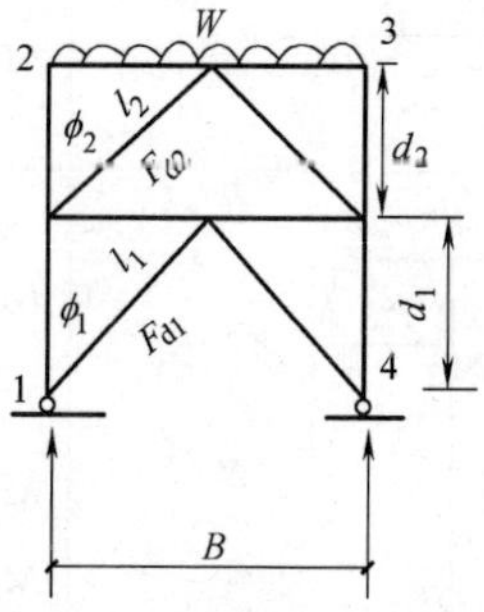	$R_1=R_4=\frac{1}{2}WB$ $H_1=H_4=0$ $F_1=0$ $F_2=\frac{WBL_2}{4d_2}$ $M_{col}=0$ $M_B=\frac{WB^2}{32}$

续表

类型	荷载	荷载简图	计算公式
D1-5	水平荷载	(−) (−) (+) (−) (−) (+) (+) P_w h_1	$R_1=R_4=\pm\frac{P_w h_1}{B}$ $H_1=H_4=\frac{1}{2}P_w$ $F_1=\frac{P_w L_1}{B}$ $F_2=\frac{P_w L_2}{B}$ $M_{col}=0$
D1-6	垂直荷载	W B	$R_1=R_4=\frac{1}{2}WB$ $H_1=H_4=0$ $F_1=F_2=0$ $M_{col}=0$ $M_B=\frac{WB^2}{8}$
	水平荷载	P_w h	$R_1=R_4=\pm\frac{P_w h}{B}$ $H_1=P_w$ $H_4=0$ $F_1=\frac{P_w L_1}{B}$ $F_2=\frac{P_w L_2}{B}$ $M_{col}=0$

2）双层荷载计算公式，如表 3-22 所示。

双层荷载计算公式 **表 3-22**

类型	荷载	荷载简图	计算公式
D2-1	垂直荷载	W_2 5 6 W_1 2 3 I_2 I_1 h_1 1 4 B	$\Phi=\frac{I_1}{I_2}\times\frac{B}{h_1}$；$A=4\left(3+\frac{2}{\Phi}\right)$ $R_1=R_4=\frac{1}{2}(W_1+W_2)B$ $H_1=H_4=\frac{(W_1B^2)}{Ah_1}$ $M_1=M_4=0$ $M_2=M_3=\frac{W_1B^2}{A}+\Delta M$
	水平荷载	5 6 P_{w2} h_{12} P_{w1} 2 3 1 4 B	$R_1=R_4=\frac{(P_{w1}h_1+P_{w2}h_2)}{B}$ $H_1=H_4=\frac{1}{2}(P_{w1}+P_{w2})$ $M_1=M_4=0$ $M_2=M_3=\frac{1}{2}(P_{w1}+P_{w2})h_1$

续表

类型	荷载	荷载简图	计算公式
D2-2	垂直荷载	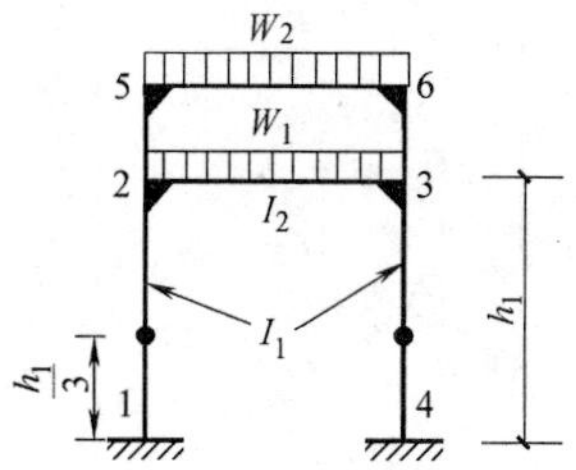	$\Phi=\frac{I_1}{I_2}\times\frac{B}{h}$；$F=6\left(2+\frac{1}{\Phi}\right)$ $R_1=R_4=\frac{1}{2}(W_1+W_2)B$ $H_1=H_4=\frac{3M_1}{h_1}$ $M_1=M_4=\frac{W_1B^2}{2F}$ $M_2=M_3=-2M_1$ 近似计算：1. 参照 D2-1 2. 假定反弯点在基础上 $1/3h_1$
	水平荷载	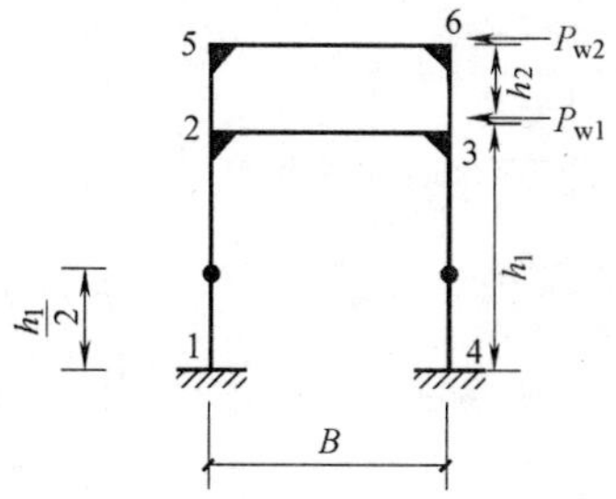	$Q=2\left(1+\frac{6}{\Phi}\right)$；$k=\frac{3}{Q\Phi}$ $R_1=R_4=\frac{1}{B}(P_{w1}h_1+P_{w2}h_2)$ $H_1=H_4=\frac{1}{2}(P_{w1}+P_{w2})$ $M_1=M_4$ $M_2=M_3$ 近似计算：1. 参照 D2-1 2. 假定反弯点在 $1/2h_1$
D2-3	垂直荷载	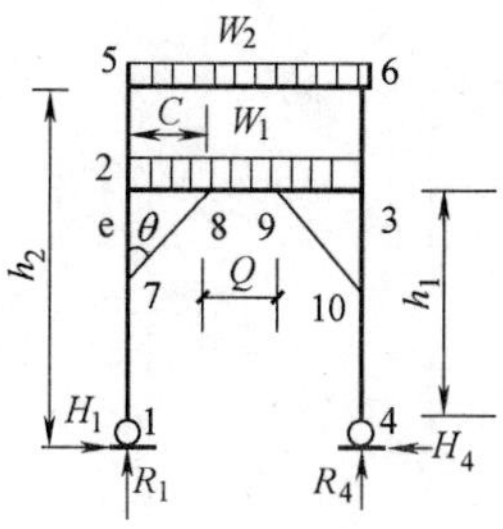	$R_1=R_4=\frac{1}{2}(W_1+W_2)B$ $H_1=H_4=\frac{W_1(B-C)C}{2h_1}$ $F_a=\frac{1}{2}\frac{W_1(C+D)L}{e}$ $M_{B1}=\frac{W_1C^2}{8}$或$\frac{W_1(B-C)^2}{8}$ $M_{B2}=\frac{W_2B^2}{8}$ $M_{col}=H_1(h_1-e)$
	水平荷载	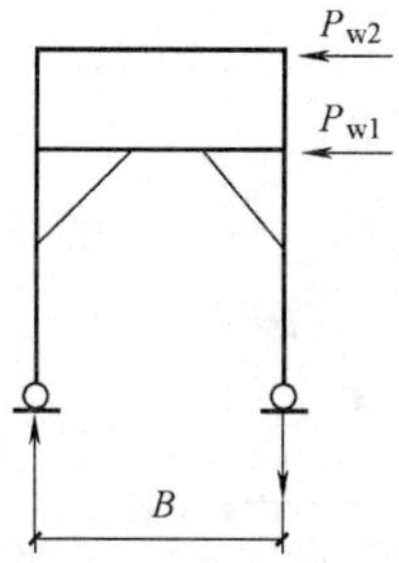	$R_1=R_4=\pm\frac{P_{w1}h_1+P_{w2}h_2}{B}$ $H_1=H_4=\frac{1}{2}(P_{w1}+P_{w2})$ $F_d=\frac{1}{2}\frac{(P_{w1}+P_{w2})}{eC}h_1L$ $M_{col}=H_1(h_1-e)$
D2-4	垂直荷载	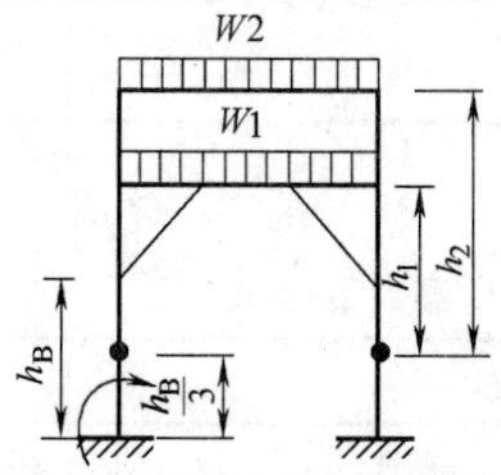	1. 参照相同关系 D2-3 计算 2. 确定反弯点 h_1、h_2
	水平荷载	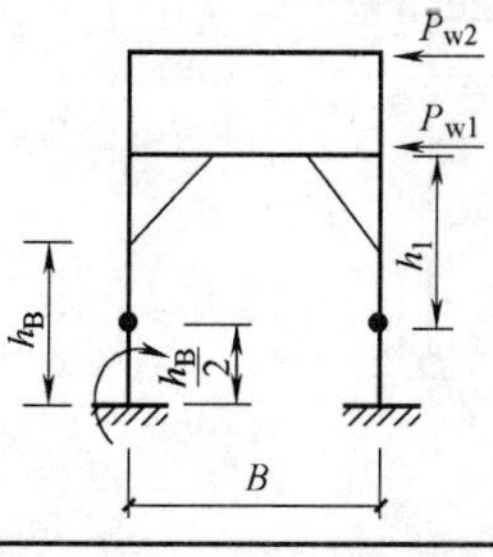	

续表

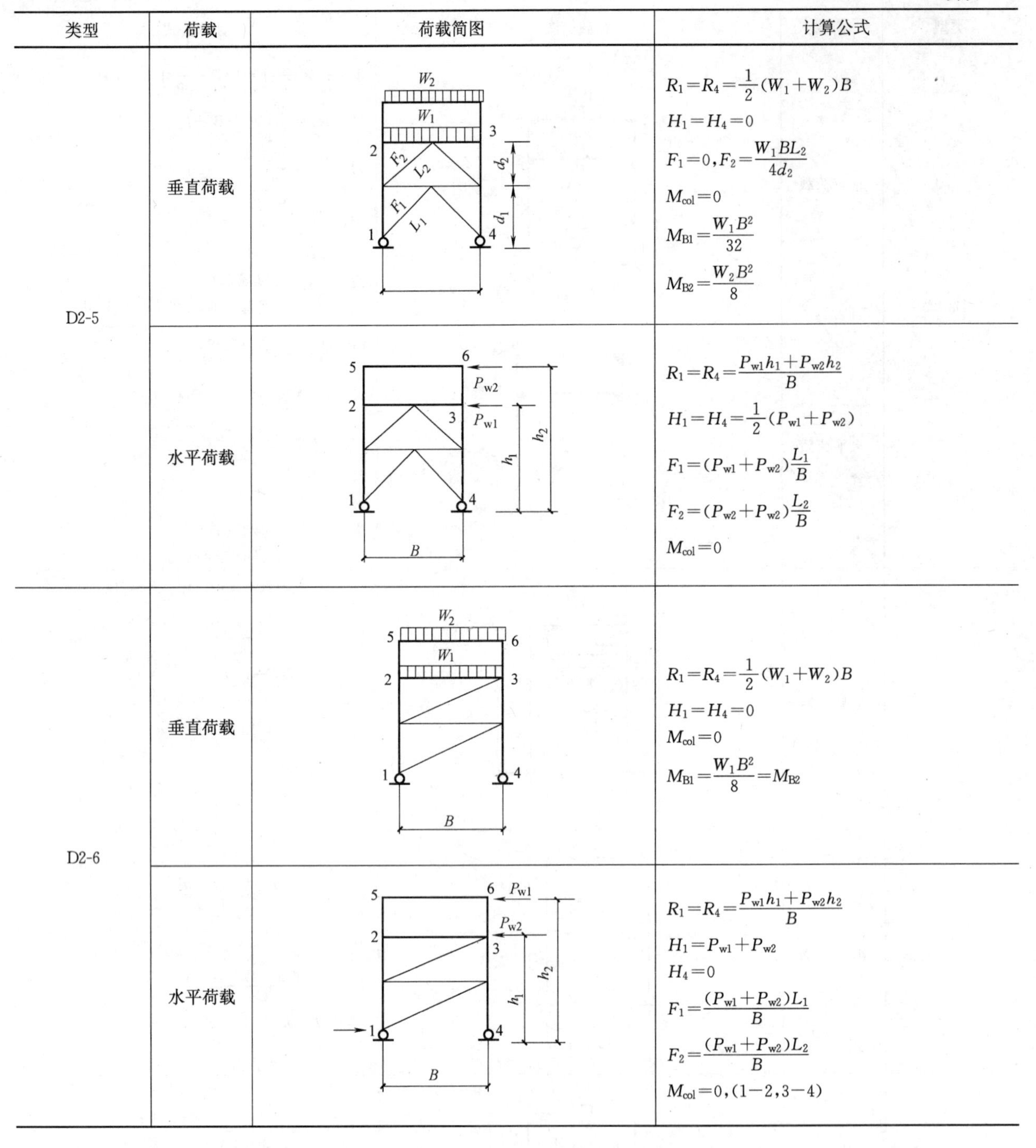

类型	荷载	荷载简图	计算公式
D2-5	垂直荷载		$R_1=R_4=\frac{1}{2}(W_1+W_2)B$ $H_1=H_4=0$ $F_1=0, F_2=\frac{W_1BL_2}{4d_2}$ $M_{col}=0$ $M_{B1}=\frac{W_1B^2}{32}$ $M_{B2}=\frac{W_2B^2}{8}$
	水平荷载		$R_1=R_4=\frac{P_{w1}h_1+P_{w2}h_2}{B}$ $H_1=H_4=\frac{1}{2}(P_{w1}+P_{w2})$ $F_1=(P_{w1}+P_{w2})\frac{L_1}{B}$ $F_2=(P_{w2}+P_{w2})\frac{L_2}{B}$ $M_{col}=0$
D2-6	垂直荷载		$R_1=R_4=\frac{1}{2}(W_1+W_2)B$ $H_1=H_4=0$ $M_{col}=0$ $M_{B1}=\frac{W_1B^2}{8}=M_{B2}$
	水平荷载		$R_1=R_4=\frac{P_{w1}h_1+P_{w2}h_2}{B}$ $H_1=P_{w1}+P_{w2}$ $H_4=0$ $F_1=\frac{(P_{w1}+P_{w2})L_1}{B}$ $F_2=\frac{(P_{w1}+P_{w2})L_2}{B}$ $M_{col}=0,(1-2,3-4)$

3）三层荷载计算公式，如表 3-23 所示。

三层荷载计算公式 **表 3-23**

类型	荷载	荷载简图	计算公式
D3-1	垂直荷载		$\Phi=\frac{I_1}{I_2}\times\frac{B}{h}; A=4\left(3+\frac{2}{\Phi}\right)$ $R_1=R_4=\frac{1}{2}(\Sigma WB)$ $H_1=H_4=\frac{(W_1W^2)}{Ah}$ $M_1=M_4=0$ $M_2=M_3=\frac{W_1W^2}{A}+\Delta M$

续表

类型	荷载	荷载简图	计算公式
D3-1	水平荷载	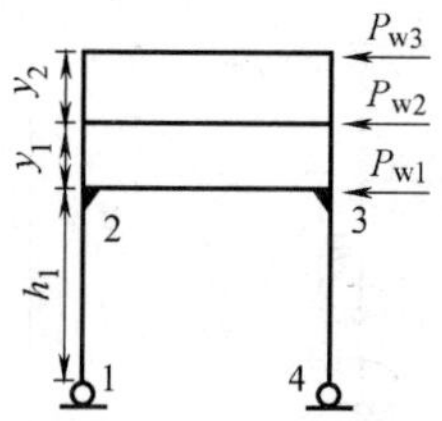	$R_1=R_4=\frac{\Sigma P_w h}{B}$ $H_1=H_4=\frac{1}{2}(\Sigma P_w)$ $M_1=M_4=0$ $M_2=M_3=H_1h_1$
D3-2	垂直荷载	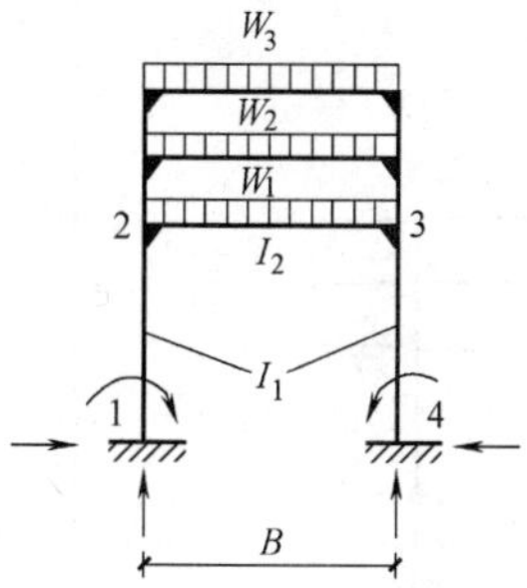	$\Phi=\frac{I_1}{I_2}\times\frac{B}{h}$;$F=6\left(2+\frac{1}{\Phi}\right)$ $R_1=R_4=\frac{1}{2}\Sigma WB$ $H_1=H_4=\frac{3M_1}{h_1}$ $M_1=M_4=\frac{W_1B^2}{2F}$ $M_2=M_3=-2M_1$ 或假定反弯点在基础上 $1/3h_1$ 计算
	水平荷载	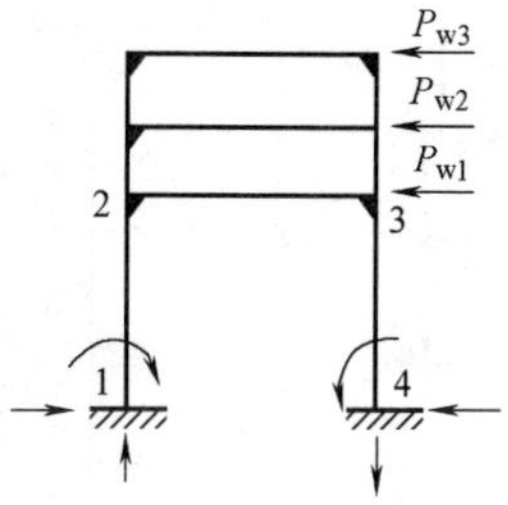	$Q=2\left(1+\frac{6}{\Phi}\right)$;$k=\frac{3}{Q\Phi}$ $R_1=R_4=\frac{\Sigma P_{w1}h_1}{B}$ $H_1=H_4=\frac{\Sigma P_w}{2}$ $M_1=M_4=\frac{W_1B^2}{2F}$ 或假定反弯点在 $1/2h_1$ 计算
D3-3	垂直荷载	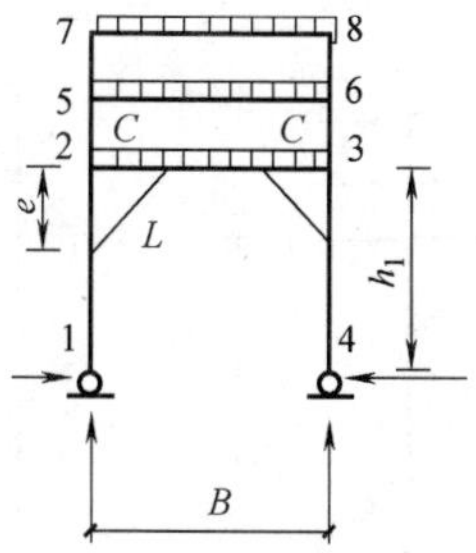	$R_1=R_4=\frac{1}{2}\Sigma WB$ $H_1=H_4=\frac{W_1(B-C)C}{2h_1}$ $F_D=\frac{1}{1}\frac{W_1(B-C)L}{e}$ $M_{B1}=\frac{W_1C^2}{8}$或$\frac{W(B-C)^2}{8}$ $M_{B2}=\frac{W_2B^2}{8}$ $M_{col}=H_1(h_1-e)$
	水平荷载	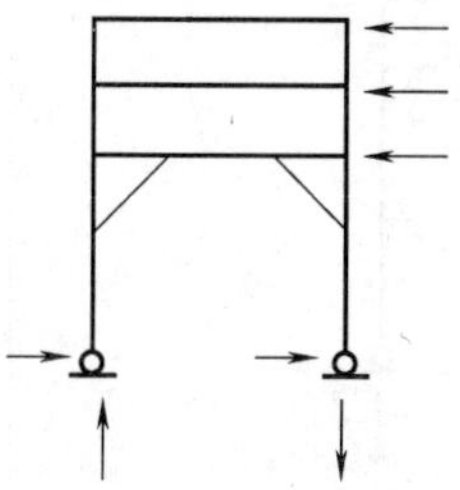	$R_1=R_4=+\frac{\Sigma(P_{w1}h_1)}{B}$ $H_1=H_4=\frac{1}{2}\Sigma P_w$ $F_D=\frac{1}{2}\frac{\Sigma P_w h_1 L}{eC}$ $M_{col}=H_1(h_1-e)$

续表

类型	荷载	荷载简图	计算公式
D3-4	垂直荷载	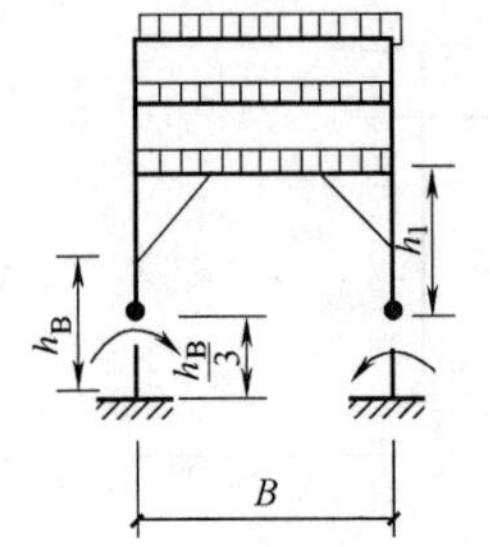 h_B $\frac{h_B}{3}$ h_1 B	1. 参照相同关系 D3-3 计算 2. 确定反弯点 h_1、h_2
	水平荷载	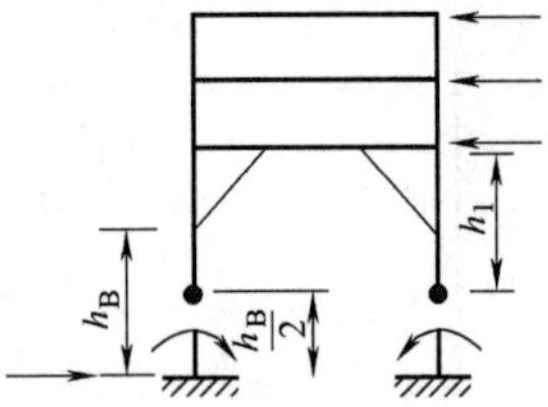 h_B $\frac{h_B}{2}$ h_1	
D3-5	垂直荷载	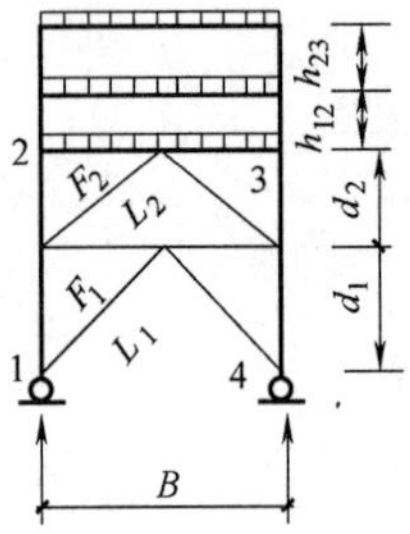 h_{23} h_{12} d_2 d_1 F_2 L_2 F_1 L_1 1 2 3 4 B	$R_1=R_4=\frac{1}{2}\Sigma WB$ $H_1=H_4=0$ $F_1=0\quad F_2=\frac{W_1BL_2}{4d_2}$ $M_{col}=0$ $M_{B1}=\frac{WB^2}{32}$ $M_{B2}=\frac{WB^2}{8}$
	水平荷载	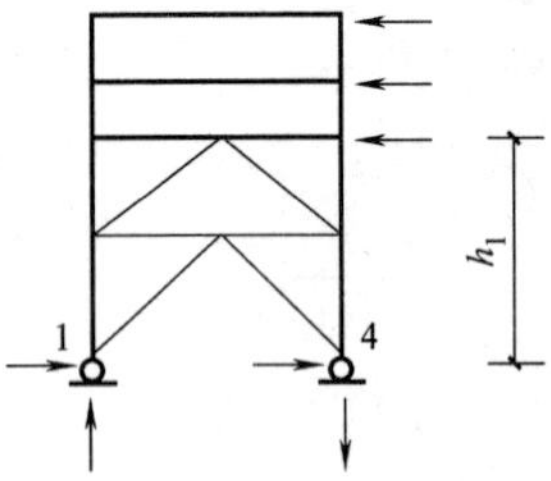 h_1 1 4	$R_1=R_4=\pm\frac{\Sigma P_wh}{B}$ $H_1=H_4=\frac{1}{2}\Sigma P_w$ $F_1=\frac{\Sigma P_wL_1}{B}$ $F_2=\frac{\Sigma P_wL_2}{B}$ $M_{col}=0$
D3-6	垂直荷载	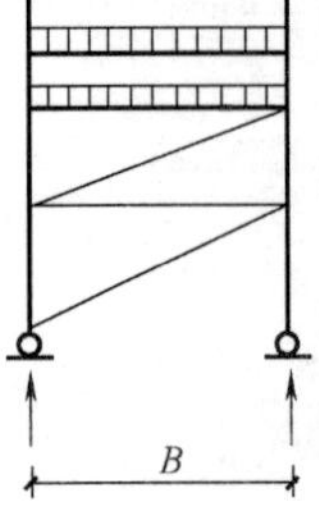 B	$R_1=R_4=\frac{1}{2}\Sigma WB$ $H_1=H_4=0$ $F_1=F_2=0$ $M_{col}=0$ $M_B=\frac{WB^2}{8}$

续表

类型	荷载	荷载简图	计算公式
D3-6	水平荷载	h_1	$R_1=R_4=\pm\frac{\Sigma P_w h}{B}$ $H_1=\Sigma P_w$ $H_4=0$ $F_1=\frac{\Sigma P_w L_1}{B}$ $F_2=\frac{\Sigma P_w L_2}{B}$ $M_{col}=0$

注：表 3-19～表 3-23 中公式符号意义如下：

B、B_1、B_2、b、b_1、b_2——横梁长；

C——斜撑的水平投影；

d_1、d_2——垂直距离；

e——斜撑的垂直投影；

F——框架常数$=6\left(2+\frac{1}{\Phi}\right)$；

H、H_1、H_4——柱基水平反力；

h_1、h_2——层 1、层 2 的高度；

h_{12}——层 1 层 2 之间的高度；

h_{23}——层 2 层 3 之间的高度；

K——框架常数$=\frac{3}{Q\Phi}$；

L、L_1、L_2——斜撑长度；

M、M_1、M_2、M_3——1、2、3 处的弯矩；

ΔM——弯矩变化；

P_w、P_{w1}、P_{w2}——层 1、层 2 处风荷载；

R、R_1、R_2——1、4 处柱的垂直反力；

W、W_1、W_2——层 1 层 2 处均匀竖向荷载；

Φ——框架常数$=I_1/I_2\cdot B/h_1$；

θ——柱与斜撑间的竖向夹角；

θ_1、θ_2——柱与斜撑构件 1、2 之间竖向夹角。

4 管架设计

4.1 基本规定

1. 管架分类及适用范围

(1) 管架分类

1) 一般利用管道自身刚度，将各自独立的管架连接起来的管架系统，称作柱式管架；

2) 柱式管架根据管架在管路上的作用不同，分别由固定管架和活动管架组成见图4-1；

3) 活动管架根据其结构特征不同，又分为刚性管架、柔性管架和半铰接管架等。

(2) 适用范围　柱式管架一般适用于管径大，根数不多的管路。

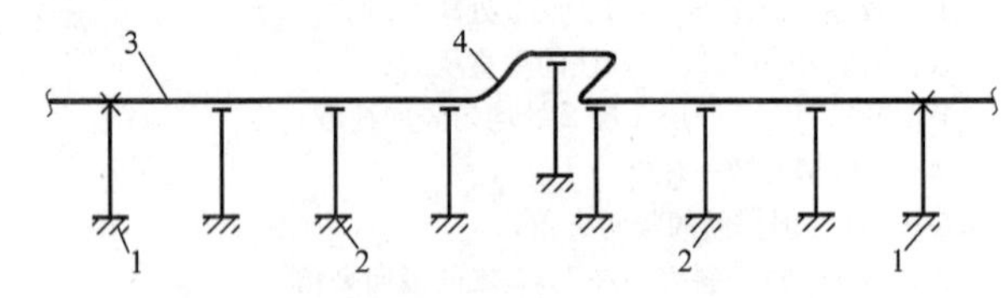

图4-1　柱式管架
1—固定管架；2—活动管架；3—管道；4—补偿器

2. 确定管架结构特征

活动管架（不含半铰接管架）的结构特征，在临界状态下具有双重性：柔性或刚性，可按表4-1进行确定。

活动管架结构特征判别　　表4-1

序号	管架属性	判别式	结构特征
1	柔性	$\frac{P_m}{P_f}\geqslant1$　(4-1)	柱刚度较小，管道变形时管架顶能适应管道变形要求而共同变位，不出现相对位移，两者为整体工作
2	刚性	$\frac{P_m}{P_f}<1$　(4-2)	柱刚度较大，管道变形时管架顶不能适应管道变形要求而共同变位，出现相对位移，两者为非整体工作

注：P_m——按刚性管架计算时的管道摩擦力；
P_f——按柔性管架计算时的管架位移反弹力。

4.2 刚性管架

1. 一般规定

(1) 设计要求：

1) 纵向为管道的可移动支点，横向为管道的不移动支点；

2) 管架结构特征应符合表4-1的规定；

3) 管架承受的水平推力为管道滑动摩擦力；

4) 管道采用滑动或滚动管座敷设于管架上。

(2) 适用范围：适用于管道重量较小、管道变形较大和高度较低的管线。

2. 计算简图及荷载计算

(1) 刚性管架的计算简图如图4-2所示。

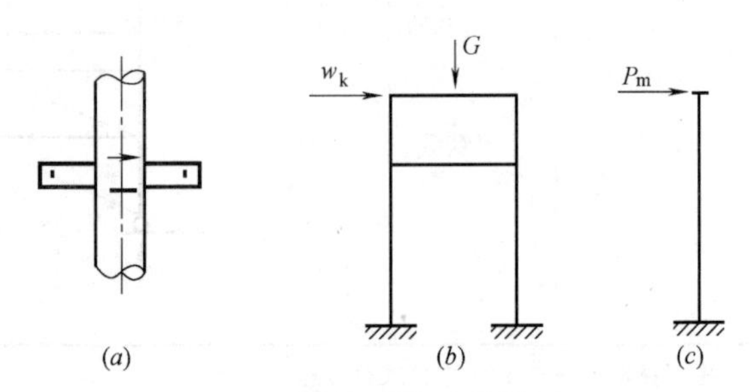

图4-2　刚性管架计算简图
(a) 平面示图；(b) 平面内计算简图；(c) 平面外计算简图

(2) 刚性管架的荷载计算。

1) 垂直荷载　垂直荷载一般由管道专业提供，或按3.3-2计算。

2) 水平荷载（纵向）　刚性管架承受的纵向水平荷载为管道摩擦力，可按式3-10计算，即

$$P_m=K_qG\mu$$

式中　K_q——牵制系数，按表3-8采用；
G——管道垂直荷载，按3.3节2计算；
μ——摩擦系数，μ=0.3。

3) 水平荷载（横向）　刚性管架承受的横向水平荷载为风荷载，计算如下：

① 管道风荷载w_k，按式（3-18）、式(3-19)计算。

② 管架风荷载w_z，按式（3-20）计算。

3. 内力分析

(1) 基本假定　按单片平面管架进行内力分析，梁与柱连接为刚接，柱与基础连接为固接。

(2) 管架柱（柱）

1) 管架平面内，按平面框架进行内力分析。

2) 管架平面外，按上端自由，下端固定的受弯构件进行内力分析。

(3) 管架梁（梁）

1) 计算水平推力作用下的平面外扭矩时，两端按固定计算。

2) 计算水平推力作用下的平面外弯矩时，两端按简支计算。

4. 承载力计算

(1) 管架柱（柱）

1) 按双向偏心受压构件进行承载力计算；

2) 按3.4的有关规定进行计算长度及长细比计算；

3) 按3.5的相关内容进行计算。

(2) 管架梁（梁）

1) 按双向受弯构件进行承载力计算；

2) 当水平推力作用下的弯矩设计值 $M_y \leqslant 0.1$ 垂直荷载作用下的弯矩设计值 M_x 时，可按单向受弯构件进行承载力计算；

3) 按 3.5 相关内容进行计算。

(3) 基础

按双向偏心受压构件进行承载力计算，偏心距为 $\frac{e_x}{A}$ 及 $\frac{e_y}{B} \leqslant \frac{1}{4}$，详见 7 管架基础设计有关内容。

4.3 柔性管架

1. 一般规定

(1) 设计要求

1) 纵向为管道的可移动支点，横向为管道的不移动支点。

2) 管架结构特征应符合表 4-1 的规定。

3) 管架承受的水平推力为管架位移反弹力。

4) 主动管采用滑动或铰接管座，其他管道采用滑动或滚动管座敷设于管架上。

(2) 适用范围　适用于管道重量较大、变形较小和高度较高的管线。

2. 计算简图及荷载计算

(1) 计算简图

柔性管架的计算简图，如图 4-3 所示。

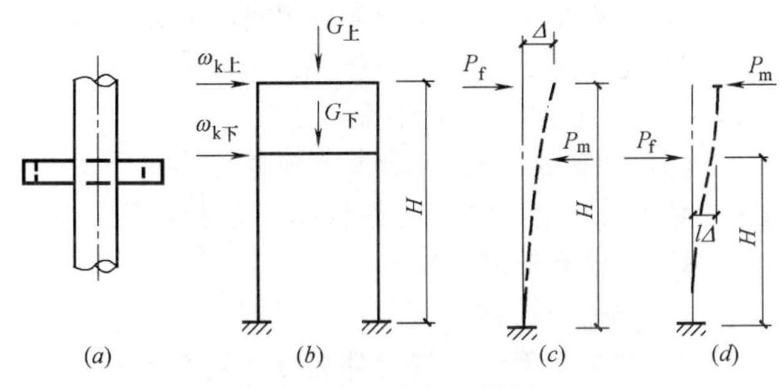

图 4-3　柔性管架计算简图

(a) 平面图；(b) 平面内简图；(c) 平面外主动管在上层；(d) 平面外主动管在下层

(2) 荷载计算

1) 垂直荷载　垂直荷载一般由管道专业提供，或按 3.3—2 计算

2) 水平荷载（纵向）　柔性管架承受的纵向水平荷载分为两种：

① 主动管层承受管架柱位移反弹力，可按式 (3-11) 计算，即

$$P_f = \frac{3E_c I \Delta}{H^3}$$

式中　$E_c I$——管架刚性，E_c 为混凝土弹性模量，I 为惯性矩，钢筋混凝土柱取 $0.85E_c I$；

Δ——管架位移，计算如下：

$$\Delta = K_q \Delta_z$$

K——牵制系数，按表 3-8 采用；

Δ_z——主动管变形值，由工艺专业提供；

H——管架高度（主动管管座底面至基础顶面距离）。

② 非主动管层承受管道摩擦力，计算如下：

A. 管道摩擦力，按式 (3-10) 计算，但式中牵制系数 $K_q = 1.0$；

B. 管道摩擦力 P_m，对主动管层的附加影响，可按表 4-2 计算。

3) 水平荷载（横向）　柔性管架承受的横向荷载为风荷载，计算如下：

① 管道风荷载 $w_{k上}$，$w_{k下}$，按式 (3-18)、式 (3-19) 计算

② 管架风荷载 w_z 按式 (3-20) 计算

3. 内力分析

(1) 基本假定　按单片平面管架进行内力分析，梁柱连接为刚接，柱与基础连接为固接。

(2) 管架柱（柱）

1) 管架平面内，按平面框架进行内力分析；

2) 管架平面外，按主动管层及非主动管层联合作用下的管架位移 Δ 进行内力分析。

非主动管层 P_m 对主动管层的附加推力 P　　表 4-2

管架类型	半铰接管架 $P=rP_m$		柔性管架 $P=rP_m$	
简图	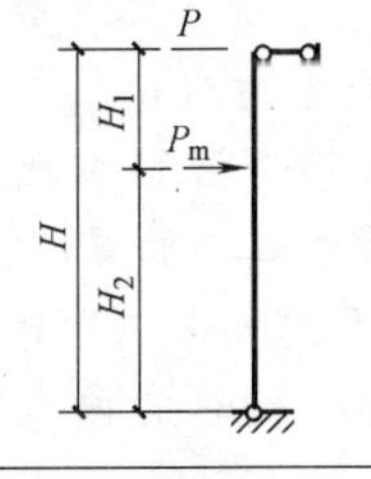	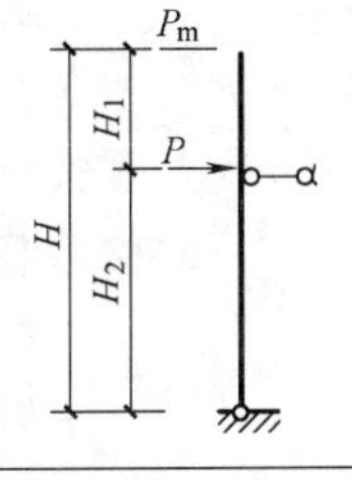	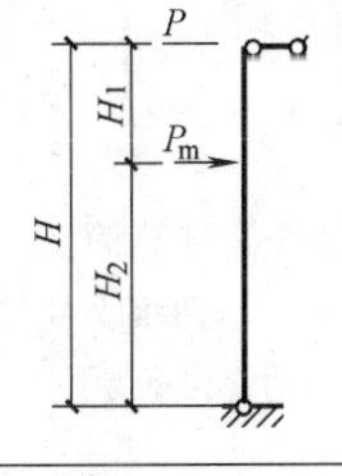	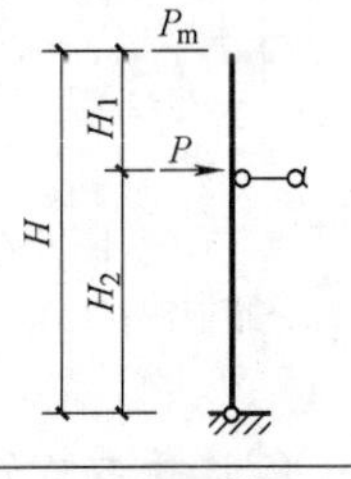
系数 r	$\frac{H_2}{H}$	$\frac{H}{H_2}$	$\frac{H_2^2}{2H^2}\left(3-\frac{H_2}{H}\right)$	$\frac{1}{2}\left(2+3\frac{H_1}{H_2}\right)$

(3) 管架梁（梁）

1) 计算水平推力作用下的平面外扭矩时，两端按固定计算；

2) 计算水平推力作用下的平面外弯矩时，两端按简支计算。

4. 承载力计算

(1) 管架柱（柱）

1) 按双向偏心受压构件进行承载力计算；

2) 按3.4有关规定确定计算长度；

3) 按3.4有关规定确定长细比。

(2) 管架梁（梁）

1) 按双向受弯构件进行承载力计算；

2) 当水平推力作用下的弯矩设计值$M_y \leqslant 0.1$垂直荷载作用下的弯矩设计值M_x时，可按单向受弯构件进行承载力计算。

(3) 基础

1) 按双向偏心受压构件进行承载力计算；

2) 偏心距为$\frac{e_x}{A}$及$\frac{e_y}{B} \leqslant \frac{1}{4}$。

4.4 半铰接管架

1. 一般规定

(1) 设计要求

1) 纵向为管道的可移动支点，横向为管道的不移动支点；

2) 管架以支柱的倾斜适应管线的变形要求为准，不出现相对位移，且管架倾斜不大于2%；

3) 管架承受的水平推力，可忽略不计；

4) 主动管采用铰接管座，其他管道采用滑动或滚动管座敷设于管架上。

(2) 适用范围　用于管道重量较大，主动管变形符合式（4-3）要求的管线。

2. 计算简图及荷载计算

(1) 半铰接管架的计算简图，如图4-4所示。

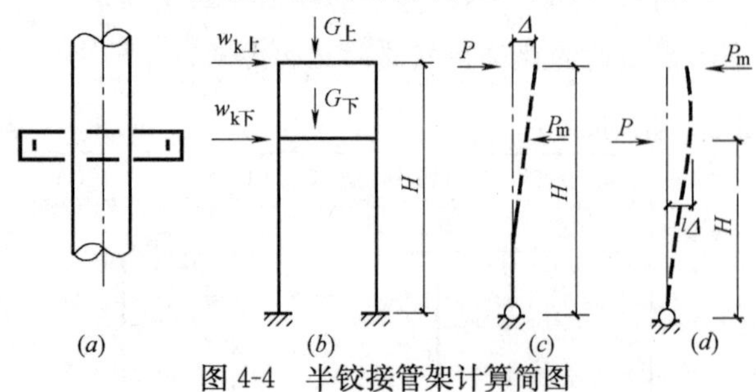

图4-4　半铰接管架计算简图

(a) 平面图；(b) 平面内简图；(c) 平面外主动管在上层；(d) 平面外主动管在下层

(2) 荷载计算

1) 垂直荷载　垂直荷载一般由管道专业提供，或按3.3-2计算。

2) 水平荷载（纵向）　半铰接管架承受的纵向水平荷载分为两种：

① 当主动管层的管架位移，符合下列公式要求时，是不承受水平推力；

$$\frac{\Delta}{H} \leqslant 0.02 \tag{4-3}$$

式中　Δ——管架位移，同式（4-3）；

H——管架高度（主动管管座底面至基础顶面距离）。

② 非主动管层承受的水平荷载为管道摩擦力，计算如下：

A. 管道摩擦力，按式（3-10）计算，但式中牵制系数$K_q = 1.0$；

B. 管道摩擦力P_m，对主动管层的附加影响，可按表4-2计算。

3) 水平荷载（横向）　半铰接管架承受的横向水平荷载为风荷载，计算如下：

① 管道风荷载$w_{k上}$、$w_{k下}$，按式（3-18）和式（3-19）计算；

② 管道风荷载w_z，按式（3-20）计算。

3. 内力分析

(1) 基本假定　按单片平面管架进行内力分析，梁柱连接为刚接，柱与基础纵向连接为半铰接，横向连接为固定。

(2) 管架柱（柱）

1) 管架平面内：按平面框架进行内力分析。

2) 管架平面外，主动管层按中心受压计算内力，非主动管按简支梁计算内力。

(3) 管架梁（梁）　计算水平推力作用下的平面外弯矩时，两端按简支梁计算（非主动管层）。

4. 承载力计算

(1) 管架柱（柱）

1) 按单向偏心受压构件进行承载力计算；

2) 按3.4的有关规定进行计算长度及长细比计算；

3) 与3.5的相关内容配合进行计算。

(2) 管架梁（梁）

1) 按单向受弯构件进行承载力计算；

2) 非主动管层当水平推力作用下的弯矩设计值$M_y \leqslant 0.1$垂直荷载作用下的弯矩设计值M_x时，可按单向受弯构件进行承载力计算，否则按双向受弯构件进行承载力计算；

3) 与3.5的相关内容配合进行计算。

(3) 基础　按单向偏心受压构件进行承载力计算，偏心距为$\frac{e_x}{A}$及$\frac{e_y}{B} \leqslant \frac{1}{4}$，详见7管架基础设计有关内容。

4.5 固定管架

1. 一般规定

(1) 设计要求

1) 纵向及横向均为管道的不移动支点；

2) 管架具有足够刚度，保证管道系统稳定；

3) 管架承受的水平推力，由工艺专业提供；

4) 管架上管道一般均采用固定管座敷设于管架上。

(2) 适用范围　适用于任何管线上的管道固定点处，可保证管道的正常运行。

2. 计算简图及荷载计算

(1) 固定管架的计算简图，如图4-5所示。

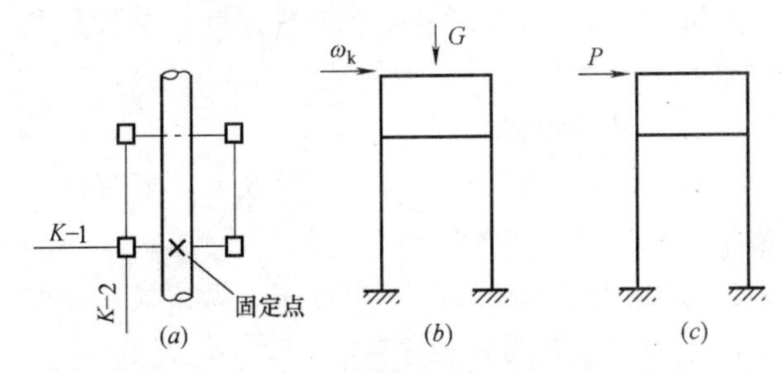

图4-5　固定管架计算简图

(a) 平面图；(b) 横向框架 (K—1)；(c) 纵向框架 (K—2)

(2) 荷载计算

1) 垂直荷载　垂直荷载一般由管道专业提供，或按3.3-2计算。

2) 水平荷载 (纵向)　固定管架承受的纵向水平推力，一般均由工艺专业提供，详见3.3-3中固定管架水平推力计算。

3) 水平荷载 (横向)　固定管架承受的横向荷载为风荷载，计算如下：

① 管道风荷载 w_k，可按式 (3-18) 和式 (3-19)计算；

② 管道风荷载 w_z，可按式 (3-20) 计算。

注：当管架位于三通管或拐角部位时，纵横向均承受水平推力，由工艺专业提供。

3. 内力分析

(1) 基本假定

1) 固定管架通常采用四柱式钢筋混凝土结构，梁柱连接为刚接，柱与基础连接为固接；

2) 四柱式固定管架通常按单片平面框架进行内力分析。

(2) 管架柱 (柱)

1) 横向框架，按垂直荷载及风荷载作用下进行内力分析；

2) 纵向框架，可按水平推力作用下进行内力分析。

(3) 管架梁 (梁)

1) 计算水平推力作用下的平面外扭矩时，两端按固定计算；

2) 计算水平推力作用下的平面外弯矩时，两端按简支计算。

4. 承载力计算

(1) 管架柱 (柱)

1) 按双向偏心受压 (拉) 构件进行承载力计算，或横向按偏心受压、纵向按受弯构件近似计算；

2) 按3.4的相关规定进行计算长度及长细比计算；

3) 与3.5的相关内容进行配合行计算。

(2) 管架梁 (梁)

1) 按双向受弯构件进行承载力计算，对设固定点的横梁尚应验算受扭曲承载力；

2) 当水平推力作用下的弯矩设计值 $M_y \leqslant 0.1$ 垂直荷载作用下的弯矩设计值 M_x 时，可按单向受弯构件进行承载力计算；

3) 与3.5的有关内容配合进行计算。

(3) 基础　按双向偏心受压构件进行承载力计算，偏心距为 $\frac{e_x}{A}$ 及 $\frac{e_y}{B} \leqslant \frac{1}{5}$，详见7管架基础设计有关内容。

4.6 双向活动管架

1. 一般规定

(1) 定义　双向活动管架系指管道沿平面内可任意方向位移的管架

(2) 分类　双向活动管架通常分为：

1) 摇摆管架；

2) 双向滑动管架。

(3) 适用范围　双向活动管架，一般布置在管道的拐弯处。

2. 摇摆管架

(1) 一般规定

1) 设计要求

① 摇摆管架的倾斜度不大于3%；

② 摇摆管架上的主动管采用固定管座或螺栓连接的铰接管座，其他管道采用滑动管座；

③ 摇摆管架柱下端与基础沿双向均采用铰接。

2) 适用范围　适用于单根管或管道根数不多的管路上。

(2) 计算简图及荷载计算

1）摇摆管架的计算简图如图4-6所示。

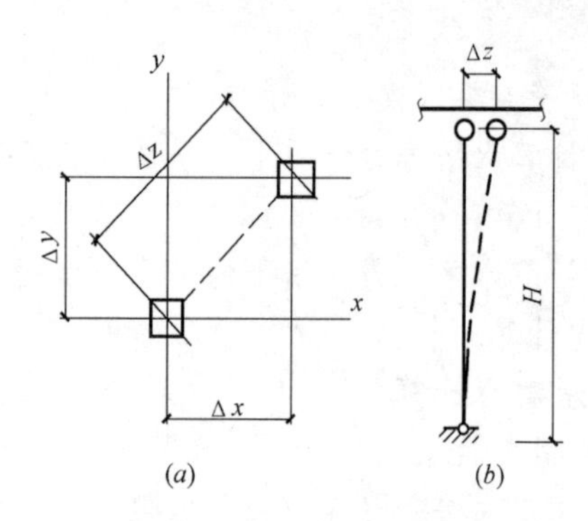

图4-6 摇摆管架示意
(a)平面；(b)立面

2）荷载计算

①垂直荷载 垂直荷载一般由管道专业提供，或按3.3-2计算。

②水平荷载

A. 摇摆管架一般不承受水平荷载

B. 摇摆管架倾斜度，应符合下列公式规定：

$$\frac{\Delta_z}{H} \leqslant 0.03 \quad (4-4)$$

式中 Δ_z——主动管斜向变形，按下式计算：

$$\Delta_z = \sqrt{\Delta_x^2 + \Delta_y^2} \quad (4-5)$$

Δ_x、Δ_y——主动管沿纵向及横向变形值，由工艺专业提供；

H——柱高度（由主动管管座底面至基础顶面距离）。

3. 双向滑动管架

（1）定义 双向滑动管架即一般刚性管架，只是管架上管道的管座采用双向可滑动形式。

（2）适用范围 双向滑动管架适用于管道沿纵向及横向均有较大变形的单层或多层管线上。

（3）设计规定 双向滑动管架的计算简图、荷载计算、内力分析和承载力计算，均与刚性管架相同。

4.7 振动管线管架

1. 一般规定

（1）定义 凡管架上敷设的振动管线重量占全部管线重量的30%以上时，这种管架即按振动管线管架设计。

（2）振动管线范围 下列管线为振动管线

1）蒸汽管线；

2）往复泵输送的液体管线；

3）时停时开，扫线频繁的管线；

4）活塞式压缩机输送的气体管线；

5）“快速切断阀”的管线；

6）紧急放空管线；

7）容易产生振动的高温高压管线。

2. 设计规定

（1）设计规定

1）凡振动管线，应和外管专业配合，选择适当部位设置有效减振措施，例如：①设置抗震管卡；②设置弹簧管座；③横梁端部设防滑挡板。

2）凡振动管线设有限制振动的管卡或采取其他减振措施时，垂直荷载和水平荷载均应乘以1.2动力系数；

3）凡振动管线未采取减振措施时，垂直荷载和水平荷载均应乘以1.5的动力系数。

（2）结构型式

1）管架上敷设有单根振动管线时，管架应采用格构式管架，并按柔性管架设计；

2）振动管线管架，一般应采用纵梁式组合管架，中间管架采用刚性管架；

3）振动管线管架设计，按所采用的管架形式不同，按相应的柱式管架进行设计。

4.8 托吊架

1. 一般规定

（1）定义 凡在建筑物、构筑物和钢制设备上生根的用以支撑管道的构件均称为托吊架。

（2）托架分类

1）滑动托架，用于管道沿托架顶面有线位移场合；

2）固定托架，用于在固定点处不允许有线位移和角位移的场合；

3）挡板托架，用于限制轴向位移及管道与支架不便于相焊场合；

4）导向托架，用于允许管道有轴向位移，但不允许有横向位移的场合。

（3）托架形式 根据管道数量、大小和位置不同，主要有以下两种形式：

1）悬臂式托架，如图4-7所示；

2）三角形托架，如图4-8所示。

（4）适用范围

1）当管径较小，管道根数不多，且有可能沿建筑物、构筑物和钢制设备表面敷设时，应尽量采用。

2）在选用管道托架时，应按照支撑点所承受的荷载大小和方向、管道的位移情况、工作温度、是否保温或保冷、管道的材质等条件选用合适的托架。

3）托架生根焊在钢制设备上，所用垫板应按设备外形成型。当碳钢设备壁厚大于38mm时，应取得设备专业的同意。当生根在合金设备上时，垫板材料应与设备材料相同，并应取得设备专业的同意。

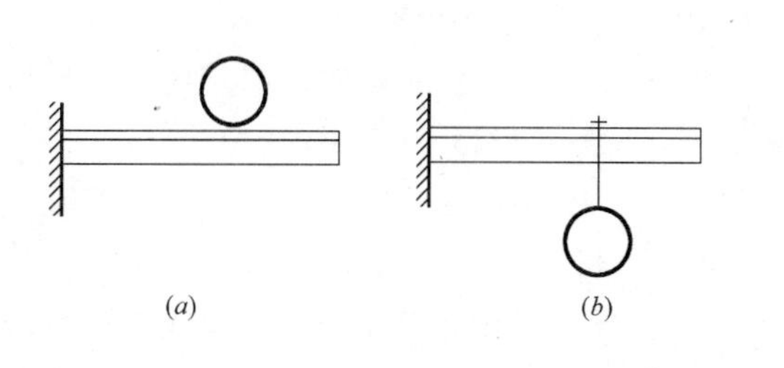

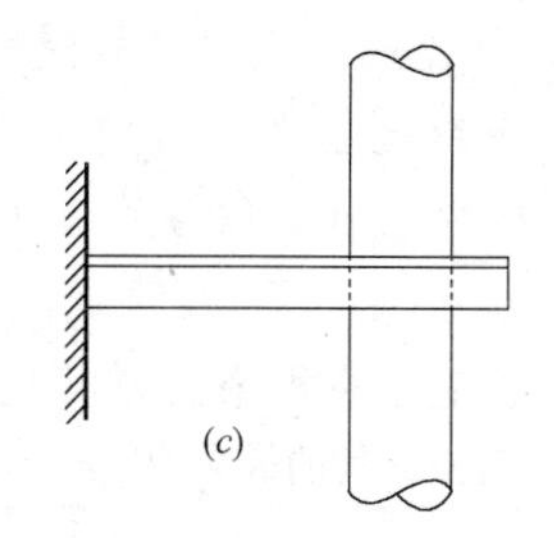

图 4-7 悬臂托架

（a）管道搁在托架上；（b）管道悬挂在托架上；（c）立管托架

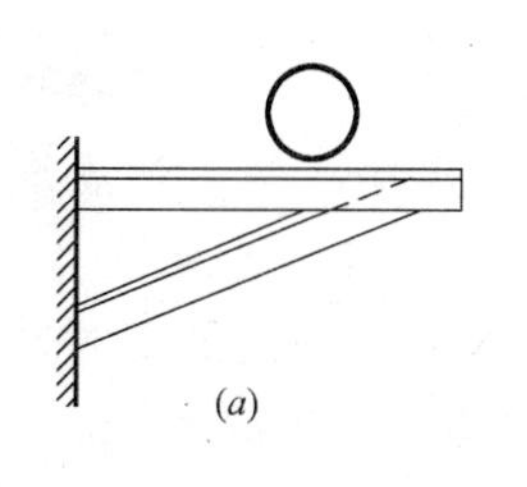

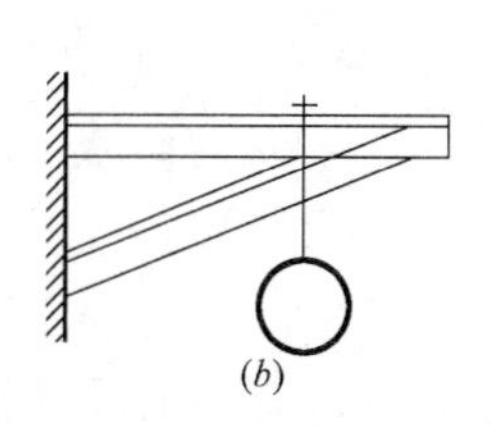

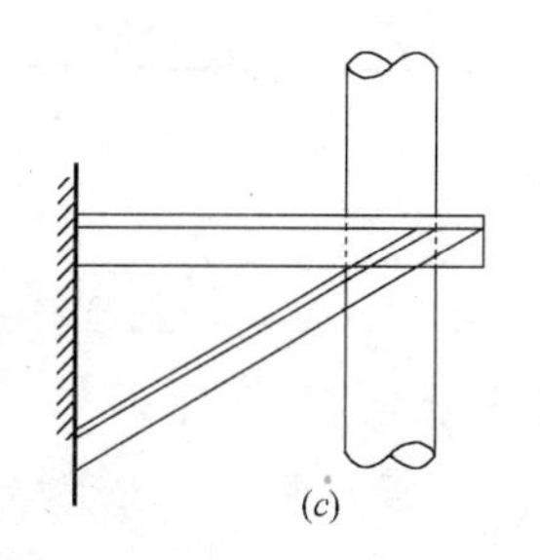

图 4-8 三角形托架

（a）管道搁在托架上；（b）管道悬挂在托架上；（c）立管托架

2. 托吊架布置

（1）一般规定　管道托吊架应在管道的允许跨度内设置，并应符合下列要求：

1）靠近设备；

2）设在集中荷载附近；

3）设在弯管和大直径三通式分支管附近；

4）尽可能利用建筑物、构筑物的梁和柱等作为托吊架的生根构件；

5）设在不妨碍管道与设备的连接和检修的部位。

（2）往复式压缩机托吊架　往复式压缩机进出口管道托吊架的布置应符合下列要求：

1）采用卡箍托架卡紧；

2）托架的间距宜通过计算确定；

3）第一个托架应靠近压缩机；

4）大中型压缩机进出口管道支架的基础不应与厂房或压缩机的基础连在一起，也不应将支架生根在厂房的柱子、横梁和平台上。

（3）泵进出口托吊架　泵进出口管道托吊架的布置应符合下列要求：

1）设在靠近泵进出口处；

2）靠近泵的水平吸入管段宜布置可调支架或弹簧支架；

3）对于往复式泵，托吊架的选型应考虑脉冲振动的影响和托吊架之间的合适距离。第一个托吊架不应采用吊架。

（4）立管处理

1）沿直立设备布置的立管应设置承重支架和导向支架。立管支架间的最大间距应符合表4-3的规定。

2）管道的支撑点在直立方向无位移时可采用刚性托吊架；有位移时应采用可变弹簧托吊架。位移量大时应采用恒力弹簧吊架。

（5）阀门支撑　直接与设备开口相接或靠近设备开口水平安装的，公称直径等于或大于150mm的阀门应考虑支撑。

（6）导向支架

1）允许管道有轴向位移，而对横向位移需要加限制时，应设导向支架，导向支加不宜靠近弯头和支管的连接处。

2）U形补偿器两侧的管道上应设导向支架，其位置距补偿器弯头宜为管道公称直径的40倍左右。

(7) 焊接问题

1) 托吊架边缘与管道焊缝的间距不应小于50mm，与需要热处理的管道焊缝的间距不应小于100mm。

2) 托吊架或管座不应与保冷管道、浓碱液管道和介质温度等于或高于400℃的碳素钢管道直接焊接。当托吊架或管座必须与合金钢管道直接焊接时，其连接构件的材质应与管道材质相同。

(8) 不宜生根管道 高温管道、低管管道、振动管道和蒸汽管道不得用来支撑其他管道。

立管支架间的最大间距 表 4-3

1	立管公称直径(mm)	≤50	80	100	150	200	250	300	350	400	600	800
2	最大间距(m)	5	7	8	9	10	11	12	13	14	16	18

3. 设计规定

(1) 确定固定点

1) 作为固定点的建筑物、构筑物和设备，应有足够的承载力和稳定性；

2) 固定点的布置，应满足管道允许跨度的要求。

(2) 固定措施

1) 直接固定在建筑物窗间墙或墙壁柱上，见图 4-9 (*a*)，固定点处的墙体应进行承载力验算。

2) 通过预埋件固定在砖墙上（图 4-9*b*)，除对墙体进行承载力验算处，还应对预埋件的锚板及锚筋进行承载力计算。

3) 采用膨胀螺栓固定在墙体上（图 4-9*c*)。膨胀螺栓应按墙架上的反力进行选用。墙体同样应进行必要的承载力及稳定性验算。

4) 直接焊接于钢结构构件上（图 4-9*d*)。此时应保证被焊件的承载力和稳定性。

(3) 材料选用

1) 托吊架所用材料的技术性能应符合国家现行的技术标准。

2) 在建筑物、构筑物上生根构件的材料，可选用 Q235—A. F。

3) 在设备壁上、碳钢管道上生根构件的材料，可选用 Q235—A。

4) 焊接在合金钢管道或设备上的构件应采用与管道或设备相同的材质。

(4) 设计温度

托吊架结构设计温度范围，一般可按以下几种情况确定：

1) 直接与管道、设备焊接连接或生根于平贴的垫板上的构件，其设计温度可按下述情况确定：

① 与无内衬里保温的管道、设备相连的构件，其设计温度取介质温度。

② 与无内衬里不保温的管道、设备相连的构件，其设计温度取介质温度的95%。

③ 与有内衬里的管道、设备相连接的构件，其设计温度取实际壁温。

2) 紧固在隔热层外的管卡，其设计温度取隔热层表面温度，一般可按60℃计算。

3) 在建筑物构筑物上的生根构件，其设计温度取常温。

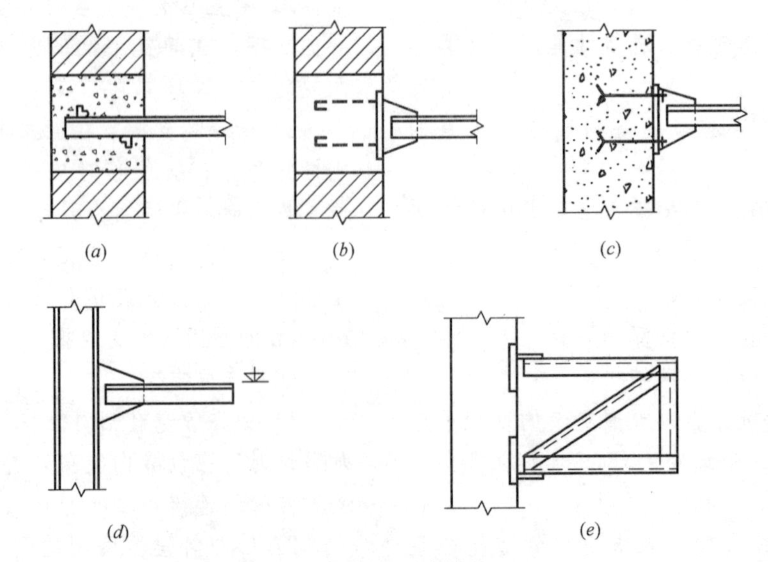

图 4-9 托架固定措施

(*a*) 直接固定；(*b*) 预埋件固定；(*c*) 胀锚螺栓固定；(*d*) 直接相焊；(*e*) 封闭形托架

4）与管道用管卡连接或与设备上的连接板用螺栓连接的托吊架构件，其设计温度应按下列两种情况选用：

① 设备或管道无内衬里保温时取介质温度的80%；

② 设备或管道有内衬里不保温时取壁温的80%。

（5）荷载计算

1）托架如同管架一样，分有固定托架和活动托架两种。活动托架即管道可采用滑动管座敷设管道。

2）活动托架承受的荷载，可按4.2刚性管架的荷载计算，当管道悬挂在托架下时，水平荷载可不计算。

3）固定托架承受的荷载，可按4.5固定管架的荷载计算，当水平推力作用下产生较大扭矩时，可将悬壁托架做成封闭形（图4-9*e*），这时水平荷载可不计算。

4）托架上管道的风荷载，因贴进墙体，一般可不计算。

（6）托架刚度

1）固定托架 $f \leqslant 0.002l$；

2）活动管架 $f \leqslant 0.004l$。

此处，f 为计算挠度，l 为跨度。

4. 悬臂托架计算

（1）悬壁托架计算简图，如图4-10所示。

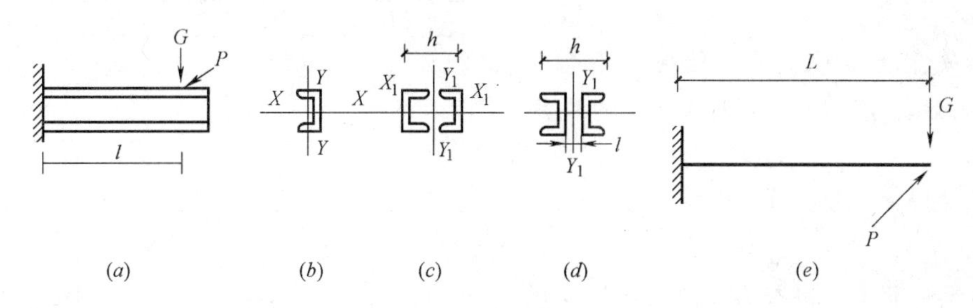

图4-10 计算简图

（*a*）受力示图；（*b*）单肢型钢；（*c*）、（*d*）组合型钢；（*e*）计算简图

（2）悬壁托架计算

1）荷载计算

① 作用于管架上的荷载 G、P，根据该管架的性能不同，按4.8-3要求计算；

② 垂直荷载 G，一般由管道专业提供或按3.3-2进行计算；

③ 纵向水平荷载 P，按管架的性能不同，由管道专业提供或按3.3-3要求进行计算。

2）内力分析

① 当悬壁管架同时承受垂直荷载和水平荷载作用时，可按双向受弯构件进行计算。

② 由垂直荷载 G 产生的弯矩，计算如下：

$$M_x = G \cdot L \tag{4-6}$$

③ 由水平荷载 P 产生的弯矩，计算如下：

$$M_y = P \cdot L \tag{4-7}$$

3）强度计算 根据应力叠加原则，固定端的最大应力不应超过许用应力，可按下列公式计算

$$\sigma = \frac{M_x}{W_x} + \frac{M_y}{W_y} \leqslant [\sigma] \tag{4-8}$$

式中 σ——钢托架的应力（MPa）；

$[\sigma]$——钢材的许用应力（MPa）；

M_x——由管道垂直荷重产生的弯矩（N·mm）；

M_y——由管道水平荷载产生的弯矩（N·mm）；

G——管道垂直荷载（N）；

P——管道水平荷载（N）；

W_x——型钢截面对 X—X 轴的抗弯断面系数（mm^3）；图4-10中的（*c*）（*d*）为组合型钢，其断面系数为 $W_{x1} = 2W_x$；

W_y——型钢截面对y—y轴的抗弯断面系数（mm^3）；图4-10中的（*c*）、（*d*）为组合型钢，其断面系数为 $W_{y1} = \frac{J_{y1}}{\frac{h}{2}}$；图4-10中的(*c*)的 $J_{y1} = 2\left[J_y + F \times \left(\frac{h}{2} - Z_0\right)^2\right]$；(*d*)的 $J_{y1} = 2\left[J_{y_1} + F \times \left(\frac{y_1}{2} + Z_0\right)^2\right]$；

J_y——型钢截面的惯性矩（mm^4）；

F——型钢截面面积（mm^2）；

h——组合型钢的宽度（mm）；

Z_0——重心距离（mm）。

5. 三角托架计算

三角托架根据托架受力点位置不同，分为以

下四种类型：

(1) 三角托架端部受力

1）计算简图，如图4-11所示。

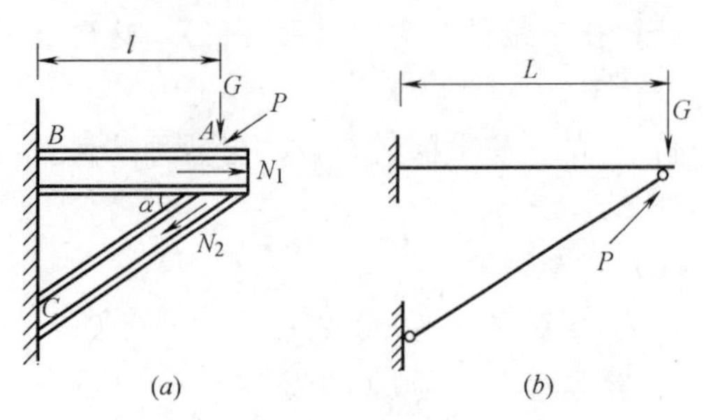

(a)　　(b)

图4-11 计算简图

(a) 受力示图；(b) 计算简图

2）三角托架（端部受力）计算

① 荷载计算

A）作用于管架上的荷载G、P根据该管架的性能不同（固定或活动），参见4.8-3的规定计算。

B）垂直荷载G，一般由管道专业提供，或按3.3-2进行计算；

C）纵向水平荷载P，由管道专业提供，或按3.3-3要求进行计算。

② 内力分析

A）横梁

a）在垂直荷载作用下，横梁按受拉构件计算，横梁所受拉力计算如下：

$$N_1=\frac{G}{\text{tg}\alpha} \tag{4-9}$$

b）在水平荷载作用下，横梁按一端固定的悬壁梁计算，水平荷载全部由横梁承担，横梁所受弯矩计算如下：

$$M_y=P\cdot L \tag{4-10}$$

B）斜撑

a）在垂直荷载作用下，按两端铰接的受压构件计算，斜撑所受压力计算如下：

$$N_2=\frac{G}{\sin\alpha} \tag{4-11}$$

b）斜撑应具有足够的稳定性，构件的长细比取$\lambda=120$，稳定系数φ见表4-4。

③ 强度计算

A）横梁

横梁的强度计算，如上所述包括两部分即拉力和弯矩，二者之和应不超过许用应力，计算如下：

$$\sigma=\frac{N_1}{F}+\frac{M_y}{W_y}\leqslant[\sigma] \tag{4-12}$$

B）斜撑

斜撑的强度计算，可分二步进行

a）验算斜撑构件的长细比，计算如下：

$$\lambda=\frac{L_0}{i}\leqslant 120$$

b）满足长细比后，按下式进行强度核算：

$$\sigma=\frac{N_2}{\varphi F}\leqslant[\sigma] \tag{4-13}$$

式中 λ——斜撑的长细比；

L_0——斜撑的自由长度，$L_0=\frac{L}{\cos\alpha}$ (cm)；

i——斜撑材料截面的最小回转半径 (cm)；

φ——压杆的稳定系数，见表4-4。

压杆的稳定系数　　表4-4

长细比(λ)	稳定系数(φ)	长细比(λ)	稳定系数(φ)
0	1.000	110	0.536
10	0.995	120	0.466
20	0.981	130	0.400
30	0.958	140	0.349
40	0.927	150	0.306
50	0.888	160	0.272
60	0.842	170	0.243
70	0.789	180	0.218
80	0.731	190	0.197
90	0.669	200	0.180
100	0.604		

注：1. 中间值按插入法计算。
2. 碳钢构件轴心受压时的稳定系数φ可参照本表取值。

(2) 三角托架中间受力

1）计算简图，如图4-12所示。

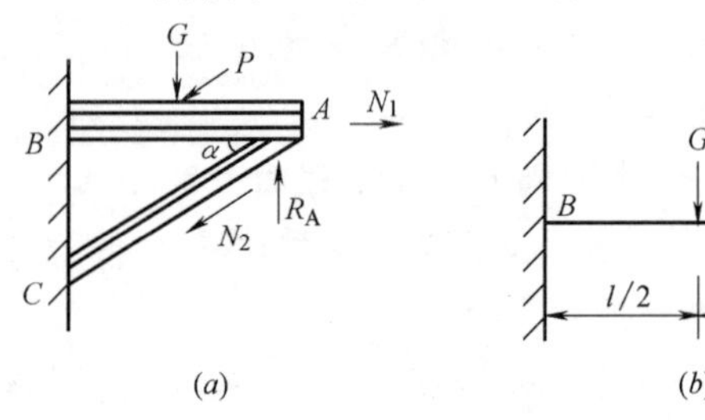

(a)　　(b)

图4-12 计算简图

(a) 受力示图；(b) 计算简图

2）三角托架（中间受力）计算

① 荷载计算　荷载计算参见4.8-5之（1）2）规定进行

② 内力分析

A）横梁

a）横梁可视为一端固定，一端简支的单跨梁。在垂直荷载G的作用下，A点的支点反力及B点的弯矩，计算如下：

$$R_A=\frac{5}{16}G \tag{4-14}$$

$$M_B=-\frac{3}{16}GL \quad (4\text{-}15)$$

b）横梁在 R_A 的作用下，按受拉构件考虑。所受拉力计算如下：

$$N_1=\frac{R_A}{\text{tg}\alpha} \quad (4\text{-}16)$$

c）在水平荷载 P 作用下，为安全和简化计算，常将力的作用点定为跨中间，且水平荷载全部由横梁承担，横梁所受弯矩计算如下：

$$M_y=P\frac{l}{2} \quad (4\text{-}17)$$

B）斜撑

a）斜撑计算参见 4.8-5 之（1）2）要求进行计算

b）斜撑在 R_A 作用下，按受压构件考虑，所受压力计算如下：

$$N_2=\frac{R_A}{\sin\alpha} \quad (4\text{-}18)$$

③ 强度计算

A）横梁

横梁在荷载作用下为双向拉弯构件，三相应力之和不应超过允许应力，计算如下：

$$\sigma=\frac{N_1}{F}+\frac{M_x}{W_x}+\frac{M_y}{W_y}\leqslant[\sigma] \quad (4\text{-}19)$$

式中　M_x——由 G 产生的弯矩，$M_x=-\frac{3GL}{16}$（N·mm）；

M_y——由 P 产生的弯矩，$M_y=PL/2$（N·mm）。

B）斜撑

斜撑强度验算同 4.8-5 之（1）2）规定

（3）三角托架中间和端部同时受力

1）计算简图，如图 4-13 所示。

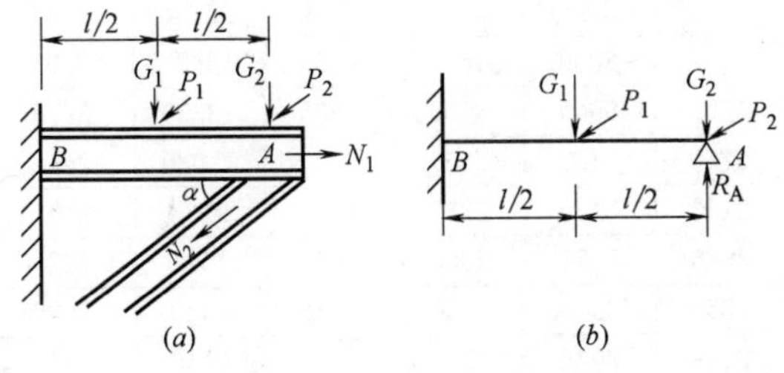

图 4-13　计算简图

(a) 受力示图；(b) 计算简图

2）三角托架计算

① 荷载计算　荷载计算参见 4.8-5 之（1）2）规定进行计算

② 内力分析

A）横梁

a）横梁参见 4.8-5 之（2）2）的规定，在垂直荷载 G_1，G_2 作用下，A 点的作用力和 B 点弯矩计算如下：

$$R_A=\frac{5G_1}{16}+G_2 \quad (4\text{-}20)$$

$$M_B=\frac{3G_1}{16}L \quad (4\text{-}21)$$

b）横梁在 R_A 作用下，按受拉构件考虑，所受拉力计算如下：

$$N_1=\frac{R_A}{\text{tg}\alpha} \quad (4\text{-}22)$$

c）水平荷载参见 4.8-5 之（2）2）的有关规定，在 P_1、P_2 的作用下，横梁所受弯矩计算如下：

$$M_y=P_1\frac{L}{2}+P_2L \quad (4\text{-}23)$$

B）斜撑

a）斜撑计算参见 4.8-5 之（1）2）规定进行计算

b）斜撑在 R_A 作用下，按受压构件考虑，所受压力计算如下：

$$N_2=\frac{R_A}{\sin\alpha} \quad (4\text{-}24)$$

③ 强度计算

A）横梁

横梁参见 4.8-5 之（1）2）有关规定，三相应力之和不应超过允许应力，计算如下：

$$\sigma=\frac{N_1}{F}+\frac{M_x}{W_x}+\frac{M_y}{W_y}\leqslant[\sigma] \quad (4\text{-}25)$$

式中　M_x——由 G_1 产生的弯矩，见式（4-21）；

M_y——由 P_1 产生的弯矩，见式（4-23）。

B）斜撑

斜撑强度验算参见 4.8-5 之（1）2）规定

（4）三角托架悬臂端受力

1）计算简图，如图 4-14 所示。

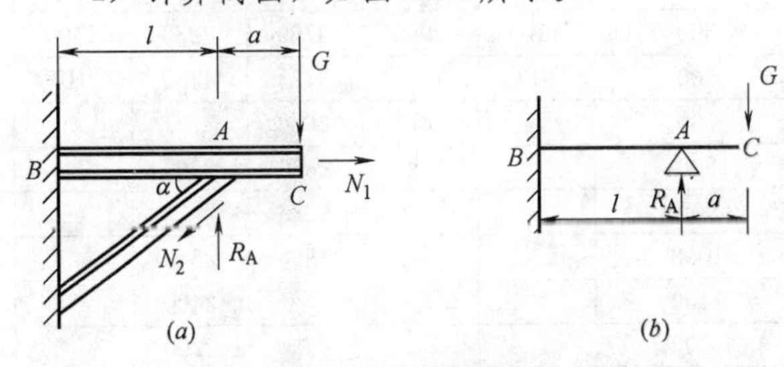

图 4-14　计算简图

(a) 受力简图；(b) 计算简图

2）三角托架计算

① 荷载计算　荷载计算参见 4.8-5 之（1）2）

规定进行计算

② 内力分析

A）横梁

a）横梁的最危险截面为 A 点，在垂直荷载 G 作用下，A 支点反力及所受弯矩计算如下：

$$R_A = G\left(1+\frac{3a}{2L}\right) \tag{4-26}$$

$$M_A = Ga \tag{4-27}$$

b）横梁在 R_A 作用下，按受拉构件考虑，所受拉力计算如下：

$$N_1 = \frac{R_A}{\text{tg}\alpha} \tag{4-28}$$

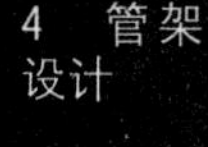

B）斜撑

a）斜撑计算参见 4.8-5 之（1）2）规定进行计算

b）斜撑在 P_A 作用下，按受压构件考虑，所受压力计算如下：

$$N_2 = \frac{R_A}{\sin\alpha} = \frac{G\left(1+\frac{3a}{2L}\right)}{\sin\alpha} \tag{4-29}$$

③ 强度计算

A）横梁

横梁最危险截面应力，计算如下：

$$\sigma = \frac{M_A}{W} \leqslant [\sigma] \tag{4-30}$$

式中 W——型钢截面对 $X—X$ 轴的抗弯断面系数

B）斜撑

斜撑强度验算参见 4.8-5 之（1）2）规定

6. 托架选用

（1）生根于钢结构梁、柱上托架选用

1）悬臂托架选用表

悬臂托架选用表，如表 4-5 所示。

2）三角托架选用表

三角托架选用表，如表 4-6 所示。

悬臂托架选用表 **表 4-5**

型号	GT-1-1	GT-1-2	GT-1-3	GT-1-4	GT-1-5 GT-1-7	GT-1-6 GT-1-8	GT-1-9 GT-1-11	GT-1-10 GT-1-12	GT-1-13	GT-1-14	GT-1-15	GT-1-16
简图	P_V P_H L_0 L				P_V P_H L_0 L				P_V P_H L_0 28 L			
托架根部结构	焊在柱子正面				焊在柱子侧面				焊在柱子正面			
托架型钢规格	∠63×6	∠75×8	[10	[12.6	∠63×6	∠75×8	[10	[12.6	∠63×6 ┓┏ 120	∠75×8 ┓┏ 120	[8 [ ] 120	[10 [ ] 120
允许弯矩[M]（N·m）	550	1030	1880	2640	550	1030	1880	2640	1400	2610	5540	13090
托架计算长度 L_0(mm)	允许垂直荷载(N)											
200	2750	5150	9400	13200	2750	5150	9400	12300	7000	13050	27700	65450
300	1833	3433	6267	8800	1833	3433	6267	8800	4667	8700	18467	43633
400	1375	2575	4700	6600	1375	2575	4700	6600	3500	6525	13850	32725
500	1100	2060	3760	5280	1100	2060	3760	5280	2800	5220	11080	26180
600	917	1716	3133	4400	917	1716	3133	4400	2333	4350	9233	21817
700		1471	2686	3771		1471	2686	3771	2000	3729	7914	18700
800		1288	2350	3300			2350	3300	1750	3263	6925	16363
900			2089	2933			2089	2933	1556	2900	6156	14544
1000			1880	2640			1880	2640	1400	2610	5540	13090
1100				2400				2400	1273	2373	5036	11900
1200				2200				2200	1167	2175	4617	10908

注：1. 当托架上布置有多根管道时，可按公式 $M=\Sigma P_i \times L_i \leqslant [M]$ 选用，P_i—每根管道的垂直荷载（N），L_i—每根管道离栏边距离（mm）。

2. 水平推力 $P_H=0.3P_V$。

3. GT-1-5 与 GT-1-7 型的区别为前者生根部位不需要垫板。

4. 若选用 GT-1-3 型 L_0＝600 的托架可标为 GT-1-3-600。

三角托架选用表　　　　表 4-6

型号	GT-2-1	GT-2-2	GT-2-3	GT-2-4	GT-2-5	GT-2-6	GT-2-7	GT-2-8	GT-2-9	GT-2-10	GT-2-11	GT-2-12
简图	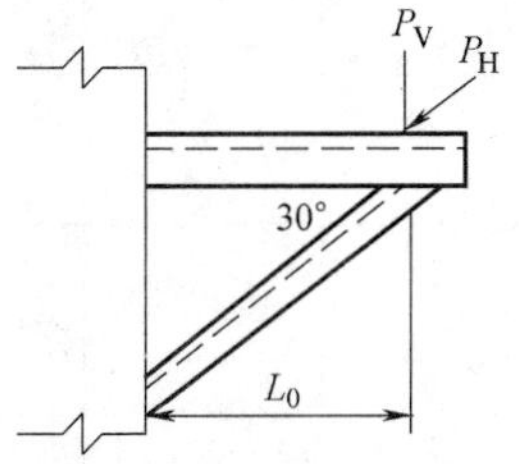				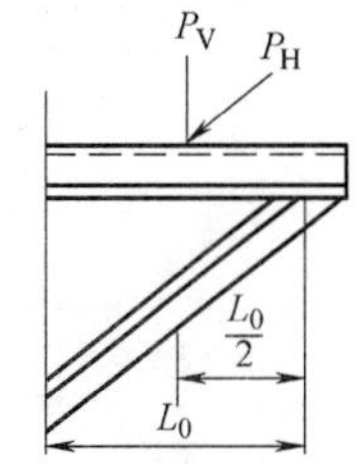				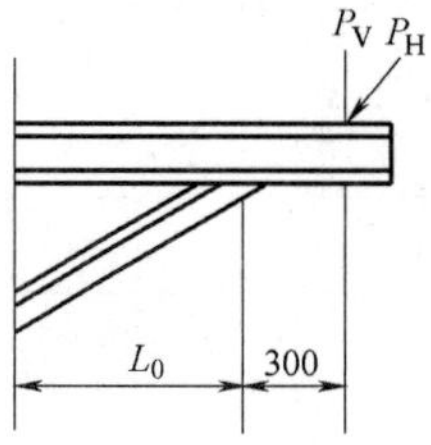			
托架受力分布	端部受力				中部受力				悬臂端受力			
托架型钢规格	梁 ∠75×8 斜撑 ∠63×6	梁 ∠100×8 斜撑 ∠75×8	梁 ⊏10 斜撑 ∠100×8	梁 ⊏12.6 斜撑 ∠100×8	梁 ∠75×8 斜撑 ∠63×6	梁 ∠100×8 斜撑 ∠75×8	梁 ⊏10 斜撑 ∠100×8	梁 ⊏12.6 斜撑 ∠100×8	梁 ∠75×8 斜撑 ∠63×6	梁 ∠100×8 斜撑 ∠75×8	梁 ⊏10 斜撑 ∠100×8	梁 ⊏12.6 斜撑 ∠100×8
许用弯矩 [M]N·m P_V 产生的弯矩	4030	7100	2900	3800	3850	6970	4820	6520	1570	2820	1600	2120
托架计算长度 L_0,mm	允许垂直荷载 P_V(N)											
500	8060	14200	5800	7600	7700	13950	9650	13050	3150	5650	3200	4250
600	6800	12120	4900	6400	6450	11700	8100	10950	2950	5300	2900	3900
700	5900	10550	4200	5550	5550	10050	6950	9400	2800	5000	2650	3550
800	5200	9350	3700	4900	4850	8850	6100	8250	2650	4750	2450	3300
900	4650	8350	3300	4350	4350	7900	5450	7350	2500	4500	2300	3050
1000	4200	7600	3000	3950	3900	7100	4900	6650	2350	4250	2150	2850
1100		6950	2750	3600		6450	4450	6050		4050	2000	2650
1200		6400	2500	3300		5950	4100	5550		3850	1850	2500
1300			2300	3050			3800	5100			1750	2350
1400			2150	2850			3500	4750			1650	2200
1500			2000	2650			3300	4450			1600	2100
1600			1900	2500			3050	4150			1500	2000
1700			1800	2350			2900	3950			1450	1900

注：1. 当托架上只有一根管道时可按上表选用；
2. 当托架上布置有多根管道时，按公式 $M=\Sigma P_i \times L_i \leqslant [M]$；
3. 双肢组合托架的垂直荷重$=2P_V$；
4. 水平推力 $P_H=0.3P_V$；
5. 若选用 GT-2-4 型 $L_0=1100$ 的托架，可标为 GT-2-4-1100。

(2) 生根于钢制设备上托架选用

1) 悬臂固定托架选用表

悬臂固定托架选用表，如表 4-7 所示。

2) 悬臂导向托架选用表

悬臂导向托架选用表，如表 4-8 及表 4-9 所示。

3) 三角固定托架选用表

三角固定托架选用表，如表 4-10 所示。

托架选用表　　　　表 4-7

托架型号	ST-1-1	ST-1-2	ST-1-3	ST-1-4	ST-1-5	ST-1-6	ST-1-7	ST-1-8	ST-1-9
简图	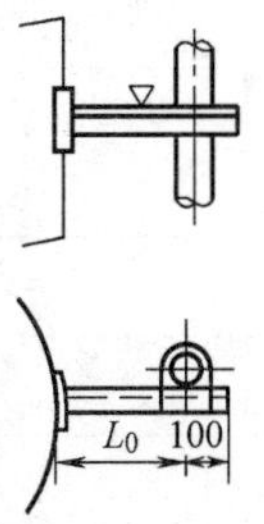		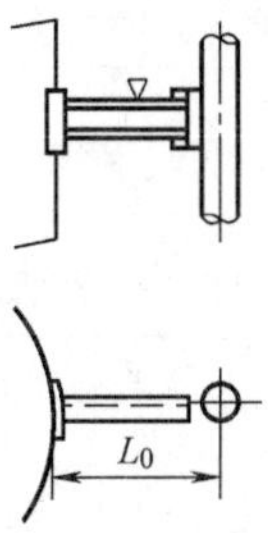		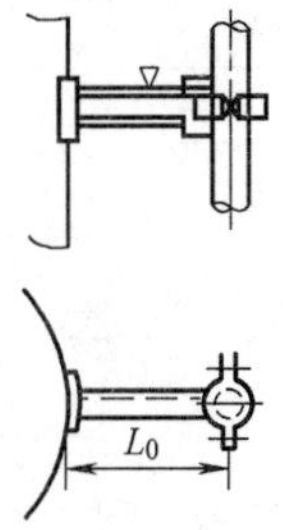		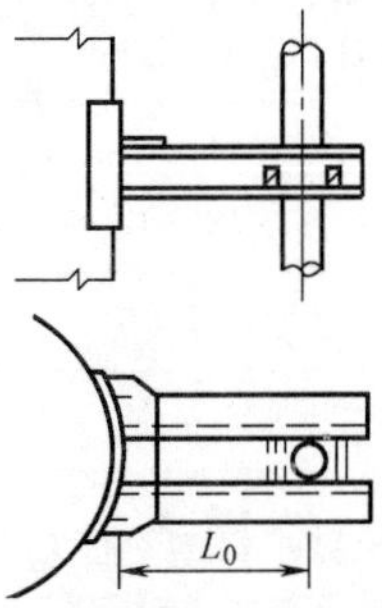		

续表

托架型钢规格	∠63×6	∠75×8	[10	[12.6	[10	[12.6	]a[12.6		
钢板规格,mm	200×200×8		200×200×8		200×200×8		a=400	a=500	a=600
托架计算长度 L_0,mm	允许垂直荷载(N)								
200	2750	5150	9400	13200	9400	13200			
300	1833	3433	6267	8800	6267	8800			
400	1375	2575	4700	6600	4700	6600			
500	1100	2060	3760	5280	3760	5280	28020	28380	28620
600	917	1716	3133	4400	3133	4400	23350	23650	23850
700		1471	2686	3771	2686	3771	20020	20280	20450
800		1288	2350	3300	2350	3300	17520	17740	17890
900			2089	2933	2089	2933	15570	15770	15900
1000			1880	2640	1880	2640	14010	14190	14310
1100						2400	12740	12900	13010
1200						2200	11680	11830	11920
适用范围	保温及不保温管道		保温管道		合金钢管道		保温管道		
管径 *DN*,mm	15～40		50～100		50～100		150～500		

若选用 ST-1-4 型[12.6,L_0=600 被支撑管管径为 *DN*100 的托架时,可标为 ST-1-4-600,*DN*100

单、双肢悬臂导向托架选用表 **表 4-8**

型号	ST-1-10	ST-1-11	ST-1-12
简图			
托架型式	导向托架	导向托架	导向托架
型钢规格	∠63×6	[10	[12.6] [550
钢板规格	200×200×8		
托架计算长度 L_0,mm	200～600	400～1000	500～1200
允许弯矩[*M*]N·m 水平力产生的	550	1880	13090
适用范围	不保温管道	保温及不保温管道	不保温管道
管径 DN,mm	15～40	15～150	200～500

如选用 ST-1-10 型∠63,L_0=400,被支撑管管径为 DN40 的托架时,可标为 ST-1-10-400-DN40

双肢悬臂导向托架　　表 4-9

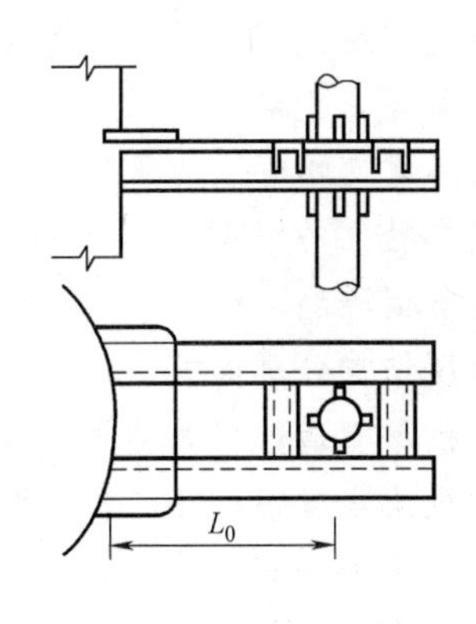

型号	ST-1-13
简图	见右图
托架型式	导向托架
型钢规格	12.6⊐⊏
钢板规格	
托架计算长度 L_0,mm	800～1200
允许弯矩[M]N·m水平力产生的	13090
适用范围	保温管道
管径 DN,mm	200～500

若选用 ST-1-13 型⊏10,L_0=1500,被支撑管管径为 DN300 的托架时可标为 ST-1-13-1500-DN300

单、双肢三角固定托架　　表 4-10

型号	ST-2-1	ST-2-2	ST-2-3	ST-2-4	ST-2-5
简图	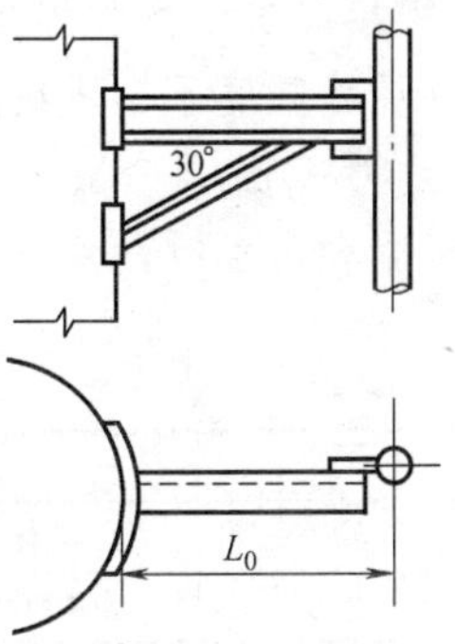		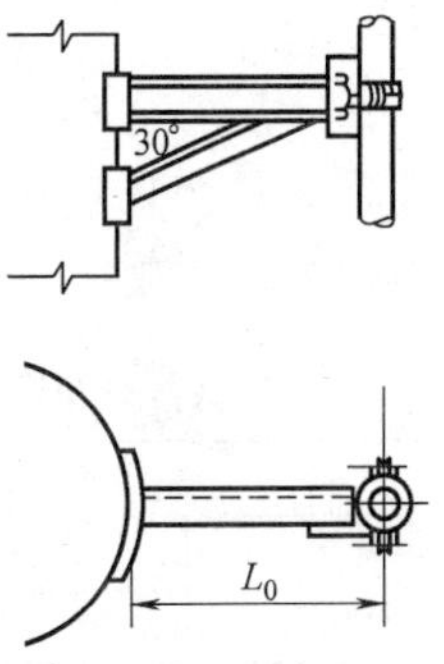		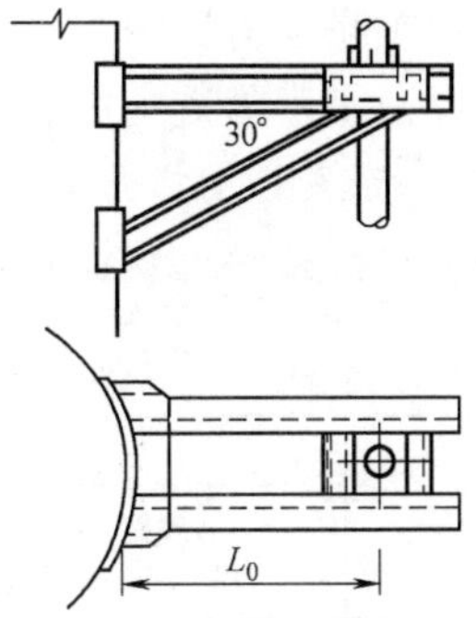
托架型式	固定承重		固定承重		固定承重
型钢规格	梁∠75×8 斜撑∠63×6	梁⊏10 斜撑∠100×8	梁∠75 斜撑∠63	梁⊏10 斜撑∠100×8	梁⊏10 斜撑∠100×8
钢板规格					
托架计算长度 L_0(mm)	允许垂直荷重,N				
500	8050	5800	8050	5800	46700
600	6800	4900	6800	4900	40700
700	5900	4200	5900	4200	36100
800	5200	3700	5200	3700	32400
900	4650	3300	4650	3300	29400
1000	4200	3000	4200	3000	26900
1100		2750		2750	24800
1200		2500		2500	23000
1300		2300		2300	21400
1400		2150		2150	20100
1500		2000		2000	18900
1600		1900		1900	17800
1700		1800		1800	16900
适用范围	保温管道		合金钢管道		保温管道
管径 DN(mm)	50～100		50～100		150～500

若选用 ST-2-3∠75L_0=900 被支撑管管径为 DN80 的托架时,可标为 ST-2-3-900-DN80

5 大跨度结构管架设计

大跨度结构就是采用某些辅助构件，如纵梁、吊索和悬索等，把各自独立的管架连系起来，形成一个大跨度支承管道的管架系统。

一般在独立的管架不能适应工程要求，或采用独立的管架不经济时，采用这类管架。

大跨度结构分类如下：

(1) 拱形管道；(2) 悬索管架；(3) 吊索管架；(4) 纵梁式管架；(5) 桥式管架。

当管路跨越铁路、公路、河流和山谷等障碍物时，根据跨距不同可采用大跨度结构敷设管道。

5.1 拱形管道

1. 一般规定

(1) 拱管简图如图 5-1 所示

(2) 拱形管道一般规定

1) 定义 ①拱形管道是利用钢管自身刚度，煨成一个圆弧形无铰拱的大跨度结构；②拱形管道是集运输，兼作结构和造型美观于一体的管架结构见图 5-1。

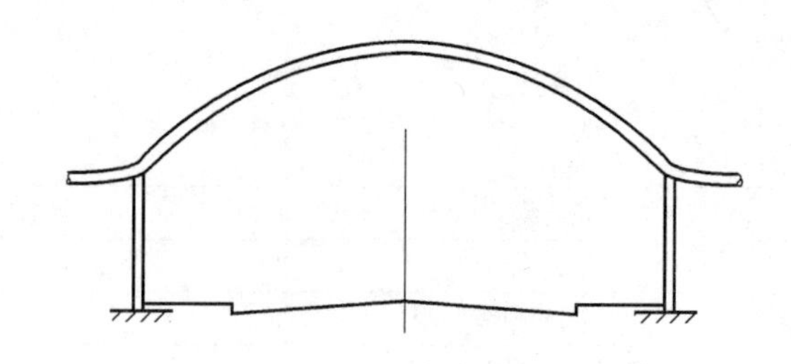

图 5-1 拱形管道示意

2) 管道跨距 输送液体、蒸汽的拱形管道，根据输送介质的温度不同，管道跨距可参见表 5-1 采用。

3) 防腐处理 凡外露铁件及管座，在安装完毕后均应刷防锈漆，底漆红丹二道，调和漆二道。

4) 焊接要求 拱管焊接部分，应采用 E4303 型焊条，焊缝高度不小于被焊件最小厚度。

5) 适用范围 一般当跨越（图 5-1）铁路、公路、河流和山谷时，可采用拱形管道。

拱管跨距数据 l (m) 表 5-1

序号	f/l		1/4		1/6	
	规格 DW×δ(mm)	公称通径 DN(mm)	液体	蒸汽	液体	蒸汽
			Δt≤100℃	Δt≤200℃	Δt≤100℃	Δt≤200℃
1	DW57×3.5	50	3～12	3～10	3～13	4～11
2	DW73×4	65	3～15	4～13	3～16	6～15
3	DW89×4	80	4～17	5～15	4～19	7～17
4	DW108×4	100	4～20	6～18	4～22	8～20
5	DW133×4	125	5～22	8～20	6～24	11～22
6	DW159×4.5	150	6～26	8～24	6～28	12～26
7	DW219×6	200	8～36	11～36	8～38	16～38
8	DW273×7	250	8～42	13～44	10～44	20～48
9	DW325×8	300	8～48	16～52	12～52	24～56
10	DW377×9	350	11～54	18～60	14～59	28～64
11	DW426×9	400	11～60	22～64	15～62	32～68

序号	f/l		1/8		1/10	
	规格 DW×δ(mm)	公称通径 DN(mm)	液体	蒸汽	液体	蒸汽
			Δt≤100℃	Δt≤200℃	Δt≤100℃	Δt≤200℃
1	DW57×3.5	50	3～14	6～11	4～13	8～11
2	DW73×4	65	4～17	8～14	7～16	10～17
3	DW89×4	80	5～19	9～17	6～19	13～16
4	DW108×4	100	6～26	11～20	7～20	16～18
5	DW133×4	125	8～24	16～22	10～24	—
6	DW159×4.5	150	8～28	17～26	10～28	—
7	DW219×6	200	11～38	24～38	14～38	—
8	DW273×7	250	14～44	28～48	18～44	—
9	DW325×8	300	16～52	34～56	22～50	
10	DW377×9	350	19～58	40～62	24～56	—
11	DW426×9	400	22～62	46～68	28～60	—

2. 几何尺寸

(1) 拱管结构简图如图 5-2 所示。

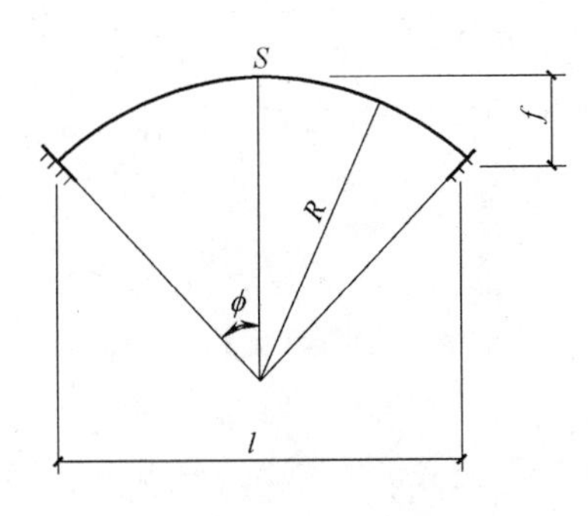

图 5-2　拱管结构简图

(2) 几何尺寸

1) 矢跨比　设计拱形管道时，首先要确定管道的合理矢跨比，即矢高与跨距之比$\left(\frac{f}{l}\right)$。矢跨比的大小，主要和管道自重、风荷载和温度有关，一般情况如下：

① 自重较大时，矢跨比可取$\frac{f}{l}=\frac{1}{8}$；

② 风载较大时，矢跨比可取$\frac{f}{l}=\frac{1}{10}$；

③ 温差较大时，矢跨比可取$\frac{f}{l}=\frac{1}{5}$。

如跨距、高度受到限制时，也可根据实际跨距及高度的特殊要求，确定其矢跨比。

2) 几何尺寸

① 拱形管道半径 R，按下列公式计算：

$$R=K_{R}l \tag{5-1}$$

② 拱形管道矢高 f，按下列公式计算：

$$f=K_{f}R \tag{5-2}$$

③ 拱形管道半圆心角 φ，按下列公式计算：

$$\sin\varphi=\frac{l}{2R} \tag{5-3}$$

$$\cos\varphi=1-\frac{f}{R} \tag{5-4}$$

$$\varphi=\sin^{-1}\left(\frac{l}{2R}\right)=\cos^{-1}\left(1-\frac{f}{R}\right) \tag{5-5}$$

④ 拱形管道弧长 S，按下列公式计算：

$$S=K_{S}R \tag{5-6}$$

式中　K_{R}、K_{f}、K_{S}——拱形管道计算系数，见表 5-5。

3. 荷载计算

(1) 荷载内容

拱形管道荷载，有以下几种，计算时只考虑前三项：

1) 垂直荷载：管道、介质及保温层重；

2) 水平荷载：风荷载；

3) 温度应力：温度变化产生的内力；

4) 活荷载：安装与检修时活荷载；

5) 特殊荷载：地震作用。

(2) 荷载计算

1) 荷载计算由结构人员进行；

2) 荷载计算按 3.3 有关规定进行。

4. 内力计算

(1) 拱管内力计算简图，如图 5-3 所示。

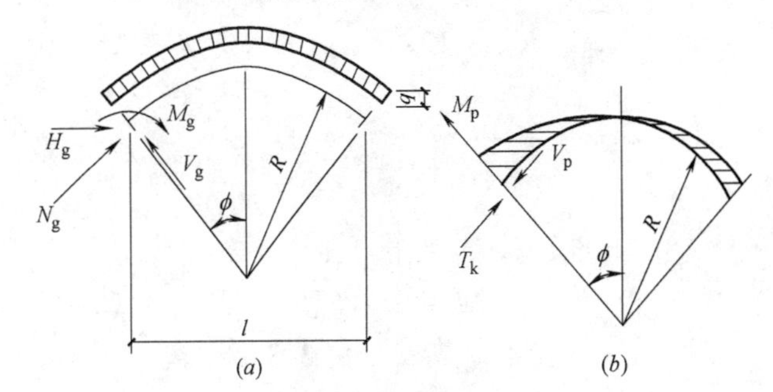

图 5-3　计算简图

(a) 垂直荷载作用下内力简图；
(b) 侧向风荷载作用下内力简图

(2) 内力计算

1) 垂直荷载　垂直荷载作用下的内力计算（图 5-3a）：

① 水平推力 H_g，可按下列公式计算：

$$H_{g}=K_{H_g}qR \tag{5-7}$$

式中　q——拱管单位长度计算荷载，计算公式为

$$q=1.2q_{1} \tag{5-8}$$

q_1——拱管单位长度的荷载标准值（包括管材、保温重、介质重等）。

② 轴向力 N_g，可按下列公式计算：

$$N_{g}=K_{Ng}qR \tag{5-9}$$

③ 剪力 V_g，可按下列公式计算：

$$V_{g}=K_{Vg}qR \tag{5-10}$$

④ 弯矩 M_g，可按下列公式计算：

$$M_{g}=K_{Mg}qR^{2} \tag{5-11}$$

式中　K_{Hg}、K_{Ng}、K_{Vg}、K_{Mg}——计算系数，见表 5-5。

2) 温度差 Δt　温度差 Δt 变化的内力计算：

① 水平推力 H_t，可按下列公式计算：

$$H_{t}=1.3K_{Ht}\frac{2E\alpha\Delta tI}{R^{2}} \tag{5-12}$$

式中　E——管材计算温度下的弹性模量；

α——管材的线膨胀系数；

Δt——拱管管壁计算温度；

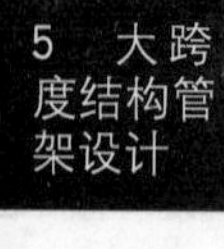

I——拱管的惯性矩；

1.3——温度系数。

② 轴向力 N_t，可按下列公式计算：

$$N_t = 1.3K_{Nt}\frac{2E\alpha\Delta tI}{R^2} \quad (5\text{-}13)$$

③ 剪力 V_t，可按下列公式计算：

$$V_t = 1.3K_{Vt}\frac{2E\alpha\Delta tI}{R^2} \quad (5\text{-}14)$$

④ 弯矩 M_t，可按下列公式计算：

$$M_t = 1.3K_{Mt}\frac{2E\alpha\Delta tI}{R^2} \quad (5\text{-}15)$$

式中 K_{Ht}、K_{Nt}、K_{Vt}、K_{Mt}——计算系数，见表 5-5。

3) 风荷载 风荷载作用下的内力计算（图5-3b）：

① 弯矩 M_p，可按下列公式计算：

$$M_p = K_{Mp}PR^2 \quad (5\text{-}16)$$

式中 P——侧向风荷载，按 3.3-4 计算。

② 扭矩 T_k，可按下列公式计算：

$$T_k = K_{Tk}PR^2 \quad (5\text{-}17)$$

③ 剪力 V_p，可按下列公式计算：

$$V_p = K_{Vp}PR \quad (5\text{-}18)$$

式中 K_{Mp}、K_{Tk}、K_{Vp}——计算系数，见表 5-5。

5. 承载力计算

(1) 承载力核算

1) 拱管压应力，可按下列公式计算：

$$\sigma = \frac{N_0}{A} + \frac{M}{W} \quad (5\text{-}19)$$

式中 N_0——总轴向力，计算表达式为

$$N_0 = N_g + N_t \quad (5\text{-}20)$$

A——管壁截面面积；

M——组合总弯矩设计值，计算表达式为

$$M = \sqrt{(M_g + M_t)^2 + M_p^2} \quad (5\text{-}21)$$

W——管道截面抗弯矩。

2) 拱管剪应力，可按下列公式计算：

$$\tau = \frac{V}{\pi r_0 \delta} + \frac{T_k r}{2\pi r_0^3 \delta} \quad (5\text{-}22)$$

式中 V——总剪力，计算表达式为

$$V = \sqrt{(V_g + V_t)^2 + V_p^2} \quad (5\text{-}23)$$

r——管道外半径；

r_0——管道平均半径，计算表达式为

$$r_0 = r - \frac{\delta}{2} \quad (5\text{-}24)$$

δ——管道壁厚度。

3) 拱管主应力，可按下列公式计算：

$$\sigma_3 = \sqrt{\sigma^2 + 3\tau^2} \leqslant \sigma_c \quad (5\text{-}25)$$

式中 σ_c——材料的计算强度，计算表达式为

$$\sigma_c = m_1 m_2 \sigma_t \quad (5\text{-}26)$$

m_1——系数，一般取 $m_1 = 0.9$；

m_2——系数，对于钢材：Q235A，一般取 $m_2 = 0.9$；而对于钢号为 10、15、20、25 号的，建议取 $m_2 = 0.85$；

σ_t——材料在使用温度下的屈服强度，见表 5-2。

(2) 稳定性核算

1) 当量计算长度，可按下列公式计算：

$$S_0 = K_{S0}R \quad (5\text{-}27)$$

2) 长细比，可按下列公式计算：

$$\lambda = \frac{S_0}{i} \quad (5\text{-}28)$$

式中 i——管道截面的回转半径，计算表达式为

$$i = \sqrt{\frac{I}{A}} \quad (5\text{-}29)$$

3) 相对偏心距，可按下列公式计算：

$$e_1 = \eta_1\left[\left(\frac{M_p}{N_0} + \frac{2\varphi R}{1000}\right)\frac{A}{W} + 0.05\right] \quad (5\text{-}30)$$

式中 η_1——管道截面形状影响系数；当 $20 \leqslant \lambda \leqslant 150$ 时，$\eta_1 = 1.3 - 0.002\lambda$；当 $\lambda > 150$ 时，$\eta_1 = 1.0$。

4) 拱管稳定性验算

① 当 $e_1 > 4$ 时，可按下列公式计算：

$$\sigma_1 = \frac{N_0}{A}\left(\frac{1}{\varphi_M} + e_1\theta\right) \leqslant \sigma_c \quad (5\text{-}31)$$

式中 φ_M——纵向挠曲系数；

当 $\lambda > 180$ 时，$\varphi_M = \frac{9000}{\lambda^2}$，

当 $\lambda \leqslant 180$ 时，$\varphi_M = 1 - 0.004\lambda$。

θ——系数；

当 $0 < \lambda \leqslant 50$ 时，$\theta = 0.67$

当 $50 < \lambda \leqslant 100$ 时，$\theta = 0.6 + 0.0015\lambda$，

当 $\lambda > 100$ 时，$\theta = 0.75$。

② 当 $e_1 \leqslant 4$ 时，可按下列公式计算：

$$\sigma_1 = \frac{N_0}{A\varphi_{BH}} \leqslant \sigma_c \quad (5\text{-}32)$$

式中 φ_{BH}——偏心受压构件承载能力的降低系数。

常用钢材的屈服强度　　表 5-2

序号	钢号	各温度下的屈服强度 σ_t(N/mm²)			
		20℃	100℃	200℃	300℃
1	Q235A	233.4	212.8	246.1	146.1
2	10	259.9	210.8	220.6	176.5
3	15	215.7	—	205.9	171.6
4	20	282.4	—	229.5	166.7
5	25	318.7	330.5	322.6	198.1

6. 拱形管道管架设计

(1) 拱形管道管架受力简图，如图 5-4 所示。

(2) 拱形管道管架设计

1) 管架承受的荷载（拱脚处截面内力的反作用力）计算

① 垂直荷载 N_1，可按下列公式计算：

$$N_1=\varphi qR \tag{5-33}$$

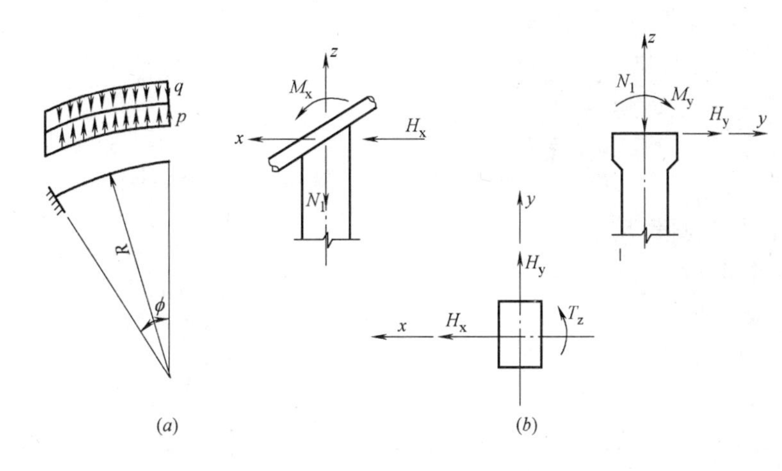

图 5-4　拱管管架受力示意

(a) 拱管荷载图；(b) 拱脚处（管架顶部）受力图

② 纵向水平推力 H_x，可按下列公式计算：

$$H_x=H_g+H_t \tag{5-34}$$

③ 横向水平推力 H_y，可按下列公式计算：

$$H_y=\varphi PR \tag{5-35}$$

④ 纵向弯矩 M_x，可按下列公式计算：

$$M_x=M_g+M_t \tag{5-36}$$

⑤ 横向弯矩 M_y，可按下列公式计算：

$$M_y=K_{My}PR^2 \tag{5-37}$$

⑥ 扭矩 T_z，可按下列公式计算：

$$T_z=K_{Tz}PR^2 \tag{5-38}$$

2) 管架设计

① 拱管管架必须采用刚性管架，一般选用钢结构或钢筋混凝土结构；

② 管架所受荷载，除了拱管对管架的作用力外，还应考虑管道延伸部分作用于管架上的荷载；

③ 根据管架承受的荷载及选用的管架形式，可按 4. 相应的管架进行设计。

7. 拱形管道施工及安装

(1) 拱管的制作方法如下：

1) 热煨法　热煨法即常用的灌砂热煨法。

2) 冷弯法　冷弯法有先弯后接和先接后弯两种方法。

① 先弯后接法，即先将管子分段弯好，再焊接成拱形管。先弯后接法工序是：A 开坡口，B 做样板，C 弯管，D 预装。

② 先接后弯法，即先将各管接成弧长后，再整体弯成拱形管。先接后弯法工序是：A 开坡口，B 拼接，C 做模具，D 弯管。

3) 焊接法　对于卷焊钢管可用分段拼焊成折线状多边形拱管。焊接法工序是：A 开坡口，B 做样板，C 组装。

4) 拱管制作的质量要求及具体措施如下：

① 拱管半径 R 要与图纸相符，管弧要光滑；拱管样板模具要做准确，并控制好回弹量。

② 管子对接时，开好坡口，管壁焊透，确保焊接质量；A 壁厚 3mm 以上，必须开坡口；B 重要拱管，焊缝应做 X 光检查。

③ 弯曲好的拱管，拱顶与拱趾要平，不可扭曲；A 弯曲操作平台，要平整；B 管子移动时，要放平。

④ 管座与管架柱的预埋板要焊牢、满焊；焊完后要检查焊接质量。

(2) 拱管安装一般采取如下方法：

1) 立焊安装

立焊安装采用两个扒杆，起吊时两扒杆同时起吊。

2) 汽车吊装

汽车吊装（或坦克吊装），起吊方便，如跨度小可单点起吊，跨度大时可多点起吊。

3) 不论采用何种方法安装，安装时拱管要垂直，拱管、拱趾要平，不可扭曲，为此吊装要注意以下两点：

① 拱管吊到管架上后，要用铅垂线检查。

② 起吊设备需在拱管、管座及管架柱面的预埋钢板焊接牢固后再拆除。

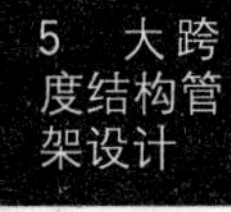

8. 不同矢跨比的拱管制作尺寸

(1) 拱管简图如图5-5所示。

(2) 制作尺寸如表5-3所示。

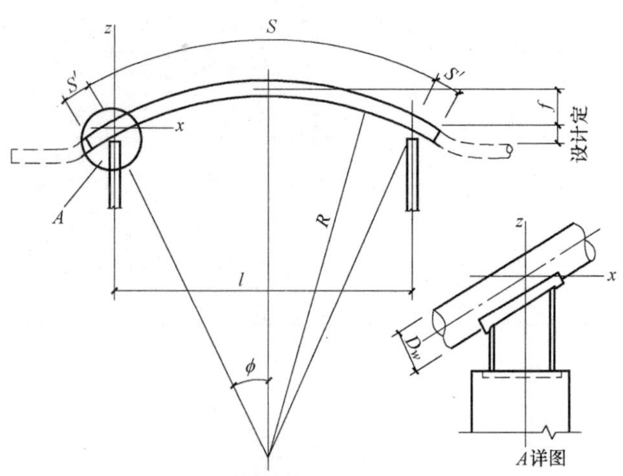

图5-5 拱管简图

图中，S'——制作预留长度，计算如下：

$$S'=K_xD_N \tag{5-39}$$

D_N——管的公称通径（mm）；

K_x——系数，当 $D_N\leqslant50$ 时，取 $K_x=6$；当 $65\leqslant D_N\leqslant200$ 时，取 $K_x=4$；当 $250\leqslant D_N\leqslant400$ 时，取 $K_x=2$。

拱管制作尺寸 **表5-3**

序号	$\frac{f}{l}=\frac{1}{4}$				序号	$\frac{f}{l}=\frac{1}{4}$			
	l	R	f	S		l	R	f	S
1	300	187.5	75	347	27	3800	2375	950	4404
2	400	250	100	463	28	4000	2500	1000	4636
3	500	312.5	125	579	29	4200	2625	1050	4868
4	600	375	150	695	30	4400	2750	1100	5100
5	700	437.5	175	811	31	4600	2875	1150	5331
6	800	500	200	927	32	4800	3000	1200	5563
7	900	562.5	225	1043	33	5000	3125	1250	5795
8	1000	625	250	1159	34	5200	3250	1300	6027
9	1100	687.5	275	1275	35	5400	3375	1350	6259
10	1200	750	300	1390	36	5600	3500	1400	6491
11	1300	812.5	325	1506	37	5800	3625	1450	6722
12	1400	875	350	1622	38	6000	3750	1500	6954
13	1500	937.5	375	1738	39	6200	3875	1550	7186
14	1600	1000	400	1854	40	6400	4000	1600	7418
15	1700	1062.5	425	1970	41	6600	4125	1650	7650
16	1800	1125	450	2086	42	6800	4250	1700	7882
17	1900	1187.5	475	2202	43	7000	4375	1750	8113
18	2000	1250	500	2318	44	7200	4500	1800	8345
19	2200	1375	550	2550	45	7400	4625	1850	8577
20	2400	1500	600	2781	46	7600	4750	1900	8809
21	2600	1625	625	3013	47	7800	4875	1950	9041
22	2800	1750	700	3245	48	8000	5000	2000	9272
23	3000	1875	750	3477	49	8200	5125	2050	9504
24	3200	2000	800	3709	50	8400	5250	2100	9736
25	3400	2125	850	3941	51	8600	5375	2150	9968
26	3600	2250	900	4112	52	8800	5500	2200	10200

续表

序号	$\frac{f}{l}=\frac{1}{6}$				序号	$\frac{f}{l}=\frac{1}{6}$			
	l	R	f	S		l	R	f	S
1	300	250	50	321	27	3800	3166.7	633.3	4015
2	400	333.3	66.7	429	28	4000	3333.3	666.7	4290
3	500	416.7	83.3	536	29	4200	3500	700	4504
4	600	500	100	643	30	4400	3666.7	733.3	4719
5	700	583.3	116.7	750	31	4600	3833.3	766.7	4933
6	800	666.7	133.3	858	32	4800	4000	800	5148
7	900	750	150	965	33	5000	4166.7	833.3	5362
8	1000	833.3	166.7	1072	34	5200	4333.3	866.7	5577
9	1100	916.7	183.3	1179	35	5400	4500	900	5791
10	1200	1000	200	1287	36	5600	4666.7	933.3	6006
11	1300	1083.3	216.7	1394	37	5800	4833.3	966.7	6220
12	1400	1166.7	233.3	1501	38	6000	5000	1000	6435
13	1500	1250	250	1608	39	6200	5166.7	1033.3	6649
14	1600	1333.3	266.7	1716	40	6400	5333.3	1066.7	6864
15	1700	1416.7	283.3	1823	41	6600	5500	1100	7078
16	1800	1500	300	1930	42	6800	5666.7	1133.3	7293
17	1900	1583.3	316.7	2037	43	7000	5833.3	1166.7	7507
18	2000	1666.7	333.3	2145	44	7200	6000	1200	7722
19	2200	1833.3	366.7	2359	45	7400	6166.7	1233.3	7936
20	2400	2000	400	2574	46	7600	6333.3	1266.7	8151
21	2600	2166.7	433.3	2788	47	7800	6500	1300	8365
22	2800	2333.3	466.7	3003	48	8000	6666.7	1333.3	8580
23	3000	2500	500	3217	49	8200	6833.3	1366.7	8794
24	3200	2666.7	533.3	3432	50	8400	7000	1400	9009
25	3400	2833.3	566.7	3646	51	8600	7166.7	1433.3	9223
26	3600	3000	600	3861	52	8000	7333.3	1466.7	9438

序号	$\frac{f}{l}=\frac{1}{8}$				序号	$\frac{f}{l}=\frac{1}{8}$			
	l	R	f	S		l	R	f	S
1	300	318.8	37.5	312	27	3800	4037.5	475	3956
2	400	425	50	416	28	4000	4250	500	4164
3	500	531.3	62.5	520	29	4200	4462.5	525	4372
4	600	637.5	75	624	30	4400	4675	550	4581
5	700	743.7	87.5	728	31	4600	4887.5	575	4789
6	800	850	100	832	32	4800	5100	600	4997
7	900	956.3	112.3	937	33	5000	5312.5	625	5205
8	1000	1062.5	125	1041	34	5200	5525	650	5414
9	1100	1118.7	157.5	1145	35	5400	5137.5	675	5622
10	1200	1275	150	1249	36	5600	5950	700	5830
11	1300	1381.2	162.5	1353	37	5800	6162.5	725	6038
12	1400	1487.5	175	1457	38	6000	8375	750	6246
13	1500	1593.7	187.5	1561	39	6200	6587.5	775	6455
14	1600	1700	200	1665	40	6400	6800	800	6663
15	1700	1806.2	212.5	1769	41	6600	7012.5	825	6871

续表

序号	$\frac{f}{l}=\frac{1}{8}$				序号	$\frac{f}{l}=\frac{1}{8}$			
	l	R	f	S		l	R	f	S
16	1800	1912.5	225	1874	42	6800	7225	850	7079
17	1900	2018.7	237.5	1978	43	7000	7437.5	875	7288
18	2000	2125	250	2082	44	7200	7650	900	7496
19	2200	2337.5	275	2290	45	7400	7862.5	925	7704
20	2400	2550	300	2498	46	7600	8075	950	7912
21	2600	2762.5	325	2707	47	7800	8287.5	975	8121
22	2800	2975	350	2915	48	8000	8500	1000	8329
23	3000	3187.5	375	3125	49	8200	8712.5	1025	8537
24	3200	3400	400	3331	50	8400	8925	1050	8745
25	3400	3612.5	425	3539	51	8600	9137.3	1075	8953
26	3600	3825	450	3748	52	8800	9330	1100	9162

序号	$\frac{f}{l}=\frac{1}{10}$				序号	$\frac{f}{l}=\frac{1}{10}$			
	l	R	f	S		l	R	f	S
1	300	390	30	307	27	3800	4940	380	3900
2	400	520	40	410	28	4000	5200	400	4105
3	500	650	50	513	29	4200	5460	420	4311
4	600	780	60	615	30	4400	5720	440	4516
5	700	910	70	718	31	4600	5980	460	4721
6	800	1040	80	821	32	4800	6240	480	4926
7	900	1170	90	923	33	5000	6500	500	5134
8	1000	1300	100	1026	34	5200	6760	520	5337
9	1100	1430	110	1129	35	5400	7020	540	5542
10	1200	1560	120	1231	36	5600	7280	560	5748
11	1300	1690	130	1334	37	5800	7540	580	5953
12	1400	1820	140	1437	38	6000	7800	600	6158
13	1500	1950	150	1539	39	6200	8060	620	6364
14	1600	2080	160	1642	40	6400	8320	640	6569
15	1700	2210	170	1744	41	6600	8580	660	6774
16	1800	2340	180	1847	42	6800	8840	680	6979
17	1900	2470	190	1950	43	7000	9100	700	7185
18	2000	2600	200	2052	44	7200	9360	720	7390
19	2200	2860	220	2258	45	7400	9620	740	7595
20	2400	3120	240	2463	46	7600	9880	760	7801
21	2600	3380	260	2668	47	7800	10140	780	8006
22	2800	3640	280	2874	48	8000	10400	800	8211
23	3000	3900	300	7079	49	8200	10660	820	8416
24	3200	4160	320	3284	50	8400	10920	840	8622
25	3400	4420	340	3489	51	8600	11180	860	8827
26	3600	4680	300	3695	52	8800	11440	880	9032

注：表中 l、R、f、S 所用尺寸单位均为 mm。

9. 不同矢跨比拱形管道的管座制作

（1）管座详图如图 5-6 所示。

（2）管座制作尺寸如表 5-4 所示。

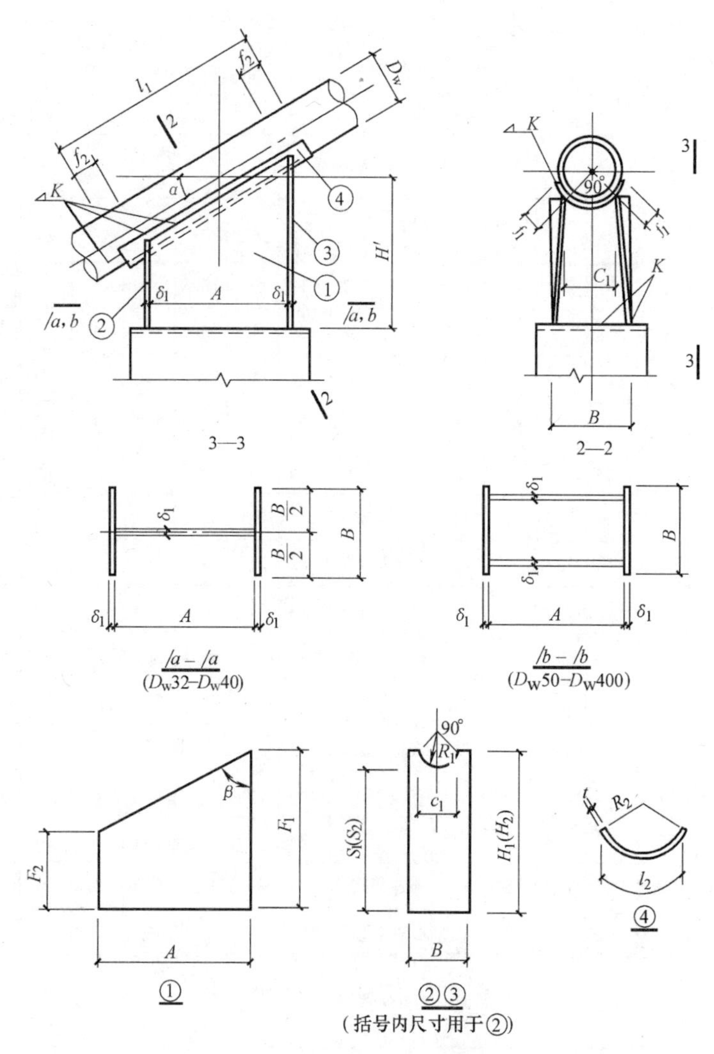

图 5-6 管座详图

$\frac{f}{L}=\frac{1}{4}$ DN25～DN400 管座 $\alpha=53°7'48''$ $\beta=36°52'12''$ **表 5-4**

序号	拱形管道管径	H'	制造尺寸(mm)																	管座质量(kg)
			B	C_1	R_1	H_1	S_1	H_2	S_2	A	F_1	F_2	l_2	R_2	L_1	t	f_1	f_2	δ_1	K_2	
1	DW32×3.0	330	80	—	20.0	403	397	206	197	150	397	197	25	16.0	303	4	—	20	4	6	3.16
2	DW38×3.0	330	80	—	23.0	398	392	198	192	150	392	192	30	19.0	303	4	—	20	4	6	2.85
3	DW45×3.0	340	80	—	26.5	404	396	204	196	150	396	196	35	22.5	304	4	—	20	4	6	3.24
4	DW57×3.5	350	80	46	32.5	405	396	205	196	150	405	206	75	28.5	306	4	15	20	4	6	5.12
5	DW73×4.0	360	80	57	40.5	404	393	204	193	150	404	204	87	36.5	312	4	15	20	6	6	7.40
6	DW76×4.0	370	80	59	42.5	412	400	212	200	150	412	223	90	38.5	312	4	15	20	6	6	7.75
7	DW89×4.0	450	90	71	50.5	541	526	221	206	240	541	221	110	44.5	484	6	20	30	6	6	14.28
8	DW108×4.0	460	110	85	60.0	538	520	218	200	240	538	218	125	54.0	486	6	20	30	6	6	15.23
9	DW133×4.0	240	140	103	72.5	140	119	140	119	240	141	141	144	66.5	493	6	20	30	8	6	9.87
10	DW159×4.5	260	160	121	85.5	143	118	143	118	240	144	144	165	79.5	496	6	20	30	8	8	10.81
11	DW219×6.0	320	220	166	117.5	159	124	159	124	300	161	161	222	109.5	628	8	25	40	10	8	21.21
12	DW273×7.0	360	280	204	144.5	162	119	162	119	300	166	166	264	136.5	638	8	25	40	12	8	27.38
13	DW325×8.0	410	340	241	170.5	176	126	176	126	400	183	183	315	162.5	831	8	30	50	12	8	39.94
14	DW377×9.0	450	380	281	198.5	177	119	177	119	400	104	184	356	189.5	841	10	30	50	14	8	51.99
15	DW426×9.0	490	440	315	223.0	184	118	184	118	500	194	194	395	213.0	1014	10	30	50	14	8	67.44

续表

$\frac{f}{L}=\frac{1}{6}$ DN25～DN400 管座 $\alpha=36°52'12''$ $\beta=53°7'48''$

序号	拱形管道管径	H'	制造尺寸(mm)																管座质量(kg)
			B	C_1	R_1	H_1	S_1	H_2	S_2	A	F_1	F_2	l_2	R_2	L_1	t	f_1	f_2	δ_1	K_2	
1	DW32×3.0	200	80	—	20.0	237	231	125	119	150	231	119	25	16.0	239	4	—	20	4	6	1.92
2	DW38×3.0	210	80	—	23.0	244	238	132	125	150	238	125	30	19.0	240	4	—	20	4	6	2.02
3	DW45×3.0	210	80	—	26.5	241	233	128	121	150	233	121	35	22.5	240	4	—	20	4	6	2.01
4	DW57×3.5	220	80	46	32.5	245	236	133	123	150	246	134	75	28.5	241	4	15	20	4	6	3.31
5	DW73×4.0	230	80	57	40.5	247	236	135	123	150	247	135	87	36.5	247	4	15	20	6	6	4.77
6	DW76×4.0	230	80	59	42.5	246	234	134	121	150	246	134	90	38.5	247	4	15	20	6	6	4.77
7	DW89×4.0	270	90	71	50.5	312	297	132	117	240	312	132	110	44.5	381	6	20	30	6	6	8.81
8	DW108×4.0	280	110	85	60.0	313	295	133	115	240	313	134	125	54.0	383	6	20	30	6	6	9.53
9	DW133×4.0	300	140	103	72.5	321	299	141	119	240	322	142	144	66.5	389	6	20	30	8	6	13.51
10	DW159×4.5	340	160	121	85.5	318	293	138	113	240	319	139	165	79.5	391	6	20	30	8	8	14.26
11	DW219×6.0	370	220	166	117.5	370	336	145	111	300	371	147	222	109.5	496	8	25	40	10	8	27.41
12	DW273×7.0	300	280	204	144.5	162	119	162	119	300	166	166	264	136.5	504	8	25	40	12	8	25.16
13	DW325×8.0	310	340	241	170.5	177	127	177	127	400	184	184	315	162.5	654	8	30	50	12	8	36.58
14	DW377×9.0	370	380	281	198.5	180	122	180	122	400	187	187	356	188.5	663	10	30	50	14	8	47.53
15	DW426×9.0	440	440	315	223.0	187	121	187	121	500	197	197	395	213.0	792	10	30	50	14	8	61.17

$\frac{f}{L}=\frac{1}{8}$ DN25～DN400 管座 $\alpha=28°4'12''$ $\beta=61°55'39''$

序号	拱形管道管径	H'	制造尺寸(mm)																管座质量(kg)
			B	C_1	R_1	H_1	S_1	H_2	S_2	A	F_1	F_2	l_2	R_2	L_1	t	f_1	f_2	δ_1	K_2	
1	DW32×3.0	150	80	—	20.0	173	167	93	87	150	167	87	25	16.0	221	4	—	20	4	6	1.43
2	DW38×3.0	150	80	—	23.0	171	164	91	84	150	164	84	30	19.0	221	4	—	20	4	6	1.44
3	DW45×3.0	160	80	—	26.5	178	170	98	90	150	170	90	35	22.5	222	4	—	20	4	6	1.54
4	DW57×3.5	160	80	46	32.5	173	163	93	83	150	174	95	75	28.5	222	4	15	20	4	6	2.44
5	DW73×4.0	170	80	57	40.5	176	164	96	84	150	176	97	87	36.5	228	4	15	20	6	6	3.54
6	DW76×4.0	180	80	59	42.5	185	172	105	92	150	185	105	90	38.5	228	4	15	20	6	6	3.74
7	DW89×4.0	270	90	71	50.5	242	221	114	99	240	242	114	110	44.5	351	6	20	30	6	6	7.28
8	DW108×4.0	230	110	85	60.0	244	226	116	98	240	244	117	125	54.0	352	6	20	30	6	6	7.93
9	DW133×4.0	250	140	103	72.5	253	232	125	104	240	254	126	144	66.5	358	6	20	30	8	6	11.29
10	DW159×4.5	260	160	121	85.5	252	227	124	99	240	253	125	166	79.5	360	6	20	30	8	8	12.01
11	DW219×6.0	310	220	166	117.5	291	257	131	97	300	292	134	222	109.5	456	8	25	40	10	8	23.10
12	DW273×7.0	340	280	204	144.5	299	256	139	96	300	301	144	264	136.5	464	8	25	40	12	8	30.78
13	DW325×7.0	400	340	241	170.5	363	313	150	100	400	366	158	315	162.5	601	8	30	50	12	8	46.70
14	DW377×8.0	430	380	281	198.5	370	312	157	98	400	373	165	350	188.5	609	10	30	50	14	8	60.44
15	DW426×9.0	480	440	315	223.0	426	361	159	94	500	431	170	395	213.0	725	10	30	50	14	8	80.95

续表

$\frac{f}{L}=\frac{1}{10}$ DN25～DN400 管座 $\alpha=22°37'12''$ $\beta=67°22'48''$

序号	拱形管道管径	H'	制造尺寸(mm)																管座质量(kg)
			B	C_1	R_1	H_1	S_1	H_2	S_2	A	F_1	F_2	l_2	R_2	L_1	t	f_1	f_2	δ_1	K_2	
1	DW32×3.0	150	80	—	20.0	167	161	105	99	150	161	99	25	16.0	216	4	—	20	4	6	1.44
2	DW38×3.0	150	80	—	23.0	162	156	100	94	150	156	94	30	19.0	216	4	—	20	4	6	1.44
3	DW45×3.0	160	80	—	26.5	170	162	108	100	150	162	100	35	22.5	217	4	—	20	4	6	1.54
4	DW57×3.5	160	80	46	32.5	165	155	105	95	150	166	104	75	28.5	218	4	15	20	4	6	2.44
5	DW73×4.0	170	80	57	40.5	169	157	107	95	150	169	108	87	36.5	223	4	15	20	6	6	3.54
6	DW76×4.0	176	80	59	42.5	167	155	105	93	150	168	106	90	38.5	223	4	15	20	6	6	3.54
7	DW89×4.0	200	90	71	50.5	210	195	110	95	240	211	111	110	44.5	343	6	20	30	6	6	6.66
8	DW108×4.0	210	110	85	60	212	195	112	95	240	213	113	125	54.0	344	6	20	30	6	6	7.26
9	DW133×4.0	220	140	103	72.5	212	191	112	91	240	213	114	144	66.5	350	6	20	30	8	6	9.93
10	DW159×4.5	240	160	121	85.5	222	197	122	91	240	223	124	165	79.5	352	6	20	30	8	8	11.13
11	DW219×6.0	290	220	116	117.5	260	225	134	99	300	261	137	222	109.5	446	8	25	40	10	8	21.67
12	DW273×7.0	310	280	204	144.5	258	216	132	90	300	261	137	2694	136.5	453	8	25	40	12	8	27.82
13	DW325×8.0	360	340	241	170.5	309	259	143	93	400	313	152	315	162.5	587	8	30	50	12	8	41.61
14	DW377×9.0	400	380	281	198.5	326	267	160	101	400	330	168	356	188.5	594	10	30	50	14	8	55.89
15	DW426×9.0	450	440	315	223.0	377	312	169	104	500	394	201	395	213.0	708	10	30	50	14	8	75.72

注：见图 5-6。

10. 拱形管道计算系数

(1) 拱形管道计算系数的制表公式如下：

1) 系数 K_R

$$K_R=0.5\left(u+\frac{0.25}{u}\right) \quad (5\text{-}1a)$$

2) 系数 K_f

$$K_f=\frac{2u}{\frac{1}{4u}+u} \quad (5\text{-}2a)$$

3) 系数 K_s

$$K_s=2\varphi \quad (5\text{-}6a)$$

4) 系数 φ

$$\varphi=\sin^{-1}\left(\frac{4u}{1+4u^2}\right)=\cos^{-1}\left(\frac{1-4u^2}{1+4u^2}\right) \quad (5\text{-}5a)$$

5) 系数 K_{Hg}

$$K_{Hg}=\frac{\frac{3\sin\varphi}{\varphi}-3\cos\varphi-\varphi\sin\varphi}{\frac{\varphi}{\sin\varphi}+\cos\varphi-\frac{2\sin\varphi}{\varphi}}-\frac{1}{2} \quad (5\text{-}7a)$$

6) 系数 K_{Ng}

$$K_{Ng}=\left[\frac{\frac{3\sin\varphi}{\varphi}-3\cos\varphi-\varphi\sin\varphi}{\frac{\varphi}{\sin\varphi}+\cos\varphi-\frac{2\sin\varphi}{\varphi}}-\frac{1}{2}\right]\cos\varphi+\varphi\sin\varphi \quad (5\text{-}9a)$$

7) 系数 K_{Vg}

$$K_{Vg}=\left[\varphi\cos\varphi-\left[\frac{\frac{3\sin\varphi}{\varphi}-3\cos\varphi-\varphi\sin\varphi}{\frac{\varphi}{\sin\varphi}+\cos\varphi-\frac{2\sin\varphi}{\varphi}}-\frac{1}{2}\right]\sin\varphi\right] \quad (5\text{-}10a)$$

8) 系数 K_{Mg}

$$K_{Mg}=\left[\left(\frac{2\sin\varphi}{\varphi}-\cos\varphi-1\right)+\left[\frac{\frac{3\sin\varphi}{\varphi}-3\cos\varphi-\varphi\sin\varphi}{\frac{\varphi}{\sin\varphi}+\cos\varphi-\frac{2\sin\varphi}{\varphi}}-\frac{1}{2}\right]\times\left(\frac{\sin\varphi}{\varphi}-\cos\varphi\right)-(\varphi\sin\varphi+\cos\varphi-1)\right] \quad (5\text{-}11a)$$

9) 系数 K_{Ht}

$$K_{Ht}=\frac{1}{\frac{\varphi}{\sin\varphi}+\cos\varphi-\frac{2\sin\varphi}{\varphi}} \quad (5\text{-}12a)$$

10) 系数 K_{Nt}

$$K_{Nt}=\frac{\cos\varphi}{\frac{\varphi}{\sin\varphi}+\cos\varphi-\frac{2\sin\varphi}{\varphi}} \quad (5\text{-}13a)$$

11）系数 K_{Vt}

$$K_{Vt}=\frac{\sin\varphi}{\frac{\varphi}{\sin\varphi}+\cos\varphi-\frac{2\sin\varphi}{\varphi}} \quad (5\text{-}14a)$$

12）系数 K_{Mt}

$$K_{Mt}=\frac{\frac{\sin\varphi}{\varphi}-\cos\varphi}{\frac{\varphi}{\sin\varphi}+\cos\varphi-\frac{2\sin\varphi}{\varphi}} \quad (5\text{-}15a)$$

13）系数 K_{Mp}

$$K_{Mp}=\left(\frac{18\sin\varphi-10\varphi\cos\varphi}{9\varphi-\sin\varphi\cos\varphi}\right)\cos\varphi-1 \quad (5\text{-}16a)$$

14）系数 K_{TK}

$$K_{TK}=\left(\frac{18\sin\varphi-10\varphi\cos\varphi}{9\varphi-\sin\varphi\cos\varphi}\right)\sin\varphi-\varphi \quad (5\text{-}17a)$$

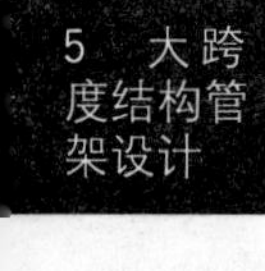

15）系数 K_{Vp}

$$K_{Vp}=\varphi \quad (5\text{-}18a)$$

16）系数 K_{SO}

$$K_{SO}=\frac{\varphi\sqrt{1+K\left(\frac{\varphi}{\pi}\right)^2}}{1-\left(\frac{\varphi}{\pi}\right)^2} \quad (5\text{-}27a)$$

17）系数 K_{My}

$$K_{My}=\varphi\cos\varphi-\sin\varphi \quad (5\text{-}37a)$$

18）系数 K_{Tz}

$$K_{Tz}=\frac{18\sin\varphi-10\varphi\cos\varphi}{9\varphi-\sin\varphi\cos\varphi}-\cos\varphi-\varphi\sin\varphi \quad (5\text{-}38a)$$

（2）拱形管道计算系数

拱形管道计算系数如表 5-5 所示。

拱形管道计算系数 **表 5-5**

系数 \ 矢跨比 $\frac{f}{l}$	1/2	1/3	1/4	1/5
K_R	0.500000000	0.541666667	0.625000000	0.725000000
K_f	1.000000000	0.615384615	0.400000000	0.275862069
K_s	3.141592653	2.352010414	1.854590435	1.522023508
ϕ弧度	1.570796327	1.176005207	0.927295218	0.761012754
ϕ角度	89.999999999 (90°或 89°60′)	67°22′48″	53°7′48″	43°36′10″
sin	1.000000000	0.923076923	0.800000000	0.689655172
cos	0.000000000	0.384615385	0.600000000	0.724137931
K_{Hg}	0.639490044	0.799866818	0.876163163	0.916811890
K_{Ng}	1.5707963	1.3931843	1.2675341	1.1887347
K_{Vg}	−0.6394000	−0.2860289	−0.1445535	−0.0812059
K_{Mg}	0.109555224	0.035272807	0.013801414	0.006301834
K_{Ht}	3.36070310	11.2651604	29.6994331	66.0517984
K_{Nt}	0.000000000	4.33275402	17.8196598	47.8306126
K_{Vt}	3.36070310	10.3986096	23.7595464	45.5529644
K_{Mt}	2.139490044	4.509561971	7.802758989	12.027732911
K_{Mp}	−1.000000000	−0.545324859	−0.325963840	−0.212762046
K_{TK}	−0.297556782	−0.084784869	−0.028580338	−0.011262322
K_{SO}	2.399431022	1.482594792	1.069678294	0.837577018
K_{MY}	−1.0000000	−0.4707672	−0.2436229	−0.1385770
K_{TZ}	−0.297556782	−0.288003343	−0.218442578	−0.161836156
$K_{vp}=\phi$弧度		(同ϕ弧度一项)		

系数 \ 矢跨比 $\frac{f}{l}$	1/6	1/7	1/8	1/9
K_R	0.833333333	0.946428571	1.062500000	1.180555555
K_f	0.200000000	0.150943396	0.117647059	0.094117647
K_s	1.287072717	1.113198636	0.979914652	0.874675783
ϕ弧度	0.643501109	0.556599318	0.489957326	0.437337892

续表

系数 \ 矢跨比$\frac{f}{l}$	1/6	1/7	1/8	1/9
ϕ角度	36°52′12″	31°6′33″	28°4′21″	25°3′28″
sin	0.600000000	0.528301887	0.470588235	0.423529412
cos	0.800000000	0.849056604	0.882352941	0.905882353
K_{Hg}	0.940611320	0.955612117	0.965627829	0.972627007
K_{Ng}	1.1385897	1.1054212	1.0825927	1.0663111
K_{Vg}	−0.0495659	−0.0322673	−0.0220978	−0.0157595
K_{Mg}	0.003234291	0.001814755	0.001091446	0.000693655
K_{Ht}	129.816239	232.595026	388.099443	612.149936
K_{Nt}	103.852992	197.486343	342.440685	554.535824
K_{Vt}	77.8897437	122.880391	182.635037	259.763502
K_{Mt}	17.187582573	23.283584736	30.316333239	38.286126777
K_{Mp}	−0.148717988	−0.109474760	−0.083839872	−0.066222507
K_{TK}	−0.005039600	−0.002494724	−0.001338592	−0.000766596
K_{SO}	0.689070848	0.585801977	0.509748421	0.451349990
K_{MY}	−0.0851991	−0.0557123	−0.0382730	−0.0273527
K_{TZ}	−0.121998150	−0.094268209	−0.074606284	−0.060314476
$K_{vp}=\phi$弧度		(同ϕ弧度一项)		

系数 \ 矢跨比$\frac{f}{l}$	1/10	1/11	1/12	1/13
K_R	1.300000000	1.420454545	1.541666666	1.663461538
K_f	0.076923077	0.064000000	0.054054054	0.046242775
K_s	0.789582239	0.719413999	0.660594710	0.610597314
ϕ弧度	0.394791120	0.359707000	0.330297355	0.305298653
ϕ角度	22°37′12″	20°36′35″	18°55′29″	17°29′27″
sin	0.384615385	0.352000000	0.324324324	0.300578035
cos	0.923076923	0.936000000	0.943945946	0.953757226
K_{Hg}	0.977701462	0.981492909	0.984397608	0.986671076
K_{Ng}	1.0543364	1.0452942	1.0383104	1.0328108
K_{Vg}	−0.0116165	−0.0087997	−0.0068206	−0.0053909
K_{Mg}	0.000461011	0.000317900	0.000226080	0.000165056
K_{Ht}	922.676301	1339.71722	1885.42139	2584.04671
K_{Nt}	851.701201	1253.97532	1783.50672	2464.55322
K_{Vt}	354.875500	471.580463	611.488018	776.707682
K_{Mt}	47.193132480	57.037428609	67.819090752	79.538161418
K_{Mp}	−0.053612808	−0.044284202	−0.037192169	−0.031675967
K_{TK}	−0.000463123	−0.000292511	−0.000191813	−0.000129871
K_{SO}	0.405065408	0.367459685	0.336288679	0.310023190
K_{MY}	−0.0201928	−0.0153142	−0.0125415	−0.0093972
K_{TZ}	−0.049666870	−0.041552977	−0.035243391	−0.030250219
$K_{vp}=\phi$弧度		(同ϕ弧度一项)		

续表

系数＼矢跨比$\frac{f}{l}$	1/14	1/15	1/16	1/17
K_R	1.785714286	1.908333333	2.031250000	2.154411764
K_f	0.040000000	0.034934498	0.030769231	0.027303754
K_s	0.567588218	0.530206129	0.497419978	0.468434978
ϕ弧度	0.283794109	0.265103065	0.248709989	0.234217489
ϕ角度	16°15′37″	15°11′21″	14°15′0″	13°25′11″
sin	0.280000000	0.262008734	0.246153846	0.232081911
cos	0.960000000	0.965065502	0.969230769	0.972696246
K_{Hg}	0.988489252	0.989952760	0.991156992	0.992152044
K_{Ng}	1.0284121	1.0248286	1.0218808	1.0194201
K_{Vg}	−0.0043346	−0.0035345	−0.0029197	−0.0024380
K_{Mg}	0.000123415	0.000093910	0.000072750	0.000057119
K_{Ht}	3461.96628	4547.64105	5871.66894	7466.73591
K_{Nt}	3323.48763	4388.77150	5691.00220	7262.86599
K_{Vt}	969.350558	1191.52167	1445.33389	1732.89434
K_{Mt}	92.194822197	106.788667162	120.320044399	135.788772546
K_{Mp}	−0.027301540	−0.023774413	−0.020888180	−0.018499065
K_{TK}	−0.000090392	−0.000064444	−0.000046924	−0.000034810
K_{SO}	0.287584625	0.268190026	0.251257041	0.236343390
K_{MY}	−0.0075577	−0.0061669	−0.005096465	−0.0042594
K_{TZ}	−0.026234789	−0.022960751	−0.020257986	−0.018002051
$K_{vp}=\phi$弧度		（同ϕ弧度一项）		

系数＼矢跨比$\frac{f}{l}$	1/18	1/19	1/20	1/21	1/22
K_R	2.277777778	2.401315790	2.525000000	2.648809524	2.772727273
K_f	0.024390244	0.021917808	0.019801980	0.017977528	0.016393443
K_s	0.442628685	0.419507755	0.398674610	0.379806825	0.362639549
ϕ弧度	0.221314442	0.209753877	0.199337305	0.189903413	0.181319774
ϕ角度	12°40′49″	12°1′5″	11°25′16″	10°52′51″	10°23′20″
sin	0.219512195	0.208219178	0.198019802	0.188764045	0.180327869
cos	0.975609756	0.978082192	0.980198020	0.982022472	0.983606557
K_{Hg}	0.992998658	0.993709465	0.994337082	0.994843818	0.995323374
K_{Ng}	1.0173605	1.0156044	1.0141200	1.028059	1.0117037
K_{Vg}	−0.0020588	−0.0017529	−0.0015084	−0.0013013	−0.0011372
K_{Mg}	0.000045628	0.000036783	0.000030254	0.000024721	0.000020808
K_{Ht}	9367.67657	11611.3619	14236.9494	17285.2400	20799.9811
K_{Nt}	9139.19666	11356.8663	13955.0296	16974.4941	20458.9978
K_{Vt}	2056.31925	2417.70823	2819.19790	3262.83182	3750.81626
K_{Mt}	152.195383270	169.539129477	187.821883766	207.039248081	227.197494474
K_{Mp}	−0.016496949	−0.014803181	−0.013357542	−0.012113827	−0.011036104
K_{TK}	−0.000026256	−0.000020101	−0.000015596	−0.000012249	−0.000009727
K_{SO}	0.223107050	0.211279306	0.200646070	0.191034644	0.182304159
K_{MY}	−0.0035957	−0.0030626	−0.0026298	−0.0022746	−0.0019805
K_{TZ}	−0.0161003	−0.014482913	−0.013096125	−0.011898362	−0.010856939
$K_{vp}=\phi$弧度		（同ϕ弧度一项）			

5.2 悬索管架

1. 一般规定

(1) 结构简图如图5-7所示。

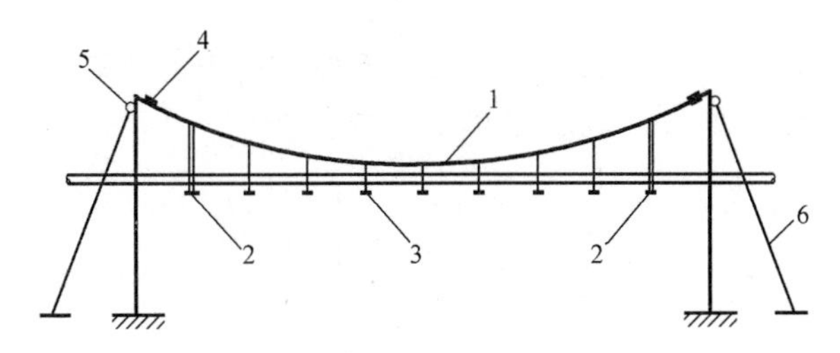

图5-7 悬索管架

1—悬索；2—刚性吊架；3—钢筋吊架；
4—UT型夹具；5—楔型夹具；6—斜拉杆

(2) 悬索管架的一般规定如下：

1) 管架组成：悬索式管架主要由悬索、吊架、斜拉杆和管架组成，见图5-7。

2) 适用范围：一般在管道跨越道路、河流时，采用这种结构形式。

3) 悬索垂度：①按小垂度设计，一般选在$\frac{l}{10}\sim\frac{l}{20}$之间；②安装时预抬设计要求垂度的$\frac{l}{300}$，以防止垂度增大。

4) 悬索选材：一般采用抗拉强度较大的镀锌钢铰线，跨度不大时，亦可采用钢筋。

5) 吊架型式：①刚性吊架（图5-8）由角钢组成，用在悬索两端头，防止管线摇摆；②钢筋吊架（图5-9）用在其他部位。

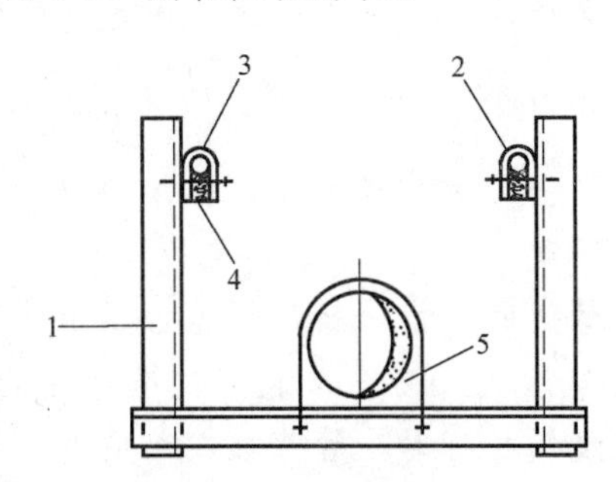

图5-8 刚性吊架

1—角钢吊杆；2—钢铰线；3—扁钢；
4—硬垫木；5—管箍

6) 连接措施：①悬索采用钢铰线时，吊架的吊杆可直接挂在悬索，在连接处设白齿式钢丝绳夹子，防止下滑；②悬索采用钢筋时，吊架的吊杆可挂在吊钩里，吊钩焊在悬索上。

7) 夹具：金属夹具选用楔型或UT型定型线夹，当悬索及斜拉杆采用钢筋时，可用镀锌花兰螺栓。

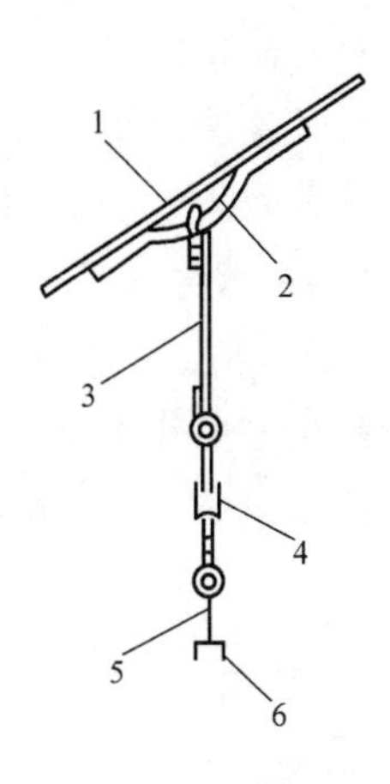

图5-9 钢筋吊架

1—钢筋悬索；2—吊钩；3—钢筋吊杆；
4—花兰螺丝；5—U形吊环；6—型钢梁

8) 保温材料：采用轻质且具有一定韧性的材料，如矿渣棉、玻璃棉、泡沫塑料，以减轻重量或避免开裂。

9) 防腐处理：①凡外露金属构件均以红丹打底，刷沥青漆两遍防腐；②埋入土中的斜拉杆，还须用浸沥青玻璃布将其紧紧包扎起来。

2. 悬索设计

(1) 悬索管架计算简图，如图5-10所示。

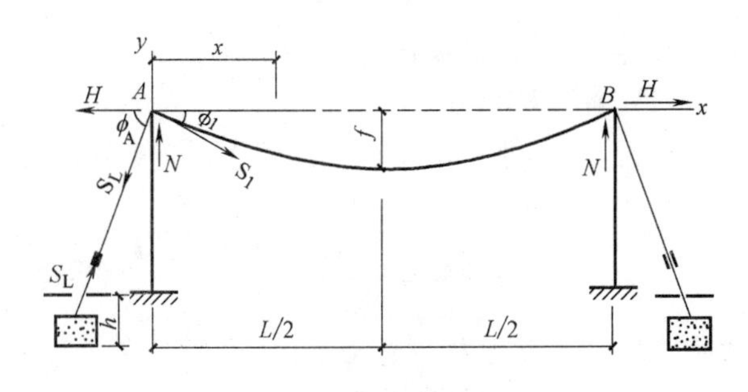

图5-10 计算简图

(2) 悬索计算

1) 悬索拉力

悬索最大拉力发生在截面倾角φ_1最大的地方，即两端的支座处，按下列公式计算：

$$S_1=\frac{H}{\cos\varphi_1} \tag{5-40}$$

式中 S_1——支座处悬索的最大总拉力；

H——悬索截面的水平分力，计算如下：

$$H=\frac{M_c}{f}=\frac{ql^2}{8f} \tag{5-41}$$

M_c——中点C处的弯矩值，按简支梁计算；

f——中点C处的悬索垂度；

l——悬索的计算跨度；

q——沿悬索跨度的均布荷载设计值；当有风荷载时，为垂直荷载 $q_{垂}$ 与风荷载 $q_{风}$ 的矢量和，计算表达式为

$$q=\sqrt{q_{垂}^2+q_{风}^2} \quad (5\text{-}42)$$

φ_1——悬索在支座处的最大倾角，当两端支点在同一水平面时，计算表达式为：

$$\varphi_1=\text{tg}^{-1}\left(\frac{4f}{l}\right) \quad (5\text{-}43)$$

2）悬索截面计算

悬索均成对出现，每根悬索截面，按下列公式计算：

$$\frac{N_k}{0.5S_1}\geqslant 2 \quad (5\text{-}44)$$

式中 N_k——悬索的拉断力，当采用钢铰线时，按表5-6取用。

3）悬索长度

当悬索垂度 $\frac{f}{l}$ 在 $\frac{1}{10}\sim\frac{1}{20}$ 之间时，可不考虑因索中拉力而引起的索的伸长，其长度可按公式（5-45）计算：

$$S=l\left[1+\frac{8}{3}\left(\frac{f}{l}\right)^2\right] \quad (5\text{-}45)$$

3. 斜拉杆、锚板设计

（1）斜拉杆拉力

由图5-10得知，按平衡条件 $\sum X=0$ 时，斜拉杆拉力，可按下列公式计算：

$$S_1=\frac{H}{\cos\varphi_4} \quad (5\text{-}46)$$

式中 S_1——斜拉杆的总拉力；

φ_4——斜拉杆与水平面的夹角。

（2）斜拉杆截面计算

斜拉杆与悬索相同成对出现，每根拉杆截面计算如下：

$$\frac{N_k}{0.5S_1}\geqslant 2 \quad (5\text{-}47)$$

式中 N_k——斜拉杆的拉断力，当采用钢铰线时，按表5-6取用；当采用钢筋时，钢筋截面积，按下式计算：

$$A_s\geqslant\frac{N_k}{f_y}=\frac{S_1}{f_y} \quad (5\text{-}48)$$

（3）锚板计算，锚板受力如图5-11所示。

锚板尺寸须满足下式要求，即

$$\frac{N_1+N_2}{N_k\sin\varphi_A}\geqslant 2.0 \quad (5\text{-}49)$$

式中 N_1——锚板自重

$$N_1=\gamma_n V_1$$

N_2——锚板上土重

$$N_2=\gamma V_2$$

γ_n、γ——钢筋混凝土及土的单位体积重度；

V_1、V_2——锚板及填土的体积。

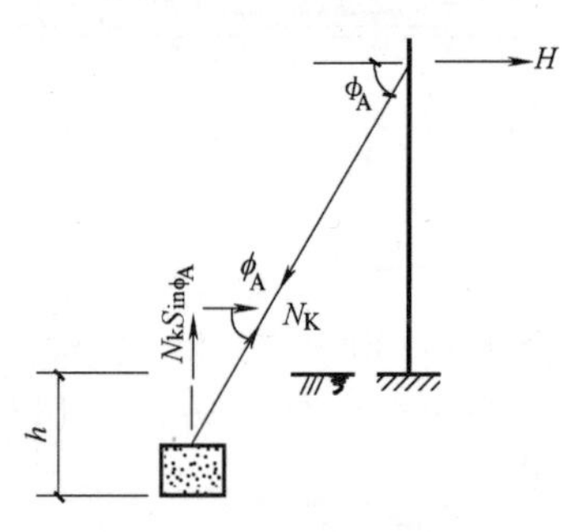

图5-11 锚板受力示意

锚板可按中间为支点的悬臂板进行承载力计算。

4. 管架设计

悬索管道的管架设计

（1）垂直荷载：由图5-10，按平衡条件 $\sum Y=0$ 得知，管架柱承受的垂直荷载，可按下式计算：

$$N=S_l\sin\varphi_4+S_1\sin\varphi_1\frac{q_{垂}}{\sqrt{q_{垂}^2+q_{风}^2}} \quad (5\text{-}50)$$

当风荷载不大时，可近似计算如下：

$$N=S_l\sin\varphi_4+S_1\sin\varphi_1 \quad (5\text{-}51)$$

（2）风荷载：管线风荷载，通过悬索作用于管架柱顶，每个管架按跨度的 $\frac{1}{2}$ 考虑，可按3.3节4计算，当风荷载较大时，柱顶须设侧向斜拉杆承受风荷载。

（3）管架的内力分析，根据柱顶所受荷载和选用的管架形式，按4节相应的管架进行设计。如侧向未设斜拉杆时，管架柱按单向偏心受压构件设计。

对于双跨或多跨悬索管架，应尽量等跨布置，如不等跨时，应调整各跨的垂度 $\frac{f}{l}$，以使中间管架柱顶的 $\sum H=0$。

双跨或多跨悬索管架的计算与单跨悬索管架类似，不同之处对中间管架应注意力的叠加。

5.3 吊索式管架

1. 一般规定

吊索式管架结构简图，如图5-12所示。

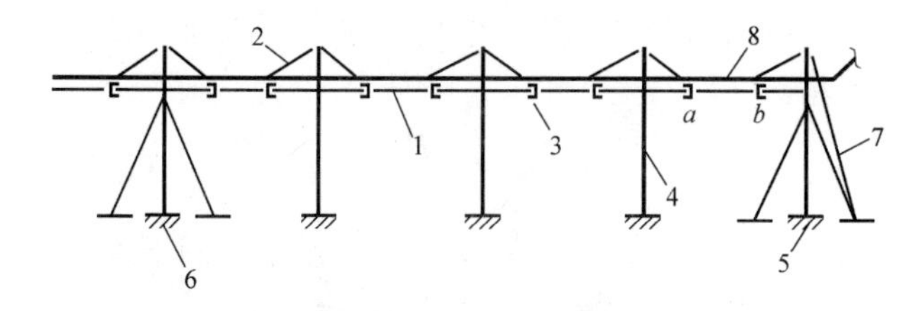

图 5-12　吊索管架示意
1—水平拉杆；2—吊索；3—型钢梁；4—活动管架；
5—端部固定管架；6—中间固定管架；7—斜拉杆；
8—水平力最大区间

(1) 吊索式管架由水平拉杆、吊索、型钢梁和独立式管架组成（图 5-12）。

(2) 一般当管线直径较小，需设置中间支点以扩大管架间距时，采用这类结构。

(3) 构件材料。对水平拉杆和斜拉杆采用钢铰线和圆钢筋；吊索采用圆钢筋。

(4) 构件连接：

1) 水平拉杆当采用钢铰线时，一端用楔形夹具卡紧，另一端用可调整长度的 UT 形夹具进行连接。

2) 当采用圆钢筋时，可采用花兰螺栓进行连接和调整。

3) 水平拉杆必须连续，并拉紧。

(5) 吊索：采用花兰螺栓安装和调整，以拉直为度，不宜明显受力。

(6) 构件防腐：1) 外露构件安装后，以红丹打底，刷两度沥青漆防腐；2) 埋入土中斜拉杆，除上述措施外，还应用浸沥青玻璃布将斜拉杆紧紧包扎起来。

2. 吊索设计

吊索式管架计算简图，如图 5-13 所示。

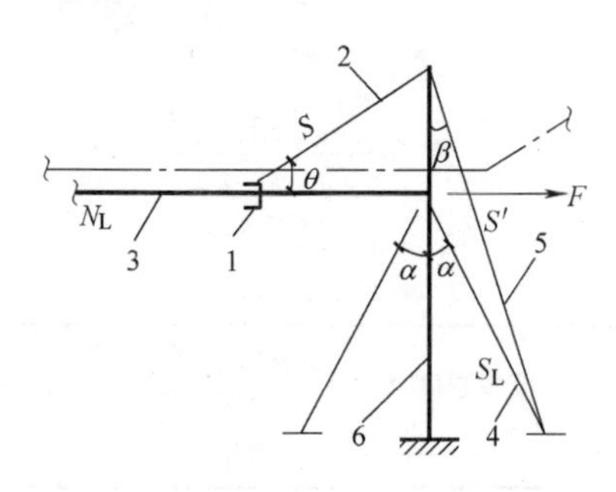

图 5-13　吊索系统简图
1—横梁；2—吊索；3—水平拉焊；
4—水平拉杆处斜拉杆；5—柱顶斜拉杆；
6—管架

吊索计算

(1) 横梁：

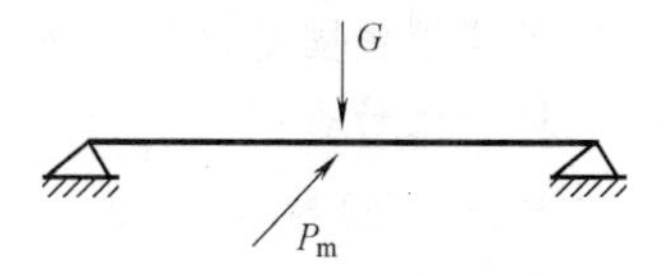

图 5-14　横梁计算简图

1) 荷载计算

横梁荷载由管线的垂直荷载及其水平推力组成，如图 5-14 所示

①垂直荷载 G，按 3.3-2 计算；②水平推力 P_m，可按 3.3-3 计算。

2) 承载力计算

①横梁在垂直荷载及水平推力作用下，均按简支梁考虑；②截面按双向受弯构件验算；③设有固定点的横梁，尚应核算水平推力引起的扭矩，此时横梁两端按固定端考虑。

(2) 吊索

1) 吊索内力（图 5-13），可按下列公式计算：

$$S=\frac{G}{2\sin\theta} \tag{5-52}$$

式中　S——一根吊索内力；

G——横梁上垂直荷载；

θ——吊索与水平拉杆间夹角。

2) 吊索截面，按下列公式计算：

$$\frac{N_k}{S}\geqslant 1.5 \tag{5-53}$$

式中　N_k——吊索的拉断力，当采用圆钢筋时：$N_k=A_s f_y$，则

$$A_s\geqslant\frac{1.5S}{f_y} \tag{5-54}$$

式中　f_y——钢筋抗拉强度设计值；

A_s——受拉钢筋截面积。

(3) 水平拉杆

1) 水平拉杆内力计算

管线水平推力和吊索水平分力均由水平拉杆承受。水平拉杆的最大内力发生在靠近端部固定管架跨间的两个吊点 $a-b$ 的区间（图 5-12），其值可按下式计算：

① 单根管线时，按下列公式计算：

$$N_{l1}=P_b+0.8\sum_{i=1}^{n}P_{mi}+N_{ls} \tag{5-55}$$

② 多根管线时，按下列公式计算：

$$N_1=\sum_{i=1}^{n'}N_{l1} \tag{5-56}$$

式中　N_{l1}——单根管线固定时，整个管架水平拉杆的总拉力；

N_1——多根管线固定时，整个管架水平拉杆的总拉力；

P_b——管线补偿器反弹力，由管道专业提供；

P_{mi}——管线在第 i 个支点上的摩擦力，可按式（3-10）计算；

n——固定管架至补偿器之间管道支点数量；

n'——固定管架上被固定管线数量；

N_{ls}——吊索在水平拉杆上沿水平方向的总分力，计算如下：

$$N_{ls}=G\frac{\cos\theta}{\sin\theta} \tag{5-57}$$

③ 当固定管架上同时敷设有固定管线和活动管线时，整个管架水平拉杆的总拉力，按下列公式计算：

$$N_l=\sum_{i=1}^{n'}N_1+\sum_{i=1}^{n_1}\left(0.8\sum_{i=1}^{n}P_{mi}\right) \tag{5-58}$$

式中 n_1——活动管线数量。

④ 每根拉杆的水平拉力，计算如下：

$$N_0=\frac{N_l}{n_0} \tag{5-59}$$

式中 n_0——水平拉杆根数，单柱时为 1，双柱时为 2。

2）水平拉杆截面，按下列公式计算：

$$\frac{N_k}{N_0}\geqslant 1.5 \tag{5-60}$$

式中 N_k——水平拉杆的拉断力，当采用钢铰线时，按表 5-6 取用，当采用钢筋时，钢筋截面积按下列公式计算：

$$A_s\geqslant\frac{N_k}{f_y}=\frac{1.5N_0}{f_y} \tag{5-61}$$

3. 斜拉杆设计

吊索式管架斜拉杆的计算如下：

（1）水平拉杆处斜拉杆计算

1）斜拉杆（图 5-13）内力，可按下列公式计算

$$S_L=\frac{P}{n\sin\alpha} \tag{5-62}$$

式中 P——固定管架水平推力或水平拉杆的不平衡力，由管道专业提供，或按 3.3-3 计算；

α——斜拉杆与管架柱夹角；

n——斜拉杆根数，与水平拉杆相同，双柱为 2，单柱为 1。

2）斜拉杆截面，可按下列公式计算；

$$\frac{N_k}{S_L}\geqslant 1.5 \tag{5-63}$$

式中 N_k——斜拉杆的拉断力，当采用钢铰线时，可按表 5-6 取用；当采用钢筋时，钢筋截面积可按下列公式计算；

$$A_s\geqslant\frac{N_k}{f_y}=\frac{1.5S_L}{f_y} \tag{5-64}$$

（2）柱顶斜拉杆计算

1）斜拉杆（图 5-13）内力，可按下列公式计算：

$$S'=\frac{S\cdot\cos\theta}{\sin\beta} \tag{5-65}$$

式中 S'——柱顶斜拉杆内力；

β——柱顶斜拉杆与管架柱夹角。

2）斜拉杆截面，可按下列公式计算：

$$\frac{N_k}{S'}\geqslant 1.5 \tag{5-66}$$

式中 N_k——斜拉杆的拉断力，当采用钢铰线时，可按表 5-6 取用，当采用钢筋时，钢筋截面积，可按下列公式计算：

$$A_s\geqslant\frac{N_k}{f_y}=\frac{1.5S'}{f_y} \tag{5-67}$$

钢铰线技术规格　　表 5-6

序号	型号及公称截面 (mm^2)	计算截面积 (mm^2)	股数及股线直径 (mm)	计算直径 (mm)	极限强度 (N/mm^2)	拉断力 N_k 不小于 (kN)	质量 (kg/km)
1	C-25	26.6	7×2.2	6.6	1200	29	210
2	C-35	37.2	7×2.6	7.8	1200	41	300
3	C-50	49.5	7×3.0	9.0	1200	54	400
4	C-50	48.3	19×1.8	9.0	1200	51	400
5	C-70	72.2	19×2.2	11.0	1100	71	580
6	C-100	101.0	19×2.6	13.0	1100	100	800
7	C-120	117.0	19×2.8	14.0	1100	114	950

续表

序号	型号及公称截面 (mm^2)	计算截面积 (mm^2)	股数及股线直径 (mm)	计算直径 (mm)	极限强度 (N/mm^2)	拉断力 N_k 不小于 (kN)	质量 (kg/km)
8	C-135	134.0	19×3.0	15.0	1100	131	1100
9	C-150	153.0	19×3.2	16.0	1100	150	1200
10	C-185	183.0	19×3.5	17.5	1100	179	1500
11	C-215	215.0	19×3.8	19.0	1100	211	1700
12	C-230	228.0	37×2.8	19.5	1100	214	1800
13	C-260	261.0	37×3.0	21.0	1100	244	2200
14	C-300	297.0	37×3.2	22.5	1100	278	2400
15	C-350	356.0	37×3.5	24.5	1100	333	2900
16	C-375	376.0	61×2.8	25.5	1100	339	3100

4. 管架设计

(1) 吊索式管架的管架计算简图，如图5-15所示。

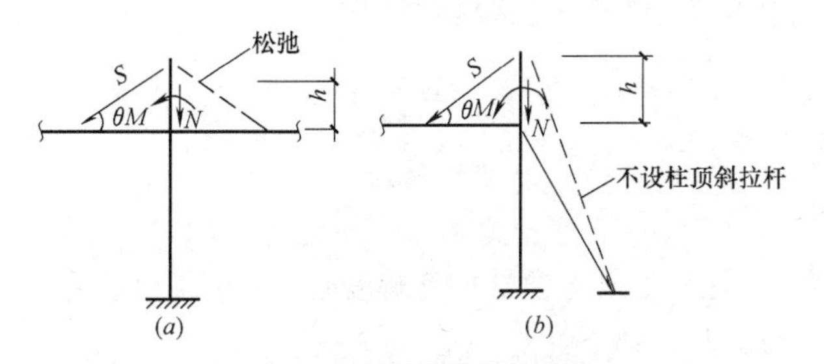

图5-15　水平拉杆处柱荷载

(a) 吊索松弛示意；(b) 不设斜拉杆示意

(2) 管架设计

吊索式管架中的管架设计如下所示。

1) 管架设计：①吊索管架中的管架，可根据所采用的管架型式，按4相应的管架进行设计；②管架柱不承受纵向水平推力，只承受由斜拉杆和吊索传来的垂直分力。

2) 吊索松弛或柱顶不设斜拉杆：

① 当一侧吊索松弛和不设柱顶斜拉杆（图5-15）时，应验算在水平拉杆处的截面承载力。

② 水平拉杆处柱截面内力，可按下列公式计算：

$$M=S\cdot\cos\theta\cdot h \tag{5-68}$$

$$N=S\cdot\sin\theta \tag{5-69}$$

3) 斜拉杆的锚板设计　斜拉杆的锚板设计，可参照悬索管架一节进行，仅式（5-49）中的系数2.0改为1.5即可。

5.4　纵梁式管架

1. 一般规定

(1) 纵梁式管架结构简图，如图5-16所示。

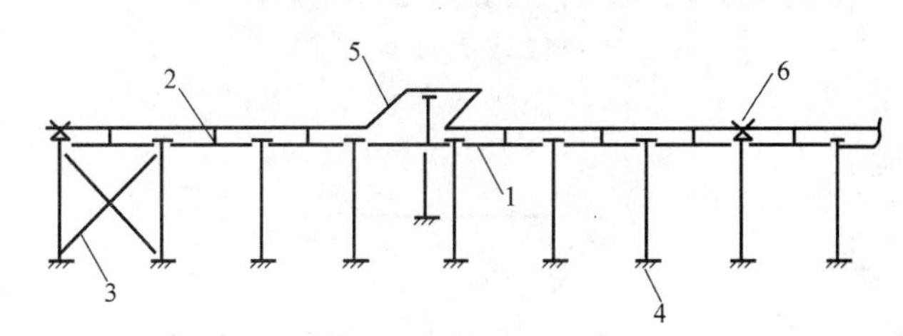

图5-16　纵梁式管架

1—纵梁；2—横梁；3—柱间支撑；4—独立式管架；5—补偿器；6—管道固定点

(2) 纵梁式管架一般规定如下：

1) 组成：纵梁式管架，由横梁、纵梁和独立式管架组成，如图6-15所示。

2) 适用范围：一般多用在管线带上支线很多的管路上。如管径较小，为了扩大管架间距，亦常采用这种结构。

3) 纵梁布置　根据管线敷设要求，纵梁可设在柱顶或柱身某处，如为双层管线，则设在顶层和下层。

4) 纵横梁选材：①纵梁采用型钢梁和矩形或T形钢筋混凝土梁；②横梁采用型钢梁或钢筋混凝土矩形梁。

5) 结构连接：①纵梁与柱的连接一般为不动铰；②纵梁与横梁按简支连接。

6) 柱间支撑：①纵梁式管架一般不设中间固定管架；②直管线带末端设柱间支撑，增加纵向刚度和稳定性，同时承受管线的不平衡水平推力。

7) 管道固定点：管道固定点设在横梁上。

2. 纵梁设计

(1) 纵梁式管架的计算简图，如图5-17、图5-18、图5-19所示。

(2) 纵梁式管架的构件计算，如下所示。

1) 受力特性：纵梁式管架的结构简图如图

5-17所示。由图5-17得知，管线的水平推力通过横梁传给纵梁承受，纵梁的不平衡推力，则由柱间支撑承受，可见，管架柱一般不承受管线水平推力。

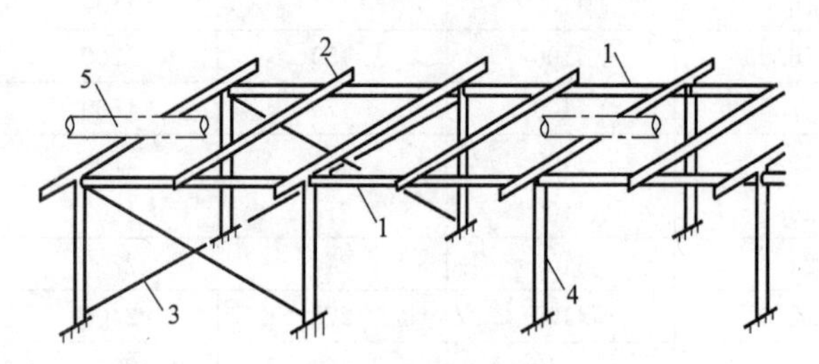

图5-17 纵梁式管架

1—纵梁；2—横梁；3—柱间支撑；4—独立式管架；5—管道

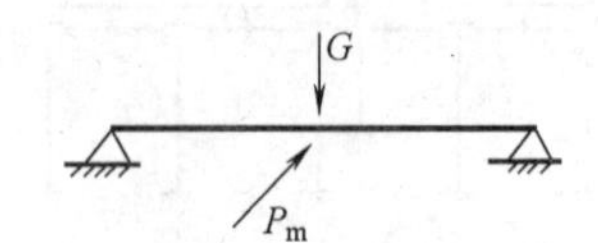

图5-18 横梁计算简图

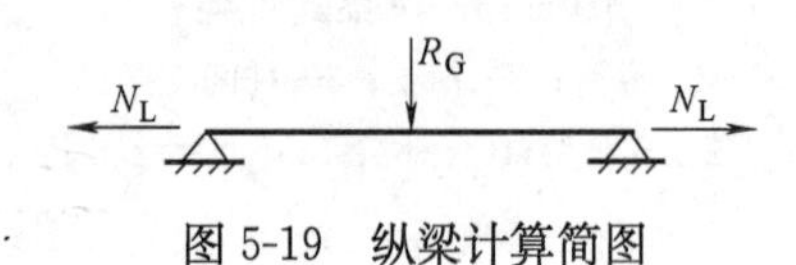

图5-19 纵梁计算简图

2）横梁：

① 荷载计算

如图5-18所示，横梁承受的荷载，由管线的垂直荷载及其水平推力组成

图5-18中 G——垂直荷载，按3.3-2计算；

P_m——水平推力，按3.3-3计算。

② 横梁承载力计算

A）一般横梁在垂直荷载及水平推力作用下，按双向受弯构件计算，此时横梁按简支于纵梁考虑。

B）梁上设有固定点时，尚应计算水平推力作用下的扭矩作用，横梁按固定于纵梁上考虑。

3）纵梁

① 荷载计算

如图5-19所示，纵梁承受的荷载，由横梁传来反力和管线水平推力组成，计算如下：

A）横梁传来反力 R_G，由横梁计算时确定

B）纵梁承受的管线水平推力 N_l，计算如下：

a）单根管线时，按下列公式计算：

$$N_{l1}=P_b+0.8\sum_{i=1}^{n}P_{mi} \tag{5-70}$$

b）多根管线时，按下列公式计算：

$$N_l=\sum_{i=1}^{n'}N_{l1} \tag{5-71}$$

式中 N_{l1}——单根管线固定时，整个管架纵梁上共承受的力；

N_l——多根管线固定时，整个管架纵梁上共承受的力；

P_b——管线补偿反弹力，由管道专业提供；

P_{mi}——固定管线在第 i 个中间管架上的摩擦力，可按式（3-10）计算；

n——固定管架至补偿器之间的中间管架数；

n'——固定管架上的固定的管线数。

c）当固定管架上同时敷设有固定管线及活动管线时，整个管架的纵梁尚应承受活动管线的水平堆力，可按下列公式计算：

$$N_l=\sum_{i=1}^{n'}N_{l1}+\sum_{i=1}^{n_1}\left(0.8\sum_{i=1}^{n}P_{mi}\right) \tag{5-72}$$

式中 n_1——活动管线数；

P_{mi}——管道摩擦力，可按式（3-10）计算。

d）管架上纵梁均成双出现，一根纵梁承受的拉力计算如下：

$$N_0=0.5N_l \tag{5-73}$$

② 纵梁承载力计算

A）纵梁在管线水平拉力和横梁传来垂直荷载作用下，按拉弯或压弯构件计算。

此时纵梁按简支于管架柱上考虑

B）当纵梁采用桁架时，如管线仅支承在桁架上弦，管线水平推力和侧向出管线的水平推力则由桁架上弦承受，否则根据支承情况由上、下弦分别承受。

3. 柱间支撑

（1）纵梁式管架的柱间支撑计算简图，如图5-20所示。

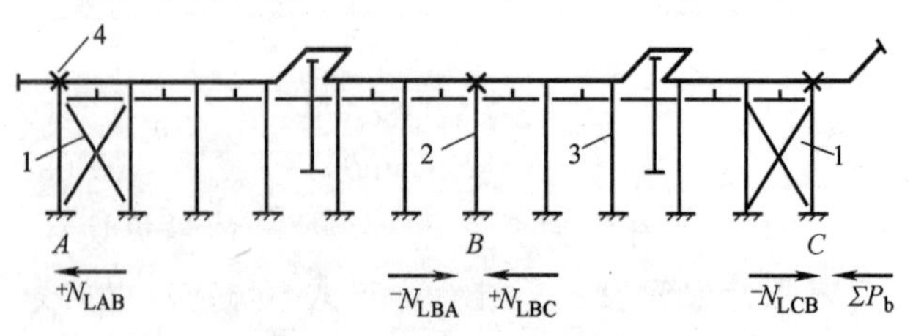

图5-20 柱间支撑受力示意

1—柱间支撑；2—中间固定管架；3—活动管架；4—管道固定点

（2）纵梁式管架的柱间支撑计算

1）荷载计算 柱间支撑水平推力计算

① 柱间支撑除增加纵向刚度和稳定性外，主要承受纵梁总的不平衡水平力，一般可按下述通式计算（图 5-20）：

$$N'_i = N_{lAB} - N_{lBA} + N_{lBC} - N_{lCB} + \sum_{i=1}^{n} P_b \quad (5\text{-}74)$$

式中 N'_i——柱间支撑承受的拉力；

N_{lAB}、N_{lBA}、N_{lBC}、N_{lCB}——相应固定点 A、B、C 处的杆端拉力，按式（5-71）或式(5-72)计算。

② 如补偿器、柱间支撑对称布置时，则式(5-74) 中 $N_{lAB}=N_{lBA}$，$N_{lBC}=N_{lCB}$，则作用于柱间支撑的水平力，可按下列公式计算：

$$N'_l = \sum_{i=1}^{n} P_b \quad (5\text{-}75)$$

式中 $\sum_{i=1}^{n} P_b$ ——尽端固定管架以远管线转弯反弹力。

③ 柱间支撑与纵梁相同均成双出现，每榀柱间支撑的水平力计算如下：

$$N_0 = 0.5N'_l \quad (5\text{-}76)$$

2）承载力计算：

① 柱间支撑按中心受压构件计算：

② 柱间支撑的计算长度，按下列规定采用：

A）单角钢斜杆的计算长度 $l_0=l_s$；

B）交叉支撑的钢斜杆的计算长度 $l_0=0.5l_s$；

C）支撑平面外：$l_0=l_s$；

式中 l_s——节点中心距离（交叉连接时不作为节点考虑）

③ 柱间支撑的容许长细比规定如下：

A）柱间支撑斜杆长细比，按下式计算：

$$\frac{l_0}{i} \leqslant 300 \quad (5\text{-}77)$$

B）柱间支撑横梁长细比，按下式计算：

$$\frac{l_0}{i} \leqslant 150 \quad (5\text{-}78)$$

式中 l_0——柱间支撑横梁及斜杆的计算长度；

$\imath$——最小回转半径。

4. 管架设计

(1) 纵梁式管架的管架计算简图，如图 5-21 所示。

(2) 纵梁式管架的管架计算如下：

1）荷载计算：管架承受的荷载由横梁上垂直荷载、横梁上水平推力（管道不固定时按摩擦力计算）、风荷载以及纵梁传来的反力和拉力组成。计算简图如图 5-21 所示。图中

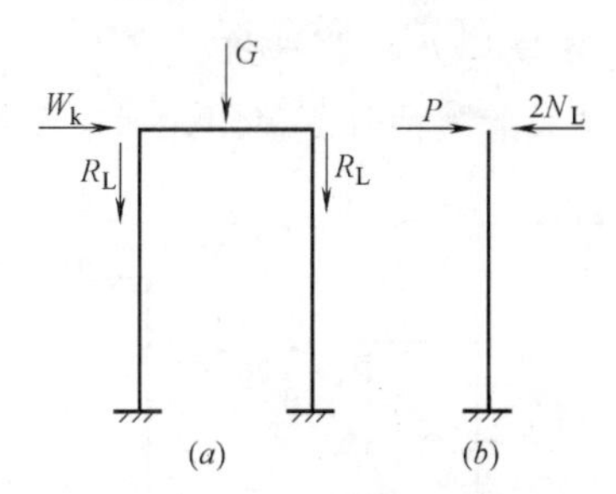

图 5-21 管架计算简图

(*a*) 平面内简图；(*b*) 平面外简图

G——垂直荷载，按 3.3-2 计算；

P——水平推力，由管道专业提供或按 3.3-3 计算；

w_k——风荷载按 3.3-4 计算；

N_L——纵梁轴向拉力，纵梁计算时确定；

R_L——纵梁反力，纵梁计算时确定。

2）承载力计算：

① 当纵梁与管架顶处于同一水平面时，管架柱不承受轴向水平推力，柱按单向偏心受压构件计算。

② 当纵梁与管架顶不在同一水平面时，则应验算纵梁支座处柱截面的承载力。

③ 管架部分的内力分析按所采用的独立式管架规定进行。

5.5 桥式管架

1. 一般规定

(1) 桥式管架结构简图，如图 5-22 所示。

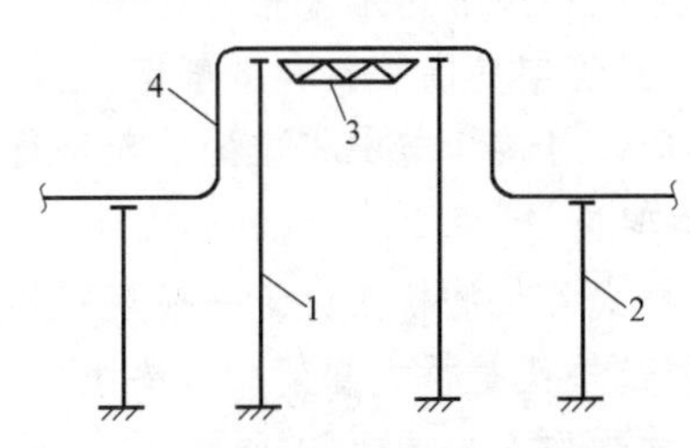

图 5-22 桥式管架示意

1—高管架；2—低管架；3—桥架；4—管道

(2) 桥式管架一般规定，如下。

1）桥式管架由桥架、高管架和桥架左右的低管架组成见图 5-22。

2）桥架由钢结构制作，一般均为标准构件，根据荷载不同可直选。

3）桥式管架适用于跨越铁路、公路和支承立式补偿器的管路上。

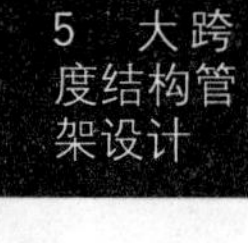

2. 计算简图及荷载计算

(1) 桥式管架的计算简图，如图 5-23 所示。

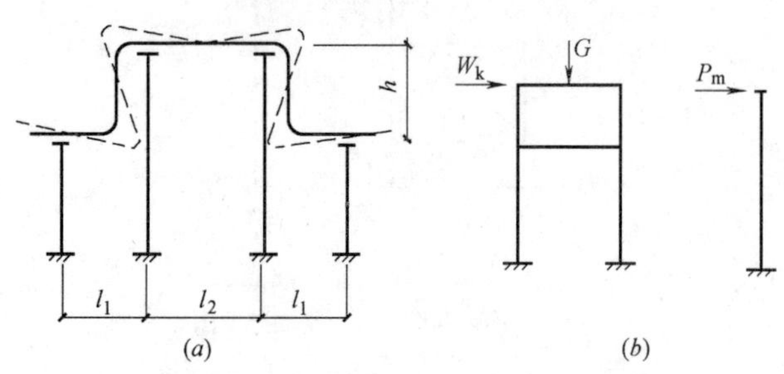

图 5-23 桥式管架计算简图

(a) 立式补偿器工作简图；(b) 管架计算简图

(2) 桥式管架的荷载计算，如下。

1) 本节以立式补偿器管架为例进行荷载分析。

2) 由图 5-23 得知，管架承受的荷载，主要来源于管道的热变形，考虑到管道热变形时的荷载转移，计算时规定如下：

① 高管架和低管架的垂直荷载和水平推力均应乘以 1.5 的增大系数；

② 若有振动管线时，则不必乘以 1.5 的动力系数；

③ 垂直荷载及水平推力的计算，按第 3.3-2 和 3.3-3 中有关规定进行。

3. 管架设计的一般规定如下：

1) 不带桁架梁的高管架宜按柔性管架设计，计算管线膨胀量时，管线长度取$\frac{1}{2}(l_1+l_2+h)$，见图 5-23。

2) 带桁架梁的高管架，架顶水平推力为桁架所平衡；计算管架柱时管线水平推力可不考虑。但计算桁架时，须考虑水平推力的作用。

3) 桥式管架的高管架和低管架，根据所采用的类型不同，可按 4 节中相应的管架进行设计。

4. 桥架设计

(1) 桥式管架的桥架设计一般规定如下：

1) 管道桥架是桥式管架的主要组成部分；桥架由钢结构制作，如图 5-24 所示。

2) 桥架包括内容：

①管道桥架跨距：$L=9$、10、11、12、13、14、15、16、18m 等；②电缆桥架跨距：$L=9$、12、15、18m 等。

(2) 荷载

桥架荷载，如下：

1) 管道桥架：$P=5\sim80$kN/点；

2) 电缆桥架：$q=3\sim5$kN/m；

3) 风荷载：$w_0=0.5$kN/m^2。

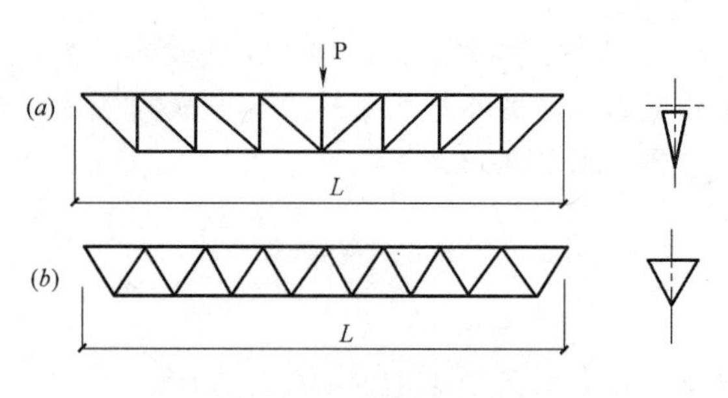

图 5-24 桥架简图示意

(a) 管道桁架；(b) 电缆桥架

(3) 桥架材料：

1) 钢材：型钢采用 Q235A；

2) 钢筋：钢筋采用 HPB235 级及 HRB335 级钢筋；

3) 焊条：焊条分别采用 E4301～E4303 及 E5001～E5003 型。

5. 桥架选用

(1) 管道桥架的选用

1) 桥架编号

例： HJ_2——9——10～15

桥架　横梁个数　跨距　横梁上荷载

由编号得知，桥架选用是根据桥架跨距 l，横梁个数 n，以及荷载 P 进行选取。

2) 选用桥架

① 选用时先根据管道的跨距要求，算出桥架上的横梁（支点）个数 n，以及该横梁上的荷载值 P，当为双层管道时应以最小跨距的一层（通常是下层）为准，确定桥架横梁（支点）的个数 n，并按横梁的间距标出荷载 P 值。

② 桥架上的荷载 P 是通过桥架上的横梁（自行设计），在指定的位置上作用于桥架上的，为照顾到大小管道的不同跨距要求，每种跨距桥架均设有 2～3 个横梁位置。

③ 如有一双层管线，上层管线较大，只须一个横梁（支点）、下层管线较小，须设二个横梁（支点），则应以下层管线为准，选取两个横梁的桥架，再以横梁的中至中距离算出荷载 P，最后以 n 及 P 值选取桥架。

(2) 电缆桥架的选用

1) 桥架编号

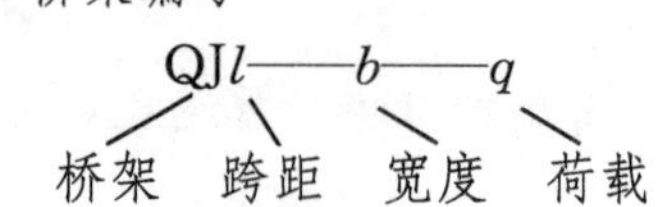

2) 选用桥架

① 电缆桥架分有蜂窝梁和三角桁架两种形式，不论哪种形式，由编号得知，均可按桥架跨

距l、宽度b和桥架上荷载q进行选取。

② 如桥架跨距为9m，桥架宽度$b=0.9$m，电缆荷载$q=3$kN/m，则可选用编号为QJ9—0.9—3型的桥架。

6. 施工要求及实例

(1) 桥架施工要求

1) 根据现行《钢结构施工质量验收规范》进行制作、安装及验收。

2) 材料接头必须保证材料截面及焊缝与原设计截面等强度。

3) 蜂窝梁用热轧槽钢组成，腹板切割建议采用仿型气割机或数据切割机。

4) 蜂窝梁切割、拼装及焊接建议固定在胎模上进行，制作后的变形应校正使之平整。

5) 构件运输要妥善绑扎，以防变形和损伤，构件在吊装前要严格检查、合格后方可安装。

6) 构件表面应严格防锈、并涂红丹两遍、铅油两遍防腐处理。

(2) 桥架实例

1) 管道桥架实例一，见图5-25，表5-7为材料表。

2) 管道桥架实例二，见图5-26，表5-8为材料表。

3) 电缆桥架实例一，见图5-27，表5-9为材料表。

4) 电缆桥架实例二，见图5-28，表5-10为材料表。

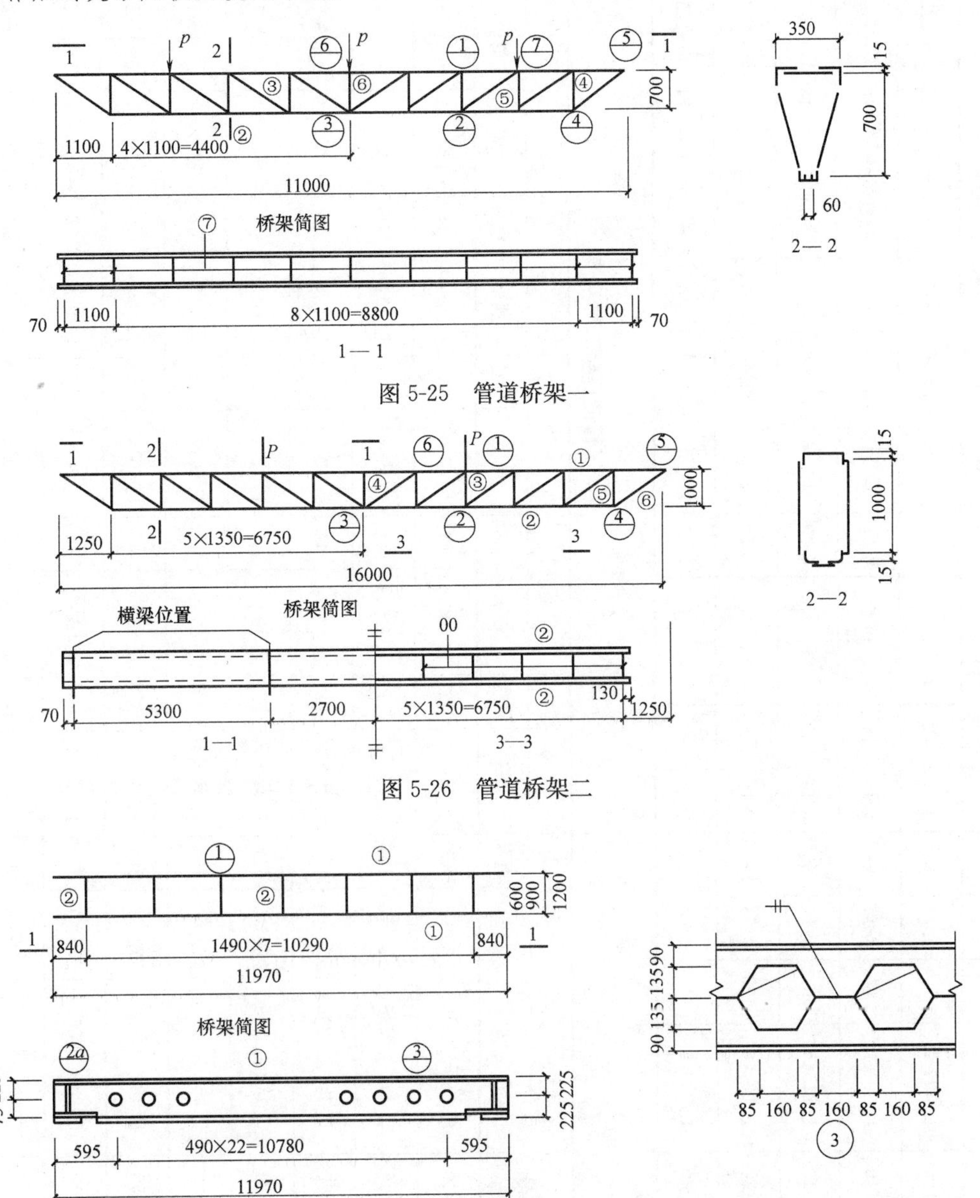

图5-25 管道桥架一

图5-26 管道桥架二

图5-27 电缆桥架一

管道桥架一材料表 表 5-7

桥架型号	①		②		③		④		⑤	⑥	⑦		⑧		⑨		⑩		⑪		总重(kg)
	规格	重量	规格	重量	规格	重量	规格	重量	规格	重量	规格	重量	规格	重量	规格	重量	规格	重量	规格	重量	
HJ_3-11-5	└ 50×5	84	Φ 12	20	Φ 12	18	Φ 20	7	Φ 14	12	−30×6	5	−230×6	16	−175×14	8	−400×10	6	−140×10	5	180
HJ_3-11-10	└ 50×5	84	Φ 14	28	Φ 12	18	Φ 20	7	Φ 16	15	−30×6	5	−230×6	16	−175×14	8	−400×10	6	−140×10	5	192
HJ_3-11-15	└ 56×5	45	Φ 16	36	Φ 14	24	Φ 20	7	Φ 18	19	−30×6	5	−230×6	16	−175×14	8	−400×10	6	−140×10	5	171
HJ_3-11-20	└ 63×6	128	Φ 20	56	Φ 16	31	Φ 20	7	Φ 20	24	−30×6	5	−270×8	24	−175×14	8	−400×10	6	−140×10	4	293
HJ_3-11-25	└ 70×6	143	Φ 22	68	Φ 18	40	Φ 22	8	Φ 20	24	−30×6	5	−270×6	24	−175×14	8	−400×10	6	−140×10	4	329

管道桥架二材料表 表 5-8

桥架型号	①		②		③		④		⑤		⑥		⑦		⑧		⑨		⑩		总重(kg)
	规格	重量	规格	重量	规格	重量	规格	重量	规格	重量	规格	重量	规格	重量	规格	重量	规格	重量	规格	重量	
HJ_2-16-10	[14a	235	└ 50×5	104	└ 40×4	82	└ 40×4	44	└ 40×4	10	└ 40×4	16	−130×14	6	−170×10	3	−180×10	3	−100×6	5	506
HJ_2-16-15	[14a	235	└ 50×5	104	└ 40×4	82	└ 40×4	44	└ 40×4	10	└ 40×4	16	−130×14	6	−170×10	3	−180×10	3	−100×6	5	506
HJ_2-16-20	[14a	235	└ 50×5	104	└ 40×4	82	└ 40×4	44	└ 40×4	10	└ 40×4	16	−130×14	6	−170×10	3	−180×10	3	−100×6	5	506
HJ_2-16-30	[14a	235	└ 56×5	117	└ 40×4	82	└ 40×4	44	└ 45×4	10	└ 40×4	16	−130×14	6	−170×10	3	−180×10	3	−100×6	5	520
HJ_2-16-40	[16a	278	└ 63×6	157	└ 40×4	82	└ 45×4	49	└ 50×5	15	└ 40×4	16	−125×14	6	−190×10	3	−180×10	3	−120×6	6	616
HJ_2-16-50	[18a	326	└ 70×7	204	└ 40×4	82	└ 50×5	68	└ 50×5	15	└ 40×4	16	−120×14	5	−210×10	3	−180×10	4	−140×6	7	730
HJ_2-16-60	[20a	365	└ 75×7	220	└ 45×4	93	└ 50×5	68	└ 56×5	17	└ 40×4	16	−115×14	5	−230×10	4	−180×10	5	−160×6	8	800
HJ_2-16-70	[22a	403	└ 80×8	266	└ 50×5	128	└ 56×5	77	└ 56×5	17	└ 50×5	24	−110×14	5	−250×10	4	−180×10	5	−180×6	9	939
HJ_2-16-80	[25a	443	└ 90×8	301	└ 56×5	145	└ 63×6	103	└ 63×6	23	└ 50×5	24	−110×14	5	−280×10	4	−180×10	6	−210×6	11	1065

电缆桥架一材料表　　表 5-9

桥梁型号	件号	规格	单重	总重(kg)	桥梁型号	件号	规格	单重	总重(kg)	桥梁型号	件号	规格	单重	总重(kg)
QJ12-0.6-5	①	⊏32a	910	1157	QJ12-0.9-5	①	⊏32a	910	1181	QJ12-1.2-5	①	⊏32a	910	1205
	②	⊏10	48			②	⊏10	48			②	⊏10	48	
	③	−8	184			③	−8	184			③	−8	184	
	④	−12	15			④	−12	15			④	−12	15	

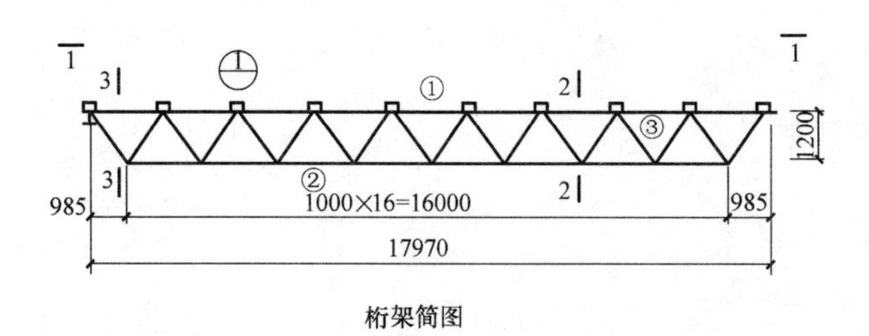

桁架简图

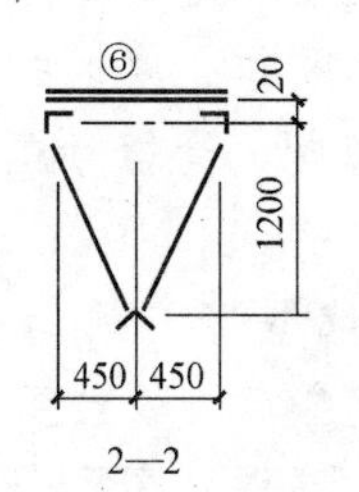

2—2

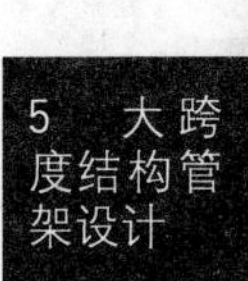

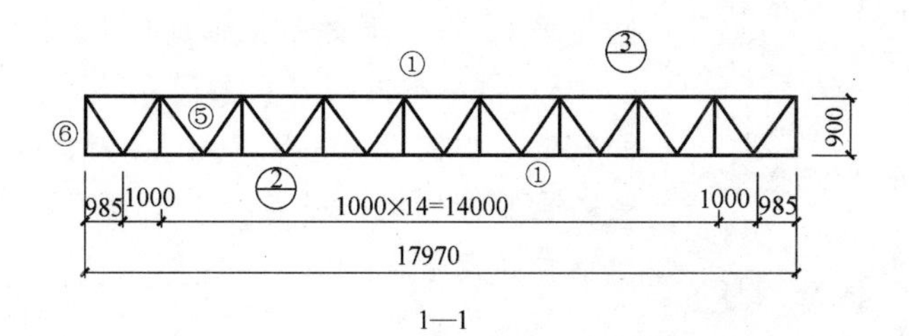

1—1

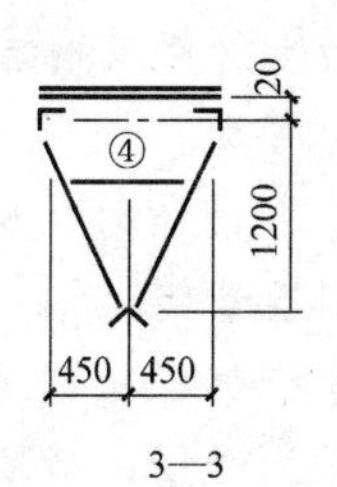

3—3

图 5-28　电缆桥架二

电缆桥架二材料表　　表 5-10

桥架型号	件号/项目	①	②	③	④	⑤	⑥	⑦	⑧	⑨	总重(kg)
QJ18-0.9-3	规格	∟90×10	∟80×8	∟70×8	∟63×6	∟50×5	⊏10	−8	−10	−12	1460
	重量	404	155	502	10	92	90	132	50	15	
QJ18-0.9-5	规格	∟110×10	∟90×8	∟70×8	∟63×6	∟50×5	⊏10	−8	−10	−12	1666
	重量	600	175	502	10	92	90	132	50	15	

6 抗震设计

6.1 管架抗震

1. 抗震简述

(1) 管架结构的抗震设计，主要同设防烈度、管道敷设方式和管道与管架在地震时的工作状态有关。

(2) 一般在7度区及7度区以下者，可不做抗震验算。但应满足抗震构造要求。

(3) 8度区和9度区的抗震验算，当出现非整体工作状态时，尚需考虑由此对固定管架引起的不利地震影响。

2. 管架选型

(1) 固定管架　较大直径的管道和输送易燃、易爆、剧毒、高温、高压介质的管道，宜采用四柱式钢筋混凝土管架或钢结构管架。

(2) 活动管架　设防烈度为8度和9度时，活动管架同静力设计时相反，不宜采用半铰接管架，宜采用刚性管架。

(3) 管道桁架　输送易燃、易爆、剧毒、高温、高压介质的管道，考虑到振动对管道的不利影响，故不宜采用这种管道作为受力构件组成管道桁架。

(4) 双向活动管架　地震区宜采用双向滑动管架，不宜采用摇摆管架。

3. 材料与施工

(1) 一般要求

1) 管架宜采用钢筋混凝土结构，也可采用钢结构；

2) 固定管架宜采用现浇钢筋混凝土结构；

3) 活动管架可采用装配式钢筋混凝土结构，但梁和柱宜整体预制。

(2) 结构材料性能指标最低要求

1) 混凝土结构材料应符合下列规定：

① 混凝土的强度等级，框支梁、框支柱及抗震等级为一级的框架梁、柱、节点核芯区，不应低于C30；构造柱、芯柱、圈梁及其他各类构件不应低于C20；

② 抗震等级为一、二级的框架结构，其纵向受力钢筋采用普通钢筋时，钢筋的抗拉强度实测值与屈服强度实测值的比值不应小于1.25；且钢筋的屈服强度实测值与强度标准值的比值不应大于1.3。

2) 钢结构的钢材应符合下列规定：

① 钢材的抗拉强度实测值与屈服强度实测值的比值不应小于1.2；

② 钢材应有明显的屈服台阶，且伸长率应大于20%；

③ 钢材应有良好的可焊性和合格的冲击韧性。

(3) 结构材料性能指标要求

1) 普通钢筋宜优先采用延性、韧性和可焊性较好的钢筋；普通钢筋的强度等级，纵向受力钢筋宜选用HRB400级和HRB335级热轧钢筋，箍筋宜选用HRB335、HRB400和HPB235级热轧钢筋。

注：钢筋的检验方法应符合现行国家标准《混凝土结构工程施工质量验收规范》GB 50204的规定。

2) 混凝土结构的混凝土强度等级，9度时不宜超过C60，8度时不宜超过C70。

3) 钢结构的钢材宜采用Q235等级B、C、D的碳素结构钢及Q345等级B、C、D、E的低合金高强度结构钢；当有可靠依据时，尚可采用其他钢种和钢号。

(4) 施工要求

1) 在施工中，当需要以强度等级较高的钢筋替代原设计中的纵向受力钢筋时，应按照钢筋受拉承载力设计值相等的原则换算，并应满足正常使用极限状态和抗震构造措施的要求。

2) 采用焊接连接的钢结构，当钢板厚不小于40mm且承受沿板厚方向的拉力时，受拉试件板厚方向截面收缩率，不应小于国家标准《厚度方向性能钢板》GB 50313关于Z15级规定的容许值。

3) 钢筋混凝土构造柱、芯柱和底部框架抗震墙砖房中砖抗震墙的施工，应先砌墙后浇构造柱、芯柱和框架梁柱。

6.2 抗震设计规定

1. 一般规定

(1) 抗震等级　管架结构的抗震等级，根据管架类别不同，如表6-1所示。

管架结构抗震等级　　表6-1

序号	管架类别	抗震等级
1	固定管架	三级
2	活动管架	四级

(2) 计算方法　根据《建筑抗震设计规范》GB 50011规定，管架由于近似于单质点体系的结

构，故抗震计算宜采用底部剪力法计算。

(3) 地震影响

1) 建筑所在地区遭受的地震影响，应采用相应于抗震设防烈度的设计基本地震加速度和设计特征周期或有关规范规定的设计地震动参数来表征。

2) 相应于设防烈度的设计基本地震加速度取值，应按表6-2采用。

设计基本地震加速度值和抗震设防烈度的对应关系 表6-2

1	抗震设防烈度	6	7	8	9
2	设计基本地震加速度值	0.05g	0.10 (0.15)g	0.20 (0.30)g	0.40g

注：1. 设计基本地震加速度为括号内数值时，在该区内的建筑，除另有规定外，应按本表中相应的抗震设防烈度进行抗震设计；

2. g为重力加速度。

(4) 特征周期地震分组

1) 建筑的设计特征周期应根据其所在地的设计地震分组和场地类别确定。设计地震共分为三组，见表6-4。对Ⅱ类场地，第一组、第二组和第三组的设计特征周期，应分别按0.35s、0.40s和0.45s采用。

注：一般把"设计特征周期"简称为"特征周期"。

2) 我国主要城镇（县级及县级以上城镇）中心地区的抗震设防烈度、设计基本地震加速度值和所属的设计地震分组，按《建筑抗震设计规范》GB 50011采用。

(5) 地震影响系数 地震影响系数应根据烈度、场地类别、设计地震分组和结构自振周期以及阻尼比确定，见图6-1。其最大值按表6-3采用，其形状参数应符合图6-1规定。

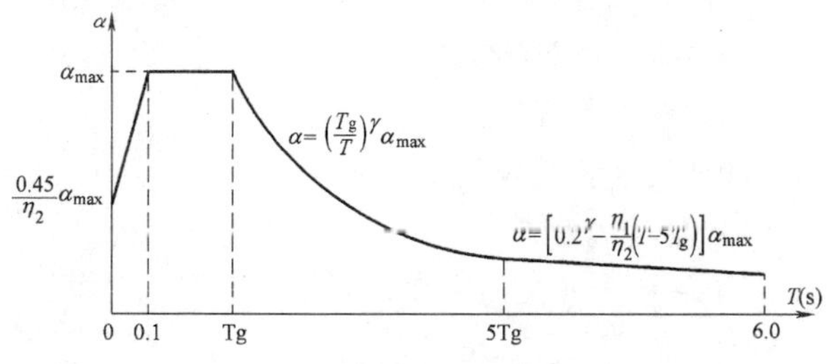

图6-1 地震影响系数曲线

α—地震影响系数；α_{max}—地震影响系数最大值；η_1—直线下降段的下降斜率调整系数；γ—衰减指数；T_g—特征周期；η_2—阻尼调整系数；T—结构自振周期

注：一般建筑结构的阻尼比应取0.05s，地震影响系数曲线的阻尼调整系数应按1.0采用，形状参数应符合下列要求：

1) 直线上升段，周期小于0.1s的区段。

2) 水平段，自0.1s至特征周期区段，取最大值α_{max}。

3) 曲线下降段，自特征周期至5倍特征周期区段，衰减指数取0.9。

4) 直线下降段，自5倍特征周期至6s区段，下降斜率调整系数为0.02。

5) 计算8、9度罕遇地震作用时，特征周期应增加0.05s。

6) 周期大于6.0s的建筑结构所采用的地震影响系数应专门研究。

水平地震影响系数最大值 表6-3

序号	地震影响	烈度			
		6	7	8	9
1	多遇地震	0.04	0.08(0.12)	0.16(0.24)	0.32
2	罕遇地震	—	0.50(0.72)	0.90(1.20)	1.40

注：括号中数值分别用于设计基本地震加速度为0.15g和0.30g的地区。

特征周期值 (s) 表6-4

序号	设计地震分组	场地类别			
		Ⅰ	Ⅱ	Ⅲ	Ⅳ
1	第一组	0.25	0.35	0.45	0.65
2	第二组	0.30	0.40	0.55	0.75
3	第三组	0.35	0.45	0.65	0.90

2. 计算单元及计算简图

(1) 计算单元

1) 横向计算单元 管道的横向刚度较小，管架之间横向共同工作的性能较差，所以可取每个管架的左右跨中至中区段（图6-2、图6-3），作为横向计算单元。

2) 纵向计算单元

① 柱式管架，虽管架顶面有管道连成整体，

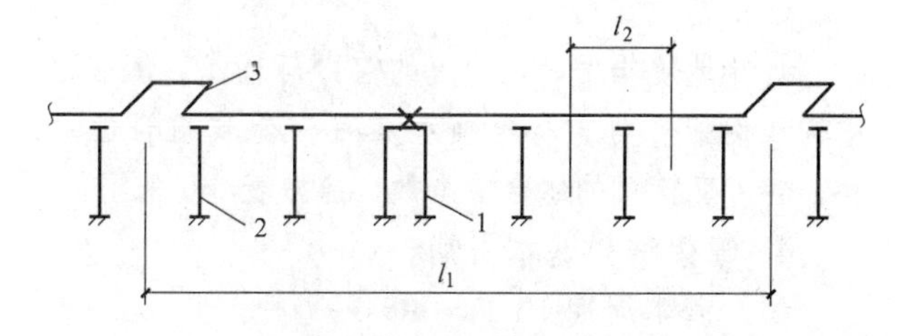

图6-2 柱式管架计算单元

1—固定管架；2—活动管架；3—补偿器

纵向刚度较大，但在补偿器处刚度较小，相当于自由端，故可不考虑管道的连续性，因此，可取补偿器间区段（图 6-2），作为纵向计算单元。

② 纵梁式管架，可取结构伸缩缝之间距离（图 6-3），作为纵向计算单元。

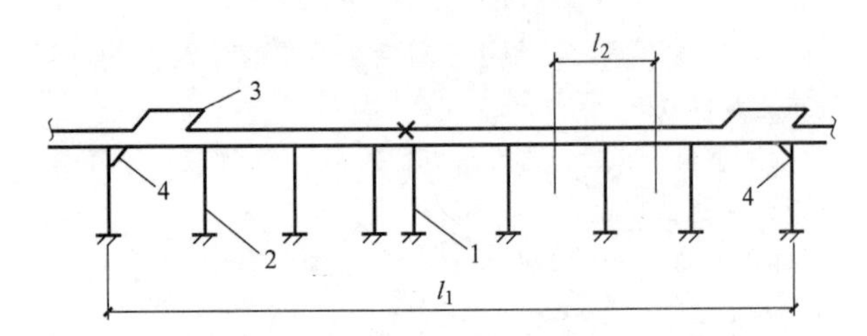

图 6-3 纵梁式管架计算单元

1—固定管架；2—活动管架；3—补偿器；4—伸缩缝

注：在图 6-2 和图 6-3 中：l_1—纵向计算单元长度；l_2—横向计算单元长度。

(2) 计算简图

敷设有单层或多层管道的管架结构计算简图，在各计算单元内均可按单质点体系（图 6-4）简化计算。

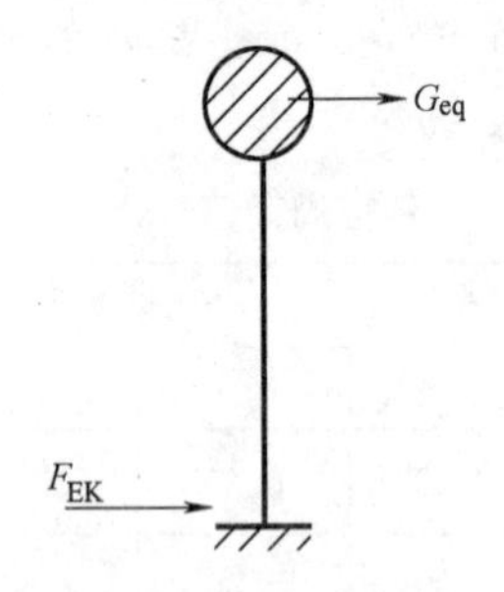

图 6-4 计算简图

3. 重力荷载代表值

(1) 管架的重力荷载代表值

1) 永久荷载 ①管道、内衬、保温层，附件和平台，可采用自重标准值的 100%；②管道内介质，可取自重标准值的 100%；③管架，可采用自重标准值的 25%；④管廊式管架上的水平构件、电缆架、电缆，可采用自重标准值的 100%。

2) 可变荷载 对冷管道，可采用冰雪荷载标准值的 50%。

(2) 荷载组合

计算地震作用时，建筑的重力荷载代表值应取结构和构配件自重标准值和各可变荷载组合值之和。各可变荷载的组合值系数，应按表 6-5 采用。

4. 管架结构基本周期

(1) 基本周期

管架结构纵向或横向计算单元的基本自振周期计算。

组合值系数 表 6-5

序号	可变荷载种类		组合值系数
1	雪荷载		0.5
2	屋面积灰荷载		0.5
3	屋面活荷载		不计入
4	按实际情况计算的楼面活荷载		1.0
5	按等效均布荷载计算的楼面活荷载	藏书库、档案库	0.8
		其他民用建筑	0.5
6	吊车悬吊物重力	硬钩吊车	0.3
		软钩吊车	不计入

注：硬钩吊车的吊重较大时，组合值系数应按实际情况采用

1) 基本自振周期

按下列公式计算：

$$T_1=2\pi\sqrt{\frac{G_{eq}}{gK}} \tag{6-1}$$

式中 T_1——管架纵向或横向计算单元的基本自振周期（s）；

G_{eq}——纵向或横向计算单元的重力荷载代表值（N）；

K——纵向或横向计算单元的管架刚度（N/m）；

g——重力加速度。

2) 计算单元刚度

① 纵向 $$K=K_G+\sum_{i=1}^{n}K_i \tag{6-2}$$

② 横向 $$K=K_H \tag{6-3}$$

式中 K_G——固定管架纵向刚度（N/m），当为四柱时，可按表 6-6 中规定采用；

K_i——纵向计算单元内第 i 个活动管架的纵向刚度（N/m），计算半铰接管架刚度时，柱截面可按 1/2 截面高度计算；

n——纵向计算单元内的活动管架个数；

K_H——横向计算单元的管架横向刚度（N/m）。

(2) 管架刚度

管架刚度根据结构形式分：

1) 单柱式管架

① 单柱式管架的刚度，可按下列公式计算：

$$K=\frac{3E_cI}{H^3}\ (\text{kN/m}) \tag{6-4}$$

② 半铰接管架的纵向刚度，可近似按下列公式计算；横向刚度，单柱时按式（6-4）计算，双柱时可按表 6-6 采用。

$$K=\frac{E_c bh^3}{32H^3} \quad (6\text{-}5)$$

式中　E_c——混凝土弹性模量；

b——柱截面宽度；

h——柱截面高度；

H——管架高度（主动管管座底面至基础顶面距离）；

I——计算方向的截面惯性矩。

2）单跨多层管架　框架式管架（图 6-5）的尺寸，当符合下列规定时，其平面内刚度可按表 6-6 确定，平面外可按单柱式管架考虑计算。

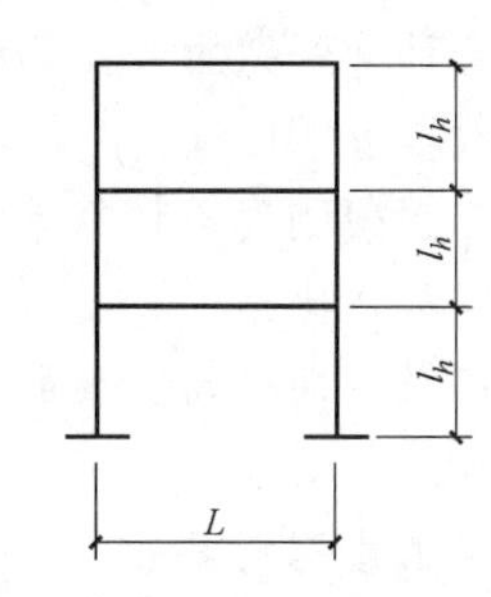

图 6-5　单跨多层管架结构

单跨多层管架平面内刚度（10^6N/m）　　表 6-6

柱截面尺寸(mm)	管架高度(m)			
	6	9	12	15
300×300	5.0	2.8	1.8	1.4
400×400	10.3	5.3	3.3	2.2

注：1. 管架高度为基础顶面至柱顶的距离；

2. 固定管架采用四柱式时，刚度可采用表 6-6 中规定数值的 2 倍。

图 6-5 中，$l_h=7.5h_Z\sim10h_Z$　(6-6)

$L=1.2\sim3\text{m}$

$b_1=250\text{mm}$

$$h_1=1.2b_1\sim1.6b_1 \quad (6\text{-}7)$$

式中　l_h——横梁中距；

h_Z——柱截面高度；

L——柱肢中距；

h_1——梁截面高度；

b_1——梁截面宽度。

3）多跨多层管架　框架式管架（图 6-6）的侧移刚度，也可按下列公式计算：

$$K_D=\alpha_c\frac{12K_c}{h^2} \quad (6\text{-}8)$$

式中　K_D——框架柱的侧移刚度，总刚度为逐根逐层刚度之和（kN/m）；

h——层高（m）；

K_c——柱的线刚度，计算公式为

$$K_c=\frac{E_c I_c}{h} \quad (6\text{-}9)$$

E_c——混凝土弹性模量；

I_c——柱截面惯性矩；

α_c——柱的刚度系数，由表 6-7 查得。

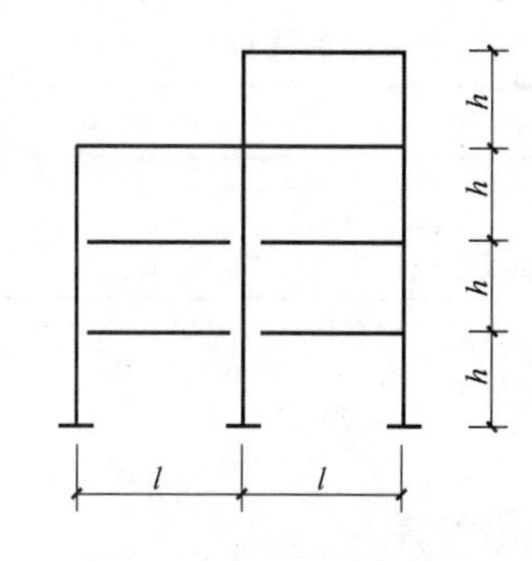

图 6-6　多跨多层管架结构

柱的刚度系数　　表 6-7

层次	边　柱	中　柱	α_c
一般层	K_{b1}、K_c、K_{b3}	K_{b1}、K_{b2}、K_c、K_{b3}、K_{b4}	$\alpha_c=\frac{\overline{K}}{2+\overline{K}}$
	$\overline{K}=\frac{K_{b1}+K_{b3}}{2K_c}$	$\overline{K}=\frac{K_{b1}+K_{b2}+K_{b3}+K_{b4}}{2K_c}$	

续表

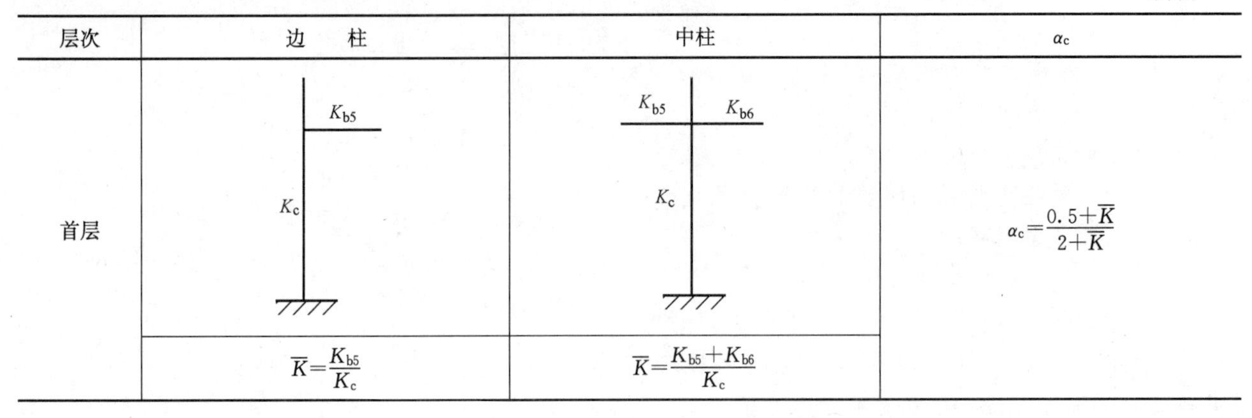

层次	边　柱	中柱	α_c
首层	K_{b5} K_c	K_{b5} K_{b6} K_c	$\alpha_c=\frac{0.5+\overline{K}}{2+\overline{K}}$
	$\overline{K}=\frac{K_{b5}}{K_c}$	$\overline{K}=\frac{K_{b5}+K_{b6}}{K_c}$	

表 6-7 中公式符号意义：

$\overline{K}$——梁柱线刚度比；

K_c——柱的线刚度，按式（6-9）计算：

$K_{b1}\sim K_{b6}$——梁的线刚度，计算公式如下：

$$K_b=\frac{\eta_b E_c I_b}{l}\ (\text{kN}\cdot\text{m}) \qquad (6\text{-}10)$$

I_b——梁截面惯性矩；

l——梁跨度；

η_b——楼板对梁刚度的增大系数；无楼板时 $\eta_b=1.0$，否则按表 6-8 取值。

框架梁截面惯性矩增大系数　　表 6-8

序号	结构类型	中框架	边框架
1	现浇整体梁板结构	2.0	1.5
2	装配整体式迭合梁	1.5	1.2

注：中框架是指梁两侧有楼板的框架，边框架是指梁的一侧有楼板的框架。

6.3 地震作用计算

1. 管线工作状态判别

（1）判别依据　震害表明，地震时管道与管架之间，不仅有整体工作状态（管道与管架之间不出现相对位移），也出现非整体工作状态（管道与管架之间出现相对位移）。如何判断管线的工作状态，可根据弹性位移与摩擦力位移在临界状态下具有相等关系进行判别。

（2）判别式

1）整体工作状态，应符合下列公式要求：

$$\frac{n}{1-\lambda_K}\cdot\frac{\mu}{\alpha}\geqslant 1 \qquad (6\text{-}11)$$

2）非整体工作状态时，应符合下列公式要求：

$$\frac{n}{1-\lambda_K}\cdot\frac{\mu}{\alpha}<1 \qquad (6\text{-}12)$$

式中　n——滑动比，计算单元内的滑动管架数量与全部管架数量之比，$n=0.5\sim1.0$，一般取 $n=0.8$；

λ_K——固定管架刚度与计算单元内所有管架刚度和之比；

μ——管道与中间活动管架的摩擦系数，取 $\mu=0.3$；

α——水平地震影响系数。

（3）判别图

1）一般 $n=0.8$ 左右，所以 $n\mu=0.24$，该线为工作状态分界线，线上属非整体工作状态，线下属整体工作状态（图 6-7）；

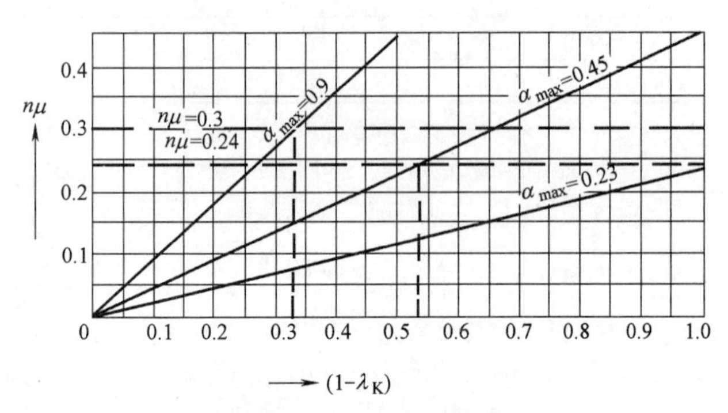

图 6-7　工作状态判别图

2）7 度区基本位于线下，可视为整体工作状态；

3）8 度区只有当$0<(1-\lambda_K)\leqslant0.53$时，为整体工作状态，否则为非整体工作状态；

4）9 度区当$0<(1-\lambda_K)\leqslant0.27$时，为整体工作状态，否则为非整体工作状态。

2. 管架纵向水平地震作用标准值计算

（1）纵向水平地震作用标准值计算

1）一般规定　研究表明，不论地震时管线的工作状态如何（整体工作或非整体工作），沿纵向均可先按反应谱法直接计算出总水平地震作用后，再根据工作状态和刚度不同进行分配。

2）计算公式　管架纵向计算单元的总水平地

震作用标准值，可按下列公式计算：

$$F_{EK}=\alpha_1 G_{eq} \quad (6\text{-}13)$$

式中　F_{EK}——管架纵向计算单元的总水平地震作用标准值（N）；

G_{eq}——相应于结构基本自振周期的等效总重力荷载；

α_1——相应于结构基本自振周期的水平地震影响系数，可按6.2节确定。

（2）纵向水平地震作用分配

1）整体工作状态时

① 固定管架地震作用，可按下列公式计算：

$$F_{GK}=\lambda_K F_{EK} \quad (6\text{-}14)$$

② 活动管架地震作用，可按下列公式计算：

$$F_{ZK}=F_{EK}-F_{GK} \quad (6\text{-}15)$$

式中　F_{GK}——固定管架的纵向水平地震作用标准值（N）；

λ_K——固定管架刚度与计算单元内所有管架刚度和之比，计算公式为

$$\lambda_K=\frac{K_1}{K_1+K_2} \quad (6\text{-}16)$$

K_1、K_2——分别为固定管架及活动管架的纵向刚度；

F_{ZK}——活动管架的纵向总水平地震作用标准值，可按刚度比再分配于各活动管架上。

2）非整体工作状态时

① 固定管架地震作用，可按下列公式计算：

$$F_{GK}=\eta\lambda_K F_{EK} \quad (6\text{-}17)$$

② 活动管架地震作用，因属非整体工作状态，管道在管架顶出现相对位移产生摩擦力，故地震作用等于静力计算时摩擦力，可不计算地震作用

式中　η——非整体工作时固定管架地震作用增大系数，当主要管道采用滑动管座敷设时，可按表6-9查取。主要管道采用铰接管座敷设时，增大系数取$\eta=1.0$。

3. 管架横向水平地震作用标准值计算

管架横向水平地震作用标准值，可按下列公式计算：

$$F_{EKi}=\alpha_1 G_{eqi} \quad (6\text{-}18)$$

式中　F_{EKi}——管架横向计算单元的水平地震作用标准值；

G_{eqi}——横向计算单元的重力荷载代表值；

α_1——同式（6-13）。

固定管架地震作用增大系数 η　表6-9

设防烈度	滑动比（n）	刚度比（λ_K）							
		0.1	0.2	0.3	0.4	0.5	0.6	0.7	0.8
7	0.5	1.05	1.02	1.00					
	0.6	1.01	1.00						
	0.7	1.00							
8	0.5	1.39	1.24	1.15	1.08	1.03	1.01		
	0.6	1.27	1.16	1.09	1.04	1.01			
	0.7	1.18	1.10	1.05	1.02	1.00			
	0.8	1.12	1.06	1.02	1.00				
	0.9	1.07	1.03	1.01					
	1.0	1.04	1.01	1.00					
9	0.5	1.95	1.59	1.39	1.25	1.16	1.09	1.03	1.00
	0.6	1.80	1.50	1.33	1.21	1.12	1.06	1.02	
	0.7	1.67	1.42	1.27	1.17	1.09	1.04	1.01	
	0.8	1.56	1.35	1.22	1.13	1.07	1.03	1.01	
	0.9	1.47	1.30	1.18	1.10	1.05	1.01		
	1.0	1.39	1.24	1.15	1.08	1.03	1.01		

4. 竖向地震作用标准值

管架竖向地震作用标准值计算。

（1）跨度大于24m管廊式管架的桁架，可采用其重力荷载代表值与竖向地震作用系数的乘积作为竖向地震作用，竖向地震作用可不往下传递。

（2）竖向地震作用系数，可按表6-10采用。

竖向地震作用系数　表6-10

序号	结构类型	烈度	场地类别		
			Ⅰ	Ⅱ	Ⅲ、Ⅳ
1	平板型网架、钢屋架	8	可不计算（0.10）	0.08（0.12）	0.10（0.15）
		9	0.15	0.15	0.20
2	钢筋混凝土屋架	8	0.10（0.15）	0.13（0.19）	0.13（0.19）
		9	0.20	0.25	0.25

注：括号中数值分别用于设计基本地震加速度为0.15g和0.3g的地区。

长悬臂和其他大跨度结构的竖向地震作用标准值，8度和9度可分别取该结构构件重力荷载代表值的10%和20%，设计基本地震加速度为0.3g时，可取该结构、构件重力荷载代表值的15%。

6.4 截面抗震验算

1. 地震作用效应基本组合

地震作用效应与其他荷载效应的基本组合，可按下列公式计算：

$$S=\gamma_G S_{Gr}+\gamma_{Eh}S_{EhK}+\gamma_{EV}S_{EVK}+\gamma_t\varphi_t S_{tK} \quad (6\text{-}19)$$

式中　S——结构构件各项内力组合的设计值；

γ_G——重力荷载分项系数，一般情况下应采用1.2；当重力荷载效应对构件承载能力有利时，不应大于1.0；

S_{Gr}——重力荷载代表值效应；

γ_{Eh}，γ_{EV}——分别为水平、竖向地震作用分项系数，可按表6-11取用；

S_{EhK}——水平地震作用标准值效应；

S_{EVK}——竖向地震作用标准值效应；

γ_t——管道水平推力分项系数，可取用1.0；

S_{tK}——管道水平推力（按6.3-3确定的水平推力）标准值效应；

φ_t——管道水平推力组合值系数，单管时采用1.0；多管时采用0.8。

地震作用分项系数 表6-11

序号	地震作用	γ_{Eh}	γ_{EV}
1	仅计算水平地震作用	1.3	0.0
2	仅计算竖向地震作用	0.0	1.3
3	同时计算水平与竖向地震作用	1.3	0.5

2. 管架结构构件截面抗震验算

管架结构构件截面抗震验算，应符合下列公式要求：

$$S \leqslant \frac{R}{0.9\gamma_{RE}} \tag{6-20}$$

式中 R——结构构件正常荷载作用下承载力设计值；

γ_{RE}——承载力抗震调整系数，可按表6-12采用；

0.9——主要是根据海城、唐山地震时，管架结构的抗震性能较好、震害较轻，以及理论假定与实际结构之间的差异而采取的再调整系数。

承载力抗震调整系数 表6-12

序号	材料	结构构件	受力状态	γ_{RE}
1	钢	柱、梁		0.75
		支撑		0.80
		节点板件、连接螺栓		0.85
		连接焊缝		0.90
2	砌体	两端均有构造柱、芯柱的抗震墙	受剪	0.9
		其他抗震墙	受剪	1.0
3	混凝土	梁	受弯	0.75
		轴压比小于0.15的柱	偏压	0.75
		轴压比不小于0.15的柱	偏压	0.80
		抗震墙	偏压	0.85
		各类构件	受剪、偏拉	0.85

注：当仅考虑竖向地震作用时，各类结构构件承载力抗震调整系数均宜采用1.0。

6.5 管道抗震

1. 基本规定

（1）抗震原则

1）管道抗震贯彻“地震工作要以预防为主”的方针。

2）管道在遭遇到相应于设防烈度的地震时，不致产生重大破坏，经一般修理后仍可恢复使用，不致酿成严重的次生灾害，危及人民生命，造成重大经济损失。

（2）设防烈度

1）管道抗震设防烈度可按国家颁布的文件（图件）确定，一般情况下可采用地震基本烈度；对做过抗震防灾规划的城市应按批准的抗震设防区划进行设防。

2）本书规定适用于地震设防烈度6～9度的非埋地钢制管道。

（3）依附结构抗震设计

进行抗震设计的管道所连接或依附的以及在其附近的设备、建筑物、构筑物，必须进行相应的抗震设计。

2. 设计规定

（1）材质要求

1）管件及阀门等管道组成件宜采用钢质制品；

2）管道的连接除特殊需要外应采用焊接。

（2）柔性连接

1）管道的补偿器宜采用无填料式的补偿器；

2）管道与储罐等设备的连接应具有一定的柔性；

3）管道穿过建筑物墙壁时应加套管，管道与套管间隙处应填塞软质不燃材料，管道与混凝土构筑物嵌固时，应采取措施使管道有一定的柔性。

（3）结构措施

1）自力跨越道路的拱形管道应有防止倾倒的措施；

2）管架上应有防止管道侧向滑落的措施；

3）铺设在海港码头、引桥上的管道应有防止管道被水浮起、冲落的措施；

4）沿立式设备敷设的管道应在适当位置设置导向支架；

5）采用吊架吊挂的管道，应在适当位置设置导向支架。

（4）管道排空

易凝、易冻介质的管道应具备排空条件。

3. 抗震验算

(1) 抗震验算范围

1) 凡属表6-13所列条件的管道，均应进行抗震验算；

2) 管道的抗震验算，仅考虑水平方向的地震作用，并分别对两个主轴方向进行验算。

抗震验算的管道　　　　表6-13

<table>
<tr><th>序号</th><th>管道种类</th><th>管道级(类)别</th><th>公称直径 DN(mm)</th><th>介质温度</th><th>地震设防烈度</th></tr>
<tr><td rowspan="6">1</td><td rowspan="6">工艺管道</td><td rowspan="2">A级剧毒</td><td>80至125</td><td rowspan="2"></td><td>9</td></tr>
<tr><td>≥150</td><td>8.9</td></tr>
<tr><td rowspan="4">A级非剧毒
B、C级</td><td>≥200</td><td>≥300</td><td rowspan="4">9</td></tr>
<tr><td>≥300</td><td>≥200</td></tr>
<tr><td>≥500且>0.8倍设备直径</td><td rowspan="2"></td></tr>
<tr><td>≥800</td></tr>
<tr><td rowspan="2">2</td><td rowspan="2">热力管道</td><td>Ⅰ、Ⅱ类</td><td>≥200</td><td rowspan="2">>370</td><td rowspan="2">9</td></tr>
<tr><td>Ⅲ类</td><td>≥300</td></tr>
</table>

注：1. 工艺管道分级根据SHJ 501—85；
2. 热力管道分类依据GBJ 235—82。

(2) 管道水平地震作用，按下式计算：

$$F_{EK}=C_z\alpha_1 mg \qquad (6\text{-}21)$$

式中 F_{EK}——管道水平地震作用(N)；

C_z——综合影响系数，取0.4；

α_1——地震影响系数，$\alpha_1=K\beta_1$；

K——地震系数，设防烈度8度取0.2，9度取0.4；

β_1——与管道基本周期T相对应的地震动力系数，取最大值2.25；

g——重力加速度取9.81m/s^2；

m——计算范围内的管道总质量(kg)。

(3) 荷载组合强度计算

1) 管道抗震验算的地震作用应与管道内压、隔热结构重、自重、介质质量等荷载作用相组合，不考虑风荷载。

2) 管道抗震验算的许用应力应取计算温度下管材基本许用应力值的133%，但许用应力值最大不得超过管材在计算温度下的屈服极限。

7 管架基础设计

7.1 一般规定

1. 管架基础偏心距

(1) 基础偏心距示图，如图 7-1 所示。

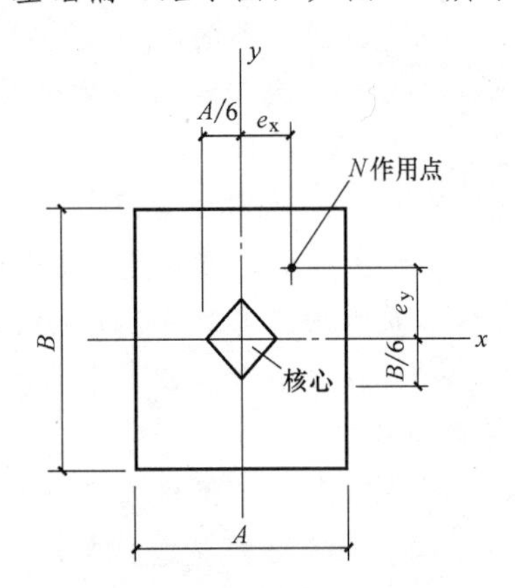

图 7-1 基础偏心距示意

(2) 基础偏心距限值

1) 基础特征 管架基础由于垂直荷载较小，水平荷载较大，偏心距往往超出基础核心范围，如图 7-1 所示，为了保证管道的正常运行，设计管架基础时，除计算地基承载力外，还应控制基础的偏心距。

2) 偏心距 根据管架类型和使用要求的不同，偏心距规定如下：

① 固定管架基础偏心距，应符合下列公式要求：

$$\left.\begin{aligned}\frac{e_x}{A}\leqslant\frac{1}{5}\\\frac{e_y}{B}\leqslant\frac{1}{5}\end{aligned}\right\}\tag{7-1}$$

② 活动管架基础偏心距，应符合下列公式要求：

$$\left.\begin{aligned}\frac{e_x}{A}\leqslant\frac{1}{4}\\\frac{e_y}{B}\leqslant\frac{1}{4}\end{aligned}\right\}\tag{7-2}$$

③ 半铰接管架基础偏心距，应符合下列公式要求：

$$\left.\begin{aligned}\frac{e_x}{A}\leqslant\frac{1}{4}\\\frac{e_y}{B}\leqslant\frac{1}{4}\end{aligned}\right\}\tag{7-3}$$

式中 A、B——基础底边长度尺寸；

e_x、e_y——偏心距，计算公式如下：

$$e_x=\frac{M_{kx}}{F_k+G_k}\tag{7-4}$$

$$e_y=\frac{M_{ky}}{F_k+G_k}\tag{7-5}$$

式中 M_{kx}、M_{ky}——相应于荷载效应标准组合时，基础底面沿 x 方向及 y 方向的力矩值；

F_k——相应于荷载效应标准组合时，上部结构传至基础顶面的竖向力值；

G_k——基础自重和基础上的土重。

2. 管架基础底面压力计算

(1) 确定受压区图形

受压区图形的确定原则。

1) 计算原则

① 管架基础一般为双向偏心受压构件，当基础偏心距超出基础核心范围时，基础与地基土之间便出现了部分脱离，因此，应根据受压区的实际图形计算基底压力。

② 当按地基承载力确定基础底面积和埋深时，传至基础底面上的荷载效应，应按正常使用极限状态下的荷载效应标准组合考虑。

2) 确定受压区图形 受压区图形根据相对偏心距$\frac{e_x}{A}$及$\frac{e_y}{B}$，由表 7-1 确定。当$\frac{e_x}{A}$和$\frac{e_y}{B}$的延长线交点位于：

① 交点在表中①或②区间时，受压区图形为四边形（图 7-2），一般半铰接管架基础受压区图形属四边形。

② 交点在表中③区间时，受压区图形为五边形（图 7-3），一般固定管架和活动管架基础受压区图形属五边形。

③ 交点在表中④区间时，受压区图形为基础全面积（图 7-4），一般属于偏心距不超出基础核心范围的管架基础。

(2) 基础底面压力计算

1) 当基础底面受压区图形为四边形（图 7-2）时，可按下列公式计算基底各点压力：

$$p_{kmax}=\beta\frac{F_k+G_k}{AB}\leqslant 1.2f_a\tag{7-6}$$

$$p_{k1}=p_{kmax}\frac{\xi_2}{\xi_1}\tag{7-7}$$

$$p_{k2}=p_{kmax}\frac{\eta_2}{\eta_1}\tag{7-8}$$

2) 当基础底面受压区图形为五边形（图 7-3）时，可按下列公式计算基底各点压力：

β、β'、ξ_1、ξ_2、η_1、η_2 系数表

表 7-1

e_x/A	系数 \ e_y/B	0.0	0.02	0.04	0.06	0.08	0.10	0.12	0.14	0.16	0.18	0.20	0.22	0.24	0.26	0.28	0.30	0.32
0.0	β'	1.00	1.12	1.24	1.36	1.48	1.60	1.72	1.84	1.96	0.96	0.90	0.84	0.78	0.72	0.66	0.60	0.54
											0.96	0.90	0.84	0.78	0.72	0.66	0.60	0.54
	β	1.00	1.12	1.24	1.36	1.48	1.60	1.72	1.84	1.96	2.08	2.22	2.38	2.56	2.78	3.03	3.33	3.70
0.02		1.12	1.00	1.12	1.24	1.36	1.48	1.60	1.72	0.96	0.90	0.95	0.89	0.83	0.76	0.70	0.64	0.57
										0.66	0.13	0.84	0.79	0.73	0.67	0.62	0.56	0.51
		1.12	1.24	1.36	1.48	1.60	1.72	1.84	1.96	2.08	2.21	2.36	2.53	2.72	2.95	3.22	3.54	3.93
0.04		1.24	1.12	1.00	1.12	1.24	1.36	1.48	0.95	0.89	0.84	0.99	0.93	0.87	0.80	0.73	0.67	0.60
									0.83	0.57	0.29	0.78	0.73	0.68	0.63	0.58	0.52	0.47
		1.24	1.36	1.48	④1.60	1.72	1.84	1.96	2.08	2.21	2.35	2.50	2.68	2.89	3.73	3.41	3.75	4.17
0.06		1.36	1.24	1.12	1.00	1.12	1.24	0.94	0.80	0.82	0.77	0.72	0.97	0.90	0.83	0.76	0.69	0.63
								0.89	0.71	0.53	0.33	0.13	0.67	0.62	0.58	0.53	0.48	0.43
		1.36	1.48	1.60	1.72	1.84	1.96	2.08	2.21	2.34	2.49	2.65	2.84	3.06	3.32	3.62	3.98	4.43
0.08		1.48	1.36	1.24	1.12	1.00	0.93	0.86	0.80	0.75	0.70	0.65	0.61	0.93	0.86	①0.79	0.72	0.65
							0.92	0.79	0.65	0.50	0.35	0.19	0.02	0.57	0.52	0.48	0.44	0.39
		1.48	1.60	1.72	1.84	1.96	2.08	2.20	2.34	2.48	2.64	2.82	3.02	3.25	3.52	3.84	4.24	4.70
0.10		1.60	1.48	1.36	1.24	0.93	0.83	0.76	0.71	0.67	0.63	0.59	0.55	0.96	0.89	0.81	0.74	0.67
						0.92	0.83	0.72	0.60	0.48	0.35	0.22	0.07	0.51	0.47	0.43	0.39	0.35
		1.60	1.72	1.84	1.96	2.08	2.20	2.34	2.48	2.63	2.80	2.99	3.21	3.46	3.74	4.08	4.49	4.99
0.12		1.72	1.60	1.48	0.94	0.86	0.76	0.67	0.62	0.59	0.55	0.51	0.48	0.99	0.91	0.83	0.76	
					0.89	0.79	0.72	0.67	0.56	0.46	0.34	0.23	0.11	0.45	0.41	0.38	0.34	
		1.72	1.84	1.96	2.08	2.20	2.34	2.48	2.63	2.80	2.98	3.18	3.41	3.68	3.98	4.35	4.78	
0.14		1.84	1.72	0.95	0.88	0.80	0.71	0.62	0.53	③0.50	0.47	0.44	0.41	0.38	0.93	0.85	0.77	
				0.83	0.71	0.65	0.60	0.56	0.53	0.43	0.33	0.23	0.12	0.01	0.35	0.32	0.29	
		1.84	1.96	2.08	2.21	2.34	2.48	2.63	2.79	2.97	3.17	3.39	3.64	3.92	4.23	4.63	5.09	
0.16		1.96	0.96	0.89	0.82	0.75	0.67	0.59	0.50	0.41	0.39	0.37	0.34	0.32	0.94	0.86	0.78	
			0.66	0.57	0.53	0.50	0.48	0.46	0.43	0.41	0.32	0.23	0.13	0.03	0.29	0.27	0.25	
		1.96	2.08	2.21	2.34	2.48	2.63	2.80	2.97	3.17	3.38	3.62	3.88	4.18	4.53	4.94	5.43	
0.18	ξ_1	0.96	0.90	0.84	0.77	0.70	0.63	0.55	0.47	0.39	0.31	0.29	0.27	0.25	0.95	0.87		
	ξ_2	0.96	0.13	0.29	0.33	0.35	0.35	0.34	0.33	0.32	0.31	0.22	0.13	0.04	0.23	0.21		
		2.08	2.21	2.35	2.49	2.64	2.80	2.98	3.17	3.38	3.61	3.86	4.14	4.47	4.84	5.28		
0.20		0.90	0.95	0.99	0.72	0.65	0.59	0.51	0.44	0.37	0.29	0.27	0.20	0.18	0.96	0.88		
		0.90	0.84	0.78	0.13	0.19	0.22	0.23	0.23	0.23	0.22	0.21	0.13	0.04	0.17	0.16		
		2.22	2.36	2.50	2.65	2.82	2.99	3.18	3.39	3.62	3.86	4.14	4.44	4.79	5.19	5.66		
0.22		0.84	0.89	0.93	0.97	0.61	0.55	0.48	0.41	0.34	0.27	0.20	0.12	0.11	0.96			
		0.84	0.79	0.73	0.67	0.02	0.07	0.11	0.12	0.13	0.13	0.13	0.12	0.04	0.11			
		2.38	2.53	2.68	2.84	3.02	3.21	3.41	3.64	3.88	4.14	4.44	4.77	5.14	5.57			
0.24		0.78	0.83	0.87	0.90	0.93	0.96	0.99	0.38	0.32	0.25	0.18	0.11	0.04				
		0.78	0.73	0.68	0.62	0.57	0.51	0.45	0.01	0.03	0.04	0.04	0.04	0.04				
		2.56	2.72	2.89	3.06	3.25	3.46	3.68	3.92	4.18	4.47	4.79	5.14	5.55				
0.26		0.72	0.76	0.80	0.83	0.86	0.89	0.91	0.93	0.94	0.95	0.96	0.96					
		0.72	0.67	0.63	0.58	0.52	0.47	0.41	0.35	0.29	0.23	0.17	0.01					
		2.78	2.95	3.13	3.32	3.52	3.74	3.98	4.24	4.53	4.84	5.19	5.57					
0.28		0.66	0.70	0.73	0.76	②0.79	0.81	0.83	0.85	0.86	0.87	0.88						
		0.66	0.62	0.58	0.53	0.48	0.43	0.38	0.32	0.27	0.21	0.16						
		3.03	3.22	3.41	3.62	3.84	4.08	4.35	4.63	4.94	5.28	5.66						
0.30		0.60	0.64	0.67	0.69	0.72	0.74	0.76	0.77	0.78								
		0.60	0.56	0.52	0.48	0.44	0.39	0.34	0.29	0.25								
		3.33	3.54	3.75	3.98	4.23	4.49	4.78	5.09	5.43								
0.32		0.54	0.57	0.60	0.63	0.65	0.67											
		0.54	0.51	0.47	0.43	0.39	0.35											
		3.70	3.93	4.17	4.43	4.70	4.99											

注：①②区受压为四边形系数 ξ_1，ξ_2（η_1，η_2）；③区受压区为五边形系数 ξ_2，η_2；④区受压区全底面系数 β，β'。

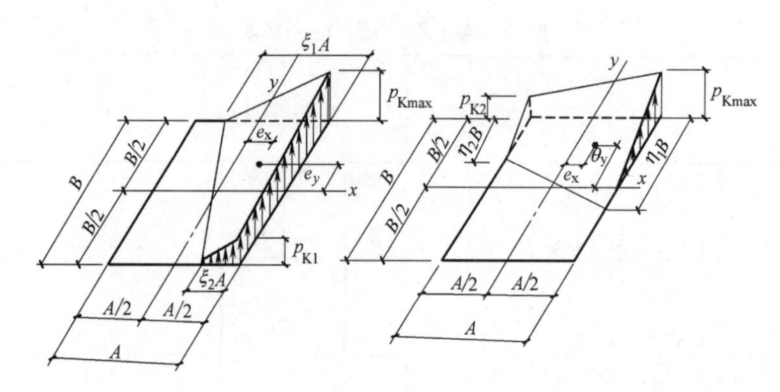

图 7-2 基础底面受压区为四边形

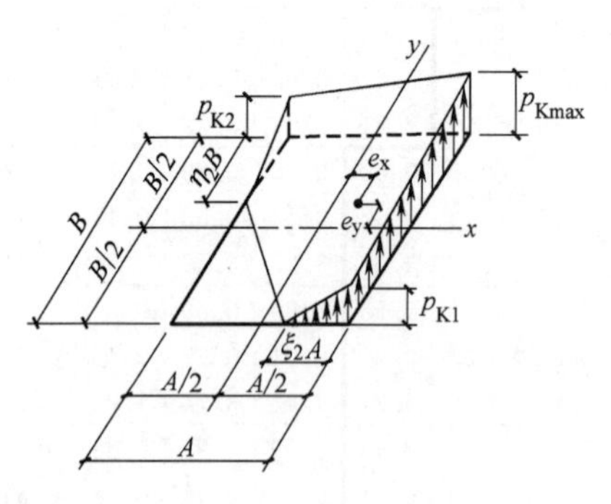

图 7-3 基础底面受压区为五边形

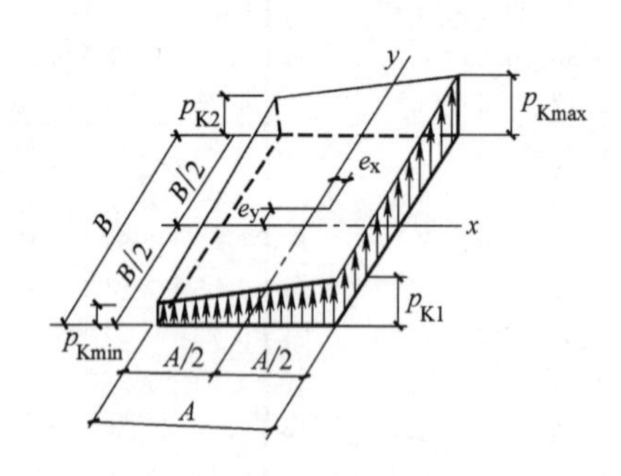

图 7-4 基础底面全面积受压

$$p_{\mathrm{kmax}}=\beta\frac{F_{\mathrm{k}}+G_{\mathrm{k}}}{AB}\leqslant1.2f_{\mathrm{a}} \tag{7-9}$$

$$p_{\mathrm{k1}}=p_{\mathrm{kmax}}\frac{(1-\eta_2)\xi_2}{1-\eta_2\xi_2} \tag{7-10}$$

$$p_{\mathrm{k2}}=p_{\mathrm{kmax}}\frac{(1-\xi_2)\eta_2}{1-\xi_2\eta_2} \tag{7-11}$$

3）当基础底面全面积受压（图 7-4）时，可按下列公式计算基底各点压力：

$$p_{\mathrm{kmax}}=\beta\frac{F_{\mathrm{k}}+G_{\mathrm{k}}}{AB}\leqslant1.2f_{\mathrm{a}} \tag{7-12}$$

$$p_{\mathrm{kmin}}=(2-\beta)\frac{F_{\mathrm{k}}+G_{\mathrm{k}}}{AB} \tag{7-13}$$

$$p_{\mathrm{k1}}=\beta'\frac{F_{\mathrm{k}}+G_{\mathrm{k}}}{AB} \tag{7-14}$$

$$p_{\mathrm{k2}}=(2-\beta')\frac{F_{\mathrm{k}}+G_{\mathrm{k}}}{AB} \tag{7-15}$$

式中 β、β'、ξ_1、ξ_2、η_1、η_2——按$\frac{e_x}{A}$和$\frac{e_y}{B}$由表 7-1 查用；

p_{kmax}、p_{kmin}、p_{k1}、p_{k2}——相应于荷载效应标准组合时的基础底面各点压力值；

f_{a}——修正后的地基承载力特征值，按地基规范。

7.2 基础承载力计算

1. 无筋扩展基础

（1）构造简图 构造简图，如图 7-5 所示。

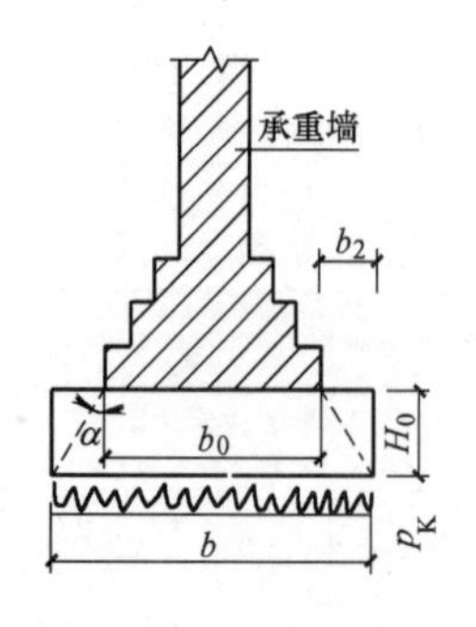

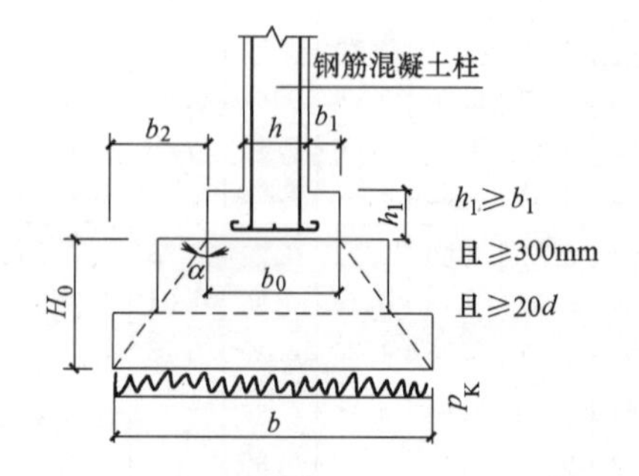

图 7-5 无筋扩展基础构造示意

d——柱中纵向钢筋直径

(2) 无筋扩展基础承载力计算

1) 计算原则　由图 7-5 得知，在 p_k 作用下，台阶比 $\frac{b_2}{H_0}$ 的数值越大，即悬臂越大，则基础愈容易破坏，由试验得知，当基础的材料强度和基础底面压力 p_k 确定后，只要台阶比 $\frac{b_2}{H_0}$ 小于某一允许比值 $\left[\frac{b_2}{H_0}\right]$，就可保证基础不被破坏。因此，基础底面的宽高比，应符合下式要求：

$$H_0 \geqslant \frac{b-b_0}{2\tan\alpha} \tag{7-16}$$

式中　b——基础底面宽度；

b_0——基础顶面的墙体宽度或柱脚宽度；

H_0——基础高度；

b_2——基础台阶宽度；

$\tan\alpha$——基础台阶宽高比 $b_2 : H_0$，其允许值可按表 7-2 选用。

2) 构造要求

① 采用无筋扩展基础的钢筋混凝土柱，其柱脚高度 h_1 不得小于 b_1（图 7-5），并不应小于 300mm 且不小于 $20d$（d 为柱中的纵向受力钢筋的最大直径）。

② 当柱纵向钢筋在柱脚内竖向锚固长度不符合现行《混凝土结构设计规范》GB 50010 的有关规定时，可沿水平方向弯折，弯折后的水平锚固长度不应小于 $10d$ 也不应大于 $20d$。

无筋扩展基础台阶宽高比的允许值 $\left[\frac{b_2}{H_0}\right]$　　**表 7-2**

序号＼项目	基础材料	质量要求	台阶宽高比的允许值		
			$p_k \leqslant 100$	$100 < p_k \leqslant 200$	$200 < p_k < 300$
1	混凝土基础	C15 混凝土	1∶1.00	1∶1.00	1∶1.25
2	毛石混凝土基础	C15 混凝土	1∶1.00	1∶1.25	1∶1.50
3	砖基础	砖不低于 MU10 砂浆不低于 M5	1∶1.50	1∶1.50	1∶1.50
4	毛石基础	砂浆不低于 M5	1∶1.25	1∶1.50	—
5	灰土基础	体积比 3∶7 或 2∶8 灰土 其最小干密度： 粉土 1.55t/m^3 粉质黏土 1.50t/m^3 黏土 1.45t/m^3	1∶1.25	1∶1.50	—
6	三合土基础	体积比 1∶2∶4～1∶3∶6 （石灰∶砂∶骨料）每层虚铺 220mm，夯至 150mm	1∶1.50	1∶2.00	—

注：1. p_k 为荷载效应标准组合时基础底面处的平均压力值（kPa）。
2. 阶梯形毛石基础的每阶伸出宽度，不宜大于 200mm。
3. 当基础由不同材料叠合组成时，应对接触部分作抗压验算。
4. 对混凝土基础当基础底面处的平均压力值等于或超过 300kPa 时，尚应按有关规范的规定进行抗剪验算。

2. 扩展基础冲切承载力计算

(1) 扩展基础冲切承载力受力简图如图 7-6 及图 7-7 所示。

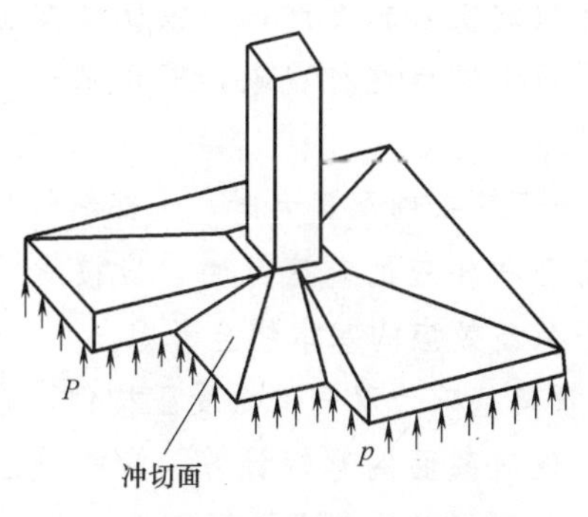

图 7-6　冲切破坏示意

(2) 扩展基础冲切承载力计算

1) 受力特性：

① 由试验得知，当基础底板面积较大，而厚度较薄时，基础将发生冲切破坏，如图 7-7 所示。即在柱的周边沿 45°斜面拉裂，形成冲切角锥体。为了防止这种破坏，基础底板应有足够的厚度。以保证基础的整体作用。

② 基础底板厚度，应根据地基土净反力 p_j 在冲切面上产生的冲切破坏剪力不大于冲切面上混凝土的受拉承载力的条件确定。

2) 受冲切承载力可按下列公式计算：

$$F_l \leqslant 0.7\beta_{hp} f_t a_m h_0 \tag{7-17}$$

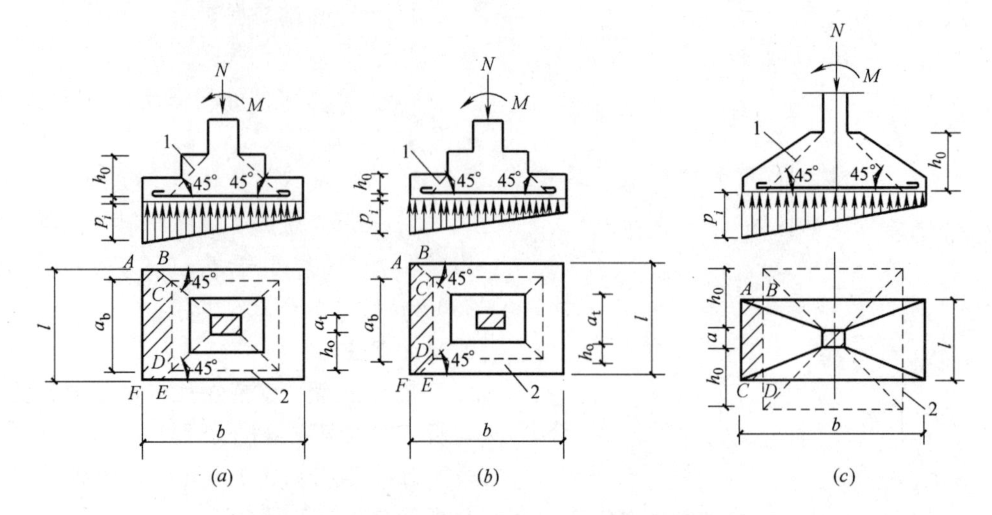

图 7-7 计算阶形基础的受冲切承载力截面位置

（a）柱与基础交接处；（b）基础变阶处；（c）冲切破坏锥体底面线出基础外

1—冲切破坏锥体最不利一侧的斜截面；2—冲切破坏锥体的底面线

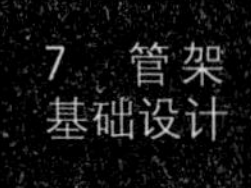

$$a_m=(a_t+a_b)/2 \tag{7-18}$$

$$F_1=p_iA_1 \tag{7-19}$$

式中 β_{hp}——受冲切承载力截面高度影响系数，当 h 不大于 800mm 时，β_{hp} 取 1.0；当 h 大于等于 2000mm 时，β_{hp} 取 0.9，其间按线性内插法取用；

f_t——混凝土轴心抗拉强度设计值；

h_0——基础冲切破坏锥体的有效高度；

a_t——冲切破坏锥体最不利一侧斜截面的上边长，当计算柱与基础交接处的受冲切承载力时，取柱宽；当计算基础变阶处的受冲切承载力时，取上阶宽；

a_b——冲切破坏锥体最不利一侧斜截面在基础底面积范围内的下边长，当冲切破坏锥体的底面落在基础底面以内（图 7-7a、b），计算柱与基础交接处的受冲切承载力时，取柱宽加两倍基础有效高度；当计算基础变阶处的受冲切承载力时，取上阶宽加两倍该处的基础有效高度。当冲切破坏锥体的底面在 l 方向落在基础底面以外，取 $a+2h_0\geqslant l$ 时（图 7-7c），$a_b=l$；

p_i——扣除基础自重及其上土重后相应于荷载效应基本组合时的地基土单位面积净反力，对偏心受压基础可取基础边缘处最大地基土单位面积净反力；

A_1——冲切验算时取用的部分基底面积（图 7-7a、b 中的阴影面积 ABCDEF，或图 7-7c 中的阴影面积 ABCD）；

F_1——相应于荷载效应基本组合时作用在 A_1 上的地基土净反力设计值。

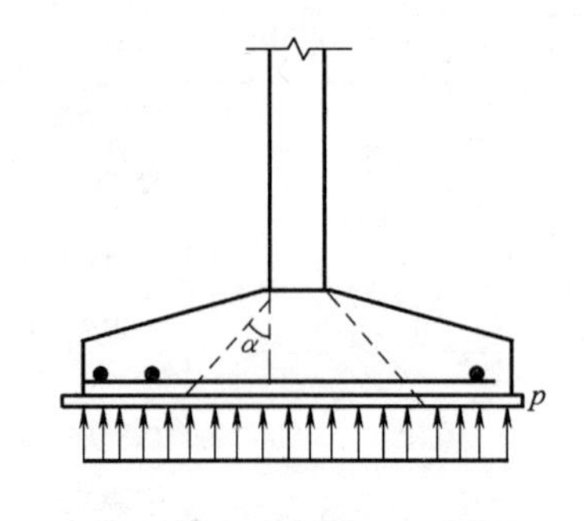

图 7-8 弯曲破坏示意

3. 扩展基础抗弯承载力计算

（1）一般规定

1）在基底净反力作用下，基础板在两个方向均发生向上弯曲，即底部受拉，顶部受压状态，如图 7-8 所示。当基础截面内的弯矩设计值超过混凝土底板的抗弯强度时，底板就会发生弯曲破坏。为了防止发生这种现象，需在基础底板下面配置钢筋。

2）当计算基础承载力时，上部结构传来的荷载效应组合和相应的基底反力，应按承载能力极限状态下荷载效应的基本组合考虑。

3）管架基础为双向偏心受压构件，在净反力作用下，任何截面的弯矩计算，应视受压区图形的不同，分别按以下各式计算。

(2) 四边形受压基础承载力计算

1) 计算简图，如图7-9所示。

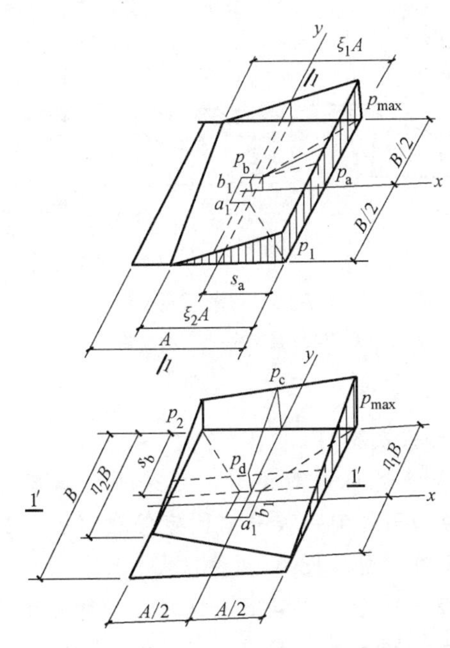

图7-9 四边形受压基础底板荷载简图

2) 计算公式如下：

$$M_{1-1}=\frac{1}{12}S_a^2(b_1+2B)\left(p_a+p_b-\frac{2G}{AB}\right) \tag{7-20}$$

式中 $p_a=\frac{1}{2}(p_1+p_{max})$

$$p_b=\frac{1}{2}\left[p_1\left(1-\frac{S_a}{\xi_2 A}\right)+p_{max}\left(1-\frac{S_a}{\xi_1 A}\right)\right]$$

$$M_{1'-1'}=\frac{1}{12}S_b^2(a_1+2A)\left(p_c+p_d-\frac{2G}{AB}\right) \tag{7-21}$$

式中 $p_c=\frac{1}{2}(p_2+p_{max})$

$$p_d=\frac{1}{2}\left[p_2\left(1-\frac{S_b}{\eta_2 B}\right)+p_{max}\left(1-\frac{S_b}{\eta_2 B}\right)\right]$$

(3) 五边形受压基础承载力计算

1) 计算简图，如图7-10所示。

2) 计算公式如下：

$$M_{1-1}=\frac{1}{12}S_a^2(b_1+2B)\left(p_a+p_b-\frac{2G}{AB}\right) \tag{7-22}$$

式中 $p_a=\frac{1}{2}(p_1+p_{max})$

$$p_b=\frac{1}{2}\left\{\left[p_{max}\left(1-\frac{S_a}{A}\right)+p_2\frac{S_a}{A}\right]+p_1\left(1-\frac{S_a}{\xi_2 A}\right)\right\}$$

$$M_{2-2}=\frac{1}{12}S_b^2(a_1+2A)\left(p_c+p_d-\frac{2G}{AB}\right) \tag{7-23}$$

式中 $p_c=\frac{1}{2}(p_2+p_{max})$

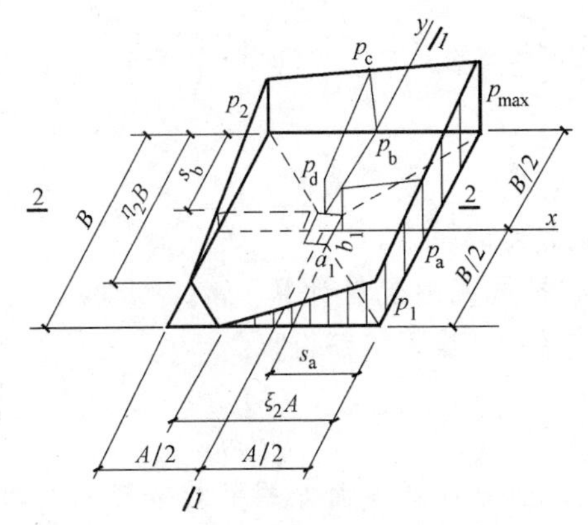

图7-10 五边形受压基础底板荷载简图

$$p_d=\frac{1}{2}\left\{\left[p_{max}\left(1-\frac{S_b}{B}\right)+p_1\frac{S_b}{B}\right]+p_2\left(1-\frac{S_b}{\eta_2 B}\right)\right\}$$

(4) 全底面受压基础承载力计算

1) 计算简图，如图7-11所示。

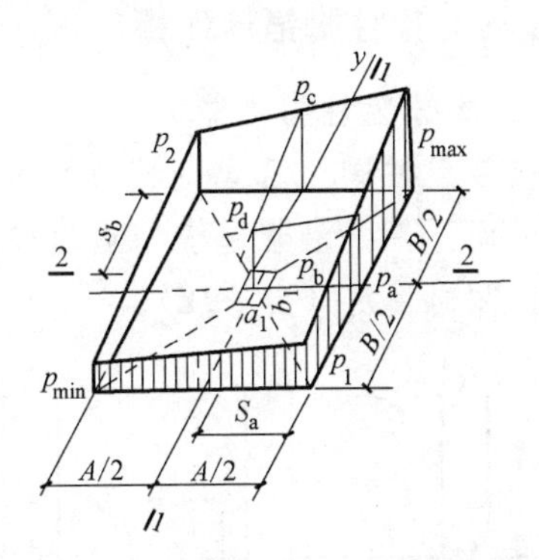

图7-11 全底面受压基础底板荷载简图

2) 计算公式如下：

$$M_{1-1}=\frac{1}{12}S_a^2(b_1+2B)\left(p_a+p_b-\frac{2G}{AB}\right) \tag{7-24}$$

式中 $p_a=\frac{1}{2}(p_1+p_{max})$

$$p_b=\frac{1}{2}\left[(p_{max}+p_1)\left(1-\frac{S_a}{A}\right)+(p_2+p_{min})\frac{S_a}{A}\right]$$

$$M_{2-2}=\frac{1}{12}S_b^2(a_1+2A)\left(p_c+p_d-\frac{2G}{AB}\right) \tag{7-25}$$

式中 $p_c=\frac{1}{2}(p_2+p_{max})$

$$p_d=\frac{1}{2}\left[(p_{max}+p_2)\left(1-\frac{S_b}{B}\right)+(p_1+p_{min})\frac{S_b}{B}\right]$$

公式7-20～公式7-25中符号说明如下：

M_{1-1}、M_{2-2}——任意截面1—1、2—2处相应于荷载效应基本组合时的弯矩设计值；

p_{max}、p_{min}、p_1、p_2——相应于荷载效应基本组合时的基础底面角部地基反力设计值；

G——考虑荷载分项系数的基础自重及其上的土自重；

ξ_1、ξ_2、η_1、η_2——根据$\frac{e_x}{A}$及$\frac{e_y}{B}$由表 7-1 中查取；

S_a、S_b——任意截面 1—1，2—2 至基础边缘最大反力处的距离。

4. 扩展基础配筋计算

扩展基础底面配筋面积：

$$A_S=\frac{M}{0.9h_0f_y} \quad (7\text{-}26)$$

式中 M——计算截面处的荷载效应基本组合时的弯矩设计值；

h_0——计算截面处的有效高度；

f_y——钢筋抗拉强度设计值；

A_S——基础底板受力钢筋截面面积。

7.3 半铰接管架柱脚锚栓计算

1. 半铰接管架柱脚性能

半铰接管架柱脚，沿管道纵向具有半铰接性能，即能动而不倒，沿管道横向通过螺栓视为固定，可保证侧向稳定（图 7-12）。

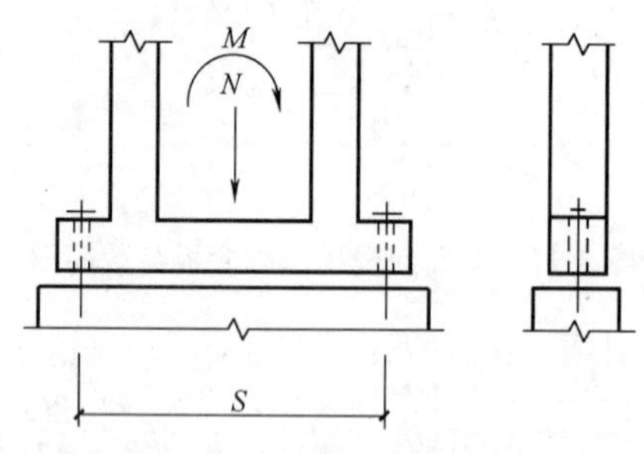

图 7-12 半铰接管架柱脚锚栓示意

2. 锚栓计算

在垂直荷载 N 及弯矩 M 作用下，固定锚栓直径，可按下列公式计算：

$$d_0=\sqrt{\frac{M-0.5NS}{0.785[f_t^a]S}} \quad (7\text{-}27)$$

式中 d_0——锚栓螺纹内径，不小于 20mm；

M——作用于基础顶面处的荷载效应基本组合时的弯矩设计值；

N——操作状态时作用于基础顶面处的荷载效应基本组合时最小垂直荷载；

S——锚栓中心距；

f_t^a——锚栓强度设计值。

7.4 管墩设计

1. 一般规定

(1) 管墩简图 如图 7-13 所示。

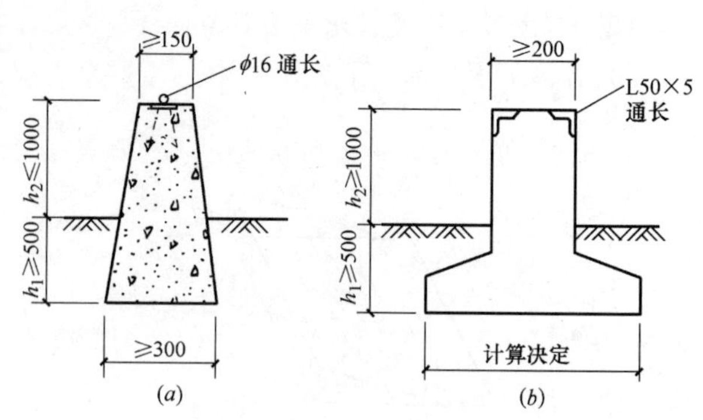

图 7-13 管墩示意

(a) 中间管墩；(b) 固定管墩

(2) 一般规定

1) 形式及材料

① 当管道沿地敷设时，可采用管墩敷设管道。管墩如同管架一样分有固定管墩（图 7-13b）和中间管墩（图 7-13a）两种形式。

② 管墩一般采用混凝土结构，管墩可现场浇筑或预制。预制块长度分为 0.5m、1.0、1.5m、2.0m 四种，以备组合。

③ 管墩顶面应随打随压光，固定管墩顶面应预埋通长角钢。

2) 管墩埋深

① 管墩埋深不小于 500mm，且不小于冰冻线深度，除非地下水位较浅，并采取妥善的防冻措施，方可小于冰冻线深度。

② 固定管墩由于在计算时考虑了被动土压力，因此其周边的回填土须分层夯实，干密度须大于 15.6kN/m²。

2. 计算规定

(1) 荷载计算

1) 作用于管墩上的荷载，包括垂直荷载和管线水平推力，其内容与管架荷载相同。管墩不考虑地震作用。

2) 中间管墩可不考虑水平推力，当地基土的承载力特征值 $f_{ak}\geqslant 80\text{kN/m}^2$，垂直荷载作用下产生的基底反力 $p\leqslant 20\text{kN/m}^2$，可不作地基承载力验算。

(2) 固定管墩计算：

1) 垂直荷载和轴向水平推力应同时计算，荷载取值方法与固定管架相同。

2) 固定管墩墩身按偏心受压和抗剪验算，对底板应作抗弯、抗冲切、抗倾覆等验算。

3) 管墩基底压力，应符合下列公式要求：

$$\frac{N}{A}\leqslant f_a \quad (7\text{-}28)$$

$$K_d p \leqslant \frac{1}{2}\gamma D_1^2 \mathrm{tg}^2\left(45^\circ+\frac{\varphi}{2}\right)l_0+N\mu \quad (7\text{-}29)$$

式中　N——总垂直荷载（kN）；

A——预制管墩的底面积（m^2）；

p——作用于固定管墩的水平推力，由管道专业提供；

K_d——固定管墩上荷载系数，取 $K_d=1.5$；

γ——回填土的重度（kN/m^3）；

D_1——设计地面至管墩底距离（m）；

φ——土的内摩擦角（°）；

l_0——管墩长度（m）；

μ——混凝土与土壤的摩擦系数，取 $\mu=0.6$；

f_a——修正后的地基承载力特征值。

8 管架构造

8.1 管架、管廊结构的基本形式

1. 管架结构的基本形式

(1) 四柱式管架结构形式:

1) 当为捣制结构时，沿管道纵向及横向以采用水平横腹杆的框架结构为宜，如图 8-1 所示。

2) 当为预制装配结构时，一般沿管道纵向采用二片水平横腹杆的平面框架，沿管道横向以钢支撑连接形成空间结构；当承受较大水平荷载时，沿纵向则采用二片斜腹杆的平面桁架，沿横向以钢支撑相连的构造为宜，见图 8-2。

(2) 门形管架一般常采用水平横腹杆式框架，当受较大水平荷载作用时，可采用斜腹杆式平面桁架，参见图 8-1，图 8-2。

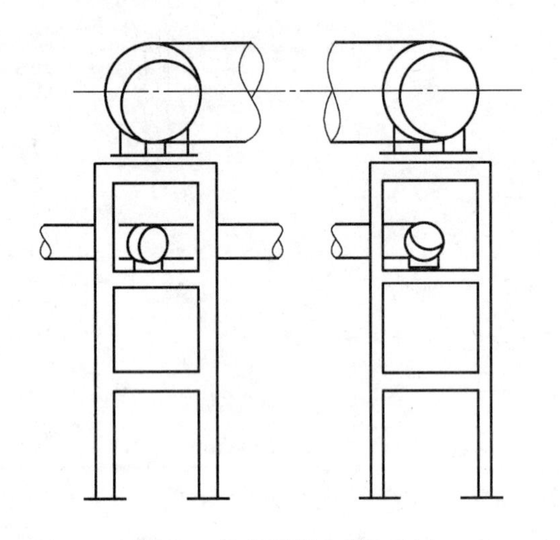

图 8-1 钢筋混凝土管架示图

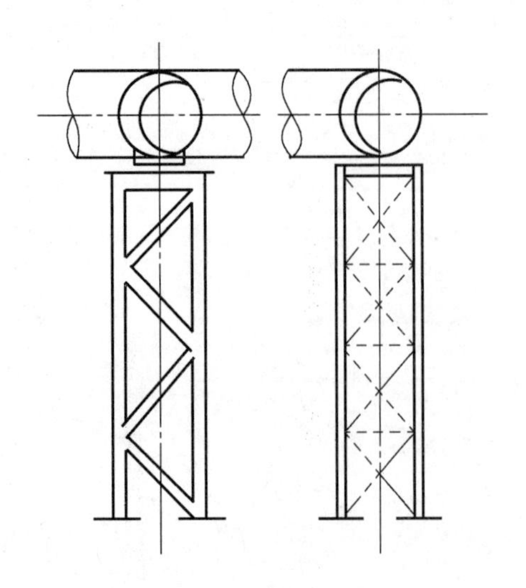

图 8-2 固定管架示图

(3) 柱式摇摆管架应设计成正方形或圆形的对称截面。

(4) 当管道穿过管架时，管道外缘至柱肢及横梁表面的净空不应小于 150mm，见图 8-3。

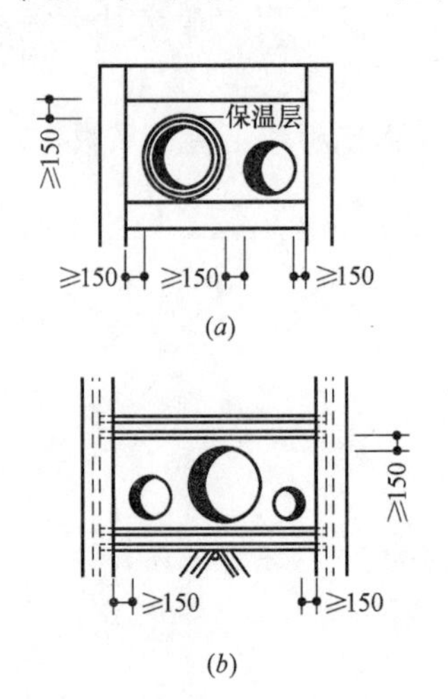

图 8-3 管道与管架净空限值

(a) 钢筋混凝土管架；(b) 钢结构管架

(5) 为保证四柱及门形钢结构管架的空间作用和刚度，在直接支承管道的横梁处应设置水平支撑（四柱设水平支撑、门形加大横梁刚度），其刚度比一般大于 5。同时对四柱管架在中间高度处至少应设置水平支撑一道。支撑的最大间距宜为 6m 左右，见图 8-4。

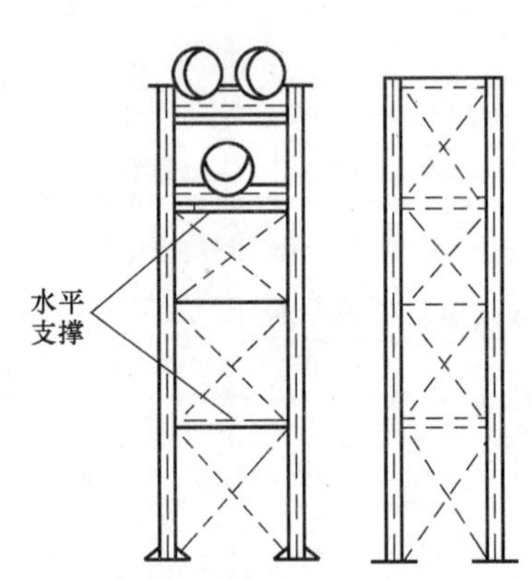

图 8-4 钢结构固定管架示图

(6) 凡因管道坡度而使同类型的管架高度有变化时，为简化设计当高差不超过 500mm 时，可通过加厚垫层调整基础的埋深，以减少管架和基础的类型。

(7) 凡利用已有建（构）筑物设置托吊架时，应对原建（构）筑物进行强度和稳定性验算。

2. 管廊结构的基本形式

管廊结构的基本形式，如图 8-5 所示。

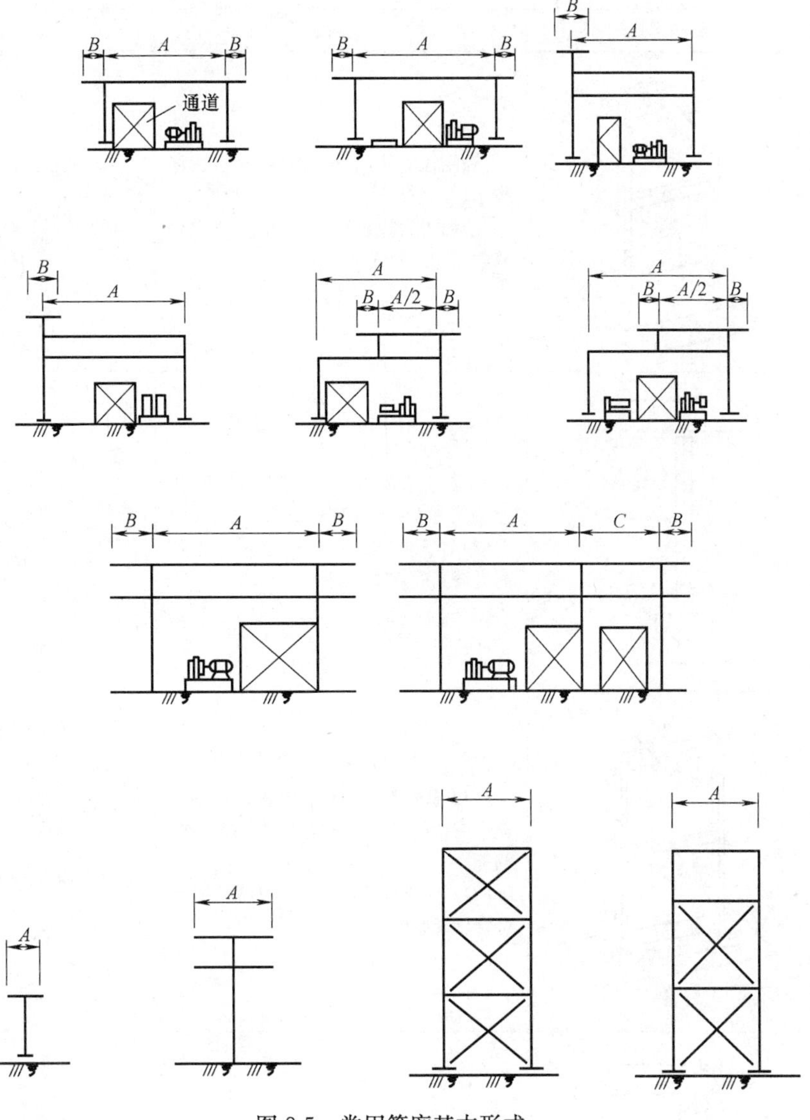

图 8-5　常用管廊基本形式

8.2　管架结构的工艺要求

管架结构按受力状态及工艺要求，如表 8-1 所示。

管架结构的工艺要求及处理　　　　**表 8-1**

序号	名　称	结构形式	工艺要求	结构处理
1	固定管架		(1)固定管架在纵向及横向均视为管道的不移动支点。 (2)固定管架应有足够刚度，以保证管道系统的稳定。 (3)用于推力较大管道	(1)管道在管架上一般采用固定管座。 (2)管架下端与基础固定。 (3)固定支架多采用四柱式

续表

序号	名 称	结构形式	工艺要求	结构处理
2	刚性管架		(1)刚性管架的纵向刚度较大，位移较小。 (2)用于管道重量较小、变形较大和高度较低的管线	(1)管道在管架上均采用滑动或滚动管座。 (2)管架下端与基础固定
3	柔性管架		(1)柔性管架的纵向刚度较小，管架位移能适应主动管变形要求。 (2)用于管道重量较大、变形较小和高度较高的管线	(1)柔性管架上的主动管采用滑动或铰接管座，其他管道可采用滑动管座。 (2)管架下端与基础固定
4	半铰接管架		(1)半铰接管架的柱脚沿纵向采用不完全铰接构造，管架位移与主动管变形相等。 (2)用于管道重量较大，主动管变形符合管架倾斜要求	(1)半铰接管架上的主动管采用铰接管座。 (2)管架下端沿纵向为半铰接，沿横向为固定
5	摇摆管架		(1)摇摆管架允许管道沿平面内任意方向变形。 (2)适用于单管和管道根数不多的管线	(1)摇摆管架上的主动管采用固定管座或螺栓连接的铰接管座。 (2)管架下端沿双向均采用铰接

8.3 管架结构的基本构造

1. 钢筋混凝土管架构造

(1) 构件模数：

1) 柱子高度取300mm的倍数；

2) 梁柱截面取50mm的倍数。

(2) 最小尺寸：

1) 梁：b=150mm，h=200mm；

2) 柱：短边=150mm。

(3) 管架钢筋

1) 管架钢筋一般按下列要求采用：①受力钢筋采用HRB335级钢筋；②构造钢筋采用HPB235级钢筋。

2) 直接支承管道的横梁，宜配置承受剪力的钢筋。

3) 凡双层管架的柱中钢筋，应沿管架高度通长放置，不得采取变截面的配置。

(4) 钢筋保护层

1) 根据混凝土强度等级和耐久性规定，一般情况下梁柱保护层厚度不小于30mm。

2) 当处于侵蚀性介质影响时，保护层厚度不小于35mm。

2. 钢结构管架构造

(1) 钢结构管架柱肢的截面型式，可采用：

1) 门形固定管架可采用单角钢或由角钢组成的十字形截面；

2) 门形活动管架可采用槽钢或工字钢制作。

(2) 四柱式及门形钢结构管架，除有管道通过节间外，其他节间一律以斜腹杆连接，见图8-4。

(3) 管架柱肢及支撑的底面标高，应高出地面以上250mm，当柱肢伸入地面内时，柱肢必须包以混凝土保护。

(4) 当管道直径在1200mm以上时，应根据主体专业要求，在支座处的管道上宜设置特殊的加劲措施。

(5) 钢结构构件，均应涂刷防腐材料以防锈蚀，除有特殊要求外，不得因防腐锈蚀而加大构件的厚度。

3. 工艺要求的结构措施

(1) 滑动管架：

1) 钢筋混凝土活动管架一般沿横梁顶部埋设一根直径为$\phi16$的钢筋，露出梁顶面为8mm，如图8-6*a*所示。

2) 当支承变形大，或有振动的管线时，为防止管座滑落，应在梁顶埋设一条通长的槽型锚定轨，如图8-6*b*，以便安设所需的抗震管卡，或在横梁端部设置防滑角钢挡板，槽型锚定轨详见图8-7所示。

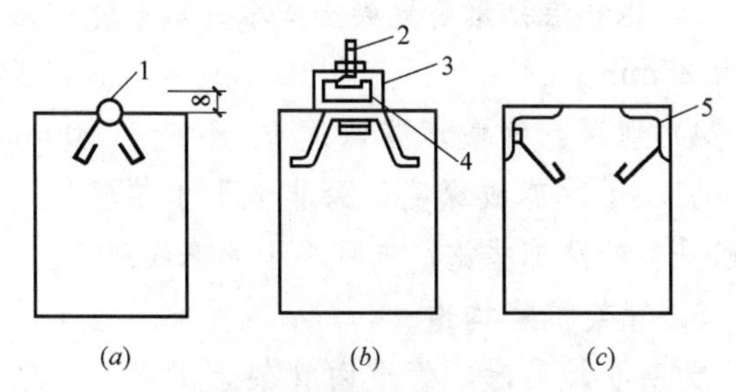

图8-6 管架顶面构造要求
(*a*) 活动管架沿横梁顶部埋设钢筋；
(*b*) 支承变形大或有振动的管线顶部构造；
(*c*) 固定管架梁顶两侧埋设通长角钢的构造
1—1ϕ16钢筋；2—连接螺栓；3—槽型锚定轨；
4—锯末树脂填平；5—∠50×5

(2) 半铰接管架：

1) 如图8-8所示，这种半铰的构造简单，施工方便，工程中多采用这一形式，适用于要求变位不大的管线，螺栓用两根，直径可取$b/10$（b为柱宽）。

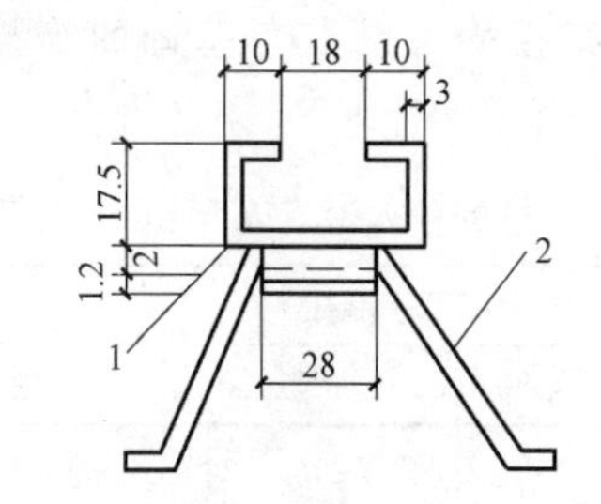

图8-7 槽型锚定轨
1——93×3，l=梁长；2—锚固件二个，
—19×1.5，l_1=355

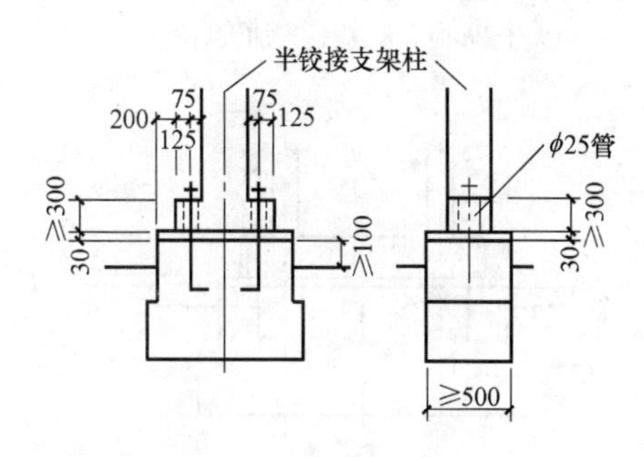

图8-8 半铰接构造

2) 这种半铰的构造，只允许在沿管道纵向显现出半铰性能，在沿管道横向，仍为嵌固，以保证侧向的稳定，而半铰的可铰性能则使管架顶能适应管线热变形的要求。

(3) 固定管架

1) 固定管架可在梁顶两侧埋设通长角钢，如图8-6*c*所示，预埋埋件的锚固钢筋直径及数量应根据计算决定。

2) 固定管架的横梁当采用钢梁时，宜采用由两个槽钢组合的断面以增加侧向刚度，形成较大的矩形封闭截面，且不宜采用单根普通工字钢。

4. 管架基础构造

(1) 预制的钢筋混凝土固定管架和活动管架，如采用杯口式基础（图8-9）时，柱的插入深度，可按表8-2选用，并应满足有抗震设防要求时的最小锚固长度要求，以及吊装时柱的稳定性要求。

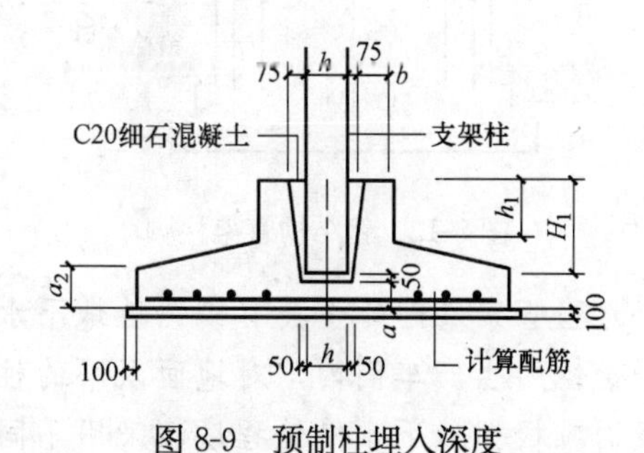

图8-9 预制柱埋入深度

(2) 半铰接管架柱肢与基础的连接如图 8-10 所示。

柱的插入深度 h_1 (mm) 表 8-2

矩形或工字形柱				双肢柱
$h<500$	$500\leqslant h<800$	$800\leqslant h\leqslant 1000$	$h>1000$	
$h\sim1.2h$	h	$0.9h$ 且$\geqslant800$	$0.8h$ 且$\geqslant1000$	$(1/3\sim2/3)h_a$ $(1.5\sim1.8)h_b$

注：1. h 为柱截面长边尺寸；h_a 为双肢柱全截面长边尺寸；h_b 为双肢柱全截面短边尺寸；
2. 柱轴心受压或小偏心受压时，h_1 可适当减小，偏心距大于 $2h$ 时，h_1 应适当加大。

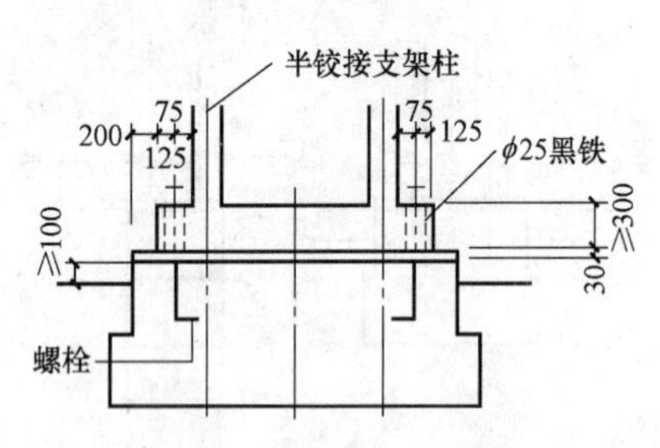

图 8-10 半铰接管架柱脚

(3) 摇摆管架柱肢与基础的连接，如图 8-11 所示。

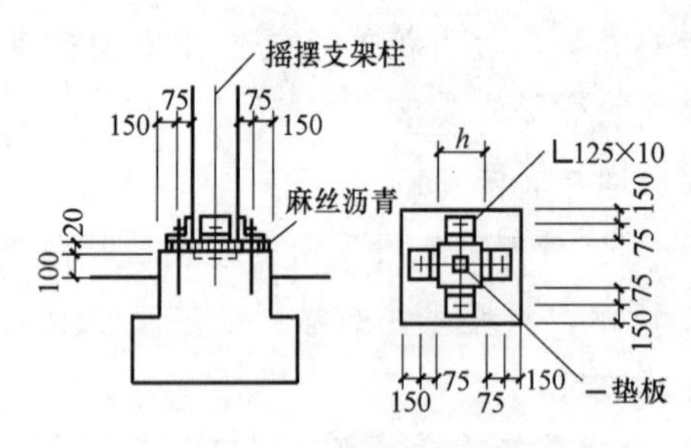

图 8-11 摇摆管架柱脚

(4) 凡管架柱肢与基础采用锚栓连接时，基础顶面标高必须高出地面 250mm（包括二次浇灌层，二次浇灌层一般用 1∶3 水泥砂浆厚度 30mm～50mm）见图 8-12。锚栓选用表见表 8-3 及表 8-4。

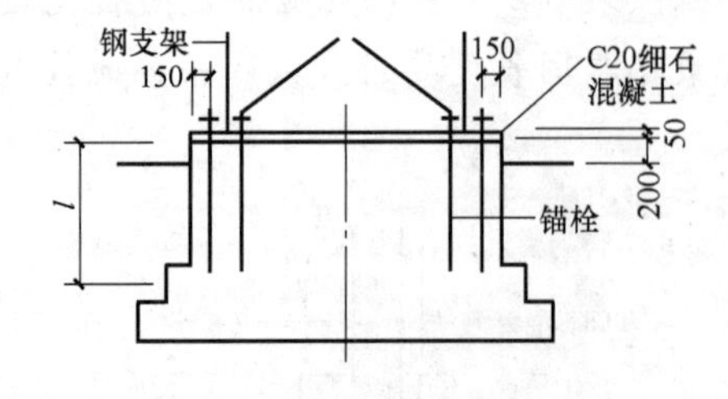

图 8-12 钢结构管架柱脚

(5) 当管架基础处于具有侵蚀性地下水中或具有侵蚀性的生产车间内，对地面以下的柱肢及基础表面应根据地下水侵蚀程度，采用不同的防腐措施。

(6) 当纯混凝土基础体积超过 30m³ 时，在地脚螺栓以下部位可掺入 25%～30%的块石，块石标号不低于 200 号。

(7) 管墩构造。

管墩一般构造：

1) 结构型式：混凝土管墩一般采用预制，亦可现浇。预制块长度为 0.5m、1.0m、1.5m、2m 四种，以便组合，中间管墩可采用图 8-13 (*a*) 型预制混凝土结构，固定管墩宜采用预制钢筋混凝土结构如图 8-13 (*b*)。

2) 埋设件：管墩顶面应随打随压光。固定管墩顶面两侧上应预埋∠50×50 通长角钢，活动管墩顶面按图 8-13 (*a*) 所示预埋 ϕ16 通长圆钢筋，其下均应焊有锚固筋。

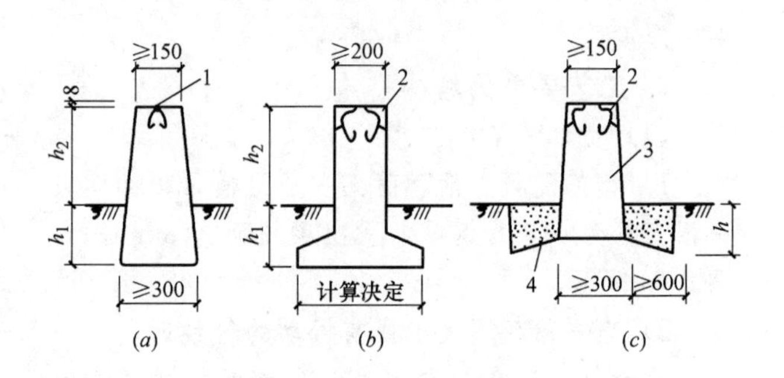

图 8-13 管墩示意

1—ϕ16 通长；2—∠50×50 通长
3—预制管墩；4—现浇 C15 混凝土

3) 保护层：钢筋混凝土管墩的钢筋保护层厚度为 25mm。

4) 埋深：管墩埋置深度 h_1 不小于 500mm，且不宜小于冰冻线深度，除非地下水位较低，并采取妥善的防冻措施，方可小于冰冻线深度。

5. 管架抗震构造

为防止地震时，管道由管架上滑落，可采取图 8-14 所示抗震构造措施。

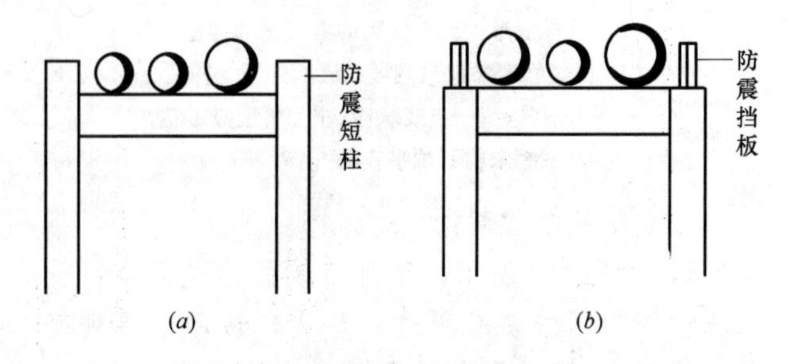

图 8-14 抗震构造措施

(*a*) 防震短柱；(*b*) 防震挡板

Q235锚栓选用表 表8-3

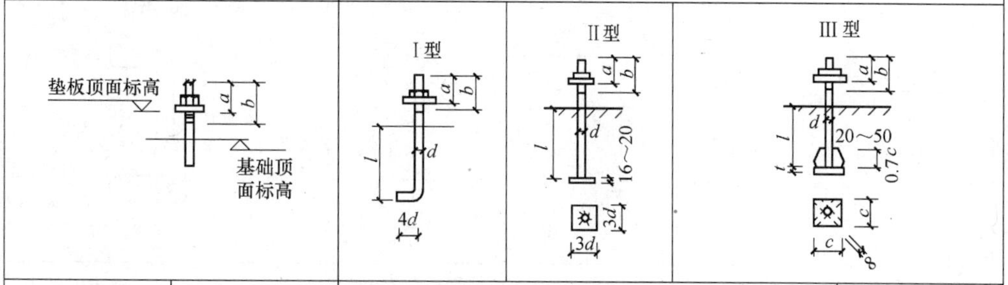

锚栓直径 d (mm)	锚栓截面有效面积 A_0 (cm^2)	连接尺寸				锚固长度及细部尺寸								每个锚栓的受拉承载力设计值 N_t^a (kN)
						I型		II型		III型				
		单螺母		双螺母		锚固长度 l(mm)						锚板尺寸		
						当基础混凝土的强度等级为								
		a (mm)	b (mm)	a (mm)	b (mm)	C15	C20	C15	C20	C15	C20	c (mm)	t (mm)	
20	2.448	45	75	60	90	500	400							34.3
22	3.034	45	75	65	95	550	440							42.5
24	3.525	50	80	70	100	600	480							49.4
27	4.594	50	80	75	105	675	540							64.3
30	5.606	55	85	80	110	750	600							78.5
33	6.936	55	90	85	120	825	660							97.1
36	8.167	60	95	90	125	900	720							114.3
39	9.758	65	100	95	130	1000	780							136.6
42	11.21	70	105	100	135			1050	840	630	505	140	20	156.9
45	13.06	75	110	105	140			1125	900	675	540	140	20	182.8
48	14.73	80	120	110	150			1200	960	720	575	200	20	206.2
52	17.58	85	125	120	160			1300	1040	780	625	200	20	246.1
56	20.30	90	130	130	170			1400	1120	840	670	200	20	284.2
60	23.62	95	135	140	180			1500	1200	900	720	240	25	330.7
64	26.76	100	145	150	195			1600	1280	960	770	240	25	374.6
68	30.55	105	150	160	205			1700	1360	1020	815	280	30	427.7
72	34.60	110	155	170	215			1800	1440	1080	865	280	30	484.4
76	38.89	115	160	180	225			1900	1520	1140	910	320	30	544.5
80	43.44	120	165	190	235			2000	1600	1200	960	350	40	608.2
85	49.48	130	180	200	250			2125	1700	1275	1020	350	40	692.7
90	55.91	140	190	210	260			2250	1800	1350	1080	400	40	782.7
95	62.73	150	200	220	270			2375	1900	1425	1140	450	45	878.2
100	69.95	160	210	230	280			2500	2000	1500	1200	500	45	979.3

16Mn钢锚栓选用表 表8-4

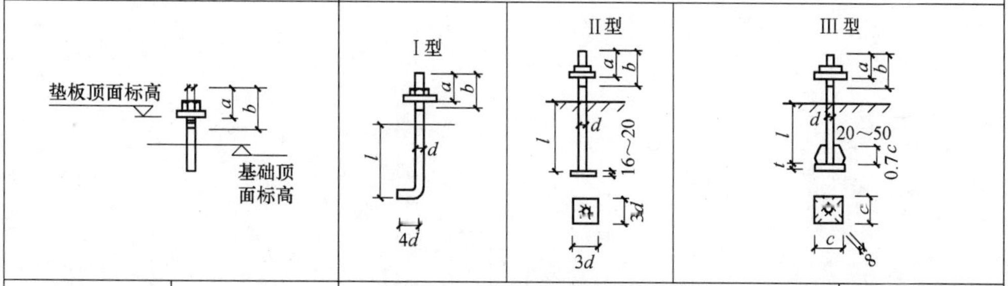

锚栓直径 d (mm)	锚栓截面有效面积 A_0 (cm^2)	连接尺寸				锚固长度及细部尺寸								每个锚栓的受拉承载力设计值 N_t^a (kN)
						I型		II型		III型				
		单螺母		双螺母		锚固长度 l(mm)						锚板尺寸		
						当基础混凝土的强度等级为								
		a (mm)	b (mm)	a (mm)	b (mm)	C15	C20	C15	C20	C15	C20	c (mm)	t (mm)	
20	2.448	45	75	60	90	600	500							44.1
22	3.034	45	75	65	95	660	550							54.6

续表

锚栓直径 d（mm）	锚栓截面有效面积 A_0（cm^2）	连接尺寸（垫板顶面标高、基础顶面标高）				锚固长度及细部尺寸								每个锚栓的受拉承载力设计值 N_t^a（kN）
		单螺母		双螺母		锚固长度 l（mm）						锚板尺寸		
						当基础混凝土的强度等级为								
						Ⅰ型		Ⅱ型		Ⅲ型				
		a（mm）	b（mm）	a（mm）	b（mm）	C15	C20	C15	C20	C15	C20	c（mm）	t（mm）	
24	3.525	50	80	70	100	720	600							63.5
27	4.594	50	80	75	105	810	675							82.7
30	5.605	55	85	80	110	900	750							100.9
33	6.936	55	90	85	120	990	825							124.8
36	8.167	60	95	90	125	1080	900							147.0
39	9.758	65	100	95	130	1170	1000							175.6
42	11.21	70	105	100	135			1260	1050	755	630	140	20	201.8
45	13.06	75	110	105	140			1350	1125	810	675	140	20	235.1
48	14.73	80	120	110	150			1440	1200	865	720	200	20	265.1
52	17.58	85	125	120	160			1560	1300	935	780	200	20	316.4
56	20.30	90	130	130	170			1680	1400	1010	840	200	20	365.4
60	23.62	95	135	140	180			1800	1500	1080	900	240	25	425.2
64	26.76	100	145	150	195			1920	1600	1150	960	240	25	481.7
68	30.55	105	150	160	205			2040	1700	1225	1020	280	30	549.9
72	34.60	110	155	170	215			2160	1800	1300	1080	280	30	622.8
76	38.89	115	160	180	225			2280	1900	1370	1140	320	30	700.0
80	43.44	120	165	190	235			2400	2000	1440	1200	350	40	781.9
85	49.48	130	180	200	250			2550	2125	1530	1275	350	40	890.6
90	55.91	140	190	210	260			2700	2250	1620	1350	400	40	1006
95	62.73	150	200	220	270			2850	2375	1710	1425	450	45	1129
100	69.95	160	210	230	280			3000	2500	1800	1500	500	45	1259

9 计算例题

9.1 ［例题 9-1］刚性管架

1. 设计资料

（1）管道横断面，如图 9-1 所示。

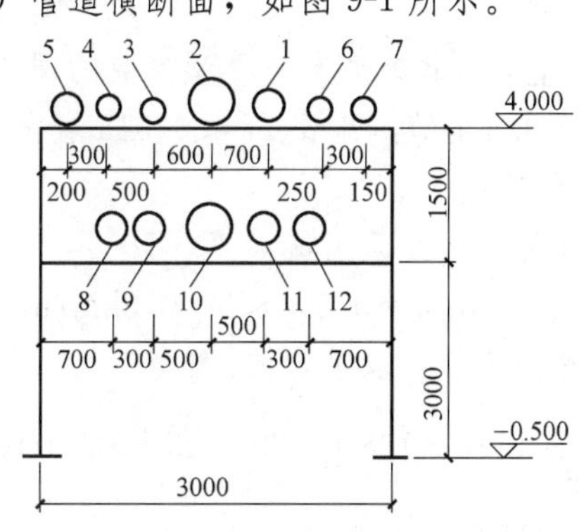

图 9-1 管道横断面图

（2）刚性管架设计资料：

1）管道资料：①管道重量标准值，见表 9-1；②管道跨距：l=7m；③2 号管为主动管，工艺提交变形：Δ_z = 72mm；④按资料进行刚性管架设计。

2）结构材料：①梁与柱混凝土强度等级为 C25；基础混凝土强度等级为 C20；②受力钢筋采用 HRB355 级钢筋；构造钢筋采用 HPB235 级钢筋。

3）自然条件：①基本风压值 w_0 = 0.5kN/m²；②地基承载力特征值 f_{ak}=180kN/m²；③无地下水。

2. 荷载计算

（1）计算简图，如图 9-2 所示。

管道重量标准值（N/m） **表 9-1**

管号	管道名称及规格	管材重量	介质重量	保温层重	试压水重	管道重量标准值
1	煤气管 DW325×5	394	230	—	—	624
2	蒸汽管 DW325×8	626	—	856	750	(626+856)×1.2=1780
3	蒸汽管 DW133×4	127.3	—	434	122.7	(127.3+434)×1.2=673
4	浓酚水管 DW108×4	102.6	78.5	—	—	181
5	压缩空气管 DW188×4	102.6	—	—	78.5	102.6×1.2=123
6	洗涤油管 DW108×4	102.6	78.5×1.07=84	—	—	187
7	稀碱液管 DW108×4	102.6	78.5	—	—	181
8	轻油管 DW89×4	83.8	51.5	—	—	135
9	重苯管(套管)DW $\frac{108\times4}{133\times4}$	$\frac{102.6}{127.3}$	78.5	434	—	742
10	焦油管(套管)DW $\frac{133\times4}{159\times4}$	$\frac{127.3}{171.5}$	122.7×1.2=147	522	—	968
11	含苯溶剂油管 DW $\frac{108\times4}{133\times4}$	$\frac{102.6}{127.3}$	78.5	434	—	742
12	浓硫酸管 DW108×4	102.6	78.5×1.84=144	—	—	247

注：保温层厚 100mm。

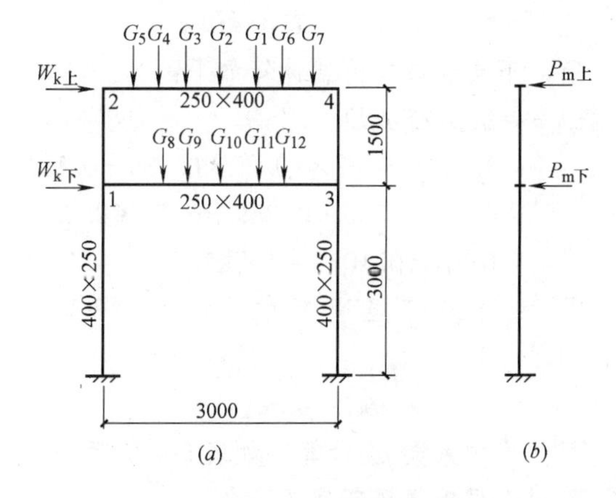

图 9-2 计算简图
（*a*）平面内；（*b*）平面外

（2）垂直荷载计算

1）几何尺寸

① 构件截面

柱 b=400mm，h=250mm；梁 l_1：b=250mm，h=400mm；l_2：b=250mm，h=400mm

② 计算高度

A）平面外，按表 3-16：$H_{oy}=1.5H_y=1.5\times4.5=6.75$m

B）平面内，按表 3-16：$H_{ox}=1.0H_z=1.0\times3.0=3.0$m

③ 细长比

A）平面外，按表公式（3-27）：$\frac{H_{oy}}{b}=\frac{6.75}{0.4}=$

16.9<40

满足要求。

B) 平面内，按公式（3-27）：$\frac{H_{ox}}{h}=\frac{3.0}{0.25}=12<40$

满足要求。

2) 管道荷载

① 上层梁：因管道排列较密，按均布荷载考虑。

$$\Sigma G=(624+1780+673+181+123+187+181)\times7=26243N$$

所以均布荷载为 $q_2=\frac{26243}{3}=8747N/m$

② 下层梁：因管道排列较密，按均布荷载考虑。

$$\Sigma G=(135+742+968+742+247)\times7=19838N$$

所以均布荷载为 $q_2=\frac{19838}{3}=6613N/m$

3) 横梁荷载

L_1：$q_1'=0.25\times0.40\times25=2.5kN/m$

L_2：$q_2'=0.25\times0.40\times25=2.5kN/m$

(3) 水平荷载计算

1) 刚性管架水平荷载

主要承受管道摩擦力，按式（3-10）

$$P_m=K_qG\mu$$

① 主动管，按3.3-3水平荷载规定：

上层梁取2号管，下层梁取10号管。

② 牵制系数，按表3-8规定：

柱：$a=\frac{主动管质量}{全部管线质量}=\frac{1780\times7}{26243+19838}=0.27$

$$K_q=0.36$$

梁：$a_上=\frac{梁上主动管质量}{梁上管线质量}=\frac{1780\times7}{26243}=0.47$

$$K_q=0.46$$

$a_下=\frac{梁上主动管质量}{梁上管线质量}=\frac{968\times7}{19838}=0.34\quad K_q=0.41$

③ 摩擦力 P_m 计算如下：

柱：$P_{m上}=K_qq_1\mu=0.36\times8474\times0.3=945N/m$

$P_{m下}=K_qq_2\mu=0.36\times6613\times0.3=716N/m$

梁：$P_{m上}=K_qq_1\mu=0.46\times8474\times0.3=1207N/m$

$P_{m下}=K_qq_2\mu=0.41\times6613\times0.3=815N/m$

2) 管道风荷载 管道风荷载，按式（3-18）计算如下：

$$w_b=\mu_zw_ol\Sigma\mu_{si}D_i$$

① 上层管道

A) 风压高度变化系数，由表3-13中B类得知，当管架顶标高为▽4.00m时：$\mu_z=1.0$

B) 风荷载体型系数，由3.3-4知，计算如表9-2所示。

C) 整体计算时风荷载体型系数的调整

根据3.3-4知，凡 $w_zD^2<0.015$ 者需作调整，计算如下：

已知管架顶处风压值：

$$w_z=w_0\mu_z=0.5\times1.0=0.5kN/m^2$$

因管径不等，取平均值：

$$D_0=\frac{1}{7}(188+108+333+525+325+108\times2)=242mm$$

$$w_oD_0^2=0.5\times0.242^2=0.0293>0.015$$

则 $\mu_o=1.0$

所以上层管道风荷载计算如下：

$$w_{k上}=\mu_zw_ol\Sigma\mu_{si}D_i=1.0\times0.5\times7\times(0.23\times0.188+0.4\times0.108+0.14\times0.333+0.6\times0.525+0.15\times0.325+0.13\times0.108+0.35\times0.108)=1.9kN$$

② 下层管道

A) 风压高度变化系数，同上层管，

$$\mu_z=1.0$$

B) 风载体型系数，由3.3-4知，计算如表9-3所示。

C) 整体计算风载体型系数的调整

已知管架顶处风压值 $w_z=w_0\mu_z=0.5kN/m^2$

管径不等，取平均值：

$$D_0^2=\frac{1}{5}(89+333\times2+359+108)=244mm$$

$$w_oD_0^2=0.5\times0.244^2=0.0298>0.015$$

则 $\mu_o=1.0$

所以下层管道风荷载计算如下：

$$w_{k下}=\mu_zw_ol\Sigma\mu_{si}D_i=1.0\times0.5\times7\times(0.25\times0.089+0.13\times0.333+0.6\times0.359+0.13\times0.333+0.13\times0.108)=1.2kN$$

③ 多层多管层间影响，按式（3-19）计算，即

$$w_{ki}=\mu_{si}'w_k$$

层间影响系数 μ_{si}' 计算，如表9-4所示。

所以上层管道风荷载为

$$w_{k上}=1.0\times1.9=1.9kN$$

下层管道风荷载为

$$w_{k下}=1.02\times1.2=1.22\text{kN}$$

3）管架风荷载 按式（3-20）计算

$$w_z=\mu_z\mu_s b w_o$$

① 风压高度变化系数，与管道相同，即

$$\mu_z=1.0$$

② 风荷载体型系数，按 3.3-4 规定，取

$$\mu_s=1.3$$

所以

$$w_z=\mu_z\mu_s b w_o=1.0\times1.3\times0.4\times0.5\times2$$
$$=0.52\text{kN/m}$$

作用于节点上风荷载为

$$w_{z上}=0.52\times1.5\times\frac{1}{2}=0.39\text{kN}$$

$$w_{z下}=0.52\times\left(3+\frac{1.5}{2}\right)=1.95\text{kN}$$

单层多管风荷载体型系数 **表 9-2**

上层管间距	5 — 152 — 4 — 280 — 3 — 172 — 2 — 276 — 1 — 34 — 6 — 192 — 7 管径：188, 108, 333, 525, 325, 108, 108						
$\frac{s}{D}$	$\frac{152}{188}=0.81$	$\frac{280}{108}=2.5$	$\frac{172}{333}=0.51$	—	$\frac{276}{525}=0.53$	$\frac{34}{325}=0.1$	$\frac{192}{108}=1.78$
μ_{si}	0.23	0.4	0.14	0.6	0.15	0.13	0.35

单层多管体型系数 **表 9-3**

下层管间距	8 — 89 — 9 — 155 — 10 — 155 — 11 — 80 — 12 管径：89, 333, 359, 333, 108				
$\frac{s}{D}$	$\frac{89}{89}=1.0$	$\frac{155}{333}=0.46$	—	$\frac{155}{359}=0.43$	$\frac{80}{333}=0.24$
μ_{si}	0.25	0.13	0.6	0.13	0.13

层间影响系数 μ_{si} **表 9-4**

简 图	上层管道		下层管道	
	S/D	$\mu'_{上}$	S/D	$\mu'_{上}$
上（525）、下（359），间距 1140	$\frac{1140}{359}=3.17$	1.0	$\frac{1140}{525}=2.17$	1.02

（4）结构特征判别

结构特征判别，按表 4-1 规定，当 $\frac{P_m}{P_f}<1$ 时为刚性管架。判别如下。

1）位移反弹力 P_f 管架位移反弹力 P_f，按式（3-11）：

$$P_f=\frac{3E_c I\Delta}{H^3}$$

① 弹性模量 E_c，C25 混凝土，查表 3-5，得

$$E_c=2.8\times10^4\ (\text{N/mm}^2)$$

② 管架位移 Δ，按式（3-12）

$$\Delta=K_q\Delta_z=0.36\times72=25.9\text{mm}$$

③ 惯性矩 $I=\frac{1}{12}\times250\times400^3=1333\times10^6\text{mm}^4$

$$P_f=\frac{3E_c I\Delta}{H^3}=\frac{3\times0.85\times2.8\times10^4\times1333\times10^6\times25.9\times2}{4500^3}$$
$$=53997\text{N}$$

2）管架摩擦力 P_m 管架摩擦力

$$P_m=P_{m上}+P_{m下}=945\times3+716\times3=4983\text{N}$$

3）判别

$$\frac{P_m}{P_f}=\frac{4983}{53997}=0.092<1$$

符合表 4-1 规定，属于刚性管架。

3. 承载力计算

（1）荷载简图，如图 9-3 所示。

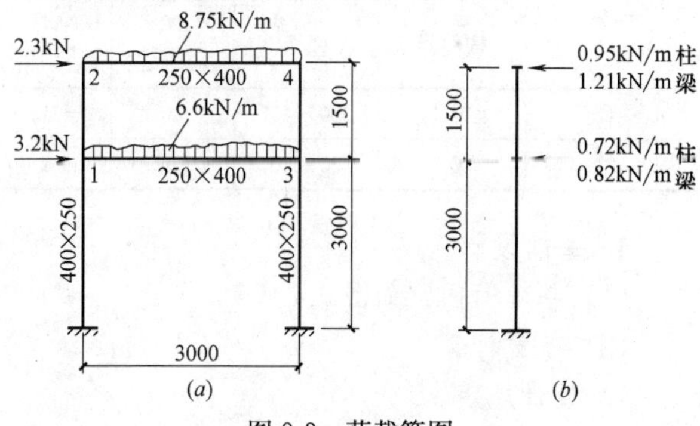

图 9-3 荷载简图

（a）平面内；（b）平面外

(2) 内力分析

1) 平面内分析：根据荷载简图（图 9-3*a*），框架平面内的内力控制值，经计算，如表 9-5 所示。

2) 平面外分析：根据荷载简图（图 9-3*b*），平面外内力计算：

① 横梁

A. 梁 1：水平弯矩设计值

$$M_y=\frac{1}{8}wl^2=\frac{1}{8}\times820\times1.2\times3^2=1110\text{N}\cdot\text{m}$$

水平剪力设计值

$$V_y=\frac{1}{2}\times820\times1.2\times3=1480\text{N}$$

B. 梁 2：水平弯矩设计值

$$M_y=\frac{1}{8}wl^2=\frac{1}{8}\times1210\times1.2\times3^2=1630\text{N}\cdot\text{m}$$

水平剪力设计值

$$V_y=\frac{1}{2}\times1210\times1.2\times3=2180\text{N}$$

② 柱

A. 弯矩设计值

$$M_y=950\times1.2\times3\times\frac{1}{2}\times4.5+720\times1.2\times3\times\frac{1}{2}\times3.0=11580\text{N}\cdot\text{m}$$

B. 剪力设计值

$$V=950\times1.2\times3\times\frac{1}{2}+720\times1.2\times3\times\frac{1}{2}=3010\text{N}$$

(3) 承载力计算

根据构件截面尺寸，材料强度等级以及内力情况，构件截面配筋计算如下：

1) 柱构件配筋，如表 9-6 所示。

框架平面内内力 **表 9-5**

序号	构件号	梁内力			柱内力		
		M_x (kN·m)	M_x^0 (kN·m)	V (kN)	M (kN·m)	N (kN)	V (kN)
1	梁1	6.6	−12.3	−20.73			
2	梁2	8.7	−8.4	−21.74			
3	柱1				0.6	42.8	0.6(4.2)
4	柱3				−0.6	42.8	−0.6(4.2)

注：括号内数字为控制值。

柱构件配筋 **表 9-6**

序号	构件		内力					配筋	
	构件号	截面	M_x (kN·m)	M_y (kN·m)	N (kN)	V_x (kN)	V_y (kN)	纵向钢筋	箍筋
1	柱1	400×250	0.6	11.6	42.8	0.6 (4.2)	3.01	x−2Φ16 y−3Φ16	ϕ6@250
2	柱3	400×250	−0.6	11.6	42.8	−0.6 (4.2)	3.01	x−2Φ16 y−3Φ16	ϕ6@250

注：括号内数字为控制值。

2) 梁构件配筋，如表 9-7 所示。

梁构件配筋 **表 9-7**

序号	构件		内力					配筋		
	构件号	截面	M_x (kN·m)	M_x^0 (kN·m)	V_x (kN)	M_y (kN·m)	V_y (kN)	梁中	梁支	箍筋
1	梁1	250×400	6.6	−12.3	−20.73	1.11	1.4	2Φ14	2Φ14	ϕ6@250
2	梁2	250×400	8.7	−8.4	−21.74	1.63	2.2	2Φ14	2Φ14	ϕ6@250

4. 基础设计

(1) 基础简图，如图 9-4 所示。

(2) 荷载计算

1) 设计规定

① 基础形式：采用无筋扩展基础

② 基础埋置深度取−1.1m

③ 地基承载力特征值 $f_{ak}=180\text{kN/m}^2$

④ 无地下水

2) 荷载计算

① 基础顶面荷载及基础尺寸

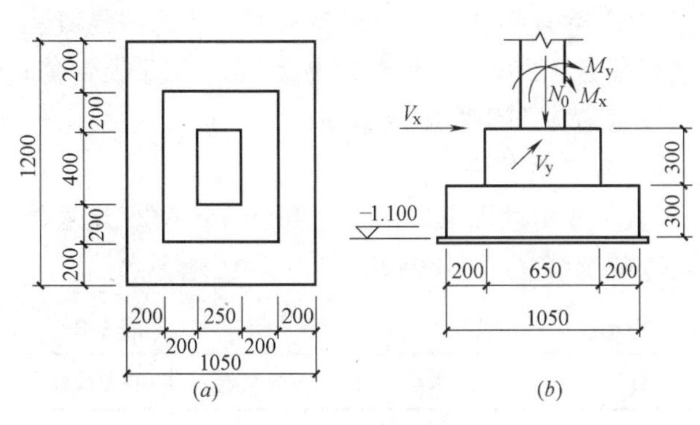

图 9-4 基础简图
(a) 平面图；(b) 立面图

$M_x=6.3\text{kN}\cdot\text{m}$，$V_x=4.2\text{kN}$；

$M_y=11.6\text{kN}\cdot\text{m}$，$V_y=3.0\text{kN}$

$N_o=56\text{kN}$，$A=1.2\text{m}$，$B=1.05\text{m}$

② 基础底面荷载

$M_x=6.3+4.2\times0.6=8.8\text{kN}\cdot\text{m}$

$M_y=11.6+3.01\times0.6=13.4\text{kN}\cdot\text{m}$

$N=56+1.05\times1.2\times1.1\times20\times1.2=89.3\text{kN}$

(3) 地基承载力计算

1) 活动管架相对偏心距，按式 (7-12) 计算：

$$\frac{e_x}{A}\leqslant\frac{1}{4}$$

即 $$\frac{M_x}{(F_k+G_k)A}=\frac{8.8}{89.3\times1.05}=0.096<0.25$$

$$\frac{e_x}{B}\leqslant\frac{1}{4}$$

即 $$\frac{M_x}{(F_k+G_k)B}=\frac{8.8}{89.3\times1.2}=0.125<0.25$$

均满足要求。

2) 基础底面压力计算

根据$\frac{e_x}{A}$及$\frac{e_y}{B}$，由表 7-1 得知，基础压力图形为五边形。由图 7-3 得知，各点压力分别按式 (7-9)、式 (7-10)、式 (7-11) 计算；

① $$P_{kmax}=\beta\frac{F_k+G_k}{AB}$$

按$\frac{e_x}{A}$及$\frac{e_y}{B}$由表 7-1 查得 $\beta=2.37$

所以 $$P_{kmax}=2.37\times\frac{89.3}{1.05\times1.2}=168\text{kN/m}^2<180\text{kN/m}^2$$

② $$P_{k1}=P_{kmax}\frac{(1-\eta_2)\xi_2}{1-\eta_2\xi_2}$$

$$P_{k2}=P_{kmax}\frac{(1-\xi_2)\eta_2}{1-\xi_2\eta_2}$$

按$\frac{e_x}{A}$及$\frac{e_y}{B}$，由表 7-1 查得

$$\eta_2=0.77，\xi_2=0.69$$

所以 $$P_{k1}=168\times\frac{(1-0.77)\times0.69}{1-0.77\times0.69}=56.9\text{kN/m}^2$$

$$P_{k2}=168\times\frac{(1-0.69)\times0.77}{1-0.77\times0.69}=85.6\text{kN/m}^2$$

另 $\eta_2B=0.77\times1.2=0.92\text{m}$

$\xi_2A=0.69\times1.05=0.72\text{m}$

(4) 基础承载力计算

1) 基础压力图形，如图 9-5 所示。

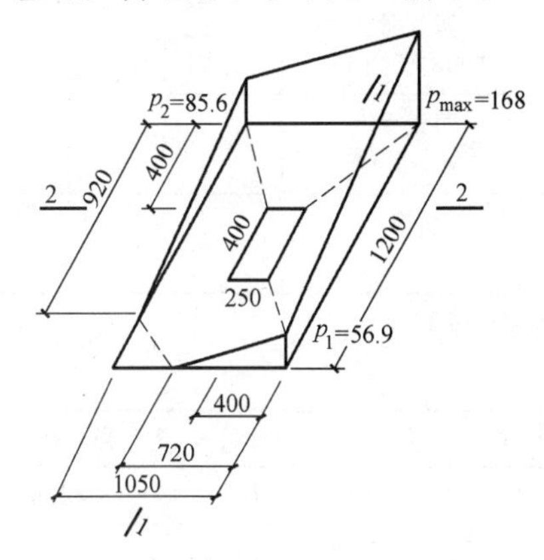

图 9-5 基础压力图形

2) 基础承载力计算

由图 9-4 得知，因基础的高宽比符合表 7-2 要求，故不作抗冲切计算、抗弯计算。

9.2 [例题 9-2] 固定管架

1. 设计资料

(1) 管道横断面图，如图 9-6 所示。

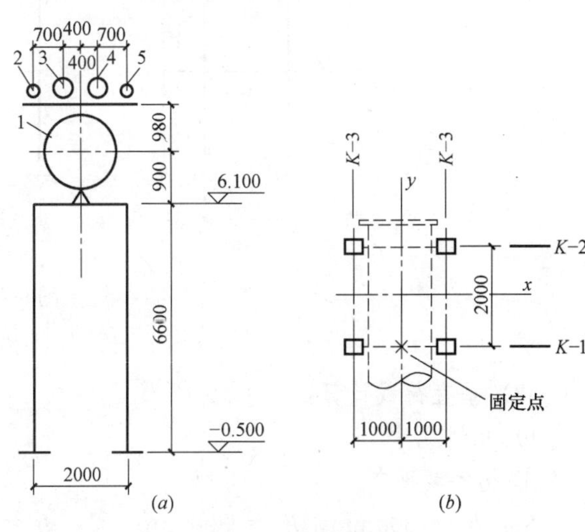

图 9-6 管道横断面
(a) 立面图；(b) 平面图

(2) 固定管架设计资料

1) 管道资料:

①根据设计资料进行固定管架设计;②管道重量标准值,如表9-8;③管道水平推力,如表9-9;④管道跨距$l=25$m。

2) 结构材料:

① 梁与柱混凝土强度等级C25,基础混凝土强度等级C20;② 受力钢筋为HRB355级钢筋;构造钢筋为HPB235级钢筋。

3) 自然条件:

① 基本风压值 $w_0=0.5\text{kN/m}^2$;② 地基承载力特征值$f_{ak}=180\text{kN/m}^2$;③ 无地下水。

管道重量标准值(N/m) 表9-8

序号	管道名称规格	管材重量	操作水重	保温层重	试压水重	事故水重	预留荷载
1	混合煤气管 DW1620×7	2780	1620	—	—	5400	850
2	焦炉煤气管 DW325×5	400	230	—	—	—	—
3	蒸气管 DW377×10	910	—	1000	1000	—	—
4	蒸气管 DW325×8	660	—	850	750	—	—
5	油管 DW219×6	350	300 (重油)	180	—	—	—

注:保温层厚100mm。

管道水平推力(N) 表9-9

管道	弹性力	内压力	总水平推力
①	61960	40200	102160
②③④⑤	36500	—	36500
小计	98460	40200	138660

注:中间活动管架为半铰接管架。

2. 荷载计算

(1) 计算简图,如图9-7所示。

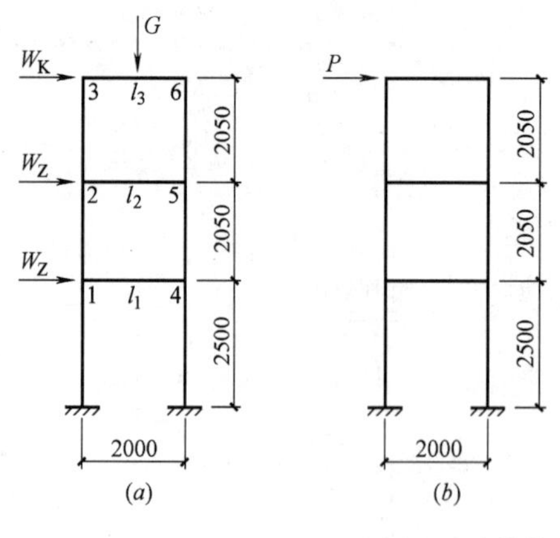

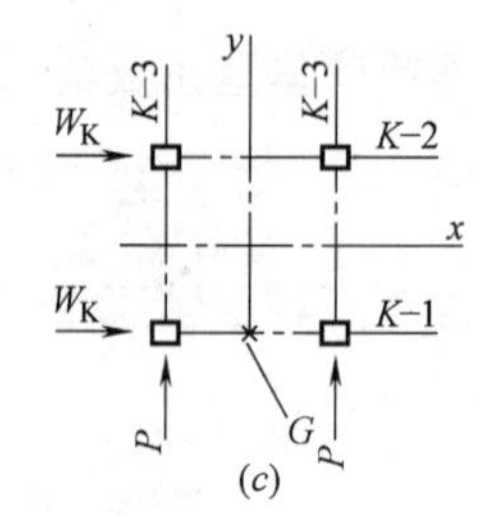

图9-7 计算简图

(a) K-1;(b) K-3;(c) 平面图

(2) 垂直荷载计算:

1) 几何几寸

① 构件截面

柱:$b=300$mm,$h=300$mm;梁:$b=250$mm,$h=500$mm。

② 计算高度

A. 横向框架,按表3-16计算

$H_{0x}=1.25H=1.25\times2.5=3.13$m

B. 纵向框架,按表3-16计算

$H_{0y}=1.25H=1.25\times2.5=3.13$m

③ 长细比

A. 横向，按公式（3-28）

$$\frac{H_{ox}}{h}=\frac{3.13}{0.3}=10.4<30$$

满足要求。

B. 纵向，按公式（3-28）

$$\frac{H_{oy}}{b}=\frac{3.13}{0.3}=10.4<30$$

满足要求。

2）管道荷载：

① 操作状态

$G_1=1.2\times(2780+1620+850+400+230+910+1000+660+850+350+300+180)\times0.5\times25=151950\text{N}$

② 事故状态

$G_2=1.2\times(2780+5400+850+400+910+1000+660+850+350+180)\times0.5\times25=200700\text{N}$

3）横梁荷载

$q=0.25\times0.5\times25=3.13\text{kN/m}$

（3）水平荷载计算。

1）固定管架水平推力

由管道专业提供，由表9-9得知管道水平推力

$$P=138.7\text{kN}$$

2）管道风荷载，按式（3-18）：

$$w_k=\mu_z w_0 l\Sigma\mu_{si}D_i$$

① 上层管道

A）风压高度变化系数，查表3-13中B类得知，当管底标高为▽8.0mm时：

$$\mu_z=1.0$$

B）风荷载体型系数，由3.3-4知，计算如表9-10所示。

C）整体计算时风荷载体型系数的调整

根据3.3-4，凡$w_zD^2<0.015$时，需作调整：

上层管道风压值：

$$w_z=w_0\mu_z=0.5\times1.0=0.5\text{kN/m}^2$$

因管径不等，取平均值：

$$D_o=\frac{1}{4}(325+577+525+419)=462\text{mm}$$

$$w_zD_0^2=0.5\times0.462^2-0.106>0.015$$

则 $\mu_o=1$

上层管道风荷载计算如下：

$w_{k上}=\mu_z w_0 l\Sigma\mu_{si}D_i$

$=1.0\times0.5\times12.5\times1.0\times(0.2\times0.325+0.6\times0.577+0.13\times0.525+0.130\times419)=3.34\text{kN}$

② 下层管道

A. 风压高度变化系数，当管中心标高为7.00m时，由表3-13中B类，得

$$\mu_z=1.0$$

B. 风荷载体型系数 $\mu_s=0.6$

C. 调整系数 $\mu_o=1.0$

所以下层管道风荷载

$w_{k下}=\mu_z w_0 l\Sigma\mu_{si}D_i$

$=1.0\times0.5\times12.5\times0.6\times1.62=6.1\text{kN}$

③ 多层多管层间影响，按式（3-19）计算：

$$w_{ki}=\mu'_{si}w_k$$

层间影响系数μ'_{si}计算，如表9-11所示。

所以上层管道风荷载为

$$w'_{k上}=2\times3.34=6.68\text{kN}$$

下层管道风荷载为

$$w'_{k下}=1.9\times6.1=11.6\text{kN}$$

3）管架风荷载 按式（3-20）：

$$w_z=\mu_z\mu_s b w_0$$

① 风压高度变化系数，当管架顶标高为6.00m，查表3-13中B类，得

$$\mu_z=1.0$$

② 风荷载体型系数，按3.3-4规定，取$\mu_s=1.3$

所以管架风荷载计算如下：

$$w_z=\mu_z\mu_s b w_0=1.0\times1.3\times0.3\times2\times0.5=0.39\text{kN/m}$$

作用于节点上风荷载

$$w_{z上}=\frac{1}{2}\times0.39\times2.05=0.4\text{kN}$$

$$w_{z下}=0.39\times2.05=0.8\text{kN}$$

单层多管体型系数　　表9-10

简图	②（325）　250	③（577）	250　④（525）	229　⑤（419）
$\frac{s}{D}$	$\frac{250}{325}=0.77$	—	$\frac{250}{577}=0.43$	$\frac{229}{525}=0.44$
μ_s	0.2	0.6	0.13	0.13

层间影响系 μ'_{si}　　表9-11

简图	上层管道		下层管道	
	S/D_2	$\mu'_上$	S/D_1	$\mu'_下$
上（577）、下，间距170，1620	$\frac{170}{1620}=0.105$	2	$\frac{170}{577}=0.29$	1.9

3. 承载力计算

(1) 荷载简图

荷载简图，如图 9-8 的示。

(2) 内力分析

1) 平面内分析

根据荷载简图（图 9-8），构件平面内的内力控制值，经计算，如表 9-12 所示。

2) 平面外分析

根据荷载简图（图 9-8），构件平面外的内力控制值，经计算，如表 9-13 所示。

(3) 承载力计算

根据构件截面尺寸、材料强度等级及内力情况，构件截面配筋计算如下：

1) 柱构件配筋，如表 9-14 所示。

2) 梁构件配筋，如表 9-15 所示。

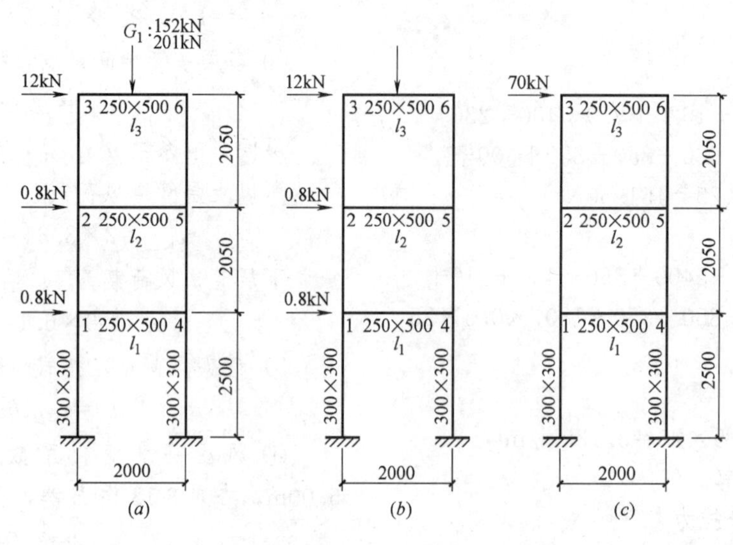

图 9-8 荷载简图

(a) K−1；(b) K−2；(c) K−3

构件平面内内力（K−1，K−2） 表 9-12

框架	构件号	梁内力			柱内力		
		M_x (kN·m)	M_x^0 (kN·m)	V (kN)	M (kN·m)	N (kN)	V (kN)
K-1	梁 1-2	8.47	18.5	18.66			
	梁 3	−102.3	25.9	130.1			
	柱 1				11.2	84.5	8.16
	柱 4				−11.2	84.5	−8.16
K-2	梁 1-2	−14.36	15.57	18.66			
	梁 3	−5.93	6.78	10.1			
	柱 1				11.3	−15.51	8.28
	柱 4				−11.3	−15.51	−8.28

构件平面内内力（K−3） 表 9-13

序号	构件号	梁内力			柱内力		
		M_x (kN·m)	M_x^0 (kN·m)	V (kN)	M (kN·m)	N (kN)	V (kN)
1	梁 1-2	−91.38	92.74	−88.31			
2	梁 3	−44.43	45.04	−40.1			
3	柱 1				55.56	−192.5	41.86
4	柱 4				55.8	250.6	42.14

柱构件配筋 表 9-14

序号	构件		内力				配筋	
	柱号	截面 (mm)	M_x (kN·m)	M_y (kN·m)	N_x (kN)	N_y (kN)	纵向钢筋	箍筋
1	柱1	300×300	11.3	55.56	−15.51	−192.5	每边3Φ22	ϕ6@300
2	柱4	300×300	−11.3	55.8	−15.51	250.66	每边3Φ22	ϕ6@300

梁构件配筋 表 9-15

序号	构件		内力						配筋		
	梁号	截面 mm×mm	M_x (kN·m)	M_x^0 (kN·m)	V_x (kN)	M_y (kN·m)	M_y^0 (kN·m)	V_y (kN)	梁中	梁支	箍筋
1	梁1-2	250×500	−91.38	92.74	−88.31	—	—	—	4Φ16	3Φ18	ϕ6@250
2	梁3	250×500	−102.3	45.04	130.1	—	—	—	4Φ16	3Φ18	ϕ6@250

4. 基础设计

(1) 基础简图，如图9-9所示。

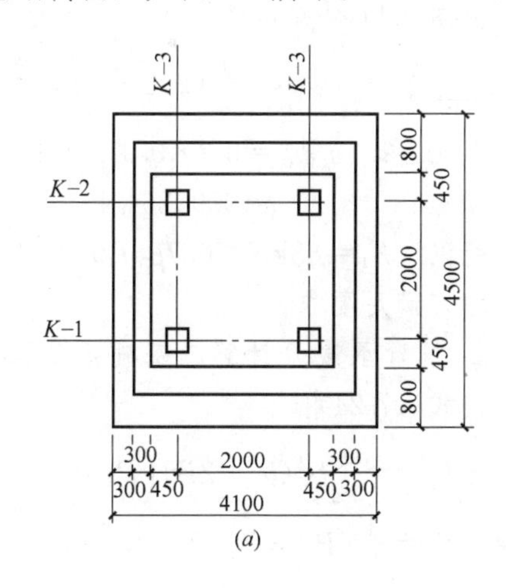

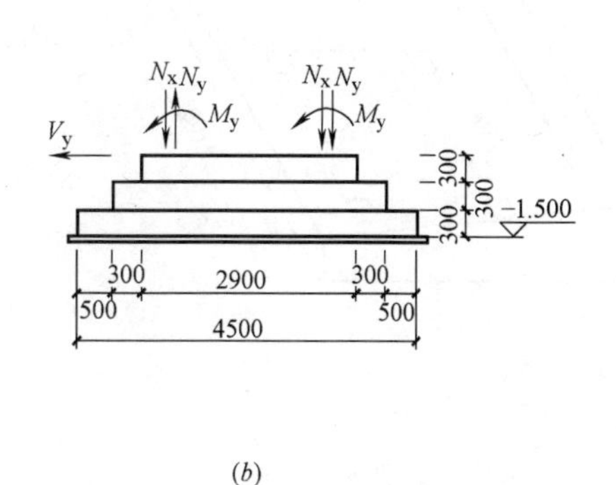

图9-9 基础简图

(a) 平面图；(b) 立面图

(2) 荷载计算。

1) 设计规定：

①基础采用联合式钢筋混凝土基础；②基础埋置深度取−1.5m；③地基承载力特征值 $f_{ak}=180\text{kN/m}^2$；④无地下水

2) 荷载计算

① 基础顶面荷载

A) K−1作用于基础顶面荷载

$M_{x11}=-11.6\text{kN}\cdot\text{m}, N_{x11}=188.8\text{kN}, V_{x11}=-8.69\text{kN}$

$M_{x12}=11.64\text{kN}\cdot\text{m}, N_{x12}=188.8\text{kN}, V_{x12}=8.69\text{kN}$

B) K−2作用于基础顶面荷载

$M_{x21}=-11.5\text{kN}\cdot\text{m}, N_{x21}=63.96\text{kN}, V_{x21}=-8.52\text{kN}$

$M_{x22}=11.5\text{kN}\cdot\text{m}, N_{x22}=63.96\text{kN}, V_{x22}=8.52\text{kN}$

C) K−3作用于基础顶面荷载

$M_{y31}=55.56\text{kN}\cdot\text{m}, N_{x31}=-192.5\text{kN}, V_{x31}=41.86\text{kN}$

$M_{y32}=55.8\text{kN}\cdot\text{m}, N_{y32}=250.6\text{kN}, V_{y32}=42.14\text{kN}$

② 基础底面荷载：由基础顶面荷载得知，当基础采用联合基础时，垂直荷载的弯矩影响可不考虑，即 $\Sigma M_x=0$，$\Sigma V_x=0$。基础相当于单向偏心受压构件。

$$\Sigma M_y=2\times(55.56+55.8+41.86\times0.9+42.14\times0.9)+2\times(188.8\times1.0-63.96\times1.0)+2\times(-192.5\times1.0-250.6\times1.0)=-262.6\text{kN}\cdot\text{m}$$

$$\Sigma N=2\times188.8+2\times63.96+2\times250.6-2\times192.5+4.1\times4.5\times1.5\times20\times1.2=1286\text{kN}$$

(3) 地基承载力计算。

1) 相对偏心距 按式(7-1)：

$$\frac{e_y}{B}\leqslant\frac{1}{5}$$

即 $$\frac{M_y}{(F_k+G_k)B}=\frac{262.6}{1286\times4.5}=0.05<0.2$$

满足要求。

2）基础底面压力计算：根据$\frac{e_y}{B}$，由表7-16得知，基础压力图形为单向全底面受压。由图7-4得知，各点压力分别按式（7-12）、式（7-13）计算：

① $$P_{kmax}=\beta\frac{F_k+G_k}{AB}$$

按$\frac{e_y}{B}$由表7-1查得$\beta=1.30$

所以 $P_{kmax}=1.30\times\frac{1286}{4.5\times4.1}=91\text{kN/m}^2$

② $P_{kmin}=(2-\beta)\frac{F_k+G_k}{AB}=(2-1.30)\times\frac{1286}{4.5\times4.1}$
$=49\text{kN/m}^2$

（4）基础承载力计算

1）基础压力图形，如图9-10所示。

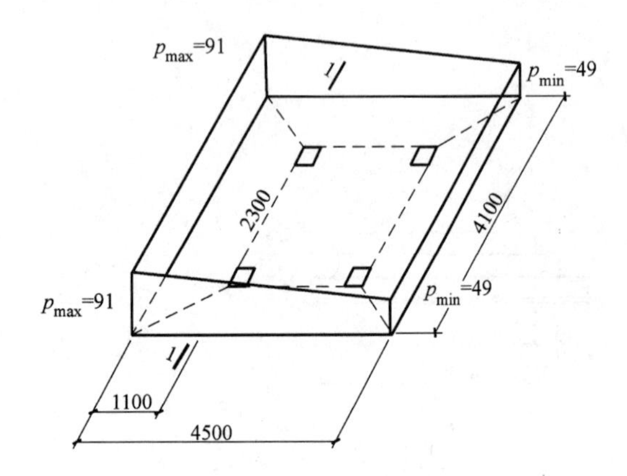

图9-10 基础压力图形

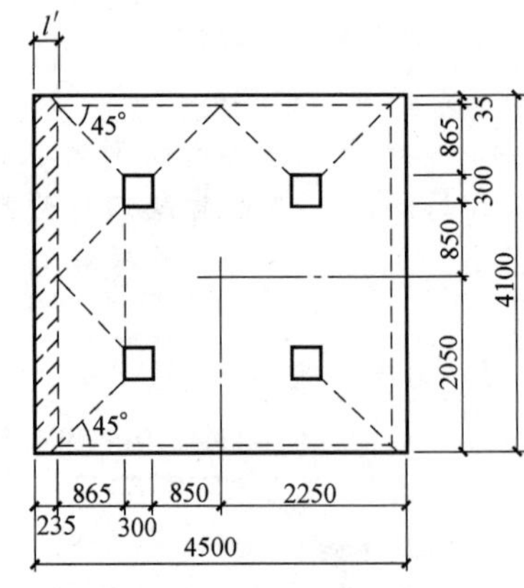

图9-11 基础冲切工作图

2）基础承载力计算。

① 冲切承载力计算。冲切承载力，应符合式（7-17）要求，冲切工作图如图9-11所示。

$$F_1\leqslant0.7\beta_{hh}f_ta_mh_o$$
$$F_1=P_iA_1$$

式中 $$a_m=\frac{1}{2}(a_t+a_b)$$

A）冲切作用力计算

由图9-11得知，沿短边冲切为最不利，故只作短边计算。

冲切面积A_1计算如下：

$$l'=\frac{1}{2}(l-a_t-2h_o)$$
$$=\frac{1}{2}(4.5-2.3-2\times0.865)$$
$$=0.235\text{m}$$
$$B=4.1\text{m}$$

所以 $A_1=0.235\times4.1=0.964\text{m}^2$

已知 $P_i=P_{kmax}=91\text{kN/m}^2$

所以 $F_1=P_iA_1=91\times0.964=88\text{kN}$

B）冲切承载力计算

当采用C20混凝土时，$f_t=1.1\text{N/mm}^2$

由图9-11得知，即

$$a_m=\frac{1}{2}(a_t+a_b)=\frac{1}{2}(2.3+4.03)=3.17\text{m}$$

则 $0.7\beta_nf_ta_mh_o=0.7\times0.99\times1.1\times3170\times865$
$=2090264\text{N}$

所以 $F_1=88\text{kN}<0.7\beta_nf_ta_mh_o=2090\text{kN}$

冲切满足要求。

② 抗弯承载力计算。基础沿截面1—1的弯矩，按式（7-24）：

$$M_{1-1}=\frac{1}{12}S_a^2(b_1+2B)\left(P_a+P_b-\frac{2G}{AB}\right)$$

式中 $P_a=\frac{1}{2}(P_1+P_{max})$

$$=\frac{1}{2}(91+91)=91$$

$$P_b=\frac{1}{2}\left[(P_{max}+P_1)\left(1-\frac{S_a}{A}\right)+(P_2+P_{min})\frac{S_a}{A}\right]$$
$$=\frac{1}{2}\left[(91+91)\left(1-\frac{1.1}{4.5}(49+49)+\frac{1.1}{4.5}\right)\right]$$
$$=\frac{1}{2}(138.3+23.25)=80.78$$

则 $M_{1-1}=\frac{1}{12}\times1.1^2\times(2.3+2\times4.1)\left(91+80.78-\frac{2\times664}{4.5\times4.1}\right)$
$$=\frac{1}{12}\times12.71\times99.95=105.86$$

③ 基础配筋计算。基础配筋，按式（7-26）：

$$A_s=\frac{M}{0.9h_0f_y}$$

当采用HPB235级钢筋时，$f_y=210\text{N/mm}^2$，

$$A_s=\frac{105800000}{0.9\times865\times210}=647\text{mm}^2$$

每延m需用钢筋为$\overline{A}=\frac{647}{4.1}=158\text{mm}^2/\text{m}$

双向均按构造配筋，取Φ12@200mm。

1 设计基本规定

1.1 筒壁的选择

本资料所包括的烟囱筒壁有砖筒壁、钢筋混凝土筒壁和钢筒壁三种。在设计烟囱时，应根据烟囱的高度、抗震设防烈度、材料供应情况和施工条件等因素综合考虑。其中起决定性的因素是烟囱高度和抗震设防烈度。当烟囱高度大于60m或抗震设防烈度为8度且为Ⅲ、Ⅳ类场地时，以及地震设防烈度为9度的地区，不宜采用砖筒壁。烟囱筒壁的具体选用条件如下：

(1) 砖筒壁的选用条件

1) 非地震区的砖烟囱筒壁，可仅配置环向钢箍或钢筋；

2) 地震区的砖烟囱筒壁，应同时配置环向钢筋和纵向钢筋。

砖烟囱高度一般不超过60m,《砖烟囱》图集基本满足工程选用需要，为节省篇幅，本资料集未将砖烟囱列出。

(2) 钢筋混凝土筒壁的选用条件

1) 烟囱高度大于或等于60m的烟囱；

2) 抗震设防烈度为8度时，Ⅲ、Ⅳ类场地土上的烟囱；

3) 抗震设防烈度为9度地区的烟囱；

4) 特别重要的烟囱；

5) 因施工条件限制，在地震区采用配纵向钢筋砖筒壁有困难时。

(3) 钢烟囱筒壁选用条件

钢烟囱筒壁选用条件不受烟囱高度和抗震设防烈度条件限制，其型式按下列规定选用：

1) 细高的钢烟囱可采用拉索式；

2) 低矮的钢烟囱可采用自立式；

3) 高大的钢烟囱可采用塔架式。

1.2 内衬的设置

烟囱内衬的设置应符合下列规定：

(1) 钢筋混凝土烟囱

钢筋混凝土烟囱的内衬应沿筒壁全高设置。

(2) 排放腐蚀性烟气的烟囱

当排放烟气有腐蚀性时，应按本资料第十章有关规定执行。

1.3 其他

(1) 基础形式的选择

烟囱基础一般宜采用板式基础。板式基础可以是环形或圆形。在条件允许时，可采用壳体基础。

(2) 筒壁的计算截面位置的选择

1) 水平截面应取筒壁各节的底截面；

2) 垂直截面可取各节底部单位高度的截面。

(3) 烟囱安全等级的确定

烟囱应根据其高度按表1.3-1划分为两个安全等级。

烟囱的安全等级　　表1.3-1

安全等级	烟囱高度(m)
一级	≥200
二级	<200

注：对于电厂烟囱的安全等级还应同时按照电厂单机容量进行划分；当单机容量大于或等于200MW（兆瓦）时为一级，否则为二级。

(4) 烟囱基本风压

基本风压按国家标准《建筑结构荷载规范》GB 50009规定的50年一遇的风压采用，但基本风压不得小于0.35kN/m²。对于安全等级为一级的烟囱，基本风压应按100年一遇的风压采用。

(5) 烟囱的重要性系数

对安全等级为一级或设计工作寿命为100年以上的烟囱，烟囱的重要性系数γ_0不应小于1.1，其他情况不应小于1.0。烟囱的设计工作寿命应同其配套使用的建（构）筑物的设计工作寿命相同。

(6) 附加弯矩

1) 设计砖烟囱和钢烟囱时，可不考虑其附加弯矩；

2) 设计钢筋混凝土烟囱和钢烟囱时，应计算其附加弯矩。

(7) 受热温度允许值

烟囱筒壁和基础的受热温度应符合下列规定：

1) 钢筋混凝土筒壁和基础以及素混凝土基础的最高受热温度不应超过150℃；

2) 非耐热钢烟囱筒壁的最高受热温度应符合表1.3-2的规定。

钢烟囱筒壁的最高受热温度　表1.3-2

钢材	最高受热温度(℃)	注
碳素结构钢	250	用于沸腾钢
	350	用于镇静钢
低合金结构钢和可焊接低合金耐候钢	400	

(8) 钢筋混凝土烟囱最大裂缝宽度限值

对正常使用极限状态，按荷载效应和温度作用效应的标准组合并考虑裂缝宽度分布不均匀性和长期作用影响时，计算所得的最大水平裂缝宽度和最大垂直裂缝宽度不应大于表 1.3-3 规定的最大裂缝宽度限值。

最大裂缝宽度限值（mm） 表 1.3-3

部 位	环境类别	最大裂缝宽度限值
筒壁顶部 20m 范围内	一、二、三	0.15
其余部位	一、二	0.30
	三	0.20

注：环境类别按国家标准《混凝土结构设计规范》GB 50010 的规定确定。

2 材料

2.1 砖石

(1) 砖砌体的温度特性

1) 砖砌体在温度作用下的抗压强度设计值和弹性模量，可不考虑温度的影响。

2) 砖砌体在温度作用下的线膨胀系数 α_m，可按下列规定采用：

当砌体受热温度 T 为 20～200℃时，α_m 可采用 5×10^{-6}/℃；

当砌体受热温度 $T>200$℃，但 $T\leqslant400$℃时，α_m 可按下式确定：

$$\alpha_m=5\times10^{-6}+\frac{T-200}{200}\times10^{-6} \quad (2.1\text{-}1)$$

(2) 烟囱的内衬

1) 当烟气温度低于400℃时，可采用强度等级为 MU10 的烧结普通黏土砖和强度等级为 M2.5 的混合砂浆；

2) 当烟气温度为400～500℃时，可采用强度等级为 MU10 的烧结普通黏土砖和耐热砂浆；

3) 当烟气温度高于500℃时，可采用黏土质耐火砖和黏土质火泥泥浆，也可采用耐热混凝土砌块或漂珠轻质耐火砖；

4) 当烟气采用湿法脱硫时，应按强腐蚀烟气进行防腐蚀处理。

(3) 石砌基础

基础石材应采用无明显风化的天然石材（毛石或毛料石），并应根据地基土的潮湿程度按下列规定采用。

1) 当地基土稍潮湿时，应采用强度等级不低于 MU30 的石材和强度等级不低于 M5 的水泥砂浆砌筑；

2) 当地基土很潮湿时，应采用强度等级不低于 MU30 的石材和强度等级不低于 M7.5 的水泥砂浆砌筑；

3) 地基土含水饱和时，应采用强度等级不低于 MU40 的石材和强度等级不低于 M10 的水泥砂浆砌筑。

2.2 混凝土

(1) 钢筋混凝土筒壁

1) 混凝土强度等级不应低于 C25。同时应考虑烟气及大气环境因素，并满足有关规范要求。

2) 混凝土宜采用普通硅酸盐水泥或矿渣硅酸盐水泥配制。

3) 混凝土的水灰比不宜大于0.45，每立方米混凝土水泥用量不应超过450kg。

限制水泥用量的目的是限制水泥石过多而产生过大的收缩变形，同时也限制了强度等级低或过期水泥的使用。水灰比大密实性差，影响筒壁防腐蚀性能。

4) 混凝土的骨料应坚硬致密，粗骨料宜采用玄武岩、闪长岩、花岗岩、石灰岩等破碎的碎石或河卵石。细骨料宜采用天然砂，也可采用上述岩石经破碎筛分后的产品，但不得含有金属矿物、云母、硫酸化合物和硫化物。

5) 混凝土粗骨料粒径不应超过筒壁厚度的1/5和钢筋净距的3/4，同时最大粒径不应超过60mm。粗骨料粒径愈大，其变形对水泥石影响也愈大。为减少混凝中水泥石与粗骨料之间在高温作用时的变形差，需适当限制混凝土粗骨料粒径。

6) 混凝土的线膨胀系数 α_c 可采用 1.0×10^{-5}/℃。

(2) 基础的混凝土强度等级

基础混凝土强度等级应根据地基环境类别，满足《混凝土结构设计规范》的有关要求。

2.3 钢筋

钢筋种类的选用应符合以下规定：

1) 钢筋混凝土筒壁的配筋宜采用 HRB335 (20MnSi) 级钢筋，质量应符合现行国家标准《钢筋混凝土用热轧带肋钢筋》GB 1499 有关规定。

2) 砖筒壁的钢筋可采用 HPB235 (Q235) 及 HRB335 (20MnSi) 级钢筋，质量应分别符合现行国家标准《钢筋混凝土用热轧光圆钢筋》GB 13013 及《钢筋混凝土用热轧带肋钢筋》GB 1499 有关规定。

3) 直径为 $\phi6$ 的构造钢筋，质量应符合国家推荐标准《低碳热轧圆盘条》GB/T 701 有关规定。

4) 钢筋的线膨胀系数 α_s 可采用 1.2×10^{-5}/℃。

2.4 钢材

(1) 钢材牌号的选择

1) 钢烟囱塔架和筒壁一般采用 Q235 钢，当构件或筒壁厚度较大时可采用 Q345、Q390 钢。其质量应分别符合国家标准《碳素结构钢》GB/T 700 和《低合金高强度结构钢》GB/T 1591 的规定。

2）烟囱的平台、爬梯和砖烟囱的环箍宜采用Q235钢。

3）处在大气潮湿地区的钢烟囱塔架和筒壁或排放烟气属于中等以上腐蚀性的筒壁，宜采用Q235NH、Q295NH或Q355NH焊接结构用耐候钢。其质量应符合国家标准《焊接结构用耐候钢》（GB/T 4172）的规定。

4）处于环境温度低于−20℃的钢烟囱塔架和筒壁以及环境温度低于−30℃的所有钢结构不应采用Q235沸腾钢。

5）焊接结构不应采用Q235A级钢。

（2）钢材的物理力学性能及相关要求

1）承重结构采用的钢材应具有抗拉强度、伸长率、屈服强度和硫、磷含量的合格保证对焊接结构尚应具有碳含量的合格保证。焊接承重结构以及重要的非焊接承重结构采用的钢材还应具有冷弯试验的合格证。

2）钢结构的连接材料应符合下列要求：

① 手工焊采用的焊条，应符合现行国家标准《碳钢焊条》GB/T 5117或《低合金钢焊条》GB/T 5118的规定。选择的焊条型号应与主体金属力学性能相适应。

② 自动焊和半自动焊接采用的焊丝和相应的焊剂应与主体金属力学性能相适应，并应符合现行国家标准的规定。

③ 普通螺栓应符合现行国家标准《六角头螺栓 C级》GB/T 5780和《六角头螺栓》GB/T 5782的规定。

④ 高强度螺栓应符合现行国家标准《钢结构用高强度大六角头螺栓》GB/T 1228。

《钢结构用高强度大六角螺母》GB/T 1229、《钢结构用高强度垫圈》GB/T 1230、《钢结构用高强度大六角头螺栓、大六角螺母、垫圈技术条件》GB/T 1231或《钢结构用扭剪型高强度螺栓连接副》GB/T 3632、《钢结构用扭剪型高强度螺栓连接副 技术条件》GB/T 3633的规定。

⑤ 锚栓可采用现行国家标准《碳素结构钢》GB/T 700中规定的Q235钢或《低合金高强度结构钢》GB/T 1591中规定的Q345钢制成。

⑥ 钢结构连接用的普通螺栓一般采用C级螺栓，不宜采用A、B级螺栓（精制螺栓）。

3）有关不锈钢、耐热钢、高耐候钢、钢丝绳及焊接材料，见钢烟囱有关章节。

2.5　隔热材料及热工计算指标

（1）隔热材料的选择

隔热材料应采用无机材料，其干燥状态下的重力密度不宜大于8kN/m³，常用的隔热材料有：硅藻土砖、膨胀珍珠岩、水泥珍珠岩制品、高炉水渣、矿渣棉和岩棉等。

（2）材料热工计算指标

材料的热工计算指标，应按实际试验资料确定。在确定材料的热工计算指标时，应考虑下列因素对隔热材料导热性能的影响：

1）对于松散性隔热材料，应考虑由于运输、捆扎、堆放等原因造成的导热系数增大的影响；

2）对于烟气温度低于150℃时，宜采用憎水性隔热材料，否则应考虑湿度对导热性能的影响。

3 荷载与作用

3.1 温度作用

(1) 计算原则

1) 烟气温度取值：在计算烟囱的受热温度和筒壁温度差时，烟囱内的烟气温度均采用使用时的最高烟气温度，如因除尘和余热利用等原因，进入烟囱内的烟气温度低于炉内温度时，应考虑由于降温设备故障而出现的事故性高温。沿烟囱高度不考虑烟气温度的降低。

2) 空气温度取值：烟囱外部空气温度分别采用夏季极端最高温度和冬季极端最低温度。

① 当计算烟囱筒身及基础（包括内衬、隔热层和筒壁）的最高受热温度和确定材料在温度作用下的折减系数时，应采用夏季极端最高温度。

② 当计算筒壁温度差（计算钢筋混凝土筒壁正常使用极限状态下截面应力及裂缝）时，应采用冬季极端最低温度。

③ 夏季极端最高温度及冬季极端最低温度，按烟囱所在地区相关气象资料查取。

3) 计算出的烟囱最高受热温度应满足材料受热温度允许值。

(2) 受热温度计算

烟囱内衬、隔热层和筒壁任意点受热温度计算按平壁法或环壁法。烟囱筒壁及基础环壁外半径（r_2）与内半径（r_1）的比值小于1.1（$r_2/r_1<1.1$）时，可采用平壁法计算受热温度。否则，应采用环壁法计算受热温度。计算公式见表3.1-1。

受热温度计算公式　　表3.1-1

计算内容	平壁法[m²·K/W]	环壁法[m²·K/W]
内衬内表面热阻	$R_{in}=\frac{1}{\alpha_{in}}$	$R_i=\frac{1}{\alpha_{in}\cdot d_0}$
内衬热阻	$R_1=\frac{t_1}{\lambda_1}$	$R_1=\frac{1}{2\lambda_1}\ln.\frac{d_1}{d_0}$
隔热层热阻	$R_2=\frac{t_2}{\lambda_2}$	$R_2=\frac{1}{2\lambda_2}\ln\frac{d_2}{d_1}$
筒壁或土层热阻	$R_n=\frac{t_n}{\lambda_n}$	$R_n=\frac{1}{2\lambda_n}\ln\frac{d_n}{d_{n-1}}$
筒壁或土层外表面热阻	$R_{ex}=\frac{1}{\alpha_{ex}}$	$R_{ex}=\frac{1}{\alpha_{ex}d_n}$
总热阻	$R_{tot}=R_{in}+R_1+R_2+\cdots+R_n+R_{ex}$	
计算点受热温度	$T_{cj}=T_g-\frac{T_g-T_a}{R_{tot}}\sum_{i=0}^{j}R_i$	

表中 t_1、λ_1——内衬的厚度（m）、导热系数[W/(m·K)]；

t_2、λ_2——隔热层的厚度（m）、导热系数[W/(m·K)]；

t_n、λ_n——筒壁或计算土层的厚度（m）、导热系数[W/(m·K)]；

α_{in}——内衬内表面传热系数[W/(m²·K)]；

α_{ex}——筒壁或计算土层外表面传热系数[W/(m²·K)]；

R_{ex}——筒壁或计算土层外表面的热阻(m²·K/W)；

T_g——烟气温度（℃）；

T_a——空气温度（℃）；

R_i——第Ⅰ层热阻（m²·K/W）。

d_0、d_1、d_2、d_n分别为内衬、隔热层和筒壁内直径及筒壁或计算土层的外直径（m）。

内衬、隔热层、筒壁或土层导热系数，据所采用的材料按表2-5-1计算，表中温度值T为各层受热平均温度值，先以假定温度值代入。

内衬内表面的传热系数和筒壁或计算土层外表面的传热系数，可分别按表3.1-2及表3.1-3采用。

α_{in}内衬内表面的传热系数　　表3.1-2

烟气温度(℃)	传热系数[W/(m²·K)]
50～100	33
101～300	38
>300	58

α_{ex}筒壁或计算土层外表面的传热系数　　表3.1-3

季节	传热系数[W/(m²·K)]
夏季	12
冬季	23

3.2 风荷载

(1) 基本风压

基本风压按国家标准《建筑结构荷载规范》(GB 50009)规定的50年一遇的风压采用，但基本风压不得小于0.35kN/m²。对于安全等级为一级的烟囱，基本风压应按100年一遇的风压采用。

100年一遇的风压，比50年一遇的风压，大约提高10%左右。

(2) 风荷载计算

垂直作用于烟囱表面单位面积上的风荷载标准值计算公式：

$$w_z=\beta_z\mu_s\mu_z w_0 \quad (3.2\text{-}1)$$

式中　w_0——基本风压值（kN/m^2）；

μ_z——z高度处的风压高度变化系数；

μ_s——风荷载体型系数；

β_z——z高度处的风振系数。

式中系数应按《建筑结构荷载规范》GB 50009的有关规定采用。

拉索式钢烟囱的风振系数，可按《高耸结构设计规范》GB 50135的有关规定采用。

(3) 塔架式钢烟囱风荷载计算

计算塔架式钢烟囱的风荷载时，可不考虑塔架与排烟筒之间的相互影响，分别计算塔架和排烟筒的基本风荷载。

(4) 横风向风振

1) 横风向风振的类别

当雷诺数$R_e\leqslant3\times10^5$时，烟囱将出现亚临界横风向风振。

$$R_e=69000V_d \quad (3.2\text{-}2)$$

$$V_{cr1}=5d/T_1 \quad (3.2\text{-}3)$$

式中　V——计算高度处风速（m/s），对于有坡度的烟囱，取2/3处的风速；

V_{cr1}——第一振型的临界风速（m/s）；

d——烟囱直径（m），对于有坡度的烟囱，取2h/3处的直径；

T_1——烟囱基本自振周期（s）。

当$R_e<3\times10^5$时，可能发生微风共振，一般烟囱可以不计算。但对于塔架式钢烟囱的塔架杆件，在构造上采取防振措施或控制结构的临界风速不小于15m/s。

当$R_e\geqslant3.5\times10^6$时，烟囱将出现跨临界强风共振。对钢筋混凝土烟囱、自立式钢烟囱、拉索式钢烟囱，应当验算横风向风振。

对于基本自振周期较大的钢筋混凝土高烟囱或自立式钢烟囱，当$V_{cri}\leqslant V_h$时，应考虑高振型横风向风振。

$$V_{cri}=\frac{5d}{T_i} \quad (3.2\text{-}4)$$

式中　T_i——第i振型自振周期，i=2、3……。

文中V_h为烟囱顶端风速设计值（m/s）。

2) 根据横风向风振的特点，对第一振型横风向风振是否起控制作用给出了简单的判别方法。当烟囱顶端风压设计值w_h满足式（3.2-8）时，烟囱承载能力极限状态仍由顺风向设计风压控制，可不验算第一振型横风向风振。

$$w_h\geqslant w_{cr1}\sqrt{\frac{0.04}{\zeta_1^2}+\beta_h^2} \quad (3.2\text{-}5)$$

$$w_{cr1}=\frac{V_{cr_1}^2}{1600} \quad (3.2\text{-}6)$$

式中　w_h——烟囱顶端风压设计值（kN/m^2）；

ζ_1——风振计算时，第1振型结构阻尼比，钢筋混凝土烟囱取0.05，钢烟囱取0.01；

β_h——烟囱顶端风振系数。

3) 最不利锁住区是指从烟囱顶端开始向下的最不利锁住区，其锁住区起点高度，计算公式：

A. 当$1.3V_{cr1}\leqslant V_h$时，$H_1=\dfrac{H}{(1.3)^{1/\alpha}}$　(3.2-7)

B. 当$1.3V_{cr1}>V_h$时，$H_1=H\left(\dfrac{V_{cr1}}{V_h}\right)^{1/\alpha}$　(3.2-8)

式中　H——烟囱高度（m）；

α——地面粗糙度系数，分A、B、C、D四类，α值分别0.12、0.16、0.22、0.30。

4) 为求临界风速情况下的顺风向效应，应首先求出10m标高处的顺风向基本风压w_{cr10}。

当$1.3V_{cr1}\leqslant V_h$时，$w_{cr10}=\dfrac{(1.3V_{cr1})^2}{1600}\left(\dfrac{10}{H}\right)^{2\alpha}$　(3.2-9)

当$1.3V_{cr1}>V_h$时，直接取10m高度处的基本风压值。

5) 风荷载总效应计算

校核横风向风振时，风的总效应可将横风向风荷载效应（弯矩和剪力）S_C与顺风向风荷载效应S_A按矢量叠加：$S=\sqrt{S_C^2+S_A^2}$。其中顺风向荷载取在横风向共振发生时（临界风速时），在10m标高处对应的顺风向基本风压。

3.3 地震作用

本节的规定适用于抗震设防烈度6度至9度地震区的烟囱抗震设计。凡未作规定的均按国家标准《建筑抗震设计规范》GB 50011有关规定。

(1) 关于计算的几项规定

1) 结构阻尼比；钢筋混凝土烟囱，其阻尼比取0.05，钢烟囱阻尼比取0.01。

2) 6度和7度地震区不考虑竖向地震作用。8度和9度地震区，应考虑竖向地震作用。

3) 不需进行抗震计算的烟囱：

抗震设防烈度为7度，Ⅰ、Ⅱ类场地，且基本风

压 $w_0 \geqslant 0.5\text{kN/m}^2$，烟囱高度小于或等于 210m 的钢筋混凝土烟囱，但应满足抗震构造要求。

(2) 烟囱水平地震作用计算方法

1) 烟囱高度超过 100m，应按振型分解反应谱法计算。

采用振型分解反应谱法计算时，当高度不超过 150m，宜考虑前 3 个振型组合；当高度超过 150m，宜考虑 3～5 个振型组合；当高度超过 210m，考虑的振型数量不宜少于 5 个。

2) 独立的（自立式）烟囱高度不超过 100m，可采用简化法计算。

烟囱底部水平地震作用标准值产生的弯矩及剪力：

$$M_0 = \alpha_1 G_E H_0 \quad (3.3\text{-}1)$$

$$V_0 = \eta_c \alpha_1 G_E \quad (3.3\text{-}2)$$

式中 α_1——相应于烟囱由基本周期的水平地震影响系数，查地震影响系数曲线；

G_E——烟囱总重力荷载代表值（kN），取烟囱总恒载标准值与平台活荷载组合值之和；

H_0——基础顶至烟囱重心处高度（m）；

η_c——烟囱底部的剪力修正系数，按表 3.3-1 采用。

烟囱底部的剪力修正系数 η_c 表 3.3-1

特征周期 T_g(s)	基本周期 T_1(s)					
	0.5	1.0	1.5	2.0	2.5	3.0
0.25	0.75	1.00	1.10	1.05	0.95	0.85
0.30	0.65	0.90	1.10	1.10	1.00	0.95
0.40	0.60	0.80	1.00	1.10	1.15	1.05
0.55	0.55	0.70	0.85	1.00	1.10	1.10
0.65	0.55	0.65	0.75	0.90	1.05	1.10
0.90	0.55	0.60	0.65	0.75	0.85	0.95

烟囱基本自振周期 T_1(s) 可分别按下列经验公式确定：

高度不超过 150m 的钢筋混凝土烟囱，

$$T_1 = 0.45 + 0.0011H^2/d \quad (3.3\text{-}3)$$

高度超过 150m，但低于 210m 的钢筋混凝土烟囱，

$$T_1 = 0.53 + 0.0008H^2/d \quad (3.3\text{-}4)$$

式中 H——烟囱高度（m）；

d——烟囱 1/2 高度处的水平截面外径（m）。

烟囱各截面的弯矩和剪力，可按图 3.3-1 确定：

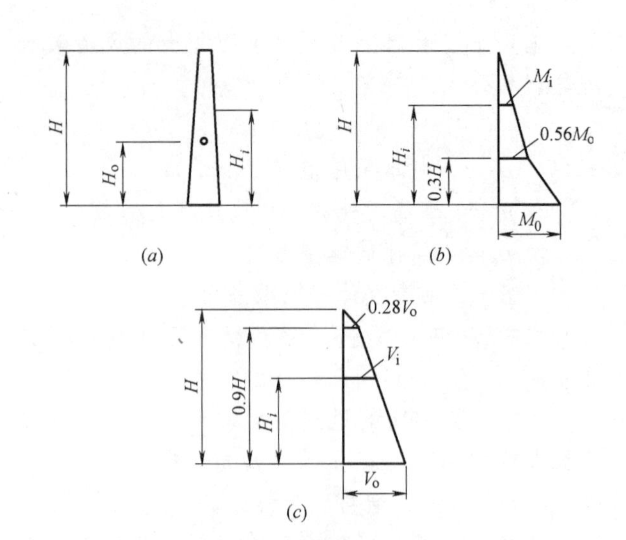

图 3.3-1 烟囱水平地震作用效应分布

(a) 烟囱简图；(b) 弯矩；(c) 剪力

3) 竖向地震作用计算

抗震设防烈度为 8 度和 9 度，应计算竖向地震作用产生的效应。烟囱的竖向地震作用标准值，可按下列公式计算。

烟囱根部的竖向地震作用标准值（kN）：

$$F_{Ev0} = \pm \alpha_v G_E \quad (3.3\text{-}5)$$

任意水平截面 i 的竖向地震作用标准值（kN）：

$$F_{Evik} = \pm \eta \left(G_{iE} - \frac{G_{iE}^2}{G_E} \right) \quad (3.3\text{-}6)$$

$$\eta = 4(1+C)K_v \quad (3.3\text{-}7)$$

对于烟囱下部截面，当 $F_{Evik} < F_{EvO}$ 时，取 $F_{Evik} = F_{EvO}$。

式中 G_{iE}——计算截面 i 以上的烟囱重力荷载代表值（kN），取截面 i 以上的恒载标准值与平台活荷载组合值之和，活荷载组合值系数按第一章规定采用；

G_E——基础顶面以上的烟囱总重力荷载代表值（kN），取烟囱总恒载标准值与各层平台活荷载组合值之和；

C——结构材料的弹性恢复系数，砖烟囱 $C=0.6$；钢筋混凝土烟囱 $C=0.7$，钢烟囱 $C=0.8$；

K_v——竖向地震系数，7 度取 $K_v=0.065$ (0.1)；8 度取 $K_v=0.13$ (0.2)；9 度取 $K_v=0.26$；

α_v——竖向地震影响系数，水平地震影响系数最大值的 65%。

注：1. 套筒或多筒式烟囱，当采用自承重式排烟筒时，上式

中的 G_{iE} 及 G_E 不包括排烟筒重量。当采用平台支承排烟筒时，在 G_{iE} 及 G_E 中应计入平台及排烟筒重量，但对平台及排烟筒重量进行振动效应折减。

2. 塔架式钢烟囱，可仅计算塔架的竖向地震作用。

套筒式或多管式烟囱，当采用平台承受排烟筒重力荷载时，排烟筒及平台自重荷载，应乘以平台及排烟筒重力荷载振动效应折减系数 β 后，再按公式（3.3-6）和公式（3.3-7），求筒身的竖向地震作用。

振动效应折减系数

$$\beta=\frac{1}{1+\dfrac{G_{k1}L^3}{47EIT_{gv}^2}} \tag{3.3-8}$$

式中 G_{k1}——一根主梁所承受的总重力荷载（包括主梁自重荷载）标准值（kN）；

L——主梁跨度（m）；

E——主梁材料的弹性模量（kN/m^2）；

I——主梁截面惯性矩（m^4）；

T_{gv}——竖向地震特征周期（s），可采用水平特征周期的65%。

注：当为多层支承平台时，可取中间一层平台的一根主梁为代表，不需每层分别计算 β 值。

3.4 安装检修荷载

套筒式和多管式钢筋混凝土烟囱，应根据内筒的结构形式与施工方法，考虑安装和检修荷载，塔架式钢烟囱应考虑施工和检修荷载。

（1）砖砌内筒

1）正常使用时应考虑平台分段支承内筒的重力。施工时排烟筒应考虑砖块等材料，在平台上的堆放重量，应控制在 7～11kN/m^2。上述两种情况不同时出现，分别进行计算。

2）顶层平台应考虑积灰和检修荷载，标准值取 7 kN/m^2。

（2）钢内筒

检修平台活荷载标准值，可取 3kN/m^2。

吊装平台应考虑 7～11kN/m^2 的活荷载标准值。

套筒和多管烟囱的顶层平台，积灰和检修荷载标准值按 7kN/m^2 取值。

（3）塔架式钢烟囱

当钢塔架与排烟筒采用整体吊装施工方法时，应对塔架和排烟筒进行吊装验算。

塔架的休息和检修平台，活荷载标准值可取 3kN/m^2。

（4）拉索式钢烟囱

应根据施工方法，考虑安装荷载。

4 单筒式钢筋混凝土烟囱

4.1 设计规定

(1) 受热温度计算

计算内衬、隔热层和筒壁各层的受热温度。计算出的受热温度，应小于或等于受热温度允许值。筒壁的最高受热温度应小于或等于150℃。

(2) 附加弯矩计算

计算筒壁水平截面承载能力极限状态的附加弯矩。非地震区仅计算由于风荷载作用、日照及地基倾斜产生的附加弯矩；当在地震区时，尚应计算由于地震作用、20%风荷载、日照和基础倾斜等原因，筒身重力荷载产生的附加弯矩。

计算正常使用极限状态下的附加弯矩时不考虑地震作用。

(3) 水平截面承载能力极限状态计算

地震区的烟囱应分别按无地震作用和有地震作用两种情况进行计算。

(4) 正常使用极限状态的应力计算

应分别计算水平截面在荷载标准值和温度共同作用下混凝土与钢筋应力，以及垂直截面在温度单独作用下的混凝土和钢筋应力，并应满足下列条件：

$$\sigma_{cwt} \leqslant 0.4 f_{ctk} \quad (4.1\text{-}1)$$

$$\sigma_{swt} \leqslant 0.5 f_{ytk} \quad (4.1\text{-}2)$$

$$\sigma_{st} \leqslant 0.5 f_{ytk} \quad (4.1\text{-}3)$$

式中 σ_{cwt}——在荷载标准值和温度共同作用下混凝土的应力值（N/mm^2）；

σ_{swt}——在荷载标准值和温度共同作用下竖向钢筋的应力值（N/mm^2）；

σ_{st}——在温度作用下环向和竖向钢筋的应力值（N/mm^2）；

f_{ctk}——混凝土在温度作用下的强度标准值（N/mm^2）；

f_{ytk}——钢筋在温度作用下的强度标准值（N/mm^2）。

(5) 正常使用极限状态的裂缝宽度验算

1) 水平裂缝宽度验算

在自重、风荷载、附加弯矩标准值和温度作用下，水平最大裂缝宽度应小于其允许值。

2) 垂直裂缝宽度验算

在温度作用下，垂直最大裂缝宽度应小于其允许值。

3) 最大裂缝宽度允许值

筒壁顶部20m范围内，不应超过0.15mm；

其余部位：环境类别一、二类时，不应超过0.3mm；

环境类别三类时，不应超过0.2mm。

4.2 筒身附加弯矩计算

(1) 附加弯矩的定义公式和计算公式

1) 附加弯矩定公式义

钢筋混凝土烟囱筒身在风荷载、地震作用、日照温差和基础倾斜的作用下，将发生挠曲和倾斜。由于筒身自重线分布重力的作用，在筒身各水平截面上产生的弯矩（P-Δ）效应定义为筒身水平截面上的附加弯矩M_{ai}。

筒身上任一水平截面的附加弯矩定公式义

$$M_{ai} = \sum_{j=i+1}^{n} G_j(u_j - u_i) \quad (4.2\text{-}1)$$

式中 G_j——集中在j质点的筒身自重重力（当考虑地震作用时，应包括竖向地震作用）；

u_i、u_j——分别为筒身上i、j质点处的最终水平位移，计算筒身位移时应考虑筒身日照温差、基础倾斜的影响和截面上材料受荷后的非线性（塑性发展）的影响。

2) 附加弯矩计算公式。

为了简化计算，取筒身上代表截面处的终曲率，按等曲率计算筒身上各处的变位与转角；筒身自重沿筒身高度的分布，取折算值按直线分布。在此前提下给出了筒身附加弯矩计算公式。

① 承载能力极限状态和正常使用极限状态时由于风荷载、日照和基础倾斜的作用，由筒身自重线分布重力q对筒身上任一截面所产生的附加弯矩M_{ai}的计算公式：

$$M_{ai} = \frac{q_i(h-h_i)^2}{2}\left[\frac{h+2h_i}{3}\left(\frac{1}{\rho_c}+\frac{\alpha_c \Delta T}{d}\right)+\mathrm{tg}\theta\right] \quad (4.2\text{-}2)$$

式中 q_i——距筒项$(h-h_i)/3$处的折算线分布荷载；

h——筒身高度（m）；

h_i——计算截面i的高度（m）；

$\frac{1}{\rho_c}$——筒身代表截面处的弯曲变形曲率；

α_c——混凝土的线膨胀系数；

ΔT——由日照产生筒身阳面与阴面的温度差，应按当地实测数据采用，当无实测数据时，可按20℃采用；

d——高度为0.4h处的筒身外直径（m）；

$\mathrm{tg}\theta$——基础倾斜值，可按现行《建筑地基基础设计规范》规定的地基允许倾斜值采用。

② 当考虑地震作用时，筒身由于地震作用、风荷载、日照和基础倾斜的作用，由筒身自重线分布重力 q 对筒身上任一截面 i 所产生的附加弯矩 $M_{\mathrm{E}ai}$ 按下式计算：

$$M_{\mathrm{E}ai}=\frac{q_i(h-h_i)^2\pm r_{\mathrm{EV}}F_{\mathrm{Ev}ik}(h-h_i)}{2}\left[\frac{h+2h_i}{3}\left(\frac{1}{\rho_{\mathrm{EC}}}+\frac{\alpha_c\Delta T}{d}\right)+\mathrm{tg}\theta\right] \quad (4.2\text{-}3)$$

式中 $1/\rho_{\mathrm{EC}}$——考虑地震作用时，筒身代表截面处的变形曲率；

$F_{\mathrm{Ev}ik}$——任一水平计算截面的竖向地震作用标准值；

γ_{EV}——竖向地震作用分项系数，以水平地震作用为主时的竖向地震作用分项系数值取0.5。

（2）筒身折算线分布重力 q_i。计算

烟囱筒身任一计算截面上的折算线分布重力 q_i，按下列公式分别计算：

$$q_i=\frac{2(h-h_i)}{3h}(q_0-q_1)+q_1 \quad (4.2\text{-}4)$$

承载能力极限状态时：正常使用极限状态时：

$$q_0=\frac{G}{h} \qquad q_0=\frac{G_k}{h}$$

$$q_1=\frac{G_{1k}}{h_1} \qquad q_1=\frac{G_1}{h_1}$$

式中 q_0——整个筒身的平均线分布重力荷载（kN/m）；

q_1——筒身顶部第一节的平均线分布重力荷载（kN/m）；

G、G_k——分别为筒身（内衬、隔热层、筒壁）全部自重荷载设计值和标准值（kN）；

G_1、G_{1k}——分别为筒身顶部第一节全部自重荷载设计值和标准值（kN）；

h_1——筒身顶部第一节高度（m）。

（3）筒身代表截面处的计算

1）筒身代表截面的位置确定

在附加弯矩计算中，必须先确定烟囱筒身代表截面的位置，用代表截面上的终曲率计算筒身上其他任意截面上的附加弯矩。烟囱筒身代表截面位置的确定。

① 当筒身各段坡度均不大于3%时：

a. 身无烟道孔时，取筒身最下节的筒壁底截面；

b. 筒身有烟道孔时，取洞口上一节的筒壁底截面；

② 当筒身下部 $h/4$ 范围内有大于3%的坡度时：

a. 在坡度不大于3%的区段内无烟道孔时，取该区段的筒壁底截面；

b. 在坡度不大于3%的区段内有烟道孔时，取洞口上一节筒壁底截面。

当烟囱筒身下部坡度不满足上述条件，无法确定筒身代表截面的位置时，不能再用筒身代表截面处的等曲率计算，筒身附加弯矩可按附加弯矩的定义公式计算

2）筒身代表截面上的轴向力对截面中心的相对偏心距计算

筒身变形曲率与截面上所受的荷载性质（风、地震作用、日照、地基倾斜等）、截面上材料塑性发展程度，及不同的计算极限状态有关。用截面上的相对偏心距的大小来判别，两种应力状态截面上的塑性发展不同，其变形曲率公式也不相同，应分别按表4.2-1公式计算。

3）筒身代表截面处的变形曲率按表4.2-1公式计算。

相对偏心距及变形曲率计算公式　　表4.2-1

项　目	承载能力极限状态	正常使用极限状态
相对偏心距	$\frac{e}{r}=\frac{M_w+M_a}{Nr}$ $\frac{e}{r}=\frac{M_E+\Psi_{cwE}M_w+M_{Ea}}{Nr}$	$\frac{e_c}{r}=\frac{M_{wk}+M_{ak}}{N_k\cdot r}$
变形曲率 当 $\frac{e}{r}\leqslant 0.5$ 时 当 $\frac{e}{r}>0.5$ 时 当考虑地震作用时	$\frac{1}{\rho_c}=\frac{1.6(M_w+M_a)}{0.33E_{ct}\cdot I}$ $\frac{1}{\rho_c}=\frac{1.6(M_w+M_a)}{0.25E_{ct}\cdot I}$ $\frac{1}{\rho_{Ec}}=\frac{M_E+\Psi_{cwE}M_w+M_{Ea}}{0.25E_{ct}I}$	$\frac{1}{\rho_c}=\frac{M_{wk}+M_{ak}}{0.65E_{ct}I}$ $\frac{1}{\rho_c}=\frac{M_{wk}+M_{ak}}{0.4E_{ct}I}$

式中 N、N_k——筒身代表截面处的轴向力设计值、标准值（kN）；

M_W、M_{WK}——筒身代表截面处的风弯矩设计值、标准值（kN·m）；

M_a、M_{ak}——筒身代表截面处的承载能力及正常使用极限状态附加弯矩设计值（kN·m）；

r——筒身代表截面处的筒壁平均半径（m）。

M_E、M_{Ea}——筒身代表截面处的地震弯矩及地震附加弯矩设计值（kN·m）；

E_{ct}——筒身代表截面处的筒壁混凝土在温度作用下的弹性模量（kN/m^2）；

Ψ_{cwE}——风荷载组合系数，取0.2；

I——筒身代表截面的筒壁截面惯性矩（m^4）。

注：计算$1/\rho_c$或$1/\rho_{Ec}$值时，可先假定附加弯矩值，承载能力极限状态计算时假定$M_a=0.35M_w$，考虑地震作用时$M_{Ea}=0.35M_E$，正常使用极限状态计算时假定$M_{ak}=0.2M_w$代入有关公式求得的附加弯矩值与假定值相差不超过5%时，否则应进行循环迭代计算，前后两次的附加弯矩值相差不超过5%。其最后值为所求的附加弯矩值，与之相应的曲率值为筒身变形终曲率。

4）筒身代表截面的附加弯矩也可按表4.2-2公式不需迭代一次求出：

代表截面的附加弯矩计算公式 表4.2-2

受力状态		计算公式
承载能力极限状态	$\frac{e}{r}\leqslant 0.5, C=0.33$ $\frac{e}{r}>0.5, C=0.25$	$M_a=\dfrac{\frac{1}{2}q_i(h-h_i)^2\left[\frac{h+2h_i}{3}\left(\frac{1.6M_w}{CE_{ct}I}+\frac{\alpha_c\Delta T}{d}\right)+tg\theta\right]}{1-\frac{q_i(h-h_i)^2}{2}\cdot\frac{(h+2h_i)}{3}\cdot\frac{1.6}{CE_{ct}I}}$
	考虑地震作用时 $C=0.25$	$M_{Ea}=\dfrac{[A]\cdot\left[\frac{h+2h_i}{3}\left(\frac{M_E+\psi_{CWE}M_w}{CE_{ct}I}+\frac{\alpha_c\Delta T}{d}\right)+tg\theta\right]}{1-[A]\frac{(h+2h_i)}{3}\cdot\frac{1}{CE_{ct}I}}$ $[A]=\dfrac{q_i(h-h_i)^2\pm r_{Er}F_{EVik}(h-h_i)}{2}$
正常使用极限状态	$\frac{e}{r}\leqslant 0.5, C=0.65$ $\frac{e}{r}>0.5, C=0.40$	$M_{ak}=\dfrac{\frac{1}{2}q_i(h-h_i)^2\left[\frac{h+2h_i}{3}\left(\frac{M_{wk}}{CE_{ct}I}+\frac{\alpha_c\Delta T}{d}\right)+tg\theta\right]}{1-\frac{q_i(h-h_i)^2}{2}\cdot\frac{(h+2h_i)}{3}\cdot\frac{1}{CE_{ct}I}}$

（4）计算烟囱筒身上任一截面上的附加弯矩M_{ai}

将不同极限状态计算的筒身代表截面处变形终曲率，分别代入相应的附加弯矩计算公式，即可求出不同极限状态计算时的不同应力状态下的筒身上任一截面上的附加弯矩。

4.3 筒壁承载能力极限状态计算

筒壁水平截面承载能力极限状态计算，一般是对假定截面承载能力的验算，计算的水平截面承载力M_R应大于或等于外荷载作用组合的总弯矩M_Z，即$M_R\geqslant M_Z$。

（1）计算要点

1）计算时先假定筒壁厚度及配筋，同时选择和确定内衬、隔热层材料类别和厚度；

2）选择筒壁混凝土强度等级及钢筋种类，并考虑温度作用对材料强度指标的影响；

3）计算截面取筒壁各段的底截面，计算筒身各计算段内衬和隔热层的自重；

4）计算各截面风弯矩、附加弯矩，地震区尚应计算地震水平弯矩、竖向地震作用及地震附加弯矩。

5）计算各截面承载能力。

（2）筒壁水平截面承载能力验算：在已知计算截面轴向力设计值及材料强度设计值的条件下，按表4.3-1公式对假定截面承载能力进行计算。外荷载作用组合总弯矩设计值，按表4.3-2公式进行计算。

截面承载能力计算公式 表4.3-1

开孔状态	计算公式
无孔洞时	$\alpha_1 f_{ct}Ar\dfrac{\sin\alpha\pi}{\pi}+f_{yt}A_s r\dfrac{\sin\alpha\pi+\sin\alpha_t\pi}{\pi}$
一个孔洞时	$\dfrac{r}{\pi-\theta}\{(\alpha_1 f_{ct}A+f_{yt}A_s)[\sin(\alpha\pi-\alpha\theta+\theta)-\sin\theta]+f_{yt}A_s\sin[\alpha_t(\pi-\theta)]\}$
二个孔洞时	$\dfrac{r}{\pi-\theta_1-\theta_2}\{(\alpha_1 f_{ct}A+f_{yt}A_s)[\sin(\alpha\pi-\alpha\theta_1-\alpha\theta_2+\theta_1)-\sin\theta_1]+f_{yt}A_s[\sin(\alpha_t\pi-\alpha_t\theta_1-\alpha_t\theta_2+\theta_2)-\sin\theta_2]\}$
截面面积 截面系数	$A=2(\pi-\theta_1-\theta_2)rt$ $\alpha=\dfrac{N+f_{yt}A_s}{\alpha_1 f_{ct}A+2.5f_{yt}A_s}$ 当$\alpha\geqslant\frac{2}{3}$时 $\alpha=\dfrac{N}{\alpha_1 f_{ct}A+f_{yt}A_s}$ $\alpha_t=1-1.5\alpha$ $\alpha_t=0$

外荷载组合总弯矩　　表 4.3-2

荷载状态		总弯矩设计值
风荷载作用		$M_Z=1.4M_{WK}+M_a$
地震作用	$N+0.5F_{FV}$	$M_Z=1.3M_E+0.28M_{WK}+M_{Ea1}$
	$N-0.5F_{FV}$	$M_Z=1.3M_E+0.28M_{WK}+M_{Ea2}$

式中　N——计算截面轴向力的设计值（kN）；

α——受压区混凝土截面面积与全截面面积的比值；

α_t——受拉纵向钢筋截面面积与全部纵向钢筋截面面积的比值时；

A——计算截面的筒壁截面面积（m^2）；

f_{ct}——混凝土在温度作用下轴心抗压强度设计值（kN/m^2）；

α_1——受压区混凝土矩形应力图的应力与混凝土抗压强度设计值的比值，当混凝土强度等级不超过 C50 时，$\alpha_1=1.0$；当为 C80 时，$\alpha_1=0.94$，其间按线性内插法取用；

A_s——计算截面钢筋总面积（m^2）；

f_{yt}——计算截面钢筋在温度作用下的抗拉强度设计值（kN/m^2）；

M、M_a——计算截面弯矩及附加弯矩设计值（kN·m）；

r——计算截面筒壁平均半径（m）；

t——筒壁厚度（m）；

θ——计算截面有一个孔洞时的孔洞半角（rad）；

θ_1、θ_2——计算截面有两个孔洞时，大孔洞、小孔洞的半角（rad）。

4.4 筒壁正常使用极限状态计算

筒壁正常使用极限状态计算荷载采用标准值，考虑温度作用及正常使用阶段附加弯矩，不考虑地震作用。

(1) 荷载标准值作用下的水平截面应力计算

1) 钢筋混凝土筒壁水平截面在自重荷载、风荷载和附加弯矩（均为标准值）作用下的应力计算，应根据的偏心距 e_c 与截面核心距 r_{co} 的相应关系（$e_c>r_{co}$ 或 $e_c\leqslant r_{co}$）。

① 轴向力标准值对筒壁圆心的偏心距应按下式计算：

$$e_c=\frac{M_{wk}+M_{ak}}{N_k} \tag{4.4-1}$$

式中　M_{wk}——计算截面由风荷载标准值产生的弯矩（kN·m）；

M_{ak}——计算截面正常使用极限状态的附加弯矩标准值（kN·m）；

N_k——计算截面的轴向力标准值（kN）。

② 截面核心距 r_{co} 可按下列公式计算：

a. 当筒壁计算截面无孔洞时：

$$r_{co}=0.5r \tag{4.4-2}$$

b. 当筒壁计算截面有一个孔洞（将孔洞置于受压区）时：

$$r_{co}=\frac{\pi-\theta-0.5\sin2\theta-2\sin\theta}{2(\pi-\theta-\sin\theta)}r \tag{4.4-3}$$

c. 当筒壁计算截面有两个孔洞（将大孔洞置于受压区）时：

$$r_{co}=\frac{\pi-\theta_1-\theta_2-0.5(\sin2\theta_1+\sin2\theta_2)+2\cos\theta_2(\sin\theta_2-\sin\theta_1)}{2[\sin\theta_2-\sin\theta_1+(\pi-\theta_1-\theta_2)\cos\theta_2]}r \tag{4.4-4}$$

2) 当 $e_c>r_{co}$ 时，筒壁水平截面混凝土及钢筋应力按表 4.4-1 公式计算：

① 背风侧的混凝土压应力 σ_{cw}。

② 迎风侧钢筋拉应力 σ_{sw}。

③ 受压区半角 φ，应按下列公式确定：

当筒壁计算截面无孔洞时：

$$\frac{e_c}{r}=\frac{\varphi-0.5\sin2\varphi+\pi\alpha_{Et}\rho_t}{2[\sin\varphi-(\varphi+\pi\alpha_{Et}\rho_t)\cos\varphi]} \tag{4.4-5}$$

当筒壁计算截面有一个孔洞时：

$$\frac{e_c}{r}=\frac{(1+\alpha_{Et}\rho_t)(\varphi-\theta-0.5\sin2\theta+2\sin\theta\cos\varphi)-0.5\sin2\varphi+\alpha_{Et}\rho_t(\pi-\varphi)}{2\{\sin\varphi-(1+\alpha_{Et}\rho_t)\sin\theta-[\varphi-\theta+(\pi-\theta)\alpha_{Et}\rho_t]\cos\varphi\}} \tag{4.4-6}$$

当筒壁计算截面有两个孔洞时：

$$\frac{e_c}{r}=\frac{B_{ec}}{D_{ec}} \tag{4.4-7}$$

$$B_{ec}=(1+\alpha_{Et}\rho_t)(\varphi-\theta_1-0.5\sin2\theta_1+2\cos\varphi\sin\theta_1)-0.5\sin2\varphi+\alpha_{Et}\rho_t(\pi-\varphi-\theta_2-0.5\sin2\theta_2-2\cos\varphi\sin\theta_2)$$

$$D_{ec}=2\{\sin\varphi-(1+\alpha_{Et}\rho_t)\sin\theta_1-[\varphi-\theta_1+\alpha_{Et}\rho_t(\pi-\theta_1-\theta_2)]\cos\varphi+\alpha_{Et}\rho_t\sin\theta_2\}$$

3) 当 $e_c\leqslant r_{co}$ 时，筒壁水平截面混凝土压应力应按表 4.4-2 公式计算：

① 背风侧的混凝土压应力 σ_{cw}；

② 迎风侧混凝土压应力 σ_{cw}。

式中 α_{Et}——在温度和荷载长期作用下，钢筋的弹性模量与混凝土的弹塑性模量的比值，

$$\alpha_{Et}=2.5\frac{E_s}{E_{ct}}$$

E_s——钢筋的弹性模量（N/mm^2）；

E_{ct}——混凝土在温度作用下的弹性模量（N/mm^2）；

φ——筒壁计算截面的受压区半角；

ρ_t——纵向钢筋总配筋率（包括筒壁外侧和内侧配筋）。

混凝土及钢筋应力计算公式（$e_c>r_{co}$） 表 4.4-1

开孔状态	背风侧混凝土压应力	迎风侧钢筋拉应力	换算截面面积
无孔洞时	$\sigma_{cw}=\frac{N_k}{A_0}C_{c1}\quad C_{c1}=\frac{\pi(1+\alpha_{Et}\rho_t)(1-\cos\varphi)}{\sin\varphi-(\varphi+\pi\alpha_{Et}\rho_t)\cos\varphi}$	$\sigma_{sw}=\alpha_{Et}\frac{N_k}{A_0}C_{s1}$ $C_{s1}=\frac{1+\cos\varphi}{1-\cos\varphi}C_{c1}$	$A_0=2rt\pi(1+\alpha_{Et}\rho_t)$
一个孔洞时	$\sigma_{cw}=\frac{N_k}{A_0}C_{c2}\quad C_{c2}=\frac{(1+\alpha_{Et}\rho_t)(\pi-\theta)(\cos\theta-\cos\varphi)}{\sin\varphi-(1+\alpha_{Et}\rho_t)\sin\theta-[\varphi-\theta+(\pi-\theta)\alpha_{Et}\rho_t]\cos\varphi}$	$\sigma_{sw}=\alpha_{Et}\frac{N_k}{A_0}C_{s2}$ $C_{s2}=\frac{1+\cos\varphi}{\cos\theta-\cos\varphi}C_{c2}$	$A_0=2rt(\pi-\theta)(1+\alpha_{Et}\rho_t)$
二个孔洞时	$\sigma_{cw}=\frac{N_k}{A_0}C_{c3}$ $C_{c3}=\frac{(\pi-\theta_1-\theta_2)(1+\omega_{Et}\rho_t)(\cos\theta_1-\cos\varphi)}{\sin\varphi-(1+\alpha_{Et}\rho_t)\sin\theta_1-[\varphi-\theta_1+\alpha_{Et}\rho_t(\pi-\theta_1-\theta_2)]\cos\varphi+\alpha_{Et}\rho_t\sin\theta_2}$	$\sigma_{sw}=\alpha_{Et}\frac{N_k}{A_0}C_{s3}$ $C_{s3}=\frac{\cos\theta_2+\cos\varphi}{\cos\theta_1-\cos\varphi}C_{c3}$	$A_0=2rt(\pi-\theta_1-\theta_2)(1+\alpha_{Et}\rho_t)$

混凝土压应力计算公式（$e_c\leqslant r_{co}$） 表 4.4-2

开孔状态	背风侧混凝土压应力	迎风侧混凝土压应力
无孔洞时	$\sigma_{cw}=\frac{N_k}{A_0}C_{c4}\quad C_{c4}=1+2\frac{e_c}{r}$	$\sigma'_{cw}=\frac{N_k}{A_0}C_{c7}\quad C_{c7}=1-2\frac{e_c}{r}$
一个孔洞时	$\sigma_{cw}=\frac{N_k}{A_0}C_{c5}\quad C_{c5}=1+\frac{2\left(\frac{e_c}{r}+\frac{\sin\theta}{\pi-\theta}\right)[(\pi-\theta)\cos\theta+\sin\theta]}{\pi-\theta-0.5\sin2\theta-2\frac{\sin^2\theta}{\pi-\theta}}$	$\sigma'_{cw}=\frac{N_k}{A_0}C_{c8}\quad C_{c8}=1-\frac{2\left(\frac{e_c}{r}+\frac{\sin\theta}{\pi-\theta}\right)(\pi-\theta-\sin\theta)}{\pi-\theta-0.5\sin2\theta-2\frac{\sin^2\theta}{\pi-\theta}}$
二个孔洞时	$\sigma_{cw}=\frac{N_k}{A_0}C_{c6}$ $C_{c6}=1+\frac{2\left(\frac{e_c}{r}+\frac{\sin\theta_1-\sin\theta_2}{\pi-\theta_1-\theta_2}\right)[(\pi-\theta_1-\theta_2)\cos\theta_1-\sin\theta_2+\sin\theta_1]}{(\pi-\theta_1-\theta_2)-0.5(\sin2\theta_1+\sin2\theta_2)-2\frac{(\sin\theta_2-\sin\theta_1)^2}{\pi-\theta_1-\theta_2}}$	$\sigma'_{cw}=\frac{N_k}{A_0}C_{c9}$ $C_{c9}=1-\frac{2\left(\frac{e_c}{r}+\frac{\sin\theta_1-\sin\theta_2}{\pi-\theta_1-\theta_2}\right)[(\pi-\theta_1-\theta_2)\cos\theta_2+\sin\theta_2-\sin\theta_1]}{(\pi-\theta_1-\theta_2)-0.5(\sin2\theta_1+\sin2\theta_2)-2\frac{(\sin\theta_2-\sin\theta_1)^2}{\pi-\theta_1-\theta_2}}$

（2）荷载标准值和温度共同作用下的水平截面应力计算

1）背风侧混凝土压应力，按表 4.4-3 所列公式计算

背风侧混凝土应力计算公式 表 4.4-3

计算内容	计算公式
相对自由变形	$\varepsilon_t=1.25(\alpha_c T_c-\alpha_s T_s)$
温度作用下钢筋弹性模量与混凝土弹塑性模量比值	当 $e_c>r_{co}$ 时，$\alpha_{Eta}=\frac{E_s}{0.55E_{ct}}$ 当 $e_c\leqslant r_{co}$ 时，$\alpha_{Eta}=\frac{E_s}{0.4E_{ct}}$
压应变参数	当 $e_c>r_{co}$ 时：$P_c=\frac{1.8\sigma_{cw}}{\varepsilon_t E_{ct}}$ 当 $e_c\leqslant r_{co}$ 时：$P_c=\frac{2.5\sigma_{cw}}{\varepsilon_t E_{ct}}$
温度应力衰减系数	当 $P_c>0.2$ 时：$\eta_{ct1}=0.6(1-P_c)$ 当 $P_c\leqslant0.2$ 时：$\eta_{ct1}=1-2.6P_c$
受压区相对高度系数	当 $P_c>\frac{1+2\alpha_{Eta}\rho'\left(1-\frac{c'}{t_0}\right)}{2[1+\alpha_{Eta}(\rho+\rho')]}$ 时，$\xi_{wt}=P_c+\frac{1+2\alpha_{Eta}\left(\rho+\rho'\frac{C'}{t_0}\right)}{2[1+\alpha_{Eta}(\rho+\rho')]}$ 当 $P_c\leqslant\frac{1+2\alpha_{Eta}\rho'\left(1-\frac{c'}{t_0}\right)}{2[1+\alpha_{Eta}(\rho+\rho')]}$ 时，$\xi_{wt}=-\alpha_{Eta}(\rho+\rho')+\sqrt{[\alpha_{Eta}(\rho+\rho')]^2+2\alpha_{Eta}\left(\rho+\rho'\frac{c'}{t_0}\right)+2P_c[1+\alpha_{Eta}(\rho+\rho')]}$
混凝土压应力	当 $P_c\geqslant1$ 时：$\sigma_{cwt}=\sigma_{cw}$ 当 $P_c<1$ 时：$\sigma_{cwt}=\sigma_{cw}+E'_{ct}\varepsilon_t(\xi_{wt}-P_c)\eta_{ct1}$

2）迎风侧钢筋压应力，按表4.4-4所列公式计算

迎风侧竖向钢筋应力计算公式 **表4.4-4**

计算内容	计算公式
相对自由变形	$\varepsilon_t=1.25(\alpha_c T_c-\alpha_s T_s)$
温度作用下钢筋弹性模量与混凝土弹塑性模量比值	当$e_c>r_{co}$时：$\alpha_{Eta}=\dfrac{E_s}{0.55E_{ct}}$ 当$e_c\leqslant r_{co}$时：$\alpha_{Eta}=\dfrac{E_s}{0.4E_{ct}}$
拉、压应变参数	当$e_c>r_{co}$时：$P_s=\dfrac{0.7\sigma_{sw}}{\varepsilon_t E_s}$　$P_c=\dfrac{1.8\sigma_{cw}}{\varepsilon_t E_{ct}}$
钢筋应变不均匀系数	$\psi_{st}=\dfrac{1.1E_s\varepsilon_t(1-\xi_1)\rho_{te}}{E_s\varepsilon_t(1-\xi_1)\rho_{te}+0.65f_{ttk}}$
受压区相对高度系数	$\xi_{wt}=-\alpha_{Eta}\left(\dfrac{\rho}{\psi_{st}}+\rho'\right)+\left\{\left[\alpha_{Eta}\left(\dfrac{\rho}{\psi_{st}}+\rho'\right)\right]^2+2\alpha_{Eta}\left(\dfrac{\rho}{\psi_{st}}+\rho'\dfrac{c'}{t_0}\right)-2\alpha_{Eta}(\rho+\rho')\dfrac{P_s}{\psi_{st}}\right\}^{\frac{1}{2}}$
钢筋应力	当$e_c>r_{co}$，$P_s\geqslant\dfrac{\rho+\psi_{st}\rho'\dfrac{c'}{t_0}}{\rho+\rho'}$时：$\sigma_{swt}=\sigma_{sw}$ 当$e_c>r_{co}$，$P_s<\dfrac{\rho+\psi_{st}\rho'\dfrac{c'}{t_0}}{\rho+\rho'}$时：$\sigma_{swt}=\dfrac{E_s}{\psi_{st}}\varepsilon_t(1-\xi_{wt})$ 当$e_c\leqslant r_{co}$，$P_c\leqslant\dfrac{1+2\alpha_{Eta}\rho'\left(1-\dfrac{c'}{t_0}\right)}{2[1+\alpha_{Eta}(\rho+\rho')]}$时：$\sigma_{swt}=\sigma_{st}$ 当$e_c\leqslant r_{co}$，$P_c>\dfrac{1+2\alpha_{Eta}\rho'\left(1-\dfrac{c'}{t_0}\right)}{2[1+\alpha_{Eta}(\rho+\rho')]}$时：截面全部受压

式中 ε_t——筒壁内表面与外侧钢筋的相对自由变形值；

α_c、α_s——分别为混凝土、钢筋的线膨胀系数；

T_c、T_s——分别为筒壁内表面、外侧竖向钢筋的受热温度（℃）；

σ_{cw}、σ_{sw}——分别为在荷载标准值作用下背风侧混凝土压应力、迎风侧纵向钢筋拉应力（N/mm^2）；

ρ、ρ'——分别为筒壁外侧和内侧纵向钢筋配筋率；

t_0——筒壁有效厚度（mm）；

c'——筒壁内侧纵向钢筋保护层（mm）。

(3) 温度作用下水平截面和垂直截面应力计算

裂缝处水平截面和垂直截面在温度单独作用下混凝土压应力σ_{ct}和钢筋拉应力σ_{st}按下列各式计算。

$$\sigma_{ct}=E'_{ct}\varepsilon_t\xi_1 \quad (4.4\text{-}8)$$

$$\sigma_{st}=\frac{E_s}{\psi_{st}}\varepsilon_t(1-\xi_1) \quad (4.4\text{-}9)$$

受压区相对高度系数

$$\xi_1=-\alpha_{Eta}\left(\frac{\rho}{\psi_{st}}+\rho'\right)+\sqrt{\left[\alpha_{Eta}\left(\frac{\rho}{\psi_{st}}+\rho'\right)\right]^2+2\alpha_{Eta}\left(\frac{\rho}{\psi_{st}}+\rho'\frac{c'}{t_0}\right)} \quad (4.4\text{-}10)$$

$$\psi_{st}=\frac{1.1E_s\varepsilon_t(1-\xi_1)\rho_{te}}{E_s\varepsilon_t(1-\xi_1)\rho_{te}+0.65f_{ttk}} \quad (4.4\text{-}11)$$

式中 E'_{ct}——混凝土弹塑性模量（N/mm^2），$E'_{ct}=0.55E_{ct}=0.5$；

f_{ttk}——混凝土在温度作用下的抗拉强度标准值（N/mm^2）；

ρ_{te}——以有效受拉混凝土截面积计算的受拉钢筋配筋率，取$\rho_{te}=2\rho$。当计算得$\psi_{st}<0.2$时取$\psi_{st}=0.2$；$\psi_{st}>1$时取$\psi_{st}=1$。

(4) 筒壁裂缝宽度验算

钢筋混凝土筒壁应按下列公式验算最大水平裂缝宽度和最大垂直裂缝宽度。

1）最大水平裂缝宽度

$$w_{max}=k\alpha_{cr}\psi\frac{\sigma_{swt}}{E_s}\left(1.9c+0.08\frac{d_{eq}}{\rho_{te}}\right) \quad (4.4\text{-}12)$$

$$\psi=1.1-0.65\frac{f_{ttk}}{\rho_{te}\sigma_{swt}} \quad (4.4\text{-}13)$$

$$d_{eq}=\frac{\sum n_i d_i^2}{\sum n_i\nu_i d_i} \quad (4.4\text{-}14)$$

式中 σ_{swt}——荷载标准值和温度共同作用下竖向钢筋在裂缝处的拉应力（N/mm^2）；

α_{cr}——构件受力特征系数，当$\sigma_{swt}=\sigma_{sw}$

时，取 $\alpha_{cr}=2.4$，在其他情况时，取 $\alpha_{cr}=2.1$；

k——烟囱工作条件系数，取 $k=1.2$；

n_i——第 i 种钢筋根数；

ρ_{te}——以有效受拉混凝土截面积计算的受拉钢筋配筋率，当取 $\sigma_{swt}=\sigma_{sw}$ 时，$\rho_{te}=\rho+\rho'$，当为其他情况时，$\rho_{te}=2\rho$，当 $\rho_{te}<0.01$ 时，取 $\rho_{te}=0.01$；

d_i、d_{eq}——第 i 种受拉钢筋及等效钢筋直径(mm)；

c——混凝土保护层厚度(mm)；

ν_i——纵向受拉钢筋的相对粘结特性系数，光圆钢筋取 0.7，带肋钢筋取 1.0。

2) 最大垂直裂缝宽度

最大垂直裂缝宽度应按公式(4.4-12)至公式(4.4-14)进行计算，此时应以 σ_{st} 代替公式中的 σ_{swt}，并取 $\alpha_{cr}=2.1$。

4.5 构造规定

(1) 筒壁的构造

1) 钢筋混凝土筒壁的坡度、厚度和分节高度构造要求：

① 筒壁坡度宜采用 2%，对高烟囱亦可采用几种不同的坡度（下部可大于 2%，最大坡度可达 10%左右）；

② 筒壁厚度可随分节高度自下而上呈阶梯形减薄，但同一节厚度应相同；

③ 筒壁分节高度，应为移动模板高度的倍数，且不宜超过 15m；

④ 筒壁最小厚度见表 4.5-1。

筒壁最小厚度　　表 4.5-1

筒壁顶口内径(m)	最小厚度(mm)
$D\leqslant4$	140
$4<D\leqslant6$	160
$6<D\leqslant8$	180
$D>8$	$180+(D-8)\times10$

注：采用滑动模板施工时，筒壁厚度不宜小于 160mm。

2) 筒壁配筋

① 一般靠筒壁外侧配置钢筋，环向钢筋应配置在纵向钢筋的外侧。环向钢筋的混凝土保护层厚度不应小于 30mm。

② 筒壁厚度大于 350mm；或筒壁长期处于外侧温度大于内侧温度及烟囱安全等级为一级时。尚应在筒壁内侧配置构造钢筋。当配置双层钢筋时，内外侧钢筋应拉结。

③ 筒壁钢筋最小配筋百分率及钢筋最小直径和最大间距见表 4.5-2。

钢筋最小配筋百分率(%)及最小直径和最大间距(mm)　　表 4.5-2

筒壁钢筋		双侧配筋	单侧配筋	最小值径	最大间距
纵向钢筋	外侧	0.25	0.4	10	250
	内侧	0.20		—	300
环向钢筋	外侧	0.25 (0.20)	0.25	8	200,且不大于壁厚
	内侧	0.10 (0.15)	—	—	—

注：1. 括号内数字为套筒烟囱或多管式烟囱钢筋混凝土外筒最小配筋率。
2. 受拉侧环向钢筋最小配筋率尚应满足 $\rho_{min}=45f_t/f_y$。

④ 纵向钢筋的长度应取移动模板高度的倍数，并另加搭接长度。接头位置应相互错开。在任一搭接长度 l_d 范围内，接头数不应超过全部钢筋根数的 1/4。

3) 筒壁的环形悬臂和筒壁顶部构造

① 环形悬臂一般可不配置钢筋，受力较大和挑出较长的悬臂，应按计算配置钢筋；

② 在环形悬臂中，应沿悬臂全高设置垂直楔形缝，缝的宽度为 20～25mm，缝的间距宜为 1000mm 左右；

③ 在环形悬臂处和筒壁顶部加厚区段内，环向钢筋应适当增加，一般宜增加一倍；见图 4.5-1；

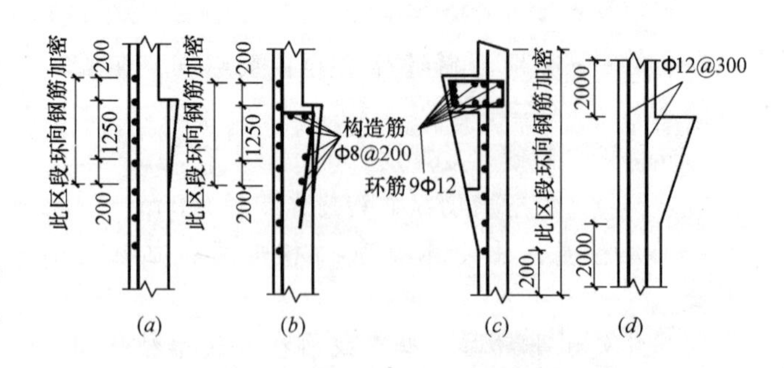

图 4.5-1　筒壁顶部和环形悬臂构造简图
(a) 不配筋环形悬臂；(b) 配筋环形悬臂；
(c) 筒壁顶部配筋；(d) 大悬臂加竖向筋

④ 当环形悬臂挑出较长或荷载较大时，宜在悬壁上下各 2m 范围，对筒壁内外侧纵向钢筋及环向钢筋适当加密，可增加一倍。

4) 筒壁上设有孔洞时，应符合下列要求：

① 在同一水平截面有两个孔洞时，宜对称配置；

② 孔洞对应的圆心角不应超过 70°，在同一

水平截面内总开孔的圆心角不得超过140c）孔洞宜设计成圆形，矩形孔洞的转角宜设计成弧形

③ 孔洞周围应配补强钢筋，并尽量布置在孔洞边缘和筒壁外侧，其截面面积宜为同方向被切断钢筋截面面积的1.3倍；

矩形孔洞转角处应配置与水平方向成45°角的斜向钢筋，每个转角处的钢筋按筒壁厚度每10cm不应少于2.5cm^2 配置，且不少于两根。

所有补强钢筋伸过孔洞边缘的长度应不小于40d。

5）筒身应设测温孔、沉降观测点和倾斜观测点。

（2）内衬和隔热层

1）内衬设置和构造

① 钢筋混凝土烟囱内衬应沿全高设置；

② 内衬厚度由计算确定，烟道进口处一节的内衬厚度，不应小于200mm或一砖。其他各节不应小于100mm或半砖，两节内衬的搭接长度不应小于360mm或六皮砖（图4.5-2）。

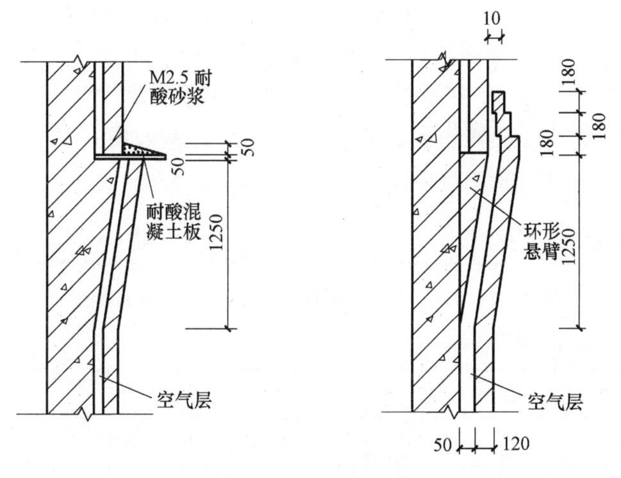

图4.5-2 内衬搭接

2）隔热层的设置

① 空气隔热层：厚度宜采用50mm，同时内衬靠筒壁一侧，按纵向间距1m、环向间距0.5m挑出一块顶砖，顶砖与筒壁之间应留出10mm宽的缝；

② 填料隔热层：厚度宜采用80～200mm，同时在内衬表面纵向间距1.5～2.5m设置一圈防沉带，防沉带与筒壁之间，应留出10mm宽的温度缝。

（3）烟囱附件

1）爬梯

① 爬梯宜在离地面2.5m处开始设置，顶部应比筒首高出800～1000mm；

② 爬梯宜设置在常年风向的上风向；

③ 爬梯的围栏设置：烟囱高度大于40m时，在15m以上设置。

围栏的直径宜为700mm；

④ 烟囱高度大于40m时，尚应在爬梯上每隔20m设置休息板。休息板可设在围栏的水平箍上，其宽度不小于50mm；

⑤ 爬梯应采用直径不小于20mm的圆钢筋，由L型爬梯支架连接，用螺栓固定在筒壁预埋的暗榫上。施工时应每隔2.5m在筒壁上预埋暗榫，爬梯间距为300mm左右。

2）检修平台

烟囱高度小于60m时，无特殊要求可不设置；高度为60～100m时，仅在顶部设置；而高度大于100m时，尚应在中部适当增设。

平台的构造要求：

① 顶部的平台可设置在距筒身顶端5m处；

② 平台宽度不小于800mm，栏杆不低于1.1m；

③ 平台铺板宜用由圆钢组成的或其他形式的格子板；

④ 爬梯穿过平台处，平台上人孔的宽度不应小于600mm，并在其上设活动的盖板；

⑤ 爬梯和平台各构件的长度不宜超过2.5m，构件之间应用螺栓连接；

⑥ 爬梯和平台等金属构件，安装前应刷防腐油漆，安装后在接头处应补刷一道，使用期间还需定期涂刷；

⑦ 爬梯、平台与筒壁的连接应牢固可靠。

3）避雷装置

避雷装置是由避雷针、导线和接地极组合而成。避雷针采用Φ25镀锌圆钢或Φ40镀锌钢管制作，顶端制成圆锥形，一般应高出筒首1.8m以上，其数量取决于烟囱高度和上口内直径。

4）航空障碍灯及标志

障碍灯的设置应显示出烟囱的最顶点和最大边缘（即视高和视宽）。

5）倾斜观测标、沉降观测标、测温孔

倾斜和沉降观测标沿筒壁圆周互成90°角的四个方向各设置一个。倾斜观测标的标高一般距烟囱顶部4.5m，沉降观测标的标高一般是0.5m处。筒壁需预埋暗榫，在筒身（包括内衬、隔热层及筒壁）应预留测温孔。测温孔设在距爬梯旁500mm处。一般应在烟囱的顶部、中部及下部各

设一个。

(4) 隔烟墙、灰斗平台及护坡

1) 隔烟墙

烟囱在同一平面内有两个烟道孔时，宜设置隔烟墙，其高度应超过烟道孔顶，超出高度不小于1/2孔高。

2) 灰斗平台和出灰孔

当烟囱设架空烟道时，应设置灰斗平台，当为地面（或地下）烟道时，应设置出灰孔。

3) 烟囱周围的地面应设排水护坡，护坡宽度不小于1.5m，坡度不小于2%。

4.6 单筒式钢筋混凝土烟囱计算实例

(1) 设计资料

1) 计算参数

烟囱高度 $H=120$m；烟囱顶部内直径 $D_0=2.75$m；

基本风压值 $w_0=0.70\text{kN/m}^2$；

抗震设防烈度8度；建筑场地土类别Ⅲ类；地面粗糙度B类；

烟气最高温度 $T_g=750$℃；夏季极端最高温 $T_a=38.4$℃；冬季极端最低温度 $T_a=-30.4$℃。

2) 材料选择

筒壁采用强度等级C25混凝土，HRB335(20MnSi)钢筋。

3) 烟囱形式及筒身尺寸

烟囱筒身高度每10m为一节，外壁坡度为0.02，筒壁内侧挑出牛腿支撑隔热层及内衬。筒身尺寸见表4.6-1。

筒身截面尺寸 表4.6-1

筒图	截面	标高	筒壁外半	筒壁厚度	矿渣棉	硅藻土	耐火砖厚度
筒身简图		120	1.88	0.18	0.1	0.116	0.113
	1	110	2.08	0.18	0.1	0.116	0.113
	2	100	2.28	0.18	0.1	0.116	0.113
	3	90	2.48	0.19	0.1	0.116	0.113
	4	80	2.68	0.21	0.1	0.116	0.113
	5	70	2.88	0.23	0.1	0.116	0.113
	6	60	3.08	0.24	0.1	0.116	0.113
	7	50	3.28	0.26	0.15	0.236	0.113
	8	40	3.48	0.28	0.15	0.236	0.113
	9	30	3.68	0.31	0.15	0.236	0.230
	10	20	3.88	0.34	0.15	0.236	0.230
	11	10	4.08	0.37	0.15	0.236	0.230
	12	0	4.28	0.4	0.15	0.236	0.230

(2) 筒身自重计算

筒身体积、自重及各节重量列于表4.6-2。

(3) 水平截面承载能力极限状态计算

1) 承载能力计算内力组合，见表4.6-3。

2) 截面极限承载能力验算见表4.6-4。

筒身体积及自重 表4.6-2

截面	标高(m)	体积(m^3)				自重(kN)				每节下部重量(kN)	每节重量(kN)
		混凝土	矿渣棉	硅藻土	耐火砖	混凝土	矿渣棉	硅藻土	耐火砖		
1	110	21.42	11.02	12.00	10.87	514.1	22.0	72.0	206.5	514.1	814.6
2	100	23.64	12.25	13.43	12.27	567.4	24.5	80.6	233.1	1382.0	906.0
3	90	27.33	13.47	14.84	13.64	655.9	26.9	89.0	259.1	2377.0	1030.9
4	80	32.71	14.6	16.15	14.92	785.0	29.2	96.9	283.5	3537.0	1194.6
5	70	38.57	15.73	17.46	16.20	925.6	31.4	104.8	307.8	4872.0	1369.6
6	60	43.19	16.93	18.85	17.55	1036.5	33.9	113.1	333.4	6352.0	1516.9
7	50	49.89	26.85	39.38	17.62	1197.3	53.7	236.3	334.8	8029.0	1822.1
8	40	57.07	28.55	42.05	18.89	1369.6	57.1	252.3	358.9	10024.0	2037.9
9	30	66.79	30.15	44.57	40.07	1602.9	60.3	267.4	761.3	12296.0	2691.9
10	20	77.21	31.75	47.09	42.53	1853.0	63.5	282.5	808.1	15238.0	3007.1
11	10	88.32	33.35	49.62	44.99	2119.6	66.7	297.7	854.8	18512.0	3338.8
12	0	100.13	34.96	52.14	47.44	2403.1	69.9	312.8	901.4	22134.0	3687.2

各截面承载能力满足要求。

(4) 筒壁正常使用极限状态计算

烟囱正常使用极限状态承载能力验算（略）。

承载能力计算内力组合 表 4.6-3

截面号	标高(m)	风荷载产生的内力设计值				有地震作用时的内力设计值					
		轴向力 N(kN)	风弯矩 M_w (kN·m)	附加弯矩 M_a (kN·m)	总弯矩 M_w+M_a	竖向地震力 F_{EV} (kN)	水平地震弯矩 M_E (kN·m)	地震附加弯矩 M_{Ea} (kN·m)	风弯矩 $0.2M_w$ (kN·m)	最大(小)轴向力 $N\pm F_{EV}$ (kN)	总弯矩 $M_E+M_{EA}+0.2M_W$ (kN·m)
2	100	1382	1654.7	686.4	2341.1	575	6184.2	582.1 (304.5)	330.9	1957 (807)	7097.2 (6819.6)
4	80	3537	6873.9	2766.0	9640.0	1328	12368.6	2375.8 (1227.1)	1374.8	4865 (2209)	16119.2 (14970.9)
6	60	6352	15819.4	6093.4	21912.8	2046	18552.8	5185.6 (2833.7)	3163.9	8398 (4306)	26902.3 (24550.4)
8	40	10024	28332.2	10261.5	38593.7	2534	24737.1	8540.8 (5151.6)	5666.4	12558 (7490)	38944.3 (35555.1)
10	20	15238	44002.7	14629.7	58632.4	2353	35044.2	11638.7 (8255.7)	8800.5	17591 (12885)	55483.4 (52100.4)
12	0	22134	62162.0	18320.3	80482.3	1218	46382.1	13725.0 (11895.8)	12432.4	23352 (20916)	72539.5 (70710.3)

附注：有地震作用时（ ）内数字为（$N-F_{Ev}$）组合时的地震附加弯矩 M_{Ea}，最小轴向力 $N-F_{ev}$及总弯矩 $M_E+M_{EA}+0.2M_W$。

截面极限承载能力验算 表 4.6-4

截面号	标高(m)	纵向钢筋	风荷载作用下截面极限承载能力验算		地震作用下截面极限承载能力验算			
			截面承载力	弯矩设计值	截面承载力 ($N+F_{Ev}$)	弯矩设计值 ($N+F_{Ev}$)	截面承载力 ($N-F_{EV}$)	弯矩设计值 ($N-F_{EV}$)
2	100	Φ12@125	8281	2341	10371	7097.2	8051	6819.6
4	80	Φ14@125	18059	9640	22643	16119.2	17153	14970.9
6	60	Φ14@125	28988	21913	36188	26902.3	27478	24550.4
8	40	Φ18@125	53246	38594	63739	38944.3	53697	35555.1
10	20	Φ20@125	82994	58633	96345	55483.4	87323	52100.4
12	0	Φ22@125	124397	80482	140488	72539.5	135747	70710.3

5 套筒式与多管式烟囱

5.1 结构形式

当排放的烟气腐蚀性较强时，一般应选择套筒式或多管式烟囱，使承重外筒与排烟筒分开，避免受力外筒与腐蚀性烟气直接接触。

套筒式烟囱是指钢筋混凝土承重外筒和在其内部独立布置的单根排烟筒筒壁组成的烟囱结构型式，是由钢筋混凝土承重外筒、砖砌排烟筒、斜撑式支撑平台、积灰平台、内烟道和其他附属设施等组成。

当采用多台烟气发生炉排烟时，一般采用多管式烟囱。它是由钢筋混凝土承重外筒、两个及其以上砖砌排烟筒（或钢内筒）、组合结构平台、积灰平台、内烟道和其他附属设施等组成。

砖砌排烟筒通常采用分段支撑。多筒式钢内筒烟囱安排烟筒的结构形式可分为自立式和悬挂式。悬挂式又可分为分段悬挂和整体悬挂两种。

5.2 烟囱计算

(1) 钢筋混凝土承重外筒计算

钢筋混凝土承重外筒应进行水平截面承载能力极限状态计算和水平裂缝宽度验算。

计算钢筋混凝土外筒时，除考虑自重荷载（包括分段支撑的内筒和平台及悬挂式钢内筒自重荷载）、风荷载、日照、基础倾斜、地震作用及附加弯矩外，还应根据实际情况，考虑平台活荷载、施工吊装荷载及安装检修荷载（在计算地震作用时，可不考虑施工吊装及安装检修荷载）。

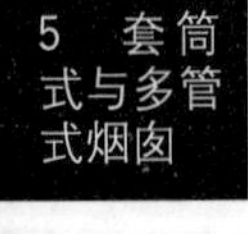

在风荷载或地震作用下，外筒计算时，可不考虑内筒抗弯刚度的影响。自立式钢内筒重量不直接作用在外筒上，但应考虑其水平惯性力对结构自振特性和地震力的影响。

原则上讲，在筒壁强度及配筋计算时，应按通风量为0时，内筒传到夹层的热量全部通过外筒壁散失的条件来确定外筒壁的配筋，同时计算温度不低于50℃。一般外筒在下部第一层平台上部1.5m处，开设4～8个进风口，进风口的总面积约为外筒包围的水平截面面积（扣除排烟筒包围的水平面积）的5%左右，在顶层平台下设4～8个出风口，其面积略小于进风口面积。这样夹层不是一个稳定的温度场，是与外界温度有直接关联的，因此实际工程中将内外筒间的夹层温度按两种温度工况考虑：夏季工况取夏季极端最高温度加10℃～30℃；冬季工况取冬季极端最低温度加5℃～10℃，这样更符合实际一些。

对于套筒式与多管式烟囱，钢筋混凝土外筒直径比较大，因此除了考虑顺风向与横风向风荷载外，尚应考虑局部风压沿烟囱周围径向压力的影响。这种情况下所产生的环向风荷载弯矩在烟囱上部往往起控制作用。根据不同来源所得到的最大环向弯矩如表5.2-1。

最大环向弯矩　　　表5.2-1

公式来源	筒壁内侧受拉	筒壁外侧受拉
厄尔德(Erdie)和戈许(Ghosh)	$0.354pr^2$	$0.311pr^2$
戴弗(Diver)	$0.284pr^2$	$0.256pr^2$
朗曼(Wadi. S. Rumman)	$0.314pr^2$	$0.272pr^2$

注：表中 p——设计风压被阻力系数除的商；r——烟囱外筒半径。

厄尔德（Erdie）和戈许（Ghosh）公式是基于罗西科（Roshko）试验压力分布。戴弗（Diver）使用的是法国规范建议的压力分布。朗曼（Wadi. S. Rumman）使用的压力分布是基于德顿登（Dryden）和希尔（Hill）的试验，与美国土木工程师学会（ASCE）风压工作委员会建议的压力分配相似。我们采用朗曼所建议的公式，内、外侧最大环向弯矩标准值分别为：

$$M_{ink}=0.314pr^2=0.314\mu_z w_0 r^2 \quad (5.2\text{-}1)$$

$$M_{outk}=0.272pr^2=0.272\mu_z w_0 r^2 \quad (5.2\text{-}2)$$

式中 μ_z——风压高度变化系数；

w_0——基本风压。

(2) 钢内筒计算

自立式钢内筒可看作一个连续梁，并按如下假定进行计算：

a. 考虑在风荷载和地震作用下钢筋混凝土外筒变形对钢内筒的影响，钢内筒可认为是依靠平台梁及制晃装置支撑在刚性钢筋混凝土外筒上的连续梁。

b. 在风荷载和地震作用下钢内筒和钢筋混凝土外筒在横向止晃装置处变位一致。

在集中荷载作用点处所设环向加劲肋应足以保证钢内筒截面的圆整度和局部应力不超过允许值。

排烟筒的受热温度计算时，室外极端最高和最低温度实际上是钢筋混凝土承重外筒与排烟筒间的夹层温度，按两种温度工况考虑：当考虑材料强度折减时宜取夏季极端最高温度加10℃；当计算保温层厚度时宜取冬季极端最低温度，这样有利于烟气温度保持一个较高值，防止结露。

1）钢内筒水平应力应满足以下要求：

$$\sigma_c \leqslant f_{ch} \quad (5.2\text{-}3)$$

$$\sigma_t \leqslant f_{th} \quad (5.2\text{-}4)$$

$$\tau_h \leqslant f_{vh} \quad (5.2\text{-}5)$$

式中 σ_c——各种荷载组合效应产生的截面压应力；

σ_t——各种荷载组合效应产生的截面拉应力；

f_{ch}——钢材在钢内筒水平截面处的抗压强度设计值；

f_{th}——钢材在钢内筒水平截面处的抗拉强度设计值；

τ_h——各种荷载效应组合产生的截面剪应力；

f_{vh}——钢材在钢内筒水平截面处的抗剪强度设计值。

2）钢内筒垂直截面应力应满足以下要求：

$$\sigma_{ct} \leqslant f_{cv} \quad (5.2\text{-}6)$$

式中 σ_{ct}——烟气负压作用在垂直截面上产生的环向压应力；

f_{cv}——钢材在钢内筒垂直截面处的环向抗压强度设计值。

3）钢内筒的烟气抽力作用

钢内筒垂直截面强度计算时，应考虑以下三种运行烟气温度作用效应：

a. 正常运行情况下的烟气抽力作用（F_t）

b. 非正常运行情况下的烟气抽力作用（F_{te}）

c. 非正常操作压力和爆炸压力作用（F_e）

烟气抽力可按下式计算：

$$F_t = F_{te} = 0.01(\rho_a - \rho_g)h \quad (5.2\text{-}7)$$

$$\rho_a = \rho_{ao} \times \frac{273}{273 + T_a} \quad (5.2\text{-}8)$$

$$\rho_g = \rho_{go} \frac{273}{273 + T_g} \quad (5.2\text{-}9)$$

式中 F_t——正常运行情况下的烟气抽力（kN/m^2）；

F_{te}——非正常运行情况下的烟气抽力（kN/m^2）；

ρ_a——外部空气密度（kg/m^3）；

ρ_g——烟气密度（kg/m^3）；

h——计算截面至烟囱顶部的距离（m）；

ρ_{ao}——0℃时的外部空气密度，可取为 $1.293kg/m^3$；

T_a——室外温度；

ρ_{go}——0℃时的烟气密度（kg/m^3）；

T_g——烟气温度。

非正常操作压力/爆炸压力值 F_e 根据各工程确定。且其负压值不小于 $2.5kN/m^2$（另乘以动力系数 1.50）。F_e 值可沿钢内筒高度取固定值。

4）钢内筒的折算强度应满足下式要求：

$$\frac{\sigma_c}{f_{ch}} + \left(\frac{\sigma_{ct}}{f_{cv}}\right)^2 \leqslant 1.00 \quad (5.2\text{-}10)$$

5）烟气温度的温差荷载

钢内筒在烟道入口处温差 ΔT_0 的取值，按各工程实际情况合理选择。当实际确定 ΔT_0 值有困难时，可按下列情况选择 ΔT_0 值：

a. 一台炉一个钢内筒时：

干式除尘器：

$$\Delta T_0 = 0.15T_g \quad (5.2\text{-}11)$$

湿式除尘器：

$$\Delta T_0 = 0.30T_g \quad (5.2\text{-}12)$$

式中 T_g——烟气正常运行温度，或非正常运行温度。

b. 多台炉用一个汇流烟道进入一个钢内筒时

$$\Delta T_0 = 0.45\overline{T_g} \quad (5.2\text{-}13)$$

式中 $\overline{T_g}$——多台炉烟气正常运行温度的加权平均值（用烟气量加权）。

c. 多台炉多根烟道入口直接进入一个钢内筒时

$$\Delta T_0 = 0.80\overline{T_g} \quad (5.2\text{-}14)$$

在烟道口底标高以上部位的钢内筒内部温差值可按以下方法计算：

a. 在烟道入口高度范围内，钢内筒内部的截面温差取恒值：

$$\Delta T_{x0} = \eta_t \Delta T_0 \quad (5.2\text{-}15)$$

式中 ΔT_{x0}——在烟道入口高度范围内，钢内筒内部的截面温差；

η_t——钢内筒内热辐射影响系数。当有隔烟墙时，取 $\eta_t = 1.00$；当无隔烟墙时，η_t 按表 5.2-2 取值。

钢内筒内热辐射影响系数表 表 5.2-2

ΔT_0(℃)	0	56	111	167	222	278	333	388
钢内筒内热辐射影响系数 η_t	1.00	0.96	0.90	0.86	0.80	0.74	0.69	0.65

b. 从钢内筒烟道入口顶部算起，距离 x 处的截面温差 ΔT_x 值为：

$$\Delta T_x = e^{-\zeta_t \frac{x}{d}} \times \Delta T_{xo} \quad (5.2\text{-}16)$$

式中 d——钢内筒直径；

ζ_t——衰减系数。

当多台锅炉、多个烟道进入同一个钢内筒，且内中设有隔烟墙时，取 $\zeta_t=0.15$；其余情况，一律取 $\zeta_t=0.40$。

6）钢材在钢内筒水平截面处的抗压强度设计值按以下方法确定：

a. 钢材在钢内筒水平截面处的抗压强度设计值计算公式

$$f_{ch}=\eta_h\times\zeta_h\times f_t \tag{5.2-17}$$

式中 η_h——钢内筒水平截面处的曲折系数，$\eta_h\leqslant1.00$；

ζ_h——钢内筒水平截面处的薄壁结构强度折减系数；

f_t——钢材在温度作用下的抗拉、抗压和抗弯强度设计值，见《烟囱设计规范》。

b. 钢内筒水平截面处的曲折系数 η_h 的计算方法如下：

$$\eta_h=\frac{21600}{18000+(l_0/i)^2} \tag{5.2-18}$$

式中 l_0——钢内筒相邻二横向支承点间距，即各段的自由长度。

c. 钢内筒水平截面处的薄壁结构强度折减系数 ζ_h 的计算方法如下：

当 $C\leqslant5.60$ 时：

$$\zeta_h=0.125C \tag{5.2-19}$$

当 $C\geqslant5.60$ 时：

$$\zeta_h=0.583+0.02083C \tag{5.2-20}$$

其中：$C=\frac{t}{r}\times\frac{E}{f_t}$

7）钢材在钢内筒垂直截面处的环向抗压强度设计值按以下方法确定：

a. 钢材在钢内筒垂直截面处的环向抗压强度设计值计算公式

$$f_{cv}=\eta_v\times\zeta_v\times f_t \tag{5.2-21}$$

式中 η_v——钢内筒垂直截面处的钢板边界约束条件影响系数；

ζ_v——钢内筒垂直截面处的薄壁结构强度折减系数。

b. 钢内筒垂直截面处的钢板边界约束条件影响系数 η_v 的计算方法如下：

$$\eta_v=\frac{r}{l} \tag{5.2-22}$$

式中 l——相邻二环向加劲环的间距。

c. 钢内筒垂直截面处的薄壁结构强度折减系数 ζ_v 的计算方法如下：

当 $C\leqslant5.60$ 时

$$\zeta_v=2.177\sqrt{C\frac{t}{r}} \tag{5.2-23}$$

当 $C\geqslant5.60$ 时

$$\zeta_v=0.92(3.36+0.465C+0.0116C^2)\sqrt{\frac{t}{r}} \tag{5.2-24}$$

其中：$C=\frac{t}{r}\times\frac{E}{f_t}$

8）抗拉强度设计值

钢材在钢内筒水平截面处与垂直截面处的抗拉强度设计值取值相同。其计算公式为：

$$f_{th}=f_t \tag{5.2-25}$$

$$f_{tv}=f_t \tag{5.2-26}$$

式中 f_t——钢材或焊缝在温度作用下的抗拉强度设计值，见《烟囱设计规范》。

9）抗剪强度设计值

钢材在钢内筒水平截面处的抗剪强度设计值为：

$$f_{vh}=0.5f_{ch} \tag{5.2-27}$$

10）钢内筒截面应力计算

a. 钢内筒水平截面轴向压应力

$$\sigma_N=\frac{N_g}{A_n} \tag{5.2-28}$$

式中 N_g——钢内筒水平截面上的结构自重压力；

A_n——钢内筒水平截面净面积，对不开孔的圆环形截面：$A_n=2\pi rt$。

b. 钢内筒水平截面弯曲应力

$$\sigma_W=\frac{M_W}{W_n} \tag{5.2-29}$$

$$\sigma_E=\frac{M_E}{W_n} \tag{5.2-30}$$

$$\sigma_T=\frac{M_T}{W_n}+\sigma'_T \tag{5.2-31}$$

$$\sigma'_T=0.10E\cdot\alpha\cdot\Delta T_X \tag{5.2-32}$$

式中 σ_W、σ_E、σ_T——分别为风荷载、地震作用和截面温差产生的钢内筒水平截面弯曲应力；

M_W、M_E——分别为风荷载和地震作用产生的弯矩；

M_T——由截面温差产生的温度力矩；

W_n——净截面抵抗矩，对不开孔的圆环形截面：$W_n=\pi r^2t$；

σ'_T——由温差产生的截面温度次应力。

c. 钢内筒水平截面剪应力

$$\tau_w = \frac{2V_W}{A_n} \qquad (5.2\text{-}33)$$

$$\tau_E = \frac{2V_E}{A_n} \qquad (5.2\text{-}34)$$

$$\tau_T = \frac{2V_T}{A_n} \qquad (5.2\text{-}35)$$

式中　τ_W、τ_E、τ_T——分别为风荷载、地震作用和截面温差产生的钢内筒水平截面剪应力；

V_W、V_E、V_T——分别为风荷载、地震作用和截面温差产生的钢内筒水平截面剪力。

d. 钢内筒垂直截面压应力：

$$\sigma_{Ft} = \frac{\beta_t F_t}{100 \times t} \cdot r \qquad (5.2\text{-}36)$$

$$\sigma_{Fte} = \frac{\beta_t F_{te}}{100 \times t} \cdot r \qquad (5.2\text{-}37)$$

$$\sigma_{Fe} = \frac{\beta_t F_e}{100 \times t} r \qquad (5.2\text{-}38)$$

式中　σ_{Ft}、σ_{Fte}、σ_{Fe}——分别为正常运行、非正常运行、非正常操作情况下的钢内筒垂直截面压应力（N/mm^2）；

F_t、F_{te}、F_e——分别为正常运行、非正常运行、非正常操作情况下的烟气抽力和烟气压力（或爆炸压力）（kN）；

β_t——动力系数，取2.0；

t——钢板厚度，计算时应扣除预留的腐蚀厚度裕度（mm）。

11）钢内筒的自振周期

钢内筒自振周期可按内外筒计算模型联解得到，工程设计中亦可按下列连续梁近似公式计算最大跨度段钢内筒的基本自振周期：

$$T_s = \alpha_t \sqrt{\frac{G_0 l_{max}^4}{9.81EI}} \qquad (5.2\text{-}39)$$

式中　T_s——钢内筒基本自振周期（s）；

α_t——特征系数，取决于该跨钢内筒支承条件；

当二端铰接支撑：$\alpha_t = 0.637$；

当一端固定、一端铰：$\alpha_t = 0.408$；

当二端固定支撑：$\alpha_t = 0.281$；

当一端固定、一端自由：$\alpha_t = 1.786$；

I——截面惯性矩（mm^4），计算时，可不考虑截面开孔影响。当钢内筒内设有半刚性喷涂保护层时，其刚度影响可不考虑；当钢板预留有腐蚀厚度裕度时，该厚度裕度亦不计入钢内筒截面刚度内；

G_0——包括保温、防护层等所有结构的自重；

l_{max}——钢内筒最大跨度（mm）；

设计应避免自立式钢内筒自振频率不与外筒自振频率重合，以免共振。一般应使二者频率相差20%以上。

（3）支撑平台计算

1）支撑平台可变（活）荷载值及取用原则

支撑平台用于施工检修用途的可变（活）荷载标准值取7～11kN/m²，顶部平台盖板取7kN/m²。下部积灰平台及内烟道面层积灰荷载（按永久荷载考虑）标准值：25kN/m²。

支撑平台附加荷载值的取用原则是：平台永久（恒）荷载按全额取用，平台可变（活）荷载按以下情况考虑折减系数后取用。

a. 用于钢筋混凝土承重外筒筒壁承载能力计算时，按表5.2-3选用。

平台可变荷载折减系数　　表5.2-3

计算截面以上的平台数量	1	2～3	4～5	6～8	9～20
计算截面以上各平台活荷载总和的折减系数	1.0	0.85	0.7	0.65	0.6

b. 用于钢筋混凝土承重外筒抗震计算时

按实际可变（活）荷载情况时，取1.0折减系数；按等效可变（活）荷载情况时，取0.5折减系数，工程中一般是按等效情况考虑。

c. 用于钢筋混凝土承重外筒基础地基变形计算时，可变（活）荷载取0.6折减系数。

2）支撑平台计算

a. 砖内筒传给环梁荷载

当$e_0 \leq r_{co}$时，砖内筒传给环梁的线荷载，可按下式计算：

$$q_1 = \frac{G}{2\pi r} + \frac{M}{\pi r^3} \qquad (5.2\text{-}40)$$

式中　G——砖内筒总重力荷载设计值（kN）；

r——砖内筒筒壁中心线所在圆半径（m）；

M——砖内筒底部弯矩设计值（kN·m）。

当$e_0>r_{c0}$时，砖内筒传给环梁的线荷载，可按下式计算：

$$q_1=\frac{G}{2r}\cdot\frac{1-\cos\varphi}{\sin\varphi-\varphi\cos\varphi} \quad (5.2\text{-}41)$$

$$\frac{e_0}{r}=\frac{\varphi-0.5\sin2\varphi}{2(\sin\varphi-\varphi\cos\varphi)} \quad (5.2\text{-}42)$$

b. 支撑平台传给环梁的线荷载，可按下式计算：

$$q_2=\frac{R^2-r^2}{4r}p \quad (5.2\text{-}43)$$

式中 R——支撑平台靠近烟囱筒壁支撑牛腿中心半径（m）；

p——平台均布荷载及自重设计值（kN）。

c. 环梁内力计算

环梁最大剪力：$Q=\frac{\pi rq}{n}$ (5.2-44)

任意点弯矩：$M=\left(\frac{\pi}{n}\frac{\cos\varphi}{\sin\alpha}-1\right)qr^2$ (5.2-45)

跨中点弯矩：$M=\left(\frac{\pi}{n}\frac{1}{\sin\alpha}-1\right)qr^2$ (5.2-46)

支座弯矩：$M=\left(\frac{\pi}{n}\mathrm{ctg}\alpha-1\right)qr^2$ (5.2-47)

任意点扭矩：$M_{\mathrm{T}}=\left(\frac{\pi}{n}\frac{\sin\varphi}{\sin\alpha}-\varphi\right)qr^2$ (5.2-48)

环梁轴向压力：$N=qr\cdot\mathrm{tg}\beta$ (5.2-49)

$$q=q_1+q_2 \quad (5.2\text{-}50)$$

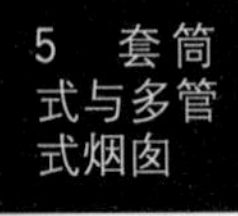

式中 n——支撑平台斜柱数量；

α——支撑平台相邻两斜柱在水平面对应圆心半角；

φ——环梁任意一点所在半径与两斜柱在水平面对应圆心角中心线夹角；

β——斜柱与铅垂线夹角。

d. 斜柱内力计算

斜柱仅承受轴向压力，压力值按下式计算：

$$N=\frac{2\pi rq}{n\cos\beta} \quad (5.2\text{-}51)$$

e. 斜柱下端处外筒承受的附加环向拉力按下式计算：

$$N=qr\cdot\mathrm{tg}\beta \quad (5.2\text{-}52)$$

5.3 构造要求

烟囱构造除满足《烟囱设计规范》GB 50051—2002规定以外，尚需满足以下规定。

(1) 砖砌内筒

砖砌体的最小厚度为180mm，耐酸砂浆封闭层最小厚度为30mm，保温隔热层最小厚度为60mm。砖砌内筒内一般情况下不配环向和竖向钢筋，结合耐酸砂浆封闭层外固定超细玻璃棉毡保温隔热层的需要，在耐酸砂浆封闭层外沿高度方向设置扁钢环箍，环箍的最小配置是60mm×6mm，间距1000mm。

分段连接的砖砌内筒接缝处，支撑平台的混凝土结构内侧需作特殊的防腐构造措施。如作聚四氟乙烯贴面或涂耐酸防腐涂层等。

排烟筒与外壁分开，可避免含硫烟气对筒壁的腐蚀，提高钢筋混凝土筒壁的耐久性。排烟筒与外壁之间最小间距为1100mm。

砖砌排烟筒的膨胀变形计算主要考虑温度作用下，排烟筒的纵向变形伸长量（烟气温度引起）和纵向相对变形伸长量（砌体内外温差引起），砖砌排烟筒分段相接时，要留有砖砌排烟筒膨胀变形的空间。

(2) 多管式钢内筒

多管式钢内筒烟囱外筒与排烟筒之间的净距不宜小于750mm。当为多管时，各排烟筒之间的距离也不应小于750mm。

钢内筒应设置制晃装置，作为钢内筒横向约束。

钢内筒一般高出外筒（0.3～0.6）D，D为钢筋混凝土外筒外直径。

对于大直径薄壁钢烟囱，其径厚比一般为300～500，在正常运行情况下筒体内呈负压。所以筒体中存在着环向压力，为防止薄壁圆环结构失稳，筒体均有加劲环肋，该肋一般采用角钢或T形钢焊于筒体上，焊缝既可用连续焊，也可用间断焊。沿高度方向的间距最大不能超过1.5倍钢内筒直径，该肋的截面和间距原则上根据稳定计算确定，但每个肋的最小尺寸通常应满足表5.3-1规定。加劲肋应在工厂内制作，这样可使筒体在运输过程中减少变形。

钢内筒加劲肋最小截面尺寸　表5.3-1

钢内筒直径(m)	最小加劲角钢
≤4.50	∟75×75×6
4.50～6.10	∟100×80×6
6.10～7.60	∟125×80×8
7.60～9.10	∟140×90×10
9.10～10.70	∟160×100×10

钢内筒在没有支撑位置以上变形宜控制在其高度的1/100。变形和强度计算都不应包括腐蚀

厚度裕度。

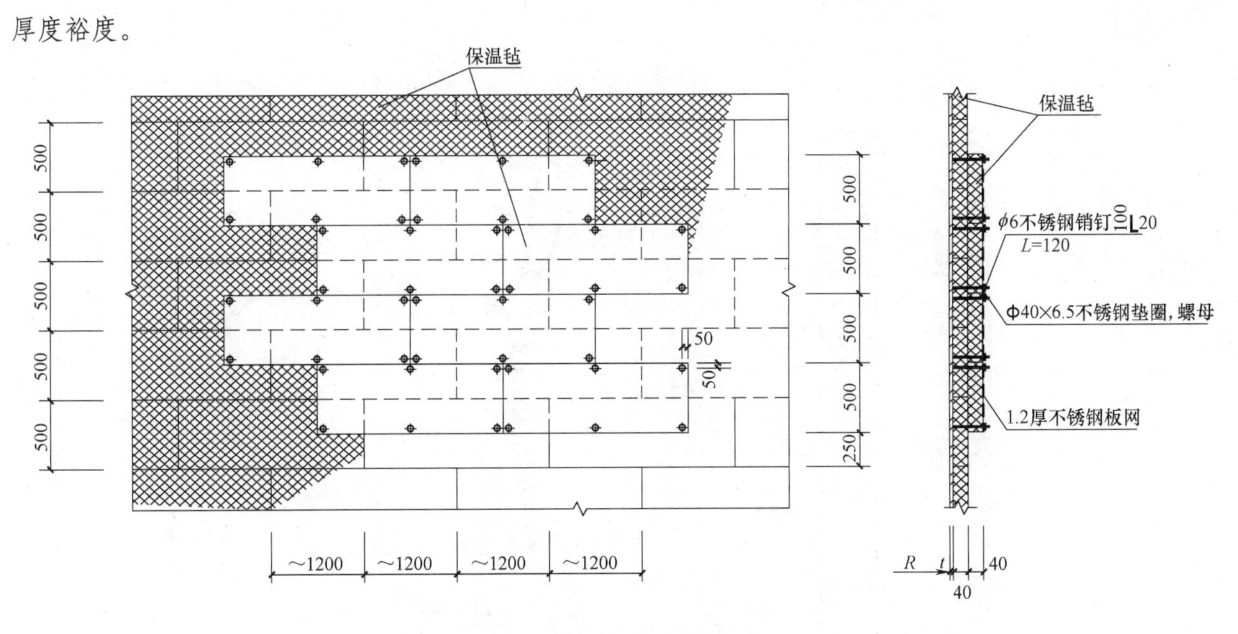

图 5.3-1　钢内筒烟囱保温层构造

钢内筒的保温层厚度应通过计算确定，一般应分作二层，每层约40mm，总厚度80mm。这样接缝就可错开，形成不了通缝，避免出现“冷桥”现象。为防止保温层的下坠，一般采用二种措施：一是在钢内筒外侧沿纵、环向间距600mm左右焊一根Φ4的钢筋，将保温层挂在其上，见图5.3-1。另一种是沿筒体1～3m左右焊一扁钢环，作保温层的防沉带。保温层采用不锈钢丝网保护，网孔约30mm×60mm。

烟囱顶部平台以上部位的钢内筒保温层外须用不锈钢板包裹。细节构造设计中要注意三点：一是防止雨水和湿气进入保温层，二是在风力作用下不应挤压保温层，三是顶部平台处泛水设计要注意能适应因烟气温度的变化而导致钢内筒的伸缩变形。

(3) 烟囱平台

根据平台所处位置和主要作用，烟囱内部一般设有顶部平台、吊装平台、支撑平台、检修平台等。这些平台一般沿高度每隔30～40m布置一个。烟囱建成后，所有平台均可作为检修工作平台。

1) 支撑平台

套筒式烟囱斜撑式支撑平台一般是由钢筋混凝土承重环梁、钢支柱、平台钢梁、平台剪力撑和平台钢铬栅板组成。钢筋混凝土承重环梁一般采用分段预制，然后与钢梁、钢柱和钢支撑等吊装拼接。承重环梁分段长度一般控制在3000mm左右，每段环梁上径向布置4根平台钢梁，其中的两根间隔布置的钢梁位置下设有钢支柱。钢梁间最小环向间距一般控制在750～1400mm，钢支撑设在钢梁间的平面内，构造设置。钢支柱和平台钢梁一般选用双槽钢组合而成。

多管式烟囱支撑平台的混凝土板厚一般取250mm，钢梁通常选焊接工字形钢梁，钢梁端部应伸入钢筋混凝土筒壁内（预留孔），以减少梁端荷载对承重外筒筒壁的偏心弯曲影响。

2) 内烟道和积灰平台

内烟道和积灰平台一般采用现浇钢筋混凝土结构。内烟道的顶（底）板和积灰平台板多选用梁板体系，侧壁多选用钢筋混凝土柱内填充砖砌体（包括耐酸砂浆封闭层和隔热层）体系（套筒式烟囱）和钢筋混凝土板墙（内设砖砌体内衬和隔热层）体系（多管式烟囱）；内烟道顶板一般取200mm厚，底板和积灰平台板取150mm厚，侧壁填充的砖砌体和砖砌体内衬不小于200mm厚。

内烟道端部与排烟筒固接连接，与钢筋混凝土承重外筒通过支撑牛腿铰接连接。

3) 烟囱顶部平台，见图5.3-2。

(4) 横向制晃

钢内筒应设置制晃装置。制晃点的间距L一般应满足$L/D=10\sim14$，D为钢内筒直径。

烟囱钢内筒横向制晃支撑结构通常有两种型式，即刚性支撑和柔性支撑。制晃装置对钢内筒仅起水平弹性约束作用，不应约束钢内筒由于烟气温度作用而产生的竖向和水平方向的温度变形。

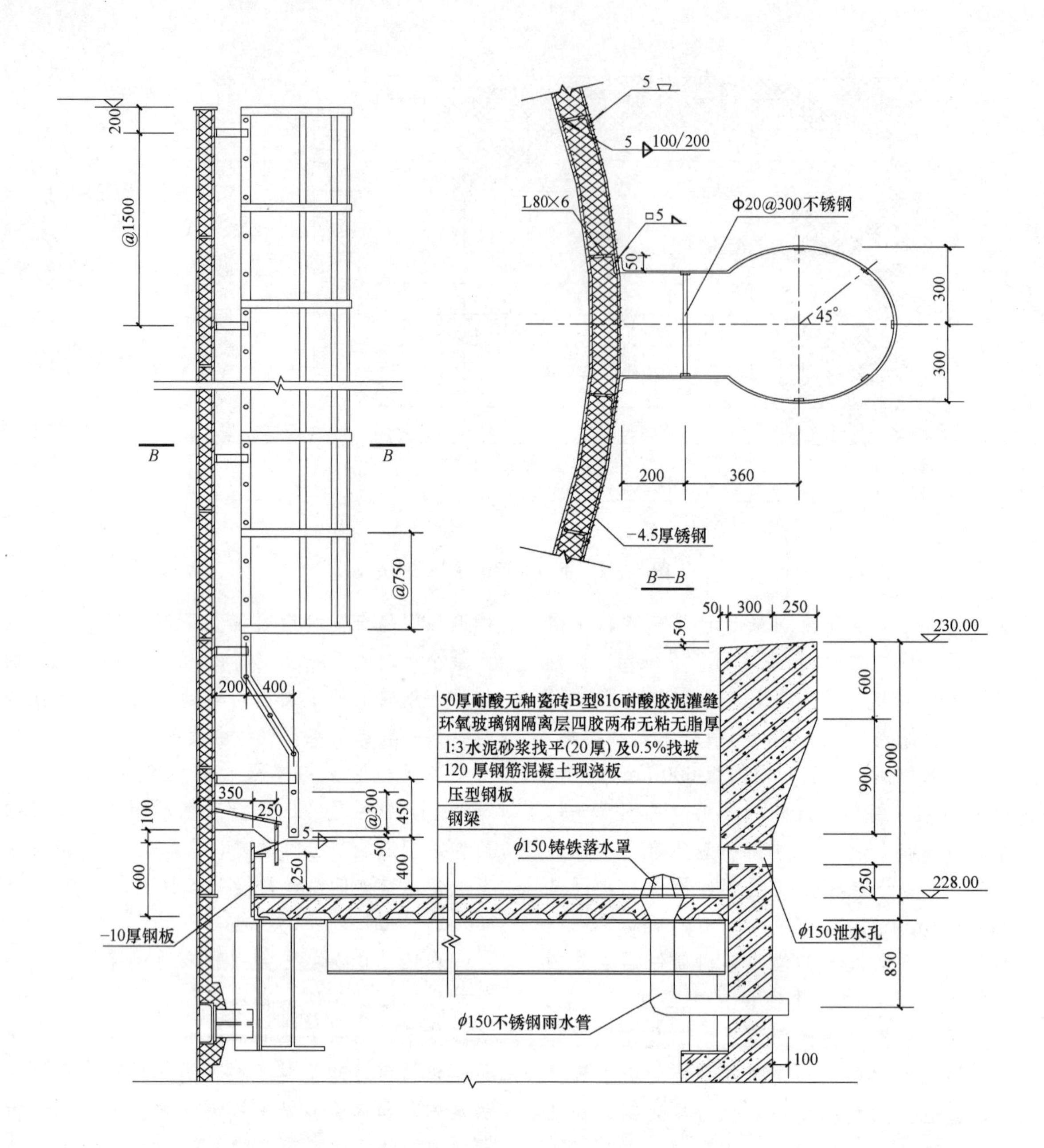

图 5.3-2 烟囱顶部平台构造

在止晃装置设计中必须考虑温度膨胀的影响，尤其应考虑事故温度情况下的不利因素。制晃装置处钢内筒应设加强环进行加强。

1）刚性支撑

刚性支撑是目前国内最常用的支撑型式，国内电厂正在运行的钢内筒烟囱中绝大多数均采用该支撑型式。刚性支撑使钢内筒受力均匀，与设计假定一致，温度膨胀对钢内筒不产生次应力。

2）柔性拉杆

柔性制晃装置以扁钢或拉索为制晃受力构件。一般设在平台上方 2.0m 左右处，与外筒及内筒的连接均采用铰接。拉紧节点宜采用花兰螺栓，以调整松紧度。

柔性拉杆为目前国际常用的支撑型式。该支撑型式检修维护方便，但平面布置复杂，紧固装置安装调试要求较高。需定期对柔性拉杆的拉紧装置进行紧固和维护，以防蠕变造成紧固装置的约束力损失。钢内筒温度膨胀纵向变形对水平柔性拉杆产生较大的附加力，而当锅炉停运钢内筒回到常温时，柔性拉杆将会松弛，减弱对钢内筒的约束作用。由于各柔性拉杆拉力均不是太大，故可在各柔性拉杆的中间增设一个带阻尼器的弹簧装置解决此问题。柔性拉杆布置见图 5.3-3。

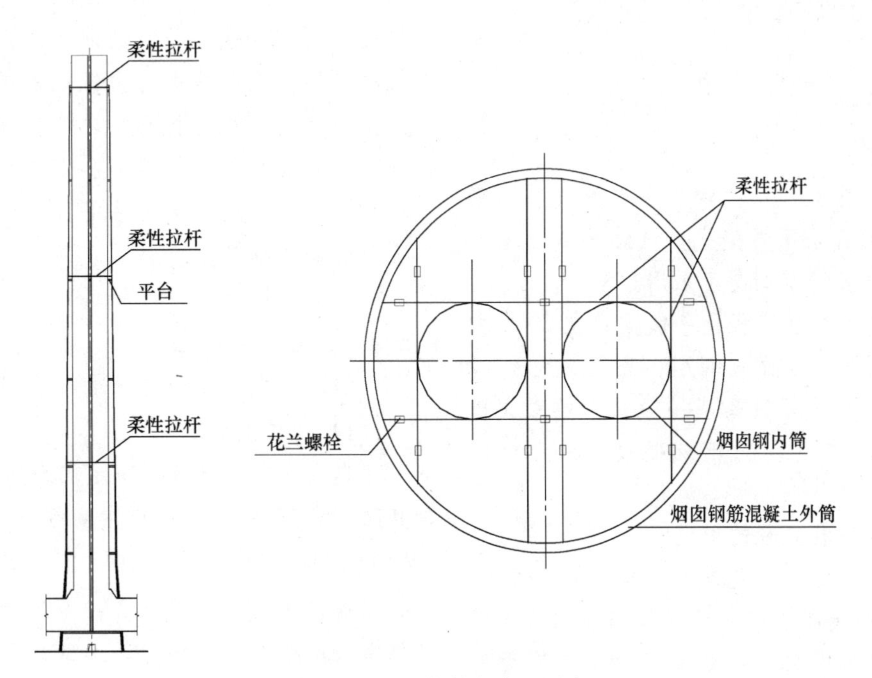

图 5.3-3　柔性拉杆布置示意

6 钢烟囱

6.1 一般规定

(1) 结构形式

钢烟囱包括自立式、拉索式和塔架式三种形式。高大的烟囱可采用塔架式，低矮的钢烟囱可采用自立式，细高的钢烟囱可采用拉索式。

对自立式钢烟囱其高径比一般控制在 20 以内为宜，即 $h/d \leqslant 20$，自立式钢烟囱高径比大于 20 时，一般不经济，故超过此值一般采用拉索式或塔架式钢烟囱。式中 h 为烟囱高度，d 为烟囱外径。

(2) 烟囱高度和直径的确定

烟囱出口净直径和高度通过计算由工艺确定。同时还要考虑环保要求，一般要比周围 150m 半径范围内的最高建筑至少高出 5m。另外在机场附近的烟囱为保证飞行安全，需满足限高的要求。烟囱出口直径一般指烟囱上口净尺寸。对于无内衬或部分内衬烟囱其净直径即为其顶部筒壁内直径。对于全内衬钢烟囱，其最小净直径不宜小于 500mm，其目的是考虑施工所需的最小空间。

(3) 钢烟囱钢材的选用

钢烟囱处于外露环境，塔架和筒壁外表面直接受到大气腐蚀，同时烟囱筒壁内表面又受到烟气的腐蚀和温度作用。为保证钢烟囱承载能力和防止脆性破坏及腐蚀破坏，应根据钢烟囱的重要性、受力大小、烟气温度和烟气腐蚀性质、大气环境、内衬及隔热层作法等因素综合考虑，选用合适的钢材牌号。

6.2 自立式钢烟囱

(1) 自立式钢烟囱概述

1) 高径比要求

自立式钢烟囱属于固定在基础上的悬臂构件，其高度和直径一般控制在高径比为 20 左右，即 $h/d \leqslant 20$，在这个比例内，自立式钢烟囱设计一般比较合理、安全和经济。实践中也有超过这个范围的，如 $h/d=30$，这要根据具体情况来综合考虑，如地震级别、风力大小、实际经验，并通过计算，保证满足设计规范要求也是可以的。

2) 自立式钢烟囱几种形式选型

自立式钢烟囱由于是悬臂构件，烟囱底部受力最大，因此最合理的结构形式是上小下大的截头圆锥形以及由此演变的另外几种形式。见图 6.2-1。

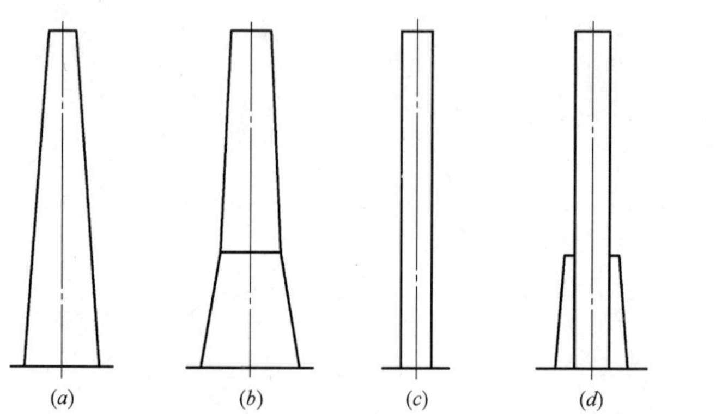

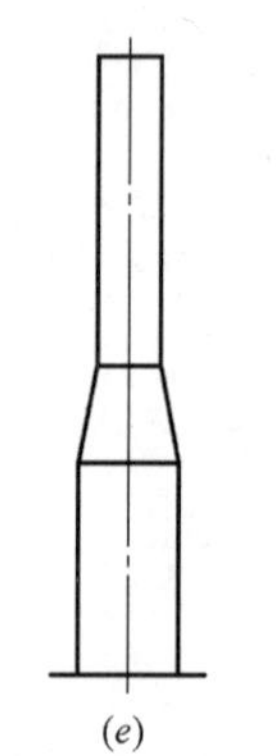

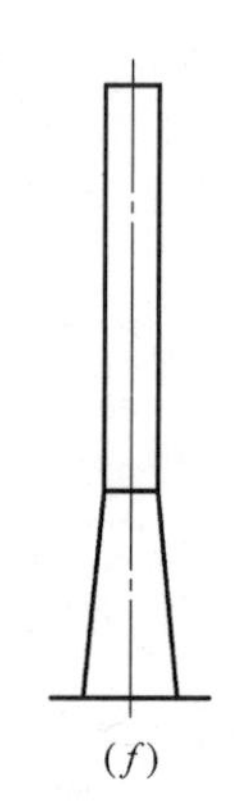

图 6.2-1 自立式钢烟囱的形式

(*a*) 截头圆锥形；(*b*) 变坡度的圆锥形；(*c*) 圆筒形；(*d*) 带扶壁式圆筒形；(*e*) 带过渡段圆筒形；(*f*) 上部圆筒下部圆锥形

图 6.2-1 (*a*) 截头圆锥形，受力合理，缺点是必须将很多钢板切成扇形，特别是为了减少焊接工作量而采用大块钢板时，要切掉的部分就较多，造成浪费。另外，这种扇形钢板每段曲率和尺寸都不同，在加工制作上难度比较大。

图 6.2-1 (*b*) 两个不同坡度的截头圆锥形，其优缺点基本同图 6.2-1 (*a*)，但受力更合理，制作难度更大。在制造能力比较强时可采用这种形式。

图 6.2-1 (*c*) 圆筒形，受力不太合理，但制作简单，在烟囱高度不高和施工能力不强时可以采用这种形式。

图 6.2-1 (*d*) 带扶壁圆筒形和图 6.2-1 (*e*) 带过渡段两个圆筒形是吸取图 6.2-1 (*c*) 制作简单的优点，克服受力不合理的缺点，用在烟囱底部增加扶壁、底部圆筒直径加大的办法，来适应烟囱底部受力最大的特点，使烟囱的高度可以设计得更高、受力更合理、更经济。

图6.2-1（f）上部圆筒下部圆锥形是介于图6.2-1（a）和（c）之间的做法，属折中方案，既有制作简单的优点，也有受力合理的优点。

3）拼装方案

自立式钢烟囱在高度方向一般是分节制造、现场拼装。分节长度根据施工吊装能力、场地大小等因素综合考虑，每节长度短则分段数量多，每段吊装重量小，但高空接头数量也多；如每节长度长些则分段数量少，每节吊装重量大，高空接头数量少。一般分节每段长度可考虑5～10m。高空每节之间的接头方式可以是焊接，也可以采用法兰用高强度螺栓连接。焊接的优点是简单，烟囱外形整齐，涂装障碍少，缺点是高空焊接质量不易保证，另外安装速度慢。而采用高强度螺栓连接正好相反，安装速度快，但烟囱外形有突出部分，涂装有障碍。可根据施工能力和进度要求综合确定。

4）自立式钢烟囱计算的内容概述

① 根据烟气温度、腐蚀性质，确定内衬、隔热层材料及厚度。计算出钢筒壁的受热温度。按本篇第3.6节计算。

② 地震验算和横向风振计算均涉及钢烟囱自振周期和振型系数。周期和振型系数计算分别见公式（6.2-1～6.2-3）和表6.2-1～6.2-2。

③ 计算在风载、地震作用、静载、活载作用下烟囱底部和控制截面的M、N、V。

④ 在弯矩和轴力作用下，钢烟囱强度局部稳定计算。

⑤ 在弯矩和轴力作用下，钢烟囱整体稳定计算。

⑥ 横向风振计算。由于钢烟囱结构阻尼较其他材质烟囱要小得多，因此发生横向风振时结构动力响应很大。实践和理论研究表明，钢烟囱，特别是焊接钢烟囱的破坏，除了顺方向风力起控制作用外，有时横风向风振也起控制作用。因此要进行横风向风振的验算。

⑦ 地脚螺栓拉力验算。

⑧ 烟道入口处钢筒壁的孔洞应力核算。

⑨ 底板厚度计算，底板底面积计算。

⑩ 钢烟囱底座下面局部受压验算。

钢烟囱的自重比起混凝土烟囱和砖烟囱小得多，因此地震力也比较小，一般情况下风力所产生的应力远远大于地震力，故风力起控制作用。

烟囱结构振型系数，在一般情况下，对顺风向响应可仅考虑第一振型的影响，对横风向的共振响应，应验算第1至第4振型的频率或周期，前4个振型系数见表6.2-1和表6.2-2。

（2）自立式钢烟囱计算

1）钢烟囱自振周期T的计算。

① 等截面自立式钢烟囱（即图6.2-1c圆筒形）

$$T_i=\frac{2\pi H^2}{C_i}\sqrt{\frac{W}{E_t\cdot I\cdot g}} \qquad (6.2\text{-}1)$$

式中 T_i——第i振型的周期；

H——烟囱总高度（m）；

E_t——在温度作用下，筒壁钢材弹性模量（kN/m²）；

I——筒身截面惯性矩（m⁴）；

g——重力加速度（$g=9.8\text{m/s}^2$）；

W——筒身单位长度重量（kN/m）；

C_i——与振型有关的常数：第一振型$C_1=3.515$；第二振型$C_2=22.034$；第三振型$C_3=61.701$。

该公式也适用于其他材料的等截面烟囱或等截面悬臂杆件，用于其他材料时，E_t改为其他材料的弹性模量。该公式是采用无限自由度体系偏微分方程（弯曲型高耸结构自由振动方程）推导出来的。

② 上部圆筒下部截头圆锥形钢烟囱自振周期。

$$T=\frac{H^2}{768.3d(1+47.5t)} \qquad (6.2\text{-}2)$$

式中 d——筒壁底部直径（m）；

t——筒壁底部厚度（m）；

H——烟囱等效高度（m）；

$$H=H_s+\frac{H_b}{3}+\frac{d}{2} \qquad (6.2\text{-}3)$$

H_b——烟囱底部截锥体高度（m）；

H_s——烟囱上部直段高度（m）。

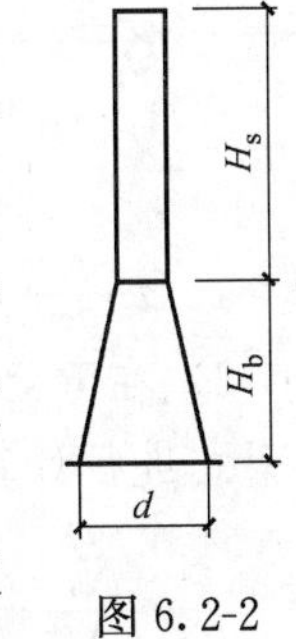

图6.2-2

③ 经验公式：

以实测值的统计为基础提出下述钢烟囱固有振动周期近似公式：

砌衬里后

$$T=(0.9\sim1.0)\times10^{-3}\times\frac{H^2}{D_m}(\text{Sec}) \qquad (6.2\text{-}4)$$

砌衬里前

$$T=0.66\times10^{-3}\times\frac{H^2}{D_m}(\text{Sec}) \qquad (6.2\text{-}5)$$

式中 H——烟囱高度（m）；

D_m——烟囱2/3高度处外径(m)。

2)在弯矩和轴力作用下,钢烟囱强度及局部稳定应按下列规定进行计算:

$$\frac{N_i}{A_{ni}} \pm \frac{M_i}{W_{ni}} \leqslant f_t 及 \sigma_{crt} \quad (6.2\text{-}6)$$

$$\sigma_{crt} = 0.4\frac{E_t}{K} \cdot \frac{t}{d_i} \quad (6.2\text{-}7)$$

式中 M_i——钢烟囱水平计算截面i的最大弯矩设计值(包括风弯矩和水平地震作用弯矩)(N·mm);

N_i——与M_i相应轴向压力或轴向拉力设计值(包括结构自重和竖向地震作用)(N);

A_{ni}——计算截面处的净截面面积(mm^2);

W_{ni}——计算截面处的净截面抵抗矩(mm^3);

f_t——温度作用下钢材抗拉、抗压和抗弯强度设计值(N/mm^2);按烟囱设计规范3.3.5条及3.3.6条进行计算;

σ_{crt}——钢烟囱局部稳定的临界应力值(N/mm^2);

t——计算截面i的筒壁厚度;

E_t——温度作用下钢材的弹性模量(N/mm^2);按《烟囱设计规范》中3.2.6条计算;

K——局部抗压强度调整系数,对应于风荷载时,取$K=1.5$;对应于地震作用时$K=1.20$;

d_i——i截面的钢烟囱外直径(mm)。

3)在弯矩和轴力作用下,钢烟囱整体稳定应按下式进行计算:

$$\frac{N_i}{\varphi A_{bi}} + \frac{M_i}{W_{bi}(1-0.8N_i/N_{EX})} \leqslant f_t \quad (6.2\text{-}8)$$

$$N_{EX} = \frac{\pi^2 E_t A_{bi}}{1.1\lambda^2} \quad (6.2\text{-}9)$$

式中 A_{bi}——计算截面处的毛截面面积(mm^2);

W_{bi}——计算截面处的毛截面抵抗矩(mm^3);

N_{EX}——欧拉临界力(N);

λ——烟囱长细比,按悬臂构件计算;

φ——焊接圆筒截面轴心受压构件稳定系数;

M_i、N_i、f_t、E_t——同公式(6.2-6)和公式(6.2-7)。

4)地脚螺栓最大拉力计算

① 当在筒壁外侧布置一周地脚螺栓时:

$$P_{max} = \frac{4M}{nd_{02}} - \frac{N}{n} \quad (6.2\text{-}10)$$

式中 P_{max}——每个地脚螺栓的最大拉力(kN);

M——烟囱底部最大弯矩设计值(kN·m);

N——与弯矩相应的轴向压力设计值(kN);在计算螺栓最大拉力时,筒壁、内衬及隔热层的自重应乘以荷载分项系数0.9;

d_{02},d——分别为筒壁外侧和内侧地脚螺栓所在圆直径(m);

n——筒壁内、外侧各自的地脚螺栓数量(相等)。

② 当在筒壁内外侧同时布置地脚螺栓时,其地脚螺栓最大拉力计算公式为:

$$P = 4M/n(d_{01}+d_{02}) - N/2n \quad (6.2\text{-}11)$$

钢烟囱底板除承受轴心压力N和弯矩M外,必然承受剪力V。一般地脚螺栓不得用于传递剪力,此剪力应由底板与基础之间的摩擦力或设置抗剪键承受。摩擦力计算一般取钢板与混凝土之间的摩擦系数为0.4。

5)钢烟囱底座基础局部受压应力,可按下式计算:

$$\sigma_{cbt} = \frac{G}{A_t} + \frac{M}{W} \leqslant \omega\beta_L f_{ct} \quad (6.2\text{-}12)$$

式中 σ_{cbt}——钢烟囱荷载设计值作用下,在混凝土底座处产生的局部受压应力(N/mm^2);

G——钢烟囱底部的最大轴向压力设计值(N);

A_t——钢烟囱与混凝土基础的接触面积(mm^2);

M——烟囱底部与轴向力相对应的弯矩设计值(N·m);

W——钢烟囱与混凝土基础的接触截面抵抗矩(mm^3);

ω——荷载分布影响系数,可取$\omega=0.675$;

β_L——混凝土局部受压时强度提高系数,按国家标准《混凝土结构设计规范》GB 50010计算;

f_{ct}——混凝土在温度作用下的轴心抗压强

度设计值（N/mm²）。

可由公式（6.2-12）确定钢烟囱底板面积。

6）钢烟囱底板厚度按下式确定：

$$t \geqslant \sqrt{\frac{6M_{\max}}{f_t}} \quad (6.2\text{-}13)$$

式中 f_t——钢材在温度作用下的抗拉强度设计值；

$M_{\max}$——按公式（6.2-12）算出的应力图形和底板被分隔成的不同区格计算出的弯矩最大值，分别按三边支撑板和悬臂板计算确定。此时基础顶面的分布压力 σ_{cbt} 可偏安全地取底板各区格下的最大压应力。

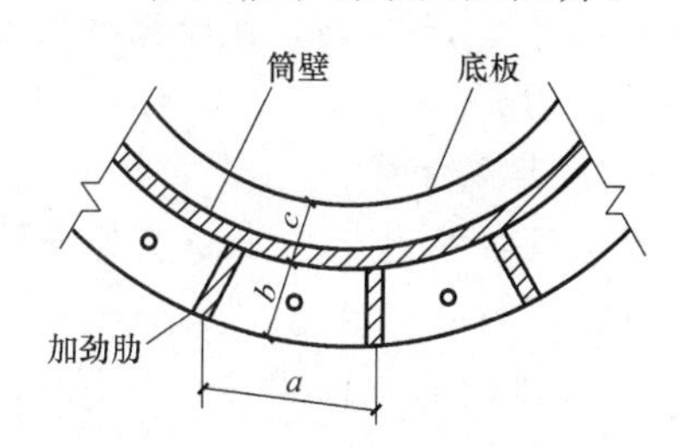

图 6.2-3 筒壁底板计算尺寸

对三边支撑板：

$$M_{\max} = \beta\sigma_{cbt}a^2 \quad (6.2\text{-}14)$$

式中 β——系数，由 b/a 查表 6.2-1 确定，当 $b/a<0.3$ 时，可按悬臂长度为 b 的悬臂板计算；

a——筒壁底板外侧加劲板之间底板自由边长度；

b——筒壁底板外侧底板悬臂长度。

对一边支撑板，按悬臂板计算：

$$M = \frac{1}{2}\sigma_{cbt}C^2 \quad (6.2\text{-}15)$$

式中 C——筒壁内侧底板悬臂长度

为了使底板具有足够刚度，以符合基础反力均匀分布的假定，底板厚度一般为 20～40mm，通常最小厚度为 14mm。

三边支撑板弯矩系数 β　　表 6.2-1

b/a	0.3	0.4	0.5	0.6	0.7
β	0.0273	0.0439	0.0602	0.0747	0.0871
b/a	0.8	0.9	1.0	1.2	≥1.4
β	0.0972	0.1053	0.1117	0.1205	0.1258

7）烟道入口处的筒壁宜设计成圆形。矩形孔洞的转角宜设计成圆弧形。孔洞应力应满足下式：

$$\sigma = \left(\frac{N}{A_0} + \frac{M}{W_0}\right)\alpha_K \leqslant f_t \quad (6.2\text{-}16)$$

式中 A_0——洞口补强后水平截面面积，应不小于无孔洞的相应圆筒壁水平截面面积（mm²）；

W_0——洞口补强后水平截面最小抵抗矩（mm³）；

f_t——温度作用下的钢材抗压强度设计值（N/mm²）；

N、M——洞口截面处轴向力设计值和弯矩设计值（N·mm）；

α_K——洞口应力集中系数，孔洞圆角半径 r 与孔洞宽度 b 之比 $r/b=0.1$ 时可取 $\alpha_K=4$，$r/b \geqslant 0.2$ 时取 $\alpha_K=3$，中间值线性插入。

8）钢烟囱截面抵抗矩计算：

① 未开洞：

$$W = 0.77d^2t \quad (6.2\text{-}17)$$

② 开一个洞宽为 b 的截面：

$$W = 0.77d^2t\left(1 - 0.65\frac{b}{d}\right) \quad (6.2\text{-}18)$$

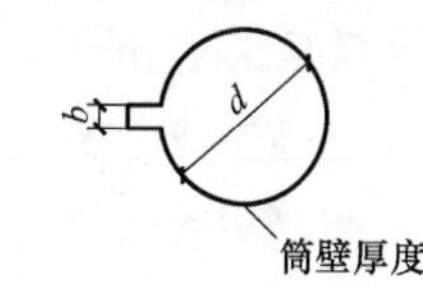

③ 对称位置开两个洞宽为 b 的截面：

$$W = 0.77d^2t\left(1 - 1.3\frac{b}{d}\right) \quad (6.2\text{-}19)$$

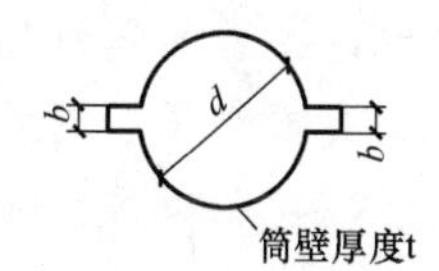

④ 在相互垂直位置开两个洞宽为 b 的截面：

$$W = 0.77d^2t\left(1 - 0.7\frac{b}{d}\right) \quad (6.2\text{-}20)$$

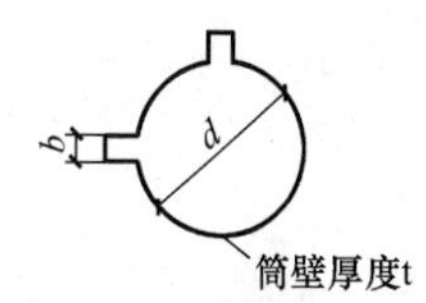

⑤ 在相互夹角 90°位置开三个洞宽为 b 的截面：

$$W = 0.77d^2t\left(1 - 1.3\frac{b}{d} - 0.216\frac{b^3}{d^3}\right) \quad (6.2\text{-}21)$$

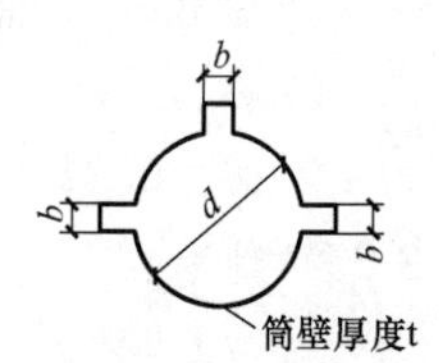

9）横向风振计算

① 临界风速 V_{cr}

$$V_{cr}=\frac{D}{T_j S_t}=\frac{5D}{T_j} \quad (6.2\text{-}22)$$

式中 T_j——结构 j 振型时的自振周期；

D——圆截面直径；非等截面圆锥体结构，当斜率在2%以下时取$\frac{2}{3}$高度处的直径作为等截面圆柱体来处理；

V_{cr}——产生横向风振时的临界风速。

② 结构顶部风速：只有当结构顶部风速 $V_H>V_{cr}$ 时，才可能发生共振，此时 $H_1<H$，存在共振区，其中 H_1 为共振区起点高度，(也称临界风速起点高度) H 为结构高度。

结构顶部风速可按下列公式确定：

$$V_H=\sqrt{\frac{2000\mu_H w_0}{\rho}} \quad (6.2\text{-}23)$$

式中 V_H——结构顶部风速；

μ_H——结构顶部风压高度变化系数，按表3.2-1取值；

w_0——基本风压 kN/m^2；

ρ——空气密度（kg/m^3）；标准空气密度 $\rho=1.25kg/m^3$。

③ 锁住区范围（即临界风速起点和终点）的确定

试验还表明，当风速增大使旋涡脱落频率达到结构自振频率后，再增大风速时旋涡频率不再增大而仍等于结构自振频率。这种使旋涡脱落频率达到自振频率后，在一段风速范围内仍保持等于结构自振频率的区域，称为"锁住区"。

$$H_1=H\left(\frac{V_{cr}}{1.2V_H}\right)^{1/\alpha} \quad (6.2\text{-}24)$$

$$H_2=H\left(\frac{1.3V_{cr}}{V_H}\right)^{1/\alpha}=(1.3)^{1/\alpha}H_1 \quad (6.2\text{-}25)$$

式中 H_1、H_2——分别为锁住区起点和终点高度，H_1 也就是临界风速起点高度；

α——地面粗糙度指数，对A、B、C和D四类分别取0.12、0.16、0.22和0.30。

由公式（6.2-25）判断：

当 $V_H<1.3V_{cr}$ 时，$\left(\frac{1.3V_{cr}}{V_H}\right)^{1/\alpha}>1$，则 $H_2>H$，取 $H_2=H$，H_1 按下式计算：

$$H_1=H\left(\frac{V_{cr}}{V_H}\right)^{1/\alpha} \quad (6.2\text{-}26)$$

当 $V_H\geqslant1.3V_{cr}$ 时，$\left(\frac{1.3V_{cr}}{V_H}\right)^{1/\alpha}\leqslant1$，则 $H_2\leqslant H$，则 $H_1<H$，H_1 按下式计算：

$$H_1=\frac{H}{(1.3)^{1/\alpha}} \quad (6.2\text{-}27)$$

由公式（6.2-24）判断：

当 $V_H>V_{cr}$ 时，$\left(\frac{V_{cr}}{V_H}\right)^{1/\alpha}<1$，则 $H_1<H$ 才会有共振区，H_1 为共振区起点高度即临界风速高度。

如果 $V_H\leqslant V_{cr}$ 时，$\left(\frac{V_{cr}}{V_H}\right)^{1/\alpha}\geqslant1$，则 $H_1\geqslant H$，即共振区起点高度 $H_1\geqslant H$，此时无共振区所以不会发生共振。

④ 等效风荷载计算

跨临界强风共振引起在 z 高度处振型 j 的等效风荷载可由下列公式确定：

$$\omega_{czj}=|\lambda_j|V_{cr}^2\varphi_{zj}/12800\xi_j \quad (kN/m^2) \quad (6.2\text{-}28)$$

$$\lambda_j=\frac{\int_{H_1}^{H_2}\varphi_{zj}dz}{\int_0^H\varphi_{zj}^2dz}$$

对于第一振型系数可取：

$$\varphi_{zj}=2\left(\frac{Z}{H}\right)^2-\frac{4}{3}\left(\frac{Z}{H}\right)^3+\frac{1}{3}\left(\frac{Z}{H}\right)^4 \quad (6.2\text{-}29)$$

式中 λ_j——计算系数；

ξ_j——第 j 振型阻尼比；对第一振型，钢结构烟囱取0.01，混凝土结构取0.05；对高振型的阻尼比，若无实测资料，可近似按第一振型的值取用。

V_{cr}——临界风速。

⑤ 风荷载总效应计算

校核横风向风振时，风的总效应可将横风向风荷载效应（弯矩和剪力）S_c 与顺风向风荷载效应 S_A 按矢量叠加：

$$S=\sqrt{S_c^2+S_A^2} \quad (6.2\text{-}30)$$

其中顺风向风荷载取在横风向共振发生时（临界风速时），在10m标高处对应的顺风向的基本风压 w_{cr10}，w_{cr10} 可按下列公式计算：

$V_H\geqslant1.3V_{cr1}$ 时

$$w_{cr10}=\frac{(1.3V_{cr1})^2}{1600}\left(\frac{10}{H}\right)^{2\alpha} \quad (6.2\text{-}31)$$

当$V_H<1.3V_{cr1}$时，w_{cr10}直接取10m标高处的基本风压。

式中　H——烟囱的高度（m）；

α——地面粗糙度系数；

V_{cr1}——第一振型时的临界风速（m/s）；

V_H——烟囱顶端风速设计值（m/s）。

其中横风向等效风荷载按公式（6.2-28）计算。

⑥ 横向风振是否起控制作用的判别公式。

当横向风振发生时，并不能肯定横向风振起控制作用。

当烟囱顶端设计风压w_h满足式（6.2-32）时，烟囱承载能力极限状态仍由顺风向设计风压控制。

$$w_h \geqslant w_{cr1}\sqrt{\frac{0.04}{\zeta_1^2}+\beta_h^2} \tag{6.2-32}$$

$$w_{cr1}=\frac{V_{cr1}^2}{1600} \tag{6.2-33}$$

式中　w_{cr1}——第一振型对应的临界风压；

w_h——烟囱顶端设计风压（kN/m^2）；

V_{cr1}——第一振型对应的临界风速（m/s），按公式（6.2-22）计算；

ζ_1——风振计算时，第一振型结构阻尼比，钢烟囱取0.01；

β_h——烟囱顶端风振系数。

当不满足公式（6.2-32）时，第一振型横向风振可能起控制作用，应计算横向风振效应。

⑦ 减小横向风振的措施

当判断发生横向风振并起控制作用时，一种设计方案是增大截面使烟囱满足承载力要求，另一种方案是采用“破风圈”来消除规则的旋涡脱落现象，从而达到消除横向风振的效果，破风圈的设置条件和要求：

① 设置条件：当烟囱的临界风速小于6～7m/s时，应设置破风圈。

当烟囱的临界风速为7～13.4m/s，且小于设计风速时，而用改变烟囱高度、直径和增加筒壁厚度等措施不经济时，也可设置破风圈。

② 设置破风圈范围的烟囱体型系数应按表面粗糙情况选取。

③ 破风圈设置位置

需设置破风圈时，应在距烟囱上端不小于烟囱高度1/3的范围内设置。

④ 破风圈型式与尺寸

交错排列直立板型

直立板厚度不小于6mm，长度不大于1.5m，宽度为烟囱外径的1/10。每圈立板数量为4块，沿烟囱圆周均布，相邻圈立板相互错开45°。

螺旋板型

螺旋板型厚度不小于6mm，板宽为烟囱外径的1/10。螺旋板为3道，沿圆周均布，螺旋节距可为烟囱外直径的五倍。

（3）自立式钢烟囱的构造要求

1）自立式钢烟囱的筒壁最小厚度应留有2～3mm腐蚀厚度裕度。

2）室外爬梯、平台和栏杆，其型钢最小壁厚不应小于6mm，圆钢直径不宜小于22mm，钢管壁厚不应小于4mm。

3）柱子、主梁等重要钢构件不应采用薄壁型钢和轻型钢结构，腐蚀性等级为强腐蚀、中等腐蚀时，不应采用格构式钢结构，因格构式钢结构杆件截面较小，加上缀条、缀板较多，表面积大，不利于防腐。

4）钢结构杆件截面的选择应符合下列要求：

① 钢结构杆件应采用实腹式或闭口截面；

② 由角钢组成的T型截面或由槽钢组成的工形截面，当腐蚀性等级为中等腐蚀时不宜采用，当腐蚀性等级为强腐蚀时不应采用。因为由两根角钢组成的T型截面，其腐蚀速度为管形的2倍或普通工字钢的1.5倍，而且两角钢间形成的缝隙无法进行防护，形成腐蚀的集中点，因此对上述构件应限制使用范围。若需要采用组合截面杆件时，其型钢间的空隙宽度应满足防护层施工检查和维修的要求。一般不小于120mm，否则其空隙内应以耐腐蚀胶泥填塞。

5）除筒壁外，其他重要杆件及节点板厚度，不宜小于8mm；非重要杆的厚度不小于6mm；采用钢板组合的杆件的厚度不小于6mm；闭口截面杆件的厚度，不小于4mm。

6）柱子、主梁等重要钢结构和矩形闭口截面杆件的焊缝，应采用连续焊缝，角焊缝的焊脚尺寸不应小于8mm；当杆件厚度小于8mm时，焊脚尺寸不应小于焊件厚度，闭口截面杆件的端部应封闭。断续焊缝容易产生缝隙腐蚀，腐蚀介质和水汽容易从焊缝空隙中渗入闭口截面内部，所以对重要杆件和闭口截面杆件的焊缝应采用连续焊缝。

7）钢结构采用的焊条、螺栓、节点板等构件连接材料的耐腐蚀性能，不应低于构件主体材料的耐腐蚀性能，以保证结构的整体性。

8）筒壁底板标高或柱脚标高应高出室内地面不小于100mm，或高出室外地面不小于300mm。如果筒壁底板或柱脚因故埋入地下，则应采用C10～C15混凝土包裹（保护层不应小于50mm），并应使包裹的混凝土高出室内地面约150mm或超出室外地面不小于300mm。筒壁底板下面设50mm厚水泥砂浆找平层（二次浇灌层）。

9）筒壁底板和地脚螺栓

① 底板厚度和地脚螺栓直径应通过计算确定。

地脚螺栓沿烟囱底座等距离设置。地脚螺栓有沿筒壁外侧布置一圈的型式，如图6.2-4所示；也有沿筒壁外侧和内侧同时布置一周的如图6.2-5所示。后者优点是地脚螺栓在壁板两侧对称布置，壁板不产生局部弯矩，适用于高大的烟囱，但壁板内部螺栓需用隔热层和内衬保护好，以防腐蚀。

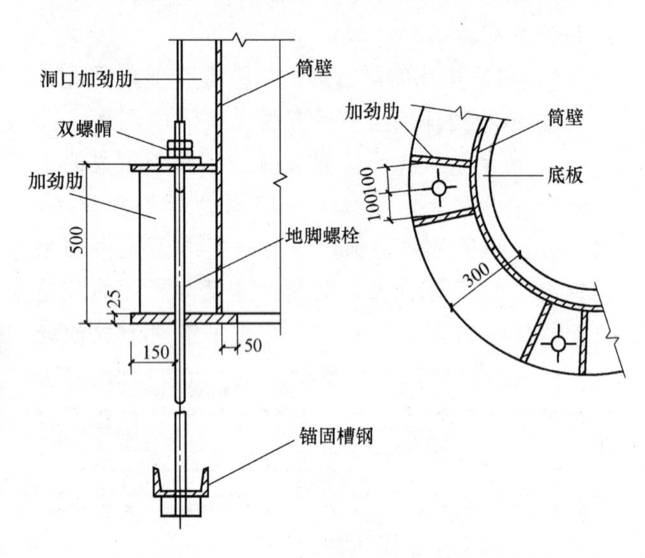

图6.2-4 筒壁外侧布置地脚螺栓

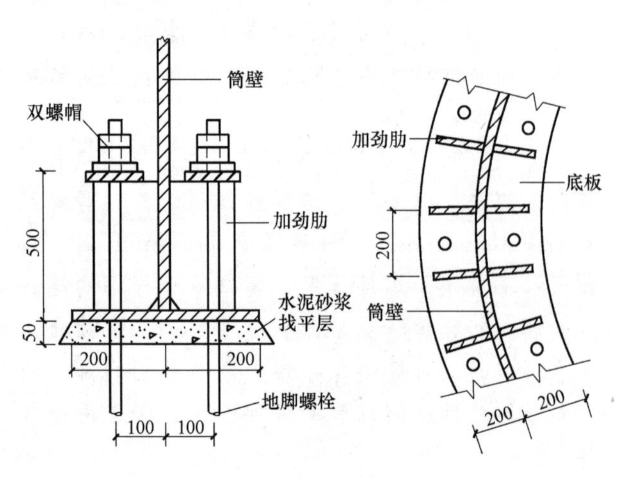

图6.2-5 筒壁内外侧同时布置地脚螺栓

② 底板加劲肋一般为三角形或梯形，要求均匀分布于烟囱底座四周，必要时还可在主加劲肋之间设次加劲肋。所有加劲肋的斜边与水平面夹角不应小于60°，加劲肋的最小厚度不应小于8mm。

10）清灰口

在烟囱底部设置检查/清灰口，用于进入烟囱内部进行检查，同时也用于清灰，清灰口最小尺寸应不小于500mm×800mm。

11）钢烟囱筒壁竖向接头多数采用对接焊接。但为了高空接长安装时快速也可采用法兰盘用高强螺栓连接，参图6.2-6所示。

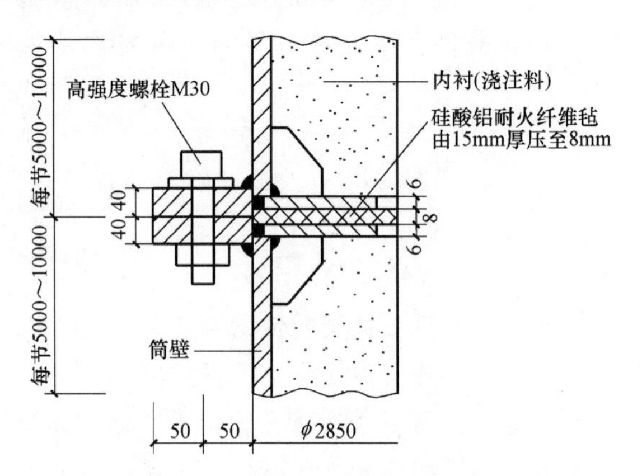

图6.2-6 钢烟囱竖向分段用法兰连接

12）钢烟囱顶部需设避雷针，应有可靠的防雷接地。接地标准具体按有关行业标准执行。

13）钢烟囱应设爬梯及平台，以便检修信号灯、避雷针等。

14）清灰办法可根据业主或环保要求采取以下几个办法：

① 烟灰自由落在烟囱底板上，由人工装小车运走，此法简易可行，节约投资，但扬灰较大，工人劳动强度大。

② 在烟道底标高以下设置集灰钢漏斗（漏斗焊接吊挂在筒壁上）漏斗嘴处设闸板阀，控制卸灰至小车上运走。

③ 在烟囱底板标高处设置一圈ϕ50mm水管，在水管上开ϕ10@150mm的喷嘴，用水力喷灰落在烟囱底部灰坑中，水力冲灰至外部集灰坑。

④ 设置除尘系统，收集烟灰至高架漏斗中，由汽车开至漏斗下面卸灰运走。

15）隔热层的设置应符合下列规定：

① 当烟气温度高于钢筒壁最高受热允许温度时，应设置隔热层。

② 烟气温度低于150℃，烟气有可能对烟囱

产生腐蚀时，应设置防腐隔热层。

③ 隔热层厚度由温度计算决定，但最小厚度不宜小于 50mm。对于全辐射炉型的烟囱，隔热层厚度不宜小于 75mm。

④ 隔热层应与烟囱筒壁牢固连接，当采用块体材料或不定型现场浇注材料时，可采用锚固钉或金属网固定。烟囱顶部可设置钢板圈保护隔热层边缘。钢板圈厚度不小于 6mm。

⑤ 为支撑隔热层重量，可在钢烟囱内表面，沿烟囱高度方向，每隔 1m 至 1.5m 设置一个角钢加固圈。

⑥ 当烟囱温度高于 560℃时，隔热层的锚固件可采用不锈钢（1Cr18Ni9Ti）制造。烟气温度低于 560℃时，可采用一般碳素钢制造。

⑦ 对于无隔热层的烟囱，在其底部 2m 高度范围内，应对烟囱采取外隔热措施或者设置防护栏杆，防止烫伤事故。

16）内衬的设置

① 设置内衬的目的是为了以下一个原因或多个原因同时存在：

隔热，避免筒壁温度过高；

保温，避免烟气温度过低产生结露，减少筒壁腐蚀。

② 内衬材料

内衬材料应根据烟气温度和烟气腐蚀性质来综合确定。

耐火砖，最高使用温度可达 1400℃，自重比较大，施工繁重。

硅藻土砖，最高使用温度达 800℃，自重轻，保温隔热效果好，膨胀系数低。

耐酸砖，用于强腐蚀烟气，使用温度不超过 150℃，不能用于烟气温度波动频繁的烟囱。

普通黏土砖，最高使用温度 500℃，自重大，耐酸性较好。

耐热混凝土，可根据烟气温度要求配置不同耐热度的混凝土（200～1200℃），可现浇，也可预制。

硅藻混凝土，以碎砖为骨料，以氧化铝水泥配置，可现浇，也可预制，允许受热温度为150～900℃，是良好的隔热、保温材料。

烟囱 FC-S 喷涂料，适用于温度小于等于 400℃的钢烟囱。主要成分：结合剂-特殊水泥；骨料-用高硅质烧成蜡石为主要成分的骨料；外掺剂-耐酸细粉料。施工方法：先在筒内壁焊短筋挂钢丝片，再喷涂 60～80mm 厚的 FC-S 喷涂料。

高强轻质浇注料，重力密度 8～10kN/m³，耐热温度 700℃，采用密布的锚固件与筒壁加强连接，锚固件为 Y 形或 V 形不锈钢板制作，现浇厚度可达到 250mm 左右。

不定型耐火喷涂料 FN130、FN140，起隔热耐磨防腐作用，喷涂厚度可为 70～120mm，使用温度为 1200℃。为了固接喷涂料，应先在筒壁内侧点焊 Y 形或 V 形锚固件（ϕ6 钢筋高约 60～100mm）间距为 250mm。

③ 内衬支撑环

内衬要超过支撑环边缘，并不小于 12mm，也不大于内衬厚度的 1/3。筒首宜用不锈钢板封闭，见图 6.2-7。

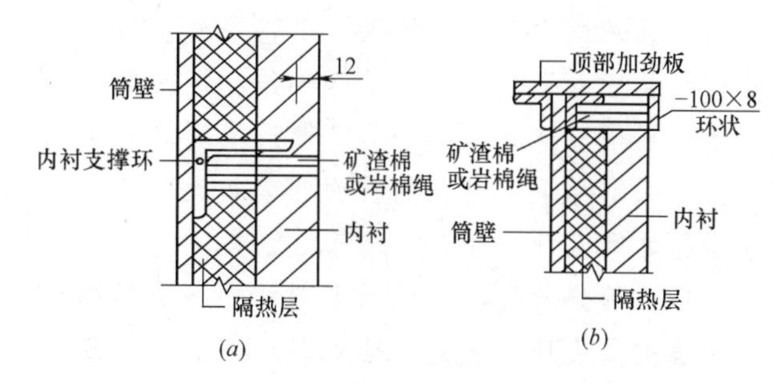

图 6.2-7　内衬节点

(a) 内衬支撑环详图；(b) 烟囱顶部内衬详图

6.3　塔架式钢烟囱

（1）设计要点

1）塔架的立面形式及腹杆体系

钢塔架沿高度可采用单坡度或多坡度形式。塔架底部宽度与高度之比，不宜小于 1/8，常取底盘宽度为整个塔高的 1/4～1/8。塔架底部宽度对塔架本身的钢材量影响并不显著，但它对塔架在风荷载作用下的水平位移、塔架的自振周期、塔架基础受力的影响较大。同时，塔架立面形式、腹杆体系以及各部分的构造形式都对上述结果有直接影响。钢塔架腹杆宜按下列规定确定：

① 塔架顶层和底层应采用刚性 K 型腹杆；

② 塔架中间层宜采用预加拉紧的柔性交叉腹杆；

③ 塔柱及刚性腹杆宜采用钢管，当为组合截面时宜采用封闭式组合截面；

④ 交叉柔性腹杆宜采用圆钢。

非预应力柔性交叉体系中的圆钢腹杆应施加非结构性预应力，其预应力值一般可取材料强度设计值的 15%～20%，且不小于塔架在永久荷载作用下对腹杆所产生的压应力值。塔架同一节间中的腹杆预应力值应相等。

K形腹杆的主要特点是减少节间长度和斜腹杆长度，属刚性腹杆体系，用于剪力和扭矩较大的塔架。

对于高度较高，底部较宽的钢塔架，宜在底部各边增设拉杆。

2）塔架变截面处的连接形式

这里的截面变化处，是指截面突变的地方，而不是塔柱坡度改变的地方。塔架平截面突变有三种形式，第一种是平面的大小突然变化，第二种是平截面的几何形状突然变化，第三种是平截面的大小和形状同时发生突然变化。

不论属于那种截面变化，其连接形式可分为插入式和承接式两种。插入式是将平截面较小的上部结构插入平截面较大的下部结构，两部分结构用两层横膈连在一起。为了两层横膈更好地工作，当上部和下部结构的截面相差较大时，在两层横膈之间应设垂直方向的交叉支撑。

插入部分长度，应根据上部结构、下部结构和横膈的受力情况决定。插入部分的长度应是上部和下部结构的整节间数。

承接式的连接方法，是把发生突变的上下两部分结构，通过一段变化比较和缓的过渡节段连接在一起。

3）塔架的横膈设置

四边形及四边形以上的塔架，为了保证平截面的几何不变及塔柱有较好的工作条件，都必须设一定数量的横膈。

关于横膈垂直方向的布置问题，从一般概念出发，凡是四边形以上的塔架，每个节间都必须设置横膈。但试验表明，在直线形塔架和折线形塔架的直线形部分，不必每个节间都设置横膈，即使每隔三个节间设置一层横膈，仍可保证塔身平面的稳定及塔柱有良好的工作条件。因此，横膈沿垂直高度方向的布置，按结构的需要，在直线形塔架中，可以每隔2～3个节间设置一道横膈；在折线塔架中，凡是塔柱坡度发生变化的弯折点处和塔身平截面发生突变处，均须设置横膈。

平台可以看作是一个刚度极大的横膈。

除了平台以外，横膈可分为三种形式：杆件结构横膈、刚性圈梁横膈和预应力拉条横膈。

杆件结构横膈，是用杆件将原来几何不稳定的平面形式变为几何稳定形式。这种横膈构造简单，适用于较小型的塔架。塔架中心有排烟筒时，杆件应沿周圈布置。

刚性圈梁横膈，是以周围的平面桁架构成的，依靠这个在水平方向具有较大刚度的圈梁来保证平面的几何不变。这种横膈构造比较复杂，材料用量也较大。它适用于中型塔架，特别是适用于塔架中心很大范围内有排烟筒的塔架。

当采用刚性圈梁式横膈时，塔架中心的排烟筒所需的支撑点，可以将排烟筒用三个或四个杆件连至圈梁或塔架柱节点上。但绝大部分情况下，是采用刚性平台作为排烟筒的滑道支撑点。

对于用于一般目的的大型塔架，由于塔架的平截面尺寸相当大，不论采用杆件结构横膈还是刚性圈梁横膈，都将有很多材料被消耗在横膈上。此时采用预应力拉条横膈，是一种比较经济合理的横膈结构形式。预应力拉条横膈，和自行车轮子的构造原理相似，仅其构造形式有些不同。它是通过安装时预先张拉的拉条，将所有的塔柱向塔柱中心方向张拉。这些拉条除了预拉力以外，一般都是受力极小的。因此可以按构造用很细的高强度钢绞线制成。

（2）荷载

1）结构自重

计算塔架自重时，应考虑节点板、法兰盘及焊缝的重量，一般可按塔架构件的自重乘以1.15～1.20的系数。

2）活荷载

塔架上的检修（检测）平台、休息平台以及航空障碍灯维护等平台上的荷载都属活荷载。

检修平台活荷载可根据实际情况确定，但不得小于2kN/m^2。顶层平台应考虑积灰荷载。休息平台单个杆件集中荷载不小于1kN，均布活载应不小于0.5kN/m^2。航空障碍灯维护平台可参照检修平台确定。

3）风荷载

风荷载对塔架结构起着决定性作用。由风荷载引起的结构内力约占总内力的80%～90%。仅在某些个别地区，即风力较小、空气湿度较大、裹冰较厚的地区（如云贵高原），结构的强度安全由裹冰状态决定的。即使在这种情况下，风力还是起主要作用。因为裹冰状态下的荷载组合仍包含了相当大的风荷载。因此，在塔架钢烟囱设计中，应尽量减少风阻力。

为了简化计算，在风荷载计算中，所有连接

板的挡风面积不予单独计算，仅将杆件总面积予以适当增大。对于圆钢结构和钢管结构，增大系数可采用 1.1，对于圆钢组合结构和型钢结构可采用 1.15～1.2。

楼梯及栏杆的挡风面积可取其轮廓面积的 0.4 倍。

对于高耸结构除应进行顺风向荷载计算外，还应进行横风向振动验算。对于圆形辅助杆件，应在构造上采取防振措施或控制结构的临界风速不小于 15m/s，以降低微风共振的发生概率。

4）裹冰荷载

在空气湿度较大的地区，当气温急剧下降时，结构物的表面会有结冰现象，即称为裹冰。结冰主要取决于建筑物所在地区的气象条件，即空气湿度的大小和气温的高低。寒冷的地区不一定就是裹冰最厚的地方，较温暖的地方也不一定就是裹冰较薄的地方。在同一地区离地面愈高，裹冰愈厚。一般来讲，裹冰是在无风或弱风时发生的。但在计算时，应与中等强度的风同时考虑，组合系数取 $\psi_{cw}=0.6$。裹冰时的温度按 -5℃计算。

5）温度荷载

塔架平台与排烟筒之间的连接，一般都采用滑道连接，纵向可自由变形。滑道应留有足够的横向膨胀间隙，以保证横向自由变形。塔架结构的温度应力和温度变形一般可以不予考虑。

（3）塔架内力计算

1）平面桁架法

① 平面桁架法基本原理及适用范围

按平面桁架法计算塔架，是将塔架视为由若干个平面桁架所组成。其计算原理是将外力按一定的关系分配到各个平面桁架上，先单独对各个平面桁架进行计算，然后再用叠加原理决定杆件内力。

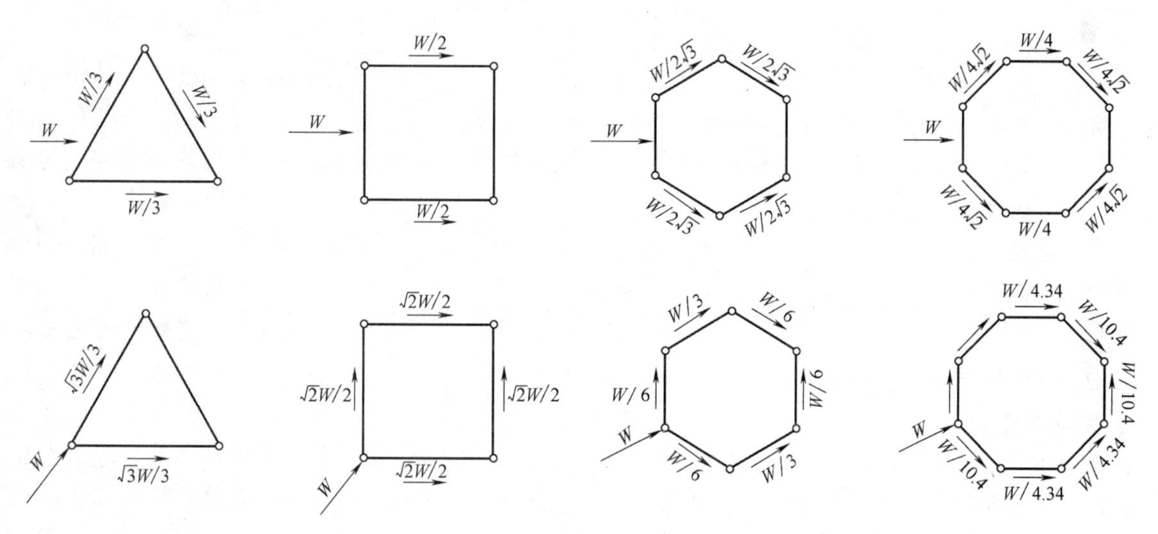

图 6.3-1 水平荷载 W 在塔面上的分配

关于荷载在平面桁架上的分配关系，是按塔架的平面形状和风力的作用方向来决定的。见图 6.3-1。

因为平面桁架法没有统一考虑塔架变形的关系，也没有考虑塔柱坡度改变的影响，同时也不能圆满地解决多边形塔架的计算问题，因此平面桁架法一般只适用于塔柱坡度不变的三角形和四边形塔架；对于多边形塔架，当计算精度要求不高时，也可以采用。

② 塔架杆件内力的计算

a. 在自重及其他竖向荷载作用下，不考虑腹杆受力，塔柱内力可按下式计算：

$$N=-\frac{\sum G}{n\sin\beta} \tag{6.3-1}$$

式中 $\sum G$——计算节间以上所有竖向荷载的总和（kN）；

n——塔架的平截面边数；

β——塔柱与水平面的夹角。

b. 三角形和四边形塔架在水平荷载作用下，对于每一平面桁架塔柱和腹杆内力可按表 6.3-1 计算。

平面桁架法塔架内力计算公式 表 6.3-1

塔柱	刚性交叉腹杆	柔性交叉腹杆	横杆
$N=\pm\frac{l_k}{h_i b_1}M_{o1}$	$S=\pm\frac{(b_1-b_2)l_s}{2h_i b_1 b_2}M_{o2}$	$S=\frac{(b_1-b_2)l_s}{h_i b_1 b_2}M_{o2}$	$H=\frac{(b_1-b_2)}{h_i b_1}M_{o2}$

表中 M_{o1}、M_{o2}——分别为该平面桁架节间以上所有外荷载对 O_1、O_2 点的力矩。其他各几何参数见图 6.3-2。

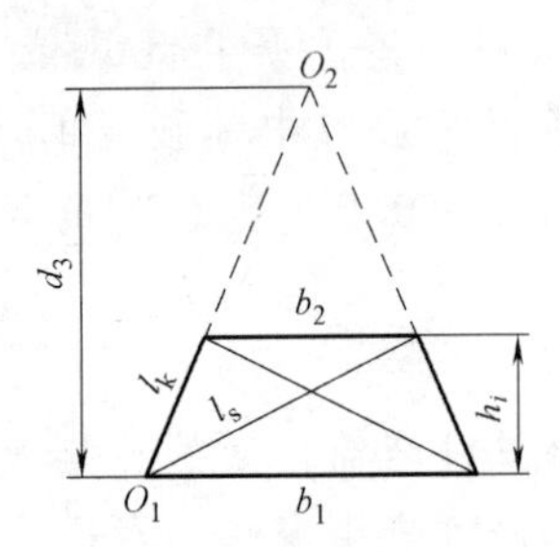

图 6.3-2 塔架杆件几何关系

按照上述方法求得的杆件内力，系一个平面桁架的内力。实际杆件内力，还需要考虑相邻两平面桁架的叠加关系。

c. 当塔架的平面形状为正六边形或正八边形时，塔架的各杆件内力就不可能完全按照上述方法计算。在水平荷载作用下，正多边形塔架的塔柱内力，可以将塔架当作悬臂梁而求得。为了简化计算，不考虑斜腹杆内力抵抗梁截面上的正应力的作用，塔柱内力为：

$$N=\left(\pm\frac{4M}{nd}-\frac{\sum G}{n}\right)\frac{1}{\sin\beta} \qquad (6.3\text{-}2)$$

式中 M——整个塔身在节间 i 以上所有水平荷载对节间 i 上端所产生的力矩；

n——塔身的平截面边数；

d——塔身在节间 i 上端处的外接圆直径；

$\sum G$——计算节间以上所有竖向荷载的总和(kN)；

β——塔柱与水平面的夹角。

2) 空间桁架法

① 空间桁架法的基本假定

空间桁架法是根据塔架的构造和受力特点，考虑各杆件变形间的关系而得到的。这个方法建立在下列基本假定的基础上：

a. 假定塔架为空间铰接桁架，所有各杆件的交会点，均为理想的铰接点；

b. 假定塔架各杆件的工作，完全处于弹性阶段；

c. 假定在水平荷载、扭矩荷载及重力荷载的作用下，塔架的变形符合平截面假定，其平截面亦保持几何不变。即塔架的任意平截面，在塔架变形后仍保持平面，并仍保持原来的几何形状；

d. 假定横杆为一不可拉伸、不可压缩的刚性杆件。

② 在水平荷载作用下的杆件内力计算通式

塔柱最大内力 N 和腹杆最大内力 S 按下列公式计算：

$$N=C_1\frac{M_y}{D\sin\beta}+C_2\frac{\sin\alpha\sin\beta_n}{2\sin\beta}S \qquad (6.3\text{-}3)$$

$$S=\frac{V_x-\frac{2M_y}{D}\text{ctg}\beta}{C_3\cos\alpha+C_4\sin\alpha\sin\beta_n\text{ctg}\beta+C_5\sin\alpha\cos\beta_n} \qquad (6.3\text{-}4)$$

式中 M_y——在塔段底部绕 y-y 轴作用的弯矩；

V_x——在塔段底部沿 x-x 轴作用的剪力；

α——腹杆同横杆的夹角；

β——塔柱同水平面的夹角；

β_n——塔面同水平面的夹角；

D——塔段底部外接圆直径；

C_1、C_2、C_3、C_4、C_5——系数，按表 6.3-2 采用。

简化空间桁架法计算塔架柱和腹杆的内力系数　　表 6.3-2

边数	风 向	刚性交叉腹杆					柔性交叉腹杆				
		C_1	C_2	C_3	C_4	C_5	C_1	C_2	C_3	C_4	C_5
八边形	正塔面	0.462	−0.707	8.000	−3.066	0	0.462	0.500	4.000	−1.533	0
	对角线	0.500	−0.829	8.668	−3.314	0	0.500	0.758	4.334	−1.658	0
六边形	正塔面	0.577	−1.000	6.928	−3.464	0	0.577	0.500	3.464	−1.732	0
	对角线	0.667	−1.000	6.000	−3.000	0	0.667	0.500	3.000	−1.500	0
四边形	正塔面	0.707	−1.000	4.000	−2.328	0	0.707	0	2.000	−1.414	0
	对角线	1.000	−2.000	5.656	−4.000	0	1.000	1.000	2.828	−2.000	0
三角形	正塔面	1.333	−2.000	3.464	−3.000	0	1.333	0	1.732	−1.000	−1.000
	对角线	1.333	−2.000	3.464	−3.000	0	1.333	−2.000	1.732	−2.000	1.000
	平行面	1.155	1.500	3.000	−2.598	0	1.155	0.250	1.500	−1.299	0

续表

边数	风　向	刚性交叉腹杆					柔性交叉腹杆				
		C_1	C_2	C_3	C_4	C_5	C_1	C_2	C_3	C_4	C_5
简图	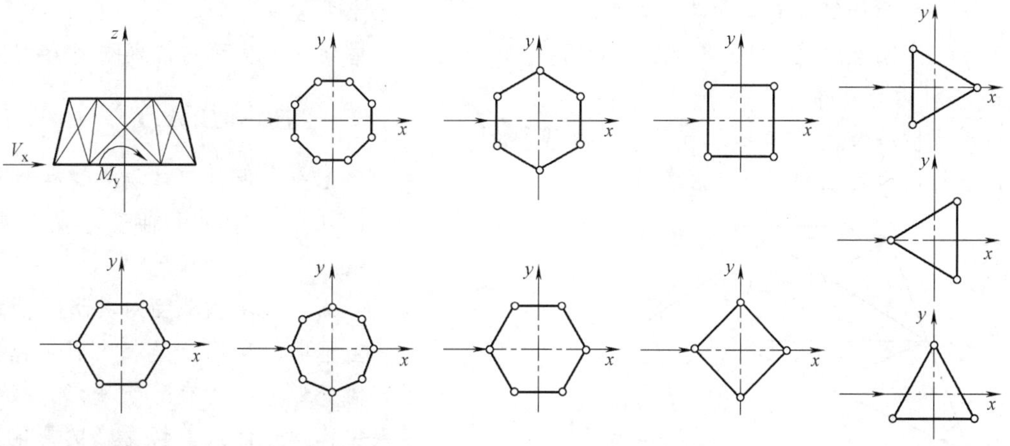										

③ 在竖向荷载作用下塔架内力

塔架在竖向力作用下，根据荷载和结构的对称性以及不同腹杆形式的特点知：

a. 对于刚性交叉腹杆塔架，任意平面的所有塔柱内力均相等，所有腹杆内力均相等；

b. 对于柔性交叉腹杆塔架，任意平面的所有塔柱内力均相等，所有腹杆内力均为零；

c. 对于K型交叉腹杆塔架，任意平面的所有塔柱内力均相等，所有腹杆内力均为零。

对于刚性交叉腹杆塔架

$$N=-\frac{\sum G}{n\sin\beta\left(1+2\eta\frac{l_k}{l_s}\right)} \quad (6.3\text{-}5)$$

$$S=-\frac{\eta\sum G}{n\sin\beta\left(1+2\eta\frac{l_k}{l_s}\right)} \quad (6.3\text{-}6)$$

$$\eta=\left(\frac{l_k}{l_s}\right)^2\left(\frac{A_s}{A_K}\right) \quad (6.3\text{-}7)$$

对于柔性交叉腹杆和K型腹杆塔架

$$N=-\frac{\sum G}{n\sin\beta} \quad (6.3\text{-}8)$$

$$S=0 \quad (6.3\text{-}9)$$

式中　A_S、A_K——刚性交叉腹杆和塔柱截面面积。其余符号同前。

④ 在扭矩M_Z作用下，由结构的对称性可知，不论哪种腹杆形式的塔架，同截面的所有塔柱内力均应相等；刚性交叉腹杆和K形腹杆的塔架，腹杆内力为等值而符号相反的两组；柔性交叉腹杆塔架，则有一半腹杆受拉而另一半腹杆内力为零。这样，所有塔柱和腹杆内力，只需用静力平衡条件求得：

对于刚性交叉腹杆和K形腹杆塔架

$$S=\frac{M_Z}{nd\cos\alpha\cos\frac{\pi}{n}} \quad (6.3\text{-}10)$$

$$N=0 \quad (6.3\text{-}11)$$

对于柔性交叉腹杆塔架

$$S=\frac{2M_Z}{nd\cos\alpha\cos\frac{\pi}{n}} \quad (6.3\text{-}12)$$

$$N=-\frac{2M_Z}{nd\cos\alpha\cos\frac{\pi}{n}} \quad (6.3\text{-}13)$$

式中　M_Z——整个塔身在节间i以上所有不对称水平荷载对节间i上端所产生的扭矩；

d——节间i上端的塔架外接圆直径；其余符号同前。

⑤ 埃菲尔效应

对于抛物线形四边形钢塔，由于其下部塔柱斜度较大，有较强的抗剪能力，从而使得相应层的腹杆所承受的剪力减小。而实际上当风的分布状况发生变化时，腹杆的内力会大大超过这一数值。这一现象称为“埃菲尔效应”。因此，工程设计中应控制腹杆“最小内力”值。

当计算所得四边形钢塔腹杆承担的剪力与同层塔杆承担的剪力之比$\Delta=\left|\frac{Vb}{\sqrt{2}M\mathrm{tg}\theta}-1\right|\leqslant 0.4$时，腹杆最小轴力取塔柱内力乘系数$\alpha$：

$$\alpha=\mu(0.228+0.649\Delta)\frac{b}{h} \quad (6.3\text{-}14)$$

式中　M——整个塔身在节间i以上所有水平荷载对节间i上端所产生的力矩；

V——整个塔身在节间i以上所有水平荷

载对节间 i 上端所产生的剪力；

b——节间 i 上端的塔架宽度；

θ——为塔柱与铅垂线之夹角；

h——为计算截面以上塔体高度；

μ——刚性腹杆取1，柔性腹杆取2。

⑥ 横杆内力计算

对于无横膈节间的横杆，有了塔柱和腹杆的内力，横杆内力可以利用节点法求得。

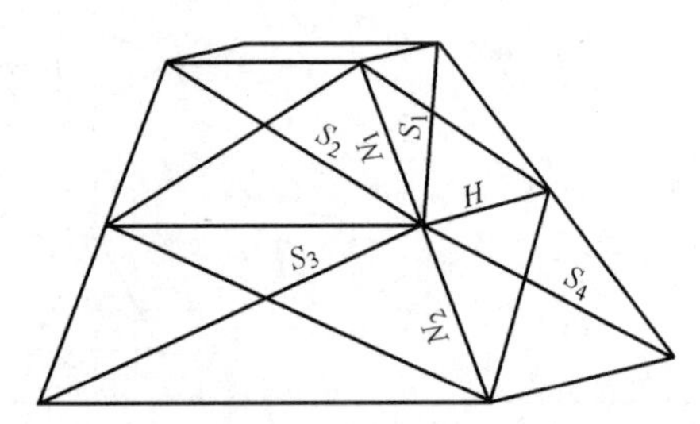

图6.3-3 塔架节点内力图

设所求横杆内力为 H，对应节点上下塔柱内力分别为 N_1、N_2，长度分别为 l_{K1}、l_{K2}；腹杆内力分别 S_1、S_2、S_3、S_4（见图6.3-3），对应长度分别为 l_{s1}、l_{s2}、l_{s3}、l_{s4}；节点所在塔架水平截面外接圆直径为 d，节点相邻节间之上节间之上端面和下节间之下端面所在圆直径分别为 d'、D。据此，将该节点所有杆件的轴力投影于水平面上，再通过节点做一条垂直于左侧横杆的直线 uu，则由 $\sum F_{uu}=0$ 可得：

$$H=\rho_{H1}\left(N_2\frac{D-d}{l_{K2}}-N_1\frac{d-d'}{l_{K1}}\right)+\left(S_3\frac{m_3}{l_{s3}}-S_1\frac{m_1}{l_{s1}}-S_2\frac{m_2}{l_{s2}}-S_4\frac{m_4}{l_{s4}}\right) \quad (6.3\text{-}15)$$

$$m_1=d\sin\frac{\pi}{n}+\rho_{H2}(d-d') \quad (6.3\text{-}16)$$

$$m_2=\rho_{H1}(d-d') \quad (6.3\text{-}17)$$

$$m_3=\rho_{H1}(D-d) \quad (6.3\text{-}18)$$

$$m_4=d\sin\frac{\pi}{n}-\rho_{H2}(D-d) \quad (6.3\text{-}19)$$

式中 ρ_{H1}、ρ_{H2}——与塔架平面形状有关的常数，其值见表6.3-3。

计算系数 ρ_{H1}、ρ_{H2} 用表　　表6.3-3

塔架边数	正八边形		正六边形		正四边形		正三边形	
风向	正塔面	对角线	正塔面	对角线	正塔面	对角线	正塔面	对角线
ρ_{H1}	0.653	0.653	0.5	0.5	0.354	0.354	0.288	0.288
ρ_{H2}	0.268	0.268	0.0	0.0	−0.354	−0.354	−0.866	−0.866

(4) 塔架的位移计算

简化空间桁架法中的塔架位移，采用共轭梁法进行计算。视塔架为一直立的悬臂梁，梁任一点处的弯矩为 M，对应虚梁的荷载为 M/EI，以塔顶为支座的虚梁任一点的弯矩即为塔架在该截面的水平位移。

塔架任一截面的抗弯刚度公式为：

$$EI=E\left(A_c\cdot\sum_{i=1}^{n}a_i^2+nI_c\right) \quad (6.3\text{-}20)$$

式中 A_c——所计算塔层的塔柱截面积；

a_i——塔柱主轴至塔架平截面中和轴的距离；

I_c——塔柱截面对其形心轴的惯性矩。

由于塔架实际上是一个杆件结构，其塔身除了弯曲变形外，还有剪切变形。按共轭梁法算的塔架位移，未计入剪切变形的影响。故按此法求得的位移应乘以修正系数。对刚性交叉腹杆塔架和K形腹杆塔架，修正系数取1.05，对柔性交叉腹杆塔架，修正系数取1.10。

(5) 架的自振周期计算

塔架的自振周期，是确定塔架设计风荷载和地震荷载的依据。所以在确定塔身几何尺寸以后，首先需要计算的就是塔架自振周期。塔架自振周期的计算方法很多，这里仅给出一种近似而适用的方法，计算公式为：

$$T_1=2\pi\sqrt{\frac{y_n\sum_{i=1}^{n}G_i(y_i/y_n)^2}{g}} \quad (6.3\text{-}21)$$

式中 G_i——分布在塔身各处的重量（kN）；

y_i——在塔顶作用单位水平力 $F=1$kN 时，在重量 G_i 处产生的位移（m/kN）；

y_n——在塔顶作用单位水平力 $F=1$kN 时，顶部重量 G_n 处产生的位移（m/kN）；

g——重力加速度（9.8m/s²）。

对于塔架式钢烟囱高振型自振周期可参考以下经验公式进行近似估算：

$$T_2=0.352T_1 \quad (6.3\text{-}22)$$

$$T_3=0.2T_1 \quad (6.3\text{-}23)$$

塔架的质量分布不均匀，在确定 G_i 时，应分段进行，分段原则如下：

1) 塔身结构部分，应和具有较大质量的附属结构及其他设备分开。例如较大的平台结构等，应视为一个集中质量，作用在质量重心处。

2) 对质量沿高度不变的塔架部分，应适当地分成若干段，每一段的质量也看作是作用在其质量重心处的集中质量。

3）对质量沿塔架高度变化的塔架部分，在其变化发生突变的地方，应该是分段的界限。无突变点或突变点较少时，也应该适当地分成若干段。每一段的质量也看作是作用在其质量重心处的集中质量。质量重心，可以近似地视为在其几何形心处。

采用这一方法计算时，分段越细，计算结果越精确。但分段过细，将大大增加计算工作量。

(6) 塔架式钢烟囱计算实例

1）工程概况

本工程实例 4 个排烟筒内径均为 4.2m，高 200m。中间电梯筒内径为 2.2m。四边形塔架底部宽 50m，顶部宽 13m，高 192m，见图 6.3-4。

2）塔架主要构件截面特性见表 6.3-4、表 6.3-5 和表 6.3-6。构件截面的大小主要取决于截面应力，而辅助杆件的截面的大小则控制其共振风速不小于 15m/s。

3）塔架各节点重量计算

自重计算时，节点板、法兰盘及焊缝重量不单独计算，将杆件自重乘以 1.15 系数，计算结果见表 6.3-7。

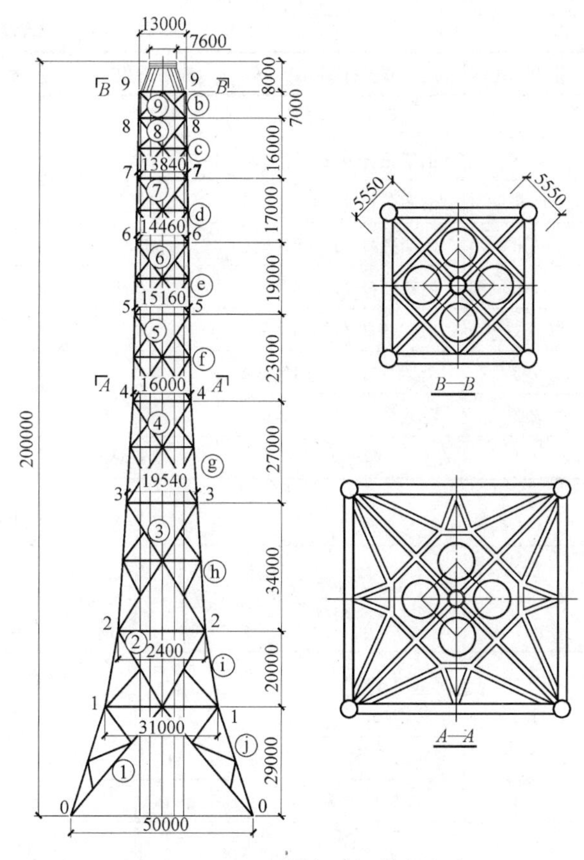

图 6.3-4　200m 塔架式四筒钢烟囱

塔柱截面特性　　**表 6.3-4**

塔柱序号	塔柱型号	截面面积(cm²)	每米长重量(kN/m)	节间长度 l_k(cm)	回转半径 i(cm)	长细比 λ
b	ϕ406.4×12.7	157.1	1.233	700	13.9	50
c	ϕ406.4×12.7	157.1	1.233	817	13.9	59
d	ϕ500×12	183.97	1.444	868	17.26	50
e	ϕ600×16	293.55	2.304	972	20.66	47
f	ϕ800×20	490.09	3.847	1181	27.59	43
g	ϕ1100×22	745.06	5.849	1484	38.12	39
h	ϕ1300×25	1001.39	7.861	1874	45.09	42
i	ϕ1400×28	1206.88	9.474	2060	48.52	43
j	ϕ1400×28	1206.88	9.474	1598	48.52	33

斜杆截面特性　　**表 6.3-5**

斜杆序号	斜杆型号	截面面积(cm²)	每米长重量(kN/m)	节间长度 l_k(cm)	回转半径 i(cm)	长细比 λ
9	ϕ318.5×6.4	62.75	0.493	500	11.0	45
8	ϕ318.5×6.4	62.75	0.493	540	11.0	49
7	ϕ318.5×6.4	62.75	0.493	570	11.0	52
6	ϕ355.6×9.5	103.3	0.811	620	12.2	51
5	ϕ406.4×12.7	157.1	1.233	720	13.9	52
4	ϕ406.4×12.7	157.1	1.233	900	13.9	65
3	ϕ500×12	183.97	1.444	1100	17.26	64
2	ϕ650×14	279.73	2.196	1179	22.49	52
1	ϕ700×16	343.82	2.699	1315	24.19	54

横杆截面特性 表 6.3-6

横杆序号	横杆型号	截面面积(cm^2)	每米长重量(kN/m)	节间长度 l_k(cm)	回转半径 i(cm)	长细比 λ
9-9	ϕ318.5×6.4	62.75	每根杆 0.493	650	11.0	59
8-8	桁架弦杆 ϕ318.5×6.4	62.75	每根杆 0.493	1326	—	—
7-7	桁架弦杆 ϕ318.5×6.4	62.75	每根杆 0.493	1384	—	—
6-6	桁架弦杆 ϕ318.5×6.4	62.75	每根杆 0.493	1446	—	—
5-5	桁架弦杆 ϕ406.4×6.4	80.42	每根杆 0.631	1516	—	—
4-4	桁架弦杆 ϕ406.4×6.4	80.42	每根杆 0.631	1600	—	—
3-3	桁架弦杆 ϕ406.4×6.4	80.42	每根杆 0.631	1954	—	—
2-2	桁架弦杆 ϕ406.4×6.4	80.42	每根杆 0.631	2400	—	—
1-1	ϕ700×16	343.82	2.699	1550	24.19	64

塔架重量计算 表 6.3-7

柱间编号	柱长(m)/每米重量(kN/m)	斜杆总长(m)/每米重量(kN/m)	辅杆重量(kN)(取斜杆总重的 0.4 倍)	层间杆件总重(kN)	横杆重量(kN)	平台或横膈重量(kN)	节点总重量(考虑 1.15 系数)	
							重量(kN)	编号
0-1	30.5/9.474	76.6/2.699	82.70	578.41	83.67	125.51	3057.39	1-1
1-2	20.3/9.474	45.6/2.196	40.06	332.53	60.58	90.87	2453.28	2-2
2-3	34.1/7.861	80.7/1.444	46.61	431.20	54.37	81.56	2238.08	3-3
3-4	27.1/5.849	64.6/1.233	31.86	270.02	49.32	73.98	1612.48	4-4
4-5	23/3.847	55.6/1.233	27.42	184.45	31.55	47.33	1015.22	5-5
5-6	19/2.304	48.2/0.811	15.64	98.52	29.90	44.85	697.11	6-6
6-7	17/1.444	44.2/0.493	8.72	55.07	28.52	42.78	566.51	7-7
7-8	16/1.233	41.9/0.493	8.26	48.64	27.71	41.57	481.09	8-8
8-9	7/1.233	19.3/0.493	3.81	21.97	6.41	9.62	124.26	9-9

4）塔架自振周期计算

① 塔架各节点重量

由于排烟筒与塔架为滑道连接，因此塔架不承担排烟筒重量，仅作为排烟筒的水平支撑。但在计算塔架自振周期和水平地震力时，应考虑排烟筒重量的水平效应，所以在计算塔架各节点重量时，应计入排烟筒的重量，计算结果见表 6.3-8。

用于自振周期计算时塔架各节点重量 表 6.3-8

节点编号	1-1	2-2	3-3	4-4	5-5
节点重量(kN)	4566.54	3955.09	3813.27	2779.20	1916.55

节点编号	6-6	7-7	8-8	9-9
节点重量(kN)	1424.78	1192.67	894.46	518.06

② 塔架各节间截面刚度计算

③ 塔顶在单位力作用下，各节点位移

塔顶单位力作用下，各节点位移即为以塔顶为固定支座的悬臂梁在共轭梁荷载作用下的弯矩。其计算结果见表 6.3-10。

塔架各节间正塔面平均截面刚度 表 6.3-9

节间编号	E(kN/m^2)($\times10^6$)	A_c(cm^2)	a_i(cm)	I_c(cm^4)	$EI=E(A_c\sum a_i^2+nI_c)$($kN\cdot m^2$)($\times10^9$)
0-1	206	1206.88	2025.0	2841225	40.8
1-2	206	1206.88	1375.0	2841225	4.71
2-3	206	1001.39	1088.5	2035934	2.45
3-4	206	745.06	888.5	1082672	1.21
4-5	206	490.09	779.0	373060	0.61
5-6	206	293.55	740.5	125298	0.33
6-7	206	183.97	707.5	54806	0.19
7-8	206	157.1	692.0	30353	0.16
8-9	206	157.1	671.0	30353	0.15

塔架各节点位移（m）（$\times10^{-6}$）及相对位移 表 6.3-10

节间编号	0-0	1-1	2-2	3-3	4-4
节点位移	0.00	1.78	10.59	64.76	157.73
相对位移	0.000	0.002	0.011	0.069	0.169

节间编号	5-5	6-6	7-7	8-8	9-9
节点位移	289.19	447.01	632.69	837.84	932.29
相对位移	0.310	0.479	0.679	0.899	1.000

④ 塔架自振周期

$$\sum_{i=1}^{9} G_i(y_i/y_n)^2 = 4566.54 \times 0.002^2 + 3955.09 \times 0.011^2 + 3813.27 \times 0.069^2 + 2779.2 \times 0.169^2 + 1916.55 \times 0.31^2 + 1424.78 \times 0.479^2 + 1192.67 \times 0.679^2 + 894.46 \times 0.899^2 + 518.06 \times 1^2 = 2399.95$$

$$T_1 = 2\pi\sqrt{932.29 \times 10^{-6} \times 2399.95/9.81} = 3.00s$$

$$T_2 = 0.325T_1 = 0.975s$$

$$T_3 = 0.2T_1 = 0.6s$$

⑤ 塔架在风荷载作用下的内力计算

塔架和排烟筒及电梯筒的体型系数单独考虑，而且忽略塔架对排烟筒的影响。塔架体形系数按《高耸结构设计规范》(GB 50135) 规定计算，排烟筒体形系数按试验值选取。

对于四边形塔架，应分别对第一风向（正塔面风向）和第二风向（对角线方向）进行计算，从而确定最不利内力组合。为节省篇幅，以下仅计算第一风向。

塔架风荷载按 100 年一遇设计，假设基本设计风压为 $w_0 = 0.7\text{kN/m}^2$，地面粗糙度为 B 类。

a. 塔架风荷载标准值

b. 排烟筒及电梯井风荷载标准值

体形系数按试验值进行计算，即 $\mu_s = 0.9$。塔架式钢烟囱其排烟筒计算模型类似于桅杆，取其基本自振周期近似值为：$T_1 = 0.01H = 0.01 \times 200 = 2.0s$，脉动增大系数 $\xi = 2.916$，排烟筒风荷载计算见表 6.3-12。

塔架风荷载标准值　　表 6.3-11

节点编号	w_0(kN/m²)	β_z	μ_s	μ_z	w_k(kN/m²)	挡风面积 A_c(m²)	水平集中力 F(kN)	节点剪力 V(kN)	风弯矩 M(kN·m)
9-9	0.7	1.819	1.35	2.573	4.423	25.39	56.15	56.15	0
8-8	0.7	1.808	1.35	2.541	4.341	59.91	186.18	242.33	393.05
7-7	0.7	1.797	1.35	2.467	4.189	67.11	270.59	512.92	4270.33
6-6	0.7	1.740	1.35	2.382	3.917	78.47	294.25	807.17	12989.97
5-5	0.7	1.683	1.35	2.281	3.628	109.54	352.39	1159.56	28326.20
4-4	0.7	1.626	1.35	2.148	3.301	146.67	440.78	1600.34	54996.08
3-3	0.7	1.410	1.5	1.971	2.918	226.27	572.21	2172.55	98205.26
2-2	0.7	1.239	1.5	1.667	2.169	97.90	436.30	2608.85	172071.96
1-1	0.7	1.125	1.5	1.418	1.675	209.06	281.26	2890.11	224248.96
0-0	0.7	1.000	1.5	1.000	1.050	—	175.09	3065.20	308062.15

排烟筒风荷载标准值　　表 6.3-12

标高范围(m)	β_z	μ_s	μ_z	w_k(kN/m²)	均布荷载(kN/m)	传给塔架反力			
						节点号	支座反力(kN)	节点剪力 V(kN)	节点弯矩 M(kN·m)
192～200	1.991	0.9	2.61	3.27	39.24	9-9	445.8	445.8	0
185～192	1.942	0.9	2.57	3.14	37.68	8-8	438.78	884.58	3120.6
169～185	1.917	0.9	2.54	3.07	36.84	7-7	613.58	1498.16	17273.88
152～169	1.835	0.9	2.47	2.86	34.32	6-6	639.18	2137.34	42742.6
133～152	1.729	0.9	2.38	2.59	31.08	5-5	683.46	2820.8	83352.06
110～133	1.615	0.9	2.28	2.32	27.84	4-4	733.26	3554.06	148230.46
83～110	1.504	0.9	2.15	2.04	24.48	3-3	792.00	4346.06	244190.08
49～83	1.347	0.9	1.97	1.67	20.04	2-2	616.56	4962.62	391956.12
29～49	1.174	0.9	1.67	1.24	14.88	1-1	416.16	5378.78	491208.52
0～29	1.09	0.9	1.42	0.98	11.76	0-0	215.76	5594.54	647193.14

c. 塔架内力汇总

本例不考虑地震荷载。塔架重力荷载分项系数取1.2，风荷载分项系数取1.4。

平台活荷载：

顶层平台为5kN/m²，分项系数取1.3；其余平台取0.5kN/m²，分项系数取1.4；平台活荷载组合系数取0.7，活荷载折减系数按《建筑结构荷载规范》取值。

塔架内力汇总　　表6.3-13

节点编号	内力标准值				内力基本组合值		
	风弯矩 M (kN·m)	竖向恒载 G(kN)	平台活荷载 (kN)	剪力 V(kN)	风弯矩 M (kN·m)	竖向力 G(kN)	剪力 V(kN)
9-9	0	73.74	548.91	501.95	0	588.00	402.67
8-8	3513.65	493.49	—	1126.91	4919.11	1091.70	1577.67
7-7	21544.21	1045.21	66.16	2011.08	30161.89	1730.00	2815.51
6-6	55732.57	1642.38	—	2944.51	78025.60	2118.14	4122.31
5-5	111678.26	2458.42	92.07	3980.36	156349.56	3108.36	5572.50
4-4	203226.54	3874.07	98.39	5154.4	284517.16	5395.25	7216.16
3-3	342395.34	5741.44	161.30	6518.61	479353.48	7794.17	9126.05
2-2	564028.08	8421.63	258.39	7571.47	789639.31	10858.44	10600.06
1-1	715457.48	10913.5	—	8268.89	1001640.47	13848.68	11576.45
0-0	955255.29	13574.19	—	8659.74	1337357.41	17041.51	12123.64

7 烟囱的防腐蚀设计

减少烟气对烟囱的腐蚀，保证烟囱安全正常使用，是烟囱设计内容的重要组成部分。但实践表明许多烟囱工程，往往由于防腐蚀问题考虑不周，导致结构选型不合理和防腐蚀措施不到位，而不得不在烟囱投入使用后，再进行改建或维修。在各有关单位做了大量调查研究工作基础上，《烟囱设计规范》(GB 50051—2002)，对烟囱防腐蚀设计做了专门规定，应该说在防腐蚀方面取得了很大进步。然而，由于腐蚀问题的复杂性和烟气腐蚀条件变化，规范仍存在许多未能解决的问题。

《烟囱设计规范》(GB 50051—2002) 对于防腐蚀的规定主要存在以下三个方面的问题：

(1) 考虑的腐蚀介质单一，仅考虑燃煤含硫量，局限性大，对其他类型燃料不适合。如对于采用燃油或天然气等燃料的烟囱应用不方便，同时即使对于燃煤烟囱，由于采用脱硫工艺，烟气中的 SO_2 含量与燃煤含硫量的关系与规范不再相符，因此采用燃煤含硫量判定烟气腐蚀性等级显得不尽合理。另外规范仅考虑烟气中的 SO_2 含量，未考虑烟气中其他腐蚀介质的影响。

(2) 未考虑烟气湿度的影响，因此规定仅适合干烟气，而不适合湿烟气。烟气湿度对于腐蚀性的影响非常大。对于脱硫烟囱，虽然烟气中 SO_2 含量大大降低，但由于烟气湿度的加大和烟气温度的降低，使得烟气腐蚀性等级变成强腐蚀。

(3) 未考虑大气环境的腐蚀影响，因而对钢烟囱的防腐蚀规定不全面。

7.1 烟囱腐蚀情况调查

为了做好烟囱防腐蚀工作，对已建成烟囱多做一些调查工作是非常重要的，这样才便于总结经验、分析原因、提高设计水平。以下介绍一些典型调查实例，供读者分析和借鉴。

(1) 有色冶炼系统烟囱腐蚀情况

有色冶炼烟囱的烟气温度一般在350℃以下，特殊情况时，例如单体硫在烟囱内燃烧时，温度将达到400～500℃。发射炉的事故状态烟气温度可达600～700℃。有色冶炼烟气的成分主要为 SO_2、Cl_2、HCl、H_2F 等，其中 SO_2 一般含量为0.2%～5%，转炉的烟气，其 SO_2 含量可达3%～7%，平均为4%左右。有色冶炼烟囱，用于铝、镁、稀土冶炼的烟囱，其烟气温度较低，如铝冶炼烟囱，其烟气温度在65℃以下，烟气成分主要为 H_2F；镁冶炼烟囱，其烟气温度在50℃以下，烟气成分主要为 Cl_2 和 HCl。而用于铜、铅、锌冶炼的烟囱，其烟气温度则较高。以下是某冶炼厂120m钢筋混凝土烟囱腐蚀调查情况。

烟囱建设年代：1962年。

烟气实际温度：150～220℃。

烟气主要腐蚀介质及含量：SO_2，含量为4%～5%。

内衬：烟囱上下各30m内衬为耐酸砖，中间60m为耐火砖，内衬均采用耐酸胶泥砌筑。

隔热层：15mm的空气层及115mm硅藻土隔热层，其中标高20m以下硅藻土为230mm。

筒身内外表面防腐处理措施：内表面刷冷底子三遍，外表面顶部6.5m高度范围抹耐酸砂浆。

筒身混凝土标号：135号（约相当C11级混凝土）。

1971年检测情况如下：

筒身：裂缝严重，最长达36m，最宽达300mm。裂缝处混凝土外壁处较硬，而筒内壁混凝土腐蚀酥松如豆腐状，裂缝处钢筋拉断。筒身内表面冷底子老化裂碎，混凝土腐蚀厚度50mm左右。

内衬：耐酸砖表面腐蚀2～3mm，在标高100m处内衬上端水平缝间充满结晶物，由于结晶物形成，使水平缝宽达40～50mm，垂直面则变形成波浪状。耐火砖表面腐蚀约20mm。检查发现耐酸砖与耐酸胶泥结合强度较差，因此容易拆除，而耐火砖与耐酸胶泥结合强度较高，结构致密，灰缝强度高于砖自身强度，拆除困难。

隔热层：硅藻土砖已腐蚀，吸水受潮，失去隔热功能。顶部含水率高，手捏成浆状；中间一段酥松潮湿；底段亦酥松，含水率略低，硅藻土砖内充满结晶物。

(2) 电力系统烟囱腐蚀情况

电力系统的烟气温度一般较底，在锅炉正常运转的情况下，采用干式除尘的烟气温度为130～150℃，而采用湿式除尘的烟气温度为90～110℃。湿法脱硫烟气温度约为50～60℃，当采用GGH热交换系统后，排入烟囱的烟气温度可提高到80～90℃。

从1991年至1998年历时八年，西北电力设计院在有关单位（西北电力建设四公司、西安建筑科技大学、西安热工研究院）的配合下，对10个电厂的16座烟囱进行了调查，为了解烟气对烟囱的腐蚀速度，对个别烟囱（陕西韩城电厂）调查了二次，调查对象主要是单筒式砖烟囱和钢筋混凝土烟囱，其中有一座是砖内筒分段支撑的多管式烟囱（秦岭电厂烟囱），另一座是采用双滑模方法施工的烟囱，内衬采用150号水泥碎砖混凝土（约相当于C13级混凝土），这些烟囱的运行工况多种多样：燃煤含硫量0.5%～3.5%，运行年限5～35年，既有采用干式除尘，也有采用湿式除尘，烟气温度60～150℃，烟囱内烟气有的处于负压运行，有的呈正压运行，故这次调查具有相当的广度和深度。

这次调查主要成果为：

① 烟气温度低于150℃，不论是砖砌烟囱还是钢筋混凝土烟囱，或多或少都有腐蚀现象。并且明显地感受到腐蚀与燃煤的含硫量密切相关。

② 钢筋混凝土烟囱的砖砌内衬，比混凝土筒壁更容易遭受腐蚀。其特点是内衬的砂浆首先腐蚀，由于砂浆腐蚀后体积膨胀使内衬的整体性遭到破坏。

③ 黏土质耐火砖耐酸性较好。普通黏土砖则较差，当燃煤含硫量较高时，普通黏土砖会产生局部腐蚀，并且与烟气接触面处砖有掉皮现象。

④ 水泥砂浆和水泥石灰砂浆的耐酸性很差。和烟气直接接触都会产生腐蚀，其严重程度视烟囱运行时间长短和燃煤含硫量大小而定。如果燃煤含硫量不超过1%，腐蚀较轻微，对砂浆黏结力影响较小。当含硫量超过2%时，则腐蚀很严重，砂浆黏结力部分或全部丧失，结构变得酥松且体积急剧膨胀。

⑤ 当采用砖砌内衬时，钢筋混凝土筒壁的内侧都有腐蚀。筒壁混凝土腐蚀厚度从1～50mm不等，如果燃煤含硫量为3%，其筒壁混凝土的腐蚀速度大约是每年1mm。并且筒壁的腐蚀区和非腐蚀区，界面十分明显，腐蚀区内的混凝土结构酥松，无强度可言，用手指都能掰下；而在界面另一边的非腐蚀区，则混凝土强度仍和普通结构相仿。

所以，由于砖缝内灰浆不可能密实，砖砌内衬对钢筋混凝土外筒壁的保护作用十分有限，烟气的渗漏难于避免。

⑥ 筒壁混凝土的腐蚀深度，一般沿圆周分布较均匀，沿烟囱高度方向则分布并不均匀，这种不均匀性往往与烟囱沿高度方向的保温透气性能和烟气压力不同等因素有关。烟囱腐蚀最严重的部位一般是在烟囱的中上部。

⑦ 如果烟囱排放高硫煤烟气，烟囱内的烟气又处于较大的正压运行状态，并且烟囱的内衬保温层气密性又较差，这时候，钢筋混凝土筒壁在有烟气渗漏的裂缝处，筒身很易发生局部性、穿透性腐蚀洞孔。洞孔的大小、数量、位置等则具有随机性。

⑧ 调查中可清楚地了解到，一般烟囱筒壁内表面都结露，保温层很潮湿。许多烟囱的保温材料由于选择不当，憎水性、耐酸性能很差，遭受腐蚀后呈泥浆状，保温作用已完全丧失。

⑨ 采用双滑模施工方法，混凝土内衬（配有钢筋）的气密性能很优越，它能有效防止烟气的渗透，调查证明，这种烟囱的混凝土外筒壁，腐蚀极轻微，但其内衬本身必须具有耐热和耐酸性能，否则内衬本身无法保证安全。

⑩ 一砖厚内衬有很好的烟气密闭性，调查中明显地感触到，烟囱凡是在一砖厚内衬部位，筒壁混凝土腐蚀都非常轻微。

⑪ 以往设计的烟囱在筒壁混凝土的表面，一般都涂有一层沥青漆，从调查中发现，该防腐涂层的作用不明显，今后应进一步加强。

⑫ 这次调查的烟囱中有一座是采用湿法脱硫装置的烟囱，该烟囱内的烟气含水量比一般水模式除尘器烟气还要大一倍，烟气温度仅50℃。投入运行后不到一年，筒身混凝土犹如浸泡在水中似的，含水量大增。所以对这类烟囱的设计，应非常重视冷凝稀酸液的渗透和隔离，并对冷凝稀酸液采取聚集和排除措施。

2001～2002年，华东电力设计院曾对钢内筒多管式烟囱的使用情况作过一次较为全面的调查。有关钢内筒的抗腐蚀性问题，有如下几点结论：

① 从总体上看，调查的所有烟囱，其钢内筒都没有发生严重的腐蚀，总体运行情况良好。但应注意的是：这些都是排放干烟气的烟囱（采用电气除尘器）。

② 外高桥电厂一期烟囱选用耐硫酸露点腐蚀钢，机组投产5年左右，钢内筒的钢板厚度减少0.10～0.75mm。石洞口二电厂选用日本产耐候钢SM 41，机组投产9年，钢内筒钢板厚度无明显变化。

③ 钢内筒与大气接触部分应涂抹防腐蚀油漆，调查中发现，一些电厂的钢内筒外表面有局部锈蚀现象。

7.2　介质腐蚀条件

介质的腐蚀性通常与介质的性质、介质的含量或介质的浓度、介质形态、介质的作用条件、介质的温度、环境的湿度等条件有关。

通常情况下，介质的含量或介质的浓度越高，其腐蚀性则越强。但也有例外，如硫酸对钢材具有腐蚀性，但在浓硫酸作用下，钢材表面会生成保护性的钝化膜。一般而言，液态介质要比气态介质腐蚀性大。

温度对介质的腐蚀程度有着直接影响，不同的介质对不同材料的腐蚀，其温度的影响是不一样的。如不锈钢板在常温下的稀酸溶液中基本上不产生腐蚀，但在高温状态下抗腐蚀性能很差。普通碳素钢板在80℃温度（相应 H_2SO_4 浓度60%）及以上时，抗腐蚀性能并不差，但当低于80°及相应 H_2SO_4 溶液下，腐蚀速度很快，这说明采用普通碳素钢作钢内筒有一定局限性。低合金钢，也就是抗硫酸露点腐蚀用钢，抗酸腐蚀性很好，但由于化学元素种类和含量的不同，抗腐蚀性能也有差异，COR-TEN钢在40～80℃高温和40%～80%的 H_2SO_4 浓度下腐蚀速度较快，S-TEN钢则不论在何种高温阶段都表现出较好的抗腐蚀性能。

湿度是决定气态介质腐蚀性的重要因素。就金属而言，当空气中的水分不足以在其表面形成液膜时，电化学腐蚀过程也就无法实现。各种金属都有一个使腐蚀速度急剧加快的湿度范围，这个湿度范围称之为临界湿度。钢材的临界湿度为60%～70%，对混凝土内的钢筋而言，其相对湿度接近80%，且处于干湿交替条件下，其腐蚀最容易发生。当环境相对湿度小于60%时，各种建材的腐蚀速度将大大减缓。通常把大气相对湿度60%以下称为干燥区，湿度60%～75%为正常区，湿度大于75%称为潮湿地区。

环境相对湿度的取值，在一般情况下取年平均相对湿度较为符合实际。但在下列情况下应予调整：室外建（构）筑物（包括室外烟囱）及构配件因有雨水的作用，当处于多雨地区时，应比年平均相对湿度适当提高；当生产环境对相对湿度有影响时，应取实际环境的湿度值；对不可避免结露的构配件（有的烟囱属于这种情况），相对湿度应取大于75%。

介质的作用条件主要包括其作用的频繁程度、作用量的多少和持续作用时间的长短等。对于烟囱来讲，烟气作用是一种持续性的作用，烟气压力是重要作用条件之一。烟气正压运行时，对烟囱筒壁腐蚀作用加速。

7.3　腐蚀类型和腐蚀性等级

烟囱腐蚀类型，按其腐蚀机理可分为电化学腐蚀和化学腐蚀两大类；按环境可分为烟气化学介质腐蚀和大气腐蚀；从防腐蚀的角度分类，可分为气态介质腐蚀和液态介质腐蚀。

钢筋混凝土烟囱和砖烟囱主体材料为非金属材料，其腐蚀属于化学腐蚀或物理腐蚀，表现为化学溶蚀和膨胀腐蚀。

化学溶蚀是材料与介质相互作用，生成可溶性化合物或无胶结性产物的一类腐蚀。化学介质与材料中的一些矿物成分产生化学作用，使材料产生溶解或分解。对于烟囱主要是烟气中酸性介质与混凝土中碱性材料产生化学作用，其结果是烟囱筒壁内表面或裂缝腐蚀剥落，截面日益减小。

膨胀腐蚀是由于新产生化合物体积膨胀，对材料产生较大的辐射压力而导致材料结构破坏的一类腐蚀。引起体积膨胀的原因，主要是由于介质与材料反应生成的新生物的体积要比参与反应的体积更大，或者是由于盐类溶液渗入多孔材料内部，所生成的结晶物的体积增大。烟囱砌筑类内衬最容易发生该类腐蚀。

钢烟囱则可能发生化学腐蚀和电化学腐蚀。电化学腐蚀一般为大气腐蚀和电解质（水、酸、碱、盐）溶液中的腐蚀。在潮湿的大气里，钢烟囱会发生电化学腐蚀，其腐蚀速度快；在干燥大气中所发生的腐蚀为化学腐蚀，其腐蚀速度较慢。

腐蚀作用是发生在两种或两种以上物质之间，不能孤立地讲某种介质是否具有腐蚀性，而是某种介质对某种状态下的材料是否具有腐蚀性。并依据介质对材料的强度的损失、破坏情况及破坏的速度进行腐蚀性综合评定，划分为强腐蚀性、中等腐蚀性、弱腐蚀性和无腐蚀性四个等级。如氯离子对钢及混凝土中的钢筋具有较大的腐蚀作用，但相比之下其对混凝土的腐蚀则很小。不同腐蚀性等级的破坏程度及其特征见表7.3-1。同样，材料的耐腐蚀性能也可对应分为四级。一般工程所采用的防腐蚀材料大多为非金属材料，它的耐蚀性能不以腐蚀率做标准，而是以失强（%）、增重（%）和外形破坏作为综合考察的指标。根据国家标准GB 1040—70，非金属材料的耐腐蚀标准见表7.3-2。

不同腐蚀性等级的破坏程度及特征

表 7.3-1

腐蚀性等级	非金属材料使用一年以后		金属表面均匀腐蚀(mm/a)
	强度降低率(%)	腐蚀的外部特征	
强腐蚀性	>20%	严重开裂、疏松或破坏	>0.5
中等腐蚀性	5~20	表面有剥落、裂缝或掉角	0.1~0.5
弱腐蚀性	<5	表面略有破坏	<0.1
微腐蚀性	0	无明显腐蚀现象	—

非金属材料的耐腐蚀标准　表 7.3-2

耐腐蚀等级	质量变化(%)	强度变化(%)
强耐腐蚀	0~+2	0~-5
中等耐腐蚀	+2~+10	-5~-15
弱耐腐蚀	+10~+15	-15~-20
不耐腐蚀	>15 或<-5	-20 以下

7.4 烟气腐蚀性类别的划分

(1) 主要成分为 SO_2 的烟气腐蚀性类别的划分

主要成分为 SO_2 的烟气，其腐蚀性应主要考虑 SO_2 的含量、烟气温度和烟气湿度的影响。当烟气中 SO_2 含量超过 500ppm，且烟气温度低于 150℃时和 SO_2 含量虽未超过 500ppm，但烟气相对湿度大于 60%时，应考虑烟气的腐蚀作用。烟气的腐蚀性等级可参照表 7.4-1 进行划分。

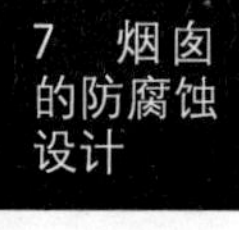

烟气对烟囱腐蚀性等级　表 7.4-1

SO_2 含量(ppm)	相对湿度(%)	钢筋混凝土烟囱	砖烟囱或砖内衬	钢烟囱或钢内筒
<500	<60	微	微	弱
	60~75	弱	弱	中
	>75	强	强	强
500~1000	<60	弱	弱	中
	60~75	中	中	强
	>75	强	强	强
1000~1800	<60	中	中	强
	60~75	强	强	强
	>75	强	强	强
>1800	<60	强	强	强
	60~75	强	强	强
	>75	强	强	强

对于燃煤烟囱，当其烟气不进行脱硫处理时，烟气中 SO_2 含量可以简单按燃煤含硫量进行换算，其换算关系按表 7.4-2 进行。

非脱硫烟囱燃煤含硫量与烟气 SO_2 含量对应关系

表 7.4-2

燃煤含硫量(%)	0.75	1.5	2.5
烟气 SO_2 含量(ppm)	500	1000	1800

(2) 主要成分为其他介质的烟气腐蚀性类别的划分

当烟囱排放由重油、煤气、天然气等燃料燃烧产生的烟气或排放粉尘时，其腐蚀等级的判断，可参照国家标准《工业建筑防腐蚀设计规范》GB 50046 有关规定执行。

7.5 烟囱防腐蚀材料的选择

(1) 混凝土

在通常情况下，混凝土空隙中充满了由于水泥水解时产生的氢氧化钙饱和溶液，其碱度很高，pH 值在 12 以上。这种环境对钢筋具有保护作用。混凝土中的 $Ca(OH)_2$ 与 CO_2、SO_2、H_2S、HCI、NO_x 等腐蚀性气体作用，会使混凝土中性化，从而失去对钢筋的保护作用，造成钢筋腐蚀。影响混凝土中性化速度的因素很多，但主要因素是混凝土的密实度，而影响混凝土密实度的主要因素是混凝土的水灰比和单位水泥用量。因此，具有腐蚀性烟气的烟囱，其混凝土强度等级不宜低于 C30，水灰比不应大于 0.5，最小水泥用量不少于 $300kg/m^3$。为了不使水泥石过多，产生过大的收缩变形，水泥用量也不应超过 $450kg/m^3$。

用于烟囱筒壁的水泥应优先选用普通硅酸盐水泥，可以选用矿渣硅酸盐水泥。但由于矿渣硅酸盐水泥抗冻性、抗渗性和抵抗干湿交替的性能不及普通水泥，同时在气态腐蚀环境下，由于水泥石的碱度较低，密实性差，容易中性化，对钢筋的保护性能较差，因此应慎重采用。

混凝土用的砂、石应致密，可采用石灰石、花岗岩或河卵石。

(2) 金属材料

钢材在大气中的腐蚀速度主要与大气湿度、腐蚀性介质的性质和含量等有直接关系。对于烟囱设计来讲，还应该考虑温度因素。一般来讲，在液态环境里，温度在 70~80℃时，钢材的腐蚀速度为最大。

钢材中合金元素的品种和含量的多少，决定了钢材的耐腐蚀性能。如钢中加入比较稳定的易钝化元素（如铬）和比较稳定的元素（如铜）可以提高钢材的耐蚀性。硫是既不稳定又不易钝化的元素，钢材含硫会导致其耐蚀性降低。碳元素在钢材中形成不溶于铁固溶体的渗碳体，其含量越高，钢材的耐蚀性越低。因此应尽量选用含碳量和含硫量较低的钢材，选用含铜、镍、铬、磷和钛等元素的合金钢，从而提高钢材的耐腐蚀能力。

1）普通碳素钢、低合金钢与铸铁

碳素钢的耐蚀性很差，在大气、土壤、海水、淡水等中性介质中都不耐蚀。但在低浓度的碱溶液和浓硫酸、氢氟酸介质中，碳素钢表面能生成稳定的膜，是耐蚀的。

常用的低合金钢16Mn、16MNCu其耐大气腐蚀性能要优于Q235。

普通铸铁在稀硫酸中的腐蚀速度很快，但在中性溶液、大气、土壤中有相当的耐蚀性。因此在烟囱使用铸铁的部位，不能选用普通铸铁，而应选用高硅铸铁和高铬铸铁等耐蚀铸铁。

2）耐候钢

耐候钢即耐大气腐蚀钢，分为焊接结构用耐候钢和高耐候钢性结构钢，现有耐候钢均是以Cu合金化。是通过在钢材中加入Cu和其他多种合金元素，获得较好的耐大气腐蚀效果，其寿命比普通碳素钢延长3～4倍。其价格比普通钢材贵10%左右，值得大力推广。国产品有两种，即上海钢铁三厂和济南钢厂生产的10CrMnCu和12MnCuCr。国外则有CoR-TEN A，B以及S-TEN 1、2、3等多种可供选择。对于湿烟气，当壁面温度大于80℃时，采用耐候钢时，宜预留3mm腐蚀量；当壁面温度小于80℃时，采用耐候钢时，应预留5mm设计预留量。

3）不锈钢

在大气、水蒸气和淡水等中性介质中具有耐蚀性或具有不锈性的钢种，成为不锈钢。在酸、碱、盐等化学腐蚀性介质中具有耐蚀性的钢种，成为耐酸钢。通常不锈钢与耐酸钢统称为不锈耐酸钢，简称不锈钢。现有不锈钢均是以Cr合金化，建筑上常用奥氏体不锈钢，主要牌号有：0Cr18Ni9、1Cr18Ni9、2Cr18Ni9、1Cr18Ni9Ti，具有较好的不锈性和耐酸性。

不锈钢在常温下的稀酸溶液中耐蚀性很好，但在高温状态下（60～80℃）抗腐蚀性能很差。在潮湿、多雨、寒冷地区选用不锈钢较好。不锈钢不得用于盐酸、食盐水等含氯介质作用的构配件。

4）钛及钛合金

钛的强度高，耐蚀性能良好，密度介于钢和铝之间，为4.5t/m^3，其价格很昂贵。钛的优点就是钝化能力强，很容易与氧结合成氧化膜。钛的氧化膜因机械损伤破坏后，会很快愈复。因此，钛对海水和其他氯化物盐溶液、次氯酸盐和湿氯气、硝酸均有很好的耐蚀性。

钛及钛合金的耐蚀性取决于是否保持钝化。在不能钝化的条件下，化学活性很高，不仅不耐蚀，甚至发生强烈的化学反应。

（3）内衬用砌筑材料

1）烧结黏土砖和耐火砖

当烟气腐蚀性等级为弱腐蚀和微腐蚀时，烟囱内衬可选用烧结黏土实心砖或耐火砖，其强度等级不应低于MU10，不得选用空心砖。砂浆应采用水泥砂浆，其强度等级不应低于M5，宜采用M10水泥砂浆，以增加其密实性。在碱性介质作用下，可采用水泥砂浆或水泥石灰混合砂浆。

2）耐酸砖

耐酸砖的主要成分是二氧化硅，在高温焙烧下形成大量的多铝红柱石，耐酸性能优良。但由于氢氟酸能够溶解其中的二氧化硅，因此，不耐氢氟酸。由于耐酸砖结构致密，所以吸水率较低。耐酸砖通常分釉面和素面两类，应选用素面砖，且其吸水率不应大于0.5%。耐酸砖的材料性能应按《耐酸砖》（GB/T 8488—2001）进行评定。

3）耐酸耐温砖

耐酸耐温砖具有良好的耐酸性和保温性，可用于高温（不结露）下的腐蚀烟气。但由于其吸水率较高（分小于5%和大于5%但小于8%两种类型），不宜用于结露烟气。材料性能应按《耐酸耐温砖》（JC 424—91）进行评定。

耐酸砖和耐酸耐温砖应采用耐酸胶泥或耐酸砂浆砌筑。耐酸胶泥或耐酸砂浆系采用水玻璃为胶结料，加入固化剂、粉料及细骨料（胶泥不加细骨料）按比例配制而成，具有耐酸性和耐温性。

（4）水玻璃类材料

水玻璃材料是由水玻璃（钠水玻璃或钾水玻璃）和硬化剂为主要材料组成的耐酸材料。水玻璃材料按用途可分为水玻璃胶泥、水玻璃砂浆和水玻璃混凝土；按水玻璃品种可分为钠水玻璃材料和钾水玻璃材料；按抗渗性能可分为普通型水玻璃类材料和密实型水玻璃类材料。水玻璃类材料具有优良的耐酸性和耐热性能。一般使用温度为300℃，当采用耐热性能好的骨料时，使用温度可以达到1000℃。

没有经过改性的水玻璃材料的空隙率很大，密实度很差，抗渗性能一般只有0.2MPa，所以水玻璃类材料一般不耐结晶盐的腐蚀。

提高水玻璃的密实度主要有两种途径：一是使用钾水玻璃代替钠水玻璃，制成钾水玻璃类材料，以改善其对稀硫酸和中性化学介质的稳定性；另一种途径就是在钠水玻璃基础上添加密实剂，提高抗渗能力，减少收缩率，改善其对稀硫酸、中性化学介质和抗结晶盐破坏的能力。

密实型混凝土的抗渗等级由普通的0.2MPa提高到1.2MPa以上；收缩率由(0.05～0.01)%变为不收缩，并稍有膨胀。使用温度不变。

钠水玻璃类材料与水泥基层的黏结力差，黏结试件会自然脱落，因此，钠水玻璃类材料不得与水泥砂浆、混凝土或呈碱性反应的基层直接接触，一般应做隔离层。钾水玻璃胶泥和砂浆与水泥基层的黏结力较好，与新浇混凝土试件的黏结强度可达1.0MPa。

水玻璃混凝土抗渗性较差，配筋水玻璃混凝土的钢筋表面应刷环氧防腐涂料进行防护。刷环氧防腐涂料的配筋与水玻璃混凝土的握裹力为4.7MPa。

(5) 防腐蚀涂料

烟囱防腐蚀涂料的选择主要考虑耐腐蚀性、耐候性、耐热性和耐久性。

1) 建筑钢结构常用耐热涂料

a. 当温度$T<100$℃时，可选用环氧铁红（或环氧富锌）底漆+825聚氨酯丙烯酸磁漆。

b. 当温度$T=100\sim150$℃时，可选用环氧富锌底漆+有机硅磁漆。

c. 当温度150℃$<T<$400℃时，可选用无机富锌底漆+有机硅磁漆或有机硅富锌底漆+有机硅磁漆。

有机硅耐高温防腐涂料可长期耐400～450℃高温作用，耐老化、耐水、耐潮湿，但耐蚀性很低。

2) 耐热涂装设计

钢结构的耐热涂装体系，通常采用富锌涂料作底漆，上面覆盖耐热面漆。根据被涂结构的使用温度，选择环氧富锌涂料、无机富锌涂料及有机硅富锌涂料。他们的使用温度见表7.5-1。

耐热底漆最高使用温度　表7.5-1

面漆名称	环氧富锌涂料	无机富锌涂料	有机硅富锌涂料
最高使用温度	250℃	500℃	500～600℃

有机硅富锌涂料作底漆时，它除有极好的耐热性能（可耐400～600℃）外，施工性能亦良好，但干燥时间长，防腐蚀能力较低，它与无机富锌涂料的耐热与防腐性能的比较见表7.5-2。

两种耐热涂装系统性能比较　表7.5-2

项目		无机富锌涂料系统	有机硅富锌涂料系统
耐热性	常用 最高	400℃ 500℃	500℃ 600℃
防腐性能	喷砂：Sa2.5 手工：St-3	优 良	中 差
涂装工程及涂刷道数	下涂 上涂	无机富锌一道50μ 有机硅面漆二道40μ	纯有机硅或有机硅醇酸富锌漆二道50μ 有机硅面漆二道40μ
上涂、下涂间隔时间20℃	最大 最小	12月 48h	1个月 16h
刷涂性能	下涂 上涂	中 优	优 优

由表可以看出，从防锈性能出发，选用无机富锌涂料作底漆优于有机硅富锌底漆，前者12个月内不会生锈，可不用全面处理即可覆盖面漆。后者防锈能力差，在1月以内必需覆盖面漆。所以，许多国家都选用无机富锌底漆-有机硅面漆涂装体系（如日本、法国、加拿大等国）。但是，也有选用有机硅富锌底漆，它是单组分涂料，使用方便，施工性能好，还可避免无机富锌涂料作底漆时，加热初期（升温太快）易发泡及上涂光洁度差的缺点，特别是使用温度超过400℃时，使用有机硅富锌底漆更为适合。因此，有些国家习惯使用有机硅富锌底漆-有机硅面漆的涂装体系（如前西德）。

耐热涂装设计举例：近十几年来，我国引进了大量工程项目，其中宝钢工程是我国引进的最大工程项目，它的技术和装备都达到了目前世界先进水平，在涂装技术上也具有一定的水平。因此仅以宝钢工程中所采用的耐热涂装设计为例，供参考。

① 高炉、热炉风、烟囱、高温热气管道等工程，长期使用温度为400℃以下，其涂装设计见表7.5-3。

耐高温工程涂装设计　　表 7.5-3

涂层名称及型号	涂层结构			表面处理
	底漆	面漆	修补漆	
	E06-28 无机硅酸锌底漆	W61-64 有机硅高温防腐漆	同左各层	(GB 8923—88) $Sa2\frac{1}{2}$
涂层厚度/道数 μm/道数	65～80/2	40～50/2	105～130/4	

设计特点：

选用国内近期研制生产的绿色有机硅漆，底漆为 E06-28 无机硅酸锌底漆，该漆附着力好，干燥快，耐高温，具有阴极保护作用。面漆为 W61-64 有机硅高温防腐漆，具有优良的耐热性、耐潮性、耐水和耐候性。

② 日本耐热涂装选用漆种的参考资料：当使用温度在 150℃以下时，选用环氧富锌底漆，环氧面漆，涂膜总厚度为 135μm；200～300℃时，选用硅酸酯富锌底漆，改性有机硅面漆，漆膜总厚度为 74μm；300～400℃时选用硅酸乙酯富锌底漆，有机硅面漆，涂膜总厚度为 74μm；400～600℃时，选用有机硅富锌底漆，有机硅面漆，涂膜总厚度为 74μm。

3）氯磺化聚乙烯漆

氯磺化聚乙烯漆，是一种新型防腐蚀性能好的漆种，适用于环境恶劣，腐蚀严重的部位，使用温度范围为−40～120℃。但与金属基层的附着力较差，使用时必须提高钢材表面基层处理质量，使达到 $Sa2\frac{1}{2}$ 或 Sa3，并宜选用环氧铁红底漆（或改性氯磺化聚乙烯底漆），以增加与基层的结合力，取得良好的效果。

8 地基基础

8.1 基础类型及适用范围

(1) 烟囱基础类型

1) 无筋扩展基础 一般以毛石砌筑或混凝土和毛石混凝土浇筑；

2) 钢筋混凝土板式基础 分为圆形和环形两种；

3) 钢筋混凝土壳体基础 按其形式有M形组合壳、正倒锥组合壳、截锥组合壳以及其他形式的壳体；

4) 桩基础 钢筋混凝土圆形或环形承台、钢桩或钢筋混凝土桩。

(2) 适用范围

1) 无筋扩展基础

适用于烟气温度不高于400℃、高度等于或小于60m的砖烟囱基础，如民用锅炉房及小型厂房的砖烟囱基础。无筋扩展基础易于取材、施工方便，造价较低。

2) 板式基础

板式基础分为圆形和环形两种形式，广泛用于钢筋混凝土烟囱及较高的砖烟囱中，环形板式基础与圆形板式基础相比，有以下优点：

当底面积相同时，环形的抵抗矩大于圆形，因此经济效果好；

对于地下烟道，环形板式基础避开了基础中部的高温区，可减少基础的温度应力。

因此，在一般情况下，应优先采用环形基础。当地下水位较高时，宜采用圆形基础。

3) 壳体基础

壳体基础适用于钢筋混凝土烟囱，由于基础底面展开面积较大，可用于地基承载力较低或倾覆力矩较大的烟囱。与板式基础相比，可节约钢材和水泥用量，但施工难度大，使用受到限制，此处不再叙述。

4) 桩基础

桩基础适用于地基软弱土层较厚或主要受力层存在液化土层时，采用其他基础没有条件或不经济时，采用桩基础。

8.2 地基计算

(1) 基础底面压力计算

1) 轴心荷载作用时

$$p_k=\frac{N_k+G_k}{A}\leqslant f_a \qquad (8.2\text{-}1)$$

2) 偏心荷载作用时除满足式(8.2-1)外，尚应符合下列要求：

地基最大压力

$$p_{kmax}=\frac{N_k+G_k}{A}+\frac{M_k}{W}\leqslant 1.2f_a \qquad (8.2\text{-}2)$$

地基最小压力

$$p_{kmin}=\frac{N_k+G_k}{A}-\frac{M_k}{W}\geqslant 0 \qquad (8.2\text{-}3)$$

式中 N_k——相应荷载效应标准组合时，上部结构传至基础顶面竖向力值(kN)；

G_k——基础自重标准值和基础上土重标准值之和(kN)；

f_a——修正后的地基承载力特征值(kPa)；

M_k——相应于荷载效应标准组合时，传至基础底面的弯矩值(kN·m)；

A——基础底面面积(m^2)；

W——基础底面的抵抗矩(m^3)，当为圆形基础时：$W=\frac{\pi r_1^3}{4}$；当为环形基础时：$W=\frac{\pi(r_1^4-r_4^4)}{4r_1}$。$r_1$、$r_4$分别为基础底面的外半径和内半径。

(2) 地基变形计算

1) 地基最终变形量及地基变形计算深度Z_h应按国家标准《建筑地基基础设计规范》(GB 5007)有关规定进行计算。对板式基础计算位置的确定及平均附加应力系数按如下规定。

计算位置：环形基础计算环宽中点C、D(图8.2-1a)的沉降。

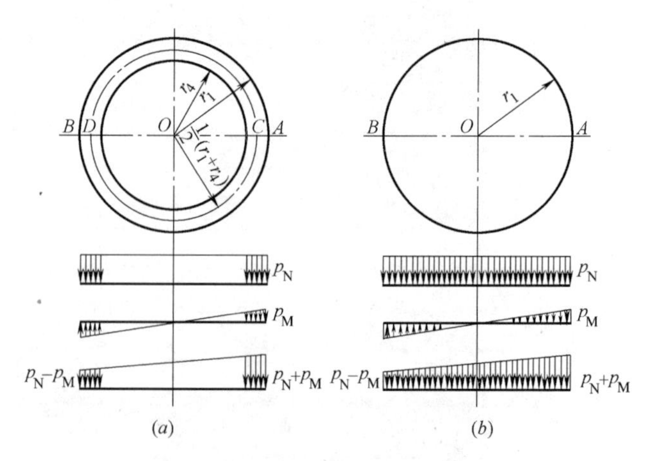

图8.2-1 板式基础底板下压力

圆形基础计算圆心O点(图8.2-1b)的沉降。

2) 平均附加应力系数

① 计算环形基础沉降量时，其环宽中点的平均附加应力系数$\bar{\alpha}$值，应分别按大圆与小圆由《烟囱设计规范》中相应的Z/R和b/R栏查得的数值相减后采用。

② 计算圆形基础沉降量时，其圆心的平均附加应力系数$\bar{\alpha}$值，可直接按《烟囱设计规范》中相应的数值采用。

3）基础倾斜计算

① 分别计算与基础最大压力p_{max}及最小压力p_{min}相对应的基础外边缘A、B两点的沉降量S_A和S_B，基础的倾斜值m_θ可按下式计算：

$$m_\theta=\frac{S_A-S_B}{2r_1} \tag{8.2-4}$$

式中　r_1——圆形基础的半径或环形基础的外圆半径。

② 计算方法

计算在梯形荷载作用下的基础沉降量S_A和S_B时，可将荷载分为均布荷载和三角形荷载两部分，分别计算其相应的沉降量再进行叠加。

计算环形基础在三角形荷载作用下的倾斜值时，可按半径r_1的圆板在三角形荷载作用下，算得的A、B两点沉降值，减去半径为r_4的圆板在相应的梯形荷载作用下，算得的A、B两点沉降值。

4）基础沉降及倾斜允许值见表8.2-1。

基础沉降及倾斜允许值　　表8.2-1

烟囱高度(m)	允许倾斜值	允许沉降值(mm)
$H\leqslant20$	0.0080	400
$20<H\leqslant50$	0.0060	
$50<H\leqslant100$	0.0050	
$100<H\leqslant150$	0.0040	300
$150<H\leqslant200$	0.0030	
$200<H\leqslant250$	0.0020	200
$250<H\leqslant300$	0.0015	150

5）地基条件符合表8.2-2，且建筑场地稳定、地基岩土均匀良好、基础周围无较大堆载、相邻建筑距离较远、当地风玫瑰图不存在严重偏心时，可不进行变形验算。

可不进行地基变形验算的烟囱最大高度限值

表8.2-2

地基承载力特征值f_{ak}(kPa)	$60\leqslant f_{ak}<80$	$80\leqslant f_{ak}<100$	$100\leqslant f_{ak}<130$	$130\leqslant f_{ak}<200$	$200\leqslant f_{ak}<300$
高度限值(m)	≤30	≤40	≤50	≤70	≤100

8.3　无筋扩展基础

（1）基础材料

无筋扩展基础一般可采用混凝土、毛石混凝土、砖砌体和毛石砌体等材料。

1）混凝土和毛石混凝土基础

混凝土基础的混凝土强度等级，不应低于C15。在严寒地区，应采用不低于C20的混凝土。

毛石混凝土基础一般采用不低于C15的混凝土，掺入少于基础体积30%的毛石，毛石强度等级不低于MU20，其长度不宜大于30cm，在严寒潮湿的地区，应用不低于C20的混凝土和不低于MU30的毛石。

注：严寒地区是指累年（近期30年）最冷月平均温度低于或等于−10℃的地区。

2）毛石基础

毛石基础石材应用无明显风化的天然石材（毛石或毛料石），并应根据地基土的潮湿程度按有关规定采用。

（2）基础计算

用于烟囱的环形和圆形基础的构造如图8.3-1所示，其外形尺寸，应按下列条件确定。

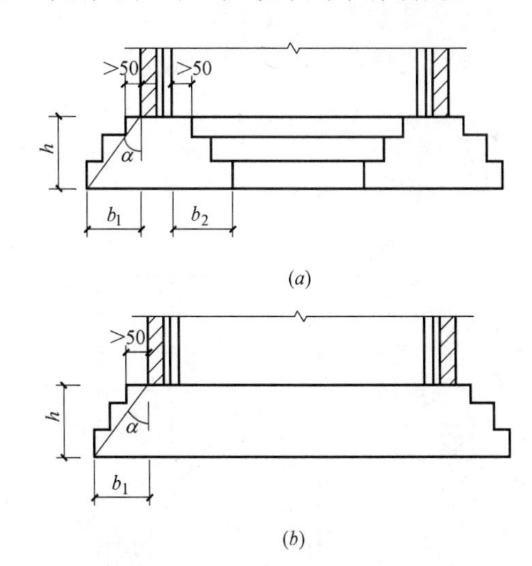

图8.3-1　无筋扩展基础（mm）
（a）环形基础；（b）圆形基础

1）当为环形基础时

$$b_1\leqslant0.8h\tan\alpha \tag{8.3-1}$$

$$b_2\leqslant h\tan\alpha \tag{8.3-2}$$

2）当为圆形基础时

$$b_1\leqslant0.8h\tan\alpha \tag{8.3-3}$$

$$h\geqslant\frac{D}{3\tan\alpha} \tag{8.3-4}$$

式中 b_1、b_2——基础台阶悬挑尺寸（m）；

h——基础高度（m）；

D——基础顶面筒壁内直径（m）；

$\tan\alpha$——基础台阶的宽高比允许值，按国家标准《建筑地基基础设计规范》（GB 5007）有关规定进行计算。

8.4 板式基础

（1）基础合理外形

板式基础合理外形尺寸（图 8.4-2）宜按表 8.4-1 内公式确定：

板式基础合理外形　　表 8.4-1

环形基础	圆形基础
$r_4 \approx \beta r_z$	$\frac{r_1}{r_z} \approx 1.5$
$h \geqslant \frac{r_1 - r_2}{2.2}$	$h \geqslant \frac{r_1 - r_2}{2.2}$
$h \geqslant \frac{r_3 - r_4}{3.0}$	$h \geqslant \frac{r_3}{4.0}$
$h_1 \geqslant \frac{h}{2}$	$h_1 \geqslant \frac{h}{2}$
$h_2 \geqslant \frac{h}{2}$	

公式 β——基础底板平面外形系数，根据 r_1 与 r_z 的比值，由图 8.4-1 查得；

r_z——环壁底面中心处半径，$r_z = \frac{r_2 + r_3}{2}$ 其余符号见图 8.4-2。

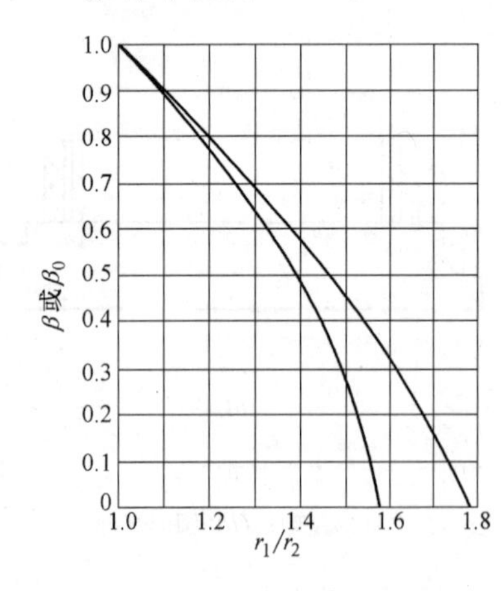

图 8.4-1　β、β0系数

（2）基础计算

1）基础底板内力计算时，基础底板的压力可按均布荷载采用，并取外悬挑中点处的最大压力（图 8.4-2），其值应按下式计算：

$$p = \frac{N}{A} + \frac{M_z}{I} \cdot \frac{r_1 + r_2}{2} \qquad (8.4\text{-}1)$$

式中 M_z——作用于基础底面的总弯矩设计值（kN·m）；

N——作用于基础顶面的垂直荷载设计值（kN）（不含基础自重及土重）；

A——基础底面面积（m²）；

I——基础底面惯性矩（m⁴）。

2）在环壁与底板交接处的冲切强度可按下式计算（图 8.4-2）：

$$F_l \leqslant 0.35\beta_h f_{tt}(b_t + b_b)h_0 \qquad (8.4\text{-}2)$$

式中 F_l——冲切破坏体以外的荷载设计值（kN）；

f_{tt}——混凝土在温度作用下的抗拉强度设计值（kN/m²）；

b_b——冲切破坏锥体斜截面的下边圆周长（m），验算环壁外边缘时，$b_b = 2\pi(r_2 + h_0)$，验算环壁内边缘时，$b_b = 2\pi(r_3 - h_0)$；

b_t——冲切破坏锥体斜截面的上边圆周长（m），验算环壁外边缘时，$b_t = 2\pi r_2$，验算环壁内边缘时，$b_t = 2\pi r_3$；

h_0——基础底板计算截面处的有效厚度（m）；

β_h——受冲切承载力截面高度影响系数，当 h 不大于 800mm 时，β_h 取 1.0；当 h 大于等于 2000mm 时，β_h 取 0.9，其间按线性内插法取用。

3）冲切破坏锥体以外的荷载 F_l，可按下列公式计算。

① 计算环壁外边缘时，

$$F_l = p\pi[r_1^2 - (r_2 + h_0)^2] \qquad (8.4\text{-}3)$$

② 计算环壁内边缘时，

环形基础

$$F_l = p\pi[(r_3 - h_0)^2 - r_4^2] \qquad (8.4\text{-}4)$$

圆形基础

$$F_l = p\pi(r_3 - h_0)^2 \qquad (8.4\text{-}5)$$

4）环形基础底板下部和底板内悬挑上部均采用径环向配筋时，确定底板配筋用的弯矩设计值可按下列公式计算：

① 底板下部半径 r_2 处单位弧长的径向弯矩设计值

$$M_R = \frac{p}{3(r_1 + r_2)}(2r_1^3 - 3r_1^2 r_2 + r_2^3) \qquad (8.4\text{-}6)$$

② 底板下部单位宽度的环向弯矩设计值

$$M_0 = \frac{M_R}{2} \qquad (8.4\text{-}7)$$

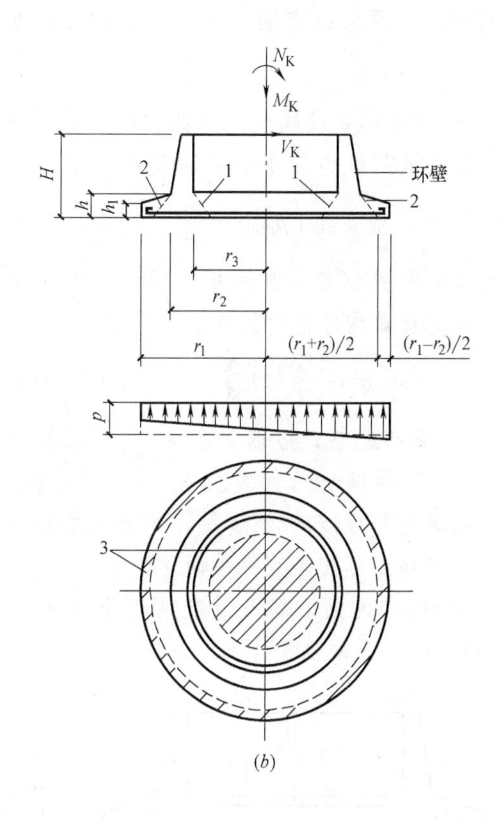

图 8.4-2　基础尺寸及底板冲切强度计算

(a) 环形基础；(b) 圆形基础

1—验算环壁内边缘冲切强度时破坏锥体的斜截面；2—验算环壁外边缘冲切强度时破坏锥体的斜截面；3—冲切破坏锥体的底截面。

③ 底板内悬挑上部单位宽度的环向弯矩设计值

$$M_{\theta T}=\frac{pr_z}{6(r_z-r_4)}\left(\frac{2r_4^3-3r_4^2r_z+r_Z^3}{r_Z}-\frac{4r_1^3-6r_1^2r_Z+2r_Z^3}{r_1+r_Z}\right) \quad (8.4\text{-}8)$$

式中几何尺寸意义见图 8.4-2。

5）圆形基础底板下部采用径环向配筋，环壁以内底板上部为等面积方格网配筋时，确定底板配筋用的弯矩设计值，可按下列规定计算：

① 当 $r_1/r_Z\leqslant1.8$ 时，底板下部径向弯矩和环向弯矩设计值，分别按式（8.4-15）和式（8.4-16）计算。

② 当 $r_1/r_Z>1.8$ 时，底板下部的径向和环向弯矩设计值，分别按下列公式计算：

$$M_R=\frac{p}{12r_2}(2r_2^3+3r_1^2r_3+r_1^2r_2-3r_1r_2^2-3r_1r_2r_3) \quad (8.4\text{-}9)$$

$$M_\theta=\frac{p}{12}(4r_1^2-3r_1r_2-3r_1r_3) \quad (8.4\text{-}10)$$

③ 环壁以内底板上部两个正交方向单位宽度的弯矩设计值均为

$$M_T=\frac{p}{6}\left(r_Z^2-\frac{4r_1^3-6r_1^2r_Z+2r_Z^3}{r_1+r_Z}\right) \quad (8.4\text{-}11)$$

式中几何尺寸意义见图 8.4-2。

注：当 $r_1/r_Z>1.8$ 时，基础外形不合理，一般不采用。

6）圆形基础底板下部和环壁以内底板上部均采用等面积方格网配筋时，确定底板配筋用的弯矩设计值，可按下列公式计算：

① 底板下部在两个正交方向单位宽度的弯矩为

$$M_B=\frac{p}{6r_1}(2r_1^3-3r_1^2r_2+r_2^3) \quad (8.4\text{-}12)$$

② 环壁以内底板上部在两个正交方向单位宽度的弯矩均为

$$M_T=\frac{p}{6}\left(r_Z^2-2r_1^2+3r_1r_Z-\frac{r_Z^3}{r_1}\right) \quad (8.4\text{-}13)$$

(3) 构造配筋要求

1）当按公式（8.4-8）、公式（8.4-11）或公式（8.4-13）计算所得的弯矩 $M_{\theta T}$（或 M_T）小于 0 时，环壁以内底板上部一般不配置钢筋。但当

$p_{kmin}-\frac{G_K}{A}\leqslant0$，或基础有烟气通过，且烟气温度较高时，应按构造配筋。

2）环形和圆形基础底板外悬挑上部一般不配置钢筋，但当地基反力最小边扣除基础自重和土重、基础底面出现负值$\left(p_{kmin}-\frac{G_K}{A}<0\right)$时，底板外悬挑上部应配置钢筋。其弯矩值可近似按承受均布荷载q的悬臂构件进行计算。

$$q=\frac{M_Z r_1}{I}-\frac{N}{A} \quad (8.4\text{-}14)$$

3）底板下部配筋，应取半径r_2处的底板有效高度h。按等厚度进行计算。当采用径环向配筋时，其径向钢筋可按r_2处满足计算要求呈辐射状配置；环向钢筋可按等直径等间距配置。

4）圆形基础底板下部不需配筋范围半径r_d（图8.4-3），应按下列公式计算。

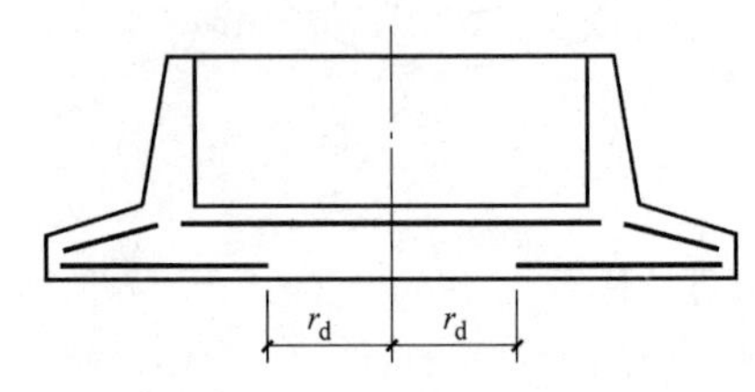

图8.4-3 不需配筋范围r_d

径环向配筋时：

$$r_d\leqslant\beta_0 r_Z-35d \quad (8.4\text{-}15)$$

等面积方格网配置时：

$$r_d\leqslant r_3+r_2-r_1-35d \quad (8.4\text{-}16)$$

式中 β_0——底板下部钢筋理论切断系数，按r_1/r_z由图8.4-1查得；

d——受力钢筋直径（mm）。

注：当计算出的$r_d\leqslant0$时，底板下部各处均应配筋（不切断）。

（4）基础的受热温度计算

当有烟气通过基础时，基础底板与环壁，需进行受热温度计算。

1）基础环壁的受热温度，按筒壁受热温度计算有关规定进行。计算时环壁外侧的计算土层厚度（图8.4-4）可按下式计算：

$$H_1=0.505H-0.325+0.050DH \quad (8.4\text{-}17)$$

式中 H_1——计算土层厚度（m）；

H、D——分别为由内衬内表面计算的基础环壁埋深（m）和直径（m），见图8.4-4所示。

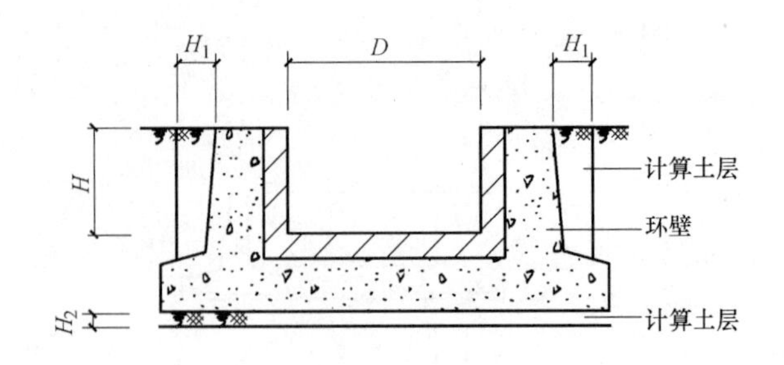

图8.4-4 计算土层厚度示意

2）基础底板的受热温度，可采用地温代替空气温度T_a，计算时基础底板下的计算土层厚度（见图8.4-4）和地温可按下列规定采用：

① 计算底板最高受热温度时$H_2=0.3$m，地温取15℃；

② 计算底板温度差时$H_2=0.2$m，地温取10℃。

3）计算出的基础环壁及底板的最高受热温度，应小于或等于混凝土的最高受热温度允许值。

4）计算基础底板配筋时，应根据最高受热温度，采用混凝土和钢筋在温度作用下的强度设计值。

5）在计算基础环壁和底板配筋时，如未考虑温度作用产生的应力时，宜增加15%的配筋。

8.5 桩基础

在烟囱基础设计中，当地基存在高压缩性的软弱土层、湿陷性、膨胀性、冻胀性或侵蚀性等不良土层时，或土层为软硬不均匀，不能满足强度和变形要求时，或在地震区地基持力层范围内有可液化土层时，应考虑采用桩基础穿越这些不良土层，将荷载传递到深部相对坚硬和稳定的土层中。

（1）桩的类型与特点

1）按承载性状分类

① 摩擦型桩——摩擦桩、端承摩擦桩；

② 端承型桩——端承桩、摩擦端承桩；

2）按使用功能分类

① 竖向抗压桩

② 竖向抗拔桩

③ 水平受荷桩

④ 复合受荷桩

3）按桩身材料分类

① 钢筋混凝土桩——预制桩、灌注桩

② 钢桩

③ 组合材料桩：由二种材料组成，例如钢管桩内填充混凝土，或上部为钢管桩下部为混凝土桩

4）按成桩方法分类

① 非挤土桩——干作业法、泥浆护壁法、套管护壁法；

② 部分挤土桩——部分挤土灌注桩、预钻孔打入式预制桩、打入式敞口桩；

③ 挤土桩——挤土灌注桩、挤土预制桩（打入或静压）。

5）按桩径大小分类

① 小径桩：$d \leqslant 250$mm

② 中等直径桩：250mm$<d<$800mm

③ 大直径桩：$d \geqslant 800$mm

6）按施工方法可分为预制桩和灌注桩两大类。

① 预制桩：预制桩可用钢筋混凝土、预应力钢筋混凝土或钢材，在预制厂或现场制作。以锤击、振动打入、静压或旋入等方式沉入土中。

钢筋混凝土桩

钢筋混凝土桩的长度和截面尺寸、形状可在一定范围内根据需要选择，其横截面形式一般有方形、圆形、三角形等。钢筋混凝土桩以桩体抗压、抗拉强度均较高的特点，质量较易保证，可适应较复杂的情况，因而得到广泛应用。

预应力钢筋混凝土桩

预应力钢筋混凝土预制桩，其截面多为环形。预应力钢筋混凝土桩抗弯、抗拉及抗裂等方面比普通的钢筋混凝土桩有较大的优越性。

钢桩

钢管桩主材常用Q235钢或Q345钢。焊接材料的机械性能应与主材相适应。

常用的钢桩有开口或闭口的钢管桩、H型钢以及其他型钢桩。钢桩的主要优点是桩身抗压、抗弯强度高，贯入性能好，能穿越相当厚度的硬土层，以提供很高的竖向承载力；另外，钢桩施工比较方便，易于裁接。钢桩的缺点是耗钢量大、成本高。此外，钢桩要做防腐蚀处理。

② 灌注桩：灌柱桩是在施工现场桩位处先成桩孔，然后在孔内设置钢筋笼等加劲材、灌注混凝土而形成的桩。一般情况下灌注桩比预制桩经济，但施工技术较复杂，成桩质量控制比较困难。

灌注桩按具体成孔方法可分为钻孔、冲孔、控孔、挤孔及爆扩孔等多种类型。

钻孔灌注桩

钻孔灌注桩是各类灌注桩中应用最为广泛的一种。灌注桩直径一般可达0.3～2.0m，而桩长变化更大，可适应多种土层条件。

沉管灌注桩

沉管灌注桩属于有套管护壁作业桩，可分为振动沉管桩和锤击沉管桩两种。因为施工速度快且造价较低，这两种桩型在我国均有广泛应用。

挖孔灌注桩

挖孔桩可采用人工或机械挖孔。入土挖孔时按每挖一段就浇制一圈混凝土护壁，到桩底处可扩孔。挖孔桩桩径大，可直视土层情况。

（2）单桩竖向承载力

单桩竖向承载力特征值的确定，是为设计提供依据。一般是在预先专门制作的试验桩上进行，荷载加到破坏荷载，得到单桩极限承载力。

确定单桩竖向承载力的方法，包括现场静载荷试验方法、经验公式方法、静力触探或标准贯入试验方法，理论计算方法及经验值方法等。

（3）单桩水平承载力

单桩水平承载力特征值取决于桩的材料强度、截面刚度、入土深度、土质条件、桩顶水平位移允许值和桩顶嵌固情况等因素，应通过现场水平载荷试验确定。必要时可进行带承台桩的载荷试验。

单桩竖向及水平承载力特征值的确定，《建筑地基基础设计规范》均有规定。

（4）桩基础设计

1）桩基础常规设计的内容与步骤

① 收集设计资料，包括烟囱底部结构构造及荷载情况，建筑场地的岩土工程勘察报告等；

② 选择桩型，并确定桩的断面形状及尺寸、桩端持力层及桩长等基本参数和承台埋深；

③ 确定单桩承载力，包括竖向抗压、抗拔及水平承载力等；

④ 确定群桩的桩数及布桩，依据烟囱底部平面及场地条件确定承台类型及尺寸；

⑤ 桩基承载力与变形验算，包括竖向及水平承载力、沉降或水平位移等，对有软弱下卧层的桩基，尚需验算软弱下卧层的承载力；

⑥ 桩身承载力验算，桩身结构计算与构造；

⑦ 承台结构设计，包括承台的抗弯，抗剪及抗冲切强度计算及构造等。

2）桩型、桩断面尺寸及桩长的选择

① 桩型的选择

桩型的选择应综合考虑烟囱对桩基的功能要求、土层分布及性质、桩施工工艺以及环境等方面因素，充分利用各桩型的特点来适应烟囱在安全、经济及工期等方面的要求。

② 断面尺寸的选择

桩的断面尺寸首先与所采用桩材料有关。钢桩的断面一般有H型钢、钢管等形式，多数为原材形状，也有按要求焊接组合而成型的。钢管桩直径一般为250～1200mm。混凝土灌注桩均为圆形，其直径一般随成桩工艺有较大变化。对沉管灌注桩，直径一般为300～500mm之间；对钻孔灌注桩，直径多为500～1200mm，对扩底钻孔灌注桩，扩底直径一般不大于桩身直径的1.5～2.0倍。混凝土预制桩断面常用方形，预应力桩常做成管桩。混凝土预制桩直径或边长一般不应小于200mm，也不应超过550mm。

③ 桩长的选择

桩长的选择与桩的材料、施工工艺等因素有关，但关键在于选择桩端持力层。坚实土层及岩层最适于作为桩端持力层。一般情况下，桩端进入黏性土、粉土及砂土的深度不宜小于2～3倍桩径；桩端进入碎石土的深度不宜小于1倍桩径。桩端下坚硬土层的厚度一般不宜小于5倍桩径。

3）确定单桩承载力

根据上部结构对桩功能的要求及荷载特性，需明确单桩承载力的类型，如抗压、抗拔及水平承载力等，并根据确定承载力的具体方法及有关规范要求给出单桩承载力的特征值。

4）确定桩数及布桩

① 桩数：桩数主要受荷载大小，单桩承载力及承台结构强度等方面的影响。桩数确定的基本要求是满足单桩及群桩的承载力。

对主要承受竖向荷载的桩基，可按以下方法初估桩数。

当桩基受轴心压力时，桩数应满足

$$n \geq \frac{F_k + G_k}{R_a} \tag{8.5-1}$$

式中 F_k——相应于荷载效应标准组合时桩基竖向轴心压力值（kN）；

G_k——承台自重和承台上土自重标准值（kN）；

R_a——单桩竖向抗压承载力特征值（kN）；

n——初估的桩数。

当桩基偏心受压时，一般先按轴心受压初估桩数，然后按偏心荷载大小将桩数增加10%～20%。最终要依桩基总承载力与变形、单桩受力以及承台结构强度等要求决定。

对主要承受水平荷载的桩基，也可参照上述原则估计桩数，并由桩基总承载力与水平位移、单桩受力分析等最终确定桩数。

② 布桩

烟囱桩基础的承台平面为圆形或环形，桩的平面布置应以承台平面中心点，呈放射状布置为好。桩的分布半径，应考虑烟囱筒身荷载的作用点（基础环壁）的位置，在荷载作用点附近，桩适当加密。由于烟囱筒身传至承台的弯矩较大，桩的布置还应遵守内疏外密的原则，以加大群桩的平面抵抗矩。布桩的间距应满足表8.5-1的要求。

桩的最小中心距　　表8.5-1

土类及成桩工艺		排数超过三排（含三排）桩数超过九根（含九根）的摩擦型桩基	其他情况
非挤土和部分挤土灌注桩		3.0d	2.5d
挤土灌注桩	穿越非饱和土	3.5d	3.0d
	穿越饱和软土	4.0d	3.5d
挤土预制桩		3.5d	3.0d
扩底灌注桩		1.5d或D+1m（D>2m时），D为扩大端设计直径	
打入式敞口管桩和H型钢桩		3.5d	3.0d

5）群桩承载力与变形验算

① 群桩中单桩承载力验算

群桩承载力验算应按荷载效应标准组合取值与承载力特征值进行比较。

桩基中各桩受力计算：在已知桩基承台所承受的荷载以后，应根据初步确定桩的数量及布置方案，进行桩基中各桩桩顶轴向压力标准值（平均值）的受力计算，应满足单桩竖向承载力的特征值要求。

对竖向承压群桩，当桩端持力层下存在软弱下卧层时，一般可将桩端所受荷载按其作用面积以扩散角方式在持力层中扩散至软弱层顶面，按假想基础计算其承载力。

② 群桩变形验算

桩基变形验算，应按荷载效应准永久组合进行计算，一般情况下不计入风荷载与地震作用。

但对于烟囱基础，当该地区风玫瑰图呈严重偏心时，风荷载应按频遇值系数0.4进行计算。

对于各种桩基础，其变形主要有四种类型，即沉降量、沉降差及倾斜。这些变形特征均应满足结构物正常使用限值要求，即：

$$\Delta \leqslant [\Delta] \tag{8.5-2}$$

式中 Δ——桩基变形特征计算值（m）；

$[\Delta]$——桩基变形特征允许值（m）。

各桩桩顶轴向压力标准值平均值的受力计算，变形验算《建筑地基基础设计规范》均有规定。

6）烟囱桩基简化计算

烟囱基础上桩是呈圆周形均匀布置的，各桩桩顶轴向压力标准值可按如下简化式计算：

$$Q_{ik} = \frac{F_k + G_k}{n} \pm \frac{M_k r_i}{\frac{1}{2}\sum_{i=1}^{n} r_i^2} \tag{8.5-3}$$

式中 r_i——第 i 根桩所在圆的半径（m）。

7）桩身承载力验算

桩身混凝土强度应满足桩的承载力设计要求。计算中应按桩的材料、类型和成桩工艺的不同，桩身轴心抗压强度计算其有关规范计算。

8）桩身使用及施工阶段强度验算

a. 钢筋混凝土预制桩

钢筋混凝土预制桩除应满足承载力要求外，还必须满足其在运输、堆存、吊立以及打入过程中的受力要求。对于较长的桩，应分段制作并有可靠的接桩措施。

预制桩在起吊、运输过程中，主要受到自重作用，但考虑到操作过程的振动及冲击效应，应将自重乘以动力系数1.5作为桩的荷载，按受弯构件计算。

在预制桩的吊装过程中以及预应力混凝土桩在使用时期尚应满足抗裂度要求。

b. 钢管桩

钢管桩应分别进行在使用及施工阶段的强度和稳定性验算，以确定其管壁厚度。管壁设计应考虑腐蚀厚度及防腐蚀措施。

9）承台结构设计

桩基承台作为联结各个单桩共同承受上部荷载的重要结构，必须有足够的强度与刚度。根据其抗冲切、抗剪与抗弯等要求确定其平面尺寸、厚度及结构构造。

承台的抗弯、抗剪及抗冲切的设计计算应按《建筑地基基础设计规范》有关规定。

8.6 基础构造

（1）板式基础

1）烟囱与地面烟道或地下烟道的沉降缝应设在基础的边缘处。

2）基础的底面应设混凝土垫层，厚度宜采用100mm。

3）设置地下烟道入口的基础，宜设贮灰槽，槽底面应较烟道底面低250～500mm。

4）设置地下烟道入口的基础，当烟气温度较高，采用普通混凝土不能满足混凝土最高受热温度的规定时，宜将烟气入口提高至基础顶面以上。

5）烟囱周围的地面应设护坡，坡度不应小于2%。护坡的最低处，应高出周围地面100mm。护坡宽度不应小于1.5m。

6）板式基础的环壁宜设计成内表面垂直，外表面倾斜的形式，上部厚度应比筒壁、隔热层和内衬的总厚度增加50～100mm。环壁高出周围地面不宜小于400mm。

7）板式基础的配筋最小直径和最大间距应符合表8.6-1的规定，其最小配筋率不应小于0.15%。

板式基础配筋最小直径及最大间距（mm）

表 8.6-1

部位	配筋种类		最小直径	最大间距
环壁	竖向钢筋		12	250
	环向钢筋		10	200
底板下部	径环向配筋	径向	10	r_2处250,外边缘400
		环向	10	250
	方格网配筋		10	250

8）板式基础底板上部按构造配筋时，其钢筋最小直径与最大间距，应符合表8.6-2的规定。

板式基础底板上部的构造配筋（mm）

表 8.6-2

基础形式	配筋种类	最小直径	最大间距
环形基础	径环向配筋	10	径向250、环向250
圆形基础	方格网配筋	10	250

9）基础环壁设有孔洞时，应符合筒壁洞口有关规定。洞口下部距基础底部距离较小时，该处的环壁应增加补强钢筋。必要时可按两端固接的曲梁进行计算。

（2）桩基础

1）钢筋混凝土预制桩

预制桩的混凝土强度一般不低于C30，对预应力混凝土桩则不低于C40。

主筋直径一般不小于14mm；主筋数量及配筋率应通过强度计算确定，最小配筋率不宜小于0.8%，静压预制桩最小配筋率不宜小于0.6%。主筋宜对称布置。箍筋常选$\phi 6\sim\phi 8$，间距不大于200mm，并在桩段两端部位适当加密。

桩尖因受穿过土层的正面阻力，常将主筋弯在一起并焊在一根蕊棒上；桩顶应放置钢筋网片，钢筋保护层一般不小于35mm。桩内按设计吊点位置预埋钢筋吊环，以便吊装。

受打桩架高度或预制场地及运输条件的限制，预制桩长度一般不宜超过12m，故长桩应分段制作，在沉桩现场吊立后接桩。

钢筋混凝土桩的接头，必须保证其有足够的强度以传递轴力、弯矩和剪力。桩头接法有钢板焊接法、法兰接法及硫黄胶泥浆锚等多种方法。

2）钢管桩

钢管桩桩顶锚固形式应采用固接与承台连接。具体锚固有直接埋入承台和铁件埋入承形式。

3）灌注桩

灌注桩的混凝土强度等级一般不得低于C20，骨料粒径不大于40mm。水下导管灌注混凝土，其强度等级不得低于C25，骨料粒径应小于导管内径的1/4，且最大不超过50mm，坍落度在16～20cm为宜。

灌注桩的主筋配筋长度应满足：

① 桩基承台下存在淤泥、淤泥质土或液化土层时，配筋长度应穿越淤泥、淤泥质土或液化土层；

② 桩径大于600mm的钻孔灌注桩，构造钢筋的长度不宜小于桩长的2/3；

③ 坡地岸边的桩、8度及8度以上地震区的桩、抗拔桩、嵌岩端承桩应通常配筋；

④ 受水平荷载和弯矩较大的桩，配筋长度应通过计算确定；

⑤ 当桩顶轴向力和水平力均较小时，桩身可采用构造配筋，配筋长度应满足：

桩顶与承台的连接钢筋笼，锚入承台不宜小于30倍主筋直径（HPB235钢筋）和35倍主筋直径（HRB335钢筋）。伸入桩身长度甲级建筑不小于10倍桩身直径；乙级建筑不小于5倍桩身直径；丙级建筑桩基可不配构造钢筋。

灌注桩的主筋应经计算确定。最小配率不宜小于0.2%～0.65%（小直径桩取大值）。宜采用螺旋式箍筋，一般不宜小于$\phi 6$@200。当钢筋笼长度超过4m时，宜每隔2.0m左右设一道$\phi 12\sim 18$焊接加劲箍。

主筋混凝土保护层一般不得小于50mm。

（3）承台

桩顶与承台应有可靠的连接。桩顶伸入承台的长度一般不小于50mm，受水平力时不小于100mm。桩与承台连接主筋不宜少于$4\phi 12$，长度按钢筋锚固要求确定。

承台外形有平板式与梁式之分，厚度方向上有锥形与阶梯形之分。承台底板厚度一般不小于300mm；承台周边距桩中心距离不应小于桩直径或桩断面边长，且边桩外缘至承台外缘的距离应不小于150mm。

承台配筋应通过计算确定。矩形板承台构造钢筋不宜少于$\phi 10$@200mm（双向），主筋保护层厚度不应小于40mm，当无混凝土垫层时，不应小于70mm。承台混凝土强度等级不应低于C20。

8.7 板式基础计算实例

（1）设计条件

1）筒壁底部荷载标准值：$N_k=56207$kN；$M_{wk}=145942$kN·m；$M_{ak}=55619$kN·m；$V_k=1657$kN。

2）基础环壁顶部截面（±0.000m）厚度：1000mm；底板：$r_3=8.5$m；$r_2=10.5$m；$r_1=14.0$m。符号意义参见图8.4-2（a）。

3）材料指标：C20混凝土抗拉强度设计值$f_{tt}=f_{ttk}/\gamma_{tt}=1.54/1.4=1.1$MPa；混凝土抗压强度设计值：$f_{ct}=f_{ctk}/\gamma_{ct}=13.40/1.4=9.57$MPa；HRB335钢筋抗拉强度：$f_{yt}=f_{ytk}/\gamma_{yt}=335/1.1=304.5$MPa。

4）烟囱所在地区风玫瑰图呈严重偏心，地基变形验算时，风荷载按频遇组合系数0.4进行计算。

（2）基础外形尺寸确定

环壁底截面中心处半径：

$$r_z=\frac{r_2+r_3}{2}=\frac{10.5+8.5}{2}=9.5\text{m};$$

$\dfrac{r_1}{r_z}=\dfrac{14}{9.5}=1.47$，查图8.4-1得$\beta=0.38$，则得：

$r_4=0.38\times9.5=3.61$m，取$r_4=3.6$m。

基础底板厚度

$$h \geqslant \frac{r_1 - r_2}{2.2} = \frac{14-10.5}{2.2} = 1.591\text{m}$$

$$h \geqslant \frac{r_3 - r_4}{3} = \frac{8.5-3.6}{3} = 1.633\text{m}，取 h=2.2\text{m}$$

$$h_1 \geqslant \frac{h}{2} = \frac{2.2}{2} = 1.1\text{m}，取 h_1 = 1.6\text{m}$$

$$h_2 \geqslant \frac{h}{2} = \frac{2.2}{2} = 1.1\text{m}，取 h_2 = 1.6\text{m}$$

(3) 地基承载力验算

1) 荷载

基础底面积：

$$A = \pi(r_1^2 - r_4^2) = \pi(14^2 - 3.6^2) = 575.0\text{m}^2$$

基础自重和基础上的土重：

$$G_k = AH\gamma = 575.0 \times 3.5 \times 20 = 40250\text{kN}$$

基础底面总弯矩：

$$M_k = M_{wk} + M_{ak} + V_k H = 145942 + 55619 + 1657 \times 3.5 = 207361\text{kN} \cdot \text{m}$$

2) 地基承载力

基础底面抵抗矩：

$$W = \frac{\pi(d_1^4 - d_4^4)}{32d_1} = \frac{\pi(28^4 - 7.2^4)}{32 \times 28} = 2145.7\text{m}^3$$

基础底面压力：

$$p_{\min}^{\max} = \frac{N_k + G_k}{A} \pm \frac{M_k}{W} = \frac{56207+40250}{575.0} \pm \frac{207361}{2145.7} = \begin{cases} 264.4\text{kN/m}^2 \\ 71.2\text{kN/m}^2 \end{cases}$$

3) 地基容许承载力

地基承载力特征值：$f_{ak} = 200\text{kPa}$；

修正后的地基承载力特征值：

$$f_a = f_{ak} + \eta_b \gamma(b-3) + \eta_d \gamma_m (d-0.5) = 200 + 0.3 \times 18 \times (6-3) + 1.5 \times 18 \times (3.5-0.5) = 297.2\text{kPa}$$

符合 $p_{max} \leqslant 1.2f_a = 1.2 \times 297.2 = 356.64\text{kPa}$

$p_{min} \geqslant 0$

(4) 冲切强度验算

1) 基础底板均布压力

基础底面惯性矩：

$$I = \frac{\pi(d_1^4 - d_4^4)}{64} = \frac{\pi(28^4 - 7.2^4)}{64} = 30039.9\text{m}^4$$

外悬挑部分中点处最大压力

计算时荷载按设计值选用，其中重力荷载分项系数取 1.2，风弯矩分项系数取 1.4：

$$p = \frac{N}{A} + \frac{M_z}{I} \times \frac{r_1 + r_2}{2} = \frac{1.2N_k}{A} + \frac{1.4M_k}{I} \times \frac{r_1 + r_2}{2}$$

$$= \frac{1.2 \times 56207}{575.0} + \frac{1.4 \times 207361}{30039.9} \times \frac{14+10.5}{2}$$

$$= 235.68\text{kN/m}^2$$

2) 冲切破坏锥体以外的荷载 Q_c

基础有效高度：$h_0 = 2.2 - 0.04 = 2.16\text{m}$

计算环壁外边缘时：

$$F_l = p\pi[r_1^2 - (r_2 + h_0)^2] = 235.68 \times \pi[14^2 - (10.5+2.16)^2] = 26450.7\text{kN}$$

计算环壁内边缘时：

$$F_l = p\pi[(r_3 - h_0)^2 - r_4^2] = 235.68 \times \pi[(8.5-2.16)^2 - 3.6^2] = 20165.4\text{kN}$$

3) 冲切破坏锥体斜截面上、下边圆周长：

验算环壁外边缘时

$$b_t = 2\pi r_2 = 2\pi \times 10.5 = 65.97\text{m}$$

$$b_b = 2\pi(r_2 + h_0) = 2\pi(10.5+2.16) = 79.55\text{m}$$

验算环壁内缘时

$$b_t = 2\pi r_3 = 2\pi \times 8.5 = 53.41\text{m}$$

$$b_b = 2\pi(r_3 - h_0) = 2\pi(8.5-2.16) = 39.84\text{m}$$

4) 冲切强度

环壁外边缘

$$0.35\beta_h f_{tt}(b_t + b_b)h_0 = 0.35 \times 0.9 \times 1.1 \times 10^3 \times (65.97 + 79.55) \times 2.16 = 108913\text{kN} > F_l = 26450.7\text{kN}$$

环壁内缘

$$0.35\beta_h f_{tt}(b_t + b_b)h_0 = 0.35 \times 0.9 \times 1.1 \times 10^3 \times (53.41 + 39.84) \times 2.16 = 69792\text{kN} > F_l = 20165.4\text{kN}$$

(5) 底板配筋计算

采用径环向配筋。按 r_2 处截面 $h_0 = 2.16\text{m}$ 计算。

1) 底板下部半径 r_2 处，单位弧长径向弯矩及配筋

$$M_R = \frac{p}{3(r_1 + r_2)}(2r_1^3 - 3r_1^2 r_2 + r_2^3)$$

$$= \frac{235.68}{3(14+10.5)}(2 \times 14^3 - 3 \times 14^2 \times 10.5 + 10.5^3) = 1512.28\text{kN} \cdot \text{m}$$

$$\alpha_s = \frac{M_R}{\alpha_1 f_c b h_0^2}$$

$$=\frac{1512.28\times10^6}{1.0\times9.57\times1000\times2160^2}=0.034$$

$$\xi=1-\sqrt{1-2\alpha_s}=0.034<\xi_b=0.55$$

$$\gamma_s=\frac{1+\sqrt{1-2\alpha_s}}{2}=\frac{1+\sqrt{1-2\times0.034}}{2}=0.98$$

$$A_s=\frac{M_R}{f_{yt}\gamma_s h_0}=\frac{1512.68\times10^6}{304.5\times0.98\times2160}=2346.2\text{mm}^2$$

底板下部径向配筋Φ22@150（A_s=2534.3mm²）。

当为地下烟道时，如计算时没有考虑温度应力，应将计算钢筋面积乘以增大系数1.15。

2）底板下部单位宽度的环向弯矩及配筋

$$M_\theta=\frac{M_R}{2}=\frac{1512.68}{2}=756.34\text{kN}\cdot\text{m}$$

$$\alpha_s=\frac{M_\theta}{\alpha_1 f_c b h_0^2}=\frac{756.34\times10^6}{1.0\times9.57\times1000\times2160^2}=0.017$$

$$\xi=1-\sqrt{1-2\alpha_s}=0.017<\xi_b=0.55$$

$$\gamma_s=\frac{1+\sqrt{1-2\alpha_s}}{2}=\frac{1+\sqrt{1-2\times0.017}}{2}=0.99$$

$$A_s=\frac{M_\theta}{f_{yt}\gamma_s h_0}=\frac{756.34\times10^6}{304.5\times0.99\times2160}=1161.5\text{mm}^2$$

底板下部环向配筋Φ18@200（A_s=1272.3mm²）。

3）底板内悬挑上部单位宽度的环向弯矩及配

$$M_{\theta T}=\frac{pr_z}{6(r_z-r_4)}\left(\frac{2r_4^3-3r_4^2r_z+r_z^3}{r_z}-\frac{4r_1^3-6r_1^2r_z+2r_z^3}{r_1+r_z}\right)$$

$$=\frac{235.68\times9.5}{6(9.5-3.6)}\left(\frac{2\times3.6^3-3\times3.6^2\times9.5+9.5^3}{9.5}-\frac{4\times14^3-6\times14^2\times9.5+2\times9.5^3}{14+9.5}\right)<0$$

$$p_{min}-\frac{G_k}{A}=71.2-\frac{40250}{575}=1.2>0$$

底板内悬挑上部可不配环向钢筋，外悬挑上部可不配径向钢筋。

（6）沉降与倾斜验算

1）沉降验算

环形基础计算环宽中点C、D（见图8.2-1(a)）的沉降。

① 附加压应力

基底压力：

$$p_{\min}^{\max}=\frac{N_k}{A}\pm\frac{0.4M_k}{W}=\frac{56207}{575.0}\pm\frac{0.4\times207361}{2145.7}=\begin{cases}136.4\text{kN/m}^2\\59.1\text{kN/m}^2\end{cases}$$

大圆时基础底面附加压应力：

均布荷载：

$$p_0=59.1\text{kN/m}^2;$$

三角形荷载：

$$p_0=136.4-59.1=77.3\text{kN/m}^2$$

小圆时基础底面附加压应力：

均布荷载：

$$p_0=\frac{77.3\times10.4}{28}+59.1=87.8\text{kN/m}^2;$$

三角形荷载：

$$p_0=\frac{77.3\times(17.6-10.4)}{28}=19.9\text{kN/m}^2$$

② 基底各层土的压缩模量

基底至各层土底面距离及其压缩模量：

Z_1=2m　　E_{s1}=8MPa；

Z_2=4m　　E_{s2}=10MPa；

Z_3=6m及其以下　　E_{s3}=15MPa；

③ 平均附加压应力系数：环宽中点的平均附加应力系数$\bar{\alpha}$值，应分别按大圆r_1=14m与小圆r_4=3.6m由《烟囱设计规范》（GB 50051—2002）附录C表C.0.1中相应的Z/R和b/R栏查得数值。

④ 各层沉降值$\Delta s'_i$：环宽中点的沉降由大圆在均布荷载及三角形荷载，与由小圆在均布荷载及三角形荷载作用下产生的沉降差。计算结果见表8.7-1。

⑤ 地基变形计算深度z_n，环板宽度b=10.4>8，取Δz=1m。当计算深度z_n=19.5m时，向上取计算层厚度为1m的沉降值$\Delta s'_n$=0.57mm，总的沉降值：

$$\sum_{i=1}^{n}\Delta s'_i=126.72\text{mm}$$

则得：$\Delta s'_n=0.54\text{mm}<0.025\sum_{i=1}^{n}\Delta s'_i=3.17\text{mm}$，满足规范要求。

⑥ 沉降计算经验系数ψ_s

$$\sum_{i=1}^{n}A_i=p_0\bar{\alpha}_i\cdot Z_i-p_0\bar{\alpha}_{i-1}Z_{i-1}=30.17\times8+22.7\times10+(13.52+59.76+0.57)\times15=1576.11$$

$$\bar{E}_s=\frac{\sum_{i=1}^{n}A_i}{\sum_{i=1}^{n}A_i/E_{si}}=\frac{1576.11}{126.72}=12.44\text{MPa}$$

环板 *C* 点沉降 表 8.7-1

深度 z(m)	特性比值		附加应力系数 $\bar{\alpha}$			沉降值(mm)	
	Z/R	b/R	均布 $\bar{\alpha}_i$	三角形 $\bar{\alpha}_i$	$z_i\bar{\alpha}_i$	$\Delta s'_n=\frac{p_0}{E_{si}}(z_i\bar{\alpha}_i-z_{i-1}\bar{\alpha}_{i-1})$	$\sum_{i=1}^{n}\Delta s'_i$
2	2/14 =0.143	−8.8/14 =−0.629	0.991	0.806	2×0.991=1.982 2×0.806=1.612	$\frac{59.1}{8}\times1.982+\frac{77.3}{8}\times1.612-\frac{87.8}{8}\times0.004-\frac{19.9}{8}\times0.002=30.17$	30.17
	2/3.6 =0.556	−8.8/3.6 =−2.444	0.002	0.001	2×0.002=0.004 2×0.001=0.002		
4	4/14 =0.286	−0.629	0.969	0.783	4×0.969=3.876 4×0.783=3.132	$\frac{59.1}{10}(3.876-1.982)+\frac{77.3}{10}(3.132-1.612)-\frac{87.8}{10}(0.028-0.004)-\frac{19.9}{10}(0.016-0.002)=22.70$	52.87
	4/3.6 =1.111	−2.444	0.007	0.004	4×0.007=0.028 4×0.004=0.016		
6	6/14 =0.429	−0.629	0.936	0.750	6×0.936=5.616 6×0.750=4.500	$\frac{59.1}{15}(5.616-3.876)+\frac{77.3}{15}(4.5-3.132)-\frac{87.8}{15}(0.084-0.028)-\frac{19.9}{15}(0.060-0.016)=13.52$	66.39
	6/3.6 =1.667	−2.444	0.014	0.010	6×0.014=0.084 6×0.010=0.060		
22	22/14 =1.57	−0.629	0.65	0.47	22×0.65=14.30 22×0.47=10.34	$\frac{59.1}{15}(14.30-5.616)+\frac{77.3}{15}(10.34-4.5)-\frac{87.8}{15}(0.77-0.084)-\frac{19.9}{15}(0.462-0.06)=59.76$	126.15
	221/3.6 =6.11	−2.444	0.035	0.021	22×0.035=0.77 22×0.021=0.462		
23	23/14 =1.64	−0.629	0.63	0.45	23×0.63=14.49 23×0.45=10.35	$\frac{59.1}{15}(14.49-14.3)+\frac{77.3}{15}(10.35-10.34)-\frac{87.8}{15}(0.805-0.77)-\frac{19.9}{15}(0.483-0.462)=0.57$	126.72
	23/3.6 =6.39	−2.444	0.035	0.021	23×0.035=0.805 23×0.021=0.483		

基底附加压应力：$p_0=59.1+(136.4-59.1)\frac{22.8}{28}=122.04\text{kPa}<0.75f_{ak}=150\text{kPa}$，查表 8.2-4，$\psi_s=0.496$。

⑦ 地基最终沉降值 s

$$s=\psi_s s'=0.496\times126.72=62.73\text{mm}<[s]=300\text{mm}$$

满足《建筑地基基础设计规范》当烟囱高度为 180m 时，允许沉降值 300mm 的要求。

2) 基础倾斜计算

由于本例地基土层均匀，因此仅考虑由于偏心荷载引起的倾斜。分别计算大圆在三角形附加压应力 $p_0=77.3\text{kN/m}^2$ 和小圆三角形附加压应力 $p_0=19.9\text{kN/m}^2$ 作用下相应的基础边缘 *A* 和 *B* 两点的沉降值 S_A、S_B，然后计算倾斜值。

① 基础边缘的沉降计算过程与环宽中点的相同，仅 b/R 值不同。计算 *A* 点时 $b=-14$m；计算 *B* 点时 $b=14$m，计算结果列于表 8.7-2 和表 8.7-3。

环板 *A* 点沉降 表 8.7-2

深度 z(m)	特性比值		附加应力系数 $\bar{\alpha}$		沉降值(mm)	
	Z/R	b/R	三角形 $\bar{\alpha}_i$	$z_i\bar{\alpha}_i$	$\Delta s'_n=\frac{p_0}{E_{si}}(z_i\bar{\alpha}_i-z_{i-1}\bar{\alpha}_{i-1})$	$\sum_{i=1}^{n}\Delta s'_i$
2	2/14 =0.143	−14/14 =−1.00	0.476	2×0.476=0.952	$\frac{77.3}{8}\times0.952-\frac{19.9}{8}\times0.0=9.2$	9.2
	2/3.6 =0.556	−14/3.6 =−3.889	0.000	2×0.000=0.000		

续表

深度 z(m)	特性比值		附加应力系数$\bar{\alpha}$		沉降值(mm)	
	Z/R	b/R	三角形$\bar{\alpha}_i$	$z_i\bar{\alpha}_i$	$\Delta s'_n=\frac{p_0}{E_{si}}(z_i\bar{\alpha}_i-z_{i-1}\bar{\alpha}_{i-1})$	$\sum_{i=1}^{n}\Delta s'_i$
4	4/14 =0.286	−14/14 =−1.00	0.453	4×0.453=1.812	$\frac{77.3}{10}(1.812-0.952)=6.65$	15.85
	4/3.6 =1.111	−14/3.6 =−3.889	0.000	4×0.0=0.0		
6	6/14 =0.429	−14/14 =−1.00	0.431	6×0.431=2.586	$\frac{77.3}{15}(2.586-1.812)-\frac{19.9}{15}(0.006-0.0)=3.98$	19.83
	6/3.6 =1.667	−14/3.6 =−3.889	0.001	6×0.001=0.006		
22	22/14 =1.57	−14/14 =−1.00	0.297	22×0.297=6.534	$\frac{77.3}{15}(6.534-2.586)-\frac{19.9}{15}(0.145-0.006)=20.16$	39.99
	221/3.6 =6.11	−14/3.6 =−3.889	0.0066	22×0.0066=0.145		
23	23/14 =1.64	−14/14 =−1.00	0.291	23×0.291=6.693	$\frac{77.3}{15}(6.693-6.534)-\frac{19.9}{15}(0.152-0.145)=0.81$	40.80
	23/3.6 =6.39	−14/3.6 =−3.889	0.0066	23×0.0066=0.152		

环板 *B* 点沉降 **表 8.7-3**

深度 z(m)	特性比值		附加应力系数$\bar{\alpha}$		沉降值(mm)	
	Z/R	b/R	三角形$\bar{\alpha}_i$	$z_i\bar{\alpha}_i$	$\Delta s'_n=\frac{p_0}{E_{si}}(z_i\bar{\alpha}_i-z_{i-1}\bar{\alpha}_{i-1})$	$\sum_{i=1}^{n}\Delta s'_i$
2	2/14 =0.143	14/14 =1.00	0.011	2×0.011=0.022	$\frac{77.3}{8}\times0.022=0.21$	0.21
	2/3.6 =0.556	14/3.6 =3.889	0.000	2×0.000=0.000		
4	4/14 =0.286	14/14 =1.00	0.022	4×0.022=0.088	$\frac{77.3}{10}(0.088-0.022)=0.51$	0.72
	4/3.6 =1.111	14/3.6 =3.889	0.000	4×0.0=0.0		
6	6/14 =0.429	14/14 =1.00	0.032	6×0.032=0.192	$\frac{77.3}{15}(0.192-0.088)-\frac{19.9}{15}(0.006-0.0)=0.53$	1.25
	6/3.6 =1.667	14/3.6 =3.889	0.001	6×0.001=0.006		
22	22/14 =1.57	14/14 =1.00	0.069	22×0.069=1.518	$\frac{77.3}{15}(1.518-0.192)-\frac{19.9}{15}(0.101-0.006)=6.71$	7.96
	221/3.6 =6.11	14/3.6 =3.889	0.0046	22×0.0046=0.101		

续表

深度 z(m)	特性比值		附加应力系数$\bar{\alpha}$		沉降值(mm)	
	Z/R	b/R	三角形$\bar{\alpha}_i$	$z_i\bar{\alpha}_i$	$\Delta s_n'=\frac{p_0}{E_{si}}(z_i\bar{\alpha}_i-z_{i-1}\bar{\alpha}_{i-1})$	$\sum_{i=1}^{n}\Delta s_i'$
23	23/14 =1.64	14/14 =1.00	0.0705	23×0.0705=1.622	$\frac{77.3}{15}(1.622-1.518)-\frac{19.9}{15}(0.106-0.101)=0.53$	8.49
	23/3.6 =6.39	14/3.6 =3.889	0.0046	23×0.0046=0.106		

② 基础倾斜值计算

$$m_\theta=\frac{S_A-S_B}{2r_1}=\frac{40.80-8.49}{2\times14000}=0.00115$$

满足《建筑地基基础设计规范》当烟囱高度为 180m 时，允许倾斜值 0.003 的要求。

钢筋混凝土筒仓

1 设计要点及基本规定

1.1 设计要点

筒仓属于贮存结构，可作为生产企业调节、运转和贮存物料的设施，也可作为贮存散料如谷物、水泥、碎煤、精矿粉和矿石等的仓库。其设计要点如下：

1. 根据生产工艺要求以及因地形、工程地质、施工技术等因素所反映的筒仓设计的经济效益来选择筒仓的结构型式及布置排列方式。

2. 筒仓结构的选型，宜优先选用平面形状为圆形的筒仓。圆形群仓（包括排仓）应选用仓壁外圆相切的连接方式（图 1.1-1）；直径（内径）大于或等于 18mm 的圆仓，宜独立布置。

3. 连成整体的圆形群仓的总长度应考虑温度区段。温度区段的设置，应按仓体材料来选择，在地基有显著差异时，应设沉降设施。

图 1.1-1 筒仓效果图

4. 跨越铁路或公路的筒仓，应考虑地基沉降对其限界的影响，并采取相应的措施。

5. 仓底结构的选型（卸料部分），应满足卸料通畅、荷载传递明确、结构受力合理、体型简单、施工方便和填料最少的原则。

6. 矩形筒仓为一空间结构。在实际工程中矩形筒仓可按平面构件计算。

7. 筒仓可用各种不同材料建造，但从经济、耐久、抗冲击性能考虑，钢筋混凝土筒仓应用最为广泛，宜优先采用。

1.2 基本规定

钢筋混凝土筒仓设计基本规定如下：

1. 钢筋混凝土筒仓的结构安全等级应按二级，抗震设防类别应按丙类。

当与其他建筑连为一体时，其安全等级、地震设防类别及地基基础设计等级不应小于筒仓的等级及类别。

2. 钢筋混凝土筒仓的耐火等级应按二级。

3. 筒仓的地基基础设计等级应按乙级。

4. 筒仓的防雷保护应按二类设计。

5. 筒仓仓上建筑及仓下作业场所人工照明的最小照度不宜低于 15lx（勒克斯）。

6. 有粉尘及其他易爆物的筒仓，相关工艺专业应根据不同的贮料特性分别设置防爆、泄爆、防静电、防明火及防雷电等设施。

7. 筒仓的防雷严禁利用其竖向受力钢筋作为避雷线，应专设外引下线。

8. 对存放谷物及其他食品的筒仓，严禁在混凝土中掺入有害人体健康的添加剂及涂层。

9. 除岩石地基外，每个筒仓的沉降观测点不应少于四个。

10. 筒仓与毗邻建筑物和构筑物之间或群仓地基土压缩性有显著差异时，应采取防止不均匀沉降的措施。

2 布置原则及结构选型

2.1 布置原则

1. 筒仓平面形状

(1) 筒仓的平面布置，应根据工艺、地形、工程地质和施工等条件，经技术经济比较后确定。

(2) 群仓及排仓宜采用多排及单排行列式布置（图2.1-1），场地受到限制时可采用斜交布置。

(3) 筒仓平面形状，宜采用圆形。圆形群仓应采用仓壁和筒壁外圆相切的连接方式，直径大于或等于18m的圆形筒仓，宜采用独立布置形式。

(4) 当圆形筒仓直径小于或等于12m时，宜采用2m的倍数；大于12m时，宜采用3m的倍数。

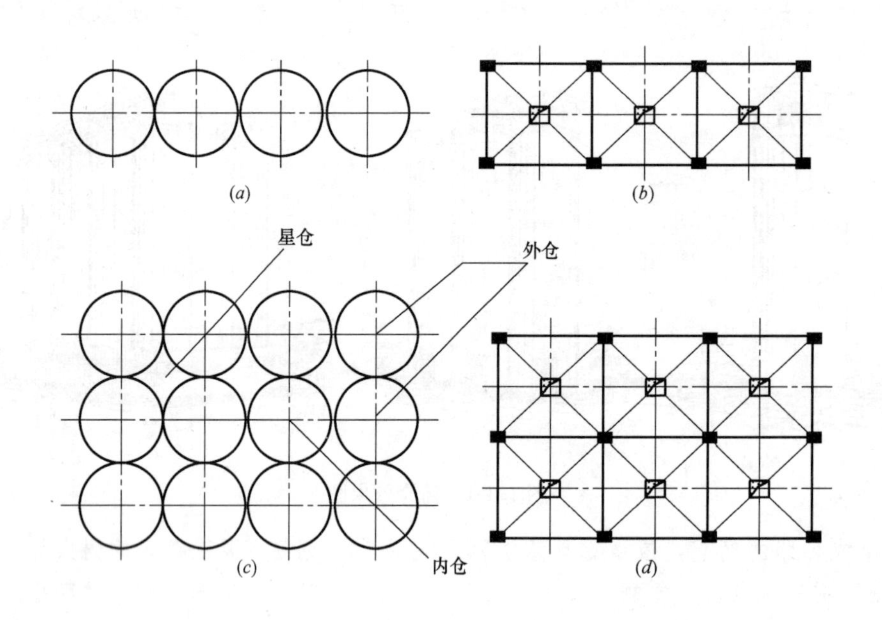

图2.1-1 群仓平面布置示意图

(a) 单排圆形筒仓；(b) 单排矩形筒仓；(c) 多排圆形筒仓；(d) 多排矩形筒仓

(5) 圆形筒仓的定位轴线以筒壁的外径或圆形筒仓的中心线定位；柱或筒壁支撑的矩形筒仓的定位轴线以其柱或筒壁的中心线定位。

2. 变形缝及长宽比

(1) 仓壁和筒壁外圆相切的圆形群仓总长度不超过50m或柱子支撑的矩形群仓总长度不超过36m时，可不设变形缝。

(2) 在非岩石地基条件下，群仓的长度与其宽度、高度之比，不应大于2，排仓布置时其比值，可增至3，但总长度不应大于60m。

当有可靠资料及计算为依据时可不受以上规定的限制。对于温差较大的地区上述数据可适当减少。

(3) 在非岩石地基上跨越筒仓及浅圆仓间的地道时应设沉降缝，有地表渗水及地下水时应有防水设施。

2.2 安全设施

(1) 跨铁路布置的筒仓，除坚硬岩石外，应考虑地基下沉对铁路建筑限界的影响。

(2) 跨铁路专用线且列车限速5km/h内的筒仓，通过铁路车辆的仓下洞口或柱子的内边缘距铁路中心线的距离不得小于2m，其他尺寸应满足铁路《限界-2》的规定，且仓下应设躲避所。

(3) 排仓、群仓的仓底应设两个出口，仓顶及地道安全出口的设置应按各有关行业的标准执行，与仓体连接的出、入料通廊或栈桥可作为第一通道。圆形排仓、群仓可利用其两仓连接处的空间作为竖向通道，并设置非连续螺旋梯，分段设楼梯平台与地面连通。

(4) 对存在易燃易爆危险的地道应有第二安全出口，地道净空高度不得小于2200mm，宽度不宜小于1000～1500mm。

(5) 筒仓室内主要通道的宽度不应小于1500mm，设备维护通道的宽度不应小于1000mm，通道的净空高度不宜小于2200mm。

(6) 筒仓仓顶应设置通向仓内的入孔，人孔尺寸不应小于600mm×700mm，并应布置在不影响设备安装运行及通行的位置。当通向仓内的爬梯无法做到永久性防腐、防冲击损坏及确保安全时，不应设置永久性的爬梯。

(7) 仓顶及楼面所有洞孔的四周应设不低于100mm×100mm钢筋混凝土挡水条，无固定设备通过的洞孔应设盖板或防护栏杆。

2.3 其他

(1) 靠近筒仓处不宜设置堆料场，当必须设置时，应验算堆载对筒仓结构及地基的不利影响。

(2) 直径大于或等于12m的圆形筒仓，仓顶不宜设置有筛分振动设备的厂房。

(3) 筒仓的地面应根据使用荷载计算确定。其他功能应按使用条件设置，最小厚度为120mm，混凝土强度等级不应低于C20，室内外地坪高差不应小于150mm。

2.4 结构选型

1. 结构组成

筒仓结构一般由六部分组成（图2.4-1），包括仓上建筑物、仓顶、仓壁、仓底、仓下支撑结构（筒壁或柱）和基础等。

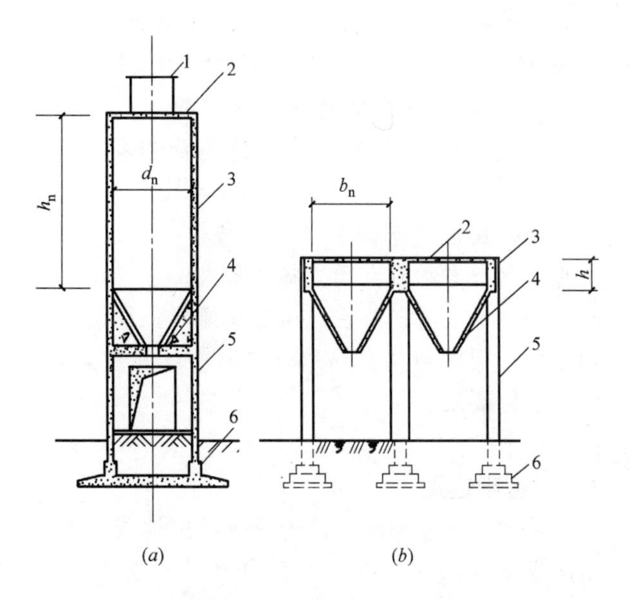

图2.4-1 筒仓结构示意图

(a) 深仓；(b) 浅仓

1—仓上建筑物；2—仓顶；3—仓壁；4—仓底；5—仓下支撑结构（筒壁或柱）；6—基础

2. 结构分类

筒仓结构按用途、结构材料、结构形状和排列方式，可划分多种类形，但作为结构计算则只有深仓和浅仓两大类之分，深仓和浅仓的划分，应符合下列规定。

(1) 当筒仓内贮料计算高度 h_n 与圆形筒仓内径 d_n 或与矩形筒仓的短边 b_n 之比大于等于1.5时为深仓，小于1.5时为浅仓（图2.4-1）。

(2) 对于矩形浅仓，当无仓壁时为漏斗仓，当仓壁高度 h 与短边 b_n 之比小于0.5时为低壁浅仓，大于或等于0.5时为高壁浅仓。

深仓多用于贮存物料的设施，浅仓一般用作卸料、受料、配料与给料的设施。

3. 筒仓仓底结构选型

(1) 筒仓仓底结构的选型，应综合考虑下列要求：

1) 卸料通畅；

2) 荷载传递明确，结构受力合理；

3) 造型简单，施工方便；

4) 填料较少。

常用的筒仓仓底形式如图2.4-2所示。

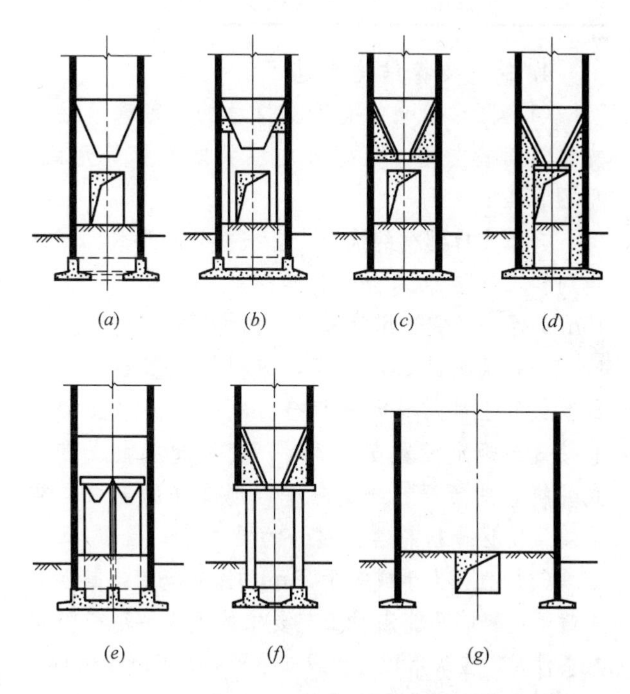

图2.4-2 常用筒仓仓底和仓下支撑载结构示意图

(a) 漏斗与仓壁整体连接，由筒壁支撑；(b) 漏斗与仓壁非整体连接，由带壁柱的筒壁支撑；(c) 平板加填料漏斗，由筒壁支撑；(d) 通道式仓底；(e) 梁板仓底与仓壁非整体连接，由筒壁支撑；(f) 平板仓底，由柱支撑；(g) 落地式大直径浅圆仓

(2) 棱线倾角及漏斗坡度的确定：

1) 圆锥及角锥形漏斗壁及相邻斜壁的交线与平面的夹角或漏斗壁的坡度应根据贮料的内摩擦角由工艺确定。

2) 为了保证贮料能连续而全部地自动卸出，

斜壁的倾角应比贮料内摩擦角大5°～7°，相邻斜壁的交线倾角亦应略大于贮料内摩擦角。

斜壁交线（棱线）倾角 ψ 可根据两斜壁倾角 α_A、α_B 由表2.4-1确定，也可计算得出。

棱线倾角 ψ 值 表2.4-1

α_B \ α_A	26°	30°	34°	38°	42°	46°	50°	54°	58°	62°	66°	70°
26°	19.03	20.43	21.57	22.48	23.21	23.81	24.29	24.69	25.01	25.27	25.48	25.65
30°	20.43	22.21	23.68	24.91	25.92	26.76	27.46	28.03	28.51	28.90	29.21	29.47
34°	21.57	23.68	25.50	27.05	28.36	29.47	30.41	31.20	31.86	32.41	32.86	33.23
38°	22.48	24.91	27.05	28.92	30.55	31.95	33.16	34.19	35.07	35.81	36.42	36.92
42°	23.21	25.92	28.36	30.55	32.48	34.19	35.59	37.00	38.12	39.08	39.89	40.55
46°	23.81	26.76	29.47	31.95	34.19	36.21	38.01	39.61	41.00	42.21	43.24	44.10
50°	24.29	27.46	30.41	33.16	35.69	38.01	40.12	42.02	43.71	45.19	46.47	47.55
54°	24.69	28.03	31.20	34.19	37.00	39.61	42.02	44.22	46.22	48.00	49.57	50.90
58°	25.01	28.51	31.86	35.07	38.12	41.00	43.71	46.22	48.53	50.63	52.50	54.13
62°	25.27	28.90	32.41	35.81	39.08	42.21	45.19	48.00	50.63	53.06	55.26	57.20
66°	25.48	29.21	32.86	36.42	39.89	43.24	46.47	49.57	52.50	55.26	57.80	60.10
70°	25.65	29.47	33.23	36.92	40.55	44.10	47.55	50.90	54.13	57.20	60.10	62.76

4. 筒仓支撑结构选型

（1）圆形筒仓的仓下支撑结构，可选用柱子支撑、筒壁支撑、筒壁与内柱共同支撑等形式，见图2.4-2。

仓下支撑结构的选型，应根据仓底形式、基础类别和工艺要求综合分析确定；直径等于或大于15m的深仓，宜选用筒壁与内柱共同支撑的方式。

（2）筒仓的基础选型，应根据地基条件、上部荷载和上部结构形式综合分析确定。当圆形筒仓按规范规定设置变形缝时，变形缝应做成贯通式并将基础断开。缝宽应符合沉降缝的要求，在地震设防区尚应符合防震缝的要求。

（3）直径大于或等于21m的深仓仓壁，其混凝土截面及配筋不能满足工艺要求的正常使用极限状态条件时，应采用预应力或部分预应力混凝土结构。

5. 筒仓仓顶结构选型

（1）圆形筒仓仓顶可采用钢筋混凝土梁板结构，直径大于或等于21m的圆形筒仓仓顶可采用钢筋混凝土整体、装配整体正截锥壳、正截球壳及具有整体稳定体系的钢结构壳体或网架结构，其与仓壁的连接宜采用静定体系。

（2）支撑在筒仓或浅圆仓仓顶上的通廊、栈桥或其他结构应采用简支方式与其连接。

（3）对于直径小于或等于10m的圆形筒仓，当仓顶设有筛分设备的厂房时，其楼面、屋面结构宜支撑在与仓壁等厚的钢筋混凝土圆形支撑壁上；当采用钢筋混凝土框架结构厂房时，框架柱应直接支撑于仓壁顶部的环梁上，并在柱脚环梁处设纵、横联系梁。

（4）当筒仓之间或筒仓与其相邻的建（构）筑物之间相隔一定距离，根据工艺要求又必须相互连接时，宜采用简支结构相连，且应有足够的支撑长度。

6. 抗震设防区的筒仓结构选型

抗震设防区的筒仓结构选型尚应符合下列规定：

（1）圆形筒仓的仓下支撑结构，宜选用筒壁支撑或筒壁与内柱共同支撑的形式。

（2）仓上建筑物宜选用钢筋混凝土框架结构、钢结构；围护结构宜选用轻质材料，并应满足防火等级的要求。

2.5 基础选形

圆形筒仓基础形式的选择应考虑地质、水文、冰冻等条件，并根据上部结构形式、荷载大小、综合确定，既应满足工艺方面的要求，又应满足强度和稳定的需要。

常用的基础形式有：环形基础、板式基础、筏式基础、壳体基础、箱形基础、桩式基础等；从材料分有：混凝土基础、毛石混凝土基础、钢筋混凝土基础等（图2.5-1）。

1. 环形基础设计要点（图2.5-2）

（1）适用于地质条件好的情况，如容许承载力

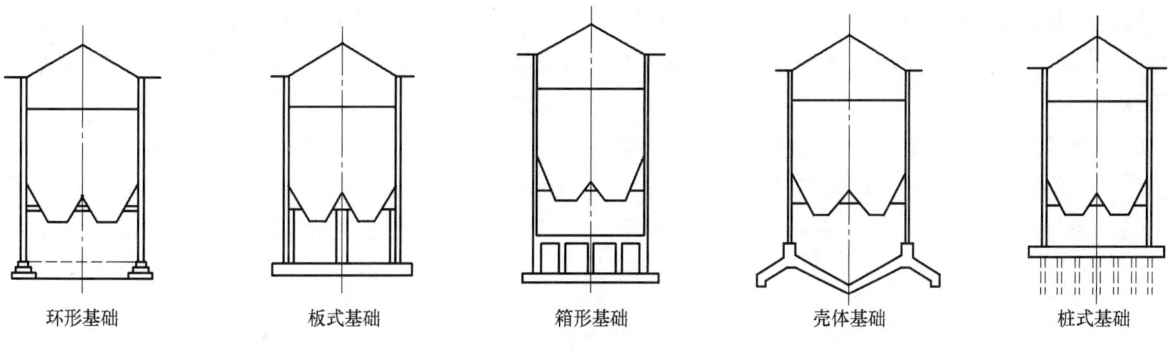

图 2.5-1　基础形式简图

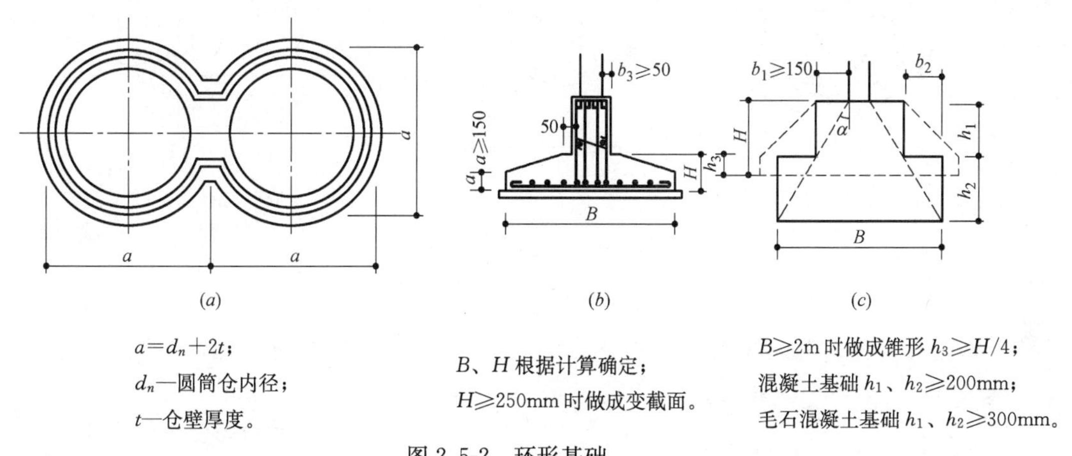

图 2.5-2　环形基础

(a) 基础平面；(b) 钢筋混凝土基础；(c) 毛石混凝土、混凝土基础

≥500kPa 的岩石地基、卵石地基等。

(2) 筒仓内径 $d_n \leqslant 10$m，筒壁支撑，或筒壁与壁柱共同支撑时，用环形基础；若 $d_n \geqslant 10$m，用通道式仓底，由部分筒壁和中间承重墙支撑时，可做成条形和部分环形基础。

(3) 钢筋混凝土基础在与筒壁连接处应加环梁；混凝土基础和毛石混凝土基础放阶应满足刚性角要求。

2. 筏板基础设计要点（图 2.5-3）

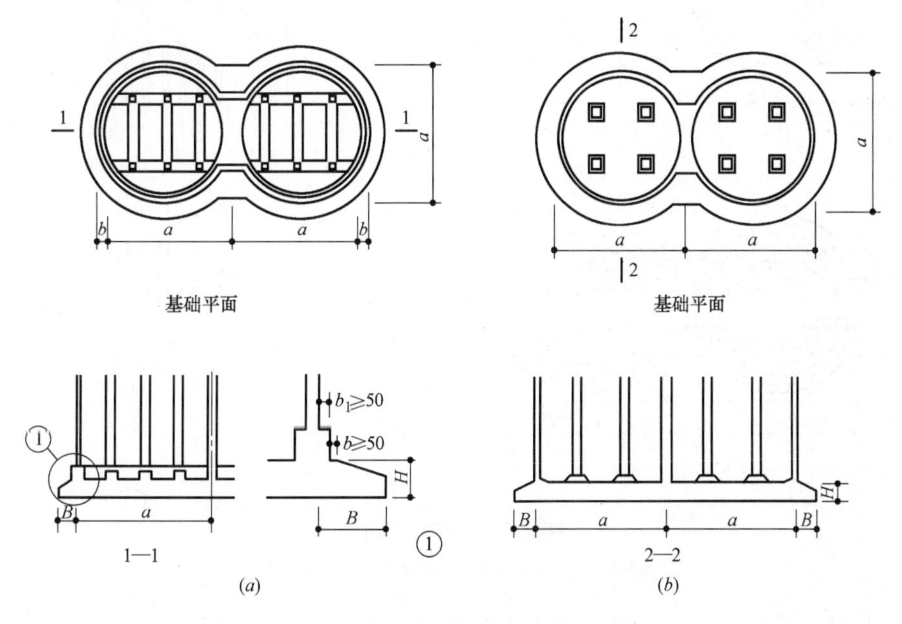

图 2.5-3　筏板基础

(a) 筏式基础；(b) 板式基础

(1) 适用于地基条件较差、上部结构传来的荷载较大的情况，一般为地基容许承载力≤200kPa。

(2) 依靠筒壁或筒壁和中间柱共同支撑的装车仓和落地仓，可采用板式基础或筏式基础。

(3) 采用板式基础和筏式基础时，可根据筒仓的直径和荷载情况，当 $d_n \leqslant 10$m 时宜采用板式基础；$d_n \geqslant 10$m 且为双跨铁路线的大型仓可采用筏式基础。

(4) 板式基础和筏式基础与筒壁相连处应加环梁或放大角；板式基础板与柱底相连处应加柱帽。

3. 箱形基础设计要点（图 2.5-4）

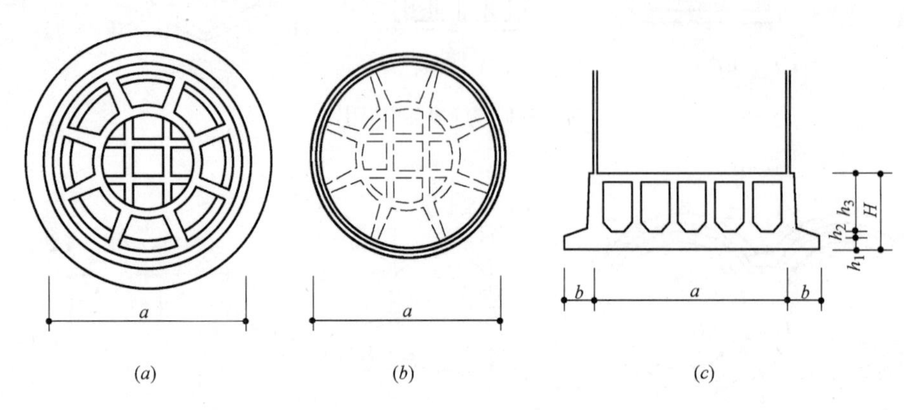

图 2.5-4 箱式基础

(a) 箱基底板平面；(b) 箱基顶板平面；(c) 剖面

(1) 当地基上部荷载较大或上层软弱地层较厚且不宜采用其他形式的基础时，可采用箱形基础。

(2) 箱形基础的高度 H 应不小于筒仓高度 h 的 1/12～1/10。

(3) 外墙壁与仓壁相连处，应大于仓壁的厚度，且不小于 400mm。

(4) 内外墙的墙脚宜加放大角。

(5) 内隔墙宜呈放射形布置。

4. 桩式基础设计要点（图 2.5-5）

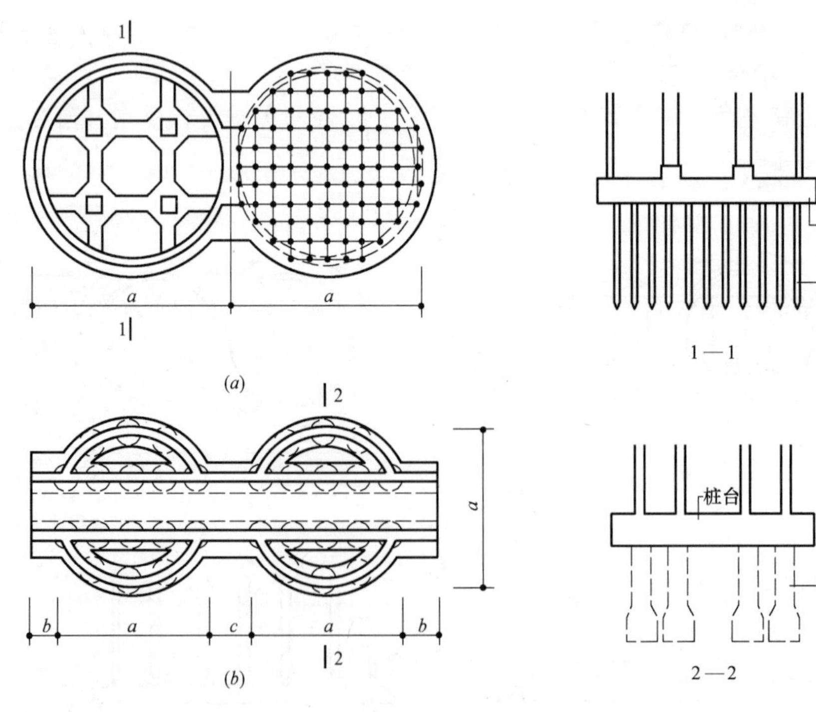

图 2.5-5 桩式基础

(a) 预制打入桩平面布置；(b) 挖孔灌注桩平面布置

(1) 当地基上部地层比较软弱，筒仓荷载较大且用其他形式的基础不能满足承载力要求时，一般采用桩式基础。

(2) 当坚硬地基埋深不大时，可以采用端承桩。端承桩可以采用挖孔桩或预制打入桩。

（3）采用挖孔桩时必须在地下水位以上施工，在地下水或上层泄水较丰富的情况下成孔困难，可采用其他施工工艺。

（4）桩基础包括桩和连接上部结构的承台。桩的间距一般采用2～4倍的桩直径。预制桩最小间距为3倍桩直径；灌注桩为2.5倍桩直径。桩承台应满足冲切要求，混凝土等级不低于C30，厚度不小于300mm，主筋不小于Φ10@200mm。

5. 壳体基础设计要点（图2.5-6）

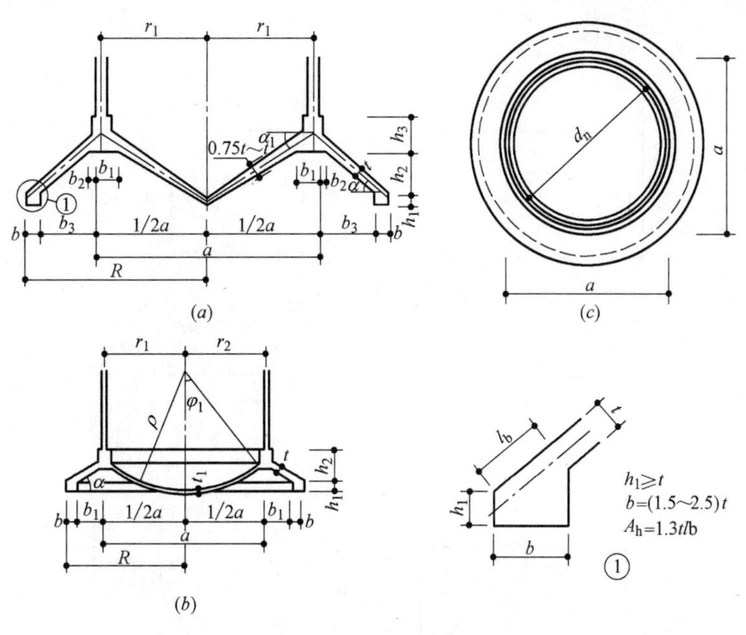

图2.5-6　壳体基础

（*a*）M形壳体基础；（*b*）倒球形壳体基础；（*c*）基础平面

（1）适用于直径$d_n \leqslant 15$m的单仓，地震烈度小于或等于七度的地区。

（2）用于地质条件较好或经过夯实、换填灰土等处理的地基，不宜用于软土地基和地下水位高于基础底面的地区。

（3）宜用于筒壁支撑的落地仓，不适用于加承重墙和中间柱的跨铁路线的仓。

（4）混凝土等级应大于或等于C30，钢筋混凝土壳体基础采用Ⅰ、Ⅱ级钢材，预应力壳体基础宜采用后张法。

（5）倒球形壳体基础（图2.5-6*b*）

$$\phi_1 \geqslant \alpha$$

$$\alpha = 30° \sim 40°$$

$$0.5 \leqslant r_1/R \leqslant 0.65$$

（6）M形壳体基础（图2.5-6*a*）

$$\alpha = 30° \sim 40° \quad \alpha_1 = 20° \sim 30°$$

$$0.35 \leqslant r_1/R \leqslant 0.55$$

3 筒仓几何特性及截面厚度

3.1 筒仓几何特性

1. 矩形斗仓的几何特性

(1) 仓的体积（图 3.1-1）

$$V=V_2+V_1=a_2b_2h_2+\frac{h_1}{3}(A_1+A_2+\sqrt{A_1A_2}) \quad (3.1\text{-}1)$$

(2) 仓几何容积的重心坐标

$$x_C=x_0h_1\frac{(a_1+a_2)(b_1+b_2)+2a_1b_1}{12V} \quad (3.1\text{-}2)$$

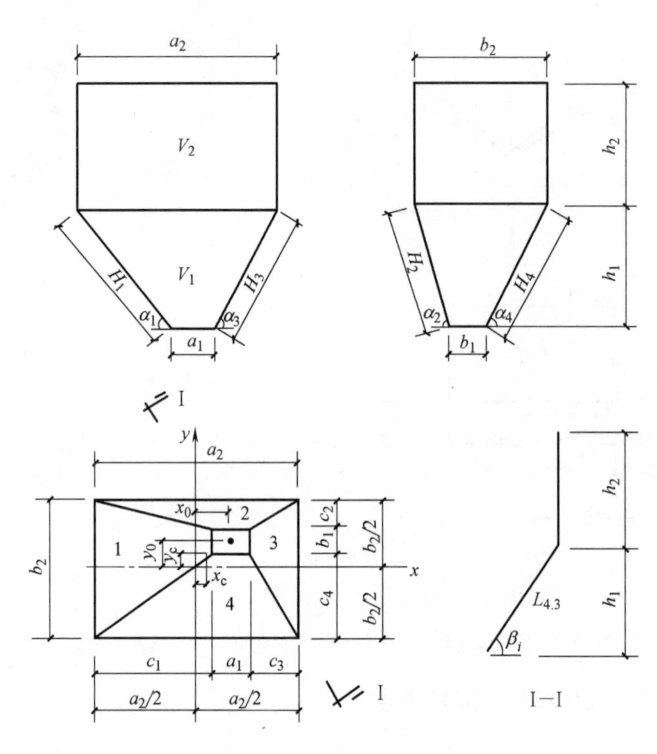

图 3.1-1 斗仓几何尺寸

$$y_C=y_0h_1\frac{(a_1+a_2)(b_1+b_2)+2a_1b_1}{12V} \quad (3.1\text{-}3)$$

(3) 斜壁的斜高 H_n 及该板与水平面的夹角 α_n

$$H_n=\sqrt{h_1^2+C_n^2} \quad (3.1\text{-}4)$$

$$\alpha_n=\mathrm{tg}^{-1}(h_1/C_n) \quad (3.1\text{-}5)$$

式中 n——斜壁编号 1—4

(4) 相邻斜壁 n 和 $n+1$ 的相交肋长 l_i 及该肋与水平面的夹角 β_i

$$l_i=\sqrt{h_1^2+C_n^2+C_{n+1}^2} \quad (3.1\text{-}6)$$

$$\beta_i=\mathrm{tg}^{-1}\left(\frac{h_1}{\sqrt{C_n^2+C_{n+1}^2}}\right) \quad (3.1\text{-}7)$$

式（3.1-1）～式（3.1-7）符号说明：

a_1，b_1——漏斗底部的边长；

a_2，b_2——漏斗上部的边长；

h_1——漏斗部分的高度；

h_2——竖壁的高度；

x_0，y_0——仓的上部平面和底部平面中心轴线间的距离；

C_1，C_2，C_3，C_4——由 a_2，b_2 边到 a_1，b_1 边的水平距离；

V_2——斗式仓上部体积；

V_1——斗式仓漏斗部分的体积；

A_1——漏斗锥台下底的面积（$a_1\cdot b_1$）；

A_2——漏斗锥台上底的面积（$a_2\cdot b_2$）。

(5) 计算尺寸的选定。应力分析时仓的几何尺寸，采用仓壁的轴线尺寸。计算筒仓容积时应采用净空尺寸。

2. 圆形斗仓的几何特性

(1) 周长 u

$$u=\pi(d_n+t) \quad (3.1\text{-}8)$$

(2) 斜壁长 h_3

$$h_3=\sqrt{h_h^2+(d_n/2-d_h/2)^2} \quad (3.1\text{-}9)$$

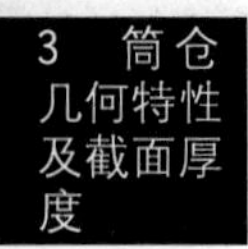

(3) 斜壁倾角 α

$$\mathrm{tg}\alpha=\frac{2\cdot h_{\mathrm{h}}}{d_{\mathrm{n}}-d_{\mathrm{h}}} \tag{3.1-10}$$

(4) 斜壁面积 A_{s}

$$A_{\mathrm{s}}=\frac{h_3\pi}{2}(d_{\mathrm{n}}+d_{\mathrm{h}}) \tag{3.1-11}$$

(5) 贮仓总容积 V（图 3.1-2）

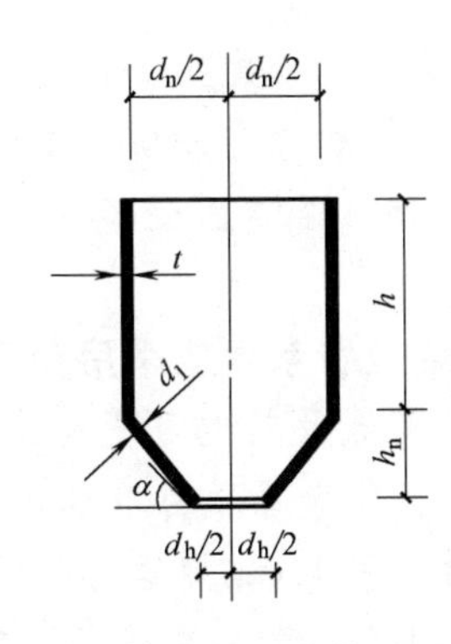

图 3.1-2　圆形斗仓外形尺寸图

$$V=V_1+V_2=\frac{\pi}{4}d_{\mathrm{n}}^2\cdot h+\frac{\pi\cdot h_{\mathrm{h}}}{12}(d_{\mathrm{n}}^2+d_{\mathrm{h}}^2+d_{\mathrm{n}}\cdot d_{\mathrm{h}}) \tag{3.1-12}$$

图中、式中　d_{n}——竖壁内径；

d_{h}——漏斗口内径；

h——竖壁高度；

h_{h}——漏斗部分高度；

t——竖壁厚度；

d_1——斜壁厚度。

3.2　筒仓截面厚度

筒仓的仓壁、筒壁及角锥形漏斗壁宜采用等厚截面、其厚度可按下列规定估算，并尚应按裂缝控制验算确定。

1. 矩形筒仓

(1) 矩形筒仓仓壁厚度可采用短边跨度的1/20～1/30。

(2) 角锥形漏斗壁厚度可采用短边跨度的1/20～1/30。

(3) 矩形仓的受力性能不如圆筒仓好，因此边长不宜太大，一般为2～7m，再大就宜采用圆筒仓。

2. 圆形筒仓

(1) 直径等于或小于15m的圆形筒仓仓壁厚度：

$$t=\frac{d_{\mathrm{n}}}{100}+100 \tag{3.2-1}$$

式中　t——仓壁厚度（mm）；

d_{n}——圆形筒仓内径（mm）。

(2) 直径大于15m的圆形筒仓仓壁厚度应按抗裂计算确定。目前一般对于内径18m的筒仓取300mm$<t<$350mm，内径21m的筒仓壁厚取350mm$\leqslant t\leqslant$450mm。

4 筒仓荷载

4.1 荷载分类及荷载效应组合

1. 荷载分类

(1) 永久荷载：结构自重、其他构件及固定设备施加在仓上的作用力、预应力、土压力、填料及环境温度作用等。

(2) 可变荷载：贮料荷载、屋面及楼面活荷载、雪荷载、风荷载、可移动设备荷载、固定设备中的活荷载及设备安装荷载、积灰荷载、筒仓外部地面的堆料荷载及管道输送产生的正、负压力等。

(3) 地震作用。

2. 荷载效应组合

(1) 荷载代表值及取值规定

1) 筒仓结构计算时，对不同荷载应采用不同的代表值。对永久荷载应采用标准值，对可变荷载应根据设计要求，采用标准值或组合值，对地震作用应采用标准值。

2) 筒仓荷载效应基本组合的各种取值应符合下列规定：

① 永久荷载控制的组合，永久荷载与可变荷载取全部；

② 可变荷载效应控制的组合，永久荷载及可变荷载效应中起控制作用的可变荷载取全部。

(2) 荷载效应组合

1) 按承载能力极限状态计算筒仓结构时，应按荷载效应的基本组合进行计算，表达式如下：

$$\gamma_0 S \leqslant R \quad (4.1\text{-}1)$$

式中 γ_0——结构重要性系数应取1.0（特殊用途的筒仓可按具体要求采用大于1.0的系数）；

S——荷载效应组合的设计值；

R——结构构件抗力的设计值。

2) 在按正常使用极限状态计算筒仓结构及构件时，应采用荷载效应的标准组合，并应按下列设计表达式进行设计。

$$S \leqslant C \quad (4.1\text{-}2)$$

式中 C——结构或结构构件达到正常使用要求的规定限值，如变形、裂缝、应力、振幅及加速度等值，应按《筒仓规范》及筒仓使用相关工艺要求的规定采用。各荷载均取荷载效应的标准值。

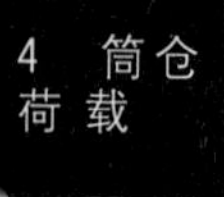

3. 基本组合分项系数

(1) 基本组合，永久荷载分项系数值的采用如下：

1) 永久荷载效应控制的组合，分项系数可取1.2，仓上、仓下的其他平台可取1.35；

2) 可变荷载效应控制的组合，分项系数可取1.2。

(2) 基本组合，可变荷载分项系数值采用如下：

1) 贮料荷载分项系数应取1.3；

2) 其他可变荷载效应分项系数可取1.4，标准值大于4kN/m² 的楼面活荷载分项系数可取1.3。

4. 可变荷载组合系数值采用如下：

(1) 楼面活荷载及其他可变荷载，如按等效均布荷载取值时，组合系数可取0.5～0.7；如按实际荷载取值时采用1.0；对雪荷载可取0.5。

(2) 筒仓无顶盖且贮料重按实际重量取值时，贮料荷载组合系数应取1.0，有顶盖时可取0.9。

5. 筒仓进行倾覆稳定或滑动稳定计算时，其抗滑稳定安全系数可取1.3，倾覆稳定安全系数可取1.5。永久荷载分项系数应取0.9。

6. 筒仓构件抗震验算时，应符合下列规定。

(1) 计算筒仓水平地震作用及其自震周期时，可取贮料总重80%作为贮料有效质量的代表值，重心取其总重的中心。

(2) 筒仓构件抗震验算时，构件的地震作用效应和其他荷载效应的基本组合，只考虑全部荷载代表值和水平地震作用的效应。

计算重力荷载代表值的效应时，除贮料荷载外，其他重力荷载分项系数可取1.2；当重力荷载对构件承载能力有利时，其分项系数不应大于1.0。

在计算水平地震作用效应时，地震作用分项系数应取1.3。水平地震作用的标准值应乘以相应的增大系数或调整系数。

4.2 贮料压力计算

筒仓在贮料重力流动下承受的压力（图4.2-1）分别有水平压力 p_h、垂直压力 p_v、切向力 p_t、摩擦力 p_f 和法向压力 p_n 等。

1. 深仓贮料重力、流动压力的计算（图4.2-1），应符合下列规定：

(1) 贮料顶面或贮料锥体重心以下距离 s (m)处，贮料作用于仓壁单位面积上的水平压力 p_h (kPa) 应按下式计算：

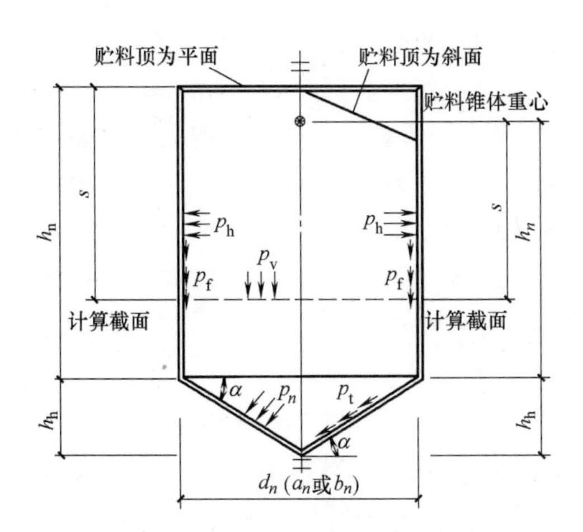

图 4.2-1　深仓的尺寸及压力示意图

$$p_h = C_h\gamma\rho(1-e^{-\mu ks/\rho})/\mu \qquad (4.2\text{-}1)$$

$$= C_b k\gamma_S K_{vs}$$

$$K_{vs} = \frac{1}{\frac{\mu ks}{\rho}}(1-e^{-\frac{\mu ks}{\rho}})$$

或 $$\rho_h = C_h\gamma\rho\frac{\lambda_s}{\mu}$$

$$\lambda_s = (1-e^{-\mu ks/\rho})$$

$$k = \tan^2(45°-\phi/2)$$

式中　C_h——深仓贮料水平压力修正系数，见表4.2-1；

γ——贮料的重力密度（kN/m^3）；

ρ——筒仓水平净截面的水力半径（m），见4.2-2节段；

μ——贮料与仓壁的摩擦系数；

k——侧压力系数；

e——自然对数的底；

s——贮料顶面或贮料锥体重心至所计算截面的距离（m）；

ϕ——贮料的内摩擦角（°）。

K_{vs}——摩擦折减系数，显然 $0<K_{vs}<1$，当算出 $\frac{\mu ks}{\rho}$ 值后可查“贮仓结构设计手册”。

λ_s——折减系数，当算出 $\mu ks/\rho$ 值后可查表9.3-1得出。

（2）贮料作用于仓底或漏斗顶面处单位面积上的竖向压力 p_v（kPa）应按下式计算：

$$p_v = C_v\gamma\rho(1-e^{-\mu kh_n/\rho})/\mu k \qquad (4.2\text{-}2)$$

$$= C_v\gamma\rho\lambda_n/\mu K$$

$$\lambda_n = (1-e^{-\mu kh_n/\rho})$$

式中　C_v——深仓贮料竖向压力修正系数，见表4.2-1；

h_n——贮料计算高度（m），见4.2-2。

注：当按上式计算 p_v 值大于 γh_n 时应取 γh_n。

（3）漏斗壁切向力按下式计算：

$$p_t = C_v p_v(1-k)\sin\alpha\cos\alpha \qquad (4.2\text{-}3)$$

（4）当仓壁设有偏心卸料口或仓底设多个卸料口而引起偏心卸料时，应考虑偏心卸料的不利影响，可按下式计算：

偏心卸料作用于矩形仓仓壁上的水平压力：

$$p_{ec} = E_r p_h \qquad (4.2\text{-}4)$$

$$E_r = (b+2e)/(b+e) \qquad (4.2\text{-}5)$$

偏心卸料作用于圆形仓仓壁上的水平压力：

$$p_{ec} = E_c p_h \qquad (4.2\text{-}6)$$

$$E_c = (d_n+4e)/(d_n+2e) \qquad (4.2\text{-}7)$$

式中　e——偏心卸料口中心与仓中心间的距离；

E_r、E_c——矩形、圆形仓偏心卸料压力系数。

（5）贮料顶面或贮料锥体重心以下距离 s（m）处的计算截面以上仓壁单位周长上的总竖向摩擦力 p_f（kN/m）应按下式计算：

$$p_f = \rho[\gamma s-\gamma\rho(1-e^{-\mu ks/\rho})/\mu k] \qquad (4.2\text{-}8)$$

2. 深仓贮料压力修正系数 C_h、C_v，计算高度 h_n（m），水力半径 ρ，应符合下列规定。

（1）深仓贮料压力修正系数 C_h、C_v 应按表4.2-1选用。

深仓贮料压力修正系数　　表4.2-1

筒仓部位	系数名称	修正系数	
仓壁	水平压力修正系数 C_h	1.0；2.0；2.0（上部 $\frac{h_n}{3}$，下部 $\frac{2h_n}{3}$）	1. 当 $h_n/d_n>3$ 时，C_h 值应乘以系数1.1； 2. 对于流动性能较差的散料，C_h 值可乘以系数0.9
仓底	竖向压力修正系数 C_v	钢筋混凝土漏斗	1. 粮食筒仓可取1.0； 2. 其他筒仓可取1.4
		钢漏斗	1. 粮食筒仓可取1.3； 2. 其他筒仓可取2.0
		平板	1. 粮食筒仓可取1.0； 2. 漏斗填料最大厚度大于1.5m的筒仓可取1.0； 3. 其他筒仓可取1.4

注：1. 本表不适用于设有特殊促流或减压装置的筒仓；
2. 群仓的内仓、星仓及边长不大于4m的方仓，$C_h=C_v=1.0$。

（2）贮料计算高度 h_n（m）的确定，应符合下列规定：

1）上端：贮料顶面为水平时，按贮料顶面计算；贮料顶面为斜坡时，按贮料锥体的重心计算；

2）下端：仓底为钢筋混凝土或钢锥形漏斗时按漏斗顶面计算；仓底为平板无填料时，按仓底顶面计算。仓底为填料做成的漏斗时，按填料表面与仓壁内表面交线的最低点处计算。

（3）筒仓水平净截面的水力半径 ρ（m）的确定应符合下列规定：

1）圆形筒仓：

$$\rho=d_n/4 \qquad (4.2\text{-}9)$$

式中 d_n——圆形筒仓内径（m）。

2）矩形筒仓：

$$\rho=a_nb_n/2(a_n+b_n) \qquad (4.2\text{-}10)$$

式中 a_n——矩形筒仓长边内侧尺寸（m）；

b_n——矩形筒仓短边内侧尺寸（m）。

3）星仓（三个及多于三个联为整体的筒仓间形成的封闭空间）：

$$\rho=\sqrt{A}/4 \qquad (4.2\text{-}11)$$

式中 A——星仓的水平净面积（m^2）。

3. 平面为圆形、矩形或其他几何形状的浅仓贮料压力计算（图 4.2-2），应符合下列规定：

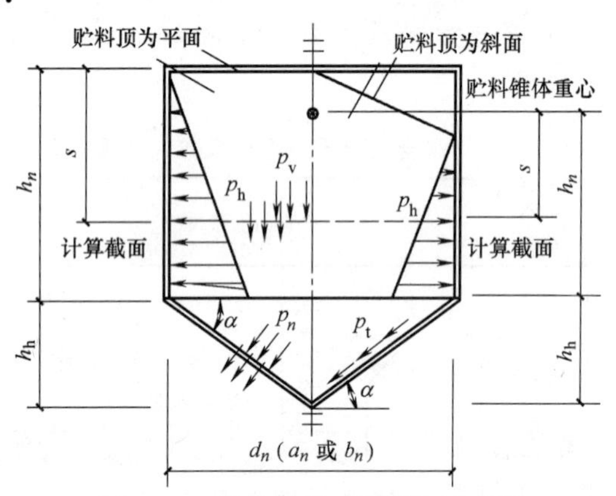

图 4.2-2 浅仓的尺寸及压力示意图

（1）贮料顶面或贮料锥体重心以下距离 s（m）处，作用于仓壁单位面积上的水平压力 p_h（kPa）应按下式计算：

$$p_h=k\gamma s \qquad (4.2\text{-}12)$$

（2）筒仓的贮料计算高度 h_n 与其内径 d_n 或其他几何平面的短边 b_n 之比等于 1.5 时，除按上式计算外，尚应按（4.2-1）式计算贮料压力，二者计算结果取其大值。

（3）贮料顶面或贮料锥体重心以下距离 s（m）处，单位面积上的竖向压力 p_v（kPa）应按下式计算：

$$p_v=\gamma s \qquad (4.2\text{-}13)$$

（4）漏斗壁切向压力应按下式计算：

$$p_t=p_v(1-k)\sin\alpha\cos\alpha \qquad (4.2\text{-}14)$$

（5）$h_n\leqslant0.5d_n$，$d_n\geqslant24$m 的大型浅圆仓仓壁上水平压力 p_h（kPa）的计算应计入仓壁顶面以上堆料的作用，可按《筒仓规范》附录 C 计算。

（6）由卡车、火车等将散料瞬间直接卸入浅仓时，应计入冲击效应，冲击系数按《筒仓规范》附录 H 计算。

由于浅仓和深仓的立壁高度相差很大，因此在计算散体压力时，对深仓则必须考虑松散物体与仓壁的摩擦力，对浅仓一般不考虑这种摩擦力产生的影响，但对于大型浅仓，当仓壁高度 $h_n\geqslant$ 18m，且 $b\geqslant15$m（$a\geqslant b$）时，贮料对仓壁的摩擦力也不应忽视，需按深仓加以验算。

4. 作用于漏斗壁单位面积上的法向压力计算。

（1）作用于漏斗壁单位面积上的法向压力 p_n（图 4.2-3），可根据水平压力 p_h（p_H）及竖直压力 p_v 的投形关系计算如下：

$$p_n=p_v\cos^2\alpha+p_h\sin^2\alpha=p_v(\cos^2\alpha+k\sin^2\alpha)$$

则得

$$p_n=\xi p_v \qquad (4.2\text{-}15)$$

式中 ξ 可查表 9.2-1。

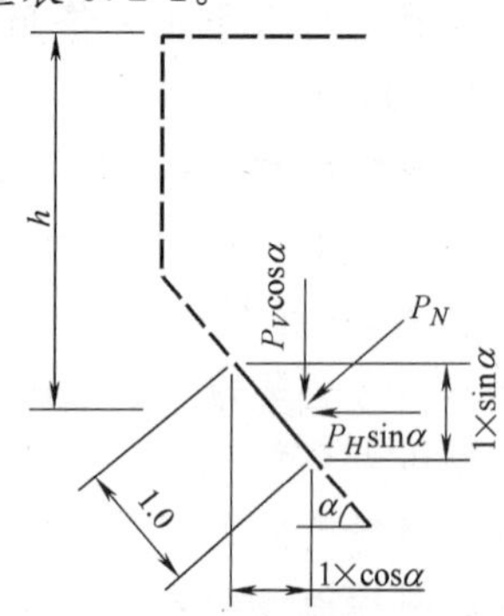

图 4.2-3 斜壁压力示意图

（2）计算作用于漏斗壁单位面积上的法向压力时，贮料作用于仓底或漏斗壁顶面处单位面积上的竖向压力 p_v（kPa）宜按下列规定取值：

1）深仓：在漏斗高度范围内均应采用漏斗顶面之值。

2）浅仓：

在漏斗顶面：$p_v=\gamma h_n$ (4.2-16)

在漏斗底面：$p_v=\gamma(h_n+h_h)$ (4.2-17)

式中 h_h——漏斗高度（m）。

5. 仓内贮料为流态的均化仓仓壁上的水平压力 p_y（kPa），可按液态压力计算：

$$p_y=0.6\gamma h_n \qquad (4.2\text{-}18)$$

式中 γ——贮料的重力密度（kN/m^3）；

h_n——贮料的计算高度（m）。

5 结构内力计算

5.1 基本规定

1. 一般规定

(1) 筒仓结构按承载能力极限状态设计时，所有结构构件均应进行承载力计算。对于薄壁构件尚应计算水平、竖向及其他控制结构安全的截面承载力计算。

(2) 当基底边缘的地基压力不符合 5.1-3-2 的规定时，应验算筒仓的整体抗倾覆稳定，应采用荷载的设计值。当考虑地震作用时，抗倾覆稳定系数不宜小于1.2。

(3) 筒仓结构按正常使用极限状态设计时，应根据使用要求控制筒仓的整体变形。筒仓结构构件应进行抗裂、裂缝宽度及受弯构件的挠度验算；当仓壁、漏斗壁的厚度满足 3.2-1 的要求时可不进行挠度验算。

(4) 建在抗震设防区的筒仓，应进行抗震验算。建筑抗震设防分类应按筒仓的使用功能由工艺专业确定，但不应低于丙类。当仓壁与仓底整体连接时，仓壁、仓底可不进行抗震计算。

仓下支撑结构为柱支撑时，可按单质点结构体系简化计算。筒壁支撑的筒仓仓上建筑地震作用增大系数可取4.0。柱支撑的筒仓仓上建筑地震作用增大系数，可根据仓上建筑计算层结构刚度与仓体及仓上建筑计算层质量比的具体条件，按表5.1-1采用。仓上建筑增大的地震作用效应不应向下部结构传递。

柱子支撑的筒仓仓上建筑地震作用增大系数

表 5.1-1

结构刚度比、质量比	单层仓上建筑	二层仓上建筑	
$k \geqslant 50, 50 \leqslant m \leqslant 100$	4.0	4.0	3.5
其他条件	3.0	3.0	2.5

注：k—筒仓支撑结构的侧移刚度与仓上建筑计算层的层间侧移刚度比。
m—仓体质量、贮料质量与仓上建筑计算层的质量比。

(5) 抗震设防区的筒仓，仓下钢筋混凝土支柱，应根据具体情况，考虑筒仓的外形及可能出现的荷载偏心产生的扭转，可按框架结构计算柱端扭矩、弯矩，选用地震作用的增大系数。

2. 仓顶、仓壁及仓底结构

(1) 圆形筒仓的仓顶、仓壁及仓底结构的计算，应符合下列规定：

1) 仓壁相连的圆形群仓，除按单仓计算外，尚应在空、满仓不同荷载条件下对仓壁连接处的内力进行验算，可使用程序亦可采用《筒仓规范》附录E的公式。

2) 圆形筒仓或浅圆仓的薄壳结构构件，均应计算其薄膜内力。当仓顶采用正截锥壳、正截球壳或其他形式的薄壳壳体与仓壁整体连接或仓壁与仓底整体连接时，相连各壳体尚应计算其边缘效应。圆形筒仓各旋转薄壳壳体在轴对称荷载作用下的薄膜内力可按《筒仓规范》附录F的公式计算。

3) 柱子支撑的圆形筒仓仓壁，应计算其在竖向荷载作用下产生的内力，可使用程序亦可按深梁近似计算。

4) 当圆锥形或其他形状的漏斗与仓壁非整体连接且漏斗顶部的环梁支撑在壁柱或内柱上时，可忽略漏斗壁与环梁的共同受力作用。可按独立曲梁或内柱框架计算轴向力、剪力、弯矩和扭矩。

5) 圆形筒仓的仓壁（包括筒壁落地的浅圆仓）开有直径大于1.0m的圆洞、边长大于1.0m的方洞及其短边大于1.0m的矩形洞，除应计算筒口边缘的应力外还必须验算洞口角点的集中应力，无特殊载荷时，集中应力可近似采用洞口边缘应力的3～4倍。可使用程序进行精确计算亦可参考《筒仓规范》附录E给出的数据。

6) 仓壁直接落地的圆形筒仓或浅圆仓，当其与基础整体连接时，仓壁除按薄壁筒壳的薄膜理论计算外，尚应计算其与基础连接部位基础对仓壁约束的边界效应。

7) 仓壁落地的圆形筒仓或浅圆仓下的输料地道或人行通道，应按闭口框架进行内力分析，当贮料高度与地道横截面的宽度之比大于或等于1.5时，其顶部贮料产生的竖向荷载应按深仓压力的计算方式计算，但不应计 C_v 值，小于1.5时顶部贮料产生的荷载，按浅仓贮料压力公式(4.2-13)计算。其侧壁上的荷载应计入上部贮料堆载的作用。

(2) 矩形筒仓仓壁及仓底结构的计算，应符合下列规定：

1) 矩形筒仓仓壁及角锥形漏斗壁可按平面构件计算。

2) 矩形群仓仓壁除应按单仓计算外，尚应计算在空、满仓不同荷载条件下的内力。

3. 仓下支撑结构及基础

(1) 仓下支撑结构的计算应符合下列规定：

1) 当仓下支撑结构采用筒壁或带壁柱的筒

壁，按承载能力极限状态设计时，应验算其水平截面的承载力。验算带壁柱的筒壁水平截面承载力时，壁柱顶端承受的集中荷载可按45°扩散角向两边的筒壁扩散，同时尚应验算壁柱顶面的局部受压承载力。

2）在筒壁或仓壁落地的浅圆仓仓壁上开有宽度大于1.0m的洞口时，洞口上下方的筒壁或仓壁应计算其在竖向荷载作用下的内力，在洞口的角点部位，尚应验算集中应力，其计算方法可参照5.1-2-1的规定。

3）当洞口间筒壁的宽度小于或等于5倍壁厚时，应按柱子进行计算，其计算长度可取洞高的1.25倍。

4）对柱子支撑的筒仓，应计算基础不均匀沉降引起仓体倾斜对支撑结构产生的附加内力。

（2）按承载能力极限状态设计筒仓基础时，应采用基本组合并应符合下列规定：

1）对于浅仓或深仓可不计散料的冲击荷载效应。

2）整体相连的群仓基础，应取空仓、满仓的荷载效应组合。

3）基底边缘处地基的最小压应力值应大于零。

（3）按正常使用极限状态设计筒仓基础时，应取标准组合，其倾斜率不应大于0.004，平均沉降量不宜大于200mm，同时尚应满足工艺专业的要求。当地基变形计算或软地基经处理后其承载力及变形满足5.1-3-2款及本条的上述规定时，不应在筒仓建成后再利用贮料重力预压地基。

（4）在7度及以上抗震设防区，筒壁作为仓体支撑结构时，其平面开洞面积不应大于筒壁平面总面积的50%，洞口边缘间的距离不应小于45°中心角的弧长。

（5）筒仓地基承载力的取值可不计入宽度修正系数；群仓地基持力层、下卧层的计算及验算，应计入空、满仓及仓体附近大面积堆载的影响。

（6）建在黏土及软弱岩土上的筒仓地基，估算筒仓施工期间及使用前因施工荷载、仓体自重使岩土固结出现的沉降量，在计算筒仓变形时，可计入仓体的计算沉降变形。

5.2 矩形筒仓仓壁及角锥形漏斗壁内力计算

矩形筒仓按平面构件计算内力；由板壁平面内的水平，垂直和斜向的拉力计算，板壁平面外的弯曲计算和板壁平面内的弯曲计算等三部分组成。

1. 对称布置的矩形筒仓仓壁或角锥形漏斗壁，在贮料水平压力或贮料法向压力及漏斗壁自重作用下，由邻壁传来的水平拉力可按下列公式计算（图5.2-1）：

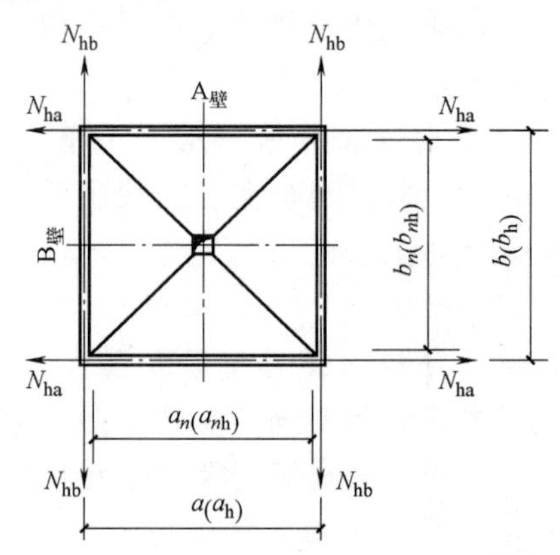

图5.2-1 仓壁（或角锥形漏斗壁）水平拉力位置示意图

（1）低壁浅仓仓壁A、B底部的水平拉力N_{ha}、N_{hb}（kN）按下式计算：

$$N_{ha}=N_R b_n/2 \quad (5.2\text{-}1)$$

$$N_{hb}=N_R a_n/2 \quad (5.2\text{-}2)$$

（2）高壁浅仓或深仓仓壁A、B任一水平截面单位高度上的水平拉力N_{ha}、N_{hb}（kN/m）按下式计算：

$$N_{ha}=p_h b_n/2 \quad (5.2\text{-}3)$$

$$N_{hb}=p_h a_n/2 \quad (5.2\text{-}4)$$

（3）角锥形漏斗壁A、B任一水平截面沿壁斜向单位高度上的水平拉力N_{ha}、N_{hb}（kN/m）按下式计算：

$$N_{ha}=\frac{1}{2}(p_{nb}+q_b\cos a_b)b_{nh}\sin\alpha_a \quad (5.2\text{-}5)$$

$$N_{hb}=\frac{1}{2}(p_{na}+q_a\cos a_a)a_{nh}\sin\alpha_b \quad (5.2\text{-}6)$$

（4）贮料水平压力作用下，低壁浅仓仓壁底部单位宽度上的反力N_R（kN/m），可按下式计算：

1）当顶部有楼板时，$N_R=2p_h h_n/5$ （5.2-7）

2）当顶部无楼板时，$N_R=p_h h_n/2$ （5.2-8）

注：此处h_n为贮料计算高度，p_h系指仓壁底部的值。见图5.2-5。

式中 p_h——计算截面处，贮料作用于仓壁上的水平压力（kPa），见4.2-3-1；

p_{na}、p_{nb}——分别为计算截面处，贮料作用于角锥形漏斗壁A、B上的法向压力

(kPa)，见 4.2-4-1；

q_a、q_b——分别为角锥漏斗壁 A、B 单位面积自重 (kPa)；

a_n、b_n——分别为仓壁 A、B 的内侧宽度 (m)；

a_{nh}、b_{nh}——分别为计算截面处，角锥形漏斗壁 A、B 的内侧宽度 (m)；

α_a、α_b——分别为角锥形漏斗壁 A、B 与水平面之夹角 (°)。

2. 对称布置的矩形筒仓仓壁或角锥形漏斗壁，在贮料荷载、结构自重等竖向荷载作用下，产生的竖向力或斜向力可按下列公式计算：

(1) 仓壁 A、B 底部单位宽度上的竖向力 N_{va}、N_{vb} (kN/m)：

$$N_{va}=N_{vb}=G_1/2(a+b) \quad (5.2\text{-}9)$$

(2) 角锥漏斗 A、B 的顶部斜壁平面内的斜向力 N_{inc} (kN/m) 及角锥漏斗 A、B 任一水平截面单位宽度上的斜向力 $N_{inc.a}$、$N_{inc.b}$ (kN/m) (图 5.2-2) 计算如下：

$$N_{inc}=N_{vi}/\sin\alpha \quad (5.2\text{-}10)$$

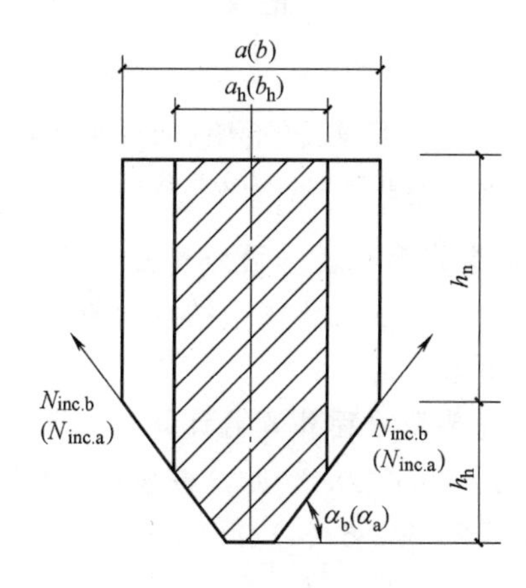

图 5.2-2　斜向力及贮料荷载示意图

$$\left.\begin{array}{l}N_{inc.a}=G_1/2(a_h+b_h)\sin\alpha_a\\ N_{inc.b}=G_2/2(a_h+b_h)\sin\alpha_b\end{array}\right\} \quad (5.2\text{-}11)$$

式中　G_1——仓壁底部所承受的全部竖向荷载（包括全部贮料荷载和仓壁底部以下的漏斗的结构自重及附设在其上的设备重等）(kN)；

G_2——计算截面以下漏斗壁所承受的全部竖向荷载（对于浅仓：包括图 5.2-2 中阴影部分贮料重、计算截面以下的漏斗结构自重及附设在其上的设备重等；对于深仓：包括计算截面处的贮料竖向压力、计算截面以下漏斗内的贮料重、漏斗结构自重及附设在其上的设备重等）(kN)；

a、b——分别为仓壁 A、B 的宽度（轴线尺寸）；

a_h、b_h——分别为计算截面处角锥漏斗壁 A、B 的宽度（轴线尺寸）。

3. 对称布置且柱子支撑的角锥漏斗壁交角顶部在贮料重量及漏斗自重作用下的斜向拉力 N^t_{inc} (kN) 可按下式计算：

$$N^t_{inc}=c(aN_{inc.a}+bN_{inc.b})/2 \quad (5.2\text{-}12)$$

式中　c——荷载分配系数，可按图 5.2-3 选用；

$N_{inc.a}$、$N_{inc.b}$——分别为角锥形漏斗壁 A、B 顶部单位宽度上的斜向拉力 (kN/m)。

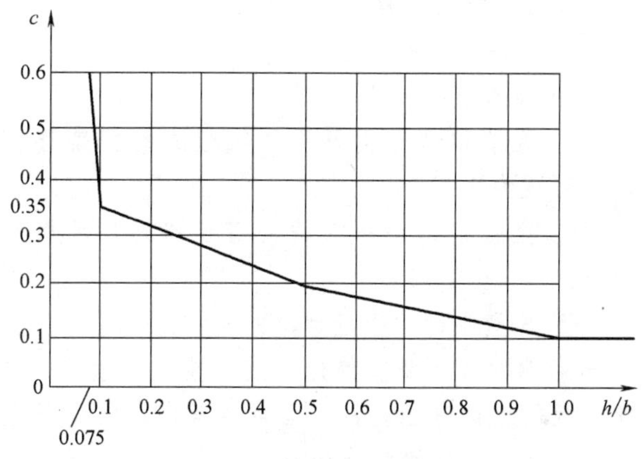

图 5.2-3　荷载分配系数 c

注：h 为仓壁高度或漏斗仓壁上边梁高度。

当漏斗不对称时，各斜壁倾角不同，在每一角点有两个 N^t_{inc} 值。

4. 非对称（漏斗口不在筒仓平面中心）布置的矩形筒仓仓壁在贮料荷载、结构自重等竖向荷载作用下，在竖壁底部，由斜壁传来的竖向拉力 N_v (kN/m) (图 5.2-4) 按下式计算：

$$N_{v1}=\frac{G_1}{2(a+b)}t_x\cdot t_y \quad (5.2\text{-}13)$$

$$N_{v2}=\frac{G_1}{2(a+b)}(2-t_x)t_y \quad (5.2\text{-}14)$$

$$N_{v3}-\frac{G_1}{2(a+b)}(2-t_x)(2-t_y) \quad (5.2\text{-}15)$$

$$N_{v4}=\frac{G_1}{2(a+b)}t_x\cdot(2-t_y) \quad (5.2\text{-}16)$$

式中　G_1、a、b 说明同前。

t_x、t_y——与重心位置及漏斗尺寸有关的系数，见表 9.4-1。

当对称布置时，$t_x=t_y=1$，则同式 (5.2-9) 得

$$N_{va}=N_{vb}=\frac{G_1}{2(a+b)}$$

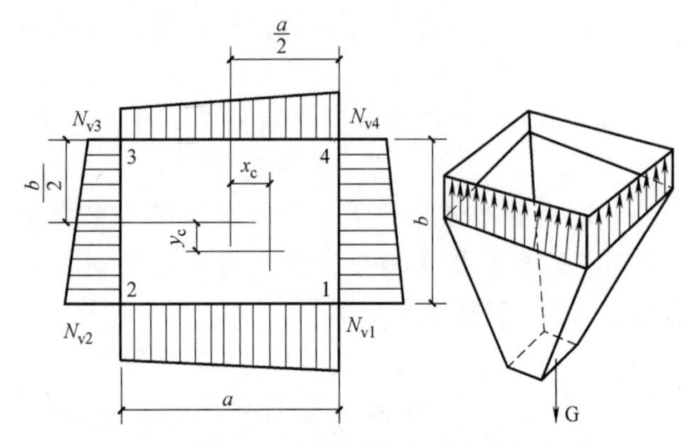

图 5.2-4 非对称浅仓的竖直拉力分布

5. 筒仓仓壁及漏斗壁平面外的弯曲计算

筒仓仓壁及漏斗壁平面外的弯曲计算，可按周边支撑板考虑计算：

(1) 边界条件假定

1) 竖壁：

① 竖壁顶部与由厚板和梁组成的楼盖连接时，可视为固定。

② 竖壁顶部与一般的楼盖连接时，可视为简支。

③ 竖壁顶部无楼盖时，可视为自由端。

④ 竖壁及斜壁交换处，按弹性嵌固考虑；求单个板的周边弯矩时，按固定端考虑，求出竖壁及斜壁在该点的固端弯矩后，再在竖壁及斜壁间适当分配不平衡弯矩。

⑤ 当仓的平面尺寸为正方形时，竖壁侧边按固定端考虑。

⑥ 当仓的平面尺寸为矩形，若 a_2 与 b_2 之差小于20%，竖壁之间按固定考虑；若 a_2 与 b_2 之差大于20%，则按弹性嵌固考虑。

2) 斜壁：

① 斜壁的两侧按固定考虑。

② 斜壁顶部与竖壁交接处按弹性嵌固考虑。[见竖壁④]。

③ 斜壁顶部无竖壁，但有楼盖或水平加固构件时，按简支考虑。

④ 卸料口处按简支考虑。

(2) 浅仓仓壁平面外弯曲计算

竖壁（仓壁）根据边比不同，分为单向板及双向板：

当 $h_2\leqslant 0.5a_2$（或 b_2），按单向板计算；

当 $0.5<h_2/a_2<2.0$ 时，按双向板计算。

1) 低壁浅仓仓壁平面外弯曲计算

低壁浅仓的仓壁，按单向板计算，若仓壁顶部自由时，可按悬臂板计算。仓壁与漏斗壁交接处的弯矩和底部支座反力，见图 5.2-5 (*a*)。

$$M_h=-\frac{1}{6}p_h h^2 \tag{5.2-17}$$

$$V_h=\frac{1}{2}p_h h \tag{5.2-18}$$

若仓壁顶部有平台及楼盖时，按一端简支一端固定考虑，见图 5.2-5 (*b*)

$$V_h=\frac{2}{5}p_h h \tag{5.2-19}$$

式中 V_h——仓壁底部1m宽度上的反力（kN/m）；

M_h——仓壁底部1m宽度上的固端弯矩（kN·m/m），负值使内缘受拉。

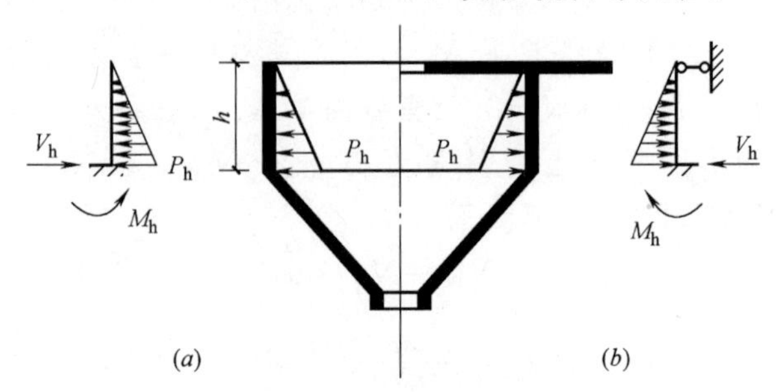

图 5.2-5 低壁浅仓仓壁平面外弯曲计算

(*a*) 仓壁顶部自由；(*b*) 仓壁顶部有平台

2) 高壁浅仓仓壁平面外弯曲计算

在贮料水平压力作用下按双向板的支撑条件，查静力计算表计算。

(3) 漏斗壁平面外弯曲计算

1) 当 $a_1/a_2<0.25$ 时，按各种支撑条件的三角板计算见图 5.2-6 (*a*)。

此时：
$$L_x=a_2 \tag{5.2-20}$$

$$L_y=H\cdot\frac{a_2}{a_2-a_1} \tag{5.2-21}$$

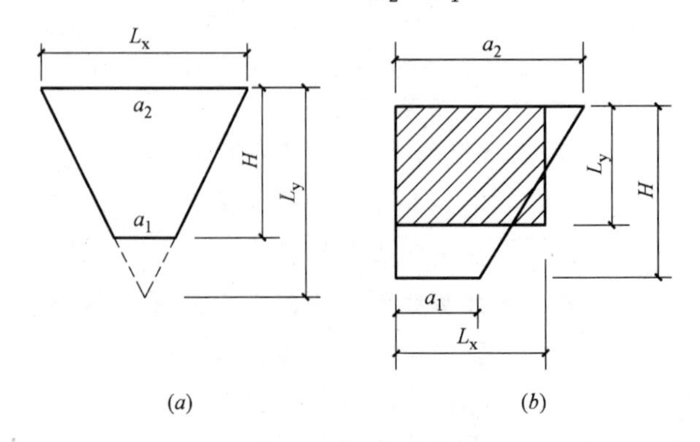

图 5.2-6 形状换算图

(*a*) 梯形板换算三角形板；(*b*) 梯形板换算为矩形板

2）当 $0.5>a_1/a_2>0.25$ 时，按各种支撑条件下的梯形板计算。

3）其他情况（包括不对称）可换算为矩形板计算［图 5.2-6（b）］。

$$L_x=\frac{2}{3}a_2\left(\frac{2a_1+a_2}{a_1+a_2}\right) \quad (5.2\text{-}22)$$

$$L_y=H-\frac{1}{6}a_2\left(\frac{a_2-a_2}{a_2+a_1}\right) \quad (5.2\text{-}23)$$

当为邻壁时，公式（5.2-20）～公式（5.2-23）中，将 a_2 改为 b_2，a_1 改为 b_1。

（4）不平衡弯矩分配

1）竖壁与斜壁交接处，如有不平衡弯矩，可将不平衡弯矩平均分配，以简化计算。

2）相邻竖壁交接处的不平衡弯矩，在水平方向可近似地采用平均分配进行调整。

3）一般情况下，不平衡弯矩小于 20% 时，可不调整，而取最大值。

（5）矩形深仓仓壁平面外弯曲计算

矩形深仓仓壁在贮料水平压力作用下，平面外弯曲按平面框架进行计算。正值弯矩使仓壁外缘受拉，负值弯矩使仓壁内缘受拉。

1）单个矩形深仓仓壁平面外设计弯矩按下列公式计算，见图 5.2-7。

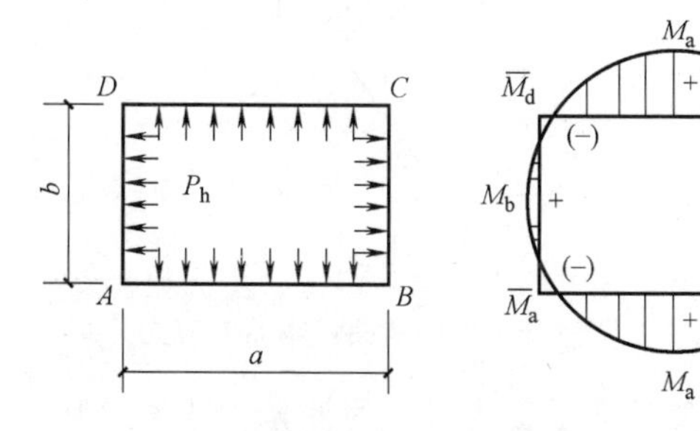

图 5.2-7　单个矩形深仓仓壁平面外设计弯矩计算

$$\left.\begin{aligned}
&\overline{M}_a=\overline{M}_b=\overline{M}_c=\overline{M}_d=-\frac{p_h}{12}\cdot\frac{(b^2m+a^2)}{(m+1)}\\
&M_a=\frac{p_ha^2}{8}-\frac{p_h}{12}\cdot\frac{(b^2m+a^2)}{(m+1)}\\
&M_b=\frac{p_hb^2}{8}-\frac{p_h}{12}\cdot\frac{(b^2m+a^2)}{(m+1)}\\
&m=\frac{I_ab}{I_ba}
\end{aligned}\right\} \quad (5.2\text{-}24)$$

式中　I_a、I_b——仓壁 A、B 的截面惯性矩（m^4）；

a、b——矩形深仓仓壁水平截面中心线之间的长度（m）。

2）单个正方形深仓仓壁平面外弯曲按两端固定的单向板计算：

跨中设计弯矩

$$M_a=M_b=\frac{p_ha^2}{24} \quad (5.2\text{-}25)$$

支座设计弯矩

$$\overline{M}_a=\overline{M}_b=\overline{M}_c=\overline{M}_d=-\frac{p_ha^2}{12} \quad (5.2\text{-}26)$$

6. 筒仓仓壁及漏斗壁平面内弯曲计算

（1）漏斗壁的平面内弯曲计算

1）简化假定。由四块斜壁组成的截锥形漏斗，计算其平面内弯曲时，可近似地将每块斜壁当做单独的三角形深梁计算；三角形深梁可简化为按材料力学公式计算，计算时斜壁的高度，取为斜壁跨度的二分之一；当斜壁的高度小于跨度的二分之一时，则取其实际高度，而深梁下部应力值向三角形尖顶按直线递减为零（图 5.2-8）。

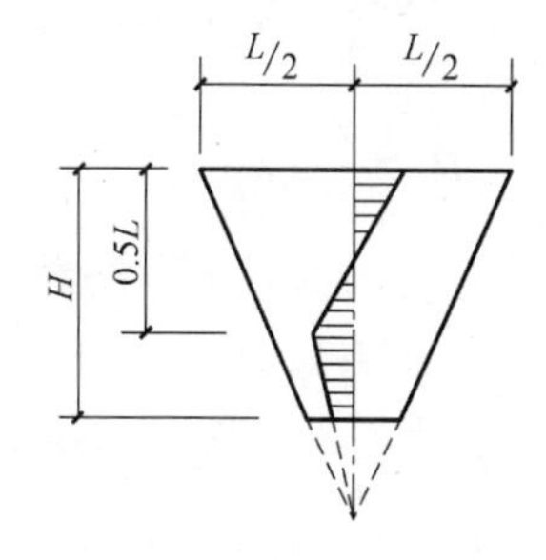

图 5.2-8　三角形梁内力简化图

2）由贮料重及仓壁自重所产生的在斜壁平面内的折算荷载为

$$q=\frac{N_{vi}+N_{vi+1}}{2}\cdot\frac{1}{\sin\alpha} \quad (5.2\text{-}27)$$

式中　N_{vi}、N_{vi+1} 由公式（5.2-13）～（5.2-16）求得。

α——所计算的斜壁与水平面的夹角。

3）由上述荷载所产生的，在斜壁平面内的跨中弯矩值为

$$M=\frac{1}{8}qL^2 \quad (5.2\text{-}28)$$

4）计算应力时引用的截面模量 W。

① 斜壁斜高大于其跨度的一半时，

$$W=\frac{1}{6}\cdot t\cdot\left(\frac{L}{2}\right)^2 \quad (5.2\text{-}29)$$

② 斜壁斜高小于其跨度一半时，

$$W=\frac{1}{6}\cdot t\cdot H^2 \quad (5.2\text{-}30)$$

以上两式中：t——壁厚；

H——斜壁的斜长。

5）由平面内弯曲产生的应力按下式计算

$$\sigma=\frac{M}{W} \quad (5.2\text{-}31)$$

6）漏斗仓的上口四周边缘处必须设置边梁，在靠近柱子的地方，每块斜壁支座处的切力，应由边梁和嵌入柱子中的斜壁断面承受，它的切力值为

$$Q_i=\frac{a_i}{6}(2N_{Vi}+N_{Vi+1}) \quad (5.2\text{-}32)$$

$$Q_{i+1}=\frac{a_i}{6}(N_{Vi}+2N_{Vi+1}) \quad (5.2\text{-}33)$$

式中　a_i——图5.2-4中的a或b。

7）由于仓内贮料重及仓自重所产生的、作用在柱上的反力R：

$$R_1=\frac{G}{4}t_x t_y \quad (5.2\text{-}34)$$

$$R_2=\frac{G}{4}(2-t_x)t_y \quad (5.2\text{-}35)$$

$$R_3=\frac{G}{4}(2-t_x)(2-t_y) \quad (5.2\text{-}36)$$

$$R_4=\frac{G}{4}(2-t_y)t_x \quad (5.2\text{-}37)$$

式中　G——满仓时的物料重和仓自重；

t_x，t_y——见表9.4-1。

8）在靠近柱边处沿斜壁交肋作用的轴向拉力N_p（图5.2-9）。

$$N_P=\frac{R_i}{\sin\beta_i} \quad (5.2\text{-}38)$$

式中　R_i由公式（5.2-34）～公式（5.2-37）求得。

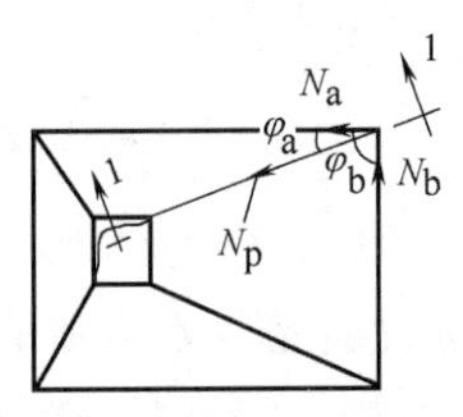

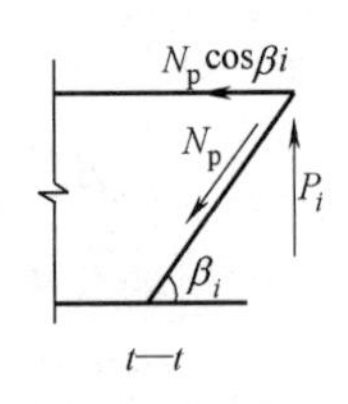

图5.2-9　漏斗轴向设计压力

9）沿漏斗顶部圈梁上作用的轴向设计压力（图5.2-9）

$$N_a=R_i\,\text{ctg}\beta_i\cos\varphi_a \quad (5.2\text{-}39)$$

$$N_b=R_i\,\text{ctg}\beta_i\cos\varphi_b \quad (5.2\text{-}40)$$

式中　φ_a——$\text{tg}\varphi_a=\frac{C_2}{C_3}$，$v$（前后拉开）$C_2$，$C_3$见图3.1-1

φ_b——$\text{tg}\varphi_b=\frac{C_3}{C_2}$

10）当漏斗仓顶部无平台时，其顶部的圈梁应验算垂直于斜壁方向的抗弯强度，因为在斜壁的平面外弯曲分析中，该梁是作为斜壁的支撑点。这时圈梁上的荷重是，斜壁平面外弯曲分析中斜壁作用在圈梁上的反力。此外，尚须考虑公式（5.2-39）、公式（5.2-40）的轴向力，圈梁按偏心受压计算。

（2）低壁浅仓仓壁平面内的弯曲计算

1）低壁浅仓在竖向拉力N_v、仓壁自重及楼盖平台传下的荷载g作用下产生平面内弯曲，计算简图见图5.2-10，截面应力分布见图5.2-11。

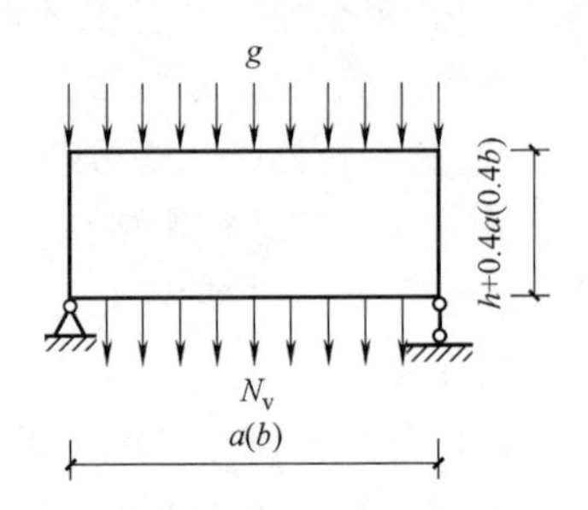

图5.2-10　低壁浅仓平面内弯曲计算简图

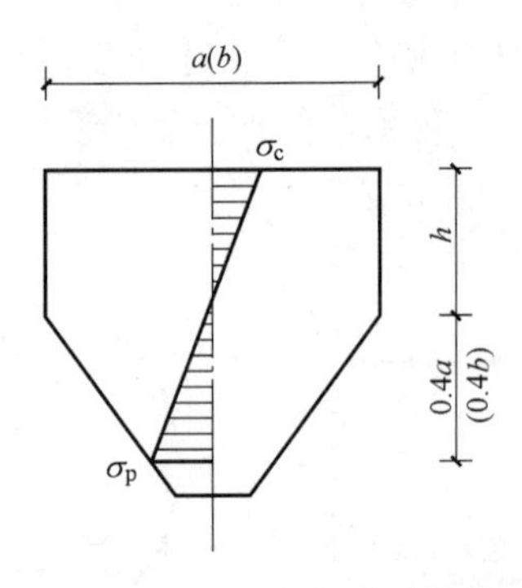

图5.2-11　低壁浅仓平面内弯曲计算截面应力分布

2）低壁浅仓平面内弯曲的计算，可考虑竖壁承受全部荷载，而略去斜壁的共同受力作用，也可取仓壁高与竖向投影为0.4倍跨度的漏斗壁一起作为截面的高度（考虑漏斗壁的共同作用），按普通梁计算（图5.2-10）。对独立单个浅仓，可按简支梁计算。

跨中最大弯矩

$$M_{max}=\frac{1}{8}(N_v+g)a^2 \quad (5.2\text{-}41)$$

或

$$M_{max}=\frac{1}{8}(N_v+g)b^2 \quad (5.2\text{-}42)$$

竖壁支座处的切力按一般的梁，由相应荷载求得。

对于群仓，可查连续梁计算图表，计算仓壁支座截面负弯矩和边跨及跨中弯矩。

（3）高壁浅仓或深仓的平面内弯曲计算

1）高壁浅仓或深仓仓壁可按平面深梁计算，略去漏斗壁的共同受力作用。仓壁承担全部贮料重，上层楼盖或平台重、仓壁自重及附在卸料口上的设备重等，计算时按表 9-5～表 9-9 计算深梁内力。

2）支撑情况的确定，当柱子一直伸到仓壁顶部时，该壁为二端固定的深梁，否则，为筒支或多跨连续的深梁，一般情况下，筒仓的钢筋混凝土柱，宜伸到筒仓的顶部。

① 对于单跨筒仓仓壁，虽有柱子通上去，但若按固定梁计算，跨中应力将偏小（因为柱子不可能是完全固定的），因此，跨中宜采用单跨筒支深梁按表 9-5，表 9-6 计算内力，支座采用两端固定的单跨深梁按表 9-7 计算内力。

② 对于多跨筒仓仓壁，若按固定梁计算，对于边柱也存在上述问题，同时考虑到边跨应力的增大，以及荷载不利分布时各跨应力的增大，因此宜对所有跨中均采用单跨筒支深梁图表计算，最外支座及所有中间支座采用两端固定的单跨深梁图表计算，并乘以下的系数：

对于 σ_x 乘以 1.50；

对于 σ_y 乘以 1.00；

对于 τ_{xy} 乘以 1.25。

③ 由于深梁的破坏，一般是先沿支座向上产生接近于垂直的裂缝，故支座处的水平钢筋应比计算多配些，以策安全（见图 5.2-12）。

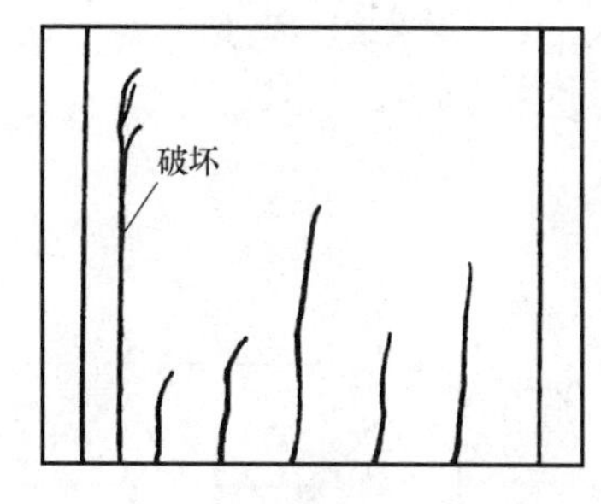

图 5.2-12　深梁支座裂缝

3）按分散配筋方法计算深梁内力时，采用表 9-8 计算。

① 计算两端嵌固的深梁时，应区分顶部荷载 q_a（顶部楼盖或平台传来的荷载及仓壁自重之半）和底部荷载 q_b（仓壁底部单位宽度上的竖向力 N_V 及仓壁自重之半），见图 5.2-13，分别计算 q_a 及 q_b 两种荷载情况下的各特征点的应力 σ_x、σ_y、τ_{xy}，然后将同一特征的两种荷载的应力值叠加，得该点的应力值。

$$\sigma_x = \sigma_{x1} \cdot q_a + \sigma_{x2} \cdot q_b \quad (5.2\text{-}43)$$

$$\sigma_y = \sigma_{y1} \cdot q_a + \sigma_{y2} \cdot q_b \quad (5.2\text{-}44)$$

$$\tau_{xy} = \tau_{xy1} \cdot q_a + \tau_{xy2} \cdot q_b \quad (5.2\text{-}45)$$

式中　σ_{x1}、σ_{y1}、τ_{xy1}——上部荷载作用下各特征点的应力系数；

σ_{x2}、σ_{y2}、τ_{xy2}——下部荷载作用下，各特征点的应力系数。

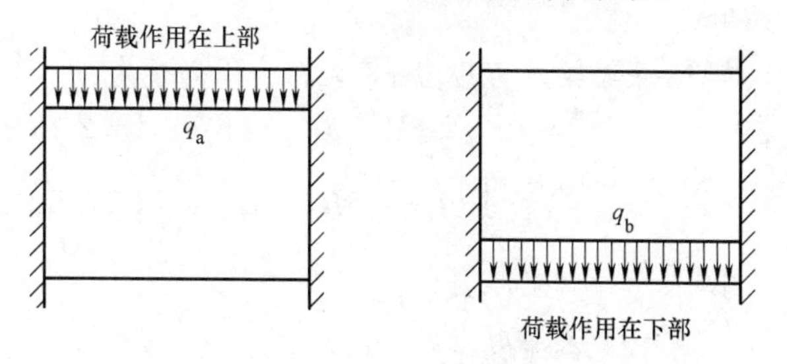

图 5.2-13　深梁荷载图

② 当采用表 9-7 计算深梁时，其跨中应力应作如下修正：

a. 多跨深梁的边跨，其跨中应力 σ_x，应较表中数值增加 50%。

b. 单跨深梁的跨中应力 σ_x，应较表中数值增加 100%。

③ 由上述方法求出的各特征点的应力值 σ_x，应和由贮料水平压力所产生的，在该点的水平拉力的应力进行叠加，对于深梁剪应力不等于零的各点，可用叠加后的水平应力，求主拉应力及其方向：

$$\sigma_0 = \frac{1}{2}(\bar{\sigma}_x + \sigma_y) + \frac{1}{2}\sqrt{(\bar{\sigma}_x - \sigma_y)^2 + 4\tau_{xy}^2} \quad (5.2\text{-}46)$$

式中　$\bar{\sigma}_x$——垂直截面上的应力值，包括平面内弯曲所产生的应力及水平拉力所产生的应力［单位长度上竖壁的截面积除以公式（5.2-3）或公式（5.2-4）求得的拉力即得水平拉力所产生的应力］计算如下：

$$\bar{\sigma}_x = \sigma_x + N_h/A \quad (5.2\text{-}47)$$

σ_y——水平截面上的应力值，由平面内弯曲求得；

τ_{xy}——切应力，由平面内弯曲求得。

主拉应力的方向和水平面的夹角 φ（图 5.2-14）。

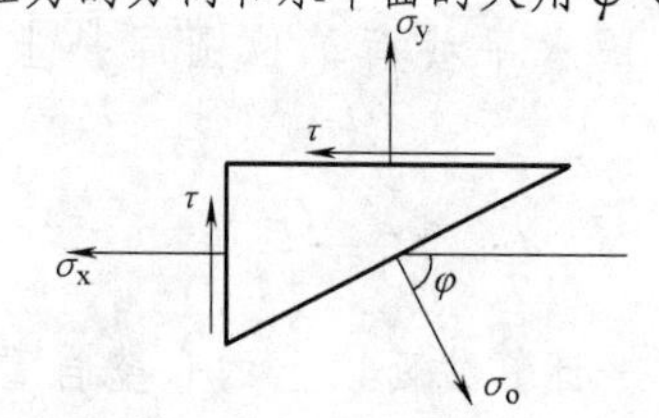

图 5.2-14　单元体上二向应力图

$$\mathrm{tg}2\varphi=-\frac{2\tau_{xy}}{\sigma_x-\sigma_y} \quad (5.2\text{-}48)$$

式中：φ 以顺时针为正；若 φ 为负值，应以 $(90°-\varphi)$ 代替 φ 值。

4）按集中配筋方法计算深梁的内力时，应采表 9-9 计算深梁内力，计算时作用于深梁上荷载，采用设计值。

① 深梁梁端剪应力 τ，应符合下列规定：

$$\tau=8V/7tB \quad (5.2\text{-}49)$$

$$\tau\leqslant\frac{1}{3}(1+2.5B/a)f_t \quad (5.2\text{-}50)$$

式中 t——仓壁厚度；

V——梁端剪力。

② 集中力 F_1 设计值，按表 9.6-1 及表 9.9-2 计算。

5.3 圆形筒仓仓壁及圆锥斗内力计算

1. 圆形深仓仓壁的内力计算

（1）圆形深仓仓壁在水平压力作用下（图 5.3-1），仓壁单位高度的环向拉力（N_{hs}）(kN)、计算如下：

$$N_{hs}=p_hD/2 \quad (5.3\text{-}1)$$

式中 D——筒仓内径；

p_h——圆形深仓仓壁水平压力，按公式（4.2-1）计算。

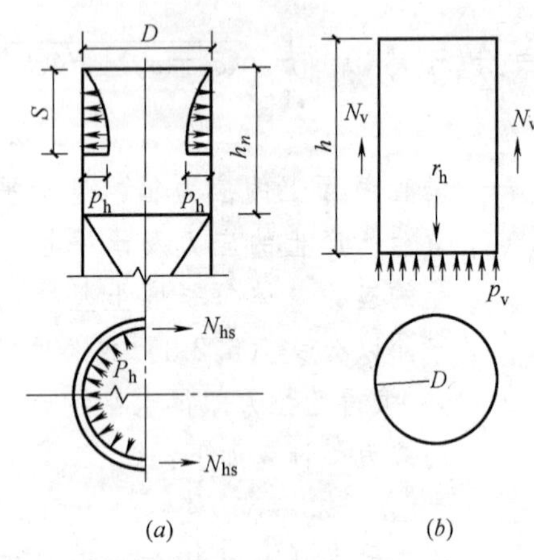

图 5.3-1 圆形深仓计算简图

(a) 仓壁环向拉力；(b) 仓壁垂直压力

（2）圆形深仓或浅仓在仓顶荷载及仓壁自重作用下，仓壁水平截面单位圆周长上的竖向压力 N_1：

$$N_1=\frac{G_1}{\pi d} \quad (5.3\text{-}2)$$

式中 G_1——计算截面以上的仓壁自重及仓顶荷载（kN）；

d——圆形筒仓的中径（m）。

（3）贮料顶面或贮料锥体重心以下 S 处（计算截面），仓壁单位周长上，由贮料自重产生的竖向摩擦力（P_f）所引起仓壁的竖向压力 N_v（图 5.3-1）：

$$N_v=\frac{D}{4}(\gamma s-p_v) \quad (5.3\text{-}3)$$

式中 D——圆形筒仓内径（m）；

p_v——按公式 4.2-2 计算。

2. 圆形深仓圆锥斗的内力计算

（1）圆锥斗环形截面单位长度上的径向拉力（图 5.3-2）T_r，按下式计算：

$$T_r=\frac{r_Q\dfrac{\pi D^2}{4}p_v+Q}{\pi D\sin\alpha} \quad (5.3\text{-}4)$$

式中 D——计算截面处的内径；

Q——所计算截面以下部分的锥斗自重和贮料重按下式计算：

$$Q=\gamma_G\gamma_1\frac{\pi D}{2}\sqrt{y^2+\frac{D^2}{4}}\cdot d+\gamma_Q\gamma\frac{\pi D^2}{3\times4}y \quad (5.3\text{-}5)$$

式中 γ_1——钢筋混凝土斗壁的重力密度；

γ——贮料的重力密度；

y——计算截面以下的漏斗高度（图 5.3-2）；

d——斗壁的厚度；

γ_G——荷载（斗壁自重）分项系数；

γ_Q——荷载（贮料）分项系数。

P_V 按公式（4.2-2）计算，当计算 P_V 值大于 γh_n 时，应取 γh_n。

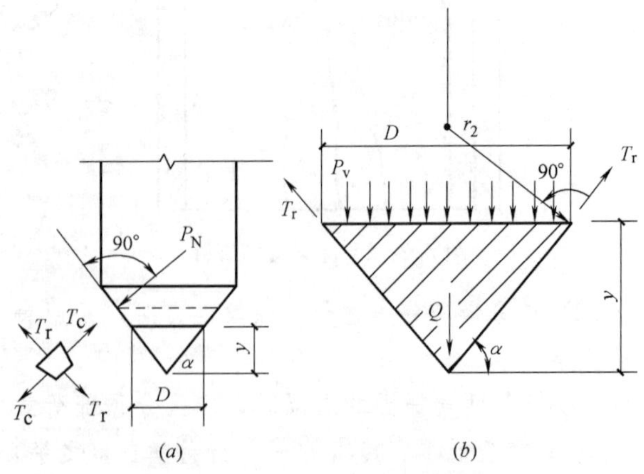

图 5.3-2 圆锥形漏斗计算简图

(a) 应力符号；(b) 计算简图

（2）圆锥斗单位长度上的水平环向拉力 T_c 按下式计算：

$$T_c=\gamma_2P_N=\frac{DP_N}{2\sin\alpha} \quad (5.3\text{-}6)$$

式中　$P_N=\gamma_Q\xi P_V$（法向压力）

ξ——查表 9.2-1 求得。

3. 圆形浅仓竖壁的环向拉力计算

筒仓在贮料侧压力作用下，竖壁内的环向拉力 N_P：

$$N_P=\gamma hkR_2 \tag{5.3-7}$$

式中　γ——贮料的重力密度；

k——侧压力系数；

h——贮料顶面或贮料锥体重心至所计算截面的距离（m）；

R_2——竖壁内半径。

4. 圆形浅仓斜壁中的拉力计算：

（1）斜壁任意截面Ⅰ—Ⅰ（图 5.3-3）的斜向拉力 T_1：

$$T_1=\frac{Q_1+Q_2+Q_3}{2\pi R_y\sin\alpha} \tag{5.3-8}$$

式中　Q_1——图 5.3-3 中Ⅰ—Ⅰ截面以上阴影部分物料重。

$Q_1=\gamma_Q\gamma\pi R_y^2h$；

Q_2——截面Ⅰ—Ⅰ以下料重，

$Q_2=\gamma_Q\gamma\frac{\pi y}{3}(R_y^2+R_1^2+R_yR_1)$；

Q_3——截面Ⅰ—Ⅰ以下斜壁自重和排料阀门等重量，其中斜壁自重 G_3 为：

$G_3=\gamma_G\gamma_1\pi\sqrt{y^2+(R_y-R_1)^2}\times(R_y+R_1+2d_1/\sin\alpha)d_1$。

式中　γ_Q——可变荷载的分项系数；

γ_G——永久荷载的分项系数；

γ_1——斜壁材料的重力密度；

d_1——斜壁厚度。

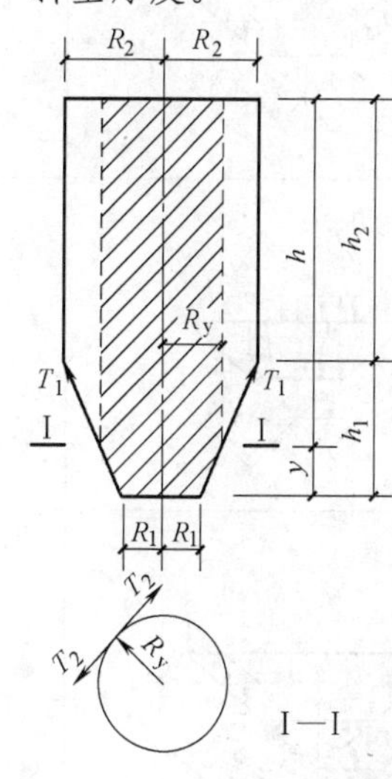

图 5.3-3　圆形浅仓拉力图

（2）斜壁任意截面Ⅰ—Ⅰ处的环向拉力 T_2：

$$T_2=\frac{\gamma_Q\gamma\xi h+\gamma_G g\cos\alpha}{\sin\alpha}R_y \tag{5.3-9}$$

式中　γ——贮料的重力密度；

$\xi=\cos^2\alpha+k\sin^2\alpha$，查表 9.2-1 求得；

g——斜壁单位面积自重。

（3）圆锥形漏斗壁按壳体结构计算表

环向力 N_P 与径向力 N_m（在对称荷载作用下）的计算公式见表 5.3-1。

旋转壳体在对称荷载下的薄膜内力　　**表 5.3-1**

序号	荷载类型	环向力 N_P(受拉为正)	径向力 N_m(受拉为正)
1	自重荷载（L, L1, L2, q, α）	$-ql\cos\alpha\cot\alpha$	$-\frac{ql}{2\sin\alpha}\left(1-\frac{l_1^2}{l^2}\right)$
2	雪荷载（qs, L, L1, L2, α）	$-q_sl\cos^2\alpha\cot\alpha$	$-\frac{1}{2}q_sl\left(1-\frac{l_1^2}{l^2}\right)\cot\alpha$
3	线荷载（L, L1, L2, q, α）	0	$-\frac{ql_1}{l}$

续表

序号	荷载类型	环向力 N_P(受拉为正)	径向力 N_m(受拉为正)
4	自重荷载	$ql\cos\alpha\cot\alpha$	$\frac{ql}{2\sin\alpha}\left(1-\frac{l_1^2}{l^2}\right)$
5	贮料压力	$\frac{\xi\cot\alpha}{1-n}\left[(p_{v2}-p_{v1})\frac{l^2}{l_2}+(p_{v1}-np_{v2})l\right]$	$\frac{l\cot\alpha}{2}\left[\frac{l_2(p_{v1}-np_{v2})-l(p_{v1}-p_{v2})}{l_2-l_1}\right]+\frac{l\cot\alpha}{2}\cdot\frac{\gamma\sin\alpha}{3}\left(l-\frac{l_1^3}{l^2}\right)$
6	自重荷载	$ql\cos\alpha\cot\alpha$	$\frac{ql}{2\sin\alpha}\left(1-\frac{l_2^2}{l^2}\right)$
7	贮料压力	$\frac{\xi\cot\alpha}{1-n}\left[(p_{v2}-p_{v1})\frac{l^2}{l_2}+(p_{v1}-np_{v2})/l\right]$	$\frac{\cot\alpha}{2}\left[p_{v1}\frac{ll_2-l^2}{(1-n)l_2}-p_{v2}\left(\frac{l_2^2}{l}-\frac{l^2-nll_2}{(1-n)l_2}\right)\right]-\frac{\cot\alpha}{2}\frac{\gamma}{3}\left(\frac{l_2^3}{l}-l^2\right)\sin\alpha$

注：1. n——系数，$n=l_1/l_2$；

2. p_{v1}、p_{v2}——分别为贮料作于漏斗底部及顶部单位面积上的压力（kPa）；

3. 各项荷载均以图示方向为正。

5.4 圆形筒仓支撑结构计算要点

1. 当仓底为柱支撑时，支撑柱的承载力应符合下列规定

(1) 中部辅助支柱承载力的确定，有下述两种计算方法，并取其较大者进行验算。

1) 按每根柱子所占的基础面积，由土壤向上的反力来求得柱子内的纵向力（当计算边柱时，考虑到反力的弹性分布，地基反力应乘以应力集中系数 1.1）；

2) 按每根柱子所占仓底板的面积求得柱的荷载。

(2) 当边柱沿仓壁周边等距离分布时，每根柱内的纵向力 N_0 按下式计算：

$$N_0=\frac{G-N}{n} \tag{5.4-1}$$

式中 G——一个仓的全部荷重；

N——仓底板中部辅助支柱所承受的荷重；

n——位于仓壁四周边柱的数目。

在两个仓壁接触的地方，支撑两个深仓的公共柱子，其纵向力 N_0 应加倍。

2. 圆筒壁、双环壁及筒壁加填充物作为仓底支撑结构的计算要点，应符合下列要求。

(1) 圆筒壁支撑仓体时，不需要验算仓壁的挤压应力，只需验算筒壁的下部截面及被开洞削弱最多的截面强度。

(2) 双环壁计算时，荷载应按比例分配，由内外环壁分别承受。

(3) 筒壁加填充物支撑仓体时，须计算基础顶面处的筒壁的水平环拉力，荷载须包括散粒填充物自重及其所产生的水平压力。

3. 仓壁挤压应力及柱帽强度验算，应符合下列规定：

(1) 仓壁的局部挤压面积等于：柱帽部分的仓壁长度加两倍仓底板的厚度，再乘以仓壁的厚度。如（图 5.4-1）

(2) 柱帽强度的验算

1) 假定柱帽的平面尺寸为 $a\times b$，则须满足

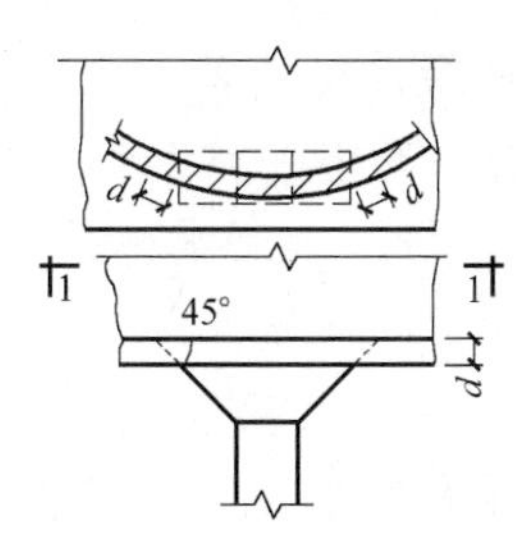

图 5.4-1　仓壁挤压应力验算简图

下列公式的要求：

$$\frac{N-(a+2h_0)(b+2h_0)q}{1.5(a+b+2h_0)h_0}\leqslant f_t \quad (5.4\text{-}2)$$

式中　N——柱子上端截面处的计算纵向力；

a、b——柱帽的平面尺寸（图 5.4-2）；

h_0——仓底板的有效厚度；

q——作用于单位面积柱帽上的荷载。

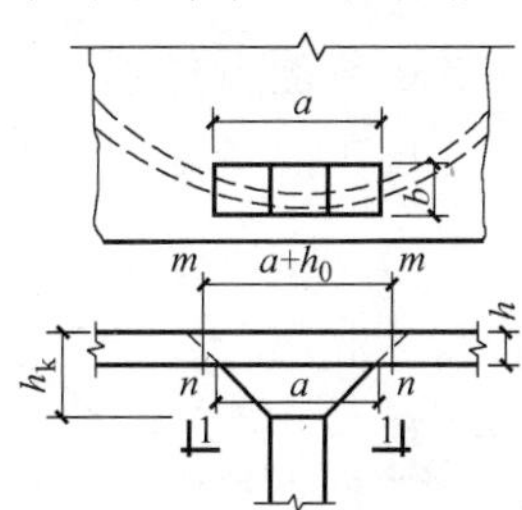

图 5.4-2　柱帽计算简图

2）边柱的柱帽尺寸 a，应不小于$\frac{\pi D}{2n}$，其中 n 为边柱的根数（图 5.4-3）。

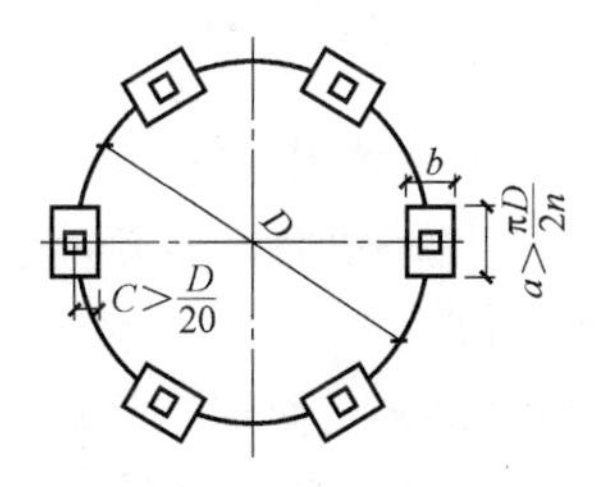

图 5.4-3　边柱及其柱帽

3）柱帽或柱脚的高度 h_K 按下式计算：

$$h_K\geqslant\frac{N-A\sigma}{0.75Sf_t} \quad (5.4\text{-}3)$$

式中　A——柱子的截面面积；

S——柱子的周长；

σ——由上层的计算荷载（除去板、填料和地坪的自重所产生的荷载）引起土壤对基础底面的反压力。

5.5　圆形筒仓基础计算要点

1. 基础板平面尺寸的确定，应符合下列要求

（1）基底最大压力不得超过地基计算强度；

（2）当计算地基及基础时，一般可假定基础的刚度为无限大，考虑空仓满仓时的最不利组合验算下列几种情况：

1）验算地基时：

① 各仓全满——最大垂直力；

② 考虑空满仓的最不利组合（图 5.5-1）——最大偏心。

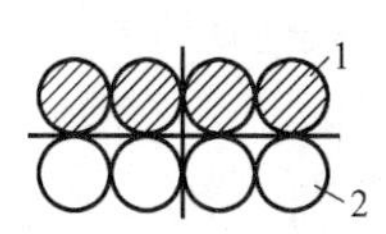

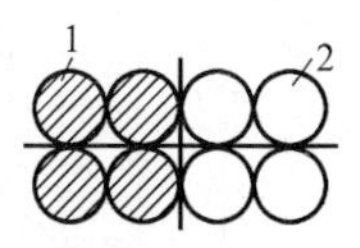

图 5.5-1　空满仓最不利组合示意图

1—满仓；2—空仓

2）当仓底板是由支柱支撑在基础板上，计算仓底板和基础板时：

① 全满——仓底板及基础板下面弯矩最大；

② 全空——仓底板及基础板上面弯矩最大；

③ 考虑空满仓的最不利组合——基础板悬臂部分的弯矩最大。

（3）当筒壁下采用环形基础，且仓底的压力直接通过填料传到土壤上时，除了核算基底压力外，还应该算作用在沿基础底面土壤上的平均压力。其计算方法：

将全部标准荷载（结构自重、物料重、仓底填料重、基础重及填土重）的总和除以环形基础外周边以内的总面积，平均压力不应大于地基计算强度。

（4）地基的沉降极限值：当地基的压缩性变化很小时，地基的极限沉降值为 300mm；当地基的压缩性变化较大时，不仅要控制沉降量，尚应考虑基础的下沉差异值，其极限值为 0.004。

2. 基础板厚度的确定，应符合下列规定

确定钢筋混凝土基础板厚度时，其全部剪力由混凝土承担。

（1）当荷载是通过具有正方形柱脚的柱子传至基础板时（图 5.5-2），则每 1m 周长内的计算剪力 Q 按下式计算：

$$Q=\frac{\sigma[A-(b+h_0)^2]}{4(b+h_0)} \quad (5.5\text{-}1)$$

式中　σ——符号意义与公式（5.4-3）相同；

A——所考虑的柱子占有基础板的面积（图 5.5-3）；

b——基础板顶水平面上的柱脚宽度；

h_0——基础板的有效厚度。

（2）当深仓的支撑部分是环形筒壁时（图 5.5-4）则每 1m 内的剪力按下式确定：

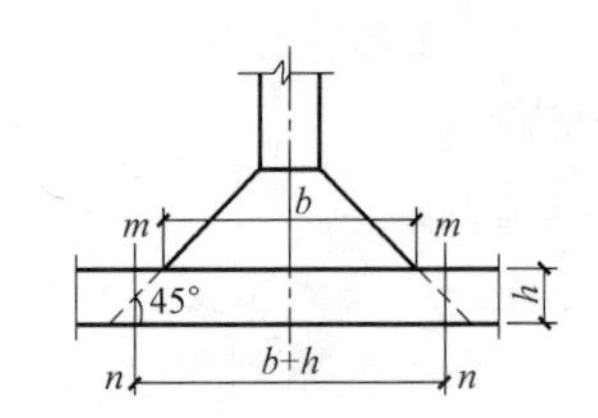

图 5.5-2 方形柱至基础的传力

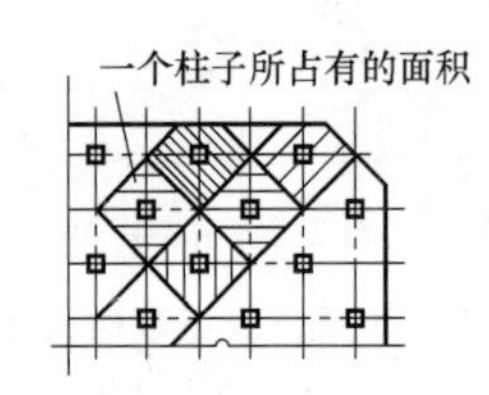

图 5.5-3 柱占基础板面积

$$Q=\frac{\sigma\pi(D-h_0)^2}{4\pi(D-h_0)}=\frac{\sigma(D-h_0)}{4} \qquad (5.5\text{-}2)$$

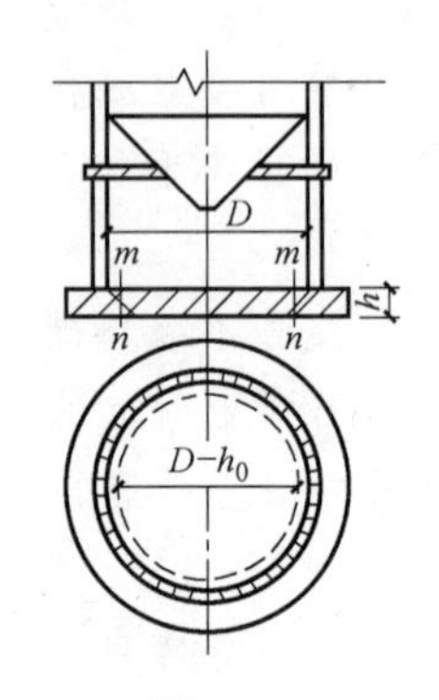

图 5.5-4

(3) 按上述公式求得的每 1m 周长内的计算剪力 Q（kg/m）应符合下列条件：

$$Q\leqslant 0.75Sf_t h_0 \qquad (5.5\text{-}3)$$

式中 S——冲切面的计算长度（1000mm）。

根据上述条件及剪力计算公式，即可定出基础板的厚度 h 值。

3. 无中间柱的基础板计算，应符合下列要求

(1) 单独仓下的圆板基础。

1) 上部荷载（包括物料重、支柱或支筒以上的全部结构自重、使用荷载及风荷载）作用下，求出基底的压力，并将此压力反作用于基础板上。

2) 当深仓为筒壁支撑或沿深仓四周布置有 6 根或 6 根以上支柱时，此时宜在各柱子下面做一道环梁，基础板按四周被固定的圆板计算。为了简化计算，可将梯形荷载化为均布荷载计算。

3) 基础板悬臂部分的应力计算，可取 1m 宽的板带视作悬臂梁进行计算，亦可查静力图表计算。作用荷载应取地基平均反压力乘以应力集中系数 1.1，以考虑地基反力的弹性分布。

(2) 单独仓下的环形基础。

1) 环形基础用于圆筒壁支撑仓体时，环板上的荷载求法与圆板基础相同。

2) 板内弯矩计算和悬壁板相同，取单位宽度的板带求出弯矩，为了使环形基础内半环和外半环的悬臂相等，基础中心轴应向内移 ΔR，ΔR 值可由（图 5.5-5）的曲线图表查得。悬臂计算跨度：

$$l_0=\frac{b}{2}+\Delta R \qquad (5.5\text{-}4)$$

$$R=\frac{D+d}{2}$$

式中 D——支撑筒壁的内径；

d——支撑筒壁的厚度。

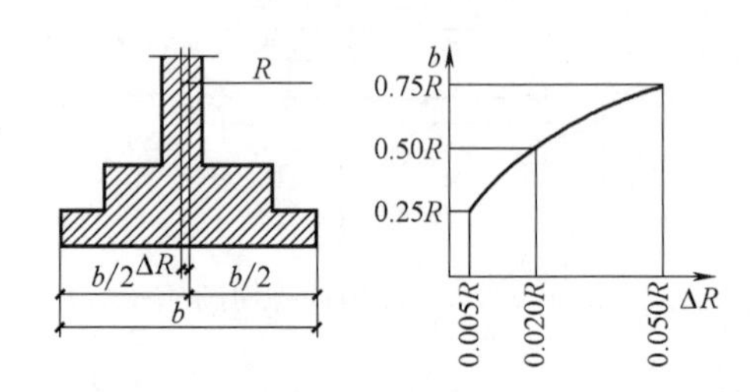

图 5.5-5 基础中心轴内径的 ΔR 值

(3) 群仓下的整板基础。

1) 以基底压力反作用于基础板，求板中的弯矩，当由筒壁支撑仓体时或沿每个仓的四周布置有 6 根及 6 根以上的柱子支撑时，基础板可按沿四周被固定的圆板计算。

2) 根据求得的弯矩配筋，将这些钢筋全部拉过星室部分，一般星室部分的基础板可不进行验算。当星室部分较大时，可按四边固定的双向板复核钢筋截面面积。

4. 仓底中部有辅助支柱的基础圆板计算要点

仓底中部有辅助支柱的基础圆板计算方法，与中部有辅助支柱的仓底板相同，可视中部支柱为环形集中荷载作用于基础平板上，按承受环形集中荷载的圆板计算，板内根据叠加后的弯矩配筋；基础板悬臂部分计算同前。

6 筒仓结构设计

6.1 矩形筒仓结构构件设计

1. 角锥形漏斗

(1) 斜壁水平方向。由物料压力作用而产生的各点水平拉力与该壁在平面内弯曲计算中相应点的应力叠加得出单位长度上的水平拉（压）力，再与由平面外弯曲计算中求得的弯矩组成，按拉弯构件选择钢筋截面，采用公式（6.3-3）计算。

(2) 斜壁斜坡方向。根据各点的平面外弯曲计算中的弯矩和斜向拉力组成，按拉弯构件选择钢筋截面，采用公式（6.3-3）计算。

(3) 在两斜壁的交肋处，顶部的骨架钢筋按受拉构件选择钢筋截面，用下式计算。底部可减少，但不少于计算值的30%。

$$A_s=\frac{N_P}{f_y} \quad (6.1\text{-}1)$$

式中　N_P——按式（5.2-38）计算的设计值；

f_y——钢筋强度设计值。

(4) 漏斗圈梁（漏斗壁上边缘的边梁）

1) 仓顶无平台时，圈梁按偏心受压构件计算。弯矩是在平面外弯曲计算中斜壁在边梁处的反力引起，为垂直于斜壁平面的力产生的弯矩，轴力由公式（5.2-39）及公式（5.2-40）求得。

顶部有平台时，按上述轴力作受压构件计算。

2) 边梁在支座处抗剪强度验算

① 受剪截面应符合下列条件：

当 $h_0/b\leqslant4$ 时，

$$V\leqslant0.25f_cbh_0 \quad (6.1\text{-}2)$$

当 $h_0/b\geqslant6$ 时，

$$V\leqslant0.2f_cbh_0 \quad (6.1\text{-}3)$$

当 $4<h_0/b<6$ 时，按线性内插法确定。

② 当梁仅配置箍筋时，其斜截面的受剪承载力应符合下列规定：

$$V\leqslant V_{cs} \quad (6.1\text{-}4)$$

$$V_{cs}=0.7f_tbh_0+1.25f_{yv}\frac{A_{sv}}{s}h_0 \quad (6.1\text{-}5)$$

式中　V——构件斜截面上的最大剪力设计值（取梁支座处剪力设计值）；

f_c——混凝土轴心抗压强度设计值；

bh_0——支座处梁截面，包括嵌于柱子中斜壁的截面；

V_{cs}——构件斜截面上混凝土和箍筋的受剪承载力设计值；

A_{sv}——配置在同一截面内箍筋各肢的全部截面面积：$A_{sv}=nA_{sv1}$，此处，n 为在同一截面内箍筋的肢数，A_{sv1} 为单肢箍筋的截面面积；

s——沿构件长度方向的箍筋间距；

f_{yv}——箍筋抗拉强度设计值，按《混凝土结构设计规范》表4.2-3-1中的 f_y 值采用；

f_t——混凝土轴心抗拉强度设计值，按《混凝土结构设计规范》表4.1-4采用。

③ 箍筋率应符合下式要求：

$$P_{sv}\geqslant0.24\frac{f_t}{f_{yv}}(\text{取 } f_{yv}=f_y) \quad (6.1\text{-}6)$$

$$P_{sv}=A_{sv}/bs$$

2. 低壁浅仓

(1) 竖壁的水平钢筋，竖壁的钢筋截面按普通梁计算。竖壁的弯矩由平面内弯曲计算求得，按受弯构件计算钢筋截面；另根据公式（5.2-1）及公式（5.2-2）求得的竖壁底部水平拉力，按中心受拉构件计算钢筋截面。两者可分别按公式（6.3-1）及公式（6.1-1）计算截面钢筋。

由上述二者求得的钢筋，均配置在竖壁的底部。沿竖壁高度配置水平构造钢筋。

(2) 竖壁的垂直钢筋，应形成钢箍。其截面按普通梁的抗剪强度配箍和平面外按拉弯构件配箍之和求得。

(3) 斜壁的水平方向，由水平拉力及平面外弯曲的弯矩，按拉弯构件求钢筋截面，采用公式（6.3-3）计算。

(4) 斜壁的斜坡方向，由斜向拉力及平面外弯曲的弯矩，按拉弯构件求钢筋截面，采用公式（6.3-3）计算。

3. 高壁浅仓

(1) 斜壁的钢筋截面选择，根据平面外弯曲的弯矩与斜向拉力，或与物料推力所产生的水平拉力，在水平与斜坡两方向，按拉弯构件计算钢筋截面，采用公式（6.3-2）计算。

(2) 竖壁钢筋的配置方式

1) 分散配筋方式

① 由公式（5.2-46）求得的主拉应力 σ，其在垂直及水平方向的分力 σ_{0x}，σ_{0y} 计算如下：

a. 当深梁剪应力 τ_{xy} 不等于零时，按下式计算：

$$\sigma_{0x}=\sigma_0\cos\varphi \quad (6.1\text{-}7)$$

$$\sigma_{0y}=\sigma_0\sin\varphi \quad (6.1\text{-}8)$$

b. 当深梁剪应力 τ_{xy} 等于零时：

$$\sigma_{0x}=\bar{\sigma}_x$$

$$\sigma_{0y}=\sigma_y$$

式中 φ 按公式（5.2-48）求得。

② 由各特征点的水平或垂直拉（压）力（N_h 或 N_v），与平面外弯曲计算中得出的 M_x、M_y 及 σ_{0x}、σ_{0y}，按拉（压）弯构件计算竖壁的网状钢筋截面。

③ 对于个别的应力高峰点，如下边缘的中部，上边缘的支座处，不足的钢筋，宜采用加配粗钢筋的办法，而不增加网状钢筋的截面。粗钢筋担负应力的高度范围为 0.375m。

2）集中配筋方式

集中配筋方式，即在受拉区合力重心处布置粗钢筋以抵抗受拉区的合力（F_1）。

$$A_s=\frac{F_1}{f_y} \tag{6.1-9}$$

F_1 为设计值，见表 9.6-1 及表 9.9-2。

4. 深仓仓壁

矩形深仓仓壁沿竖向 1m 高截面内水平钢筋面积根据仓壁的水平拉力和平面外弯曲所产生的弯矩，按偏心受拉构件计算钢筋截面，可按公式（6.3-2）计算。并应满足构造要求。

仓壁的竖向力全部由仓壁混凝土承担，竖向钢筋按构造要求设置。

5. 深仓漏斗壁

（1）漏斗壁的水平钢筋面积，由水平拉力和该方向的平面外弯矩，按偏心受拉构件计算；

漏斗壁斜向钢筋面积，由斜向拉力和该方向的平面外弯矩，按偏心受拉构件计算；

角肋处钢筋面积，由角肋处顶部斜向拉力按受拉构件计算。

（2）当漏斗壁与仓壁及相邻漏斗壁的交接处有不平衡弯矩时，可将其分配给相邻壁，相应调整跨中弯矩，一般情况下，不平衡弯矩小于 20% 时，可不作调整而取其大者进行配筋计算，当不平衡弯矩大于等于 20% 时，近似的取平均值进行计算。

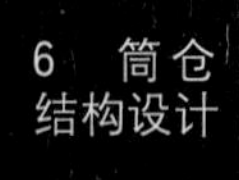

6.2 圆形筒仓结构构件设计

1. 圆形深仓仓壁

（1）钢筋混凝土仓壁沿高度，分段计算在单位高度内所需的环向钢筋面积，按受拉构件计算如下：

$$A_s=\frac{\gamma_Q N_{hs}}{f_y} \tag{6.2-1}$$

式中 f_y——钢筋抗拉设计强度（N/mm^2）；

γ_Q——荷载分项系数；

N_{hs}——仓壁单位高度的环向拉力标准值，按公式（5.3-1）计算。

（2）仓壁内的竖向压力，全部由混凝土承担，故竖向钢筋按构造放置。

仅当单排深仓须考虑风荷载或建在地震区的深仓必须考虑地震作用时，仓壁的横截面上有可能出现拉力，此时可按环形截面偏心受压构件计算竖向受拉钢筋。

2. 圆形浅仓仓壁

钢筋混凝土仓壁沿高度，分段计算在单位高度内所需的环向钢筋面积：

$$A_s=\frac{\gamma_Q N_p}{f_y} \tag{6.2-2}$$

式中 γ_Q——荷载（贮料），分项系数，取 $\gamma_Q=1.3$；

N_P——按公式（5.3-7）计算。

其余如竖向钢筋的配置同圆形深仓仓壁。

3. 圆锥形漏斗壁

（1）水平环向钢筋面积，按受拉构件计算如下：

$$A_s=\frac{T_c}{f_y} \tag{6.2-3}$$

（2）径向钢筋面积，按受拉构件计算如下：

$$A_S=\frac{T_r}{f_y} \tag{6.2-4}$$

式中 T_r——径向拉力按式（5.3-4）计算；

T_c——环向拉力按式（5.3-6）计算。

注：圆锥形漏斗壁截面承载力计算，不考虑混凝土工作。

6.3 筒仓结构构件截面计算

根据筒仓结构的受力特点，本节列出几种常见受力构件的钢筋截面计算法，供设计者直接使用。其他事宜还应符合和满足《混凝土规范》的有关规定和要求。

1. 矩形截面单向受弯构件

已知钢筋混凝土梁截面尺寸 b、h，承受的弯矩设计值 M，混凝土强度等级 f_c，钢筋设计值 f_y，根据平衡条件，可按下式直接求出钢筋截面面积 A_s 值。

$$A_s=\frac{\alpha_1 f_c \xi b h_0}{f_y} \tag{6.3-1}$$

式中　ξ计算如下：

$$\xi=1-\sqrt{1-2\alpha_s}<\xi_b$$

α_s 计算如下：

$$\alpha_s=\frac{M}{\alpha_1 f_c b h_0^2}$$

α_1——混凝土强度等级计算系数，当 $C\leqslant 50$ 时，取 $\alpha_1=1.0$；

ξ_b——相对界限受压区高度 HPB235 取 0.614；HRB335 取 0.550。

其他符号见《混凝土规范》。

2. 对称配筋单向偏心受拉构件

已知钢筋混凝土截面尺寸 b、h，承受轴向拉力设计值 N，正向或反向弯矩设计值 M，混凝土强度等级 f_c，钢筋设计值 f_y，采用对称配筋设计，求 $A_s=A_s'$值，可按下式计算。

$$A_s=A_s'=\frac{N}{2f_y}\left(1+\frac{2e_0}{h_0-a_s}\right) \tag{6.3-2}$$

式中　e_0——偏心距，计算如下：

$$e_0=\frac{M}{N}$$

A_s，A_s'——分别为受拉和受压区的钢筋截面面积。

其他符号见《混凝土规范》。

3. 矩形截面单向偏心受拉构件

已知钢筋混凝土构件截面尺寸 b、h，承受的轴向拉力设计值 N，弯矩设计值 M，混凝土强度等级 f_c，钢筋设计值 f_y，根据构件的受力特点和构造要求，也可按以下程序和算式计算受拉钢筋截面面积 A_s 值，并按 A_s 进行对称配筋 $A_s=A_s'$ 设计。

$$A_s=\frac{Ne'}{f_y(h_0-a_s)} \tag{6.3-3}$$

式中　$e'=\frac{h}{2}-a_s'+e_0$

$$e_0=\frac{M}{N}$$

当不需要对称配筋设计时，应按《混凝土规范》规定，进行受压钢筋 A_s'的计算。

7 筒仓结构裂缝宽度及变形验算

7.1 裂缝宽度验算

1. 筒仓结构按正常使用极限状态设计时，应控制仓壁、仓底的裂缝宽度

(1) 对于干旱少雨、年降水量少于蒸发量及相对湿度小于10%的地区，贮料含水量小于10%的筒仓的最大裂缝宽度 w_{max} 允许值为0.3mm。

(2) 对于受人为或自然侵蚀性物质严重影响的筒仓，应严格按不出现裂缝的构件计算。

(3) 其他条件的筒仓，最大裂缝宽度 w_{max} 的允许值为0.2mm。

2. 裂缝宽度的计算控制等级

(1) 一级——严格要求不出现裂缝的构件

在荷载效应的标准组合下应符合下列规定：

$$\sigma_{ck} \leqslant 0 \tag{7.1-1}$$

(2) 二级——一般要求不出现裂缝的构件

在荷载效应的标准组合下应符合下列规定：

$$\sigma_{ck} \leqslant f_{tk} \tag{7.1-2}$$

在荷载效应的准永久组合下宜符合下列规定：

$$\sigma_{cq} \leqslant 0 \tag{7.1-3}$$

(3) 三级——允许出现裂缝的构件。

按荷载效应的标准组合并考虑长期作用影响计算的最大裂缝宽度，应符合下列规定：

$$w_{max} \leqslant w_{lim} \tag{7.1-4}$$

式中 σ_{ck}、σ_{cq}——荷载效应的标准组合、准永久组合下抗裂验算边缘的混凝土法向应力；

f_{tk}——混凝土轴心抗拉强度标准值；

w_{lim}——最大裂缝宽度限值，按《混凝土规范》表3.3-4规定采用；

w_{max}——按荷载效应的标准组合并考虑长期作用影响计算的最大裂缝宽度，按公式（7.1-5）计算。

3. 最大裂缝宽度计算

(1) 在矩形、T形、倒T形和I形截面的钢筋混凝土受拉、受弯和偏心受压构件中，按荷载效应的标准组合并考虑长期作用影响的最大裂缝宽度（mm）可按下列公式计算：

$$w_{max} = \alpha_{cr}\psi\frac{\sigma_{sk}}{E_s}\left(1.9c + 0.08\frac{d_{eq}}{\rho_{te}}\right) \tag{7.1-5}$$

$$\psi = 1.1 - 0.65\frac{f_{tk}}{\rho_{te}\sigma_{sk}} \tag{7.1-6}$$

$$d_{eq} = \frac{\sum n_i d_i^2}{\sum n_i v_i d_i} \tag{7.1-7}$$

$$\rho_{te} = \frac{A_s + A_p}{A_{te}} \tag{7.1-8}$$

式中 α_{cr}——构件受力特征系数：对受弯、偏心受压构件，取 $\alpha_{cr}=2.1$；对偏心受拉构件，取 $\alpha_{cr}=2.4$；对轴心受拉构件，取 $\alpha_{cr}=2.7$；

ψ——裂缝间纵向受拉钢筋应变不均匀系数；当 $\psi<0.2$ 时，取 $\psi=0.2$；当 $\psi>1$时，取 $\psi=1$；对直接承受重复荷载的构件，取 $\psi=1$；

σ_{sk}——按荷载效应的标准组合计算的钢筋混凝土构件纵向受拉钢筋的应力，按7.1-3-2计算；

E_s——钢筋弹性模量，按《混凝土规范》表4.2-4采用；

c——最外层纵向受拉钢筋外边缘至受拉区底边的距离（mm）：当 $c<20$ 时，取 $c=20$；当 $c>65$ 时，取 $c=65$；

ρ_{te}——按有效受拉混凝土截面面积计算的纵向受拉钢筋配筋率；在最大裂缝宽度计算中，当 $\rho_{te}<0.01$ 时，取 $\rho_{te}=0.01$；

A_{te}——有效受拉混凝土截面面积：对轴心受拉构件，取构件截面面积；对受弯、偏心受压和偏心受拉构件，取 $A_{te}=0.5bh+(b_f-b)h_f$，此处，b_f、h_f 为受拉翼缘的宽度、高度；

A_s——受拉区纵向非预应力钢筋截面面积；

A_p——受拉区纵向预应力钢筋截面面积；非预应力构件，$A_p=0$；

d_{eq}——受拉区纵向钢筋的等效直径（mm）；

d_i——受拉区第 i 种纵向钢筋的公称直径（mm）；

n_i——受拉区第 i 种纵向钢筋的根数；

v_i——受拉区第 i 种纵向钢筋的相对粘结特性系数。

对光面钢筋，取 $v_i=0.7$；对带肋钢筋，取 $v_i=1.0$。

(2) 钢筋混凝土构件受拉区纵向钢筋的应力，计算如下。

轴心受拉构件

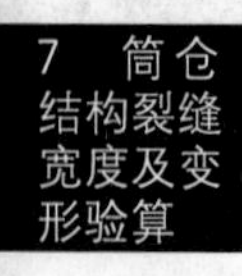

$$\sigma_{sk}=\frac{N_k}{A_s} \tag{7.1-9}$$

偏心受拉构件

$$\sigma_{sk}=\frac{N_k e'}{A_s(h_0-a'_s)} \tag{7.1-10}$$

受弯构件

$$\sigma_{sk}=\frac{M_k}{0.87h_0A_s} \tag{7.1-11}$$

偏心受压构件

$$\sigma_{sk}=\frac{N_k(e-z)}{A_s z} \tag{7.1-12}$$

$$z=\left[0.87-0.12(1-\gamma'_f)\left(\frac{h_0}{e}\right)^2\right]h_0 \tag{7.1-13}$$

$$e=\eta_s e_0+y_s \tag{7.1-14}$$

$$\gamma'_f=\frac{(b'_f-b)h'_f}{bh_0} \tag{7.1-15}$$

$$\eta_s=1+\frac{1}{4000e_0/h_0}\left(\frac{l_0}{h}\right)^2 \tag{7.1-16}$$

式中　A_s——受拉区纵向钢筋截面面积：对轴心受拉构件，取全部纵向钢筋截面面积；对偏心受拉构件，取受拉较大边的纵向钢筋截面面积；对受弯、偏心受压构件，取受拉区纵向钢筋截面面积；

e'——轴向拉力作用点至受压区或受拉较小边纵向钢筋合力点的距离；

e——轴向压力作用点至纵向受拉钢筋合力点的距离；

z——纵向受拉钢筋合力点至截面受压区合力点的距离，且不大于$0.87h_0$；

η_s——使用阶段的轴向压力偏心距增大系数，当$l_0/h\leqslant14$时，取$\eta_s=1.0$；

y_s——截面重心至纵向受拉钢筋合力点的距离；

γ'_f——受压翼缘截面面积与腹板有效截面面积的比值；

b'_f、h'_f——受压区翼缘的宽度、高度；在公式(7.1-15)中，当$h'_f>0.2h_0$时，取$h'_f=0.2h_0$；

N_k、M_k——按荷载效应的标准组合计算的轴向力值、弯矩值。

注：对$e_0/h_0\leqslant0.55$的偏心受压构件，可不验算裂缝宽度。

7.2　变形验算

1. 钢筋混凝土受弯构件在正常使用极限状态下的挠度，可根据构件的刚度用结构力学方法计算。

在等截面构件中，可假定各同号弯矩区段内的刚度相等，并取用该区段内最大弯矩处的刚度。当计算跨度内的支座截面刚度不大于跨中截面刚度的两倍或不小于跨中截面刚度的二分之一时，该跨也可按等刚度构件进行计算，其构件刚度可取跨中最大弯矩截面的刚度。

受弯构件的挠度应按荷载效应标准组合并考虑荷载长期作用影响的刚度B进行计算，所求得的挠度计算值不应超过表7.2-1规定的限值。

受弯构件的挠度限值　　表7.2-1

构件类型	挠度限值
屋盖、楼盖及楼梯构件：	
当$l_0<7$m时	$l_0/200(l_0/250)$
当7m$\leqslant l_0\leqslant$9m时	$l_0/250(l_0/300)$
当$l_0>9$m时	$l_0/300(l_0/400)$

注：1. 表中l_0为构件的计算跨度；
2. 表中括号内的数值适用于使用上对挠度有较高要求的构件；
3. 计算悬臂构件的挠度限值时，其计算跨度l_0按实际悬臂长度的2倍取用。

2. 矩形、T形、倒T形和I形截面受弯构件的刚度B，可按下列公式计算：

$$B=\frac{M_k}{M_q(\theta-1)+M_k}B_s \tag{7.2-1}$$

式中　M_k——按荷载效应的标准组合计算的弯矩，取计算区段内的最大弯矩值；

M_q——按荷载效应的准永久组合计算的弯矩，取计算区段内的最大弯矩值；

B_s——荷载效应的标准组合作用下受弯构件的短期刚度，按公式(7.2-2)计算；

θ——考虑荷载长期作用对挠度增大的影响系数。

当$\rho'=0$时，取$\theta=2.0$；当$\rho'=\rho$时，取$\theta=1.6$；当ρ'为中间数值时，θ按线性内插法取用。此处，$\rho'=A'_s/(bh_0)$，$\rho=A_s/(bh_0)$。

对翼缘位于受拉区的倒T形截面，θ应增加20%。

3. 在荷载效应的标准组合作用下，受弯构件的短期刚度 B_s 可按下列公式计算：

$$B_s=\frac{E_sA_sh_0^2}{1.15\psi+0.2+\frac{6\alpha_E\rho}{1+3.5\gamma_f'}} \quad (7.2\text{-}2)$$

式中 ψ——裂缝间纵向受拉钢筋应变不均匀系数：当 $\psi<0.2$ 时，取 $\psi=0.2$；当 $\psi>1$ 时，取 $\psi=1$；对直接承受重复荷载的构件，取 $\psi=1$；

α_E——钢筋弹性模量与混凝土弹性模量的比值：$\alpha_E=E_s/E_c$；

ρ——纵向受拉钢筋配筋率；

$\rho=A_s/(bh_0)$；

γ_f'——受压翼缘截面面积与腹板有效截面面积的比值。

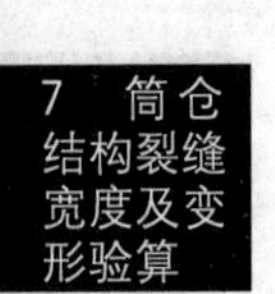

8 筒仓结构构造

8.1 筒仓结构剖面示图

筒仓结构剖面示图见图8.1-1。

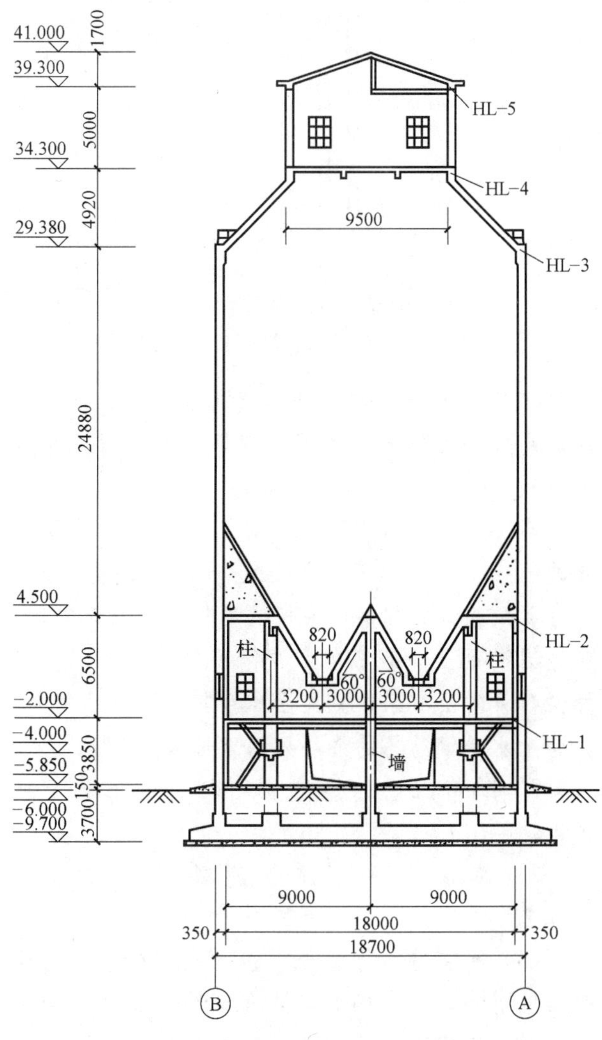

图8.1-1 筒仓结构剖面示图

8.2 圆形筒仓仓顶

1. 一般规定

(1) 仓顶的挑檐长度不宜小于300～400mm(图8.2-1)。

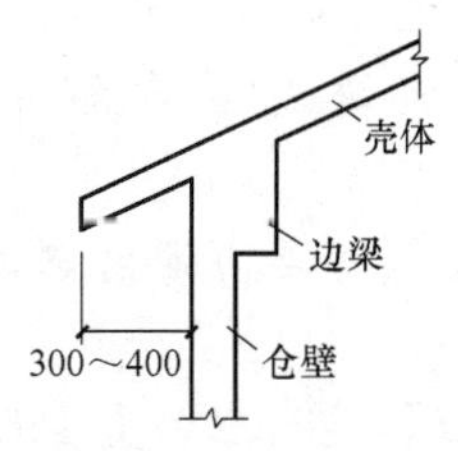

图8.2-1 挑檐示图

(2) 仓顶板采用壳体结构时，其边梁的外边应与筒壁外表面一致，环形边梁断面尺寸按计算确定，仓顶为平板或肋形板时，一般不设圈梁。

(3) 仓顶板应设人孔，人孔尺寸为600mm×700mm。

(4) 当仓顶板开洞时，洞口处理见图8.2-2，其中洞口四周预埋的螺栓，作固定盖子或管道用，洞口钢筋配置，按一般楼盖构造要求处理。

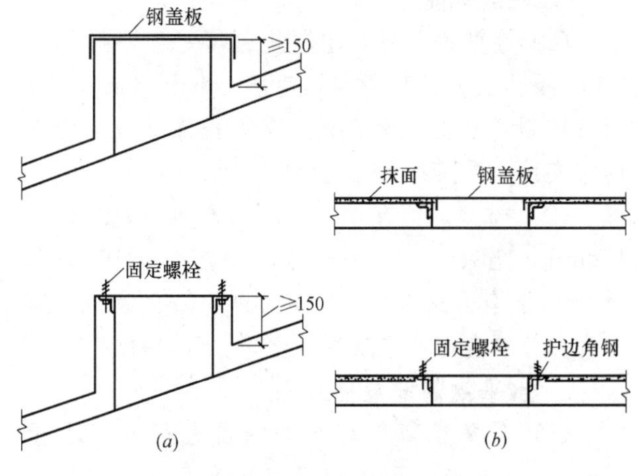

图8.2-2 人孔埋件图

(a) 室外；(b) 室内

2. 锥壳仓顶配筋

锥壳仓顶配筋，如图8.2-3所示。

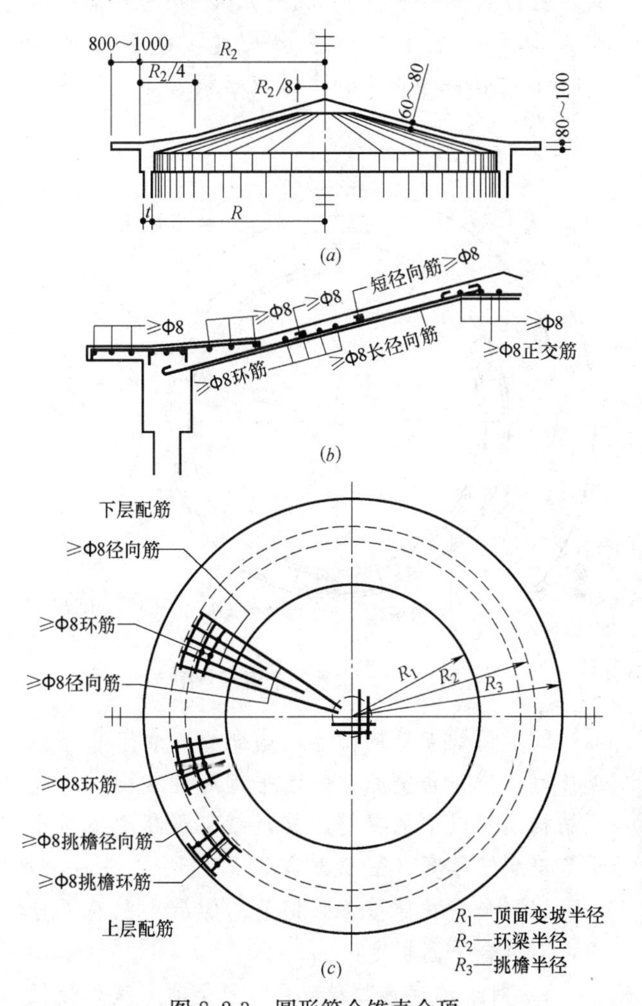

图8.2-3 圆形筒仓锥壳仓顶

(a) 锥壳屋盖剖面；(b) 配筋剖面；(c) 配筋平面

注：圆形筒仓的锥壳屋盖，一般用于无安装设备时；有安装设备时应按起吊荷载验算配筋。

8.3 圆形筒仓仓壁和筒壁

1. 一般规定

(1) 仓壁和筒壁的混凝土强度等级不应低于C30。受力钢筋的保护层厚度不应小于30mm。应严格控制混凝土的水灰比并采取措施增强混凝土的密实性，严禁掺加氯化物。

(2) 仓壁和筒壁的最小厚度不宜小于150mm，当采用滑模施工时，不应小于160mm。对于直径等于或大于6.0m的筒仓，仓壁和筒壁的内、外侧各应配置双层（水平、竖向）钢筋。

2. 水平钢筋配置要求

(1) 仓壁和筒壁的水平钢筋直径不宜小于10mm，也不宜大于25mm；且钢筋间距不应大于200mm，也不应小于70mm。

(2) 水平钢筋的接头宜采用焊接。当采用绑扎接头时，搭接长度不应小于50倍钢筋直径，接头位置应错开布置（图8.3-1）。错开的距离：水平方向不应小于一个搭接长度，也不应小于1.0m；在同一竖向截面上每隔三根钢筋允许有一个接头。

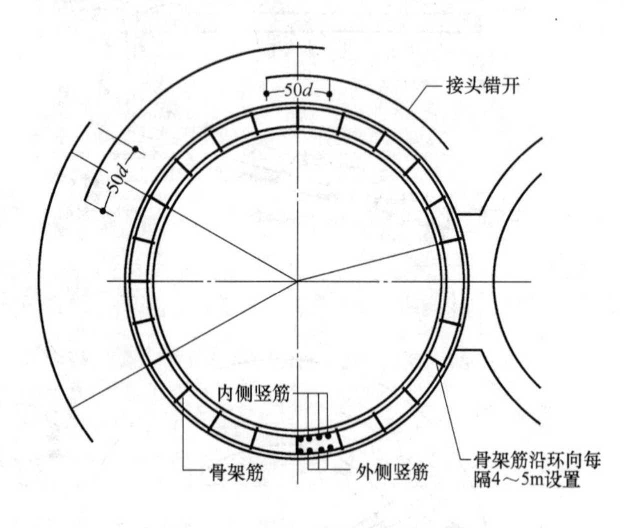

图8.3-1 水平筋配置示意图

(3) 筒壁支撑的筒仓，当仓底与仓壁非整体连接时，应将仓壁底部的水平钢筋延续配置到仓底结构顶面以下的筒壁，其延续配置高度不应小于6倍仓壁厚度（图8.3-2）。

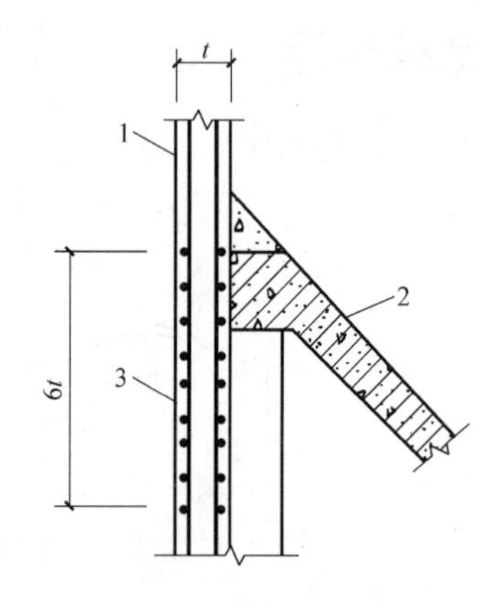

图8.3-2 仓壁底部水平钢筋延续配置范围示意图

1—仓壁；2—仓底（漏斗）；3—筒壁

(4) 仓壁和筒壁水平钢筋总的最小配筋百分率，应符合下列规定：

1) 对于贮存热贮料，且贮料温度与室外最低计算温度差小于100℃的水泥工业筒仓，其仓壁水平钢筋总的最小配筋率应为0.4%；对于冷拉钢筋尚应按贮料温度作用下钢筋强度的折减系数进行调整。

当温度大于100℃时，筒仓仓壁、仓顶及仓底的结构构件，除按本条规定外还应按实际出现的温度效应计算配筋。在按温度作用计算配筋时，应考虑混凝土、钢筋在温度作用下的设计强度及弹性模量的折减系数。对于贮存其他贮料的筒仓，其仓壁水平钢筋总的最小配筋率应为0.3%；

2) 贮料入仓的温度应由相关的工艺专业提供；

3) 筒壁水平配筋总的最小配筋率应为0.25%。

(5) 除有特殊措施外，在水平钢筋上不应焊接其他附件。水平钢筋与竖向钢筋的交叉点应绑扎，严禁焊接。

3. 竖向钢筋配置要求

(1) 仓壁或筒壁的竖向钢筋直径不宜小于10mm。钢筋间距：对于外仓仓壁不应少于每米三根；对于群仓的内仓仓壁不应少于每米两根；对于筒壁不应少于每米三根。

当采用滑模施工时，在群仓的连接处，如运料需要，可将通道处竖向钢筋的间距增大至1.0m。

(2) 仓壁或筒壁竖向钢筋总的最小配筋率，应符合下列规定：

1) 外仓仓壁，在仓底以上1/6仓壁高度范围内应为0.4%，其以上可为0.3%（图8.3-3）；

2) 群仓的内仓仓壁应为0.2%；

3) 筒壁应为0.4%。

(3) 竖向钢筋的接头宜采用焊接。当采用绑

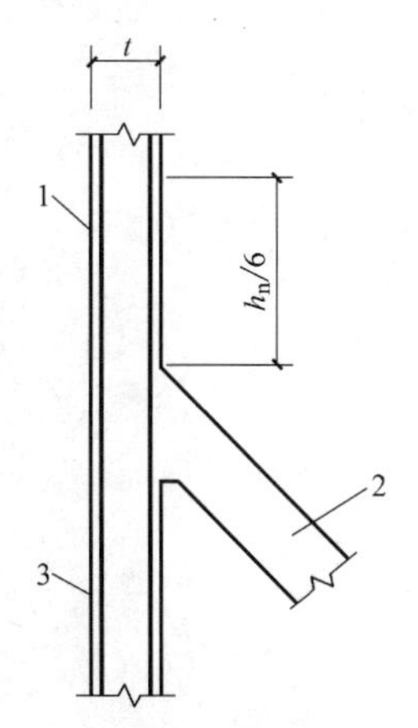

图 8.3-3　仓底与仓壁交接处竖向钢筋0.4%配筋率范围示意图
1—仓壁；2—仓底（漏斗）；3—筒壁

扎接头时，光面钢筋搭接长度不应小于40倍钢筋直径，可不加弯钩。变形钢筋的搭接长度不应小于35倍钢筋直径。接头位置应错开布置，在同一水平截面上每隔三根允许有一个接头。

4. 骨架筋及连系筋配置

(1) 仓壁或筒壁在环向每隔2～4m应设置一个两侧平行的焊接骨架［图8.3-4 (*d*)］。骨架的水平钢筋直径宜为6mm，间距应与仓壁或筒壁水平钢筋相同。此时骨架的竖向筋可代替仓壁和筒壁的竖向钢筋。

(2) 仓壁高度范围内，宜在水平和竖向两个方面的内外两层钢筋之间，每隔500～700mm设置一根直径4～6mm的连系筋（图8.3-4*a*、*b*、*c*)。

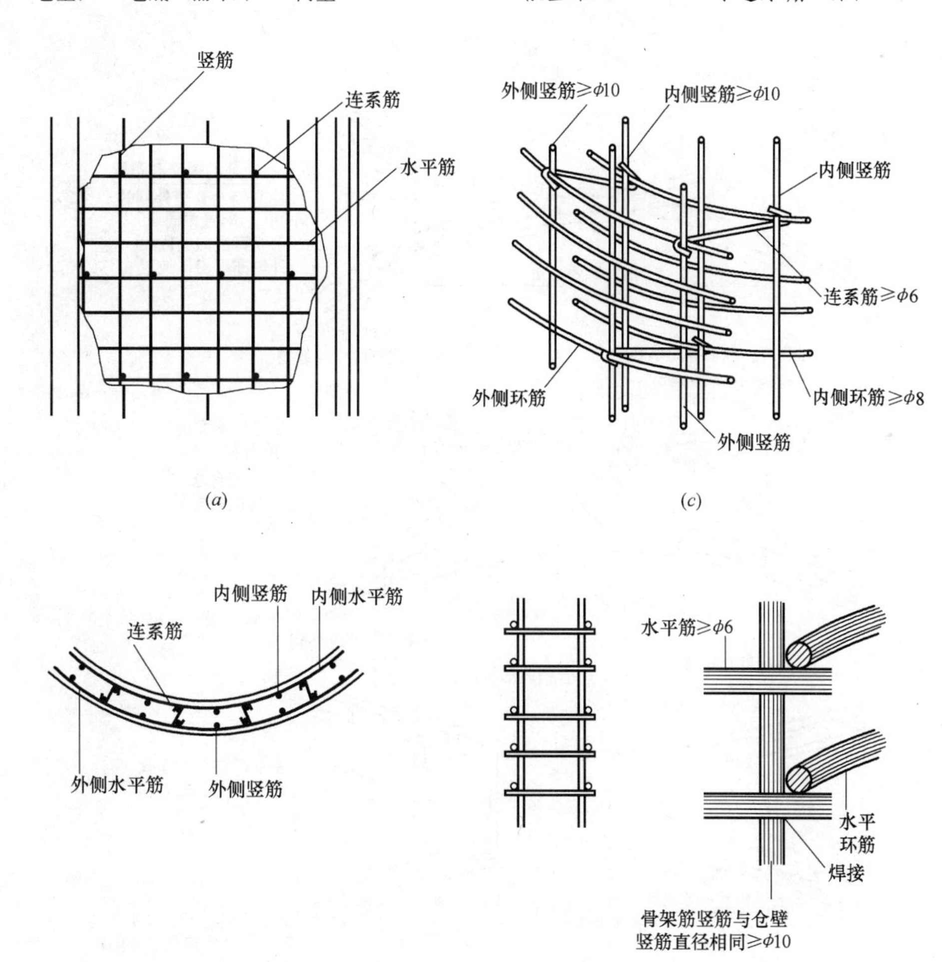

图 8.3-4　仓壁连系筋及骨架筋
(*a*) 内、外层钢筋的连系筋布置；(*b*) 连系筋平面布置；(*c*) 连系筋详图；(*d*) 骨架筋

5. 仓壁或筒壁相交处配筋

(1) 在群仓的仓壁与仓壁、筒壁与筒壁的连接处，应配置附加水平钢筋，其直径不宜小于10mm，间距应与水平钢筋同。附加水平钢筋应伸到仓壁或筒壁内侧，其锚固长度不应小于35倍钢筋直径（图8.3-5)。

(2) 筒仓仓壁相交处或星仓受压及非受压区配筋方式如（图8.3-6）所示。

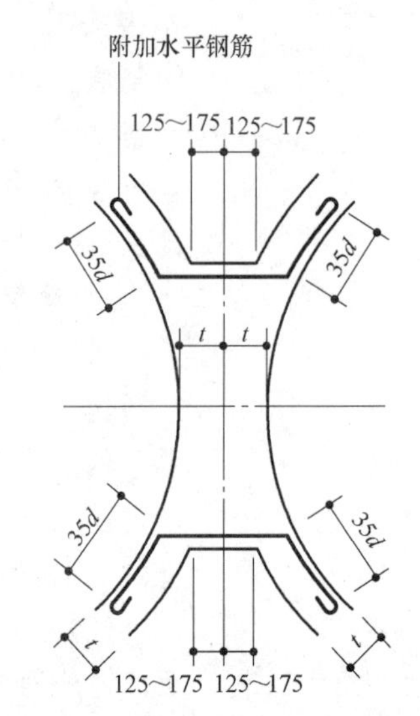

图 8.3-5 仓壁或筒壁相交处配筋

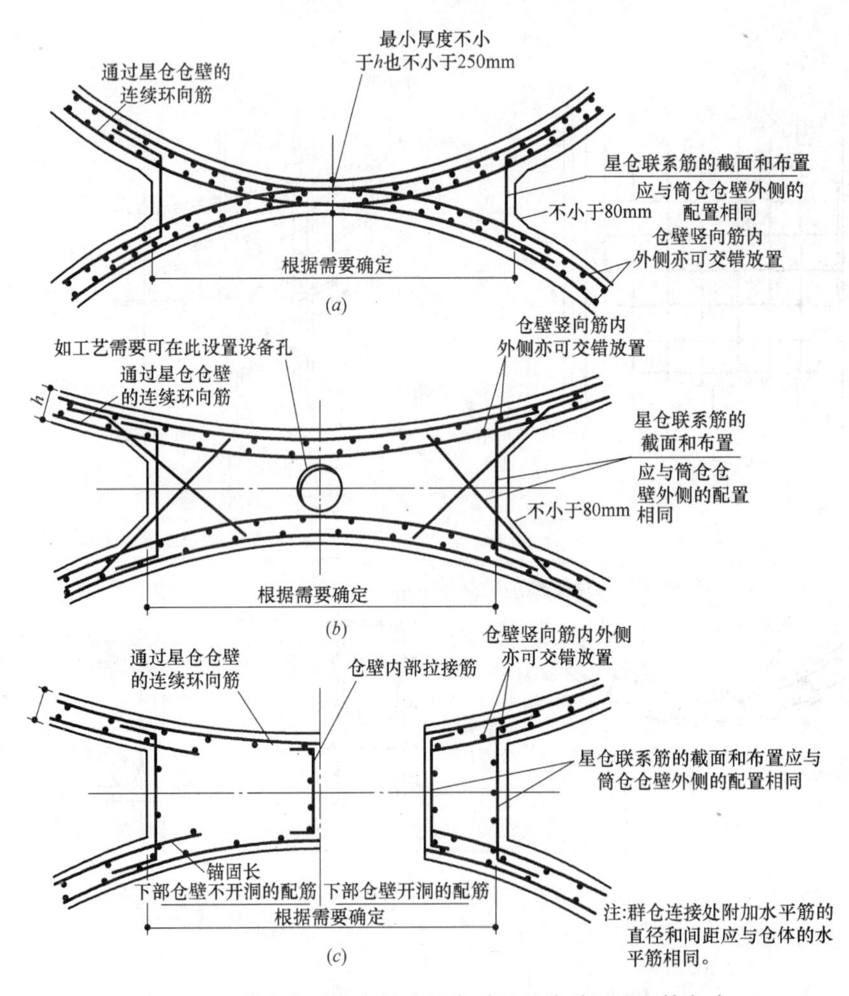

图 8.3-6 筒仓仓壁相交处或星仓受压及非受压区配筋方式

8.4 矩形筒仓仓壁配筋

1. 一般规定

矩形筒仓仓壁配筋一般规定，如下所示。

(1) 仓壁混凝土强度等级不宜低于 C30；受力钢筋的混凝土保护层厚度不应小于 30mm。

(2) 仓壁的最小厚度不应小于 150mm，四角宜加腋，并配置内、外双层钢筋。

(3) 当仓下支撑柱伸到仓顶时，仓壁中心线与柱的中心线宜重合布置。当仓壁中心线与柱的中心线不重合时，仓壁的任何一边离柱边的距离不应小于 50mm（图 8.4-1）。

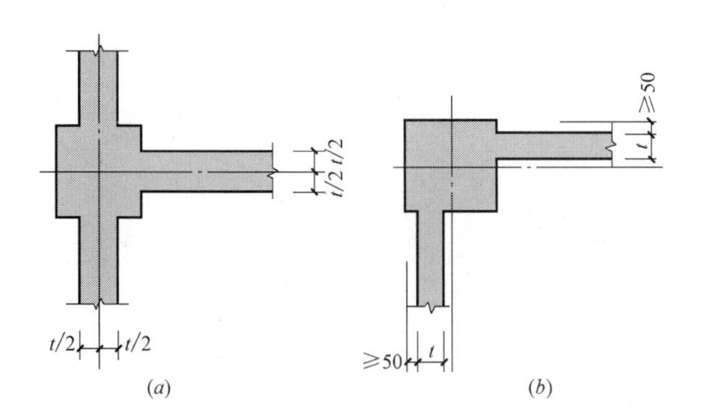

图 8.4-1 矩形筒仓仓壁与柱轴线关系示意图

(a) 仓壁中心线与柱中心线重合；(b) 仓壁中心线与柱中心线不重合

2. 低壁浅仓仓壁配筋

柱子支撑的低壁浅仓仓壁配筋，应符合下列规定：

(1) 按平面内弯曲计算的仓壁跨中和支座纵向受力钢筋以及竖向钢筋均应按普通梁的构造配置，当仓底漏斗与仓壁整体连接时，配置在仓壁底部的纵向钢筋不宜少于两根，直径宜为 20～25mm（图 8.4-2）。

(2) 内外层的竖向和水平钢筋的直径不应小于 10mm，间距不应大于 200mm，也不应小于 70mm。当仓下支撑柱不伸到仓顶时，水平钢筋可按图 8.4-3 配置。

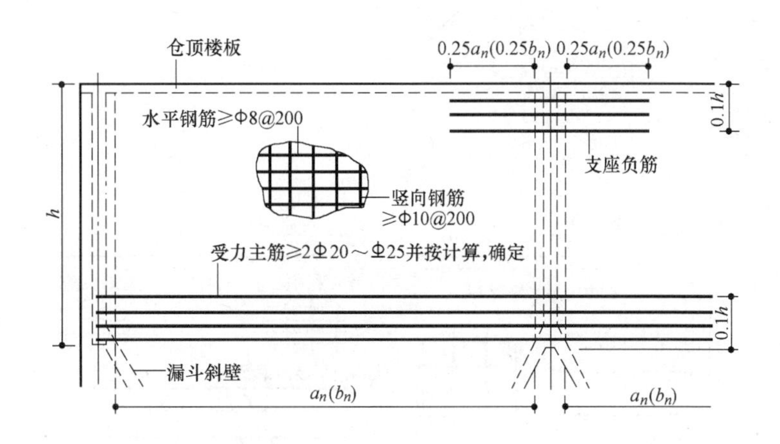

图 8.4-2 低壁浅仓仓壁配筋

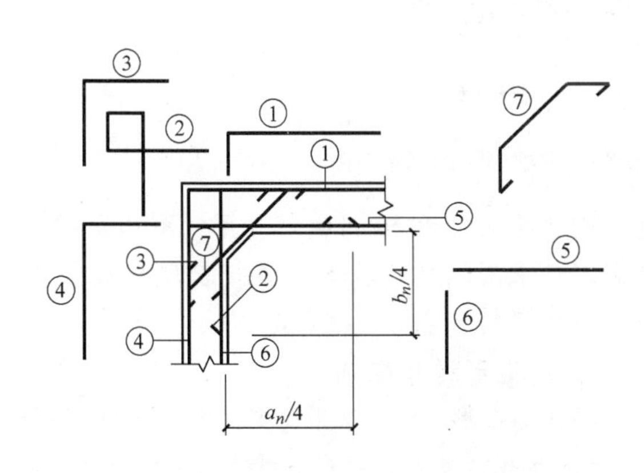

图 8.4-3 仓下支撑柱不伸到仓顶的仓壁水平配筋示意图

3. 高壁浅仓仓壁配筋

柱子支撑的高壁浅仓仓壁配筋，应符合下列规定：

(1) 内外层水平钢筋的直径不宜小于 8mm，竖向钢筋的直径不宜小于 10mm，钢筋间距不应大于 200mm，也不应小于 70mm。

(2) 按平面内弯曲计算的纵向受力钢筋，可选用分散配筋形式（图 8.4-4）或选用集中配筋形式（图 8.4-5）。当仓壁为单跨简支且选用集中配筋时，跨中纵向受力钢筋应全部伸入支座。

(3) 分散配筋方案较经济、合理，采用较多。

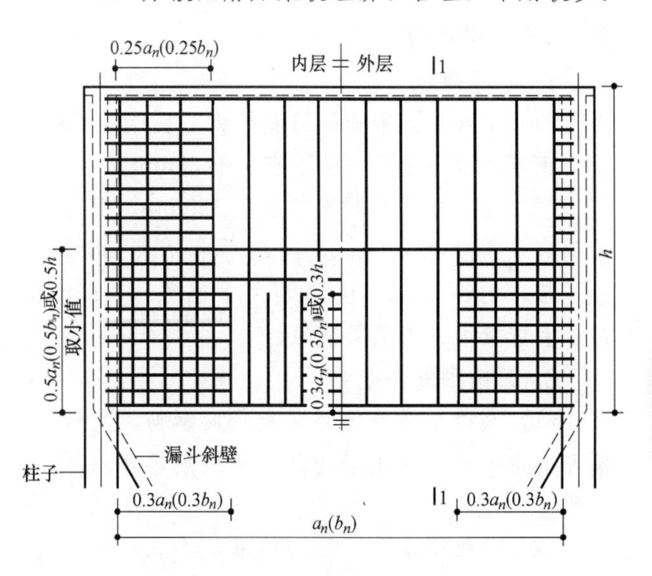

图 8.4-4 高壁浅仓和深仓仓壁分散配筋示图

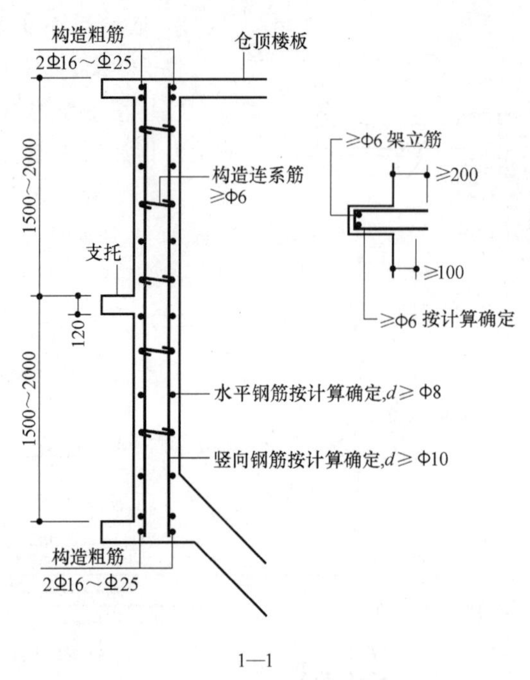

1—1

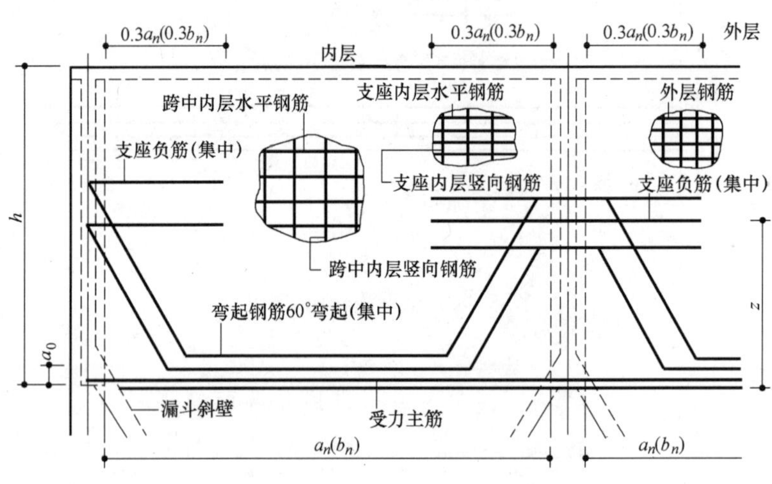

图 8.4-5 高壁浅仓和深仓仓壁集中配筋示图

8.5 漏斗壁配筋

1. 一般规定

(1) 漏斗壁混凝土的强度等级不宜低于 C30，受力钢筋的混凝土保护层不应小于 30mm。

(2) 漏斗壁的厚度不应小于 120mm，受力钢筋的直径不应小于 8mm，间距不应大于 200mm，也不应小于 70mm。当壁厚大于或等于 120mm 时，宜配置内、外双层钢筋。

2. 圆锥形漏斗配筋

(1) 圆锥形漏斗的环向或径向钢筋、角锥形漏斗的水平或斜向钢筋的总最小配筋率，均不应小于 0.3%。

(2) 圆锥形漏斗的径向钢筋，不宜采用绑扎接头，钢筋应伸入到漏斗顶部环梁或仓壁内，其锚固长度不应小于 50 倍钢筋直径（图 8.5-1）。当环向钢筋采用绑扎接头时，搭接长度和接头位置应符合本资料 8.3.2-2 的规定。

3. 角锥形漏斗配筋

(1) 角锥形漏斗宜采用分离式配筋（图 8.5-2*b*），漏斗的斜向钢筋伸入到漏斗上口边梁或仓壁内，其锚固长度不应小于 50 倍钢筋直径（图 8.5-2*b*）。

(2) 角锥形漏斗四角的吊掛骨架筋，其直径不应小于 16mm，钢筋上端应伸入到漏斗支撑构件内，其锚固长度不应小于 50 倍钢筋直径（图 8.5-2*e*）。

(3) 漏斗下口边梁的最小宽度不应小于 200mm，其水平钢筋的搭接长度不应小于 35 倍钢筋直径，也可焊接成封闭状（图 8.5-2*d*）。

4. 漏斗斜壁上附件配筋

漏斗斜壁上的附件配筋构造，如图 8.5-3 所示。

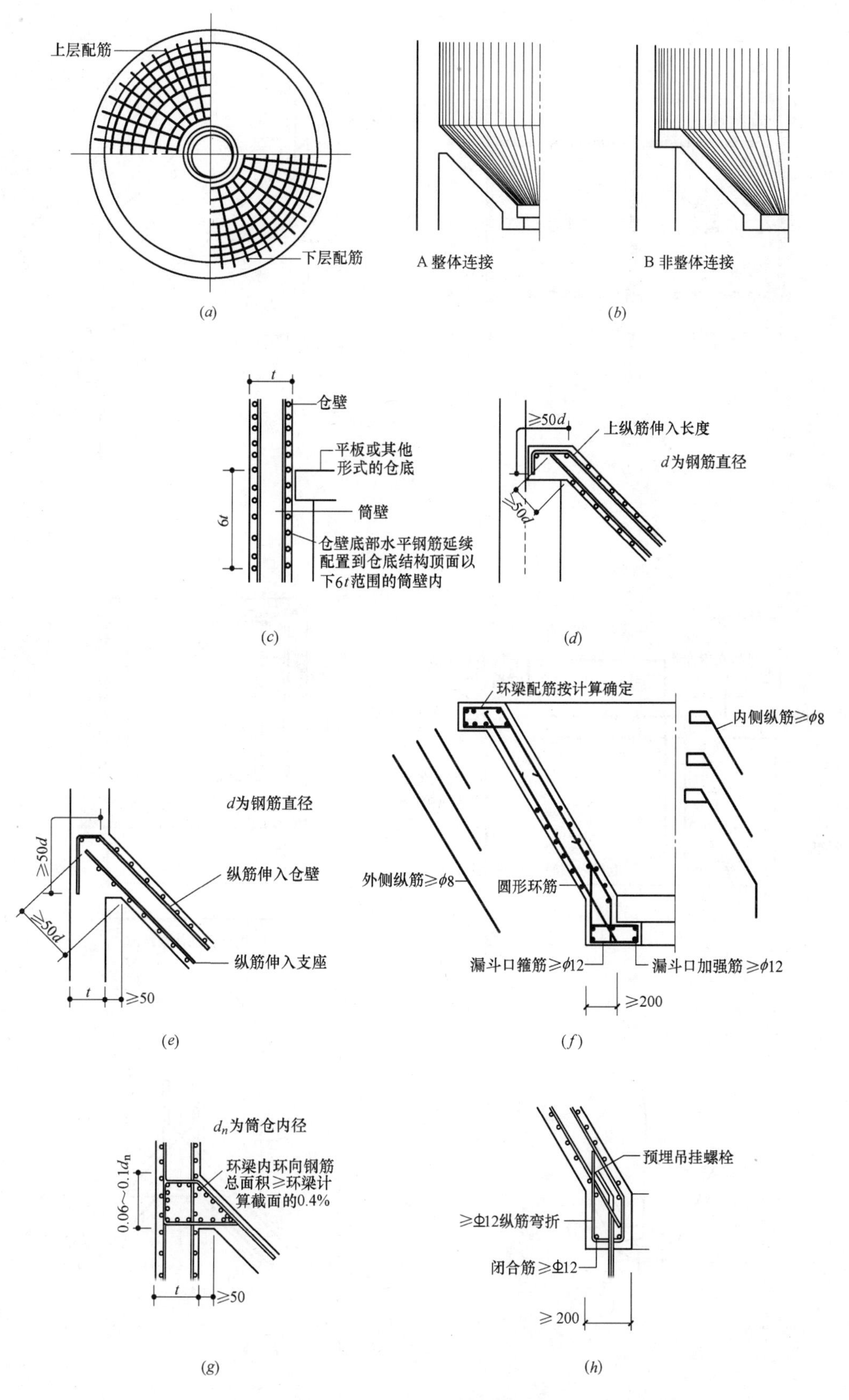

图 8.5-1　圆锥形漏斗配筋

(*a*) 圆锥形漏斗平面；(*b*) 圆锥形漏斗与仓壁的连接；(*c*) 非整体连接处筒壁配筋；(*d*) 非整体连接漏斗顶配筋；(*e*) 整体连接漏斗顶配筋；(*f*) 圆锥形漏斗配筋剖面；(*g*) 漏斗环梁配筋形式；(*h*) 无悬挑漏斗口配筋

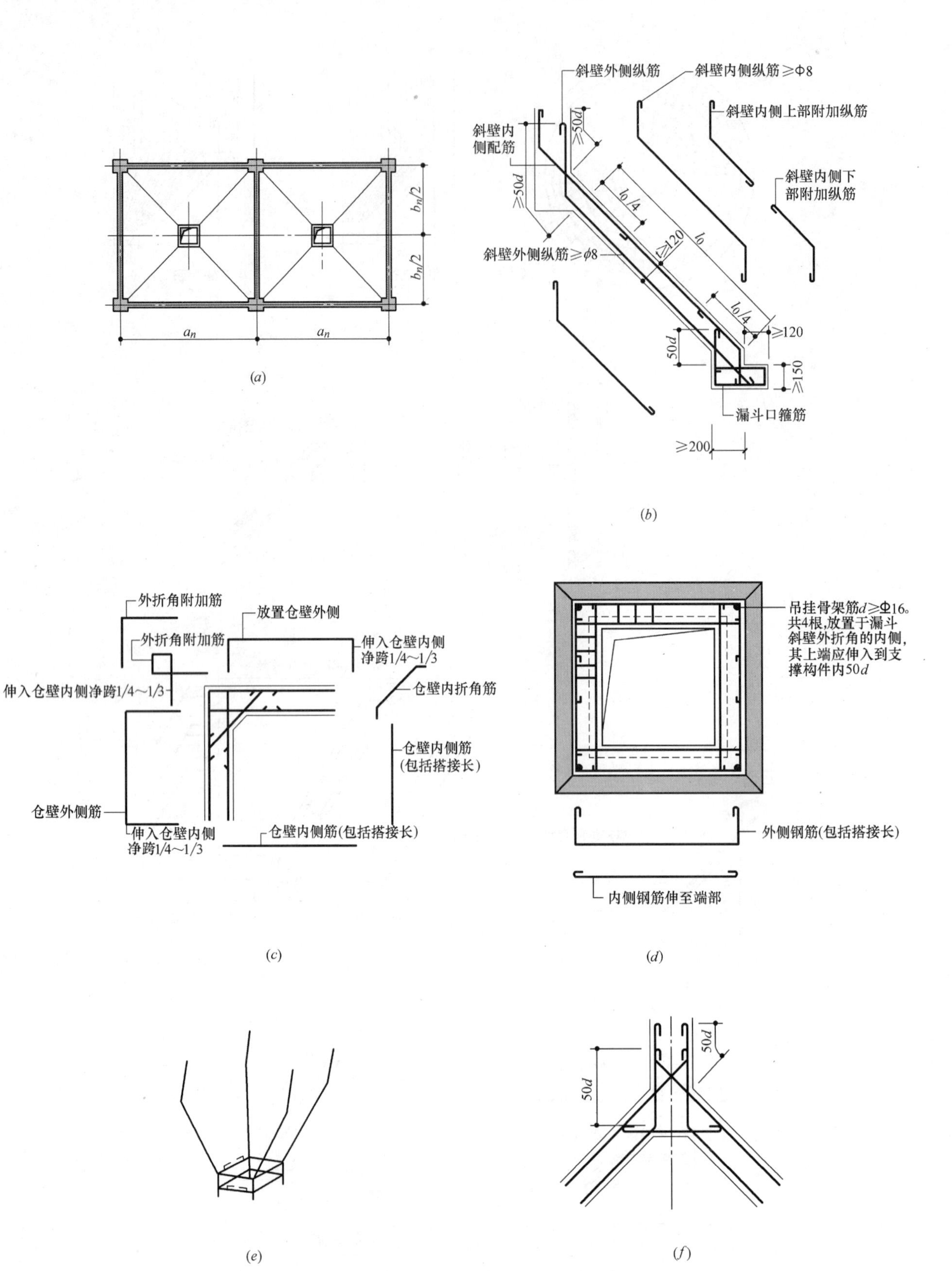

图 8.5-2 角锥形漏斗配筋

(a) 矩形（方形）仓平面；(b) 漏斗斜壁配筋；(c) 1/4 漏斗的水平配筋；(d) 漏斗口配筋；(e) 漏斗四角骨架筋；(f) 中间仓壁与漏头斜壁交接处的配筋

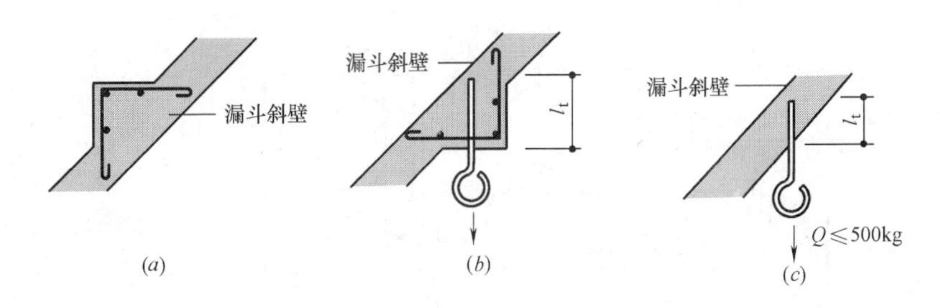

图 8.5-3　漏斗斜壁上的附件配筋
(a) 漏斗斜壁上的支墩；(b) 漏斗斜壁的吊挂；(c) 漏斗斜壁的吊挂

8.6　支撑柱与环梁

1. 支撑柱

(1) 矩形仓的支撑柱大多布置在竖壁的交接处，对由于工艺要求，需将个别大仓分隔成几个小仓时，也可采用间接支撑竖壁的方式，而不设支撑柱。

(2) 圆形仓的支撑柱一般应沿仓壁布置。在两个仓的仓壁交接处，也可设公共用柱。对采梁板式仓底的仓，必要时也可采用行列式布置。

(3) 筒壁与内柱共同支撑的圆筒仓，柱的布置除应满足工艺要求外，尚应考虑充分发挥筒壁和内柱的承载力，并使仓底和基础设计合理。

(4) 仓下支撑柱的纵向钢筋的总配筋率，不应大于2%。

2. 环梁

环梁配筋率，规定如下：

(1) 当仓底选用单个吊挂圆锥形漏斗，仓下支撑结构为筒壁支撑时，漏斗顶部钢筋混凝土环梁的高度可取0.06～0.1倍的筒仓直径。环梁内环向钢筋面积不应小于环梁计算截面的0.4%，环向钢筋应沿梁截面周边均匀配置（图8.6-1）。

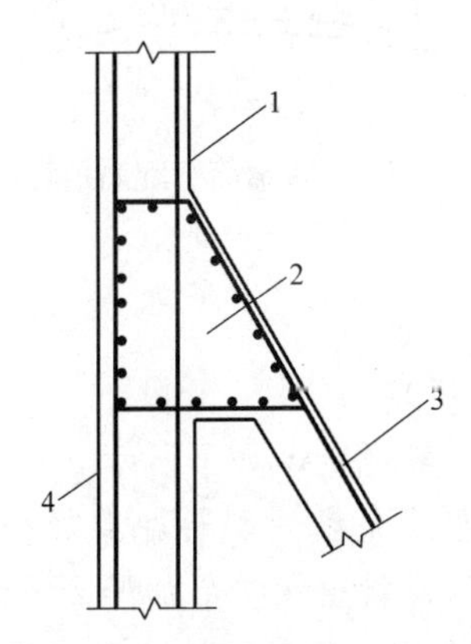

图 8.6-1　漏斗顶部仓壁环梁配筋示意图
1—仓壁；2—环梁；3—仓底（漏斗）；4—筒壁

(2) 当仓下支撑结构为柱子时，柱顶应设环梁，其截面及配筋量按计算确定。

8.7　洞口

1. 仓壁上洞口配筋

除仓壁落地浅圆仓外，在仓壁上开设的洞口宽度和高度均不宜大于1.0m，并应按下列规定在洞口四周配置附加构造钢筋。

(1) 洞口上下每边附加的水平钢筋面积不应小于被洞口切断的水平钢筋面积的0.6倍。洞口左右每侧附加的竖向钢筋面积不应小于被洞口切断的竖向钢筋面积的0.5倍。

(2) 洞口附加钢筋的配置范围：水平钢筋应为仓壁厚度的1～1.5倍；竖向钢筋应为仓壁厚度的1.0倍。配置在洞口边的第一排钢筋数量不应少于三根（图8.7-1*a*）。

(3) 附加钢筋的锚固长度：水平钢筋自洞边伸入长度不应小于50倍钢筋直径，也不应小于洞口高度；竖向钢筋自洞边伸入长度不应小于35倍钢筋直径。

(4) 在洞口四角处的仓壁内外层各配置一根直径不小于16mm的斜向钢筋，其锚固长度两边应各为40倍钢筋直径。

(5) 当采用封闭钢框代替洞口的附加构造筋时，洞口每边被切断的水平和竖向钢筋均应与钢框有可靠的连接（图8.7-1*b*）。

2. 筒壁上洞口配筋

在筒壁上开设洞口时，应按下列规定在洞口四周配置附加构造钢筋：

(1) 当洞口宽度小于1.0m，而且在洞顶以上高度等于洞宽的范围内无集中和均布荷载（不包括自重）作用时，洞口每边附加钢筋的数量不应少于两根，直径不应小于16mm。

(2) 当浅圆仓仓壁的洞口宽度大于1.0m小于4.0m时，应按洞口的计算内力配置洞口钢筋；

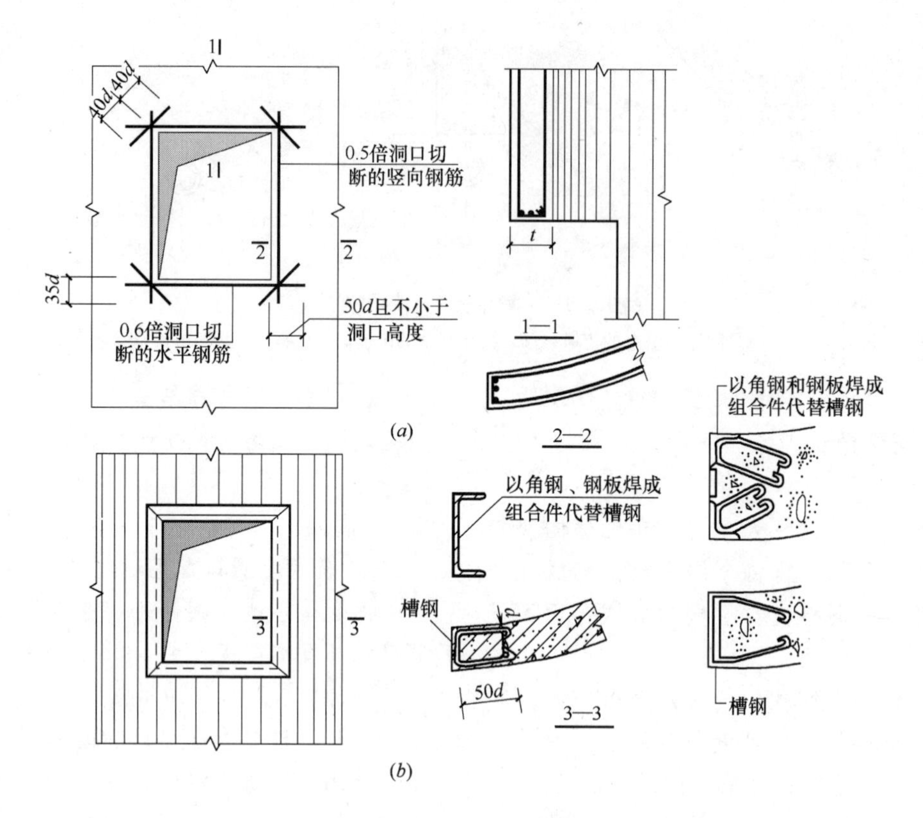

图 8.7-1 仓壁洞口构造示意图

(a) 洞口配筋；(b) 洞口加钢框

但每边配置的附加构造钢筋数量不应少于两根，直径不应小于 16mm。

(3) 仓底以下通过车辆或胶带输送机的洞口，其宽度均大于或等于 3.0m 且不满足 8.7-1 规定时，宜在洞口两侧设扶壁柱，其截面不宜小于 400mm×600mm (图 8.7-2)，并按柱的构造配置钢筋，柱上端伸到洞口以上的长度不应小于 1.0m。

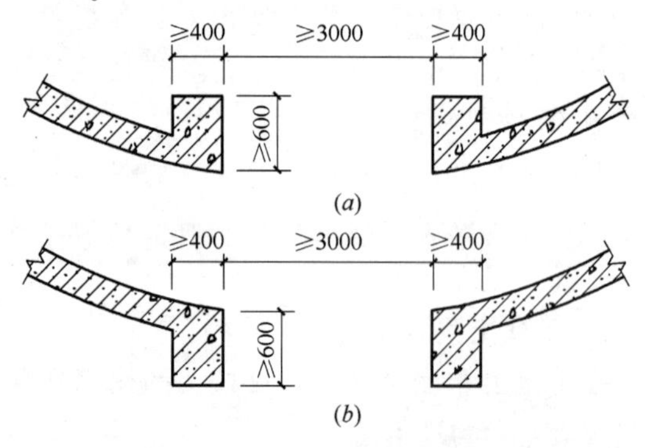

图 8.7-2 扶壁柱最小截面示意图

(a) 扶壁柱设在洞口内侧；(b) 扶壁柱设在洞口外侧

(4) 洞口附加钢筋的锚固长度：水平钢筋自洞边伸入长度不应小于 50 倍钢筋直径且不小于洞口高度；竖向钢筋自洞边伸入长度不应小于 35 倍钢筋直径。

(5) 洞口四角配置的斜向钢筋，应符合 8.7-1 的规定。

3. 狭窄筒壁配筋

相邻洞口间狭窄筒壁宽度不应小于 3 倍壁厚，也不应小于 500mm。当狭窄筒壁的宽度小于或等于 5 倍壁厚时，应按柱子构造配置钢筋 (图 8.7-3)，其配筋量应按计算确定。

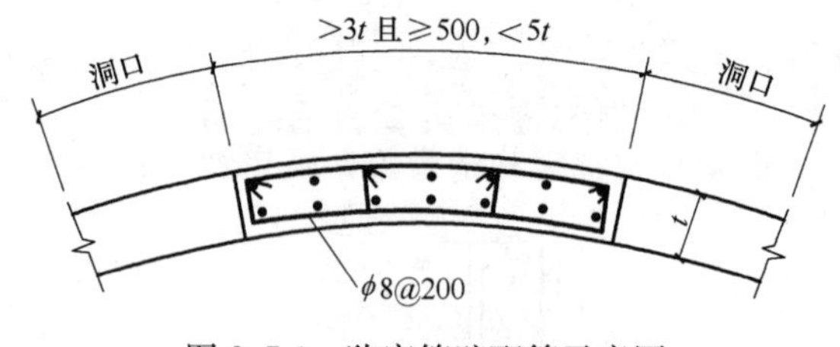

图 8.7-3 狭窄筒壁配筋示意图

8.8 内衬

1. 一般规定

内衬的一般规定，如下所示

(1) 仓壁或仓底受贮料冲磨轻微的部位，可将受力钢筋的混凝土保护层加厚 20mm 兼作内衬。

(2) 仓壁或仓底受贮料冲磨严重或直接受冲击的部位，应选用抗冲磨性能好的材料作内衬。当使用条件允许时，仓底可考虑以死料作为内衬。

卸料口处的内衬应考虑易于更换；不应使用耐热性差、易燃且易脱落的聚酯材料作内衬；块材内衬应选用压延微晶板或铸石板。

2. 常用内衬做法

仓体内表面，应根据贮料质量密度、粒径、硬度、落料高度、进出料方式及对漏斗壁光滑度等要求，设置相应的耐磨、助滑与防冲击层。几种常用内衬可按图 8.8-1 选用。

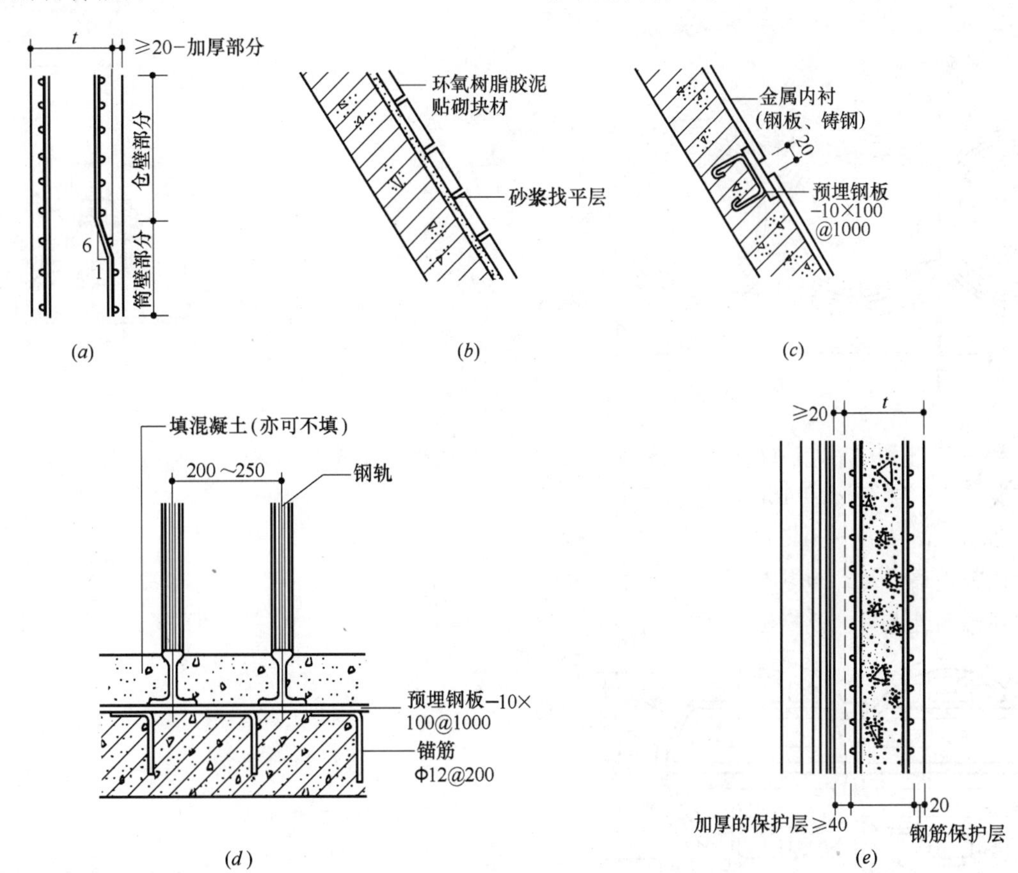

图 8.8-1 常用内衬的做法

(*a*) 仓壁内侧加厚保护层作为内衬；(*b*) 漏斗斜壁砌块护面；(*c*) 漏斗斜壁金属材料护面；
(*d*) 钢轨内衬；(*e*) 仓壁内侧耐磨保护层

8.9 抗震构造措施

筒仓结构抗震构造措施，规定如下：

(1) 仓下支撑柱纵向配筋总的最小配筋率应符合表 8.9-1 的规定。

仓下支撑柱纵向配筋总的最小配筋率

表 8.9-1

设防烈度	中、边柱	角柱
7、8度	0.7%	0.9%
9度	0.9%	1.1%

注：圆筒单仓的周边支撑柱应按角柱考虑。

(2) 当仓下支撑结构为柱支撑时，在柱与仓壁或环梁交接处及其以下部位、柱与基础交接处及其以上部位，箍筋的配置应符合下列规定：

1) 距上下交接处不小于柱截面长边或柱净高的 1/6，同时也不小于 1.0m 的范围内，箍筋间距应为 100mm。

2) 箍筋直径：7 度时不小于 8mm；8、9 度时不小于 10mm。

(3) 筒壁应配置双层钢筋，其水平或竖向钢筋总的最小配筋率均不宜小于 0.4%。洞口扶壁柱总的最小配筋率不宜小于 0.6%。

(4) 筒壁支撑的筒仓防震缝不应小于 70mm，柱支撑的筒仓按框架结构设置。

(5) 在 7 度及以上抗震设防区的仓上建筑不应采用砖混结构，宜采用钢及钢筋混凝土整体框架结构。

8.10 筒仓基础实例

1. 环形基础实例 (图 8.10-1)

(1) 实例一 [图 8.10-1 (*a*)]

原煤装车仓，直径 d_n=10m，仓壁厚 250mm，仓总高度 34.30m，单仓贮量 1550t，仓底为倒锥形壳体漏斗，由筒壁承重，地基为风化泥岩，容许承载力 500kPa，混凝土 C20，主筋Ⅰ、Ⅱ级钢，环梁截面 850×1200mm，两仓相切处环梁钢筋另配与环梁环筋搭接，箍筋为变尺寸。

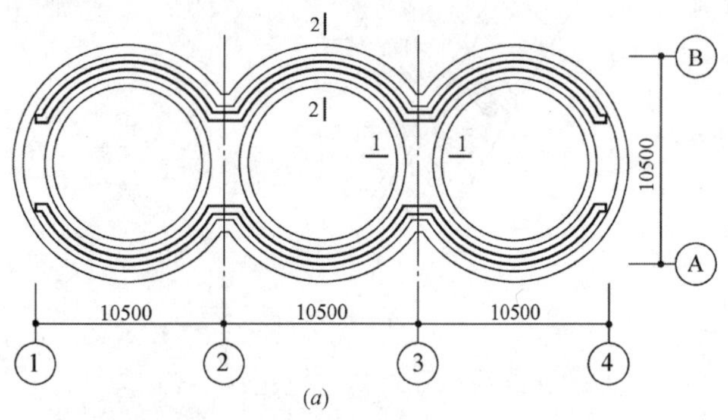

(a)

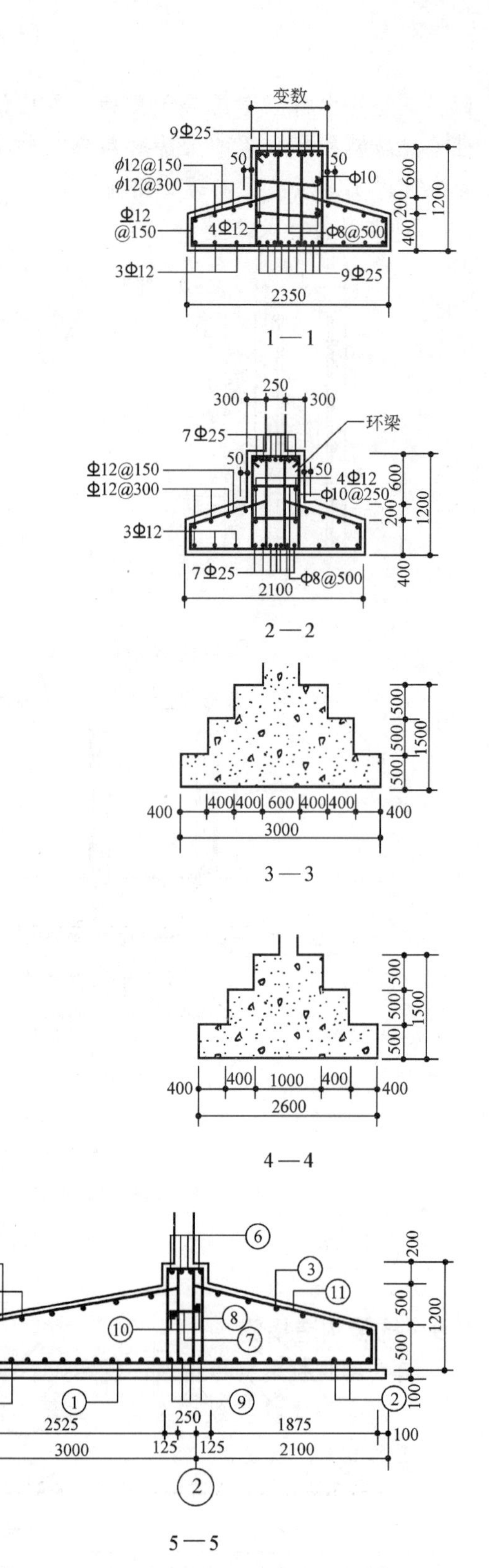

(2) 实例二［图 8.10-1 (b)］

原煤装车仓，直径 d_n=15m，仓总高 43.69m，仓壁厚度 260mm，单仓贮量 5500t，仓上有筛分楼，由筒壁和混凝土墙支撑，地基为页岩，容许承载力 700kPa，环形刚性基础，混凝土为 C20。

(b)

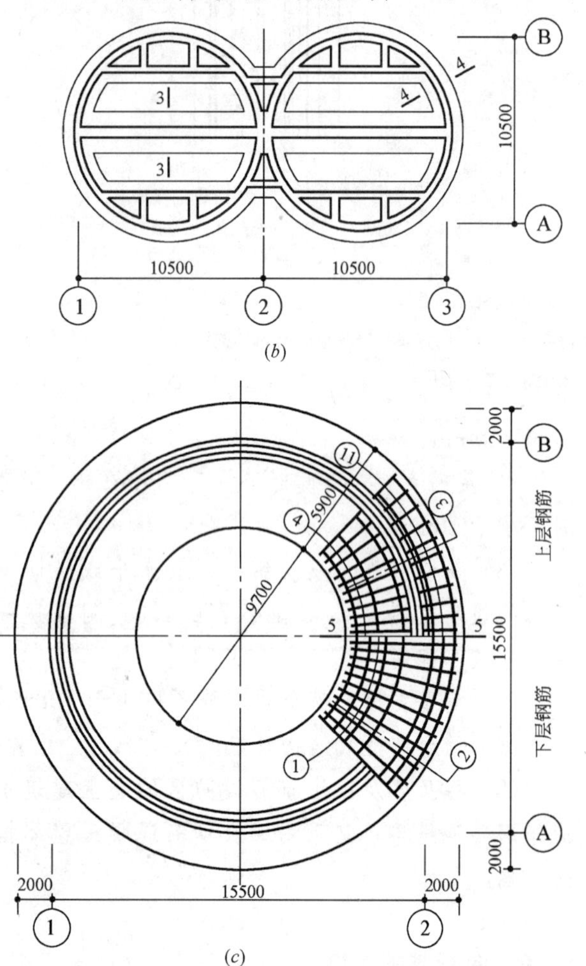

(c)

(3) 实例三［图 8.10-1 (c)］

选煤厂原煤仓，内径 d_n = 15m，仓壁厚 250mm，仓底为折板结构，由筒壁支撑，地质条件较好，持力层为卵石，地基容许承载力 600kPa，采用钢筋混凝土环形基础，按环板计算板的厚度；环梁按构造配筋，混凝土为 C20。

图 8.10-1 环形基础实例图

(a)、(b) 基础平面；(c) 基础配筋平面

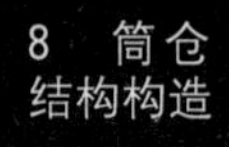

2. 筏板基础实例（图 8.10-2）

(1) 实例一［图 8.10-2 (*a*)］

地基为亚黏土，容许承载力为 310kPa，压缩模量 E=17MPa，单仓容量为 8000t，采用钢筋混凝土筏式基础，混凝土 C25，钢筋 HRB335。

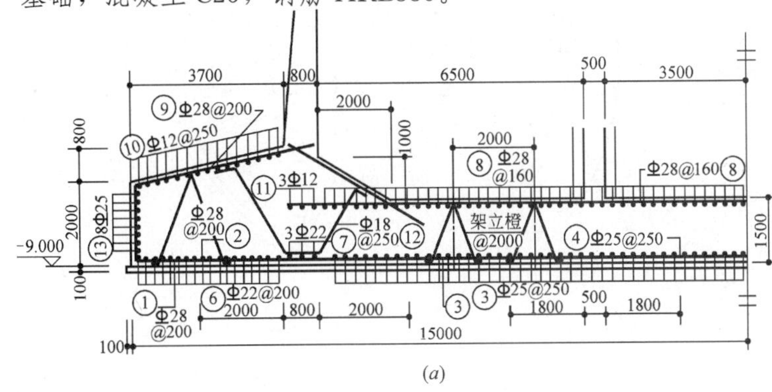

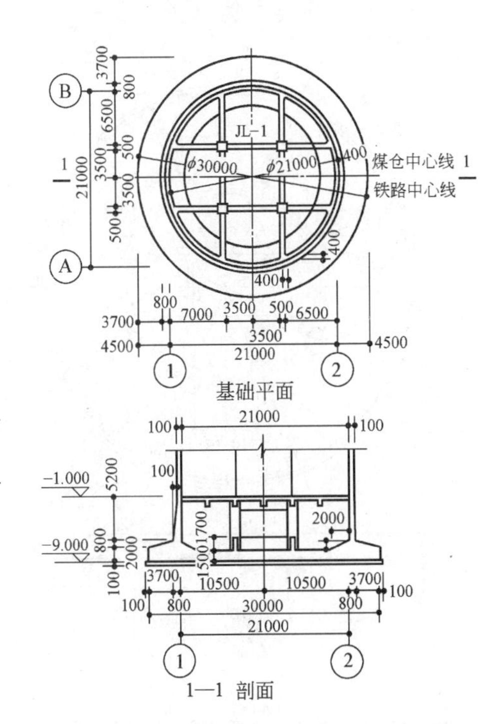

(2) 实例二［图 8.10-2 (*b*)］

选煤厂的原煤仓，由筒壁和中心柱支撑，单仓贮量 4500t，采用板式基础，柱顶和柱底都有柱帽，按无梁楼盖设计，筒壁下端设放大角，加构造筋，地基为Ⅱ级自重湿陷性黄土，容许承载力为 100kPa，基底换填 3：7 灰土 1.5m 厚。

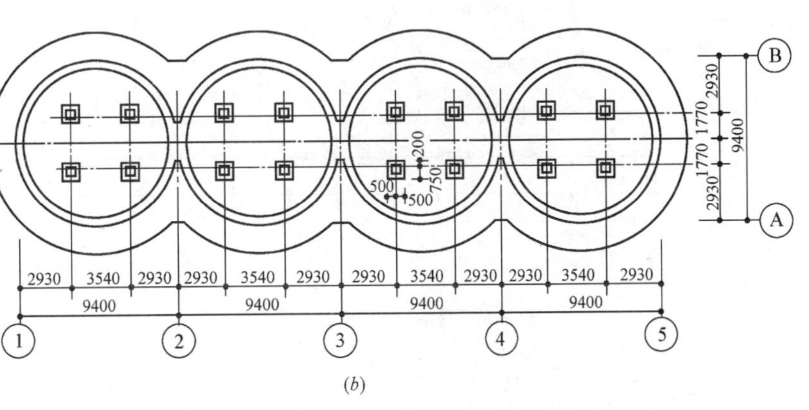

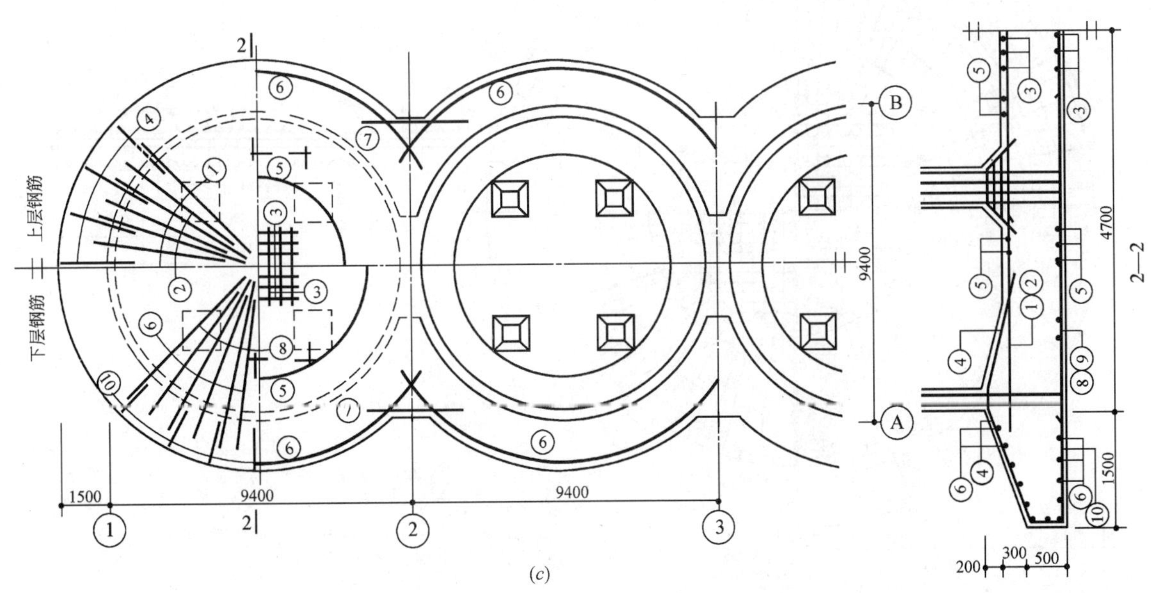

图 8.10-2　筏板基础实例图

(*a*) 基础配筋图；(*b*) 基础平面；(*c*) 基础配筋平面

3. 箱形基础实例（图 8.10-3）

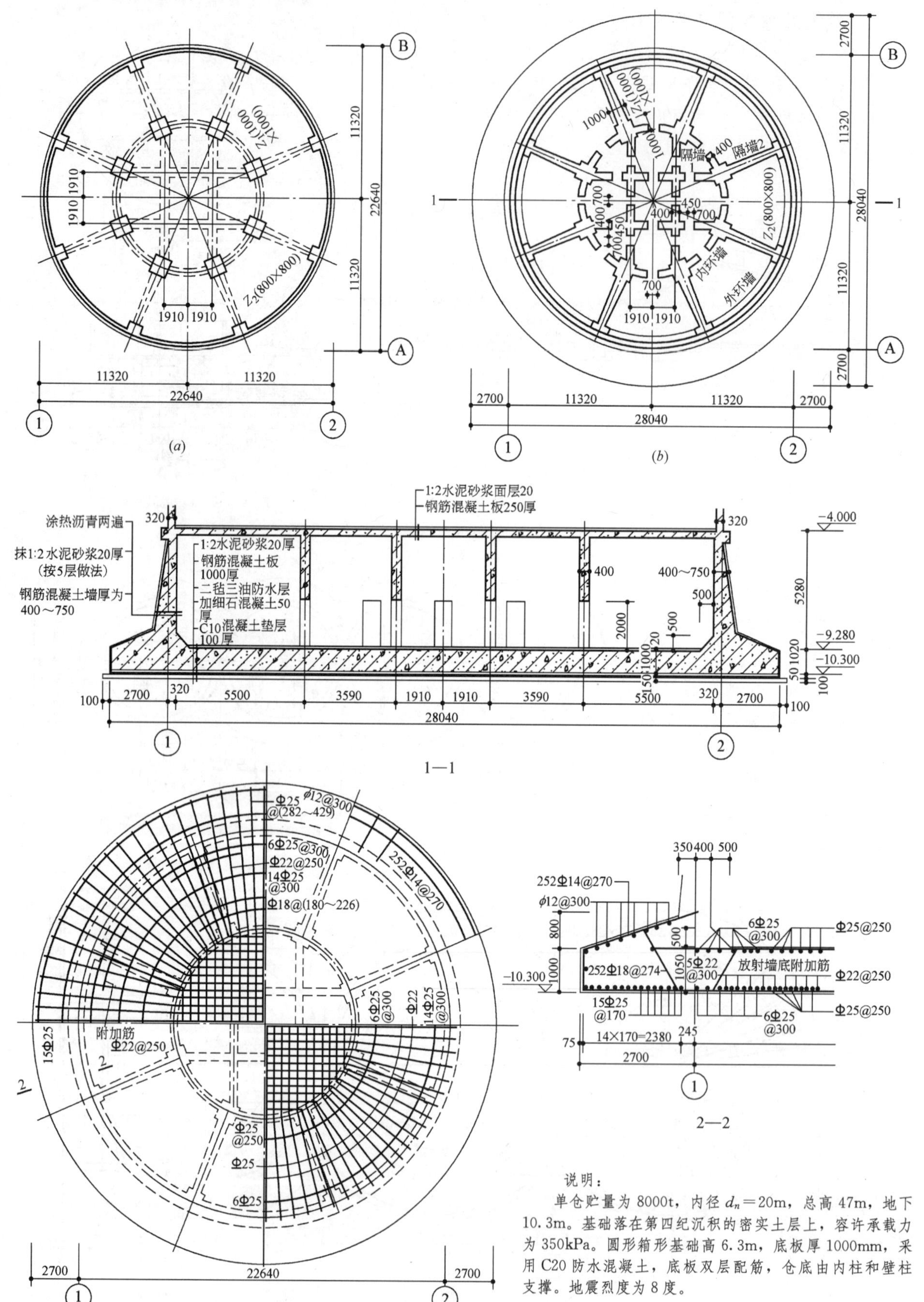

说明：

单仓贮量为8000t，内径 d_n=20m，总高47m，地下10.3m。基础落在第四纪沉积的密实土层上，容许承载力为350kPa。圆形箱形基础高6.3m，底板厚1000mm，采用C20防水混凝土，底板双层配筋，仓底由内柱和壁柱支撑。地震烈度为8度。

图 8.10-3 箱形基础实例图

(a) 箱基顶板平面；(b) 箱基底板平面；(c) 箱基底板配筋平面

4. 桩式基础实例（图 8.10-4）

筒仓内径 $d_n = 21\text{m}$，壁厚 450mm，单仓容量 9200t。地基为亚黏土，容许承载力 200kPa。采用钢筋混凝土预制打入式摩擦桩，单桩承载能力为 100t，共 237 根桩，承台板厚 1500mm，桩内钢筋伸入承台板内 700mm。承台板、梁用 C30，桩用 C30 混凝土 HPB335 级钢筋垫层 150mm，C15 混凝土。

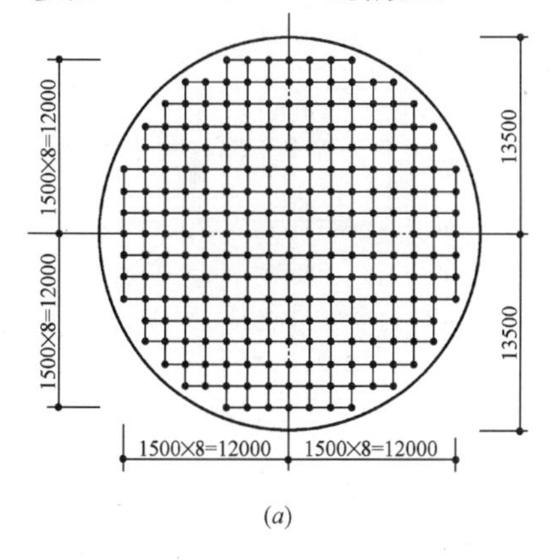

(a)

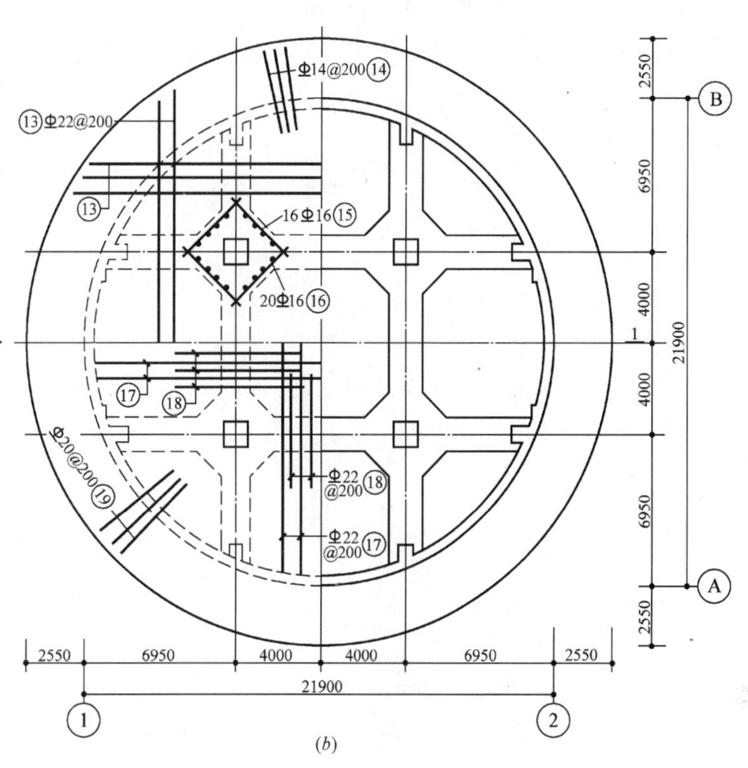

(b)

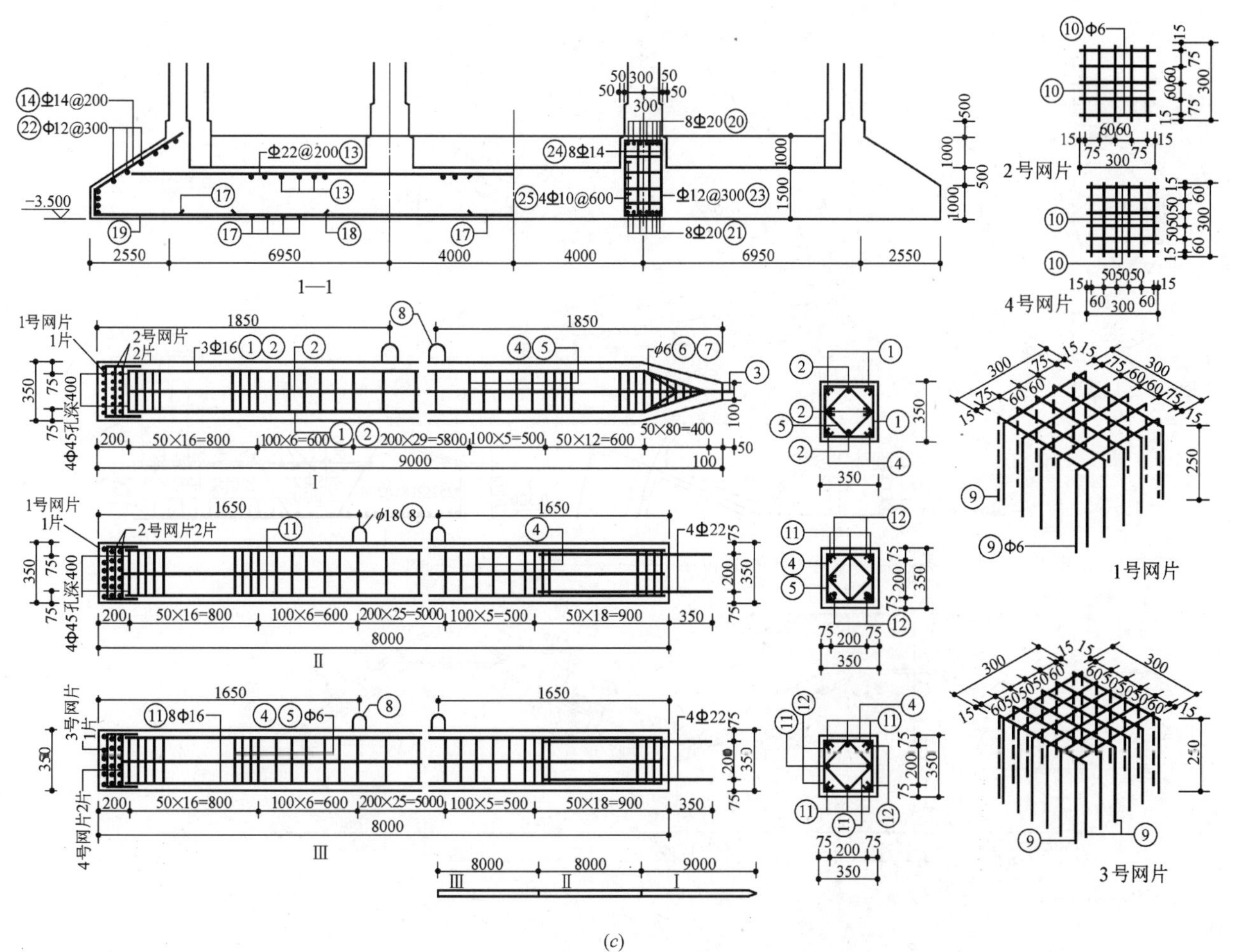

(c)

图 8.10-4　桩式基础实例

(a) 摩擦桩桩点布置；(b) 桩基承台板配筋；(c) 打入式摩擦桩施工图

5. 大型M壳体基础实例（图8.10-5）

(1) 单仓容量为3600t，采用M壳型基础，全部重量通过12根柱和每隔2根柱相连的筒壁支撑在壳基础的环梁上。地基的粉细砂容许承载力为110kPa。

(2) 在土模成型后，表面平砌一层砖，再抹1∶3水泥砂浆20mm。

(3) 环筋经冷拉调直，闪光对焊；其他钢筋一律绑扎。施工顺序为：上环梁、内锥壳、外锥壳；先底层、后顶层；先径向、后环向。

(4) 预应力钢筋用套圈法电热张拉。

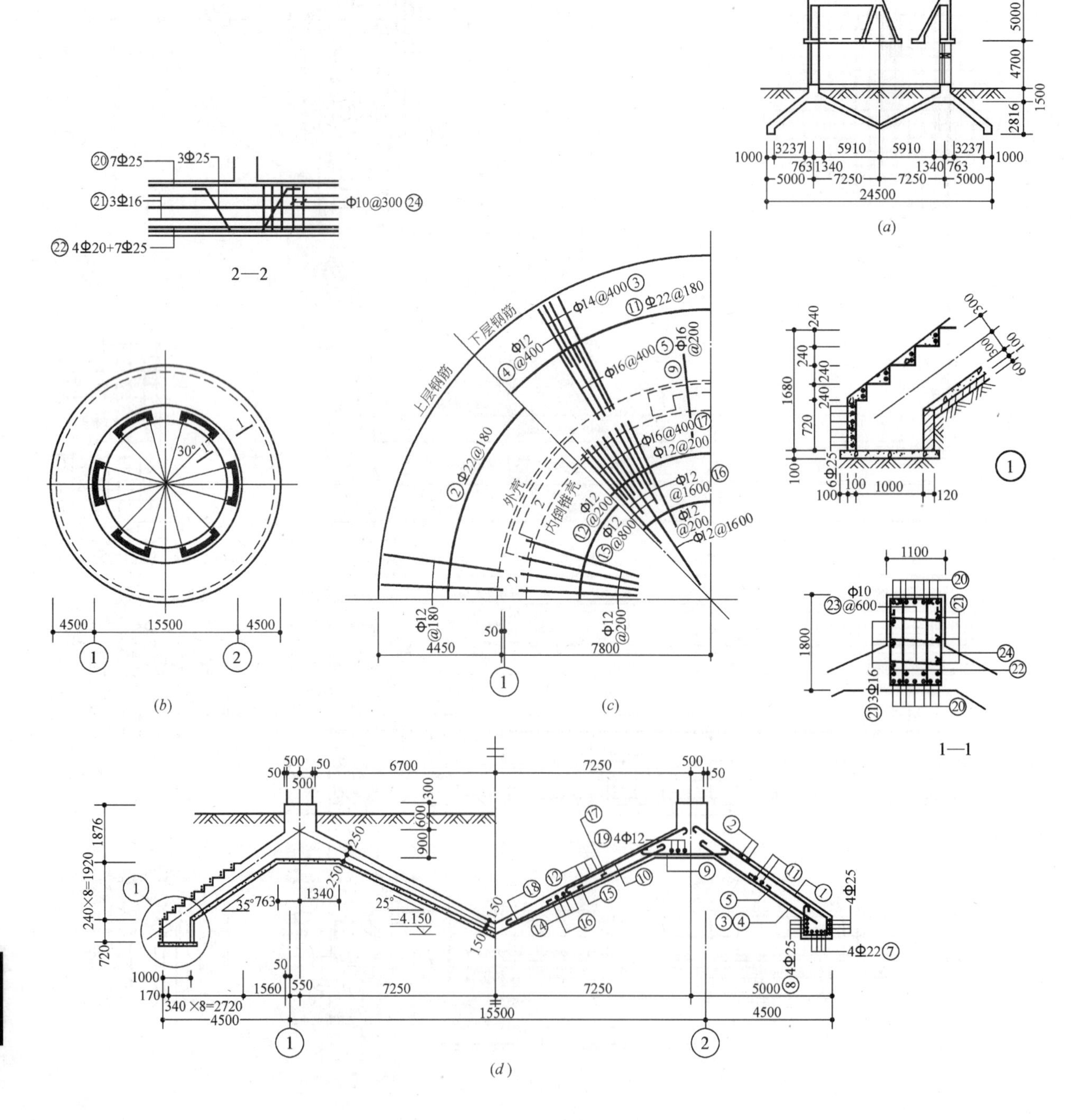

图8.10-5 大型M壳体基础实例图

(a) 筒仓剖面；(b) 基础平面；(c) 基础钢筋平面；(d) 基础配筋剖面

9 计算用表

9.1 贮料的物理特性参数

贮料的物理特性参数 表 9.1-1

散料名称	重力密度 γ (kN/m³)	内摩擦角 ϕ(°)	摩擦系数 μ	
			对混凝土板	对钢板
稻谷	6	35	0.5	0.35
大米	8.5	30	0.42	0.3
玉米	7.8	28	0.42	0.32
小麦	8	25	0.4	0.3
大豆	7.5	25	0.4	0.3
葵花子	5.5	30	0.4	0.3
水泥	16	30	0.58	0.3
水泥生料	14	30	0.58	0.3
干粘土	16	35	0.5	0.3
铁粉(硫铁矿废渣)	16	33	0.55	0.35
水泥熟料	16	33	0.50	0.3
石膏碎块	15	35	0.5	0.35
矿渣(干粒状高炉渣)	11	30	0.5	0.35
石灰石	16	35	0.5	0.3
铁精矿(粉状)	27	30～34	0.5	0.36
硫铁精矿(粉状)	20	30～34	0.55	0.45
铜精矿(粉状)	23	28～32	0.55	0.45
铅精矿(粉状)	33	30～34	0.6	0.5
锌精矿(粉状)	21	28～32	0.6	0.5
锡精矿(粉状)	32	29～32	0.55	0.4
镍精矿(粉状)	17	30～34	0.45	0.4
钼精矿(粉状)	20	22～25	0.35	0.3
萤石粉	20	28～32	0.6	0.45
无烟煤	8.0～12.0	25～40	0.5～0.6	0.3
烟煤	8.0～11.5	25～40	0.5～0.6	0.3
精煤	8.0～9.0	30～35	0.5～0.6	0.3
中煤	12.0～14.0	35～40	0.5～0.6	0.3
煤矸石	16	35～40	0.6	0.45
褐煤	7.0～10.0	23～38	0.5～0.6	0.3
油母页岩	7.0～10.0	23～38	0.5～0.6	0.3
煤粉(电厂用)	8.0～9.0	25～30	0.55	0.4
粉煤灰	7.0～8.0	23～30	0.55	0.4
焦炭	6	40	0.8	0.5

注：1. 表中内摩擦角和摩擦系数系指散料外在含水量小于12%的值，当超过时，需另行考虑。
2. 表中的重力密度 γ 为干密度，设计时应按贮料的实际含水量进行修正。

9.2 系数 $\xi=\cos^2\alpha+k\sin^2\alpha$、$k=\tan^2(45°-\phi/2)$ 的值

$\xi=\cos^2\alpha+k\sin^2\alpha$ 的值 表 9.2-1

α (°)	ϕ 值(°)						
	20	25	30	35	40	45	50
	$k=\tan^2(45°-\phi/2)$值						
	0.49	0.406	0.333	0.271	0.217	0.172	0.132
25	0.909	0.893	0.881	0.869	0.858	0.852	0.845
30	0.872	0.852	0.833	0.818	0.804	0.793	0.783
35	0.832	0.805	0.781	0.760	0.742	0.727	0.715
40	0.789	0.755	0.725	0.699	0.677	0.657	0.642
42	0.772	0.734	0.701	0.673	0.650	0.629	0.612

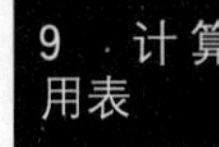

续表

α (°)	φ值(°)						
	20	25	30	35	40	45	50
	$k=\tan^2(45°-\phi/2)$值						
	0.49	0.406	0.333	0.271	0.217	0.172	0.132
44	0.754	0.713	0.678	0.648	0.622	0.600	0.584
45	0.745	0.703	0.667	0.636	0.609	0.584	0.566
46	0.736	0.698	0.655	0.623	0.593	0.571	0.551
48	0.719	0.672	0.632	0.598	0.568	0.543	0.521
50	0.701	0.651	0.608	0.572	0.540	0.518	0.491
52	0.684	0.631	0.586	0.547	0.511	0.486	0.461
54	0.666	0.611	0.563	0.523	0.487	0.457	0.432
55	0.658	0.601	0.552	0.511	0.475	0.444	0.418
56	0.649	0.592	0.542	0.499	0.462	0.430	0.404
58	0.633	0.573	0.520	0.476	0.437	0.404	0.376
60	0.617	0.555	0.500	0.453	0.413	0.378	0.340
62	0.602	0.537	0.480	0.431	0.389	0.354	0.324
64	0.588	0.520	0.461	0.411	0.367	0.330	0.290
65	0.581	0.512	0.452	0.401	0.357	0.320	0.287
66	0.574	0.504	0.443	0.391	0.346	0.303	0.276
68	0.561	0.490	0.426	0.373	0.327	0.287	0.254
70	0.550	0.476	0.412	0.356	0.309	0.268	0.234

9.3 贮料侧压力系数λ计算表

$\lambda=(1-e^{-\mu ks/\rho})$ 的值 表 9.3-1

$\mu ks/\rho$	λ	$\mu ks/\rho$	λ	$\mu ks/\rho$	λ	$\mu ks/\rho$	λ
0.01	0.01	0.28	0.244	0.55	0.423	0.82	0.559
0.02	0.02	0.29	0.252	0.56	0.429	0.83	0.564
0.03	0.03	0.30	0.259	0.57	0.434	0.84	0.568
0.04	0.039	0.31	0.267	0.58	0.440	0.85	0.573
0.05	0.049	0.32	0.274	0.59	0.446	0.86	0.577
0.06	0.058	0.33	0.281	0.60	0.451	0.87	0.581
0.07	0.068	0.34	0.288	0.61	0.457	0.88	0.585
0.08	0.077	0.35	0.295	0.62	0.462	0.89	0.589
0.09	0.086	0.36	0.302	0.63	0.467	0.90	0.593
0.10	0.095	0.37	0.309	0.64	0.473	0.91	0.597
0.11	0.104	0.38	0.316	0.65	0.478	0.92	0.601
0.12	0.113	0.39	0.323	0.66	0.483	0.93	0.605
0.13	0.122	0.40	0.330	0.67	0.488	0.94	0.609
0.14	0.131	0.41	0.336	0.68	0.493	0.95	0.613
0.15	0.139	0.42	0.343	0.69	0.498	0.96	0.617
0.16	0.148	0.43	0.349	0.70	0.503	0.97	0.621
0.17	0.156	0.44	0.356	0.71	0.508	0.98	0.625
0.18	0.165	0.45	0.362	0.72	0.513	0.99	0.628
0.19	0.173	0.46	0.369	0.73	0.518	1.00	0.632
0.20	0.181	0.47	0.375	0.74	0.523	1.02	0.639
0.21	0.189	0.48	0.381	0.75	0.528	1.04	0.647
0.22	0.197	0.49	0.387	0.76	0.532	1.06	0.654
0.23	0.205	0.50	0.393	0.77	0.537	1.08	0.660
0.24	0.213	0.51	0.399	0.78	0.542	1.10	0.667
0.25	0.221	0.52	0.405	0.79	0.546	1.12	0.674
0.26	0.229	0.53	0.411	0.80	0.551	1.14	0.680
0.27	0.237	0.54	0.417	0.81	0.555	1.16	0.687

续表

$\mu ks/\rho$	λ	$\mu ks/\rho$	λ	$\mu ks/\rho$	λ	$\mu ks/\rho$	λ
1.18	0.693	1.56	0.790	1.94	0.856	2.80	0.939
1.20	0.699	1.58	0.794	1.96	0.859	2.85	0.942
1.22	0.705	1.60	0.798	1.98	0.862	2.90	0.945
1.24	0.711	1.62	0.802	2.00	0.865	2.95	0.948
1.26	0.716	1.64	0.806	2.05	0.871	3.00	0.950
1.28	0.722	1.66	0.810	2.10	0.878	3.10	0.955
1.30	0.727	1.68	0.814	2.15	0.884	3.20	0.959
1.32	0.733	1.70	0.817	2.20	0.889	3.30	0.963
1.34	0.738	1.72	0.821	2.25	0.895	3.40	0.967
1.36	0.743	1.74	0.824	2.30	0.900	3.50	0.970
1.38	0.748	1.76	0.828	2.35	0.905	3.60	0.973
1.40	0.753	1.78	0.831	2.40	0.909	3.70	0.975
1.42	0.758	1.80	0.835	2.45	0.914	3.80	0.978
1.44	0.763	1.82	0.838	2.50	0.918	3.90	0.980
1.46	0.768	1.84	0.841	2.55	0.922	4.00	0.982
1.48	0.772	1.86	0.844	2.60	0.926	5.00	0.993
1.50	0.777	1.88	0.847	2.65	0.929	6.00	0.998
1.52	0.781	1.90	0.850	2.70	0.933	7.00	0.999
1.54	0.786	1.92	0.853	2.75	0.939	8.00	1.00

9.4 t_x、t_y 系数表

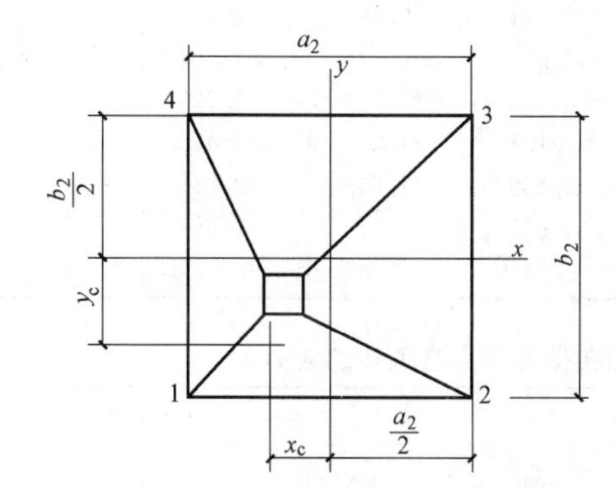

$$t_x = 1 + \frac{6x_c(a_2+b_2)}{a_2(a_2+3b_2)}$$

$$t_y = 1 + \frac{6y_c(a_2+b_2)}{b_2(b_2+3a_2)}$$

t_x、t_y 系数表 表 9.4-1

t_x						t_y					
x_c/a_2 \ a_2/b_2	1.00	1.25	1.50	1.75	2.00	y_c/a_2 \ a_2/b_2	1.00	1.25	1.50	1.75	2.00
0.20	1.60	1.635	1.666	1.695	1.72	0.20	1.60	1.568	1.545	1.528	1.514
0.19	1.57	1.604	1.633	1.660	1.684	0.19	1.57	1.540	1.508	1.501	1.489
0.18	1.54	1.572	1.599	1.625	1.648	0.18	1.54	1.511	1.481	1.475	1.463
0.17	1.51	1.540	1.566	1.590	1.612	0.17	1.51	1.483	1.454	1.449	1.437
0.16	1.48	1.508	1.533	1.566	1.576	0.16	1.48	1.454	1.426	1.422	1.411
0.15	1.45	1.476	1.500	1.521	1.540	0.15	1.45	1.426	1.400	1.396	1.386
0.14	1.42	1.445	1.466	1.486	1.504	0.14	1.42	1.398	1.372	1.370	1.360
0.13	1.39	1.413	1.433	1.452	1.468	0.13	1.39	1.369	1.344	1.343	1.334
0.12	1.36	1.381	1.400	1.417	1.432	0.12	1.36	1.341	1.327	1.317	1.309
0.11	1.33	1.349	1.366	1.382	1.396	0.11	1.33	1.312	1.300	1.290	1.283
0.10	1.30	1.318	1.333	1.347	1.360	0.10	1.30	1.284	1.273	1.264	1.257
0.09	1.27	1.286	1.300	1.313	1.324	0.09	1.27	1.256	1.245	1.238	1.231
0.08	1.24	1.254	1.266	1.278	1.288	0.08	1.24	1.227	1.218	1.211	1.206
0.07	1.21	1.222	1.233	1.243	1.252	0.07	1.21	1.199	1.191	1.185	1.180
0.06	1.18	1.191	1.200	1.208	1.216	0.06	1.18	1.170	1.164	1.158	1.154
0.05	1.15	1.159	1.167	1.174	1.180	0.05	1.15	1.142	1.136	1.132	1.128
0.04	1.12	1.127	1.133	1.149	1.144	0.04	1.12	1.114	1.109	1.116	1.103
0.03	1.09	1.095	1.100	1.114	1.108	0.03	1.09	1.085	1.082	1.089	1.077
0.02	1.06	1.063	1.067	1.079	1.072	0.02	1.06	1.057	1.054	1.053	1.051
0.01	1.03	1.032	1.033	1.034	1.036	0.01	1.03	1.028	1.027	1.026	1.026
0.00	1.00	1.000	1.000	1.000	1.000	0.00	1.00	1.000	1.000	1.000	1.000

9.5 单跨简支正方形深梁各点应力计算表

1. 承受均布荷载和自重的单跨简支正方形深梁

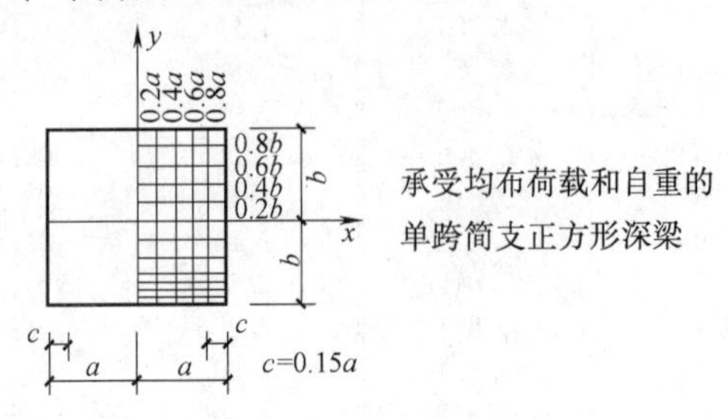

承受均布荷载和自重的单跨简支正方形深梁

a. 单位均布荷载作用在底边时的应力 σ_y 表 9.5-1

y	x						附注
	0	+0.2a	+0.4a	+0.6a	+0.8a	+1.0a	
+1.0b	−0.076	−0.067	−0.038	+0.020	+0.125	+0.278	乘数 $q=\frac{Q}{2a}$（这里 Q 为跨中所有荷载）
+0.8b	−0.075	−0.072	−0.050	+0.006	+0.120	+1.418	
+0.6b	−0.031	−0.032	−0.032	−0.007	+0.080	+0.296	
+0.4b	+0.055	+0.042	+0.009	−0.019	−0.003	+0.064	
+0.2b	+0.180	+0.148	+0.069	−0.038	−0.130	−0.174	
0	+0.340	+0.292	+0.151	−0.058	−0.285	−0.418	
−0.2b	+0.533	+0.464	+0.266	−0.074	−0.498	−0.768	
−0.4b	+0.745	+0.671	+0.472	−0.054	−0.715	−1.354	
−0.6b	+0.920	+0.870	+0.653	+0.054	−1.033	−2.120	
−0.7b	+0.980	+0.945	+0.784	+0.187	−1.235	−2.400	
−0.8b	+1.014	+0.995	+0.903	+0.449	−1.643	−2.240	
−0.9b	+1.024	+1.015	+0.976	+0.810	−2.120	−0.668	
−1.0b	+1.017	+1.009	+0.985	+0.968	−2.161	—	

b. 单位均布荷载作用在顶边的应力 σ_y 表 9.5-2

y	x						附注
	0	+0.2a	+0.4a	+0.6a	+0.8a	+1.0a	
+1.0b	−1.076	−1.067	−1.038	−0.980	−0.875	−0.722	乘数 q
+0.8b	−1.075	−1.072	−1.050	−0.994	−0.880	−0.582	
+0.6b	−1.031	−1.032	−1.032	−1.007	−0.920	−0.704	
+0.4b	−0.945	−0.958	−0.991	−1.019	−1.008	−0.936	
+0.2b	−0.820	−0.852	−0.931	−1.038	−1.130	−1.174	
0	−0.660	−0.708	−0.849	−1.058	−1.285	−1.418	
−0.2b	−0.467	−0.536	−0.734	−1.074	−1.498	−1.769	
−0.4b	−0.255	−0.329	−0.528	−1.054	−1.715	−2.354	
−0.6b	−0.080	−0.130	−0.347	−0.946	−2.033	−3.120	
−0.7b	−0.020	−0.055	−0.216	−0.813	−2.235	−3.400	
−0.8b	+0.014	−0.008	−0.097	−0.551	−2.643	−3.240	
−0.9b	+0.024	+0.010	−0.024	−0.190	−3.120	−1.688	
−1.0b	+0.017	+0.009	−0.015	−0.032	−3.161	—	

c. 单位自重作用时的应力 σ_y 表 9.5-3

y	x						附注
	0	+0.2a	+0.4a	+0.6a	+0.8a	+1.0a	
+1.0b	−0.076	−0.067	−0.038	−0.020	+0.125	+0.278	乘数 q
+0.8b	−0.175	−0.172	−0.150	−0.094	+0.020	+0.318	
+0.6b	−0.231	−0.232	−0.232	−0.207	−0.120	+0.096	

续表

y	x						附注
	0	+0.2a	+0.4a	+0.6a	+0.8a	+1.0a	
+0.4b	−0.245	−0.258	−0.291	−0.319	−0.308	−0.236	乘数 q
+0.2b	−0.220	−0.252	−0.331	−0.438	−0.530	−0.574	
0	−0.160	−0.208	−0.349	−0.558	−0.785	−0.918	
−0.2b	−0.067	−0.136	−0.334	−0.674	−1.098	−1.768	
−0.4b	+0.045	−0.029	−0.228	−0.754	−1.415	−2.054	
−0.6b	+0.120	+0.070	−0.147	−0.746	−1.833	−2.920	
−0.7b	+0.130	+0.095	−0.066	−0.663	−2.085	−3.250	
−0.8b	+0.114	+0.095	+0.003	−0.451	−2.543	−3.140	
−0.9b	+0.074	+0.065	+0.026	−0.140	−3.070	−1.618	
−1.0b	+0.017	+0.009	+0.015	−0.032	−3.161	—	

d. 以上三种荷载所产生的应力 σ_x **表 9.5-4**

y	x						附注
	0	+0.2a	+0.4a	+0.6a	+0.8a	+1.0a	
+1.0b	−0.433	−0.403	−0.314	−0.184	−0.036	+0.100	乘数 q
+0.8b	−0.236	−0.214	−0.150	−0.057	+0.049	+0.098	
+0.6b	−0.149	−0.131	−0.075	−0.001	+0.070	+0.092	
+0.4b	−0.134	−0.113	−0.068	−0.001	+0.056	+0.085	
+0.2b	−0.167	−0.149	−0.098	−0.026	+0.040	+0.078	
0	−0.212	−0.194	−0.142	−0.060	+0.030	+0.073	
−0.2b	−0.224	−0.215	−0.176	−0.092	+0.019	+0.073	
−0.4b	−0.141	−0.145	−0.161	−0.109	+0.006	+0.077	
−0.6b	+0.131	+0.088	−0.021	−0.071	+0.061	+0.086	
−0.7b	+0.369	+0.309	+0.133	+0.008	+0.130	+0.093	
−0.8b	+0.713	+0.614	+0.424	+0.080	+0.313	+0.100	
−0.9b	+1.028	+0.983	+0.840	+0.462	+0.016	+0.108	
−1.0b	+1.424	+1.427	+1.441	+1.501	−1.523	+0.117	

e. 以上三种荷载所产生的应力 τ_{xy} **表 9.5-5**

y	x						附注
	0	+0.2a	+0.4a	+0.6a	+0.8a	+1.0a	
+1.0b	0	−0.030	−0.067	−0.090	−0.104	−0.018	乘数 q
+0.8b	0	+0.022	+0.035	+0.033	+0.016	+0.002	
+0.6b	0	+0.064	+0.110	+0.124	+0.088	−0.032	
+0.4b	0	+0.101	+0.174	+0.194	+0.136	−0.033	
+0.2b	0	+0.128	+0.237	+0.271	+0.184	−0.006	
0	0	+0.172	+0.304	+0.349	+0.246	+0.012	
−0.2b	0	+0.201	+0.369	+0.446	+0.339	−0.004	
−0.4b	0	+0.205	+0.412	+0.546	+0.448	−0.024	
−0.6b	0	+0.155	+0.368	+0.626	+0.561	+0.014	
−0.7b	0	+0.103	+0.285	+0.623	+0.602	+0.042	
−0.8b	0	+0.048	+0.168	+0.365	+0.845	+0.012	
−0.9b	0	+0.003	+0.040	+0.355	+1.375	+0.019	
−1.0b	0	−0.014	−0.017	+0.019	+0.207	+0.023	

2. 承受均布荷载单跨简支（带集中反力）正方形深梁

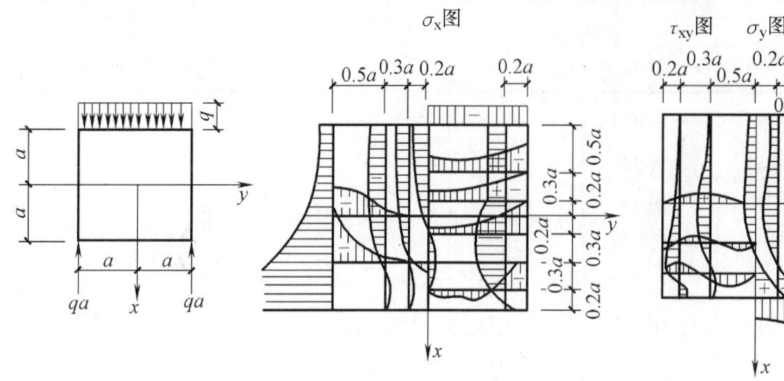

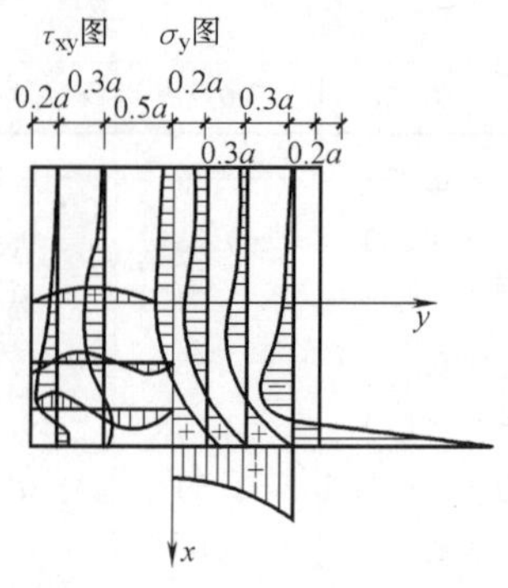

承受均布荷载单跨简支（带集中反力）正方形深梁 $\left(乘数\frac{2q}{\pi}\right)$

表 9.5-6

应力	x	y: 0.0	0.2a	0.5a	0.8a	1.0a
σ_x	−1.0a	−1.54	−1.57	−1.57	−0.58	−1.55
	−0.8a	−1.51	−1.51	−1.49	−1.65	−1.53
	−0.5a	−1.32	−1.34	−1.53	−1.77	−1.73
	−0.2a	−1.02	−1.04	−1.44	−2.06	−2.23
	0.0	−0.66	−0.80	−1.42	−2.41	−2.81
	+0.2a	−0.32	−0.39	−1.23	−2.83	−3.75
	+0.5a	+0.12	−0.26	−0.41	−3.57	−6.67
	+0.8a	+0.14	+0.17	+0.20	−1.50	−16.77
	+1.0a	0.00	+0.03	0.00	+0.06	−(0.11)∞
σ_y	−1.0a	−0.42	−0.36	−0.21	−0.06	0.00
	−0.8a	−0.35	−0.32	−0.19	−0.06	0.00
	−0.5a	−0.44	−0.41	−0.24	−0.07	0.00
	−0.2a	−0.63	−0.59	−0.38	−0.09	0.00
	0.0	−0.72	−0.70	−0.51	−0.14	0.00
	+0.2a	−0.68	−0.70	−0.64	−0.22	0.00
	+0.5a	−0.02	−0.14	−0.62	−0.59	0.00
	+0.8a	+1.85	+1.81	+1.36	−1.48	0.00
	+1.0a	+3.44	+3.41	+4.45	+10.79	∞(0.00)
τ_{xy}	−1.0a	0.00	0.00	−0.02	−0.02	0.00
	−0.8a	0.00	−0.07	−0.13	−0.07	0.00
	−0.5a	0.00	−0.16	−0.26	−0.19	−0.01
	−0.2a	0.00	−0.26	−0.57	−0.38	0.00
	0.0	0.00	−0.35	−0.74	−0.58	0.00
	+0.2a	0.00	−0.36	−0.91	−0.88	0.00
	+0.5a	0.00	−0.18	−0.82	−1.60	−0.01
	+0.8a	0.00	+0.15	+0.33	−1.59	0.00
	+1.0a	0.00	−0.08	−0.02	+0.02	0.00

3. 跨中承受集中荷载单跨简支（带集中反力）正方形深梁

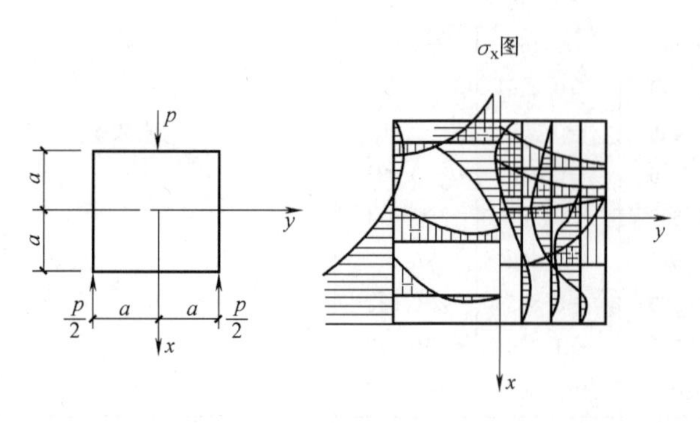

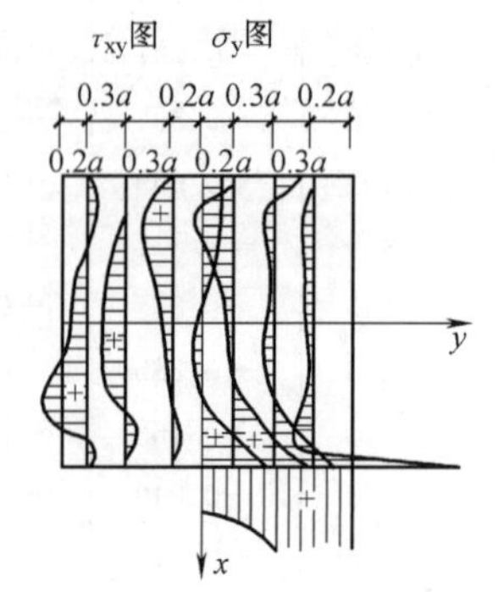

跨中承受集中荷载单跨简支（带集中反力）正方形深梁 $\left(乘数\frac{P}{\pi a}\right)$

表 9.5-7

应　力	x	y				
		0.0	0.2a	0.5a	0.8a	1.0a
σ_x	−1.0a	−∞(0.06)	+0.01	−0.01	0.00	−0.08
	−0.8a	−9.94	−2.49	−0.17	−0.09	+0.16
	−0.5a	−3.91	−2.93	−1.15	−0.63	+0.07
	−0.2a	−2.13	−1.98	−1.44	−1.29	−0.97
	0.0	−1.41	−1.41	−1.46	−1.89	−2.03
	+0.2a	−0.76	−0.79	−1.45	−2.54	−3.32
	+0.5a	−0.05	−0.36	−0.51	−2.82	−6.35
	+0.8a	+0.06	+0.10	+0.25	−1.47	−17.08
	+1.0a	−0.03	−0.01	+0.02	+0.02	−∞(−0.06)
σ_y	−1.0a	+0.47(−∞)	+0.50	+0.44	+0.11	0.00
	−0.8a	+0.38	−2.08	−0.76	−0.13	0.00
	−0.5a	+0.19	−0.24	−0.59	−0.25	0.00
	−0.2a	−0.07	−0.15	−0.21	−0.08	0.00
	0.0	−0.24	−0.22	−0.33	−0.11	0.00
	+0.2a	−0.29	−0.34	−0.46	−0.19	0.00
	+0.5a	+0.31	+0.16	−0.49	−0.85	0.00
	+0.8a	+2.09	+1.37	+1.51	−1.66	0.00
	+1.0a	+3.54	+3.66	+4.82	+11.06	∞(0.00)
τ_{xy}	−1.0a	0.00	+0.01	−0.07	+0.06	0.00
	−0.8a	0.00	−2.50	−0.46	+0.09	0.00
	−0.5a	0.00	−1.27	−1.10	−0.41	−0.01
	−0.2a	0.00	−0.76	−1.23	−0.73	0.00
	0.0	0.00	−0.70	−1.25	−0.89	+0.01
	+0.2a	0.00	−0.58	−1.29	−1.13	0.00
	+0.5a	0.00	−0.32	−1.03	−1.78	0.00
	+0.8a	0.00	+0.09	+0.21	−1.71	0.00
	+1.0a	0.00	0.00	+0.05	+0.07	−0.01

9.6 集中配筋方式简支深梁跨中受拉区合力 F 及受拉区高度 η/h

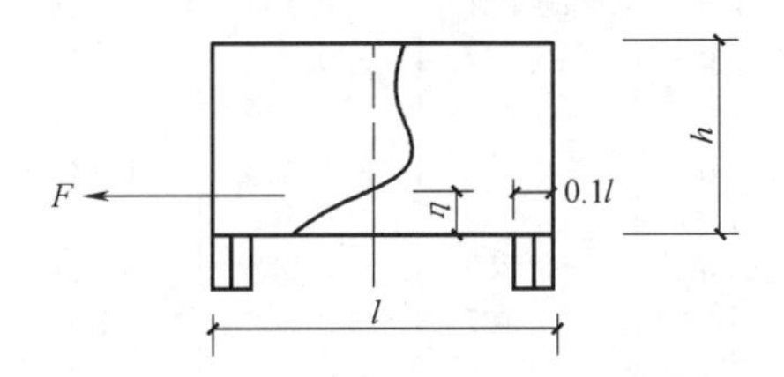

表 9.6-1

荷 载 型 式	h/l	F	η/h	备　注
均布荷载 q 在梁顶	1/2	0.510qh	0.400	
	1	0.131qh	0.255	
	2	0.010qh 0.045qh	{0.890 {0.583 0.111	受拉区有两个
均布荷载 q 在梁底	1/2	0.549qh	0.467	
	1	0.161qh	0.225	
	2	0.060qh	0.125	

续表

荷载型式	h/l	F	η/h	备注
集中荷载 P 在梁顶中点	1/2	$1.125Ph/l$	0.547	
	1	$0.022Ph/l$ $0.196Ph/l$	{0.820 {0.495 0.336	受拉区有两个
	2	$0.085Ph/l$ $0.047Ph/l$	{0.900 {0.505 0.117	受拉区有两个
集中荷载 P 在梁底中点	1/2	$1.097Ph/l$	0.418	
	1	$0.353Ph/l$	0.186	
	2	$0.146Ph/l$	0.115	

9.7 两端固定的单跨深梁各点应力计算表

1. 承受均布荷载的两端固定单跨深梁

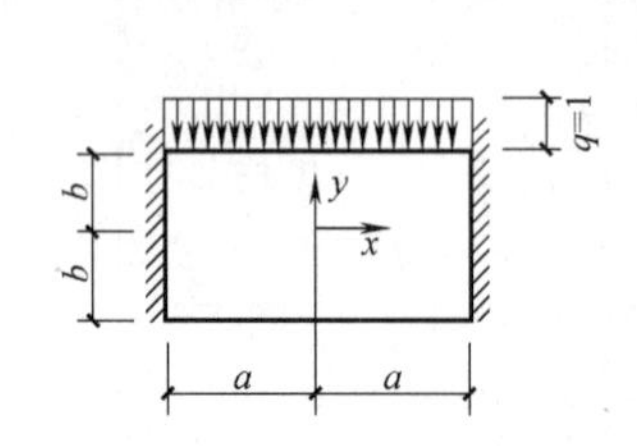

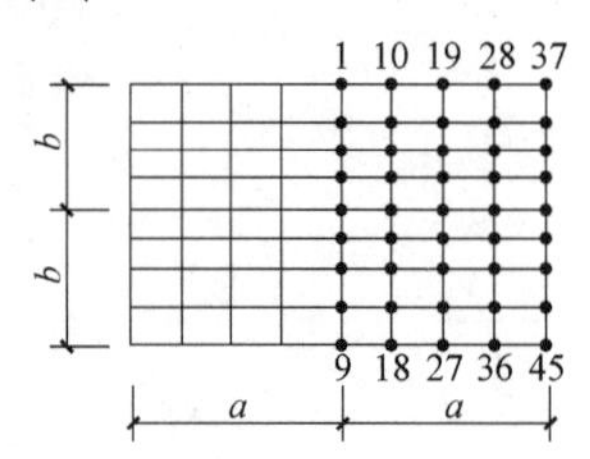

承受均布荷载两端固定的单跨深梁
(乘数 q)

表 9.7-1

点	$\frac{a}{b}=0.5$			$\frac{a}{b}=1.0$			$\frac{a}{b}=2.0$		
	σ_x	σ_y	τ_{xy}	σ_x	σ_y	τ_{xy}	σ_x	σ_y	τ_{xy}
1	−0.306	−1.000	0.000	−0.602	−1.000	0.000	−1.376	−1.000	0.000
2	−0.188	−0.928	0.000	−0.323	−0.943	0.000	−0.885	−0.963	0.000
3	−0.158	−0.801	0.000	−0.197	−0.813	0.000	−0.532	−0.952	0.000
4	−0.125	−0.656	0.000	−0.132	−0.659	0.000	−0.282	−0.693	0.000
5	−0.083	−0.500	0.000	−0.083	−0.500	0.000	−0.083	−0.500	0.000
6	−0.041	−0.343	0.000	−0.034	0.341	0.000	+0.115	−0.307	0.000
7	−0.008	−0.199	0.000	+0.031	−0.186	0.000	+0.366	−0.148	0.000
8	+0.021	−0.072	0.000	+0.157	−0.157	0.000	+0.718	−0.037	0.000
9	+0.140	0.000	0.000	+0.436	0.000	0.000	+1.210	0.000	0.000
10	−0.296	−1.000	0.000	−0.537	−1.000	0.000	−1.201	−1.000	0.000
11	−0.182	−0.930	−0.056	−0.289	−0.939	−0.105	−0.733	−0.967	−0.153
12	−0.157	−0.807	−0.068	−0.187	−0.802	−0.147	−0.422	−0.856	−0.286
13	−0.123	−0.661	−0.076	−0.131	−0.656	−0.157	−0.229	−0.694	−0.363
14	−0.083	−0.500	−0.080	−0.083	−0.500	−0.158	−0.083	−0.500	−0.389
15	−0.043	−0.339	−0.076	−0.036	−0.343	−0.157	+0.062	−0.306	−0.363
16	−0.010	−0.193	−0.068	+0.020	−0.192	−0.147	+0.261	−0.144	−0.286
17	+0.016	−0.070	−0.058	+0.122	0.061	−0.105	+0.566	−0.033	−0.153
18	+0.129	0.000	0.000	+0.371	0.000	0.000	+1.036	0.000	0.000
19	−0.216	−1.000	0.000	−0.315	−1.000	0.000	−0.598	−1.000	0.000
20	−0.167	−0.935	−0.107	−0.187	−0.928	−0.216	−0.259	−0.976	−0.304
21	−0.148	−0.827	−0.135	−0.158	−0.801	−0.290	−0.109	−0.860	−0.578
22	−0.117	−0.675	−0.157	−0.125	−0.656	−0.310	−0.071	−0.690	−0.730
23	−0.083	−0.500	−0.165	−0.083	−0.500	−0.315	−0.083	−0.500	−0.781
24	−0.049	−0.325	−0.157	−0.041	−0.343	−0.310	−0.095	−0.309	−0.730
25	−0.018	−0.173	−0.135	−0.008	−0.199	−0.290	−0.058	−0.140	−0.578

续表

点	$\frac{a}{b}=0.5$			$\frac{a}{b}=1.0$			$\frac{a}{b}=2.0$		
	σ_x	σ_y	τ_{xy}	σ_x	σ_y	τ_{xy}	σ_x	σ_y	τ_{xy}
26	−0.001	−0.061	−0.107	+0.020	−0.072	−0.216	+0.092	−0.023	−0.304
27	+0.050	0.000	0.000	0.148	0.000	0.000	+0.431	0.000	0.000
28	−0.045	−1.000	0.000	+0.115	−1.000	0.000	+0.557	−1.000	0.000
29	−0.142	−0.971	−0.141	−0.047	−0.937	0.318	+0.596	−0.957	−0.488
30	−0.129	−0.872	−0.203	−0.111	−0.846	−0.418	+0.398	−0.821	−0.882
31	−0.106	−0.702	−0.247	−0.105	−0.694	−0.471	+0.158	−0.663	−1.081
32	−0.083	−0.500	−0.260	−0.083	−0.500	−0.489	−0.083	−0.509	−1.146
33	−0.060	−0.298	−0.247	−0.061	−0.305	−0.471	−0.325	−0.337	−1.081
34	−0.037	−0.128	−0.203	−0.055	−0.153	−0.418	−0.565	−0.179	−0.882
35	−0.025	−0.028	−0.141	−0.120	−0.062	−0.318	−0.763	−0.043	−0.488
36	−0.122	0.000	0.000	0.281	0.000	0.000	−0.723	0.000	0.000
37	+0.104	−1.000	0.000	+0.878	−1.000	0.000	+3.051	−1.000	0.000
38	−0.092	−1.091	−0.164	+0.132	−1.213	−0.328	+1.699	−0.960	−0.656
39	−0.092	−0.944	−0.281	−0.013	−1.093	−0.562	+1.012	−0.904	−1.125
40	−0.087	−0.759	−0.351	−0.023	−0.829	−0.703	+0.476	−0.704	−1.406
41	−0.083	−0.500	−0.375	−0.083	−0.500	−0.750	−0.083	−0.500	−1.500
42	−0.079	−0.241	−0.351	−0.144	−0.170	−0.703	−0.643	−0.296	−1.406
43	−0.074	−0.056	−0.281	−0.180	−0.093	−0.562	−1.179	−0.096	−1.125
44	−0.074	+0.091	−0.164	−0.298	+0.213	−0.328	−1.832	−0.037	−0.656
45	−0.027	0.000	0.000	−1.045	0.000	0.000	−3.218	0.000	0.000

注：1. 当荷载作用于下边时，则将表中上方相应图中各点的标号数对 x 轴互换，并将 σx 和 σy 的符号变号（拉变压，压变拉）；
2. 表内系数是板厚为 1，$q=1$ 求得；
3. 多跨深梁的边跨跨中 σ_x 应比表中值增加 50%；
4. 单跨简支深梁跨中 σ_x 应比表中值增加 100%。

2. 承受均布荷载两端固定的单跨深梁，边比 1.5∶1.0

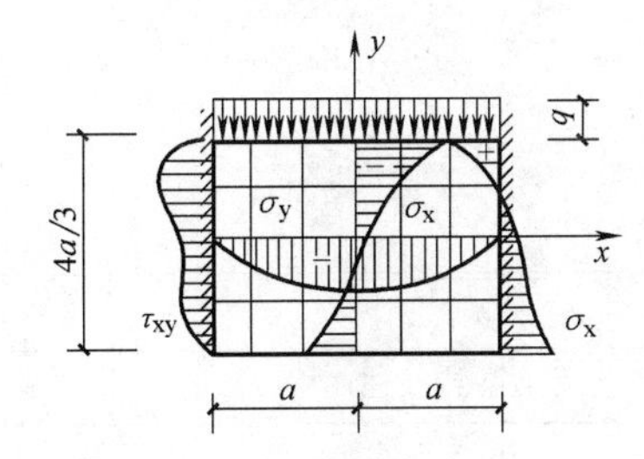

承受均布荷载，两端固定的单跨深梁
（边比 1.5∶1.0）

表 9.7-2

应　力	y/a	x/a				乘　数
		0	1/3	2/3	1.0	
σ_x	2/3	−0.855	−0.680	−0.070	1.355	q
	1/3	−0.251	−0.178	−0.005	0.022	
	0	−0.022	−0.024	−0.055	−0.174	
	−1/3	0.149	0.083	−0.090	−0.284	
	−2/3	0.570	0.384	−0.162	−1.014	
Z_x	—	0.072	0.046	—	0.117	$2qa$
σ_y	2/3	−1.0	−1.0	−1.0	−1.0	q
	1/3	−0.824	−0.783	−0.592	0.004	
	0	−0.503	−0.467	−0.329	−0.029	
	−1/3	−0.186	−0.180	−0.154	−0.047	
	−2/3	0	0	0	0	

续表

应力	y/a	x/a				乘数
		1/6	1/2	5/6	1.0	
τ_{xy}	2/3	0	0	0	0	q
	1/2	0.088	0.305	0.713	1.215	
	1/6	0.161	0.477	0.740	0.774	
	−1/6	0.159	0.446	0.621	0.612	
	−1/2	0.093	0.111	0.426	0.450	
	−2/3	0	0	0	0	

3. 跨中承受集中荷载两端固定的单跨深梁，边比 1.5∶1.0

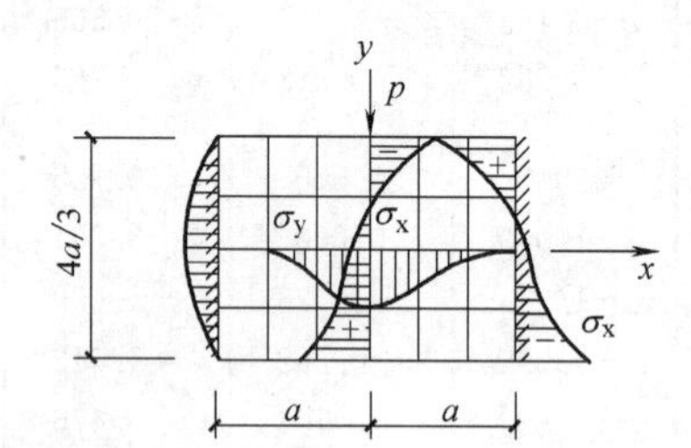

跨中承受集中荷载两端固定的单跨深梁（边比：1.5∶1.0）

表 9.7-3

应力	y/a	x/a				乘数
		0	1/3	2/3	1.0	
σ_x	2/3	−3.311	−0.564	0.742	1.955	$\frac{P}{2a}$
	1/3	0.058	−0.428	−0.091	0.189	
	0	0.308	−0.081	−0.214	−0.225	
	−1/3	0.400	0.138	−0.218	−0.463	
	−2/3	1.108	0.631	−0.370	−1.632	
Z_x	—	0.220	0.076	0.062	0.194	P
σ_y	2/3	−6.0	0	0	0	$\frac{P}{2a}$
	1/3	−3.252	−0.721	−0.046	0.032	
	0	−1.476	−0.620	−0.149	−0.037	
	−1/3	−0.477	−0.262	−0.130	−0.077	
	−2/3	0	0	0	0	

应力	y/a	x/a				乘数
		1/6	1/2	5/6	1.0	
τ_{xy}	2/3	0	0	0	0	$\frac{P}{2a}$
	1/2	1.374	0.653	0.607	0.622	
	1/6	0.888	0.990	0.881	0.852	
	−1/6	0.500	0.857	0.875	0.856	
	−1/2	0.238	0.500	0.631	0.670	
	−2/3	0	0	0	0	

4. 承受均布荷载两端固定的单跨正方形深梁

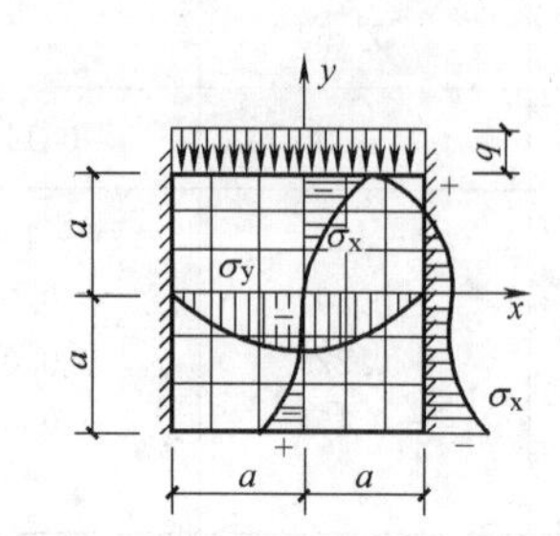

承受均布荷载两端固定的单跨正方形深梁

表 9.7-4

应　力	y/a	x/a: 0	1/3	2/3	1.0	乘　数
σ_x	1.0	−0.693	−0.574	−0.122	1.084	q
	2/3	−0.209	−0.156	−0.032	−0.048	
	1/3	−0.038	−0.038	−0.068	−0.192	
	0	0.009	−0.006	−0.062	−0.160	
	−1/3	0.027	0.008	−0.044	−0.118	
	−2/3	0.077	0.043	−0.046	−0.139	
	−1.0	0.261	0.176	−0.073	−0.465	
Z_x	—	0.041	0.023	—	0.090	2qa
σ_y	1	−1.0	−1.0	−1.0	−1.0	q
	2/3	−0.882	−0.883	−0.623	−0.008	
	1/3	−0.657	−0.595	−0.387	−0.032	
	0	−0.433	−0.387	−0.246	−0.027	
	−1/3	−0.240	−0.218	−0.148	−0.020	
	−2/3	−0.085	−0.082	−0.072	−0.023	
	−1.0	0	0	0	0	

应　力	y/a	x/a: 1/6	1/2	5/6	1.0	乘　数
τ_{xy}	±1.0	0	0	0	0	q
	5/6	0.059	0.226	0.603	1.099	
	1/2	0.112	0.350	0.586	0.574	
	1/6	0.112	0.321	0.462	0.465	
	−1/6	0.096	0.265	0.362	0.366	
	−1/2	0.077	0.213	0.290	0.288	
	−5/6	0.043	0.125	0.199	0.208	

5. 跨中承受集中荷载两端固定的单跨正方形深梁

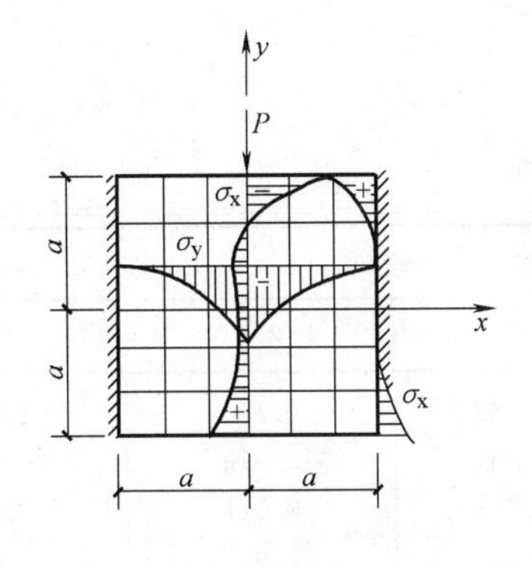

跨中承受集中荷载两端固定的单跨正方形深梁

表 9.7-5

应　力	y/a	x/a: 0	1/3	2/3	1.0	乘　数
σ_x	1.0	−3.038	−0.390	0.054	1.511	$\frac{P}{2a}$
	2/3	0.130	−0.392	−0.138	0.074	
	1/3	0.286	−0.104	−0.238	−0.252	
	0	0.170	−0.010	−0.168	−0.249	
	−1/3	0.101	0.018	−0.101	−0.193	
	−2/3	0.147	0.073	−0.085	−0.228	
	−1.0	0.441	0.287	0.130	−0.748	
Z_x	—	0.176	0.038	0.055	0.138	P

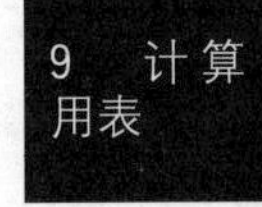

续表

应力	y/a	x/a 0	1/3	2/3	1.0	乘数
σ_y	1.0	−6.0	0	0	0	$\frac{P}{2a}$
	2/3	−3.352	−0.802	−0.093	0.012	
	1/3	−1.748	−0.828	−0.230	−0.042	
	0	−0.925	−0.697	−0.246	−0.042	
	−1/3	−0.457	−0.346	−0.187	−0.032	
	−2/3	−0.154	−0.131	−0.101	−0.038	
	−1.0	0	0	0	0	

应力	y/a	x/a 1/6	1/2	5/6	1.0	乘数
τ_{xy}	±1.0	0	0	0	0	$\frac{P}{2a}$
	5/6	1.324	0.522	0.429	0.435	
	1/2	0.802	0.776	0.640	0.613	
	1/6	0.411	0.642	0.626	0.626	
	−1/6	0.234	0.485	0.544	0.549	
	−1/2	0.151	0.366	0.452	0.449	
	−5/6	0.077	0.208	0.309	0.328	

6. 承受自重的两端固定单跨正方形深梁

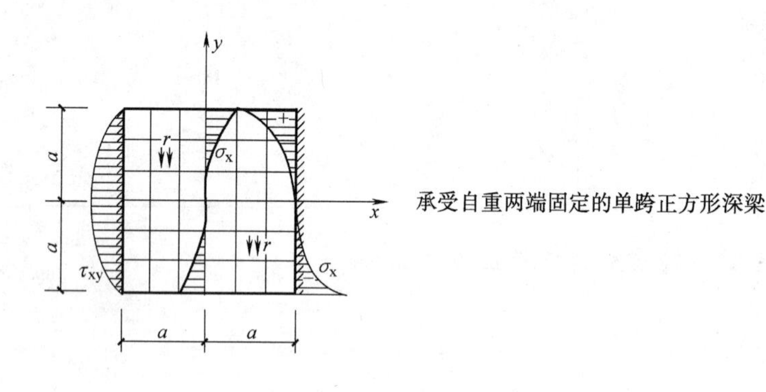

承受自重两端固定的单跨正方形深梁

表 9.7-6

应力	y/a	x/a 0	1/3	2/3	1.0	乘数
σ_x	1.0	−0.756	−0.542	0.159	1.520	γa
	2/3	−0.211	−0.131	0.073	0.284	
	1/3	−0.047	−0.028	0.011	0.049	
	0	0	0	0	0	
	−1/3	0.047	0.028	−0.011	−0.049	
	−2/3	0.211	0.131	−0.073	−0.284	
	−1.0	0.756	0.542	−0.155	−1.520	
Z_x	—	0.053	0.036	0.014	0.091	$4\gamma a^2$
σ_y	1.0	0	0	0	0	γa
	2/3	−0.119	−0.090	−0.004	0.048	
	1/3	−0.078	−0.056	0	0.008	
	0	0	0	0	0	
	−1/3	0.078	0.056	0	−0.008	
	−2/3	0.119	0.090	0.004	−0.048	
	−1.0	0	0	0	0	

续表

应力	y/a	x/a				乘数
		1/6	1/2	5/6	1.0	
τ_{xy}	±1.0	0	0	0	0	γa
	5/6	0.107	0.350	0.680	0.871	
	1/2	0.187	0.555	0.891	1.038	
	1/6	0.206	0.595	0.929	1.091	
	−1/6	0.206	0.595	0.929	1.091	
	−1/2	0.187	0.555	0.891	1.038	
	−5/6	0.107	0.350	0.680	0.871	

9.8 按分散配筋方法计算时的平面深梁内力计算表

1. 均布荷载作用在下边，见表 9.8-1

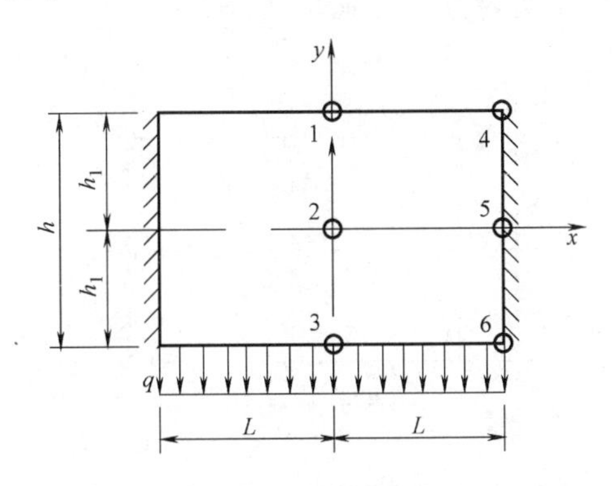

均布荷载作用在下边 **表 9.8-1**

点号	$h_1/l=2$			点号	$h_1/l=1$			点号	$h_1/l=1/2$		
	σ_x	σ_y	τ_{xy}		σ_x	σ_y	τ_{xy}		σ_x	σ_y	τ_{xy}
1	−0.14	0	0	1	−0.436	0	0	1	−1.21	0	0
2	0.083	0.5	0	2	0.083	0.5	0	2	0.083	0.5	0
3	0.306	1	0	3	0.602	1	0	3	1.376	1	0
4	0.027	0	0	4	1.045	0	0	4	3.218	0	0
5	0.083	0.5	−0.375	5	0.083	0.58	−0.75	5	0.083	0.5	−1.5
6	−0.104	1	0	6	−0.878	1	0	6	−3.051	1	0

注：1. 表内系数是按板厚为 1，$q=1$ 求得。
2. 多跨深梁的边跨跨中 σ_x 应比表中值增加 50%；
单跨简支深梁跨中 σ_x 应比表中值增加 100%。
3. $h_1=h/2$；$l=a/2$（或 $b/2$）。
4. h 为仓壁高度。

2. 均布荷载作用在上边，见表 9.8-2

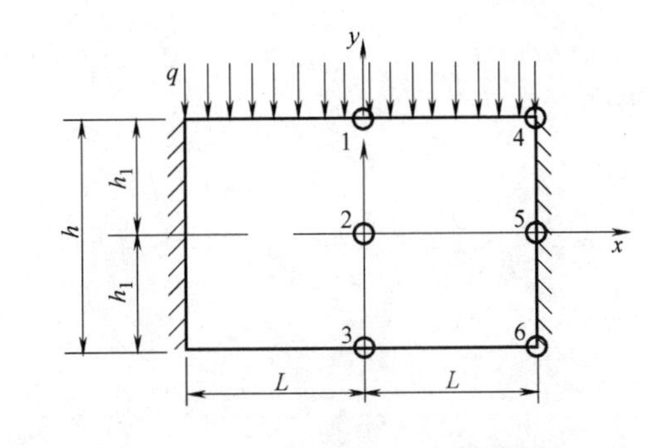

均布荷载作用在上边 表 9.8-2

点号	$h_1/l=2$			点号	$h_1/l=1$			点号	$h_1/l=1/2$		
	σ_x	σ_y	τ_{xy}		σ_x	σ_y	τ_{xy}		σ_x	σ_y	τ_{xy}
1	−0.306	−1	0	1	−0.602	−1	0	1	−1.376	−1	0
2	−0.083	−0.5	0	2	−0.083	−0.5	0	2	−0.083	−0.5	0
3	0.14	0	0	3	0.436	0	0	3	1.21	0	0
4	0.104	−1	0	4	0.878	−1	0	4	3.051	−1	0
5	−0.083	−0.5	−0.375	5	−0.083	−0.5	−0.75	5	−0.083	−0.5	−1.5
6	−0.027	0	0	6	−1.045	0	0	6	−3.218	0	0

注：说明见表 9.9-3，9.8-1。

3. 集中荷载作用下两端固定深梁内力表，见表 9.8-3

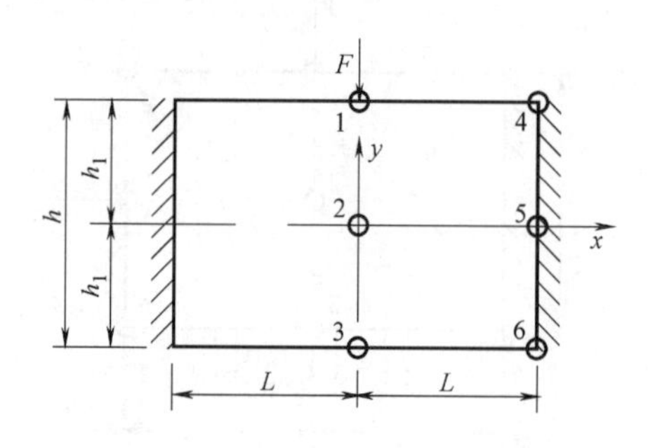

集中荷载作用下两端固定深梁内力表 表 9.8-3

点号	$h_1/l=1$			点号	$h_1/l=2/3$			乘数
	σ_x	σ_y	τ_{xy}		σ_x	σ_y	τ_{xy}	
1	−3.038	−6	1.324	1	−3.311	−6	1.374	$F/2l$
2	0.17	−0.925	0.411	2	0.308	−1.476	0.888	
3	0.441	0	0.077	3	1.108	0	0.238	
4	1.511	0	0.435	4	1.955	0	0.622	
5	−0.249	−0.042	0.626	5	−0.225	−0.037	0.856	
6	−0.748	0	0.328	6	−1.632	0	0.67	

注：1. 表中 τ_{xy} 为各点附近的最大值。
2. 表中系数按板厚等于 1，$F=1$ 求得。
3. 多跨深梁的边跨跨中 σ_x 应比表中值增加 50%；
单跨简支深梁跨中 σ_y 应比表中值增加 100%。
4. $h_1=h/2$，$l=a/2$（或 $b/2$），h 为仓壁高度。

9.9 按集中配筋方法计算时的平面深梁内力计算表

符号说明：

$B=2b$ 梁高；$l=2a$ 梁跨；支座宽$=2c$；$\varepsilon=\dfrac{c}{a}$

M——弯矩

Z——截面拉应力合力

D——截面压应力合力

Z_H——截面应力按直线分布时拉应力合力

d——截面拉应力与压应力的合力作用点之间的距离

d_0——深梁底边缘到 Z（跨中）或到 D（支座）的距离。

1. 承受均布荷载的多跨深梁

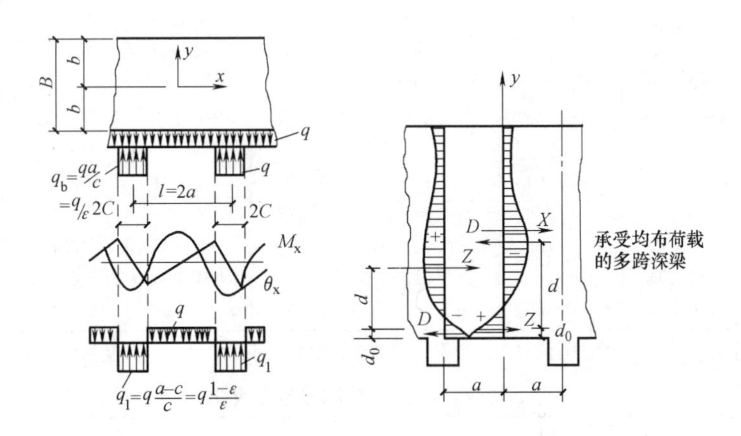

a. 水平应力 σ_x（乘以 q）　　　**表 9.9-1**

$\frac{a}{b}$	y	跨中				支座			
		$\varepsilon=\frac{c}{a}$							
		1/2	1/5	1/10	1/20	1/2	1/5	1/10	1/20
1.0	+1.00b	−0.060	−0.088	−0.092	−0.093	+0.060	+0.088	+0.092	+0.094
	+0.75b	−0.031	−0.045	−0.042	−0.049	+0.031	+0.045	+0.047	+0.049
	+0.50b	−0.042	−0.062	−0.064	−0.065	+0.042	+0.062	+0.064	+0.067
	+0.25b	−0.070	−0.088	−0.103	−0.104	+0.070	+0.108	+0.113	+0.115
	0.00	−0.115	−0.156	−0.162	−0.163	+0.115	+0.186	+0.199	+0.202
	−0.25b	−0.162	−0.194	−0.192	−0.199	+0.162	+0.295	+0.317	+0.332
	−0.50b	−0.136	−0.110	−0.106	−0.104	+0.136	+0.396	+0.476	+0.500
	−0.75b	−0.178	+0.277	+0.572	+0.292	+0.178	+0.169	+0.483	+0.620
	−1.00b	+1.001	+1.002	+1.002	+1.002	−1.001	−4.002	−9.002	−19.002
	*	±0.187	±0.240	±0.248	±0.250	±0.187	±0.360	±0.428	±0.463
1.5	+1.00b	−0.330	−0.470	−0.495	−0.502	+0.330	+0.496	+0.525	+0.533
	+0.75b	−0.183	−0.269	−0.286	−0.286	+0.185	+0.274	+0.287	+0.292
	+0.50b	−0.144	−0.196	−0.204	−0.206	+0.144	+0.228	+0.244	+0.247
	+0.25b	−0.147	−0.185	−0.188	−0.190	+0.147	+0.250	+0.271	+0.276
	0.00	−0.154	−0.160	−0.168	−0.168	+0.154	+0.315	+0.354	+0.363
	−0.25b	−0.122	−0.089	−0.083	−0.081	+0.122	+0.374	+0.456	+0.480
	−0.50b	+0.030	+0.127	+0.139	+0.140	−0.030	+0.385	+0.533	+0.607
	−0.75b	+0.407	+0.512	+0.523	+0.531	−0.407	−0.083	+0.156	+0.440
	−1.00b	+1.042	+1.062	+1.065	+1.066	−1.042	−4.062	−9.065	−19.066
	*	±0.422	±0.540	±0.556	±0.563	±0.422	±0.810	±0.962	±1.041

续表

$\frac{a}{b}$	y	跨中				支座			
		$\varepsilon=\frac{c}{a}$							
		1/2	1/5	1/10	1/20	1/2	1/5	1/10	1/20
2.0	$+1.00b$	−0.746	−1.032	−1.065	−1.070	+0.746	+1.175	+1.250	+1.250
	$+0.75b$	−0.458	−0.636	−0.658	−0.665	+0.458	+0.717	+0.760	+0.760
	$+0.50b$	−0.304	−0.403	−0.417	−0.448	+0.304	+0.504	+0.542	+0.570
	$+0.25b$	−0.210	−0.245	−0.249	−0.250	+0.210	+0.414	+0.463	+0.478
	0.00	−0.129	−0.103	−0.095	−0.081	+0.192	+0.385	+0.464	+0.488
	$-0.25b$	−0.001	+0.091	+0.105	+0.107	+0.001	+0.330	+0.486	+0.540
	$-0.50b$	+0.240	+0.374	+0.382	+0.377	−0.240	+0.124	+0.394	+0.568
	$-0.75b$	+0.647	+0.735	+0.783	+0.785	−0.647	−0.750	−0.445	+0.185
	$-1.00b$	+1.204	+1.289	+1.313	+1.317	−1.204	−4.302	−9.317	−19.32
	*	±0.750	±0.960	±0.990	±1.000	±0.750	±1.440	±1.710	±1.850

* 表示应力按直线分布且 $y=\pm b$ 时的应力值（当连续梁之梁高与跨度之比小于 2/5 时，梁受力情况可按直线分布假定）。

b. 弯矩、内力矩臂和拉应力合力 **表 9.9-2**

$\frac{a}{b}$		跨中				支座				乘数
		$\varepsilon=\frac{c}{a}$								
		1/2	1/5	1/10	1/20	1/2	1/5	1/10	1/20	
0 ($b=\infty$)	M	0.125	0.160	0.165	0.166	0.125	0.240	0.285	0.309	$qa^2=0.25ql^2$
	Z_H	0.000	0.000	0.000	0.000	0.000	0.000	0.000	0.000	$qa=0.5ql$
	Z	0.143	0.171	0.176	0.177	0.143	0.322	0.422	0.495	$qa=0.5ql$
	d	0.874	0.930	0.936	0.938	0.874	0.746	0.674	0.612	$a=0.5l$
	d	0.000	0.000	0.000	0.000	0.000	0.000	0.000	0.000	$B=2b$
	d_0	0.108	0.121	0.122	0.122	0.108	0.059	0.038	0.024	$a=0.5l$
1.0	M	0.125	0.161	0.165	0.166	0.125	0.240	0.285	0.309	$qa^2=0.25ql^2$
	Z_H	0.094	0.120	0.124	0.125	0.004	0.180	0.214	0.232	$qa=0.5ql$
	Z	0.144	0.172	0.177	0.178	0.144	0.324	0.424	0.497	$qa=0.5ql$
	d	0.870	0.924	0.932	0.934	0.870	0.740	0.682	0.612	$a=0.5l$
	d	0.435	0.462	0.466	0.467	0.435	0.370	0.341	0.312	$B=2b$
	d_0	0.109	0.121	0.123	0.124	0.109	0.059	0.036	0.021	$a=0.5l$
1.5	M	0.125	0.160	0.165	0.166	0.125	0.240	0.285	0.309	$qa^2=0.25ql^2$
	Z_H	0.141	0.180	0.185	0.187	0.141	0.270	0.321	0.348	$qa=0.5ql$
	Z	0.151	0.182	0.186	0.187	0.151	0.351	0.428	0.498	$qa=0.5ql$
	d	0.828	0.880	0.888	0.890	0.828	0.686	0.656	0.620	$a=0.5l$
	d	0.620	0.660	0.666	0.667	0.620	0.515	0.492	0.465	$B=2b$
	d_0	0.111	0.122	0.124	0.125	0.111	0.059	0.036	0.021	$a=0.5l$
2.0	M	0.125	0.160	0.165	0.166	0.125	0.240	0.285	0.309	$qa^2=0.25ql^2$
	Z_H	0.188	0.240	0.247	0.249	0.188	0.360	0.428	0.464	$qa=0.5ql$
	Z	0.186	0.235	0.239	0.240	0.186	0.375	0.458	0.515	$qa=0.5ql$
	d	0.674	0.682	0.690	0.692	0.674	0.640	0.622	0.600	$a=0.5l$
	d	0.674	0.682	0.690	0.692	0.674	0.640	0.622	0.600	$B=2b$
	d_0	0.114	0.127	0.128	5.129	0.114	0.062	0.039	0.022	$a=0.5l$

注：1. 集中配筋方式，即在受拉区合力（Z）重心处布置粗钢筋以抵抗受拉区的合力。
2. 当深梁的支撑条件为简支时，深梁内力计算可采用表中 $\varepsilon=c/a=1/2$ 时的各值。此时 a 为简支梁净跨。
3. 对于多跨连续深梁的边跨跨中，拉力 Z 值应乘以 1.52；
对于多跨连续深梁的边跨内支座，拉力 Z 值应乘以 1.2。
4. 当 $\tau\leqslant(1+2.5B/a)f_t/3$ 时，剪应力 $\tau=8V/7tB$；

式中 V——深梁梁端剪力；
f_t——混凝土的抗拉设计强度；
t——仓壁厚度。

2. 承受局部均布荷载的多跨深梁

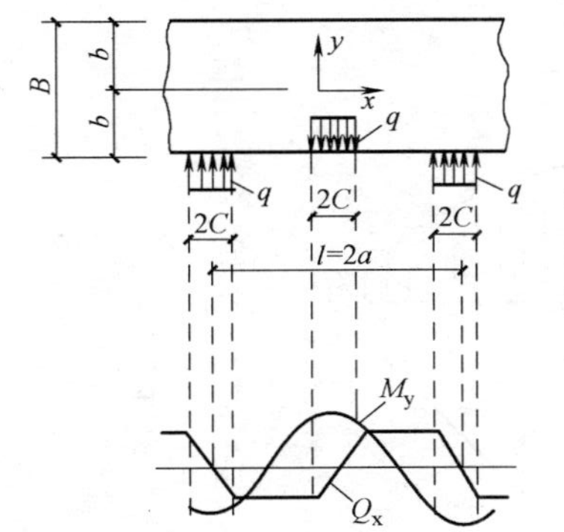

承受局部均布荷载的多跨深梁

（表内为跨中截面的应力 σ_x，弯矩，拉应力合力，内力矩臂的计算数值。支座上的 σ_x，M 和 Z 的数值等于表内 σ_x，M 和 Z 的数值，符号相反）

$P=8.2C$

表 9.9-3

	y/b	a=b				a=1.5b				a=2b				乘数
		$\varepsilon=\frac{c}{a}$												
		1/2	1/5	1/10	1/20	1/2	1/5	1/10	1/20	1/2	1/5	1/10	1/20	
σ_x	+1.00	−0.060	−0.088	−0.092	−0.094	−0.330	−0.483	−0.510	−0.517	−0.746	−1.100	−1.104	−1.180	$\frac{P}{a}$
	+0.75	−0.031	−0.045	−0.047	−0.048	−0.185	−0.272	−0.285	−0.294	−0.458	−0.680	−0.704	−0.712	
	+0.50	−0.042	−0.062	−0.065	−0.066	−0.144	−0.213	−0.223	−0.230	−0.304	−0.454	−0.480	−0.484	
	0.25	−0.070	−0.103	−0.108	−0.110	−0.147	−0.218	−0.229	−0.233	−0.210	−0.330	−0.356	−0.364	
	0.00	−0.115	−0.171	−0.193	−0.196	−0.154	−0.243	−0.243	−0.267	−0.129	−0.244	−0.280	−0.292	
	−0.25	−0.162	−0.245	−0.260	−0.266	−0.122	−0.233	−0.267	−0.282	−0.001	−0.116	−0.190	−0.214	
	−0.50	−0.136	−0.251	−0.292	−0.303	+0.030	−0.098	−0.198	−0.233	+0.240	+0.168	+0.006	−0.056	
	−0.75	−0.178	−0.054	−0.105	−0.190	+0.407	+0.440	+0.302	+0.143	+0.647	+0.990	+0.710	+0.406	
	−1.00	+1.001	+2.500	+5.002	+10.002	+1.042	+2.570	+5.050	+10.010	+1.204	+1.800	+5.320	+10.320	
	*	±0.375	±0.300	±0.338	±0.356	±0.422	±0.675	±0.760	±0.802	±0.750	±0.200	±1.350	±1.424	
	M	0.125	0.200	0.225	0.238	0.125	0.200	0.225	0.238	0.125	0.200	0.225	0.238	$Pa=0.5Pl$
	Z_H	0.094	0.150	0.169	0.178	0.141	0.225	0.253	0.268	0.188	0.300	0.338	0.357	P
	Z	0.144	0.241	0.276	0.298	0.151	0.244	0.278	0.303	0.186	0.289	0.320	0.333	P
	d	0.870	0.830	0.816	0.790	0.828	0.820	0.808	0.788	0.674	0.692	0.704	0.716	$a=0.5l$
	d	0.435	0.415	0.408	0.395	0.620	0.615	0.606	0.591	0.674	0.692	0.704	0.716	$B=2b$
	d_0	0.109	0.068	0.043	0.026	0.111	0.072	0.044	0.026	0.114	0.077	0.048	0.028	$a=0.5l$

10 计算例题

10.1 低壁浅仓计算例题

1. 设计资料

(1) 计算简图见图 10.1-1。竖壁、斜壁厚均为 200mm。

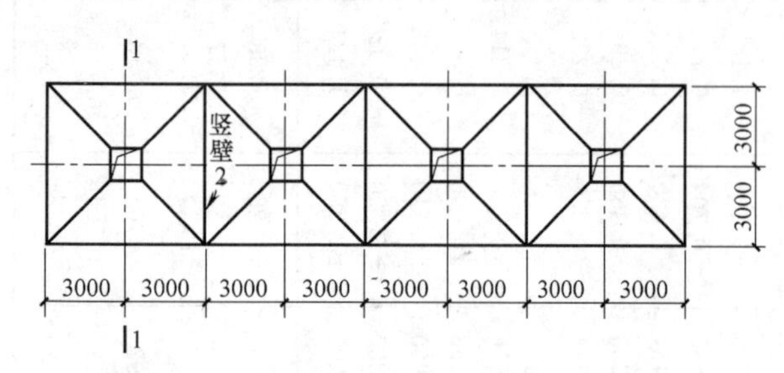

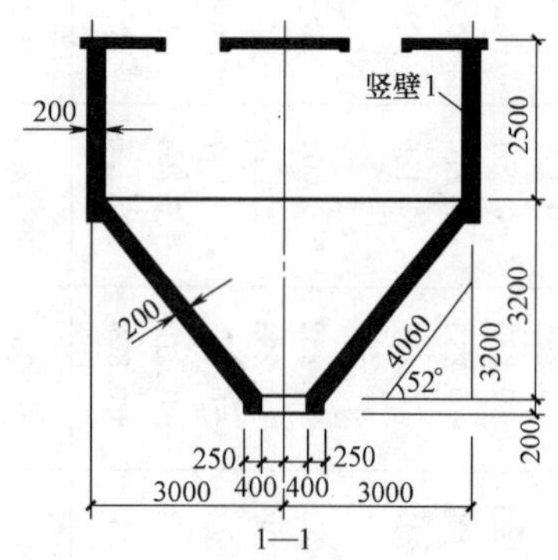

图 10.1-1 铁矿石仓图

(2) 贮料：铁矿石，$r=22.0\text{kN/m}^3$，$\varphi=38°$，$k=\text{tg}^2(45°-\varphi/2)=\text{tg}^2 26°=0.238$。

铁矿石粒度 $d=100\text{mm}$。

(3) 卸料口阀门总重：15kN/个。

(4) 顶部平台传至竖壁荷载：34kN/m。

(5) 结构重要性系 $r_0=1.0$。

贮料冲击影响系数：$C=1.2$。

(6) 仓体材料：

混凝土：C30。

钢筋：采用 HPB235 级钢筋 (Φ)，HRB335 级钢筋 (Φ)

2. 仓壁的荷载（图 10.1-2，图 10.1-3）。

(1) 竖壁水平压力标准值 p_h，按公式 (4.2-12)

$$p_h=k\cdot c\cdot r\cdot h$$
$$=0.238\times1.2\times22\times2.5=15.71\text{kN/m}^2。$$

(2) 斜壁法向压力标准值 p_n，按公式 (4.2-15)

$\xi=\cos^2\alpha+k\sin^2\alpha$，$\alpha=52°$，$k=0.238$。

$\xi=\cos^2 52°+0.238\sin^2 52°=0.527$。

1) $p_{n1}=\xi p_v=\xi\cdot c\cdot r\cdot h$
$=0.527\times1.2\times22\times2.5$
$=34.78\text{kN/m}^2$

2) $p_{n2}=0.527\times1.2\times22(2.5+3.2)$
$=79.3\text{kN/m}^2$

3) 三角形板尖部 p_n，按公式 (5.2-21)。

$$p_n=p_{n2}\cdot\frac{a}{a-a_h}=79.3\times\frac{6}{6-0.8}=91.5\text{kN/m}^2$$

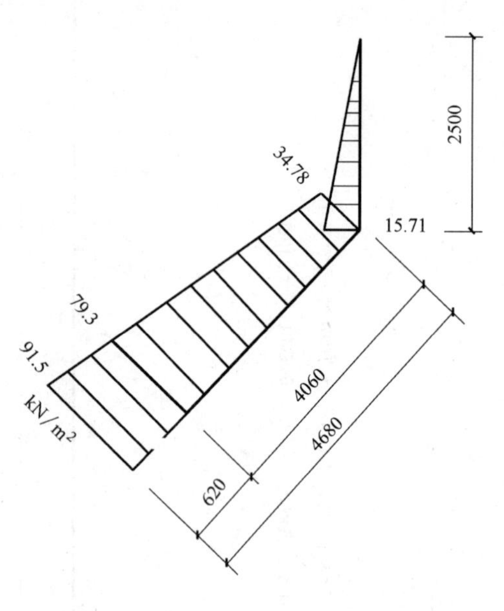

图 10.1-2 斜壁的法向压力（标准值）

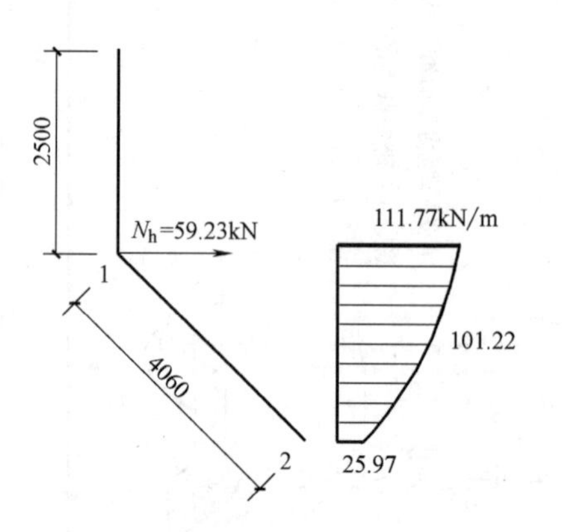

图 10.1-3 斜壁的水平拉力 N_h（设计值）

(3) 竖向荷载标准值

1) 贮料荷载

贮料体积 V 按公式 (3.1-1)

$$V=abh+\frac{h_1}{3}(A_1+A_2+\sqrt{A_1A_2})$$
$$=5.8\times5.8\times2.5+\frac{3.2}{3}(5.8\times5.8+0.8\times0.8+\sqrt{5.8^2\times0.8^2})$$
$$=125.61\text{m}^3$$

$P_k=r\cdot V=22\times125.61=2763.42\text{kN}$

2) 斜壁及卸料口阀门总重

$$G_k=\left[4.06\left(\frac{6+0.8}{2}\right)\times0.2+0.2\times0.25\times1.05\right]$$

$\times 4\times 25+15.0$

$=281.33+15.0=296.33\text{kN}$

3）竖壁上部荷载

① 竖壁上部平台荷载

$g_{1k}=34\text{kN/m}$（边跨）

② 竖壁自重

$g_{2k}=0.2\times 2.5\times 25=12.5\text{kN/m}$

3. 内力计算

（1）拉力计算（图 10.1-3）

1）竖壁底部水平拉力 N_{hk}，按公式（5.2-1）。

竖壁顶部有平台，竖壁按一端简支，一端固定的单向板计算。由贮料水平压力产生的拉力即板的反力，作用在竖壁与斜壁的交肋处。

$N_{hk}=N_R b_n/2$，式中 N_R，按公式（5.2-7）

$=2p_h h_n/5\times b_n/2$

$=2\times 15.71\times 2.5/5\times 5.8/2=45.56\text{kN}$

设计值

$N_h=45.56\times 1.3=59.23\text{kN}$

2）斜壁水平拉力 N_{n1k}，按公式（5.2-5）

① 顶部：

$$N_{h1k}=\frac{1}{2}(p_{n1}+q_k\cos 52^\circ)b_n\sin 52^\circ$$

$$=\frac{1}{2}(34.78+0.2\times 25\times 0.6157)\times 5.8\times 0.788$$

$$=86.51\text{kN/m}$$

设计值

$$N_{h1}=\frac{1}{2}(1.3\times 34.78+1.2\times 0.2\times 25\times 0.6157)\times 5.8\times 0.788$$

$$=111.77\text{kN/m}$$

② 底部：

$$N_{h2k}=\frac{1}{2}(79.3+0.2\times 25\times 0.6157)\times 0.8\times 0.788$$

$$=25.97\text{kN/m}$$

设计值

$$N_{h2}=\frac{1}{2}(1.3\times 79.3+1.2\times 0.2\times 25\times 0.6157)\times 0.8\times 0.788$$

$$=33.66\text{kN/m}$$

③ 中部 $\overline{N}_h$ 设计值：

$$\overline{N}_h=\frac{1}{2}\left(1.3\times\frac{34.78+79.3}{2}+1.2\times 0.2\times 25\times 0.6157\right)\times 3.3\times 0.788$$

$$=101.22\text{kN/m}$$

3）竖壁下部竖向拉力设计值 N_V，按公式（5.2-9）

$$N_V=\frac{r_Q P_k+r_G G_k}{4a}$$

$$=\frac{1.3\times 2763.42+1.2\times 296.33}{4\times 6}=164.5\text{kN/m}$$

4）斜壁顶部的斜向拉力设计值 N_{t1}，按公式（5.2-10）

$$N_{t1}=\frac{N_V}{\sin\alpha}=\frac{164.5}{\sin 52^\circ}=\frac{164.5}{0.788}=208.76\text{kN/m}$$

5）斜壁中部的斜向拉力 $\overline{N_t}$，按公式（5.2-11）。

① 阴影部分体积（图 10.1-4）

$$\overline{V}=3.3^2\times 3.8+\frac{1.6}{3}(3.3^2+0.8^2+\sqrt{3.3^2\times 0.8^2})$$

$$=48.94\text{m}^3$$

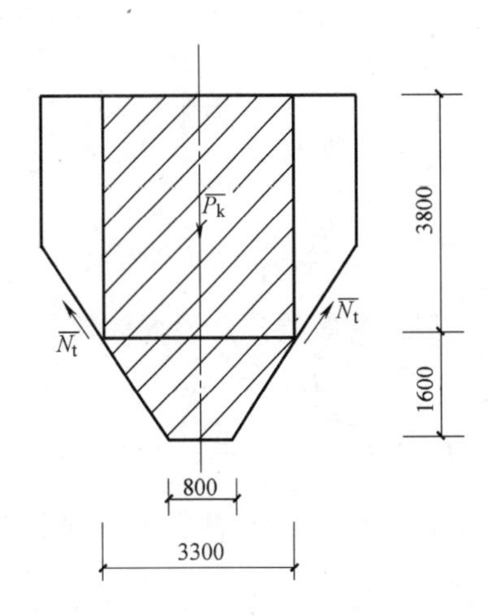

图 10.1-4 斜壁的斜向拉力 N_t

② 阴影部分贮料重量

$$\overline{P}_k=\overline{V}\cdot r$$

$$=48.94\times 22$$

$$=1076.68\text{kN}$$

③ 阴影漏斗部分自重及斗口边梁、阀门重

$$\overline{G}_k=\left[\frac{4.06}{2}\times\left(\frac{3.3+0.8}{2}\right)\times 0.2+0.2\times 0.25\times 1.05\right]\times 4\times 25+15.0$$

$$=103.48\text{kN}$$

$$\overline{N}_t=\frac{r_Q\,\overline{P}_k+r_G\,\overline{G}_k}{4\,\overline{a}\sin\alpha}$$

$$=\frac{1.3\times 1076.68+1.2\times 103.48}{4\times 3.3\times 0.788}$$

$$=146.5\text{kN/m}$$

6）漏斗壁角肋顶部的斜向拉力 N_{inc}^t，按公式（5.2-12）

$N_{inc}^t=C(aN_{inc.a}+bN_{inc.b})/2$

$h/b=2.5/6=0.42$，查图 5.2-3

得 $C=0.23$，$a=b=6\text{m}$，$N_{inc.a}=N_{inc.b}=N_{t1}$

$N_{inc}^{t}=0.23(2\times6\times208.76)/2$
$=288.09\text{kN}$

(2) 平面外弯曲计算

1) 斜壁(图 10.1-5)计算

$$\frac{a_1}{a_2}=\frac{0.8}{6}=0.133<0.25$$

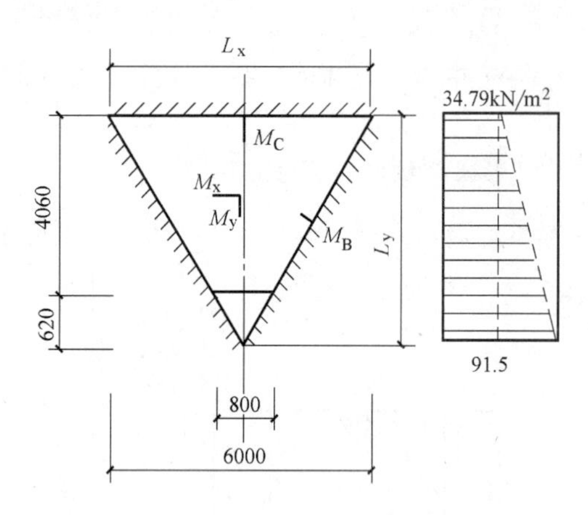

图 10.1-5 斜壁的平面外弯矩计算

按三边固定的等腰三角形板计算

$$L_x=6.0\text{m}$$

$$L_y=4.06\times\frac{6}{6-0.8}=4.68\text{m}$$

计算过程从略(也可查有关手册计算,这里未作弯短修正)。

$$L_x/L_y=6/4.68=1.28$$

三角形荷载(设计值)

$$P=\frac{L_x\cdot L_y}{3}p=\frac{6\times4.68}{3}\times1.3(91.5-34.79)$$
$$=690.05\text{kN}$$

矩形荷载(设计值)

$$P=\frac{L_x\cdot L_y}{2}p=\frac{6\times4.68}{2}\times1.3\times91.5$$
$$=1670.06\text{kN}$$

$M_x=\alpha_x\cdot P=0.0179\times1670.06-0.016\times690.05$
$=18.85\text{kN}\cdot\text{m/m}$

$M_y=\alpha_y\cdot P=0.0174\times1670.06-0.0193\times690.05$
$=15.74\text{kN}\cdot\text{m/m}$

$M_B=-\beta_u\cdot P$
$=-0.0288\times1670.06+0.0274\times690.05$
$=-29.19\text{kN}\cdot\text{m/m}$

$M_C=-\beta_y\cdot P$
$=-0.04422\times1670.06+0.0467\times690.05$
$=-38.25\text{kN}\cdot\text{m/m}$

2) 竖壁计算

按一端固定一端简支板计算(图 10.1-6)

$$M_B=-\frac{1}{15}\times r_Q p_h h^2$$
$$=-\frac{1}{15}\times1.3\times15.71\times2.5^2=-8.51\text{kN}\cdot\text{m/m}$$

$$M_{max}=0.0298r_Q p_h h^2$$
$$=0.0298\times1.3\times15.71\times2.5^2=3.8\text{kN}\cdot\text{m/m}$$

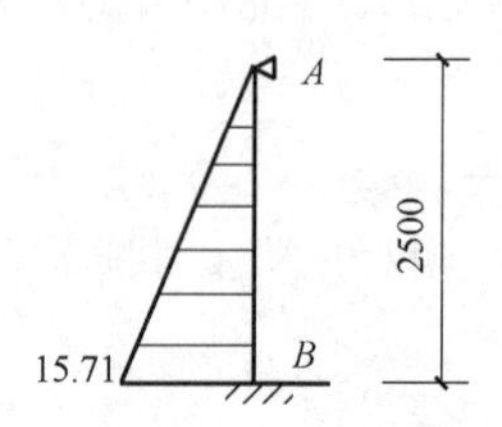

图 10.1-6 竖壁的计算

3) 竖壁和斜壁弯矩的平衡

① 相交处平衡弯矩

$$M^{\circ}=\frac{M_B+M_C}{2}=\frac{-8.51-38.25}{2}=-23.38\text{kN}\cdot\text{m/m}$$

② 斜壁跨中弯矩修正

$$M_y=\left(\frac{38.25-23.38}{2}\right)+15.74=23.18\text{kN}\cdot\text{m/m}$$

③ 竖壁跨中弯矩修正

$$M_{max}=\frac{-(23.28-8.51)}{2}+3.8=-3.59\text{kN}\cdot\text{m/m}$$

(3) 平面内弯曲计算

1) 竖壁 1 计算

按多跨连续梁计算(图 10.1-7)

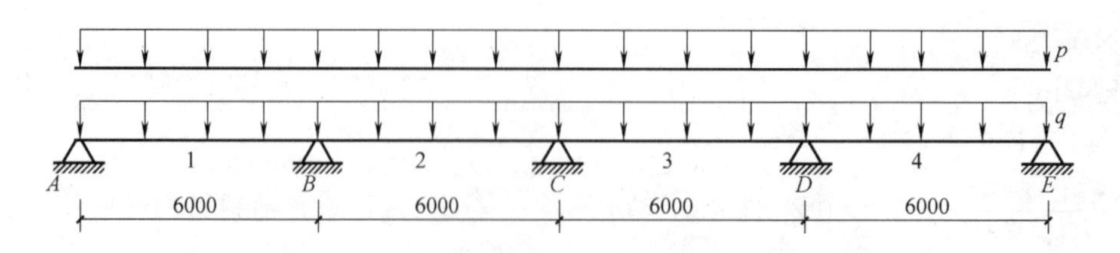

图 10.1-7 竖壁 1 计算简图

① 静荷载(标准值):

$q_k=g_{1k}+g_{2k}+G_k/(4\times6)$
$=34+12.5+296.33/24=58.85\text{kN/m}$

② 活荷载(标准值)

$p_k = P_k/(4\times6) = 2763.42/24 = 115.14\text{kN/m}$

设计值：$q = r_G q_K = 1.2\times58.85 = 70.62\text{kN/m}$

$p = r_Q p_K = 1.3\times115.14 = 149.68\text{kN/m}$

③ 内力计算查连续梁图表

$$M_1 = 0.077ql^2 + 0.1pl^2 = 0.077\times70.62\times6^2 + 0.1\times149.68\times6^2 = 734.61\text{kN}\cdot\text{m}$$

$$M_2 = 0.036ql^2 + 0.074pl^2 = 0.036\times70.62\times6^2 + 0.081\times149.68\times6^2 = 527.99\text{kN}\cdot\text{m}$$

$$M_B = -0.107ql^2 - 0.121pl^2 = -0.107\times70.62\times6^2 - 0.121\times149.68\times6^2 = -924.03\text{kN}\cdot\text{m}$$

$$M_C = -0.071ql^2 - 0.107pl^2 = -0.071\times70.62\times6^2 - 0.107\times149.68\times6^2 = -757.07\text{kN}\cdot\text{m}$$

$$V_{B左} = -0.607ql - 0.62pl = -0.607\times70.62\times6 - 0.62\times149.68\times6 = -814.01\text{kN}$$

2) 竖壁 2（单跨）计算

按简支梁计算

$$q'_k = (g_{1k} + G_k/4a)\times2 + g_{2k} = (34 + 296.33/24)\times2 + 12.5 = 105.19\text{kN/m}$$

$$p'_k = [P_k/(4\times6)]\times2 = (2763.42/24)\times2 = 230.29\text{kN/m}$$

设计值 $q' = 1.2q'_k = 1.2\times105.19 = 126.23\text{kN/m}$

$p' = 1.3p'_k = 1.3\times230.29 = 299.38\text{kN/m}$

$$M = \frac{1}{8}(q'+p')l^2 = \frac{1}{8}(126.23+299.38)\times6^2 = 1915.25\text{kN}\cdot\text{m}$$

$$V = \frac{1}{2}(q'+p')l = \frac{1}{2}(126.23+299.38)\times6 = 1276.83\text{kN}$$

4. 截面配筋

已知：混凝土：C30，$f_c = 14.3\text{N/mm}^2$，$f_t = 1.43\text{N/mm}^2$，$\alpha_1 = 1.00$

钢筋：HPB235，$f_y = 210\text{N/mm}^2$，$\xi_b = 0.614$

HRB335，$f_y = 300\text{N/mm}^2$，$\xi_b = 0.55$

(1) 竖壁 1（200×2500）

1) 竖壁平面内按受弯构件计算见本资料 6.3 节。

① 支座 B，$M_B = 924.03\text{kN}\cdot\text{m}$，$b = 200\text{mm}$，$h_o = 2445\text{mm}$

$$\alpha_s = \frac{M}{\alpha_1 f_c b h_o^2} = \frac{924.03\times10^6}{14.3\times200\times2455^2} = 0.054$$

$$\alpha_s = \xi(1-0.5\xi)$$

$$\xi = 1-\sqrt{1-2\alpha_s} = 1-\sqrt{1-2\times0.054} = 0.056 < \xi_b$$

则 $\alpha_1 f_c \xi b h_o = f_y A_s$

$$A_s = \frac{\alpha_1 f_c \xi b h_o}{f_y} = \frac{14.3\times0.056\times200\times2455}{300} = 1311\text{mm}^2$$

选钢筋 $\frac{2\Phi20}{2\Phi22}$（$A_s = 1388\text{mm}^2$）

② 边跨跨中，$M_1 = 734.61\text{kN}\cdot\text{m}$

$$\alpha_s = \frac{734.61\times10^6}{14.3\times200\times2455^2} = 0.043$$

$$\xi = 1-\sqrt{1-2\times0.043} = 0.044 < \xi_b$$

$$A_{s1} = \frac{14.3\times0.044\times200\times2455}{300} = 1030\text{mm}^2$$

③ 竖壁底部水平拉力 $N_h = 59.23\text{kN}$

$$A_{s2} = \frac{N_h}{f_y} = \frac{59.23\times10^3}{300} = 198\text{mm}^2$$

$$A_s = A_{s1} + A_{s2} = 1030 + 198 = 1228\text{mm}^2$$

选 $\frac{2\Phi20}{2\Phi22}$（$A_s = 1388\text{mm}^2$）

④ 箍筋控制条件

为了防止发生斜压及斜拉这两种严重脆性的破坏形态，必须控制构件的截面尺寸不能过小及箍筋用量不能过少。为此，《混凝土结构设计规范》给出了相应的控制条件；按公式（6.1-3）及公式（6.1-6）：

a. 当 $h_o/b \geqslant 6$ 时，

$V \leqslant 0.2\beta_c f_c b h_o$，$\beta_c = 1.0$，（C30）

b. 配筋率 $\rho_{sv} \geqslant 0.24 f_t/f_{yv}$，取 $f_{yv} = f_y$

⑤ 配箍计算

a. 核验截面

$V = 814.01\text{kN}$

$h_o/b = 2455/200 = 12.275 > 6$

$$0.2\beta_c f_c b h_o = 0.2\times1.0\times14.3\times200\times2455 = 1404260\text{N} = 1404.26\text{kN} > V$$

截面尺寸满足要求

b. 仅配置箍筋时，按公式（6.1-5）：

$V \leqslant V_{cs}$

$$V_{cs} = 0.7 f_t b h_o + 1.25 f_{yv}\frac{A_{sv}}{S}h_o$$

令 $V = V_{cs}$ $A_{sv} = 2A_{sv1}$

则
$$\frac{A_{sv1}}{S} = \frac{V - 0.7 f_t b h_o}{2\times1.25 f_{yv} h_o} = \frac{814.01\times10^3 - 0.7\times1.43\times200\times2455}{2\times1.25\times300\times2455} = 0.175\text{mm}^2/\text{mm}$$

2) 竖壁平面外按偏心受拉构件计算，按公式（6.3-3）

$M_y=M^{\circ}=23.38\text{kN}\cdot\text{m/m}$

$N_v=164.5\text{kN/m}$

① 对称配筋：$A_s=A_s'$

$e_0=\frac{M_y}{N_v}=\frac{23.38}{164.5}=0.142\text{m}$

$e'=0.5h-a_s'+e_0$

$=0.5\times0.2-0.045+0.142=0.197\text{m}$

$A_s=\frac{N_v e'}{f_y(h_0'-a_s)}=\frac{164.5\times10^3\times0.197\times10^3}{300(155-45)}$

$=982\text{mm}^2/\text{m}$

② 单肢箍筋总截面面积：

$\frac{A_{sv1}}{S}+A_s=0.175\times10^3+982=1157\text{mm}^2/\text{m}$

选Φ12/Φ14@100（1335mm²/m），如图 10.1-8 所示。

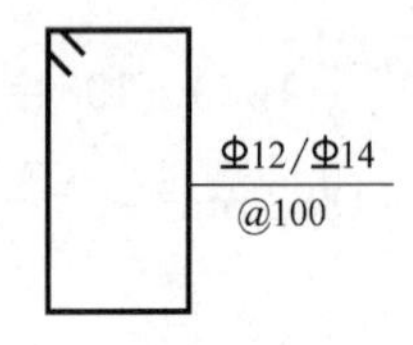

图 10.1-8

③ 箍筋的配筋率 $\rho_{sv}=A_{sv}/(bs)$

$0.24f_t/f_{yv}=0.24\times1.43/300=0.1144\%$

$\rho_{sv}=1335/(200\times1000)=0.006675$

$=0.6675\%>0.1144\%$

满足要求

（2）竖壁 2

1）平面内按受弯构件计算，见 6.3 节

① 跨中

$M=1915.25\text{kN}\cdot\text{m}$，$V=1276.83\text{kN}$

$\alpha_s=\frac{M}{\alpha_1 f_c b h_0^2}=\frac{1915.25\times10^6}{1\times14.3\times200\times2455^2}=0.11$

$\xi=1-\sqrt{1-2\alpha_s}=1-\sqrt{1-2\times0.11}$

$=0.117<\xi_b=0.55$

$A_{s1}=\frac{\alpha_1 f_c \xi b h_0}{f_y}=\frac{1\times14.3\times0.117\times200\times2455}{300}$

$=2739\text{mm}^2$

由竖壁底部水平拉力 N_h，按受拉计算：

$A_{s2}=2N_h/f_y=2\times198=396\text{mm}^2$

$A_s=A_{s1}+A_{s2}=2739+396=3135\text{mm}^2$

选 9Φ22（$A_s=3421\text{mm}^2$）

② 箍筋计算

$\frac{A_{sv1}}{S}=\frac{1276.83\times10^3-0.7\times1.43\times200\times2455}{2\times1.25\times300\times2455}$

$=0.427\text{mm}^2/\text{mm}=427\text{mm}^2/\text{m}$

2）平面外按偏心受拉构件计算，同竖壁 1

$A_s=982\text{mm}^2/\text{m}$

3）单肢箍筋总截面面积

$\frac{A_{sv1}}{S}+A_s=427+982=1409\text{mm}^2/\text{m}$

选Φ/14@100（1539mm²/m），如右图 10.1-9 所示。

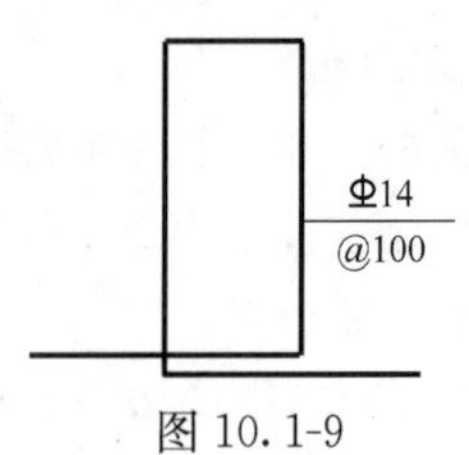

图 10.1-9

（3）斜壁

斜壁按偏心受拉构件计算，按公式（6.3-3）

1）x 方向

① 支座：

$N_x=101.22\text{kN/m}$，$M_x=-29.19\text{kN}\cdot\text{m/m}$

$e_0=\frac{M_x}{N_x}=\frac{29.19}{101.22}=0.288\text{m}$

$e'=0.5h-a_s'+e_0$

$=0.5\times0.2-0.045+0.288=0.343\text{m}$

$A_s=\frac{N_x e'}{f_y(h_0'-a_s)}=\frac{101.22\times10^3\times0.343\times10^3}{300(155-45)}$

$=1052\text{mm}^2/\text{m}$

对称配筋选Φ12@100，$A_s=A_s'=1131\text{mm}^2/\text{m}$

② 跨中：

$N_x=101.22\text{kN/m}$，$M_x=18.85\text{kN}\cdot\text{m/m}$

$e_0=\frac{M_x}{N_x}=\frac{18.85}{101.22}=0.186\text{m}$

$e'=0.5\times0.2-0.045+0.186=0.241\text{m}$

$A_s=\frac{101.22\times10^3\times0.241\times10^3}{300(155-45)}=739\text{mm}^2/\text{m}$

对称配筋选Φ12@100，$A_s=A_s'=1131\text{mm}^2/\text{m}$

2）y 方向

① 支座：

$N_y=208.76\text{kN/m}$，$M_y=-23.38\text{kN}\cdot\text{m/m}$

$e_0=\frac{M_y}{N_y}=\frac{23.38}{208.76}=0.112\text{m}$

$e'=0.5\times0.2-0.045+0.112=0.167\text{m}$

$A_s=\frac{208.76\times10^3\times0.167\times10^3}{300(155-45)}=1057\text{mm}^2/\text{m}$

对称配筋选Φ12@100，$A_s=A_s'=1131\text{mm}^2/\text{m}$

② 跨中：

$N_y=146.5\text{kN/m}$，$M_y=23.18\text{kN}\cdot\text{m/m}$

$e_0=\frac{M_y}{N_y}=\frac{23.18}{146.5}=0.158\text{m}$

$e'=0.5\times0.2-0.045+0.158=0.213\text{m}$

$A_s=\frac{146.5\times10^3\times0.213\times10^3}{300(155-45)}$

$=946mm^2/m$

对称配筋选Φ12@100，$A_s=A'_s=1131mm^2/m$

(4) 角肋骨架筋计算，按公式（6.1-1）

$N_{inc}^t=288.09kN$

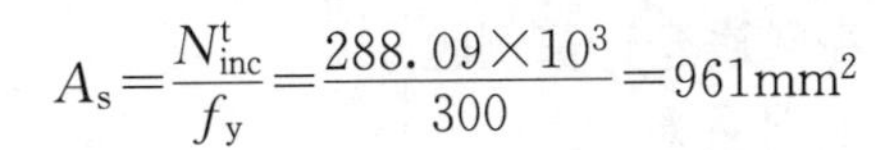

$$A_s=\frac{N_{inc}^t}{f_y}=\frac{288.09\times10^3}{300}=961mm^2$$

选 2Φ25（$A_s=982mm^2$）

(5) 配筋图见图 10.1-10～图 10.1-12。

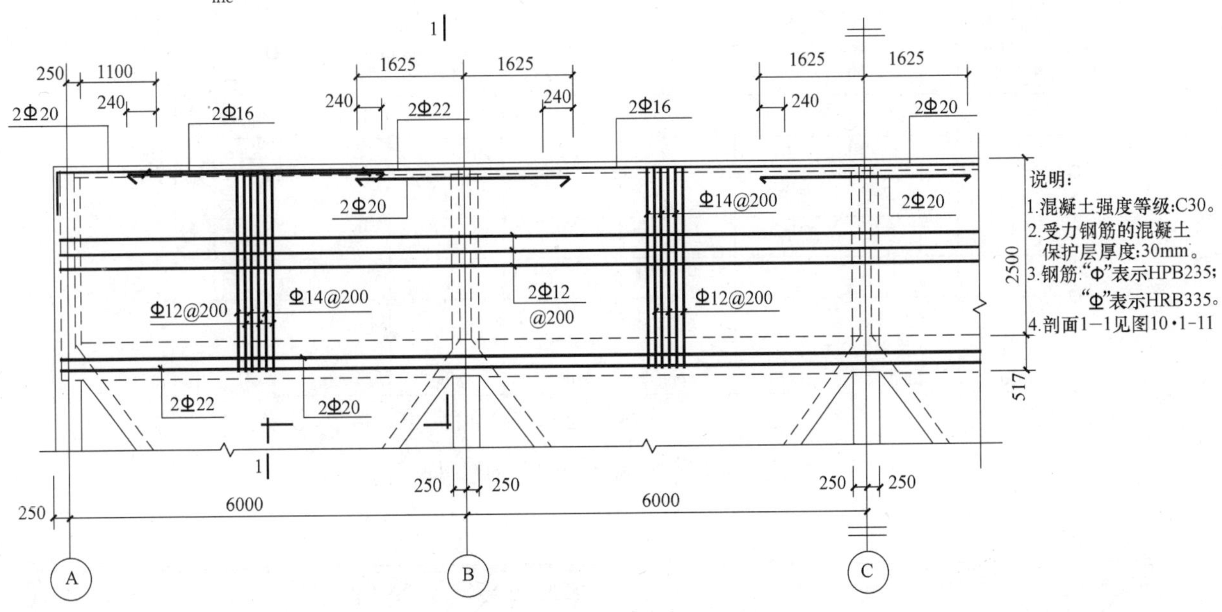

图 10.1-10 竖壁 1 配筋图

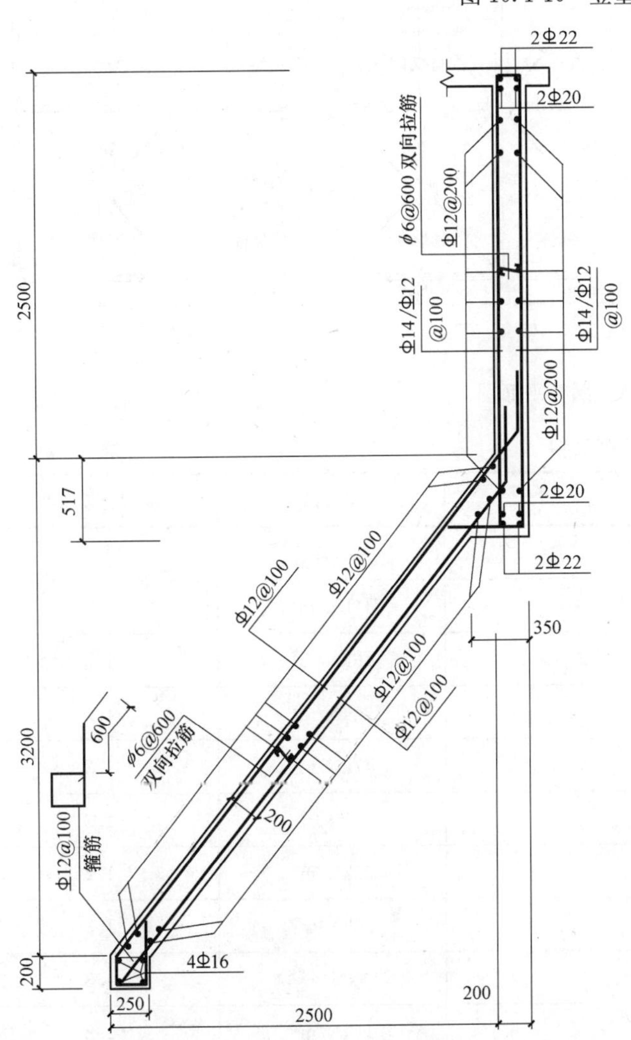

图 10.1-11 剖面Ⅰ—Ⅰ（竖壁 1）

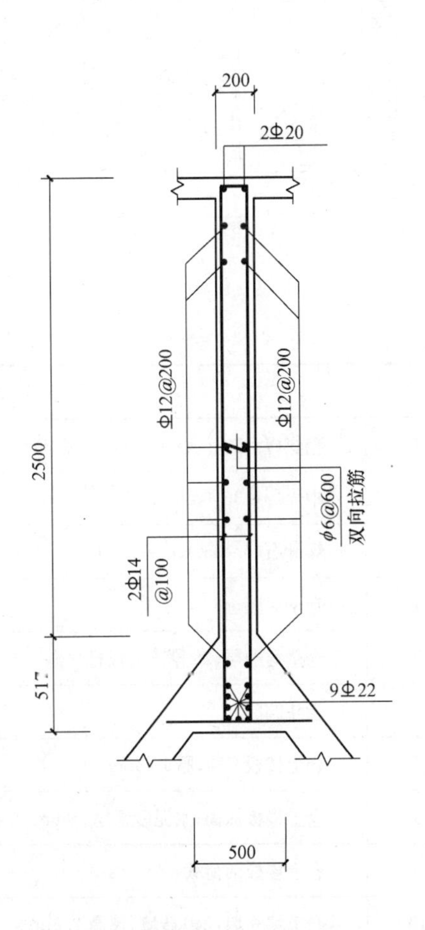

图 10.2-12 竖壁 2 配筋图

10.2 高壁浅仓计算例题

1. 设计资料

(1) 施工图纸

1) 标高 22、300 平面简图，见图 10.2-1；2) 漏斗平面图，见图 10.2-2；3) Ⅰ—Ⅰ剖面图，见图 10.2-3；4) Ⅱ—Ⅱ剖面图，见图 10.2-4。

(2) 荷载资料

荷载资料见表 10.2-1。

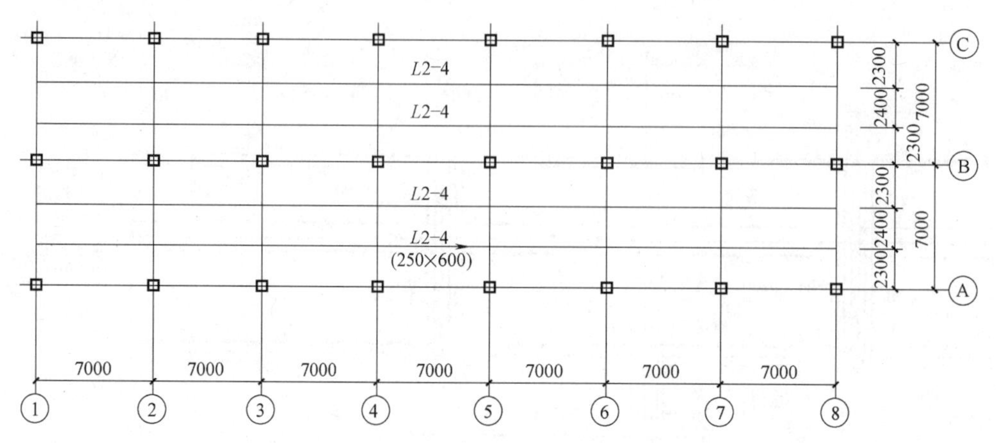

图 10.2-1 标高 22.300 平面简图

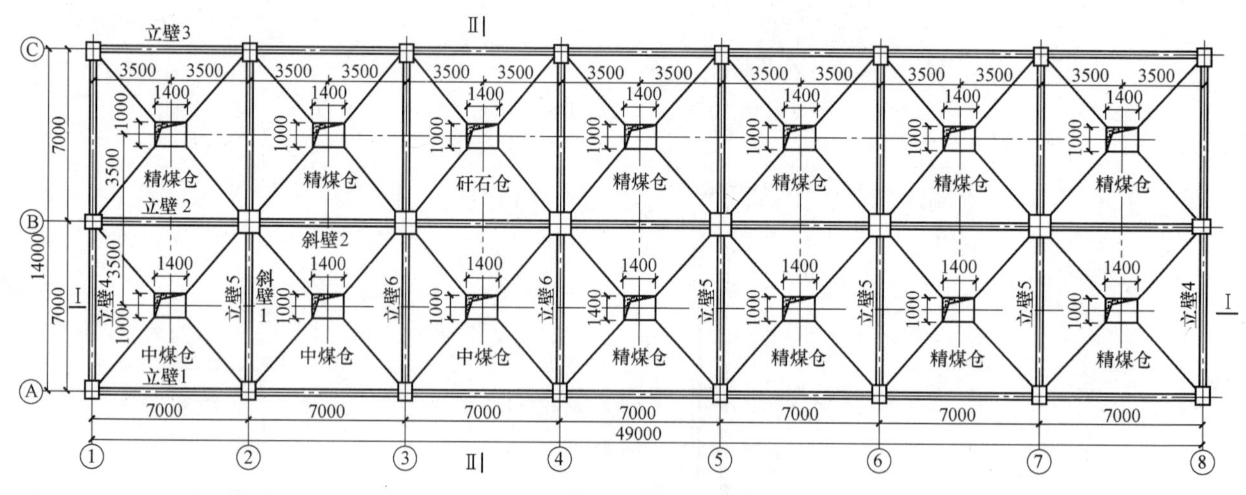

图 10.2-2 漏斗平面图

荷载资料 **表 10.2-1**

序号	荷载分类	标准值	荷载分项系数
1	精煤($\phi=30°$)，$k=\tan^2(45°-\phi/2)=0.333$	9kN/m³	1.3
2	中煤($\phi=35°$)，$k=0.271$	13kN/m³	1.3
3	煤矸石($\phi=35°$)，$k=0.271$	16kN/m³	1.3
4	仓壁混凝土 C30	25kN/m³	1.2
5	仓壁耐磨层(25 厚铸石板材)	47kN/m³	1.2
6	漏斗阀门	22kN/个	1.2
7	仓上楼板 C30，厚 100mm	25kN/m³	1.2
8	仓上楼板抹面；水泥砂浆厚 20mm	20kN/m³	1.3
9	仓上楼板活荷载	5kN/m²	1.3
10	仓上填充墙：240 砖墙，墙高 2.6m	19kN/m³	1.2

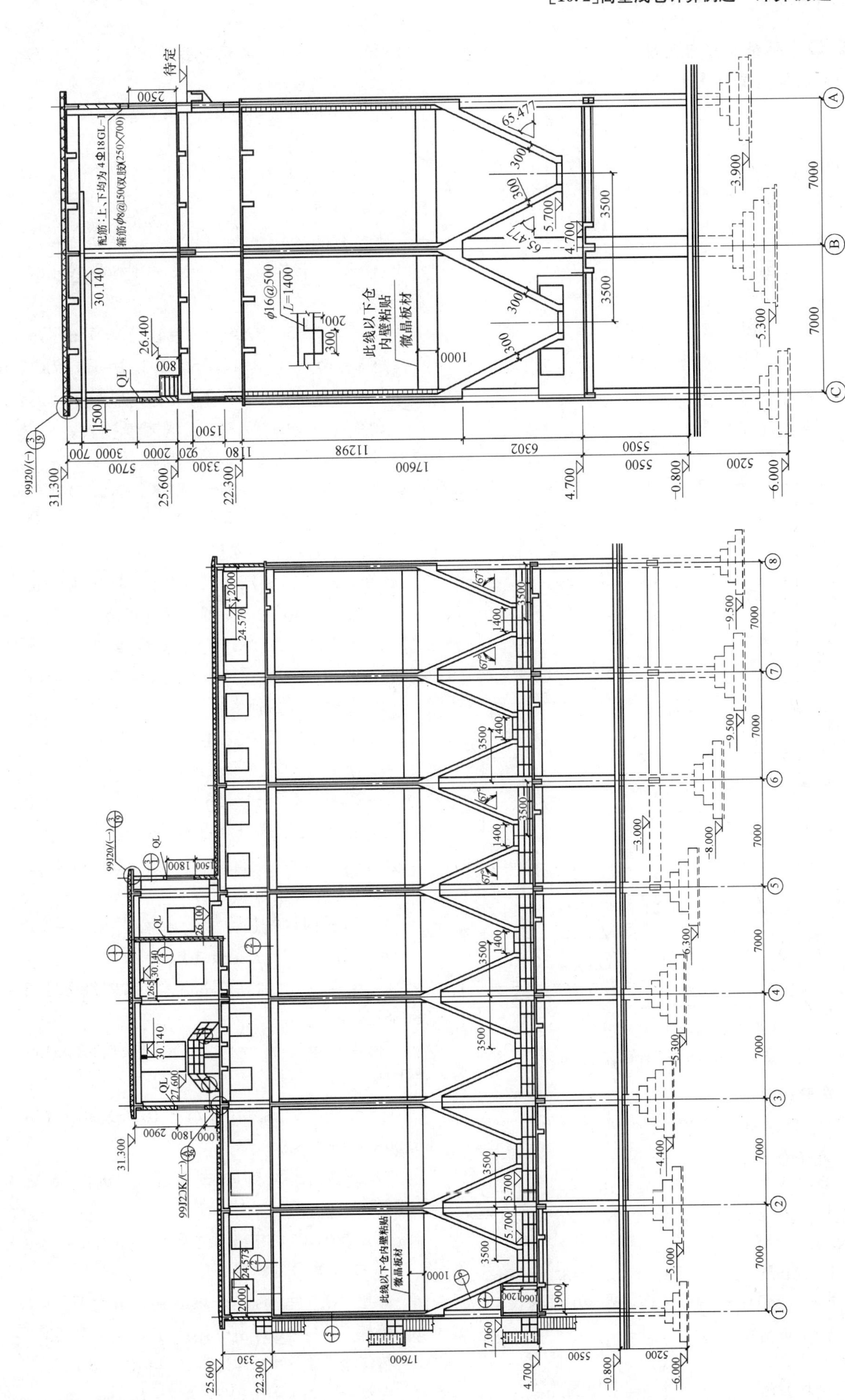

图 10.2-4 Ⅱ—Ⅱ剖面图

图 10.2-3 Ⅰ—Ⅰ剖面图

2. 漏斗斜壁尺寸与角度

(1) 斜壁角度（图 10.2-5）

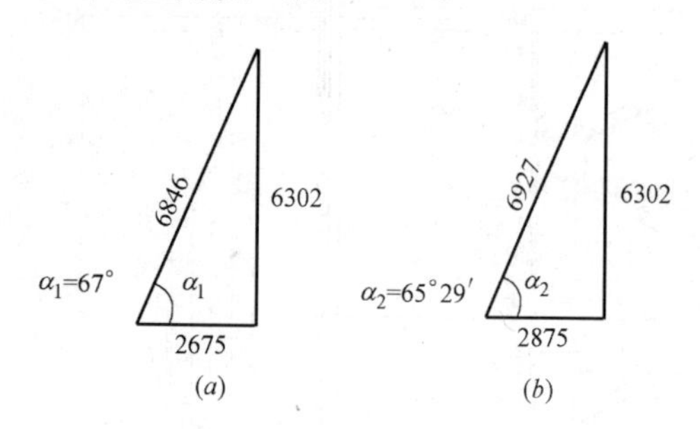

图 10.2-5 斜壁角度

(a) 斜壁 1；(b) 斜壁 2

(2) 漏斗斜壁尺寸

漏斗斜壁尺寸见图 10.2-6。

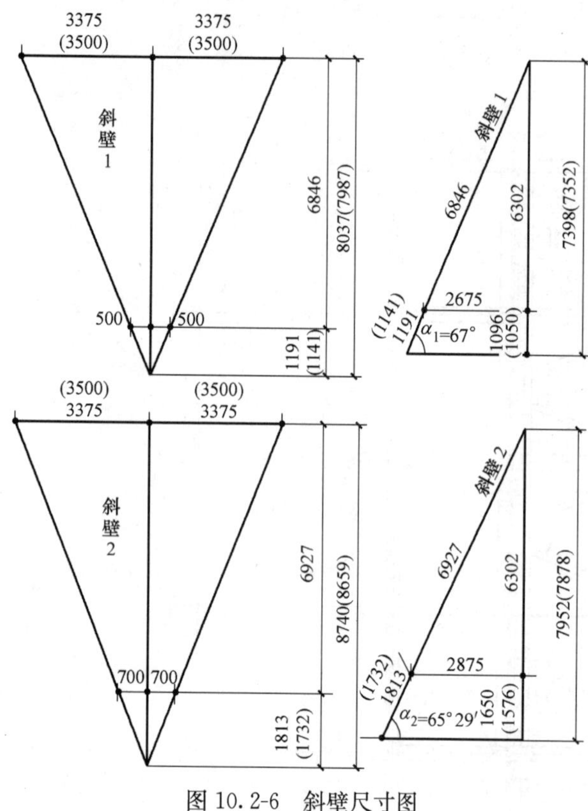

图 10.2-6 斜壁尺寸图

注：括号尺寸用于计算 p_n

3. 荷载计算

(1) 仓壁顶面（▽22.300）荷载

1) 基本荷载

① 静荷载

板抹面厚 20mm $g_1=0.02\times25\times1.3=0.65\text{kN/m}^2$

板厚 100mm $g_2=0.1\times25\times1.2=3.0\text{kN/m}^2$

梁自重（250mm×600mm） $g_3=0.25\times0.6\times25\times1.2=4.5\text{kN/m}$

② 活荷载

$p_k=5\text{kN/m}^2$ $p=5\times1.3=6.5\text{kN/m}^2$

③ 作用于梁上基本荷载

L2—4 荷载

$$q'_1=0.65\times2.35+3(2.35-0.25)+4.5+6.5\times2.35=27.60\text{kN/m}$$

L2—4 单跨支座反力

$R=27.6\times3.5=96.6\text{kN}$

④ 作用于各轴线上基本荷载轴线Ⓐ、Ⓑ上，板传重：

$$q'_2=0.65+3.0+6.5=10.15\text{kN/m}^2$$

Ⓐ轴：$q'_A=q'_C=10.15\times2.3/2=11.67\text{kN/m}$

Ⓑ轴：$q'_B=10.15\times2.3=23.35\text{kN/m}$

轴线①、⑧、Ⓐ、Ⓒ上填充墙（内、外抹面总厚 30mm，砖墙高 2.6m）荷载：

$$g_4=(0.03\times20\times1.3+0.24\times19\times1.2)\times2.6=16.26\text{kN/m}$$

立壁自重之半（立壁厚 250mm）：

$$g_5=0.25\times9.98/2\times25\times1.2=37.43\text{kN/m}$$

2) 作用于各主要立壁上的总荷载

① 立壁 1、立壁 3（Ⓐ、Ⓒ轴线）

$$q_{A,C}=11.67+16.26+37.43=65.36\text{kN/m}$$

② 立壁 2（Ⓑ轴线）

$$q_B=23.35+37.43=60.78\text{kN/m}$$

③ 立壁 4（①、⑧轴线）

$$q_{1,8}=96.6\times2/7+16.26+37.43=81.29\text{kN/m}$$

④ 立壁 5、立壁 6（②～⑦轴线）

$$q_{2\sim7}=96.6\times2\times2/7+37.43=92.63\text{kN/m}$$

(2) 仓壁面上荷载

1) 贮料的水平压力 p_h，按公式（4.2-12）

$p_h=krs r_Q$，k 值见表 10.2-1

① 精煤仓 $p_h=0.333\times9\times9.98\times1.3=38.88\text{kN/m}^2$

② 中煤仓 $p_h=0.271\times13\times9.98\times1.3=45.71\text{kN/m}^2$

③ 矸石仓 $p_h=0.271\times16\times9.98\times1.3=56.26\text{kN/m}^2$

2) 斜壁上贮料的法向压力 p_n，按公式（4.2-15）

$p_n=\xi rs r_Q$，式中各项系数如下：

① 查表 9.2-1 计算 ξ 值：

斜壁 1，$\xi_1=\cos^2\alpha_1+k\sin^2\alpha_1$，$\alpha_1=67°$

斜壁 2，$\xi_2=\cos^2\alpha_2+k\sin^2\alpha_2$，$\alpha_2=65°29'$

精煤仓 $\xi_{1.1}=0.4345$，$\xi_{2.1}=0.4475$

中煤仓 $\xi_{1.2}=0.382$，$\xi_{2.2}=0.396$

矸石仓 $\xi_{1.3}=0.382$，$\xi_{2.3}=0.396$

② 查表 10.2-1 r 标准值

精煤：$r_1=9\text{kN/m}^3$

中煤：$r_2=13\text{kN/m}^3$

矸石：$r_3=16\text{kN/m}^3$

③ 查图 10.2-7 煤仓高度 S 值

斜壁 1，$S_1=9.978\text{m}$，

$S_2=16.28\text{m}$，

$S_3=17.33\text{m}$，

斜壁 2，$S_1=9.978\text{m}$，

$S_2=16.28\text{m}$，

$S_3=17.856\text{m}$。

④ 斜壁法向压力计算：

a. 精煤仓

斜壁 1

$p_{n1}=\xi_{1.1}r_1S_1r_Q$

$=0.4345\times9\times9.978\times1.3=50.72\text{kN/m}^2$

$p_{n2}=\xi_{1.1}r_1S_2r_Q$

$=0.4345\times9\times16.28\times1.3=82.76\text{kN/m}^2$

$p_{n3}=\xi_{1.1}r_1S_3r_Q$

$=0.4345\times9\times17.33\times1.3=88.1\text{kN/m}^2$

斜壁 2

$p_{n1}=\xi_{2.1}r_1S_1r_Q$

$=0.4475\times9\times9.978\times1.3=52.24\text{kN/m}^2$

$p_{n2}=\xi_{2.1}r_1S_2r_Q$

$=0.4475\times9\times16.28\times1.3=85.24\text{kN/m}^2$

$p_{n3}=\xi_{2.1}r_1S_3r_Q$

$=0.4475\times9\times17.856\times1.3=93.49\text{kN/m}^2$

b. 中煤仓

斜壁 1

$p_{n1}=\xi_{1.2}r_2S_1r_Q$

$=0.382\times13\times9.978\times1.3=64.42\text{kN/m}^2$

$p_{n2}=\xi_{1.2}r_2S_2r_Q$

$=0.382\times13\times16.28\times1.3=105.1\text{kN/m}^2$

$p_{n3}=\xi_{1.2}r_2S_3r_Q$

$=0.382\times13\times17.33\times1.3=111.88\text{kN/m}^2$

斜壁 2

$p_{n1}=\xi_{2.2}r_2S_1r_Q$

$=0.396\times13\times9.978\times1.3=66.78\text{kN/m}^2$

$p_{n2}=\xi_{2.2}r_2S_2r_Q$

$=0.396\times13\times16.28\times1.3=108.95\text{kN/m}^2$

$p_{n3}=\xi_{2.2}r_2S_3r_Q$

$=0.396\times13\times17.856\times1.3=119.5\text{kN/m}^2$

c. 矸石仓

斜壁 1

$p_{n1}=\xi_{1.3}r_3S_1r_Q$

$=0.382\times16\times9.978\times1.3=79.28\text{kN/m}^2$

$p_{n2}=\xi_{1.3}r_3S_2r_Q$

$=0.382\times16\times16.28\times1.3=129.35\text{kN/m}^2$

$p_{n3}=\xi_{1.3}r_3S_3r_Q$

$=0.382\times16\times17.33\times1.3=137.7\text{kN/m}^2$

斜壁 2

$p_{n1}=\xi_{2.3}r_3S_1r_Q$

$=0.396\times16\times9.978\times1.3=82.19\text{kN/m}^2$

$p_{n2}=\xi_{2.3}r_3S_2r_Q$

$=0.396\times16\times16.28\times1.3=134.10\text{kN/m}^2$

$p_{n3}=\xi_{2.3}r_3S_3r_Q$

$=0.396\times16\times17.856\times1.3=147.08\text{kN/m}^2$

各仓斜壁上法向压力及水平压力见图 10.2-7。

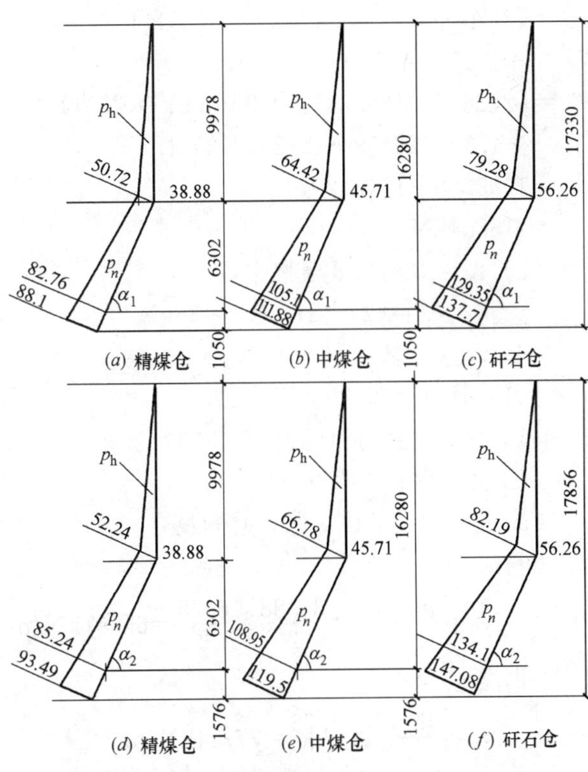

图 10.2-7 仓壁荷载 p_h、p_n (kN/m²)

(a)(b)(c) 斜壁 1；(d)(e)(f) 斜壁 2

3) 贮料料重

① 贮料体积 V，按公式（3.1-1）

$$V=a_2b_2h_2+\frac{h_1}{3}(A_1+A_2+\sqrt{A_1A_2})$$

$$=6.75\times6.75\times9.98+\frac{6.3}{3}(1.0\times1.4+6.75\times6.75+\sqrt{1\times1.4\times6.75^2})$$

$$=454.71+115.39=570.1\text{m}^3$$

② 各煤仓贮料料重

精煤仓：$G_1=570.1\times9\times1.3=6670.17$kN

中煤仓：$G_2=570.1\times13\times1.3=9634.69$kN

矸石仓：$G_3=570.1\times16\times1.3=11858.08$kN

4）斜壁自重 G（斜壁厚 0.3m）

斜壁 1 面积：

$$A_1=\frac{1}{2}(6.75+1.0)\times6.846=26.53\text{m}^2$$

斜壁 2 面积：

$$A_2=\frac{1}{2}(6.75+1.4)\times6.927=28.23\text{m}^2$$

漏斗口体积

$$V'=[(1.4+0.33)\times2+(1.0+0.33)\times2]\times0.33\times0.3=0.61\text{m}^3$$

斜壁内衬重 g_{ok}

$$g_{ok}=0.025\times47=1.175\text{kN/m}^2$$

斜壁及内衬总重，计算如下：

$$G=[2(A_1+A_2)\times0.3+0.61]\times25\times1.2+1.175(A_1+A_2)\times2\times1.2$$
$$=[2(26.53+28.23)\times0.3+0.61]\times25\times1.2+1.175(26.53+28.23)\times2\times1.2$$
$$=1003.98+154.42$$
$$=1158.4\text{kN}$$

5）漏斗口阀门及溜槽重 G'

$$G'=(22+8)\times1.2=36\text{kN}$$

4. 内力计算

（1）拉力计算

1）立壁的拉力（见图 10.2-2）

① 立壁中点水平拉力

a. 边壁（①，⑧，Ⓐ，Ⓒ轴线）

精煤仓

$$N_h=\frac{p_h}{2}\times\frac{a_n}{2}=\frac{38.88}{2}\times\frac{6.75}{2}=65.61\text{kN/m}$$

中煤仓

$$N_h=\frac{45.71}{2}\times\frac{6.75}{2}=77.14\text{kN/m}$$

矸石仓　$N_h=\dfrac{56.26}{2}\times\dfrac{6.75}{2}=94.94\text{kN/m}$

b. 中壁（②～⑦，Ⓑ轴线）

精煤仓

相邻仓为精煤仓

$$N_h=2\times65.61=131.22\text{kN/m}$$

相邻仓为中煤仓

$$N_h=65.61+71.14=142.75\text{kN/m}$$

相邻仓为矸石仓

$$N_h=65.61+94.94=160.55\text{kN/m}$$

中煤仓

相邻仓为中煤仓　$N_h=2\times77.14=154.28$kN/m

相邻仓为精煤仓　$N_h=142.75$kN/m

相邻仓为矸石仓

$$N_h=77.14+94.94=172.08\text{kN/m}$$

矸石仓

相邻仓为精煤仓　$N_h=160.55$kN/m

相邻仓为中煤仓　$N_h=172.08$kN/m

② 立壁底部水平拉力 N_h（kN/m）

a. 边壁

精煤仓　$N_h=2\times65.61=131.22$kN/m

中煤仓　$N_h=2\times77.14=154.28$kN/m

矸石仓　$N_h=2\times94.94=189.88$kN/m

b. 中壁

精煤仓

相邻仓为精煤仓

$$N_h=2\times131.22=262.44\text{kN/m}$$

相邻仓为中煤仓

$$N_h=131.22+154.28=285.5\text{kN/m}$$

相邻仓为矸石仓

$$N_h=131.22+189.88=321.1\text{kN/m}$$

中煤仓

相邻仓为中煤仓

$$N_h=2\times154.28=308.56\text{kN/m}$$

相邻仓为精煤仓　$N_h=285.5$kN/m

相邻仓为矸石仓

$$N_h=154.28+189.88=344.16\text{kN/m}$$

矸石仓

相邻仓为精煤仓　$N_h=321.1$kN/m

相邻仓为中煤仓　$N_h=344.16$kN/m

③ 立壁底部竖向拉力 N_v（kN/m），见公式(5.2-9)

$$N_v=\frac{\sum G}{4a}+g'_s$$

式中　$\sum G$——包括全部贮料荷载和立壁底部以下的漏斗的结构自重及附设在其上的设备重等（kN）；

a——立壁的宽度（轴线尺寸）(m)；

g'_s——立壁自重之半，下部有内衬 1m 高；

$$g'_s=g_s+g_{ok}\times1.0\times1.2=37.43+1.175\times1.0\times1.2=38.84\text{kN/m}$$

$\sum G$ 由 10.2-3-2-(3) 荷载计算得知，计算如下：

精煤仓

$$\sum G=6670.17+1158.4+36=7864.57\text{kN}$$

中煤仓

$$\sum G=9634.69+1158.4+36=10829.09\text{kN}$$

矸石仓

$\sum G=11858.08+1158.4+36=13052.48\text{kN}$

则立壁底部竖向拉力 N_v 计算如下：

a. 边壁

精煤仓 $N_v=\frac{7864.57}{4\times7}+38.84$

$=280.88+38.84=319.72\text{kN/m}$

中煤仓 $N_v=\frac{10829.09}{4\times7}+38.84$

$=386.75+38.84=425.59\text{kN/m}$

矸石仓 $N_v=\frac{13052.48}{4\times7}+38.84$

$=466.16+38.84=505.00\text{kN/m}$

b. 中壁（见图 10.2-2）

精煤仓

相邻仓为精煤仓

$N_v=280.88\times2+38.84=600.6\text{kN/m}$

相邻仓为中煤仓

$N_v=280.88+386.75+38.84=706.47\text{kN/m}$

相邻仓为矸石仓

$N_v=280.88+466.16+38.84=785.88\text{kN/m}$

中煤仓

相邻仓为中煤仓

$N_v=386.75\times2+38.84=812.34\text{kN/m}$

相邻仓为精煤仓

$N_v=386.75+280.88+38.84=706.47\text{kN/m}$

相邻仓为矸石仓

$N_v=386.75+466.16+38.84=891.75\text{kN/m}$

矸石仓

相邻仓为精煤仓

$N_v=785.88\text{kN/m}$

相邻仓为中煤仓

$N_v=891.75\text{kN/m}$

2）斜壁的拉力

① 斜壁顶部斜拉力（图 10.2-8）N，按公式（5.2-10）

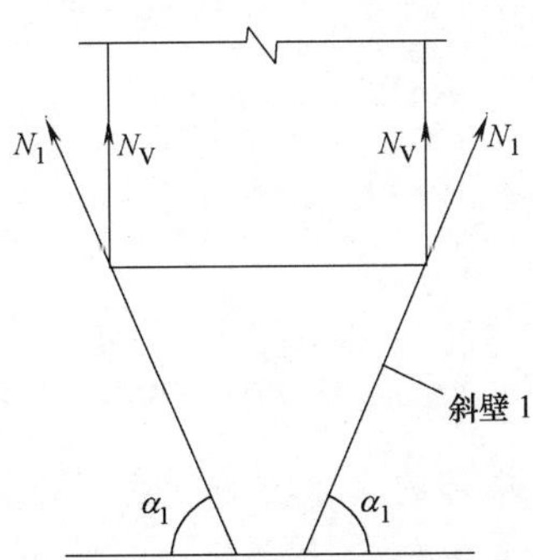

图 10.2-8 斜壁顶部斜拉力

$$N=\frac{N_v}{\sin\alpha}$$

式中 N_v——立壁底部竖向拉力（kN/m），不含自重；

α——斜壁与水平面的夹角。

a. 斜壁 1（$\alpha_1=67°$）斜拉力计算：

精煤仓 $N_1=\frac{280.88}{\sin67°}=\frac{280.88}{0.9205}=305.14\text{kN/m}$

中煤仓 $N_1=\frac{386.75}{0.9205}=420.15\text{kN/m}$

矸石仓 $N_1=\frac{466.16}{0.9205}=506.42\text{kN/m}$

b. 斜壁 2（$\alpha_2=65°29'$）斜拉力计算：

$\sin65°29'=0.9099$

精煤仓

$N_2=\frac{280.88}{0.9099}=308.69\text{kN/m}$

中煤仓

$N_2=\frac{386.75}{0.9099}=425.05\text{kN/m}$

矸石仓

$N_2=\frac{466.16}{0.9099}=513.32\text{kN/m}$

② 斜壁中部的斜拉力（图 10.2-9）N，按公式（5.2-11）：

$$N_1'=\frac{\sum G'}{2(a_h+b_h)\sin\alpha_1},N_2'=\frac{\sum G'}{2(a_h+b_h)\sin\alpha_2}$$

式中 $\sum G'$——斜壁中部截面以下漏斗壁所承受的全部竖向荷载（包括图 10.2-9 中阴影部分贮料重、阴影内的漏斗结构自重及附设在其上的设备重等）(kN)；

a_h、b_h——斜壁 1、2 的下底净宽（m）；

α_1、α_2——斜壁 1、斜壁 2 倾角。

a. 竖向荷载之 G' 计算

阴影体积：

$$V=4\times4.2\times13.129+\frac{3.151}{3}(4\times4.2+1\times1.4+\sqrt{(4\times4.2)(1\times1.4)})=244.78\text{cm}^3$$

贮料重：

精煤

$G=9\times244.78\times1.3=2863.93\text{kN}$

中煤

$G=13\times244.78\times1.3=4136.78\text{kN}$

矸石

$G=16\times244.78\times1.3=5091.42\text{kN}$

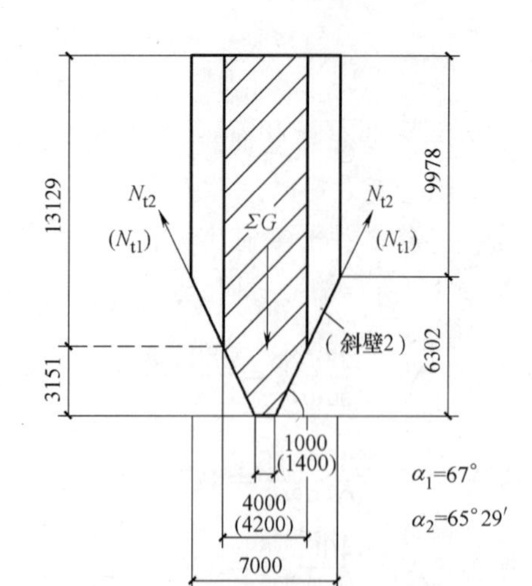

图 10-2-9 斜壁中部、斜拉力及贮料荷载示意图

阴影内漏斗斜壁面积及斗口边梁体积：

$$A=2\left[\frac{1}{2}(4.2+1.4)\times\frac{3.151}{\sin\alpha_1}+\frac{1}{2}(4+1)\times\frac{3.151}{\sin\alpha_2}\right]$$

$$=2\left(2.8\times\frac{3.151}{0.9205}+2.5\times\frac{3.151}{0.9099}\right)=36.48\text{m}^2$$

$$V_0=2[(1.4+0.326)+(1+0.33)]\times0.3=1.834\text{m}^3$$

阴影内漏斗结构自重及斗口阀门重等：

$$G=(36.48\times0.3+1.834)\times25\times1.2+36.48\times1.175\times1.2+36=470.78\text{kN}$$

阴影内贮料、漏斗和阀门等总重，计算如下：

精煤仓

$\sum G'=2863.93+470.78=3334.71$kN

中煤仓 $\sum G'=4136.78+470.78=4607.56$kN

矸石仓 $\sum G'=5091.42+470.78=5562.2$kN

b. 斜壁中部水平截面上竖直拉力 N'_v (kN/m) 计算：

精煤仓 $N'_v=\dfrac{3334.71}{2(4+4.2)}=203.34$kN/m

中煤仓 $N'_v=\dfrac{4607.56}{16.4}=280.95$kN/m

矸石仓 $N'_v=\dfrac{5562.2}{16.4}=339.16$kN/m

c. 斜壁中部、斜拉力 N'_1及 N'_2计算如下：

精煤仓：

斜壁 1 $N'_1=\dfrac{\sum G'}{2(a_h+b_h)\sin\alpha_1}=\dfrac{N'_v}{\sin\alpha_1}$

$=\dfrac{203.34}{0.9205}=220.9$kN/m

斜壁 2 $N'_2=\dfrac{N'_v}{\sin\alpha_2}=\dfrac{203.34}{0.9099}=223.48$kN/m

中煤仓：

斜壁 1 $N'_1=\dfrac{280.95}{0.9205}=305.21$kN/m

斜壁 2 $N'_2=\dfrac{280.95}{0.9099}=308.77$kN/m

矸石仓：

斜壁 1 $N'_1=\dfrac{339.16}{0.9205}=368.45$kN/m

斜壁 2 $N'_2=\dfrac{339.16}{0.9099}=372.74$kN/m

③ 斜壁顶部的水平拉力（由相邻斜壁传来）

斜壁单位面积的自重 g_o

$$g_o=0.3\times25\times1.2+0.025\times47\times1.2=10.41\text{kN/m}^2$$

g_o 的分力（与斜壁垂直）

g_{o1}（与斜壁 1 垂直）

g_{o2}（与斜壁 2 垂直）

$$g_{o1}=g_o\cos\alpha_1=10.41\times\cos67°=10.41\times0.3907=4.07\text{kN/m}^2$$

$$g_{o2}=g_o\cos\alpha_2=10.41\times\cos65°29'=10.41\times0.415=4.32\text{kN/m}^2$$

a. 斜壁 1 顶部的水平拉力（由斜壁 2 传来）（p_n 见图 10.2-7）

精煤仓

$$N_1=\frac{b_n}{2}(p_{n2}+g_o\cos\alpha_2)\sin\alpha_1$$

$$=\frac{6.75}{2}(52.24+4.32)\times0.9205=175.71\text{kN/m}$$

中煤仓

$$N_1=\frac{6.75}{2}(66.78+4.32)\times0.9205=220.89\text{kN/m}$$

矸石仓

$$N_1=\frac{6.75}{2}(82.19+4.32)\times0.9205=268.75\text{kN/m}$$

b. 斜壁 2 顶部的水平拉力（由斜壁 1 传来）（p_n 见图 10.2-7）

精煤仓

$$N_2=\frac{a_n}{2}(p_{n1}+g_o\cos\alpha_1)\sin\alpha_2$$

$$=\frac{6.75}{2}(50.72+4.07)\times0.9099=168.26\text{kN/m}$$

中煤仓

$$N_2=\frac{6.75}{2}(64.42+4.07)\times0.9099=210.33\text{kN/m}$$

矸石仓

$$N_2=\frac{6.75}{2}(79.28+4.07)\times0.9099=255.96\text{kN/m}$$

④ 斜壁中部的水平拉力（由相邻斜壁传来）

a. 斜壁 1 中部的水平拉力（由斜壁 2 传来）（p_n 见图 10.2-7）

精煤仓

$$N'_1=\frac{b'_n}{2}(p'_n+g_o\cos\alpha_2)\sin\alpha_1$$

$$=\frac{4.08}{2}\left(\frac{52.24+85.24}{2}+4.32\right)\times0.9205$$

$$=137.19\text{kN/m}$$

中煤仓

$$N'_1=\frac{4.08}{2}\left(\frac{66.78+108.95}{2}+4.32\right)\times0.9205$$

$$=173.14\text{kN/m}$$

矸石仓

$$N'_1=\frac{4.08}{2}\left(\frac{82.19+134.1}{2}+4.32\right)\times0.9205$$

$$=211.19\text{kN/m}$$

b. 斜壁 2 中部的水平拉力（由斜壁 1 传来）（p_n 见图 10.2-7）

精煤仓

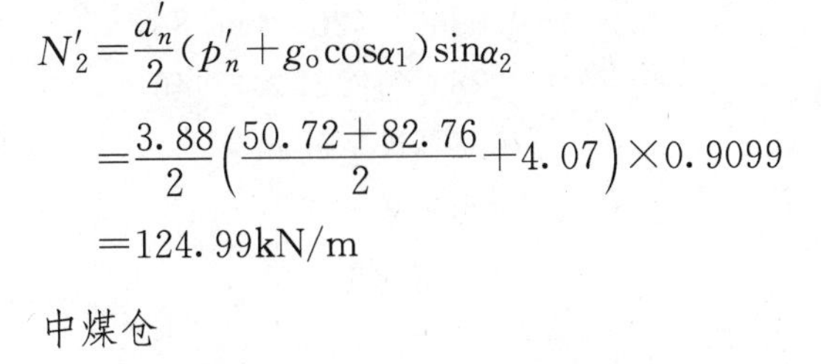

$$N'_2=\frac{a'_n}{2}(p'_n+g_o\cos\alpha_1)\sin\alpha_2$$

$$=\frac{3.88}{2}\left(\frac{50.72+82.76}{2}+4.07\right)\times0.9099$$

$$=124.99\text{kN/m}$$

中煤仓

$$N'_2=\frac{3.88}{2}\left(\frac{64.42+105.1}{2}+4.07\right)\times0.9099$$

$$=156.81\text{kN/m}$$

矸石仓

$$N'_2=\frac{3.88}{2}\left(\frac{79.28+129.35}{2}+4.07\right)\times0.9099$$

$$=191.32\text{kN/m}$$

(2) 斜壁平面外弯曲计算

1) 斜壁 1（图 10.2-10）

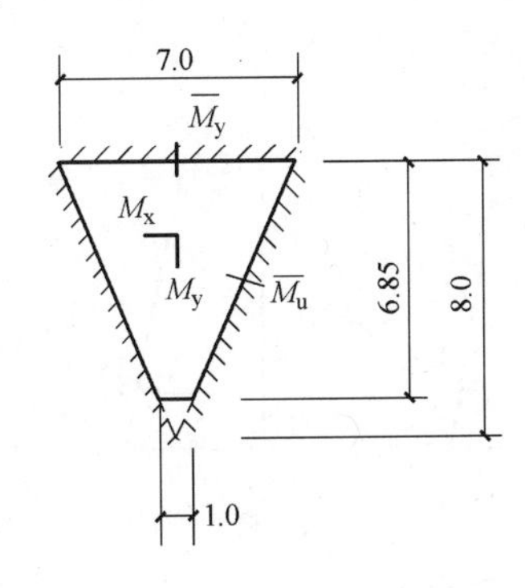

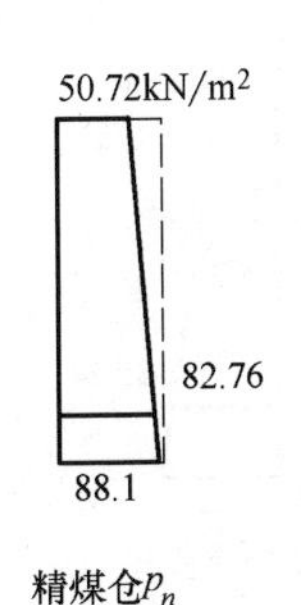

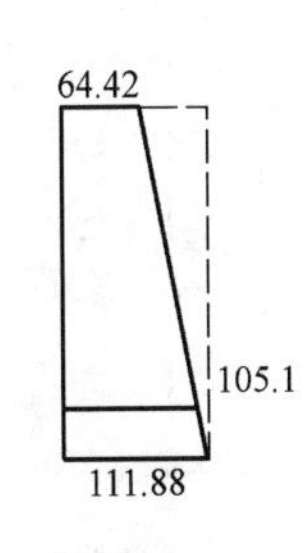

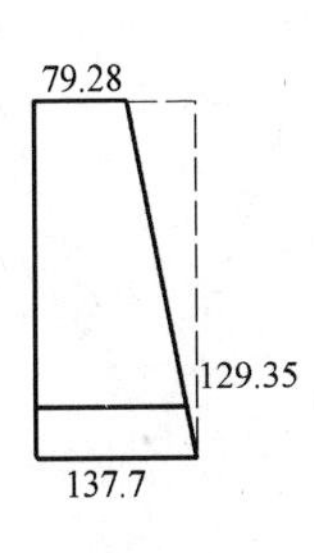

图 10.2-10 斜壁 1 平面外弯曲与荷载 p_n 图

$\frac{a_1}{a_2}=1/7=0.14<0.25$，按三角形板计算（按静力手册查表）

矩形荷载：

$$P=\frac{l_x l_y}{2}\cdot p=\frac{7\times8}{2}p=28p$$

倒三角形荷载：

$$P=\frac{l_x l_y}{3}\cdot p=\frac{7\times8}{3}p=18.67p$$

① 精煤仓：矩形荷载

$$p=88.1\text{kN/m}^2$$

倒三角形荷载

$$p=88.1-50.72=37.38\text{kN/m}^2$$

$$l_x/l_y=7/8=0.875$$

$$M_x=0.02035\times28\times88.1-0.0193\times18.67\times37.38=36.73\text{kN}\cdot\text{m/m}$$

$$M_y=0.0158\times28\times88.1-0.0173\times18.67\times37.38=26.9\text{kN}\cdot\text{m/m}$$

$$\overline{M_u}=-0.03575\times28\times88.1+0.0373\times18.67\times37.38=-62.16\text{kN}\cdot\text{m/m}$$

$$\overline{M_y}=-0.03665\times28\times88.1+0.04285\times18.67\times37.38=-60.5\text{kN}\cdot\text{m/m}$$

② 中煤仓：矩形荷载

$$p=111.88\text{kN/m}^2$$

倒三角形荷载

$$p=111.88-64.42=47.46\text{kN/m}^2$$

$$M_x=0.02035\times28\times111.88-0.0193\times18.67\times47.46=46.65\text{kN}\cdot\text{m/m}$$

$$M_y=0.0158\times28\times111.88-0.0173\times18.67\times47.46=34.17\text{kN}\cdot\text{m/m}$$

$$\overline{M_u}=-0.03575\times28\times111.88+0.0373\times18.67\times47.46=-78.94\text{kN}\cdot\text{m/m}$$

$\overline{M_y}=-0.03665\times28\times111.88+0.04285\times18.67\times47.46=-76.84\text{kN}\cdot\text{m/m}$

③ 矸石仓：矩形荷载

$p=137.7\text{kN/m}^2$

倒三角形荷载

$p=137.7-79.28=58.42\text{kN/m}^2$

$M_x=0.02035\times28\times137.7-0.0193\times18.67\times58.42=57.41\text{kN}\cdot\text{m/m}$

$M_y=0.0158\times28\times137.7-0.0173\times18.67\times58.42=42.05\text{kN}\cdot\text{m/m}$

$\overline{M_u}=-0.03575\times28\times137.7+0.0373\times18.67\times58.42$

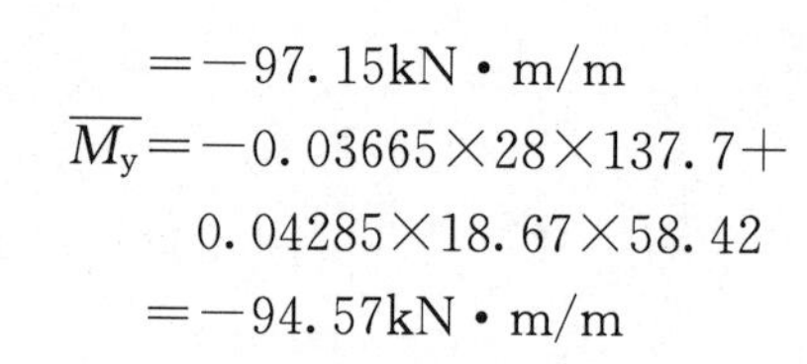

$=-97.15\text{kN}\cdot\text{m/m}$

$\overline{M_y}=-0.03665\times28\times137.7+0.04285\times18.67\times58.42=-94.57\text{kN}\cdot\text{m/m}$

2）斜壁 2（图 10.2-11）

$\frac{a_1}{a_2}=1.4/7=0.2<0.25$，按三角形板计算

矩形荷载：

$$P=\frac{l_x l_y}{2}\cdot p=\frac{7\times8.66}{2}\cdot p=30.31p$$

倒三角形荷载：

$$P=\frac{l_x l_y}{3}\cdot p=\frac{7\times8.66}{3}\cdot p=20.21p$$

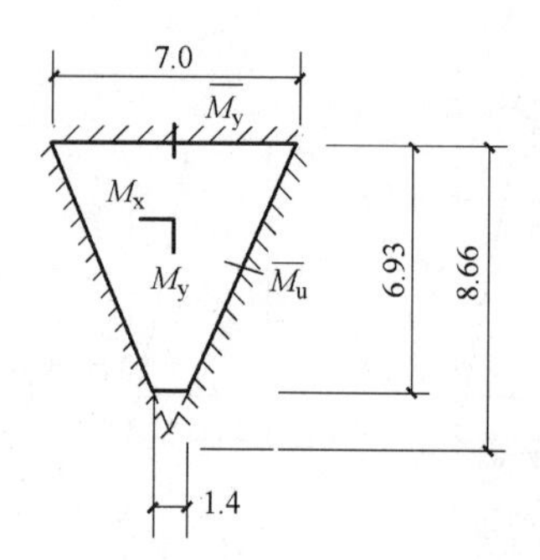

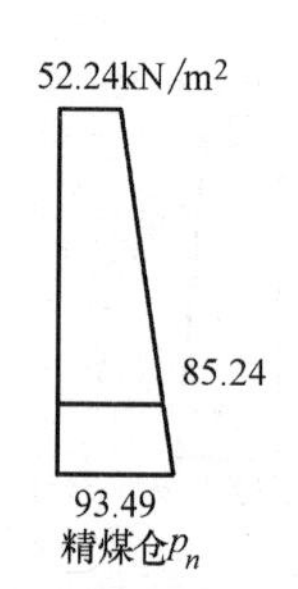

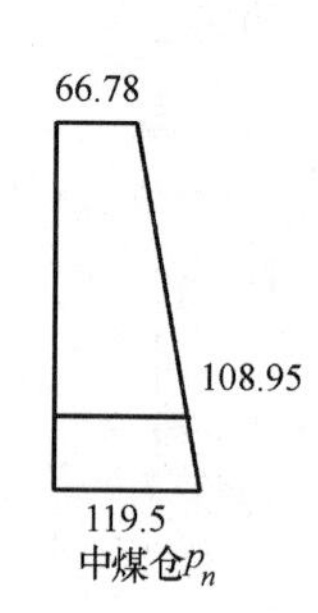

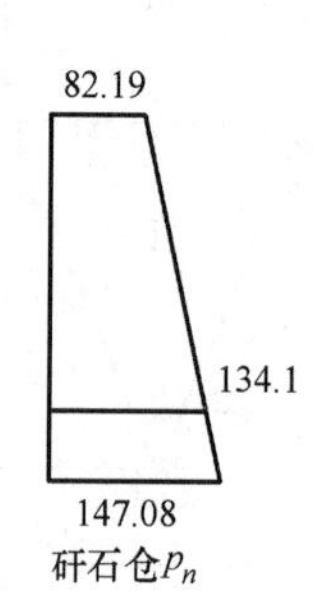

图 10.2-11 斜壁 2 平面外弯曲与荷载 p_n 图

$l_x/l_y=7/8.66=0.808$

① 精煤仓：矩形荷载

$p=93.49\text{kN/m}^2$

倒三角形荷载

$p=93.49-52.24=41.25\text{kN/m}^2$

$M_x=0.0207\times30.31\times93.49-0.0198\times20.21\times41.25=42.15\text{kN}\cdot\text{m/m}$

$M_y=0.015364\times30.31\times93.49-0.0165\times20.21\times41.25=29.78\text{kN}\cdot\text{m/m}$

$\overline{M_u}=-0.0366\times30.31\times93.49+0.03852\times20.21\times41.25=-71.6\text{kN}\cdot\text{m/m}$

$\overline{M_y}=-0.03467\times30.31\times93.49+0.0411\times20.21\times41.25=-63.98\text{kN}\cdot\text{m/m}$

② 中煤仓：矩形荷载

$p=119.5\text{kN/m}^2$

倒三角形荷载

$p=119.5-66.78=52.72\text{kN/m}^2$

$M_x=0.0207\times30.31\times119.5-0.0198\times20.21\times52.72=53.88\text{kN}\cdot\text{m/m}$

$M_y=0.01536\times30.31\times119.5-0.0165\times20.21\times52.72=38.05\text{kN}\cdot\text{m/m}$

$\overline{M_u}=-0.0366\times30.31\times119.5+0.03852\times20.21\times52.72=-91.52\text{kN}\cdot\text{m/m}$

$\overline{M_y}=-0.03467\times30.31\times119.5+0.0411\times20.21\times52.72=-81.79\text{kN}\cdot\text{m/m}$

③ 矸石仓：矩形荷载

$p=147.08\text{kN/m}^2$

倒三角形荷载

$p=147.08-82.19=64.89\text{kN/m}^2$

$M_x=0.0207\times30.31\times147.08-0.0198\times20.21\times64.89=66.31\text{kN}\cdot\text{m/m}$

$M_y=0.01536\times30.31\times147.08-$
$0.0165\times20.21\times64.89$
$=46.84\text{kN}\cdot\text{m/m}$

$\overline{M_u}=-0.0366\times30.31\times147.08+$
$0.03852\times20.21\times64.89$
$=-112.65\text{kN}\cdot\text{m/m}$

$\overline{M_y}=-0.03467\times30.31\times147.08+$
$0.0411\times20.21\times64.89$
$=-100.66\text{kN}\cdot\text{m/m}$

（3）立壁平面外弯曲计算（图 10.2-12）

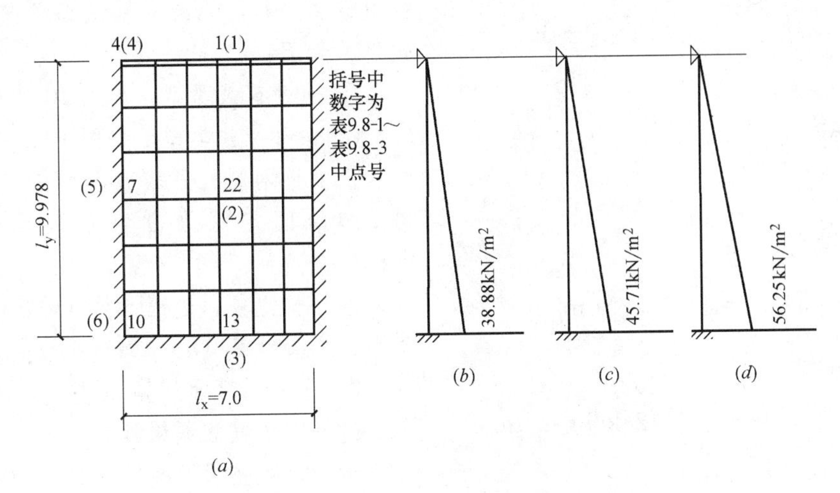

图 10.2-12 立壁平面外弯曲与荷载图

(a) 应力点；(b) 精煤仓；(c) 中煤仓；(d) 矸石仓

1）中煤仓立壁计算

$l_x/l_y=9.978/7=1.43$，按 $l_x/l_y=1.5$ 计算

$\lambda_y=l_y/6=9.978/6=1.663$；$\eta_x$，$\eta_y$，按图 10.2-12 所示点查表；$M_x$，$M_y$ 结果见表 10.2-2。

2）矸石仓立壁计算，见表 10.2-3。

中煤仓计算表 **表 10.2-2**

点	$M_x=\eta_x q\lambda_y^2$(kN·m/m)	$M_y=\eta_y q\lambda_y^2$(kN·m/m)
1	0	0
22	$0.3029\times1.663^2\times45.71=38.29$	$0.1274\times1.663^2\times45.71=16.11$
13	$-0.0776\times1.663^2\times45.71=-9.81$	$-0.4655\times1.663^2\times45.71=-58.85$
4	0	0
7	$-0.5787\times1.663^2\times45.71=-73.16$	$-0.0964\times1.663^2\times45.71=-12.19$
10	0	0

注：精煤仓按中煤仓考虑。

矸石仓计算表 **表 10.2-3**

点	$M_x=\eta_x q\lambda_y^2$(kN·m/m)	$M_y=\eta_y q\lambda_y^2$(kN·m/m)
1	0	0
22	$0.3029\times1.663^2\times56.25=47.12$	$0.1274\times1.663^2\times56.25=19.82$
13	$-0.0776\times1.663^2\times56.25=-12.07$	$-0.4655\times1.663^2\times56.25=-72.41$
4	0	0
7	$-0.5787\times1.663^2\times56.25=-90.02$	$-0.0964\times1.663^2\times56.25=-15.00$
10	0	0

3）立壁（13 点 M_y）与斜壁（$\overline{M_y}$）相交处的 y 向弯矩应平衡。取两弯矩的平均值为平衡弯矩。

① 斜壁 1

中煤仓

平衡弯矩：$\dfrac{-76.84-58.85}{2}=-67.85\text{kN}\cdot\text{m/m}$

矸石仓

平衡弯矩：$\dfrac{-94.57-72.41}{2}=-83.49\text{kN}\cdot\text{m/m}$

② 斜壁 2

中煤仓

平衡弯矩：$\dfrac{-81.79-58.85}{2}=-70.32\text{kN}\cdot\text{m/m}$

矸石仓：

平衡弯矩：$\dfrac{-100.66-72.41}{2}=-86.54\text{kN}\cdot\text{m/m}$

4）立壁、斜壁相交处采用平衡弯矩，相应在y方向的跨中弯矩M_y的修正如下：

① 斜壁1与立壁的跨中修正

中煤仓：

斜壁跨中弯矩修正：

$$\frac{76.84-67.85}{2}+34.17=38.67\text{kN}\cdot\text{m/m}$$

立壁跨中弯矩修正：

$$\frac{-(67.85-58.85)}{2}+16.11=7.11\text{kN}\cdot\text{m/m}$$

矸石仓：

斜壁跨中弯矩修正：

$$\frac{94.57-83.49}{2}+42.05=47.59\text{kN}\cdot\text{m/m}$$

立壁跨中弯矩修正：

$$\frac{-(83.49-72.41)}{2}+19.82=14.28\text{kN}\cdot\text{m/m}$$

② 斜壁2与立壁的跨中修正

中煤仓：

斜壁跨中弯矩修正：

$$\frac{81.79-70.32}{2}+38.05=43.79\text{kN}\cdot\text{m/m}$$

立壁跨中弯矩修正：

$$\frac{-(70.32-58.85)}{2}+16.11=10.38\text{kN}\cdot\text{m/m}$$

矸石仓：

斜壁跨中弯矩修正：

$$\frac{100.66-86.54}{2}+46.84=53.9\text{kN}\cdot\text{m/m}$$

立壁跨中弯矩修正：

$$\frac{-(86.54-72.41)}{2}+19.82=12.76\text{kN}\cdot\text{m/m}$$

（4）立壁平面内弯曲计算

1）荷载类型图

根据图10.2-2图10.2-3荷载计算及10.2-4内力计算得知，单跨立壁底部竖向拉力和顶部荷载类型如下：

① 边壁荷载类型，如图10.2-13所示。

② 中壁荷载类型，如图10.2-14所示。

因立壁两侧柱子较大，可按单跨固定深梁计算。单跨固定深梁应力系数见表9.8-1及表9.8-2。

经分析比较，边壁计算（b）、（d）、（e）荷载类型，中壁计算（d）、（e）荷载类型。

2）平面内弯曲计算

边壁、中壁的深梁计算

边壁、中壁尺寸相同，见图10.2-15。

$$h_1=\frac{h}{2}=9.978/2=4.989\text{m},$$

$$L=7/2=3.5\text{m}$$

$$\frac{h_1}{L}=\frac{4.989}{3.5}=1.425\approx1.5$$

深梁特征点应力系数查表9.8-1，表9.8-2。

取$h_1/L=2$和$h_1/L=1$两项数值的平均值。

各特征点应力N_x、N_y、N_{xy}（相当于σ_x，σ_y，τ_{xy}），按公式（5.2-43）～（5.2-45）计算如下：

$$N_x=\sigma_x=\sigma_{x1}q_a+\sigma_{x2}\cdot q_b$$

$$N_y=\sigma_y=\sigma_{y1}q_a+\sigma_{y2}\cdot q_b$$

$$N_{xy}=\tau_{xy}=\tau_{xy1}q_a+\tau_{xy2}\cdot q_b$$

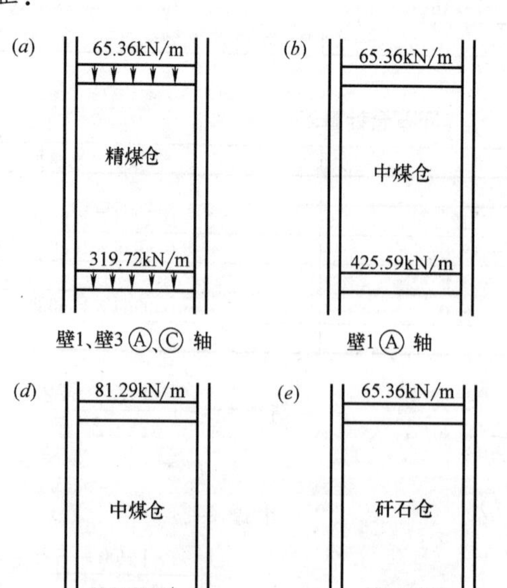

图10.2-13 边壁荷载类型图

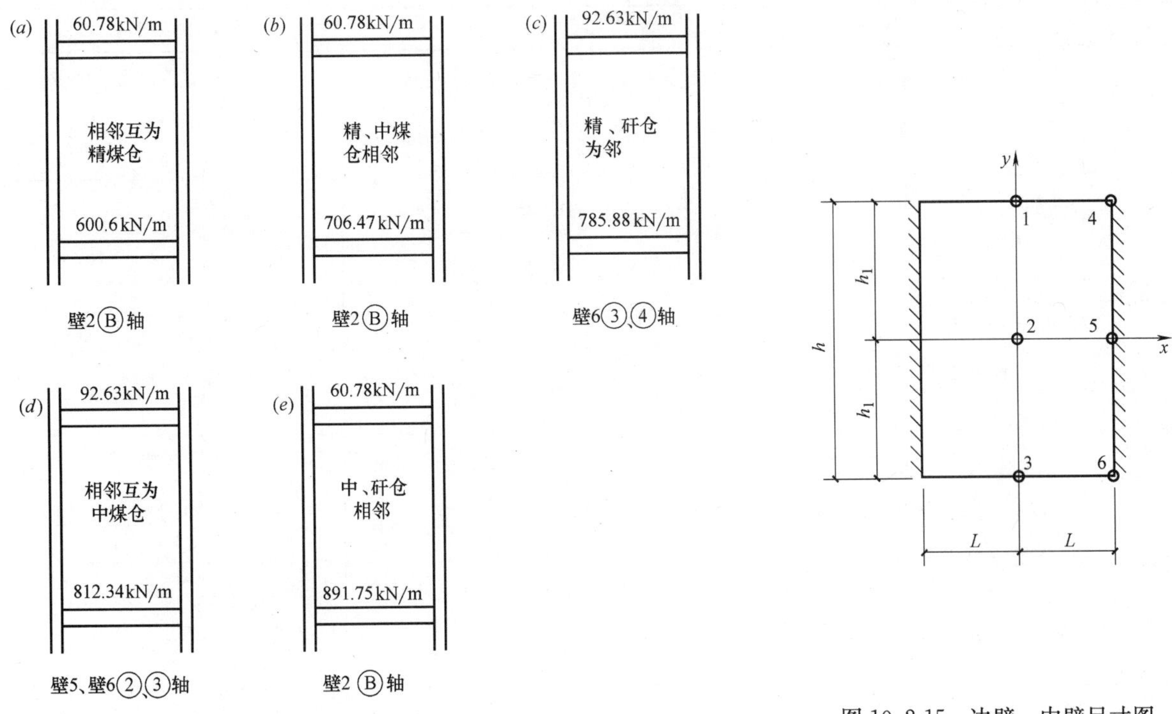

图 10.2-14 中壁荷载类型图

图 10.2-15 边壁、中壁尺寸图

① 边壁深梁按公式（5.2-43）～公式（5.2-45）计算，见表 10.2-4。

② 中壁深梁计算，按公式（5.2-43）～公式（5.2-45），见表 10.2-5。

边壁荷载类型（*d*）图的深梁计算 **表 10.2-4**

点	N_x(kN/m)	N_y(kN/m)	N_{xy}(kN/m)
1	$\frac{-0.14-0.436}{2}\times425.59$ $+\frac{-0.306-0.602}{2}\times81.29$ $=-159.48$	-81.29	0
2	$\frac{0.083+0.083}{2}\times425.59$ $+\frac{-0.083-0.083}{2}\times81.29$ $=28.57$	$\frac{0.5+0.5}{2}\times425.59$ $+\frac{-0.5-0.5}{2}\times81.29$ $=172.15$	0
3	$\frac{0.306+0.602}{2}\times425.59$ $+\frac{0.14+0.436}{2}\times81.29$ $=216.63$	$\frac{1+1}{2}\times425.59$ $=425.59$	0
4	$\frac{0.027+1.045}{2}\times425.59$ $+\frac{0.104+0.878}{2}\times81.29$ $=268.03$	$\frac{-1-1}{2}\times81.29=-81.29$	0
5	28.57 同点 2	$\frac{0.5+0.5}{2}\times425.59$ $+\frac{-0.5-0.5}{2}\times81.29$ $=172.15$	$\frac{-0.375-0.75}{2}\times425.59$ $+\frac{-0.375-0.75}{2}\times81.29$ $=-285.12$
6	$\frac{-0.104-0.878}{2}\times425.59$ $+\frac{-0.027-1.045}{2}\times81.29$ $=-252.54$	$\frac{1+1}{2}\times425.59$ $=425.59$	0

中壁荷载类型（e）图的深梁计算 表 10.2-5

点	N_x(kN/m)	N_y(kN/m)	N_{xy}(kN/m)
1	$\frac{-0.14-0.436}{2}\times 891.75+\frac{-0.306-0.602}{2}\times 60.78=-284.42$	$\frac{-1-1}{2}\times 60.78=-60.78$	0
2	$\frac{0.083+0.083}{2}\times 891.75+\frac{-0.083-0.083}{2}\times 60.78=68.97$	$\frac{0.5+0.5}{2}\times 891.75+\frac{-0.5-0.5}{2}\times 60.78=415.49$	0
3	$\frac{0.306+0.602}{2}\times 891.75+\frac{0.14+0.436}{2}\times 60.78=422.36$	$\frac{1+1}{2}\times 891.75=891.75$	0
4	$\frac{0.027+1.045}{2}\times 891.75+\frac{0.14+0.878}{2}\times 60.78=508.92$	$\frac{-1-1}{2}\times 60.78=-60.78$	0
5	68.97 同点 2	415.49 同点 2	$\frac{-0.375-0.75}{2}\times 891.75+\frac{-0.375-0.75}{2}\times 60.78=-535.8$
6	$\frac{-0.104-0.878}{2}\times 891.75-\frac{-0.027-1.045}{2}\times 60.78=-470.43$	$\frac{1+1}{2}\times 891.75=891.75$	0

③ 根据图 10.2-2 及 5.2.6-3 条，边壁荷载类型（d）图与中壁荷载类型（d）图的深梁，都是两跨深梁，都为边跨，按表 9.8-1、表 9.8-2 计算的边跨跨中（1、2、3 点）的 N_x 应增加 50%，计算结果如下：

边壁荷载类型（d）图

点	N_x(kN/m)
1	$-159.48\times 1.5=-239.22$
2	$28.57\times 1.5=42.86$
3	$216.63\times 1.5=324.95$

中壁荷载类型（d）图

点	N_x(kN/m)
1	$-276.01\times 1.5=-414.02$
2	$59.74\times 1.5=89.61$
3	$395.48\times 1.5=593.22$

5. 配筋计算

(1) 应力叠加

1) 竖壁内力

“边（d）”内力（平面位置见图 10.2-16）

a. $\overline{N_x}$为水平拉力 N_h 和深梁计算所得 N_x 相加值，按公式（5.2-47）计算如下：

点 1 $\overline{N_x}=0-239.22=-239.22$kN/m

点 2 $\overline{N_x}=77.14+42.86=120$kN/m

点 3 $\overline{N_x}=154.28+324.95=479.23$kN/m

点 4 $\overline{N_x}=0+268.03=268.03$kN/m

点 5 $\overline{N_x}=77.14+28.57=105.71$kN/m

点 6 $\overline{N_x}=154.28-252.54=-98.26$kN/m

b. 对于深梁剪应力不等于零的点，可按公式

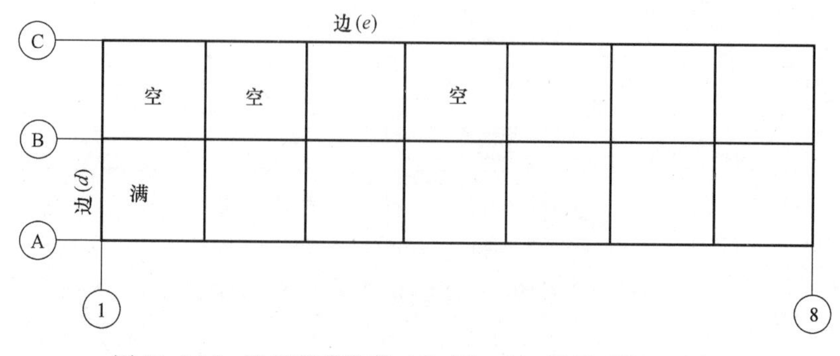

图 10.2-16 边壁荷载类型（d）图、(e) 图平面位置示意图

(5-2-46) 求主拉应力：

$$N_0=\frac{\overline{N_x}+N_y}{2}+\frac{1}{2}\sqrt{(\overline{N_x}-N_y)^2+4N_{xy}^2}$$

$$tg2\varphi=-\frac{2N_{xy}}{\overline{N_x}-N_y}$$

$$N_{0x}=N_0\cdot\cos\varphi$$

$$N_{0y}=N_0\cdot\sin\varphi$$

注：式中符号 N_0、$\overline{N_x}$、N_{xy}、N_y、N_{0x}及 N_{0y} 即相当于原式中符号 σ_0、$\overline{\sigma_x}$、σ_{xy}、σ_y、σ_{0x}、σ_{0y}，下同。

"边 (d)" 深梁，取点 5 计算主拉应力

$$N_0=\frac{105.71+172.15}{2}+\frac{1}{2}\sqrt{(105.71-172.15)^2+4\times(-285.12)^2}$$

$$=138.93+287.05=425.98\text{kN/m}$$

$$tg2\varphi=-\frac{2N_{xy}}{\overline{N_x}-N_y}=\frac{2\times(-285.12)}{105.71-172.15}=-8.5828$$

$$\varphi=83°21'$$

$$N_{0x}=425.98\times\cos83°21'=425.98\times0.1158=49.33\text{kN/m}$$

$$N_{0y}=425.98\times\sin83°21'=425.98\times0.9933=423.13\text{kN/m}$$

c. "边 (d)" 深梁配筋计算内力组合后，如表 10.2-6 所示。

"中 (e)" 深梁应力叠加计算从略，深梁配筋计算内力组合后，如表 10.2-7 所示。

"边 (d)" 深梁配筋计算内力表 **表 10.2-6**

点	$\overline{N_x}$ (kN/m)	N_y (kN/m)	N_{xy} (剪力) (kN/m)	N_0 (kN/m)	φ	N_{0x} (kN/m)	N_{0y} (kN/m)	平面外 M_x (kN·m/m)	平面外 M_y (kN·m/m)
1	−239.22	−81.29	0			−239.22	−81.29	0	0
2	120	175.15	0			120	175.15	38.29	7.11
3	479.23	425.59	0			479.23	425.29	−9.81	−67.85
4	268.03	−81.29	0			268.03	−81.29	0	0
5	105.71	172.15	−285.12	425.98	83°21′	49.33	423.13	−73.16	−12.19
6	−98.26	425.59	0			−98.26	425.59	0	0

"中 (e)" 深梁配筋计算内力表 **表 10.2-7**

点	$\overline{N_x}$ (kN/m)	N_y (kN/m)	N_{xy} (剪力) (kN/m)	N_0 (kN/m)	φ	N_{0x} (kN/m)	N_{0y} (kN/m)	平面外 M_x (kN·m/m)	平面外 M_y (kN·m/m)
1	−284.42	−60.78	0			−284.42	−60.78	0	0
2	241.05	415.49	0			241.05	415.49	8.83	−18.07
3	766.52	891.75	0			766.52	891.75	−2.26	−57.11
4	508.92	−60.78	0			508.92	−60.78	0	0
5	241.05	415.49	−535.8	871.12	80°45′	139.99	859.8	−16.86	−2.81
6	−126.27	891.75	0			−126.27	891.75	0	0

"中 (e)" 深梁一侧为矸石仓满仓，一侧为中煤仓满仓，平面外弯矩为二者之差值：

① M_x 见表 10.2-9 及表 10.2-13 如下：

点 1 $M_x=0$

点 2 $M_x=47.12-38.29=8.83\text{kN}\cdot\text{m/m}$

点 3 $M_x=-12.07-(-9.81)=-2.26\text{ kN}\cdot\text{m/m}$

点 4 $M_x=0$

点 5 $M_x=-90.02-(-73.16)=-16.86\text{kN}\cdot\text{m/m}$

点 6 $M_x=0$

② M_y 见表 10.2-2 及表 10.2-3 如下：

点 1 $M_y=0$

点 2 $M_y=19.82-16.11=3.71\text{kN}\cdot\text{m/m}$

点 3 $M_y=-72.41-(-58.85)=-13.56\text{kN}\cdot\text{m/m}$

点 4 $M_y=0$

点 5 $M_y=-15.0-(-12.19)=-2.81\text{kN}\cdot\text{m/m}$

点 6 $M_y=0$

立壁（深梁）与斜壁 2 相交处的 y 向弯矩（见斜壁平面外弯曲计算）应平衡。取两弯矩的平均值为平衡弯矩。

$$\text{平衡弯矩}\frac{-13.56-100.66}{2}=-57.11\text{kN}\cdot\text{m/m}$$

立壁跨中弯矩修正：

$$\frac{-(57.11-13.56)}{2}+3.71=-18.07\text{kN}\cdot\text{m/m}$$

2) 斜壁内力

按斜壁所在仓满、邻仓空计算内力，按前述斜壁 1 和斜壁 2 计算所得斜向、水平向拉力和跨中、支座平面外弯矩值，相差很小，可一律按斜壁 2 的计算内力取值。

由斜壁平面外弯曲及斜壁拉力计算得知斜壁 2 的内力，如表 10.2-8 所示。

斜壁2内力表 表10.2-8

内力 / 仓别	跨中		支座		顶部		中部	
	M_x (kN·m/m)	M_y (kN·m/m)	$\overline{M_u}$ (kN·m/m)	$\overline{M_y}$ (kN·m/m)	N_x (kN·m/m)	N_y (kN·m/m)	N'_x (kN·m/m)	N'_y (kN·m/m)
中煤仓	53.88	43.79	−91.52	−70.32	210.33	425.05	156.81	308.77
矸石仓	66.31	53.9	−112.65	−86.54	255.96	513.32	191.32	372.74

(2) 配筋计算

1) 立壁配筋计算

截面厚度250mm

混凝土强度等级C30，$f_c=14.3\text{N/mm}^2$

钢筋 HPB 235，$f_y=210\text{N/mm}^2$ 符号ϕ

HRB 335，$f_y=300\text{N/mm}^2$ 符号Φ

①"边(d)"深梁配筋计算(表10.2-6)

点1： $M_x=0$，$M_y=0$

$N_{0x}=-239.22\text{kN/m}$，$N_{0y}=-81.29\text{kN/m}$

因受压点压力远小于立壁截面混凝土受压强度，故此点按构造配筋。

点2： $M_x=38.29\text{kN·m/m}$

$N_{0x}=120\text{kN/m}$

按偏拉构件，采用对称配筋按公式(6-3-2)计算：$b=1000\text{mm}$

偏心距

$$e_0=M_x/N_{0x}=38.29/120=0.32\text{m}=320\text{mm}$$

$$h_0=h-a_s=250-40=210\text{mm}$$

$$A_s=A'_s=\frac{N}{2f_y}\left(1+\frac{2e_0}{h_0-a'_s}\right)$$

$$=\frac{120\times1000}{2\times300}\times\left(1+\frac{2\times320}{210-40}\right)$$

$$=953\text{mm}^2/\text{m}$$

$$M_y=7.11\text{kN·m/m}$$

$$N_{0y}=175.15\text{kN/m}$$

$$e_0=M_y/N_{0y}=7.11/175.15=0.041\text{m}=41\text{mm}$$

$$A_s=A'_s=\frac{175.15\times10^3}{2\times300}\times\left(1+\frac{2\times41}{210-40}\right)$$

$$=433\text{mm}^2$$

点3：

$$M_x=-9.81\text{kN·m/m}$$

$$N_{0x}=479.23\text{kN/m}$$

$$e_0=9.81/479.23=0.02\text{m}=20\text{mm}$$

$$A_s=A'_s=\frac{479.23\times10^3}{2\times300}\times\left(1+\frac{2\times20}{210-40}\right)$$

$$=987\text{mm}^2$$

$$M_y=-67.85\text{kN·m/m}$$

$$N_{0y}=425.29\text{kN·m/m}$$

$$e_0=67.85/425.29=0.16\text{m}=160\text{mm}$$

$$A_s=A'_s=\frac{425.29\times10^3}{2\times300}\times\left(1+\frac{2\times160}{210-40}\right)$$

$$=2043\text{mm}^2$$

点4： $M_x=M_y=0$

$$N_{0x}=268.03\text{kN/m}$$

按轴心受拉构件计算

$$A_s=\frac{N_{0x}}{f_y}=\frac{268.03\times1000}{300}=8.93\text{mm}^2$$

($b=1000\text{mm}$ 内全截面配筋面积)

$$N_{0y}=-81.29\text{kN/m}$$

为压力，数值小，按构造配筋。

点5： $M_x=-73.16\text{kN·m/m}$

$$N_{0x}=49.33\text{kN/m}$$

$$e_0=73.16/49.33=1.483\text{m}=1483\text{mm}$$

$$A_s=A'_s=\frac{49.33\times10^3}{2\times300}\times\left(1+\frac{2\times1483}{210-40}\right)$$

$$=1517\text{mm}^2$$

$$M_y=-12.19\text{kN·m/m}$$

$$N_{0y}=423.13\text{kN/m}$$

$$e_0=12.19/423.13=0.029\text{m}=29\text{mm}$$

$$A_s=A'_s=\frac{423.13\times10^3}{2\times300}\times\left(1+\frac{2\times29}{210-40}\right)$$

$$=946\text{mm}^2$$

点6：$N_{0x}=-98.26\text{kN/m}$，$M_x=0$

为压力，值小，按构造配筋

$$N_{0y}=425.59\text{kN/m},\ M_y=0$$

按轴心受拉构件计算配筋

$$A_s=\frac{425.59\times1000}{300}=1419\text{mm}^2$$

($b=1000\text{mm}$ 截面内配筋面积)

② 竖壁(立壁)整体稳定验算

a. y 向立壁计算高度 l_0 近似定为 $10\text{m}=10000\text{mm}$，则 $l_0/h=10000/250=40$，查混凝土设计规范表7.3-1得钢筋混凝土轴心受压构件的稳定系数 $\varphi=0.32$。

按 $b=1000\text{mm}$，$h=250\text{mm}$ 构件

计算正截面受压承载力，采用混凝土设计规范公式(7.3-1)

$$N\leqslant0.9\varphi(f_cA+f'_yA'_s)$$

当不考虑钢筋时，构件的承载力：

$$N\leqslant0.9\varphi f_cA=0.9\times0.32\times14.3\times1000\times250$$

$$=1029600\text{N}=1029.6\text{kN}$$

则当轴向压力设计值 $N\leqslant1029.6$kN/m 时，受压钢筋可按构造配筋。

b. x 向立壁计算高度 l_0 可定为 7m，因此，其受压承载力更大。

轴心受拉构件的正截面受拉承载力计算，采用公式如下：

$$N\leqslant f_yA_s,\ A_s\geqslant N/f_y$$

N 为轴向拉力设计值。

③ 其他各深梁配筋计算：根据已知条件：$b=1000$mm，$h=250$mm，$a_s=a'_s=40$mm，$h_0=h-a_s=250-40=210$mm，分别列表按公式 (6.3-2) 对称配筋计算，中 (e) 深梁配筋，见表10.2-9。

2) 斜壁配筋计算见表 10.2-10。

"中 (e)" 深梁（立壁）配筋计算 **表 10.2-9**

点	x方向 N_{0x} (kN/m)	M_x (kN·m/m)	e_0 (mm)	拉弯构件，对称配筋 $A_s=A'_s=\frac{N}{2f_y}\left(1+\frac{2e_0}{h_0-a'_s}\right)$ (mm²/m)	压力 A'_s 全截面 (mm²/m)	拉力 A_s 全截面 (mm²/m)	y方向 N_{0y} (kN/m)	M_y (kN·m/m)	e_0 (mm)	拉弯构件，对称配筋 $A_s=A'_s=\frac{N}{2f_y}\left(1+\frac{2e_0}{h_0-a'_s}\right)$ (mm²/m)	压力 A'_s 全截面 (mm²/m)	拉力 A_s 全截面 (mm²/m)
1	−284.42	0			构造	—	−60.78	0			构造	
2	241.05	8.83	37	577	—	—	415.49	−18.07	43	1043	—	—
3	766.52	−2.26	3	1323	—	—	891.75	−57.11	64	2605	—	—
4	508.92	0			—	1696	−60.78	0			构造	—
5	139.99	−16.86	120	563	—	—	859.8	−2.81	3	1484	—	—
6	−126.27	0			构造	—	891.75	0			—	2973

斜壁 2 配筋计算 **表 10.2-10**

仓别	部位	x方向 N_x (kN/m)	M_x (kN·m/m)	e_0 (mm)	拉弯构件，对称配筋 $A_s=A'_s=\frac{N}{2f_y}\left(1+\frac{2e_0}{h_0-a'_s}\right)$ (mm²/m)	y方向 N_y (kN/m)	M_y (kN·m/m)	e_0 (mm)	拉弯构件，对称配筋 $A_s=A'_s=\frac{N}{2f_y}\left(1+\frac{2e_0}{h_0-a'_s}\right)$ (mm²/m)
中煤仓	跨中	156.81	53.88	344	1082	308.77	43.79	142	1179
	支座	210.33	−91.52	435	1451	425.05	−70.32	165	1771
矸石仓	跨中	191.32	66.31	347	1328	372.74	53.9	145	1440
	支座	255.96	−112.65	440	2138	513.32	−86.54	169	2170

注：斜壁厚度 300mm，$h_0=300-40=260$mm，$h_0-a'_s=260-40=220$mm。

3) 骨架钢筋计算

对称布置且柱子支承的角锥漏斗壁交角顶部，在贮料重量及漏斗自重作用下的斜向拉力 N^t_{inc} (kN) 按公式 (5-2-12) 计算：

$$N^t_{inc}=C(aN_{inc.a}+bN_{inc.b})/2$$

C——查图 5-2-3，$h/b=9.978/7=1.43$，$C=0.1$

① 斜壁顶部的斜拉力 N，由10.2-4内力计算得知：

斜壁 1

精煤仓 $N_1=305.14$kN/m

中煤仓 $N_1=420.15$kN/m

矸石仓 $N_1=506.42$kN/m

斜壁 2

精煤仓 $N_2=308.69$kN/m

中煤仓 $N_2=425.05$kN/m

矸石仓 $N_2=513.32$kN/m

② 斜向拉力计算：

精煤仓：

$$N^t_{inc}=0.1(7\times305.14+7\times308.69)/2=214.84\text{kN}$$

中煤仓：

$$N^t_{inc}=0.1(7\times420.15+7\times425.05)/2=295.82\text{kN}$$

矸石仓：

$$N^t_{inc}=0.1(7\times506.42+7\times513.32)/2=356.91\text{kN}$$

为便于施工及灵活使用，骨架筋一律按矸石仓计算配筋：

$$N^t_{inc}=356.91\text{kN}$$

$$A_s=N^t_{inc}/f_y=356.91\times10^3/300=1189.7\text{mm}^2$$

选用 1Φ40 ($A_s=1256.6\text{mm}^2$)

每个角锥漏斗为 4Φ40，每角一根，见图 10.2-17。

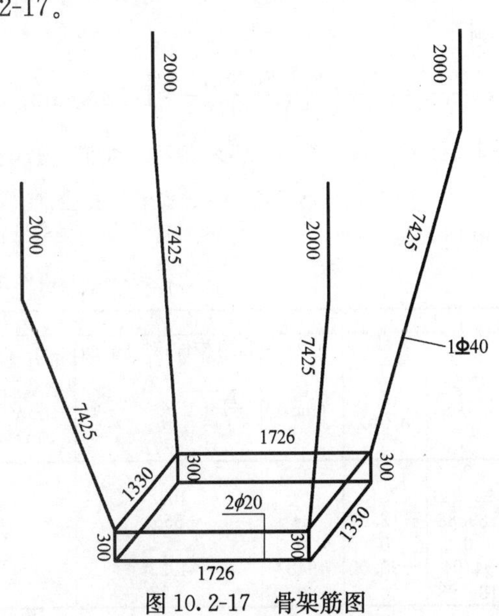

图 10.2-17 骨架筋图

4）集中配筋计算

① 按集中配筋方法计算立壁2，取③—④跨，矸石仓与中煤仓相邻之立壁。

a. 荷载类型　取“中（e）”（见图10.2-14）型

均布荷载 $q=60.78+891.75=952.53\text{kN/m}$，

经计算得（查表9.9-2）

跨中：

$$M=0.165\times0.25ql^2=0.165\times0.25\times952.53\times7^2=1925.3\text{kN}\cdot\text{m}$$

$$Z=0.176\times0.5ql=0.176\times0.5\times952.53\times7=586.76\text{kN}$$

$$d=0.936\times0.5l=0.936\times0.5\times7=3.28\text{m}$$

$$d_0=0.122\times0.5l=0.122\times0.5\times7=0.43\text{m}$$

支座：

$$M=0.285\times0.25ql^2=0.285\times0.25\times952.53\times7^2=3325.52\text{kN}\cdot\text{m}$$

$$Z=0.422\times0.5ql=0.422\times0.5\times952.53\times7=1406.89\text{kN}$$

$$d=0.674\times0.5l=0.674\times0.5\times7=2.36\text{m}$$

$$d_0=0.038\times0.5l=0.038\times0.5\times7=0.13\text{m}$$

b. 配筋计算

由表9.9-1得知，用受拉区合力 Z，按受拉构件采用公式（6.1-9）计算配筋：

跨中　　$Z=586.76\text{kN}$

$$A_s=586.76\times10^3/f_y=586.76\times10^3/300=1956\text{mm}^2$$

支座　　$Z=1406.89\text{kN}$

$$A_s=1406.89\times10^3/300=4690\text{mm}^2$$

支座剪力，按表9.9-2及公式（5.2-49）、公式（5.2-50）

$$V=ql/2=952.53\times7/2=3333.86\text{kN}$$

则

$$\tau=\frac{8V}{7tB}=\frac{8\times3333.86\times10^3}{7\times250\times9978}=1.53\text{N/mm}^2$$

$$(1+2.5B/l)f_t/3=(1+2.5\times9978/7000)\times1.43/3=2.17\text{N/mm}^2>\tau\quad\text{安全}$$

说明

集中配筋计算时，立壁平面外局部弯曲配筋计算可按拉弯构件，对称配筋，N_x 为贮料侧向力产生的水平拉力（N_h），N_y 为底部竖向拉力（N_V），底部以上竖向拉力为零。

平面外局部弯曲和平面内深梁应力的钢筋一律分开求算，分开配置。

② 以“边壁（e）”深梁为例（平面位置见图10.2-16）按集中配筋方法计算时，平面外局部弯曲配筋计算。

“边（e）”水平及竖向拉力由10.2-4内力计算得知：

矸石仓　“边(e)”中点水平拉力　$N_h=94.94\text{kN/m}$

矸石仓　“边(e)”底部水平拉力　$N_h=189.88\text{kN/m}$

矸石仓　“边(e)”底部竖向拉力　$N_V=505.0\text{kN/m}$

平面外局部弯曲，由表10.2-3得知，如表10.2-11所示。

矸石仓平面外弯曲内力　表10.2-11

点	M_x(kN·m/m)	M_y(kN·m/m)
1	0	0
2	47.12	19.82(12.76)
3	−12.07	−72.41(−86.54)
4	0	0
5	−90.02	−15.00
6	0	0

括号内数值为修正弯矩和平衡弯矩，用于配筋计算。

“边（e）”深梁平面外局部弯曲按拉弯构件对称配筋，并按公式（6.3-2）计算见表10.2-12。

y 方向

点2：为纯弯构件

$$A_s=\frac{M}{f_y(h_0-a_s')}=\frac{12.76\times10^5}{300\times170}=25\text{mm}^2$$

（一侧钢筋）按构造配筋

点5：为纯弯构件

$$A_s=\frac{15\times10^5}{300\times170}=29\text{mm}^2$$

（一侧钢筋）按构造配筋

（3）配筋图

1）边（e）分散配筋图，见图10.2-18。

2）边（e）集中配筋图，见图10.2-19。

“边（e）”平面外局部弯曲配筋计算　表10.2-12

点	x方向						y方向					
	N_x (kN/m)	M_x (kN·m/m)	e_0 (mm)	拉弯构件，对称配筋 $A_s=A_s'=\frac{N}{2f_y}\left(1+\frac{2e_0}{h_0-a_s'}\right)$ (mm²/m)	压力 A_s' 全截面 (mm²/m)	拉力 A_s 全截面 (mm²/m)	N_y (kN/m)	M_y (kN·m/m)	e_0 (mm)	拉弯构件，对称配筋 $A_s=A_s'=\frac{N}{2f_y}\left(1+\frac{2e_0}{h_0-a_s'}\right)$ (mm²/m)	压力 A_s' 全截面 (mm²/m)	拉力 A_s 全截面 (mm²/m)
1	0	0	0			构造	0	0				构造
2	94.94	47.12	496	1082			0	12.76				构造
3	189.88	−12.07	64	555			505.0	−86.54	171	2535		
4	0	0	0			构造	0	0				构造
5	94.94	−90.02	948	1923			0	−15.00				构造
6	189.88	0	0			633	505.0	0				1683

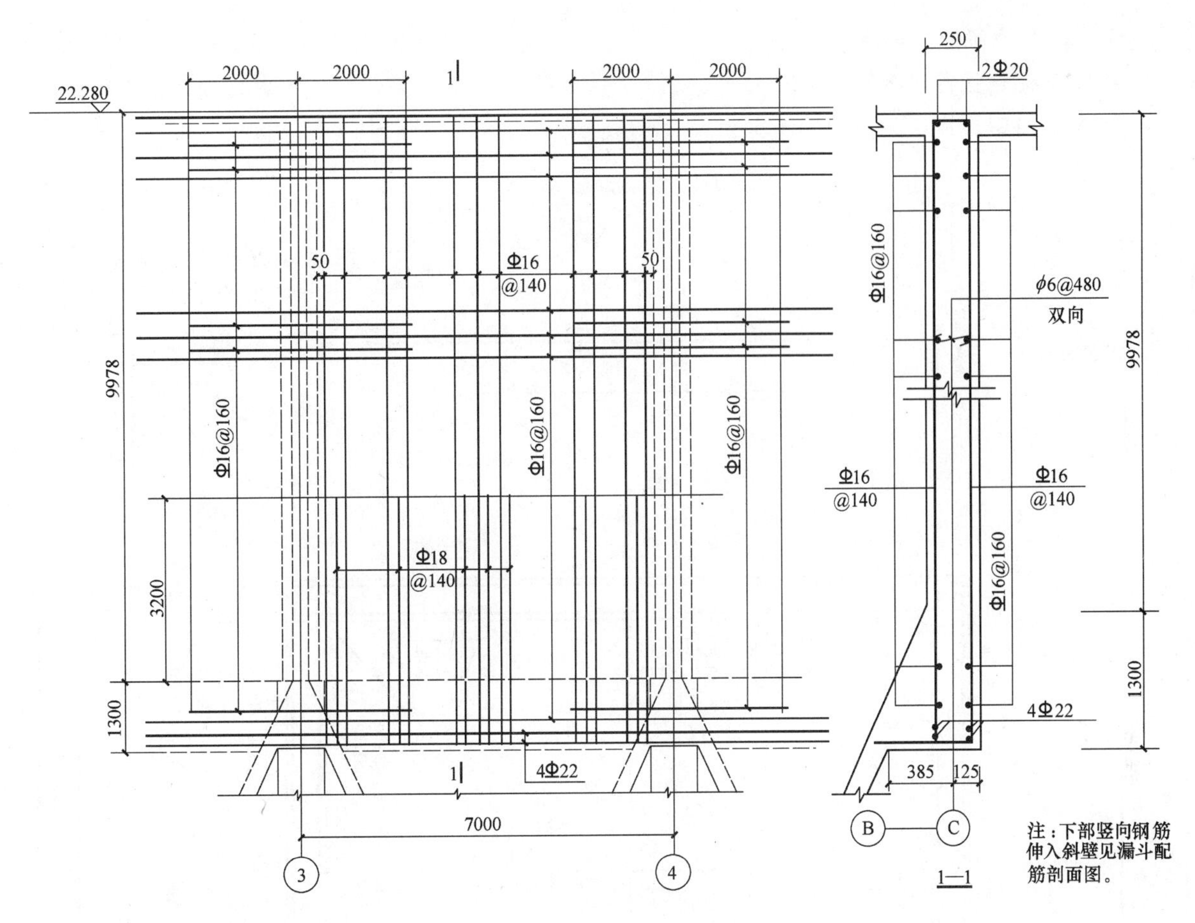

图 10.2-18 边（e）分散配筋图

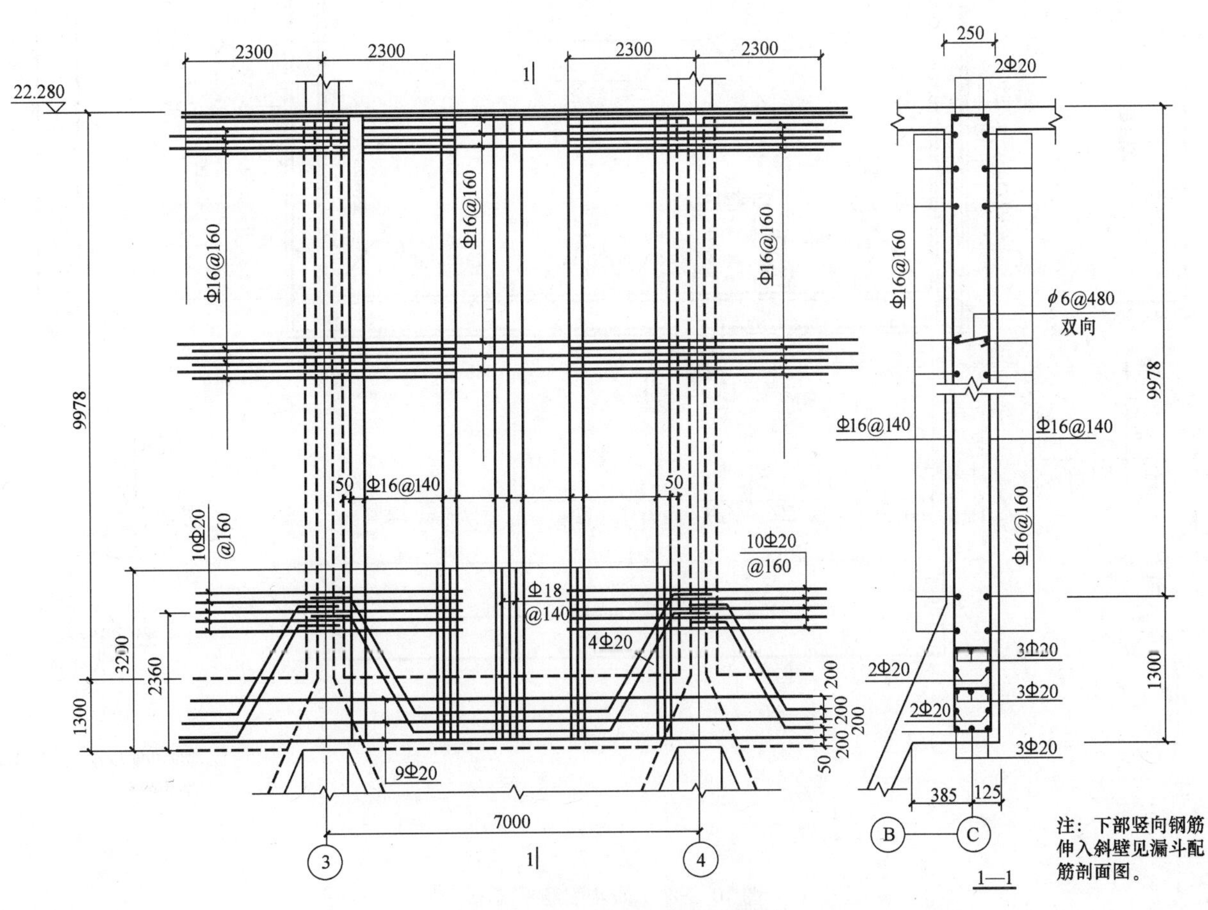

图 10.2-19 边（e）集中配筋图

3）漏斗配筋平面图，见图10.2-20。

4）1—1配筋剖面图，见图10.2-21。

5）2—2配筋剖面图，见图10.2-22。

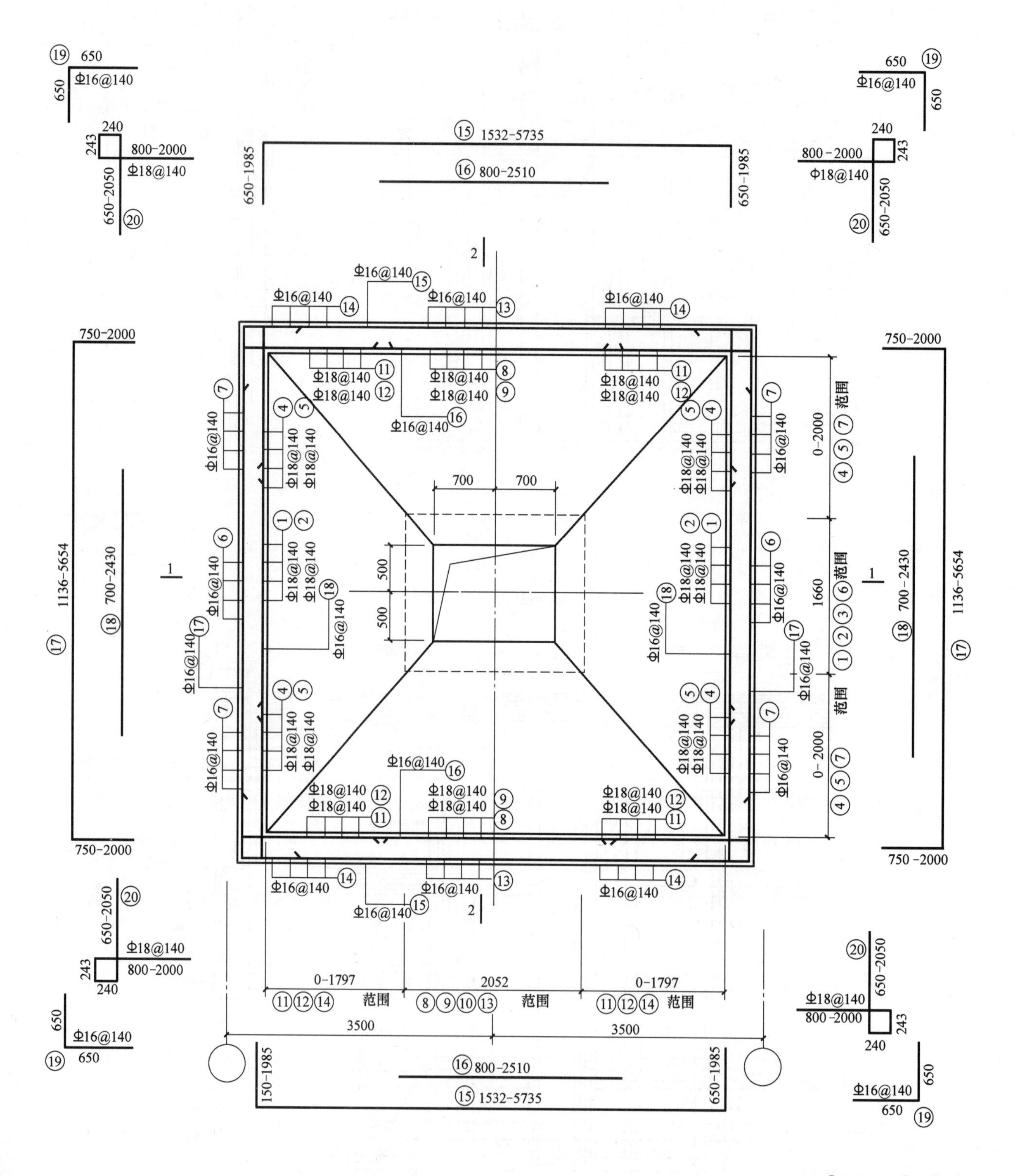

图10.2-20 漏斗配筋平面图

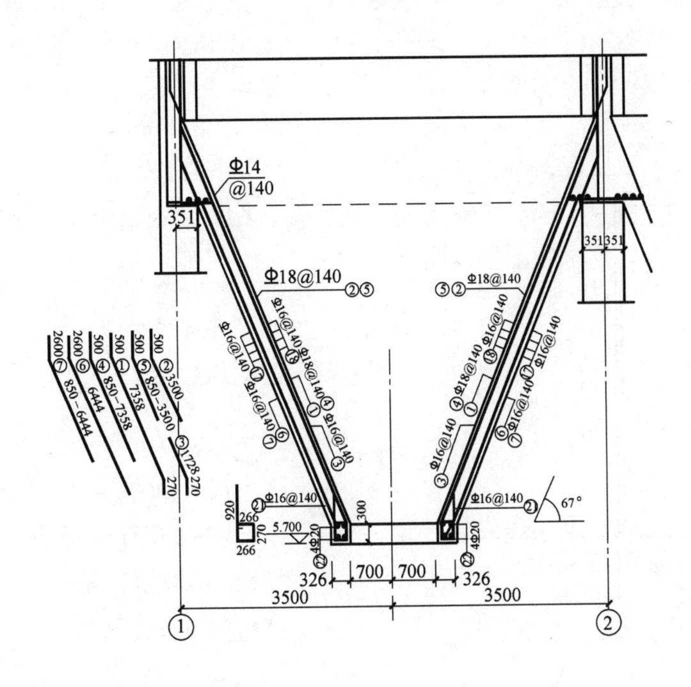

图 10.2-21　1—1 配筋剖面图

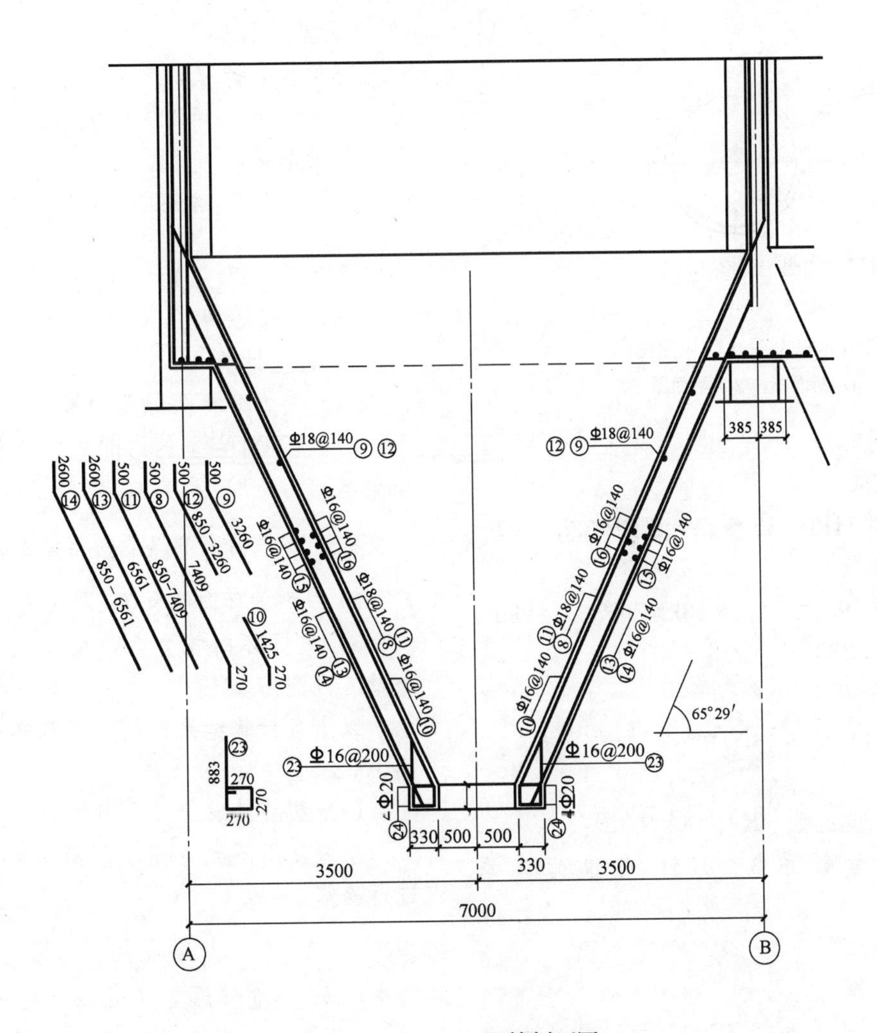

图 10.2-22　2—2 配筋剖面图

10.3 圆形深仓计算例题

1. 设计资料

(1) 计算简图见图 10.3-1

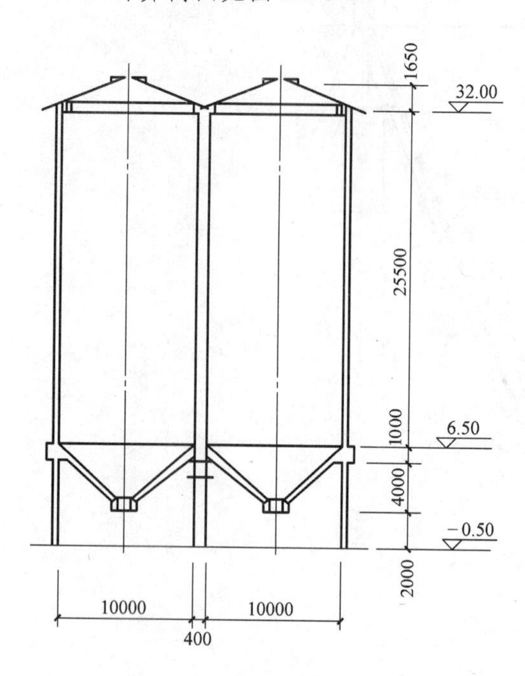

(a)

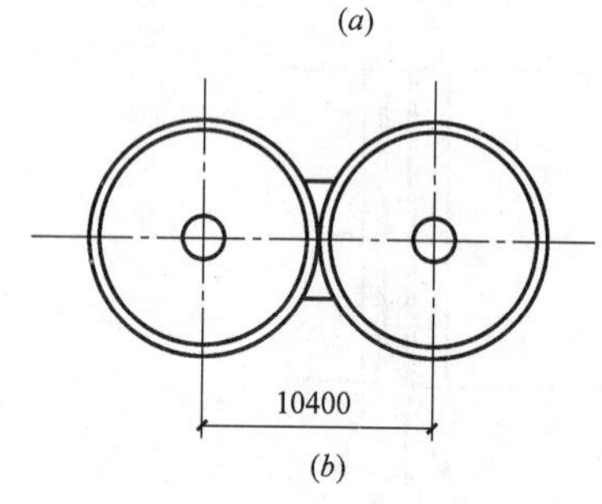

(b)

图 10.3-1 深仓计算简图

(a) 断面图;(b) 平面图

(2) 仓体材料

混凝土:C30

钢筋:采用 HPB 235 级钢;HRB 335 级钢

(3) 贮存物料

水泥:查表 9.2-1 $\gamma=16\text{kN/m}^3$,$\varphi=30°$,$\mu=0.58$,$K=0.333$

(4) 自然条件

风荷载:$w=0.5\text{kN/m}^2$;雪荷载:$s=1.0\text{kN/m}^2$

地基计算强度: $R=500\text{kN/m}^2$

(5) 贮料荷载系数:1.3;自重荷载系数:1.1

2. 壳顶板计算

(1) 荷载计算

1) 雪荷载: $p=1.0\times1.4=1.4\text{kN/m}^2$

2) 静荷载:

防水层 $0.4\times1.2=0.48\text{kN/m}^2$

板自重 $0.08\times25\times1.1=2.2\text{kN/m}^2$

$g=2.68\text{kN/m}^2$

(2) 内力分析

1) 径向力计算

$$T_1=\frac{ZP\cos\alpha}{2\sin^2\alpha}+\frac{Zg}{2\sin^2\alpha}=\frac{1.65(1.4\times0.95+2.68)}{2\times0.315^2}=33\text{kN/m}$$

2) 环向力计算

$$T_2=\frac{\gamma^2P\cos\alpha}{Z}+\frac{\gamma^2g}{Z}=\frac{5^2(1.4\times0.95+2.68)}{1.65}=61\text{kN/m}$$

$$T=\sqrt{(T_2+T_1\cos\alpha)^2+(T_1\sin\alpha)^2}=\sqrt{(61+33\times0.95)^2+(33\times0.315)^2}=98\text{kN/m}$$

3) 截面应力验算

$$\sigma=\frac{98\times10^3}{100\times8\times10^2}=1.23\text{N/mm}^2<f_t$$

故全顶壳板按构造配筋,见图 10.3-2。

4) 环梁计算

环梁拉力计算如下:

$$T_e=T_1\cos\alpha\gamma=33\times0.95\times5=156.8\text{kN/m}$$

环梁配筋:

$$A=\frac{T_c}{f_y}=\frac{156.8\times10^3}{300}=52.2\text{mm}^2$$

选用 6Φ12 $A=678\text{mm}^2$

(3) 配筋图见图 10.3-2

3. 仓壁计算

(1) 内力分析及配筋计算

1) 物料对仓壁的水平及垂直压力 P_H、P_V,按公式 (4.2-1) 及公式 (4.2-2) 计算,并根据参变式$\frac{\mu K}{\rho}S$,由表 9.3-1 查相关参数;

2) 仓壁的环向拉力 T,按公式 (5.3-1) 计算;

3) 根据环向拉力 T,按公式 (6.2-1) 计算仓壁各段配筋。

以上各计算结果,均分段列表见表 10.3-1 及图 10.3-3。

(2) 裂缝验算

仓壁使用不允许出现裂缝,故壁厚可按下式进行验算:

$$d>\frac{T}{200f_t}-\frac{nAg}{50}$$

式中 d——仓壁厚度 (cm);

T——仓壁单位高度上的标准拉力 (不考虑修正系数 C),kg/m;

f_t——混凝土抗拉设计值，kg/cm²；

$n=\dfrac{E_s}{E_c}$——钢筋弹性模量与混凝土弹性模量之比；

Ag——仓壁单位高度内实配钢筋面积，cm²。

$$d=\frac{T}{200f_t c\alpha}-\frac{nAg}{50}$$

$$=\frac{77000}{200\times14.3\times2\times1.3}-\frac{\dfrac{2\times10^6}{2.6\times10^5}\times24.3}{50}$$

$$=10.36-3.74=6.62\text{cm}$$

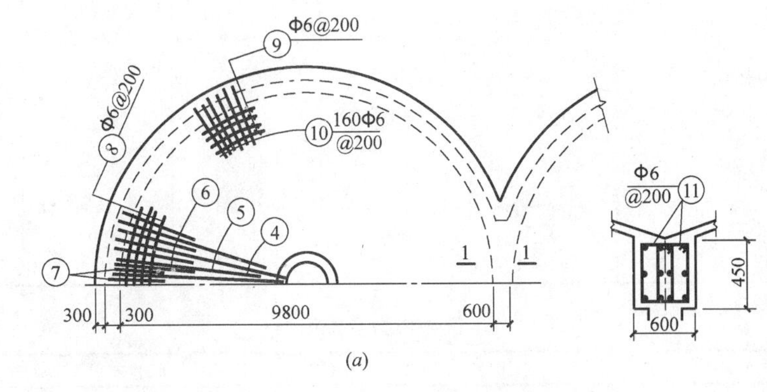

(a)

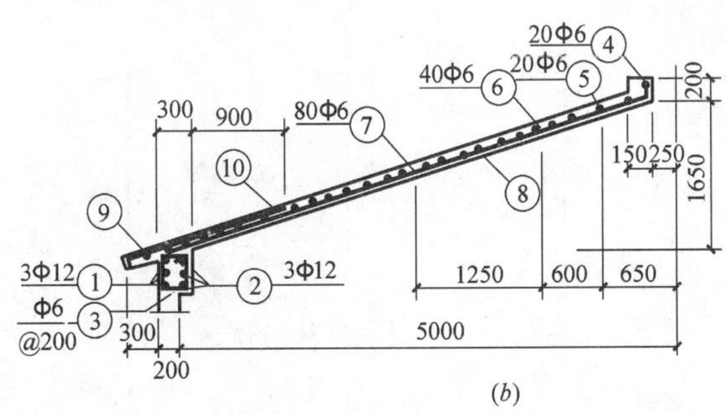

(b)

图 10.3-2 壳顶板配筋图

(a) 平面图；(b) 断面图

故壁厚取 20cm。

4. 仓底计算

(1) 内力分析及配筋计算

1) 物料对斜壁的水平及垂直压力 P_H、P_V 按公式（4.2-1）及式（4.2-2）计算，并根据参变式$\dfrac{\mu K}{\rho}S$，由表 9.3-1 查得相关参数；

2) 作用于斜壁上的法向压力 P_n，按公式（4.2-15）计算；

3) 作用于斜壁上的环向拉力 T_c，按公式（5.3-6）计算，并根据公式（6.2-3）进行配筋计算。

以上计算结果，均分段列表，见表 10.3-2 及图 10.3-4。

(2) 裂缝验算

锥斗使用时无要求，故不按抗裂计算，壁厚取 250mm，斗上部取厚 350mm。

(3) 径向配筋计算

锥斗部分物料及自重：

$$Q=\frac{\alpha\pi Dyd\gamma_1}{2\sin\alpha}+\frac{\alpha\pi D^2y\gamma}{3\times4}$$

$$=\frac{1.1\times3.14\times10\times5\times0.25\times2.5}{2\times0.707}+\frac{1.3\times3.14\times10^2\times5\times1.6}{12}$$

$$=76.5+275=351.5\text{t}=3515\text{kN}$$

$$T_r=\frac{\pi R^2P_V+Q}{\pi D\sin\alpha}$$

$$=\frac{3.14\times5^2\times46.3\times351.5}{3.14\times10\times0.707}$$

$$=178\text{t/m}=1780\text{kN/m}$$

$$A_s=\frac{T_V}{f_y}=\frac{1780000}{300}=5933\text{mm}^2$$

取 2 Φ22@125　　$Ag=6082\text{mm}^2$

采用放射配筋，至圆心应递减。见图 10.3-5。

(4) 环向梁配筋

环梁平均宽度：b 取 850mm

环梁截面积：$A=1000\times850=850000\text{mm}^2$

内力及配筋表 表 10.3-1

区段(每段 4.25m)	(1)	(2)	(3)	(4)	(5)	(6)
每段至仓顶深度 h(m)	4.25	8.50	12.75	17.00	21.25	25.50
$\frac{h}{\rho}\mu K=\frac{0.58\times0.333}{2.5}h=0.077h$	0.328	0.656	0.984	1.312	1.640	1.968
$1-e^{-\frac{h}{\rho}\mu K}$	0.280	0.481	0.626	0.730	0.806	0.860
修正系数 C	1	1	2	2	2	2
$P_H=C\frac{n\gamma\rho}{\mu}(1-e^{-\frac{h}{\rho}\mu K})$ (kN/m²)	25.1	43.1	102.3	131.0	144.7	154.1
$P_V=P_H\mu K$ (kN/m²)	75.4	129.5	308.0	394.0	435.0	463.0
环拉力 $T_c=\frac{P_HD}{2}$ (kN/m²)	125.5	215.5	512.0	655.0	724.0	770.0
环筋 $Ag=\frac{T_c}{R_g}$(mm²)	368	634	1505	1927	2130	2260
采用配筋(mm²)	1Φ10@200 393	1Φ12@175 640	2Φ12@150 1500	2Φ14@150 2050	Φ14@150 2050	2Φ14@150 2430
垂直配筋	1Φ10@300		2Φ10@300			

锥斗内力及配筋表 表 10.3-2

区段(每段 1m)	(1)	(2)	(3)	(4)	(5)
至仓顶深度 h(m)	25.5	26.5	27.5	28.5	29.5
计算直径 D(m)	10	8	6	4	2
$\frac{h}{\rho}\mu K=\frac{0.58\times0.333}{2.5}h=0.077h$	1.968	2.04	2.12	2.20	2.27
$1-e^{-\frac{h}{\rho}\mu K}$	0.86	0.869	0.88	0.889	0.898
$P_H=C\frac{n\gamma\rho}{\mu}(1-e^{-\frac{h}{\rho}\mu K})$(kN/m²)	154.1	156.0	158.0	159.5	161.5
$P_V=P_H/K$(kN/m²)	463.0	468.0	475.0	479.0	483.0
$P_N=P_V\cos^2\alpha+P_H\sin^2\alpha$(kN/m²)	—	312.0	316.0	319.0	322.0
环拉力 $T_c=\frac{P_ND}{2\sin\alpha}$ (kN/m)	见直壁	1760	1340	900.0	455.0
环筋 $Ag=\frac{T_c}{R_g}=\frac{T_c}{1.3\times3400}$(mm²)	"	3970	3030	2030	1020
选用配筋(mm²)	2Φ18@125 4072		2Φ16@125 3214	2Φ16@200 2010	2Φ12@200 1130

配筋：$Ag=850000\times0.4\%=3400\text{mm}^2$

取 14Φ18=3562mm²

环梁配筋见图 10.3-4。

5. 支承结构计算

(1) 荷载计算（壁厚取 200mm）

1) 仓顶：

$$N_1=\frac{3.7\times3.14\times5.5^2}{3.14\times10.20}=11\text{kN/m}$$

2) 贮料：

$$N_2=\frac{3.14\times5^2\times27\times16\times0.9}{3.14\times10.20}=953\text{kN/m}$$

3) 仓壁：

$$N_3=25.5\times0.2\times25\times1.1=140\text{kN/m}$$

4) 仓底：

$$N_4=\left(0.85\times1.0+\frac{3.14\times8\times4\times0.25}{2\times0.707\times3.14\times10.2}\right)\times25\times1.1=38.6\text{kN/m}$$

5) 支承筒壁：

$$N_5=0.2\times6\times25\times1.1=33\text{kN/m}$$

$$\sum N=11+953+140+39+33=1176\text{kN/m}$$

$$G=1176\times3.14\times10.2=37665\text{kN}$$

(2) 风荷载产生的弯矩（取一个仓计算）

体形系数取 0.85，高度换算系数取 1.0

$$M=0.5\times1.3\times10.4\times0.85\times32\times1.0\times16=2942\text{kN}\cdot\text{m}$$

(3) 筒壁强度验算

由于仓壁开洞较小故不考虑洞口影响

$$W=\frac{\pi}{32}\cdot\frac{D^4-d^4}{D}=\frac{3.14(10.4^4-10^4)}{32\times10.4}=16\text{m}^3$$

风荷载产生的筒壁应力：

$$\sigma=\frac{M}{W}=\frac{2942}{16}=184\text{kN/m}^2$$

则筒壁最大压力：

$$N=184\times0.2+1176=1213\text{kN/m}$$

仓壁承载能力：

$$N_0 = 14.3 \times 1000 \times 200 \times 0.9$$
$$= 2574\text{kN/m} > 1213\text{kN/m}$$

故仓壁按构造配筋：

$$A_g = 200 \times 1000 \times 0.4\% = 800\text{mm}^2$$

仓壁配筋图见10.3-3。

6. 基础计算

由于地基较好，筒壁下采用环形基础，基础宽度取2.2m，埋置深度为3.0m。

基础面积：

$$A = 3.14 \times 10.2 \times 2.2 = 70.5\text{m}^2$$

$$W = \frac{3.14(12.4^4 - 8.0^4)}{32 \times 12.4} = 155\text{m}^3$$

总荷载：

$$N = 37665 + 3 \times 2.2 \times 3.14 \times 10.2 \times 20$$
$$= 37665 + 4228 = 41893\text{kN}$$
$$M = 2942 + (2942/16) \times 3 = 3494\text{kN/m}$$

$$\sigma = \frac{N}{A} \pm \frac{M}{W} = \frac{41893}{70.5} \pm \frac{3494}{155}$$
$$= 594.2 \pm 22.5 = 616.7\text{kN/m}^2$$

地基实际承载力为：

$$500 \times 1.25 = 625\text{kN/m}^2 > 617\text{kN/m}$$

7. 配筋图

(1) 仓壁配筋图见图10.3-3

(2) 锥斗配筋图见图10.3-4

(3) 锥斗放射筋配筋图见图10.3-5

(4) 基础图见图10.3-6。

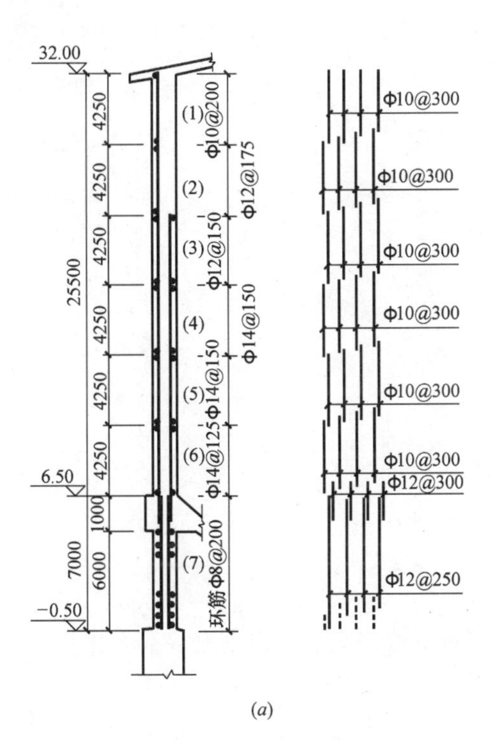

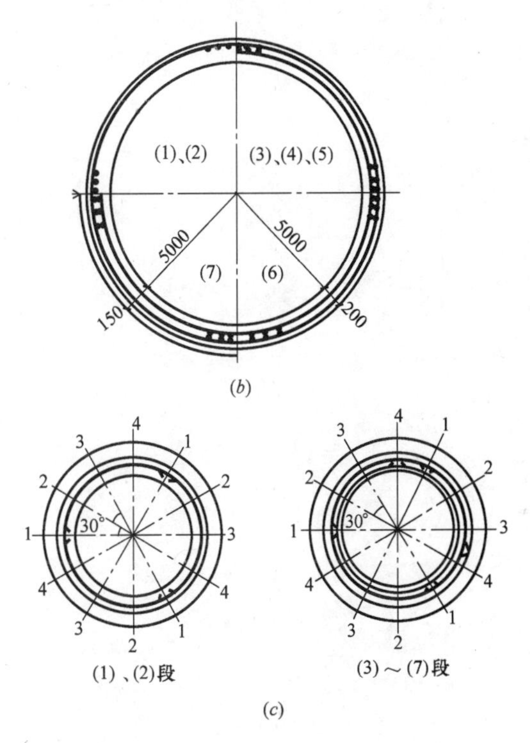

图10.3-3　仓壁配筋图

(a) 纵向断面图；(b) 各段平面图；(c) 环筋搭接示意图

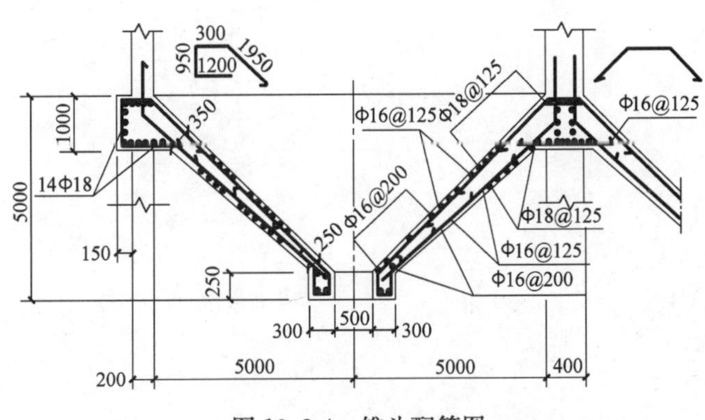

图10.3-4　锥斗配筋图

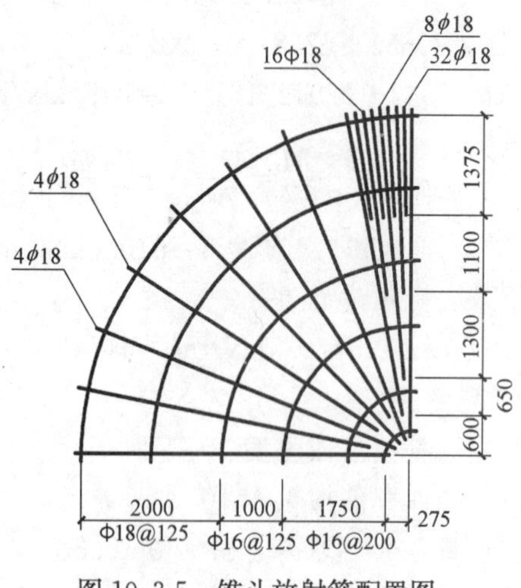

图 10.3-5 锥斗放射筋配置图

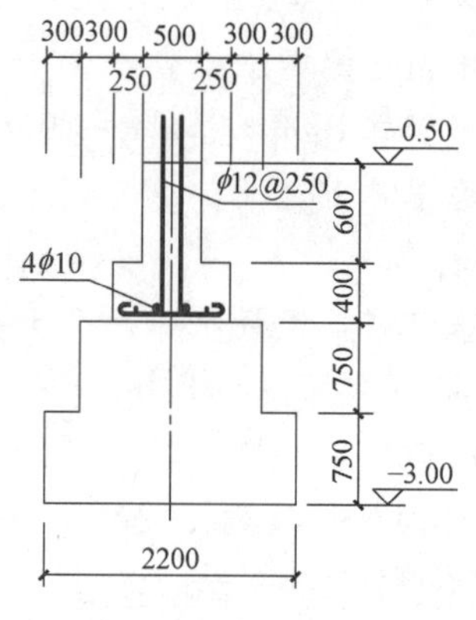

图 10.3-6 基础图

参考文献

［1］ 国家标准：混凝土结构设计规范 GB 50010—2002. 北京：中国建筑工业出版社，2002

［2］ 国家标准：建筑抗震设计规范 GB 50011—2001. 北京：中国建筑工业出版社，2001

［3］ 国家标准：建筑结构荷载规范 GB 50009—2001. 北京：中国建筑工业出版社，2001

［4］ 国家标准：建筑地基基础设计规范 GB 50007—2002. 北京：中国建筑工业出版社，2002

［5］ 国家标准：钢筋混凝土筒仓设计规范 GB 50077—2003. 北京：中国计划出版社，2003

［6］ 建筑结构设计手册编辑组编. 建筑结构设计手册. 贮仓结构. 北京：中国工业出版社，1970

［7］ 贮仓结构设计手册编写组编. 贮仓结构设计手册. 北京：中国建筑工业出版社，1999

［8］ 平顶山选煤设计研究所. 深梁及高壁煤仓的计算（复印资料）. 1975

［9］ 刘志鸿主编. 特种结构. 北京：冶金工业出版社，1984

［10］ 莫骄主编. 特种结构设计. 北京：中国计划出版社，2006

［11］ 简明特种结构设计施工资料集成编委会编. 简明特种结构设计施工资料集成. 北京：中国电力出版社，2005

［12］ 上海市政工程设计院. 北京市市政设计院等 7 院编著. 给水排水工程结构设计手册. 北京：中国建筑工业出版社，1984

［13］《建筑结构静力计算手册》编写组. 建筑结构静力计算手册（第二版）. 北京：中国建筑工业出版社，1998

［14］《建筑结构构造资料集》编辑委员会. 建筑结构构造资料集　中　第二版. 北京：中国建筑工业出版社，2008

［15］ 徐有邻，周氏编著. 混凝土结构设计规范理解与应用. 北京：中国建筑工业出版社，2002